PROJETO
MÚLTIPLO



# Biologia

Ensino Médio

**Sérgio Linhares**

Bacharel e licenciado em História Natural pela Universidade do Brasil (atual UFRJ).

Foi professor de Biologia Geral na Universidade do Brasil (atual UFRJ) e de Biologia no Colégio Pedro II e em outros colégios e cursinhos pré-vestibulares do Rio de Janeiro.

**Fernando Gewandsznajder**

Licenciado em Biologia pelo Instituto de Biologia da Universidade Federal do Rio de Janeiro.

Mestre em Educação pelo Instituto de Estudos Avançados em Educação da Fundação Getúlio Vargas (RJ).

Mestre em Filosofia pela Pontifícia Universidade Católica do Rio de Janeiro.

Doutor em Educação pela Faculdade de Educação da Universidade Federal do Rio de Janeiro.

Foi professor de Biologia e Ciências no Colégio Pedro II e em outros colégios e cursinhos pré-vestibulares do Rio de Janeiro.

editora ática

editora ática

Diretoria editorial: Lidiane Vivaldini Olo
Editoria de Ciências e Biologia: José Roberto Miney
Editores: Helena Pacca e Felipe Murro Capeli
Colaboradora editorial: Ana Luisa Mengardo
Supervisor de arte e produção: Sérgio Yutaka
Supervisor de arte e criação: Didier Moraes
Coordenadora de arte e criação: Andréa Dellamagna
Editor de arte: André Gomes Vitale
Diagramação: Click Bits, Claudemir Camargo, Ester Inakake e Fábio Cavalcante
Design gráfico: UC Produção Editorial, Andréa Dellamagna (miolo e capa)
Gerente de revisão: Hélia de Jesus Gonsaga
Equipe de revisão: Rosângela Muricy (coord.), Ana Paula Chabaribery Malfa, Gloria Cunha, Luís Maurício Boa Nova e Sheila Folgueral; Flávia Venézio dos Santos e Gabriela Macedo de Andrade (estags.)
Supervisor de iconografia: Sílvio Kligin
Pesquisadora iconográfica: Cláudia Bertolazzi
Tratamento de imagem: Cesar Wolf e Fernanda Crevin
Foto da capa: Dan Farral/Photodisc/Getty Images
Grafismos: Shutterstock/Glow Images
(utilizados na capa e aberturas de capítulos e seções)
Ilustrações: Adilson Secco, Casa de Tipos, Hiroe Sasaki, Ingeborg Asbach, Joel Bueno, Júlio Dian, KLN Artes Gráficas, Luis Moura, Luis Iria, Maspi, Mauro Nakata, Paulo Manzi e Rodval Matias

Direitos desta edição cedidos à Editora Ática S.A.
Av. das Nações Unidas, 7221, 3º andar, setor C
Pinheiros – São Paulo – SP
CEP 05425-902
Tel.: 4003-3061
www.atica.com.br/editora@atica.com.br

**Dados Internacionais de Catalogação na Publicação (CIP)**
**(Câmara Brasileira do Livro, SP, Brasil)**

Linhares, Sérgio
Projeto Múltiplo: Biologia / Sérgio Linhares, Fernando Gewandsznajder. -- São Paulo : Ática, 2014.

Obra em 3 v.
Bibliografia.

1. Projeto Múltiplo: Biologia (Ensino médio)
I. Gewandsznajder, Fernando. II. Título.

14-01325 CDD-574.07

**Índice para catálogo sistemático:**
1. Projeto Múltiplo: Biologia : Ensino médio 574.07

2017
ISBN 978 85 08 16755-5 (AL)
ISBN 978 85 08 16756-2 (PR)
Código da obra CL 738361
CAE 501262 (AL)
CAE 501263 (PR)
1ª edição
6ª impressão

Impressão e acabamento: Brasilform Editora e Ind. Gráfica

Uma publicação Abril EDUCAÇÃO

# Apresentação

"Por que eu tenho de aprender Biologia?" – essa é uma pergunta feita com muita frequência.

Basta ligar a televisão, ler notícias na internet ou em jornais e revistas. A todo momento aparece alguma informação que, para ser bem compreendida, necessita de um conhecimento básico de Biologia e de outras ciências: aquecimento global, transgênicos, genes, DNA, células-tronco, clonagem, poluição, dietas, atividade física, drogas, destino do lixo e muitas outras.

Conhecer Biologia é fundamental para entender o que acontece hoje, para participar de forma esclarecida de decisões que afetam a sua saúde, a saúde da coletividade, o ambiente.

Por isso, os livros desta coleção foram escritos com ênfase na conexão dos conceitos científicos com seu cotidiano, com temas atuais nas áreas da saúde e tecnologia, com questões ambientais, sociais e éticas, a fim de estimular a reflexão, o espírito crítico e oferecer ferramentas essenciais para o seu crescimento como estudante e cidadão em um mundo globalizado.

**Sérgio Linhares**
**Fernando Gewandsznajder**

Aleks Melnik/Shutterstock/Glow Images

# Sumário geral

## Parte 1

### A diversidade da vida



### Vírus e seres de organização mais simples

Fotos: Eric V. Grave/ Photoresearchers, Inc./Latinstock



### Plantas

## Parte 2

# Animais

Dirk Ercken/shutterstock/Glow Images

Fabio Colombini/Acervo do fotógrafo

# Anatomia e fisiologia humanas

# Parte 1

## A diversidade da vida



## Vírus e seres de organização mais simples



## Plantas

Fabio Colombini/Arquivo da editora

# A diversidade da vida

Já foram descritos e nomeados cerca de 2 milhões de espécies de seres vivos em toda a Terra, mas ainda não se sabe seu número total, que pode variar de 10 milhões a 100 milhões.

Todos os organismos dependem uns dos outros para sobreviver. Por isso, a exploração dos recursos naturais deve ser feita de modo que preserve a imensa biodiversidade de nosso planeta. Assim, evitamos desequilíbrios ecológicos e preservamos espécies, muitas das quais ainda desconhecidas, que podem ser fonte de medicamentos e de outros produtos importantes. Mas, além das razões utilitárias e ecológicas, há também uma justificativa de ordem ética: a de não destruirmos outras espécies ou o ambiente em que vivemos.

Estudaremos agora como os cientistas classificam e dividem os seres vivos e faremos uma breve introdução aos principais reinos, que serão estudados posteriormente.

CAPÍTULO

# 1 Classificação dos seres vivos

Roger Harris/SPL/Latinstock

Reconstituição artística de um dinossauro (gênero *Velociraptor*; cerca de 1 m de altura; cores fantasia).

# 1 Objetivos da classificação

Tradicionalmente, o ser humano classifica os seres vivos de acordo com seus interesses práticos. Por exemplo: se eles são comestíveis ou não comestíveis; se trazem benefícios ou prejuízos à humanidade; se são domésticos ou selvagens; etc.

No caso da classificação biológica dos seres vivos, o objetivo é entender como os diversos grupos evoluíram, procurando mostrar as relações de parentesco evolutivo entre eles.

Figura 1.1 Árvore filogenética que representa o parentesco hipotético entre o ser humano e outros primatas.

Dada a grande variedade de seres vivos, os cientistas os organizaram para facilitar o seu estudo e para estabelecer uma **árvore filogenética**, isto é, um esquema com a possível sequência de origem dos diversos seres vivos. A árvore filogenética, portanto, é a representação de uma hipótese de filogênese (*phylon* = grupo; *genos* = origem) ou filogenia, que é a história evolutiva hipotética de cada grupo. Cada grupo de organismos em uma árvore filogenética é chamado **táxon**. Veja a figura 1.1.

Desse modo, é possível descobrir o grau de parentesco evolutivo entre os diversos grupos de seres vivos. Para isso, os cientistas analisam certos tipos de semelhanças no desenvolvimento embrionário, na estrutura celular e bioquímica, na anatomia e na fisiologia de seres vivos atuais ou extintos (por meio de seus fósseis).

A parte da Biologia que identifica, nomeia e classifica os seres vivos é a **Taxonomia** (*taxis* = arranjo, ordem; *nomos* = lei) e a que, além disso, estuda as relações evolutivas entre eles é a **Sistemática**. O fundador da Taxonomia científica foi o médico sueco Carl von Linné (1707-1778; Lineu, em português). Veja a figura 1.2.

A maioria dos naturalistas na época de Lineu aceitava a **teoria fixista** (ou **fixismo**), isto é, eles acreditavam que as espécies não evoluíam, eram consideradas imutáveis.

Lineu dividia os seres vivos em dois grandes grupos: **reino vegetal** e **reino animal**. Cada **reino** era dividido em **classes**; estas, divididas em **ordens**; as ordens, em **gêneros**; e os gêneros, em **espécies**. Lineu criou também a **nomenclatura binomial** para a espécie, como veremos adiante. O critério utilizado por Lineu era a semelhança anatômica entre os organismos.

Os sistemas de classificação que se baseiam em relações evolutivas são chamados **sistemas naturais**, enquanto os que não se baseiam nessas relações, **sistemas artificiais**.

Sistemática filogenética

Sheila Terry/SPL/Latinstock

Figura 1.2 Lineu.

# Categorias taxonômicas

A categoria taxonômica básica é a **espécie**, formada por um grupo de populações capazes de se cruzar e originar filhos férteis, mas que não são capazes de cruzar com outros grupos. Por exemplo, todos os leões pertencem à mesma espécie e isso também ocorre com todos os indivíduos da espécie humana e todos os gatos domésticos. Essa é uma das formas de definir espécie: é o chamado **conceito biológico de espécie**, muito utilizado no estudo da evolução.

No entanto, essa definição tem limitações: não pode ser usada, por exemplo, para fósseis, visto que não podemos observar sua reprodução, nem para os organismos que possuem apenas reprodução assexuada. Nesses casos, podemos identificar uma espécie por semelhanças na anatomia, na fisiologia ou no DNA de seus indivíduos.

Algumas espécies podem cruzar entre si, mas os filhos são quase sempre estéreis. É o caso do cruzamento do jumento, asno ou jegue (*Equus asinus*) com a égua (*Equus caballus*), que origina a mula (fêmea) e o burro ou o mulo (macho). As mulas e os burros são animais com a força semelhante à de um cavalo e, ao mesmo tempo, são resistentes e dóceis, como o asno. O cruzamento do cavalo com jumenta origina o bardoto, de tamanho menor e mais difícil de criar.

As espécies são reunidas, de acordo com o grau de parentesco evolutivo, em um segundo grupo taxonômico, o **gênero**. Gêneros aparentados evolutivamente formam **famílias**, e estas, **ordens**, que são reunidas em **classes**. As classes, por sua vez, constituem os **filos**, ou divisões, e estes, os **reinos** (figura 1.3). Um grupo de organismos, como Mammalia, Carnivora, etc., é chamado **táxon**.

Figura 1.3 Classificação da onça-pintada (*Panthera onca*; 1,90 m a 2,10 m de comprimento). Nas fotos aparecem também (tamanhos aproximados): o tigre (*Panthera tigris*; 1,40 m a 2,80 m de comprimento), o lobo-guará (*Chrysocyon brachyurus*; cerca de 80 cm de altura), o gato selvagem europeu (*Felis silvestris*; 65 cm de comprimento), a rã-touro (*Rana catesbeiana*; 15 cm de comprimento), a borboleta (*Morpho anaxibia*; 15 cm de envergadura) e o mico-leão-dourado (*Leontopithecus rosalia*; 20 cm de comprimento).

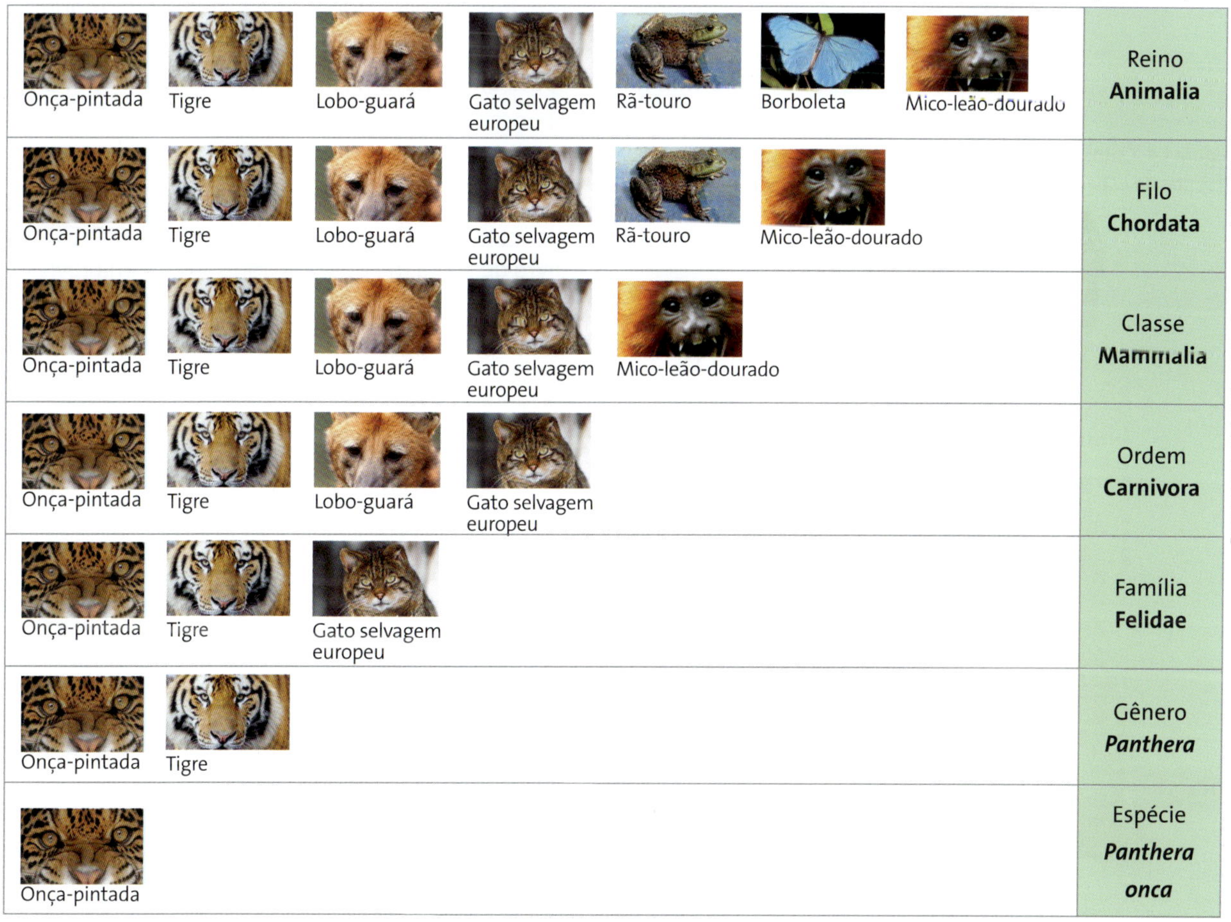


Fotos: Papilio Corbis/Latinstock (gato selvagem europeu); Fabio Colombini/Acervo do fotógrafo (onça-pintada, lobo-guará, rã-touro, borboleta, mico-leão-dourado); Entesham/Shutterstock/Glow Images (tigre).

## Regras internacionais de nomenclatura

Para que a classificação seja uniforme, foi convencionada uma série de regras que devem ser seguidas por todos os cientistas. Vejamos algumas:

- Todos os nomes científicos devem ser escritos em latim; se forem derivados de outra língua, deverão ser latinizados. A justificativa é que o latim não sofre modificações ao longo do tempo e, além disso, o idioma de nenhuma nação atual é privilegiado na nomenclatura.
- Os termos que indicam gênero, família, ordem, classe, filo e reino devem ter inicial maiúscula; o gênero deve ser escrito em *itálico*, quando em texto impresso, ou sublinhado, quando escrito à mão.
- O nome das espécies é duplo (binomial) e escrito em *itálico*, quando em texto impresso, ou sublinhado, quando escrito à mão: *Homo sapiens* (ser humano), *Felis catus* (gato doméstico; figura 1.4), *Musca domestica* (mosca). A primeira palavra indica o gênero, e a segunda, o termo específico (ou epíteto específico) escrito com inicial minúscula (se representar uma homenagem a alguém importante do país onde foi descrita a espécie, aceita-se o uso da inicial maiúscula). Em um texto, a partir da segunda ocorrência, o nome da espécie pode ser abreviado. Por exemplo, neste texto, uma nova ocorrência do nome *Felis catus* poderia aparecer assim: *F. catus*.
- Por causa da complexidade de certos grupos, foi necessário estabelecer grupos intermediários: **sub** e **supergêneros**, **sub** e **superfamílias**, **sub** e **superordens**, etc. A nomenclatura de uma subespécie (populações da mesma espécie geograficamente isoladas, que podem, no futuro, formar novas espécies) é trinominal (ou trinomial): *Crotalus durissus terrificus* (cascavel encontrada na Amazônia), *Crotalus durissus durissus* (cascavel encontrada na Guiana).
- Têm prioridade os nomes apresentados em primeiro lugar, a partir de 1758 (data da décima edição do livro de Lineu, no qual ele apresentou uma revisão de suas regras), desde que os autores os publicarem em revistas científicas seguindo todas as regras. É necessário que na publicação conste uma descrição do animal. Assim, se, por acidente, um pesquisador descrever um animal já classificado, prevalecerá o nome inicial. Essa regra é conhecida como **lei da prioridade**.
- O nome das famílias dos animais recebe o sufixo *idae*, e o da subfamília, o sufixo *inae*: Felidae, Felinae, etc. Nas plantas, utiliza-se, em geral, a terminação *aceae* para a família (Rosaceae, família da roseira e da macieira) e *ales* para a ordem (Pinales, ordem do pinheiro, da sequoia, etc.).

Figura 1.4 Gatos domésticos (felinos da espécie *Felis catus*).

Tony Campbell/Shutterstock/Glow Images

## 2 Classificação e evolução

Aqui veremos de forma simplificada alguns dos fatores que podem levar à evolução das espécies.

Imagine, por exemplo, que, num bando de ursos, nasça um ursinho com uma alteração genética (**mutação**) que fortaleça sua musculatura, contribuindo para que ele tenha mais agilidade do que os outros. Esse urso tende a ser mais eficiente nas caçadas, escapar mais facilmente de predadores e ter mais chances de sobreviver e de deixar descendentes do que os outros ursos. Se herdarem essa característica, os seus filhotes também tenderão a ser mais ágeis na caça e na fuga de predadores, apresentando mais chances de sobreviver e se reproduzir. Ao longo das gerações, então, deverá aumentar o número de ursos mais ágeis e, após algum tempo, toda a população será formada por ursos com essa característica.

Vamos fazer agora o raciocínio inverso, supondo que a mutação ocorrida produza ursos menos ágeis. Estes teriam mais dificuldade de sobreviver e, portanto, poucas chances de deixar descendentes. O número de ursos como eles não aumentaria ao longo das gerações. Ao contrário, tenderia a diminuir, e eles poderiam mesmo desaparecer.

O que esses exemplos mostram é que se, em uma população, alguns indivíduos possuem características que aumentam suas chances de sobrevivência e reprodução, ao longo do tempo o número de indivíduos com essas características tende a aumentar. Se, ao contrário, em uma população surgem indivíduos com características que reduzem suas chances de sobrevivência e reprodução, ao longo do tempo o número de indivíduos da população com essas características tende a diminuir. Esse processo, que modifica a frequência relativa de certos genes numa população, é chamado **seleção natural**. Vejamos mais um exemplo.

Vamos supor que alguns ratos de uma população migrem para outra região e fiquem isolados da população original, inviabilizando o cruzamento entre ratos das duas populações (figura 1.5). Esse fenômeno – que será revisto no terceiro volume desta coleção – é chamado **isolamento geográfico**.

Durante esse período, os fatores de evolução (mutação, seleção natural, entre outros) atuando sobre essas populações podem torná-las diferentes entre si. Persistindo o isolamento geográfico por tempo suficiente, pode-se chegar a um ponto em que as diferenças genéticas impedirão o cruzamento entre os ratos das duas populações (figura 1.5). Nesse momento, dizemos que ocorreu um **isolamento reprodutivo**, e cada população passa a ser considerada uma espécie diferente.

**Figura 1.5** Uma barreira geográfica pode levar à formação de novas espécies. (Os elementos da ilustração não estão na mesma escala; cores fantasia.)

Ingeborg Asbach/Arquivo da editora

População de ratos da mesma espécie

Uma barreira geográfica surge. A mesma espécie é formada por duas populações isoladas geograficamente.

Ao longo do tempo, acumulam-se mudanças em uma população ou em ambas, que acabam impedindo o cruzamento entre os dois grupos.

Mesmo que o isolamento geográfico desapareça, as duas populações não se cruzam mais e formam duas espécies.

Chama-se **cladogênese** (*klados* = ramo, divisão; *genos* = origem) o conjunto de processos que promovem a especiação, isto é, a separação de uma população em duas e a subsequente formação de novas espécies. A **anagênese** (*aná* = para cima) corresponde ao acúmulo de mudanças que uma população sofre ao longo do tempo, originando uma espécie com características diferentes (figura 1.6).

O objetivo da classificação é identificar grupos de organismos que descendam, por evolução, de um mesmo ancestral mais recente, exclusivo do grupo. Cães e lobos, por exemplo, pertencem ao gênero *Canis*. Isso significa que eles são parentes próximos que evoluíram dos mesmos antepassados.

Para determinar o grau de parentesco evolutivo entre os grupos podem ser usadas características anatômicas, fisiológicas, comportamentais ou moleculares.

Luis Moura/Arquivo da editora

Figura 1.6 Na anagênese, há um acúmulo de mudanças hereditárias que alteram as características de uma espécie. Na cladogênese, uma população se divide em duas e origina duas novas espécies que não cruzam mais entre si. (Borboletas têm de 1,3 cm a 30 cm da ponta de uma asa à ponta da outra, conforme a espécie.)

# Sistemática filogenética

O sistema de classificação mais aceito atualmente é a sistemática filogenética (*phylon* = tribo; *genos* = origem) ou **cladística** (*klados* = ramo), proposta pelo entomologista (cientista que estuda insetos) alemão Willi Hennig (1913-1976).

Seu objetivo é identificar grupos **monofiléticos** (*mono* = um), isto é, que incluam todos os descendentes de um ancestral comum exclusivo (que não é ancestral de outros grupos). Um grupo de organismos em que todos são descendentes de um único ancestral comum é chamado **clado**.

Já o termo **parafilético** (*para* = ao lado) indica um grupo de descendentes de um ancestral comum, mas que não inclui todos esses descendentes, isto é, ele reúne apenas alguns dos grupos descendentes de um mesmo ancestral. Finalmente, um grupo **polifilético** (*polys* = muitos) é aquele que agrupa partes de dois ou mais grupos monofiléticos.

Os clados menores são formados com todos os descendentes de um ancestral exclusivo que compartilham uma ou mais aquisições ou "novidades evolutivas", também chamadas **condições derivadas**. Por exemplo, a coluna vertebral está presente em peixes, anfíbios, répteis, aves e mamíferos, mas só os mamíferos têm pelos. A presença de pelos, estruturas exclusivas do grupo dos mamíferos, portanto, é uma condição (ou caráter) derivada, enquanto a coluna vertebral é uma condição (ou caráter) primitiva.

Reconstituir a história evolutiva dos seres vivos é um trabalho semelhante ao de um detetive que chega ao local de um crime e tenta descobrir quem o cometeu. O cientista também tenta descobrir a filogênese de um grupo observando fósseis e comparando grupos, utilizando dados anatômicos, fisiológicos, moleculares (sequências de DNA, RNA ou proteínas), etc.

As relações filogenéticas entre os grupos podem ser apresentadas em diagramas na forma de árvores, as árvores filogenéticas. Um dos tipos mais comuns de árvore filogenética é o **cladograma** (figura 1.7). Nesses diagramas, as bifurcações (ou **nós**) indicam o processo em que uma espécie ancestral hipotética origina novas espécies (especiação) ou novos grupos, que ficam nos ápices dos ramos (ou **terminais**). A base de onde partem os ramos é a **raiz** do diagrama. Os ramos representam as relações entre os organismos.

O diagrama da figura 1.7 indica que chimpanzés e gorilas são os parentes evolutivos mais próximos da espécie humana. Mas análises de sequências de DNA mostram que os chimpanzés estão mais próximos de nós do que os gorilas. Atenção: isso não quer dizer que o ser humano descende dos chimpanzés atuais, e sim que ele e os chimpanzés descendem de um mesmo ancestral. A linhagem que originou o ser humano e a que originou o chimpanzé podem ter se separado há cerca de 6 milhões de anos. A partir daí, ambos evoluíram separadamente e acumularam diversas modificações ao longo de milhões de anos. Já a linhagem que daria origem ao gorila se separou da linhagem que daria origem ao chimpanzé e ao ser humano há cerca de 10 milhões de anos.

Figura 1.7 Duas formas de esquematizar um cladograma indicando o parentesco evolutivo entre a espécie humana, o chimpanzé (70 cm a 90 cm de altura) e o gorila (*Gorilla gorilla*; 1,30 m a 1,90 m de altura). Há duas espécies de chimpanzés: o chimpanzé comum (*Pan troglodytes*) e o bonobo (*Pan paniscus*). (Os elementos ilustrados não estão na mesma escala; cores fantasia.)

Além de mostrar as relações filogenéticas, as novidades evolutivas podem ser indicadas nos ramos dos cladogramas (figura 1.8).

Observe na figura 1.8 que o lobo é um parente mais próximo, no sentido evolutivo, do jabuti do que do sapo-cururu ou dos demais animais da figura. Isso porque ambos compartilham um ancestral comum mais recente. Podemos fazer uma comparação que pode ajudar a compreender isso: uma pessoa é mais aparentada com seu irmão do que com seu primo porque ela tem um ascendente mais recente com seu irmão (seu pai ou sua mãe) do que com seu primo (o ascendente mais recente são os avós). Assim, dois grupos são tão mais aparentados filogeneticamente quanto mais recente for o último ancestral comum.

No diagrama e na tabela podemos ver também que apenas o lobo possui pelos, mas tanto no grupo dele como no do jabuti o embrião desenvolve-se dentro de uma bolsa de água, o âmnio. Observe ainda que todos os animais da figura, com exceção do anfioxo, possuem coluna vertebral. Assim, cada caráter é compartilhado apenas pelos ramos acima da característica.

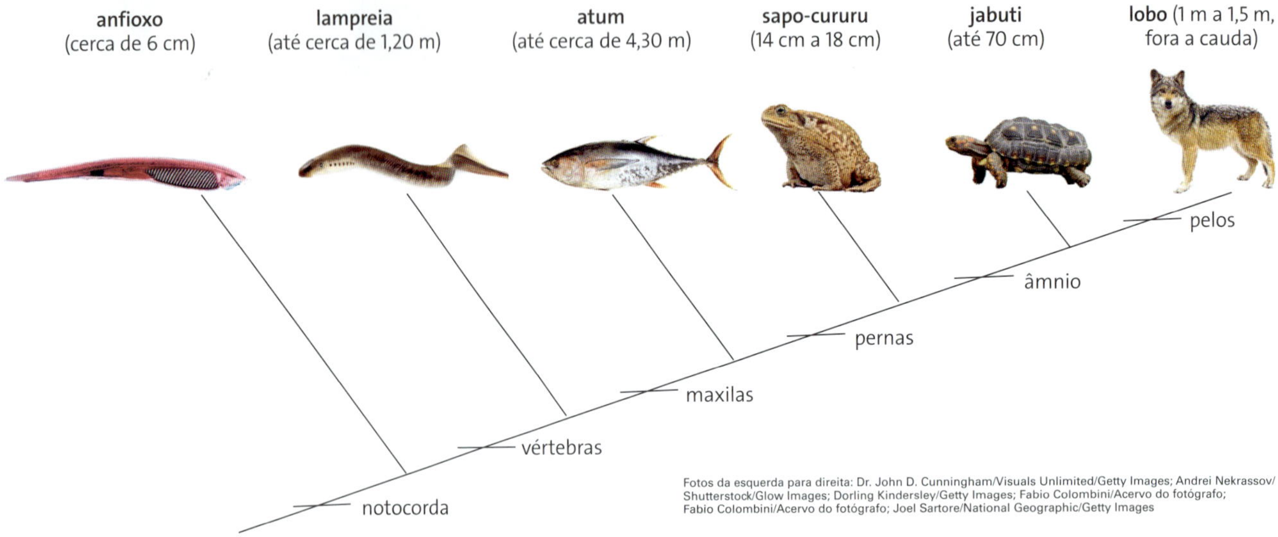


Fotos da esquerda para direita: Dr. John D. Cunningham/Visuals Unlimited/Getty Images; Andrei Nekrassov/Shutterstock/Glow Images; Dorling Kindersley/Getty Images; Fabio Colombini/Acervo do fotógrafo; Fabio Colombini/Acervo do fotógrafo; Joel Sartore/National Geographic/Getty Images

| | Anfioxo | Lampreia | Atum | Sapo-cururu | Jabuti | Lobo |
|---|---|---|---|---|---|---|
| **Notocorda no embrião** | + | + | + | + | + | + |
| **Vértebras** | – | + | + | + | + | + |
| **Maxilas** | – | – | + | + | + | + |
| **Pernas** | – | – | – | + | + | + |
| **Âmnio** | – | – | – | – | + | + |
| **Pelos** | – | – | – | – | – | + |

Figura 1.8 Diagrama simplificado representando relações filogenéticas entre alguns vertebrados (animais com coluna vertebral). Os vertebrados fazem parte do filo dos cordados, animais com notocorda, e possuem uma estrutura em forma de bastonete na região dorsal. O âmnio é uma bolsa com um líquido que protege o embrião contra choques e evita sua desidratação. Na tabela, o sinal positivo (+) indica a presença de um caráter, e o negativo (–), sua ausência. (As medidas indicam o comprimento aproximado dos animais, que estão desenhados em diferentes escalas; cores fantasia.)

## 3 Reinos e domínios

Em 1969, o cientista norte-americano Robert Whittaker (1924-1980) agrupou os seres vivos em cinco reinos, com base na organização celular e no tipo de nutrição. Vejamos as características de cada um.

- **Monera** (*moneres* = único, solitário) – formado pelas bactérias, organismos unicelulares procariontes (sem envoltório nuclear; figura 1.9); muitas são heterotróficas e algumas autotróficas (as cianobactérias também pertencem a esse reino).

Figura 1.9 À esquerda, bactérias que transformam o leite em iogurte. (Microscópio eletrônico; ampliação de cerca de 3 mil vezes; imagem colorizada por computador.) À direita, *Staphylococcus aureus* (microscópio eletrônico; ampliação de 2 mil vezes; imagem colorizada por computador).

SciMAT/Photo Researchers, Inc./Latinstock

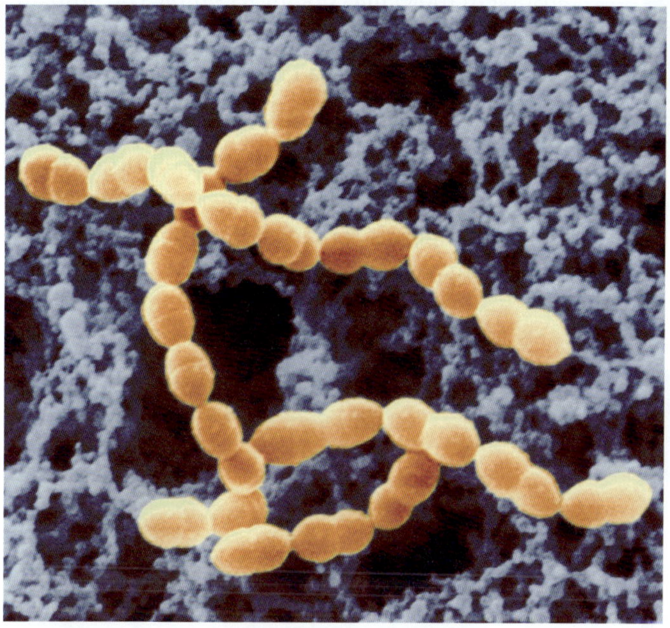

Kallista Images/Getty Images

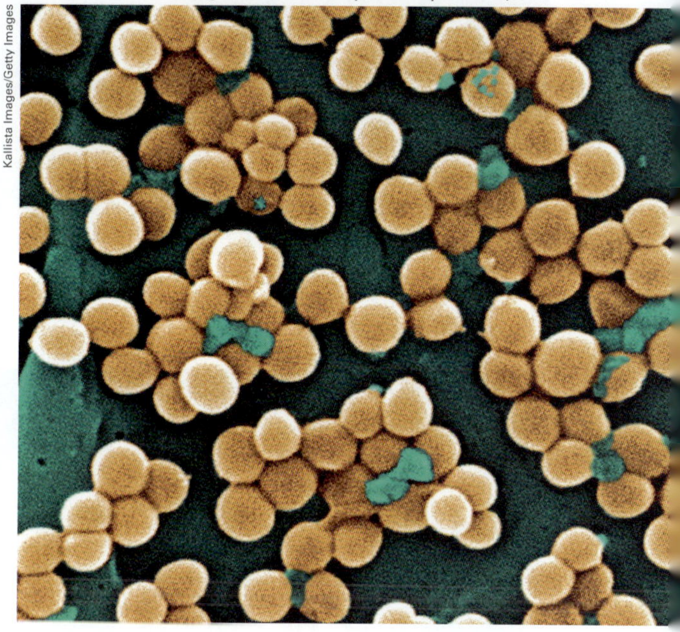

- **Protista** (*protos* = primeiro) – reúne os seres unicelulares eucariontes (com envoltório nuclear; figura 1.10): os protozoários (heterotróficos), como a ameba, e a maioria das algas unicelulares (autotróficas), como as diatomáceas. Depois, o grupo passou a incluir também algas pluricelulares (algas verdes, vermelhas e pardas). Alguns autores propuseram reunir tanto os seres unicelulares quanto os multicelulares que não se encaixavam nas definições de animais, plantas ou fungos em um reino chamado **Protoctista**, em substituição ao reino Protista. Mais recentemente, foi proposta a substituição do reino Protista por vários novos reinos.

Manfred Kage/SPL/Latinstock

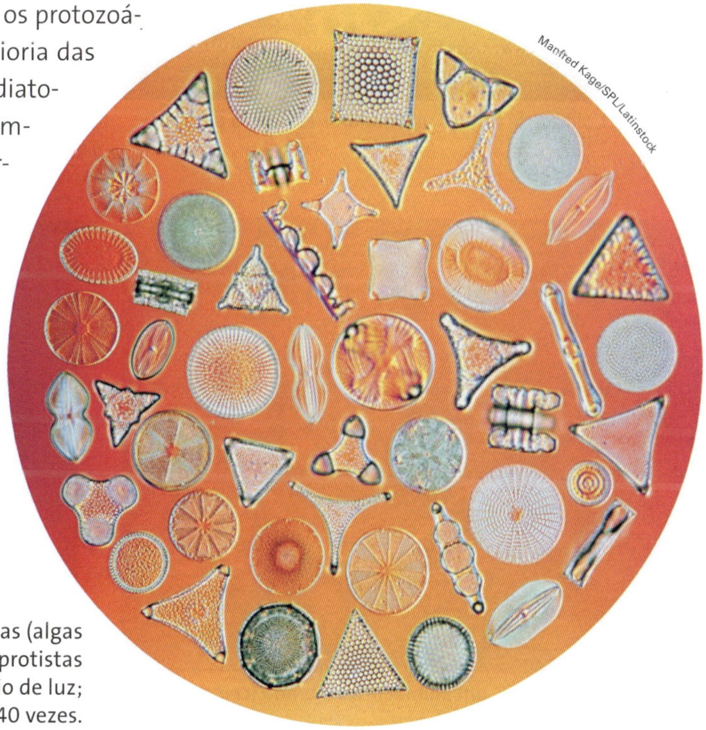

Figura 1.10 Diatomáceas (algas unicelulares, ou seja, protistas autotróficos) ao microscópio de luz; aumento de cerca de 40 vezes.

Haroldo Palo Jr./kino.com.br

Figura 1.11 Laranjeira (em torno de 2 m a 9 m de altura).

- **Plantae** ou **Metaphyta** (*meta* = além de; *phyton* = planta) – constituído pelas plantas terrestres, organismos eucariontes, pluricelulares e autotróficos (figura 1.11). Alguns autores colocam aqui também as algas verdes, que possuem um ancestral comum exclusivo com as plantas. As algas vermelhas e pardas ficariam em novos reinos.
- **Fungi** – inclui os fungos, seres eucariontes, unicelulares ou pluricelulares e heterotróficos por absorção (absorvem moléculas orgânicas simples do ambiente); a maioria vive da decomposição da matéria orgânica do ambiente (figura 1.12).
- **Animalia** ou **Metazoa** (*meta* = além de; *zoon* = animal) – compreende os eucariontes pluricelulares e heterotróficos por ingestão (ingerem moléculas orgânicas complexas retiradas do corpo de outros seres vivos; figura 1.13).

Alexander Raths/Shutterstock/Glow Images

Andrew McClenaghan/SPL/Latinstock

Figura 1.12 Colônia de fungos unicelulares em placa de petri.

Roger Wilmshurst/Corbis/Latinstock

Fabio Colombini/Acervo do fotógrafo

Figura 1.13 **A**: Minhoca, um animal invertebrado (cerca de 7 cm de comprimento). **B**: Esquilo, um animal vertebrado (22 cm a 30 cm de comprimento, fora a cauda).

# Os três domínios

Mais recentemente, os seres vivos têm sido agrupados em três domínios (como se fossem "super-reinos"): **Archaea** (arqueas), **Bacteria** (bactérias) e **Eukarya** (eucariontes).

O domínio Archaea (*arkhe* = primitivo) reúne procariontes que já foram colocados no mesmo domínio das bactérias (eram chamados arqueobactérias). Hoje, porém, em razão da composição da parede celular e outras características bioquímicas exclusivas desse grupo, os procariontes são classificados em domínio próprio. Muitos arqueas são encontrados em condições de temperatura, salinidade ou pH desfavoráveis à sobrevivência dos outros organismos (figura 1.14).

No domínio Bacteria estão as bactérias, incluindo as cianobactérias.

No domínio Eukarya estão as plantas, os animais, os fungos e os organismos que já foram classificados como protistas (ou protoctistas) e que, por esse sistema, estão divididos em vários reinos, uma vez que o reino Protista, assim como o reino Monera, não forma um grupo monofilético.

Para simplificar e por falta de um consenso na divisão em reinos, vamos incluir os protozoários e as algas no grupo protista – um grupo sem valor taxonômico.

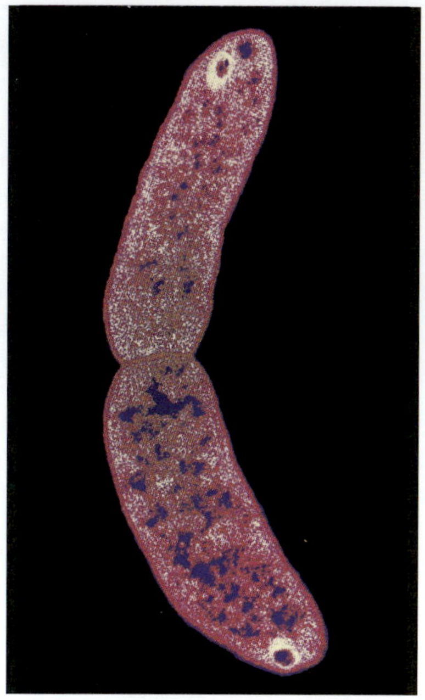

Dr. Terry Beveridge/Visuals Unlimited/Corbis/Latinstock

Figura 1.14 Divisão celular de arquea vista por microscopia eletrônica. Imagem colorizada por computador.

## Biologia e sociedade

### A importância da Sistemática

O estudo da Sistemática nos permite reconstruir a história evolutiva da vida por meio de um método objetivo.

Para isso, a Sistemática se ocupa da descrição das espécies que compõem toda a biodiversidade. Nessas descrições estão incluídos caracteres morfológicos, como os tipos de escama de um peixe ou o formato das asas de um inseto; mas outros aspectos também são considerados, como a anatomia interna e a genética.

Depois de descritas, as espécies são agrupadas pela Sistemática de acordo com a possível relação de parentesco entre elas. Assim, as espécies são reunidas dentro de um gênero, por exemplo, quando suas características apontam que existe um parentesco muito próximo entre elas, ou seja, que elas têm o mesmo ancestral comum.

Para entender como as diferentes espécies se formaram, a Sistemática também estuda os processos evolutivos que podem ter levado à formação dessas espécies.

Todo esse conhecimento permite, entre outras coisas, acompanhar o nível de extinção das espécies e ajudar na preservação da biodiversidade.

O estudo da Sistemática pode auxiliar ainda a pesquisa de novos produtos, como medicamentos que podem ser obtidos de plantas e de outros seres vivos, e na busca de novas espécies para o cultivo ou o cruzamento com espécies domésticas.

A análise sistemática nos ajuda a compreender, por exemplo, como a Aids pode ter se desenvolvido em seres humanos e como ocorreu a evolução do vírus HIV. Isso pode ser feito por meio da comparação das sequências de nucleotídeos de várias linhagens desse vírus (figura 1.15). A análise sistemática que indica a semelhança do HIV com os vírus do grupo SIV (*simian immunodeficiency virus*), encontrados em chimpanzés e outros macacos. Assim, o vírus pode ter sido adquirido quando alguns seres humanos foram mordidos ou arranhados ao caçar chimpanzés infectados.

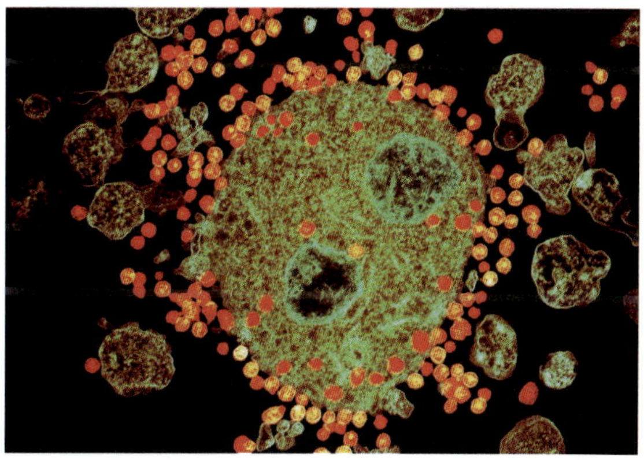

NIBSC/SPL/Latinstock

Figura 1.15 Partículas do vírus HIV (em laranja) se desprendem de célula T humana. (Imagem obtida por microscopia eletrônica e colorizada por computador.)

# Atividades

1. Classificar objetos facilita o nosso cotidiano. Por exemplo, se os livros de uma biblioteca estiverem organizados por assunto, título, autor ou algum outro critério fica mais fácil encontrar aquele que procuramos. A classificação dos seres vivos, porém, vai além da organização pura e simples, pois procura representar um fenômeno ocorrido ao longo da história da vida. Qual é esse fenômeno?

2. Qual deve ser o grupo mais heterogêneo: o de seres de uma mesma família, que reúne vários gêneros, ou o de seres de um mesmo filo, que reúne várias classes? Por quê?

3. Em termos evolutivos, o urso-polar (*Ursus maritimus*) é mais próximo do urso-cinzento (*Ursus arctos*) ou do urso panda gigante (*Ailuropoda melanoleuca*)? Justifique sua resposta.

4. Com base nas informações da figura 1.8, na página 18, responda: o lobo é mais próximo evolutivamente da tartaruga ou do atum? Justifique sua resposta.

5. A figura a seguir mostra uma filogênese simplificada de alguns grupos de mamíferos.

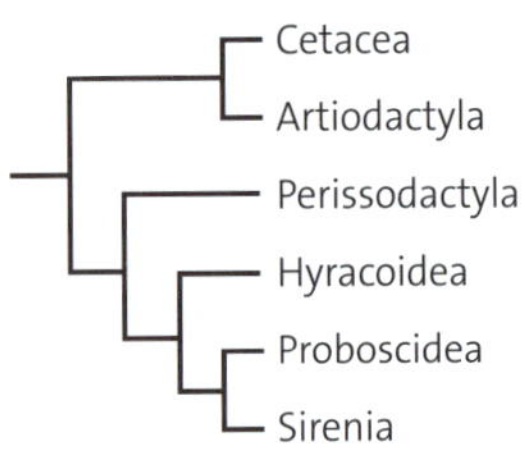


Qual o grupo evolutivamente mais próximo do grupo Cetacea, que inclui as baleias? Justifique sua resposta.

6. Veja a seguir os nomes comuns e científicos de alguns anfíbios (sapos, rãs e pererecas) brasileiros.

- sapinho-de-barriga-vermelha: *Melanophryniscus dorsalis*.
- sapinho-narigudo-de-barriga-vermelha: *Melanophryniscus macrogranulosus*.
- perereca: *Hyla cymbalum*, *Hyla izecksohni*.
- perereca-verde: *Hylomantis granulosa*.
- rãzinha: *Adelophryne baturitensis*, *Adelophryne maranguapensi*, *Thoropa lutzi*, *Thoropa petropolitana*.

a) Quantos gêneros e espécies diferentes aparecem nessa lista?

b) Qual a vantagem da utilização, pelos cientistas, dos nomes científicos, em vez dos nomes comuns, para identificar as espécies?

7. Entre os vertebrados (animais com crânio e coluna vertebral), há um grupo de peixes, os condrictes (tubarão, raia), cujo esqueleto é de cartilagem calcificada. A maioria dos peixes, classificada como osteíctes, possui esqueleto ósseo.

Os primeiros anfíbios, cujos descendentes atuais são os sapos, as salamandras, as rãs e as pererecas, foram os primeiros vertebrados a invadir o meio terrestre. Entre as adaptações que permitiram essa invasão estão a presença de pernas e pulmões.

Os répteis, representados pelas serpentes, pelas tartarugas e pelos lagartos, descendem de grupos de anfíbios ancestrais. Além de pernas e pulmões, possuem um ovo amniótico, isto é, um ovo com âmnio, uma estrutura que funciona como uma "piscina interna" para o embrião. Desse modo, ao contrário dos anfíbios, o desenvolvimento do embrião pode ocorrer fora da água.

Além do ovo amniótico, a maioria dos mamíferos possui placenta, estrutura pela qual o embrião recebe nutrientes do organismo materno. Além disso, a presença de pelos, um caráter exclusivo desse grupo, colabora para a endotermia, isto é, para a manutenção de uma temperatura constante do corpo.

a) Copie o quadro abaixo em seu caderno e, com base nas informações do texto, indique com sinal positivo (+) a presença do caráter no respectivo animal e, com sinal negativo (–), a ausência.

| | Tubarão | Salmão | Sapo | Tartaruga | Onça |
|---|---|---|---|---|---|
| **Crânio** | | | | | |
| **Esqueleto ósseo** | | | | | |
| **Ovo amniótico** | | | | | |
| **Pelos** | | | | | |
| **Pulmões** | | | | | |

b) Com auxílio do quadro preenchido, copie o diagrama abaixo (cladograma) em seu caderno e acrescente na ponta dos ramos os diversos grupos e ao lado dos retângulos pretos os caracteres exclusivos dos grupos acima do ponto de inserção da característica.

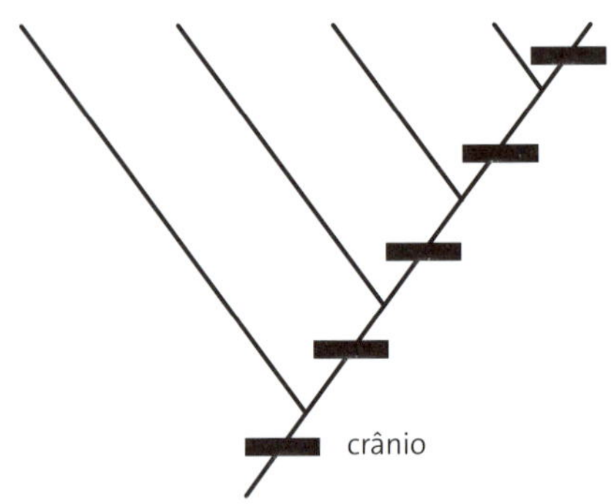

# Pensando no Enem

No Período Permiano, cerca de 250 milhões de anos atrás (250 m.a.a.), os continentes formavam uma única massa de terra conhecida como Pangeia. O lento e contínuo movimento das placas tectônicas resultou na separação das placas, de maneira que, já no início do Período Terciário (cerca de 60 m.a.a.), diversos continentes se encontravam separados uns dos outros.

Uma das consequências dessa separação foi a formação de diferentes regiões biogeográficas, chamadas biomas. Devido ao isolamento reprodutivo, as espécies em cada bioma se diferenciaram por processos evolutivos distintos, novas espécies surgiram, outras se extinguiram, resultando na atual diversidade biológica do nosso planeta. A figura ilustra a deriva dos continentes e suas posições durante um período de 250 milhões de anos.

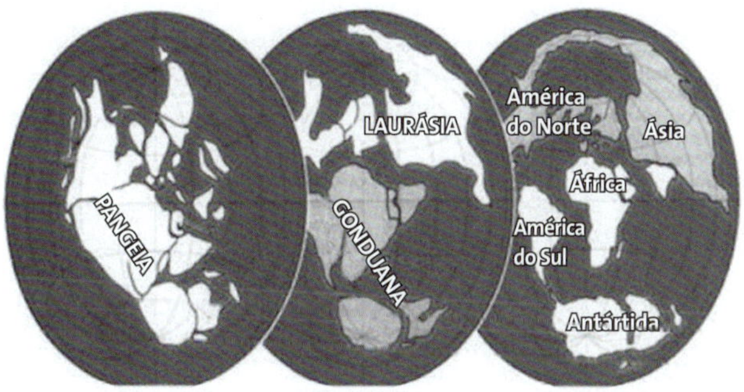


| **Período Permiano** (250 m.a.a.) | **Período Cretáceo** (100 m.a.a.) | **Início do Período Terciário** (60 m.a.a.) |
|---|---|---|

RICKLEFS, R. E. *A economia da natureza*. Rio de Janeiro: Guanabara Koogan, 2003. (Adaptado).

De acordo com o texto, a atual diversidade biológica do planeta é resultado

a) da similaridade biológica dos biomas de diferentes continentes.

b) do cruzamento entre espécies de continentes que foram separados.

c) do isolamento reprodutivo das espécies resultante da separação dos continentes.

d) da interação entre indivíduos de uma mesma espécie antes da separação dos continentes.

e) da taxa de extinções ter sido maior que a de especiações nos últimos 250 milhões de anos.

## Resolução

A questão inicia-se com uma breve explicação sobre a separação dos continentes ao longo de milhões de anos. É importante unir as informações do primeiro parágrafo à figura que acompanha a questão.

A explicação começa no Período Permiano, quando todos os continentes eram unidos formando a Pangeia; passando pelo Período Cretáceo, quando a Pangeia já estava divida em dois continentes principais, Laurásia e Gonduana; até o início do Período Terciário, quando a configuração dos continentes já se parecia com a atual.

É fundamental notar a escala de tempo do processo de separação dos continentes, em milhões de anos (250 m.a.a., 100 m.a.a. e 60 m.a.a.). Assim como o processo de separação dos continentes, a formação das espécies é lenta e a biodiversidade atual também é resultado de um processo que começou há milhões de anos.

O segundo parágrafo cita a formação de regiões biogeográficas, ou biomas, como consequências da separação dos continentes. O termo "região biogeográfica" refere-se genericamente a uma região geográfica e todos os seres vivos contidos nela. Sendo assim, todas as mudanças que ocorrem na região geográfica, como a deriva dos continentes, também afetará os seres vivos que nela residem.

Para resolver a questão, considere, então, os seguintes tópicos:

- Os continentes eram todos unidos e separaram-se ao longo de milhões de anos até adquirirem a conformação atual.
- A separação dos continentes, assim como outros fatores, contribuiu para a formação de biomas diferentes em cada região.
- A separação de indivíduos da mesma espécie em biomas diferentes levou ao isolamento reprodutivo e a processos evolutivos distintos entre eles, formando novas espécies.
- A biodiversidade atual é resultado desse longo processo.

A resposta correta é, portanto, a alternativa C, pois é a única que fala em isolamento reprodutivo causado pela separação dos continentes.

Resposta: **C**.

# Vestibulares de Norte a Sul

1. **NE** (UFBA) *Crassostrea rhizophora*, *Rhizophora mangle* e *Crassostrea brasiliana* são os nomes científicos de três espécies vegetais. Com base nos princípios da nomenclatura biológica, pode-se concluir que:

a) há maior grau de parentesco entre *Crassostrea rhizophora* e *Crassostrea brasiliana* que entre *Crassostrea rhizophora* e *Rhizophora mangle*.

b) há maior grau de parentesco entre *Crassostrea rhizophora* e *Rhizophora mangle* que entre *Crassostrea rhizophora* e *Crassostrea brasiliana*.

c) entre *Crassostrea brasiliana* e *Rhizophora mangle* evidencia-se uma relação de parentesco ao nível de ordem.

d) entre *Crassostrea rhizophora* e *Rhizophora mangle* evidencia-se uma relação de parentesco ao nível de gênero.

e) *Crassostrea brasiliana* e *Crassostrea rhizophora* são aparentadas, embora pertençam a famílias diferentes.

2. **S** (UFRGS-RS) A árvore filogenética a seguir, que é baseada em dados moleculares, reúne num mesmo grupo os grandes felinos. O nó 2 reúne as espécies que rugem; o nó 3, as que não têm essa capacidade.

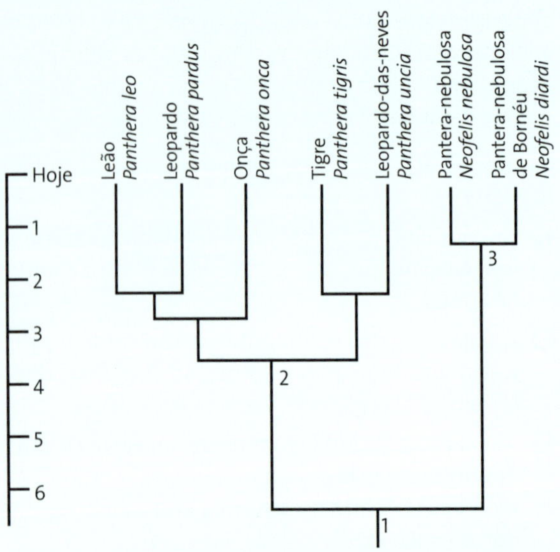


Adaptado de: O'BRIEN, S; JOHNSON, W. A Evolução dos Gatos. *Scientific American Brasil*, ano 6, n. 63, p. 56-63, ago. 2007.

Com relação a essa árvore filogenética, é correto afirmar que:

a) a *Panthera leo* é mais aparentada com a pantera-nebulosa do que com o tigre.

b) os felinos rugidores surgiram depois dos não rugidores.

c) as panteras-nebulosas representam o gênero *Panthera*, que não tem a capacidade de rugir.

d) cada nó representa um evento de especiação por anagênese.

e) o leão e o leopardo compartilham mais características entre si do que a onça e o leopardo.

3. **NE** (UPE) Dentre as categorias taxonômicas apresentadas abaixo, assinale aquela na qual os indivíduos apresentam maior grau de características semelhantes.

a) ordem

b) classe

c) família

d) reino

e) gênero

4. **SE** (Vunesp-SP) Três populações de insetos, **X**, **Y** e **Z**, habitantes de uma mesma região e pertencentes a uma mesma espécie, foram isoladas geograficamente. Após vários anos, com o desaparecimento da barreira geográfica, verificou-se que o cruzamento dos indivíduos da população **X** com os da população **Y** produzia híbridos estéreis. O cruzamento dos indivíduos da população **X** com os da população **Z** produzia descendentes férteis, e o dos indivíduos da população **Y** com os da população **Z** não produzia descendentes. A análise desses resultados permite concluir que:

a) **X**, **Y** e **Z** continuaram pertencendo à mesma espécie.

b) **X**, **Y** e **Z** formaram três espécies diferentes.

c) **X** e **Z** tornaram-se espécies diferentes e **Y** continuou a pertencer à mesma espécie.

d) **X** e **Z** continuaram a pertencer à mesma espécie e **Y** tornou-se uma espécie diferente.

e) **X** e **Y** continuaram a pertencer à mesma espécie e **Z** tornou-se uma espécie diferente.

5. **N** (Uepa) Artefato bélico desenvolvido para espalhar agentes vivos, capazes de infectar um grande número de pessoas, é chamado de arma biológica, contendo vírus e bactérias modificados geneticamente em laboratórios, para se tornarem resistentes, matando ou incapacitando humanos, animais e plantas de uma nação adversária. Potencialmente, para este fim, destacam-se os bacilos *Bacillus anthracis* e *Clostridium botulinum*, os vírus da varíola e o ebola.

A respeito dos microrganismos destacados, afirma-se que:

a) pertencem ao mesmo reino por não apresentar material genético envolvido pela carioteca.

b) as bactérias pertencem ao mesmo gênero porque possuem forma esférica.

c) são autótrofos e só se reproduzem no interior de outras células.

d) formam esporos que são as estruturas de resistência no ambiente externo.

e) as bactérias possuem mesma forma e pertencem a gêneros e espécies diferentes.

6. **SE** (FGV-SP) O sistema de classificação taxonômica ainda hoje utilizado foi elaborado por Carl von Linné 101 anos antes de Charles Darwin publicar *A origem das espécies*.

Para Lineu, a invariabilidade das espécies é a condição da ordem na natureza.

Para Darwin, nossas classificações deveriam se tornar, até onde for possível adequá-las, genealogias.

Já no início do atual século, o pesquisador norte-americano Kevin de Queiroz propôs que adotássemos um novo código de classificação, no qual se perderiam as categorias taxonômicas mais amplas do sistema lineano (praticamente do gênero para cima) e que fosse norteado pelas relações de proximidade evolutiva entre os seres vivos.

A partir do texto, pode-se dizer que:

a) o sistema lineano de classificação não permite visualizar as relações de ancestralidade e descendência entre os seres vivos.

b) mesmo após a publicação do livro de Darwin, o sistema lineano foi mantido por esclarecer acerca das relações evolutivas entre as espécies.

c) para Darwin, a classificação taxonômica deveria ser readequada para que refletisse o grau de semelhança morfológica entre as espécies.

d) para o pesquisador Kevin de Queiroz, as espécies não têm importância quando da construção de um sistema de classificação taxonômica.

e) Lineu antecipou, em 101 anos, os conceitos evolutivos posteriormente postulados por Darwin, conceitos esses atualmente questionados por Kevin de Queiroz.

7. **CO** (UFG-GO) Os fatos biológicos a seguir se referem ao processo de formação de novas espécies (especiação):

I. Para que ocorra a especiação, é necessário que grupos de indivíduos pertencentes à mesma população original separem-se e deixem de se cruzar.

II. Mutações ao acaso do material genético, ao longo do tempo, promovem o aumento da variabilidade, permitem a continuidade da atuação da seleção natural e o consequente aparecimento de novas espécies.

III. Barreiras mecânicas, diferenças comportamentais no processo de acasalamento, amadurecimento sexual em épocas diferentes, inviabilidade e/ou esterilidade do híbrido ou da geração $F_2$ são mecanismos que levam ao isolamento reprodutivo e, consequentemente, à formação de novas espécies.

Está correto o que se afirma em:

a) I, apenas.

b) II, apenas.

c) I e II, apenas.

d) II e III, apenas.

e) I, II e III.

8. **SE** (Uerj) Técnicas de hibridização ou de determinação da sequência de bases do DNA permitem estimar o grau de parentesco entre espécies de seres vivos. O resumo da árvore evolutiva, esquematizado a seguir, apresenta resultados de pesquisas realizadas com primatas utilizando essas técnicas:

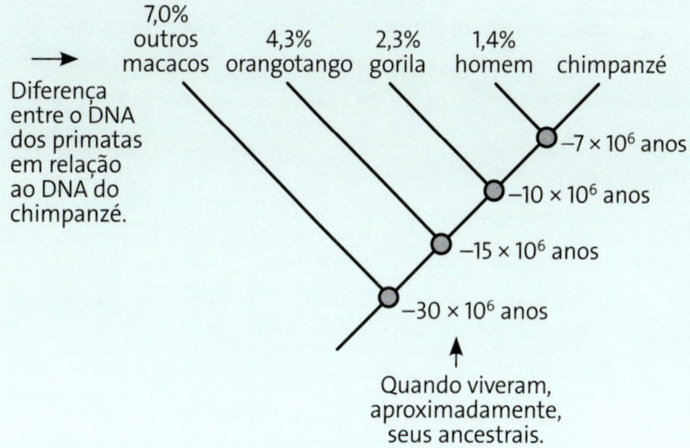


Entre os primatas citados, relacione, na ordem crescente de semelhança ao genótipo do chimpanzé, os que tiveram um ancestral que viveu há cerca de 10 milhões de anos. Indique, ainda, o percentual de semelhança.

9. **SE** (UFRJ) Alguns anfíbios possuem venenos que têm por base compostos químicos alcaloides. Os alcaloides obtidos a partir dessas espécies vêm sendo utilizados em pesquisas biomédicas por causa de suas propriedades farmacológicas. Os cientistas acreditam que o conhecimento das relações evolutivas (filogenéticas) dos anfíbios pode auxiliar na escolha das espécies a serem estudadas na busca de novos alcaloides. A figura abaixo mostra as relações evolutivas entre cinco espécies de anfíbios. As espécies *Phyllobates terribilis* e *Epipedobates tricolor* apresentam alcaloides, e a espécie *Rana palmipes* não possui esse tipo de substância. Identifique qual das duas espécies, **A** ou **B**, deveria ser estudada primeiro pelos cientistas na busca por alcaloides de interesse farmacológico. Justifique sua resposta.

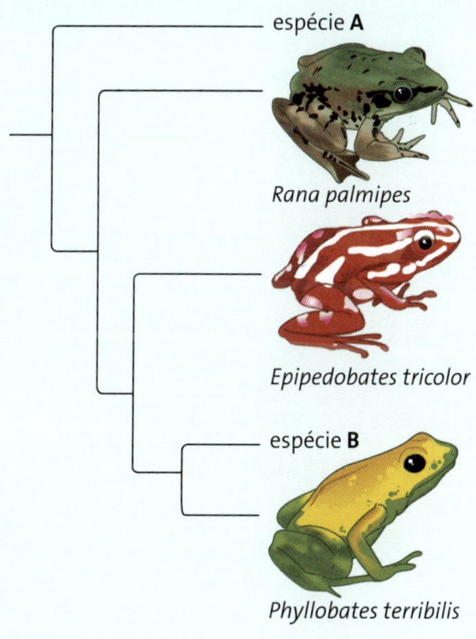

# Vírus e seres de organização mais simples

Imagine a seguinte situação: um rapaz acordou um dia e percebeu que estava gripado e com febre. Ele se levantou da cama, escovou os dentes e voltou a dormir. Pouco comeu naquele dia. Apenas um sanduíche de queijo. Tente pensar agora quais são os seres vivos envolvidos na situação descrita.

A gripe do rapaz é causada por um vírus. Quando ele escovou os dentes, estava evitando o crescimento de bactérias causadoras de cáries; o pão que ele comeu é resultado da atividade de fungos, e o queijo é produto da atividade de bactérias.

Estudaremos a seguir os vírus e outros seres de organização mais simples. Os vírus formam um grupo especial de organismos porque não possuem estrutura celular. Em seguida, estudaremos seres vivos formados por células, mas que não formam tecidos ou órgãos: bactérias, protozoários, algas e fungos.

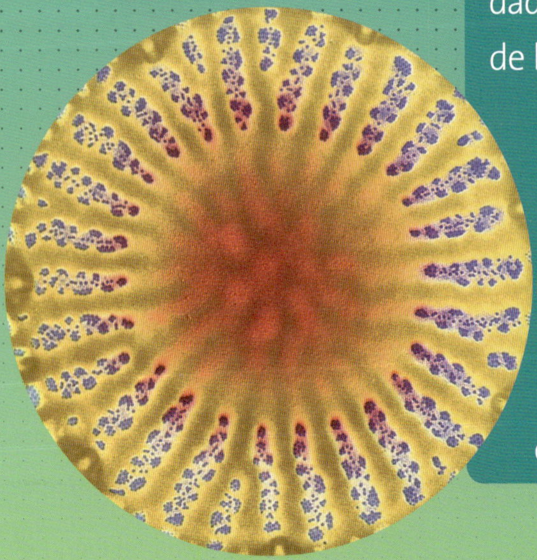

CAPÍTULO

# 2 Vírus

Bettmann/Corbis/Latinstock

Trabalhador em Nova York, Estados Unidos, usando máscara durante a epidemia de gripe espanhola. Foto de 1919.

- *Como os vírus se reproduzem?*
- *Que doenças causam?*
- *Que defesas possuímos contra eles?*

## 1 Características gerais

Os vírus (*virus* = veneno) não possuem organização celular e só conseguem se reproduzir no interior de células vivas, causando doenças no ser humano e em outros seres vivos. Eles são **parasitas** (*para* = ao lado; *sitos* = alimento) **intracelulares obrigatórios**. Isso significa que os vírus instalam-se nas células de um ser vivo, provocando doenças, e que se reproduzem no interior delas (figura 2.1). Fora das células, são inertes, capazes até mesmo de cristalizar-se, como alguns minerais.

Talvez os vírus tenham se originado de fragmentos de ácidos nucleicos que "escaparam" de algumas células e penetraram em outras.

Os vírus não pertencem a nenhum dos cinco reinos ou dos três domínios e, para muitos cientistas, não são considerados seres vivos (seriam "agentes patogênicos", por causarem doenças), pois não possuem metabolismo próprio. Outros cientistas consideram que a capacidade de replicação, a hereditariedade e a evolução já são suficientes para considerar os vírus como seres vivos.

Apesar disso, os vírus possuem um sistema de classificação próprio, baseado nas semelhanças entre seus ácidos nucleicos (DNA ou RNA). Nesse sistema eles são divididos em famílias, gêneros (escritos em itálico com inicial maiúscula e com a terminação "*vírus*") e espécies. Estas reúnem os vírus com características morfológicas, genéticas e enzimáticas semelhantes. As espécies podem ser indicadas por iniciais dos nomes: por exemplo, HIV indica o *human immunodeficiency virus* (vírus da imunodeficiência humana), que é o vírus da Aids. O HIV pertence à família Retroviridae (o nome da família termina com "viridae") e ao gênero *Lentivirus*. As espécies podem ser divididas em variedades; o HIV possui duas: HIV-1 e HIV-2. Os vírus podem ainda ser classificados em ordens, mas, em vários casos, como o do HIV, a ordem ainda não foi definida.

Figura 2.1 Vírus HIV emergindo de célula T em imagem de microscópio eletrônico colorizada por computador. (Aumento de cerca de 160 mil vezes.)

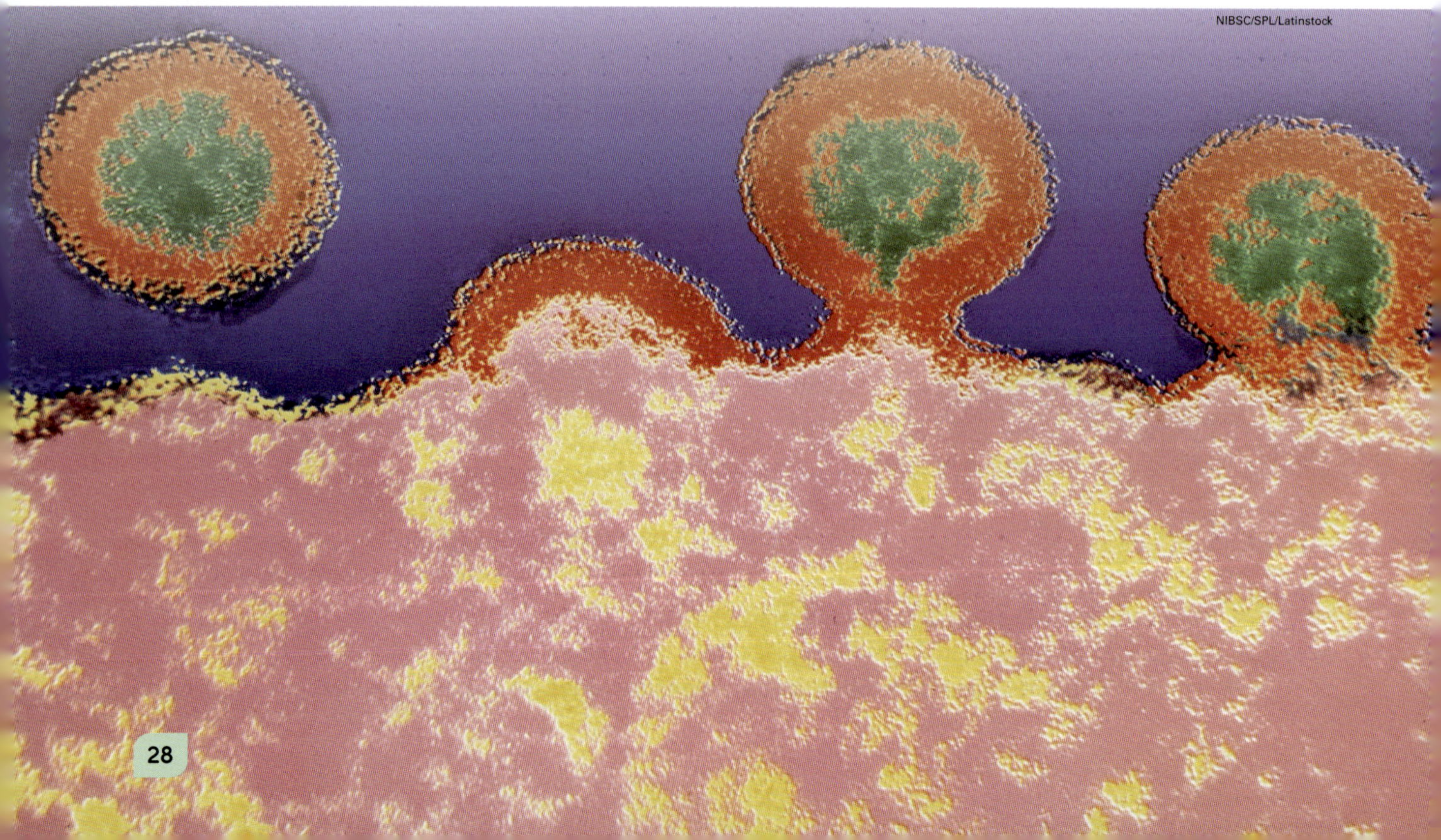

NIBSC/SPL/Latinstock

# 2 Estrutura e reprodução

Vírus

Os vírus medem entre 0,01 µm e 0,9 µm e são formados por uma cápsula de proteína, o **capsídeo** (*capsa* = caixa), com várias subunidades, os **capsômeros** (*meros* = parte). Veja a figura 2.2. No interior do capsídeo há um ácido nucleico (DNA ou RNA). A esse conjunto damos o nome de **nucleocapsídeo**.

Em alguns vírus, o capsídeo é coberto por uma membrana lipídica, constituída pela membrana plasmática da célula invadida: são os chamados **vírus envelopados**. Proteínas virais podem estar mergulhadas nessa membrana (figura 2.2).

Os vírus podem ser considerados grupos de genes "empacotados" em proteínas. Como não possuem todas as estruturas necessárias para a duplicação de seu ácido nucleico e para a síntese de proteínas da cápsula, usam a maquinaria de uma célula para se multiplicar. Portanto, como já vimos, eles são parasitas intracelulares obrigatórios. Parasitas, porque retiram substâncias da célula, causando prejuízos; intracelulares, porque se reproduzem dentro da célula; obrigatórios, porque são incapazes de se reproduzir fora dela. Quando está fora da célula, o vírus pode ser chamado **vírion**.

O processo de reprodução dos vírus dentro das células utiliza o equipamento metabólico celular, mas é comandado pelo ácido nucleico viral. Cada tipo de vírus parasita apenas determinados tipos de célula. Essa especificidade é dada pela cápsula, que adere apenas às células que possuem proteínas da membrana (receptores) capazes de se encaixarem nas suas proteínas.

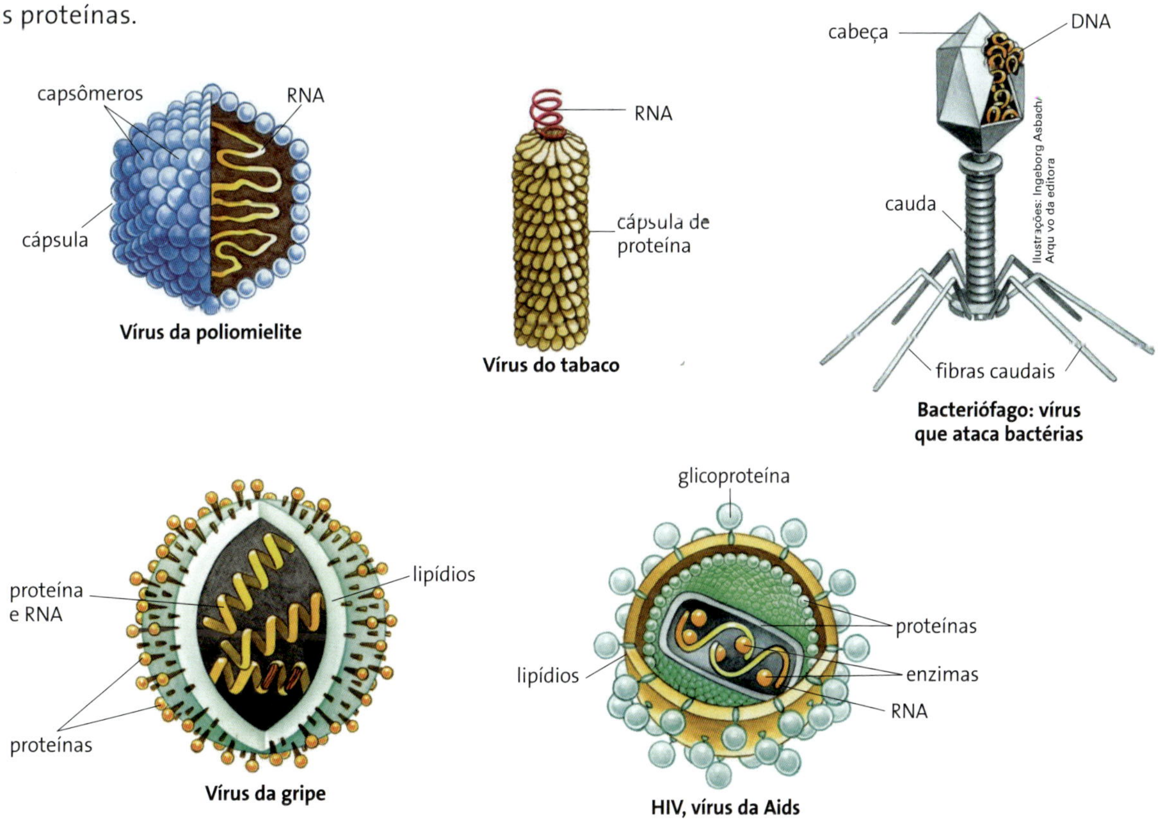


Figura 2.2 Estrutura de alguns vírus (medem entre 0,01 µm e 0,9 µm; os elementos da ilustração não estão na mesma escala; cores fantasia).

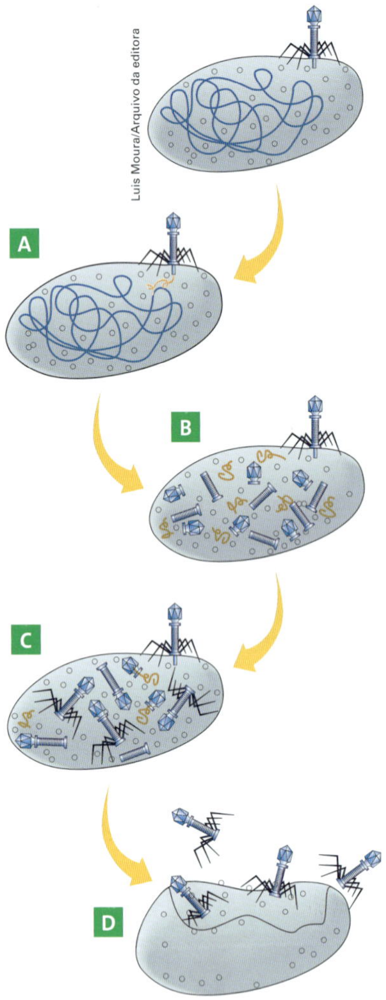


## Reprodução de um vírus de DNA, o bacteriófago

Para entender o método de reprodução dos vírus, vamos usar como modelo o bacteriófago, ou fago (*phagein* = comer), um dos vírus mais estudados na Biologia. O bacteriófago ataca bactérias, reproduzindo-se em seu interior.

O processo começa com o encaixe das fibras da cauda do vírus na membrana da bactéria. A cauda se contrai e injeta o DNA na célula. A cápsula, vazia, fica do lado de fora (figura 2.3 **A**). No interior da célula, o DNA do vírus comanda a produção de uma enzima que inativa o DNA da bactéria, assumindo o comando do metabolismo celular e usando os nucleotídeos e as enzimas da célula para fabricar cópias suas, além de comandar a síntese de proteínas da cápsula (figura 2.3 **B**). As novas cápsulas se associam às cópias do DNA, e são formados de cem a duzentos novos vírus (figura 2.3 **C**). Um dos genes do vírus produz, então, uma enzima que digere a parede bacteriana, provocando a ruptura e a morte da célula (figura 2.3 **D**).

Todo esse processo pode levar menos de meia hora, e cada novo vírus formado pode infectar uma nova bactéria.

Dept. of Microbiology, Biozentrum/SPL/Latinstock

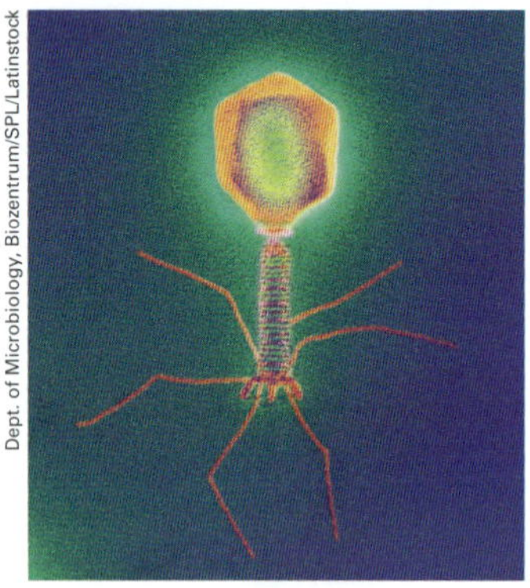

Eye of Science/SPL/Latinstock

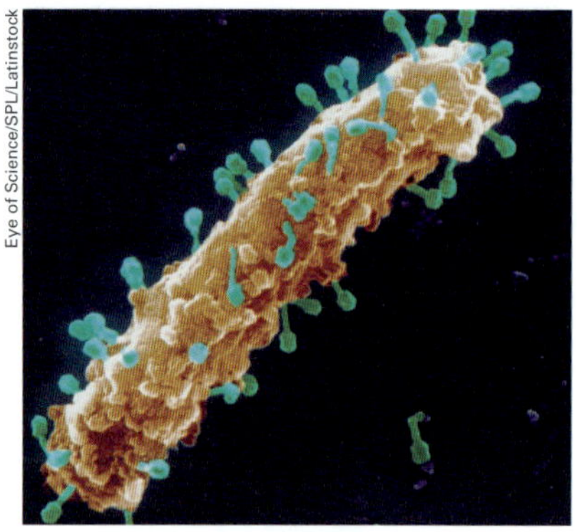

Figura 2.3 Esquema que mostra a reprodução do bacteriófago. (Bacteriófagos medem cerca de 0,04 µm por 0,1 µm; os elementos da ilustração não estão na mesma escala; cores fantasia.) Nas fotos, bacteriófago (acima, à esquerda, visto ao microscópio eletrônico; aumento de cerca de 110 mil vezes; imagem colorizada por computador) e bactéria atacada por bacteriófagos (acima, à direita; imagem vista ao microscópio eletrônico; aumento de cerca de 18 mil vezes e colorizada por computador).

## Aprofunde seus conhecimentos

### Ciclo lítico e ciclo lisogênico

Às vezes, o DNA viral se liga ao da bactéria, reproduzindo-se com ele a cada divisão da célula. Ao mesmo tempo, a célula mantém o seu metabolismo normal (figura 2.4). Nesse estado, o vírus é chamado profago ou provírus e não destrói a bactéria. Isso acontece porque um dos genes do vírus comanda a síntese de uma proteína repressora, que inibe os outros genes virais. Se houver alguma alteração nesse gene (uma mutação provocada por produtos químicos, raios ultravioleta, etc.), o profago pode replicar-se e destruir a célula.

O ciclo em que a célula é destruída chama-se lítico, e os vírus que o provocam, líticos ou virulentos. Quando a célula é preservada, o ciclo é lisogênico, e os vírus são chamados temperados ou não virulentos. A bactéria que transporta o vírus em seu DNA é chamada lisogênica: a qualquer momento o DNA do vírus pode voltar à atividade e destruir a célula. A transformação do ciclo lisogênico em lítico recebe o nome de indução.

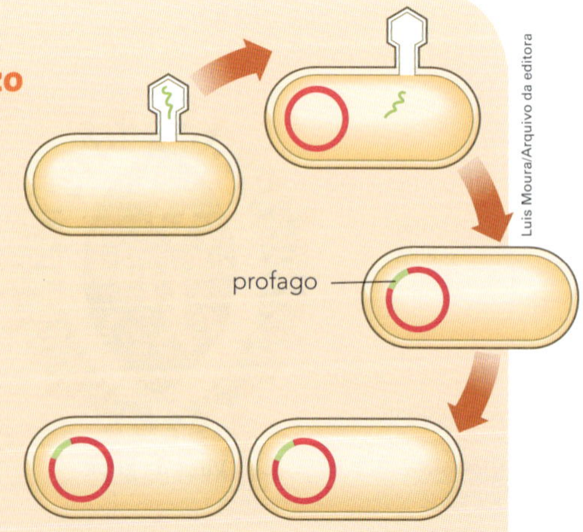


Figura 2.4 Ciclo lisogênico do bacteriófago.

## Reprodução de vírus de RNA

Em alguns tipos de vírus que apresentam RNA como material genético (como os vírus da gripe, do sarampo, da raiva e da poliomielite), esse ácido nucleico orienta a produção de uma molécula de RNA, que comanda a síntese de proteínas da cápsula e de novas moléculas de RNA.

No grupo de vírus de RNA conhecidos como **retrovírus** (*retro* = atrás), esse ácido sintetiza uma molécula de DNA (ao contrário do que acontece no processo de transcrição dos seres vivos em geral; por isso, a enzima que permite esse processo é chamada **transcriptase reversa**), que poderá orientar a produção de novas moléculas de RNA virais e das proteínas da cápsula. É o caso do vírus da Aids, que estudaremos mais adiante.

### Biologia tem História

#### A descoberta dos vírus

O cientista alemão Adolf Mayer (1843-1942) mostrou em 1883 que o caldo extraído de folhas de tabaco infectadas com a doença mosaico do tabaco transmitia esse mal a uma planta sadia (figura 2.5). Porém, ele achou que algum tipo de bactéria, muito pequena, seria a causa da enfermidade.

Em 1892 o cientista russo Dimitri Ivanovski (1864-1920) demonstrou que essa doença era transmitida mesmo depois de o caldo ter passado por um filtro de porcelana que impedia a passagem de bactérias. Ele achou que uma toxina produzida por alguma bactéria poderia estar envolvida na transmissão.

O cientista holandês Martinus Beijerinck (1851-1931) publicou, em 1898, um trabalho em que mostrava que o material filtrado era capaz de se reproduzir no interior dos tecidos da planta. Por fim, em 1935, o bioquímico norte-americano Wendell Meredith Stanley (1904-1971) foi capaz de cristalizar o vírus do tabaco e, em 1939, esse vírus pôde ser observado ao microscópio eletrônico (figura 2.5).

Nigel Cattlin/Photo Researchers, Inc./Latinstock

Dennis Kunkel Microscopy Inc./Visuals Unlimited/Corbis/Latinstock

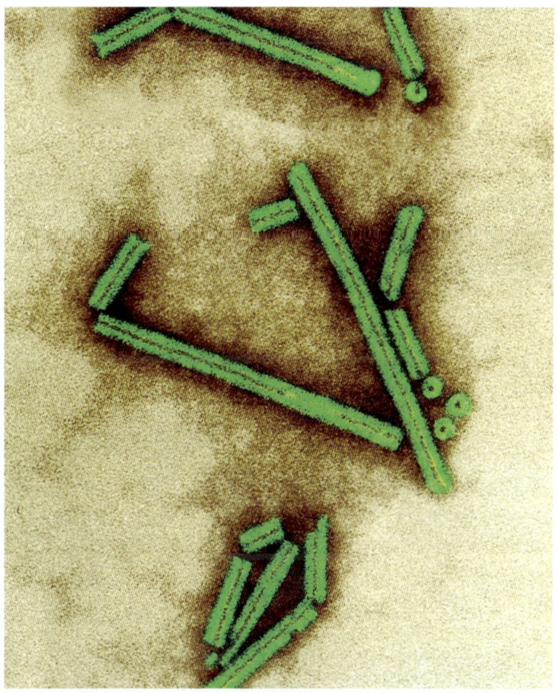

Figura 2.5 Folha de tabaco (10 cm a 30 cm de comprimento) com lesões provocadas por vírus e vírus do tabaco. (Microscópio eletrônico; aumento de cerca de 90 mil vezes; imagem colorizada por computador.)

# 3 Viroides e príons

James King-Holmes/Institute of Animal Health/SPL/Latinstock

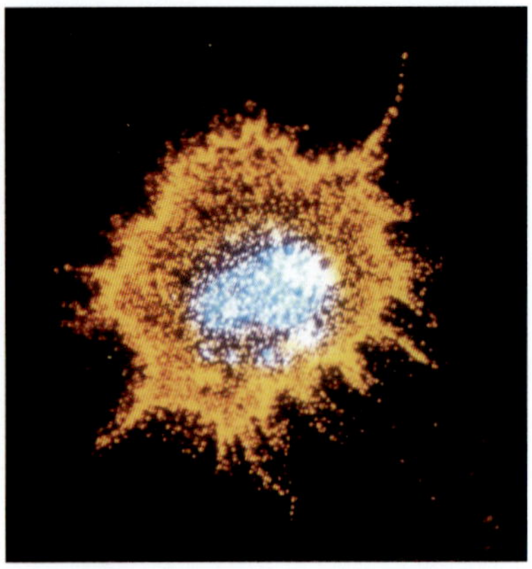

Figura 2.6 Príons (em dourado) sobre superfície celular. Imagem obtida por microscopia óptica.

Existem agentes infecciosos ainda mais simples que os vírus, como os **viroides** e os **príons**.

Os viroides são formados por uma única molécula de RNA e não possuem cápsula proteica. Atacam células vegetais, prejudicando o desenvolvimento da planta, visto que seu RNA interfere no funcionamento dos genes das células infectadas.

Os príons (sigla da expressão inglesa *proteinaceous infectious particles*, que significa 'partículas infecciosas de proteína') são uma forma alterada de uma proteína normal presente na membrana das células nervosas do cérebro de vertebrados. A formação dessas partículas ocorre por causa de uma mutação no gene que codifica a proteína normal. Como são menos solúveis, depositam-se nas células nervosas, provocando a morte delas e consequente perda de controle motor, demência e morte do indivíduo. O gene mutante que codifica o príon pode ser herdado, e essa doença é conhecida como **doença de Creutzfeldt-Jakob** (em homenagem aos dois pesquisadores alemães que a descobriram: Hans Gerhard Creutzfeldt, 1885-1964, e Alfons Maria Jakob, 1884-1931).

O príon também pode ser adquirido, por exemplo, quando uma pessoa recebe um transplante de um portador que ainda não tenha manifestado a doença. Então, ele se combina com as proteínas normais, alterando sua forma e produzindo cópias de si mesmo, em uma reação em cadeia que acaba destruindo as células nervosas.

Entre a metade dos anos 1980 e 1990, o príon (figura 2.6) foi responsável pela **doença da vaca louca**, nome popular para a **encefalopatia espongiforme bovina** (o cérebro fica cheio de buracos, como uma esponja). Acometendo rebanhos da Inglaterra, a doença provocou grandes prejuízos à economia daquele país (figura 2.7). A epidemia começou pela contaminação de rações animais feitas com restos de ovelhas contaminadas por *scrapie*, doença provocada por uma forma de príon. O nome *scrapie* vem do fato de as ovelhas se esfregarem (*to scrape*) nos cercados para aliviar a coceira que aparece com a doença.

Há evidências de que algumas pessoas possam ter adquirido a doença comendo carne contaminada, o que significa que o príon poderia passar também para a espécie humana.

Figura 2.7 Carcaça de animal morto pela doença da vaca louca é removida para incineração.

David Goodsell/SPL/Latinstock

# 4 Defesas contra vírus

Quando um vírus ou outro microrganismo invade o corpo, há produção de anticorpos, moléculas que atacam o invasor (figura 2.8).

Em alguns casos, os anticorpos produzidos após a primeira infecção fornecem proteção permanente, e a pessoa dificilmente fica doente de novo. É o que ocorre no sarampo, na rubéola e na caxumba, por exemplo. Mas a reação do organismo para produzir anticorpos leva certo tempo, que varia de acordo com a doença (o tipo de vírus) e o estado geral da pessoa (se está bem alimentada ou não, por exemplo).

Embora os vírus não sejam atacados por antibióticos, há vacinas, soros e outros medicamentos específicos contra certos tipos de vírus, como o do herpes, o da gripe e o da Aids. Há também o **interferon** sintético. O interferon é produzido por várias células do corpo, como os glóbulos brancos, e facilita a ação das células de defesa. Pode ser usado também contra certos tipos de câncer.

As **vacinas** são fabricadas com microrganismos mortos ou atenuados (modificados por produtos químicos ou calor, por exemplo, e que não causam a doença, mas estimulam o organismo a produzir anticorpos) ou partes deles. Elas estimulam a formação de anticorpos e de células que produzem anticorpos com mais rapidez se o organismo for invadido novamente pelo vírus; assim, o invasor é destruído antes de causar a doença. É um tratamento preventivo, aplicado, em geral, antes de o indivíduo contrair o vírus. Em alguns casos, como na raiva, pode-se usar a vacina (juntamente com soro) após o contato com o vírus para estimular as defesas do organismo.

Se a pessoa já foi contaminada, pode-se injetar no organismo um **soro terapêutico** (ou, simplesmente, soro) extraído do sangue de algum animal (o cavalo é muito usado). Nesse líquido há anticorpos contra o vírus, que foram produzidos pelo animal previamente "vacinado" contra ele. Não é uma defesa permanente, como ocorre com certas vacinas.

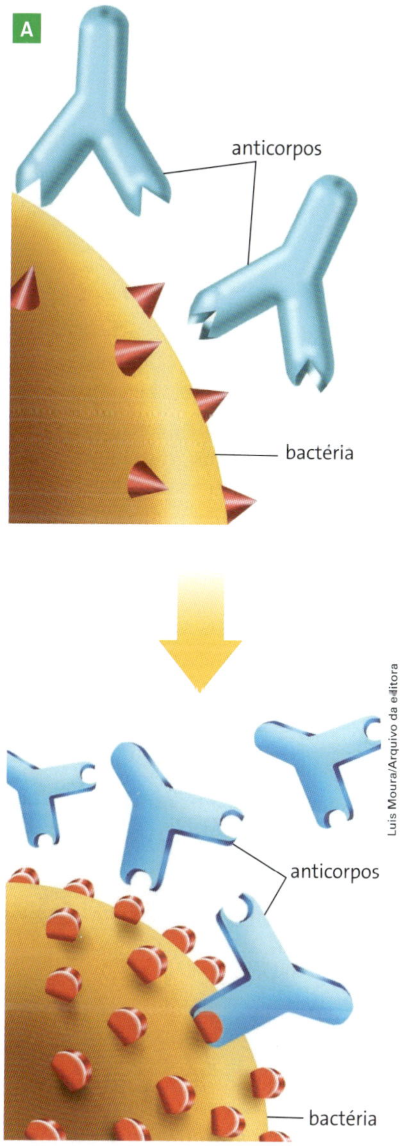


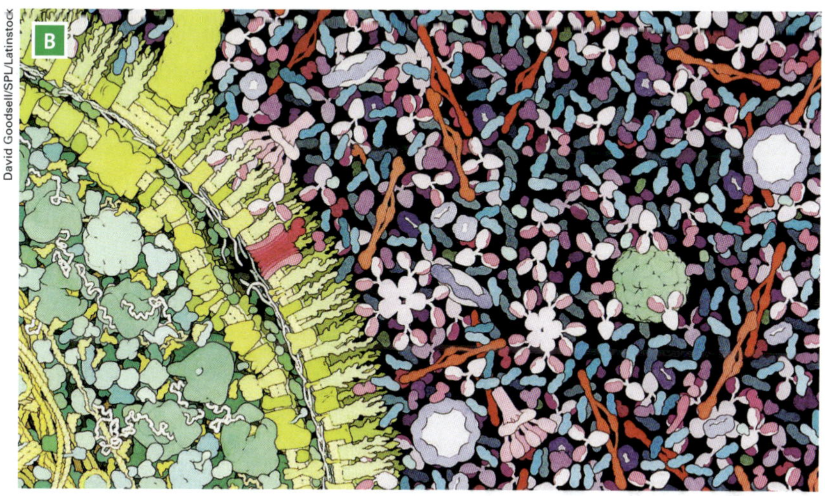


Figura 2.8 **A**: esquema simplificado de anticorpos atacando bactérias invasoras (cerca de cem vezes maior que os anticorpos). Cada anticorpo é específico contra o tipo de invasor. **B**: ilustração de um vírus (em verde, no centro e à direita) sendo atacado por anticorpos (partículas menores de várias cores) e de uma bactéria (canto esquerdo da imagem) também sendo atacada por anticorpos. (Os elementos das ilustrações não estão na mesma escala; cores fantasia.)

## 5 Doenças causadas por vírus

Antes de estudarmos algumas viroses, vejamos a classificação dos tipos de disseminação de doenças e alguns termos importantes para a sua compreensão.

**Epidemia** (*epi* = sobre; *demos* = povo) é toda doença que surge de forma súbita e se espalha rapidamente em uma região, acometendo um número de pessoas maior que o habitual de casos esperados por tempo limitado. É o caso das epidemias anuais de gripe comum.

Se uma doença persiste por vários anos em um lugar, ela passa a ser considerada **endemia** (*en* = dentro). Portanto, afeta de forma permanente um número constante de pessoas. A malária, doença causada por um protozoário, é endêmica na Amazônia.

A **pandemia** (*pân* = todo) é o aparecimento de um número de casos dessa doença fora do comum em todo o mundo, como a H1N1.

Veja mais alguns termos importantes: **agente etiológico** ou **patogênico** (*pathos* = doença; *genos* = origem) é o organismo capaz de causar infecção. **Parasita** (*para* = ao lado; *sitos* = alimento) é um organismo que se instala no corpo de outro, o hospedeiro, passando a extrair alimento dele e causando-lhe prejuízos (doenças). **Vetor** é o ser vivo capaz de transmitir o agente patogênico. **Reservatório** é qualquer ser vivo em que um agente infeccioso vive habitualmente e se multiplica, sem causar grandes danos e do qual ele pode ser transmitido a outros organismos. **Profilaxia** é o conjunto de medidas para a prevenção de doenças.

### Gripe e resfriado comum

Embora essas doenças sejam causadas por vírus diferentes, seus sintomas são semelhantes: coriza, obstrução nasal, tosse e espirro; em geral, a febre só aparece nos casos de gripe. Em ambas, os vírus são transmitidos por gotículas eliminadas pelas vias respiratórias (fala, espirro, tosse, etc.).

A gripe, também chamada *influenza* (de origem latina e que significa 'influência'; no século XIV, acreditava-se que ela era provocada por influência dos corpos celestes), é causada por variedades de vírus do gênero *Influenzavirus* (figura 2.9).

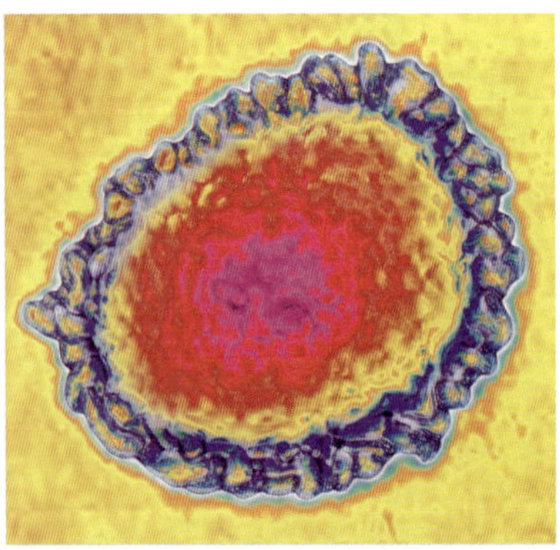

James Cavallini/Photo Researchers/Latinstock

Figura 2.9 Vírus da gripe ao microscópio eletrônico (cerca de 100 nm de diâmetro; imagem colorizada por computador). O ácido nucleico fica no interior de um envoltório de proteínas e lipídios.

No caso da gripe, a vacina oferece uma proteção limitada, de cerca de um ano. Isso acontece porque os vírus da gripe sofrem tantas mutações que, depois de um ano, novos vírus mutantes já estarão no ambiente. O governo fornece gratuitamente a vacina para maiores de 60 anos. Mas o médico também pode indicá-la para pessoas de outras idades (a partir de 6 meses). Não há vacina contra resfriado, pois há mais de duzentos tipos diferentes de agentes que causam os resfriados, e não seria possível fazer uma vacina para cada um deles. Entretanto, ao longo da vida da pessoa, ela vai acumulando imunidade contra os diferentes tipos de vírus causadores do resfriado. Por isso, uma criança fica mais frequentemente resfriada que um adulto.

Lavar as mãos com água e sabão é uma medida simples e eficiente para ajudar na prevenção da gripe e do resfriado.

# Dengue

Dengue

O vírus da dengue é transmitido pela picada de duas espécies de mosquito: o *Aedes aegypti* e o *Aedes albopictus*. No Brasil, só ocorre a primeira espécie. O mosquito é, portanto, o vetor da dengue (vetor é o organismo capaz de transmitir o agente causador de doenças).

O *Aedes aegypti* é pequeno, de cor escura, vive nas regiões urbanas e tem hábitos diurnos (figura 2.10).

Dengue é uma palavra de origem espanhola e significa 'dengoso' ou 'requebrado', uma vez que por causa das dores nos músculos e nas articulações, os doentes da dengue balançam um pouco o corpo ao andar. A dengue pode se apresentar de duas formas: clássica e hemorrágica. Na dengue clássica, alguns dias depois da picada (quando ocorre o período de incubação), a pessoa apresenta febre alta de quatro a sete dias, dores musculares e articulares, dores na cabeça e nos olhos (pode haver fotofobia, ou seja, aversão à luz), inflamação na garganta e sangramento na boca e no nariz. Podem surgir, ainda, manchas avermelhadas na pele semelhantes às do sarampo. Cerca de uma semana depois, essas manifestações começam a desaparecer. Mas é preciso acompanhamento médico porque, em pessoas subnutridas e debilitadas, a doença pode levar à morte. O médico geralmente receita antitérmico, para baixar a febre, e repouso. É importante também beber bastante líquido para manter o organismo hidratado. Não se deve tomar medicamentos à base de ácido acetilsalicílico porque essa substância favorece hemorragias.

Quem já teve dengue, mesmo de uma forma assintomática, ou quem é portador de doença crônica, como diabetes, artrite reumatoide ou lúpus, pode contrair dengue hemorrágica, provocada por outro tipo de vírus. Essa forma começa do mesmo modo, mas, quando termina a fase febril, os sintomas se agravam, com queda da pressão arterial, hemorragias na pele, no intestino e nas gengivas, e aumento no tamanho do fígado. Nesse caso, as pessoas devem permanecer em observação no hospital, porque a doença pode levar o paciente à morte em 10% dos casos.

Mesmo que uma pessoa tenha contraído uma das formas da dengue, ela não adquire imunidade em relação à outra.

O combate ao mosquito é a medida mais importante para a prevenção da doença. Esses mosquitos atacam durante o dia, ao contrário do mosquito comum (gênero *Culex*), que costuma picar durante a noite. O *Aedes* é mais escuro que o mosquito comum e possui listras brancas pelo corpo e pelas pernas. Machos e fêmeas alimentam-se de seiva das plantas, mas a fêmea precisa de sangue para desenvolver os ovos. A postura é feita em águas paradas e limpas, como em caixas-d'água, poços, cisternas, latas, pneus, garrafas, vasos de plantas e bromélias, que acumulam água na parte central da planta. Por isso, caixas-d'água, poços e cisternas devem estar sempre cobertos; é necessário jogar fora pneus e outros objetos que possam acumular água da chuva; recomenda-se colocar areia grossa no prato das plantas, impedindo que se torne um reservatório de água parada. É importante também evitar ter bromélias em casa: substitua-as por outras plantas que não acumulem água.

Figura 2.10 *Aedes aegypti* (4 mm a 6 mm de comprimento), o mosquito transmissor da dengue, e sua larva (1 mm a 6 mm de comprimento, conforme o estágio larval).

Fabio Colombini/Acervo do fotógrafo

Martin Dohrn/SPL/Latinstock

## Poliomielite

Na maioria das pessoas, essa virose causa apenas febre e mal-estar. Em algumas, pode atacar o sistema nervoso e provocar paralisia, ou até mesmo levar à morte (o nome "poliomielite" vem do grego *poliós* = cinzento; *mielos* = medula; *ite* = inflamação, uma vez que o vírus ataca as células na parte cinzenta da medula). O vírus penetra por meio de água ou alimentos contaminados ou por contato com a saliva ou fezes de um doente. Para evitar a doença, é muito importante as crianças serem vacinadas na época recomendada pelo médico. Também são importantes o saneamento básico e medidas de higiene para evitar a propagação do vírus.

Com as campanhas de vacinação, o número de casos de pólio caiu mais de 95% no mundo todo. Mas, mesmo sendo considerada oficialmente erradicada em muitos países (como no Brasil), não se pode garantir que o vírus tenha sido extinto. Além disso, como o vírus ainda existe ao redor do mundo, pode reaparecer em países onde já está erradicado. Por isso, a vacinação deve continuar.

## Febre amarela

O vírus é transmitido pela picada do mosquito *Aedes aegypti* e do mosquito do gênero *Haemagogus* (nas matas), entre outros. O doente apresenta febre, vômito, dor no estômago e lesões no fígado, o que torna a pele amarelada (icterícia). A doença pode se apresentar de forma leve, e até sem sintomas, ou de forma grave, podendo levar à morte. A prevenção é feita com combate ao mosquito e vacinação, principalmente das pessoas que vivem nas regiões em que a doença é endêmica ou daquelas que se dirigem para essas regiões.

## Raiva

Trata-se de uma doença fatal que ataca o sistema nervoso. A contração dos músculos responsáveis pela deglutição torna o ato de comer e beber muito doloroso – daí a hidrofobia (*hydor* = água; *phobos* = medo), típica da doença.

O vírus do gênero *Lyssavirus*, família Rhabdoviridae (figura 2.11), é transmitido pela mordida de animais domésticos infectados, principalmente do cão e do gato; por isso é obrigatória a vacinação desses animais todos os anos e o recolhimento de animais abandonados na rua. O vírus pode ser transmitido também por ratos e morcegos hematófagos (que se alimentam de sangue). Quando uma pessoa é mordida por qualquer animal, deve lavar o local da ferida várias vezes com água e sabão e procurar imediatamente um posto de saúde para, se necessário, receber soro, vacina antirrábica e outros medicamentos.

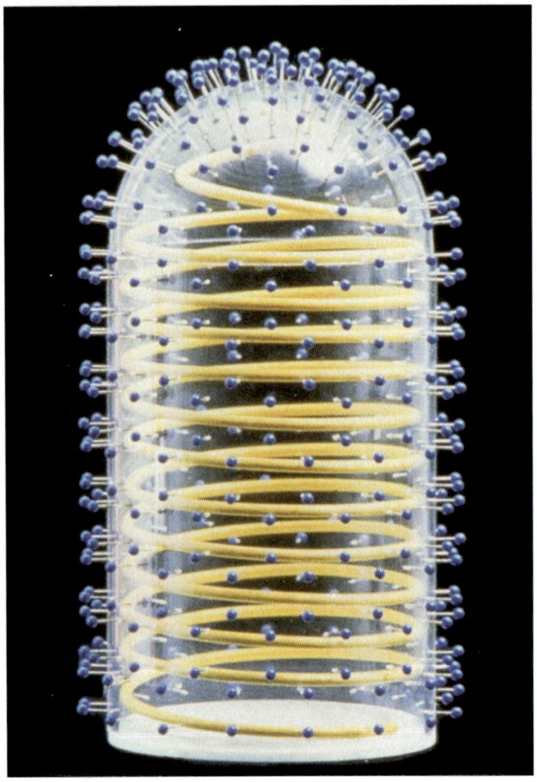

CNRI/SPL/Latinstock

Figura 2.11 Modelo do vírus da raiva mostrando o RNA no interior da cápsula (75 nm a 80 nm de diâmetro).

# Aids

A Aids (sigla de *acquired immunodeficiency syndrome*, ou Sida, *síndrome da imunodeficiência adquirida*) é causada pelo **vírus da imunodeficiência humana** (HIV, do inglês *human immunodeficiency virus*).

No continente africano existem dois tipos de HIV, o 1 e o 2 (menos agressivo), cada um com vários subtipos. O HIV-1 é subdividido nos grupos **M**, **O**, **N**, e o HIV-2, nos grupos de **A** a **F**. Análises comparativas dos genomas desses vírus e dos vírus SIV (*simian immunodeficiency virus*) demonstram que o HIV-1 surgiu do vírus SIVcpz, que afeta os chimpanzés da subespécie *Pan troglodytes troglodytes*. Os genomas desses dois vírus são quase idênticos. O genoma do HIV-2 é quase idêntico ao do SIVsm, um vírus encontrado no macaco verde africano (*Cercocebus torquatus atys*), do qual se originou.

A explosão demográfica, as migrações para as cidades, a aplicação de medicamentos sem condições ideais de higiene, entre outros fatores, teriam espalhado o vírus pelo continente africano. A partir da década de 1970, a agressividade do vírus aumentou, e ele se disseminou rapidamente pelo mundo, por meio de relações sexuais, do uso de drogas injetáveis e de transfusões sanguíneas. À medida que se espalhava, seu código genético sofria mutações e surgiam novas variedades.

Medindo apenas 0,1 μm, ele é formado por uma cápsula esférica de glicoproteínas mergulhadas em uma dupla camada de lipídios e proteínas, sendo, portanto, um vírus envelopado. No seu interior, há duas moléculas de RNA e enzimas (transcriptase reversa, integrase e protease; figura 2.12).

A proteína mais externa do HIV, chamada de gp120, encaixa-se à proteína CD4, glicoproteína da membrana do linfócito T4, também denominado CD4+ ou auxiliar, principal célula atacada pelo vírus.

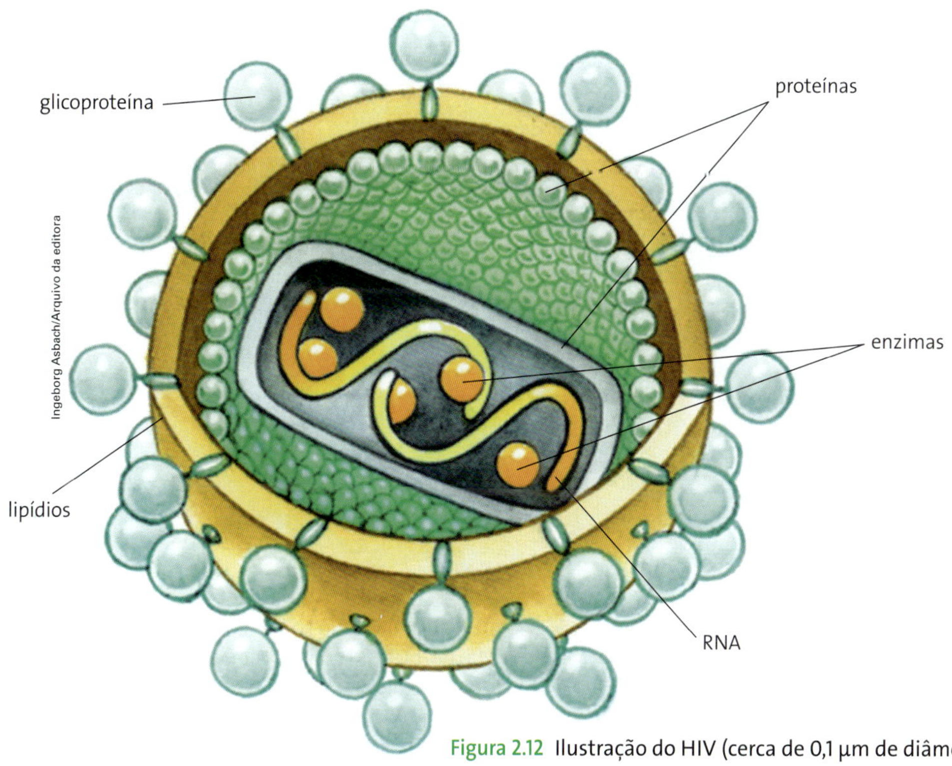


Figura 2.12 Ilustração do HIV (cerca de 0,1 μm de diâmetro; cores fantasia).

Após o encaixe, a cápsula do vírus se funde à membrana da célula e o material genético viral penetra no citoplasma. Com o auxílio da enzima transcriptase reversa, o RNA sintetiza uma molécula de DNA, que lhe é complementar (figura 2.13), e é destruído. Essa molécula de DNA produz outra de DNA, complementar, e as duas se unem, formando uma dupla cadeia, que migra para o núcleo e se incorpora ao patrimônio genético da célula (figura 2.13).

Como é o RNA que sintetiza uma molécula de DNA, ao contrário do que acontece no processo de transcrição dos seres vivos em geral, o HIV é classificado no grupo dos retrovírus (*retro* = atrás), o que justifica também o nome da enzima que permite esse processo (transcriptase reversa).

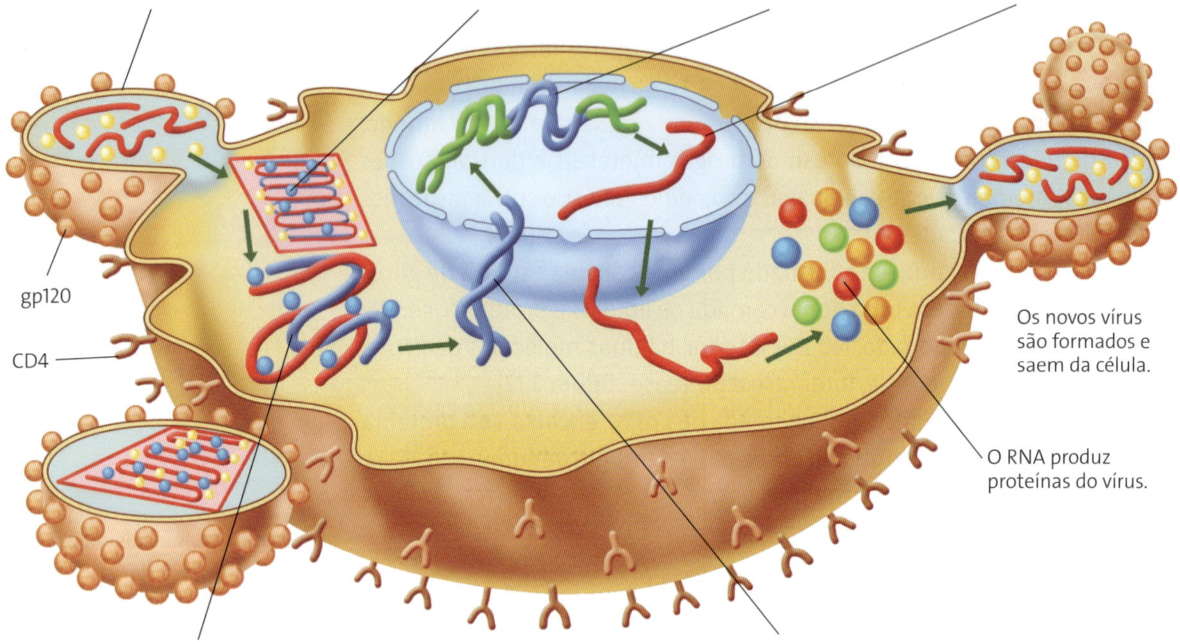


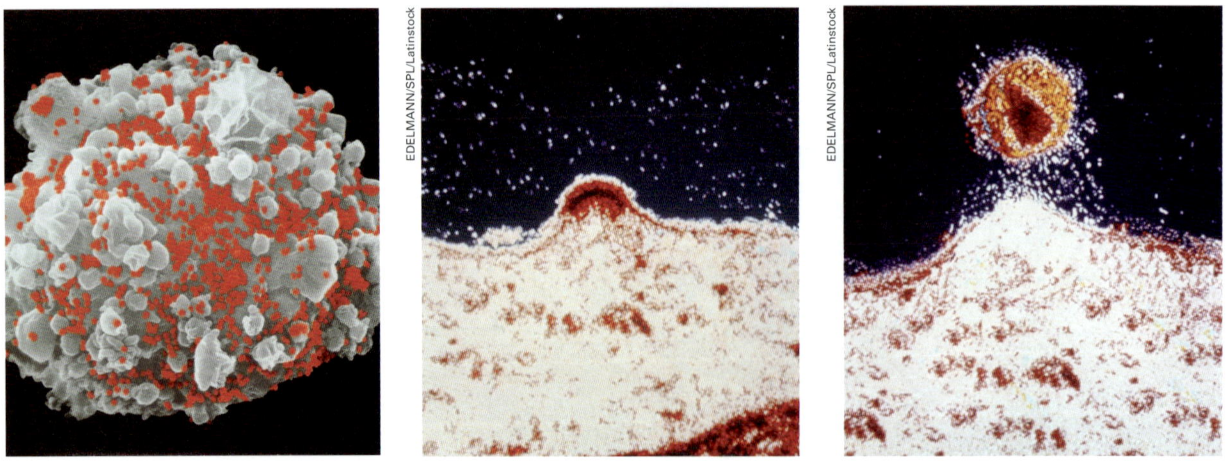


Figura 2.13 Na ilustração, esquema mostrando a entrada do HIV (cerca de 0,1 μm de diâmetro) na célula e sua multiplicação. (Os elementos não estão na mesma escala; cores fantasia.) Na foto à esquerda, linfócito sendo atacado por vírus da Aids (pontos em vermelho; microscópio eletrônico; aumento de cerca de 6 mil vezes; imagem colorizada por computador). Nas duas fotos à direita, um novo vírus brota de célula infectada. (Microscópio eletrônico; aumento de cerca de 100 mil vezes; imagem colorizada por computador.)

O DNA do vírus pode desencadear a síntese de novas moléculas de RNA, que orientam também a síntese de proteínas da cápsula e das enzimas virais. Assim, formam-se novos vírus, que migram para a periferia da célula, são envolvidos pela membrana e compõem brotos que se soltam da célula.

O resultado desse processo de destruição é a progressiva diminuição de linfócitos T4, o que, com o tempo, compromete todo o sistema imunitário. Dessa forma, o organismo fica sem defesa contra diversos microrganismos, e o doente pode morrer vítima de uma série de infecções.

O HIV pode ser transmitido por vários fluidos corporais contaminados – sangue, sêmen, secreção vaginal, leite materno, líquido cefalorraquidiano, líquido amniótico –, quando eles entram em contato com mucosas, como a da boca, a do ânus e a da vagina, ou com a pele (se esta apresentar cortes ou perfurações). No caso do sangue, também quando é injetado em outra pessoa por meio de transfusão (embora a fiscalização dos bancos de sangue pelo governo tenha diminuído muito essa forma de transmissão, é importante ressaltar que o risco existe apenas para quem recebe a transfusão) ou por perfuração com agulha contaminada (o que é uma forma frequente de transmissão entre usuários de drogas injetáveis).

Não há evidências de que o vírus seja transmitido por suor, urina, saliva ou lágrima (figura 2.13). Havendo feridas ou sangramento das gengivas, o vírus poderia ser transmitido no caso de beijos prolongados com muita troca de saliva.

Se o sêmen estiver contaminado, o vírus pode penetrar na mucosa da vagina ou do reto. A transmissão da vagina ou do reto para o pênis poderá ocorrer através da uretra masculina ou de lesões microscópicas ocasionadas no pênis durante a relação. Por isso, na relação entre um homem e uma mulher, qualquer um pode ser infectado. Nesse caso, a melhor prevenção é o uso do preservativo, masculino ou feminino (figura 2.14).

O vírus pode ser transmitido da mãe para o filho durante a gestação, o parto ou o aleitamento. Por isso, mulheres grávidas devem fazer o teste de Aids. Alguns estudos indicam que o risco de transmissão é de 27%. Porém, se a gestante se tratar com medicamentos e o bebê tomar os remédios nas primeiras semanas depois do nascimento, esse risco cai para 2%.

O transplante de órgãos e a inseminação artificial também podem ser uma forma de transmissão.

Objetos que possam entrar em contato com sangue, como lâmina de barbear, tesoura, alicate de unha, instrumentos usados por médicos e dentistas (bisturis, pinças, alicates, seringas, etc.) ou em tatuagens e acupuntura, podem transmitir o vírus se tiverem sido utilizados anteriormente em pessoas infectadas. Antes de serem usados de novo, esses instrumentos devem ser esterilizados.

Até o momento, nada indica que o vírus seja transmitido por apertos de mão, abraços, beijos sociais, tosse, espirro, uso de piscinas ou uso comum de roupas, toalhas, copos, talheres ou louças, pentes e objetos caseiros. Nem pelo compartilhamento de casa, local de trabalho ou mantendo outros contatos do cotidiano (excluídas as relações sexuais ou o contato com sangue ou secreções contaminados). Também não se adquire o vírus tomando vacinas, sendo picado por mosquitos ou por contato com animais domésticos.

Figura 2.14 Campanha incentiva o uso do preservativo para evitar a infecção pelo vírus HIV.

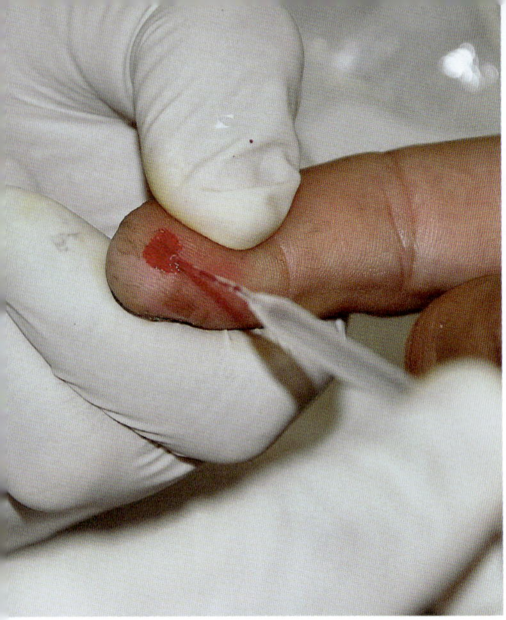


Figura 2.15 Enfermeiro retira sangue de paciente para teste de HIV.

Por meio de certos exames (figura 2.15), o paciente pode saber se é portador do HIV, ou seja, se é HIV-positivo (também chamado de soropositivo). É necessário fazer mais de um exame para confirmar o resultado, que pode ser falso negativo, isto é, apresentar resultado negativo para uma pessoa já contaminada pelo HIV, ou falso positivo, isto é, apresentar resultado positivo para alguém que não está contaminado pelo HIV.

O falso negativo pode acontecer, por exemplo, se o teste for feito durante o período denominado janela imunitária, que corresponde ao período em que o HIV ou os anticorpos produzidos pelo organismo contra o vírus ainda não são detectados pelos testes, e varia com o tipo de teste utilizado. No período de janela imunitária, embora os exames tenham resultado negativo, a pessoa infectada pelo HIV pode transmiti-lo a outras pessoas. Esse período varia com o tipo de teste utilizado.

Apenas um resultado positivo não é suficiente para diagnosticar a infecção. É necessário repetir o exame pelo menos duas vezes, e confirmá-lo por um teste de outro tipo. Assim, quem quer saber se tem ou não o vírus HIV deve procurar uma clínica especializada, que lhe dê toda a assistência e informação. Os Centros de Testagem e Aconselhamento (CTAs) são serviços de saúde que realizam ações de diagnóstico e prevenção de doenças sexualmente transmissíveis, como a Aids. Esses serviços são gratuitos e o endereço desses centros pode ser encontrado na internet.

O resultado positivo indica apenas que a pessoa é portadora do HIV. Muitos portadores do vírus, porém, não apresentam nenhum sintoma da Aids após a contaminação e podem ficar assim por longo tempo. Ainda assim, podem transmitir o vírus a outras pessoas, até mesmo para o filho, no caso de uma mulher soropositiva que engravide. Outros podem apresentar sintomas, como febre, suores noturnos; inflamação dos linfonodos da cabeça, do pescoço e das axilas (íngua); erupções (feridas) na pele, na boca e nos órgãos genitais; diarreia; dores abdominais; falta de apetite e perda de peso; náusea; vômitos. Esses sintomas, porém, variam muito e não são específicos da Aids. Por isso, apenas o médico tem condições de diagnosticar a síndrome.

## Biologia tem História

### A descoberta do vírus da Aids

Em 1981, médicos estadunidenses ficaram intrigados com a ocorrência de um tipo raro de pneumonia e de um tipo de câncer que ataca a pele, os linfonodos e vários órgãos – o sarcoma de Kaposi (figura 2.16). Esse tipo de câncer foi nomeado em homenagem ao médico húngaro Moritz Kaposi (1837-1902), que descreveu a doença, causada pelo vírus do herpes número 8. O sarcoma de Kaposi provoca manchas arroxeadas na pele e nas mucosas. Os médicos estadunidenses notaram que tanto a pneumonia rara quanto o sarcoma de Kaposi se manifestavam mais comumente em homens homossexuais.

Os pacientes apresentavam também considerável perda de peso e grande redução do número de linfócitos. Com isso, ficavam vulneráveis a infecções causadas por germes oportunistas.

Surgia a suspeita de que se tratava de uma moléstia, que, em 1982, já com cerca de 2 mil casos, foi chamada *Acquired Immunodeficiency Syndrome* (Aids) ou síndrome da imunodeficiência adquirida (Sida). As observações indicavam que era causada por um agente infeccioso transmitido por via sexual ou pelo sangue, mas faltava identificar exatamente esse agente.

Com a multiplicação do vírus, pode chegar um momento, que pode demorar muitos anos, em que o número de linfócitos diminui bastante e começam a aparecer infecções por microrganismos oportunistas (que vivem no ambiente, na pele ou em cavidades do corpo e normalmente não causam problemas em indivíduos saudáveis): tuberculose, pneumonia, diarreias crônicas, herpes cutâneo, candidíase oral, entre outras.

Embora não destruam completamente os vírus, os medicamentos atuais podem retardar a evolução da doença e combater as infecções oportunistas. Além de medicamentos que atacam as infecções oportunistas, há também os chamados antirretrovirais, que inibem a reprodução do HIV no sangue. Entre os antirretrovirais, temos os **inibidores da transcriptase reversa**. O AZT, por exemplo, é parecido com a timidina, utilizada na produção do DNA do vírus. Como esse medicamento tem maior afinidade pela enzima transcriptase reversa, ele se liga a ela, tirando o lugar da timidina. Como o medicamento não possui uma das hidroxilas presentes na timidina, não se liga ao nucleotídeo seguinte, e a síntese de DNA é interrompida.

Outros medicamentos são os **inibidores de protease**. Essa é a enzima que o vírus usa para formar a sua cápsula. Com a enzima inativada, a cápsula não é formada, e a replicação do vírus não se completa.

A possibilidade de um vírus se tornar resistente ao tratamento diminui muito quando é usada uma combinação de drogas que incluem esses dois tipos de inibidores.

Há pessoas que foram expostas ao vírus e não desenvolveram sintomas. O estudo desses casos poderá ajudar na descoberta de novos tratamentos.

Além de atacar o vírus, é importante combater as infecções oportunistas. Os medicamentos podem apresentar efeitos colaterais, como anemia. Por isso, o doente deve ter acompanhamento médico constante.

Um dos maiores problemas para o desenvolvimento de uma vacina é a capacidade de o vírus sofrer mutações muito rapidamente. Como a vacina tem de ser específica, ela poderia não atuar sobre as demais variedades.

Em maio de 1983, Luc Montagnier, pesquisador do Instituto Pasteur, na França, conseguiu isolar um vírus das células de um paciente diagnosticado com Aids.

No ano seguinte, o cientista estadunidense Robert Gallo anunciou também ter isolado o vírus causador da Aids. Teve início, assim, uma disputa em torno da autoria da descoberta, que acabou sendo atribuída a ambos os cientistas.

Em 1991, porém, Gallo reconheceu que o vírus por ele isolado provinha de amostras enviadas por Montagnier, que foi, então, considerado o verdadeiro autor da descoberta.

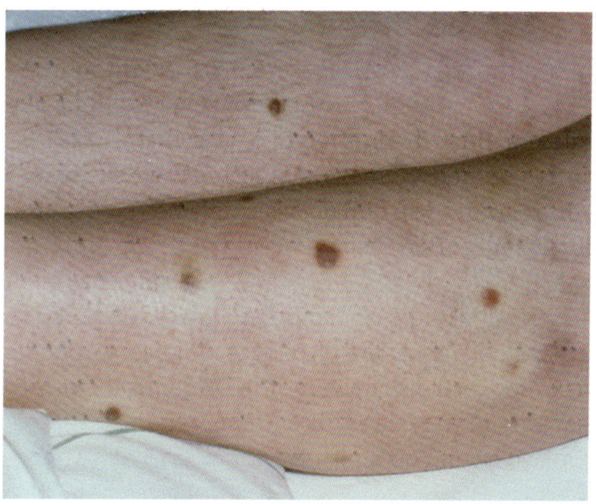

UIG/BSIP/Getty Images

Figura. 2.16 Pernas de paciente em que o sarcoma de Kaposi se manifesta.

## Aprofunde seus conhecimentos

### Conheça mais algumas viroses

Use o texto deste boxe como fonte de consulta para saber mais sobre algumas viroses.

**Hepatite viral**

É uma inflamação do fígado provocada por cinco tipos de vírus – **A**, **B**, **C**, **D** e **E** –, mas os sintomas são parecidos: icterícia (pele e olhos amarelados), febre, náuseas, vômitos, falta de apetite, etc. Os vírus tipos **A** e **E** são transmitidos por água e alimentos contaminados; o **B**, principalmente por sangue e derivados e através de relações sexuais. Para as hepatites **A** e **B** já existem vacinas.

A hepatite **C** é transmitida principalmente por contato com sangue e derivados contaminados e a hepatite **D**, por sangue e derivados e por relações sexuais.

**Herpes**

O doente apresenta pequenas vesículas cheias de líquido que, quando arrebentam, formam feridas nas mucosas ou na pele, com mais frequência nos lábios (herpes simples) ou na região genital (herpes genital). Embora as feridas cicatrizem em poucos dias, o vírus permanece no organismo e pode provocar novas lesões. Sua transmissão se dá por contato direto com o portador.

Há medicamentos que diminuem os sintomas e a duração da doença, embora não eliminem o vírus. Uma pessoa com herpes deve evitar tocar a área contaminada ou, quando o fizer, lavar as mãos para evitar contaminar outras pessoas. Não deve ter relações sexuais durante as recaídas (as fases mais contagiosas) do herpes genital.

Como o vírus pode passar para a criança durante o parto, a mulher com herpes genital deve informar o fato ao médico. Ele poderá optar por realizar uma cesariana para evitar que a criança entre em contato com as lesões do herpes.

**Sarampo**

Acomete principalmente crianças de até 10 anos de idade – elas apresentam tosse, febre alta e manchas vermelhas no corpo. Ficam curadas naturalmente em poucos dias. Mas, sobretudo em crianças subnutridas, podem ocorrer complicações, como broncopneumonia, provocadas por bactérias e que exigem pronto atendimento médico.

A transmissão se dá pela eliminação do vírus pelas vias respiratórias. A prevenção é feita com vacina (vacina tríplice viral contra sarampo, rubéola e caxumba).

**Rubéola**

Também típica de crianças, seus sintomas são semelhantes aos da gripe, além de aparecerem manchas rosadas na pele, menores que as do sarampo. Sua evolução é benigna, mas, em mulheres grávidas, o vírus pode passar através da placenta e provocar problemas no feto (surdez, doenças cardíacas, etc.). A prevenção é feita com vacina.

**Catapora (varicela)**

Acomete principalmente crianças, que apresentam febre, enjoo, vômitos e pequenas bolhas no corpo. O doente melhora sozinho em poucos dias, mas é necessário procurar o médico. As bolhas não devem ser coçadas, pois pode haver contaminação por bactérias. Em alguns casos, o vírus pode permanecer em estado latente e, mais tarde, no adulto, provocar bolhas na pele e febre alta: é o herpes-zóster ou "cobreiro". A melhor prevenção é a vacinação.

**Caxumba ou parotidite**

Trata-se de uma inflamação da parótida (glândula salivar situada à frente da orelha). A cura é espontânea, mas o doente deve ficar em repouso. Em adultos, pode haver complicações em outros órgãos, como os testículos e os ovários (nesse caso, pode causar esterilidade). A vacinação é a melhor medida preventiva.

**Condiloma acuminado ou verruga genital**

É uma doença causada pelo HPV (vírus do papiloma humano). Esse vírus provoca lesões em forma de "verrugas" na vulva, na vagina e no pênis, e é transmitido (o vírus) pelo ato sexual. A lesão deve ser retirada com bisturi elétrico ou produtos químicos. Mulheres que tiveram ou têm o vírus devem fazer exames ginecológicos periódicos, pois alguns subtipos têm relação com o câncer no colo do útero.

A mulher que teve condiloma e engravidar deve avisar o fato ao médico, pois no momento do parto o vírus pode passar para a criança e provocar-lhe problemas respiratórios.

Em 2006, foi aprovada uma vacina contra os dois tipos mais comuns de HPV, o 6 e o 11, responsáveis por 90% das verrugas, e também contra os dois tipos mais perigosos, o 16 e o 18, responsáveis por 70% dos casos de câncer de colo do útero.

**Rotavirose**

Trata-se de uma doença causada pelo rotavírus. Os sintomas são diarreia, febre, dores abdominais e vômitos. É preciso pronto atendimento médico, pois há risco de desidratação grave, que pode ser fatal.

O vírus é transmitido por água, alimentos e objetos contaminados por fezes de pessoas infectadas. A prevenção consiste em medidas de higiene e saneamento básico. Há uma vacina disponível.

**Mononucleose**

Na maior parte das vezes essa doença é causada pelo vírus Epstein-Barr (menos comumente pelo citomegalovírus). Há febre, aumento dos linfonodos (íngua) e dor de garganta. A transmissão ocorre pelo contato com a saliva do indivíduo infectado (pelo beijo).

**Febre aftosa**

Causada por vários tipos de vírus, ataca bois, porcos, cabras e outros herbívoros de casco fendido, acarretando a morte de animais e prejuízos econômicos para a pecuária – principalmente no Brasil, que possui o maior rebanho bovino do mundo.

O animal tem febre e formam-se feridas na boca e nos cascos, o que faz com que ele tenha dificuldade de se alimentar e se locomover, entre outros sintomas. O vírus passa da saliva do animal para os alimentos, os utensílios e o alojamento do gado. Na suspeita da doença, o veterinário tem que ser notificado, e os animais doentes, isolados. Há uma vacina que deve ser aplicada periodicamente.

**Gripe aviária**

A gripe aviária é provocada pelo vírus *influenza* A subtipo H5N1, um subtipo do vírus *influenza* das aves. A letra "A" indica que o vírus é encontrado também em aves e outros animais. "H5" e "N1" indicam tipos de proteína do vírus, respectivamente a hemaglutinina e a neuraminidase.

O vírus da gripe aviária causa doença entre as aves, mas pode ser transmitido para seres humanos pelo contato com a carne de animais contaminados ou de objetos contaminados com as fezes desses animais. O calor destrói o vírus, que, por isso, não é transmitido por carne e ovos cozidos.

A gripe aviária pode provocar pneumonia e afetar rins e fígado, levando o paciente à morte. As proteínas desse vírus se ligam apenas aos receptores das células dos pulmões, e não aos das vias respiratórias superiores, como ocorre com o vírus da gripe. Por isso, sua transmissão é mais difícil, mas a doença é mais grave por atacar diretamente os pulmões.

Se o vírus sofrer mutações ou recombinar seu material genético com o vírus da gripe humana, esse tipo de gripe poderá passar de um ser humano para outro, podendo causar uma epidemia mundial.

**Sars**

A pneumonia asiática ou Sars (sigla, em inglês, para síndrome respiratória aguda grave) é causada por um vírus e surgiu em 2002 na China, atingindo outras partes do mundo em 2003.

Atualmente, essa forma de pneumonia (a forma mais comum de pneumonia é causada por bactéria) está sob controle e não há novos casos de transmissão. Isso não quer dizer que ela não possa retornar, passando a ser o que se chama doença ressurgente ou reemergente.

O agente etiológico ou patogênico (organismo capaz de causar uma infecção) é transmitido por gotículas liberadas por espirro ou tosse dos portadores do vírus. Provoca febre alta, tosse, falta de ar, dores no corpo e na cabeça, entre outros sintomas, e pode levar à morte.

**Gripe A**

A gripe A (H1N1), conhecida como gripe suína, é uma doença respiratória causada pelo vírus *influenza* tipo A subtipo H1N1. A gripe A teve origem no México e de lá se espalhou em abril de 2009.

O vírus contém material genético dos vírus humanos, de aves e de suínos. Ele é transmitido de pessoa para pessoa da mesma forma que a gripe comum: a tosse ou o espirro de pessoas contaminadas eliminam o vírus, que pode ser inalado por outra pessoa ou quando se leva a mão ao nariz ou à boca depois de ter tocado em uma superfície com o vírus.

Os sintomas da gripe A são semelhantes aos da gripe comum, porém mais agudos, com febre alta repentina, tosse, espirro, coriza, dor de cabeça e garganta, dor nos músculos e nas articulações, moleza. Pode haver diarreia, náuseas, vômitos e dificuldade na respiração.

Para se prevenir contra a infecção, é importante evitar o contato direto com pessoas doentes, lavar as mãos com frequência e procurar logo atendimento médico quando há suspeita da gripe A. Os medicamentos contra o vírus H1N1 só devem ser tomados com prescrição médica após uma consulta.

**Varíola**

A varíola esteve presente infectando as pessoas por mais de 3 mil anos. Entre 1896 e 1980, esse vírus provocou a morte de cerca de 300 milhões de pessoas.

O vírus da varíola é transmitido pelas gotículas de saliva dos portadores do vírus ou pelo uso de objetos contaminados. Essa doença causa febre e lesões com pus na pele. Quando essas lesões secam, deixam cicatrizes bem marcadas na pele.

Em 1980 essa doença foi erradicada graças a campanhas de vacinação. Alguns vírus foram preservados em laboratório para pesquisa.

**Doenças emergentes**

Febre alta, dores no corpo, vômitos, diarreia e hemorragias generalizadas nos órgãos e na pele; em cerca de dez dias, a pessoa morre. Esse é o quadro da febre hemorrágica causada pelo vírus Ebola, transmitido de uma pessoa contaminada para outra pelo contato direto com sangue, suor, saliva e sêmen. Não há tratamento específico, mas, se as vítimas forem isoladas e mantidas em condições higiênicas adequadas, a epidemia pode ser controlada.

O Ebola, o vírus da síndrome respiratória aguda grave (Sars), o vírus da gripe aviária e o *influenza* A (H1N1) – vírus da gripe que ficou conhecida como "gripe suína" – fazem parte de um grupo de vírus que circulam em animais ou populações humanas que vivem em áreas isoladas e que, no contato com outras populações (como em viagens, por exemplo), podem se espalhar para outros locais. Por isso, eles são chamados emergentes, pois saem ou emergem de seu ambiente natural.

# Atividades

1. Vários microrganismos patogênicos podem ser cultivados em laboratório, em condições especiais denominadas "meio de cultura", isto é, um meio (sólido ou líquido) contendo os nutrientes (açúcares, gordura, proteínas, etc.) adequados ao microrganismo, que se multiplica e pode ser estudado. Por que essa técnica não funciona no caso dos vírus? Explique.

2. O gráfico a seguir indica a variação ao longo do tempo da concentração de HIV (curva **A**) e linfócitos T4 (curva **B**) no sangue de uma pessoa infectada pelo vírus.

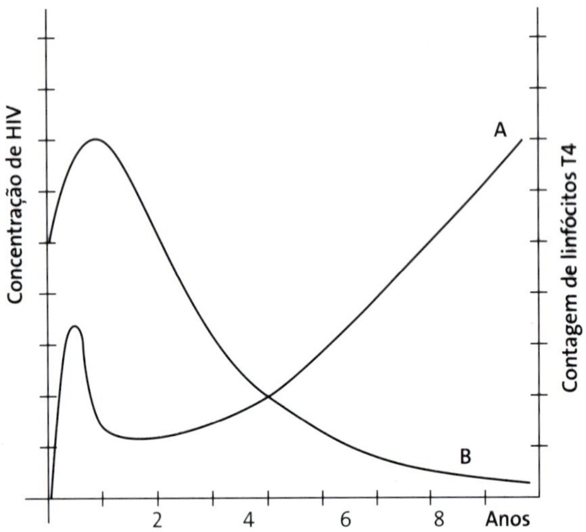


   a) Como estão as concentrações dos vírus e linfócitos oito anos após a infecção?
   b) Por que, nesse momento, há maior risco de contrair infecções oportunistas?

3. Um grupo de bactérias foi infectado com bacteriófagos cujas proteínas da cápsula estavam marcadas com enxofre radioativo (isótopo $^{35}S$). Outro grupo foi infectado com bacteriófagos cujo DNA foi marcado com fósforo radioativo (isótopo $^{32}P$). Em qual dos dois grupos foi encontrada radioatividade no interior das bactérias? Justifique sua resposta.

4. Que fato explica tanto a dificuldade de se conseguir produzir uma vacina contra o HIV como a necessidade de se repetir a vacinação contra a gripe todos os anos?

5. Há muitos tipos de viroses e muitas formas de transmissão dos agentes infecciosos (vírus). Algumas delas, porém, podem ser combatidas evitando-se o acúmulo de água em vasos de plantas, latas, pneus, etc. Das viroses que você conhece, quais apresentam essa particularidade? Explique.

6. Hoje em dia, quando um novo vírus surge, ele tem mais chance de se espalhar pelo mundo do que antigamente. Você sabe explicar por quê?

7. Ao saber pelo professor do surgimento de vários casos de uma nova virose (virose emergente), um estudante disse que os cientistas deveriam procurar desenvolver novos antibióticos para combatê-la. Seu colega, porém, acha que deveriam ser pesquisados soros, vacinas e substâncias capazes de atacar o ácido nucleico do novo vírus. Com qual das duas propostas você concorda? Por quê?

8. Leia os itens a seguir e indique as afirmativas verdadeiras sobre os vírus e as viroses.
   a) Os vírus podem ser vistos ao microscópio óptico.
   b) Os vírus, como todos os seres vivos, são formados por células.
   c) Os vírus se reproduzem somente no interior das células vivas.
   d) Os vírus podem ser combatidos com antibióticos.
   e) A chance de os seres humanos contraírem a raiva diminui se cães e gatos forem vacinados.
   f) A raiva é uma doença que só ataca os cães e os gatos.
   g) O vírus da Aids atua sobre o sistema imune (sistema de defesa) e diminui a resistência do organismo.
   h) Existem vacinas que imunizam totalmente as pessoas contra o vírus da Aids.
   i) A raiva pode ser transmitida por mordida de animais contaminados.
   j) A dengue pode ser transmitida pela picada de um tipo de mosquito.
   k) Em alguns casos de dengue, podem ocorrer sangramentos fatais.
   l) O material genético dos vírus pode ser formado por DNA ou por RNA.
   m) Nos retrovírus, o material genético é o RNA.

9. No caderno, identifique as afirmativas corretas sobre soros e vacinas.
   a) O soro serve para uma pessoa se prevenir de uma doença durante o resto da vida.
   b) Para se prevenir contra a poliomielite, é preciso tomar uma vacina.
   c) Uma pessoa picada por serpente peçonhenta deve receber uma vacina.
   d) A vacina contém anticorpos.
   e) A vacina estimula a produção de anticorpos.
   f) A vacina pode ser fabricada com microrganismos mortos ou atenuados, ou então, com partes desses microrganismos.

10. Um estudante fez a seguinte afirmação: "Os vírus, por serem muito simples, devem ter surgido e evoluído antes das primeiras células". Com base no que você aprendeu sobre a reprodução dos vírus, explique por que essa afirmação está errada.

11. Indique como a Aids pode ser comprovadamente transmitida.

a) Por relações sexuais sem preservativo com pessoas contaminadas.
b) Por meio de picada de mosquito.
c) Por aperto de mão e abraço.
d) Pelo uso compartilhado de seringas e agulhas contaminadas.
e) Por transfusão de sangue contaminado.
f) Da mãe portadora do vírus para o filho, durante a gravidez ou amamentação.
g) Por ferimentos com instrumentos cortantes ou perfurantes que estejam contaminados.
h) Conversando com um indivíduo contaminado com o vírus da Aids.

12. A ilustração abaixo mostra o ciclo de replicação do HIV no interior de uma célula. Indique a que estruturas os números **1**, **2** e **3** correspondem e que processos estão indicados pelas letras **A**, **B**, **C**, **D**, **E** e **F**.

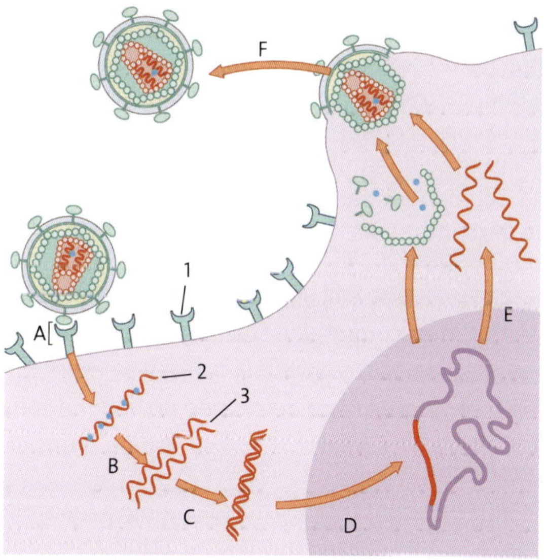


Peter Gardiner/SPL/Latinstock

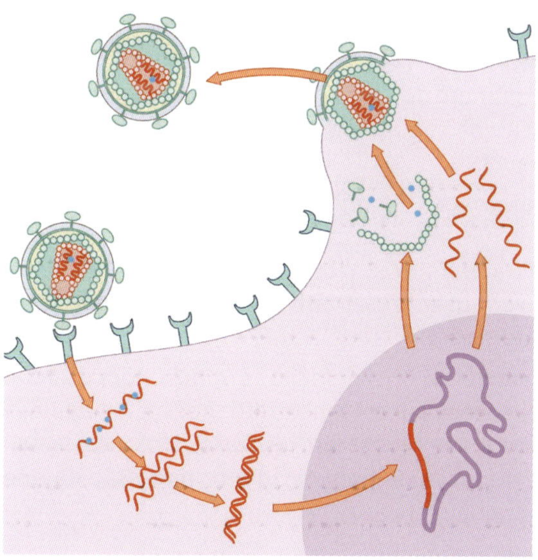

13. Em 1885, o cientista Louis Pasteur obteve sucesso em suas pesquisas sobre determinada doença. Ele conseguiu produzir uma vacina que salvou da morte um garoto mordido por um cão doente. Porém, ele nunca viu — e jamais veria — o microrganismo responsável pela doença.

a) A que tipo de doença o texto se refere? Que pista você usou para descobrir isso?
b) Por que Pasteur nunca chegou a ver o microrganismo responsável pela doença?

14. Você já ouviu falar dos vírus de computador? São programas que podem invadir computadores e causar problemas na máquina. Que semelhanças e diferenças existem entre os vírus de computador e os vírus que atacam o ser humano e outros organismos?

15. Uma bactéria conhecida como salmonela pode provocar infecções intestinais, com cólicas, vômitos e febre. O doente precisa receber tratamento médico rapidamente. Alguns cientistas vêm tentando usar certos vírus para combater essa bactéria. Explique por que essa tentativa pode dar certo.

16. O tratamento da Aids tem aumentado muito a média de vida dos portadores do vírus. No entanto, em alguns países da África, essa média continua baixa. Você sabe dizer por que isso acontece? O que pode ser feito para melhorar essa situação?

17. Explique o que significa dizer que os vírus são parasitas intracelulares obrigatórios.

18. Qual a principal célula atacada pelo HIV e que consequências isso traz para o organismo?

## Trabalho em equipe

Em grupo, escolham um dos temas abaixo para pesquisar (em livros, CD-ROMs, internet, etc.). Depois, apresentem o resultado do trabalho para a classe e para a comunidade escolar (alunos, professores e funcionários da escola e pais ou responsáveis).

a) Os números da Aids: casos de Aids no Brasil e no mundo e projeções para os próximos anos. Medidas que foram tomadas pelo governo brasileiro e o que ainda precisa ser feito no mundo para prevenir e combater a infecção.
b) A situação da poliomielite no Brasil e no mundo, as diferenças entre a vacina Salk e a vacina Sabin.
c) Com o auxílio dos professores de Ciências e de História, façam uma pesquisa (em livros, CD-ROMs, na internet, etc.) sobre a Revolta da Vacina (qual era a situação social do Rio de Janeiro em 1904 e quem foi o médico envolvido na campanha de vacinação, etc.).
d) Elaborem uma campanha (com cartazes, *slogans*, textos, etc.) de prevenção contra raiva, dengue e Aids.

# Pensando no Enem

Uma nova preocupação atinge os profissionais que trabalham na prevenção da Aids no Brasil. Tem-se observado um aumento crescente, principalmente entre os jovens, de novos casos de Aids, questionando-se, inclusive, se a prevenção vem sendo ou não relaxada. Essa temática vem sendo abordada pela mídia:

"Medicamentos já não fazem efeito em 20% dos infectados pelo vírus HIV. Análises revelam que um quinto das pessoas recém-infectadas não haviam sido submetidas a nenhum tratamento e, mesmo assim, não responderam às duas principais drogas anti-Aids. Dos pacientes estudados, 50% apresentavam o vírus FB, uma combinação dos dois subtipos mais prevalentes no país, **F** e **B**". (Adaptado de: *Jornal do Brasil*, 2/10/2001.)

Dadas as afirmações acima, considerando o enfoque da prevenção, e devido ao aumento de casos da doença em adolescentes, afirma-se que:

I. O sucesso inicial dos coquetéis anti-HIV talvez tenha levado a população a se descuidar e a não utilizar medidas de proteção, pois se criou a ideia de que esses remédios sempre funcionam.

II. Os vários tipos de vírus estão tão resistentes que não há nenhum tipo de tratamento eficaz e nem mesmo qualquer medida de prevenção adequada.

III. Os vírus estão cada vez mais resistentes e, para evitar sua disseminação, os infectados também devem usar preservativos e não apenas administrar coquetéis.

Está correto o que se afirma em:

a) I, apenas.
b) II, apenas.
c) I e III, apenas.
d) II e III, apenas.
e) I, II e III.

### Resolução

Para resolver esta questão, é necessário trabalhar principalmente com duas habilidades: o domínio da linguagem científica e da linguagem utilizada por um meio de comunicação, e a capacidade de enfrentar situações-problema, analisando os dados informados pela questão e interpretando-os, em busca de uma resposta.

A questão apresenta uma breve introdução, mostrando a problemática do aumento registrado no número de casos de jovens infectados pelo vírus HIV, indicando também uma hipótese para explicar a ocorrência desse fato: a redução da prevenção da doença.

Em seguida, é citado um trecho de notícia de jornal, destacando a diminuição da eficácia dos principais medicamentos, que segundo a publicação não fazem efeito em 20% dos infectados, mesmo que eles jamais tenham feito o uso de medicamentos relacionados ao HIV. Essa informação é muito importante, pois indica que a queda no efeito nada tem a ver com o uso contínuo de medicação ou a criação de "resistência" a esse tipo de droga. A notícia destaca também que há pelos menos três variedades de vírus: F, B e FB; apenas o último não é relevante para responder à questão.

Além de atentar para as principais informações disponibilizadas no enunciado da questão, são necessários conhecimentos básicos a respeito da forma de transmissão e de prevenção da Aids. Um dos modos mais comuns de transmissão do vírus é por meio de relações sexuais (vaginais, anais ou orais) sem o uso de proteção (preservativo feminino ou masculino). A Aids também pode ser transmitida de mãe infectada para o bebê durante a gestação, no parto ou durante a amamentação. Ainda pode ocorrer contaminação entre pessoas que compartilham agulhas, caso uma delas esteja contaminada. Por fim, a transmissão pode ocorrer por meio de transfusão de sangue contaminado pelo HIV.

É preciso ter conhecimento básico sobre o tratamento da doença com medicamentos conhecidos genericamente como coquetéis. Estes são um conjunto de medicamentos que inibem a replicação do vírus e, por isso, são denominados antirretrovirais. Sabe-se que o uso descontinuado ou irregular desses medicamentos faz com que o vírus volte a se reproduzir rapidamente e pode fazer com que ele adquira mais rapidamente a resistência ao coquetel oferecido ao paciente.

Apesar de não ser a cura, essas terapias prolongam e melhoram a qualidade de vida do portador do HIV.

### O problema

São apresentadas três afirmações sobre a Aids relacionadas ao enunciado da questão. O aluno deve verificar qual(is) delas é(são) a(s) correta(s), levando em consideração as informações prévias.

A afirmação I está correta, pois relaciona o aumento no número de novos casos da doença com a falsa sensação de segurança trazida pelo sucesso inicial dos coquetéis.

A afirmação III também está correta, pois foi constatado que algumas variedades do vírus são resistentes ao tratamento com coquetéis, portanto os infectados devem usar preservativo mesmo quando estão sob tratamento.

Levando em consideração as informações do enunciado, apenas a II está incorreta. Apesar de algumas variedades de vírus serem resistentes aos medicamentos, os métodos de prevenção à transmissão da doença continuam eficazes.

Resposta: **C**.

# Vestibulares de Norte a Sul

1. **SE** (Unifesp) Uma mulher com idade entre 25 e 35 anos foi contaminada pelo vírus HIV depois de receber transfusão de sangue (...). A contaminação da mulher pode ter ocorrido em razão da chamada "janela imunológica". (*Folha de S.Paulo*, 6/8/2005)

   Janela imunológica é o nome dado ao período compreendido entre a infecção do organismo e o início da formação de anticorpos contra o agente infeccioso. Considerando tais informações e o que se conhece sobre a infecção por HIV, podemos afirmar corretamente que:

   a) essa fatalidade poderia ter sido evitada se o sangue do doador tivesse passado, antes, por testes sorológicos para a detecção de HIV.
   b) a ação do HIV no organismo é justamente destruir o sistema imune. Por isso, são feitos testes para detecção do vírus e não de anticorpos.
   c) a mulher já estava com o sistema imune fragilizado, o que facilitou ainda mais a entrada e a instalação de agentes infecciosos, aqui, no caso, do HIV.
   d) o doador era portador do HIV e os testes não detectaram a infecção. Ter feito o teste recentemente não garante total segurança, devendo-se, portanto, evitar a exposição a situações de risco.
   e) transfusões de sangue hoje são um dos principais meios de transmissão do HIV. Isso demonstra a necessidade de campanhas para alertar doadores e receptores de sangue sobre os cuidados a serem tomados.

2. **S** (Cefet-PR) No jornal *Gazeta do Povo* do dia 26 de março de 2004, foi publicada a seguinte notícia:

   "Sobe para 543 o número de mortos em consequência da epidemia de dengue na Indonésia desde o início do ano. O Ministério da Saúde espera que a epidemia possa ser controlada em maio, após alcançar seu período de maior intensidade, que é março e abril. Na Indonésia, a dengue acompanha a estação de chuvas e ressurge a cada ano. Mas, desta vez, a epidemia foi particularmente intensa, afetando o dobro de pessoas em relação ao ano passado."

   Sobre essa notícia é correto afirmar que:

   a) poderia ser feita a vacinação como prevenção, já que se observou uma epidemia no ano anterior.
   b) o principal meio de prevenção é acabar com o vetor (*Aedes aegypti*).
   c) a característica meteorológica citada na reportagem não tem relação com a doença.
   d) o isolamento dos pacientes poderia ter evitado o contágio direto entre a população, diminuindo o número de casos.
   e) a falta de higiene pessoal em consequência das dificuldades financeiras desse país é um dos motivos para esse quadro alarmante.

3. **SE** (Vunesp-SP) Em relação à Aids, temos as afirmativas seguintes:

   I. A doença é causada por vírus.
   II. O contágio se dá, principalmente, por transfusão de sangue contaminado, contato sexual com portadores e uso em comum de agulha por viciados em drogas.
   III. A convivência com a pessoa doente, em casa, no trabalho, na escola, na rua, excluídas as condições mencionadas em II, não oferece perigo de transmissão da doença.
   IV. A doença atua sobre o sistema imune, diminuindo a resistência do organismo.

   Considerando os conhecimentos atuais, assinale a alternativa:

   a) se apenas II, III e IV são corretas.
   b) se apenas II e III são corretas.
   c) se apenas I, II e IV são corretas.
   d) se apenas I, III e IV são corretas.
   e) se I, II, III e IV são corretas.

4. **S** (UFSC) Apesar das campanhas divulgadas em todos os veículos de comunicação, a dengue tem se espalhado para áreas onde antes não ocorria. Sobre a dengue, assinale a(s) proposição(ões) correta(s).

   01. Como prevenção, existem vacinas que atuam imunizando totalmente as pessoas.
   02. É uma doença infecciosa.
   04. Sua forma de transmissão se dá pela picada de um tipo de mosquito.
   08. Tem como sintomas febre alta, moleza, dores musculares e de cabeça, entre outros.
   16. Já foi descartada a eliminação do mosquito transmissor da doença como forma de combatê-la, pois é um método ineficaz.
   32. Em alguns casos podem ocorrer hemorragias fatais.

   Indique a soma dos números das respostas corretas.

5. **SE** (Ufscar-SP) "Nesta cidade, vacinação antirrábica. Não deixe de levar seus cães e gatos."

   A Vigilância Sanitária promove, ao longo do ano, campanha para a vacinação antirrábica de cães e gatos. Nessas campanhas, as pessoas não são vacinadas porque:

   a) com os animais vacinados, é menor a probabilidade de os humanos contraírem a doença.
   b) a raiva só ocorre em humanos quando contraída através da mordida de morcegos.
   c) ainda não existe uma vacina específica para os humanos.
   d) a raiva é uma doença exclusiva de cães e gatos.
   e) já foram imunizadas com a vacina tríplice tomada quando crianças.

6. **S** (UFRGS-RS) O *influenza* A foi responsável por algumas pandemias no século XX, tais como a gripe espanhola em 1918 e a gripe asiática em 1957. No ano passado, ocorreu uma nova pandemia, a da gripe A.

Considere as afirmações a seguir sobre a gripe A.

I. Um importante sintoma é a inflamação severa dos pulmões, que pode levar à insuficiência respiratória.
II. O tratamento é feito com antibióticos.
III. É causada por bactérias, podendo ser prevenida por vacinação.

Quais estão corretas?

a) Apenas I.
b) Apenas II.
c) Apenas I e III.
d) Apenas II e III.
e) I, II e III.

7. **SE** (Uerj) Pandemias graves de gripe por vírus *influenza* repetem-se, no mundo, a determinados intervalos de tempo, causando milhões de mortes. Cientistas da OMS alertam para o fato de que a gripe aviária, surgida no Sudeste Asiático, pode provocar uma nova pandemia. O controle do alastramento desse vírus é problemático, não só devido às facilidades de transporte no mundo, mas, também, porque as vacinas produzidas para combatê-lo podem perder a sua eficácia com o tempo. Essa perda de eficácia está associada à seguinte característica dos vírus *influenza*:

a) sofrer alterações em seu genoma com certa frequência.
b) inibir com eficiência a produção de anticorpos pelo hospedeiro.
c) destruir um grande número de células responsáveis pela imunidade.
d) possuir cápsula protetora contra a maioria das defesas do hospedeiro.

8. **NE** (UEPB) Sobre os vírus, podemos afirmar que:

a) a transmissão dos vírus das plantas ocorre exclusivamente por difusão mecânica, ou seja, quando uma pessoa manipula uma planta infectada e a seguir uma sadia.
b) são estruturalmente simples, sendo formados por uma ou mais cápsulas proteicas, que envolvem o DNA e o RNA, compondo o nucleocapsídeo. Alguns vírus apresentam ainda um envoltório externo ao nucleocapsídeo denominado envelope.
c) se reproduzem sempre no interior de uma célula hospedeira, exceto os bacteriófagos, por terem dois tipos de ciclos de replicação: o ciclo lítico e o ciclo lisogênico.
d) a infecção viral é específica, sendo esta especificidade decorrência do fato de que para um vírus penetrar em uma célula deve haver uma interação das proteínas virais com as proteínas receptoras existentes na membrana plasmática das células.
e) os retrovírus podem apresentar DNA ou RNA, mas obrigatoriamente apresentam a transcriptase reversa.

9. **SE** (Ufscar-SP) Determinado medicamento tem o seguinte modo de ação: suas moléculas interagem com uma determinada proteína, desestabilizando-a e impedindo-a de exercer sua função como mediadora da síntese de uma molécula de DNA, a partir de um molde de RNA. Esse medicamento:

a) é um fungicida.
b) é um antibiótico com ação sobre alguns tipos de bactérias.
c) impede a reprodução de alguns tipos de vírus.
d) impede a reprodução de alguns tipos de protozoários.
e) inviabiliza a mitose.

10. **SE** (UFV-MG) Os vírus são parasitas intracelulares obrigatórios que realizam todas as fases de seu ciclo no interior de uma célula hospedeira. Sem contato com a célula, as partículas virais são inertes e não apresentam atividade biológica aparente. Com relação aos vírus que infectam eucariotos, assinale a alternativa incorreta.

a) Alguns vírus são capazes de infectar células animais e vegetais, multiplicando-se em ambos os organismos.
b) Os retrovírus interagem seu genoma ao genoma da célula e alguns estão associados à ocorrência de câncer.
c) Os vírus que infectam animais normalmente penetram na célula por meio de endocitose mediada por receptores.
d) A infecção de uma célula vegetal por vírus com genoma de DNA tem como desfecho a lise da parede celular.
e) Morcegos hematófagos e roedores são exemplos de vetores de vírus que infectam seres humanos.

11. **NE** (UFC-CE) A Aids é uma doença infecciosa que afeta o sistema imunológico e cujo agente etiológico é o vírus HIV. Assinale a alternativa que apresenta duas formas de transmissão do vírus da Aids.

a) Inalação de ar contaminado; uso de seringas não esterilizadas.
b) Transfusão de sangue contaminado; ingestão de água contaminada.
c) Picada de inseto; contaminação do bebê por meio da amamentação.
d) Contato sexual sem o uso de preservativo; uso de talheres e copos contaminados.
e) Contaminação do feto, pela mãe, por meio da placenta; contato sexual sem o uso de preservativo.

12. **SE** (Mack-SP) O ser humano tem travado batalhas constantes contra os vírus. A mais recente é contra o vírus H1N1, que causa a "gripe suína". A respeito dos vírus, assinale a alternativa correta.

a) São todos endoparasitas celulares.
b) Os antibióticos só são eficazes contra alguns tipos.
c) Todos eles possuem o DNA e o RNA como material genético.
d) Atualmente existem vacinas contra todos os tipos.
e) Alguns deles possuem reprodução sexuada.

13. **SE** (UFSJ-MG) "Ter o HIV não é a mesma coisa que ter a Aids. Há muitos soropositivos que vivem anos sem apresentar sintomas e sem desenvolver a doença. Mas podem transmitir o vírus a outros pelas relações sexuais desprotegidas, pelo compartilhamento de seringas contaminadas ou de mãe para filho durante a gravidez e a amamentação. Por isso, é sempre importante fazer o teste e proteger-se em todas as situações. O corpo reage diariamente aos ataques de bactérias, vírus e outros micróbios por meio do sistema imunológico. Muito complexa, essa barreira é composta por milhões de células de diferentes tipos e com diferentes funções, responsáveis por garantir a defesa do organismo e por manter o corpo funcionando livre de doenças. O Sistema Imunológico: entre as células de defesa estão os linfócitos T CD4+, principais alvos do HIV, vírus causador da Aids, e do HTLV, vírus causador de outro tipo de doença sexualmente transmissível. São esses glóbulos brancos que organizam e comandam a resposta diante dos agressores. Produzidos na glândula timo, aprendem a memorizar, reconhecer e destruir os micro-organismos estranhos que entram no corpo humano. O HIV liga-se a um componente da membrana dessa célula, o CD4, penetrando no seu interior para se multiplicar. Com isso, o sistema de defesa vai pouco a pouco perdendo a capacidade de responder adequadamente, tornando o corpo mais vulnerável a doenças. Quando o organismo não tem mais forças para combater esses agentes externos, a pessoa começa a ficar doente mais facilmente e então se diz que tem Aids. Esse momento geralmente marca o início do tratamento com os medicamentos antirretrovirais, que combatem a reprodução do vírus."

Disponível em: <www.aids.gov.br>.

Sobre o sistema imunológico e a Aids, é **incorreto** afirmar que:

a) o vírus HIV enfraquece o sistema imunológico por utilizar a maquinaria genética do linfócito T para se multiplicar.

b) os vírus HIV utilizam os componentes de membrana CD4 dos linfócitos T para duplicarem seu material genético.

c) o vírus HIV se ancora na membrana dos linfócitos T pelo reconhecimento do CD4 e introduz nesse linfócito seu material genético.

d) o vírus HIV e a doença Aids não são sinônimos. A Aids só se estabelece com a progressão das taxas de multiplicação dos vírus e a destruição dos linfócitos T, pela alteração do DNA desses linfócitos e sua destruição levando ao enfraquecimento do sistema imunológico do hospedeiro que passa a ter imunodeficiência.

14. **N** (Uepa) A construção da Usina Hidrelétrica de Belo Monte, no Pará, potencializará a demanda energética crescente no País. A implantação da usina prevê o alagamento de vasta extensão intacta do bioma local, mudança no regime hidrológico na área atingida pelo empreendimento, alterações na quantidade de indivíduos de populações da flora nativa regional, deslocamento de vetores de endemias das áreas impactadas para áreas de ocupação humana, entre outras ponderações apresentadas por pessoas e entidades contrárias a implantação da hidrelétrica. O aspecto encontrado na situação exposta no enunciado é a/o:

a) diminuição populacional humana pela emigração à região de construção da usina.

b) expansão da biodiversidade nativa nas áreas alagadas pelo represamento da água.

c) proliferação dos nichos ecológicos das espécies nativas e diminuição de populações locais.

d) aumento da exposição humana a hospedeiros invertebrados transmissores da dengue.

e) aumento do número de indivíduos do primeiro nível trófico no bioma da região da usina.

15. **CO** (UEG-GO) Os vírus são parasitas submicroscópicos e possuem genomas que se replicam dentro de um hospedeiro vivo, direcionando o mecanismo genético da célula para a síntese de ácidos nucleicos e proteínas virais. Estas características os fazem responsáveis por gerar doenças em grande parte da diversidade biológica.

HAVEN, P.H.; EVERT, R. F.; EICHHORN, S. E. *Biologia vegetal*. Rio de Janeiro: Guanabara Koogan, 2007.

Sobre os vírus, é correto afirmar:

a) possuem RNA ou DNA em fita simples ou dupla, respectivamente, envolto por uma capa proteica denominada capsídeo, com subunidades que são os capsômeros.

b) são conhecidos também como viroides por serem agentes infecciosos e por interferirem na regulação gênica da célula hospedeira.

c) o bacteriófago é um vírus que possui estrutura genômica de retrovírus e libera príons quando está no interior da célula hospedeira.

d) causam doenças tais como febre amarela, coqueluche, rubéola, cólera e caxumba.

16. **S** (Udesc) Um estudo divulgado em Washington, durante a 19ª Conferência Internacional da Aids, afirma que dois homens com HIV não apresentaram sinais do vírus por um período de 8 a 17 meses, respectivamente, depois de receberem transplantes de células-tronco devido a uma leucemia.

(Disponível em: <http://g1.globo.com/>. Acessado em: 1º/08/2012.)

Assinale a alternativa correta sobre o vírus do HIV.

a) O HIV é um vírus de DNA.

b) O HIV é um retrovírus.

c) A AIDS e o HIV são infecções micóticas causadas por vírus diferentes.

d) O vírus HIV, no organismo humano, infecta apenas a célula macrófago.

e) Há poucos estudos sobre o vírus HIV, pois ele é um organismo mutante que infecta apenas monócitos.

**17.** SE (Mack-SP)

**No Brasil, morre-se de dengue por atendimento inadequado**

Levantamento do Ministério da Saúde traz 4 péssimas notícias sobre a presença da dengue no Brasil. A primeira delas é que este ano foi registrada, no Brasil, a pior epidemia da doença em todos os tempos.

[...] segundo as autoridades sanitárias federais, 19 estados apresentam risco muito alto ou alto de enfrentar uma epidemia de dengue ainda maior que a registrada de janeiro para cá.

A OMS garante que mortes provocadas pelo mosquito *Aedes aegypti* são facilmente evitáveis.

De acordo com o levantamento, neste ano, quase 70% dos pacientes que morreram de dengue no país, não foram tratados como deveriam ser.

[...] segundo o estudo, metade das mortes ocorreu em municípios com baixa cobertura do Programa Saúde da Família.

*Jornal da Tarde*, 14/09/2010

A respeito da dengue, considere as afirmações abaixo.

I. A melhor forma de combate à doença é o combate ao mosquito transmissor, esteja ele na fase adulta ou no estágio larval.

II. Pessoas com a doença não podem tomar medicamentos à base de ácido salicílico, que pode provocar quadro hemorrágico.

III. Tanto o mosquito macho quanto a fêmea são transmissores do vírus causador da doença.

IV. Todos os mosquitos dessa espécie são capazes de provocar a doença.

Assinale

a) se somente I e II estiverem corretas.

b) se somente I e III estiverem corretas.

c) se somente I e IV estiverem corretas.

d) se somente II e III estiverem corretas.

e) se somente II e IV estiverem corretas.

**18.** SE (PUC-RJ) A dengue continua sendo um problema de saúde pública para o estado do Rio de Janeiro. Assim, conhecendo-se o causador da dengue e seu vetor, podemos usar como medidas profiláticas a:

a) vacinação em massa da população contra a bactéria causadora dessa doença.

b) exterminação de ratos vetores do vírus causador dessa doença.

c) eliminação dos insetos vetores da bactéria causadora dessa doença.

d) eliminação dos insetos vetores do vírus causador dessa doença.

e) distribuição de antibióticos contra a bactéria causadora dessa doença.

**19.** SE (Unifesp) Cientistas criaram em laboratório um bacteriófago (fago) composto que possui a cápsula proteica de um fago T2 e o DNA de um fago T4. Após esse bacteriófago composto infectar uma bactéria, os fagos produzidos terão:

a) a cápsula proteica de qual dos fagos? E o DNA será de qual deles?

b) Justifique sua resposta.

**20.** SE (Fuvest-SP) Com o objetivo de promover a reprodução de certo vírus bacteriófago, um estudante incubou vírus em meio de cultura esterilizado, que continha todos os nutrientes necessários para o crescimento de bactérias. Ocorrerá a reprodução dos vírus? Por quê?

**21.** SE (UFRJ) O HPV (papiloma vírus humano) é um vírus sexualmente transmitido, causador do aparecimento de verrugas genitais em homens e mulheres. A infecção pelo HPV em mulheres está diretamente relacionada à incidência de um tipo de câncer que pode ser diagnosticado precocemente por meio de um teste histológico simples e barato, o teste de Papanicolau. Após a puberdade, esse teste é realizado regularmente pela maioria das mulheres em países ricos, o que não ocorre nos países pobres. Um resultado positivo no teste permite tratamento precoce e é importante para que as mulheres possam evitar a transmissão posterior do HPV.

O gráfico a seguir mostra a incidência de três tipos de câncer em mulheres de países ricos e pobres.

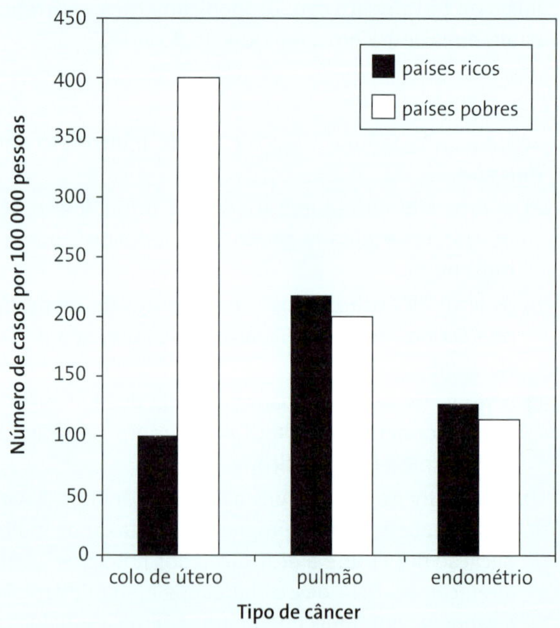


a) Identifique o tipo de câncer causado por infecção pelo HPV. Justifique sua resposta.

b) Indique um método eficaz para evitar a transmissão do HPV por indivíduos sexualmente ativos. Justifique sua resposta.

CAPÍTULO

# 3 Procariontes

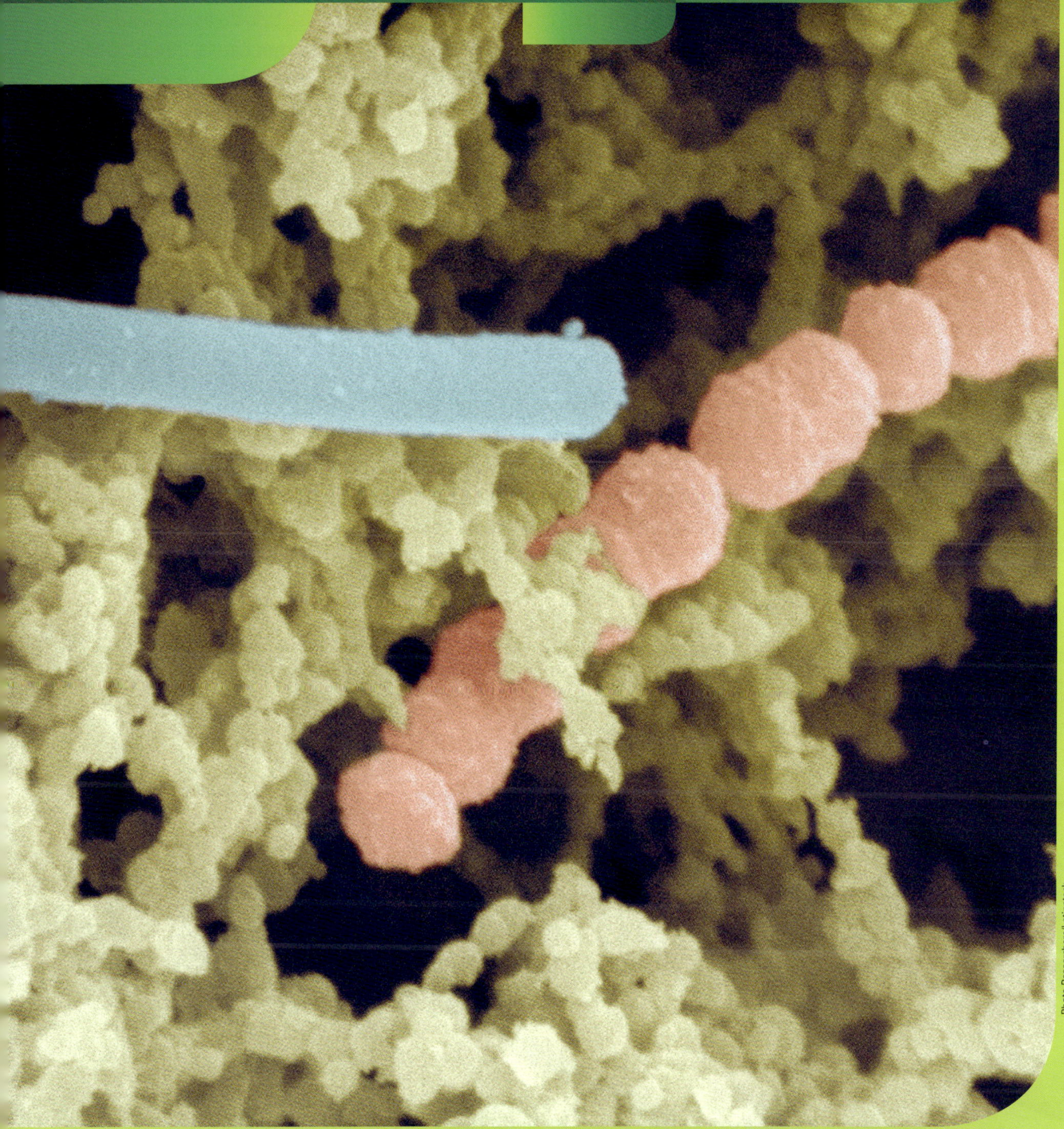
Photo Researchers/Latinstock

Bactérias usadas na produção de iogurte (aumento de cerca de 6 mil vezes; imagem colorizada por computador).

↘ *Quais as principais características das bactérias? Por que elas são importantes para o ambiente?*

↘ *Que doenças algumas bactérias causam ao ser humano?*

Características gerais das bactérias

# 1 Características gerais

Os organismos procariontes (ou procariotos) incluem as bactérias, as cianobactérias (antigamente conhecidas como algas azuis ou cianofíceas) e as arqueas.

No sistema de cinco reinos, bactérias e cianobactérias fazem parte do reino Monera. Na classificação mais recente, em três domínios (Bacteria, Archaea, Eukarya), elas pertencem ao domínio Bacteria, e as arqueas fazem parte do domínio Archaea.

Algumas bactérias se associam a outros seres vivos e conseguem alimento sem lhes causar nenhum prejuízo. Esse tipo de associação entre organismos, em que um deles se beneficia sem causar prejuízo ao outro, é chamado **comensalismo** (o termo **comensal** refere-se a cada um daqueles que comem juntos na mesma mesa). É o caso de muitas bactérias que vivem sobre a nossa pele e no sistema digestório: nosso corpo abriga trilhões de bactérias, um número maior que o total de células humanas (figura 3.1). Porém, algumas bactérias que habitam o corpo de organismos vivos, onde se reproduzem e se alimentam, causam-lhes doenças. São as bactérias parasitas.

Há também associações que trazem benefícios a ambos os envolvidos. Algumas bactérias que vivem em nosso intestino, por exemplo, ingerem parte de nosso alimento, mas produzem vitaminas do complexo B e vitamina K. Quando a associação entre dois organismos de espécies diferentes traz benefícios para ambos, como nesse exemplo, a relação entre eles é chamada **mutualismo** (*mutuare* = trocar).

O ser humano utiliza algumas bactérias (do gênero *Lactobacillus*) na produção de iogurtes e queijos. Há também aquelas empregadas pela engenharia genética na produção de medicamentos e de outros produtos e as que são usadas como bioinseticidas, pois têm ação tóxica apenas contra as pragas que atacam plantações, evitando-se assim o uso excessivo de agrotóxicos.

David Mack/SPL/Latinstock

Figura 3.1 Ilustração feita em computador para representar bactérias na pele (em média, entre 0,5 µm e 1 µm de diâmetro em azul e verde, respectivamente; os elementos não estão em escala). Em geral, elas não causam problemas, mas algumas podem provocar acne e outras podem causar infecções se penetrarem no interior da pele por cortes ou feridas.

Pode-se dizer que, sem as bactérias, talvez a vida na Terra não se mantivesse. Além de provavelmente terem sido os primeiros seres vivos do planeta, elas promovem, com os fungos, a reciclagem da matéria na natureza, realizando a decomposição da matéria orgânica de fezes, urina, plantas, animais mortos, etc. Bactérias e fungos são, portanto, os principais decompositores do planeta, transformando a matéria orgânica em gás carbônico, água e sais minerais, que podem ser reaproveitados pelas plantas na produção de açúcares, proteínas e outras substâncias orgânicas. Veja a figura 3.2.

A capacidade de decomposição das bactérias é utilizada na **biorremediação**, que é o uso de organismos ou de seus produtos para reduzir ou eliminar poluentes do ambiente.

As bactérias são também bons **bioindicadores**, pois a análise da concentração delas em determinado ambiente pode dar uma ideia de seu grau de poluição ou contaminação. É o caso, por exemplo, da concentração de coliformes fecais (bactérias presentes nas fezes de animais) na água. A quantidade elevada de bactérias dessa espécie indica que a água recebeu grande quantidade de esgoto e que, portanto, está poluída.

Algumas espécies de bactérias são os únicos seres capazes de transformar o gás nitrogênio da atmosfera em compostos de nitrogênio, que podem ser usados pelas plantas para a produção de proteínas, como veremos adiante.

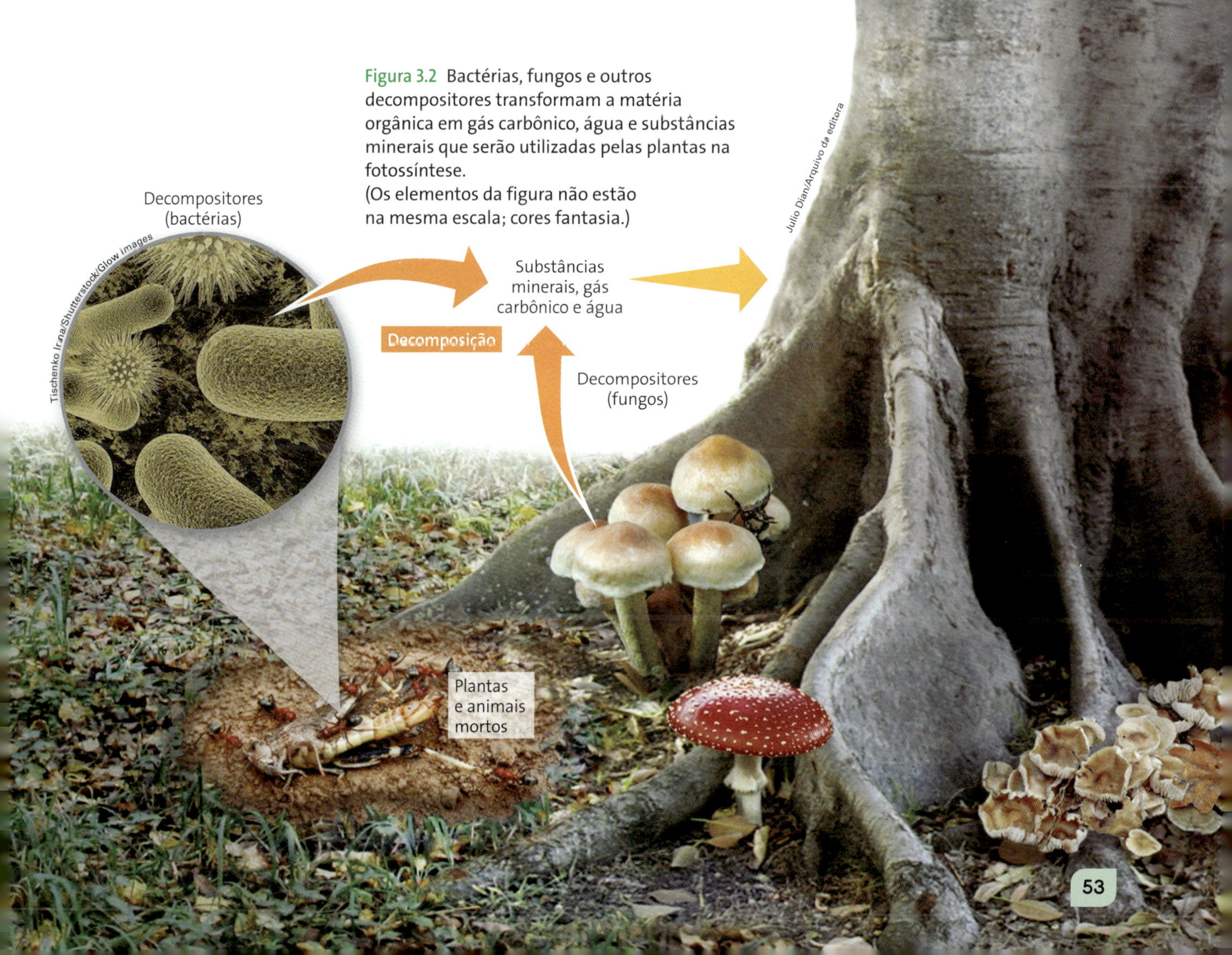


Figura 3.2 Bactérias, fungos e outros decompositores transformam a matéria orgânica em gás carbônico, água e substâncias minerais que serão utilizadas pelas plantas na fotossíntese.
(Os elementos da figura não estão na mesma escala; cores fantasia.)

# 2 Morfologia e fisiologia das bactérias

As bactérias são os menores organismos do planeta (se não considerarmos os vírus). A maioria delas mede entre 0,5 μm e 1 μm, cerca de dez vezes menos que as células eucariotas.

Quase todas as bactérias possuem **parede celular**, estrutura que envolve a membrana plasmática. Uma exceção é o micoplasma, bactéria que causa pneumonia. Essa bactéria possui um envoltório rígido que é constituído de uma rede de peptídios ligados a polissacarídeos, chamada **peptidoglicano**.

No citoplasma, há apenas DNA, ribossomos e grãos de glicogênio (reserva de alimento). Estão ausentes as outras organelas, que aparecem somente em células eucariotas. As bactérias também não possuem citoesqueleto. O DNA tem forma circular e não está ligado a proteínas, como nos eucariontes. Além desse DNA, pode haver uma ou mais moléculas menores de DNA, os **plasmídeos**. Alguns podem conter genes que conferem à bactéria resistência a antibióticos; outros podem ser injetados em bactérias competidoras, fazendo com que sintetizem uma substância tóxica que determina sua morte.

Muitas bactérias possuem **flagelos** (figura 3.3), filamentos longos usados para locomoção, formados por uma fibrila, que serve de eixo (e não por nove grupos de fibrilas periféricas e duas centrais, como nas células dos eucariontes). Além dos flagelos, pode haver filamentos de citoplasma, as **fímbrias** (reveja a figura 3.3), que atuam na **conjugação** (troca de material genético entre duas bactérias) e ajudam na adesão da bactéria às células do hospedeiro, facilitando a infecção. Essa adesão favorece, por exemplo, a formação da placa bacteriana nos dentes e, consequentemente, as cáries dentárias.

Figura 3.3 Ilustração de bactéria em corte (em média, entre 0,5 μm e 1 μm de diâmetro) com fímbrias e flagelos (os elementos da ilustração não estão na mesma escala; cores fantasia). À direita, foto de bactérias (microscópio eletrônico; aumento de cerca de 17 mil vezes; imagem colorizada por computador).

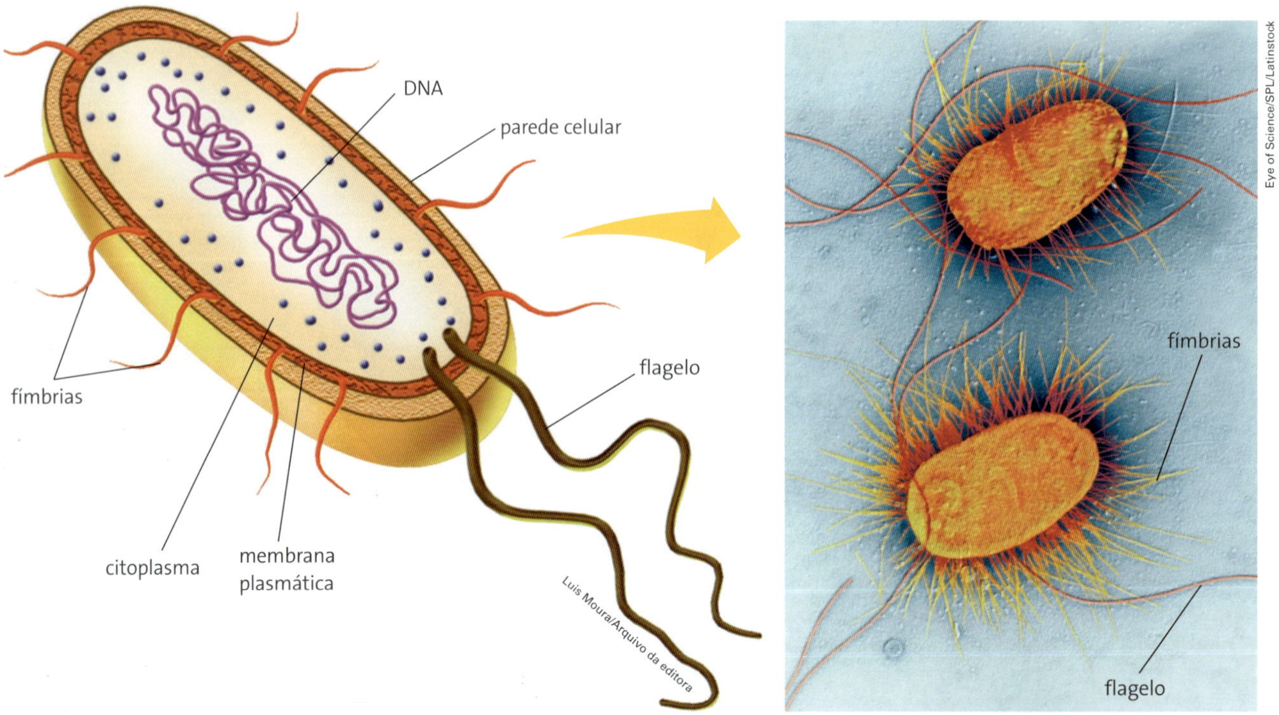

De acordo com a forma, as bactérias podem ser classificadas como: **cocos** (*coccus* = grão), esféricas; **bacilos** (*baccillus* = bastonete), bastonetes retos; **vibriões** (*vibrare* = tremer), bastonetes curvos; **espirilos**, forma de hélice com a célula rígida; e **espiroquetas** (*spira* = espiral; *chaîte* = pelo), em forma de hélice, com célula flexível. Em algumas espécies de bactérias, várias células se unem umas às outras, formando colônias, típicas de cada espécie: **estafilococos** (*staphyle* = cacho), **estreptococos** (*streptós* = cadeia). Veja a figura 3.4.

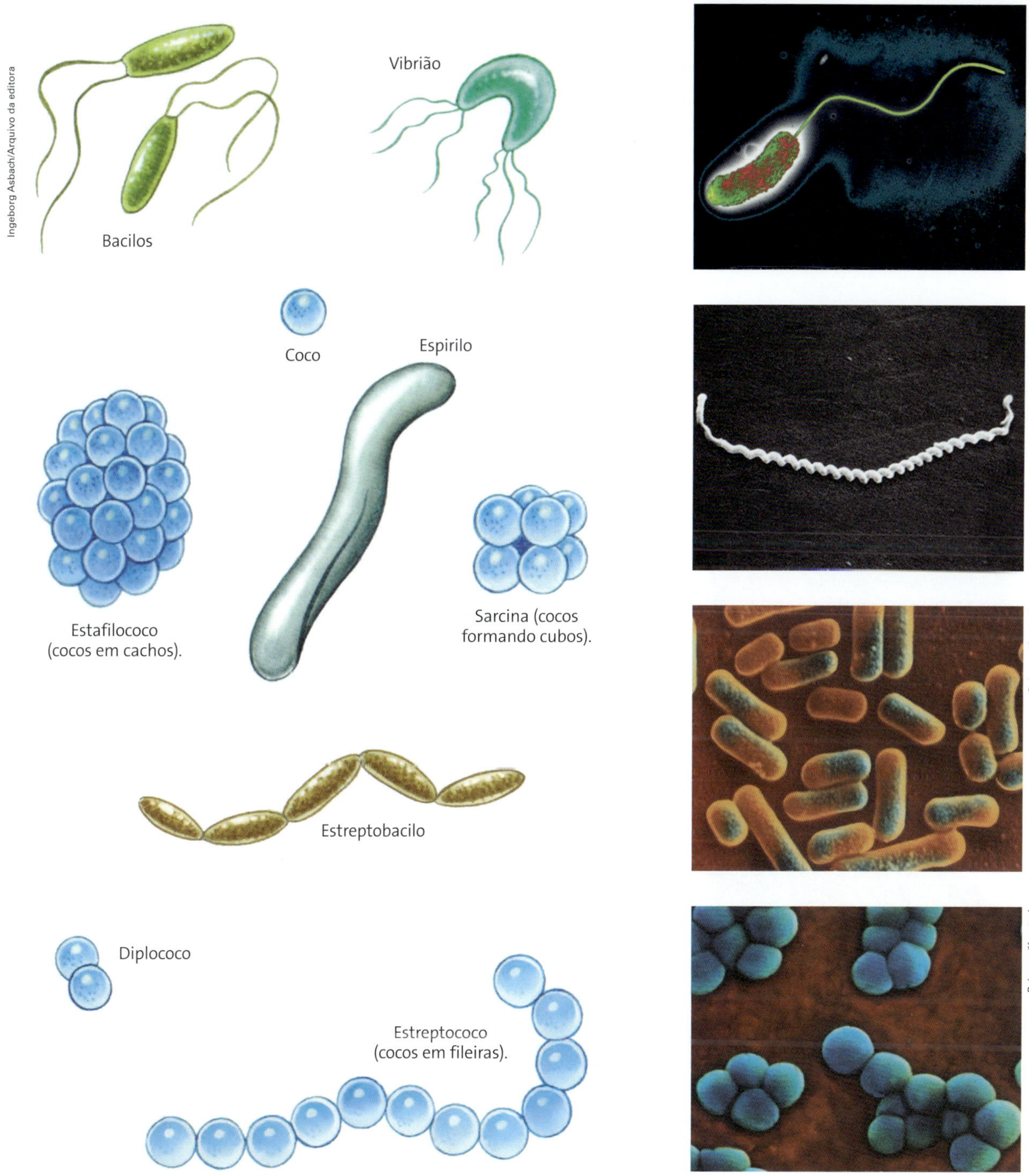


Figura 3.4 Formas e tipos de colônias de bactérias (em média, entre 0,5 μm e 1 μm de diâmetro; os elementos ilustrados não estão na mesma escala; cores fantasia). Nas fotos, de cima para baixo: um vibrião, uma espiroqueta, vários bacilos e cocos (microscópio eletrônico; ampliação em torno de 10 mil vezes; imagens colorizadas por computador).

# Nutrição

A maioria das bactérias é heterotrófica por absorção: retira moléculas orgânicas já digeridas do ambiente ou de seres vivos parasitados. As outras são autotróficas por fotossíntese (fotoautotróficas; usam a energia da luz para sintetizar compostos orgânicos) ou por quimiossíntese (quimioautotróficas; usam energia química para produzir compostos orgânicos).

As cianobactérias possuem uma clorofila idêntica à das plantas, mas as outras bactérias fotossintéticas possuem outro tipo, a **bacterioclorofila**. É o caso das bactérias sulfurosas verdes e das sulfurosas púrpuras (figura 3.5), em cuja fotossíntese não há liberação de oxigênio, pois, em vez de água, elas usam gás sulfídrico, que tem a função da água na fotossíntese tradicional: ceder átomos de hidrogênio, que se combinam ao gás carbônico, para formar glicose e outros compostos orgânicos. O processo pode ser resumido pela seguinte equação:

$$6\ CO_2 + 12\ H_2S \rightarrow C_6H_{12}O_6 + 6\ H_2O + 12\ S$$

Nas bactérias quimioautotróficas, a energia química provém de reações químicas de oxidação de compostos minerais.

Certas bactérias do solo oxidam amônia, formando nitritos (bactérias nitrosas); outras oxidam o nitrito, formando nitratos (bactérias nítricas). Essas bactérias são importantes no ciclo do nitrogênio, pois fornecem o nitrato absorvido pelos vegetais, como mostra o esquema a seguir:

$$\underset{\text{amônia do solo}}{NH_3} \xrightarrow{O_2} \underset{\text{nitrito}}{NO_2^-} \xrightarrow{O_2} \underset{\text{nitrato}}{NO_3^-}$$

Algumas bactérias conseguem utilizar o nitrogênio atmosférico fazendo-o reagir com hidrogênio para produzir amônia, que pode ser incorporada às substâncias orgânicas (pode combinar-se com o gás carbônico para formar aminoácidos).

Figura 3.5 Bactérias sulforosas verdes (à esquerda) e púrpuras (à direita) em imagens de microscopia eletrônica.

Dr. Terry Beveridge/Visuals Unlimited/Corbis/Latinstock

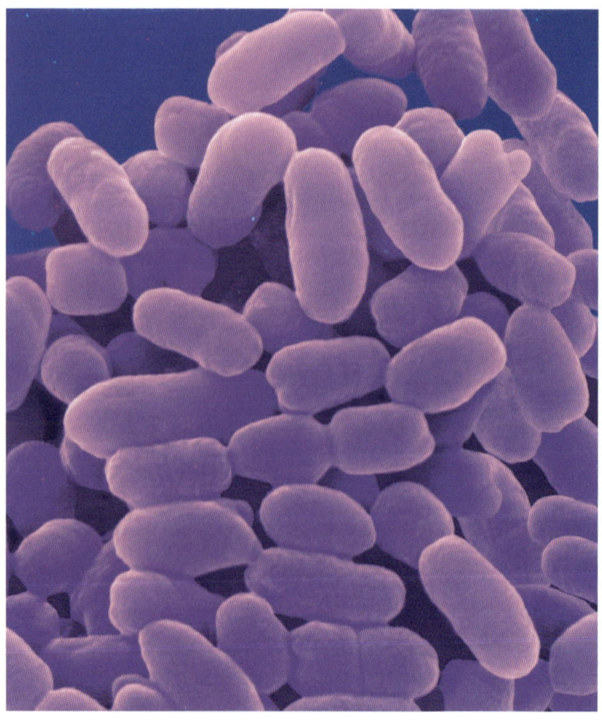

Dennis Kunkel Microscopy, Inc./Visuals Unlimited/Corbis/Latinstock

O processo é chamado **fixação do nitrogênio** e feito por cianobactérias e bactérias do gênero *Rhizobium*, entre outras. As bactérias desse gênero vivem nas raízes das plantas leguminosas (feijão, soja, ervilhas, amendoim, alfafa, etc.); nelas há pequenos nódulos com milhões de bactérias fixadoras (figura 3.6). Uma parte do nitrogênio fixado é fornecida à planta, e o excesso é liberado no solo na forma de amônia. A planta fornece alimento às bactérias, portanto, trata-se de uma relação ecológica em que ambas as espécies são beneficiadas (mutualismo).

Dr. Jeremy Burgess/SPL/Latinstock

Figura 3.6 Nódulos em raiz de planta leguminosa resultantes da interação com a bactéria *Rhizobium leguminosarum*.

Em relação à respiração, as bactérias podem ser divididas em:

- **aeróbias**, que dependem de oxigênio para conseguir energia e não sobrevivem sem esse gás;
- **anaeróbias facultativas**, que podem viver com ou sem oxigênio; se houver oxigênio no ambiente, podem realizar respiração aeróbia; caso contrário, sobrevivem à custa de processos anaeróbios, embora a quantidade de energia obtida seja inferior à conseguida na respiração aeróbia. Um exemplo são os **lactobacilos**, que realizam fermentação láctica, usada na produção de iogurtes, coalhadas, queijos e outros produtos:

$$\underset{\text{glicose}}{C_6H_{12}O_6} \rightarrow 2\,\underset{\text{ácido láctico}}{C_3H_6O_3} + \text{energia}$$

- **anaeróbias obrigatórias** ou **estritas**, que não possuem as enzimas necessárias ao aproveitamento do oxigênio e, por isso, morrem com determinada concentração de oxigênio no ambiente, porque, ficando livre na célula, esse gás pode danificar moléculas importantes, como o DNA e as enzimas.

Em condições adversas (temperatura muito alta ou muito baixa, meio muito ácido ou básico, presença de substâncias tóxicas no ambiente, etc.), algumas bactérias formam **endósporos**, estruturas de parede resistente e com pouca água no citoplasma, nos quais a bactéria permanece em estado de vida latente, com as funções reduzidas ao mínimo.

## Biologia tem História

### Bactérias gram-positivas e gram-negativas

Em 1884, o bioquímico dinamarquês Hans Christian Gram (1853-1938) descobriu que, quando tratadas com agentes químicos específicos, algumas bactérias adquirem coloração azul-violeta; enquanto outras, coloração vermelha.

Ele concluiu então que as bactérias que apresentam uma camada de lipídios associados a polissacarídeos na parede celular não absorvem o corante violeta de genciana. Diferentemente dessas bactérias, as que não apresentam a camada de lipídeos absorvem o corante e, assim, adquirem a coloração azul-violeta.

Com base nesse método, conhecido como coloração de Gram, foi possível classificar as bactérias em gram-positivas ou gram-negativas, conforme a cor que adquirem pela técnica.

Essa classificação é importante durante a realização de exames clínicos, por exemplo, porque permite uma rápida caracterização do tipo de bactéria contido em uma amostra antes que sejam obtidos resultados mais específicos.

A identificação preliminar do tipo de bactéria da amostra possibilita o início do tratamento do paciente com medicamentos apropriados. Sabe-se, por exemplo, que bactérias gram-positivas são geralmente mais sensíveis ao antibiótico penicilina do que as bactérias gram-negativas.

## Reprodução

A principal forma de reprodução das bactérias é a assexuada, por **divisão binária** ou **bipartição**: a célula aumenta de tamanho e o DNA se duplica; em seguida, a célula se divide, ficando uma cópia do DNA para cada célula-filha (figura 3.7). Esse processo origina uma população de indivíduos geneticamente iguais, chamados **clones**.

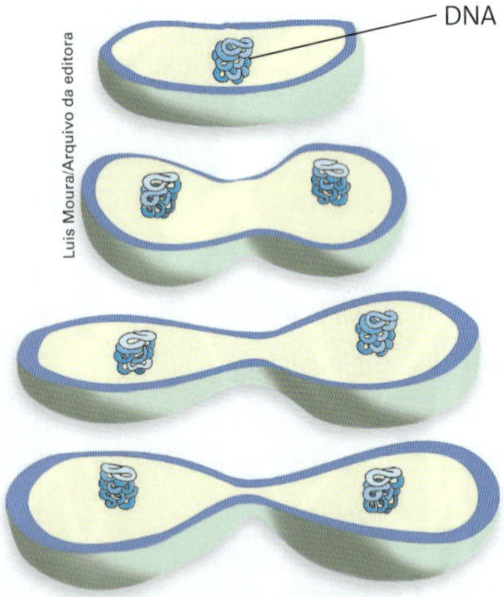


Figura 3.7 Esquema de reprodução assexuada das bactérias (os elementos da ilustração não estão na mesma escala; cores fantasia). O DNA duplica-se e passa para as duas células-filhas.

As bactérias podem também realizar **conjugação**: duas bactérias se ligam pelas fímbrias e ocorre a transferência do plasmídeo de uma para a outra (figura 3.8). Após a troca, elas se separam. Como uma das bactérias recebeu novos genes, quando ela se dividir, serão produzidas bactérias diferentes dela. Por isso, esse processo pode ser considerado uma forma de reprodução sexuada, uma vez que, em ambos, há recombinação de genes entre indivíduos da mesma espécie, o que aumenta a variedade genética de uma população.

A conjugação ajuda a espalhar a resistência a antibióticos entre as bactérias. Isso acontece quando um plasmídeo, com um gene que confere resistência a determinado antibiótico, é transferido para uma bactéria sensível a esse antibiótico. Desse modo, pode surgir uma bactéria resistente a vários tipos de antibióticos.

É importante esclarecer que o gene que confere resistência à bactéria surge por mutação e não por causa da ação do antibiótico. O que este faz é eliminar bactérias sensíveis; as resistentes ficam livres para se reproduzir e aumentar de número.

As bactérias podem também absorver moléculas de DNA originadas de bactérias mortas e disponíveis no ambiente, incorporando-as ao seu DNA. Esse processo é chamado **transformação**.

Já no processo conhecido como **transdução**, há uma transferência de moléculas de DNA de uma bactéria para outra por meio de um vírus.

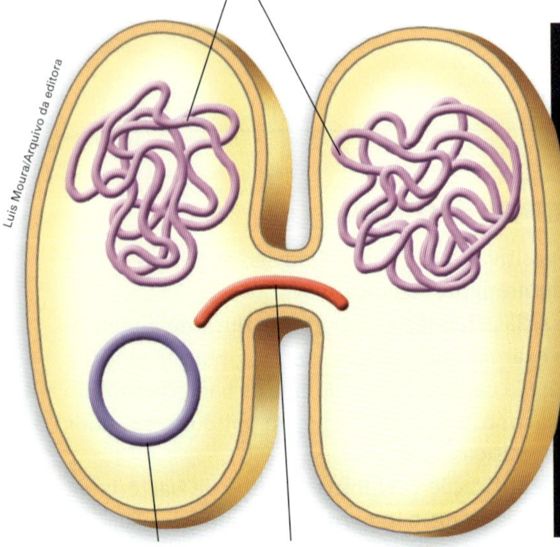


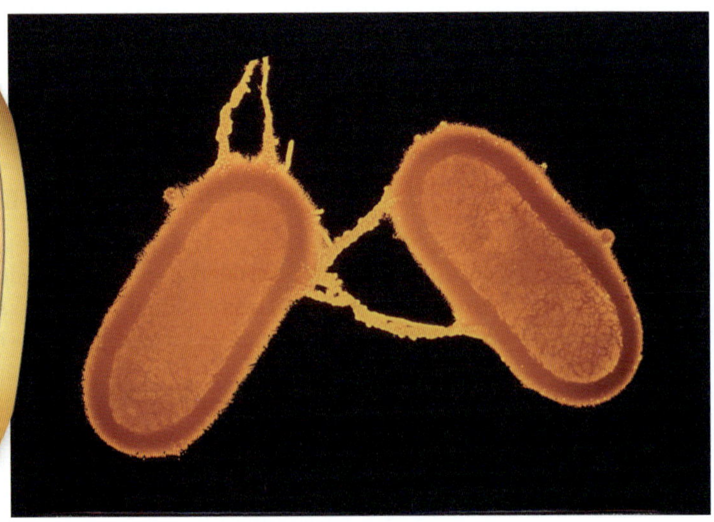


Figura 3.8 Esquema e foto de bactérias realizando conjugação. (Os elementos da ilustração não estão na mesma escala; cores fantasia.) A foto foi feita ao microscópio eletrônico e colorizada por computador (aumento de cerca de 11 mil vezes).

# Estrutura das cianobactérias

As cianobactérias vivem isoladas ou em colônias, que podem atingir até 1 m de comprimento; a maioria em água doce, mas algumas podem ser encontradas no mar, em solos úmidos e agregadas a fungos, formando os liquens (assunto do capítulo 5).

Elas são autotróficas e, além da clorofila **a** (como a das plantas), possuem outros pigmentos distribuídos ao longo de membranas espalhadas no citoplasma (figura 3.9).

Algumas colônias apresentam também células com parede espessa – os **heterocistos** –, nas quais se realiza a fixação do nitrogênio: as cianobactérias absorvem esse gás e o utilizam para produzir proteínas. Associado à fotossíntese, esse processo dá a elas grande autonomia nutritiva, além de ser importante no equilíbrio do ciclo do nitrogênio. A reprodução das cianobactérias ocorre de forma assexuada.

Veja alguns exemplos de cianobactérias na figura 3.10.

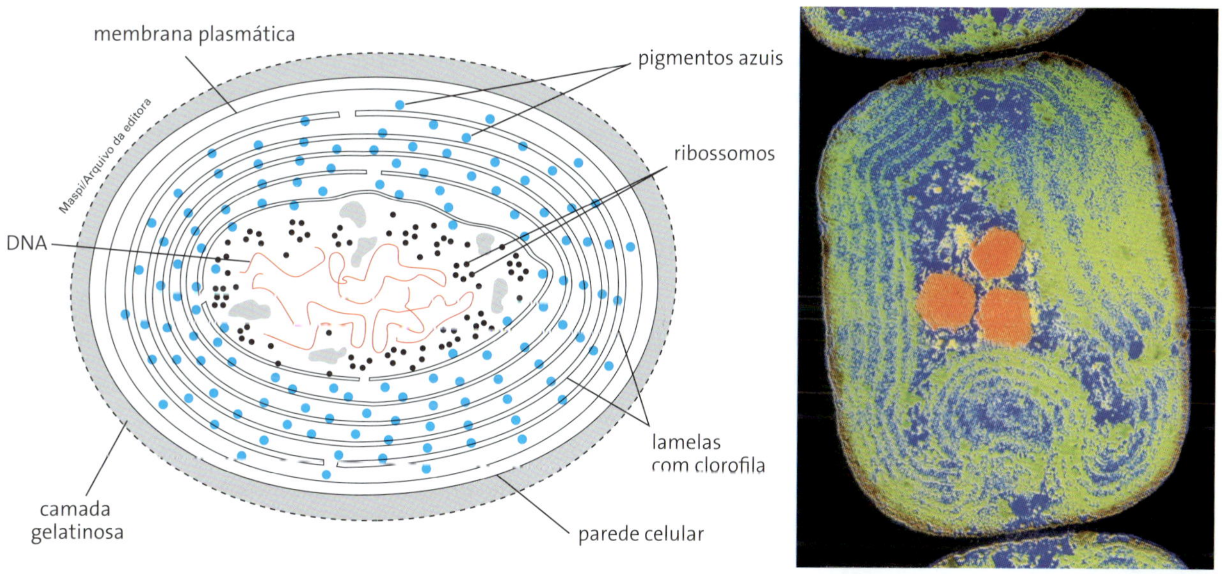


**Figura 3.9** Na ilustração, estrutura de uma cianobactéria (em torno de 4 µm a 12 µm de diâmetro; os elementos ilustrados não estão na mesma escala; cores fantasia). Na foto, cianobactéria em imagem de microscopia eletrônica colorizada por computador.

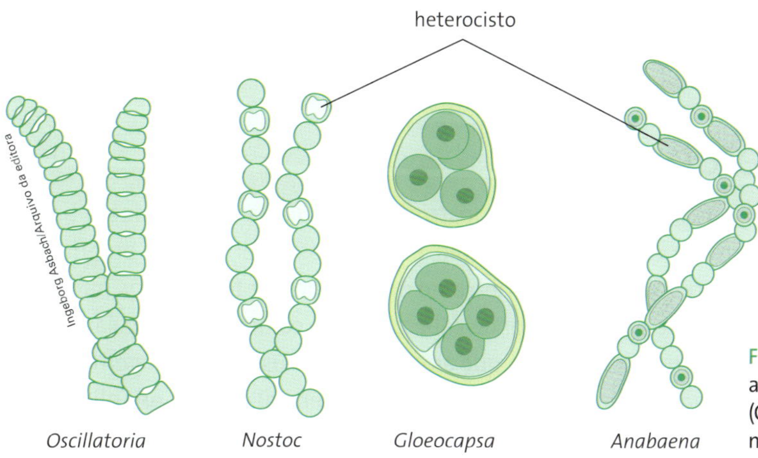


**Figura 3.10** Na ilustração estão demonstrados alguns gêneros de cianobactérias. (Os elementos ilustrados não estão na mesma escala; cores fantasia.)

**! ATENÇÃO!**

As informações sobre questões de saúde deste capítulo não substituem a orientação médica nem podem ser usadas para diagnóstico, tratamento ou prevenção de doenças.

## 3 Doenças causadas por bactérias

As bactérias patogênicas podem ser transmitidas por gotículas de saliva dos doentes ou portadores, por contato com alimento, água ou objeto contaminado ou por contato sexual. Ao contrário dos vírus, as bactérias são sensíveis a antibióticos, e as doenças que elas causam podem ser tratadas com esses medicamentos. Além deles, há vacinas e soros contra alguns tipos de bactérias.

### Hanseníase

Transmitida pelo bacilo de Hansen (*Mycobacterium leprae*), causa lesões na pele, nas mucosas e nos nervos (perda de sensibilidade na pele). Quando o tratamento é feito a tempo, a recuperação é total.

### Tuberculose

Causada pelo bacilo de Koch (*Mycobacterium tuberculosis*; figura 3.11), compromete, em geral, os pulmões, mas outros órgãos podem ser afetados. O doente apresenta tosse persistente, emagrecimento, febre, fadiga e, nos casos mais avançados, hemoptise (expectoração com sangue).

As medidas preventivas incluem vacinação das crianças (vacina BCG) e melhorias dos padrões de vida das populações mais pobres.

Figura 3.11 Grupo de bactérias (em marrom) causadoras da tuberculose. (Microscópio eletrônico; aumento de cerca de 10 mil vezes; imagem colorizada por computador.)

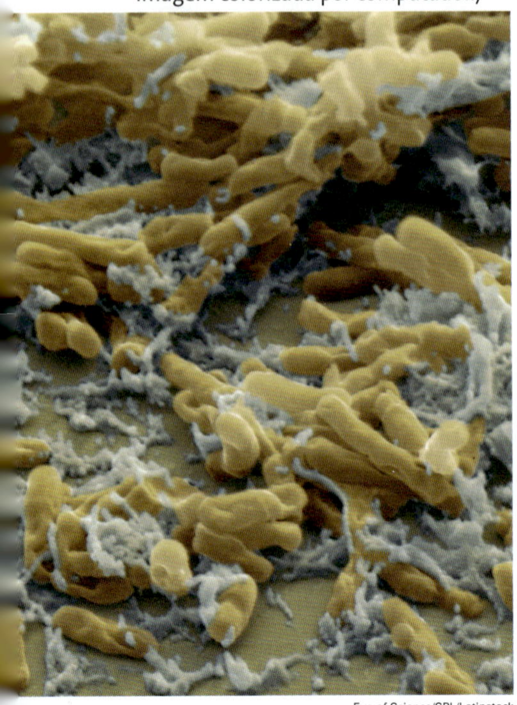

Eye of Science/SPL/Latinstock

### Meningite meningocócica

Trata-se de uma infecção das meninges, membranas que envolvem o cérebro e a medula. Esse tipo de meningite é causado pelo meningococo. Os sintomas iniciais são febre alta, náuseas, vômitos e rigidez dos músculos da nuca.

A hospitalização deve ser imediata, com tratamento, pois a doença pode ser fatal. As autoridades devem ser notificadas sobre a contaminação. Alguns tipos de meningite podem ser evitados pela vacinação preventiva.

### Disenterias bacilares

Principal motivo de mortalidade infantil nos países em que o saneamento é precário, essas disenterias são causadas por diversas espécies de bactérias, como a *Shigella*, transmitidas pela ingestão de água e alimentos contaminados. A profilaxia é feita com medidas de saneamento e melhoria das condições socioeconômicas da população.

### Tétano

É causado pelo bacilo *Clostridium tetani*. Os esporos dessa bactéria podem ser encontrados no solo, em objetos enferrujados, ou em outros ambientes. A bactéria penetra no organismo por ferimentos na pele.

O doente apresenta dor de cabeça, febre e contrações musculares. Há casos de morte por asfixia, já que as contrações musculares atingem músculos relacionados à ventilação. A vacinação é essencial e deve ser aplicado soro antitetânico em casos de ferimento suspeito.

## Leptospirose

Trata-se de uma doença causada pela *Leptospira interrogans*, transmitida por água, alimentos e objetos contaminados por urina de ratos, cães e outros animais portadores da bactéria (figura 3.12).

O doente apresenta febre alta, calafrios, dores de cabeça, musculares e articulares. É necessário atendimento médico para evitar complicações.

Há grande risco de se contrair leptospirose nas enchentes em grandes cidades, pois a água resultante da chuva mistura-se à urina dos ratos que vivem nos esgotos. Como prevenção, deve-se melhorar o saneamento básico e o cuidado com a água utilizada para consumo.

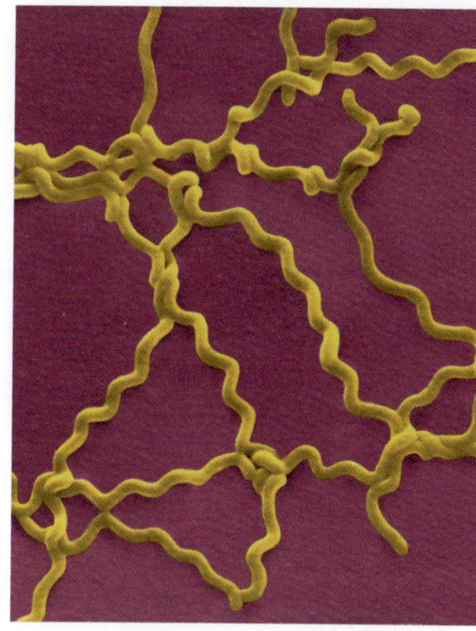

Dennis Kunkel Microscopy, Inc./Visuals Unlimited/Corbis/Latinstock

Figura 3.12 Bactéria causadora da leptospirose (microscópio eletrônico; aumento de cerca de 4 mil vezes; imagem colorizada por computador).

## Cólera

É uma doença causada pelo *Vibrio cholerae* (vibrião colérico; figura 3.13), que é transmitido pela ingestão de água ou alimentos contaminados, crus ou malcozidos (ele morre em água fervida e em alimentos cozidos).

O vibrião se instala e se multiplica na parede do intestino delgado da pessoa contaminada, produzindo substâncias tóxicas e provocando forte diarreia. As fezes ficam aquosas e esbranquiçadas. Ocorrem também cólicas abdominais, dores no corpo, náuseas e vômitos. O grande perigo está na rápida desidratação provocada pela diarreia, que causa muita sede, cãibras e outros sinais de desidratação. Se o processo continuar, pode haver insuficiência renal e morte em 24 horas. Por isso, é preciso procurar atendimento médico para controlar a desidratação e iniciar o tratamento com soro e antibióticos.

Mais de 90% das pessoas que contraem cólera permanecem assintomáticas, ou têm sintomas leves, mas podem transmitir o vibrião por cerca de um mês. As vacinas ainda são pouco eficientes e limitadas. Por isso, a doença só pode ser erradicada com medidas de higiene e saneamento.

Como medidas de higiene para se prevenir contra a cólera e outras doenças transmitidas pela água, deve-se consumir apenas água filtrada, fervida ou esterilizada com produtos à base de cloro; lavar frutas, verduras e legumes que serão consumidos crus e deixá-los de molho em água com produtos à base de cloro, seguindo as instruções da embalagem; lavar as mãos antes de preparar ou consumir alimentos.

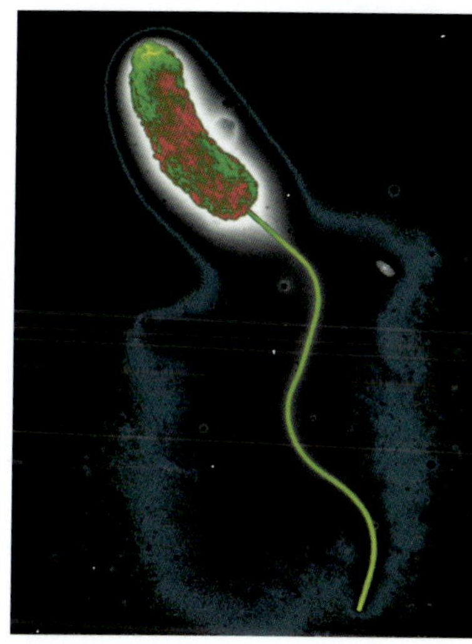

Eye of Science/SPL/Latinstock

Figura 3.13 Vibrião colérico (microscópio eletrônico; aumento de cerca de 10 mil vezes; imagem colorizada por computador).

## Botulismo

Trata-se de uma intoxicação grave provocada pelo *Clostridium botulinum* ou por seus esporos, presentes em alimentos contaminados.

Essa bactéria produz uma toxina que afeta o sistema nervoso e provoca tremores, vômitos e fraqueza muscular progressiva, que pode evoluir para paralisia respiratória e morte se não houver socorro imediato.

Para evitá-la, os alimentos devem ser preparados e conservados adequadamente. Há maior número de casos por consumo de conservas caseiras do que de alimentos industrializados. Não se deve consumir alimentos com cheiro estranho ou enlatados em que a lata esteja em mau estado de conservação. A lata estufada pode indicar que os microrganismos em seu interior estão ativos e realizaram fermentação.

## Aprofunde seus conhecimentos

### Conheça mais algumas doenças causadas por bactérias

Use o texto deste boxe como fonte de consulta para saber mais sobre algumas bactérias patogênicas.

**Difteria (crupe)**

Muitas vezes fatal, é causada pelo bacilo diftérico (*Corynebacterium dyphtheriae*), acometendo principalmente crianças. Surge uma membrana branca na garganta, acompanhada de dor, febre, dificuldade de falar e engolir. Essa doença é transmitida por contato direto com pessoas contaminadas, por meio das secreções nasais; ou por contato indireto, por meio de objetos que entraram em contato com secreções.

O tratamento deve ser feito o mais rápido possível. A vacina antidiftérica está associada à antitetânica e à antipertussis (contra a coqueluche) na forma de vacina tríplice bacteriana.

**Coqueluche**

Doença típica de crianças causada pela *Bordetella pertussis*. O doente apresenta tosse intensa.

É transmitida de pessoa a pessoa por gotículas eliminadas pela tosse, sendo necessário atendimento médico para evitar complicações como pneumonia. A prevenção é feita pela vacina tríplice bacteriana (contra coqueluche, difteria e tétano).

**Escarlatina**

Provocada pelo *Streptococcus pyogenes*, causa dor de garganta, febre, dores musculares, náuseas e vômitos. As tonsilas palatinas ficam inflamadas, com pus, e a língua apresenta pequenas saliências ("língua de framboesa"). Depois, surgem erupções na pele e manchas vermelho-escarlates. Essa doença é transmitida por contato direto com pessoas contaminadas, por meio das secreções nasais ou saliva; ou por contato indireto, por meio de objetos que entraram em contato com secreções.

De modo geral, a evolução é benigna, mas o médico deve ser consultado, pois pode haver complicações causadas pela disseminação da infecção para outros órgãos.

**Pneumonia**

A maioria das pneumonias é provocada pela bactéria *Streptococcus pneumoniae* (algumas formas de pneumonia são causadas por vírus). Começa com febre alta, dor no peito ou nas costas e tosse com expectoração.

O médico deve ser consultado para iniciar o tratamento com antibióticos, e o doente deve ficar em repouso. A pneumonia é mais perigosa para as pessoas da faixa etária conhecida como terceira idade, pois nessa etapa da vida as defesas do organismo, e particularmente as do sistema respiratório, diminuem consideravelmente.

**Infecções por clamídia**

As clamídias só conseguem se reproduzir no interior das células, causando doenças no ser humano. São, portanto, parasitas intracelulares obrigatórios.

O tracoma é uma inflamação da conjuntiva e da córnea, que pode levar à cegueira, causada pela *Chlamydia trachomatis*. Surgem bolhas nos olhos e granulações nas pálpebras. É necessário pronto atendimento médico; o tratamento é feito com antibióticos.

A clamídia também pode causar infecções na uretra (uretrite), provocando dor e ardência ao urinar, e nos linfonodos da região genital (linfogranuloma venéreo), provocando inchações ("ínguas") na virilha (os linfonodos incham, abrem e soltam pus).

Na mulher pode atingir também o útero e as tubas uterinas, podendo causar sangramento no período entre as menstruações, dor durante o ato sexual e outros sintomas. Se não for tratada adequadamente, com antibióticos tomados de acordo com prescrição médica, há risco de esterilidade.

**Gonorreia ou blenorragia**

É causada pelo gonococo (*Neisseria gonorrhoeae*; figura 3.14), bactéria transmitida por contato sexual.

Pode provocar inflamação na uretra, na próstata e no útero. O homem sente dor e ardência na região genital e elimina uma secreção branca ou amarelada ao urinar. Na mulher, a secreção vaginal pode ficar amarelada.

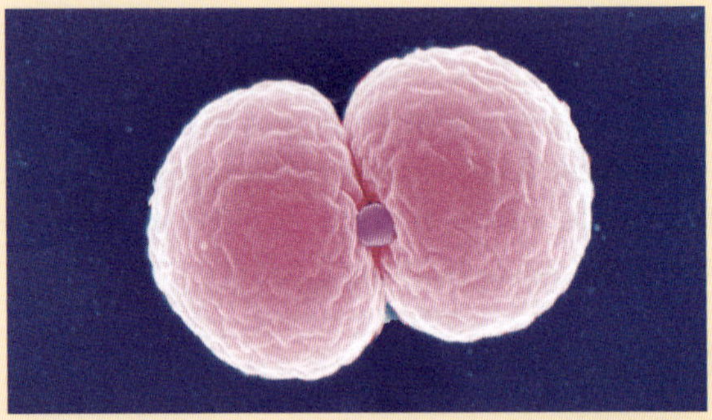

Dr. Gary Gaugler/SPL/Latinstock

Figura 3.14 *Neisseria gonorrhoeae* (vista ao microscópio eletrônico; diâmetro de cerca de 0,6 µm; imagem colorizada por computador).

Em alguns casos, principalmente na mulher, não há sintomas, mas o médico pode diagnosticar a doença por meio de exames. Mesmo não apresentando sintomas, uma pessoa pode transmitir a doença. Se uma mulher grávida tiver a doença, os olhos do recém-nascido podem ser infectados durante o parto.

O tratamento é feito com antibióticos indicados pelo médico.

## Sífilis

É causada pelo *Treponema pallidum* (figura 3.15), transmitido, geralmente, por contato sexual (pode passar também da mãe para o feto pela placenta).

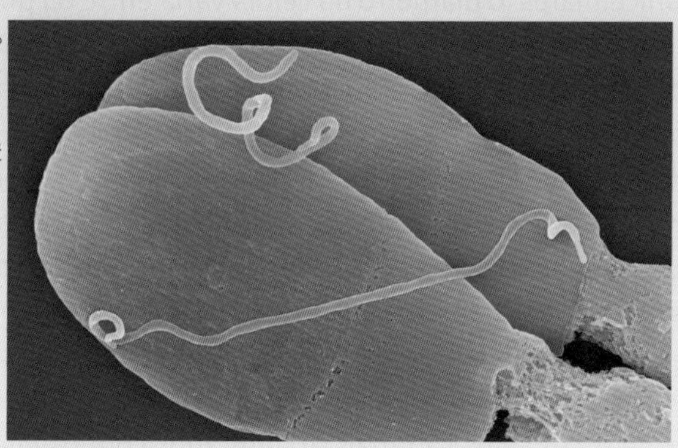

Kunkel Microscopy, Inc./Glow Images

Figura 3.15 Duas bactérias causadoras da sífilis na cabeça de espermatozoides (microscópio eletrônico; aumento de 4 mil vezes; imagem colorizada por computador).

Um sinal característico da doença é o aparecimento, próximo aos órgãos sexuais, de uma ferida de bordas endurecidas, indolor (o "cancro duro"), que regride mesmo sem tratamento. Entretanto, isso não significa que o indivíduo esteja curado, sendo absolutamente necessários o diagnóstico e o tratamento médicos. Sem tratamento, a doença pode apresentar sérias consequências e comprometer diversos órgãos e o sistema nervoso, provocando paralisia progressiva e morte.

## Febre tifoide

Causada pela *Salmonella typhi*, provoca úlceras no intestino, diarreia, cólica e febre. O contágio ocorre pela água ou por alimentos contaminados pelas fezes dos portadores.

O tratamento é feito com antibióticos específicos, indicados pelo médico. A prevenção inclui vacinas e melhoria das condições sanitárias da população, além da higiene no manuseio dos alimentos.

## Tifo

É uma doença provocada por bactérias do gênero *Rickettsia* (identificadas pelo médico norte-americano Howard T. Ricketts, 1871-1910), que só se reproduzem no interior das células.

O tifo epidêmico é transmitido pelo piolho humano do corpo e causa dor de cabeça e manchas vermelhas no corpo, entre outros sintomas. Já o tifo endêmico tem sintomas parecidos, sendo transmitido pela pulga do rato.

O tratamento é feito com antibióticos e a prevenção se dá através do saneamento básico (boas condições de habitação) e higiene.

## Peste

Durante o século XIV, milhões de pessoas morreram na Europa e em outras regiões do mundo acometidas pela peste, conhecida na época como peste negra. A forma mais comum da doença é a peste bubônica.

Essa doença é causada pela bactéria *Yersinia pestis*, encontrada em vários mamíferos, principalmente roedores, como o rato, e transmitida ao ser humano pela picada de pulgas infectadas, provocando febre e dores no corpo, entre outros sintomas.

Atualmente, há focos isolados da doença em várias partes do mundo. Para evitar a contaminação, é fundamental morar em condições de higiene e saneamento adequadas, além de haver controle da população de pulgas e ratos. O tratamento com antibióticos é eficaz, mas deve ser feito de forma rápida. No Brasil não houve registro de mortes por peste nos últimos anos.

## Úlcera

A bactéria *Helicobacter pylori* é a única capaz de viver no meio fortemente ácido do estômago (pH de aproximadamente 1,4); ela consegue transformar ureia em amônia, que é usada para neutralizar o ácido.

Essa bactéria é encontrada em muitos pacientes com gastrite crônica (inflamação da mucosa do estômago) e na grande maioria dos pacientes com úlcera. No entanto, nem todas as pessoas portadoras da bactéria têm gastrite e úlcera, e outros fatores genéticos e ambientais (fumo, uso de certos medicamentos, etc.) estão envolvidos nesses problemas. Caso haja bactérias e úlceras, o uso de medicamentos específicos para erradicá-las diminui bastante a chance de se voltar a ter úlcera.

## Febre maculosa

Causada pela bactéria *Rickettsia rickettsii*, transmitida pela picada de carrapatos (o mais comum é o carrapato-estrela), provoca, em geral, febre, dor de cabeça e manchas avermelhadas no corpo (máculas). É preciso pronto atendimento médico porque alguns casos podem evoluir e causar a morte.

A febre maculosa é um exemplo de zoonose, isto é, de doença transmitida, em condições naturais, de animais vertebrados para o ser humano. A prevenção é feita evitando exposição aos lugares infestados por carrapatos; usando calças compridas e botas nesses locais; examinando o corpo em busca de carrapatos a cada três horas (o carrapato deve ser removido por meio de leve torção, sem esmagá-lo, para não liberar bactérias que podem entrar pela lesão); mantendo o gramado aparado e rente ao solo; usando produtos especiais para matar carrapatos de animais domésticos, como cães.

## 4 O domínio Archaea

Os primeiros seres vivos devem ter surgido há mais de 3,5 bilhões de anos e, provavelmente, eram procariontes. A célula eucariótica deve ter surgido bem depois, há cerca de 2,1 bilhões de anos.

No domínio Archaea (arqueas, anteriormente chamadas arqueobactérias) estão seres unicelulares (o diâmetro da célula varia entre 0,1 μm e 15 μm) e procariontes, que compartilham algumas características com as bactérias, outras com eucariotas e ainda possuem algumas características únicas desse grupo.

Em 1977, quando esses procariontes foram descobertos, consideraram-nos inicialmente bactérias e os chamaram arqueobactérias; o termo eubacteria era usado para os demais procariotas. No entanto, ao contrário das bactérias, as arqueas não são sensíveis aos antibióticos e não possuem peptidoglicanos em sua parede celular, e os lipídios de sua membrana são diferentes dos de outros seres vivos. Além disso, análises do RNA indicaram que esses seres são mais aparentados com os eucariontes que com as bactérias.

Muitas arqueas vivem em condições extremas de temperatura, de salinidade ou de pH, sendo, por isso, chamadas **extremófilas** (*philein* = afinidade). Um grupo vive em ambientes onde não há oxigênio livre, como a lama dos pântanos e o intestino dos animais herbívoros. São as arqueas **metanogênicas** (figura 3.16), que usam hidrogênio para reduzir o gás carbônico e produzir metano. O processo pode ser resumido assim:

$$4\,H_2 + CO_2 \rightarrow CH_4 + 2\,H_2O$$

Outro grupo, as **halobactérias** ou **halófilas extremas** (*halos* = sal), vive em regiões de alta salinidade, como o mar Morto, em Israel, ou o Grande Lago Salgado, nos Estados Unidos. As **termófilas extremas** (*thermos* = calor) podem ser encontradas nas fontes hidrotermais no fundo dos oceanos, sobrevivendo em temperaturas de cerca de 100 °C, e em fontes de água sulfurosa (figura 3.16). Elas usam a energia química do gás sulfídrico, presente nessas fontes, para sintetizar compostos orgânicos.

Figura 3.16 Arqueas metanogênicas, abaixo, à esquerda, e arqueas termófilas, abaixo, à direita. (Microscópio eletrônico; aumento de cerca de 8 mil vezes e 5 mil vezes, respectivamente; imagens colorizadas por computador.)

Fotos: Eye of Science/SPL/Latinstock

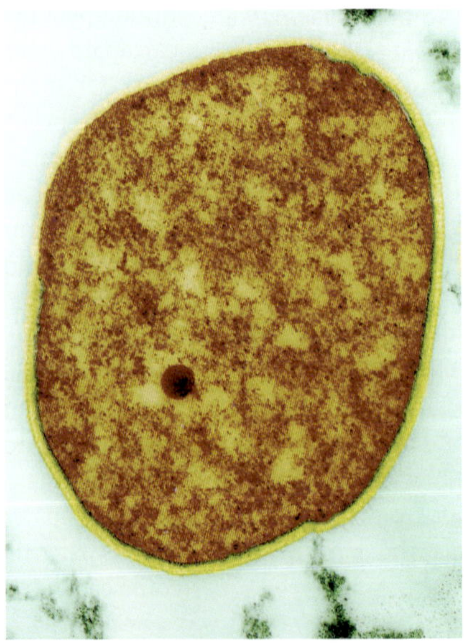

Como as enzimas das arqueas funcionam bem em temperaturas e condições que destruiriam as enzimas dos outros organismos, elas podem ser aproveitadas na produção de detergentes ativos em água quente ou meio ácido, em técnicas que aceleram o isolamento de DNA (fundamentais para os testes de DNA), em temperaturas mais altas, na limpeza de água contaminada por petróleo e na produção de gás combustível a partir da matéria orgânica dos esgotos.

# Atividades

1. Um professor explicou aos alunos que, se houver um bom suprimento de comida e espaço suficiente, de uma única bactéria podem surgir, em cerca de dez horas, mais de 1 bilhão de bactérias. Que característica desses microrganismos explica essa rápida multiplicação?

2. As bactérias *Clostridium botulinum* e *Clostridium tetani* são anaeróbias estritas ou obrigatórias. A primeira pode contaminar alimentos e causar botulismo em quem os ingere. A segunda causa o tétano, entrando pela pele através de ferimentos produzidos por objetos contaminados. Então, responda:
   a) Em um bolo contaminado por essa bactéria deve haver, em princípio, mais toxinas da bactéria na superfície do bolo ou no meio dele? Justifique a resposta.
   b) Por que há mais risco de aparecer tétano em ferimentos profundos?

3. Bactérias sensíveis à penicilina foram cultivadas no mesmo meio de cultura que bactérias resistentes a essa substância e, após certo tempo, alguns indivíduos do grupo sensível tinham se tornado resistentes. Supondo que esses indivíduos não tenham sofrido mutação, explique como eles podem ter adquirido resistência à penicilina.

4. Algumas bactérias são capazes de se nutrir das moléculas encontradas no petróleo e em alguns plásticos. Pensando nessa característica, explique como elas poderiam ser utilizadas pelo ser humano em benefício do planeta.

5. Explique por que a invenção do microscópio contribuiu para a compreensão da causa das doenças infecciosas.

6. O uso de antibióticos na ração de gado e aves promove crescimento mais rápido desses animais. Essa prática, porém, tem sido criticada. Que problemas ela pode trazer para o ser humano?

7. No caderno, indique as afirmativas corretas.
   a) Todas as bactérias são heterotróficas.
   b) As bactérias são importantes para a reciclagem da matéria na natureza.
   c) As doenças causadas por bactérias podem ser combatidas com antibióticos.
   d) Os vegetais são os únicos organismos que fazem fotossíntese.
   e) A cólera é transmitida por meio de picada de mosquito
   f) A cólera deve ser prevenida por medidas de saneamento básico e higiene pessoal.
   g) O processo de conjugação entre as bactérias aumenta a variabilidade genética desse grupo.
   h) As arqueas são eucariontes.
   i) Plasmídeos não podem ser transferidos de uma bactéria para outra.

8. Um estudante afirmou que as bactérias são prejudiciais ao ser humano, uma vez que provocam inúmeras doenças. Você concorda com essa afirmação? Por quê?

9. Coliformes fecais são bactérias (como a *Escherichia coli*) encontradas geralmente no intestino humano. A quantidade de coliformes fecais na água das praias costuma ser medida e classificada da seguinte forma:
   - EXCELENTE – máximo de 250 coliformes fecais em 100 mL de água do mar;
   - MUITO BOA – máximo de 500 em 100 mL;
   - SATISFATÓRIA – máximo de 1000 em 100 mL;
   - IMPRÓPRIA – acima de 1000 em 100 mL.

   a) Como os coliformes fecais chegam até a água?
   b) Por que esses coliformes podem ser usados como indicador da qualidade da água?

10. Existem bactérias que vivem no tubo digestório de bois e vacas e se nutrem de parte das substâncias orgânicas que eles comem. O animal, por sua vez, não pode viver sem as bactérias, porque elas digerem a celulose (material que envolve a célula dos vegetais) que o animal come. Considerando essas informações, responda:
    a) Quem é beneficiado nessa relação? Existe alguém prejudicado?
    b) Que nome esse tipo de relação recebe?

11. Contra que doenças as vacinas antimeningocócica e antirrábica fornecem proteção? Qual dessas doenças é provocada por vírus?

12. Algumas bactérias são fotoautotróficas; outras são quimioautotróficas. O que esses termos significam?

## Trabalho em equipe

1. Depois de conseguirem um calendário básico de vacinação em postos de saúde, façam um resumo das doenças que podem ser prevenidas por vacinas que constam no calendário. Apresentem as características da varíola e expliquem também como ela foi eliminada.

2. Façam uma pesquisa (em livros, CD-ROMs, internet, etc.) sobre:
   a) os sintomas da diarreia e os perigos dessa doença para o organismo. Expliquem que medidas devem ser adotadas para combatê-la. Se possível, entrevistem um médico para saber mais sobre o tema.
   b) os cuidados que devemos ter ao comprar e manipular os alimentos e também ao conservá-los em casa para garantir a higiene.
   c) as aplicações da toxina botulínica em Medicina.
   d) o que é peste negra, em que época e regiões essa doença provocou muitas mortes.

# Pensando no Enem

Algumas doenças que, durante várias décadas do século XX, foram responsáveis pelas maiores percentagens das mortes no Brasil não são mais significativas neste início do século XXI. No entanto, aumentou o percentual de mortalidade devida a outras doenças, conforme se pode observar no diagrama:

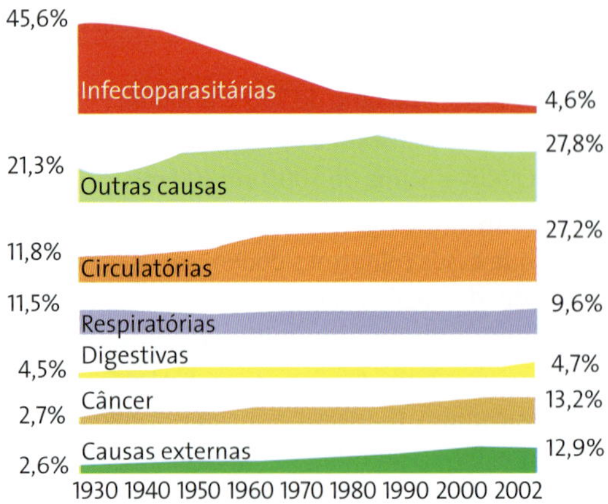


(MS/SVS/DASIS/CGIAE/Sistema de Informação sobre Mortalidade – ENSP/Fiocruz)

No período considerado no diagrama, deixaram de ser predominantes, como causas de morte, as doenças:

a) infectoparasitárias, eliminadas pelo êxodo rural que ocorreu entre 1930 e 1940.

b) infectoparasitárias, reduzidas por maior saneamento básico, vacinas e antibióticos.

c) digestivas, combatidas pelas vacinas, vermífugos, novos tratamentos e cirurgias.

d) digestivas, evitadas graças à melhoria do padrão alimentar do brasileiro.

e) respiratórias, contidas pelo melhor controle da qualidade do ar nas grandes cidades.

## Resolução

Para resolver esta questão, é necessário integrar conhecimentos de Ciências da Natureza, entendendo como ações sociais podem reduzir a incidência de determinadas doenças, como as infectoparasitárias.

O enunciado da questão explica os dados contidos no gráfico, que representa a evolução de algumas doenças em relação à quantidade de mortes que elas causam.

Neste tipo de exercício, as informações mais importantes estão no gráfico, então é necessário fazer a leitura correta dele.

### Interpretação do gráfico

O gráfico da questão possui as porcentagens de mortes por sete causas distintas ao longo dos anos de 1930 a 2002.

Cada causa apresenta uma linha de evolução na porcentagem de mortes. Repare que duas doenças passaram a causar menor porcentagem de mortes: infectoparasitárias e respiratórias, sendo que a primeira apresenta uma queda abrupta.

As doenças circulatórias, câncer, outras causas e causas externas tiveram aumento em suas porcentagens. Já as doenças digestivas permaneceram com porcentagem praticamente constante.

### O problema

A questão indaga quais doenças deixaram de ser predominantes como causa de morte.

Vimos que apenas dois tipos de doenças possuem diminuição nos valores percentuais: infectoparasitárias e respiratórias. Ao analisar a porcentagem por doença, as infectoparasitárias eram predominantes, com 45,6% em 1930.

Com esses dados, são eliminadas automaticamente as respostas C, D e E.

A diferença das duas respostas restantes está na causa da diminuição. A resposta A afirma que o êxodo rural eliminou as doenças infectoparasitárias entre 1930 e 1940. Voltando ao gráfico, vemos que a maior diminuição ocorreu depois de 1940, o que não coincide com a resposta. Além disso, as doenças infectoparasitárias não foram eliminadas, o que aconteceu foi a diminuição no número de mortes causadas por essas doenças.

A prevenção de doenças infectoparasitárias melhorou substancialmente com o aperfeiçoamento do saneamento básico, visto que muitas doenças são transmitidas pela água não tratada, pelo esgoto e lixo mal-acondicionado. Além disso, o uso de vacinas também atuou na diminuição dos casos de doenças específicas causadas por vírus e bactérias. Soma-se ainda o sucesso no uso de antibióticos no tratamento de doenças bacterianas.

Resposta: B.

# Vestibulares de Norte a Sul

1. **SE** (UFMG) Dona Margarida observou que uma lata de sardinha estava estufada e resolveu não consumir o seu conteúdo. Assinale a alternativa que apresenta uma justificativa incorreta para a atitude de dona Margarida.
   a) O alimento pode conter toxinas produzidas por microrganismos.
   b) O alimento pode estar em processo de decomposição.
   c) Os gases responsáveis pelo estufamento da lata são tóxicos.
   d) Pode ter ocorrido falta de higiene durante o processo de embalagem.

2. **NE** (Uece) Examine as afirmativas abaixo, referentes à presença de arqueobactérias:
   I. Encontram-se no leite durante o processo de fabricação de iogurtes.
   II. Estão presentes no ar, provocando infecções respiratórias.
   III. No intestino dos ruminantes são responsáveis pela produção do gás metano.

   Marque a opção que contém somente afirmativa(s) verdadeira(s).
   a) I
   b) II
   c) III
   d) I, II, III

3. **S** (UFPR) A peste bubônica é causada por *Yersinia pestis*, um bacilo pequeno, gram-positivo, e que no século XIV dizimou aproximadamente 25% da população europeia em uma epidemia que influenciou o curso da História.

   O reservatório animal são roedores silvestres, como marmotas e esquilos, e roedores urbanos, como os ratos. São as pulgas de ratos contaminados que, pelas picadas, transmitem a bactéria para outros ratos e para os homens, ocasionando nestes últimos a peste bubônica. Com a multiplicação extensa das bactérias no pulmão humano, o que resulta em broncopneumonia e em um grande número de bactérias no escarro, a infecção pode se espalhar de pessoa para pessoa através das gotículas das secreções aéreas. Trata-se aí da peste bubônica pneumônica.
   Com base nessas informações, é correto afirmar:
   (01) *Yersinia pestis* é um bacilo que utiliza a pulga de roedores urbanos como reservatório.
   (02) A pulga do rato é o vetor da peste bubônica.
   (04) A peste bubônica em todas as suas formas é transmitida de pessoa para pessoa.
   (08) A peste pneumônica tem transmissão interpessoal.
   (16) Roedores silvestres e urbanos podem ser portadores de *Yersinia pestis*.

4. **SE** (UFV-MG) Considere as seguintes afirmativas:
   I. Cólera, rubéola e botulismo são exemplos de infecções bacterianas.
   II. Bactérias se reproduzem principalmente por meio de conjugação, um mecanismo de reprodução assexuada.
   III. Bactérias possuem um único cromossomo. Entretanto, podem conter material genético adicional na forma de plasmídeos.
   IV. Existem bactérias cujo *habitat* natural apresenta temperatura em torno de 72 °C.

   Assinale a alternativa que contém as afirmativas CORRETAS:
   a) I e II.
   b) II, III e IV.
   c) III e IV.
   d) II e III.
   e) I, II e III.

5. **CO** (UEG-GO) As doenças sexualmente transmissíveis (DSTs) são consideradas como um dos problemas de saúde pública mais comum em todo o mundo. Em ambos os sexos, tornam o organismo mais vulnerável a outras doenças, inclusive à Aids, além de terem relação com a mortalidade materna e infantil. No Brasil, as estimativas da Organização Mundial de Saúde (OMS) de infecções de transmissão sexual na população sexualmente ativa, a cada ano, estão representadas no gráfico a seguir:

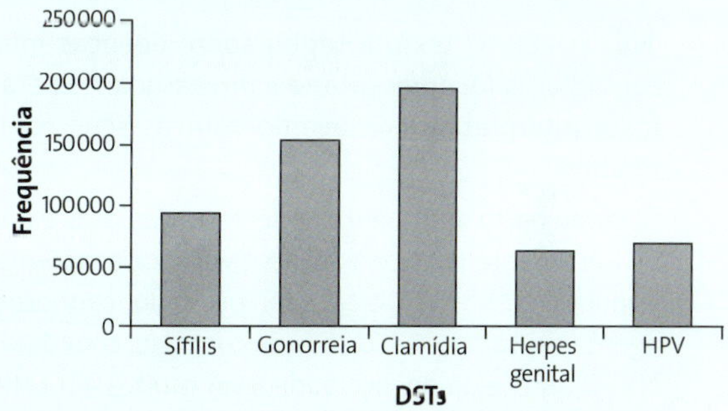


   Após a análise do gráfico e do conhecimento acerca das possíveis formas de contágio das DSTs apresentadas, pode-se afirmar:
   a) a frequência similar de herpes genital e de HPV está relacionada ao fato de ambas serem bacterianas e de serem transmitidas pelo contato sexual direto com pessoas contaminadas.
   b) a gonorreia, com frequência maior em relação à sífilis, ao HPV e ao herpes genital, é causada por uma bactéria cujo doente pode ser tratado com o uso de antibióticos.
   c) a maior frequência de clamídia na população está relacionada às diversas mutações que ocorrem no vírus transmissor, o que dificulta o tratamento da doença e possibilita maior contágio.
   d) a menor frequência de sífilis em relação à gonorreia e à clamídia pode ser explicada pelo fato de a população humana utilizar frequentemente espermicidas e anticoncepcionais.

6. **SE** (Fuvest-SP) Decorridos mais de 50 anos do uso dos antibióticos, a tuberculose figura, neste final de século, como uma das doenças mais letais; isso se deve ao fato de os bacilos terem se tornado resistentes ao antibiótico usado para combatê-los. Considerando que a resistência de uma população de bactérias a um antibiótico é resultado de mutação ao acaso e que a taxa de mutação espontânea é muito baixa, foi proposto o uso simultâneo de diferentes antibióticos para o tratamento de doentes com tuberculose. Com relação a esse procedimento, foram levantados os seguintes argumentos:

I. O tratamento não será efetivo para o paciente, uma vez que a resistência ao antibiótico não é reversível.

II. O tratamento terá alta chance de ser efetivo para o paciente, pois a probabilidade de que uma bactéria seja resistente a dois ou mais antibióticos é extremamente baixa.

III. O tratamento poderá apresentar riscos para a população, pois poderá selecionar linhagens bacterianas altamente resistentes a antibióticos.

Analisando as informações contidas no texto, pode-se concluir que apenas:

a) o argumento I é válido.
b) o argumento II é válido.
c) o argumento III é válido.
d) os argumentos I e III são válidos.
e) os argumentos II e III são válidos.

7. **NE** (UFPB) O texto a seguir sobre doenças infectocontagiosas foi apresentado a um estudante para que fosse interpretado, de acordo com os seus conhecimentos.

"Grande parte das doenças infectocontagiosas estão intrinsecamente relacionadas ao nível socioeconômico da população. Sobre a cólera, por exemplo, conhece-se o agente causador e as formas de contágio, com detalhes. No entanto, essa doença pode levar muitos à morte nos locais onde falta política educacional e as condições sanitárias são precárias."

Interpretando o texto, o estudante depreendeu que:

I. Cólera é causada por vírus, cujo contágio é feito por ingestão de alimentos contaminados e malcozidos.

II. O fornecimento de água tratada e a construção de rede de esgoto são necessários ao combate à cólera.

III. Uma política educacional, preocupada em informar sobre uso adequado dos sanitários, higiene com alimentos e conservação e utilização de água tratada, é necessária ao combate à cólera.

Está(ão) correta(s) apenas a(s) afirmação(ões):

a) I.
b) I e II.
c) II e III.
d) I e III.
e) III.

8. **CO** (UnB-DF) Em 1996, a tuberculose causou a morte de cerca de três milhões de pessoas, um recorde em toda a história da humanidade. Segundo a Organização Mundial de Saúde, essa doença é também recordista em mortes entre os infectados pelo HIV. Um dos motivos para a volta da epidemia de tuberculose é o abandono do tratamento, antes que tenha sido completado. Acerca desse tema, julgue os itens seguintes.

(1) O agente infeccioso da tuberculose pode desenvolver resistência aos antibióticos utilizados no tratamento, se este não for feito adequadamente.

(2) O número de bactérias resistentes a antibióticos aumenta por seleção e também pela transmissão de plasmídeos.

(3) O ser humano depende do uso de antibióticos para combater infecções causadas por bactérias porque é incapaz de produzir anticorpos contra esses microrganismos.

(4) Até o momento, nenhuma doença de origem bacteriana pode ser evitada por meio de vacinação.

9. **SE** (Unicamp-SP) Doenças graves como o botulismo, a lepra, a meningite, o tétano e a febre maculosa são causadas por bactérias. As bactérias, no entanto, podem ser úteis em tecnologias que empregam a manipulação de DNA, funcionando como verdadeiras "fábricas" de medicamentos, como a insulina.

a) Explique como a bactéria pode ser utilizada para a produção de medicamentos.
b) O botulismo e o tétano decorrem da ação de toxinas produzidas por bactérias que são adquiridas de diferentes formas pelos seres humanos. Como pode ocorrer a contaminação por essas bactérias?

10. **S** (UFPR) Em janeiro de 2004, em uma cidade litorânea do Sul do Brasil, foram registrados 100 casos de gastrenterite. Todas as pessoas haviam tomado, na praia, sorvete de fabricação caseira, de uma mesma microindústria. O surto provocou uma estimativa total de 500 casos na região, naquela temporada. Os serviços de saúde que atenderam os pacientes suspeitaram imediatamente do sorvete. Pergunta-se:

a) Por que o sorvete foi apontado como causa da gastrenterite?
b) De onde podem ter provindo as bactérias?
c) Apresente dois tipos de medidas cabíveis em uma situação como essa.

11. **SE** (Vunesp-SP) Os antibióticos e as vacinas fazem parte do arsenal da Medicina, auxiliando-nos no combate às doenças provocadas por agentes infecciosos. Dentre essas doenças, podemos citar: tuberculose, gripe, hepatite, febre amarela, gonorreia.

a) Das doenças citadas, para quais delas se prescreve tratamento com antibiótico?
b) Por que os antibióticos são indicados para os casos de infecções cujos agentes são bactérias, enquanto as vacinas são indicadas para a prevenção de infecções virais?

# CAPÍTULO 4 Protozoários e algas

Steve Gschmeissner/SPL/Latinstock

*Paramecium* sp. (cerca de 200 micrômetros em imagem de microscopia eletrônica colorizada por computador).

↘ *Quais são as características gerais de protozoários e algas?*

↘ *Que protozoários causam doenças no ser humano?*

# 1 Características gerais

O reino Protista reunia, inicialmente, os seres unicelulares eucariontes, como os protozoários (heterotróficos) e as algas unicelulares (autotróficas). Depois, passou a abrigar todas as algas, tanto unicelulares quanto pluricelulares. No entanto, verificou-se mais tarde que, entre os protistas (ou protoctistas), há grupos de organismos que estão mais próximos evolutivamente de outros reinos do que de outros grupos de protistas. É o caso das algas verdes, por exemplo, que estão evolutivamente mais próximas das plantas do que de outros protistas. Por isso, na classificação em três domínios, o reino Protista foi substituído por vários novos reinos do domínio Eukarya.

A divisão dos protistas em vários reinos no sistema de três domínios é bastante complexa. São levadas em conta até mesmo análises moleculares dos genes para estabelecer árvores filogenéticas. Então, vamos nos limitar aqui a estudar dois grandes grupos de protistas, os protozoários e as algas (grupos sem valor taxonômico no sistema de três domínios).

O que há então de comum entre os protistas?

Primeiro, suas células possuem um núcleo individualizado, ou seja, são eucariontes e não procariontes, como o são as bactérias e as arqueas.

Além disso, os protistas unicelulares diferem das plantas e animais – todos pluricelulares (figura 4.1).

Como veremos adiante, alguns fungos são unicelulares, mas sua parede celular é diferente da parede celular que alguns protistas possuem.

Há protistas pluricelulares, como certas algas, que, apesar de serem muito parecidas com as plantas em alguns aspectos, não possuem estruturas especializadas, do mesmo tipo que as raízes, os caules e as folhas. Além disso, essas algas não apresentam os tecidos que protegem o embrião em seu desenvolvimento inicial, como veremos ao estudarmos as plantas.

Em resumo, chamaremos protistas todos aqueles que não são procariotas, fungos, plantas ou animais.

Figura 4.1 **A**: Protozoário *Naegleria fowleri* em imagem de microscópio eletrônico (aumento de cerca de 3 000 vezes; imagem colorizada por computador). O núcleo aparece em verde, ao centro.
**B**: Diatomácea em imagem obtida com microscópio óptico (aumento de 500 vezes).

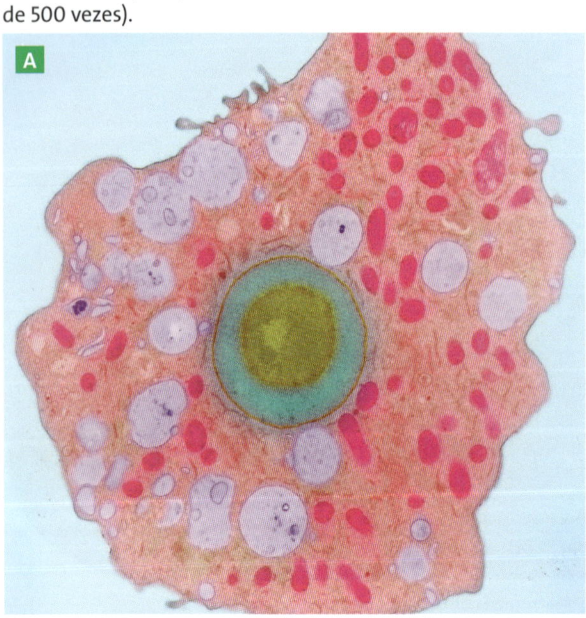


London School Of Hygiene & Tropical Medicine/SPL

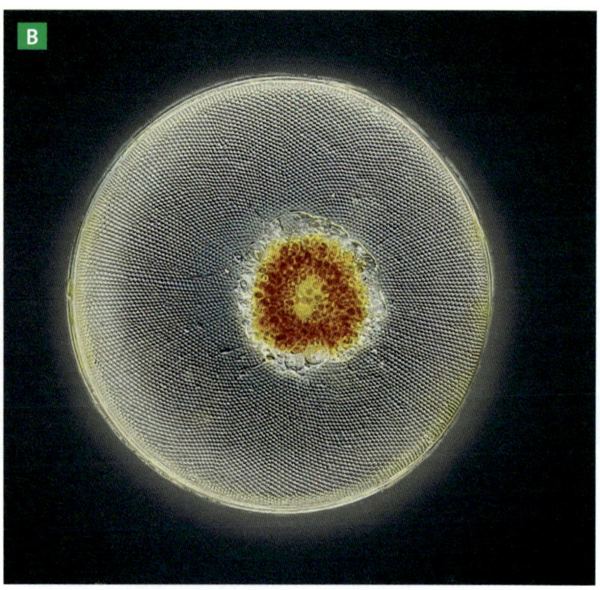


Frank Fox/SPL

## 2 Protozoários

Esses seres habitam os mais variados tipos de ambientes (água, solo), com vida livre ou em diversos tipos de associação com outros seres vivos, como o parasitismo (retiram alimento e causam prejuízo ao hospedeiro), o comensalismo (retiram alimento, mas não causam prejuízo ao outro ser) e o mutualismo (ambos os seres são beneficiados).

Quando as condições do meio se tornam desfavoráveis, alguns protozoários parasitas e de água doce podem adotar a forma de cisto: o organismo diminui de volume (pela perda de água), perde organelas (cílios, flagelos, vacúolos, etc.) e forma uma casca resistente. Em condições favoráveis, o protozoário dissolve o cisto, à custa de enzimas, e passa à forma ativa.

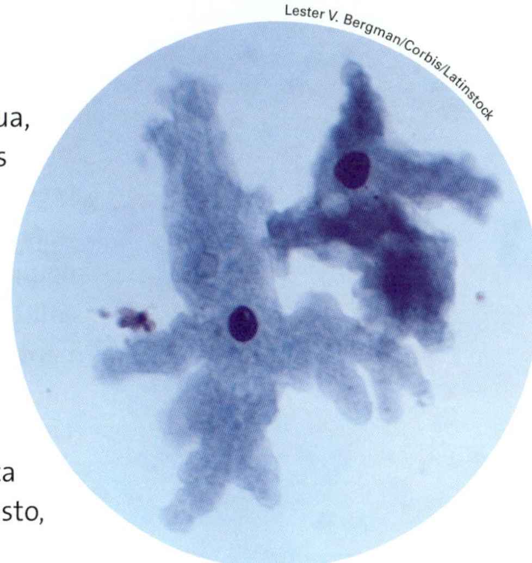
Lester V. Bergman/Corbis/Latinstock

Figura 4.2 Imagem de amebas (cerca de 0,5 mm de comprimento) ao microscópio de luz (com uso de corantes).

Nas classificações mais antigas, os protozoários foram divididos em quatro filos principais: **Sarcodinea** ou **Rhizopoda** (sarcodíneos ou rizópodes; *sarkos* = carne; *rhiza* = raiz; *podos* = pés), **Ciliophora** (cilióforos; 'portadores de cílios'), **Mastigophora** ou **Flagellata** (mastigóforos, zoomastiginos ou zooflagelados; *mastigion* ou *flagellum* = chicote; 'portadores de chicote') e **Apicomplexa** ou **Sporozoa** (esporozoários). No sistema de três domínios, os protozoários são divididos em muitos filos, alguns ainda em discussão. Para simplificar, vamos falar apenas de alguns representantes desse grupo, de acordo com o tipo de locomoção e sem entrar em detalhes de classificação.

## Protozoários com pseudópodes

Um exemplo desse grupo de protozoários é a ameba (figura 4.2). Ela é capaz de reagir a estímulos químicos por meio da emissão de **pseudópodes** (*pseudos* = falso), expansões citoplasmáticas com as quais pode aproximar-se do alimento (algas e outros seres unicelulares), englobá-lo por fagocitose e digeri-lo em vacúolos com enzimas dos lisossomos (figura 4.3). Ameba é um termo que vem do grego e significa 'aquele que muda', nome dado justamente pela mudança de forma que esse protozoário apresenta ao mover os pseudópodes.

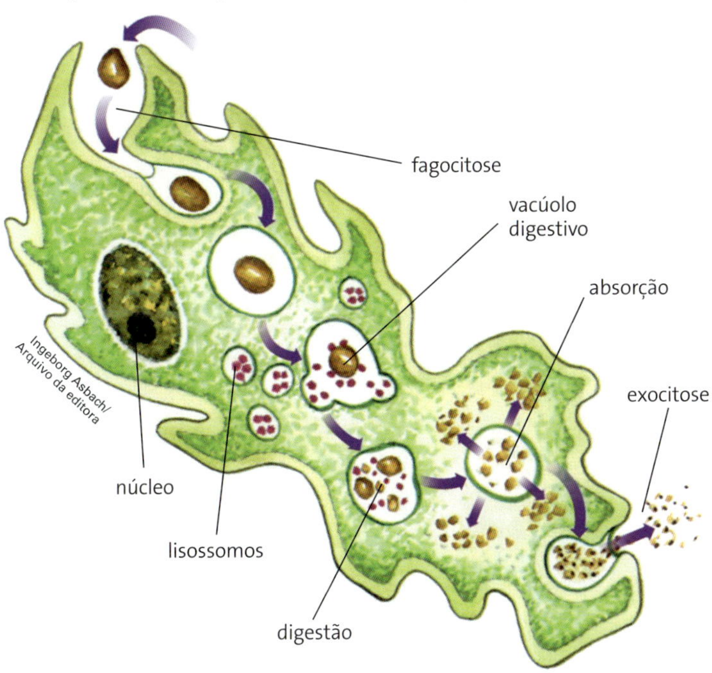

Ingeborg Asbach/Arquivo da editora

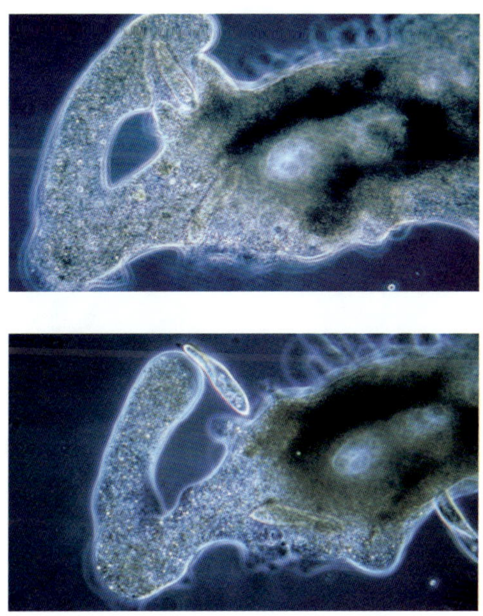
Fotos: Eric Grave/SPL/Latinstock

Figura 4.3 Na ilustração, nutrição da ameba: o material não digerido é eliminado por exocitose, processo inverso à fagocitose. (Os elementos ilustrados não estão na mesma escala; cores fantasia.) Nas fotos, ameba capturando outro protozoário – um paramécio. (Imagens ao microscópio óptico; aumento de cerca de 40 vezes; com uso de corantes.)

Outros protozoários com pseudópodes – como os foraminíferos, os radiolários e os heliozoários, encontrados em águas salgadas e doces – possuem carapaças resistentes de sílica ou de carbonato de cálcio, que funcionam como um esqueleto, ou concha, e dão sustentação e proteção à célula (figura 4.4).

A eliminação de produtos tóxicos ou inúteis ocorre por difusão, mas alguns protozoários desse grupo possuem um **vacúolo contrátil** ou **pulsátil** que elimina o excesso de água da célula. Isso acontece principalmente nas formas de água doce, pois, sendo hipertônicas em relação ao ambiente, absorvem muita água por osmose. O vacúolo enche-se gradativamente e, ao atingir determinado limite, contrai-se, eliminando o excesso de água e impedindo que a célula se rompa. Uma parte das excretas também é eliminada desse modo.

A forma mais comum de reprodução desses protozoários é a assexuada, que ocorre, em geral, por divisão binária (figura 4.5) e, em certos casos, por divisão múltipla.

Algumas espécies vivem no ambiente aquático ou em solos úmidos, alimentando-se de detritos ou de outros microrganismos. Outras são parasitas, como a *Entamoeba histolytica*, que causa a amebíase, estudada mais adiante.

Figura 4.4 Protozoários com carapaças (o diâmetro dos organismos varia de 1 mm a 2 mm; cores fantasia).

Ilustrações: Ingeborg Asbach/Arquivo da editora

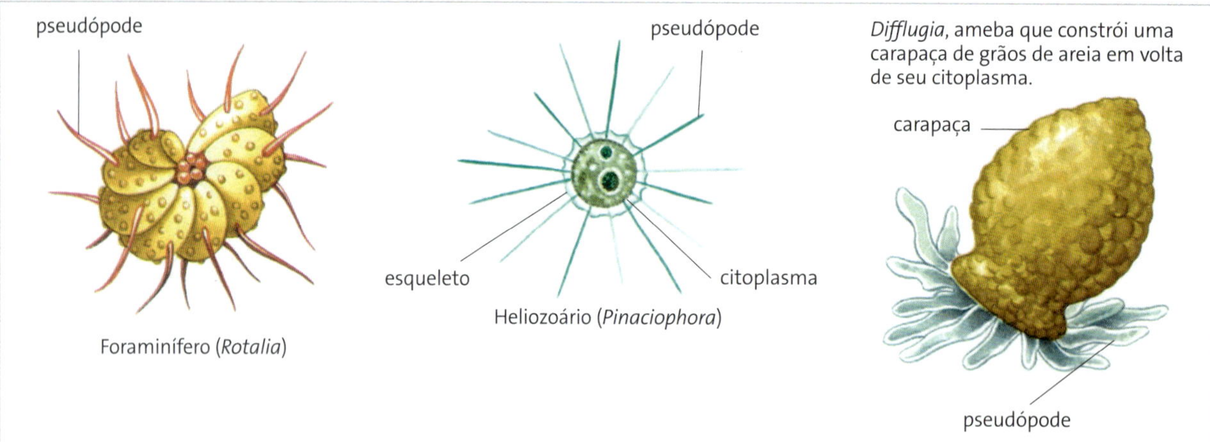


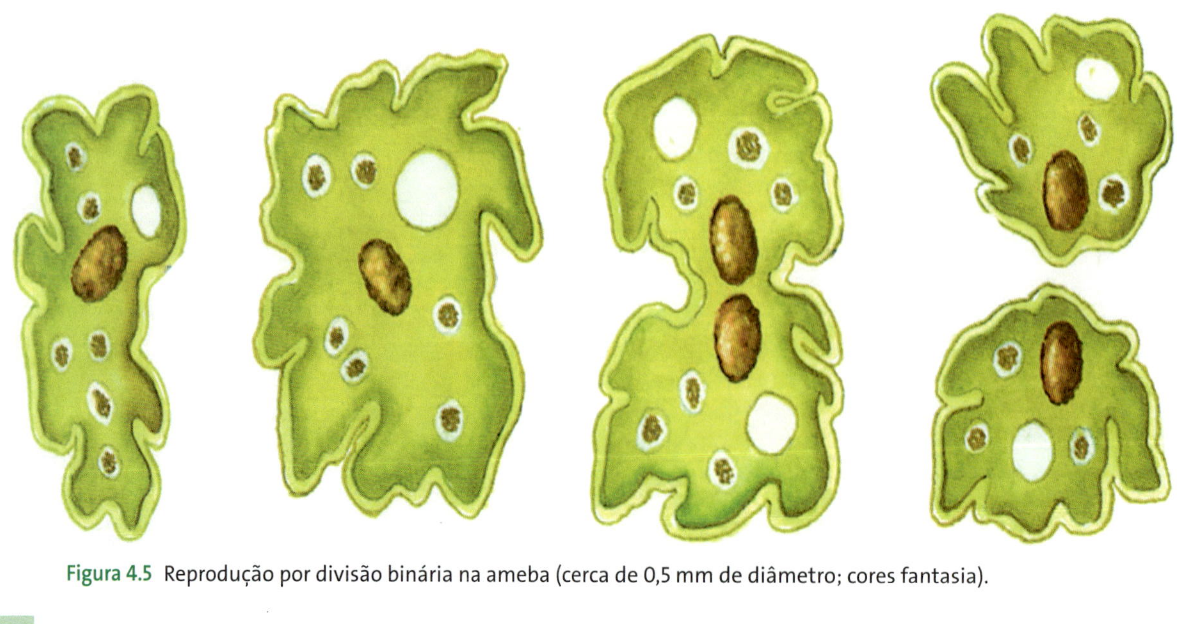

Figura 4.5 Reprodução por divisão binária na ameba (cerca de 0,5 mm de diâmetro; cores fantasia).

# Protozoários com cílios

A principal característica desse grupo é a presença de cílios, filamentos de estrutura idêntica à dos flagelos, mas menores e mais numerosos (figura 4.6). Por isso, os organismos do grupo são conhecidos como **protozoários ciliados**.

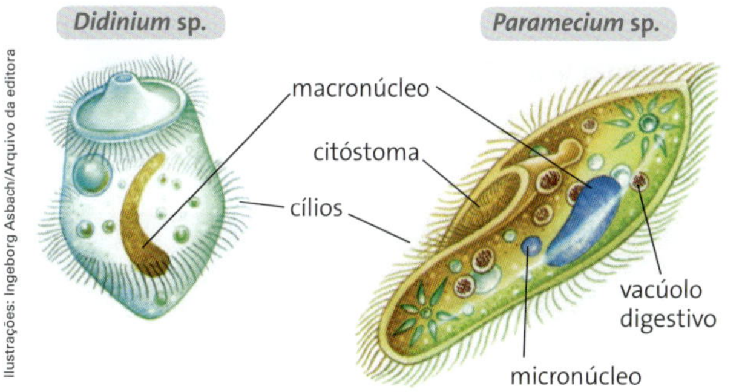

Figura 4.6 Na ilustração, dois exemplos de protozoários ciliados (paramécio com cerca de 300 µm de comprimento; os elementos da ilustração não estão na mesma escala; cores fantasia). Na foto, protozoário *Didinium* sp. (em marrom) ataca um paramécio (em verde). (Aumento de cerca de 200 vezes ao microscópio eletrônico; imagem colorizada por computador.)

O paramécio, um protozoário ciliado comum em água doce, possui um ponto fixo onde ocorre a ingestão do alimento, chamado **sulco oral**, e coberto de cílios que movimentam a água e arrastam o alimento para uma abertura, o **citóstoma** (*stoma* = boca). Formam-se, então, vacúolos digestivos, nos quais o alimento é digerido e absorvido. Os restos não digeridos são eliminados sempre no mesmo ponto, o **citoprocto** (*proktos* = ânus). As formas de água doce possuem ainda vacúolos contráteis dotados de canais coletores de água (figura 4.7). Esses canais retiram o excesso de água que entra na célula, evitando que a membrana se rompa.

Como muitos outros ciliados, o paramécio possui dois núcleos: o **macronúcleo**, de tamanho maior, responsável pelo controle do metabolismo, e o **micronúcleo**, envolvido na reprodução por conjugação. Além desta, os paramécios realizam a reprodução assexuada, por divisão binária (figura 4.8).

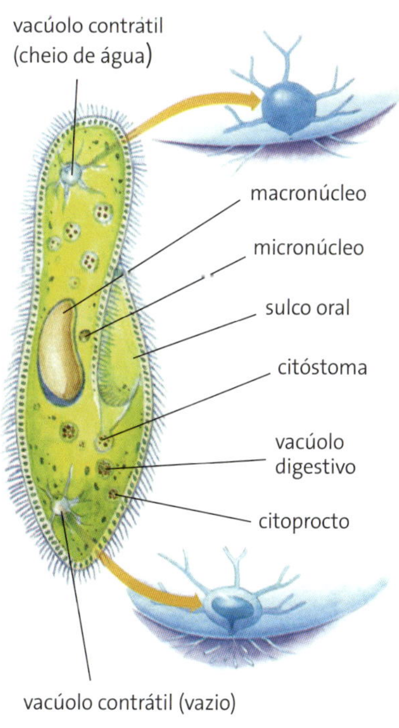


Figura 4.7 Digestão e eliminação do excesso de água no paramécio (cerca de 300 µm de comprimento; os elementos da ilustração não estão na mesma escala; cores fantasia).

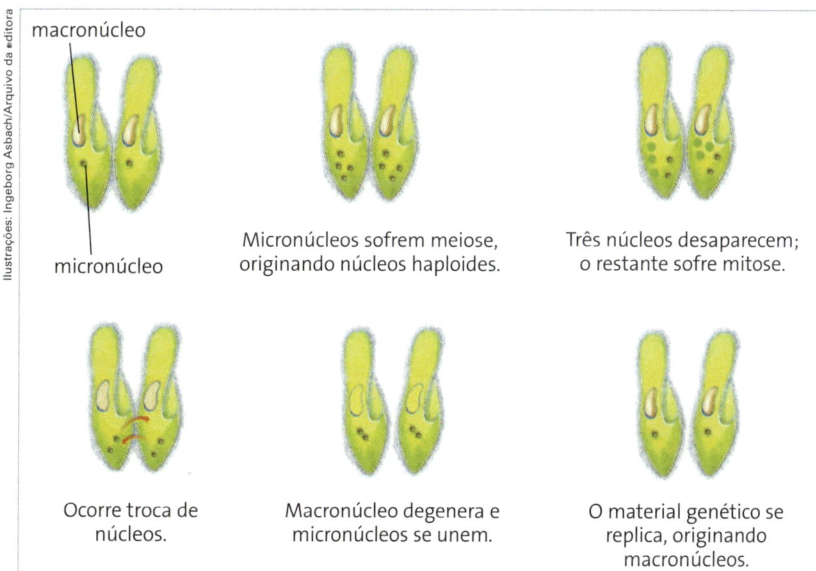


Figura 4.8 Conjugação entre paramécios (cerca de 300 µm de comprimento; os elementos ilustrados não estão na mesma escala; cores fantasia).

## Protozoários com flagelos

Nesse grupo estão os protozoários portadores de flagelos, filamentos em número variável (em geral, de um a quatro, embora alguns parasitas apresentem número maior), que funcionam na locomoção e na captura de alimento. São chamados **protozoários flagelados**.

A maioria é de vida livre na água. Alguns são parasitas e causam doenças. Outros formam associações mutualísticas, como os do gênero *Triconympha* (figura 4.9), que vivem no intestino do cupim e digerem a celulose ingerida pelo animal. Os protozoários flagelados reproduzem-se por divisão binária.

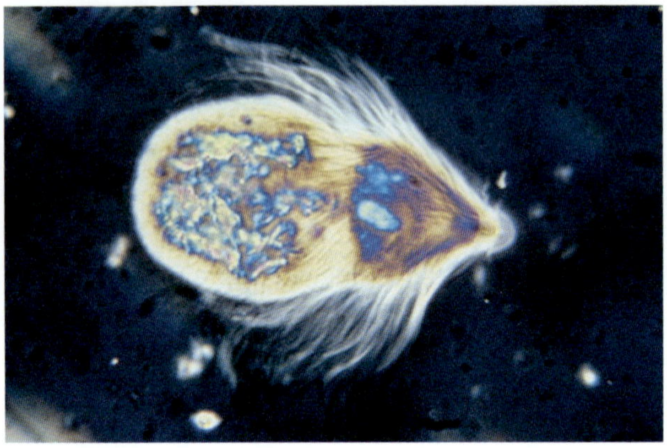

Fotos: Eric V. Grave/Photoresearchers, Inc./Latinstock

Figura 4.9 Cupim (microscópio eletrônico; aumento de cerca de 20 vezes; imagem colorizada por computador) e o protozoário *Triconympha* sp. (microscópio de luz; aumento de cerca de 250 vezes).

## Protozoários sem organelas de locomoção

Esses protozoários, desprovidos de organelas especializadas para locomoção, são parasitas intracelulares. A entrada do protozoário na célula parasitada é feita com o auxílio de um conjunto de organelas filamentosas presentes em uma das extremidades do protozoário, chamado **complexo apical** (figura 4.10). Em referência a essa estrutura, o grupo foi denominado **Apicomplexa** ou grupo dos **esporozoários** (*sporo* = semente; *zoon* = animal, termo que se refere à época em que os protozoários eram classificados no grupo dos animais) porque produzem formas chamadas esporozoítos, como veremos adiante, na descrição do ciclo da malária.

A reprodução dos protozoários esporozoários é assexuada, por divisão múltipla. Entretanto, em muitos ocorre alternância desse tipo de reprodução com a reprodução sexuada (veja figura 4.15 na página 77).

**ATENÇÃO!**

**As informações sobre questões de saúde deste capítulo não substituem a orientação médica nem podem ser usadas para diagnóstico, tratamento ou prevenção de doenças.**

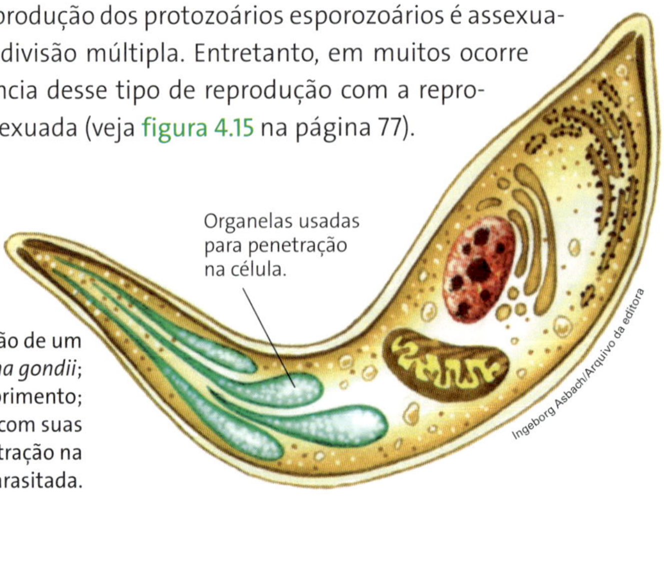


Ingeborg Asbach/Arquivo da editora

Figura 4.10 Ilustração de um esporozoário (*Toxoplasma gondii*; cerca de 10 µm de comprimento; cores fantasia) com suas organelas para penetração na célula que será parasitada.

# 3 Doenças causadas por protozoários

Doenças causadas por protozoários

Embora nem todos os protozoários sejam parasitas, muitos deles são e causam sérios problemas de saúde ao ser humano. Vejamos algumas das doenças causadas por esses microrganismos.

## Doença de Chagas

Essa doença é assim chamada em referência ao cientista brasileiro Carlos Chagas, descobridor do ciclo dessa doença em 1909. Ela é provocada pelo *Trypanosoma cruzi* ("cruzi" é homenagem ao cientista Oswaldo Cruz), transmitido por percevejos triatomíneos (*Triatoma infestans*, *Panstrongylus megistus* e outras espécies), conhecidos como barbeiros, chupanças, procotós ou bichos-de-parede (figura 4.11, detalhe).

O barbeiro contrai o protozoário de animais silvestres (chamados **reservatórios naturais**), como o tatu, o gambá e o macaco, ou de uma pessoa doente. O ambiente ideal para reprodução e abrigo do barbeiro são as frestas das paredes de casas de sapé ou de pau a pique (casas contruídas com barro socado sobre uma armação de varas e troncos; figura 4.11), de onde sai à noite para se alimentar de sangue.

O protozoário sai pelas fezes do inseto, que defeca ao sugar o sangue do indivíduo. O protozoário então penetra pelo orifício deixado pela picada ou pela ferida feita quando a pessoa se coça. De início, ele se aloja na pele, perde o flagelo e reproduz-se por divisão binária. Os indivíduos resultantes dessas divisões se dirigem, através do sangue, para outros órgãos (coração, fígado, etc.), nos quais provocam lesões. Nem todas as pessoas infectadas desenvolvem a doença (figura 4.12), mas quando ela se manifesta, a pessoa pode morrer por insuficiência cardíaca.

O combate ao barbeiro com inseticidas e a construção de casas de alvenaria contribuíram para diminuir muito essa forma de transmissão. No entanto, é preciso manter a fiscalização dos bancos de sangue para evitar a transmissão por transfusão e em transplante de órgãos. O protozoário pode passar também da mãe para o bebê pela placenta, ou pelo leite materno; ou, ainda, por alimentos contaminados pelas fezes do barbeiro.

Fabio Colombini/Acervo do fotógrafo

Fabio Colombini/Acervo do fotógrafo

Figura 4.11 Casa de pau a pique, onde o barbeiro costuma se abrigar. No detalhe, acima, foto do inseto vetor da doença.

Ilustrações: Luis Moura/Arquivo da editora

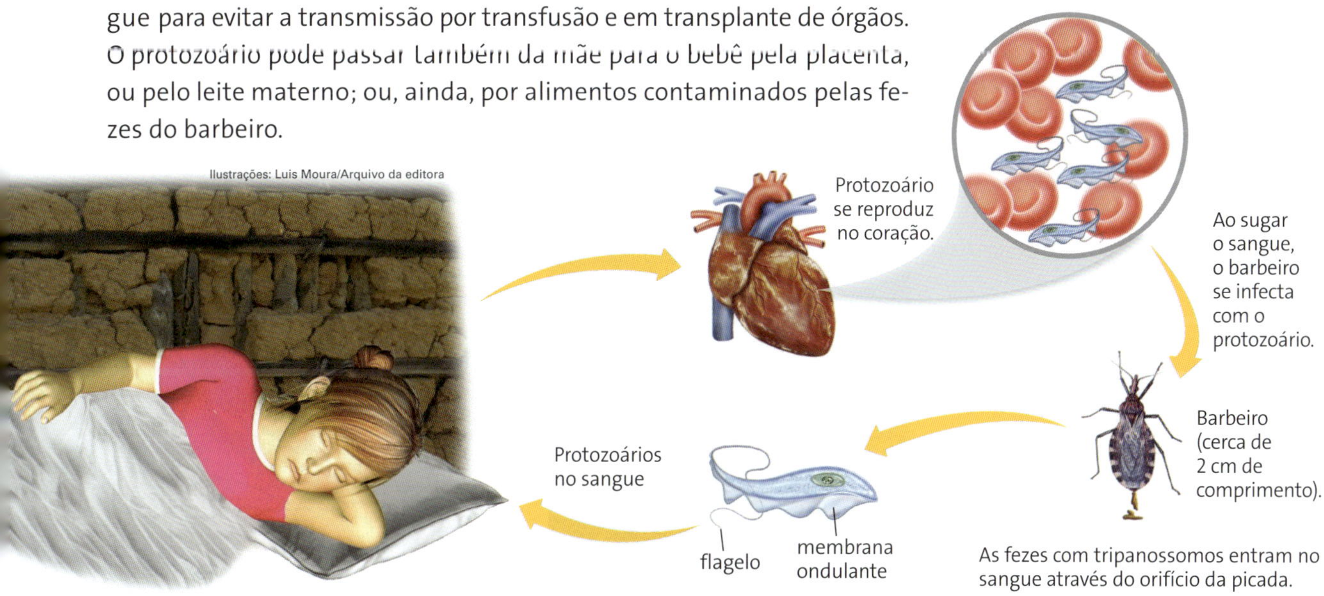


Figura 4.12 Ciclo do *Trypanosoma cruzi* (cerca de 20 µm de comprimento, fora o flagelo; figuras sem escala; cores fantasia).

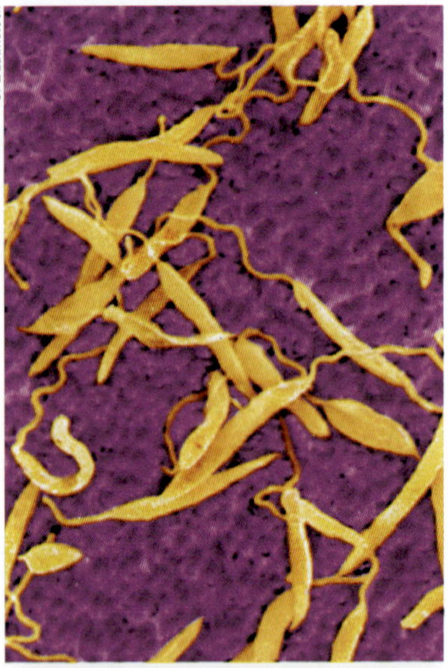

Figura 4.13 Protozoários do gênero *Leishmania* (microscópio eletrônico; aumento de cerca de 2 000 vezes; imagens colorizadas por computador) e mosquito-palha (1 mm a 3 mm de comprimento), transmissor da leishmaniose tegumentar.

## Leishmaniose tegumentar

Também conhecida como úlcera de Bauru, é causada pela *Leishmania braziliensis*. Esse protozoário é transmitido pela picada de mosquitos fêmeas da família dos flebotomíneos e do gênero *Lutzomya*. Esses insetos são conhecidos como mosquitos-palha ou biriguis (figura 4.13) e se infectam ao sugar o sangue de pessoas contaminadas.

Antes de sugar o sangue, o inseto injeta saliva na pele para evitar a coagulação do sangue em seu aparelho bucal. O protozoário penetra na pessoa pela saliva do mosquito e reproduz-se intensamente na pele. No fim de alguns dias, aparece uma lesão na pele; mais tarde, o parasita espalha-se e causa lesões na mucosa da boca, no nariz e na faringe.

A profilaxia consiste no combate ao inseto, e já existe uma vacina desenvolvida por cientistas brasileiros. Um meio de evitar as picadas do mosquito é o uso de telas ou cortinados; outro seria a construção de casas a mais de 100 m das matas, pois o mosquito tem voo curto. Se tratada a tempo, há regressão das lesões.

## Leishmaniose visceral

Também chamada de calazar (palavra que, em híndi, significa 'doença mortal'), é provocada pela espécie *Leishmania chagasi*, transmitida pelas fêmeas de algumas espécies de mosquitos do gênero *Lutzomya*, que se contaminam ao picar um vertebrado. O doente apresenta febre, anemia e aumento do baço. Se não for tratada, pode levar à morte.

## Tricomoníase

Causada pelo *Trichomonas vaginalis* (figura 4.14), provoca, na mulher, inflamação na uretra e na vagina, que elimina um líquido branco ou amarelado. O protozoário também pode provocar infecções no homem, que em geral não apresenta sintomas, mas pode transmitir a doença. Como a contaminação ocorre por contato sexual, os dois parceiros devem tomar o medicamento indicado pelo médico.

Como medidas preventivas, deve-se utilizar preservativo durante as relações sexuais e ter cuidado no manuseio e utilização de objetos ou sanitários de outras pessoas, visto que esses parasitas conseguem sobreviver em ambientes úmidos por até seis horas.

Figura 4.14 Ilustração (cores fantasia) e foto (microscópio eletrônico; aumento de cerca de 4 000 vezes; imagem colorizada por computador) de *Trichomonas vaginalis* (10 µm a 30 µm de comprimento).

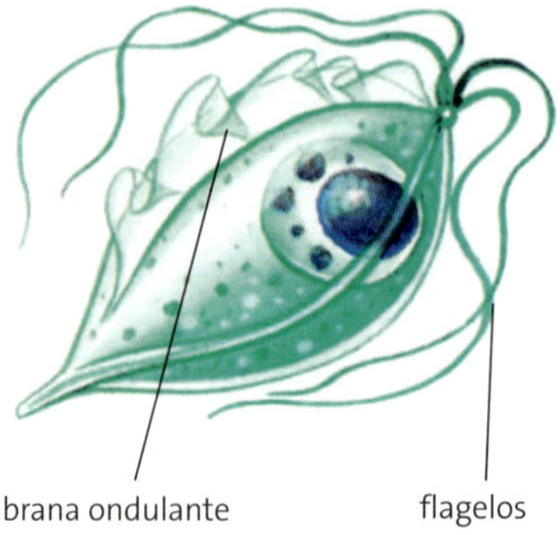

# Malária

Também chamada impaludismo, maleita ou sezão, é muito disseminada nos países tropicais, como o Brasil (a maioria dos casos ocorre na região amazônica). É causada pelo plasmódio, que é transmitido pela picada da fêmea do mosquito do gênero *Anopheles*, popularmente chamado de mosquito-prego (a fêmea necessita de sangue para a produção de ovos; o macho alimenta-se apenas da seiva das plantas). Com a saliva do mosquito penetram também formas do plasmódio, chamadas **esporozoítos** (*sporo* = semente; *zoon* = animal; *ito* indica diminutivo), que, pelo sangue, chegam ao fígado e ao baço e reproduzem-se por divisão múltipla (esquizogonia).

Naqueles órgãos, produzem formas denominadas **merozoítos** (*meros* = parte), que invadem as hemácias. Esses merozoítos crescem e sofrem novas divisões múltiplas, arrebentando as células. A ruptura das hemácias provoca no doente febre alta, com tremores e grande sudorese. Liberados no sangue, os merozoítos invadem outras hemácias, que também serão destruídas (figura 4.15). Depois de algum tempo, aparecem nas hemácias formas que não se dividem, os **gametócitos**, que, ingeridos pelo mosquito, originam gametas em seu tubo digestório.

No mosquito, a fecundação dos gametas produz o **oocineto** (*oon* = ovo; *kinetos* = móvel), um ovo que se movimenta por pseudópodes e se fixa na parede do tubo digestório, originando um **oocisto**. Este sofre divisão múltipla ou **esporogonia** (*sporo* = semente; *gonos* = gerar) e produz esporozoítos, que se dirigem para as glândulas salivares do mosquito, a partir das quais poderão ser inoculados no ser humano (figura 4.15).

O organismo no qual ocorre a reprodução sexuada de um parasita é chamado **hospedeiro definitivo**. O que abriga apenas a fase assexuada do parasita recebe o nome de **hospedeiro intermediário**. No caso da malária, o ser humano é o hospedeiro intermediário, e o mosquito, o hospedeiro definitivo.

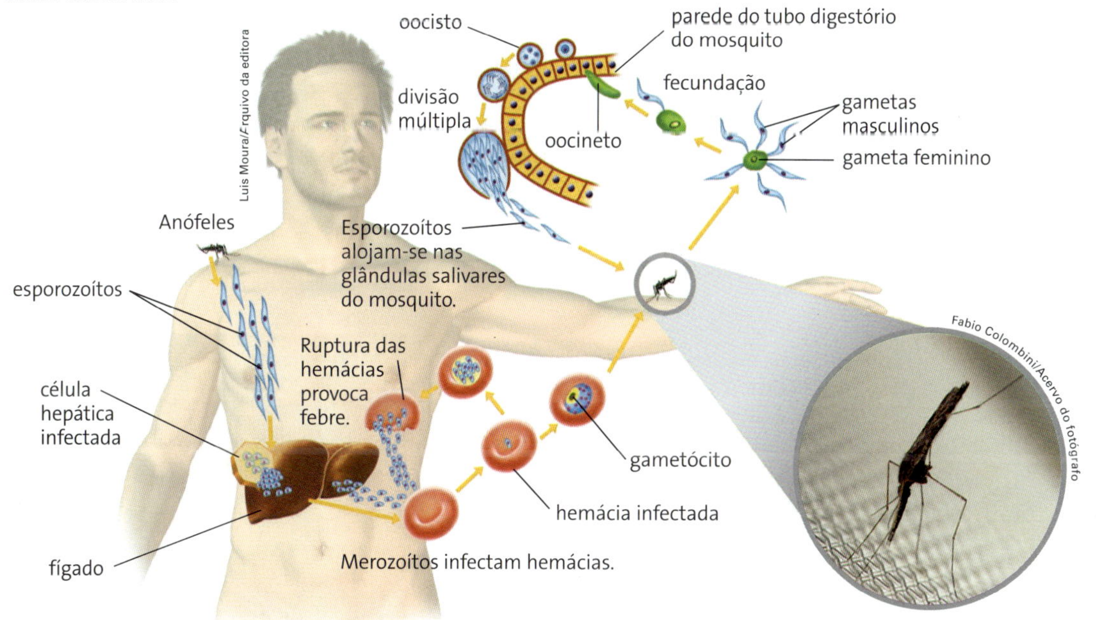


Figura 4.15 Ilustração de esquema do ciclo do plasmódio (os elementos da figura não estão em escala; cores fantasia). No detalhe, foto do mosquito anófeles (pouco menos de 1 cm de comprimento).

A gravidade da doença depende da espécie do esporozoário: no *Plasmodium vivax*, o ciclo febril retorna a cada 48 horas (febre terçã benigna); no *Plasmodium malarie*, o acesso de febre ocorre a cada 72 horas (febre quartã benigna); no *Plasmodium falciparum*, o intervalo varia de 36 a 48 horas; no *Plasmodium ovale*, inexistente no Brasil, mas encontrado na África e na Ásia, o ciclo febril é de 48 horas.

Além de danos no fígado, há anemia, o que justifica o cansaço, o desânimo, a falta de ar e a diminuição da capacidade de trabalho do doente. Na malária causada pelo *Plasmodium falciparum*, pode haver comprometimento do cérebro e anemia grave, sendo necessárias transfusões de sangue.

O tratamento é feito com medicamentos que matam as formas do parasita no fígado e no sangue. É importante também combater os insetos adultos com inseticidas. As formas larvais podem ser evitadas com a drenagem de regiões alagadas, o uso de larvicidas ou a criação de peixes que se alimentam de larvas. É importante também usar telas nas portas e janelas, além de redes de filó protetoras, chamadas mosquiteiros, ao redor das camas e nas janelas. Veja a figura 4.16. Outras medidas profiláticas não envolvem o controle do mosquito, mas cuidados com o sangue contaminado, como no caso de transfusões, uso compartilhado de agulhas e cuidados na hora do parto, caso a mãe esteja infectada.

(c) Scott Smith/Getty Images

Figura 4.16 Mosquiteiros instalados sobre camas para afastar mosquitos como o anófeles.

## Giardíase

É provocada pela *Giardia lamblia* (figura 4.17). O doente apresenta infecções no intestino delgado e diarreias que podem ter graves consequências, como a desidratação. A transmissão é feita pela ingestão de água e alimentos contaminados.

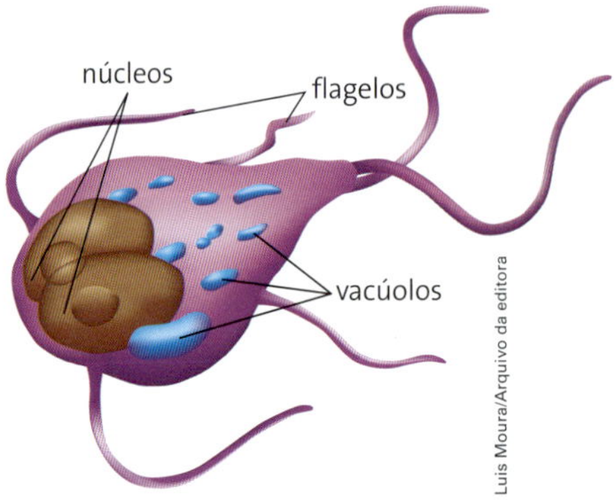


Luis Moura/Arquivo da editora

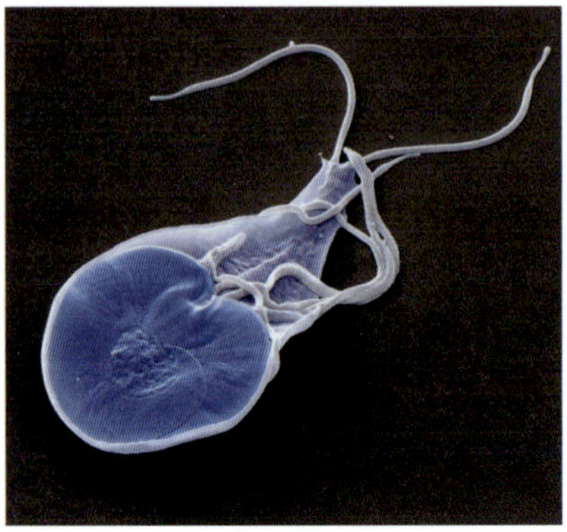

Eye of Science/SPL/Latinstock

Figura 4.17 Ilustração (cores fantasia) e foto (ao microscópio eletrônico; aumento de cerca de 6 000 vezes; imagem colorizada por computador) de *Giardia lamblia* (10 μm a 20 μm de comprimento).

## Toxoplasmose

Causada pelo *Toxoplasma gondii*, que é transmitido pela ingestão de cistos presentes nas fezes do gato (que podem estar no solo, na areia ou nos pelos do animal) ou em carnes cruas ou malcozidas. Às vezes, o doente não apresenta sintomas; em outras, há febre e aumento dos linfonodos. Em geral, a doença desaparece sem nenhuma consequência para o organismo, mas pode haver lesões nos olhos e em outros órgãos. Mulheres grávidas que desenvolvem a doença correm risco de transmiti-la ao feto, que poderá apresentar lesões no cérebro e em outros órgãos. A prevenção consiste em evitar o consumo de carne malcozida, não beijar animais nem deixá-los lamber o rosto das pessoas, lavar as mãos depois do contato com animais ou com a terra por onde eles passaram, alimentá-los com comida cozida ou ração. A mulher que pretende engravidar deve realizar um exame específico para a doença. Se ela convive com gatos, deve avisar o médico, para que ele possa orientá-la devidamente.

## Amebíase

É causada pela *Entamoeba histolytica*, um protozoário com pseudópodes. O ser humano se contamina ao ingerir alimentos ou água com cistos da ameba, eliminados nas fezes de indivíduos portadores do protozoário. Também pode ser transmitida pelo contato direto de mãos contaminadas com a boca. No intestino grosso, o cisto libera as amebas que invadem a mucosa intestinal e provocam feridas e diarreia (figura 4.18).

Às vezes, as amebas atingem o fígado ou outros órgãos e provocam lesões. Como os cistos são eliminados pelas fezes, são importantes os hábitos de higiene pessoal (lavar bem as mãos e os alimentos) e os serviços de saneamento básico (sanitários, fossas ou esgotos). A doença pode ser curada com medicamentos.

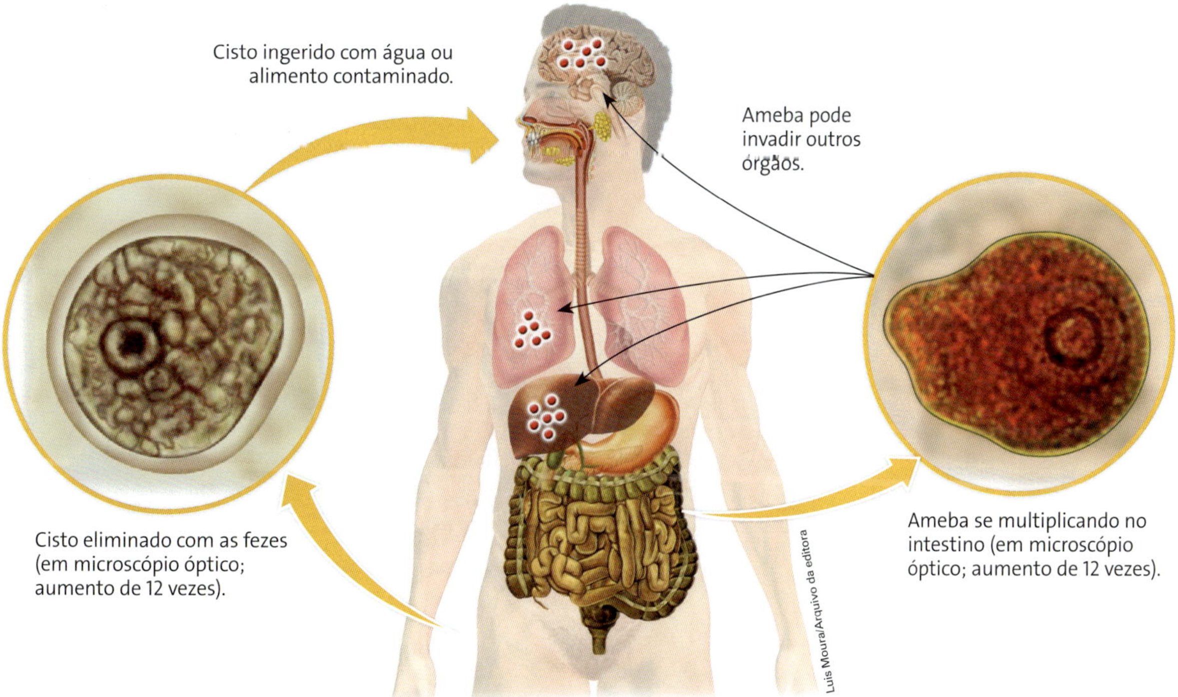


**Figura 4.18** Esquema do ciclo da *Entamoeba histolytica* (ilustração sem escala; cores fantasia).

## 4 Algas

As algas (grupo sem valor taxonômico) podem ser unicelulares ou pluricelulares (multicelulares). Vivem na água doce ou salgada ou em ambientes terrestres úmidos. Fazem fotossíntese e possuem cloroplastos com clorofila e outros pigmentos. Sua reprodução é, basicamente, assexuada, por divisão binária, embora um número reduzido de espécies tenha reprodução sexuada.

As algas microscópicas fazem parte de uma comunidade de organismos que flutuam na água, levados pelas correntes aquáticas, o **plâncton** (palavra que vem do grego e significa 'errante'). Essas algas formam o **fitoplâncton** (*phyton* = planta), e os seres heterotróficos dessa comunidade (protozoários, pequenos crustáceos, larvas de vários animais, etc.) formam o **zooplâncton** (*zoon* = animal). Este serve de alimento para peixes e outros animais aquáticos. Assim, forma-se uma cadeia alimentar (figura 4.19): as algas são os produtores da cadeia, realizando fotossíntese e sintetizando matéria orgânica. O zooplâncton (formado por consumidores primários) alimenta-se do fitoplâncton e serve de alimento para peixes e outros animais aquáticos (consumidores secundários, terciários, etc.).

O corpo das algas pluricelulares é formado por um talo, isto é, um conjunto de células no qual não se distinguem tecidos ou órgãos típicos (raiz, caule, folhas, etc.). Nas classificações antigas, essas algas eram estudadas no grupo dos talófitos, pertencente ao reino vegetal.

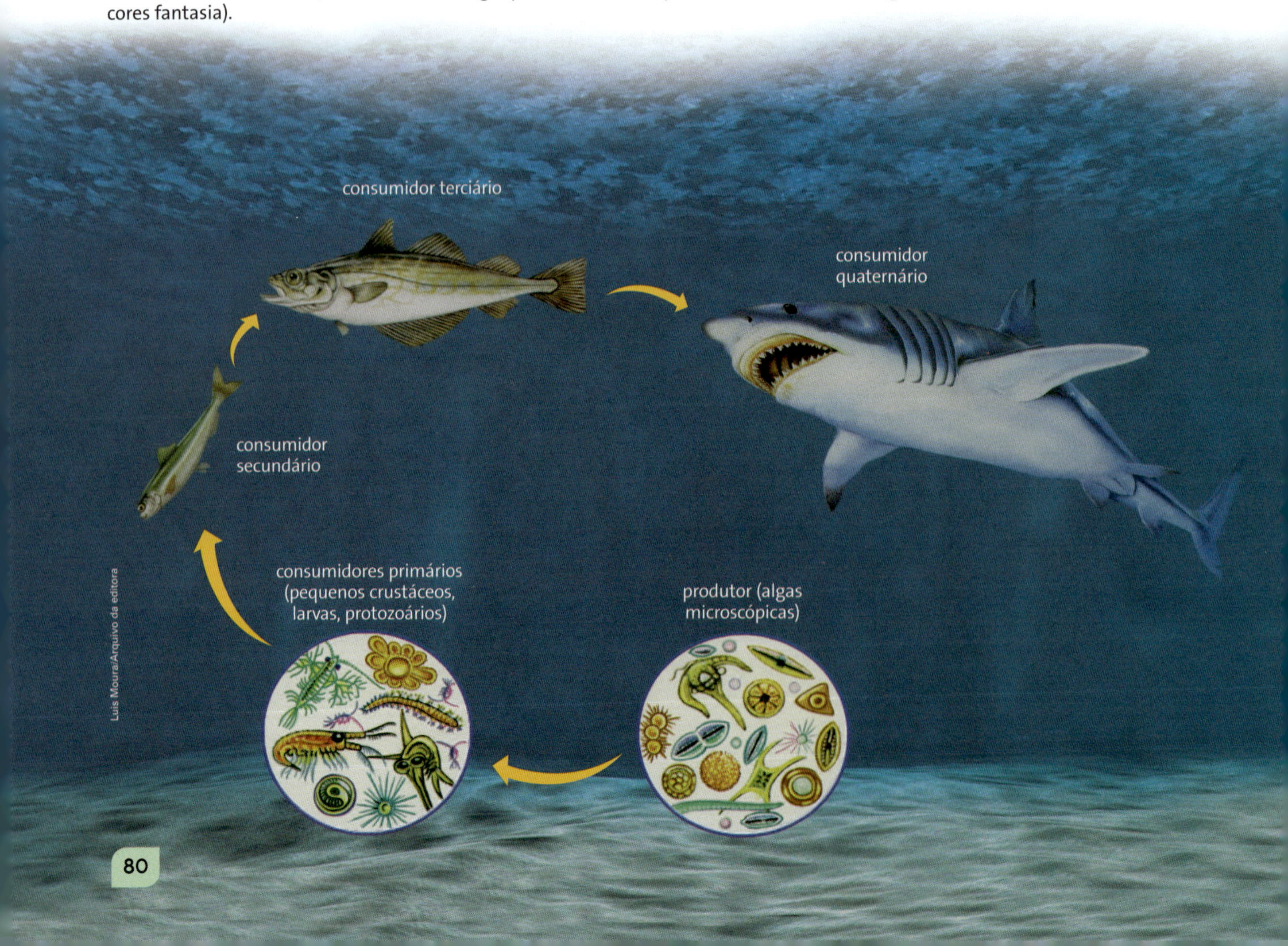


Figura 4.19 Cadeia alimentar nos ambientes aquáticos (os elementos ilustrados não estão na mesma escala; os organismos do fitoplâncton e do zooplâncton estão ampliados; cores fantasia).

# Euglenófitas

Também chamadas **euglenoides**, possuem flagelos e vacúolo contrátil. Nos cloroplastos, há clorofilas **a** e **b** e carotenoides, pigmentos que auxiliam na captura da luz. Como substância de reserva, acumulam **paramilo**, polissacarídeo exclusivo desse grupo.

O gênero mais comum é a *Euglena* (figura 4.20). Havendo luz e nutrientes inorgânicos, a euglena realiza fotossíntese e possui estruturas fotorreceptoras, que ajudam o organismo a se orientar em direção a regiões onde há condições ideais de luz. Na ausência de condições para a fotossíntese, os cloroplastos regridem e ocorre nutrição heterotrófica. Alguns organismos desse grupo são exclusivamente heterotróficos, mas estão nesse grupo porque descendem evolutivamente de organismos autotróficos que, ao longo da evolução, perderam os cloroplastos.

As euglenas se reproduzem por divisão binária longitudinal; não foi observada reprodução sexuada nesse grupo.

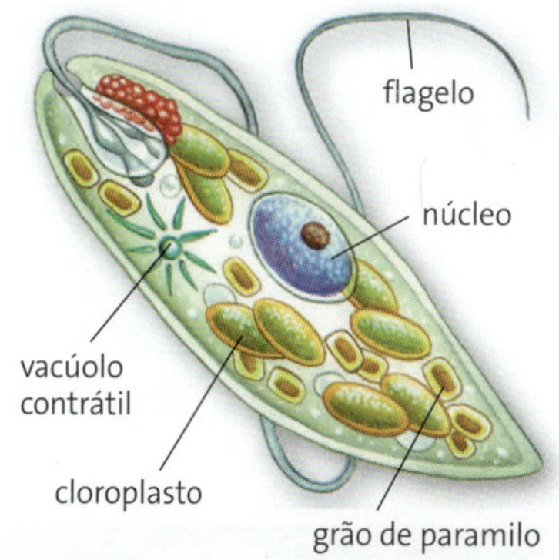


Ingeborg Asbach/Arquivo da editora

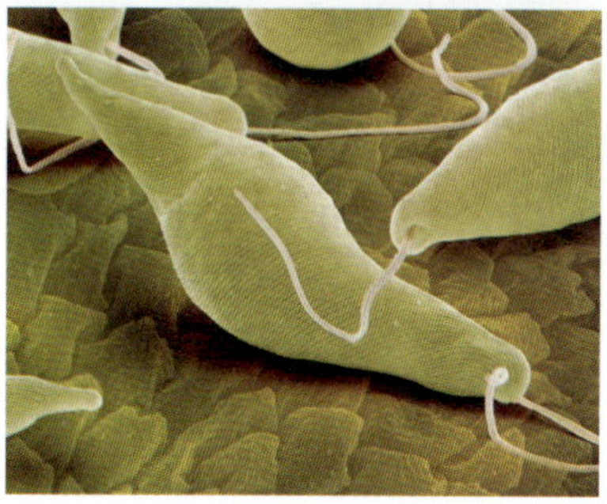

Andrew Syred/SPL/Latinstock

Figura 4.20 Esquema ilustrando uma euglena internamente (cores fantasia). Foto de *Euglena* sp. (cerca de 30 μm de comprimento; microscópio eletrônico; aumento de cerca de 1500 vezes; imagem colorizada por computador).

# Bacilariófitas

Nesse filo estão as **diatomáceas**, algas microscópicas que constituem os principais componentes do fitoplâncton.

Possuem clorofilas **a** e **c**, carotenoides e outros pigmentos que lhes conferem a cor dourada característica. Armazenam crisolaminarina (um polissacarídeo) e óleos. A carapaça das diatomáceas possui compostos pécticos (polissacarídeos), geralmente impregnados de sílica, formando uma estrutura rígida típica, com duas metades (valvas) que se encaixam uma na outra (figura 4.21). Desenvolvidos ao longo do tempo, os depósitos dessas carapaças formam um material parecido com uma terra muito fina, a **terra de diatomáceas**, utilizada como abrasivo em polidores de metais e pastas de dente.

A reprodução pode ser assexuada, por bipartição, ou sexuada, com produção de gametas.

Figura 4.21 Na primeira foto, carapaças de diatomáceas (microscópio de luz; aumento de cerca de 60 vezes). Na segunda e na terceira, diatomáceas vistas ao microscópio eletrônico (aumento de cerca de 300 vezes; imagens colorizadas por computador)

Lester V. Bergman/Corbis/Latinstock

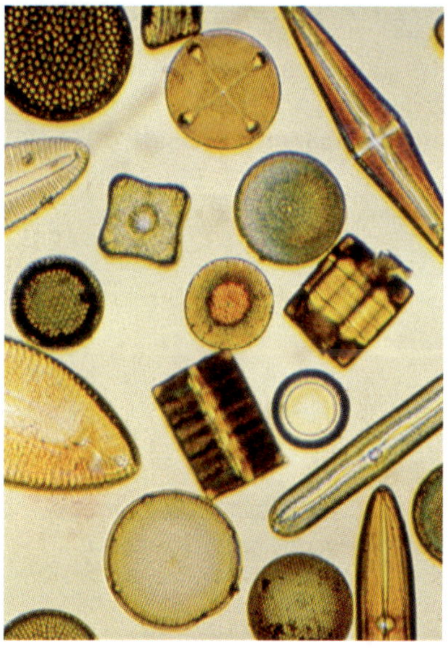

Steve Gschmeissner/SPL/Latinstock

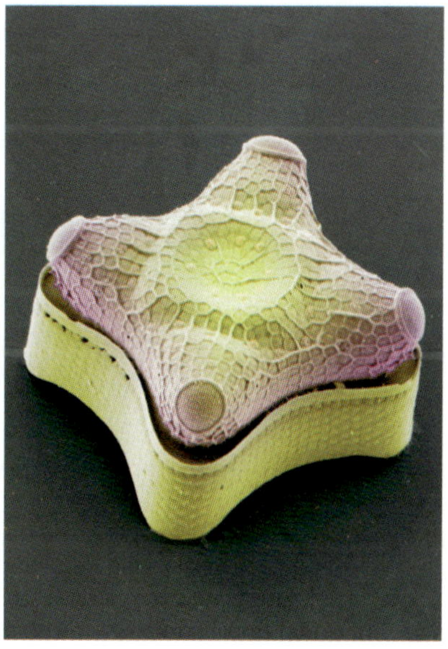

Steve Gschmeissner/SPL/Latinstock

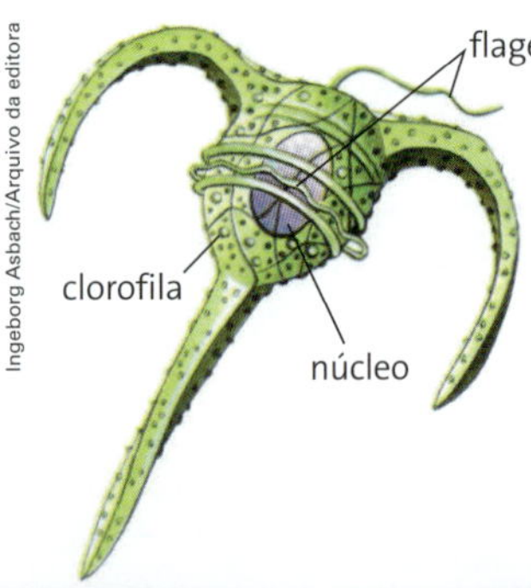

Figura 4.22 Esquema (cores fantasia) e foto de um dinoflagelado (gênero *Ceratium*; cerca de 0,5 mm de comprimento; imagem colorizada por computador).

# Dinoflagelados

As algas desse grupo apresentam dois sulcos em forma de cinta, cada um com um flagelo (figura 4.22). O batimento desses flagelos provoca no organismo um movimento de rotação à medida que se desloca (decorre disso o nome dessas algas: **dinoflagelado**, "flagelado que roda").

O grupo também é conhecido como dinófitas (*dinein* = turbilhão, rodopio), ou ainda pirrófitas (*pyrrhós* = cor de fogo), por causa da cor avermelhada de algumas delas; mas também são comuns algas com as colorações amarelo-pardas e amarelo-esverdeadas.

Algumas espécies são heterotróficas, mas, por causa da espessa parede de celulose (presente em todas), são classificadas nessa divisão.

Como as diatomáceas, elas são importantes representantes do plâncton marinho, mas também podem ser encontradas na água doce. São portadoras de clorofilas **a** e **c** e carotenos, e armazenam óleos e amido.

Alguns dinoflagelados, como o gênero *Noctiluca*, apresentam **bioluminescência**, isto é, conseguem transformar energia química em luz, sendo responsáveis pela luminosidade observada nas ondas do mar ou na areia da praia à noite.

Outros são encontrados no interior de corais, anêmonas, águas-vivas e de outros animais invertebrados (com frequência, esses animais se tornam amarelo-pardos por causa da grande quantidade de algas em seu interior). Pela fotossíntese, a alga fornece parte do alimento e recebe, em troca, abrigo. Isso explica por que certos corais são encontrados apenas nas águas rasas, onde há boa luminosidade para as algas.

A reprodução nessas algas ocorre por divisão binária.

## Biologia e ambiente

### Maré vermelha

O aumento excessivo da população de certas algas, principalmente de dinoflagelados, provoca um desequilíbrio ecológico conhecido como maré vermelha, pois a água adquire comumente coloração vermelha (figura 4.23). Essa denominação, no entanto, não é adequada, uma vez que as manchas podem ser de outras cores. Por isso o fenômeno é chamado também de "floração de algas nocivas".

Ele pode ser provocado por alterações na salinidade, aumento da temperatura da água do mar ou pelo excesso de sais minerais, originados do despejo do esgoto doméstico ou trazidos por correntes marinhas e que sustentam uma população maior de dinoflagelados. Esse fenômeno acaba quando essas condições deixam de existir, o que pode ocorrer, por exemplo, com a formação de ventos que dispersam as algas e diminuem a temperatura da água.

O aumento da população é seguido de morte em grande escala das algas. Dependendo da espécie, são liberadas substâncias tóxicas que envenenam e matam milhares de seres aquáticos. A ingestão de peixes e moluscos contaminados também pode envenenar o ser humano, que apresenta, então, diarreia e problemas respiratórios e cardiovasculares. Se a quantidade de toxinas ingeridas for muito alta, a pessoa pode morrer.

Assim, é preciso que a população seja alertada e que a área seja interditada. O consumo de peixes e outros produtos deve ser liberado só depois de análises que constatem a ausência de substâncias tóxicas na água e nos moluscos (que concentram muitas toxinas).

Figura 4.23 Fenômeno da maré vermelha observado na Austrália, em 1997.

## Algas verdes ou clorofíceas

Nessas algas a cor verde da clorofila predomina sobre a de outros pigmentos (*khloros* = verde). Elas possuem clorofilas **a** e **b**, pigmentos carotenoides, parede celular de celulose e reserva de amido.

Pode haver formas unicelulares móveis (com flagelos), imóveis, coloniais ou de vida livre e espécies pluricelulares de vários tamanhos e formas (figura 4.24). São mais frequentes em água doce e no mar, embora algumas formas vivam no solo úmido, em troncos, em rochas úmidas, na neve, no gelo e até no interior de outros seres vivos ou associadas aos fungos (formando os liquens).

Figura 4.24 Exemplos de alguns gêneros de clorofíceas.

Andrew J. Martinez/Photo Researchers, Inc./Latinstock

Alga verde (gênero *Ulva*), conhecida como alface-do-mar e encontrada no litoral brasileiro (a parte em forma de lâmina tem de 10 cm a 15 cm de comprimento).

Wim van Egmond/Visuals Unlimited/Corbis/Latinstock

*Spirogyra*, alga filamentosa (10 µm a 100 µm de largura).

Fabio Colombini/Acervo do fotógrafo

*Caulerpa racemosa* (10 cm a 20 cm de comprimento).

## Algas pardas ou feofíceas

Essas algas são quase todas marinhas, macroscópicas e pluricelulares e possuem clorofilas **a** e **c** associadas a carotenoides, principalmente a **fucoxantina** (*phykon* = alga; *xanthós* = amarelo; *phaios* = pardo), responsável pela cor marrom (figura 4.25). Na parede celular há celulose e outras substâncias, como as **alginas** ou **alginatos**, usados como espessante (para dar consistência) em sorvetes, cremes, pudins, cremes dentais, etc. Seu açúcar de reserva é um polissacarídeo típico do grupo, a **laminarina**.

Algumas vezes, seu corpo apresenta partes que se assemelham à raiz, ao caule e à folha das plantas superiores e são chamadas **rizoides**, **cauloides** e **filoides** ou **lâminas**.

Figura 4.25 Exemplos de alguns gêneros de feofíceas.

Photo Researchers/Latinstock

*Sargassum*, alga encontrada no litoral brasileiro e pode ser usada como adubo (atinge vários metros de comprimento).

Blickwinkel/Alamy/Other Images

*Laminaria*, conhecida como *kombu*, alga comestível comum no litoral brasileiro e muito usada na China e no Japão (30 cm a 1,5 m de comprimento).

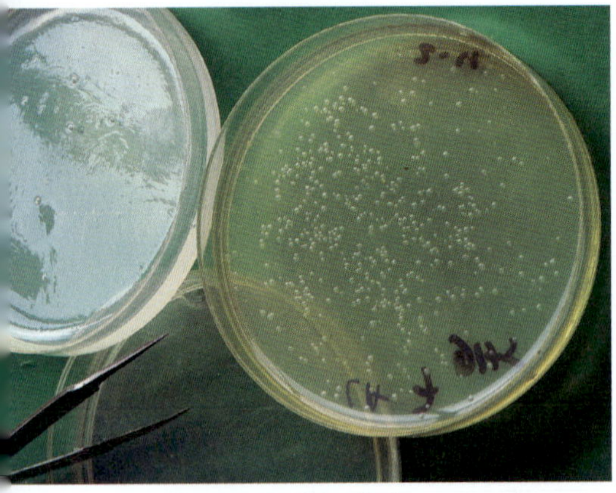

Fabio Colombini/Acervo do fotógrafo

Figura 4.26 Placa de ágar com cultura de bactérias.

## Algas vermelhas ou rodofíceas

Possuem pigmentos carotenoides, clorofila **a** e **ficoeritrina** e **ficobilina**, responsáveis por sua cor vermelha (*rhodon* = vermelho; *erythron* = vermelho). Armazenam um glicídio semelhante ao glicogênio – o amido das florídeas.

Na parede celular há celulose, **ágar** e **carragenina**, polissacarídeo utilizado como estabilizante em sorvetes. O ágar é usado para dar consistência a culturas de bactérias (figura 4.26) e de outros microrganismos e a alimentos industrializados (cremes, pudins, sorvetes, etc.), entre outras aplicações.

Quase todas as algas vermelhas são pluricelulares e marinhas. Elas variam muito de tamanho, desde formas microscópicas até formas de 3 metros de comprimento (figura 4.27).

Fabio Colombini/Acervo do fotógrafo

*Criptonemia* sp. (cerca de 20 cm de altura).

Biophoto Associates/Photo Researchers/Latinstock

*Porphyra* sp., conhecida como *nori*, é cultivada e usada como alimento (o comprimento varia de alguns milímetros a 3 m, dependendo da espécie).

Svry/Shutterstock/Glow Images

*Sushi*, rolinhos comestíveis feitos com a alga *nori* (parte escura) e recheio de arroz e, em geral, peixe (parte alaranjada).

Figura 4.27 Exemplos de rodofíceas.

## Biologia e sociedade

### Importância econômica das algas

As algas são ricas em sais minerais (potássio, iodo, cobre, ferro, zinco, cálcio) e vitaminas A, C e do complexo B, o que faz com que sejam aproveitadas como alimento, fonte de substâncias para dar consistência e textura a alimentos e cosméticos, entre inúmeros outros produtos, e como adubo.

Algas como a *Chlamydomonas* e a *Chlorella* podem ser utilizadas também para eliminar o excesso de esgoto em estações de tratamento (figura 4.28). Ao liberar oxigênio pela fotossíntese, elas promovem a decomposição aeróbia de resíduos orgânicos, o que evita a decomposição anaeróbia, que produziria gases e compostos tóxicos.

Assim, pode-se compreender por que cerca de 4 milhões de toneladas de algas são colhidas por ano em todo o mundo.

Elas podem ser cultivadas em tanques, no fundo do mar ou em cordas na superfície, em áreas protegidas de ventos fortes e correntezas. Os principais produtores são os chineses e os japoneses, mas no Brasil também já se começa a cultivá-las.

Águas de Juturnaíba/Grupo Águas do Brasil

Figura 4.28 Algas usadas em estação de tratamento de esgoto.

# Reprodução das algas verdes, pardas e vermelhas

Nas algas, a reprodução assexuada pode ocorrer por bipartição ou divisão binária (nas formas unicelulares), por **fragmentação** do talo (um pedaço do filamento da alga se desprende e origina outro filamento por mitose) e por **esporulação** (formação de células resistentes, os esporos). Veja a figura 4.29.

Nas algas, encontramos três tipos de ciclos reprodutivos: **diplonte**, **haplonte** e **haplonte-diplonte**.

No diplonte, o indivíduo adulto é diploide (possui dois cromossomos de cada tipo em suas células, ou seja, é 2n), produzindo, por meiose (divisão que produz células com metade do número de cromossomos da célula original), células haploides (células com um cromossomo de cada tipo, isto é, células n), os gametas. Por fecundação, os gametas originam uma célula-ovo ou zigoto (figura 4.31, na próxima página). A célula-ovo sofre mitoses (divisões que produzem células com o mesmo número de cromossomos da célula original) e dá origem a um indivíduo diploide (2n). Como a meiose ocorreu na formação dos gametas, ela é denominada **meiose gamética** ou **final**. Esse ciclo é encontrado em poucas algas, como as pardas do gênero *Fucus* (figura 4.30). É também o ciclo reprodutivo dos animais.

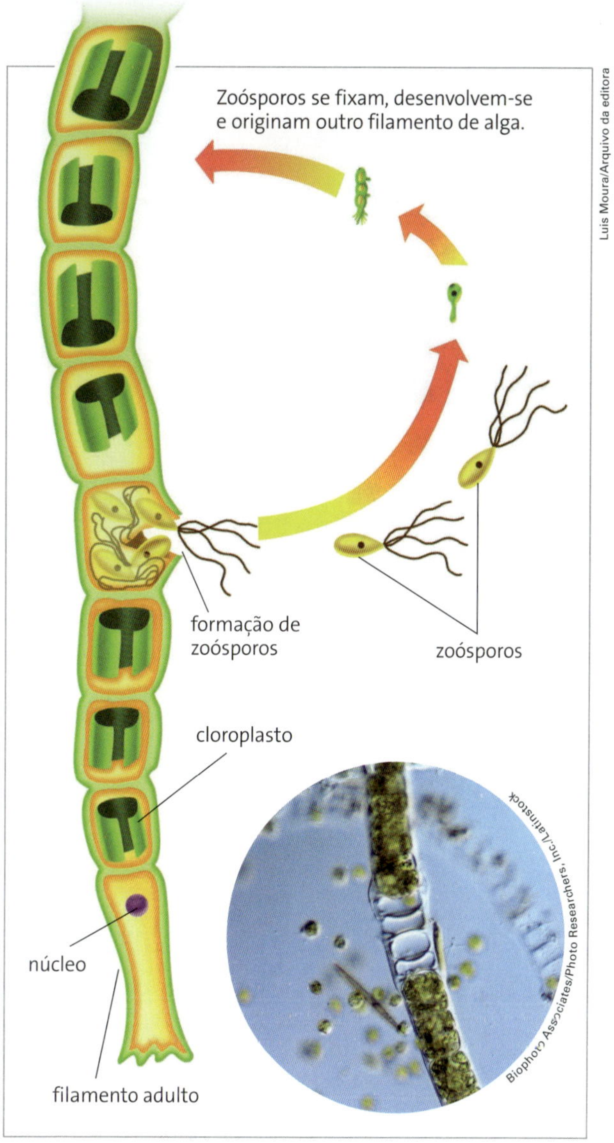


Figura 4.29 Esquema da reprodução assexuada (esporulação) da alga *Ulothrix* sp. (os elementos do esquema não estão na mesma escala; cores fantasia). Na foto, alga ao microscópio óptico (aumento de cerca de 80 vezes).

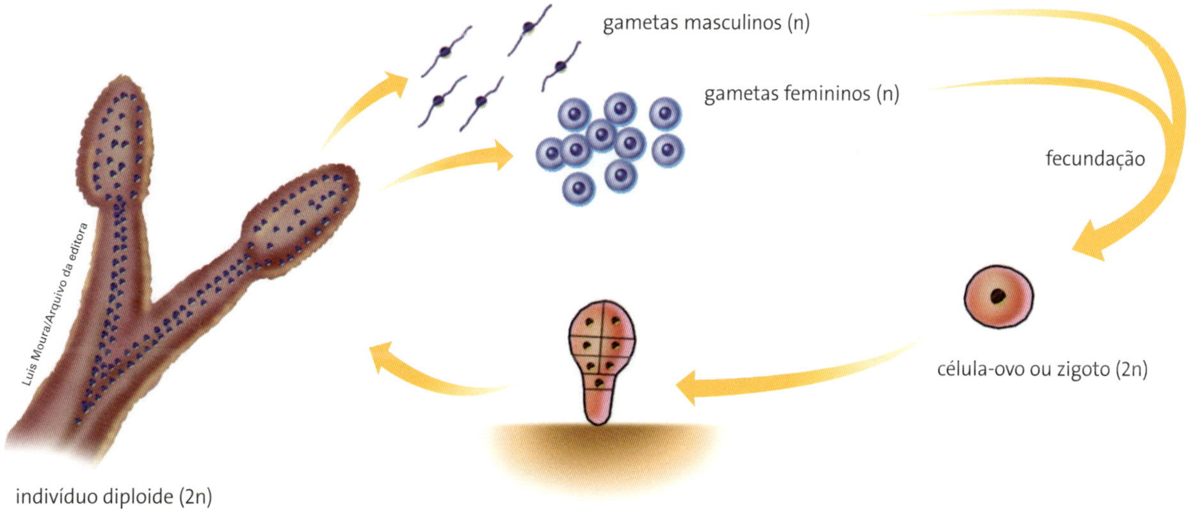


Figura 4.30 Esquema simplificado do ciclo diplonte da alga *Fucus* sp. (50 cm a 70 cm de comprimento). A meiose produz gametas que originam um zigoto. Este se divide e origina uma nova alga diploide. (Os elementos do esquema não estão na mesma escala; cores fantasia.)

Ilustrações: Ingeborg Asbach/Arquivo da editora

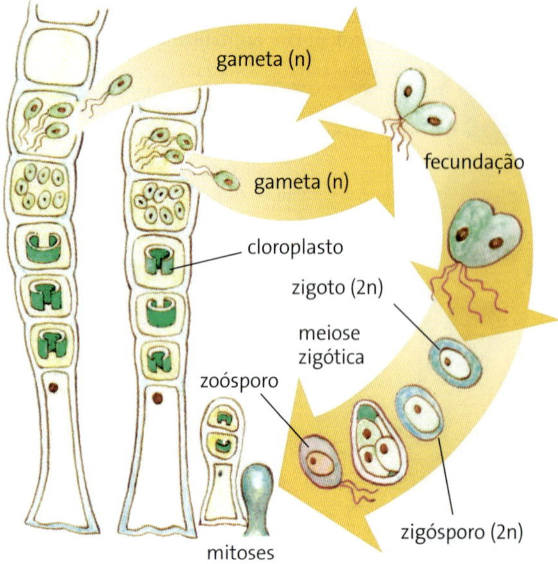


Figura 4.31 Esquema do ciclo haplonte da *Ulothrix* sp. (cerca de 70 µm de diâmetro; os elementos do esquema não estão na mesma escala; cores fantasia).

No ciclo haplonte, o indivíduo adulto é haploide (n) e forma gametas (n) por mitose. A união desses gametas por fecundação origina um zigoto diploide (2n), que entra em meiose e produz esporos (n). Esses esporos germinam e originam novos indivíduos haploides. Como a meiose ocorreu com o zigoto, ela é denominada **meiose zigótica** ou **inicial** (figura 4.32).

No ciclo haplonte-diplonte, formam-se indivíduos haploides e diploides alternadamente. Nesse ciclo ocorre ainda alternância de reprodução sexuada e assexuada (figura 4.32). O indivíduo diploide (2n) produz esporos (n) por meiose e, por isso, é chamado de esporófito. Os esporos germinam e produzem indivíduos haploides (n), capazes de formar gametas. Por isso os indivíduos haploides são chamados de gametófitos. Os gametas se unem (fecundação) e originam um zigoto diploide (2n), que produzirá um indivíduo diploide (2n). Como a meiose ocorreu na formação de esporos, ela é denominada **espórica** ou **intermediária**. Esse ciclo (que está resumido na figura 4.32) é encontrado em muitas algas e também nas plantas terrestres.

Figura 4.32 Esquema do ciclo haplonte-diplonte da *Ulva* sp., uma alga verde (comprimento da lâmina: de 10 cm a 15 cm). Observe que indivíduos diploides (esporófitos) alternam com indivíduos haploides (gametófitos). Nesse caso, os esporos são flagelados e se chamam zoósporos. O quadro ao lado resume as principais etapas do ciclo. (Os elementos do esquema não estão na mesma escala; cores fantasia.)

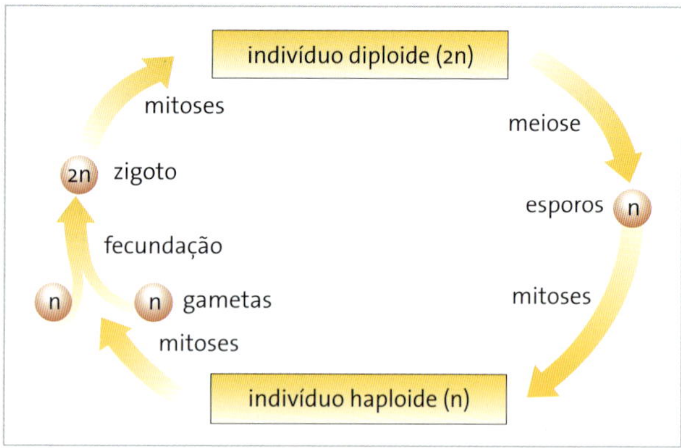


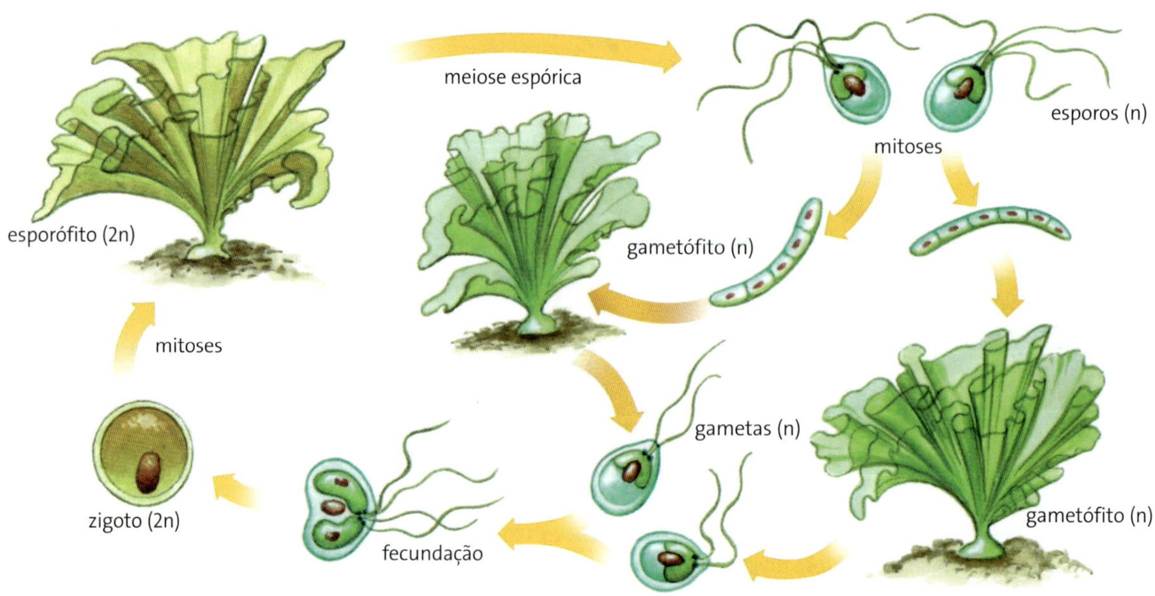

# 5 A evolução dos protistas

Os protistas devem ter evoluído de procariotas entre 2,1 bilhões e 1,6 bilhão de anos atrás. Um importante fator nessa evolução foi a endossimbiose, processo pelo qual uma célula fagocitada por outra pode ter escapado dos mecanismos de digestão e passado a viver nela, originando organelas, como mitocôndrias e cloroplastos (figura 4.33).

Acredita-se que, há cerca de 1 bilhão de anos, agregados de células formando colônias de protistas podem ter originado seres pluricelulares, como plantas, fungos e animais (figura 4.34).

Figura 4.33 A simbiose de procariontes com bactérias e cianobactérias originou eucariontes com mitocôndrias e cloroplastos.

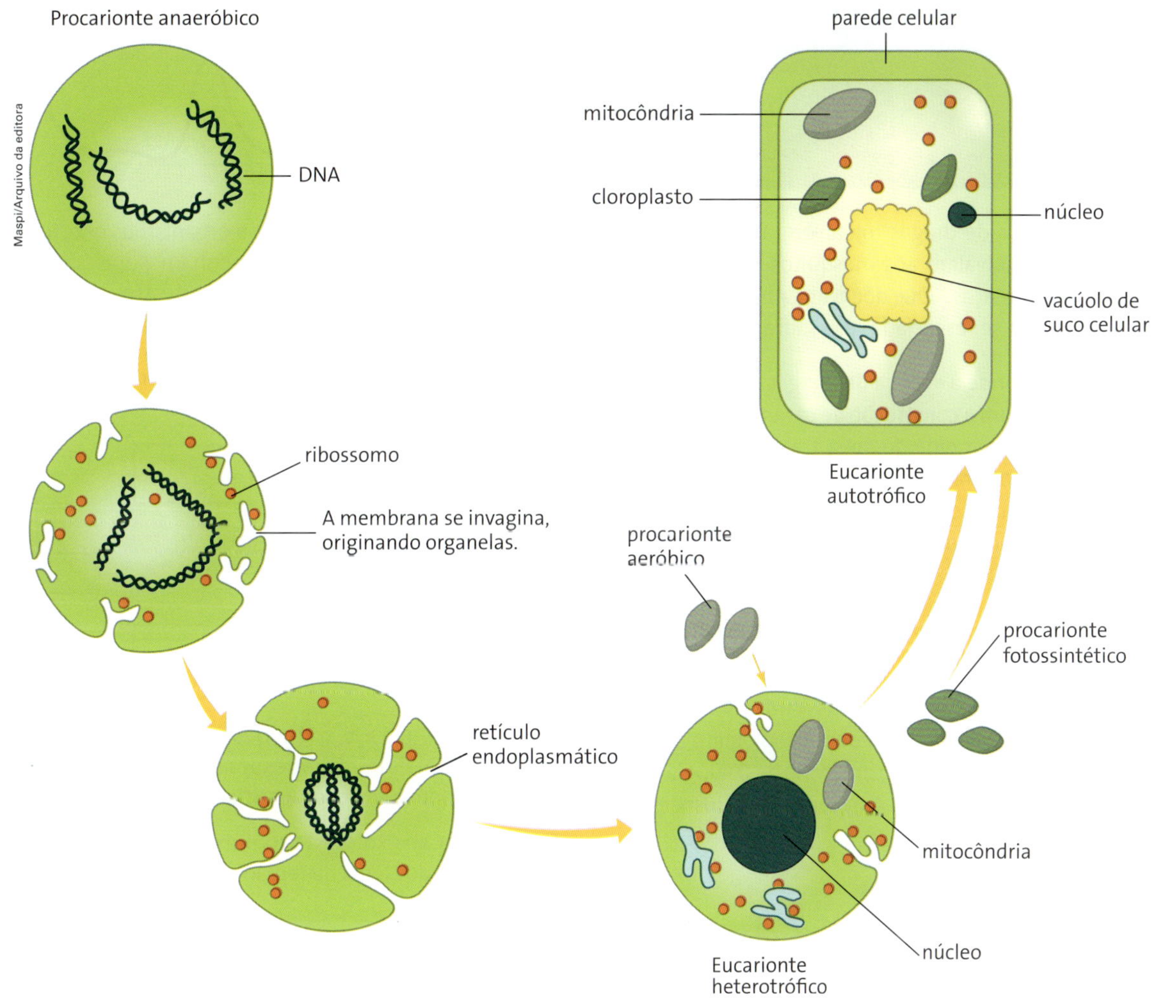


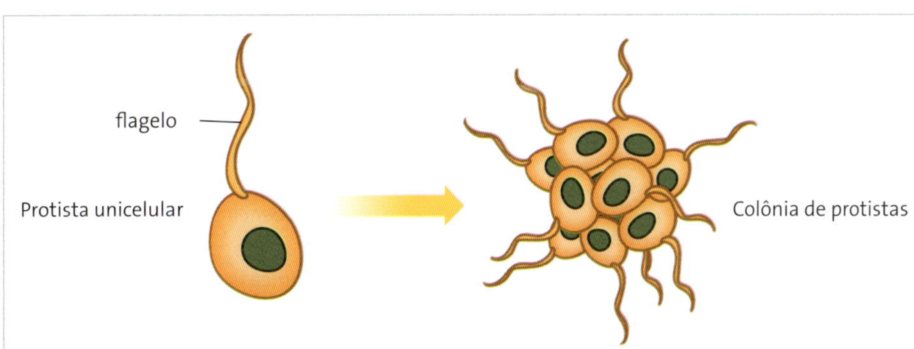


Figura 4.34 A partir de colônias de eucariontes, surgiram seres pluricelulares. (Esquema simplificado; os elementos não estão na mesma escala; as células são microscópicas; cores fantasia.)

# Atividades

1. Na imagem abaixo (ao microscópio de luz; aumento de cerca de 100 vezes), um protista heterotrófico está tentando envolver um protista autotrófico (alga verde unicelular). Explique o que está acontecendo e diga a que grupo aqui estudado pertence o protista maior.

Visuals Unlimited/Corbis/Latinstock

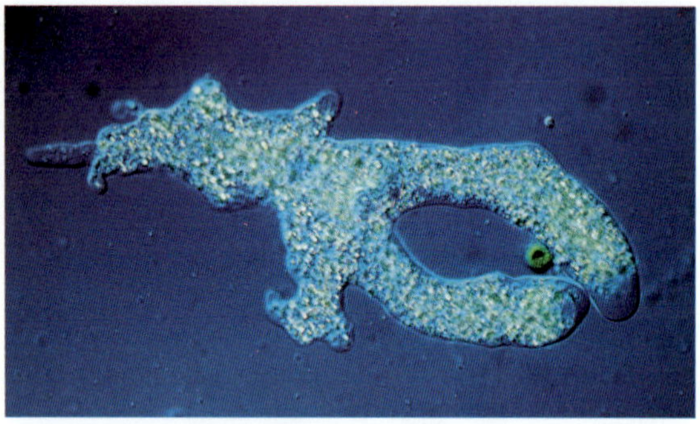

2. "Entre usuários de drogas injetáveis, as agulhas compartilhadas equivalem aos mosquitos na transmissão de algumas doenças." Que doenças causadas por protozoários podem ser associadas a essa frase? Explique.

3. Em uma área onde a doença de Chagas era endêmica, a urbanização, com a construção de casas de alvenaria e a instalação de uma rede de água tratada e de esgotos, contribuiu para erradicar a doença. Um estudante afirmou que isso aconteceu por causa da nova rede de água e de esgotos. Você acha que ele está certo? Justifique sua resposta.

4. A figura abaixo ilustra um fenômeno que eventualmente ocorre com o protista conhecido como euglena.
   a) Que fenômeno está ocorrendo? Explique.
   b) Tradicionalmente, em estudos de Biologia, a euglena tem sido abordada tanto em livros de Zoologia como em livros de Botânica. Apresente uma justificativa para esse fato.

Ingeborg Asbach/Arquivo da editora

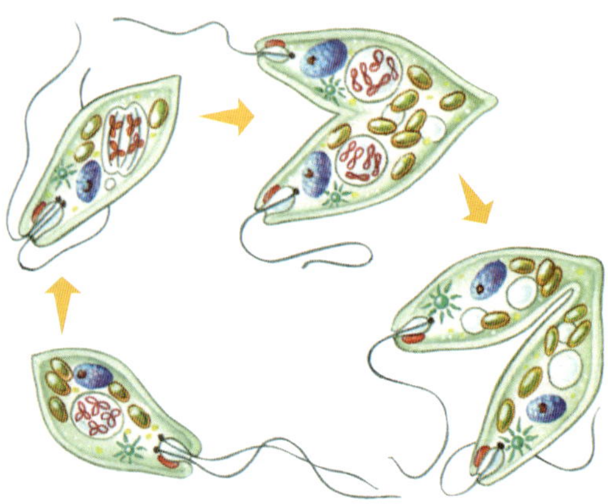

5. As pesquisas de novos medicamentos são muitas vezes financiadas por grandes laboratórios, que pretendem obter lucro com o produto. Como isso pode afetar doenças como a malária, típica de países em desenvolvimento?

6. Uma pessoa que vive na mesma casa que outra que teve malária também contraiu a doença. Ao saber disso, um vizinho comentou que foi por falta de higiene e que essa pessoa não devia ter usado os mesmos objetos (copos, pratos, etc.) que a outra, que esteve doente.
   a) Você concorda com essa opinião? Por quê?
   b) Desde os primeiros dias da doença, mediu-se a temperatura dessa pessoa e, com os valores medidos, construiu-se o gráfico a seguir. O que o gráfico indica? Explique como esse dado reforça o diagnóstico de malária.

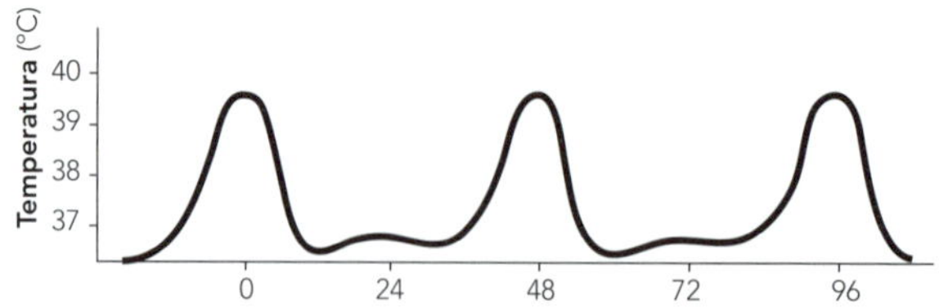


7. Neste capítulo, você estudou organismos que, nos ecossistemas aquáticos, desempenham papel semelhante ao das plantas nos ambientes terrestres. Quais são esses organismos? Justifique essa comparação.

8. O esquema a seguir representa as diferentes fases do ciclo reprodutivo de uma alga.

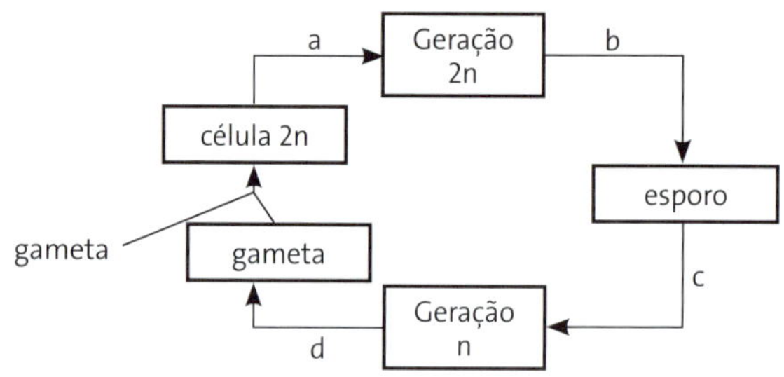


Nele, as letras **a**, **b**, **c**, **d** correspondem a tipos de divisão celular. Quais letras correspondem à mitose e quais correspondem à meiose? Justifique sua resposta.

9. A tabela abaixo mostra o número de casos de malária ao longo dos anos na região amazônica.

| Ano | Número de casos |
|---|---|
| 2005 | 606 067 |
| 2006 | 549 398 |
| 2007 | 457 434 |
| 2008 | 314 754 |
| 2009 | 306 342 |

   a) Qual é o protozoário causador da malária?
   b) Como ele penetra no organismo humano?
   c) Que consequências essa doença traz para o organismo?
   d) De acordo com a tabela acima, o número de casos de malária na região amazônica aumentou ou diminuiu?
   e) Que medidas devem ter sido usadas para combater essa doença?

10. Indique apenas as afirmativas verdadeiras.

a) Há protistas autotróficos e protistas heterotróficos.
b) As euglenas são capazes de realizar fotossíntese e também de ingerir matéria orgânica do ambiente.
c) As algas produzem alimento e oxigênio no ambiente aquático.
d) As células dos protistas não possuem núcleo.
e) A doença de Chagas é transmitida por um mosquito.
f) O tratamento dos doentes com malária ajuda a combater a transmissão da doença.
g) As algas pardas são pluricelulares.
h) Todos os protistas são eucariontes.
i) Todos os protistas são unicelulares.
j) As amebas e os paramécios locomovem-se por cílios.
k) Nos paramécios, a conjugação não aumenta a variabilidade genética.

11. Como a presença de um flagelo e de uma organela capaz de detectar luz pode facilitar a sobrevivência da euglena?

12. No litoral brasileiro, encontramos a *Laminaria brasiliensis* (forma o "mar das bananeiras" entre o Rio de Janeiro e a Bahia), várias espécies do gênero *Sargassum* no sul do país, e a alga vermelha do gênero *Gracilaria* no Nordeste. Que produtos podem ser extraídos dessas algas e qual sua utilidade?

13. O *Trypanosoma cruzi* é capaz de mudar sua forma depois de algum tempo no interior do hospedeiro. Nessa mudança, ele altera também as proteínas de sua membrana. Que vantagem isso lhe confere?

14. Em relação ao tipo de nutrição, como diferem protozoários e algas?

## Trabalho em equipe

1. Em grupo, escolham uma das doenças indicadas a seguir para pesquisar.

   a) Doença de Chagas
   b) Malária
   c) Leishmaniose tegumentar e visceral

   Procurem dados atualizados sobre essa doença no Brasil e no município em que vocês vivem. Com auxílio do professor de Matemática, construam gráficos que mostrem a evolução da doença ao longo do tempo e, com a ajuda dos professores de Geografia e História, confeccionem mapas do Brasil e do mundo com as áreas de maior incidência dessas doenças. Elaborem uma campanha de combate a ela. A campanha deve incluir pequenos textos, escritos em linguagem acessível a leigos, sobre as formas de transmissão, os cuidados para a prevenção, etc. Podem ser criados cartazes, frases de alerta (*slogans*), figuras, letras de música, etc. Não se esqueçam de avisar que o diagnóstico e o tratamento de uma doença devem ser orientados por médicos. Se possível, convidem um médico para uma palestra sobre a doença. Depois, apresentem o trabalho para a classe e a comunidade escolar (alunos, professores e funcionários da escola e pais ou responsáveis).

2. Pesquisem os cientistas brasileiros Carlos Chagas e Oswaldo Cruz, com ênfase nos trabalhos realizados por eles. Depois, apresentem o trabalho para a classe e a comunidade escolar (alunos, professores e funcionários da escola e pais ou responsáveis).

## Atividade prática

Antes de dar início a esta atividade, com a orientação de seu professor, certifique-se de que você conhece os cuidados e procedimentos necessários para o uso correto do microscópio e a observação de microrganismos com o aparelho.

Você vai precisar de:

- um microscópio;
- lâminas e lamínulas;
- um conta-gotas;
- um pequeno chumaço de algodão;
- papel absorvente;
- folhas de alface sem lavar e água filtrada em filtro de carvão ativado, que remove o cloro;
- vidro de conservas vazio e limpo, com tampa.

Coloque a água filtrada no vidro de conservas e mergulhe nela as folhas de alface (sem lavar as folhas). Tampe o vidro e deixe-o em um local iluminado por uns três dias.

Decorrido esse tempo, prepare a observação da seguinte forma: com o conta-gotas, retire um pouco da água do vidro e pingue uma gota dessa água sobre uma lâmina de microscópio; sobre a gota de água, coloque alguns (poucos) fiapos de algodão e cubra tudo com uma lamínula; com o papel absorvente, retire o excesso de água ao redor da lamínula.

Observe ao microscópio o material preparado, usando primeiramente as objetivas de menor aumento. Depois, passe para as de maior aumento e tente identificar alguns seres vivos que se encontram na cultura.

Faça um desenho dos organismos que você visualizou e tente identificá-los usando como referência livros de Biologia ou outras fontes de consulta (na internet, em um *site* de busca – ou em alguns dos *sites* indicados no final deste volume –, digite "protistas" ou "protozoários").

# Pensando no Enem

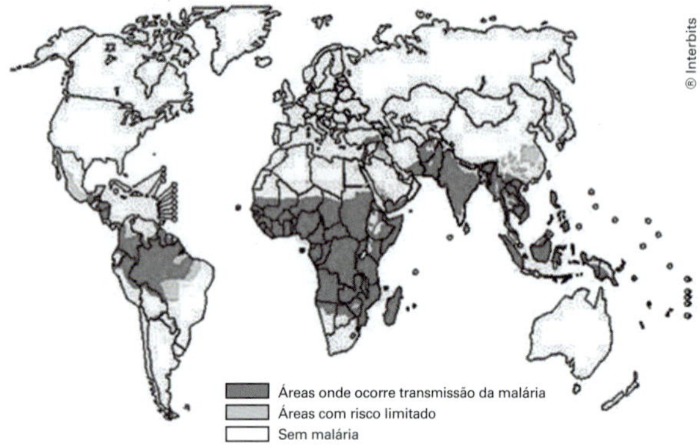


Fonte: OMS, 2004. Disponível em: <www.anvisa.gov.br>.

O mapa mostra a área de ocorrência da malária no mundo. Considerando-se sua distribuição na América do Sul, a malária pode ser classificada como:

a) endemia, pois se concentra em uma área geográfica restrita desse continente.
b) peste, já que ocorre nas regiões mais quentes do continente.
c) epidemia, já que ocorre na maior parte do continente.
d) surto, pois apresenta ocorrência em áreas pequenas.
e) pandemia, pois ocorre em todo o continente.

## Resolução

Para responder a esta questão, é preciso ter habilidade para compreensão de projeções cartográficas e para interpretar os dados do mapa de acordo com o conhecimento biológico da forma de transmissão de uma doença, no caso a malária. Deve-se ainda relacionar fatores do ambiente e o ser humano.

É importante também reconhecer o que é a malária e a sua forma de transmissão. A malária é um grave problema de saúde pública mundial. É causada por protozoários de quatro espécies do gênero *Plasmodium*: *P. falciparum*, *P. vivax*, *P. malariae* e *P. ovale*. Essa doença é transmitida ao ser humano por meio de picadas de fêmeas de mosquitos do gênero *Anopheles*, que é vetor da doença. É no sistema digestório desses mosquitos que a parte sexuada do ciclo de vida desses protozoários ocorre.

Os mosquitos anofelinos desenvolvem-se em águas limpas e sombreadas. Apenas uma espécie desenvolve-se em águas acumuladas em bromélias, também conhecidas como gravatás.

Esta questão apresenta pouco texto em seu enunciado. As informações estão contidas principalmente no mapa, mostrando as áreas de ocorrência de malária no mundo. Fique atento ao fato de o enunciado restringir a pergunta apenas à região da América do Sul.

Além disso, a questão apresenta termos para a classificação das doenças relacionados à distribuição e quantidade de casos.

### Interpretação do mapa

Fique atento às legendas:

- Áreas em branco: sem malária.
- Áreas cinza-claro: com risco limitado.
- Áreas cinza-escuro: com transmissão de malária.

Analisando o mapa, é importante ressaltar que as áreas de ocorrência de malária estão todas concentradas principalmente nas regiões tropicais dos continentes e também em algumas regiões subtropicais. Isso também vale para a América do Sul, área enfocada na questão.

A transmissão da malária em áreas tropicais e subtropicais ocorre porque:

- Os mosquitos anofelinos (*Anopheles* sp.) podem sobreviver e se multiplicar nessas regiões.
- Os parasitas da malária (*Plasmodium* sp.) podem completar o seu ciclo de vida dentro do animal vetor (mosquito anofelino).
- A temperatura é determinante: em temperaturas elevadas, o ciclo de vida é acelerado, facilitando a multiplicação dos plasmódios.

### O problema

A questão restringe a análise apenas à América do Sul, questionando a classificação da doença na região. Portanto, é necessário que o aluno saiba as definições dos termos como endemia, epidemia, pandemia, surto e peste.

- **endemia** é uma doença que se manifesta apenas em uma determinada região, de causa local.
- **epidemia** é uma doença infecciosa e transmissível que ocorre em uma comunidade ou região e pode se espalhar rapidamente entre as pessoas de outras regiões, originando um surto epidêmico.
- **pandemia** é uma epidemia que atinge grandes proporções, podendo se espalhar por um ou mais continentes ou por todo o mundo.
- **surto** e **peste** são termos relacionados a doenças epidêmicas.

Logo, ao analisar apenas a América do Sul, a malária não é uma epidemia ou pandemia, pois ela está restrita a uma região e não se espalha pelo continente.

A malária se restringe à área tropical do continente, sendo considerada uma endemia.

Resposta: **A**.

# Vestibulares de Norte a Sul

1. **NE** (UFPE) Com relação às doenças causadas no homem por protozoários, é verdadeiro afirmar que:

01. a tricomoníase é causada por um protozoário flagelado que pode ser transmitido através do contato sexual com portadores desse flagelado.
02. a leishmaniose cutânea ou úlcera de Bauru é causada por um protozoário esporozoário e é transmitida através da picada do mosquito-prego do gênero *Anopheles*.
04. a giardíase é causada por um protozoário flagelado e é transmitida através da ingestão de alimentos ou de água contaminados com cistos do protozoário.
08. a malária é causada por um protozoário flagelado e é transmitida através da picada do mosquito-palha ou birigui (flebótomo).
16. a toxoplasmose é causada por um protozoário esporozoário e pode ser transmitida através da ingestão de cistos do parasita, eliminados com as fezes do gato.

Dê como resposta a soma dos números associados às afirmativas corretas.

2. **CO** (UFMT) A doença de Chagas, transmitida pelo barbeiro, é causada pelo protozoário *Trypanosoma cruzi*. Sobre esse protozoário, analise as características a seguir.

I. Eucarionte dotado de flagelo.
II. Eucarionte dotado de cílios.
III. Eucarionte unicelular heterótrofo.
IV. Eucarionte pluricelular autótrofo.

São características do *Trypanosoma cruzi*:

a) II e IV, apenas.
b) II, III e IV, apenas.
c) I e III, apenas.
d) I, II e IV, apenas.
e) I, II, III e IV.

3. **SE** (UFJF-MG) A leishmaniose é uma parasitose que se tem alastrado nos últimos anos em alguns estados brasileiros. Analise as seguintes afirmativas referentes à doença:

I. O agente etiológico, o protozoário *Plasmodium*, multiplica-se nas células vermelhas do sangue do animal doente.
II. Seu vetor é o macho de mosquitos do gênero *Anopheles*.
III. Essa parasitose é transmitida pelas fêmeas de mosquitos flebotomíneos.
IV. Para o combate dessa parasitose, uma das eficientes medidas profiláticas é a eliminação dos depósitos de águas paradas nas áreas próximas das moradias humanas.

Podemos afirmar que:

a) II e III são corretas.
b) II e IV são corretas.
c) I e IV são corretas.
d) III e IV são corretas.

4. **SE** (UFF-RJ) Hoje em dia, a África é quase toda atingida pela malária, com exceção apenas da África do Sul, onde aconteceu a Copa Mundial de Futebol, e dos países localizados no norte do continente africano junto ao Mediterrâneo. No Brasil, além dos casos de malária notificados anualmente na Amazônia, doenças sazonais como a dengue ainda afetam grande parte da população.

Quanto aos agentes transmissores e aos agentes etiológicos da malária e da dengue, pode-se afirmar que:

a) essas doenças são transmitidas pelos mosquitos *Anopheles* e *Aedes*, respectivamente; mas os causadores são de origens diferentes. Enquanto a malária é causada pelo protozoário do gênero *Leishmania*, a dengue tem o parasita do gênero *Plasmodium* como agente causador.
b) essas doenças são transmitidas pelos mosquitos *Aedes* e *Anopheles*, respectivamente; mas os causadores são de origens diferentes. Enquanto a malária é causada por protozoários do gênero *Plasmodium*, a dengue tem o vírus do gênero *Flavivirus* como agente causador.
c) essas doenças são transmitidas pelos mosquitos *Anopheles* e *Aedes*, respectivamente; mas os causadores são de origens diferentes. Enquanto a malária é causada por protozoários do gênero *Plasmodium*, a dengue tem o vírus do gênero *Flavivirus* como agente causador.
d) essas doenças são transmitidas pelos mosquitos *Aedes* e *Anopheles*, respectivamente; mas os causadores são de origens diferentes. Enquanto a malária é causada pelo vírus do gênero *Flavivirus*, a dengue tem o parasita do gênero *Plasmodium* como agente causador.
e) essas doenças são transmitidas pelos mosquitos *Aedes* e *Anopheles*, mas os causadores são de origens diferentes. Enquanto a malária é causada pelo protozoário do gênero *Leishmania*, a dengue tem o vírus da família *Flavivirus* como agente causador.

5. **SE** (Fuvest-SP) Uma pessoa pretende processar um hospital com o argumento de que a doença de Chagas, da qual é portadora, foi ali adquirida em uma transfusão de sangue. A acusação:

a) não procede, pois a doença de Chagas é causada por um verme platelminto que se adquire em lagoas.
b) não procede, pois a doença de Chagas é causada por um protozoário transmitido pela picada de mosquitos.
c) não procede, pois a doença de Chagas resulta de uma malformação cardíaca congênita.
d) procede, pois a doença de Chagas é causada por um protozoário que vive no sangue.
e) procede, pois a doença de Chagas é causada por um vírus transmitido por contato sexual ou por transfusão sanguínea.

6. **SE** (Vunesp-SP) "Maré vermelha deixa litoral em alerta. Uma mancha escura formada por um fenômeno conhecido como 'maré vermelha' cobriu ontem uma parte do canal de São Sebastião (...) e pode provocar a morte em massa de peixes. A Secretaria do Meio Ambiente de São Sebastião entrou em estado de alerta. O risco para o homem está no consumo de ostras e moluscos contaminados." (Jornal *Valeparaibano*, 1º/2/2003)

A maré vermelha é causada por:

a) proliferação de algas macroscópicas do grupo das rodófitas, tóxicas para consumo pelo homem ou pela fauna marinha.

b) proliferação de bactérias que apresentam em seu hialoplasma o pigmento vermelho ficoeritrina. As toxinas produzidas por essas bactérias afetam a fauna circunvizinha.

c) crescimento de fungos sobre material orgânico em suspensão, material este proveniente de esgotos lançados ao mar nas regiões das grandes cidades litorâneas.

d) proliferação de liquens, que são associações entre algas unicelulares componentes do fitoplâncton e fungos. O termo maré vermelha decorre da produção de pigmentos pelas algas marinhas associadas ao fungo.

e) explosão populacional de algas unicelulares do grupo das pirrófitas, componentes do fitoplâncton. A liberação de toxinas afeta a fauna circunvizinha.

7. **NE** (UFCG-PB) A doença de Chagas é uma parasitose que mata cerca de 30 mil brasileiros por ano, causando prejuízos de aproximadamente 2 bilhões de dólares anuais ao país.

Sobre essa doença é incorreto afirmar que:

a) é causada por protozoário, assim como leishmaniose, giardíase, malária e toxoplasmose.

b) existem várias espécies de triatomídeos que podem transmitir o *Trypanosoma cruzi*, sendo a principal espécie o *Triatoma infestans*.

c) o principal órgão parasitado pelo *Trypanosoma cruzi* é o coração.

d) a principal forma de prevenção da doença é a vacinação.

e) a melhoria das habitações constitui uma medida profilática.

8. **N** (UFPA) Problemas ambientais como desmatamento e mudanças climáticas (com longos períodos de seca e enchentes) podem levar à redistribuição de doenças endêmicas. Os fatores mencionados relacionam-se, respectivamente, às seguintes doenças:

a) dengue e raiva.

b) cólera e hepatite C.

c) febre amarela e doença de Chagas.

d) leishmaniose e febre amarela.

e) malária e leptospirose.

9. **CO** (UFG-GO) Um pequeno município teve sua população aumentada em cinco anos por causa da implantação de um grande empreendimento industrial. A secretaria de saúde desse município observou que, nesse período, ocorreu um aumento da incidência de amebíase, oxiuríase e leptospirose, superior à incidência máxima esperada para essa população. Dentre essas doenças, a amebíase destacou-se devido ao significativo número de indivíduos acometidos.

Com relação a essa doença,

a) explique uma medida profilática que atenderia de modo eficiente toda a população do município;

b) descreva o ciclo biológico do agente etiológico.

10. **CO** (UEG-GO) No Brasil, são registradas diferentes espécies de *Leishmania*, parasitas de humanos e animais, que causam doenças conhecidas como leishmanioses. Acerca das leishmanioses, são apresentadas duas situações para análise.

**Situação 1**

"Leishmaniose deixa Goiânia em alerta. Em menos de um mês 13 cães foram contaminados na capital. Secretaria Municipal de Saúde investiga o avanço da doença."

Disponível em: <http://g1.globo.com/brasil/notícia/2011/07/leishmaniose-deixa-goiania-em-alerta.html>. Acesso em: 30 set. 2011.

**Situação 2**

Representação gráfica do efeito das medidas profiláticas no controle das leishmanioses humana e canina no Vale do Rio Doce, MG, Brasil, no período de 1965 a 1978.

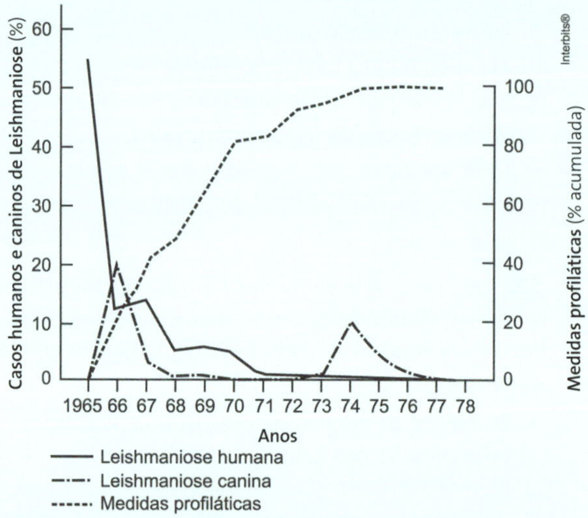


MAGALHÃES et al. *Rev. Bras. de Med. Trop.* São Paulo, 22: 197-202, 1980 apud, NEVES, D. P. Parasitologia humana. 11. ed. São Paulo: Editora Atheneu, 2010.

Após a leitura e a análise das situações apresentadas, responda ao que se pede.

a) Em relação à situação 1, qual o papel do cão no ciclo da leishmaniose?

b) O efeito das medidas profiláticas foi satisfatório no controle dos casos de leishmaniose, segundo a situação 2? Justifique.

c) Quais as medidas profiláticas poderiam ter sido adotadas no controle da leishmaniose, conforme a situação 2?

CAPÍTULO

# 5 Fungos

Cogumelos sobre tronco na mata Atlântica.

> ↘ *Como é a estrutura e o modo de vida de um fungo?*
>
> ↘ *Que benefícios e prejuízos os fungos podem trazer ao ser humano?*

# 1 Características gerais

O ramo da Biologia que estuda os fungos é a **Micologia** (*mykes* = cogumelo; *logos* = estudo). Assim como as bactérias, os fungos são importantes decompositores, pois se alimentam de substâncias orgânicas provenientes de folhas mortas, de cadáveres e de resíduos, contribuindo assim para a reciclagem da matéria.

Essa capacidade de decompor matéria orgânica pode também causar problemas, uma vez que os fungos destroem alimentos, roupas, papéis, couro e muitos outros produtos. Apesar disso, o ser humano descobriu aplicações práticas para eles: alguns são comestíveis e outros são utilizados na fabricação de álcool, bebidas alcoólicas, pães, queijos e antibióticos.

Como as bactérias, os fungos também podem ser usados na **biorremediação**, por exemplo, no caso de acidentes com derramamento de petróleo no mar, e como bioinseticidas, no combate a pragas da agricultura. Para combater as cigarrinhas, que atacam as folhas da cana-de-açúcar ou as pastagens, podem ser usados fungos como o *Metarhizium anisopliae*.

Existem muitos fungos parasitas de plantas que podem destruir plantações inteiras. E há também fungos parasitas de animais, como aqueles que se instalam no corpo humano e causam frieira, micoses, candidíase oral (o popular "sapinho") e outras doenças que estudaremos adiante. Há também espécies que mantêm relações ecológicas do tipo mutualismo, isto é, relações em que há uma troca de benefícios entre espécies diferentes. Por exemplo, a associação de fungos com algas (ou com cianobactérias), formando os **liquens**, e a associação de fungos com plantas, formando **micorrizas**, que estudaremos mais adiante.

Os fungos são eucariontes e, embora existam formas unicelulares, como o levedo, a maioria é formada por um emaranhado de filamentos de células, as **hifas** (*hyphé* = teia, trama), cujo conjunto se chama **micélio** (*mykes* = cogumelo; *élio* sugere 'tecido', como em 'epitélio') (figura 5.1).

A parede de suas células é formada por **quitina**, polissacarídeo nitrogenado que aparece também no esqueleto dos artrópodes (insetos, crustáceos e outros); em alguns casos, há também celulose.

Alguns fungos possuem estruturas reprodutoras, os **corpos frutíferos** ou **de frutificação**, que correspondem à parte visível acima do solo, chamada **cogumelo** (figura 5.1).

Figura 5.1 Foto de *Amanita muscaria*, um cogumelo venenoso (7 cm a 15 cm de diâmetro), e esquema com cogumelo em corte e ampliado. (Os elementos da ilustração não estão na mesma escala; cores fantasia.)

Fabio Colombini/Acervo do fotógrafo

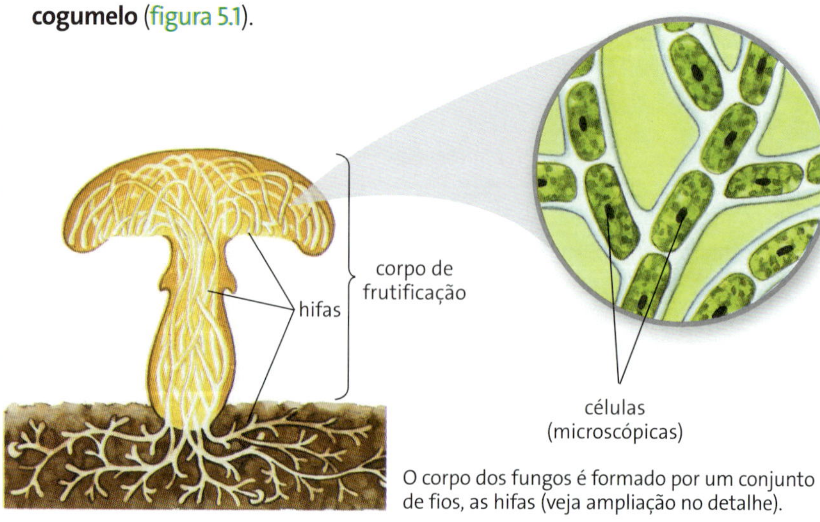


Ingeborg Asbach/Arquivo da editora

O corpo dos fungos é formado por um conjunto de fios, as hifas (veja ampliação no detalhe).

## Nutrição e respiração

A nutrição é heterotrófica por absorção de moléculas orgânicas simples. Essas moléculas vêm da digestão extracorpórea realizada pelo próprio fungo: ele lança no ambiente enzimas digestivas que desdobram moléculas orgânicas complexas e absorve as moléculas menores. Nesse processo, muitos fungos são decompositores, atuando como **sapróbios** ou **saprófagos** (*saprós* = podre; *phagein* = comer). Outros são parasitas, instalando-se no corpo de outros seres vivos e deles retirando seu alimento.

Há ainda, como veremos adiante, fungos que obtêm alimento por meio de uma relação mutualística (liquens e micorrizas), e aqueles que são predadores e capturam pequenos seres vivos dos quais se alimentam.

Nos fungos, assim como nos animais, o glicídio usado como reserva de energia é o glicogênio.

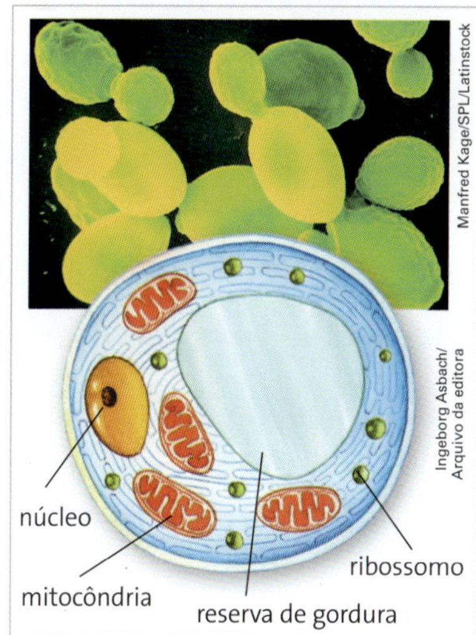


Figura 5.2 Na foto, brotamento em *Saccharomyces cerevisiae*, fungo unicelular (levedo) usado na produção de bebidas alcoólicas (microscópio eletrônico; aumento de cerca de 1000 vezes; imagem colorizada por computador). Na ilustração, uma célula do levedo (os elementos não estão na mesma escala; cores fantasia).

## Reprodução e dispersão

A reprodução assexuada pode ocorrer por brotamento, nas formas unicelulares (figura 5.2), por fragmentação ou pela produção de esporos.

Os esporos são células em geral imóveis, resistentes a ambientes desfavoráveis, que, por mitose, originam novos indivíduos. São produzidos pelos **esporângios** (*sporo* = semente; *aggeîon* = vaso) (figura 5.3), estruturas que se elevam acima do micélio, facilitando sua dispersão pelo vento. A grande capacidade de dispersão, aliada à velocidade de multiplicação do esporo e ao rápido crescimento do fungo, compensa sua imobilidade.

A reprodução sexuada resulta, frequentemente, da fusão de duas hifas haploides (n). O citoplasma e os núcleos se fundem e originam hifas diploides (2n), que se dividem por meiose e formam esporos. Veja a figura 5.3.

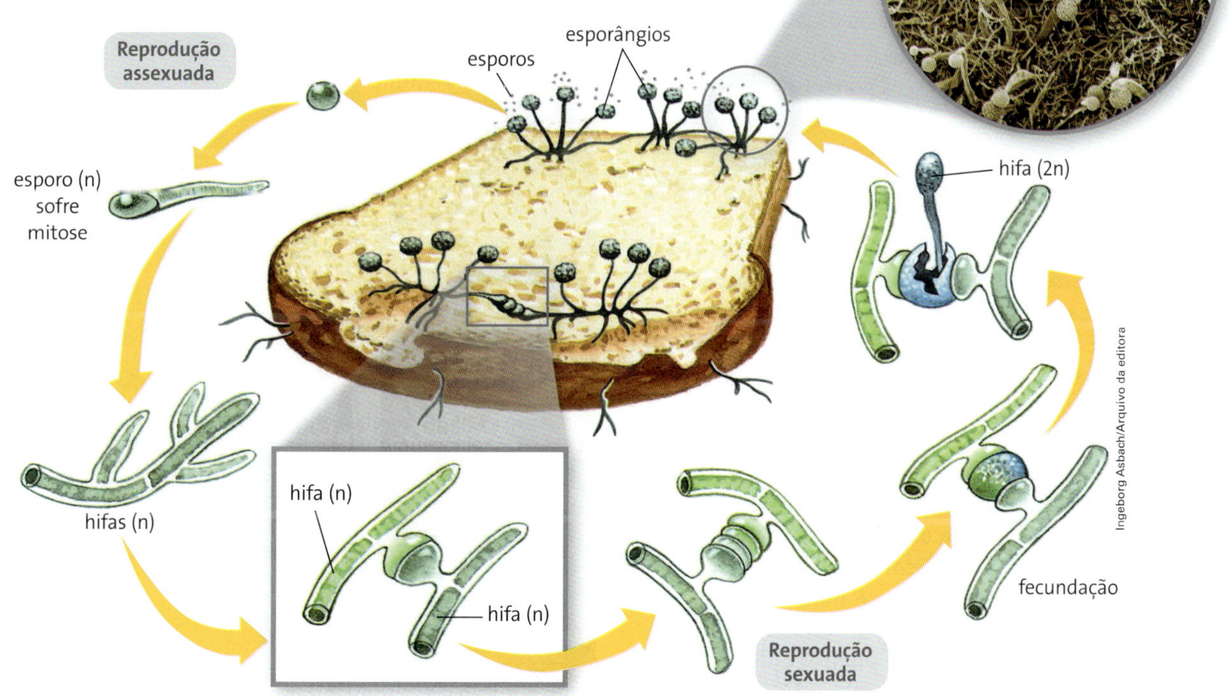


Figura 5.3 Representação gráfica da reprodução do mofo preto do pão. Na foto (detalhe), esporângios e hifas do fungo (microscópio eletrônico; aumento de cerca de 150 vezes).

# 2 Classificação

A classificação dos fungos vem passando por mudanças. Vamos utilizar quatro grupos considerados filos por vários autores: **Zygomycota** (**zigomicetos**), **Ascomycota** (**ascomicetos**), **Basidiomycota** (**basidiomicetos**) e **Chythridiomycota** (**quitridiomicetos**).

Estudaremos ainda um grupo de fungos que não tem valor taxonômico, chamado **deuteromicetos**. Podemos chamar um grupo de organismos sem valor taxonômico de "artificial". Um grupo artificial não reúne apenas organismos com um ancestral comum exclusivo.

## Zigomicetos

Os zigomicetos (*zygos* = par, união) vivem, em geral, no solo. Alguns dos fungos desse grupo são usados comercialmente para a produção de molho de soja (o *shoyu*, da cozinha japonesa), de hormônios anticoncepcionais e de medicamentos anti-inflamatórios.

O bolor preto do pão (*Rhizopus stolonifer*) é um exemplo de zigomiceto que se desenvolve a partir de esporos (produzidos nos esporângios), principal forma de reprodução desses fungos. A reprodução sexuada é menos frequente (reveja a figura 5.3).

## Biologia e tecnologia

### Fungos, álcool, pão e controle biológico

Os fungos são utilizados na produção de álcool, de pão e de bebidas alcoólicas.

O fungo conhecido como levedo de cerveja (*Saccharomyces cerevisiae*) realiza fermentação alcoólica e libera, além do álcool, gás carbônico (esse gás pode ser mantido na bebida, como nos espumantes e na cerveja).

O vinho é produzido da fermentação do açúcar da uva (figura 5.4); a cerveja resulta da fermentação da cevada; a cachaça tem origem na fermentação da cana-de-açúcar.

O fungo morre quando o nível de álcool chega a cerca de 12%. Por isso, no caso de bebidas de alto teor alcoólico, esse nível é aumentado por meio da destilação.

O levedo é encontrado também no fermento de padaria e faz crescer a massa do pão pela produção de gás carbônico. As bolhas desse gás fazem a massa ficar fofa. Tanto o álcool como o gás carbônico são eliminados da massa pelo calor do forno.

Os fungos podem ser usados no controle ou combate biológico, uma técnica de combate a pragas. Alguns ascomicetos, como o *Metarhizium anisopliae* e o *Beauveria bassiana*, parasitam e matam insetos que atacam as plantações. A vantagem do combate biológico é a de ele ser mais específico que os agrotóxicos: os insetos polinizadores e os predadores das pragas, além de outros animais, não são afetados por essa técnica.

A.B.G./Shutterstock/Glow Images

Figura 5.4 Barris de carvalho são usados para guardar o vinho até que ele se torne ideal para o consumo.

# Ascomicetos

A maioria desses fungos é caracterizada pela presença do **asco** (*askon* = saco), estrutura produtora de esporos. Em alguns casos, os ascos ocorrem em hifas isoladas, mas, na maioria, estão agrupados em corpos de frutificação chamados **ascocarpos** (*karpós* = fruto; figura 5.5).

Como exemplos de ascomicetos, temos: o levedo, cuja principal espécie é a *Saccharomyces cerevisiae*, usada na fabricação de bebidas alcoólicas, álcool e pão; a trufa (gênero *Tuber*), muito apreciada na culinária; a *Neurospora*, bolor do pão usado em pesquisas genéticas; algumas espécies de *Penicillium* (figura 5.5), gênero produtor da penicilina e de certos queijos (*roquefort* e *camembert*); diversos parasitas de plantas, como *Aspergillus flavus* e *Claviceps purpurea*, que atacam cereais.

O *Claviceps purpurea* é um fungo perigoso. A ingestão de uma pequena porção pelo ser humano ou por animais é suficiente para causar ergotismo, uma forma de envenenamento que provoca alucinações, espasmos nervosos, convulsões, gangrena e morte. A substância responsável por esse quadro é a ergotina, cujos derivados, em baixa concentração, são usados na Medicina por causa de sua capacidade de vasoconstrição e de contração muscular. É também a matéria-prima para a produção de uma droga alucinógena perigosa e ilegal, a dietilamida do ácido lisérgico (LSD).

O principal modo de reprodução dos ascomicetos é o assexuado, que também serve para a dispersão dos fungos. Nas formas unicelulares, como o levedo, a reprodução assexuada ocorre por brotamento e, nas pluricelulares, por esporos.

A reprodução sexuada ocorre pela fusão de hifas (ou células, no caso do levedo), originando células que produzem esporos, os ascósporos. Estes se espalham e, em substrato adequado, germinam e formam um novo micélio.

Ascocarpo do fungo *Sarcoscypha coccinea* (2 cm a 5 cm de diâmetro).

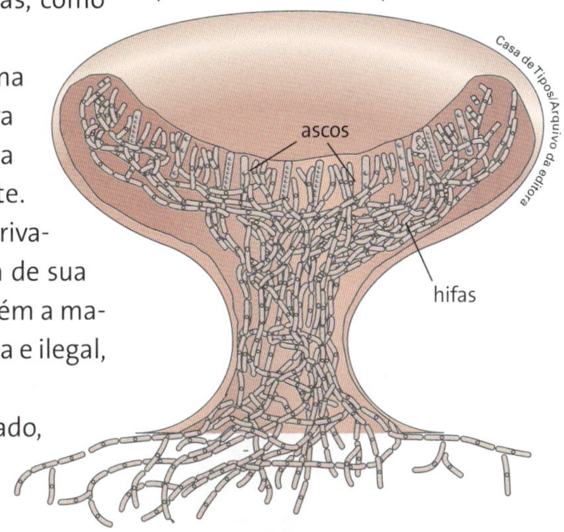

Unverdorben Jr./Shutterstock/Glow Images

*Morchella esculenta*, um ascomiceto comestível (cerca de 5 cm de altura). O gênero possui também espécies tóxicas, que não devem ser ingeridas.

*Sarcoscypha coccinea*, conhecido como taça-escarlate (entre 2 cm e 5 cm de diâmetro).

John Wright/SPL/Latinstock

Dr. Jeremy Burgess/SPL/Latinstock

*Penicillium* (imagem ao microscópio eletrônico; aumento de cerca de 400 vezes; colorizada por computador).

Biophoto Associates/Photoresearchers/Latinstock

Laranja coberta por mofo do gênero *Penicillium*.

Figura 5.5 Exemplos de ascomicetos e detalhe de um ascocarpo (cores fantasia).

## Basidiomicetos

Nessa divisão estão os fungos mais conhecidos popularmente, chamados cogumelos e orelhas-de-pau (figura 5.6). Alguns, como o *Agaricus campestri* (conhecido pelo nome francês de *champignon*), são comestíveis; outros, como o *Amanita muscaria*, são tão venenosos que a ingestão de um pequeno pedaço pode causar a morte. Por isso não se deve colher cogumelos para comer. Antes é preciso saber quais são venenosos e quais não são. Só uma pessoa que os conhece bem consegue diferenciar uns dos outros. Espécies como o *Psilocybe mexicana* são tóxicas e contêm substâncias alucinógenas. Algumas espécies atacam vegetais, como cereais e café, causando as **ferrugens**, doenças que provocam grandes prejuízos à agricultura.

Embora possam se reproduzir assexuadamente (pela formação de conídios), a reprodução sexuada é mais frequente e ocorre pela fusão de hifas, que crescem e dão origem ao **basidiocarpo** (*basis* = base), corpo frutífero que, em algumas espécies, tem a forma de chapéu (cogumelo).

No basidiocarpo, por meiose, são produzidos esporos (basidiósporos), que, liberados, espalham-se no ambiente. Encontrando o substrato adequado, os esporos germinam; e o ciclo se reinicia (figura 5.7).

*Amanita muscaria* (5 cm a 20 cm de altura e basidiocarpo com 5 cm a 30 cm de diâmetro).

Orelha-de-pau (gênero *Polyporus*; 20 mm a 75 mm de diâmetro).

Folha de café atacada pelo fungo causador da ferrugem do cafeeiro (*Hemileia vastatrix*; comprimento da folha em torno de 30 cm a 90 cm).

Fotos: Fabio Colombini/Acervo do fotógrafo

Figura 5.6 Exemplos de basidiomicetos.

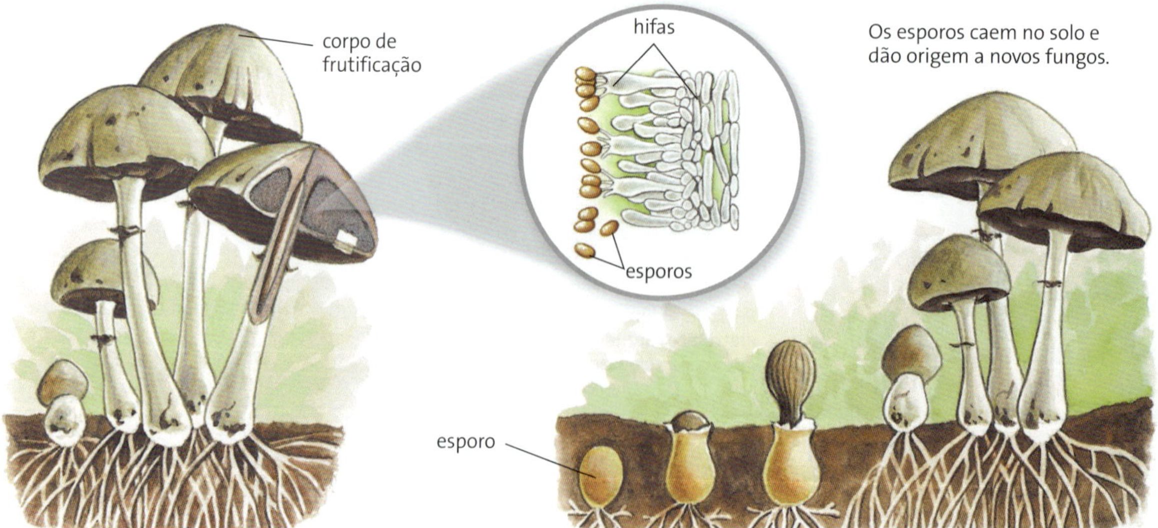


Ingeborg Asbach/Arquivo da editora

Figura 5.7 Reprodução de um basidiomiceto. As hifas têm entre 5 μm e 10 μm de diâmetro. (Esquema sem escala; cores fantasia.)

# Deuteromicetos

Alguns fungos, que não apresentam formas sexuadas (ou que, pelo menos, dos quais não se conhecem formas sexuadas), costumavam ser reunidos no grupo dos deuteromicetos (*dêuteron* = secundário) – também chamado grupo dos **fungos imperfeitos** ou dos **fungos conidiais**, termo que deriva do fato de eles produzirem esporos muito finos, os **conídios** (*konidion* = pó fino). No entanto, análises moleculares têm feito com que alguns deles sejam remanejados para outros grupos, principalmente o dos ascomicetos, caso dos gêneros *Penicillium* e *Aspergillus*. Trata-se, portanto, de um grupo artificial, sem valor taxonômico.

Entre eles há muitos parasitas de vegetais e de animais, e do ser humano também, que produzem infecções chamadas **micoses**, como veremos adiante.

# Quitridiomicetos

Entre quitridiomicetos, algumas espécies são unicelulares, mas a maioria é pluricelular. Esses fungos formam esporos com flagelos, denominados zoósporos, que facilitam a dispersão em ambiente aquático, *habitat* da maioria dos representantes do grupo.

Em geral, são decompositores de matéria orgânica. Mas também há parasitas no grupo; por exemplo, os que provocam doenças em anfíbios e têm sido apontados como um dos fatores responsáveis pelo declínio desses animais no mundo, além de fatores ambientais, como o aumento da temperatura média do planeta (aquecimento global), que favorecem a proliferação dos fungos (figura 5.8).

Acredita-se que os fungos tenham se originado de um ancestral comum com os protistas flagelados, e análises moleculares indicam que os quitridiomicetos teriam sido os primeiros a surgir. Essas análises também indicam que os fungos estão mais próximos evolutivamente dos animais do que das plantas.

Figura 5.8 No detalhe, células do fungo *Batrachochytrium dendrobatidis* na pele de um anfíbio. O fungo é um dos responsáveis, além das alterações climáticas, pelo declínio da população de anfíbios, como o sapo-dourado (*Incilius periglenes*; cerca de 5 cm de comprimento), na Costa Rica, considerado extinto.

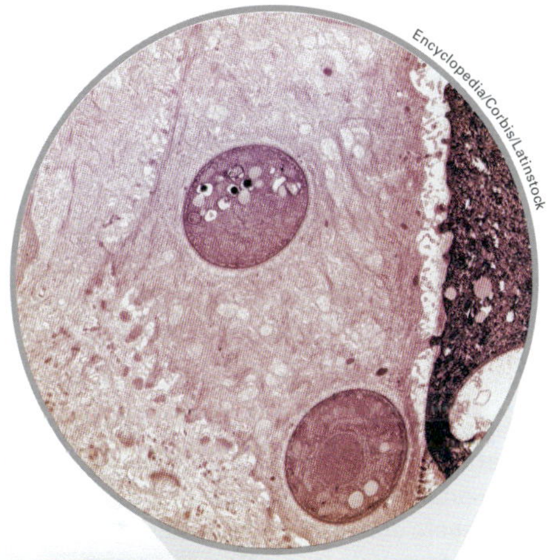

Encyclopedia/Corbis/Latinstock

Michael & Patricia Fogden/Minden/Latinstock

# 3 Liquens e micorrizas

Os fungos podem estabelecer associações íntimas e permanentes com outros organismos, chamados **liquens** e **micorrizas**. Em ambas, os dois organismos são beneficiados. Essa forma de associação é classificada como mutualismo ou simbiose mutualística (*syn* = união; *bios* = vida). A troca de benefícios é tão profunda que a sobrevivência isolada dos associados fica comprometida.

ED Liquens

## Liquens

São associações entre um fungo (em geral, um ascomiceto) e uma alga (quase sempre uma clorofícea) ou uma cianobactéria (figura 5.9). O líquen recebe o nome científico do nome do fungo nele presente.

O fungo produz um ácido que desagrega as rochas e, através de suas hifas, absorve água e sais minerais do solo e da água da chuva, fornecendo-os à alga. Esta fornece ao fungo matéria orgânica produzida na fotossíntese. Na associação com cianobactérias pode haver aproveitamento do nitrogênio do ar: as cianobactérias usam o gás nitrogênio para sintetizar compostos nitrogenados que poderão ser aproveitados também pelo fungo.

A reprodução dos liquens é assexuada, feita por meio de pequenos fragmentos (**sorédios**), que podem ser levados a lugares distantes pelo vento.

Os liquens resistem a temperaturas extremas e à falta de água. Por isso são comumente encontrados em rochas expostas ao sol, no gelo, em desertos e em solos nus – onde frequentemente são os primeiros seres vivos a se instalar. Por essa razão, os liquens são chamados **seres pioneiros**. Depois de instalados, os liquens criam condições para que outros seres vivos sobrevivam no local, permitindo o desenvolvimento de uma comunidade. Eles também servem de indicação do grau de poluição do ar (bioindicadores), uma vez que absorvem facilmente as substâncias tóxicas (não possuem sistemas capazes de excretá-las), como metais pesados e dióxido de enxofre (um gás emitido na queima de combustíveis fósseis em veículos e indústrias). Seu desaparecimento de um ambiente indica que o ar do lugar está poluído.

Do líquen podem ser extraídos, entre outros produtos, alguns corantes e um indicador de pH (que mede o grau de acidez de uma solução), o tornassol.

Figura 5.9 Foto de árvore com liquens e detalhe ilustrado da estrutura de um líquen (visto ao microscópio de luz, com aumento de cerca de 1000 vezes; cores fantasia).

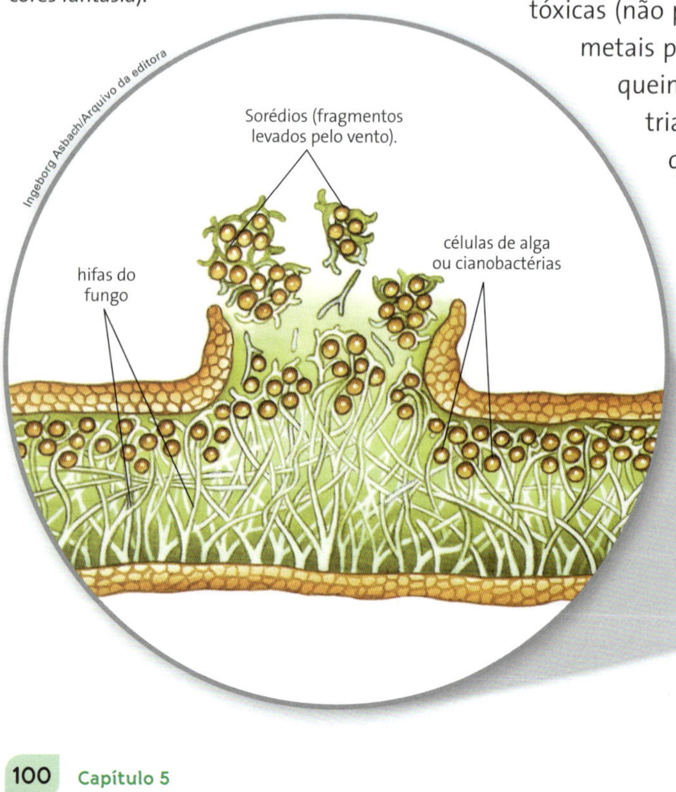

# Micorrizas

São associações de fungos (a maioria basidiomicetos) com as raízes de muitas espécies de plantas. As hifas envolvem as raízes das plantas ou penetram em suas células (figura 5.10). Com isso, o fungo aumenta a superfície de absorção de água e sais minerais das raízes, além de converter certos sais minerais em formas mais facilmente absorvidas pelas plantas. Em troca, a planta fornece substâncias orgânicas ao fungo.

Em geral, as plantas não crescem tão bem – e, às vezes, até morrem – se forem privadas da associação com o fungo, principalmente em solos pobres em sais minerais.

Eye of Science/SPL/Latinstock

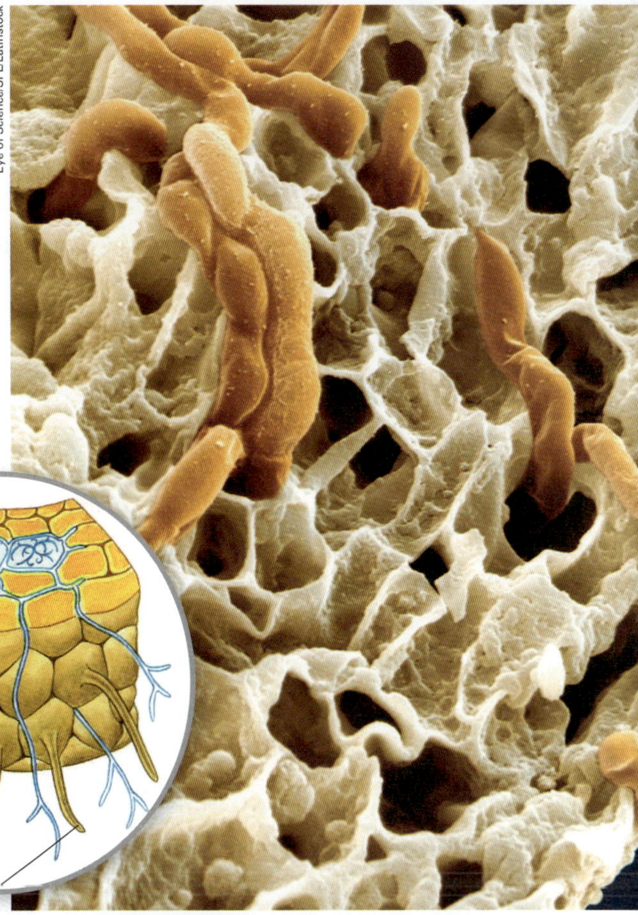

Ingeborg Asbach/Arquivo da editora

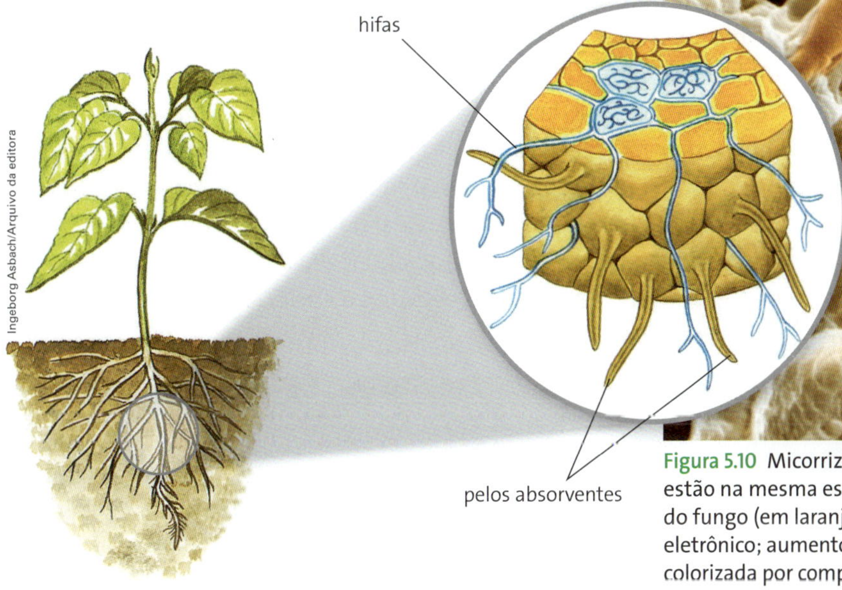


Figura 5.10 Micorriza (os elementos da ilustração não estão na mesma escala; cores fantasia). Na foto, hifas do fungo (em laranja) no interior da raiz (microscópio eletrônico; aumento de cerca de 2 500 vezes; imagem colorizada por computador).

## Biologia tem História

### A descoberta da penicilina

Em 1929, o cientista escocês Alexander Fleming (1881-1955) estava cultivando um tipo de bactéria patogênica em placas de vidro quando observou um fenômeno estranho. Uma das placas tinha sido contaminada por um fungo e, ao seu redor, havia uma região clara, na qual nenhuma bactéria crescia. Fleming pensou, então, que talvez o fungo produzisse uma substância capaz de impedir o crescimento de bactérias.

O fungo era uma espécie de *Penicillium* (figura 5.11), e a substância produzida foi chamada penicilina. Surgia, assim, o primeiro antibiótico. O problema é que o fungo era difícil de ser cultivado e a quantidade de antibiótico produzido era muito pequena. Somente em meados da década de 1940, com base no trabalho de outros cientistas, é que a penicilina pôde ser fabricada em grande quantidade.

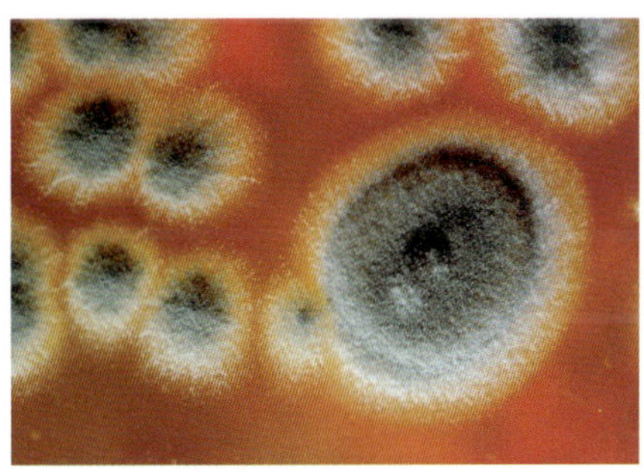

Dr. Jeremy Burgess/SPL/latinstock

Figura 5.11 Fungo *Penicillium chrysogenum*, usado no passado na produção do antibiótico penicilina, crescendo em um meio de cultura (ágar).

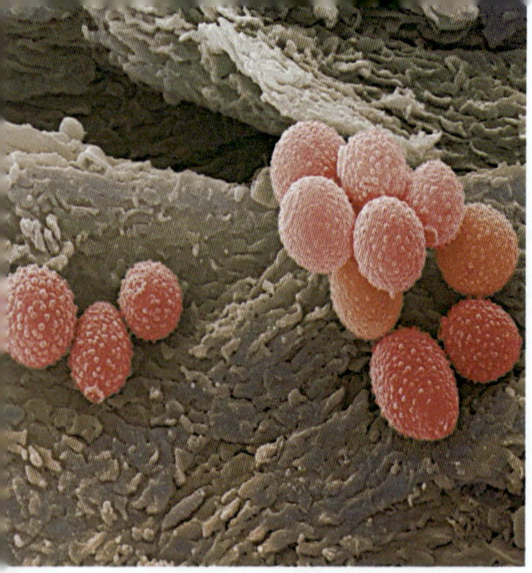

SPL/Latinstock

Figura 5.12 Esporos do fungo conhecido como pé de atleta sobre a pele (microscópio eletrônico; aumento de cerca de 2 mil vezes; imagem colorizada por computador).

## 4 Micoses

Muitos fungos vivem na pele e nas mucosas sem causar maiores danos ao ser humano. Em certas circunstâncias, porém, os fungos podem se reproduzir rapidamente e provocar infecções, conhecidas como micoses. O uso abusivo de antibióticos, o calor e o acúmulo de suor ou de umidade favorecem a instalação de micoses.

As micoses mais comuns ocorrem na pele, nos cabelos, nas unhas e nos pelos. É o caso da pitiríase versicolor, que se caracteriza pelo aparecimento de manchinhas mais claras, ou com coloração variada, na pele. Há ainda a micose conhecida como tinha do pé ou pé de atleta, que se instala entre os dedos dos pés, causando vermelhidão e, às vezes, formação de bolhas (figura 5.12).

Já a candidíase, provocada pelo fungo *Candida albicans*, pode afetar a pele e as mucosas da boca (causando o popular "sapinho") ou da vagina (figura 5.13).

Algumas micoses podem atingir órgãos internos, como os pulmões.

Em geral, as que provocam infecções mais graves atacam pessoas com deficiência nas defesas do corpo, como os portadores de Aids.

Como os fungos se desenvolvem melhor no calor e na umidade, após o banho, é importante enxugar-se bem, principalmente entre os dedos dos pés e na virilha. Evite emprestar ou pedir emprestado chuteiras, sapatos, meias e calções e procure não ficar tanto tempo de tênis. Quando estiver em casa, use um chinelo. É conveniente também alternar os sapatos de um dia para o outro. Se observar coceira, descamação ou pequenas vesículas na pele, em especial nos pés, ou mudança na pele, procure o médico.

**ATENÇÃO!**

**As informações sobre questões de saúde deste capítulo não substituem a orientação médica nem podem ser usadas para diagnóstico, tratamento ou prevenção de doenças.**

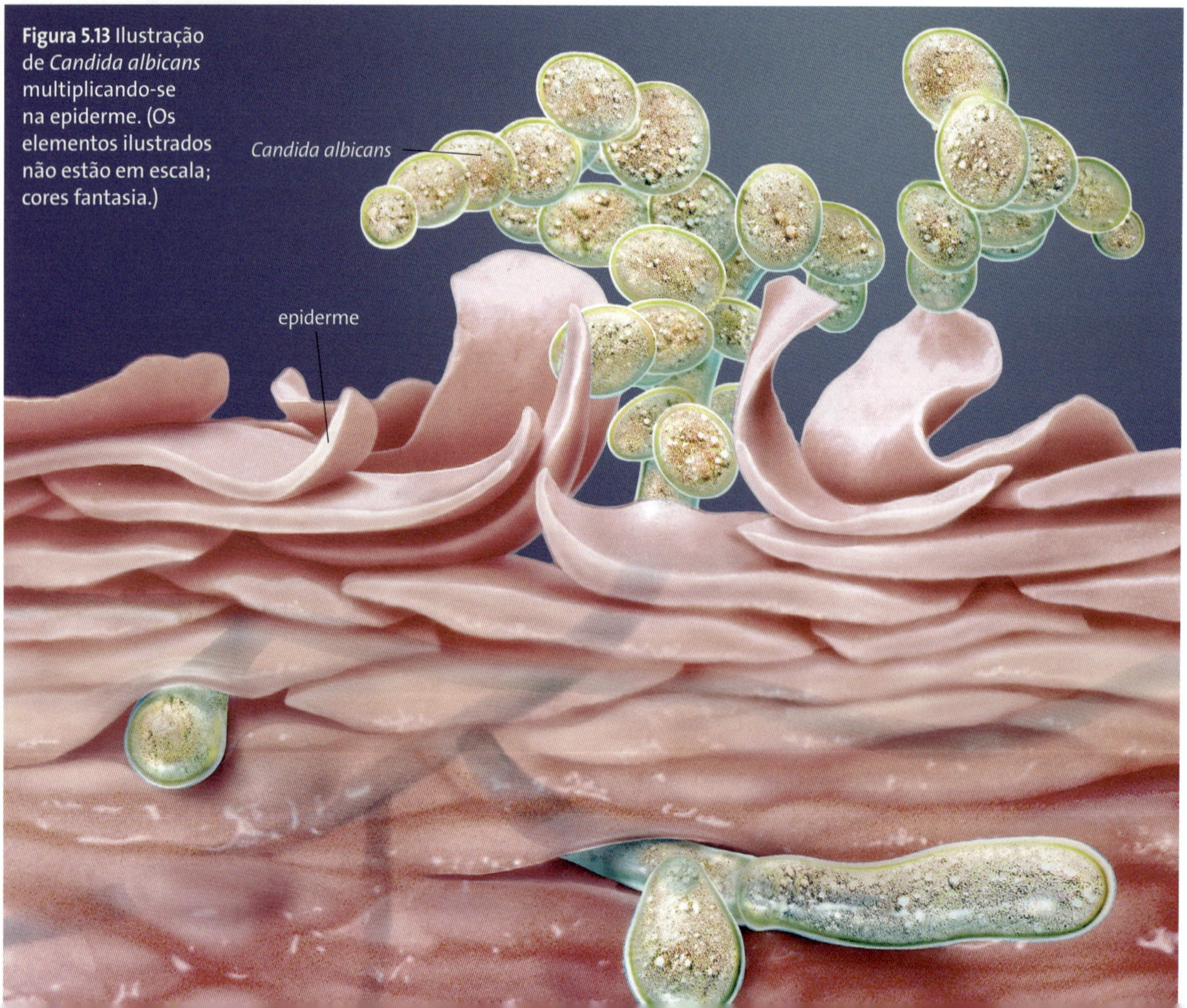


Gary Carlson/Photoresearchers/Latinstock

**Figura 5.13** Ilustração de *Candida albicans* multiplicando-se na epiderme. (Os elementos ilustrados não estão em escala; cores fantasia.)

# Atividades

1. Os organismos conhecidos atualmente como fungos já foram considerados plantas. Aponte uma semelhança entre fungos e plantas que justifique a antiga classificação dos fungos e uma diferença entre eles que justifique a classificação atual dos primeiros em um grupo à parte.

2. Justifique a seguinte afirmação: "A estrutura do corpo dos fungos permite um maior contato desses organismos com partes mortas de plantas e animais, e isso é fundamental para sua nutrição".

3. Certos fungos crescem especificamente sobre partes mortas de plantas, como folhas e galhos caídos. Qual a importância desses fungos para o equilíbrio da natureza?

4. Por que a produção de esporos é uma adaptação importante para organismos como os fungos?

5. Um professor de Biologia disse em sua aula que o fungo *Saccharomyces cerevisiae* é uma espécie "domesticada". O que será que ele quis dizer com isso? Explique.

6. Um aluno afirmou que a produção de antibióticos e de substâncias tóxicas por alguns fungos têm relação com o fato de eles não serem capazes de se deslocar. Explique qual é a relação entre essas duas características.

7. Para combater uma espécie de fungo que estava atacando limoeiros recém-plantados, um agricultor aplicou na área cultivada uma grande quantidade de fungicida de degradação muito lenta. Para sua surpresa, embora o fungo tenha sido eliminado, o crescimento das árvores ficou prejudicado. O que pode ter ocorrido?

8. Que relação existe entre os fungos, os pães e as bebidas alcoólicas?

9. Por que se enxugar bem depois do banho previne micoses?

10. Indique as afirmativas verdadeiras:
    a) Os fungos são importantes para a decomposição da matéria orgânica.
    b) Todos os fungos são heterotróficos.
    c) Todos os fungos são parasitas.
    d) Alguns fungos são comestíveis; outros são venenosos.
    e) Alguns antibióticos foram extraídos de fungos.
    f) Uma espécie de fungo é usada na produção de pães.
    g) Alguns fungos causam doenças no ser humano.
    h) Alguns fungos fazem fotossíntese.
    i) Alguns fungos participam na formação de liquens.
    j) Alguns fungos podem causar doenças conhecidas como micoses.
    k) As hifas dos fungos são estruturas unicelulares.
    l) Alguns fungos são unicelulares; outros pluricelulares.
    m) Os fungos necessitam de luz para sobreviver.
    n) A reserva energética dos fungos é o amido.

11. Um pesquisador estava tentando fazer colônias de bactérias crescerem sobre uma placa de vidro com ágar, uma substância extraída de algas. No entanto, como se pode ver na figura abaixo, um fungo (gênero *Penicillium*) acabou crescendo sobre o ágar.

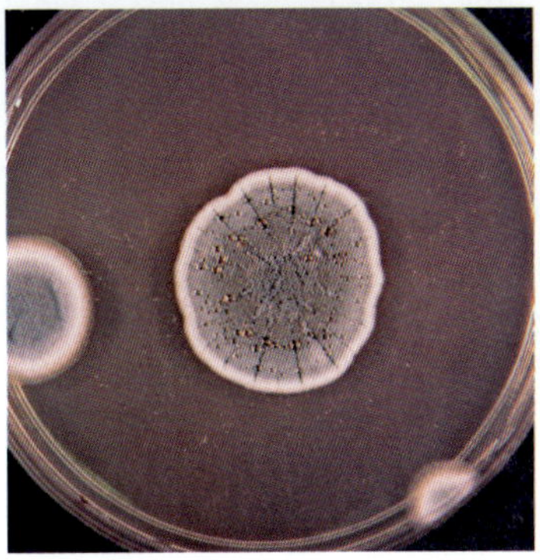

Joseph F. Gennaro Jr./Photoresearchers/Latinstock

    a) Como o fungo chegou até o ágar?
    b) Por que não houve crescimento de bactérias ao redor do fungo?

12. Certos fungos produzem esporos recobertos por uma massa grudenta que atrai as moscas. Os esporos ficam grudados às pernas das moscas, que os levam consigo. Que vantagem isso traz para o fungo?

## Trabalho em equipe

1. Neste capítulo você conheceu um pouco da história da descoberta da penicilina, um antibiótico. A penicilina, assim como os demais compostos orgânicos, é encontrada nos seres vivos na forma de misturas, em meio a uma grande variedade de compostos. Por isso, para estudar a ação desse e de outros medicamentos derivados dos seres vivos, e também para produzir esses medicamentos em quantidade adequada, é necessário identificá-los e separá-los da mistura, realizando uma série de métodos de separação, purificação e identificação de substâncias.

   Com auxílio do professor de Química, pesquisem e apresentem para a classe os critérios usados em Química para identificar uma substância pura e algumas técnicas de separação de misturas (filtração, destilação, centrifugação, cromatografia, etc.).

2. Com auxílio do professor de Química, pesquisem as diversas reações químicas e classifiquem as funções químicas dos compostos produzidos nos diversos tipos de fermentação: alcoólica, láctica, acética, etc. Falem também sobre os organismos que realizam essas fermentações e sua importância comercial.

# Vestibulares de Norte a Sul

1. **N** (IFTO) As condições de temperatura e umidade do período chuvoso levam os fungos a se desenvolverem em grande abundância dentro das nossas casas, causando inúmeros prejuízos às nossas vidas. Sobre tais organismos, pode-se afirmar que:

a) Nos fungos, as hifas provenientes de um mesmo micélio se unem e formam corpos de frutificação (ascocarpos ou basidiocarpos).

b) É na fase sexuada que os fungos produzem seus esporos através da meiose. Ao caírem em substratos como alimentos, tecidos, madeira, couro, etc., tais esporos germinam e formam hifas.

c) Os fungos se reproduzem através de esporos, os quais só estão presentes no ambiente durante o período chuvoso.

d) Os mixomicetos eram considerados "fungos protistas". Mas, na verdade, eles possuem mais características de plantas do que de protistas, e por isso hoje são classificados no reino Plantae.

e) A primeira palavra da espécie *Saccharomyces cerevisiea* (fungo que faz fermentação alcoólica) corresponde ao termo específico e é escrita em maiúscula, já a segunda indica o gênero e é escrita em minúscula.

2. **N** (Ufac) Diversas espécies de parasitas causam doenças em plantas e em animais, inclusive na espécie humana. Nesse sentido, indique qual das alternativas abaixo possui o tipo de organismo parasita responsável pela ferrugem que causa lesões nas folhas do cafeeiro e em outras plantas de valor econômico considerável.

a) Bactéria
b) Fungo
c) Lagarta
d) Protozoário
e) Formiga

3. **CO** (UEG-GO) A micologia é o ramo da Biologia que estuda os fungos. Esses organismos são popularmente conhecidos como leveduras, bolores, mofos, orelhas-de-pau e cogumelos. Sobre esse grupo, é **correto** afirmar:

a) os fungos vivem em diversos ambientes, com predominância em locais ricos em matéria orgânica e, assim como as algas, desempenham um importante papel ecológico na realização da fotossíntese.

b) algumas espécies de fungos são utilizadas pelos seres humanos, pois apresentam importante potencial econômico voltado à alimentação, à produção de medicamentos e de diversas enzimas.

c) os fungos, pertencentes ao reino Fungi, possuem hifas e se caracterizam, assim como as plantas, pela presença de parede celular constituída de celulose.

d) os fungos são importantes decompositores de matéria orgânica, e, no processo de decomposição, liberam $O_2$ para a atmosfera.

4. **NE** (UFPB) Em um experimento, células de levedura foram cultivadas em meio de cultura cuja única fonte de carbono fornecida foi a sacarose.

Considerando essa condição e o fato de a sacarose não atravessar a membrana citoplasmática das células de levedura, é correto afirmar que esses organismos podem se desenvolver em tal meio porque:

a) são quimiolitoautotróficas.

b) realizam inicialmente a digestão extracelular da sacarose.

c) são unicelulares eucariontes.

d) realizam respiração celular aeróbica e acumulam glicogênio como reserva energética.

e) possuem parede celular de quitina.

5. **NE** (UFC-CE) A figura abaixo mostra indivíduos representantes do reino Fungi.
Assinale a alternativa que contém os nomes dos indivíduos 1, 2 e 3, respectivamente.

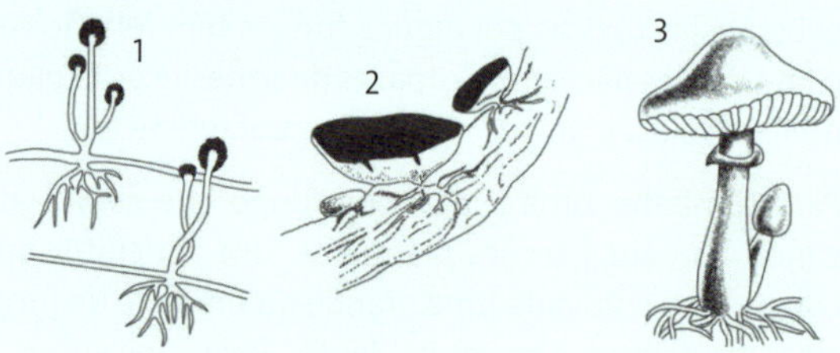


Luis Moura/Arquivo da editora

a) Zigomicetos, basidiomicetos e ascomicetos.

b) Basidiomicetos, ascomicetos e zigomicetos.

c) Ascomicetos, basidiomicetos e zigomicetos.

d) Basidiomicetos, zigomicetos e ascomicetos.

e) Zigomicetos, ascomicetos e basidiomicetos.

6. **NE** (Cefet-CE) Muitos fungos desempenham um papel fundamental na reciclagem de elementos utilizados pelos seres vivos, sendo chamados de "decompositores da biosfera". Com relação a esses seres, está incorreta a afirmação:

a) Os fungos decompositores são também denominados saprofíticos, sendo heterótrofos, com nutrição da absorção.

b) Secretam enzimas digestivas que degradam grandes moléculas de alimento do ambiente, absorvendo, depois, os produtos da degradação.

c) Em florestas, seus micélios são capazes de degradar árvores caídas, decompondo substâncias como a celulose da madeira.

d) São considerados protoctistas e, como tal, podem realizar fotossíntese quando expostos à radiação solar.

e) Alguns fungos podem causar doenças em plantações economicamente importantes: são os chamados fungos fitopatógenos.

7. **SE** (PUC-SP) Foram feitas três afirmações a respeito dos liquens:

I. São organismos pioneiros em um processo de sucessão ecológica.

II. Os dois tipos de organismos que constituem um líquen são capazes de produzir glicose e oxigênio utilizando gás carbônico, água e energia luminosa.

III. Os organismos que constituem um líquen apresentam uma relação mutualística.

Assinale:

a) se apenas uma das afirmações estiver correta.
b) se apenas as afirmações I e II estiverem corretas.
c) se apenas as afirmações I e III estiverem corretas.
d) se apenas as afirmações II e III estiverem corretas.
e) se as afirmações I, II e III estiverem corretas.

8. **S** (UFPR) O líquen consiste de uma rede organizada de hifas ou filamentos, constituindo um falso parênquima; nas camadas superiores dessa rede situam-se muitos grupos de pequenas algas verdes (clorofíceas) ou, mais raramente, de algas azuis (cianofíceas). Utilizando os conhecimentos adquiridos, assinale a alternativa correta.

a) O fungo protege e envolve a alga, fornecendo água ao substrato; a alga realiza fotossíntese e retira água do fungo.
b) O fungo protege e envolve a alga, absorvendo água do substrato; a alga realiza fotossíntese e fornece alimento ao fungo.
c) A alga protege e envolve o fungo, absorvendo água do substrato; o fungo faz fotossíntese e fornece alimento à alga.
d) A alga protege e envolve o fungo, absorvendo água do substrato; o fungo faz fotossíntese e retira água da alga.
e) Nenhuma das anteriores.

9. **S** (PUC-PR) Analise as afirmações relacionadas a seres dos reinos Monera, Protoctista e Fungi.

I. A associação das bactérias do gênero *Rhizobium* com as leguminosas dá origem a uma simbiose de alto valor econômico e ecológico.

II. *Penicillium notatum* é um representante do reino Fungi do qual Alexander Fleming extraiu um importante antibiótico, conhecido por penicilina.

III. As micorrizas constituem um grupo de bactérias que realizam a fixação do nitrogênio da atmosfera.

IV. O reino Fungi apresenta espécies comestíveis e espécies tóxicas para o ser humano.

V. As bactérias são seres procariontes, portanto, classificadas no reino Monera.

Estão corretas:

a) apenas I, II e III.
b) apenas I, II, IV e V.
c) apenas I, II, III e IV.
d) todas.
e) apenas II e IV.

10. **CO** (UnB-DF) Todos os itens indicam alguma importância ligada à atividade de fungos, exceto:

a) podem causar doenças chamadas micoses.
b) desempenham papel fermentativo.
c) produção autotrófica de substâncias orgânicas para consumo de outros seres.
d) alguns produzem antibióticos.
e) participação na formação de liquens.

11. **S** (UFSC) O mofo que ataca os alimentos, os cogumelos comestíveis e o fermento de fazer o pão são formados por organismos que pertencem ao reino Fungi.

Com relação a esse grupo assinale a(s) proposição(ões) VERDADEIRA(S).

(01) São organismos eucariontes, unicelulares ou pluricelulares, autotróficos facultativos.
(02) O material nutritivo de reserva é o glicogênio.
(04) Em função da nutrição heterótrofa, esses seres podem viver em mutualismo, em saprobiose ou em parasitismo.
(08) Alguns fungos são utilizados na obtenção de medicamentos.
(16) Nutrem-se por digestão extracorpórea, isto é, liberam enzimas digestivas no ambiente, que fragmentam macromoléculas em moléculas menores, permitindo sua absorção pelo organismo.
(32) Na alimentação humana são utilizados, por exemplo, na fabricação de queijos, como o *roquefort* e o gorgonzola.
(64) Reproduzem-se, apenas, assexuadamente por meio de esporos, formados em estruturas denominadas esporângios, ascos e basídios.

Dê como resposta a soma dos números associados às proposições corretas.

12. **NE** (UFBA) Liquens ocorrem nos mais variados tipos de substratos, climas, altitudes e latitudes do planeta, conseguindo sobreviver em condições de vida muito diversas. São formados por organismos de diferentes reinos e, por isso, sua estrutura e atribuições também se alteram, conforme os elementos que os compõem e o ambiente em que se desenvolvem.

Considerando a classificação de Whittaker (1969), identifique **os reinos** que abrigam espécies integrantes de liquens e caraterize **a associação**, considerando o papel de cada um dos simbiontes.

13. **S** (Udesc) No verão as doenças de pele, como as micoses, manifestam-se de maneira mais intensa, causando desconforto e, em alguns casos, sérios problemas de infecções.

Em relação ao contexto acima:

a) Qual o principal agente etiológico causador dessas doenças?
b) Cite três fatores ambientais que favorecem o desenvolvimento desse agente.
c) Cite duas maneiras de se prevenir das micoses.

# Plantas

No ambiente terrestre as plantas formam a base de uma cadeia alimentar que sustenta a vida pela fotossíntese.

Além de serem importantes por formarem a base da cadeia alimentar no ambiente terrestre, as plantas também funcionam como abrigo para diversos seres vivos, como animais e fungos; e garantem o equilíbrio de grande parte dos ecossistemas.

Mesmo se fosse possível viver sem as plantas, você já imaginou como seria a vida sem arroz, feijão, pão, frutas, legumes, chocolate, tecidos de algodão, linho e flores, por exemplo?

A espécie humana depende das plantas não apenas como alimento, mas também como fonte de matéria-prima para a produção de madeira, tecidos, papel, medicamentos e um sem-número de produtos.

Preservar matas, florestas e outros ecossistemas naturais é preservar a vida.

CAPÍTULO

# 6 Briófitas e pteridófitas

Johann Brandstetter/Akg-Images/Latinstock

Reconstituição artística do Período Carbonífero (ilustração feita com base em registros fósseis).

↘ *Quais são as características das briófitas e das pteridófitas?*

# 1 Introdução ao estudo das plantas

Há muitas semelhanças entre as plantas e as algas verdes: parede de celulose, reserva de amido, clorofilas **a** e **b**, entre outras. Essas características indicam que há um ancestral comum exclusivo dos dois grupos. Por isso alguns autores propõem reunir os dois grupos no reino **Viridiplantae** (*viridis* = verde). Ao contrário das algas, porém, o embrião das plantas está protegido por uma camada de células na fase inicial de seu desenvolvimento. Por essa razão, pode-se usar a expressão "plantas terrestres" para designar o grupo das plantas que não inclui as algas. Neste livro usaremos o termo "plantas" apenas para as plantas terrestres. Essa designação é usada também para as plantas aquáticas, visto que estas descendem de plantas terrestres que retornaram ao meio aquático.

As plantas são eucariontes pluricelulares e autotróficos fotossintéticos. Suas células possuem uma parede celular rígida, com celulose, e cloroplastos com clorofila **a** e **b** e outros pigmentos que absorvem a energia luminosa.

## Adaptações ao modo de vida

O corpo das plantas está organizado de maneira muito diferente da dos animais. A maior parte dessas diferenças constitui adaptações ao modo autotrófico de vida.

Diferentemente do que ocorreu com os animais, nas plantas o processo evolutivo não levou à formação de músculos (que permitem os movimentos), de sistema nervoso (que coordena os movimentos), de órgãos dos sentidos (importantes para a localização do alimento) e de corpo compacto (que facilita os movimentos), pois elas não dependem do movimento para absorver seus nutrientes (água, sais, gás carbônico) e sua fonte de energia (luz). Além disso, é vantajoso para as plantas ter um corpo com grande superfície relativa (área grande em relação ao volume do corpo), que permite a absorção desses nutrientes e de energia.

Em geral, há mais luz no ambiente terrestre que na água (esta absorve parte da energia da luz). A concentração de gás carbônico e de oxigênio – necessários para a fotossíntese e para a respiração – é maior no ar que na água. Essas condições tornaram possível a sobrevivência das primeiras plantas terrestres.

Por outro lado, na água, o gás carbônico e os sais minerais estão em contato com todo o corpo das algas, enquanto as plantas terrestres têm de retirar a água e os sais minerais do solo (figura 6.1), em cujo interior não há luz para a fotossíntese.

As plantas que conseguiram se espalhar pelo ambiente terrestre possuíam uma parte sob o solo, que retirava água e sais minerais, e outra parte acima do solo, que captava luz e absorvia gás carbônico.

Não podemos esquecer também que as plantas terrestres correm o risco de sofrer desidratação; elas têm de resistir à chuva e ao vento, e o ar não fornece tanta sustentação para o corpo como a água. Assim, a presença de tecidos especiais de sustentação e de proteção contra a desidratação acabou, ao longo da evolução, sendo importante para o sucesso das plantas terrestres.

AgStock Images, Inc./Alamy/Glow Images

Figura 6.1 Fase inicial do desenvolvimento de uma planta. A água e os sais minerais são retirados do solo por meio das raízes.

# Classificação

Algumas plantas, como as **briófitas** (*bryon* = musgo; *phyton* = planta), são pequenas e não apresentam vasos que transportam água, sais minerais e substâncias orgânicas para as células; por isso essas plantas são chamadas **avasculares** (*a* = sem; *vasculum* = vaso). Por causa de seu tamanho reduzido, o transporte de nutrientes nessas plantas pode ser feito por difusão, de uma célula para outra.

A maioria das plantas terrestres, no entanto, apresenta vasos condutores e por isso são denominadas **vasculares** ou **traqueófitas** (*trakheîa* = canal áspero). Veja a figura 6.2. A presença de vasos condutores possibilitou que essas plantas atingissem tamanhos maiores, já que por difusão os nutrientes se espalham muito lentamente pelas células, limitando o crescimento.

Os vasos que transportam água e sais minerais (seiva bruta ou mineral) da raiz para as folhas são chamados **vasos lenhosos**, e o conjunto formado por esses vasos e outros tecidos associados a eles é chamado **lenho** ou **xilema** (*xilo* = madeira). As substâncias orgânicas produzidas na folha (seiva elaborada) são levadas para toda a planta pelos vasos **liberianos**, e o conjunto formado por esses vasos e outros tecidos associados forma o **líber** ou **floema**.

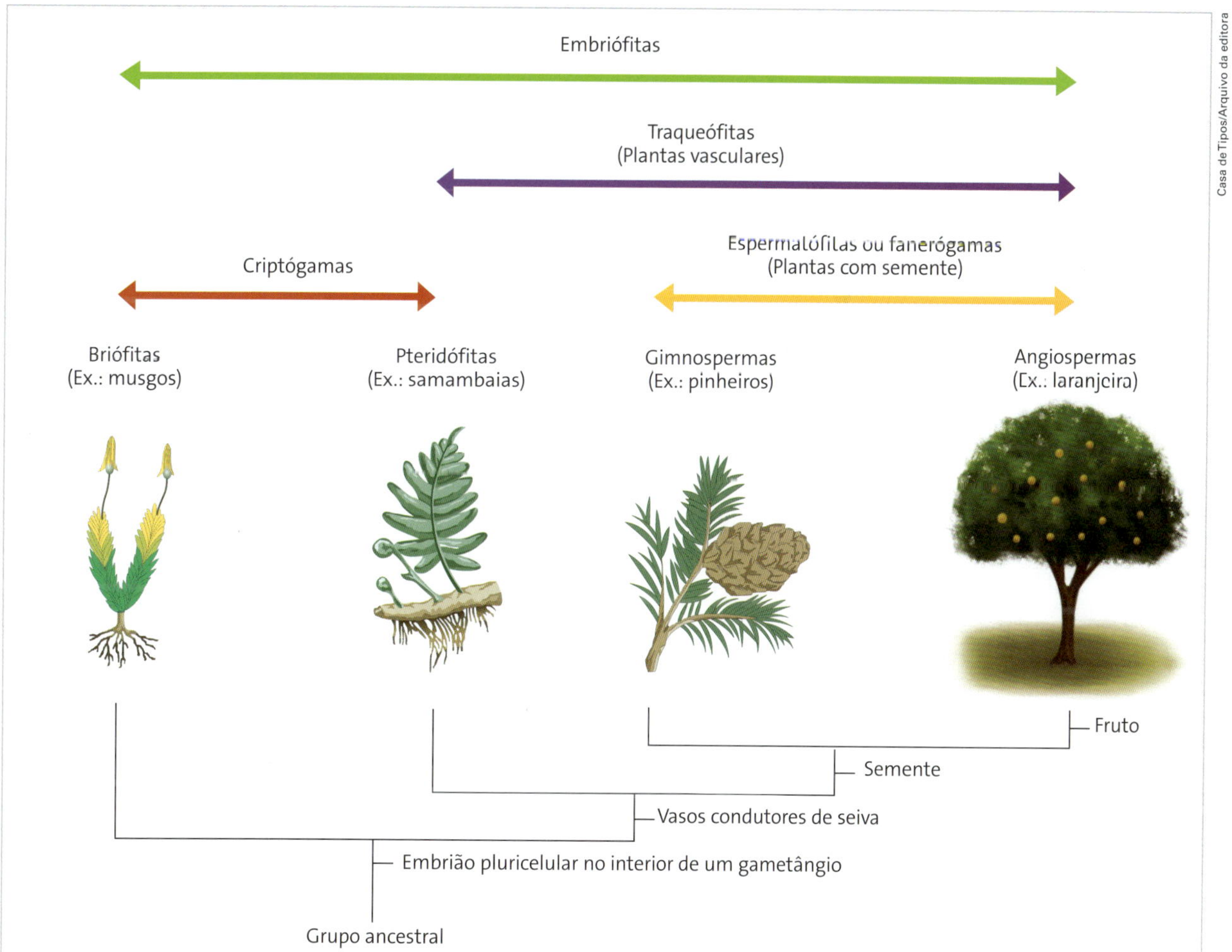


Figura 6.2 Árvore filogenética simplificada das plantas com indicação de algumas novidades evolutivas (os elementos da ilustração não estão na mesma escala; cores fantasia).

No grupo das **pteridófitas** (*pteris* = feto; samambaia, avenca, etc.) estão as primeiras plantas vasculares, mas elas não possuem flor nem semente. Dessas plantas surgiram os primeiros vegetais com sementes, as **espermatófitas** ou **espermáfitas** (*sperma* = semente; figura 6.2). A semente facilitou a conquista do meio terrestre por esse grupo, pois protege o embrião contra a perda de água (perigo constante nesse ambiente) e ajuda na dispersão do vegetal.

As espermatófitas dividem-se em dois grupos: **gimnospermas** (*gymnos* = nu, ou seja, as sementes estão descobertas ou expostas), que não possuem fruto e são representadas pelos pinheiros; e **angiospermas** (*aggeîon* = recipiente, vaso, ou seja, as sementes desenvolvem-se nesse recipiente), com flores e frutos, e representadas pela maioria das plantas.

Também podem ser usados os termos **criptógamas** (*krypton* = escondido; *gámos* = casamento) para denominar plantas com estrutura reprodutora pouco visível; e **fanerógamas** (*phanerós* = aparente) para aquelas com estruturas reprodutoras bem visíveis. Nesse sentido, as gimnospermas e as angiospermas são fanerógamas, e as outras são criptógamas (figura 6.2).

Outra característica das plantas terrestres é que o desenvolvimento inicial do embrião ocorre no corpo da planta, que lhe dá maior proteção. Por isso as plantas terrestres são também chamadas **embriófitas**.

## Ciclos reprodutivos

A forma de reprodução das plantas também reflete, de certa maneira, sua falta de mobilidade.

É frequente a reprodução assexuada, em que pedaços de caule, galhos ou folhas originam uma nova planta. Quando ocorre reprodução sexuada, em geral se observa formação de esporos, células que ajudam na dispersão da planta (compensando sua imobilidade) e das quais se forma uma nova planta.

Assim, enquanto nos animais um indivíduo diploide produz, por meiose, gametas haploides, que, por fecundação, originam um ovo e um novo indivíduo diploide, na maioria das plantas há alternância entre indivíduos haploides e diploides.

O indivíduo diploide – chamado **esporófito** – produz, por meiose, esporos, que originam um indivíduo haploide (às vezes, apenas um grupo de células), chamado **gametófito**. Este, por mitoses, produz gametas que, por fecundação, originam uma célula-ovo e um novo indivíduo diploide. Portanto, além de originar descendentes, o ciclo reprodutivo das plantas promove a conquista de novos ambientes por causa da produção de esporos ou de sementes.

Compare na figura 6.3 o que acabamos de descrever.

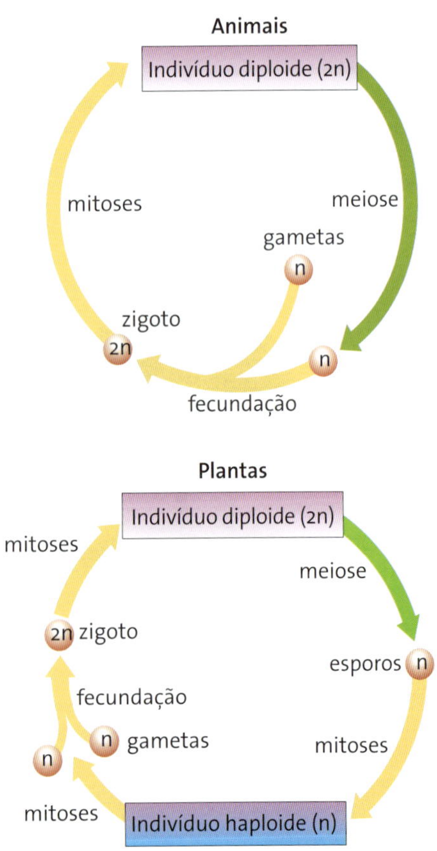


Figura 6.3 Esquema simplificado do ciclo reprodutivo de animais e de plantas.

Observe que, nos animais, há apenas indivíduos diploides, uma vez que a meiose origina diretamente gametas. Dizemos que o ciclo dos animais é **diplonte**, **diplobionte** ou de **meiose gamética**. O ciclo de vida da maioria das plantas é conhecido como **alternância de gerações** (envolve alternância de gerações haploides e diploides), **haplonte-diplonte**, **haplodiplobiôntico** ou de **meiose espórica**.

A seguir estudaremos as briófitas, pequenos vegetais que crescem geralmente em ambientes úmidos; e as pteridófitas, os primeiros vegetais a possuírem um sistema de vasos que transportam a seiva.

# 2 Briófitas

As briófitas são representadas principalmente pelos musgos. Esse grupo de plantas, provavelmente descendente das algas verdes, foi um dos primeiros a colonizar o ambiente terrestre.

## Morfologia

Essas plantas apresentam pequeno porte. A maioria dos representantes das briófitas tem poucos centímetros de altura. O pequeno porte resulta da falta de estruturas rígidas de sustentação e de um sistema de condução de seiva. Sem esse sistema, o transporte de substâncias é muito lento, uma vez que é feito por simples difusão a partir da superfície da planta.

O corpo desses vegetais não está, em geral, completamente protegido contra a perda de água: a **cutícula**, uma camada que o protege contra a perda excessiva de água, é muito fina e, em algumas espécies, está ausente.

Essa é uma das razões pelas quais essas plantas são mais comuns em locais úmidos e que não recebem luz direta do Sol, pois nesses ambientes há menos chance de desidratação.

A planta propriamente dita, isto é, o indivíduo maior, de vida independente e duradoura, é o gametófito (n). Ele apresenta **rizoides**, **cauloides** e **filoides** (*phyllon* = folha; *oide* = semelhante a), estruturas que lembram, respectivamente, a raiz, o caule e as folhas das plantas vasculares.

O gametófito apresenta **gametângios**, órgãos produtores de gametas: o **anterídio** (*antherón* = florido; *idio* = aparência) produz **anterozoides** (os gametas masculinos); o **arquegônio** (*arkhe* = primitivo; *gónos* – que gera) produz a **oosfera** (o gameta feminino). Na maioria dos musgos, o sexo é separado: cada gametófito possui apenas anterídios ou apenas arquegônios (figura 6.4).

O esporófito (2n), menos desenvolvido e de curta duração, cresce sobre o gametófito e depende dele para a sua nutrição (por isso é possível dizer que o esporófito é parasita do gametófito). No esporófito existem os esporângios, células que, por meiose, produzem esporos (n).

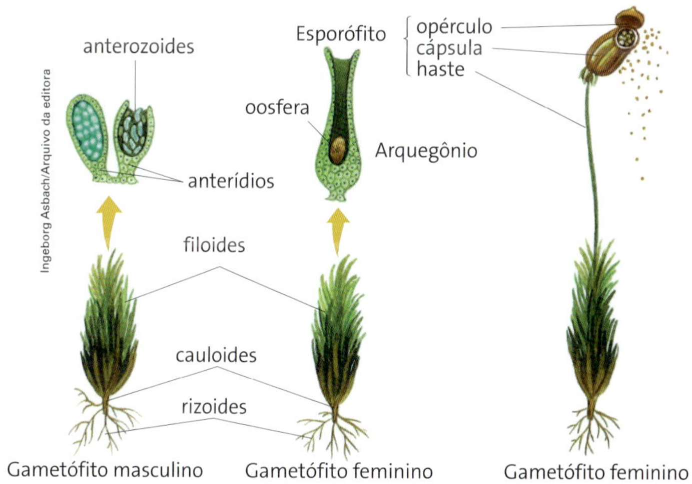


Ingeborg Asbach/Arquivo da editora

Figura 6.4 Na ilustração, morfologia do gametófito (a maioria não ultrapassa 5 cm de altura) e do esporófito dos musgos (que chega a atingir 20 cm de altura). Na foto, musgos e cápsulas do esporófito.

Andy Harmer/SPL/Latinstock

## Reprodução

A forma mais característica de reprodução é a alternância de gerações por meio do ciclo haplonte-diplonte (ou haplodiplobiôntico).

Na maioria dos musgos o sexo é separado: cada gametófito possui apenas anterídios ou arquegônios. Dizemos que a planta é **heterotálica** (*hétero* = diferente; *thallós* = ramo verde) ou **dioica** (*di* = dois; *oíkos* = = casa). Em algumas espécies, os dois gametângios estão na mesma planta, e ela é chamada **homotálica** (*homoios* = igual) ou **monoica** (*monos* = um).

Nas espécies homotálicas, o anterozoide chega ao arquegônio nadando em uma película de água da chuva ou de orvalho (figura 6.5). Nas heterotálicas, a distância entre os anterídios e os arquegônios é bem maior, dificultando que o gameta masculino nade até o feminino. Nesse caso, o transporte do gameta é feito por gotas de chuva que atingem o anterídio e respingam de um gametófito para outro, fazendo com que alguns anterozoides caiam no arquegônio de uma planta feminina. Em ambos os casos, há grande dependência da água para a reprodução.

Quando os anterozoides chegam ao arquegônio, eles nadam até a oosfera, e ocorre a fecundação. Depois, o zigoto sofre mitoses e origina um embrião, que permanece protegido no arquegônio.

Ciclo reprodutivo das briófitas

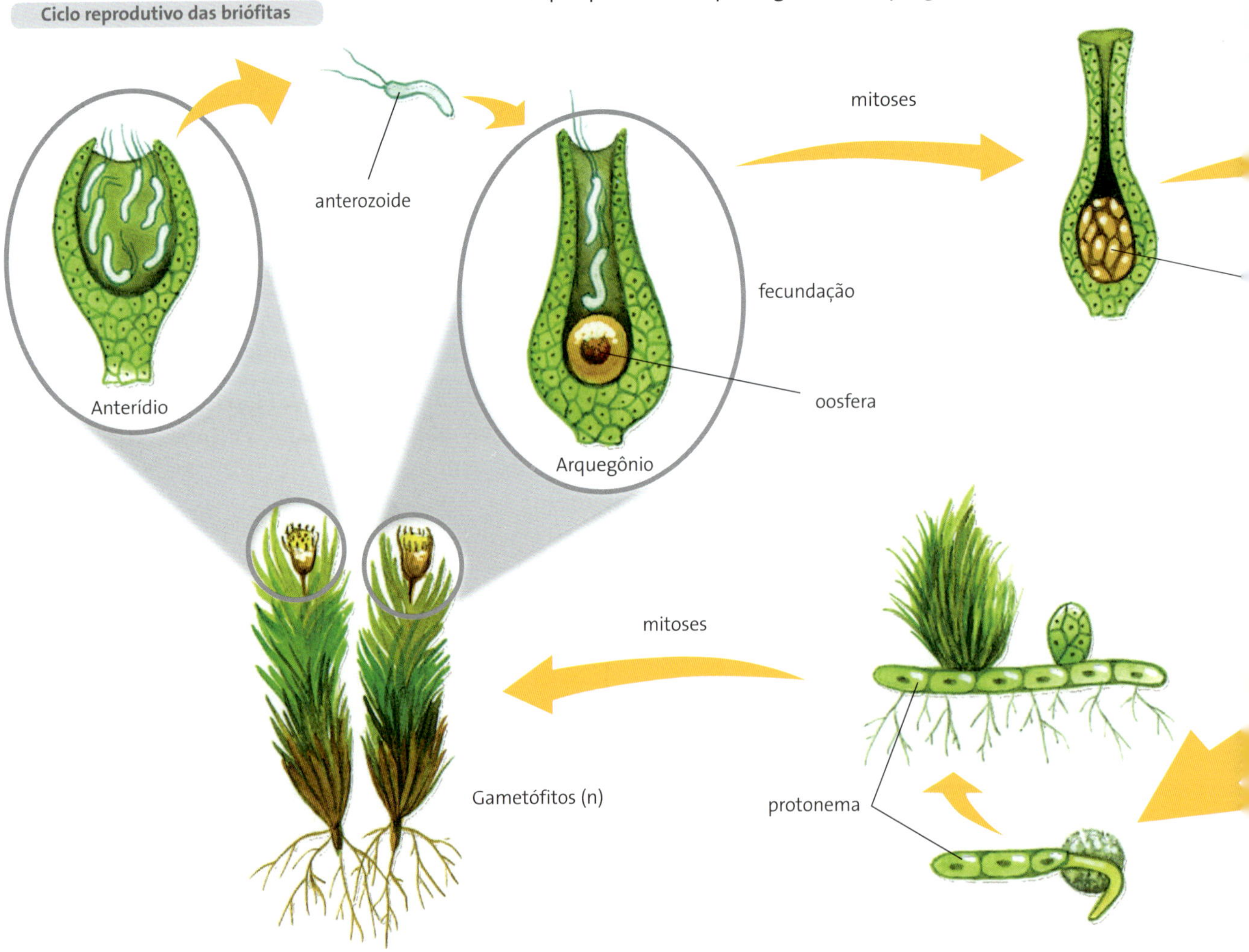


Figura 6.5 Esquema do ciclo reprodutivo das briófitas (os elementos da ilustração não estão na mesma escala; a maioria dos gametófitos não ultrapassa 5 cm de altura; cores fantasia).

A presença do embrião justifica a classificação como embriófitas, usada tradicionalmente para os musgos e outros vegetais terrestres. A existência de embrião e de gametângios protegidos são adaptações à vida terrestre.

O embrião desenvolve-se por mitoses e forma um esporófito diploide, chamado esporogônio (*sporo* = semente; *gonos* = gerar). Este se encontra preso ao gametófito pela **base** ou **haustório** (*haustor* = o que suga, referindo-se ao fato de que o esporófito retira alimento do gametófito), seguindo-se, então, um pedúnculo, denominado **haste** ou **seta**. Tal haste possui uma dilatação na extremidade, a cápsula, coberta por uma "tampa", o **opérculo** (figura 6.5).

Dentro do esporângio há as **células-mães dos esporos**, que, por meiose, originam os esporos, dando início à fase haploide (figura 6.5). Esses esporos são liberados quando a cápsula resseca e se abre. Em seguida, são arrastados pelo vento, germinando a distância.

O esporófito permanece preso ao gametófito e dependente dele. Depois da produção de esporos, o esporófito morre, e o gametófito permanece. Por isso dizemos que nas briófitas a fase dominante é a haploide.

Ao germinar, o esporo origina um filamento de células, o **protonema** (figura 6.5). Este emite algumas ramificações que penetram no solo, formando os gametófitos e fechando o ciclo.

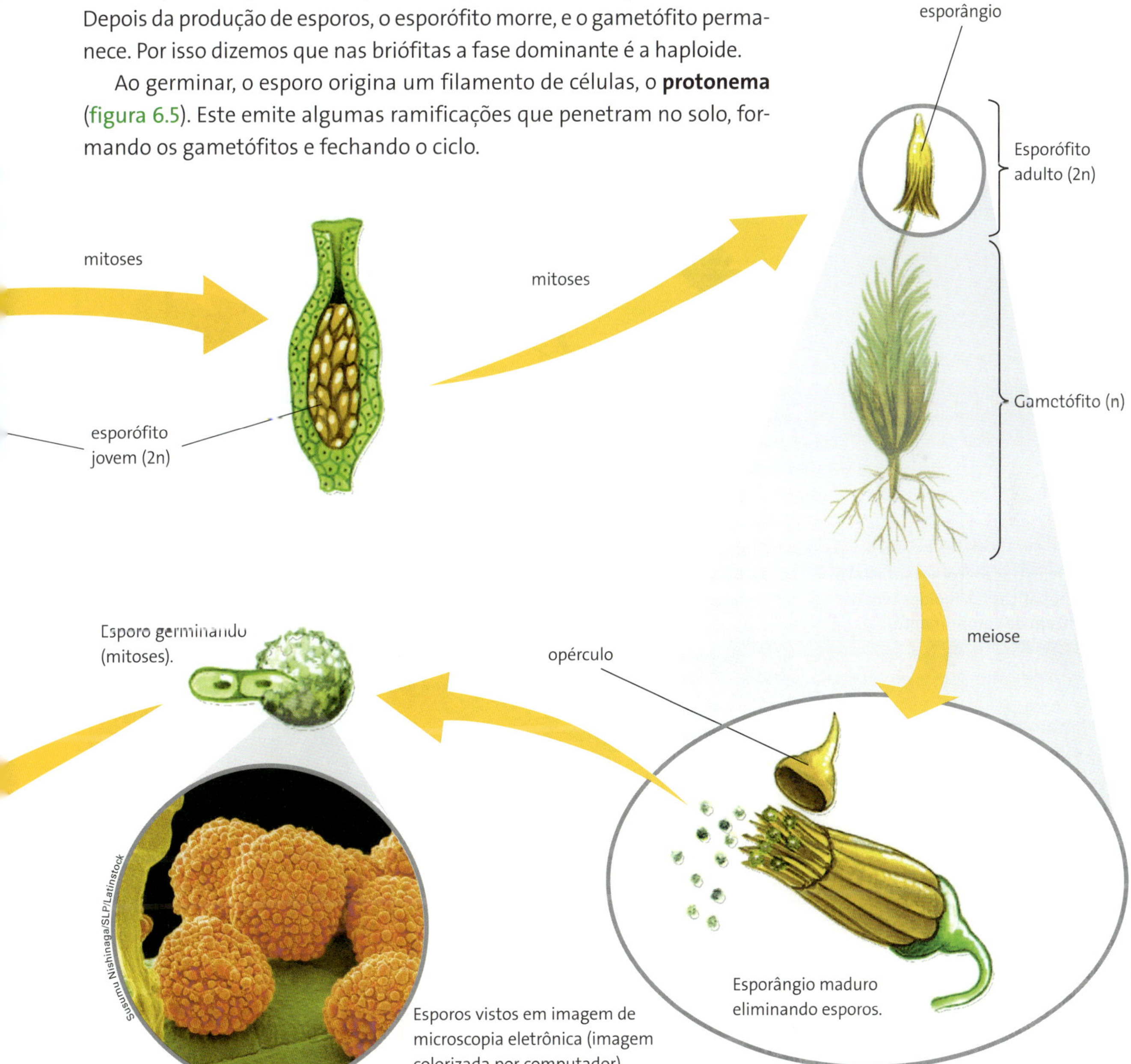

## Classificação

Tradicionalmente, as briófitas formavam o filo ou divisão **Bryophyta** e eram divididas nas classes **Anthocerotae** (antóceros), **Hepaticae** (hepáticas) e **Musci** (musgos).

Em classificações mais recentes, essas plantas estão distribuídas em três filos principais: **Anthocerophyta** (antóceros), **Hepatophyta** (hepáticas) e **Bryophyta** (musgos). No entanto, o termo “briófitas” ainda é usado de modo informal para indicar todas as plantas dos três filos.

Os antóceros podem ser exemplificados pelo gênero *Anthoceros*, e também crescem em locais úmidos e sombreados (figura 6.6).

As hepáticas apresentam forma achatada e são encontradas sempre em locais úmidos e sombreados. O contorno da planta (gametófito) assemelha-se a um fígado (*hépatos* vem do grego e significa ‘fígado’), daí o nome (figura 6.7). As mais conhecidas pertencem ao gênero *Marchantia*. O gametângio fica na ponta de estruturas chamadas **gametóforos**. Nestes se formam os zigotos após a fecundação do gameta feminino, que crescem e originam esporófitos, fechando o ciclo com a produção de esporos (figura 6.7).

Alguns musgos, assim como os liquens, podem servir de indicadores da poluição do ar, já que em contato com o ar poluído morrem ou perdem a cor característica.

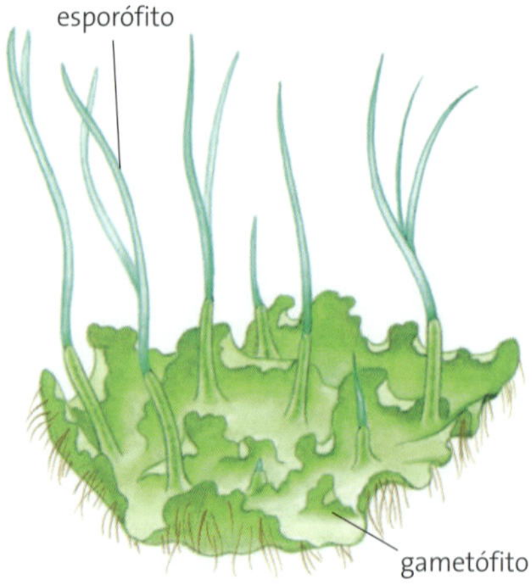


Figura 6.6 Ilustração de antóceros (seus esporófitos atingem até 5 cm de altura; cores fantasia).

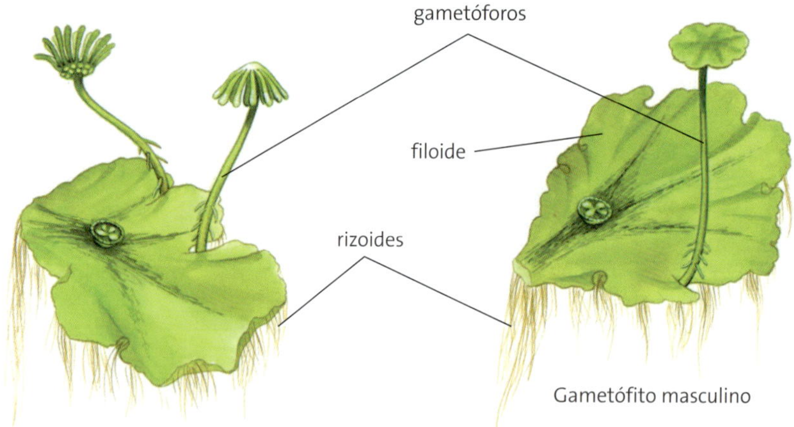


Ilustrações: Ingeborg Asbach/Arquivo da editora

Figura 6.7 Ilustração (cores fantasia) e foto de hepáticas (os filoides têm de 2 cm a 10 cm de comprimento).

Fabio Colombini/Acervo do fotógrafo

# 3 Pteridófitas

Diferentemente das briófitas, as pteridófitas são traqueófitas. Seus vasos condutores são formados por células modificadas que transportam a água das raízes para as folhas e a matéria orgânica produzida nas folhas para o resto do corpo.

A presença de vasos condutores de seiva aumentando a eficiência do transporte de nutrientes e formando tecidos resistentes, que servem de sustentação, permite a essas plantas atingir maior altura que as briófitas e receber mais luminosidade.

Fabio Colombini/Acervo do fotógrafo

Pekka Nikonen/Shutterstock/Glow Images

Samambaia (tamanho variado; a samambaia amazônica chega a 3 m de comprimento). No detalhe, soros presentes na face inferior das folhas.

## Morfologia

Usaremos como referência o grupo das **filicíneas** ou **pteridófitas** (samambaias e avencas), que vivem em ambiente úmido, em solos, pedras e areia, por exemplo.

Algumas são epífitas, ou seja, vivem sobre o tronco de árvores e arbustos; outras, como as salvínias (plantas do gênero *Salvinia*), são aquáticas e de pequeno porte (figura 6.8). Menos conhecidas são as grandes pteridófitas, chamadas **fetos arborescentes**, como a samambaiaçu.

A planta propriamente dita, a fase duradoura, é o esporófito (2n). Em geral, suas folhas são divididas em folíolos na forma de penas, uma adaptação que permite captar a luz difusa do chão das florestas (figura 6.9). As folhas jovens – chamadas **báculos** – ficam enroladas (*pteris* vem do grego e significa 'feto': a folha nova das samambaias tem uma forma que lembra a de um feto no ventre materno). De modo geral, a folha é a única parte visível da planta, pois o caule é subterrâneo ou fica rente ao solo, com crescimento horizontal. Esse tipo de caule, que se assemelha a uma raiz, é chamado **rizoma** (*rhiza* = raiz; *oma* = proliferação).

Fabio Colombini/Acervo do fotógrafo

Avenca (folhas com 30 cm a 60 cm de comprimento).

O esporófito possui esporângios, que se agrupam em estruturas chamadas **soros**, distribuídas na face inferior ou na borda dos folíolos.

O gametófito (n), denominado **prótalo** (*pró* = anterior; *thallós* = ramo verde), é bem menos desenvolvido que o esporófito, mas tem vida autônoma. A maioria das samambaias é homotálica, ou seja, possui gametófitos monoicos ou hermafroditas, com anterídios e arquegônios na mesma planta.

Fabio Colombini/Acervo do fotógrafo

Salvínias (folhas com largura entre 1 cm e 5 cm).

Figura 6.8 Exemplos de pteridófitas.

# Reprodução

Na época da reprodução, os soros tornam-se pardos e, no interior dos esporângios, são produzidos esporos por meiose. Em muitas samambaias, na parte externa dos esporângios há uma camada de células com um espessamento em anel. Essa camada é incompleta, pois tem uma região mais frágil na superfície. Quando o esporângio seca, essa região se rompe, a mais espessa se curva para trás e alguns esporos caem no solo. Se a tensão provocada pelo ressecamento desaparecer, a região espessa voltará à posição original e lançará mais esporos para longe (figura 6.9).

Levados pelo vento, os esporos germinam ao encontrar um substrato suficientemente úmido, no qual se fixam pelos rizoides, e formam o prótalo. Este possui anterídios e arquegônios, nos quais se formam os gametas. Reveja a figura 6.9. Por ser pequeno, fica facilmente coberto pela água da chuva ou pelo orvalho, o que possibilita a fecundação (os anterozoides multiflagelados devem nadar até a oosfera). Essa redução no tamanho do gametófito em comparação com o esporófito constitui uma adaptação à vida terrestre. Como veremos, nas plantas com sementes o gametófito é ainda mais reduzido.

O zigoto formado origina um esporófito jovem (embrião), que, no início, recolhe alimento do gametófito. Depois, torna-se independente, e o gametófito regride (figura 6.9).

Figura 6.9 Esquema do ciclo reprodutivo da samambaia (os elementos da figura não estão na mesma escala; cores fantasia).

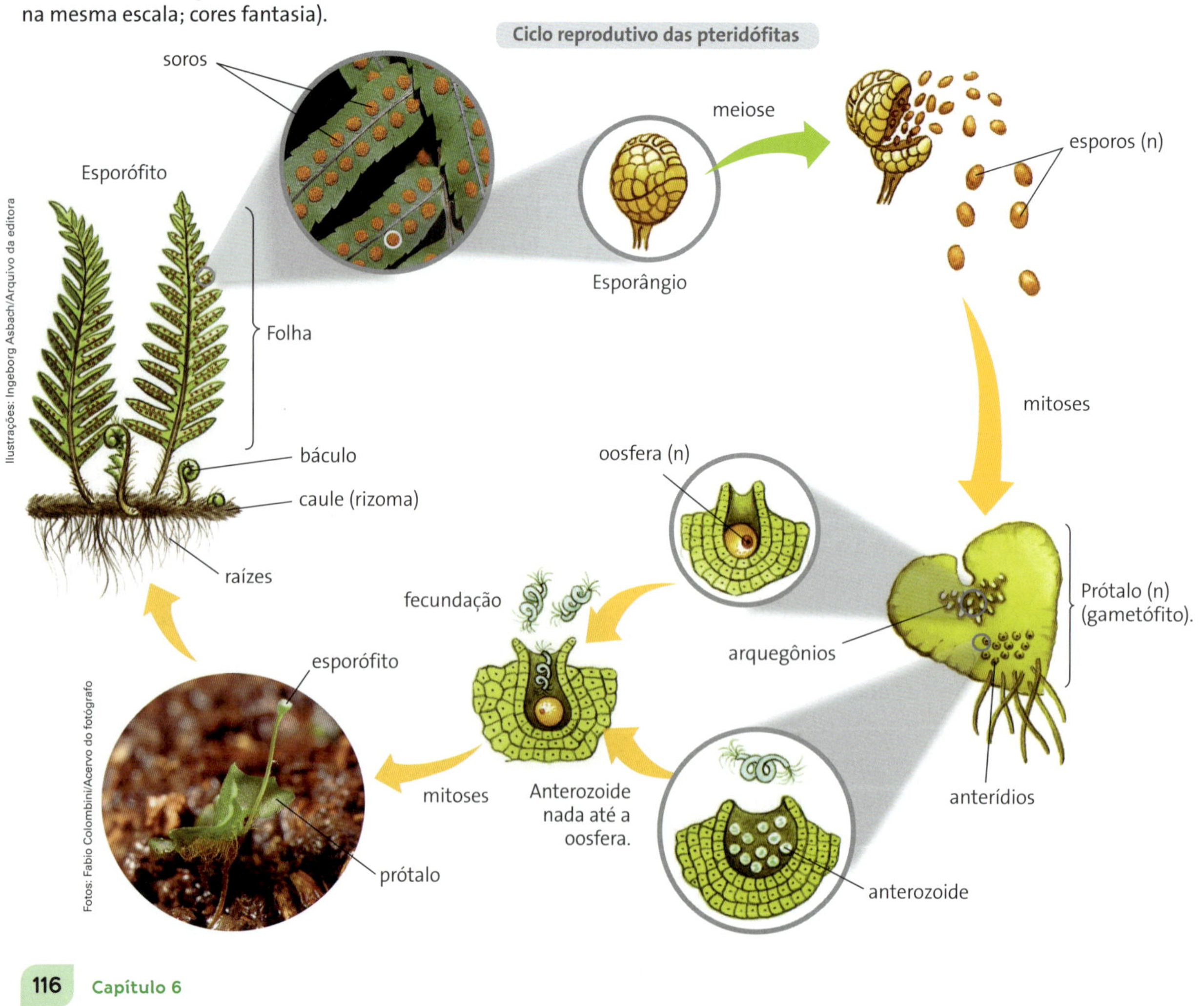

## Classificação

No filo **Pteridophyta** (ou **Pterophyta**), encontramos as samambaias e avencas (filicíneas), já estudadas, as cavalinhas (gênero *Equisetum*) e as psilófitas (gênero *Psilotum*). Quanto às plantas dos gêneros *Selaginella* e *Lycopodium* (figura 6.10), que já foram consideradas integrantes desse filo, atualmente integram um filo à parte, denominado **Lycophyta**. No entanto, o termo "pteridófitas" ainda é usado, de modo informal, para indicar todas as plantas dos dois filos (Pteridophyta e Lycophyta; figura 6.10).

Fotos: Fabio Colombini/Acervo do fotógrafo

Licopódio (de 15 cm a 60 cm de altura).

Cavalinhas (*Equisetum* sp; atingem até 1 m de altura).

Figura 6.10 Plantas dos filos Pteridophyta e Lycophyta.

## Biologia e ambiente

O caule da pteridófita conhecida como samambaiaçu (*Dicksonia sellowiana*) é aéreo, e não subterrâneo, e está envolvido por raízes, também aéreas, entrelaçadas de forma compacta. Dele é feito o xaxim, um material utilizado na produção de vasos para plantas ornamentais (figura 6.11). A samambaiaçu é uma planta típica da Mata Atlântica e está ameaçada de extinção por causa da intensa exploração comercial. Por isso, a extração do xaxim é proibida por lei: não use xaxim. Já existem no mercado vasos fabricados com fibra de coco similares ao xaxim, o que contribui para a preservação da samambaiaçu.

Figura 6.11 Vaso de xaxim e samambaiaçu (que chega a 10 m de altura), da qual era extraído o xaxim. Hoje essa extração é proibida por lei.

Figura 6.12 Foto de fóssil de pteridófita.

## 4 As primeiras plantas terrestres

As primeiras plantas terrestres podem ter se originado dos mesmos ancestrais que deram origem às algas verdes. Os fósseis mais antigos identificados como esporos de plantas terrestres datam de 475 milhões de anos atrás, no Período Siluriano, compreendido entre 430 milhões e 395 milhões de anos atrás. Ainda no mesmo período, há registros de fósseis de pteridófitas (figura 6.12).

Acredita-se que as primeiras plantas avasculares e sem raízes talvez conseguissem absorver nutrientes do solo por causa de associações com fungos. Como vimos no capítulo 5, associações entre fungos e plantas são chamadas micorrizas.

Os fósseis mais antigos de plantas vasculares adultas datam do Período Siluriano. Esses fósseis foram identificados como parte do gênero *Cooksonia* e indicam que essas plantas provavelmente atingiam poucos centímetros de altura (figura 6.13).

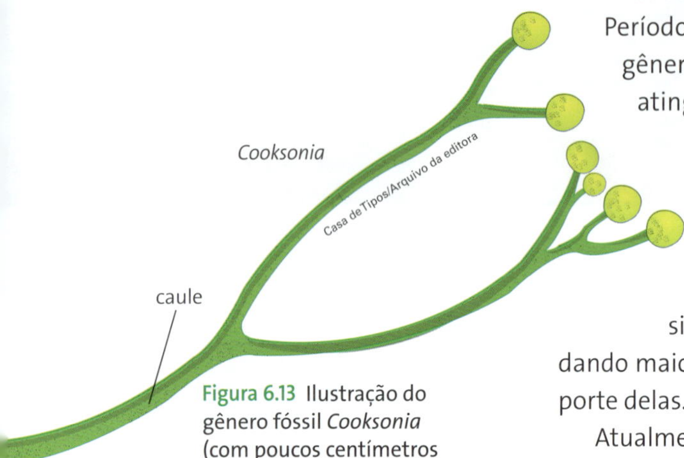

Figura 6.13 Ilustração do gênero fóssil *Cooksonia* (com poucos centímetros de altura; cores fantasia).

Aos poucos, as plantas vasculares começaram a atingir tamanhos muito maiores do que o comprimento atingido pelas briófitas (figura 6.14). Isso ocorreu porque as plantas vasculares desenvolveram um transporte interno eficiente. Além disso, esses vegetais também passaram a sintetizar lignina, uma molécula que confere rigidez às células, dando maior sustentação às plantas e contribuindo para o aumento do porte delas.

Atualmente, árvores do grupo das gimnospermas podem alcançar dezenas de metros de altura, como veremos no próximo capítulo.

Figura 6.14 Retrato artístico da paisagem do Período Carbonífero no qual as plantas vasculares primitivas eram dominantes.

# Atividades

1. O musgo do gênero *Sphagnum* cresce bem em regiões temperadas e frias, formando um material conhecido como turfa, capaz de reter água até uma quantidade equivalente a vinte vezes o seu peso. Por isso essa vegetação é misturada ao solo na jardinagem ou usada como recipiente para plantas. Em alguns países, a turfa seca e comprimida é empregada como combustível, substituindo, em certos casos, a lenha ou o carvão.

Chris Martin Bahr/SPL/latinstock

*Sphagnum* sp. (a espécie da foto tem cerca de 4 cm de comprimento).

A cápsula do esporófito do *Sphagnum* acumula um gás e se contrai à medida que amadurece. Com isso, a pressão interna da cápsula aumenta até que o opérculo arrebenta, deixando escapar o gás com uma nuvem de esporos. Que vantagem adaptativa isso traz para o musgo?

2. Ordene os acontecimentos a seguir na sequência correta, começando por "planta": planta – produção de gametas – formação do prótalo – produção de esporos – fecundação.

3. Um estudante afirmou que as briófitas não se libertaram completamente da água. Com base nos conhecimentos adquiridos neste capítulo, justifique a afirmação do estudante.

4. Que estrutura presente no corpo das pteridófitas permitiu às espécies do grupo atingirem, em geral, maiores alturas do que as espécies do grupo das briófitas?

5. Indique apenas as afirmativas verdadeiras.
   a) Musgos e samambaias possuem raiz, caule e folhas.
   b) Briófitas e pteridófitas dependem da água para a reprodução.
   c) As pteridófitas se reproduzem por sementes.
   d) Nas briófitas, a planta principal e que vive mais tempo produz gametas.
   e) Briófitas são plantas vasculares.
   f) Os órgãos reprodutores das briófitas e das pteridófitas são os anterídeos e arquegônios.
   g) Nas samambaias, a planta principal e que vive mais tempo é o esporófito.

6. O esquema a seguir ilustra o ciclo reprodutivo de dois grupos de plantas: briófitas e pteridófitas. Examine-o e responda às questões.

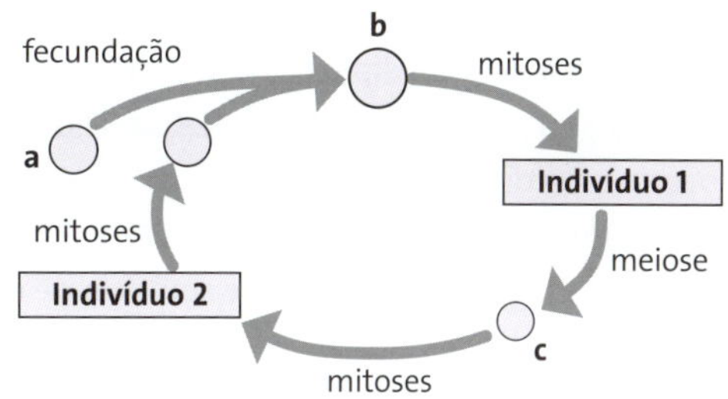


   a) Que células estão representadas pelas letras **a**, **b** e **c**? Quais dessas células são haploides (n) e que informações lhe permitiram chegar a essa conclusão?
   b) No que diz respeito à função, que diferenças existem entre os tipos de células haploides do esquema?
   c) Qual dos dois indivíduos do esquema é haploide? Que informações lhe permitiram chegar a essa conclusão?
   d) O gametófito das pteridófitas é bem menor que o esporófito. Por que o tamanho reduzido do gametófito facilita a reprodução dessas plantas?

7. Em geral, os animais têm corpos compactos, o que facilita seu deslocamento. Já as plantas apresentam corpos com grande superfície relativa. Explique por que podemos dizer que tais formas corporais representam adaptação ao tipo de nutrição desses organismos.

## Atividade prática

Antes de realizar esta atividade prática, com a orientação de seu professor, certifique-se de que conhece os cuidados e procedimentos necessários para o uso correto do microscópio.

Você vai precisar de:
- alguns gametófitos de musgos recém-coletados;
- conta-gotas;
- lâminas e lamínulas;
- microscópio.

Em grupo, e com a orientação do professor, coloquem sobre uma lâmina um filoide de musgo. Pinguem uma gota de água sobre ele e cubram o material com a lamínula.

Levem a preparação ao microscópio e observem-na inicialmente com o menor aumento. Depois, troquem de lente e observem novamente o material.

a) Façam esquemas do que vocês observaram.
b) O que são as estruturas verdes observadas no interior das células?
c) Qual a importância dessas estruturas para o vegetal?

# Vestibulares de Norte a Sul

1. **SE** (PUC-SP) A partir da germinação de um esporo de samambaia:

a) origina-se a geração diploide de seu ciclo de vida.
b) origina-se a geração duradoura de seu ciclo de vida.
c) ocorre uma divisão meiótica.
d) ocorre imediatamente a fecundação.
e) origina-se a geração haploide de seu ciclo de vida.

2. **N** (UFPA) Escavações arqueológicas em solos rochosos do Período Carbonífero, com aproximadamente 300 milhões de anos, descobriram fósseis vegetais. A análise dos fósseis mostrou a presença de traqueídes, com paredes reforçadas de lignina, e ausência de óvulos. Baseando-se nas características dos vegetais fossilizados, pode-se incluí-los no grupo das:

a) pteridófitas.
b) angiospermas.
c) gimnospermas.
d) briófitas.
e) fanerógamas.

3. **SE** (UFV-MG) A figura adiante corresponde a duas plantas com parte de suas estruturas morfológicas e reprodutivas indicadas por I, II, III e IV.

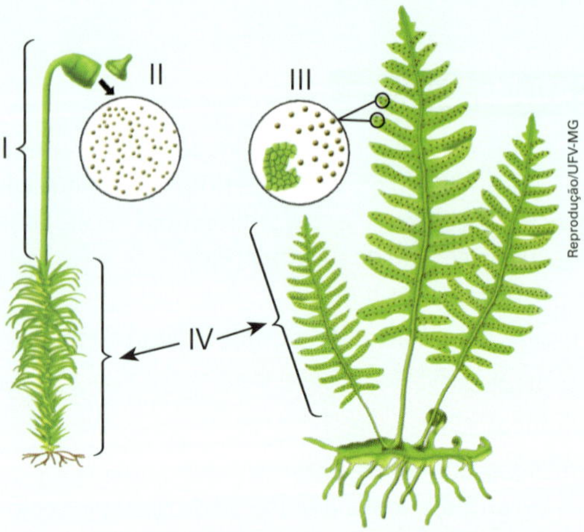


Observe a representação e assinale a afirmativa correta.

a) As duas plantas são vascularizadas e apresentam folhas clorofiladas.
b) A estrutura indicada por I é diploide e corresponde ao prótalo.
c) III corresponde a soros 2n que produzem os esporos nas pteridófitas.
d) II indica os anterozoides haploides produzidos pelo esporângio.
e) As estruturas indicadas por IV são gametófitos haploides.

4. **CO** (UnB-DF) *Este trabalho diz respeito ao primeiro registro de fósseis na bacia de São Paulo, bem como à primeira ocorrência de restos bem preservados do grupo no Brasil.* Isotachis simonesii *é uma nova espécie, que, proposta com base em gametófitos carbonificados, vivia em um paleoambiente úmido.*

*Revista do Instituto Geológico*, v. 23, 2002, p. 19-22 (com adaptações).

Se a espécie referida no fragmento acima apresenta, ainda, como característica o protalo como fase duradoura, infere-se que ela pertence à categoria taxonômica denominada:

a) briófita.
b) pteridófita.
c) gimnosperma.
d) angiosperma.

5. **SE** (Ufscar-SP) Considere as seguintes características:

I. presença de tecidos de condução;
II. presença de raízes verdadeiras;
III. dependência da água para a fecundação;
IV. fase esporofítica predominante.

Uma briófita e uma pteridófita apresentam em comum apenas:

a) IV.
b) III.
c) I e II.
d) II e III.
e) I, II e IV.

6. **SE** (Fuvest-SP) O xaxim é um produto muito usado na fabricação de vasos e suportes para plantas. A sua utilização:

a) aumenta o risco de extinção de certas samambaias, a partir das quais é produzido.
b) não acarreta nenhum impacto ambiental, pois é produzido a partir da compactação de folhas de certas palmeiras.
c) aumenta o risco de extinção de certas gramíneas, a partir das quais é produzido.
d) não acarreta nenhum impacto ambiental, pois é produzido a partir de raízes de plantas aquáticas secas.
e) provoca a extinção de certas palmeiras, a partir das quais é produzido.

7. **SE** (Uerj) Algas e musgos possuem diversas características em comum. Uma característica comum a todos os tipos de algas e musgos é a inexistência de:

a) nutrição autotrófica.
b) estruturas pluricelulares.
c) vasos condutores de seiva.
d) reprodução do tipo sexuada.

8. **NE** (Uece) Com relação à reprodução das plantas, é correto afirmar-se que,

a) em se tratando de gimnospermas, o gametófito predomina em relação ao esporófito.
b) nas pteridófitas, vegetais que não produzem flores, a reprodução se dá somente por meio de esporos produzidos através de divisões mitóticas.
c) em todos os vegetais, a fase gametofítica é diploide e a fase esporofítica é haploide.
d) em uma briófita, a fase gametofítica é mais duradoura do que a esporofítica.

9. **SE** (UFSJ-MG) Dentre as briófitas, as espécies do gênero *Sphagnum* destacam-se por sua importância econômica, pois formam a turfa. A turfa seca é queimada para fornecer energia em regiões como o norte da Europa e Ásia.

A utilização da turfa como fonte de energia só é possível porque é formada pelo acúmulo de musgos mortos em terrenos

a) pantanosos, com pouca disponibilidade de oxigênio. A baixa concentração de oxigênio impede que os micro-organismos decomponham o vegetal e liberem o carbono para a atmosfera.
b) pantanosos, com pouca disponibilidade de oxigênio. A baixa concentração de oxigênio acelera o processo de decomposição, realizado pelos micro-organismos anaeróbios, que convertem o carbono na forma de carboidrato em álcool pelo processo da fermentação alcoólica.
c) arenosos, com alta disponibilidade de oxigênio. As altas concentrações de oxigênio permitem a oxidação dos carboidratos, como a celulose, em oxicarboidratos compostos altamente energéticos.
d) arenosos, com alta disponibilidade de oxigênio. A condição de aeração permite o processo de decomposição, realizado pelos micro-organismos aeróbios, que convertem o tecido vegetal, ao longo do tempo, em combustível fóssil.

10. **S** (Feevale-RS) As samambaias são plantas comumente encontradas no sub-bosque florestal e crescem preferencialmente em locais úmidos e sombrios. Sobre as características das samambaias, são feitas algumas afirmações.

I. São plantas vasculares sem sementes.
II. Apresentam alternância de gerações durante o seu ciclo de vida.
III. A fase esporofítica é diploide e mais longa em relação à fase gametofítica, que é haploide.

Assinale a alternativa correta.

a) Apenas a afirmação I está correta.
b) Apenas a afirmação II está correta.
c) Apenas a afirmação III está correta.
d) Apenas as afirmações I e II estão corretas.
e) Todas as afirmações estão corretas.

11. **N** (Uepa) A ação do ser humano na natureza tem aumentado a quantidade de dióxido de carbono na atmosfera, através da queima intensa e descontrolada de combustíveis fósseis e do desmatamento. A derrubada de árvores provoca o aumento da quantidade de dióxido de carbono na atmosfera, através da queima ou por decomposição natural. Entretanto, é sabido que os representantes do reino Plantae absorvem o dióxido de carbono e produzem oxigênio, indicando que uma menor quantidade desses organismos na natureza significa, também, menos dióxido de carbono sendo absorvido.

(Texto modificado: <http://ambientes.ambientebrasil.com.br/mudancas_climaticas/artigos/efeito_estufa.html>. Acesso em: 22 mar. 2014.)

Quanto ao reino tratado no texto, analise as afirmativas abaixo.

I. Entre as criptógamas, as pteridófitas possuem floema e xilema.
II. Insetos que se alimentam de seiva elaborada necessitam perfurar o floema.
III. Rizoma é um caule aéreo modificado com função fotossintetizante.
IV. A citocinina é um fitormônio que estimula a divisão e diferenciação celular.
V. A fragmentação é o meio de reprodução sexuada das briófitas.

De acordo com as afirmativas acima, a alternativa correta é:

a) I, II e III.
b) II, III e IV.
c) I, II e IV.
d) III, IV e V.
e) II, III e V.

12. **NE** (Uece) As plantas, assim como todos os demais seres vivos, possuem ancestrais aquáticos e desta forma sua história evolutiva encontra-se relacionada à ocupação progressiva do ambiente terrestre. Para que isso pudesse acontecer algumas características foram selecionadas e dentre elas podemos destacar:

I. Sistema vascular
II. Esporófito dominante
III. Filoides
IV. Esporófito não ramificado

São características próprias de pteridófitas e briófitas, respectivamente:

a) I e II; III e IV.
b) I e III; II e IV.
c) II e IV; I e III.
d) III e IV; I e II.

13. **N** (UFT-TO) As briófitas são plantas avasculares de organização estrutural relativamente simples e apresentam alternância de gerações, na qual:

a) A geração diploide, denominada gametófito, constitui a parte dominante do seu ciclo de vida.
b) A geração haploide, denominada esporófito, constitui a parte dominante do seu ciclo de vida.
c) A geração haploide, denominada gametófito, constitui a parte dominante do seu ciclo de vida.
d) A geração diploide, denominada esporófito, constitui a parte dominante do seu ciclo de vida.
e) A geração haploide, denominada esporângio, constitui a parte dominante do seu ciclo de vida.

14. **S** (UFRGS-RS) Percorrendo uma trilha em uma floresta úmida do Sul do Brasil, um estudante encontrou duas plantas pequenas crescendo sobre uma rocha. Observando-as, concluiu que se tratava de um musgo (Briophyta) e de uma samambaia (Pteridophyta).

Considere as afirmações a seguir sobre essas plantas.

I. As pteridófitas, ao contrário das briófitas, apresentam vasos condutores de seiva.
II. As pteridófitas e as briófitas são plantas de pequeno porte por não apresentarem tecidos de sustentação.
III. Na face inferior das folhas da pteridófita, encontram-se soros nos quais ficam armazenados os esporos.

Quais estão corretas?

a) Apenas I.
b) Apenas II.
c) Apenas I e III.
d) Apenas II e III.
e) I, II e III.

15. **S** (Udesc) Assinale a alternativa correta a respeito das características gerais das briófitas.

a) Apesar de a maioria dos musgos preferir locais úmidos e sombreados, podem ser encontradas espécies adaptadas a ambientes desérticos e polares.
b) A fixação do vegetal ocorre pela ação de raízes verdadeiras, as quais também desempenham o importante papel de absorver a água e os sais minerais essenciais à sobrevivência da planta.
c) A presença de um câmbio vascular permite que esses vegetais possam atingir tamanho de até 1 metro de altura.
d) O ciclo de vida das briófitas caracteriza-se pela alternância de gerações com uma fase esporofítica, haploide; e uma fase gametofítica, diploide.
e) O esporófito das briófitas é a forma duradoura do vegetal, sendo responsável por garantir a sua sobrevivência. A partir dele desenvolve-se o gametófito, com função reprodutiva.

16. **S** (UEPG-PR) A respeito das samambaias, o mais importante grupo das pteridófitas, assinale o que for correto.

(01) Dentro de uma escala evolutiva foram as primeiras plantas a apresentarem verdadeiras raízes, caules e folhas.
(02) Essas espécies, denominadas Cicadáceas, geralmente possuem folhas grandes e são plantas vasculares, sem sementes.
(04) As folhas das samambaias, em geral, têm função dupla: fotossíntese e reprodução, pois na parte inferior dos folíolos distribuem-se grupos de esporângios, os soros, que, em algumas espécies, ficam protegidos por uma fina lâmina de cobertura, o indúsio.
(08) Nas samambaias, todo organismo, ou corpo vegetativo, com raízes, caules e grandes folhas, correspondem ao prótalo, a fase mais desenvolvida do ciclo de vida dessas plantas.
(16) As pteridófitas deram um grande passo evolutivo na conquista do meio terrestre, pois são os primeiros vegetais vasculares, sendo capazes de transportar facilmente a água das raízes para seus órgãos aéreos, o caule e as folhas. Essas plantas são chamadas traqueófitas, pois seu tecido condutor é representado pelas traqueias ou vasos liberianos, também chamados de floema, que transportam água e sais absorvidos pelas raízes, e os vasos lenhosos, também chamados de xilema, que transportam a solução orgânica com os produtos da fotossíntese.

17. **SE** (Unicamp-SP) A Mata Atlântica é um ambiente bastante úmido. Nesse ambiente, é comum encontrar diversos tipos de plantas verdes, de pequeno porte (alguns centímetros), crescendo sobre troncos e ramos de árvores, bem como recobrindo certas áreas na superfície do solo. A reprodução dessas plantas não ocorre por meio de flores, mas no seu ciclo há gametas envolvidos. Que plantas são essas? Qual o fator que delimita o seu tamanho? Qual é a fase transitória do seu ciclo reprodutivo?

18. **CO** (UFG-GO) As briófitas e as pteridófitas são vegetais característicos de ambientes úmidos.

a) Explique como ocorre o transporte da água no interior desses organismos.
b) Apresente uma razão para o fato de as briófitas serem consideradas organismos importantes na dinâmica das comunidades.

19. **SE** (Fuvest-SP) O esquema representa o ciclo de vida da samambaia. A letra **A** representa a célula haploide, que faz a transição da fase esporofítica para a fase gametofítica; a letra **B** representa a célula diploide, que faz a transição da fase gametofítica para a fase esporofítica.

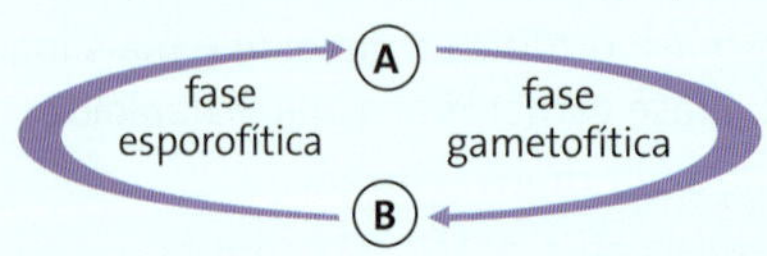


a) Descreva resumidamente a aparência das plantas que representam a fase esporofítica e a fase gametofítica.
b) Quais são os nomes das células representadas pelas letras **A** e **B**?

CAPÍTULO

# 7 Gimnospermas e angiospermas

Fabio Colombini/Acervo do fotógrafo

Paineira florida em Brasília, DF.

↘ *Que aspectos da reprodução das gimnospermas e das angiospermas colaboraram para que essas plantas consquistassem o meio terrestre?*

Figura 7.1 *Sequoia sempervirens* (mais de 112 m de altura) na Califórnia, Estados Unidos.

# 1 Gimnospermas

Como as pteridófitas, as gimnospermas são plantas vasculares, com raiz, caule e folhas. A novidade é a presença de uma nova estrutura de reprodução. Essas plantas apresentam ramos no caule com folhas especializadas na produção de esporos, que germinam na própria planta e originam gametófitos. Por causa da presença desses órgãos reprodutores bem diferenciados e visíveis, elas são chamadas **fanerógamas** (*phanerós* = aparente; *gamós* = casamento), como vimos no início do capítulo anterior. Outra novidade é a presença de semente, o que as caracteriza como espermatófitas.

Graças a essas duas novidades, as gimnospermas se desenvolveram no ambiente terrestre, com o seu ciclo independente da água.

Entre as gimnospermas encontramos as maiores e mais antigas árvores do planeta: uma espécie de sequoia (*Sequoia sempervirens*), que chega a atingir mais de 112 metros de altura e tem caules de aproximadamente 10 metros de diâmetro. No ano de 2011, a análise do tronco de um pinheiro (*Pinus longaeva*) indicou 4842 anos. Veja a figura 7.1.

## Ciclo reprodutivo

Usaremos as **coníferas** ou **coniferófitas** como referência para estudar o ciclo reprodutivo das gimnospermas. Elas formam grandes florestas no hemisfério norte (constituindo um terço das florestas do mundo). No sul do Brasil, há a **mata de Araucárias**, com o pinheiro-do-paraná (*Araucaria angustifolia*; figura 7.2) e o pinheiro-bravo (gênero *Podocarpus*).

Figura 7.2 Pinheiro-do-paraná (*Araucaria angustifolia*; 10 m a 35 m de altura, em média).

Curitiba, capital do Paraná, deve seu nome à mata de Araucárias (na língua tupi, *curi* significa 'pinheiro', e *tyba*, 'aglomeração'), também encontrada nos estados de São Paulo, Santa Catarina e Rio Grande do Sul.

O pinheiro é muito explorado para extração de madeira, principalmente para a produção de papel, de resinas, usadas na produção de solventes (como a terebintina) e de verniz. A semente do pinheiro-do-paraná, o pinhão, é aproveitada como alimento por alguns mamíferos, aves e pelo ser humano (figura 7.3).

A maior parte da mata das Araucárias já foi destruída por causa do desenvolvimento da agropecuária e da urbanização. Hoje essas áreas estão desmatadas ou cobertas por outras espécies de pinheiros, usadas na produção de papel.

O pinheiro-do-paraná apresenta feixes de **folhas aciculadas**, isto é, longas em forma de agulha ou espessas e curtas em forma de escama. Além das folhas que realizam fotossíntese, existem as reprodutoras, chamadas **esporófilas** (*sporo* = semente; *phyllon* = folha), que possuem esporângios. Em geral, elas estão reunidas em estruturas chamadas **estróbilos** (*stróbilos* = cone) ou **cones** (os estróbilos têm, geralmente, a forma cônica, daí o nome coníferas). Na superfície dessas folhas se formam as sementes, após a fecundação dos gametas (figura 7.3).

Figura 7.3 Alguns aspectos das gimnospermas, plantas com sementes, mas sem frutos. (Os elementos da ilustração não estão na mesma escala; cores fantasia.)

Estróbilo masculino do pinheiro-do-paraná (10 cm a 22 cm de comprimento).

Estróbilo feminino do pinheiro-do-paraná (10 cm a 22 cm de comprimento).

Pinhão (cerca de 5 cm de comprimento).

Ramo de um pinheiro do gênero *Pinus*

Pinha (cerca de 15 cm de comprimento): cone feminino após fecundação.

# Formação do grão de pólen

A planta propriamente dita é o esporófito (2n). As folhas reprodutoras produzem dois tipos de esporos: **micrósporos** (*mikros* = pequeno) e **megásporos** (*méga* = grande). Por isso, há dois tipos de gametófitos: o masculino, originado do micrósporo e que se chama **grão de pólen**, e o gametófito feminino ou **megagametófito**, originado do megásporo.

No estróbilo (cone) masculino há folhas modificadas em escamas, chamadas microsporófilas, contendo cápsulas, os **microsporângios**. No interior dessas cápsulas, células especiais (diploides) sofrem meiose e formam micrósporos (haploides). Estes sofrem mitoses e originam os grãos de pólen. Em algumas espécies há em torno do grão de pólen uma parede protetora, com duas expansões laterais em forma de asa (figura 7.4).

Uma vez liberados, os grãos de pólen são levados pelo vento; apenas alguns deles atingem o cone feminino, polinizando-o. É a chamada **polinização anemófila** ou **anemofilia** (*ánemos* = vento; *philein* = amigo). Nesse caso, a grande quantidade de grãos de pólen produzidos compensa a perda que ocorre no transporte pelo vento.

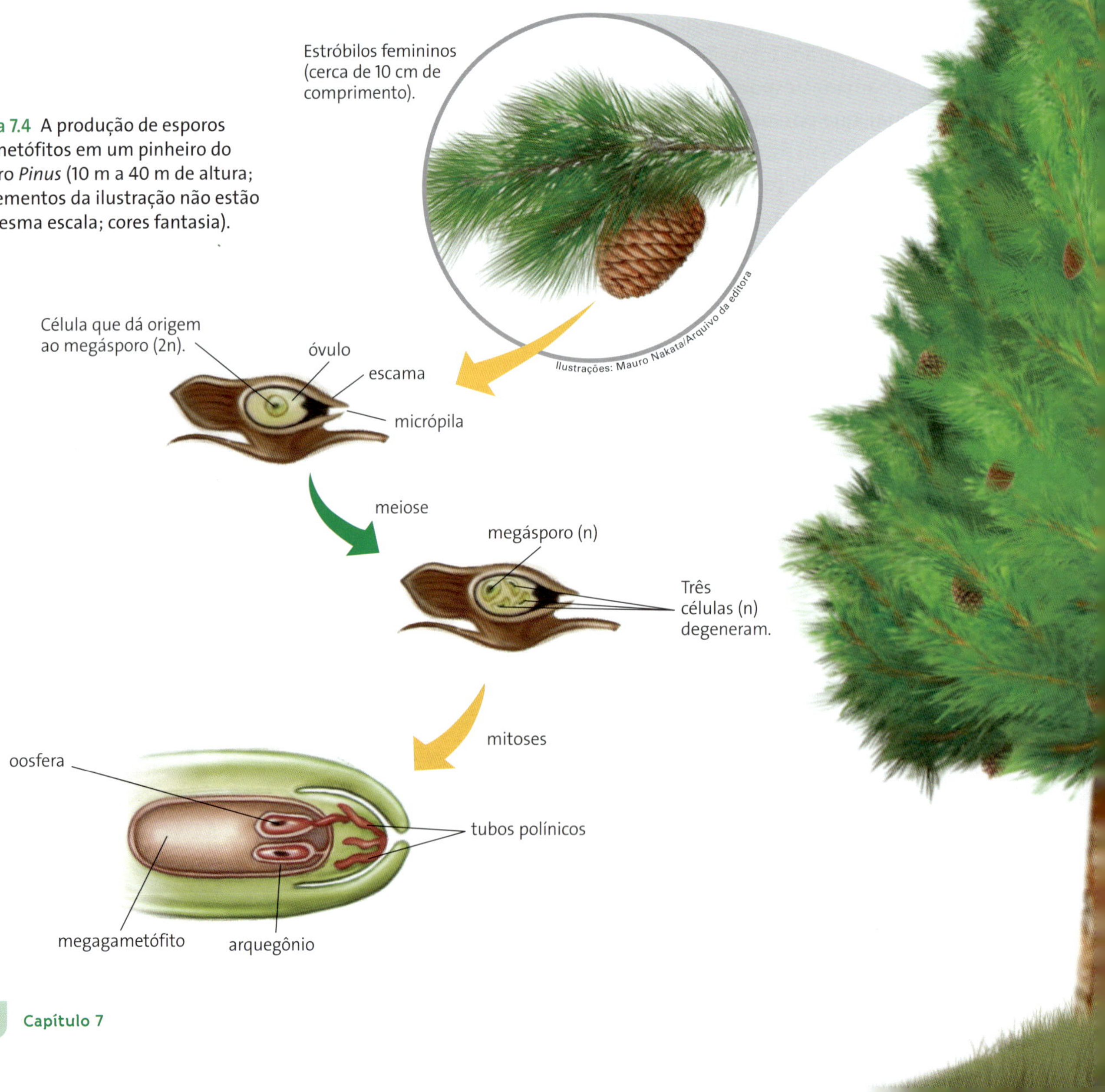


Figura 7.4 A produção de esporos e gametófitos em um pinheiro do gênero *Pinus* (10 m a 40 m de altura; os elementos da ilustração não estão na mesma escala; cores fantasia).

## Formação do gametófito feminino

Os estróbilos femininos, também chamados **pinhas**, são formados por folhas modificadas em escamas (**megasporófilas**), que contêm **megasporângios**. O megasporângio revestido por uma ou duas camadas de tecidos (**tegumento**) forma o óvulo, que possui uma abertura, a **micrópila** (*mikros* = pequeno; *pylen* = orifício, entrada). Observe que, enquanto nos animais o óvulo corresponde ao gameta feminino, nos vegetais o óvulo é uma cápsula que contém o gameta feminino (oosfera), além de outras células.

No óvulo das gimnospermas há uma célula especial, que sofre meiose e origina quatro células haploides. Dessas, três células degeneram e uma, o **megásporo**, germina dentro do óvulo (figura 7.4).

A transformação do megásporo em gametófito feminino é muito lenta e só se inicia depois da polinização (transporte do grão de pólen para o cone feminino). Ela começa com a multiplicação, por mitose, do núcleo, sem que o citoplasma se divida, formando uma massa plurinucleada que corresponde ao gametófito feminino. Nessa massa começam a formar-se membranas celulares e surgem dois ou mais arquegônios, os órgãos produtores de gametas femininos presentes nos gametófitos. Cada arquegônio contém um gameta feminino, ou oosfera (figura 7.4).

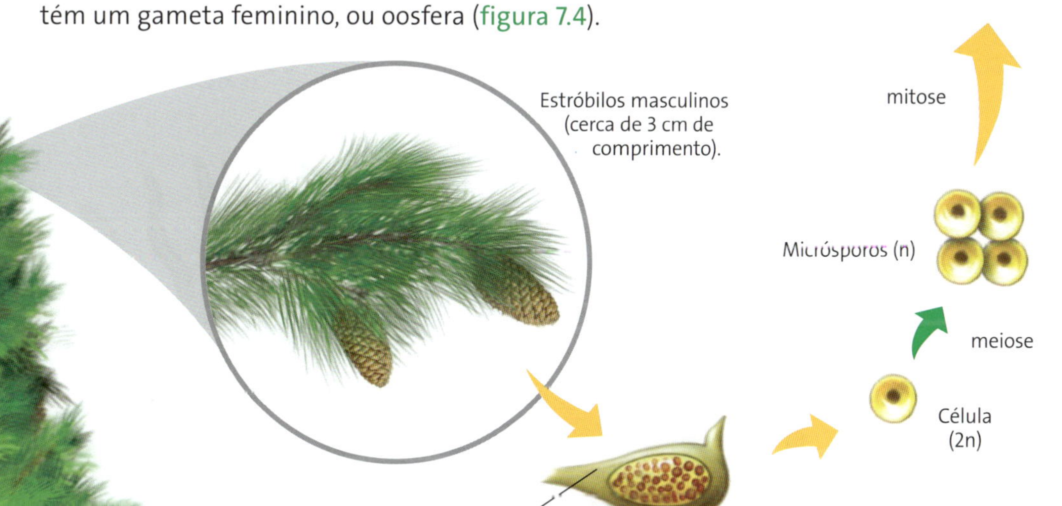


Jerome Wexler/Photoresearchers/Latinstock

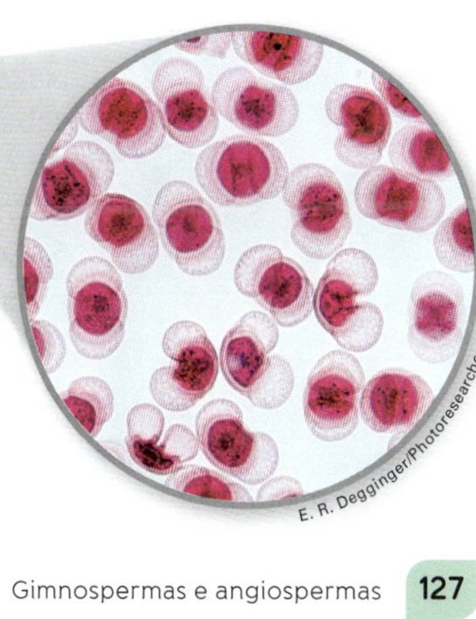

E. R. Degginger/Photoresearchers/Latinstock

Um estróbilo (abeto da Noruega; *Picea abies*) liberando grãos de pólen e, no detalhe, grãos de pólen de um pinheiro (gênero *Pinus*; vistos ao microscópio óptico; aumento de cerca de 180 vezes; com corantes)

# Fecundação

Os grãos de pólen atingem os óvulos e ficam presos a eles, próximo à micrópila, por um líquido viscoso. Quando germinam, forma-se o tubo polínico, que cresce em direção à oosfera. No interior desse tubo há duas **células espermáticas**, que funcionam como gametas masculinos (figura 7.5).

O tubo polínico pode ser considerado um gametófito masculino maduro (com gametas em seu interior). O grão de pólen seria o gametófito jovem. O crescimento do tubo polínico torna a fecundação independente da água – o que não ocorre nas pteridófitas. Portanto, a presença desse tubo é um fator importante na conquista do meio terrestre pelas gimnospermas.

A fecundação ocorre quando uma das células espermáticas se une à oosfera e origina um zigoto. Mesmo quando ocorre mais de uma fecundação (há mais de um arquegônio e de um tubo polínico), apenas um embrião se desenvolve. Após a fecundação, o óvulo transforma-se em semente, que contém um embrião, o tecido nutritivo e uma casca (figura 7.5).

Nas araucárias, a semente é conhecida como pinhão, e o estróbilo feminino é a pinha (reveja a figura 7.3).

As sementes demoram para germinar e, em muitos casos, flutuam no ar e vão germinar longe da planta-mãe, promovendo a dispersão. As sementes também ajudam na adaptação à vida terrestre ao protegerem o embrião contra a perda de água.

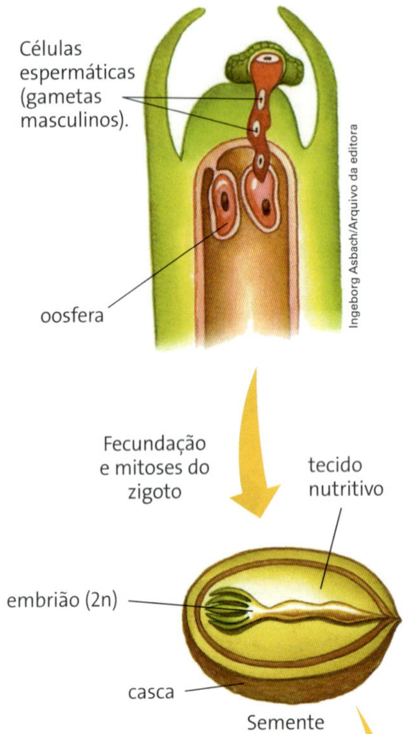


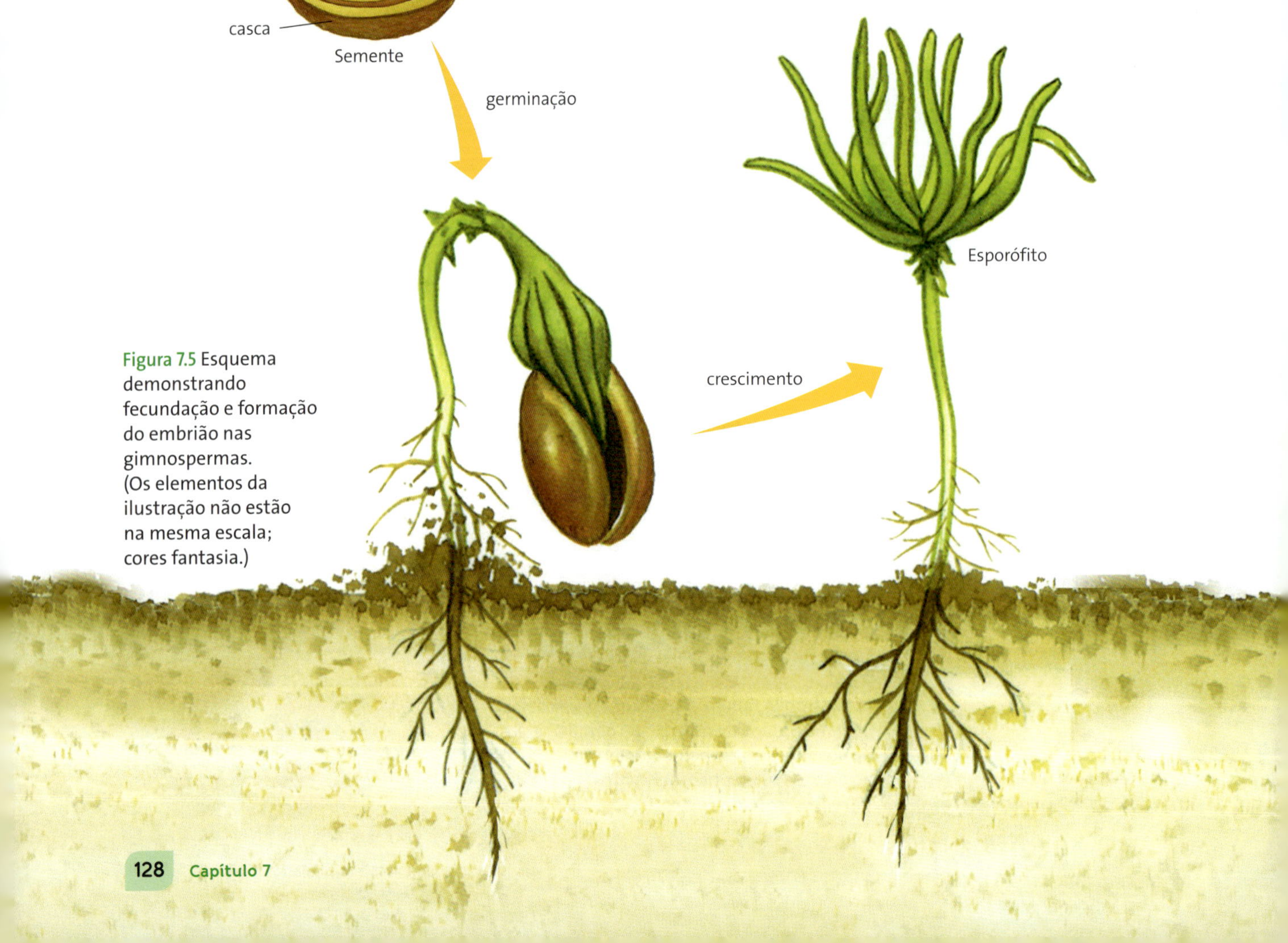


Figura 7.5 Esquema demonstrando fecundação e formação do embrião nas gimnospermas. (Os elementos da ilustração não estão na mesma escala; cores fantasia.)

# Classificação

No grupo das gimnospermas estão os filos ou as divisões **Coniferophyta** (**coníferas**), **Cycadophyta** (**cicadófitas** ou **cicadáceas**) – com o gênero *Cycas*–, **Gnetophyta** (**gnetófitas**) – com o gênero *Ephedra* – e **Ginkgophyta** (**gincófitas**).

Entre as coníferas, além dos pinheiros, estão os ciprestes (figura 7.6) e as sequoias.

As cicadáceas, muito comuns na Era Mesozoica (250 milhões de anos a 65 milhões de anos atrás), devem ter sido um alimento importante para os dinossauros herbívoros da época. O gênero *Cycas* (sagu-de-jardim ou palmeirinha), introduzido em vários países, é muito usado em jardinagem (figura 7.6).

Antigos grupos de gnetófitas (figura 7.7) podem ter sido os ancestrais das angiospermas, pois apresentam algumas características semelhantes, como o tipo de vaso condutor de seiva bruta, a estrutura produtora do pólen (parecida com um estame) e uma dupla membrana protetora envolvendo o óvulo – essa membrana pode ter sido a origem dos carpelos (ou pistilos) das angiospermas. Existem três gêneros de gnetófitas: *Welwitschia*, *Gnetum* e *Ephedra* (os dois últimos gêneros são encontrados no Brasil). Da *Ephedra* extrai-se a efedrina, alcaloide usado, sob orientação médica, para tratar alguns problemas do sistema respiratório.

Das gincófitas, há apenas uma espécie viva: o *Ginkgo biloba*, nativo da China, cultivado em vários países e usado nos jardins de algumas metrópoles por causa da sua resistência à poluição do ar. Trata-se de grandes árvores com pequenas folhas em forma de leque, com dois lobos.

Nas cicadófitas e gincófitas há um anterozoide ciliado dentro do tubo polínico, que nada em direção ao gameta feminino. Nesse caso, há certa dependência da água para a fecundação.

© Bob Gibbons/SPL/Latinstock

*Ephedra* sp. (cerca de 1 m de altura).

*Welwitschia mirabilis*, encontrada no deserto de Kalahari, na África (cerca de 50 cm de altura).

Peter Johnson/Corbis/Latinstock

Figura 7.7 Dois dos três gêneros de gnetófitas.

Figura 7.6 Alguns representantes das coníferas e das cicadófitas.

Fabio Colombini/Acervo do fotógrafo

Sagu-de-jardim (gênero *Cycas*; 1,5 m a 3 m de altura).

Karl-Heinz Haenel/Corbis/Latinstock

Cipreste (atinge de 20 m a 30 m de altura).

# 2 Angiospermas

As angiospermas formam o filo **Anthophyta** (*anthos* = flor; *phyton* = planta). Esse grupo de plantas se diversificou pelo planeta provavelmente por causa do seu eficiente sistema de vasos condutores e da presença de flores e frutos, estruturas reprodutivas exclusivas desses vegetais. Essas estruturas reprodutivas ajudaram na dispersão das angiospermas por variadas regiões.

Hoje, as angiospermas estão bem disseminadas pelas regiões tropicais e temperadas e constituem mais de 70% do número total de espécies de plantas conhecidas. O tamanho dessas plantas é bem variável, desde pequenas ervas até grandes árvores (figura 7.8).

Diferentemente das gimnospermas, cujos órgãos reprodutores são representados por estróbilos, as angiospermas possuem flores típicas. No interior dessas flores existem folhas modificadas, os **carpelos** (diminutivo de *karpos* = fruto), que se fecham formando uma estrutura que lembra um vaso, o **pistilo** (*pistillu* = pilão). No pistilo se desenvolvem as sementes (daí o nome angiosperma: *aggeion* = vaso; *sperma* = semente). Após a fecundação, parte do pistilo transforma-se em fruto (figura 7.9).

A planta propriamente dita é o esporófito. O gametófito é extremamente reduzido e desenvolve-se dentro dos tecidos do esporófito.

Fabio Colombini/Acervo do fotógrafo

Jacinto Yoder/Shutterstock/Glow Images

Figura 7.8 Existem angiospermas pequenas, e outras plantas herbáceas como as violetas; e angiospermas enormes, como a sumaúma, que pode chegar a 50 m de altura.

Figura 7.9 Flor e fruto do abacateiro. O pistilo faz parte da flor e posteriormente se desenvolve no fruto.

Kim Nguyen/Shutterstock/Glow Images

Andrew Mandemaker/Acervo do fotógrafo

## Biologia tem História

### A orquídea de Darwin

Em 1862, Charles Darwin (1809-1882), naturalista britânico que propôs uma teoria para explicar a evolução das espécies e um dos fundadores da teoria da evolução, descobriu, em Madagascar, uma orquídea (*Angraecum sesquipedale*) cujo néctar se encontrava no fundo de um tubo com cerca de 30 cm de comprimento. Ele supôs que na ilha deveria existir algum inseto capaz de alcançar o néctar da flor e promover a polinização da planta.

Em 1903 foi identificada na região uma mariposa (*Xanthopan morganii praedicta*) que era forte candidata a polinizadora da orquídea, pois tinha uma língua (probóscide) suficientemente longa para recolher o néctar da flor e, ao fazê-lo, deveria ficar com a parte anterior do corpo recoberta de grãos de pólen e poderia transportá-los de uma orquídea a outra, promovendo a polinização da planta.

Em 1907, finalmente, a polinização da orquídea pela mariposa foi observada e, um dia, enfim, registrada em fotografia (figura 7.10).

Mitsuhiko Imamori/Minden Pictures/Latinstock

Figura 7.10 A polinização da flor da orquídea (cerca de 16 cm de diâmetro) pela mariposa, cuja existência foi prevista por Darwin.

# Flor

Uma flor completa (figura 7.11) é formada por: **pedúnculo** ou **pedicelo**, haste de sustentação que prende a flor ao caule; **receptáculo**, extremidade do pedúnculo, geralmente dilatada, na qual se prendem os **verticilos florais**, conjunto de folhas modificadas ou esporófilas, em geral dispostas em círculo. Na maioria das flores, da periferia para o centro, há quatro verticilos:

- **cálice**, conjunto de folhas protetoras, geralmente verdes, chamadas **sépalas**;
- **corola**, formada por esporófilas chamadas **pétalas**, de colorido vivo, embora, às vezes, sejam pálidas ou brancas, que servem indiretamente para a reprodução por atraírem os animais polinizadores com suas cores, aromas ou secreções adocicadas;
- **androceu** (*andros* = masculino), formado por estames, que correspondem a microsporófilos, folhas especializadas na produção dos micrósporos (originam o gametófito masculino). Os estames possuem um pedúnculo (**filete**), com uma dilatação na extremidade (**antera**);
- **gineceu** (*gyné* = feminino), formado por folhas modificadas, os **carpelos**, que se enrolam e se soldam formando os **pistilos**, que produzem os megásporos, originando o gametófito feminino. Os pistilos têm o aspecto de uma garrafa ou um vaso. A base dilatada é o ovário. Na extremidade oposta há uma dilatação, o **estigma**, que se liga ao ovário pelo **estilete**.

O conjunto formado pelo cálice e pela corola é chamado **perianto** (*peri* = ao redor; *anthos* = flor).

Às vezes, as pétalas têm a mesma cor que as sépalas, recebendo o nome de **tépalas**, e o conjunto de tépalas é chamado **perigônio** (*gonos* = gerar).

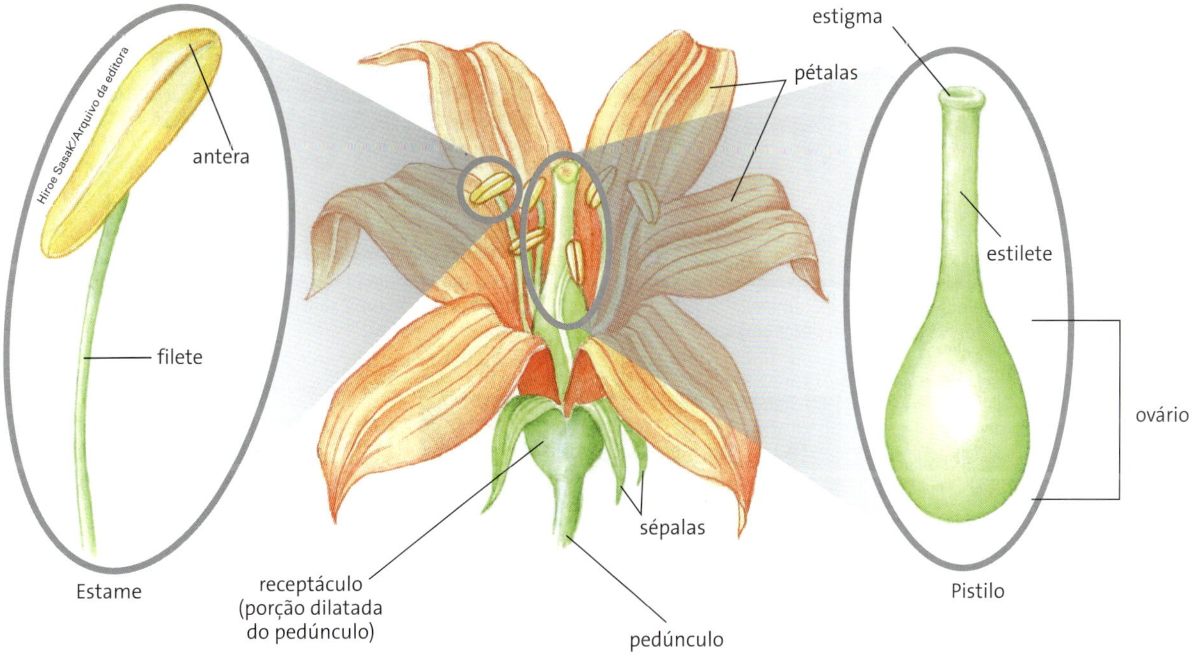


Figura 7.11 Partes de uma flor (os elementos da ilustração não estão na mesma escala; cores fantasia).

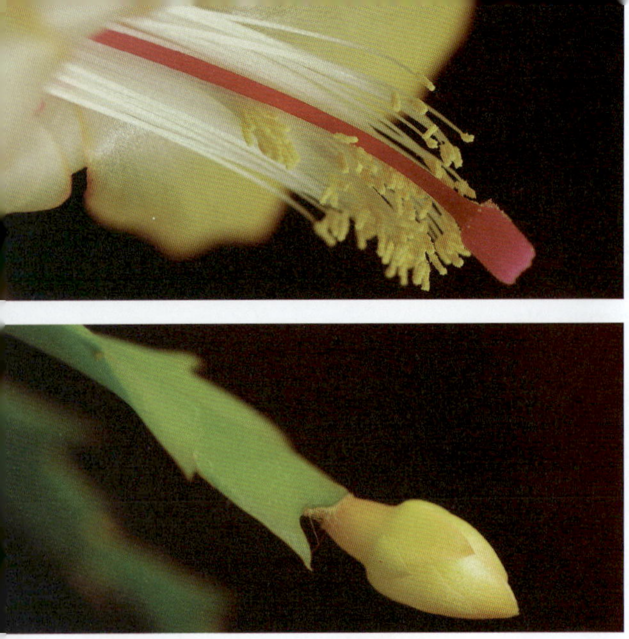

Fotos: Fabio Colombini/Acervo do fotógrafo

**Figura 7.12** Flor-de-maio em desenvolvimento (cerca de 7 cm de diâmetro). Na primeira foto, podem ser vistos estames e pistilo.

As flores são produzidas nos ramos floríferos, que se originam do desenvolvimento das gemas laterais do caule, como veremos adiante. Quando a planta chega à idade adulta, a flor surge inicialmente como um botão. Algum tempo depois, o botão se abre, deixando expostas pétalas e outras estruturas (figura 7.12).

Flores agrupadas em um mesmo pedúnculo, constituindo uma **inflorescência**, podem ser consideradas vantagem evolutiva, porque são mais facilmente percebidas pelo polinizador do que uma flor isolada. Os diferentes tipos de inflorescência que existem também estão relacionados com o maior sucesso reprodutivo da planta, pois facilitam o seu reconhecimento pelos polinizadores, contribuindo, assim, para que o grão de pólen seja efetivamente transportado para o estigma de flores da mesma espécie (figura 7.13). Além das flores, as inflorescências podem ser formadas também por **brácteas**, que são folhas modificadas.

Fabio Colombini/Acervo do fotógrafo

Panícula: cacho de cachos (flores de mangueira; cada flor tem cerca de 0,5 cm de diâmetro).

Jiri Loun/SPL/latinstock

Espiga (da orquídea *Epipactis helleborine*; brácteas com 2 cm a 6 cm de comprimento).

Fabio Colombini/Acervo do fotógrafo

Umbela (na foto, ipê-amarelo; cada flor tem cerca de 8 cm por 15 cm).

Fabio Colombini/Acervo do fotógrafo

Cacho (da orquídea *Encyclia fragrans*; flores com cerca de 5 cm de diâmetro).

A. Parramón/AP Photo

Capítulo (de girassol; até 30 cm de diâmetro).

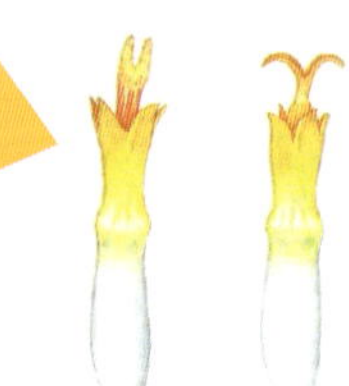


Ilustrações: Hiroe Sasaki/Arquivo da editora

**Figura 7.13** Alguns tipos de inflorescência (os elementos das ilustrações não estão na mesma escala; cores fantasia).

# Produção de micrósporos e do gametófito masculino

A produção de micrósporos ocorre nos estames. Nessas estruturas são encontrados os **sacos polínicos**, que correspondem a **microsporângios**. Em cada saco polínico existem várias células-mães dos esporos, que sofrem meiose e formam esporos haploides (figura 7.14).

Dentro do saco polínico o esporo sofre mitose e forma o grão de pólen (gametófito masculino). Dessa mitose, originam-se duas células: a **célula generativa** ou **geradora** e a **célula vegetativa** ou **do tubo**. O grão de pólen é revestido por uma capa de duas paredes: a interna, celulósica, chamada **intina**, e a externa, mais resistente, chamada **exina**. Na superfície da exina aparecem espinhos ou outras estruturas que protegem o grão de pólen e facilitam sua aderência ao estigma, para o qual deve ser levado durante a polinização.

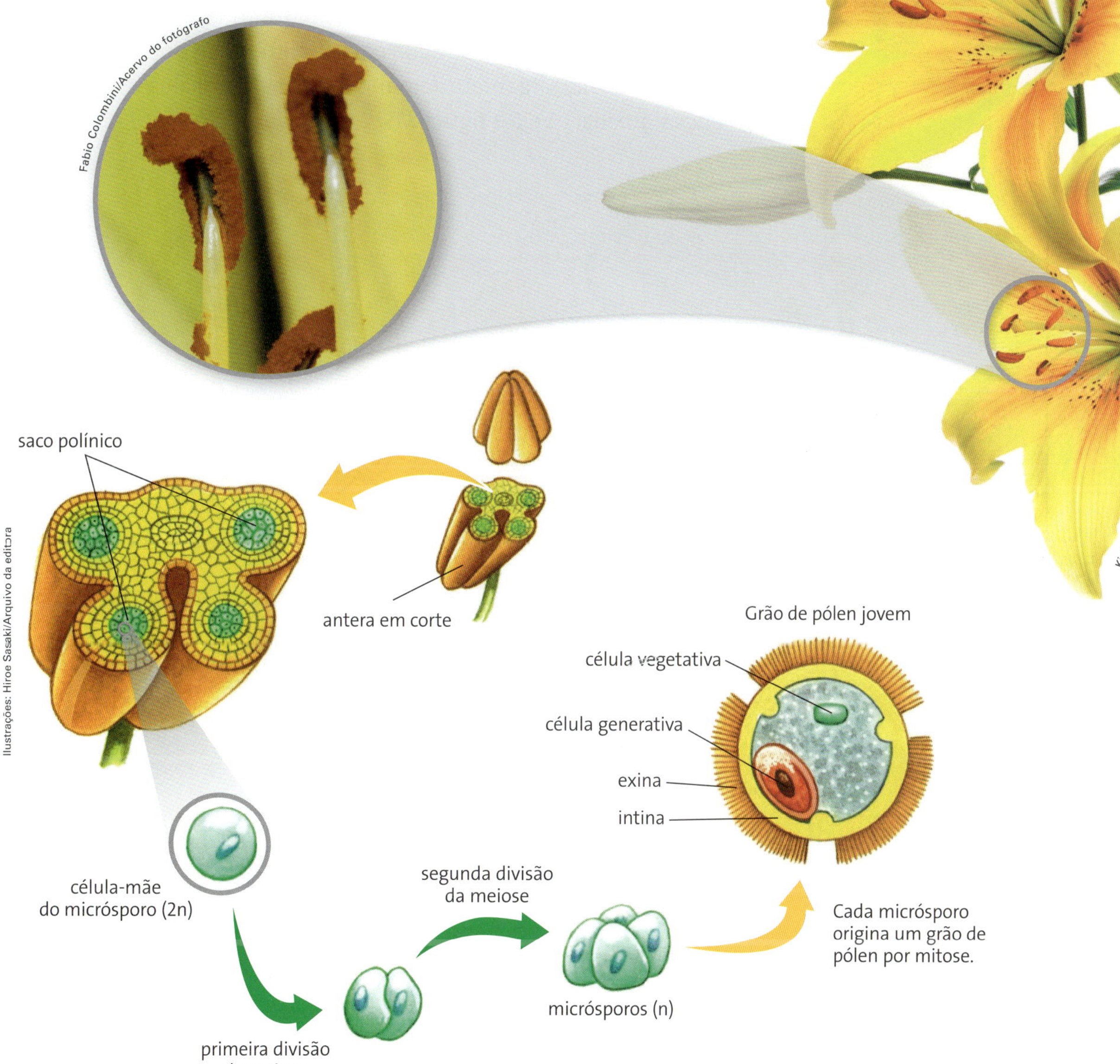


Figura 7.14 Na ilustração, esquema de formação do micrósporo e do gametófito masculino (os elementos ilustrados não estão na mesma escala; cores fantasia). Na foto, estames de lírio com as anteras abertas e cobertas de pólen (aumento de cerca de 5 vezes).

# Formação de megásporos e do gametófito feminino

A produção de megásporos ocorre no pistilo, mais especificamente no ovário, onde se pode encontrar um ou vários macrosporângios (óvulos), presos ao ovário por um pedúnculo (figura 7.15). Cada óvulo possui um tecido, a **nucela**, protegido por tegumentos. O externo é a **primina** e o interno, a **secundina**. Esses tegumentos apresentam uma abertura, a micrópila.

A célula-mãe do esporo sofre meiose e origina quatro células haploides, das quais só uma sobrevive, o megásporo. Este sofre três divisões nucleares e forma uma massa citoplasmática com oito núcleos haploides, dos quais três permanecem em um polo, e três vão para o polo oposto, onde são envolvidos por membranas plasmáticas e individualizam-se como células (figura 7.15). Os outros dois migram para o centro, formando os **núcleos polares** (que podem unir-se e formar a **célula central** ou o **núcleo secundário**). Desse modo, surge o gametófito feminino, chamado **saco embrionário**, que é constituído por três **antípodas**, dois núcleos polares e uma oosfera (gameta feminino), ladeada por duas **sinérgides** (*synegós* = auxiliar). Veja a figura 7.15.

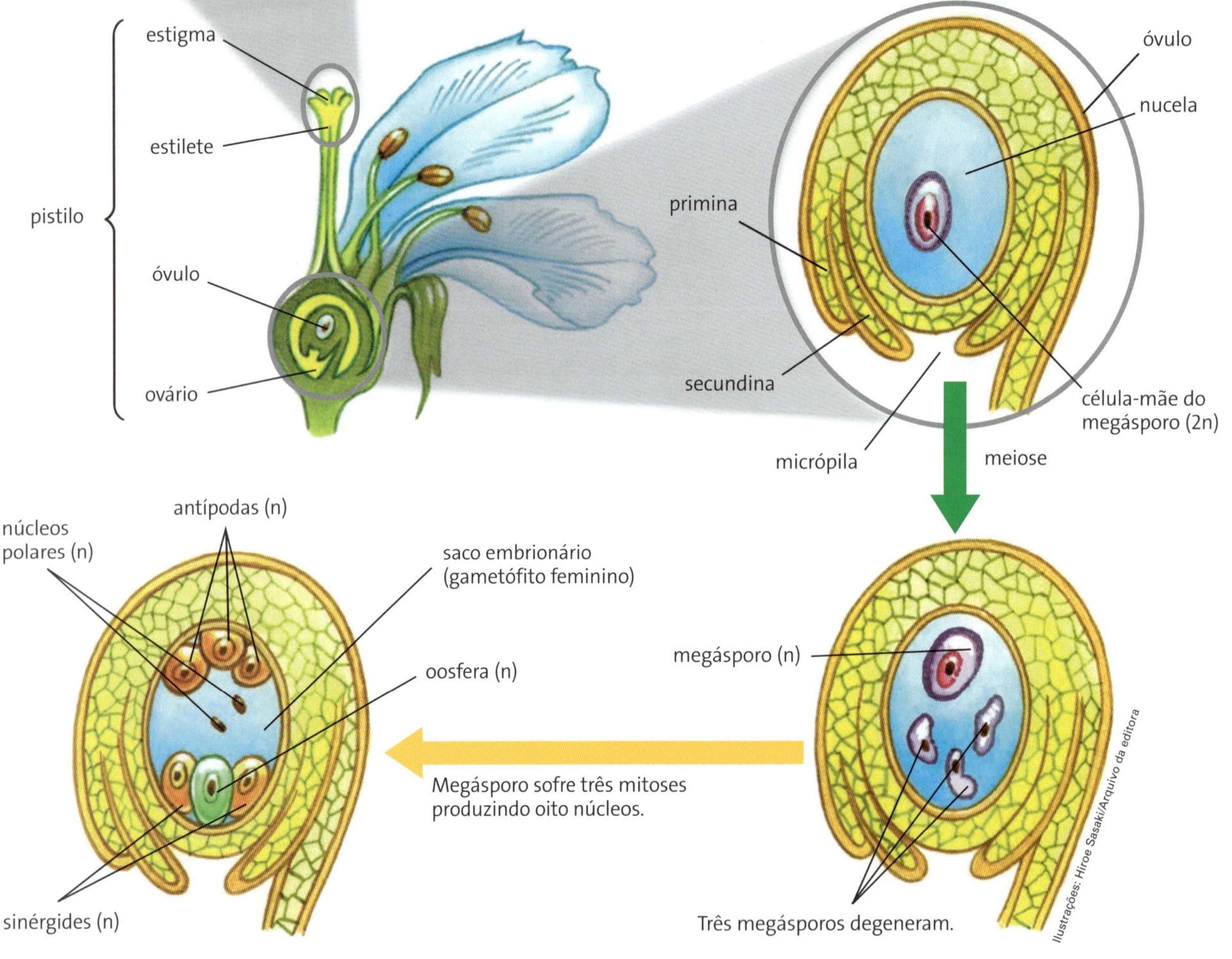


Figura 7.15 Ilustração esquematizando a formação do megásporo e do gametófito feminino. (Os elementos ilustrados não estão na mesma escala; cores fantasia.) Na foto podemos ver um corte do pistilo do lírio mostrando o ovário (parte dilatada) com óvulos em seu interior.

# Polinização

A polinização é o transporte do grão de pólen de uma planta até o pistilo da outra. Embora muitas flores apresentem, simultaneamente, estames e pistilos, existem mecanismos que evitam a autofecundação; por exemplo, a incompatibilidade genética entre o grão de pólen e o pistilo da mesma planta ou o amadurecimento do estame e do pistilo em épocas diferentes: o fenômeno é chamado **dicogamia** (*dicha* = separadamente; *gamos* = casamento).

Quando o estame amadurece primeiro, ocorre **protandria** (*protos* = primeiro; *andros* = masculino). Se o gineceu for o primeiro, ocorre **protoginia** (*gyné* = feminino). Tais mecanismos favorecem a fecundação cruzada, mais vantajosa em termos de variabilidade genética. Outro mecanismo que evita a autofecundação é a **hercogamia** (*hérkos* = obstáculo), que consiste em uma barreira física que impede o grão de pólen de cair no estigma da mesma flor.

Uma das razões do sucesso das angiospermas é a presença de mecanismos de polinização. Esses mecanismos permitem a ampla distribuição desses vegetais pelo *habitat* terrestre.

Como já vimos, em geral, as gimnospermas dependem do vento para a polinização, o que só é eficiente quando as plantas da mesma espécie estão relativamente próximas umas das outras. Caso contrário, poucos grãos de pólen atingirão a outra planta.

Na maioria das angiospermas, o pólen é levado de uma planta para outra por insetos e por outros animais que se alimentam do néctar da planta (figura 7.16). Com isso, há mais chances de um grão de pólen chegar a outra planta. Esse mecanismo não apenas permite economia na produção de grãos de pólen, mas também facilita a fecundação cruzada entre duas plantas distantes.

Algumas angiospermas, como as gramíneas (capim, arroz, trigo, etc.), são polinizadas pelo vento. Como suas flores não apresentam os atrativos das outras plantas, a produção de pólen é maior, e elas, em geral, formam grupos numerosos, ficando próximas umas das outras. Os estigmas costumam ser grandes, bem expostos e com ramificações em forma de pelos ou plumas, que facilitam a interceptação dos grãos de pólen.

Entre as plantas polinizadas por animais, um exemplo de adaptação entre a planta e o agente polinizador é o que ocorre com a dama-da-noite, cujo néctar está situado tão profundamente na corola que apenas a longa tromba de uma mariposa pode atingi-lo. Isso transforma esses animais nos únicos polinizadores dessa flor. Além disso, as flores dessa planta, que se abrem à noite, têm um perfume intenso, uma vez que no escuro é mais fácil atrair polinizadores pelo odor.

Já as plantas polinizadas por aves não costumam ter aroma forte, pois as aves não têm olfato muito apurado. No entanto, costumam apresentar cores intensas, já que a visão desses animais é bem desenvolvida.

A polinização pode ser feita pelo vento, chamada de **anemofilia**; por insetos, **entomofilia** (*entomon* = inseto); por aves, **ornitofilia** (*ornis*, *ithos* = ave); e por morcegos, **quiropterofilia** (*cheîr* = mão; *ptéron* = asa).

Fotos: Fabio Colombini/Acervo do fotógrafo

A

Figura 7.16 Alguns agentes polinizadores. **A**: beija-flor (cerca de 10 cm de comprimento); **B**: borboleta (*Ithomia lichyi*; 4,4 cm de uma asa a outra) polinizando uma flor e **C**: abelha (cerca de 2 cm de comprimento). O peso da abelha (**C**) faz descer a pétala e o estame, que encosta no abdome do inseto; os grãos de pólen aderidos ao abdome poderão passar para o carpelo de outra flor em que a abelha pousar.

B

C

# Fecundação

Quando entra em contato com o estigma, o grão de pólen desenvolve um tubo de citoplasma, o tubo polínico, formado a partir da célula do tubo e que cresce para dentro do estilete, em direção ao ovário. Dentro do tubo, o núcleo da célula geradora divide-se e origina duas células espermáticas haploides, que funcionam como gametas masculinos (figura 7.17). Chegando ao ovário, o tubo penetra no óvulo, em geral pela micrópila, e promove uma **dupla fecundação**, característica das angiospermas. Uma célula espermática funde-se com a oosfera e origina o zigoto, que, por mitose, se desenvolve em um embrião diploide. A outra célula espermática funde-se com os dois núcleos polares e origina a **célula-mãe do albúmen** (3n). Esta sofre mitoses e forma o **albúmen** ou **endosperma** (*endon* = interno; *sperma* = semente), que representa uma reserva nutritiva para o embrião (figura 7.17). Esse endosperma é triploide, diferentemente do tecido de reserva das gimnospermas, que é haploide (um resto do gametófito).

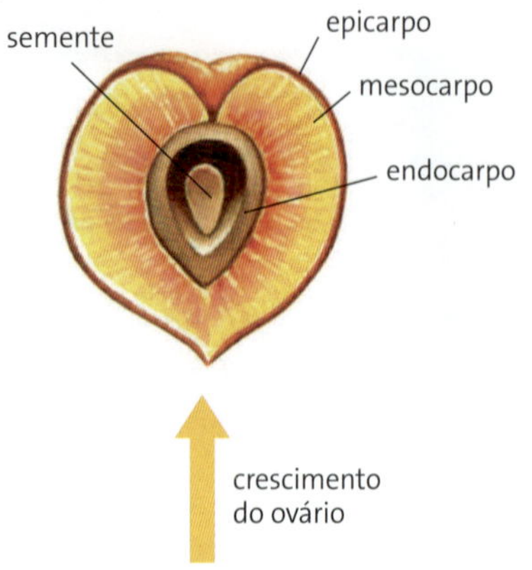


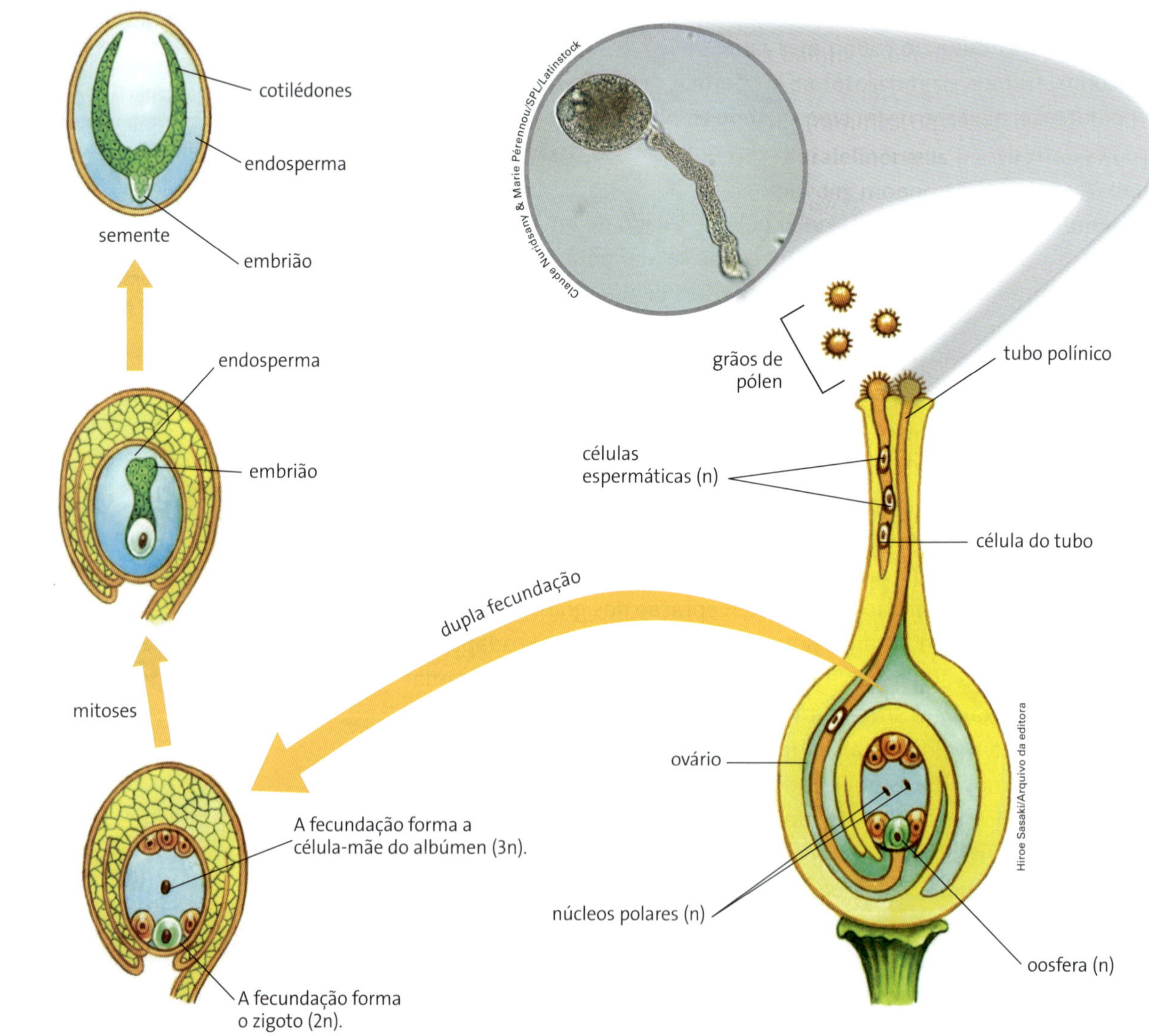


Figura 7.17 Na ilustração, esquema de fecundação e formação da semente e do fruto (os elementos da ilustração não estão na mesma escala; cores fantasia). Na foto, formação do tubo polínico (microscópio óptico; aumento de cerca de 250 vezes).

# Formação do fruto e da semente

Após a fecundação, o ovário transforma-se em fruto, e os óvulos, no seu interior, em sementes. O fruto apresenta uma parede, o **pericarpo** (*peri* = ao redor; *karpós* = fruto), formada por três regiões derivadas dos dois tegumentos e do tecido mediano do ovário: **epicarpo** (*epi* = sobre), **mesocarpo** (*meson* = meio), que, em geral, é a parte comestível por causa do acúmulo de reserva nutritiva e **endocarpo** (reveja a figura 7.17).

A semente é formada pelo **tegumento**, proveniente das paredes do óvulo, e pela **amêndoa**, constituída de embrião e endosperma. Além do tegumento, o embrião possui folhas especiais chamadas **cotilédones** (*kotyledon* = côncavo, por causa do aspecto de folha côncava), com função de armazenar nutrientes ou transferi-los do endosperma para o embrião.

Figura 7.18 Araçari--castanho (*Pteroglossus castanotis*; comprimento entre 34 cm e 45 cm) comendo frutos de árvore do Pantanal.

Se todas as sementes produzidas por uma planta caíssem próximo a ela, haveria grande competição por luz e nutrientes, e muitos descendentes não sobreviveriam. A dispersão da semente diminui a competição e promove a conquista de novos ambientes pela planta.

Uma das maneiras pelas quais o fruto colabora para a dispersão da semente é por meio do acúmulo de reservas nutritivas, que atraem animais consumidores dessas reservas (figura 7.18). Por causa de suas membranas protetoras, a semente não é digerida e sai com as fezes.

Em alguns frutos, como o carrapicho, surgem pelos e espinhos que se prendem aos pelos dos animais, o que facilita a dispersão. Outros se adaptaram à dispersão pelo vento e transformaram-se em grãos bem pequenos ou leves; ou desenvolveram estruturas aladas que auxiliam no deslocamento pelo ar, como o dente-de-leão. Alguns, como o coco da-baía (fruto do coqueiro), são levados pelo mar e lançados à praia (figura 7.19).

A dispersão do fruto por animais é chamada **zoocoria** (*zoon* = animal; *chorisis* = espalhar); pelo vento, **anemocoria**; pela água, **hidrocoria** (*hydor* = água).

Fotos: Fabio Colombini/Acervo do fotógrafo

Figura 7.19 **A**: o fruto do carrapicho (cerca de 0,5 cm de diâmetro, fora os espinhos) prende-se à roupa das pessoas ou ao pelo de animais; **B**: o do dente-de-leão (cerca de 2 cm de diâmetro) é levado pelo vento; **C**: frutos de plantas que crescem perto de rios ou mares, como o coqueiro (em média, 20 cm de comprimento) caem na água e podem ser levados para praias distantes.

## Desenvolvimento

Em condições adequadas, a semente germina e origina um novo esporófito. O embrião é formado por **radícula**, **caulículo**, **gêmula** e **cotilédone** (folha com reserva nutritiva; figura 7.20). De início, a semente absorve água do ambiente – processo chamado **embebição** –, fazendo com que seu volume aumente e a casca se rompa. À medida que o embrião se desenvolve, a reserva dos cotilédones ou do endosperma é consumida pela planta. Quando essas reservas se esgotam, já existe uma pequena raiz originada da radícula, com pelos absorventes que servem para retirar água e sais minerais do solo, bem como um tecido (originado da gêmula) com células clorofiladas, próprias para realizar fotossíntese. O caulículo origina a parte inicial do caule (**hipocótilo**), a gêmula, a parte superior do caule (**epicótilo**) e as primeiras folhas (figura 7.20).

Algumas sementes passam por um período de **dormência** e só germinam após certos estímulos do ambiente. As sementes das regiões frias, por exemplo, só germinam depois de ficarem longo tempo expostas ao frio. Essa adaptação permite que a planta só se desenvolva depois do inverno, quando a temperatura e as outras condições ambientais estão adequadas. Outras sementes, de regiões secas, só brotam na época das chuvas, quando há muita água disponível.

Como veremos no capítulo 8, o termo popular "fruta" indica partes comestíveis da flor, que nem sempre se desenvolvem do ovário. Quando se originam de outras partes da flor, são chamadas **pseudofrutos**. Em geral, o fruto se desenvolve após a fecundação, pela hipertrofia do ovário. No entanto, há frutos sem sementes, obtidos pela aplicação de hormônios no ovário de flores não fecundadas: são os **frutos partenocárpicos** (*parthenos* = virgem; *karpos* = fruto).

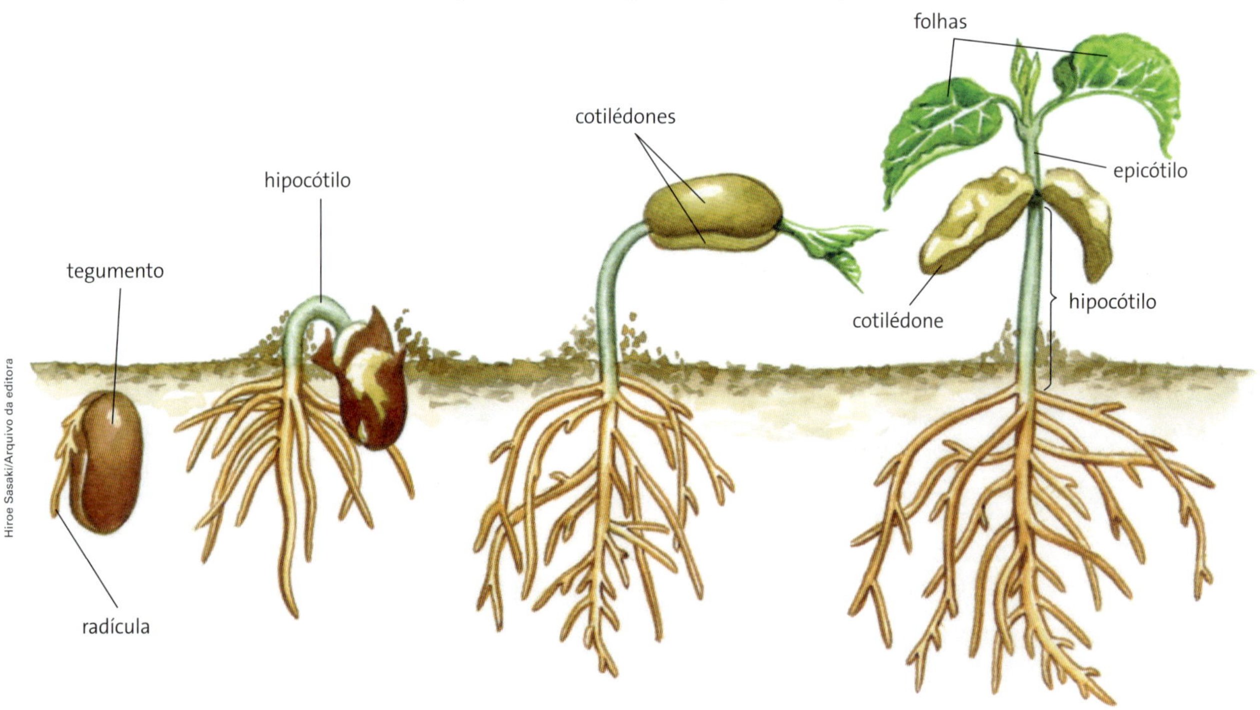


Figura 7.20 Esquema da germinação de uma semente de feijão (a semente tem cerca de 1,5 cm de comprimento; os elementos ilustrados não estão na mesma escala; cores fantasia).

# Reprodução assexuada

Os caules ou as folhas das angiospermas geralmente são capazes de originar novos indivíduos de suas gemas ou de seus botões vegetativos. Essa reprodução assexuada é chamada **propagação vegetativa**. Isso acontece de forma natural em caules subterrâneos e rasteiros, que crescem rentes ao solo, chamados **estolhos** ou **estolões**, presentes, por exemplo, no morangueiro e na grama. Esses caules formam raízes que originam novos pés de planta. Com o tempo, as partes mais velhas do caule morrem e formam-se plantas independentes (figura 7.21). Do mesmo modo, se cortarmos pedaços de cana-de-açúcar, de mandioca ou de batata, cada parte pode originar uma nova planta, desde que contenha uma gema (figura 7.21).

O caule subterrâneo da batata, por exemplo, forma tubérculos providos de gemas. Depois que o caule morre, as gemas originam uma nova planta. Na fortuna e na begônia, existem gemas nos bordos das folhas, que originam novas plantas quando a folha se desprende, caindo no solo.

A bananeira (gênero *Musa*) também se reproduz de forma assexuada, por brotos que surgem na base de seu "falso caule", formado pela união de várias folhas (o verdadeiro caule é subterrâneo). As plantas ancestrais da banana tinham semente. Ao longo do tempo, buscando melhorar a qualidade dos frutos para o consumo, o ser humano acabou selecionando frutos sem sementes, formados sem fecundação (frutos partenocárpicos). Os pontos pretos que aparecem no interior da banana são o que restou dos óvulos não fecundados.

Além de ser mais rápida (para plantar cana-de-açúcar, por exemplo, basta enterrar seus gomos), a reprodução assexuada produz indivíduos geneticamente idênticos ao original. Desse modo, preservam-se determinadas características, que poderiam perder-se com a reprodução sexuada, pois, ao se cruzarem plantas híbridas, por exemplo, apenas uma parte dos descendentes obterá todas as características desejáveis pela agricultura.

A reprodução assexuada tem também desvantagens. Como esse tipo de reprodução produz indivíduos geneticamente iguais, todos podem ser igualmente suscetíveis ao ataque de determinado parasita ou de determinada praga.

Reprodução por tubérculos e raízes

Ilustrações: Luis Moura/Arquivo da editora

Fabio Colombini/Acervo do fotógrafo

Reprodução vegetativa no morango

Edmund Neil/Eye Ubiquitous/Corbis/Latinstock

Figura 7.21 Esquema de reprodução assexuada nas plantas (os elementos das ilustrações não estão na mesma escala; cores fantasia). Nas fotos, pé de mandioca mostrando as raízes, caules e folhas e estolões de morango formando novas plantas.

# Classificação

As angiospermas costumavam ser subdivididas em duas classes: **Monocotyledoneae** (monocotiledôneas) e **Dicotyledoneae** (dicotiledôneas), levando-se em conta o número de cotilédones na semente. Atualmente, essa classificação passa por modificações.

Tomando-se por base a história evolutiva do grupo, as angiospermas podem ser divididas em **monocotiledôneas**, **eudicotiledôneas** e mais alguns grupos que, informalmente, podem ser reunidos sob o nome de **angiospermas basais**, também chamadas **dicotiledôneas basais**. Nesse último grupo há plantas, como a pimenta-do-reino, o abacate, entre outras, que, apesar de apresentarem sementes com dois cotilédones, possuem várias características em comum com as monocotiledôneas.

Entre as monocotiledôneas, a maioria é de plantas herbáceas. Há poucas árvores no grupo. São exemplos de monocotiledôneas arbóreas: as palmeiras, como os palmiteiros e a carnaubeira. Entre as monocotiledôneas herbáceas encontramos os cereais – arroz, milho, aveia, cevada, trigo e centeio –, que formam a base da alimentação humana. Outros exemplos de monocotiledôneas são o bambu, o capim, o abacaxi, a cebola, o alho, as orquídeas, o aspargo, a íris, o gengibre e a cana-de-açúcar.

Mais de 70% das espécies de angiospermas pertencem ao grupo das eudicotiledôneas, que inclui a maioria das árvores e dos arbustos e muitas ervas. São exemplos de eudicotiledôneas: feijão, soja, lentilha, grão-de-bico (família das leguminosas), fumo, batata, tomate, berinjela, algodão, couve, nabo, agrião, rosa, morango, maçã, pera, café, cenoura, mandioca, girassol, margarida, mamão, laranja, goiaba, cacau, eucalipto, cacto, seringueira.

Na figura 7.22 são apresentadas as diferenças entre as monocotiledôneas e as eudicotiledôneas.

Figura 7.22 Diferenças entre monocotiledôneas e eudicotiledôneas (os elementos da ilustração não estão na mesma escala; cores fantasia).

| | Monocotiledônea | Eudicotiledônea |
|---|---|---|
| **Sementes** | Grão de milho em corte 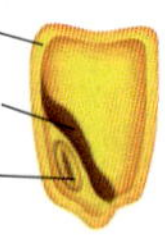  | Grão de feijão aberto 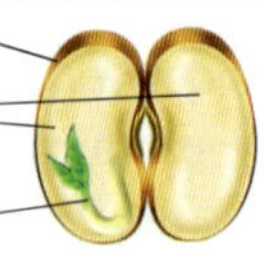  |
| **Folhas** | Folhas com nervuras paralelas (paralelinérveas)  | Folhas com nervuras ramificadas (reticuladas)  |
| **Caules** | Vasos irregularmente espalhados pelo caule  | Vasos na periferia do caule em arranjo regular  |
| **Raízes** | Raiz fasciculada (sem raiz principal) 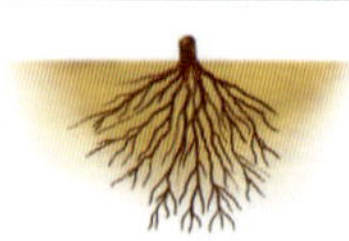 | Raiz axial (com raiz principal)  |
| **Flores** | Flor trímera (organização em três ou múltiplos de três)  | Flor tetrâmera ou pentâmera (organização em quatro, cinco ou múltiplos)  |

Ilustrações: Luís Moura/Arquivo da editora

## Aprofunde seus conhecimentos

### Evolução dos ciclos reprodutivos

Ao estudarmos comparativamente os ciclos reprodutivos das plantas terrestres, percebemos que, nas briófitas, a fase duradoura é o gametófito, que é haploide.

Nos grupos de plantas que apareceram posteriormente, o esporófito, que é diploide, passa a representar a fase dominante. Nas pteridófitas, por exemplo, a planta adulta que conhecemos é o esporófito, enquanto o gametófito, chamado prótalo, se desenvolve apenas durante a reprodução. Veja a figura 7.23.

Nas gimnospermas e nas angiospermas, que representam as plantas com sementes, a fase haploide é extremamente reduzida, tanto em tamanho quanto em duração. Nessas angiospermas, como vimos, o gametófito é representado pelo grão de pólen e pelo saco embrionário.

O esporófito das plantas vasculares, por sua vez, aumentou de tamanho e se desenvolveu, resultando na diferenciação de partes da planta com funções específicas, como as raízes, que contribuíram para a ocupação do ambiente terrestre.

Essa redução do gametófito e simultaneamente o desenvolvimento do esporófito parecem ter representado uma vantagem ao longo da história evolutiva das plantas terrestres.

O tamanho reduzido do gametófito, como vimos, diminuiu a dependência da água para a fecundação, facilitando a conquista do ambiente terrestre pelas plantas.

Entre as plantas com semente, o gametófito masculino é tão pequeno que pode ser levado de uma planta a outra pelo vento ou por animais.

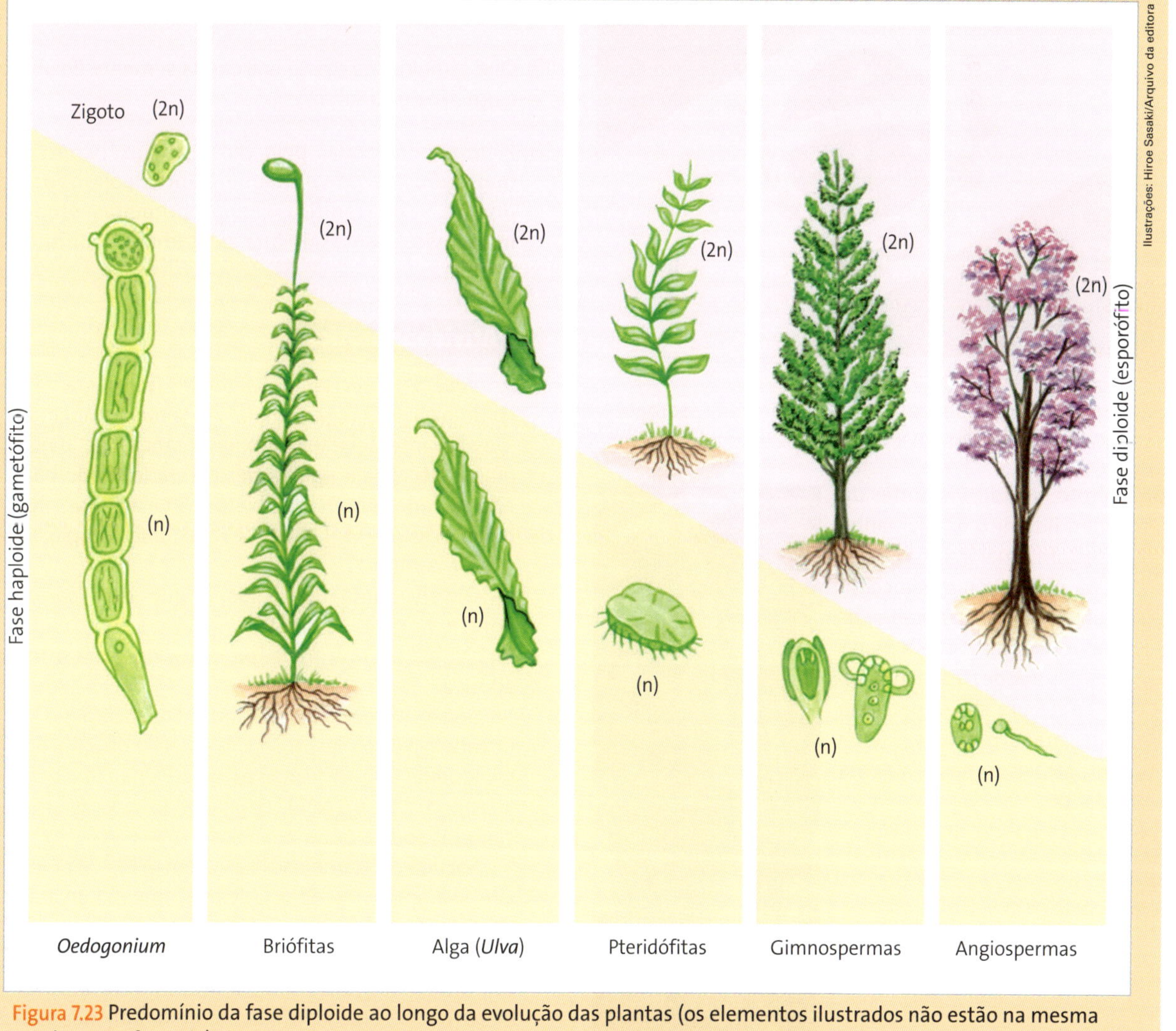


Figura 7.23 Predomínio da fase diploide ao longo da evolução das plantas (os elementos ilustrados não estão na mesma escala; cores fantasia).

# Atividades

1. Quando observamos uma mangueira vistosa, carregada de frutos, estamos vendo um esporófito ou um gametófito? Onde está a outra fase da planta, que não pode ser observada nesse momento?

2. Depois de acompanhar o desenvolvimento de uma planta angiosperma e observar que o androceu amadurecia antes do gineceu, um estudante perguntou a seu colega se isso poderia representar vantagem evolutiva para a planta. O que você responderia a ele?

3. Muitas flores possuem pétalas coloridas e perfumadas e produzem néctar. Para as plantas, quais são as vantagens dessas características?

4. A figura abaixo mostra a bandeira do estado do Paraná. À esquerda você vê um ramo de erva-mate. E à direita, o que você vê? Que planta você acha que está representada?

Fonte: IBGE

5. Dê um exemplo de planta que espalha suas sementes sem depender de animais. Explique como isso ocorre.

6. Na foto ao lado, visitantes do Jardim Botânico da Alemanha observam a maior flor do mundo da planta conhecida como Titan Arum (*Amorphophallus titanum*). A flor chega a medir 3 metros e pode pesar até 75 kg. Ela emite um cheiro de carne podre que atrai moscas. Que vantagem esse cheiro traz para a planta?

Federico Gambarini/Corbis/Arquivo da editora

7. O visco é uma planta que germina e cresce sobre os troncos das árvores, retirando delas a seiva. Seus frutos são comidos por aves e contêm um líquido viscoso ("grudento"), que faz muitas sementes grudarem no bico da ave. Com base nessas informações, tente explicar como o visco consegue se instalar no tronco das árvores.

8. Um aluno mostrou ao professor um pozinho amarelo que ele havia colhido de uma samambaia e perguntou se aquilo era pólen. O que o professor deve ter respondido?

9. Um aluno comentou que o grão de pólen corresponde ao espermatozoide de um animal. Você concorda com isso? Justifique sua resposta.

10. Quando você come pipoca ou arroz, você está comendo principalmente um tipo de tecido. Qual?

11. Justifique os termos microprótalo e macroprótalo dados ao grão de pólen e ao saco embrionário, respectivamente.

12. Que semelhança existe entre uma semente de abacate e um ovo de galinha?

13. Plantas polinizadas pelo vento produzem, em geral, mais grãos de pólen do que plantas polinizadas por insetos. Isso significa que as primeiras produzem mais descendentes do que as últimas? Justifique sua resposta.

## Atividade prática

Você vai precisar de algumas flores grandes, como azaleia, hibisco (mimo-de-vênus) ou palma-de-santarita (gladíolo), folhas brancas de papel, pinça, estilete ou agulha de costura (cuidado para não se ferir com esses objetos), fita adesiva, lupa (lente de aumento), luvas de látex, microscópio, lâmina e lamínulas.

Observe uma flor e identifique suas partes. Conte o número de pétalas e sépalas e anote na folha. Nessa mesma folha, prenda a flor com a fita adesiva.

Com o auxílio da pinça e do estilete ou da agulha e orientado pelo professor, separe as partes de outra flor, começando pela parte mais externa. Prenda com a fita adesiva o cálice e a corola em folhas de papel, identificando as partes.

Sacuda o estame e veja se caem grãos de pólen. Observe ao microscópio. Cole o estame em uma folha, identificando suas partes. Corte o gineceu e, com o auxílio da lupa, identifique o que existe em seu interior. Desenhe o que observar, identificando as partes. Prenda o gineceu em uma folha de papel e identifique suas partes.

# Pensando no Enem

1. Caso os cientistas descobrissem alguma substância que impedisse a reprodução de todos os insetos, certamente nos livraríamos de várias doenças em que esses animais são vetores. Em compensação teríamos grandes problemas, como a diminuição drástica de plantas que dependem dos insetos para polinização, que é o caso das:

a) algas.

b) briófitas, como os musgos.

c) pteridófitas, como as samambaias.

d) gimnospermas, como os pinheiros.

e) angiospermas, como as árvores frutíferas.

**Resolução**

Esta é uma questão bem simples e direta. Para resolvê-la, o aluno deve ter a habilidade de visualizar uma situação-problema hipotética, na qual os insetos não existem, e prever qual seria o impacto nas plantas que necessitam deles para sua polinização.

**O problema**

Para responder a esta questão, o aluno necessita conhecer os mecanismos reprodutivos sexuados dos grupos citados na questão.

As algas, briófitas e pteridófitas são dependentes de água para reprodução.

As algas são, em sua maioria, seres aquáticos (tanto de água doce quanto salgada) e sua reprodução ocorre na água, inclusive com a produção de gametas flagelados (só o gameta masculino em algumas espécies e ambos os gametas em outras).

No caso das briófitas, os anterozoides são gametas masculinos flagelados que nadam até o arquegônio para que haja o encontro com a oosfera e a formação do zigoto. Nas pteridófitas, ocorre a formação da oosfera e dos anterozoides no protalo. Para que o anterozoide desloque-se e atinja a oosfera e forme o zigoto, é necessário haver água. Já nas gimnospermas, para que haja a fecundação, o grão de pólen, que é uma estrutura leve e com expansões aladas, é carregado pelo vento.

As angiospermas são plantas que desenvolveram flores e mecanismos associados a elas, como cores, aromas e formas, que atraem os insetos e outros animais, que, por sua vez, atuam na polinização, carregando os grãos de pólen da antera de uma flor ao estigma de outra (em alguns casos pode ocorrer a autofecundação).

Analisando as características dos grupos, pode-se inferir que a situação-problema hipotética afetaria apenas as angiospermas.

Resposta: **E.**

2. Os frutos são exclusivos das angiospermas, e a dispersão das sementes dessas plantas é muito importante para garantir seu sucesso reprodutivo, pois permite a conquista de novos territórios. A dispersão é favorecida por certas características dos frutos (ex.: cores fortes e vibrantes, gosto e odor agradáveis, polpa suculenta) e das sementes (ex.: presença de ganchos e outras estruturas fixadoras que se aderem às penas e pelos de animais, tamanho reduzido, leveza e presença de expansões semelhantes a asas). Nas matas brasileiras, os animais da fauna silvestre têm uma importante contribuição na dispersão de sementes e, portanto, na manutenção da diversidade da flora.

CHIARADIA, A. *Minimanual de pesquisa*: Biologia. Jun. 2004 (adaptado).

Das características de frutos e sementes apresentadas, quais estão diretamente associadas a um mecanismo de atração de aves e mamíferos?

a) Ganchos que permitem a adesão aos pelos e às penas.

b) Expansões semelhantes a asas que favorecem a flutuação.

c) Estruturas fixadoras que se aderem às asas das aves.

d) Frutos com polpa suculenta que fornecem energia aos dispersores.

e) Leveza e tamanho reduzido das sementes, que favorecem a flutuação.

**Resolução**

Esta questão apresenta um texto introdutório que traz informações que não são relevantes para a resolução da questão.

**O problema**

A pergunta questiona quais as características dos frutos e das sementes que atraem os animais dispersores.

As informações do texto introdutório indicam modos de dispersão, o que pode levar a confusão na hora de responder ao exercício. As características dos frutos e das sementes devem atrair animais e não auxiliar na dispersão.

Os ganchos de algumas sementes só se prendem aos pelos e às penas, porém não atraem os animais. Isso também pode ser dito em relação às estruturas fixadoras que se aderem às asas das aves. As expansões em forma de asa e a leveza e o tamanho reduzido de algumas sementes só auxiliam na dispersão pelo vento, mas não possuem relação com animais dispersores.

Já os frutos com polpa suculenta são atrativos para os animais porque podem servir de alimento e fornecem energia aos dispersores.

Resposta: **D.**

# Vestibulares de Norte a Sul

1. S (UFSC) Observe o esquema a seguir e assinale a(s) proposição(ões) CORRETA(S).

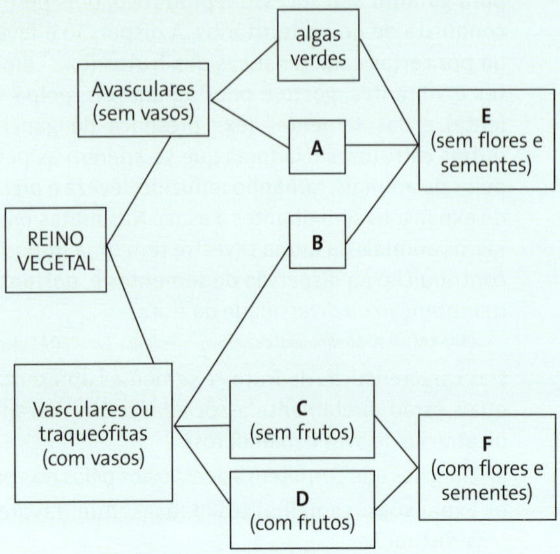


01. **A** corresponde às plantas denominadas pteridófitas.
02. As samambaias são representantes de **B**.
04. **C** representa as gimnospermas.
08. A roseira é um exemplo de **D**.
16. **E** e **F** correspondem, respectivamente, às criptógamas e às fanerógamas.
32. Todos os representantes deste Reino possuem, obrigatoriamente, clorofila.

2. NE (UFCG-PB) Um levantamento botânico no Pico do Jabre, localizado no município de Matureia, Serra de Teixeira, Paraíba, realizado por um grupo de estudantes, descreve a flora da região, tendo sido encontradas espécies de briófitas (musgos, hepáticas e antóceros) aderidas às rochas com diferentes espécies de pteridófitas (samambaia, avenca e mão-de-sapo). Do grupo das fanerógamas não foram observadas espécies de gimnospermas, mas diversas angiospermas (bromélias, cactos e orquídeas). Assinale a alternativa que representa corretamente as características exclusivas dos grupos acima grifados:

3. NE (UFC-CE) O predomínio das angiospermas em relação aos demais grupos vegetais relaciona-se:

a) à dupla fecundação, resultado da união de dois anterozoides com a oosfera e o megaprotalo, gerando o endosperma triploide, o que permite a longevidade das sementes.
b) à alternância de gerações, havendo predominância do ciclo de vida esporofítico e redução da fase gametofítica, o que permite a ocupação de ambientes áridos.
c) ao desenvolvimento de estróbilos, cuja oferta de pólen e outros recursos florais favoreceu a interação com uma grande diversidade de insetos e uma maior probabilidade de polinização.
d) ao desenvolvimento do tubo polínico, permitindo a independência do meio aquático para a fecundação e uma maior estabilidade do sucesso reprodutivo.
e) ao espessamento da parede do ovário, o que favoreceu a especialização em mecanismos de dispersão do embrião e a ocupação de ambientes distantes da planta-mãe.

4. CO (Unemat-MT) No reino Plantae pode-se observar uma divisão em dois grandes grupos: o grupo das Criptógamas e o das Fanerógamas. Embora esses termos não possuam significado taxonômico, são tradicionalmente utilizados para distinguir dois grupos diferentes de plantas quanto à sua estrutura de reprodução. Com relação a esses grupos de plantas, assinale a alternativa correta.

a) As fanerógamas possuem estruturas de reprodução sexuada facilmente visíveis, que são os estróbilos nas gimnospermas e flores nas angiospermas.
b) As criptógamas apresentam sementes, porém não formam frutos, por isso são chamadas de plantas com sementes nuas.
c) No grupo das fanerógamas encontram-se plantas sem flores, sementes ou frutos, como as briófitas e as pteridófitas.
d) As algas e os fungos, por não apresentarem flores, sementes e frutos, são consideradas do grupo das criptógamas.
e) Nas criptógamas, as estruturas reprodutivas estão nas flores que são formadas pelos seguintes elementos florais: cálice, corola, androceu e gineceu.

| | Briófitas | Pteridófitas | Gimnospermas | Angiospermas |
|---|---|---|---|---|
| a) | Esporófito permanente | Esporófito permanente | Presença de flor e semente | Presença de flor e semente |
| b) | Esporófito temporário | Esporófito permanente | Ausência de fruto | Presença de flor, fruto e semente |
| c) | Gametófito permanente | Gametófito permanente | Presença de fruto e semente | Ausência de flor |
| d) | Esporófito temporário | Gametófito temporário | Ausência de flor | Presença de flor e semente |
| e) | Com vasos condutores de seiva | Sem vasos condutores de seiva | Presença de flor, fruto e semente | Ausência de fruto |

5. **NE** (UPE) As angiospermas compreendem uma ampla diversidade de plantas; os dois maiores grupos que as constituem correspondem às monocotiledôneas e às eudicotiledôneas, os quais são distintos por diversas características. Abaixo podemos ver, de forma aletória, características que são observadas frequentemente em um ou outro grupo.

I. Raiz axial;
II. Pólen monoaperturado (possui um poro ou sulco);
III. Folhas com nervuras paralelas;
IV. Flores terâmeras ou pentâmeras;
V. Vasos de condução ordenados regularmente.

Assinale a alternativa que indica características que estão presentes apenas nas monocotiledôneas.

a) I, II, III e IV.
b) II e III.
c) II, III e IV.
d) III, IV e V.
e) IV e V.

6. **CO** (UFG-GO) O pinheiro-de-natal (*Cryptonomia japonica*), uma planta gimnosperma muito utilizada em alguns países nas decorações natalinas, está ameaçado de ser dizimado porque um tipo de fungo está atacando as suas raízes e impedindo o seu desenvolvimento.

Sobre o exposto, analise os itens:

( ) O pinheiro-de-natal é uma planta fanerógama, vascular, que não apresenta frutos, e os óvulos quando fecundados originam sementes, que ficam presas em cachos.

( ) Os fungos são organismos unicelulares ou pluricelulares, heterótrofos, destituídos de pigmentos fotossintetizantes e dotados de parede celular.

( ) As gimnospermas constituem um grupo de importância econômica, porque muitas produzem madeira para a construção civil, para a indústria de móveis, para a produção de papel, para a obtenção de resinas e essências aromáticas.

( ) O plasmódio é um fungo patogênico, unicelular, que decompõe as raízes de plantas briófitas e leva-as à morte, ao inibir o transporte da seiva elaborada pelos vasos lenhosos ou liberianos.

7. **NE** (Uneb-BA) Considere as estruturas: I. grãos de pólen; II. óvulos; III. sementes; IV. frutos. As estruturas que estão presentes tanto no pinheiro quanto no coqueiro são:

a) apenas I, II e III.
b) apenas I, II e IV.
c) apenas I, III e IV.
d) apenas II, III e IV.
e) I, II, III e IV.

8. **SE** (UFU-MG) Numere a coluna da direita de acordo com a da esquerda.

| | |
|---|---|
| (1) Briófita | ( ) Cipreste |
| (2) Pteridófita | ( ) Musgo |
| (3) Gimnosperma | ( ) Avenca |
| (4) Angiosperma | ( ) Rosa |
| | ( ) Milho |
| | ( ) Samambaia |
| | ( ) Acerola |
| | ( ) Capim |

Assinale a alternativa que apresenta a sequência correta, de cima para baixo.

a) 1, 2, 1, 3, 3, 1, 3, 4
b) 2, 1, 2, 4, 3, 2, 4, 3
c) 3, 1, 2, 4, 4, 2, 4, 4
d) 4, 1, 2, 3, 4, 1, 3, 3

9. **SE** (UFTM-MG) Considere algumas características que podem ser encontradas em diferentes seres vivos.

I. Parede celular de quitina e digestão extracorpórea.
II. Material genético disperso no citoplasma e presença de plasmídeos dispersos no citosol.
III. Cápsula proteica envolvendo o material genético, podendo ser DNA ou RNA.
IV. Multicelulares, presença de tecidos e autótrofos.

Vírus, bactérias, vegetais e fungos apresentam, respectivamente, as características:

a) I, II, III e IV.
b) II, IV, III e I.
c) III, I, II e IV.
d) II, I, IV e III.
e) III, II, IV e I.

10. **SE** (Mack-SP) Comparando-se os ciclos reprodutivos das criptógamas (briófitas e pteridófitas) com os das fanerógamas (gimnospermas e angiospermas), destacamos a seguinte diferença:

a) Ciclo de vida alternante.
b) Meiose gamética.
c) Independência da água para a reprodução.
d) Predominância da geração gametofítica sobre a esporofítica.
e) Geração esporofítica diploide.

11. **SE** (Vunesp-SP) Considere, no esquema a seguir, as características de determinados grupos vegetais.

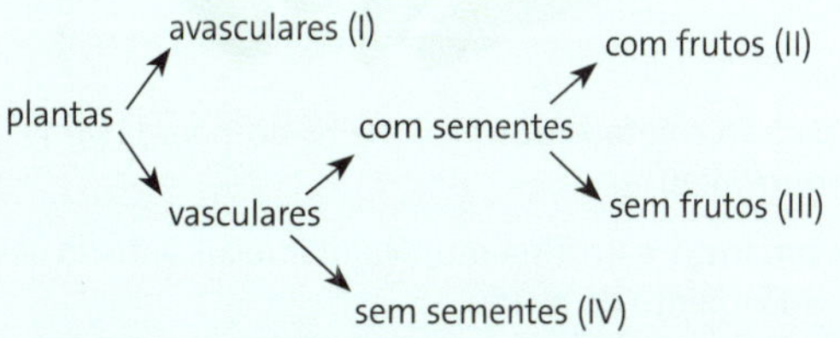


Assinale a alternativa cujos grupos vegetais estão representados, respectivamente, pelos algarismos I, II, III e IV.

a) Briófitas, gimnospermas, angiospermas e pteridófitas.
b) Pteridófitas, gimnospermas, angiospermas e briófitas.
c) Briófitas, angiospermas, gimnospermas e pteridófitas.
d) Pteridófitas, angiospermas, gimnospermas e briófitas.
e) Briófitas, gimnospermas, pteridófitas e angiospermas.

12. S (UFSC) Há mais de 250 milhões de anos, as gimnospermas, originadas das pteridófitas, dominaram as paisagens terrestres durante o Triássico e o Jurássico, juntamente com os dinossauros. Hoje, esse grupo vegetal está restrito a alguns locais da Terra, conhecidos como florestas de coníferas, como as ainda existentes no sul do Brasil. Com relação a esse grupo de plantas, é correto afirmar que:

01. sua madeira é utilizada na indústria de papel e celulose, na indústria de móveis e na construção de casas.
02. algumas espécies têm caráter ornamental, como os ciprestes e os populares pinheiros de Natal.
04. no Brasil, é comum o consumo do pinhão como alimento, que é a semente do pinheiro-do-paraná.
08. suas plantas produzem sementes nuas, ou seja, não há a formação de frutos.
16. são plantas avasculares, com flores perfeitas.
32. todas as espécies do grupo são dioicas.

Dê como resposta a soma das proposições verdadeiras.

13. SE (Mack-SP) A respeito do ciclo reprodutivo das plantas fanerógamas (gimnospermas e angiospermas), considere as seguintes afirmações:

I. Formam tubo polínico para que o gameta masculino possa alcançar o feminino no interior do ovário.
II. Apresentam alternância de gerações, sendo que a geração esporofítica é predominante sobre a gametofítica.
III. Após a fecundação, o óvulo origina a semente com endosperma 3n.
IV. O grão de pólen é formado a partir do micrósporo haploide.

Estão corretas apenas:

a) I e II.
b) I e III.
c) I e IV.
d) II e III.
e) II e IV.

14. SE (Fuvest-SP) Observe a foto:

Fabio Colombini/Acervo do fotógrafo

O pinhão, coletado de um pinheiro-do-paraná (*Araucaria angustifolia*), é:

a) um fruto: estrutura multicelular resultante do desenvolvimento do ovário.
b) um fruto: estrutura unicelular resultante do desenvolvimento do óvulo.
c) uma semente: estrutura unicelular resultante do desenvolvimento do ovário.
d) uma semente: estrutura multicelular resultante do desenvolvimento do óvulo.
e) uma semente: estrutura unicelular resultante do desenvolvimento do óvulo.

15. SE (Vunesp-SP) Flores hermafroditas de uma determinada espécie de planta foram polinizadas manualmente, sendo que, em algumas, o pólen depositado sobre os estigmas era proveniente de anteras das mesmas flores (grupo **A**). Em outras, o pólen depositado sobre os estigmas era proveniente de anteras de outras flores da mesma espécie (grupo **B**). A figura apresenta os resultados obtidos a partir dessas polinizações.

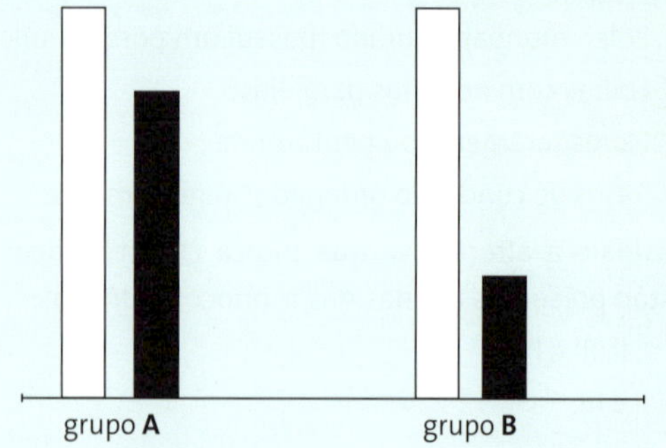


Tendo o gráfico como referência, pode-se afirmar que:

a) essa espécie de planta apresenta algum tipo de mecanismo que impede a autofecundação.
b) essa espécie de planta apresenta algum tipo de mecanismo que impede a fecundação cruzada.
c) nessa espécie de planta, a fecundação cruzada garante maior sucesso reprodutivo.
d) nessa espécie de planta, o androceu amadurece antes que o gineceu.
e) nessa espécie de planta, o gineceu amadurece antes que o androceu.

16. S (UFPR) Acredita-se que as plantas terrestres evoluíram a partir de algas verdes que conquistaram o ambiente terrestre. Briófitas e pteridófitas apresentam gametas masculinos flagelados, demonstrando haver ainda nesses grupos uma grande dependência da água para sua reprodução. Nas angiospermas, essa dependência foi eliminada através do desenvolvimento de grãos de pólen.

a) Cite dois meios pelos quais os grãos de pólen podem ser transportados até o estigma das flores.
b) Descreva como, após o grão de pólen alcançar o estigma de uma flor, ocorrerá a fecundação da oosfera e o desenvolvimento do endosperma.

17. S (Udesc) Para enfrentar a mudança do modo de vida rumo à sustentabilidade, o *designer* deverá ficar atento ao surgimento de materiais e produtos mais sustentáveis, como as fibras da bananeira e da palmeira pupunha, exemplos de plantas angiospermas.

Em relação ao enunciado acima:

a) Explique o que são plantas angiospermas.
b) Cite três características das angiospermas monocotiledôneas.

CAPÍTULO

# 8 Morfologia das angiospermas

Valentyn Volkov/Shutterstock/Glow Images

Variedade de frutas comestíveis disponíveis no Brasil.

> ↘ *Quais são os principais órgãos vegetais e quais são as suas funções?*

# 1 Tecidos vegetais

O corpo de uma planta é organizado de maneira bem diferente da organização do corpo de um animal. A maior parte das diferenças deve ser vista como adaptação à nutrição autotrófica dos vegetais em oposição à nutrição heterotrófica dos animais. Assim, só os vegetais possuem tecidos especializados para a fotossíntese e para o transporte de água e sais minerais retirados do solo (seiva mineral) e de substâncias orgânicas produzidas nas folhas (seiva orgânica).

Os órgãos das plantas também são diferentes dos órgãos dos animais. Por exemplo, em uma planta com flor existem: a raiz, que fixa a planta ao solo e absorve e transporta água e sais minerais; o caule, que sustenta a planta e transporta água e sais minerais para as folhas, que fazem fotossíntese; e as flores, nas quais se formam sementes e frutos (figura 8.1).

Os tecidos vegetais têm conformações próprias que também diferem daquelas encontradas em animais. Os tecidos que constituem as plantas podem ser divididos em **tecidos de formação** (**tecidos meristemáticos** ou **meristemas**) e **tecidos adultos** (**permanentes** ou **diferenciados**).

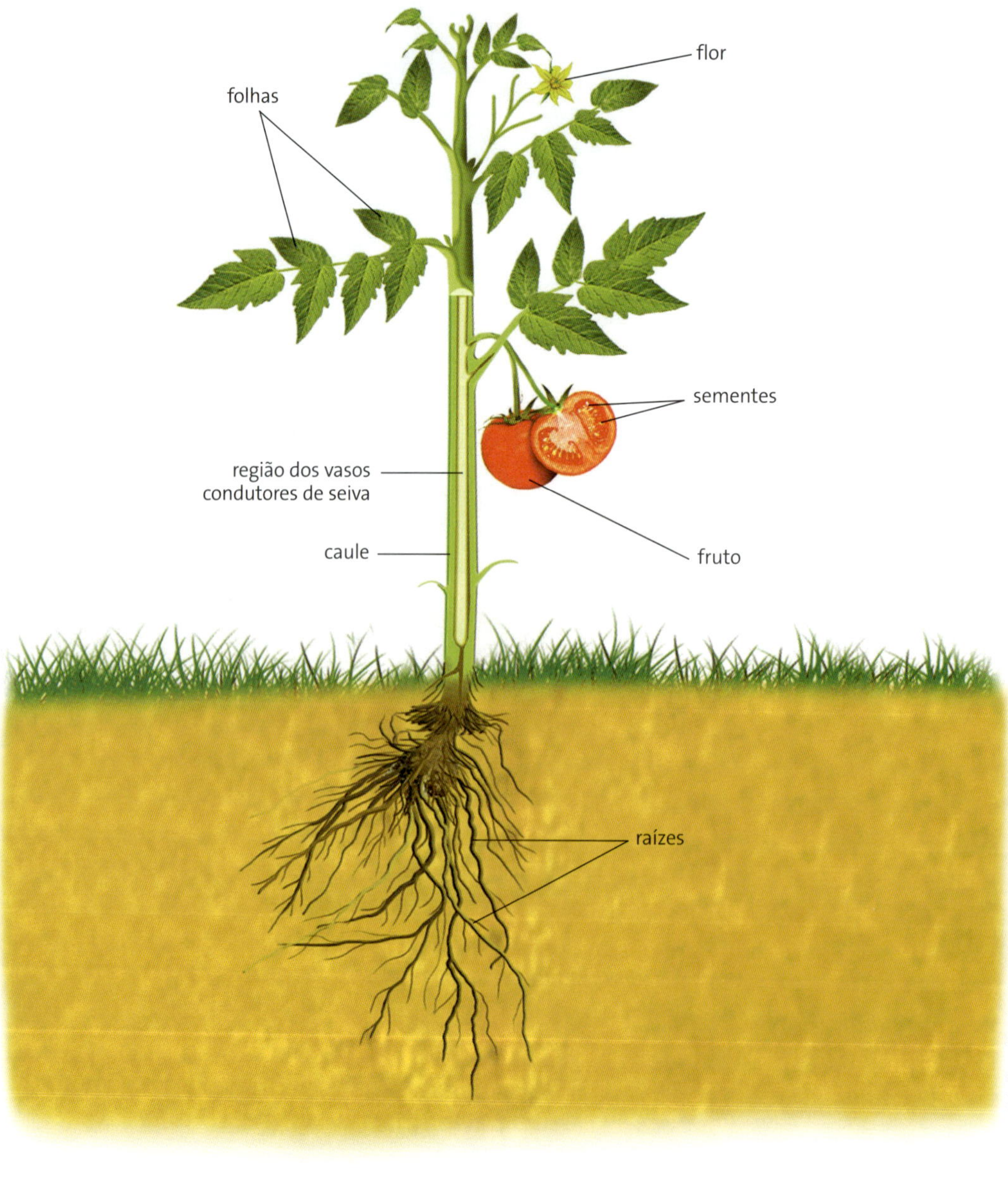


Figura 8.1 Ilustração de um tomateiro (*Solanum lycopersicum*), uma angiosperma. Os primeiros tomates aparecem na altura de 20 cm a 30 cm do solo. (Ilustração sem escala; cores fantasia.) O corte no caule mostra os vasos condutores de seiva.

# Meristemas

À medida que se especializam, as células do embrião da planta perdem gradativamente a capacidade de se dividir. Mas, em algumas regiões da planta, persistem grupos de células não diferenciadas, que conservam as características embrionárias (células pequenas, com parede celular fina, etc.). Esses grupos de células formam o **meristema** (*merizo* = dividir). Entre as principais características do meristema estão a grande capacidade de se dividir, a de se diferenciar e a de originar outros tecidos, colaborando para o crescimento da planta.

Nas extremidades da raiz e do caule encontramos o **meristema apical**, que provoca o crescimento em comprimento e origina o **meristema primário**, que forma vários tecidos da planta. No caule, o meristema apical forma pequenos brotos, as **gemas apicais** (na ponta do caule) e as **gemas laterais** ou **axilares** (nas ramificações do caule). Das gemas surgem novos ramos, folhas e flores. O meristema da ponta da raiz é protegido por um capacete de células, a **coifa** ou **caliptra** (*kalyptra* = véu). A parte inferior desse meristema repõe as células da coifa à medida que elas se desgastam; por isso é chamado **caliptrogênio** (*genos* = origem). Veja a figura 8.2.

O meristema primário divide-se em:

- **protoderme** (*protos* = primitivo; *derma* = pele) – origina a epiderme, tecido protetor que reveste o vegetal;
- **procâmbio** – diferencia-se nos tecidos condutores de seiva, localizados no interior da raiz e do caule;
- **meristema fundamental** – produz os demais tecidos da planta, responsáveis pela sustentação, pela fotossíntese, pelo armazenamento de substâncias, etc. (figura 8.2).

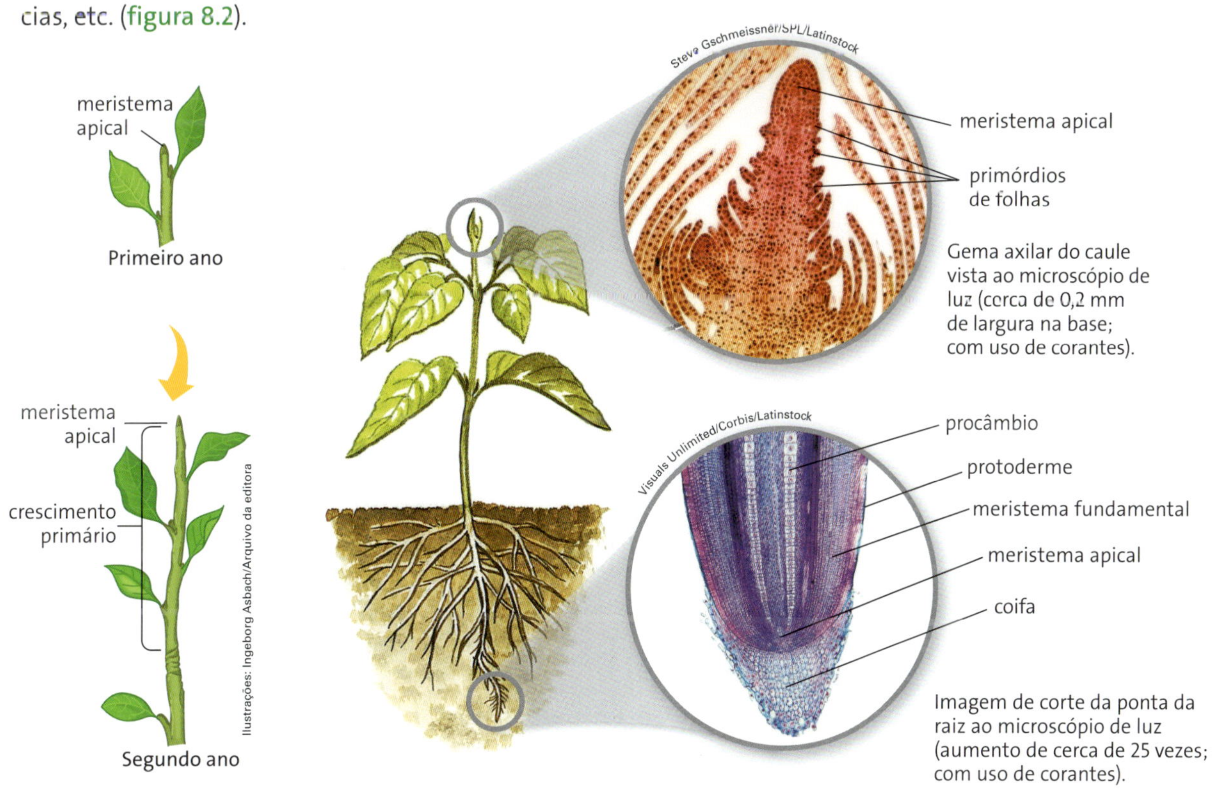


Figura 8.2 Esquemas e fotos de meristema apical de caule e de raiz de planta em crescimento (os elementos das ilustrações não estão na mesma escala; cores fantasia).

O tipo de crescimento produzido pelo meristema primário é chamado **crescimento primário**. Os tecidos formados pela multiplicação e diferenciação do meristema primário constituem a **estrutura primária** da planta. A maioria das monocotiledôneas (plantas com apenas um cotilédone na semente: milho, arroz, trigo, bambu, alho, etc.) possui apenas meristema primário.

Responsável pelo crescimento em espessura (**crescimento secundário**), o **meristema secundário** está localizado no interior do caule e da raiz das gimnospermas, da maioria das eudicotiledôneas (algodão, mamão, maçã, laranja, etc.) e de algumas monocotiledôneas que formam arbustos. O meristema secundário divide-se em:

- **felogênio** (*phellós* = cortiça; *genos* = origem) – localizado na parte mais externa do caule e da raiz, forma células de **preenchimento** e de **reserva** (**feloderma**) e células de **proteção** (**súber**), que substituem a epiderme;
- **câmbio** – localizado mais internamente no caule e na raiz, produz um tecido com vasos condutores de seiva bruta (água e sais minerais), chamado **lenho** ou **xilema**, e um tecido com vasos condutores de seiva elaborada (transporta substâncias orgânicas), chamado **líber** ou **floema** (figura 8.3).

Os tecidos derivados da multiplicação e diferenciação desse meristema formam a **estrutura secundária** do vegetal.

Figura 8.3 Meristema secundário (os elementos das ilustrações não estão na mesma escala; as células são microscópicas; cores fantasia).

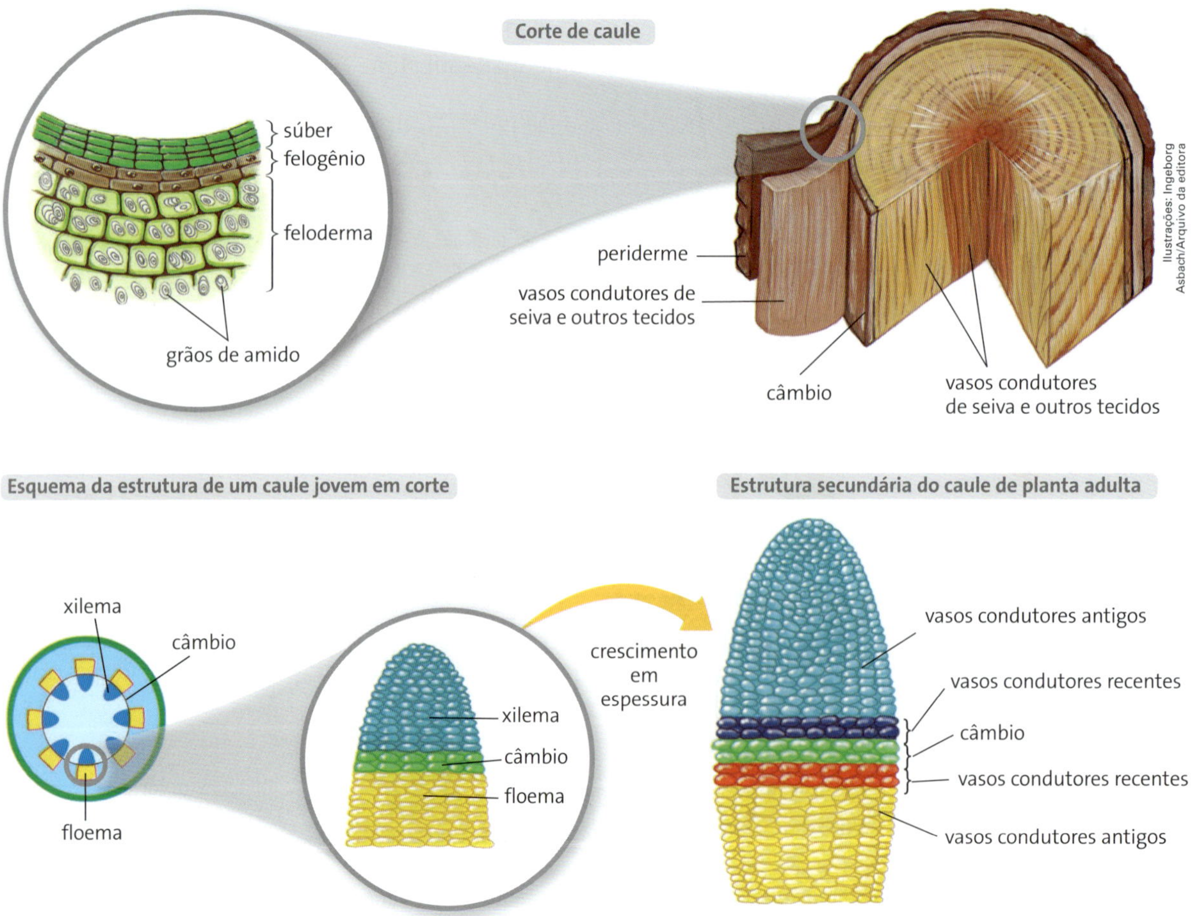

# Tecidos de revestimento e proteção

Revestindo os vegetais, há tecidos que fornecem proteção e, no caso das plantas terrestres, evitam a perda excessiva de água. Esses tecidos são a **epiderme** e o **súber** (*suber* = sobreiro, árvore da qual se extrai a cortiça).

Originada da protoderme, a epiderme reveste as folhas e as partes jovens do caule e da raiz das plantas lenhosas e todo o corpo das herbáceas. É formada por uma camada de células vivas, sem clorofila, que apresentam na face externa uma cobertura chamada **cutícula**, constituída por um lipídio impermeável, a **cutina**, que impede a evaporação da água. A cutícula da carnaubeira, uma palmeira brasileira, produz uma cera (cera de carnaúba) que é usada industrialmente na produção de protetores de móveis e na pintura de carros.

Na raiz, a epiderme não apresenta cutina e suas células formam prolongamentos, os **pelos absorventes** ou **radiculares**, que aumentam a superfície de absorção de água e sais minerais (figura 8.4).

Em alguns vegetais, as células da epiderme emitem projeções, os **pelos** ou **tricomas** (*thrix, chos* = pelo), que podem ter funções variadas (figura 8.4). Em plantas de clima seco, formam um emaranhado na superfície da folha que ajuda a reter umidade e dificulta a perda de água por transpiração (saída de água na forma de vapor). Em plantas como o algodão, funcionam como uma espécie de paraquedas e facilitam o transporte da semente pelo vento. No caso da urtiga, contêm um líquido urticante que defende a planta dos animais.

Em outras plantas, como a roseira, a epiderme forma saliências pontiagudas – os **acúleos** (*aculeu* = ponta aguçada) –, semelhantes aos espinhos de outras plantas (figura 8.4).

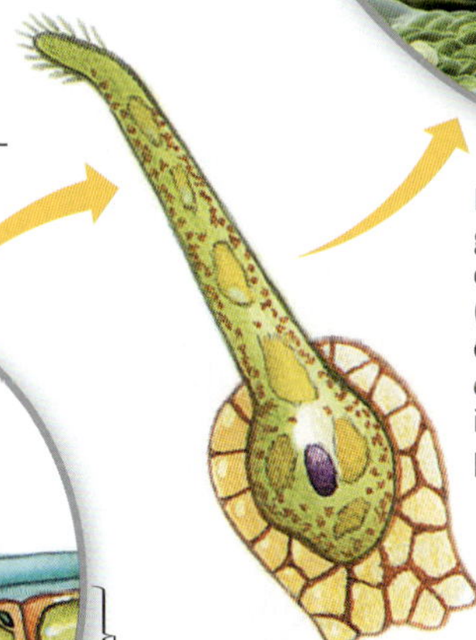

Ilustração de pelo glandular e foto de pelo de urtiga (microscópio eletrônico; aumento de cerca de 140 vezes; imagem colorizada por computador).

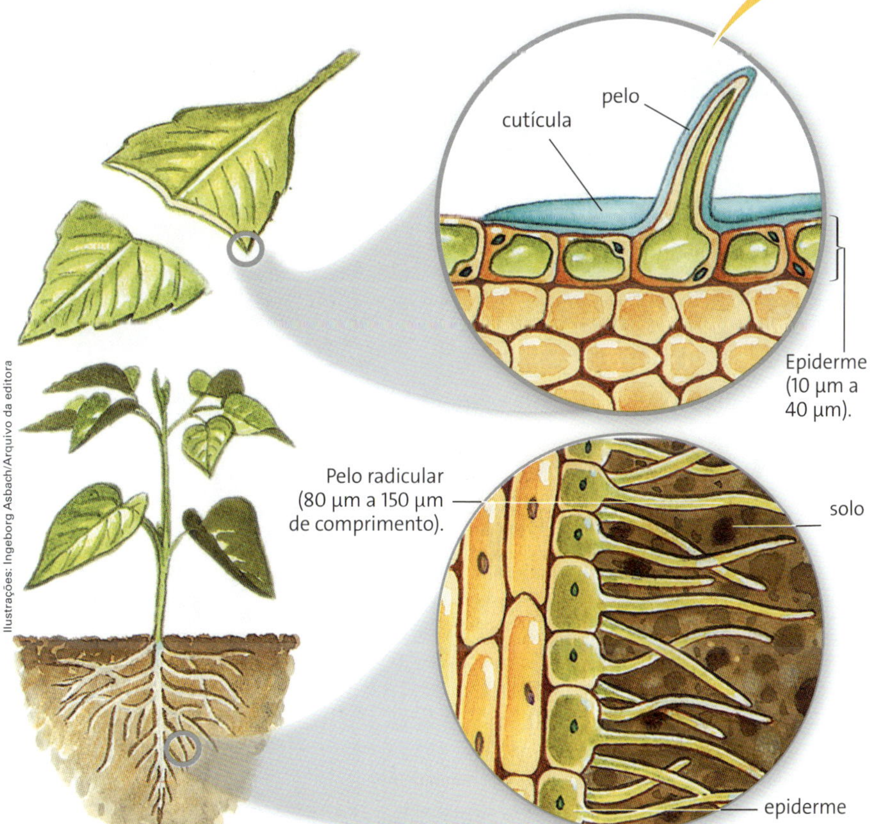

Figura 8.4 Epiderme, pelos e acúleos (os elementos das ilustrações não estão na mesma escala; cores fantasia).

Figura 8.5 Ilustração representando o tecido suberoso (as células são microscópicas; cores fantasia) e foto de sobreiro (15 m a 20 m de altura), árvore da qual se extrai a cortiça.

Ambos têm a função de defesa, mas os espinhos são ramos atrofiados do caule (como no limoeiro) ou folhas modificadas (caso do cacto), e os acúleos são formações da superfície da planta, facilmente destacáveis.

No caule e na raiz das plantas lenhosas há outro tipo de tecido protetor, o súber, resultado da atividade do felogênio. Ele aparece nas partes mais antigas do vegetal, substituindo regiões antes protegidas pela epiderme (figura 8.5). O súber é formado por várias camadas de células mortas e ocas, reduzidas apenas a uma parede bem reforçada por um lipídio impermeável, chamado **suberina**.

À medida que o súber se acumula, as camadas mais externas racham e se desprendem do caule. Essas partes que se soltam são chamadas **ritidomas**. Além de proteger contra a evaporação, esse tecido atua como isolante térmico, defendendo as partes mais internas e delicadas do caule e da raiz.

A cortiça é obtida do súber extraído de plantas em que ele aparece muito desenvolvido. Um exemplo é o sobreiro (figura 8.5), espécie de árvore natural das regiões próximas ao mar Mediterrâneo, como Portugal. A cortiça é muito usada na fabricação de rolhas e de outros objetos.

# Arejamento da planta

Embora reduza a perda de água pela transpiração, a cutina também dificulta a passagem de gás carbônico e oxigênio pela folha. A entrada e a saída desses gases são garantidas pelos **estômatos** (*stoma* = boca) , estruturas existentes na epiderme formadas por um par de **células estomáticas** ou **células-guarda**, clorofiladas, que delimitam uma abertura chamada **ostíolo**, pela qual passa o ar (figura 8.6). Em volta dessas células aparecem as **células anexas**, que não possuem clorofila.

Além de permitir as trocas gasosas entre a planta e o ambiente, facilitando a fotossíntese e a respiração, os estômatos podem se fechar sempre que a perda de água por transpiração ameaçar a sobrevivência da planta. Nessa situação, as células estomáticas também perdem água e murcham, fechando o ostíolo (figura 8.6). Os estômatos também reagem à luz, abrindo quando iluminados e fechando na escuridão. Esse mecanismo permite a entrada de gás carbônico nos momentos em que a planta pode realizar fotossíntese.

Do mesmo modo que a epiderme, o súber é impermeável e apresenta estruturas de arejamento, as **lenticelas** (*lenticulla* = pequena lente) (figura 8.7), formadas por grupos de células arredondadas, com espaços intercelulares pelos quais o oxigênio passa para os tecidos internos da planta.

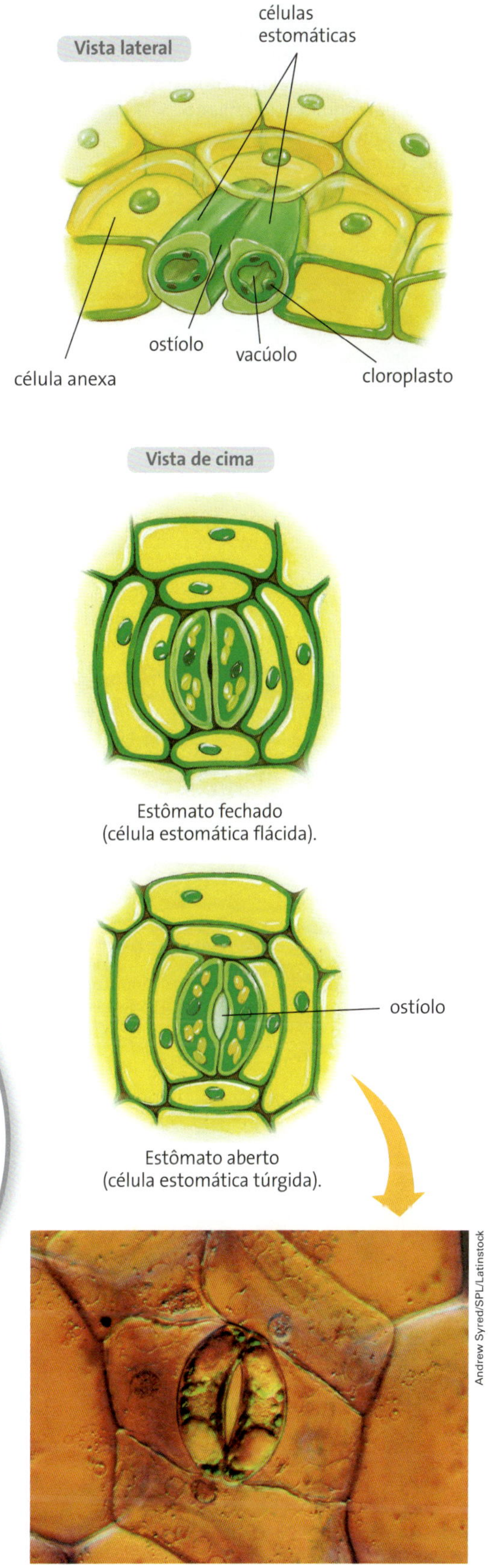


Figura 8.6 Ilustrações de estômatos (em média, de 20 μm a 60 μm de diâmetro; cores fantasia). Na foto, estômato na superfície da folha (microscópio de luz; aumento de cerca de 400 vezes; com uso de corantes).

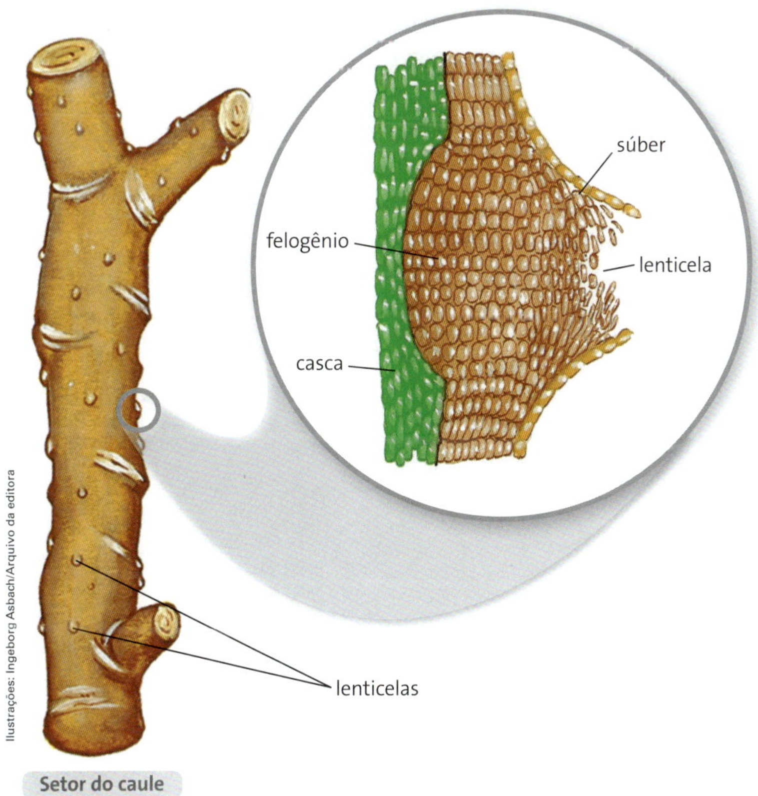


Figura 8.7 Lenticelas (até 1 cm de diâmetro; as células são microscópicas; cores fantasia).

# Tecidos de assimilação e de reserva

Os sistemas responsáveis pela fotossíntese (assimilação) e pelo armazenamento de substâncias (reserva) são formados por **parênquimas** (*parencheo* = encher ao lado): conjuntos de células vivas, com pouco citoplasma e grandes vacúolos. O parênquima é um tecido de preenchimento encontrado em todos os órgãos vegetais.

Por causa de sua capacidade de divisão, eles são importantes nos processos de regeneração e cicatrização de feridas.

Há dois tipos básicos de parênquima: o de **assimilação** e o de **reserva**.

Também chamado **parênquima clorofiliano**, o de assimilação é responsável pela fabricação da matéria orgânica do vegetal. Suas células, ricas em cloroplastos, realizam fotossíntese e são encontradas nas partes aéreas dos vegetais, principalmente na folha (figura 8.8). Em uma das faces da folha, as células do parênquima estão arrumadas perpendicularmente à superfície – **parênquima paliçádico**; na face oposta, sua disposição é irregular, com grandes espaços intercelulares – **parênquima lacunoso** –, pelos quais circulam os gases utilizados ou produzidos pela fotossíntese. Tais espaços se comunicam com o exterior pelos estômatos. O conjunto formado por esses dois parênquimas constitui o **mesofilo** (*mesos* = meio; *phyllein* = folha).

O parênquima de reserva armazena substâncias (amido, óleos, etc.) que podem depois ser usadas pela planta ou pelo embrião.

O parênquima de reserva de amido (**parênquima amilífero**) é encontrado nas raízes, como a batata-doce, a beterraba, a cenoura e o aipim; nos caules, como a batata-inglesa (batatinha) e a cana-de-açúcar; nas folhas; nas sementes; nos frutos. Nas plantas de clima seco, como o cacto, o parênquima armazena água (**parênquima aquífero**). Em certas plantas aquáticas, como a vitória-régia, as células desse tecido se organizam de modo que formem grandes lacunas onde o ar se acumula, facilitando a flutuação da planta (**parênquima aerífero**). Veja a figura 8.9.

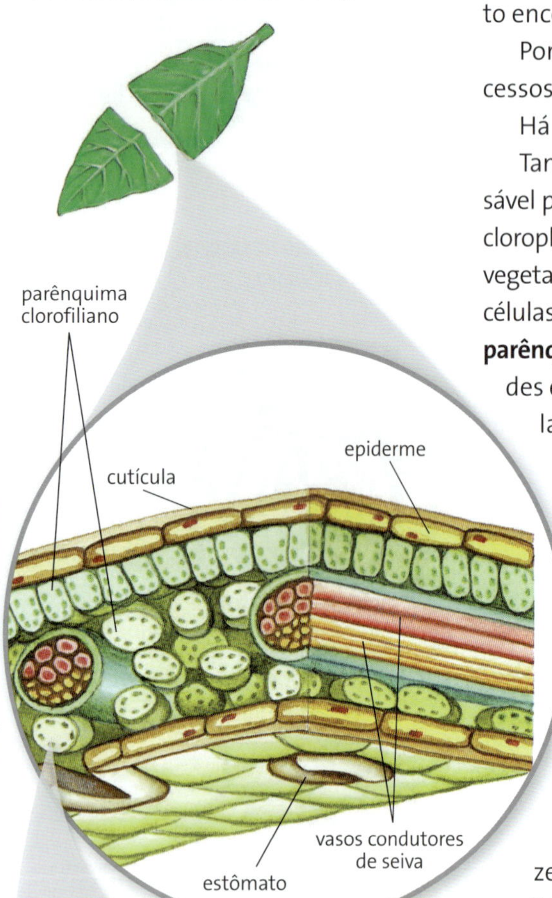


Ilustrações: Ingeborg Asbach/Arquivo da editora

Claude Nuridsany & Marie Pérennou/SPL/Latinstock

Figura 8.8 Ilustração do interior de uma folha (as células são microscópicas; cores fantasia). Na foto, parênquima clorofiliano da folha (microscópio de luz; aumento de cerca de 300 vezes; com uso de corantes).

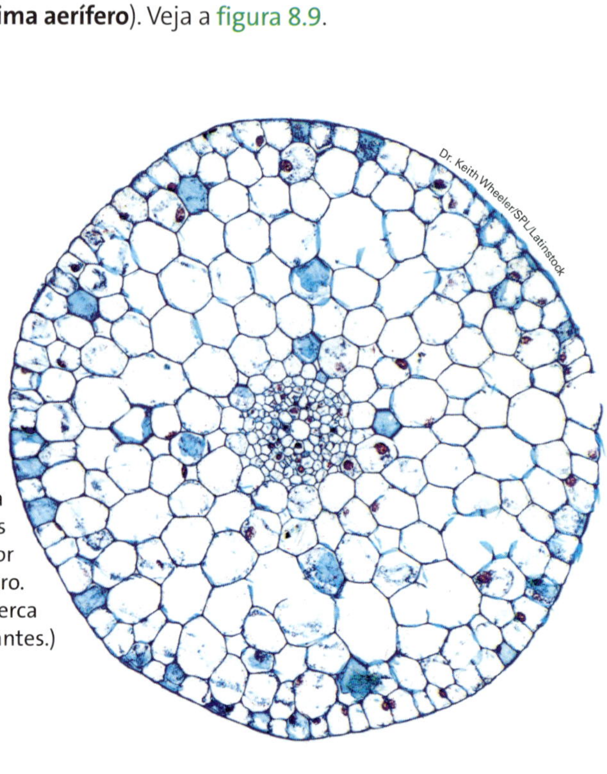

Dr. Keith Wheeler/SPL/Latinstock

Figura 8.9 Corte de caule de elódea, uma planta aquática. No centro estão os vasos condutores de seiva e, ocupando a maior parte do caule, um parênquima aerífero. (Microscópio óptico; aumento de cerca de 100 vezes; com uso de corantes.)

# Tecidos de sustentação

Formados por células de parede espessa, que dão resistência e sustentação às diferentes partes da planta, esses tecidos podem ser **colênquima** (*colla* = cola) e **esclerênquima** (*skleros* = duro).

Localizado na periferia do caule e da folha, logo abaixo da epiderme, o colênquima é formado por um agrupamento compacto de células vivas e alongadas (figura 8.10). Embora seja resistente, porque possui um espessamento de celulose nos ângulos das células, é dotado de grande flexibilidade, o que permite o crescimento da planta. Podemos encontrá-lo em partes jovens da planta e em vegetais herbáceos, que possuem estrutura delicada.

O esclerênquima é formado por células mortas com paredes espessas, constituídas de celulose e de uma substância rígida e impermeável, a **lignina** ou **linhina** (*lignum* = madeira) (figura 8.11), que ajuda na sustentação de toda a planta. Essas células podem ser de dois tipos: **fibras** e **esclereídeos** (também chamadas **células pétreas**).

As fibras são abundantes na parte mais interior do caule e ajudam na sustentação da planta, com os tecidos condutores de seiva. Elas se associam em feixes no interior do caule e da raiz em locais onde seu processo de alongamento já terminou.

Os esclereídeos são células muito duras, que participam da sustentação e proteção dos embriões de algumas sementes, como ocorre no caroço da ameixa e do pêssego. Aparecem também na casca da noz e conferem à pera sua textura áspera.

Figura 8.10 Colênquima: tecido de sustentação (diâmetro das células de cerca de 50 μm; cores fantasia).

Esclereídeo (diâmetro de cerca de 80 μm).

Fibras de esclerênquima (diâmetro de cerca de 15 μm).

Figura 8.11 Ilustração de elementos do esclerênquima (as células são microscópicas; cores fantasia). Na foto, corte de caule de bambu com vasos condutores de seiva rodeados por fibras de esclerênquima. (Microscópio eletrônico; aumento de cerca de 300 vezes; imagem colorizada por computador.)

# Tecidos condutores de seiva

Nas algas e nos musgos, as substâncias absorvidas do ambiente (água e sais minerais) são distribuídas de célula para célula por meio da difusão e da osmose.

As plantas chamadas **vasculares** ou **traqueófitas**, maiores e mais complexas, com grande número de células, utilizam um sistema de transporte mais especializado, os **vasos condutores de seiva**, um tecido constituído por células cilíndricas ligadas entre si, que formam tubos ao longo do vegetal.

A presença desses vasos é uma adaptação à vida terrestre, pois ajuda o vegetal a repor rapidamente a água perdida pela transpiração. Além disso, permite o desenvolvimento de plantas de grande porte, já que a difusão célula a célula não reporia com rapidez suficiente a água perdida pela transpiração.

Existem dois tipos de vasos condutores de seiva: os **lenhosos** (*lignum* = lenha, madeira) e os **liberianos**.

Os vasos lenhosos transportam principalmente a seiva bruta ou mineral da raiz para as folhas, ou seja, transportam a matéria-prima para a fotossíntese. São formados por células que, quando adultas e especializadas, morrem, permanecendo delas apenas a parede celular com reforço de celulose e lignina. Esta não se deposita em toda a parede celulósica. Em plantas jovens, há vasos com depósitos em forma de anel ou hélice, o que lhes dá maior elasticidade, acompanhando o intenso crescimento da planta. No vegetal adulto, os vasos costumam ter mais lignina (figura 8.12).

Ilustrações: Ingeborg Asbach/Arquivo da editora

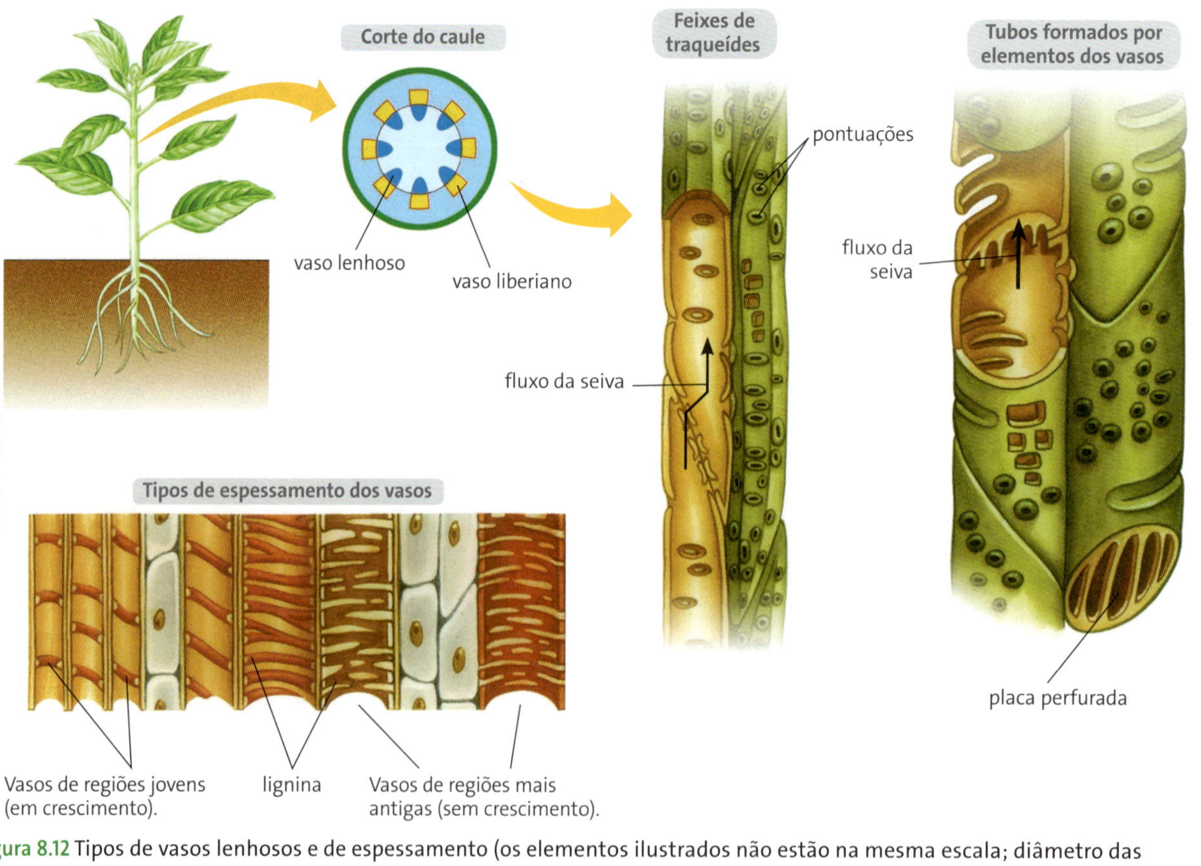


Figura 8.12 Tipos de vasos lenhosos e de espessamento (os elementos ilustrados não estão na mesma escala; diâmetro das células entre 20 µm e 60 µm; cores fantasia).

Há dois tipos de vasos lenhosos: as **traqueídes** e os **elementos de vasos**. Nas traqueídes, a lignina desaparece em alguns pontos, mas a celulose persiste, ficando apenas mais fina, e a seiva bruta tem de passar por essa parede. Assim, elas recebem o nome de vasos **fechados**, e as regiões sem lignina, de **pontuações**. Já nos elementos de vaso, a parede celular desaparece por completo em alguns pontos e ficam **perfurações** que permitem a passagem da água com facilidade; por isso esses vasos são chamados **abertos**, e a comunicação entre as células é chamada **placa perfurada**.

O espaço entre os vasos lenhosos é preenchido por um parênquima de reserva e por fibras de esclerênquima, que acumulam reservas nutritivas e contribuem para a sustentação da planta. O conjunto de vasos lenhosos e do parênquima e esclerênquima a eles associados forma o **xilema** (*xylon* = madeira) ou **lenho**.

Nas samambaias e no pinheiro só há traqueídes; nas angiospermas, há os dois tipos de vasos.

A água e os sais minerais levados pelo xilema chegam às folhas. A água e o gás carbônico são usados na fotossíntese para produzir glicídios e, com estes e a participação dos sais minerais, são produzidos os outros compostos orgânicos do vegetal. Esse material orgânico forma a seiva elaborada, que será distribuída para todo o corpo da planta através dos vasos liberianos.

As células que compõem esses vasos são vivas, alongadas e ligadas umas nas extremidades das outras. Na união entre duas células, a parede, sem espessamento de lignina, possui uma série de **orifícios** ou **crivos** por onde os dois citoplasmas se comunicam. A presença dessa parede ou **placa crivada** justifica o nome de **tubos crivados** para esses vasos (figura 8.13).

Apesar de vivas, as células não possuem núcleo nem boa parte das organelas celulares. Sua sobrevivência depende da troca de substâncias com células parenquimatosas adjacentes, chamadas **células companheiras**.

Além dos tubos crivados e das células companheiras, há fibras de esclerênquima e células do parênquima, com função de sustentação e de armazenamento de substâncias. O conjunto desses elementos forma o **floema** (*phloiós* = casca).

Figura 8.13 Vasos liberianos com células companheiras e células do parênquima (o citoplasma das células dos vasos liberianos não foi representado; os elementos ilustrados não estão na mesma escala; diâmetro das células entre 20 μm e 60 μm; cores fantasia).

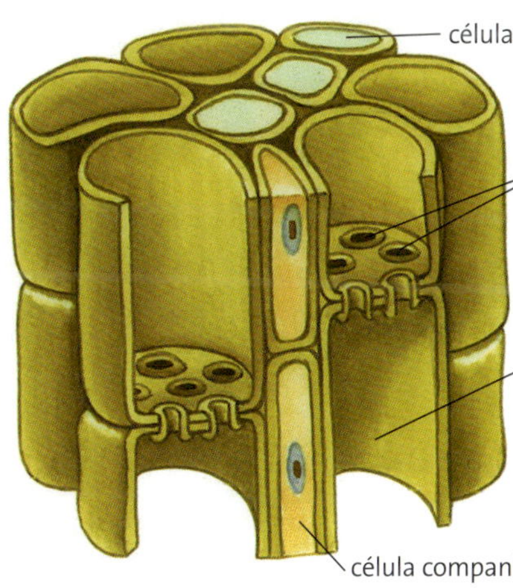

Fluxo da seiva nos vasos liberianos.

Fabio Colombini/Acervo do fotógrafo

# Tecidos secretores

Diversos produtos finais do metabolismo das plantas ficam armazenados em células ou em agrupamentos de células espalhados pelo vegetal. Embora não atuem mais diretamente no metabolismo, esses produtos ainda podem ser úteis à planta. Vejamos alguns deles.

O **néctar** é uma substância doce e perfumada, produzida nas flores por um agrupamento especial de células secretoras, o **nectário**. Sua função é atrair os insetos e as aves responsáveis pelo transporte do grão de pólen (polinização).

Por meio das **secreções** dos pelos glandulares, por exemplo, certas plantas, como a drósera (*Drosera* sp.), que habitam solos pobres em nitrogênio, digerem insetos e obtêm aminoácidos que completam sua alimentação (figura 8.14).

Às vezes não é fácil determinar a importância desses produtos para a planta; portanto, nem sempre é possível classificá-los como secreção (útil) ou excreção (inútil, que deve ser eliminada). É o caso do **látex**, substância leitosa que circula pelos vasos **laticíferos** de muitas plantas. Embora importante para o ser humano, pois é do látex da seringueira que se faz a borracha natural, é difícil determinar sua função. Talvez seja usado para fechar feridas, pois, quando eliminado, coagula ao entrar em contato com o ar (figura 8.14).

Caso semelhante é o das plantas produtoras de **essências** ou de **resinas**, que são acumuladas em **bolsas secretoras** ou em vasos localizados nas folhas, nos frutos e nos caules (figura 8.14). Talvez essas secreções ajudem a afugentar insetos que se alimentam das plantas.

É muito comum também a formação de cristais de oxalato de cálcio em certas células (figura 8.14). De acordo com sua forma, são chamados **drusas** ou **ráfides** (*raphís* = agulha).

Nas plantas de clima úmido, em que a saída de vapor de água pelos estômatos é difícil, há nas bordas das folhas os **hidatódios** (*hydatis* = bolha), pequenas aberturas que eliminam água na forma líquida. Esse fenômeno, chamado **gutação**, pode ser considerado excreção, uma vez que a água em excesso não desempenha nenhuma função na planta.

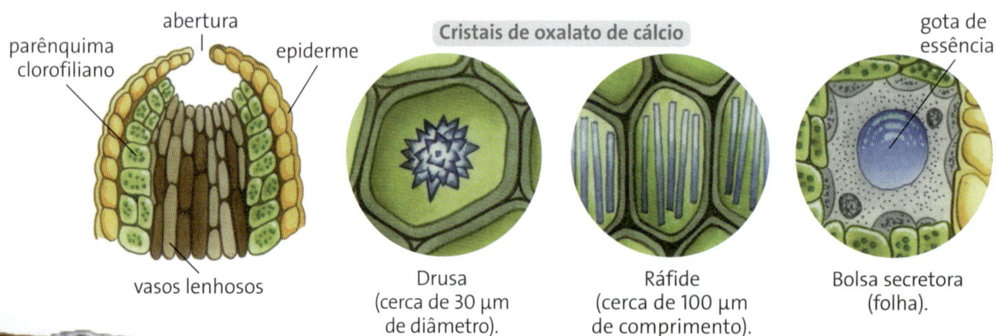


Ilustrações: Ingeborg Asbach/Arquivo da editora

Extração de látex da seringueira (*Hevea brasiliensis*; cerca de 30 m de altura). Os cortes são feitos no caule da planta para drenar o látex.

Pelos glandulares de *Drosera* sp., usados na captura de insetos. (Folha com cerca de 2 cm de comprimento.)

David Nunuk/SPL/Latinstock

Figura 8.14 Tecidos secretores (os elementos ilustrados não estão na mesma escala; as células são microscópicas; cores fantasia).

# 2 Raiz

Em geral, a raiz é um órgão subterrâneo, sem clorofila e especializado na fixação da planta e na absorção de água e sais minerais.

Figura 8.15 Tipos de raiz.
**A**: axial; **B**: fasciculada.

## Morfologia externa

Quando a planta possui uma raiz principal, mais desenvolvida que as ramificações, a raiz é classificada como **axial** ou **pivotante** (figura 8.15). Essa forma de raiz é típica das eudicotiledôneas, dá grande sustentação à planta e pode absorver água e sais minerais das camadas mais profundas do solo.

Quando não existe uma raiz principal, as ramificações são aproximadamente do mesmo tamanho e nascem de um ponto comum. Nesse caso, a raiz é **fasciculada** ou **em cabeleira** (figura 8.15). Ela é típica das monocotiledôneas, como a grama e o arroz, e desenvolve-se na camada mais superficial do solo; por isso é útil para combater a erosão.

Vimos que na ponta da raiz há a coifa, que protege o meristema primário situado mais internamente. Acima dela está a **região lisa**, na qual as células se alongam e provocam o crescimento da raiz; por isso é chamada também **região de crescimento** ou **de alongamento**. A **região pilífera** absorve água e sais minerais do solo (os pelos absorventes aumentam a área de absorção dessa região). Na **região suberosa**, formada por células cobertas de suberina, localizam-se as ramificações da raiz (figura 8.16).

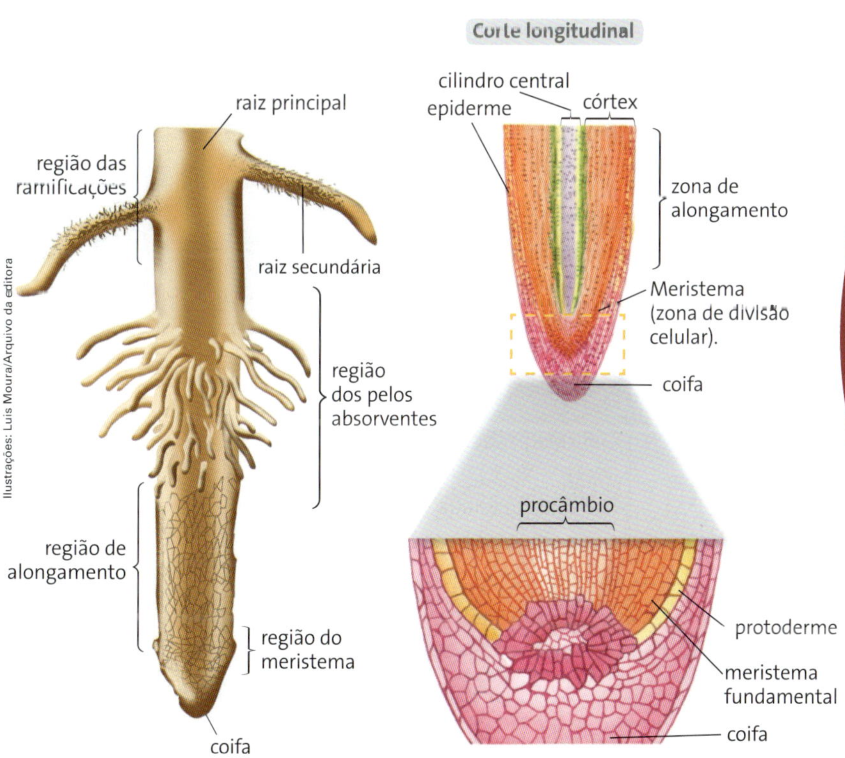

Figura 8.16 Na ilustração, morfologia externa da raiz e meristema primário (os elementos ilustrados não estão na mesma escala; as células são microscópicas; cores fantasia). Na foto, pelos absorventes (cada pelo tem de 80 µm a 150 µm de comprimento; imagem ao microscópio eletrônico; colorizada por computador).

# Tipos de raiz

Muitas plantas, como o milho, desenvolvem raízes a partir do caule ou até da folha, como a begônia. Essas raízes são chamadas **adventícias**.

As raízes podem desempenhar outras funções, havendo uma série de adaptações a situações específicas, como sustentação (**raízes-suporte** e **raízes tabulares**), reserva de alimento (**raízes tuberosas**), respiração (**raízes respiratórias** ou **pneumatóforos**), absorção da umidade do ar (**raízes aéreas**) e absorção da seiva de outras plantas (**raízes sugadoras** ou **haustórios**). Veja a figura 8.17.

Figura 8.17 Adaptações da raiz a situações especiais (os elementos ilustrados não estão na mesma escala; cores fantasia).

Edu Lyra/Pulsar Imagens

Planta de manguezal: as raízes respiratórias (cerca de 10 cm de comprimento) emergem do solo pobre em oxigênio e facilitam a respiração das partes submersas da planta.

Fabio Colombini/Acervo do fotógrafo

Orquídea com raiz aérea; nessa há o véu ou velame, tecido que absorve umidade do ar.

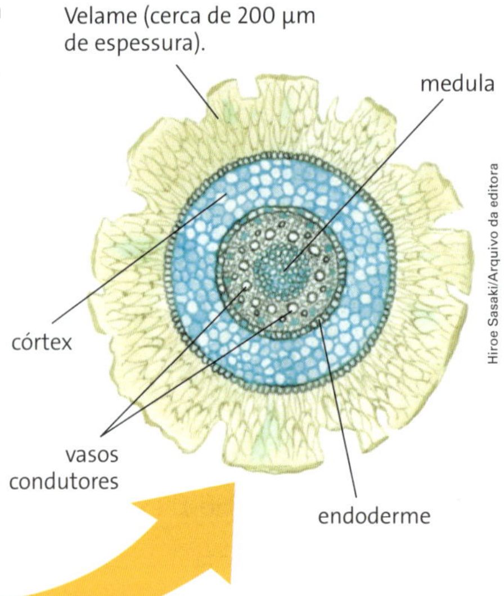


Hiroe Sasaki/Arquivo da editora

Fabio Colombini/Acervo do fotógrafo

Aguapé, uma planta com raiz aquática (parte fora da água: cerca de 10 cm; raiz: cresce até 1 m).

Fabio Colombini/Acervo do fotógrafo

As raízes sugadoras são encontradas em plantas parasitas, como o cipó-chumbo, que suga a seiva da planta hospedeira.

Raízes tabulares: ajudam na sustentação de árvores de grande porte, como a figueira. (Atinge até cerca de 20 m de altura.)

# Morfologia interna

Fazendo um corte transversal na região pilífera, observa-se a estrutura primária da raiz, formada por três regiões (figura 8.18):

- **epiderme** (*epi* = sobre; *derma* = pele) – composta de uma camada de células vivas, com pelos absorventes;
- **córtex** – situado no interior da epiderme e constituído de várias camadas de células, que originam o parênquima cortical. A camada mais interna é a **endoderme** (*endon* = dentro), na qual as células estão justapostas e apresentam um espessamento, a **estria de Caspary**, em homenagem ao botânico alemão Robert Caspary (1818-1887), que impede o fluxo de substâncias entre essas células. Desse modo, as substâncias que atravessam o córtex para o interior da raiz terão de passar por dentro das células da endoderme, o que permite que elas selecionem os íons absorvidos do solo (figura 8.18);

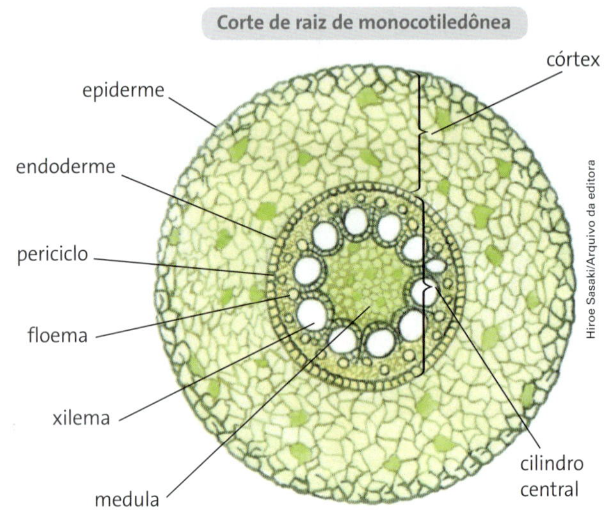


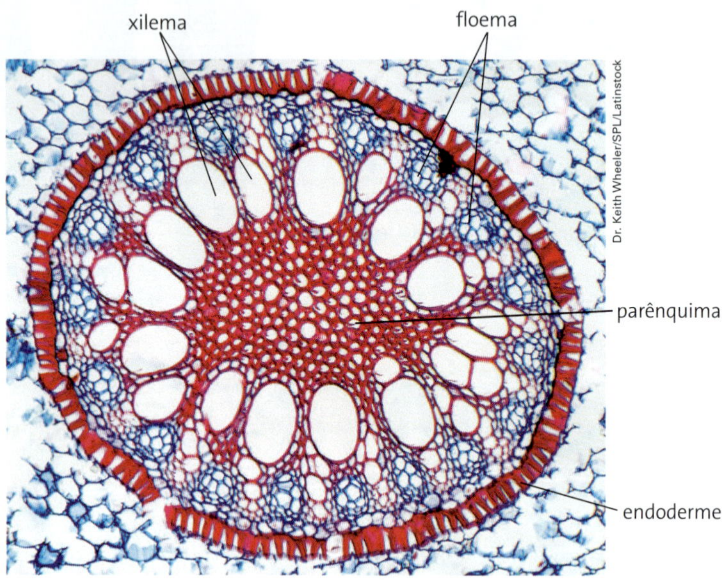


Corte de raiz de íris (*Iris germanica*; microscópio óptico; aumento de cerca de 100 vezes; com uso de corantes).

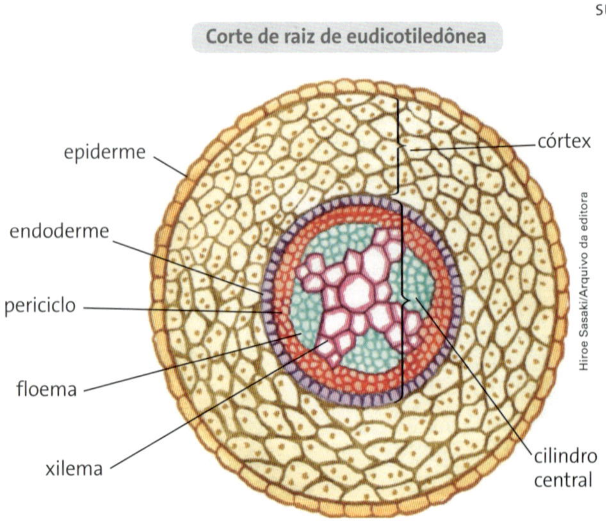


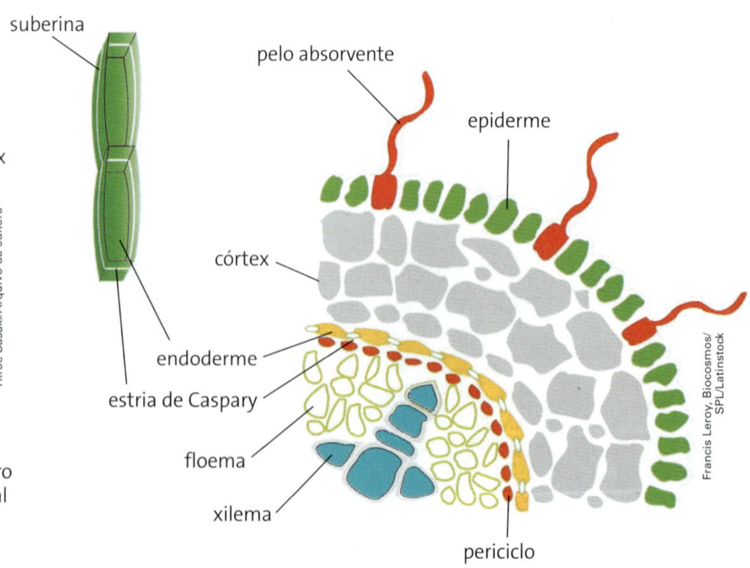


Figura 8.18 Estrutura primária da raiz (os elementos ilustrados não estão na mesma escala; as células são microscópicas; cores fantasia).

- **cilindro central** – situado na parte interna da raiz, com uma camada de células que constituem o **periciclo** (*peri* = ao redor; *kyklos* = circular), responsável pela formação das ramificações da raiz. Para dentro do periciclo estão o xilema e o floema, e entre eles o câmbio. Esses feixes ocupam posições diferentes nas monocotiledôneas e nas eudicotiledôneas. Naquelas eles se alternam na periferia do cilindro central e delimitam um conjunto de células parenquimáticas, que formam a medula. Nas eudicotiledôneas o xilema é central, com projeções em forma de cruz, triângulo, etc., entre as quais se localiza o floema.

Nas eudicotiledôneas lenhosas (árvores e arbustos) ocorre um crescimento em espessura, produzido pelo meristema secundário (câmbio e felogênio). As células formadas pelo câmbio que se dirigem para o interior se diferenciam em xilema; as que se dirigem para o exterior se diferenciam em floema. Dessa forma, o cilindro central aumenta de espessura (figura 8.19). No córtex o felogênio produz, para o interior, células que vão formar o feloderma e, para o exterior, células que vão formar o súber. O conjunto formado pelo súber, pelo felogênio e pelo feloderma constitui a **periderme** (*peri* = ao redor; *derma* = pele) (figura 8.19).

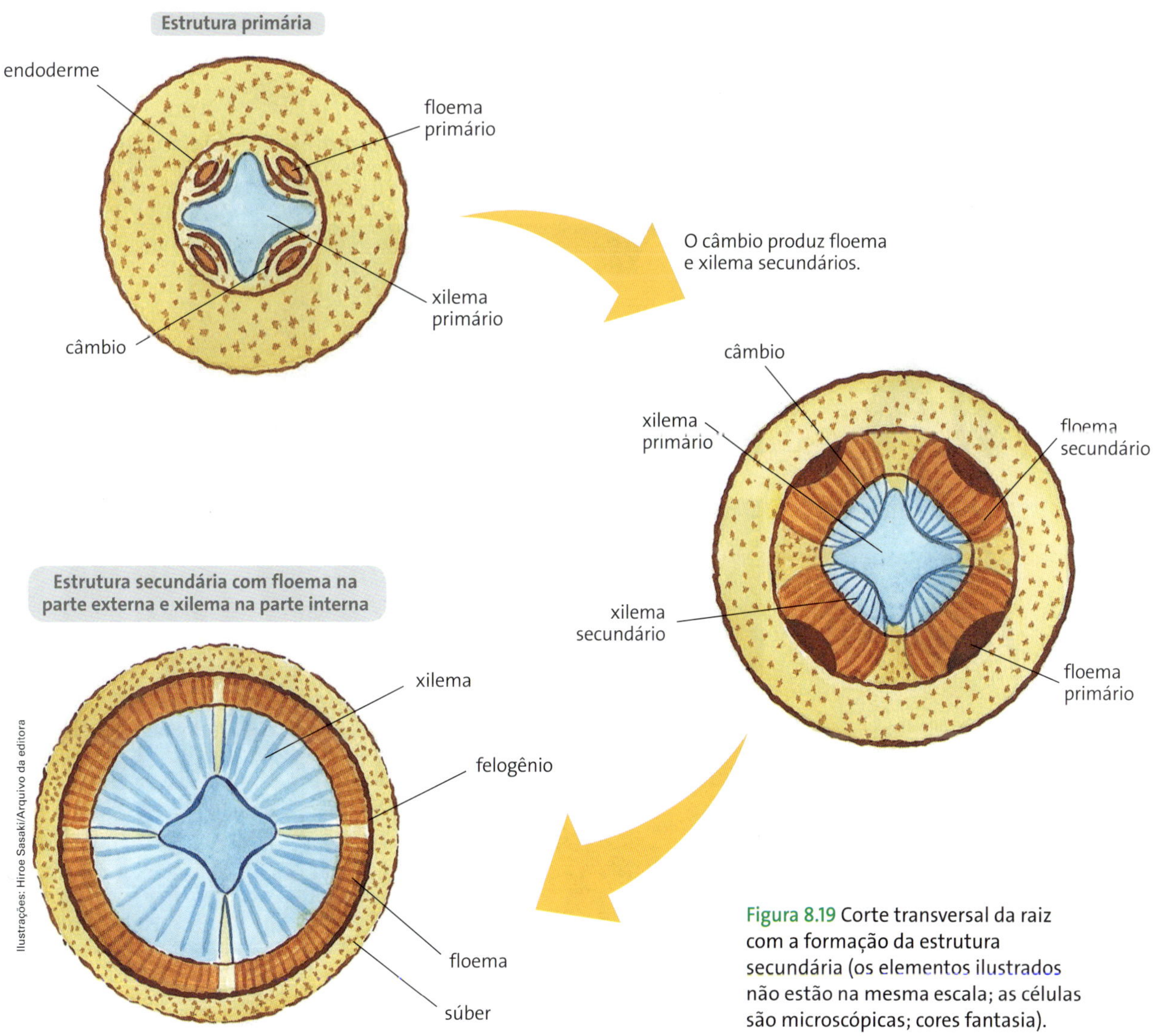


Figura 8.19 Corte transversal da raiz com a formação da estrutura secundária (os elementos ilustrados não estão na mesma escala; as células são microscópicas; cores fantasia).

# 3 Caule

O caule sustenta as folhas, colocando-as em condições de melhor iluminação e permitindo a realização da fotossíntese. Pelo caule passam os vasos que levam a seiva inorgânica das raízes para as folhas e a seiva orgânica das folhas para o resto da planta.

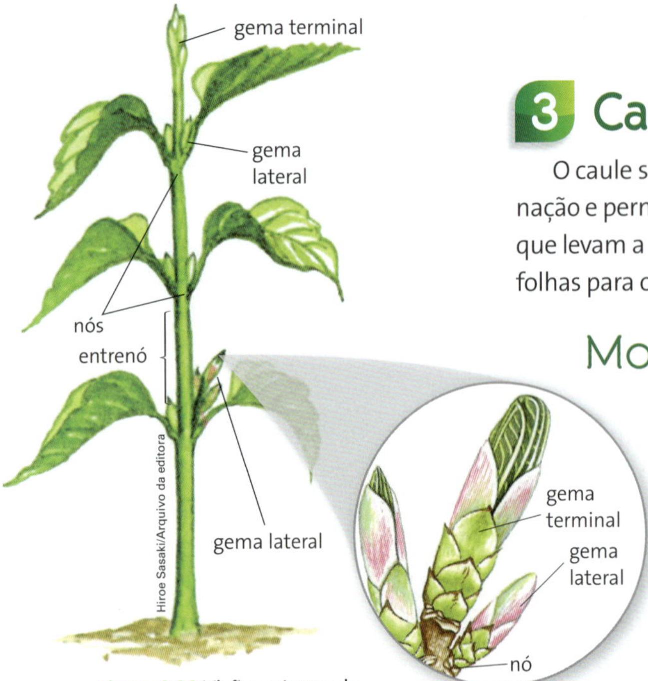


Figura 8.20 Visão externa do caule. As gemas laterais originam as ramificações do caule. (Os elementos ilustrados não estão na mesma escala; cores fantasia.)

## Morfologia externa

O caule também apresenta crescimento apical, produzido pelo **ponto vegetativo** ou pela **gema terminal**. Nesse meristema primário aparecem os **primórdios foliares**, diversas protuberâncias laterais que originam as folhas. Nas axilas das folhas estão as gemas laterais ou axilares, primórdios dos ramos laterais do caule. A região da gema caracteriza o **nó** do caule; a região entre dois nós é o **entrenó** (figura 8.20).

As células das gemas laterais podem ficar dormentes (sem se reproduzir) ou então se multiplicar e originar ramos, folhas e flores. Em geral, quando o broto terminal da planta é cortado, as células das gemas laterais passam a se multiplicar e originam novos ramos.

## Tipos de caule

Os caules podem ser:

- **aéreos** – dos quais há vários tipos: **tronco**, **estipe**, **rastejante**, **colmo**, **haste**, **volúvel** ou **trepador** (figura 8.21);

Figura 8.21 Alguns tipos de caules aéreos.

Coqueiral: caules do tipo estipe; longos, cilíndricos, sem ramificações e com folhas nas pontas (até 10 m de altura).

Caule volúvel: cresce enrolando-se em um suporte, que pode ser outro caule. Exemplos: uva, chuchu e maracujá.

Melancia (cerca de 30 cm de diâmetro): caule rastejante; pouco resistente, cresce apoiado no solo.

Cana-de-açúcar (altura entre 3 m e 6 m): caule do tipo colmo; com nós (em forma de discos) e entrenós bem marcados.

- **subterrâneos** – que se dividem em **rizoma** (*rhiza* = raiz; *oma* = proliferação), **tubérculo** e **bulbo** e podem acumular reservas nutritivas, utilizadas no inverno e, nas outras estações, empregadas na produção de folhas; neste caso, a posição subterrânea dificulta a ingestão do caule por animais herbívoros (figura 8.22);

Figura 8.22 Tipos de caules subterrâneos.

Carl Johan Ronn/Getty Images

Batata (entre 3 cm e 5 cm de diâmetro): caule do tipo tubérculo, que contém grande quantidade de reserva de alimento.

Fabio Colombini/Acervo do fotógrafo

Cebola (entre 15 cm e 35 cm de diâmetro): caule do tipo bulbo, pequeno, rodeado de folhas modificadas (catafilos), que, em geral, acumulam reservas nutritivas.

Gerson Gerloff/Pulsar Imagens

Bananeira (altura da planta entre 2 m e 4 m): caule do tipo rizoma; cresce horizontalmente sob o solo, produzindo ramos aéreos ou folhas. Na foto, a parte visível, que parece um caule, é formada pela bainha das folhas.

- **aquáticos** – que se desenvolvem em meio líquido, como o da vitória-régia.

O caule pode apresentar modificações, como **espinhos**, **acúleos**, **gavinhas** e **cladódios** (*klados* = ramo; *eidos* = semelhante) (figura 8.23).

Figura 8.23 Modificações do caule.

Fotos: Fabio Colombini/Acervo do fotógrafo

Espinhos de limoeiro (cerca de 2 cm de comprimento): ramos pontiagudos com função protetora.

Gavinha de uva (folha com 5 cm a 10 cm de largura): ramos que se enrolam em volta de um suporte servindo para fixação.

Acúleos de roseira (cerca de 7 mm de comprimento): projeções rígidas e pontudas, formadas na epiderme do caule.

Cladódio: caule achatado, suculento, sem folhas (mandacaru; até 5 m de altura), típico de locais secos.

# Morfologia interna

Fazendo um corte transversal em uma região jovem do caule, é possível ver a sua estrutura primária (figura 8.24). Nas monocotiledôneas e em eudicotiledôneas herbáceas não há distinção entre córtex e cilindro central. Os feixes condutores de seiva são mistos (liberolenhosos) e estão espalhados pelo parênquima fundamental. O líber está voltado para o exterior, e o lenho para o interior.

Na maioria das eudicotiledôneas, os feixes também são liberolenhosos, mas estão dispostos na forma de anel, em volta de uma medula de parênquima, e há distinção entre córtex e medula (figura 8.25). Há ainda um câmbio entre o floema e o xilema, o **câmbio fascicular**.

A estrutura secundária é característica das eudicotiledôneas e se forma à custa das atividades do câmbio e do felogênio. Além do câmbio fascicular, aparece o **câmbio interfascicular**, e ambos geram novos feixes de floema, para fora, e de xilema, para dentro (figura 8.25). O felogênio origina o súber, para fora, e a feloderme, para dentro, formando uma parte da casca, a periderme. Esta, quando velha, pode soltar-se, surgindo o **ritidoma** (*rhytis* = ruga; *oma* = proliferação).

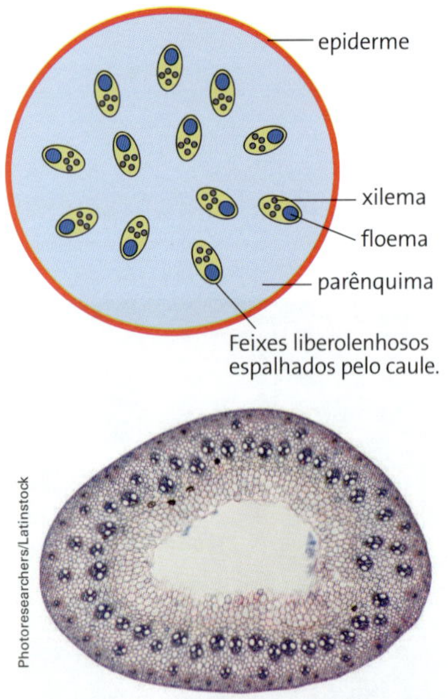


Figura 8.24 Na ilustração, esquema de corte de caule de monocotiledôneas (baseado em imagem ao microscópio; aumento de cerca de 30 vezes; cores fantasia). Na foto, distribuição dos vasos condutores em caule de bambu (microscópio óptico; aumento de cerca de 5 vezes; com uso de corantes).

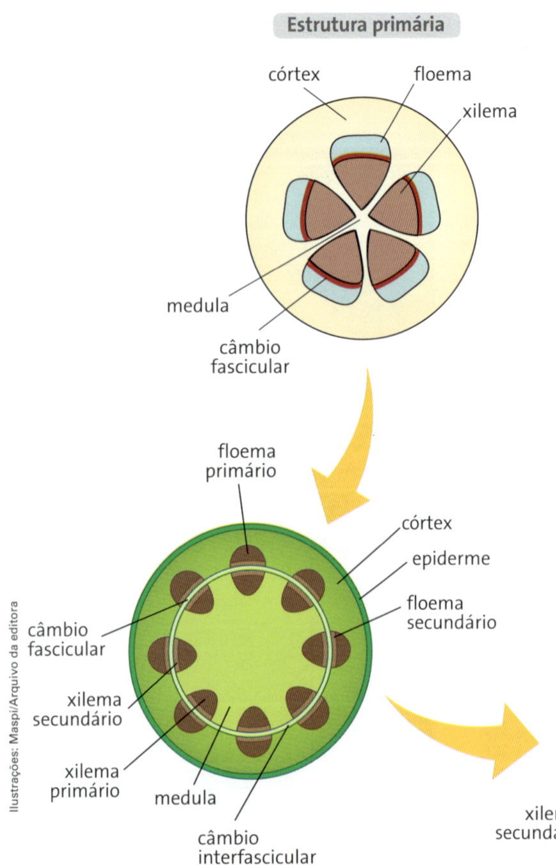


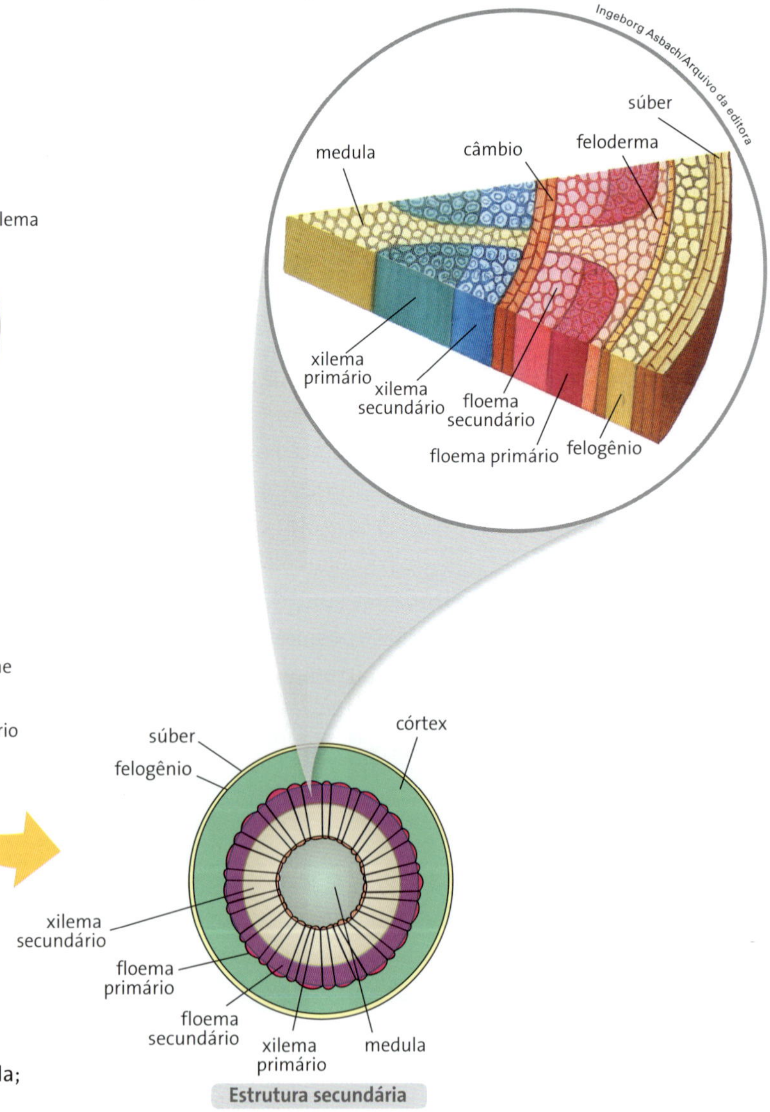


Figura 8.25 Esquemas das estruturas primária e secundária do caule de eudicotiledôneas (os elementos ilustrados não estão na mesma escala; cores fantasia).

Em troncos cortados, é possível ver uma zona externa, o **alburno** (*albus* = branco; *urnae* = urna, envoltório), de tonalidade clara, que corresponde ao xilema em atividade, e outra interna, o **cerne**, mais escura, que corresponde ao xilema velho, não funcional, bastante comprimido, o que dá maior resistência à madeira (figura 8.26).

Em regiões onde as estações do ano são bem distintas, é possível observar no tronco uma série de **anéis de crescimento** (figura 8.26). Cada um corresponde a um ano de vida da planta (pelo número de anéis podemos saber a idade da árvore). Na primavera, quando as condições são favoráveis e existe bom suprimento de água, o câmbio produz o **lenho primaveril**, com vasos de paredes finas e grandes cavidades internas. Em verões secos e no outono, quando o suprimento de água e outros fatores ambientais estão abaixo do ideal, o câmbio produz o **lenho estival**, com vasos de paredes grossas e cavidades internas estreitas. No inverno o câmbio não apresenta atividade e, na primavera seguinte, reinicia-se o ciclo de crescimento.

O lenho primaveril é mais eficiente no transporte de seiva. O estival confere boa sustentação. Como no inverno não há crescimento, os dois formam o anel anual.

Corte do caule da árvore tília (gênero *Tilia*), com um, dois e três anos de idade, respectivamente (microscópio óptico; aumento de cerca de 25 vezes).

Fotos: Garry DeLong/Photoresearchers, Inc./Latinstock

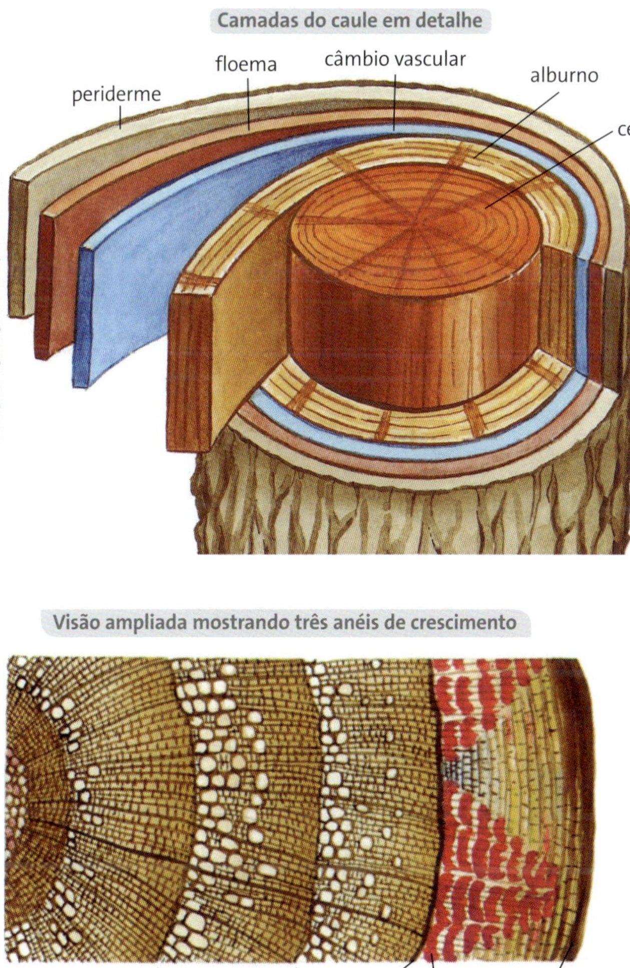


Ilustrações: Ingeborg Asbach/Arquivo da editora

Figura 8.26 Esquemas de caule com o cerne, o alburno e os anéis de crescimento (os elementos não estão na mesma escala; cores fantasia).

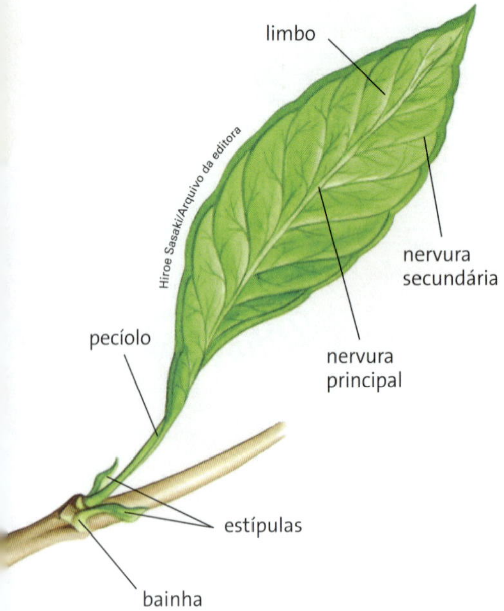


Figura 8.27 Desenho esquemático de folha completa (cores fantasia).

# 4 Folha

A folha é um órgão laminar, clorofilado, especializado na realização da fotossíntese. A superfície laminar contribui muito para esse processo, pois, além de facilitar a absorção de gás carbônico, permite que grande número de cloroplastos fique exposto à luz.

## Morfologia externa e tipos de folha

A folha apresenta apenas estrutura primária, derivada do primórdio foliar. Uma folha completa apresenta **limbo**, **pecíolo** e **bainha**, mas podem aparecer **estípulas** (*stipula* = palha), pequenas formações dos lados da bainha que protegem o meristema nas folhas jovens (figura 8.27).

O limbo é a região laminar. O pecíolo e a bainha são as partes que se prendem ao caule. O pecíolo diminui a sombra que as folhas de cima lançam sobre as de baixo e facilita o movimento delas pelo vento, ajudando no arejamento. Em folhas pequenas ou longas, mas estreitas, o pecíolo pode estar ausente. Folhas sem pecíolo são chamadas **invaginantes**, comuns nas monocotiledôneas. Em alguns casos, como no fumo, a folha é **séssil**: faltam o pecíolo e a bainha, e o limbo prende-se diretamente no caule.

Em relação ao aspecto das nervuras (ramificações dos feixes condutores), há dois tipos principais: **folhas paralelinérveas** (*nervus* = nervura), com nervuras paralelas, características das monocotiledôneas; e folhas **peninérveas** (*pena* = pena), com uma nervura mediana da qual saem ramificações, características das eudicotiledôneas (figura 8.28).

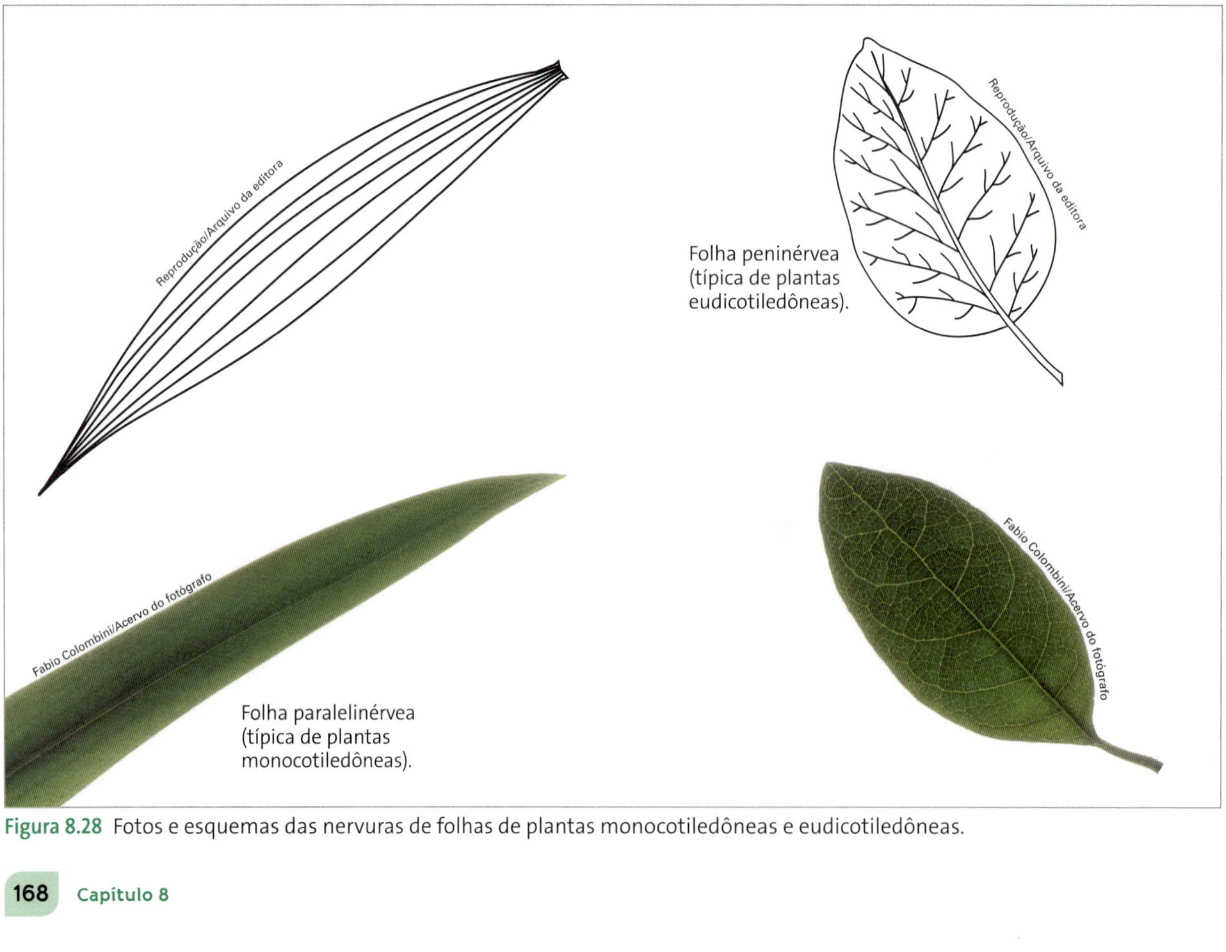


Figura 8.28 Fotos e esquemas das nervuras de folhas de plantas monocotiledôneas e eudicotiledôneas.

Quanto à forma, existe grande variedade. As folhas podem ainda ser classificadas em **simples** (limbo não dividido) e **compostas** (limbo dividido em folíolos). Veja a figura 8.29.

Nas folhas também há adaptações. Aquelas com limbo muito largo correm o risco de serem destruídas pelo vento, a menos que ele esteja dividido em folíolos. Assim, folhas compostas resistem melhor ao vento. De fato, a maioria das folhas largas é composta. Uma exceção é a folha larga e simples de bananeira, que, por causa da ação do vento, parte-se em certos pontos mais fracos que não se soltam do restante da folha, deixando-a parecida com uma folha composta.

Figura 8.29 Exemplos de limbos de folhas simples e, no alto, de folha composta.

As folhas: características e funções

Quanto a modificações das folhas, podem ser citados (figura 8.30): o **espinho** do cacto, adaptação à vida em regiões secas (reduz a área de perda de água; a fotossíntese é feita pelo caule) e proteção da planta contra predadores; as **brácteas** (*bractea* = lâmina fina), folhas na base das flores, às vezes coloridas, que servem de atrativo a animais polinizadores; as **gavinhas foliares** da ervilha, com as mesmas funções das gavinhas de caule; os **catafilos** (*kata* = para baixo; *phylein* = amigo), que protegem o broto vegetativo durante o inverno e podem também acumular substâncias nutritivas, como na cebola e no alho. Existem ainda folhas especializadas em digerir pequenos animais (sobretudo insetos), encontradas nas plantas carnívoras.

Figura 8.30 Algumas adaptações das folhas.

Fabio Colombini/Acervo do fotógrafo

Brácteas de antúrio (chegam a medir de 50 cm a 60 cm de comprimento).

Mauricio Simonetti/Pulsar Imagens

Espinhos (cacto xiquexique; até 4 m de altura).

Anthony Cooper/SPL/Latinstock

Bico-de-papagaio com brácteas (a planta atinge de 60 cm a 4 m de comprimento).

Bjorn Svensson/SPL/Latinstock

Gavinhas (ervilha; a vagem tem cerca de 7 cm de comprimento)

## Morfologia interna

Fazendo um corte transversal em um limbo, é possível observar (figura 8.31):

- a epiderme superior, com muita cutina;
- o parênquima paliçádico, tecido clorofiliano, de células em paliçada;
- o parênquima lacunoso, tecido clorofiliano, menos rico em cloroplastos, de células irregulares com espaços intercelulares, pelos quais circulam os gases da fotossíntese (gás carbônico e oxigênio); esse tecido e o paliçádico formam o **mesofilo**, que é atravessado por nervuras;
- a epiderme inferior, com menos cutina e cheia de estômatos.

Figura 8.31 Esquema da estrutura interna da folha (as ilustrações não estão na mesma escala; cores fantasia) e foto de corte de folha (imagem ao microscópio eletrônico; aumento de cerca de 140 vezes; colorizada por computador).

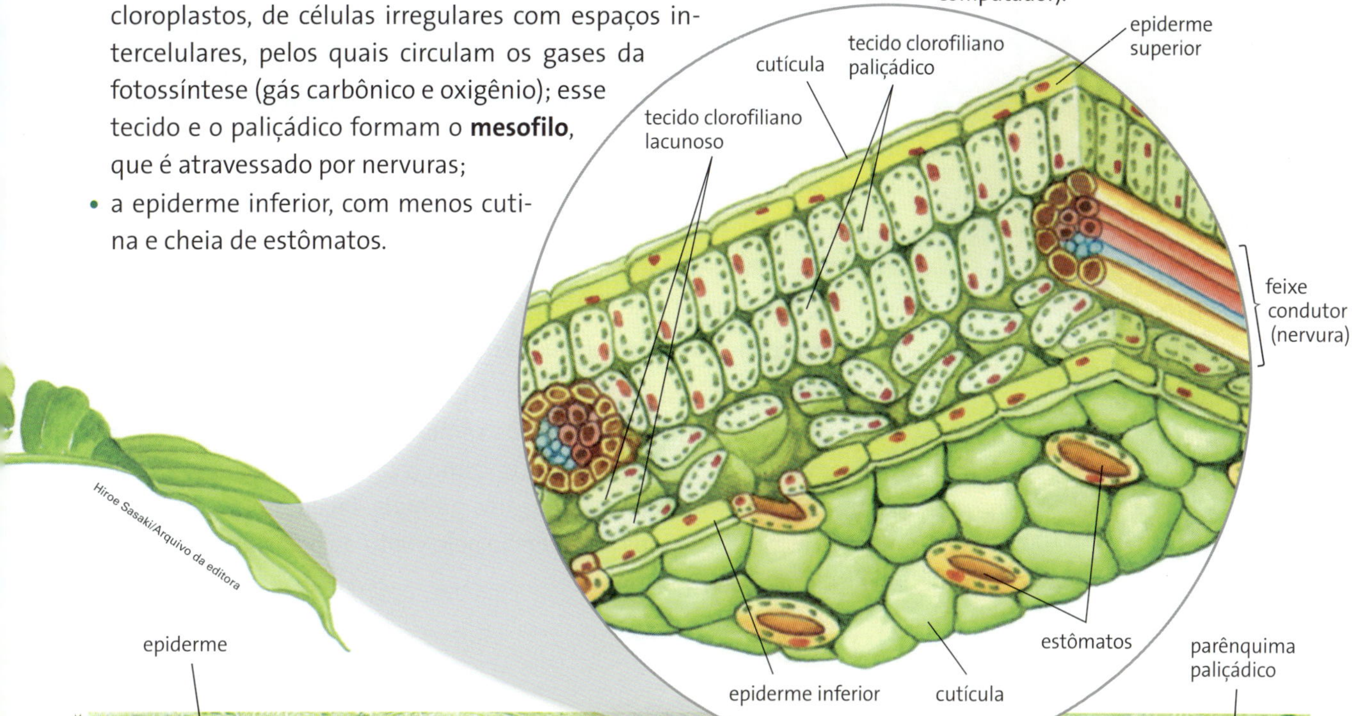


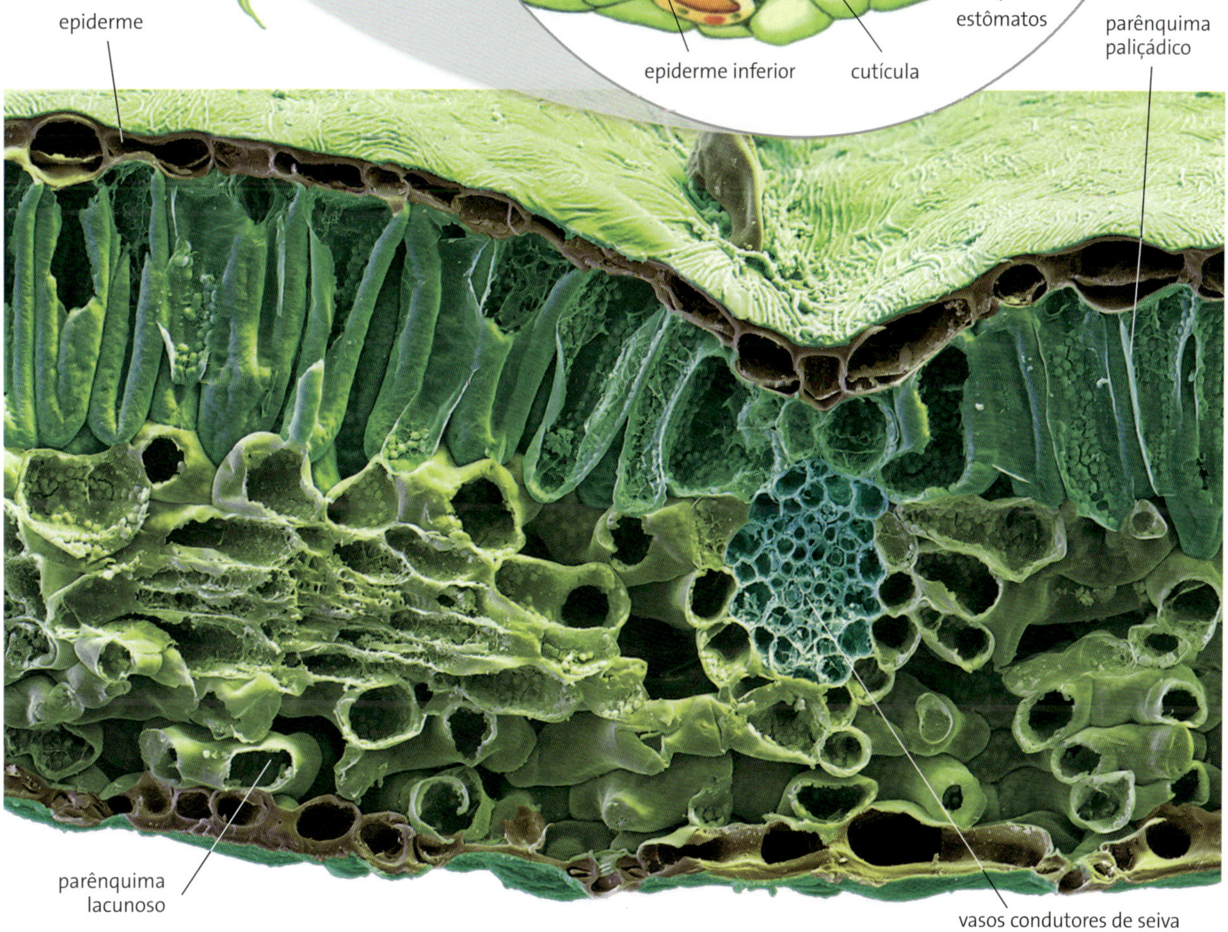

Niceregionpics/Shutterstock/Glow Images

## 5 Fruto

Após a fecundação, o óvulo origina a semente, e o ovário se hipertrofia, dando origem ao fruto. Às vezes, o ovário se desenvolve sem ser fecundado (a planta reproduz-se assexuadamente, pois não tem semente), como no caso da bananeira. Outras vezes, uma mutação produz fruto sem semente, e a planta é perpetuada artificialmente pelo ser humano por meio de enxertos, como no caso da laranja-da-baía. Esses frutos sem semente são chamados partenocárpicos, como vimos no capítulo anterior. Em geral, o fruto possui **pericarpo** e semente (figura 8.32). O pericarpo é composto de:

- **epicarpo** – resulta da epiderme externa do ovário;
- **mesocarpo** – forma-se do tecido médio do ovário; em geral é a parte comestível, por causa do acúmulo de substâncias nutritivas (muitas vezes a região comestível não é o mesocarpo, como veremos na figura abaixo);
- **endocarpo** – resultante da epiderme interna do ovário.

As reservas nutritivas de alguns frutos atraem animais, que as consomem e promovem a dispersão da semente, pois esta não é digerida e sai com as fezes. Em alguns frutos, como o carrapicho, há pelos e espinhos que se prendem aos pelos dos animais, facilitando a dispersão. Outros estão adaptados à dispersão pelo vento ou pela água (reveja, no capítulo 7, a figura 7.17).

Sjk2012/Shutterstock/Glow Images

Banana em corte longitudinal

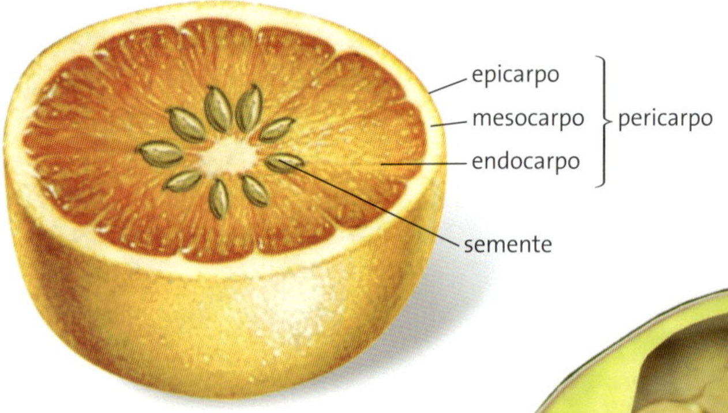

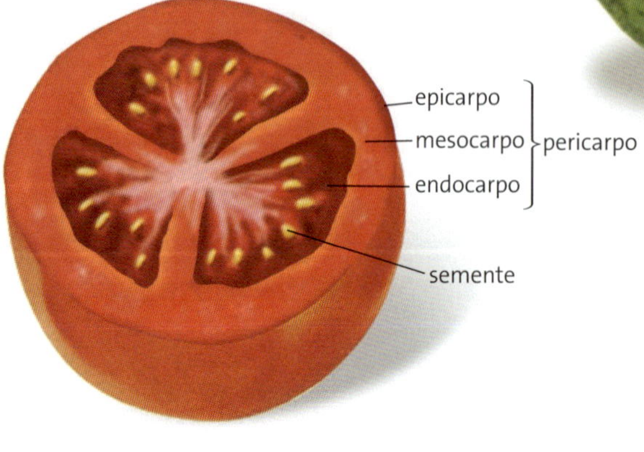


Ilustrações: Luis Moura/Arquivo da editora

Figura 8.32 Partes de alguns frutos: laranja, abacate e tomate (as ilustrações não estão na mesma escala; cores fantasia). A banana é um fruto partenocárpico (sem sementes).

O termo *fruta* indica as partes comestíveis que vieram da flor, que nem sempre se desenvolvem do ovário. Quando se originam de outras partes da flor, são chamadas **pseudofrutos** (figura 8.33). Na laranja, o que se come são os pelos suculentos do endocarpo. No caju, a parte suculenta desenvolve-se do pedúnculo de uma única flor (pseudofruto simples); o fruto é a castanha. Na maçã e na pera, também pseudofrutos simples, o fruto é a parte central endurecida, que envolve as sementes; a parte carnosa vem do receptáculo. No morango, os frutos são os pequenos pontos espalhados pela parte vermelha; o pseudofruto desenvolve-se do receptáculo de flor com diversos ovários (pseudofruto composto ou agregado). No figo e no abacaxi, a parte comestível desenvolve-se do receptáculo e de outras peças florais reunidas em inflorescências; são chamados **infrutescências**. No figo, os frutos são as estruturas chamadas popularmente **sementes**, que ficam em seu interior. No abacaxi, cada escama da casca é um pequeno fruto (**frutículo**), que se uniu aos outros frutos, formando uma infrutescência.

O chuchu, a abóbora, o pepino, a berinjela, o tomate, o jiló, a abobrinha, um grão de milho ou de arroz e a vagem do feijão, entre outros, são frutos verdadeiros, pois se originam do desenvolvimento do ovário da flor, mas não são chamados pelo termo popular *fruta*.

Detalhe da casca de abacaxi com os frutículos.

Caju (fruto com 3 cm a 5 cm de comprimento).

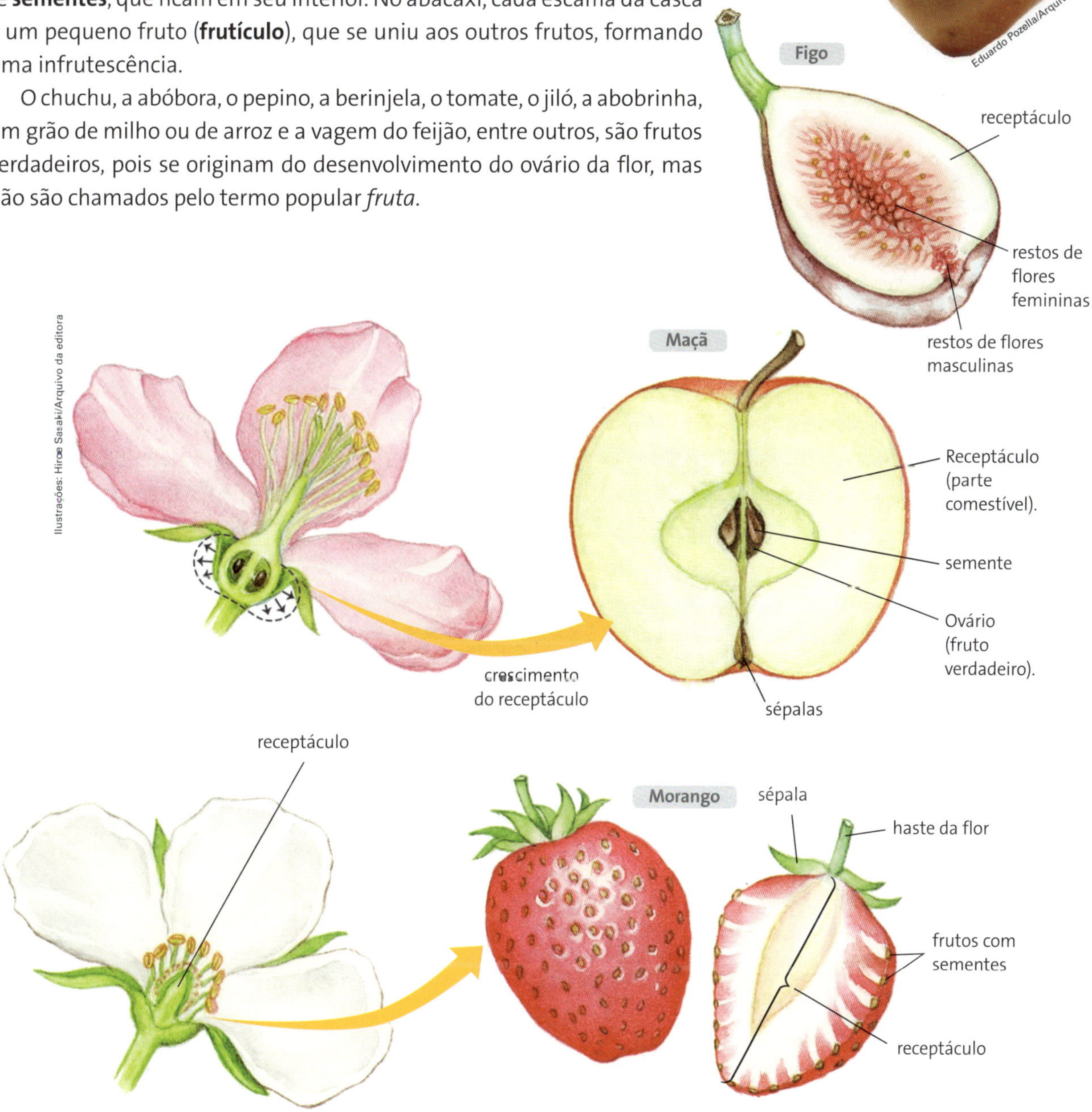


Figura 8.33 Pseudofrutos: sua parte carnosa e comestível não é originada do desenvolvimento do ovário. (Os elementos da ilustração não estão na mesma escala; cores fantasia.)

# Tipos de fruto

Os frutos podem ser classificados em **carnosos** (pericarpo suculento; reveja a figura 8.32) e **secos** (pericarpo não suculento). Os frutos carnosos podem ser de dois tipos:

- **baga** – em geral com muitas sementes facilmente separáveis do fruto, com mesocarpo e endocarpo carnudos; por exemplo, goiaba, tomate, uva, berinjela, melancia (figura 8.34), pepino, mamão, laranja, limão;
- **drupa** – geralmente com uma única semente aderida a um endocarpo duro, formando um caroço; por exemplo, manga, pêssego, abacate (figura 8.34), azeitona, coco-da-baía, ameixa, cereja, cajá-mirim.

Os frutos secos (figura 8.35) podem ser classificados em:

- **deiscentes** – abrem-se espontaneamente quando maduros, liberando ou expondo as sementes; podem ser: **folículo** (um carpelo), que se abre por uma fenda longitudinal, como na magnólia e na esporinha; **legume** ou **vagem** (um carpelo), abrindo-se por duas fendas longitudinais, caso do feijão, da soja e da ervilha (na linguagem comum, legume significa o mesmo que hortaliça); **cápsula** (dois ou mais carpelos), com deiscência variada, como no algodão (abertura no meio de cada carpelo), na azaleia (abertura na linha de união dos carpelos), na sapucaia e castanha-do-pará (abertura transversal), na papoula, na quaresmeira (abertura por poros); **síliqua** (dois carpelos), com duas aberturas, como se fosse uma vagem dupla (mostarda, repolho e couve);
- **indeiscentes** – não se abrem espontaneamente, nem quando maduros; podem ser: **aquênio** (um carpelo), com uma semente presa por apenas um ponto à parede do fruto (girassol e noz); **cariopse** ou **grão** (um carpelo), com uma semente unida à parede do fruto em toda a sua extensão (grãos de arroz, trigo, milho, aveia, centeio e cevada); **sâmara**, com expansões aladas (jacarandá, tipuana e bordo).

Africa Studio/Shutterstock/Glow Images

Melancia

Viktar Malyshchyts/Shutterstock/Glow Images

Abacate

Figura 8.34 Frutos carnosos: melancia (baga; cerca de 30 cm de diâmetro) e abacate (drupa; 10 cm a 20 cm de comprimento).

Figura 8.35 Tipos de frutos secos.

Maks Narodenko/Shutterstock/Glow Images

Cariopse (grãos de milho; cerca de 20 cm de comprimento).

Montypeter/Shutterstock/Glow Images

S.m.u.d.g.e/Shutterstock/Glow Images

Aquênio (girassol; cerca de 1 cm).

Fabio Colombini/Acervo do fotógrafo

Cápsula (castanha-do-pará; fruto com 10 cm a 15 cm de diâmetro).

# Atividades

1. A figura abaixo mostra um corte de raiz de cebola ao microscópio. Que tipo de tecido está sendo observado? Justifique sua resposta.

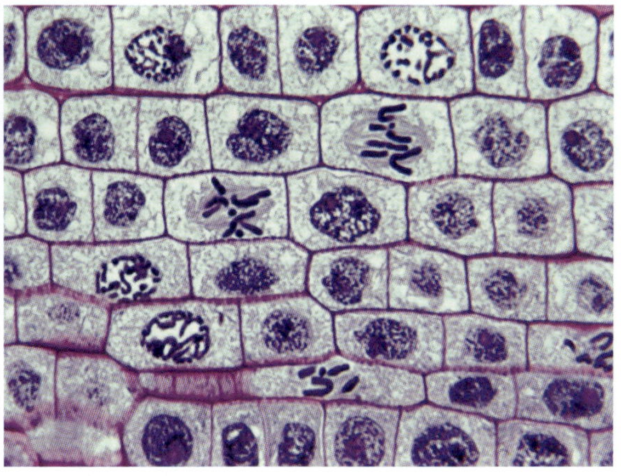


Corte de raiz de cebola ao microscópio óptico (aumento de cerca de 200 vezes; com uso de corantes).

2. Pode-se dizer que as células do tecido vegetal, denominado meristema, são funcionalmente análogas às células-tronco humanas. Explique essa comparação, dizendo em que partes da planta esse tecido pode ser encontrado e quais suas funções.

3. O esquema a seguir mostra a disposição dos vasos condutores de seiva no caule de uma planta jovem. À medida que a planta cresce e seu caule aumenta de espessura, o número desses vasos também aumenta.

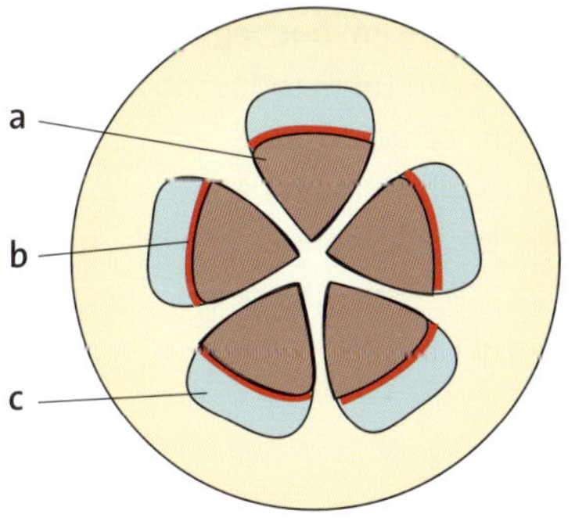


a) Identifique no esquema as partes indicadas pelas letras **a**, **b** e **c**.

b) Qual dessas partes torna possível o aparecimento de novos vasos à medida que o caule engrossa?

4. As plantas possuem um tecido que, em termos funcionais, pode ser comparado ao tecido ósseo dos animais, uma vez que ele sustenta a planta ereta.

a) Qual é esse tecido e que características ele apresenta que contribuem para essa função?

b) A presença desse tecido nas sementes de certas espécies, cujos frutos são apreciados por animais, contribui para a dispersão dessas espécies. Explique como isso acontece.

5. Os vasos condutores de seiva de uma planta podem ser comparados funcionalmente a que sistema do corpo humano? Justifique sua resposta.

6. Todos os tecidos de uma planta são importantes, mas um deles, o parênquima clorofiliano, tem importância fundamental tanto para os vegetais quanto para os animais que com eles compartilham o ambiente, ainda que, para estes, indiretamente. Explique essas afirmações.

7. Durante uma atividade prática de Biologia na mata, um estudante desobedeceu ao professor e tocou em uma planta que ele não conhecia. A planta era uma urtiga e a pele de suas mãos logo ficou muito vermelha e irritada.

a) Que estruturas especializadas da planta foram responsáveis por esse efeito?

b) Em que tecido vegetal essas estruturas estão localizadas?

c) Explique por que se pode dizer que esse tecido contribuiu para a dispersão das plantas em geral no ambiente terrestre.

8. Diferentemente da maioria das plantas, as orquídeas têm raízes com células clorofiladas. Por que isso é possível e que vantagem isso traz para a orquídea?

9. Reveja, na figura 8.31, a ilustração e a foto de uma folha em corte e ampliada. Por que é vantajoso, para a realização das funções da folha, que ela não seja muito espessa?

10. Observe o cacto da foto a seguir.

Que adaptações dessas plantas, algumas delas visíveis na foto, facilitam sua sobrevivência em climas áridos? Justifique sua resposta.

11. Em uma plantação de bananas, a colheita diminuiu bastante de um ano para outro. Um estudante acha que isso pode ter acontecido por causa da utilização excessiva de agrotóxicos, que causou a morte dos insetos polinizadores e, assim, afetou a produção de frutos. Outro estudante afirma, no entanto, que essa explicação certamente está errada. Explique por que o segundo estudante tem tanta certeza do erro do primeiro.

12. Você já sabe que uma alimentação equilibrada é importante para a manutenção da saúde e que alimentos de origem vegetal não podem faltar nas refeições. Então, que tal almoçar uma salada feita com alface, tomates, pimentões e pepinos, rodelas de cebola e azeite de oliva? O prato principal pode ser composto de uns legumes cozidos e temperados, como cenoura ou beterraba, e uma carne, como o frango, acompanhado de creme de milho ou de um purê de batatas... Ou você prefere peixe e um pirão à base de farinha de mandioca? Para beber, você pode escolher entre um suco de laranja ou um de caju, e, como sobremesa, saborear uma fatia de mamão, ou, se preferir, um doce de batata-doce ou uma compota de figos.

Após alimentar o corpo, alimente seus conhecimentos de botânica, identificando quais dos alimentos mencionados correspondem a:

a) raízes;
b) caules;
c) folhas;
d) frutos e pseudofrutos.

13. As raízes das plantas geralmente ficam embaixo da terra. No entanto, as raízes de certas plantas ficam total ou parcialmente acima do solo. Veja os exemplos abaixo e explique a vantagem que cada tipo de raiz confere à planta.

a) As raízes de árvores, como a sumaúma e o pau-d'alho, que vivem em solos úmidos ou macios, são bem desenvolvidas e crescem em partes do caule situadas acima do solo.
b) O cipó-chumbo cresce sobre outras árvores, e suas raízes penetram no caule dessas árvores.
c) As raízes das árvores que vivem nos manguezais, regiões com solo pantanoso e pobre em oxigênio, formam projeções que crescem acima do solo.
d) Ao contrário das raízes da maioria das plantas, as raízes de muitas orquídeas são clorofiladas.

14. Que partes do caule são responsáveis pelo seu crescimento em altura e pela formação de novos ramos e folhas?

## Trabalho em equipe

Em grupo, escolham um dos temas a seguir para pesquisar (em livros, CD-ROMs, internet, etc.). Depois, façam uma apresentação, com fotos (ou vídeos) e ilustrações para a comunidade escolar.

Informem-se também se na região em que vocês moram existe alguma instituição educacional (por exemplo, uma universidade, um museu, um centro de ciências) que trabalhe com o tema flora brasileira, ou que mantenha uma exposição sobre esse tema, e verifiquem se é possível visitar o local. Como opção, podem ser pesquisados na internet *sites* de universidades, museus, etc. que disponibilizem uma exposição virtual sobre as plantas da flora nacional.

a) Plantas venenosas encontradas no Brasil.
b) Exemplos de medicamentos que foram extraídos, pelo menos inicialmente, de plantas. Por que é importante estudar o uso medicinal de certas plantas e preservar os ambientes naturais?
c) Com o apoio dos professores de Biologia, História, Geografia, Literatura e Arte façam uma pesquisa sobre a árvore conhecida como pau-brasil: descubram seu nome científico; sua utilização pelo ser humano e a história de sua exploração pelos europeus; a relação entre a exploração do pau-brasil e a mata Atlântica; o que foi, na literatura, o Manifesto Pau-Brasil, etc.
d) O Brasil possui uma imensa variedade de frutas comestíveis. Pesquise em que regiões do Brasil são encontradas as frutas (nem todas são frutos) a seguir e suas principais características: açaí, buriti, guaraná, cupuaçu, pupunha, taperebá, acerola, cacau, caju, coco, dendê (coco-de-dendê), graviola, umbu, guabiroba, jabuticaba, jenipapo, pequi, abacate, jaca, pitanga, sapucaia, pinhão.

## Atividade prática

Em grupo, façam o que se pede. Vocês vão precisar de:

- copinhos de plástico (podem ser copos vazios de iogurte);
- um pouco de algodão;
- etiquetas adesivas;
- grãos de feijão;
- grãos integrais de arroz, grama, alpiste, trigo e aveia (os grãos devem estar com a casca porque sementes beneficiadas não germinam; eles podem ser adquiridos em casas de avicultura ou de produtos agrícolas).

Coloquem algodão nos copinhos mais ou menos até a metade da altura. Em cada copinho, depositem três sementes de cada tipo, com uma etiqueta de identificação e a data em que elas foram colocadas no algodão. Em seguida, acrescentem um pouco de água a cada copo, o suficiente para umedecer bem o algodão. Diariamente, verifiquem se o algodão ainda está úmido e, se for necessário, coloquem um pouco mais de água.

Por cerca de 30 dias, observem diariamente os copinhos e anotem o que está ocorrendo, façam esquemas registrando as mudanças de aparência e forma das sementes e das plantinhas que eventualmente germinarem.

Aos registros das observações, acrescentem as seguintes informações: a semente observada é de planta monocotiledônea ou eudicotiledônea (dicotiledônea)? Pesquisem também os diversos produtos derivados de cada tipo de semente observada.

# Pensando no Enem

Alunos de uma escola no Rio de Janeiro são convidados a participar de uma excursão ao Parque Nacional de Jurubatiba. Antes do passeio, porém, eles leem o trecho de uma reportagem publicada em uma revista:

*Jurubatiba será o primeiro parque nacional em área de restinga, num braço de areia com 31 quilômetros de extensão, formado entre o mar e dezoito lagoas. Numa área de 14 000 hectares, ali vivem jacarés, capivaras, lontras, tamanduás-mirins, além de milhares de aves e de peixes de água doce e salgada. Os peixes de água salgada, na época das cheias, passam para as lagoas, onde encontram abrigo, voltando ao mar na cheia seguinte. Nos terrenos mais baixos, próximos aos lençóis freáticos, as plantas têm água suficiente para aguentar longas secas. Já nas áreas planas, os cactos são um dos poucos vegetais que proliferam, pintando o areal com um verde pálido.*

Depois de ler o texto, os alunos podem supor que, em Jurubatiba, os vegetais que sobrevivem nas áreas planas têm características tais como:

a) quantidade considerável de folhas, para aumentar a área de contato com a umidade do ar nos dias chuvosos.
b) redução na velocidade da fotossíntese e realização ininterrupta desse processo, durante as 24 horas.
c) caules e folhas cobertos por espessas cutículas que impedem o ressecamento e a consequente perda de água.
d) redução do calibre dos vasos que conduzem a água e os sais minerais da raiz aos centros produtores do vegetal para evitar perdas.
e) crescimento sob a copa de árvores frondosas, que impede o ressecamento e a consequente perda de água.

## Resolução

A questão apresenta um longo texto descritivo sobre a região de Jurubatiba. Além de descrever a paisagem do local, o texto menciona animais e plantas encontrados na região.

Apesar de o texto apresentar uma grande riqueza de detalhes, a única informação que o aluno precisa para responder à pergunta está na última parte do texto:

*Nos terrenos mais baixos, próximos aos lençóis freáticos, as plantas têm água suficiente para aguentar longas secas. Já nas áreas planas, os cactos são um dos poucos vegetais que proliferam, pintando o areal com um verde pálido.*

Leia com atenção todas as alternativas antes de escolher a que você considera a correta.

Ainda que você não tenha certeza da resposta, algumas alternativas podem ser eliminadas.

**O problema**

O objetivo da questão é saber como são os vegetais que sobrevivem nas áreas planas.

Sabemos, de acordo com o texto, que os cactos são os vegetais que proliferam nessas áreas.

Assim, precisaremos usar o que aprendemos sobre morfologia vegetal para responder como são os cactos.

Como plantas adaptadas a ambientes com pouca água, os cactos:

- apresentam folhas modificadas em espinhos, o que diminui a perda de água por transpiração;
- fazem fotossíntese no caule porque as folhas são modificadas em espinhos;
- apresentam parênquima aquífero que armazena água;
- apresentam cutícula espessa que evita a perda de água. A cutícula é formada por uma camada de células vivas, sem clorofila, e, em sua face externa, apresentam uma cobertura constituída de um lipídio impermeável, a cutina, que impede a evaporação da água.

Podemos ainda avaliar cada uma das alternativas.

Sabemos que as folhas dos cactos foram transformadas em espinhos. Assim, podemos eliminar a alternativa **A**, que diz que os vegetais das áreas planas têm quantidade considerável de folhas.

A alternativa **B** afirma que os vegetais das áreas planas têm redução na velocidade da fotossíntese e a realização ininterrupta desse processo. O texto introdutório e as informações que temos sobre morfologia vegetal não nos dão base para afirmar isso. O mesmo acontece com a alternativa **D**, que afirma que o calibre dos vasos dessas plantas é menor para evitar perdas.

Sabemos ainda, pela leitura do texto, que os cactos são os únicos vegetais que proliferam nas áreas planas. Portanto, essa informação invalida a alternativa **E**.

Resposta: **C**.

# Vestibulares de Norte a Sul

1. **S** (PUC-RS) Ao fazer uma correlação funcional entre as estruturas vegetais e animais, é correto afirmar que a seiva, o esclerênquima e o xilema equivalem, nos animais, respectivamente, a:

a) sangue, glândulas e ossos.
b) sangue, ossos e vasos sanguíneos.
c) vasos sanguíneos, glândulas e sangue.
d) vasos sanguíneos, sangue e ossos.
e) sangue, vasos sanguíneos e glândulas.

2. **SE** (IFSP) As angiospermas são vegetais que podem apresentar diferentes tipos de raízes que se relacionam, entre outras funções, às diferentes condições ecológicas, conforme as apresentadas na tabela a seguir.

| Tipo de raiz | Características |
|---|---|
| Pivotante | Raiz subterrânea, com eixo principal profundo e ramificações que garantem a fixação da planta no solo. |
| Tabular | Raiz suporte, em que os ramos radiculares se fundem com o caule, sendo importantes na fixação da planta. |
| Estrangulante | Raiz de plantas aéreas, que cresce em direção ao solo e pode envolver o tronco da planta hospedeira, comprometendo a circulação da seiva. |
| Pneumatófora | Raiz aérea, dotada de pequenos orifícios (pneumatódios) para processar a aeração do vegetal. |
| Tuberosa | Raiz especial, que atua como órgão de reserva vegetal. |

Considerando-se que um manguezal é um ecossistema típico de região litorânea, com alta concentração de matéria orgânica, baixa concentração de oxigênio, alta umidade e salinidade, espera-se que a vegetação local apresente adaptações de raízes do tipo:

a) tabular.
b) estrangulante.
c) tuberosa.
d) pneumatófora.
e) pivotante.

3. **SE** (Fuvest-SP) Que características esperamos encontrar em uma angiosperma aquática e submersa?

a) Sistema vascular bem desenvolvido e epiderme rica em estômatos.
b) Tecidos de sustentação bem desenvolvidos e epiderme rica em estômatos.
c) Tecidos de sustentação bem desenvolvidos e sistema vascular reduzido.
d) Tecidos de sustentação e sistema vascular bem desenvolvidos.
e) Tecidos de sustentação pouco desenvolvidos e epiderme sem estômatos.

4. **NE** (UFPI) Maçã, cebola, abacaxi e batata-inglesa, frequentes em nossa alimentação, são exemplos de:

a) pseudofruto, tubérculo, fruto, raiz.
b) pseudofruto, bulbo, infrutescência, caule.
c) fruto, bulbo, infrutescência, raiz.
d) fruto, caule, infrutescência, raiz.
e) fruto, folha, infrutescência, caule.

5. **S** (UFRGS-RS) A planta denominada erva-de-passarinho é uma hemiparasita. Nesse caso, o tecido vegetal da árvore hospedeira, onde os elementos nutritivos são absorvidos, é o:

a) colênquima.
b) floema.
c) esclerênquima.
d) parênquima.
e) xilema.

6. **S** (UEL-PR) A peroba-rosa (*Aspidosperma polyneuron*), símbolo presente no logotipo da Universidade Estadual de Londrina, foi intensamente explorada pela construção civil no início do povoamento de Londrina, em razão da rigidez e da qualidade de sua madeira. Com relação à constituição do tronco de uma árvore, considere as afirmativas a seguir:

I. Os três tecidos mais periféricos são: câmbio, floema e casca.
II. O tecido encontrado no centro do tronco é formado por vasos lenhosos mais antigos.
III. O tecido adjacente ao câmbio vascular apresenta vasos lenhosos ainda em atividade.
IV. O alburno, diferentemente do cerne, é duro e resistente ao ataque de decompositores.

Estão corretas apenas as afirmativas:

a) I e IV.
b) II e III.
c) II e IV.
d) I, II e III.
e) I, III e IV.

7. CO (Unemat-MT) As angiospermas são as plantas com maior número de espécies e de indivíduos que ocupam o maior número de *habitat*.

Assinale a alternativa que apresenta as características exclusivas desse grupo de plantas.

a) Plantas avasculares sem sementes e sem frutos; como exemplo podemos citar os musgos e as hepáticas.
b) Plantas vasculares com presença de flor, fruto e semente, como exemplo, podemos citar as árvores frutíferas e capins.
c) Plantas vasculares com sementes, porém sem frutos, como exemplo, podemos citar os pinheiros e os ciprestes.
d) Plantas vasculares sem sementes e sem frutos, como exemplo, podemos citar as samambaias e as avencas.
e) São todas as plantas que não apresentam flores.

8. S (Udesc) Assinale a alternativa **incorreta** quanto às características histológicas dos vegetais.

a) Na superfície externa das células dos parênquimas há uma cutícula impermeabilizante produzida pelas próprias células.
b) Os acúleos são estruturas protetoras formadas por projeções pontiagudas, confundidos com espinhos. Ocorrem, por exemplo, nas roseiras.
c) Alguns tricomas produzem secreções glandulares, como as urticantes na urtiga, e as digestivas nas plantas carnívoras.
d) Os estômatos ocorrem nas folhas e são importantes nas trocas gasosas entre os tecidos internos da planta e o meio externo.
e) O súber maduro é também denominado cortiça, pouco densa e impermeável à água devido ao efeito da suberina.

9. SE (PUCC-SP) Para responder à questão, considere o texto abaixo.

*A utilização de fibras de bananeira para a fabricação de papel não é novidade no Brasil. Uma das primeiras fábricas de celulose do país produzia papel a partir do talo dessa planta. Plantas fibrosas, como o algodão, também já foram largamente aproveitadas no país para a produção de celulose.*

CIÊNCIA HOJE. v. 26. n. 152. p. 44-45. Texto adaptado.

Os tecidos vasculares dos caules dos vegetais, como os da bananeira, por exemplo, agrupam-se em unidades chamadas feixes. Cada feixe é constituído por elementos do xilema, do floema e, geralmente, por fibras do esclerênquima. Impregnação por lignina ocorre somente em células do:

a) xilema.
b) esclerênquima.
c) floema e do xilema.
d) floema e do esclerênquima.
e) xilema e do esclerênquima.

10. S (PUC-PR) Qual das alternativas abaixo mostra a relação correta entre os tecidos vegetais e suas respectivas funções?

| 1. Súber | ( ) Crescimento vegetal |
|---|---|
| 2. Meristemas | ( ) Transporte de seiva mineral |
| 3. Colênquima | ( ) Proteção |
| 4. Xilema | ( ) Sustentação |

a) 1, 2, 3, 4.
b) 2, 4, 1, 3.
c) 4, 3, 2, 1.
d) 3, 2, 4, 1.
e) 1, 4, 3, 2,

11. S (PUC-PR) A organização do corpo dos vegetais é bem diferente da dos animais. A maior parte das diferenças deve ser interpretada como adaptação ao modo autotrófico de vida que caracteriza os vegetais, em oposição ao modo heterotrófico dos animais. Assim, podemos afirmar:

a) As células vegetais são formadas por parede espessa, que dão resistência e sustentação às diferentes partes da planta, constituindo os chamados tecidos de sustentação, representados pelos vasos condutores de seiva.
b) Revestindo os vegetais, há estruturas que fornecem proteção mecânica e, nas plantas terrestres, evitam a desidratação, como a epiderme (nas folhas e nas partes jovens do caule e da raiz) e o súber (nas células mais velhas do caule e da raiz).
c) As briófitas, as pteridófitas, as gimnospermas e as angiospermas desenvolveram um sistema de transporte de seiva bruta e elaborada por meio de tecidos condutores de seiva, representados pelos vasos lenhosos e liberianos.
d) A água e o gás carbônico usado na fotossíntese para produzir glicídios e outros compostos orgânicos são distribuídos para todo o corpo da planta pelos vasos liberianos.
e) Há tecidos que fabricam diversas susbtâncias úteis à planta, como o néctar que atrai aves e insetos polinizadores, favorecendo a fecundação cruzada entre os indivíduos vegetais e permitindo a manutenção do padrão genético da espécie, sem provocar alterações fenotípicas.

12. S (UEL-PR) O crescimento em espessura da raiz e do caule dos vegetais dicotiledôneos e de gimnospermas, denominado crescimento secundário, se deve fundamentalmente:

a) à hipertrofia das células do parênquima cortical.
b) à hipertrofia das células do parênquima medular.
c) à divisão celular verificada no câmbio e no felogênio.
d) à divisão celular verificada no periblema e no pleroma.
e) à atividade condutora do xilema e do floema.

13. **S** (UFSC) A figura a seguir representa, ao centro, o esquema de uma estrutura vegetal chamada estômato.

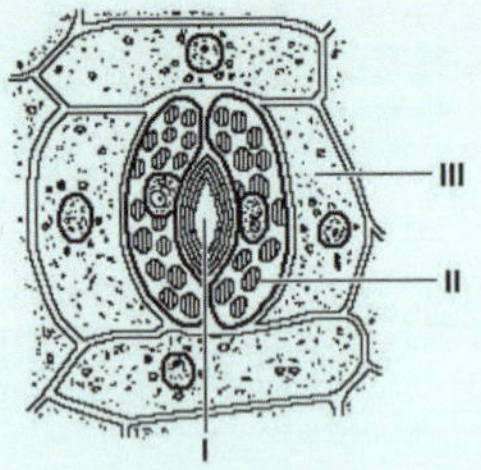


A respeito da estrutura acima e de seu papel fisiológico, assinale a(s) proposição(ões) **correta(s)**.

(01) O funcionamento dos estômatos está associado aos mecanismos de transporte de seiva no vegetal.
(02) A seta II da figura indica a presença de cloroplastos nas células estomáticas.
(04) Os estômatos são estruturas encontradas em várias partes do vegetal, especialmente no caule.
(08) A seta III indica as células acessórias ou subsidiárias; através delas ocorre a eliminação da água por transpiração para o exterior do vegetal.
(16) Os estômatos são estruturas muito versáteis, participando inclusive dos mecanismos de defesa vegetal, pois podem produzir e eliminar substâncias tóxicas.
(32) A seta I indica a abertura estomática que ocorre entre as células-guarda e por onde se realizam as trocas gasosas nos vegetais.
(64) O funcionamento do estômato é controlado por fatores intracelulares, sendo independente de fatores externos como a luminosidade e a umidade.

14. **CO** (UFG-GO) A conquista de diferentes ambientes pelos seres vivos depende de processos evolutivos que, muitas vezes, resultam na modificação de órgãos para adaptação à nova condição ambiental. Nesse aspecto, as brácteas coloridas e os espinhos são adaptações foliares que visam, respectivamente:

a) nutrir a planta e realizar a fotossíntese.
b) atrair polinizadores e fornecer proteção.
c) dispersar as sementes e nutrir a planta.
d) economizar água e realizar fotossíntese.
e) proteger contra insolação e realizar transpiração.

15. **NE** (IFCE) A flor é o órgão de reprodução da planta e apresenta verticilos de proteção e verticilos de reprodução. Os verticilos de proteção são constituídos pelo perianto, formado por cálice e corola. Atuam protegendo os verticilos reprodutores gineceu e androceu. Os frutos surgem após a fecundação da flor e o desenvolvimento do ovário, no entanto alguns frutos são partenocárpicos, por exemplo:

a) tomate e mamão.
b) pêssego e manga.
c) azeitona e abacate.
d) morango e uva.
e) laranja-da-baía e banana.

16. **SE** (Fuvest-SP) O esquema representa um corte transversal de um tronco de árvore:

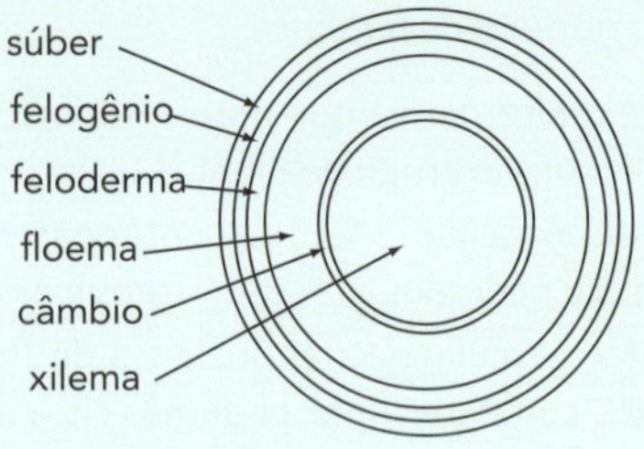


a) Em quais dos tecidos indicados é possível encontrar células em divisão?
b) Em qual dos tecidos indicados é possível encontrar seiva com maior concentração de substâncias orgânicas?

17. **CO** (UFG-GO) Observe as figuras a seguir que ilustram os frutos de duas espécies de dicotiledôneas:

Figura A

Figura B

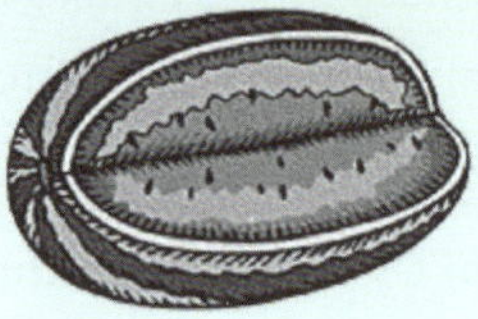

a) Qual a parte da flor que deu origem ao pseudofruto na figura **A** e ao fruto na figura **B**?
b) Explique como ocorre o processo de fecundação nesses vegetais, após a polinização.

18. **S** (UFPR) Uma das características que se desenvolveu nas plantas vasculares e que possibilitou a ocupação do ambiente terrestre foi o surgimento de um tecido eficiente no transporte de água, denominado xilema. Esse tecido é complexo, com vários tipos celulares adaptados para o transporte de água a curta e/ou longa distância. Considere o transporte de água das raízes até as folhas do pinheiro-do-paraná (*Araucaria angustifolia*), que pode atingir até 35 metros de altura. Identifique e explique duas características que as células xilemáticas apresentam para manter a eficiência do transporte a longa distância (das raízes até as folhas).

19. **NE** (UFPB) Embora não sejam essenciais como nutrientes, as fibras têm papel importante na dieta. Elas estimulam os movimentos peristálticos, reduzindo o tempo de contato de substâncias potencialmente prejudiciais no intestino, evitando assim muitos distúrbios, como diverticulose e prisão de ventre. A sua deficiência na dieta pode causar também problemas mais graves, como doenças coronarianas, câncer no intestino e obesidade. Em relação às fibras, responda aos itens abaixo.

a) Qual é o nome do polímero predominante nessas fibras?
b) Cite um tecido vegetal rico em fibras.
c) Além da alimentação, cite uma importância econômica de utilização dessas fibras.

CAPÍTULO

# 9 Fisiologia vegetal

Yuris/Shutterstock/Glow Images

Brotos de cebola no solo.

- *Quais são os hormônios vegetais e que funções eles desempenham?*
- *Como se dá o transporte de substâncias nas plantas?*

## 1 Nutrição

As plantas, como sabemos, são organismos autótrofos fotossintetizantes. Isso significa que a nutrição das plantas é feita pela fotossíntese, que produz substâncias orgânicas a partir de gás carbônico, água e luz. A fotossíntese realizada pelas plantas pode ser resumida pela seguinte equação:

$$6CO_2 + 6H_2O \xrightarrow{\text{luz/clorofila}} C_6H_{12}O_6 + 6O_2$$

Os carboidratos sintetizados nesse processo podem ser transformados em outros compostos orgânicos, com auxílio dos sais minerais absorvidos do solo, e usados como fonte de energia no crescimento ou em outros processos celulares da planta.

Além das substâncias produzidas pela fotossíntese, a nutrição das plantas depende de alguns elementos químicos. Alguns desses elementos são necessários em quantidades relativamente altas para a planta. É o caso do carbono, do hidrogênio, do oxigênio, do nitrogênio, do fósforo e do enxofre, que formam moléculas orgânicas; do magnésio, constituinte da clorofila; do cálcio, que compõe a parede celular e ativa enzimas; e do potássio, que também ativa enzimas e é importante nos fenômenos osmóticos. Os sais minerais compostos que apresentam esses elementos são chamados **macronutrientes**.

Veja na figura 9.1 o resultado da falta de magnésio em uma folha de roseira. A falta desse macronutriente faz com que as folhas fiquem com aspecto amarelado ou verde pálido por causa da deficiência de clorofila. O fenômeno é chamado **clorose** e pode provocar a morte da planta.

Outros elementos são utilizados em quantidades muito pequenas, ativando enzimas e participando das moléculas transportadoras de elétrons na fotossíntese. É o caso do ferro, do cloro, do cobre, do manganês, do zinco, entre outros. Os minerais que contêm esses elementos são chamados **micronutrientes**.

No caso das plantas cultivadas, pode ser necessário acrescentar sais minerais que estejam em falta no solo, isto é, realizar uma adubação.

A adubação pode ser feita com fertilizantes químicos, que são substâncias químicas extraídas de minerais ou produzidas industrialmente: é a adubação mineral, ou inorgânica. Esses adubos são, em geral, uma mistura de substâncias químicas que contêm os principais nutrientes necessários às plantas: nitrogênio, potássio, fósforo, entre outros.

Existe também a adubação com restos de vegetais (folhas, galhos, cascas de arroz, etc.), farinha de ossos e estrume de animais (boi, cavalo, porco, galinha, etc.), que se transformam em húmus (matéria orgânica decomposta pela ação de microrganismos). É a chamada **adubação orgânica**.

Figura 9.1 Folha de roseira com deficiência em magnésio.

## Influência da luz

Na ausência de luz, a planta realiza apenas respiração, consumindo oxigênio. De dia, ela realiza tanto respiração como fotossíntese. À medida que a intensidade luminosa aumenta ao longo do dia, a velocidade da fotossíntese também aumenta. Chega-se a um ponto em que todo o oxigênio que a planta consome na respiração está sendo produzido pela fotossíntese: é o **ponto de compensação luminosa** ou **de compensação fótica** (*fotos* = luz). Daí em diante, predomina a fotossíntese, e sua velocidade aumenta até o ponto de saturação luminosa. A partir desse ponto, outros fatores necessários para a realização da fotossíntese, como a concentração de gás carbônico, vão limitar o processo (figura 9.2).

Para haver crescimento é necessário que a planta receba intensidade luminosa acima do ponto de compensação. Dessa forma, a fotossíntese supera a respiração e leva a um excedente de substâncias orgânicas e ao crescimento do vegetal.

Algumas plantas conseguem viver com baixa intensidade luminosa: são as **plantas de sombra**, também chamadas **umbrófitas** ou **umbrófilas** (*umbra* = sombra; *phytos* = planta; *phylein* = amigo), que crescem, por exemplo, no interior de florestas, onde há pouca luz. Essas plantas possuem folhas mais finas, com menos células, e precisam de uma quantidade inferior de energia da respiração para se manter. Portanto, precisam de menor intensidade de luz para ultrapassar o ponto de compensação e começar a crescer (figura 9.2). Se algumas espécies de plantas de sombra são expostas por longo tempo a altos níveis de luz, seus cloroplastos se danificam, e a planta acaba morrendo.

Outras plantas estão adaptadas a ambientes bem iluminados e precisam de muita luz para crescer: são as **plantas de sol**, também chamadas **heliófitas** ou **heliófilas** (*hélios* = Sol). Elas têm folhas mais grossas, com mais células, e o consumo de energia da respiração para crescer e manter-se é maior (o que só é possível em ambientes bem iluminados). Essas plantas têm um ponto de compensação luminosa mais alto que o das plantas de sombra e utilizam melhor as intensidades mais altas de luz (figura 9.2).

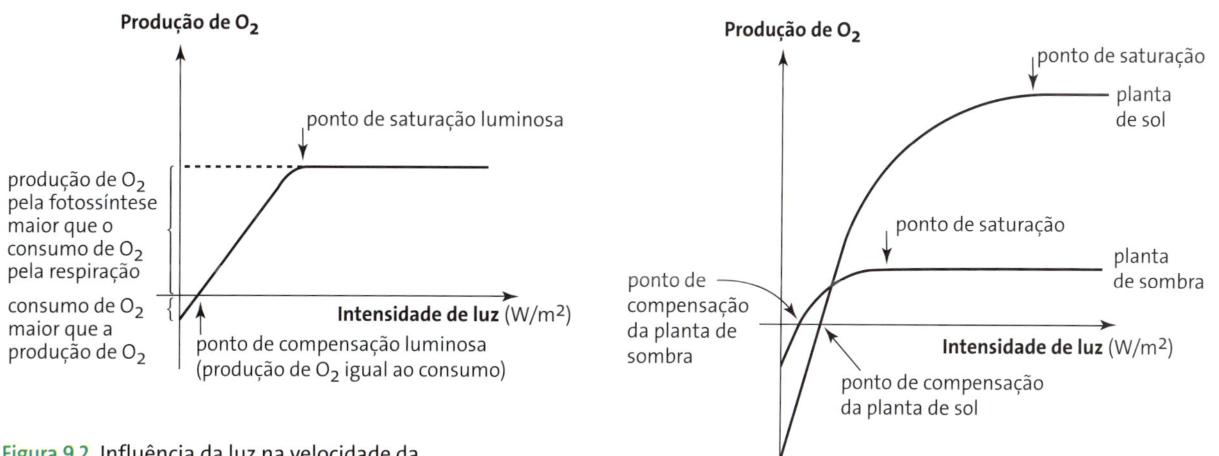


Figura 9.2 Influência da luz na velocidade da fotossíntese e nas plantas de sol e de sombra.

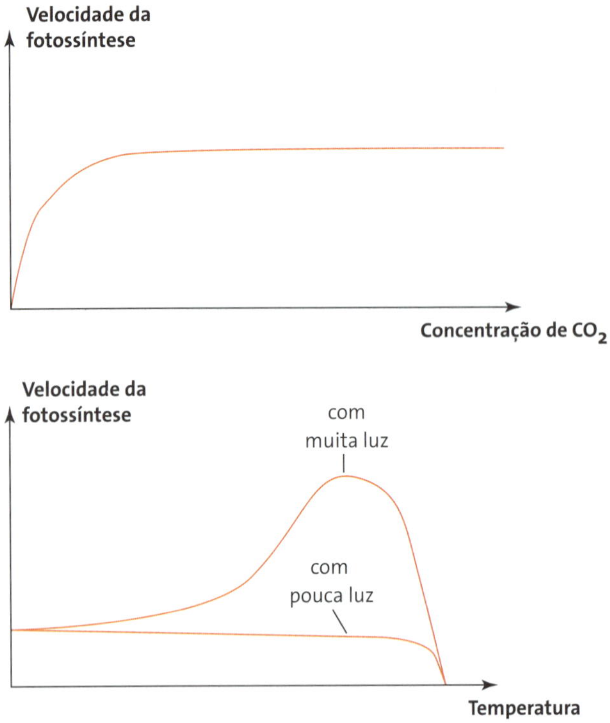


Figura 9.3 Influência da concentração de gás carbônico e da temperatura sobre a fotossíntese.

# Influência do gás carbônico e da temperatura

Se aumentarmos a concentração de gás carbônico no ambiente em que a planta está, a velocidade da fotossíntese crescerá até que a luz ou outros fatores (suprimento de água, por exemplo) passem a limitar esse aumento (figura 9.3).

O aumento da temperatura acelera a fotossíntese até certo ponto, depois do qual as enzimas começam a se desnaturar, e a fotossíntese é interrompida (figura 9.3). No entanto, a temperatura acelera apenas a síntese de glicídios, que ocorre na fase escura do processo. Como essa síntese depende da produção de hidrogênio e de ATP na fase luminosa, se houver pouca luz, a temperatura terá pouca ou nenhuma influência na velocidade da fotossíntese, e a fase escura ficará bloqueada pela interrupção da fase luminosa (figura 9.3).

## Aprofunde seus conhecimentos

### Plantas carnívoras

Além de realizarem fotossíntese, as plantas carnívoras capturam pequenos animais e os digerem com sucos digestivos. São frequentemente chamadas de plantas insetívoras porque, em geral, capturam insetos. No entanto, podem capturar também outros invertebrados, como pequenas aranhas e animais aquáticos microscópicos, e, algumas espécies, até mesmo vertebrados de pequeno porte.

Por exemplo, a dioneia ou papa-moscas (figura 9.4) possui folhas (de 5 cm a 16 cm de comprimento) que se fecham automaticamente quando o inseto toca certos pelos existentes em seu interior. Uma vez preso, o inseto é digerido por sucos digestivos. A nepentes (figura 9.4) apresenta folha (com cerca de 20 cm de comprimento) em forma de jarro, fechada no fundo, que contém um líquido: o inseto escorrega pela superfície interna do jarro e cai no líquido, sendo digerido. A drósera (figura 9.4) tem folhas (com cerca de 2 cm de comprimento) com pelos que produzem um líquido pegajoso: o inseto fica preso no líquido, e os pelos se fecham lentamente sobre ele.

Plantas carnívoras

Fabio Colombini/Acervo do fotógrafo

Figura 9.4 Plantas carnívoras. **A** e **B**: dioneia. **C**: nepentes. **D**: drósera. (Veja os tamanhos aproximados no texto.)

Pelos absorventes, estômatos e xilema

## 2 Transporte da seiva bruta

Nas plantas terrestres, os sais e a água são absorvidos do solo pelas raízes e transportados pelos vasos lenhosos até as folhas, nas quais a água e o gás carbônico servirão de matéria-prima para a fotossíntese. O açúcar formado na fotossíntese vai compor a seiva elaborada, que será distribuída para todo o corpo do vegetal através dos vasos liberianos.

A absorção de água e sais minerais ocorre, principalmente, na região dos pelos absorventes. As células da epiderme, do córtex e da endoderme absorvem os sais por transporte ativo, à custa da energia da respiração, e acumulam em seu interior concentração de íons muito maior que a do solo. Com isso, essas células ficam hipertônicas em relação ao solo (sua pressão osmótica aumenta), e a água entra nelas por osmose.

A seiva bruta movimenta-se pelas células e pelos espaços intercelulares do córtex, na direção do interior da raiz, onde estão os vasos lenhosos (figura 9.5).

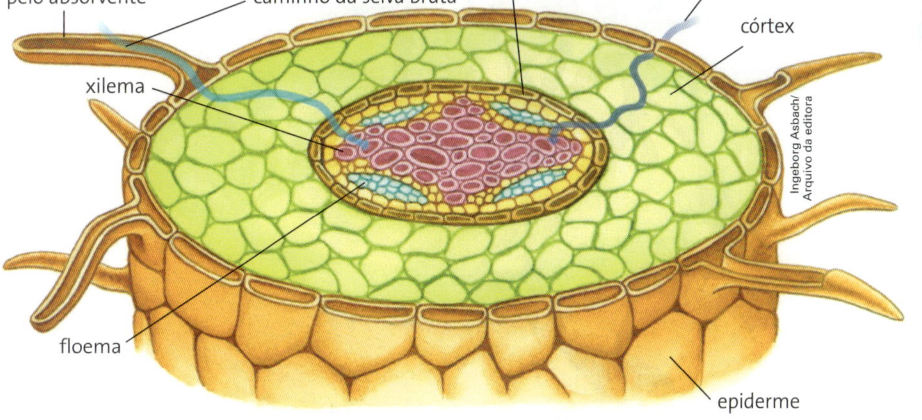


**Figura 9.5** Caminho da água e da seiva bruta até o xilema (ilustração baseada em imagem observada ao microscópio de luz; cores fantasia).

Geiser Trivelato/Acervo do fotógrafo

Jubal Harshaw/Shutterstock/Glow Images

Figura 9.7 No detalhe, estômatos na superfície da folha de trapoeraba (gênero *Tradescantia*; microscópio óptico; aumento de cerca de 200 vezes; uso de corantes).

As células do parênquima próximo aos vasos lenhosos bombeiam os sais para o interior dos vasos e levam também água por osmose. Isso gera uma **pressão de raiz** ou **pressão positiva de raiz**, que empurra a seiva para cima. Essa pode ser medida adaptando-se um tubo com mercúrio (metal no estado líquido) no caule recém-cortado de uma planta (figura 9.6). A subida do nível da água que sai do xilema e a do nível do mercúrio são provocadas pela absorção da água do solo causada pela pressão positiva da raiz.

Luis Moura/Arquivo da editora

Figura 9.6 Experimento para comprovar a pressão positiva da raiz. (Os elementos da ilustração não estão na mesma escala; cores fantasia.)

Em algumas plantas de pequeno porte, o excesso de água empurrado pela pressão de raiz pode ser eliminado em pequenas gotas através dos hidatódios, situados no ápice e nas margens das folhas. Esse fenômeno (gutação) ocorre quando o solo está hidratado e o ar muito úmido, o que dificulta a perda de água por transpiração (figura 9.7).

## Teoria de Dixon

A pressão de raiz não é forte o bastante para levar a seiva até o topo das árvores altas, e muitos vegetais não desenvolvem significativa pressão de raiz. Assim, o principal fenômeno responsável pela subida da seiva é a transpiração. A teoria que explica essa subida é a **teoria da transpiração-coesão-tensão** ou da **coesão-tensão**, também chamada **teoria de Dixon** (formulada pelo botânico irlandês Henry Dixon, 1869-1953).

A epiderme da folha é revestida de cutícula, que dificulta a perda de água por evaporação. Essa impermeabilização é uma adaptação à vida terrestre, que, embora proteja o organismo da desidratação, bloqueia a entrada do gás carbônico necessário à fotossíntese. A presença de estômatos permite a entrada desse gás com perda controlada de água. Quando a eliminação de água é muito grande, a ponto de ameaçar a planta de desidratação, eles se fecham.

À medida que as células do mesofilo perdem água, sua pressão osmótica cresce (aumenta a concentração de soluto), e elas absorvem água dos vasos lenhosos nas nervuras das folhas. Desse modo, a água passa do xilema para o mesofilo e deste para o ambiente através dos estômatos. Esse processo é a transpiração (figura 9.8) e, por meio dele, a água é puxada para cima pela extremidade superior do xilema. Algumas plantas podem eliminar 200 L de água por hora pela transpiração.

Assim, a transpiração produz uma tensão sobre a coluna de água, isto é, uma pressão negativa no interior dos vasos lenhosos, que chega a diminuir o seu diâmetro. Os espessamentos de lignina na parede desses vasos impedem o achatamento completo, que impossibilitaria o fluxo da seiva.

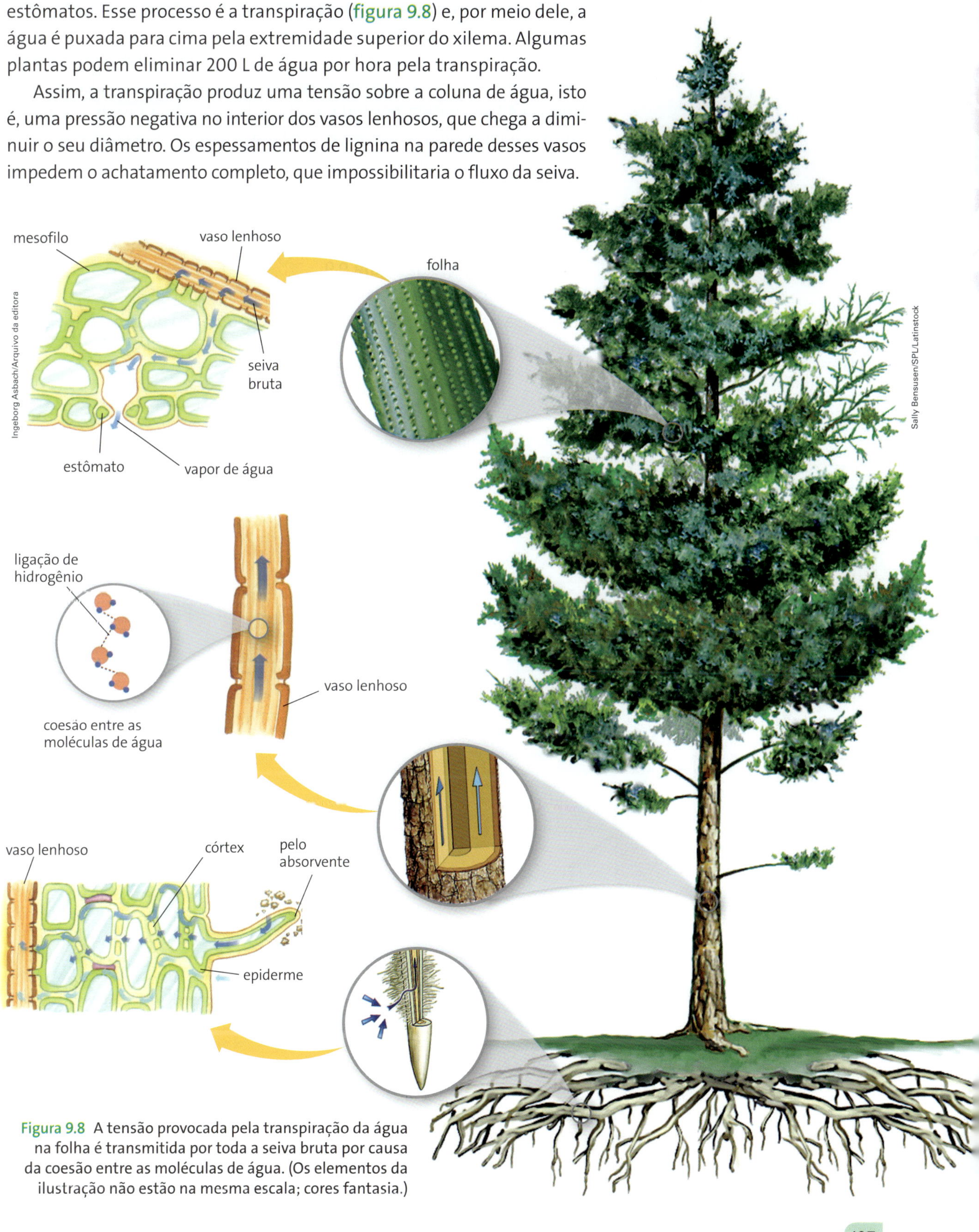


Figura 9.8 A tensão provocada pela transpiração da água na folha é transmitida por toda a seiva bruta por causa da coesão entre as moléculas de água. (Os elementos da ilustração não estão na mesma escala; cores fantasia.)

# Coesão da água

As moléculas de água podem ligar-se umas às outras por atrações elétricas (**ligações de hidrogênio**): um átomo de hidrogênio (eletricamente positivo) de uma molécula é atraído pelo átomo de oxigênio (eletricamente negativo) de outra molécula. Com essas pontes, forma-se uma rede tridimensional de moléculas (reveja a figura 9.8). Por causa da coesão dessa rede, a sucção provocada pela transpiração no alto do vaso lenhoso é transmitida por toda a coluna líquida até a raiz. Isso impede que a coluna líquida se rompa, o que faria cessar a subida da seiva.

As ligações de hidrogênio permitem também uma adesão entre as moléculas de água e a parede dos vasos lenhosos, que impede que a coluna de água desça sob ação da gravidade.

O efeito da transpiração na subida da seiva pode ser demonstrado com o experimento da figura 9.9.

A transpiração das folhas provoca a subida no nível da água, fazendo com que a bolha de ar dentro do tubo horizontal do potômetro se movimente para a esquerda.

Figura 9.9 Experimento para demonstrar o papel da transpiração na subida da seiva bruta. Na foto, um potômetro, aparelho usado para medir a subida da seiva. (Os elementos da ilustração não estão na mesma escala; cores fantasia.)

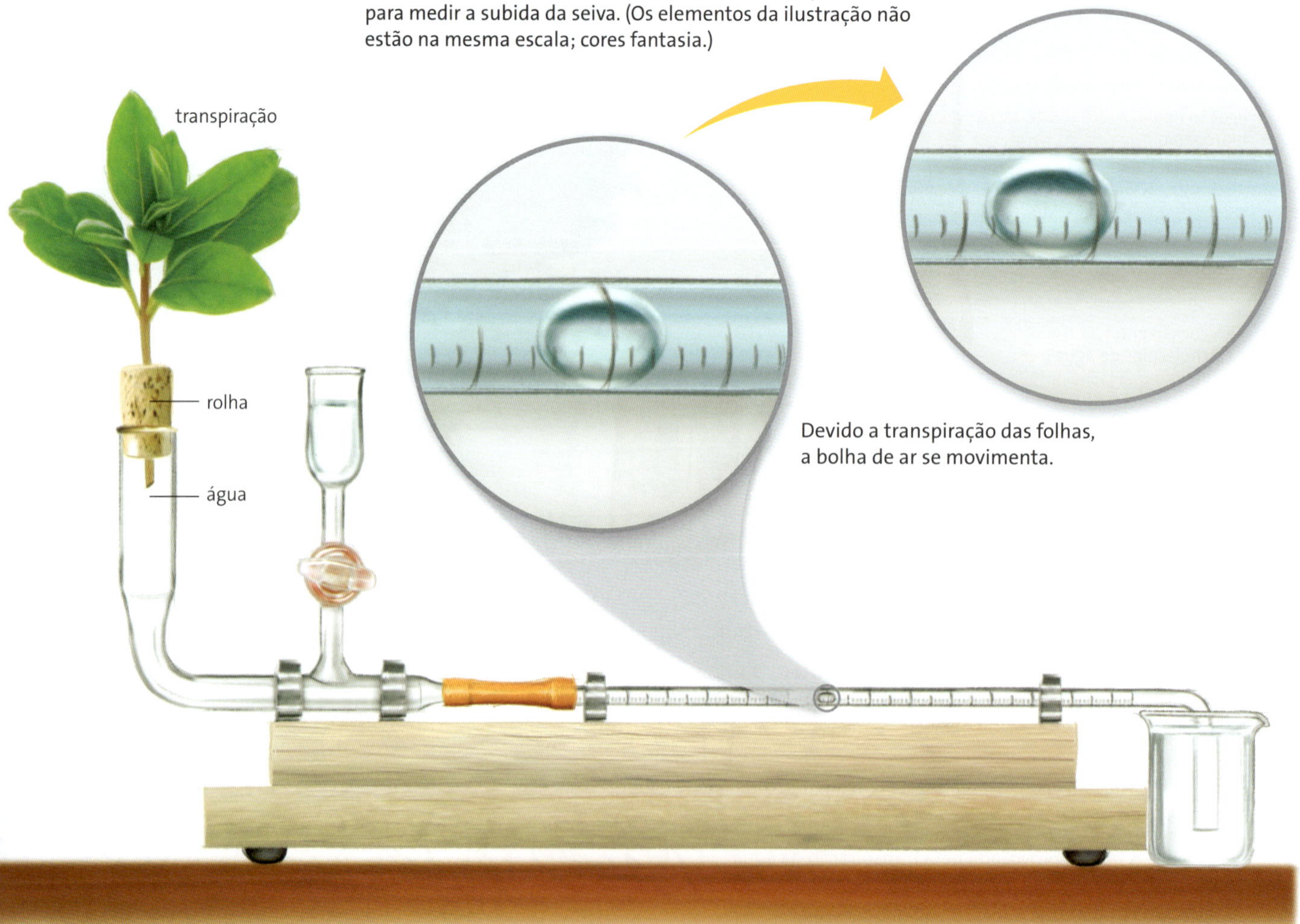


Mauro Nakata/Arquivo da editora

# Os estômatos e o controle da transpiração

Quando a planta está com suprimento ideal de água, os estômatos ficam abertos, permitindo a entrada de gás carbônico e a transpiração. Mas a chegada de gás carbônico e água ao parênquima clorofiliano só é vantajosa se a planta estiver iluminada, uma vez que, sem energia luminosa, não ocorre fotossíntese. Assim, os estômatos estão abertos quando há luz e boa disponibilidade de água; eles se fecham caso a planta corra risco de desidratação ou quando não há luz.

O estômato é formado por duas células clorofiladas em forma de rim, as **células-guarda** (figura 9.10), presas às **células acessórias**, que suspendem o estômato sobre a cavidade subestomática, no parênquima clorofiliano. As células-guarda são capazes de absorver água das células vizinhas. A entrada de água provoca uma mudança na sua forma e abre-se um espaço entre elas, o **ostíolo** (*ostiolum* = pequena entrada). Essa deformação ocorre por causa de espessamentos de celulose em forma de cintas, dispostas radialmente, que impedem que as células, ao absorverem água, cresçam em espessura e forcem um aumento no comprimento. Como essas células estão presas pelas extremidades, esse aumento provoca sua curvatura. Ao perderem água, as células-guarda voltam ao volume normal e perdem a curvatura, fechando o ostíolo.

Nas monocotiledôneas, a forma e o espessamento de celulose são diferentes, mas a abertura e o fechamento dos estômatos também dependem da entrada e saída de água.

A absorção de água pelas células-guarda resulta da entrada de íons potássio através da membrana por transporte ativo. Quando a célula acumula potássio, sua pressão osmótica aumenta e, por osmose, ela absorve água das células vizinhas. Se o transporte ativo é interrompido, o potássio acumulado sai por difusão, a pressão osmótica diminui e a célula perde água.

Estômatos de eudicotiledôneas (vistos de cima).

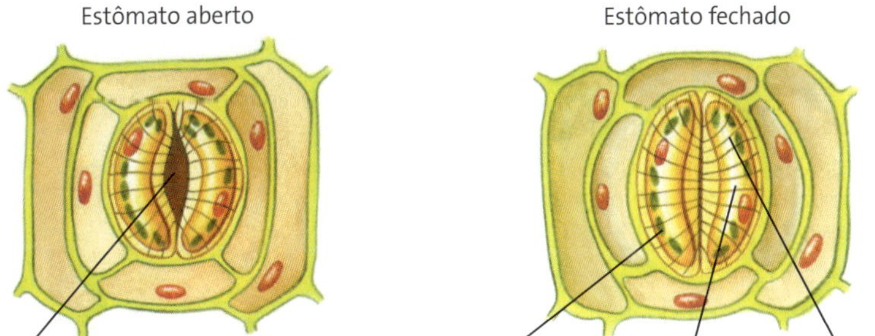


Estômato (folha vista em corte).

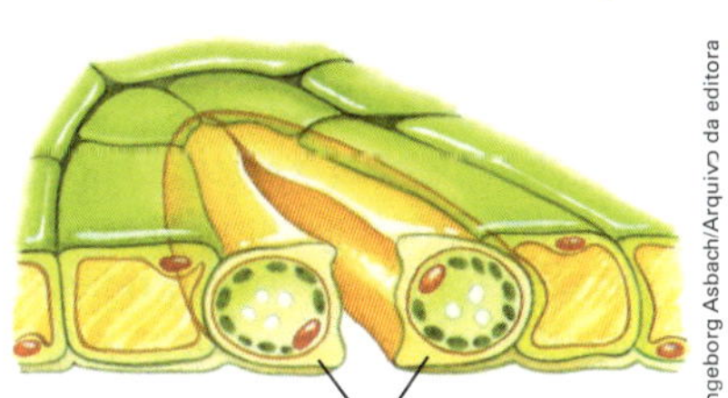


Ingeborg Asbach/Arquivo da editora

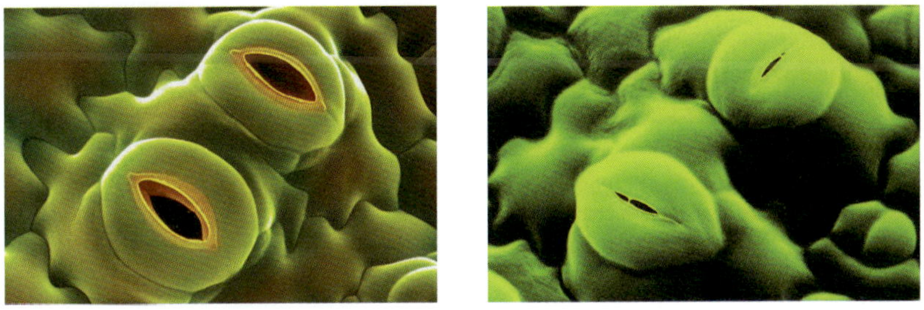

Fotos: Dr. Jeremy Burgess/SPL/Latinstock

Figura 9.10 Na ilustração, abertura e fechamento dos estômatos (os elementos da ilustração não estão na mesma escala; cores fantasia). Nas fotos, estômatos abertos, à esquerda, e fechados, à direita (microscópio eletrônico; aumento de cerca de 700 vezes; imagens colorizadas por computador).

Os fatores que estimulam a entrada e a saída de íons potássio e, consequentemente, a abertura e o fechamento dos estômatos são a luz, a concentração de gás carbônico e o grau de hidratação da planta. Veja como isso acontece:

- **luz**: os estômatos geralmente ficam abertos de dia e fechados de noite. A absorção de energia luminosa estimula o transporte do íon potássio, que se acumula na célula. Sem luz, não há transporte de potássio, e esse íon, que estava concentrado na célula, sai e provoca o fechamento do estômato.
- **gás carbônico**: de dia, a planta realiza fotossíntese e consome gás carbônico. Com isso, a concentração desse gás na folha diminui, o que estimula o transporte ativo do íon potássio e a abertura do estômato. À noite não há fotossíntese, e o consumo de gás carbônico é interrompido. Como a respiração celular continua, a concentração desse gás aumenta e deixa de estimular a absorção de potássio. O íon acumulado sai e provoca o fechamento do estômato.
- **água**: quando perdem água, as células do parênquima clorofiliano secretam o hormônio **ácido abscísico**, que inibe o transporte ativo do íon potássio, fechando o estômato. O efeito desse hormônio supera o estímulo de abertura produzido pela luz e pela baixa concentração de gás carbônico. Desse modo, qualquer que seja a intensidade de luz e a concentração de gás carbônico, fica garantido que, na iminência de desidratação, o estômato se fecha. Com isso, a transpiração ocorre apenas pela cutícula (transpiração cuticular), e a perda de água é muito pequena (figura 9.11).

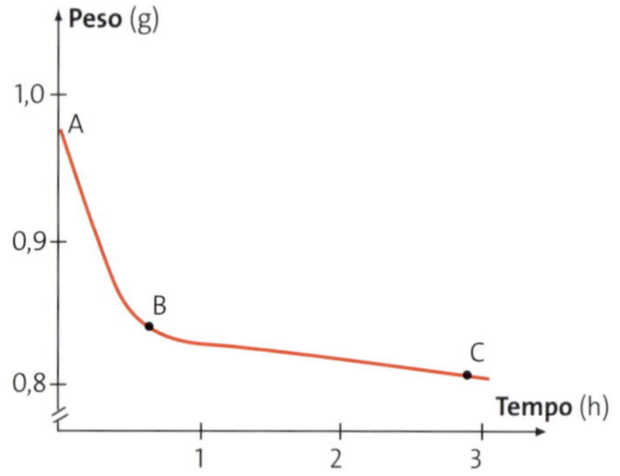


Figura 9.11 Uma folha retirada de seu ramo diminui de peso rapidamente por causa da perda de água pelos estômatos (trecho AB do gráfico). Do ponto **B** em diante, os estômatos estão fechados, e a perda torna-se muito lenta por causa da transpiração cuticular.

## Biologia e ambiente

### Adaptações a regiões secas

A temperatura alta e o ar seco elevam a intensidade da transpiração, o que aumenta o risco de perda excessiva de água. Plantas de regiões secas e quentes (xerófitas) podem apresentar folhas pequenas e grossas em vez de folhas laminares. Nas folhas grossas, a superfície relativa de evaporação é menor em relação ao volume total de células. Nos cactos, as folhas estão transformadas em espinhos, o que reduz muito a perda de água (figura 9.12). Nesse caso, a fotossíntese passa a ser realizada pelo caule. Além disso, os espinhos protegem o vegetal suculento contra o ataque de animais.

Em algumas plantas xerófitas, os estômatos estão em depressões ou criptas da superfície da folha, onde se acumula vapor de água e forma-se um microambiente úmido, o que diminui a transpiração. Além disso, o sistema de abertura e fechamento dos estômatos é mais rápido que em plantas de clima úmido. Nessas depressões, há também pelos epidérmicos, que ajudam a reter umidade.

Steve Allen/Stockbyte/Getty Images

Figura 9.12 Cactos (de um a vários metros de altura) no deserto do Atacama, Chile.

## 3 Transporte da seiva orgânica

A matéria orgânica produzida nas folhas (fonte produtora) deve ser distribuída para as partes da planta que não fazem fotossíntese (fonte consumidora: raiz, caule, flores e frutos). Esse transporte é realizado pelo floema.

Nas células das folhas forma-se a sacarose, que se difunde pelas células do parênquima clorofiliano até o floema. Neste, ela é absorvida por transporte ativo pelas células companheiras dos vasos liberianos e passa para o interior da célula do vaso. Com a chegada da sacarose, a pressão osmótica da célula do vaso aumenta, e essa célula absorve água do xilema vizinho (figura 9.13).

A entrada de sacarose e de água no vaso da folha aumenta o volume de seiva dentro do vaso e a pressão da água. Observe que se trata da pressão de um líquido em um vaso, ou seja, de uma **pressão hidrostática**, e não de uma pressão osmótica.

Na outra extremidade do floema, onde está o órgão consumidor (um fruto ou uma raiz, por exemplo), o fluxo se faz no sentido contrário: as células companheiras bombeiam a sacarose do vaso liberiano para as células do órgão consumidor. Com a saída da sacarose, a pressão osmótica da célula do vaso diminui e ela perde água para o órgão consumidor. Em consequência, a pressão hidrostática nessa região diminui. Assim, a seiva move-se da região onde a pressão hidrostática é mais alta para onde é mais baixa.

Essa teoria para o movimento da seiva elaborada é conhecida como **teoria do fluxo de pressão** ou **teoria do fluxo em massa**, proposta pelo botânico alemão Ernst Münch (1876-1946) em 1927.

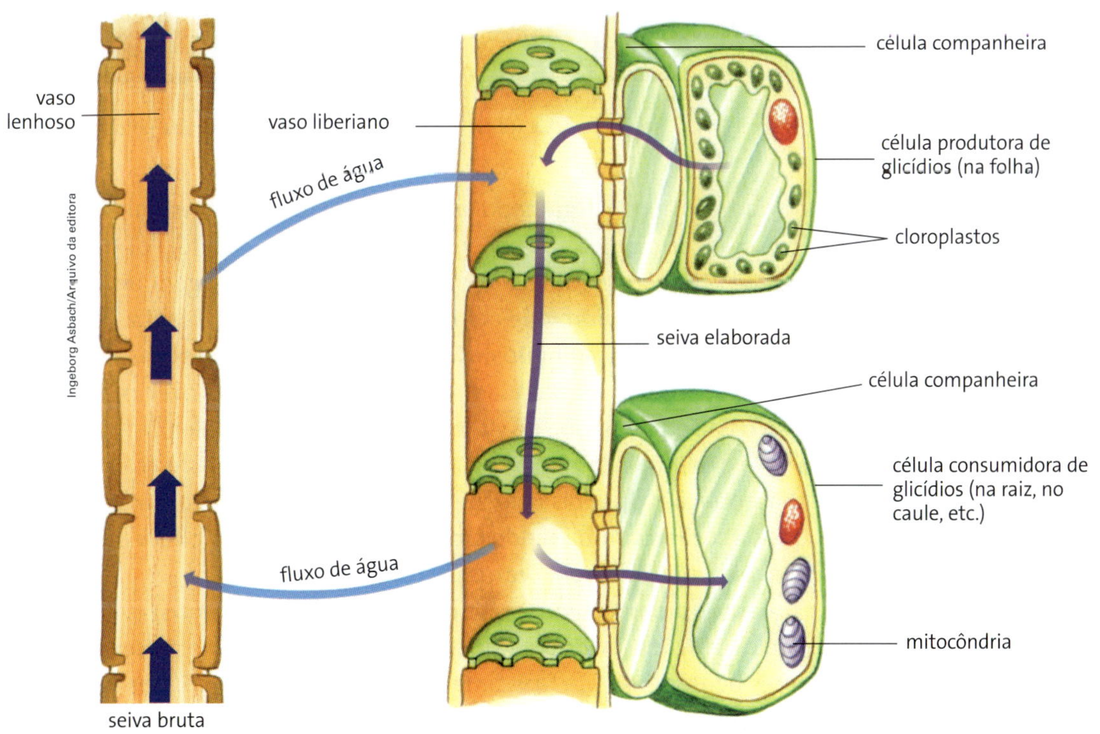


Figura 9.13 Transporte de seiva elaborada (os elementos da ilustração não estão na mesma escala; as células são microscópicas; cores fantasia).

**Figura 9.14** Anel de Malpighi: após a remoção da casca, há um intumescimento da parte acima do corte, e as raízes acabam morrendo pela falta de seiva elaborada. (Os elementos da ilustração não estão na mesma escala; cores fantasia.)

Como vimos no capítulo anterior, os vasos liberianos estão situados mais próximos à superfície do caule, na parte interna da casca. Se fizermos um corte em anel na casca (processo conhecido como **cintamento**), o fluxo no floema será interrompido, e a parte abaixo do corte deixará de receber seiva orgânica, o que provocará a morte de suas células por falta de nutrientes. Haverá também um intumescimento na parte acima do corte por causa do acúmulo de seiva elaborada, que parou de descer (figura 9.14). Realizada pelo biólogo italiano Marcello Malpighi (1628-1694) em meados do século XVII, essa experiência demonstra o papel do floema no transporte de seiva orgânica. Em homenagem ao cientista, a experiência foi chamada de **anel de Malpighi**.

A teoria do fluxo de pressão pode ser ilustrada por meio de um experimento (figura 9.15), usando dois balões com membranas semipermeáveis (que deixam passar a água, mas não o açúcar). O balão 1 contém açúcar dissolvido em água e um corante – ele corresponde às células da folha que produzem açúcar por fotossíntese. O balão 2 contém apenas água – corresponde às células consumidoras de açúcar, como as células da raiz.

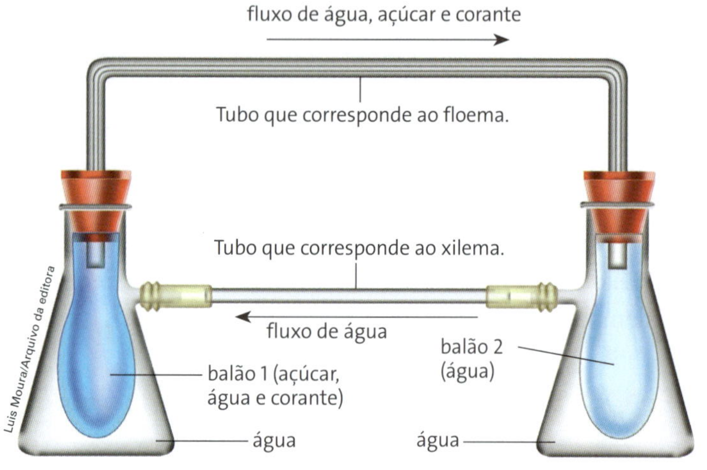


**Figura 9.15** Um modelo para explicar o transporte da seiva elaborada pelo floema (cores fantasia).

Cada balão é mergulhado em um recipiente com água pura, e os balões e os recipientes são conectados por tubos de vidro. Por osmose, a água do recipiente começa a entrar no balão 1, o que gera um fluxo de água no tubo de vidro que corresponde ao floema da planta. Essa pressão de água (pressão hidrostática) arrasta as moléculas de sacarose do balão 1 para o balão 2. A água sai do balão 2 e volta para o recipiente onde está o balão 1 pelo tubo de vidro que corresponde ao xilema da planta.

No experimento, depois de certo tempo, atinge-se um equilíbrio nas concentrações dos dois balões. Na planta, porém, o fluxo é mantido porque o açúcar continua sendo produzido nas células da folha e consumido nas células da raiz e em outras partes da planta.

Para estudar a composição da seiva elaborada, cientistas investigaram os pulgões. Esses insetos conseguem alimentar-se da seiva das árvores penetrando sua finíssima tromba nos vasos liberianos da planta. Por causa da pressão do líquido, uma parte da seiva é eliminada pelo ânus do pulgão (figura 9.16). Estudando esse líquido, os cientistas puderam descobrir como é a composição da seiva em árvores vivas.

**Figura 9.16** Pulgão (cerca de 2 mm de comprimento) eliminando parte da seiva elaborada.

# 4 Hormônios vegetais ou fitormônios

Apesar de não possuírem sistema nervoso, os vegetais são capazes de controlar seu desenvolvimento e crescimento, de acordo com as condições ambientais, e de reagir a estímulos ambientais, como luz, gravidade e contato.

Essas atividades são comandadas pelos **hormônios vegetais** ou **fitormônios**, que são moléculas orgânicas pequenas e de fácil penetração na célula. Eles estão divididos em cinco classes:

- **auxina** (*auxein* = crescimento): trata-se de um hormônio produzido pelas células meristemáticas, principalmente na ponta do caule. Existem vários tipos, mas o principal é o **ácido indolacético** (AIA; figura 9.17).

Nos caules e nas raízes jovens, a auxina estimula a produção de uma enzima que quebra as ligações entre os filamentos de celulose, o que enfraquece a parede celular, e a célula expande-se por causa da pressão osmótica dos vacúolos (figura 9.18). Dessa forma, caso esteja sob estímulo de uma concentração adequada de hormônio, a célula alonga-se mais durante o crescimento.

Raízes e caules reagem diferentemente ao mesmo hormônio: as concentrações ideais de auxina para o crescimento do caule e da raiz são diferentes. Concentrações ideais para o caule podem inibir o crescimento da raiz. Concentrações de auxina acima do ideal para o caule inibem o crescimento tanto do caule quanto da raiz (figura 9.19).

Além de provocar o alongamento do caule e da raiz, a auxina tem outros efeitos no desenvolvimento da planta, entre eles estimular o desenvolvimento dos frutos. Com base nisso, é possível obter frutos em flores não polinizadas com a aplicação de auxinas artificiais, produzindo frutos partenocárpicos.

A auxina produzida pela gema do ápice da planta desce e inibe o crescimento das gemas laterais, que ficam em dormência. Esse fenômeno se chama **dominância apical**. À medida que o ápice da planta cresce e se afasta das gemas laterais, a concentração de auxinas ao redor dessas gemas diminui, e a inibição é reduzida até um ponto em que as gemas laterais começam a crescer.

Maspi/Arquivo da editora

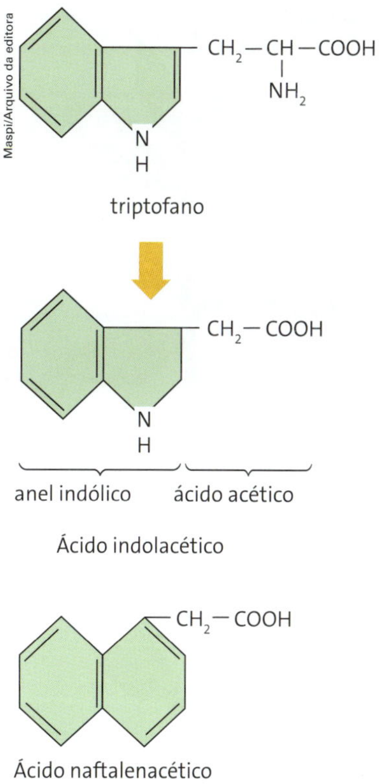


Figura 9.17 O ácido indolacético (AIA) é sintetizado na planta pelo aminoácido triptofano. As auxinas sintéticas, como o ácido naftalenacético, são produzidas em laboratório e, por não serem decompostas rapidamente, têm efeito mais duradouro.

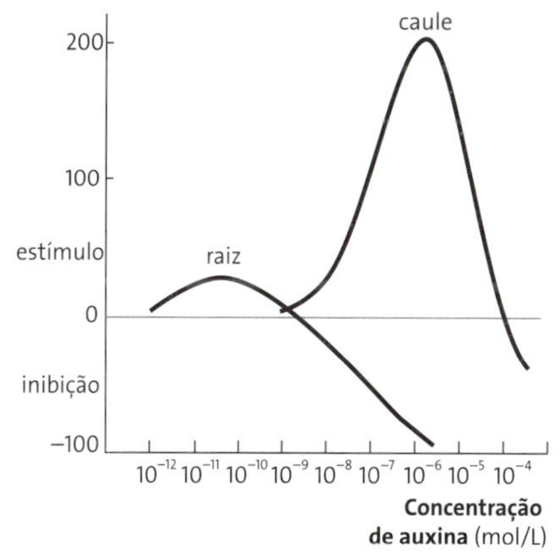


Figura 9.19 Observe que a dose ótima de auxina para o crescimento da raiz é inferior à dose ótima para o crescimento do caule. A raiz é mais sensível ao AIA que o caule. Além disso, a dose ótima para o crescimento do caule é inibitória para o crescimento da raiz.

Maspi/Arquivo da editora

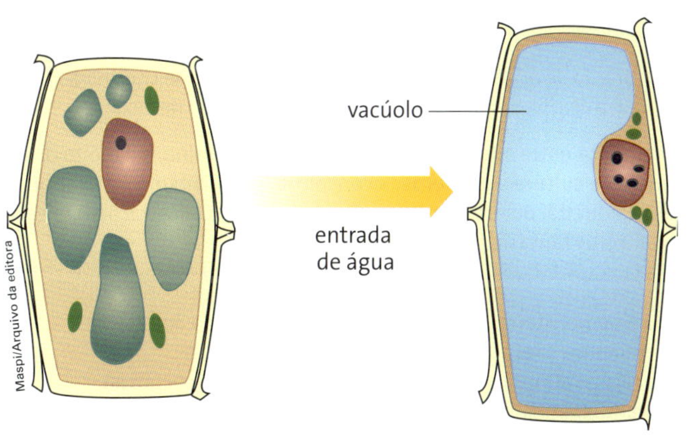


Figura 9.18 Um efeito da auxina: alongamento da célula. (Os elementos da ilustração não estão na mesma escala: células vegetais têm entre 10 μm e 100 μm; cores fantasia.)

Se a gema apical (terminal) for retirada, as outras se desenvolvem até que a mais alta iniba as demais. Essa propriedade é usada na **poda de produção**: a remoção da gema apical aumenta o número de ramos e de flores e frutos da planta (figura 9.20).

As auxinas estimulam ainda a formação de raízes adventícias (que surgem em folhas e caules) e a diferenciação celular do câmbio em vasos condutores de seiva. Essa propriedade é usada em horticultura com o intuito de fazer crescer novas plantas em pedaços de caule mantidos em solução com auxina.

- **citocininas** (*kytos* = célula; *kineim* = movimento): são substâncias semelhantes à adenina (base nitrogenada dos ácidos nucleicos), produzidas por tecidos em crescimento e capazes de estimular a divisão celular (citocinese). Elas estimulam, por exemplo, o crescimento das gemas axilares ou laterais, mas o efeito final depende da concentração relativa de auxinas e citocininas: de forma geral, se a concentração de citocininas for maior, desenvolvem-se brotos de caule; caso contrário, desenvolvem-se raízes (figura 9.21). Essas substâncias agem ainda na germinação da semente (estimulando mitoses) e retardam o envelhecimento (senescência) das folhas.

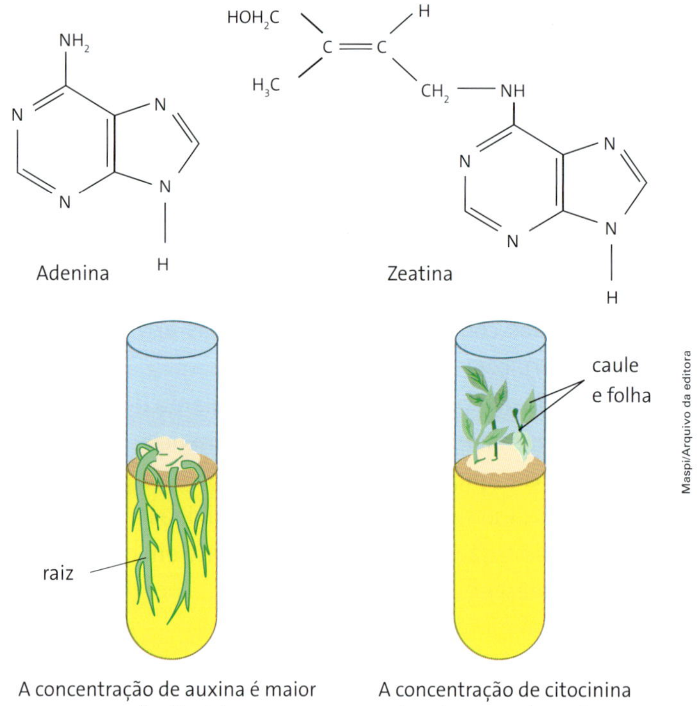


Figura 9.21 Semelhança entre adenina e uma citocinina, a zeatina, e o efeito deste hormônio: no meio de cultura à esquerda, a concentração de auxina é maior que a de citocinina; no da direita, ocorre o inverso. (Os elementos da ilustração não estão na mesma escala; cores fantasia.)

Figura 9.20 Experiência para demonstrar o papel da auxina na dominância apical. Nas plantas com gema terminal ou com auxina colocada na ponta do caule (em blocos de ágar, substância gelatinosa usada como meio de cultura de bactérias), as gemas laterais não crescem. Nas plantas sem gema terminal (e sem a adição de auxina), desenvolvem-se ramos laterais. O bloco de ágar sem auxina funciona como controle: ele mostra que o ágar não é responsável pela inibição dos ramos laterais. (Os elementos da ilustração não estão na mesma escala; cores fantasia.)

- **giberelinas**: são hormônios produzidos principalmente pelas raízes e folhas jovens, que estimulam com grande intensidade e rapidez o crescimento de caules e folhas, mas não têm muito efeito no desenvolvimento das raízes. O nome vem de um fungo do gênero *Gibberella*, que contaminava plantações de arroz na Ásia. O arroz atacado crescia muito, e o caule tombava antes de florescer. Descobriu-se que esse crescimento anormal resultava de uma dose excessiva do hormônio proveniente do fungo. As giberelinas promovem ainda a germinação da semente, na qual estão em alta concentração, principalmente no embrião (figura 9.22). A absorção de água pela semente libera giberelinas e desencadeia a germinação. Esse desenvolvimento está ligado à produção de enzimas pela camada de aleurona (células que envolvem o endosperma). Com isso, as reservas de alimento são transformadas em moléculas simples dissolvidas, que são absorvidas pelo cotilédone e utilizadas pelo embrião até as folhas crescerem, quando a planta se torna autônoma e passa a realizar fotossíntese.

  As giberelinas e as auxinas promovem o desenvolvimento dos frutos. Por isso, são utilizadas comercialmente para aumentar o tamanho de alguns frutos sem sementes, que se formam sem fecundação (chamados frutos partenocárpicos).
- **ácido abscísico**: esse nome foi escolhido em uma época em que se atribuía ao hormônio a função de abscisão (*abscisione* = corte), ou seja, queda de folhas, flores e frutos, mas hoje se sabe que essa função depende de outro hormônio, como veremos logo a seguir. O ácido abscísico inibe o crescimento das gemas e o desenvolvimento da semente no outono e no inverno, que fica no estado de dormência, só germinando na primavera, impedindo-as de germinar em condições desfavoráveis, além de provocar o fechamento dos estômatos.
- **etileno**: esse hormônio é uma substância gasosa e incolor, produzida por vários órgãos vegetais, que se espalha pelos espaços intercelulares. O etileno está ligado à abscisão e ao amadurecimento dos frutos. Quanto mais maduras estiverem as células do fruto, maior a produção desse hormônio, que, ao espalhar-se pelo ar, estimula o amadurecimento de frutos vizinhos, provocando uma reação em cadeia.

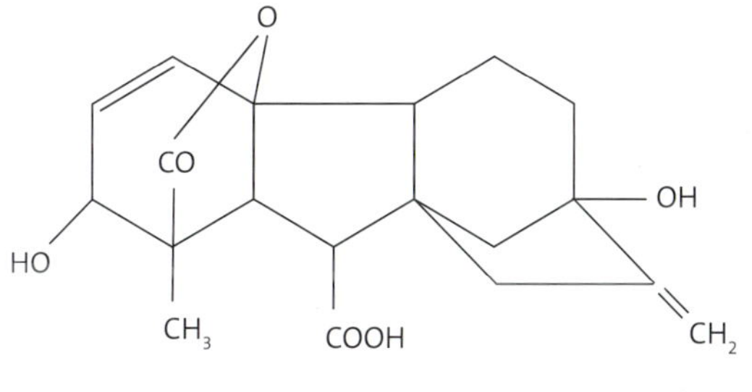


ácido giberélico
(uma giberelina)

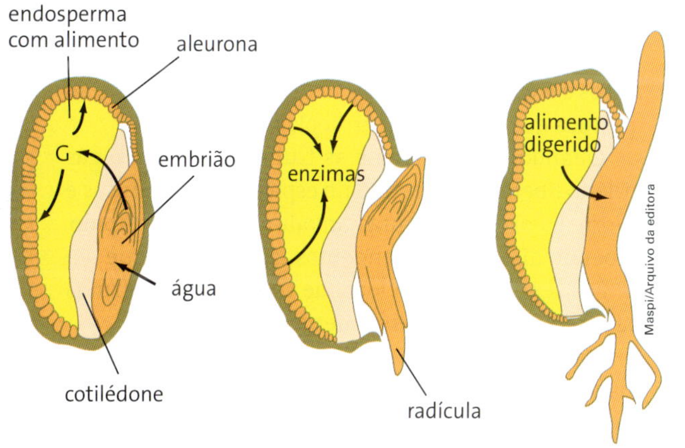


Figura 9.22 Ação da giberelina (os elementos da ilustração não estão na mesma escala; cores fantasia).

A morte das células ou a queda das folhas e dos frutos no outono não significam um prejuízo para a planta. A perda das folhas no outono por parte das plantas decíduas é uma preparação para o inverno, e a queda do fruto libera a semente para germinação.

A queda das folhas resulta de dois fatores – diminuição da concentração da auxina e aumento da produção de etileno –, desencadeados pela queda de temperatura e pelo encurtamento dos dias no outono. Nessa época, as folhas perdem a clorofila e mudam de cor por causa de outros pigmentos, como carotenoides e antocianinas, responsáveis por tonalidades alaranjadas e avermelhadas. Essa queda é provocada por uma camada de células (**camada de abscisão**) que se forma na base do pecíolo. Os glicídios da parede celular dessa região são digeridos por enzimas e ela enfraquece, o que provoca a queda da folha pelo próprio peso ou pela ação do vento (figura 9.23).

Figura 9.23 Na ilustração, abscisão da folha provocada pelo etileno. (As células são microscópicas; cores fantasia.) Na foto, corte longitudinal de folha de amoreira (gênero *Morus*) mostrando a camada de abscisão. (Microscópio óptico; aumento de cerca de 6 vezes; uso de corantes.)

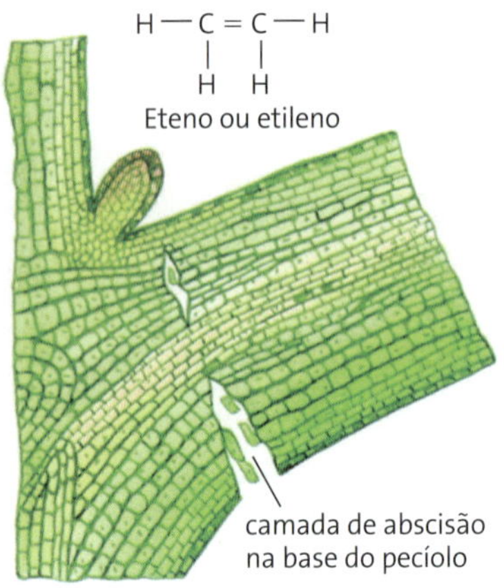


Ingeborg Asbach/Arquivo da editora

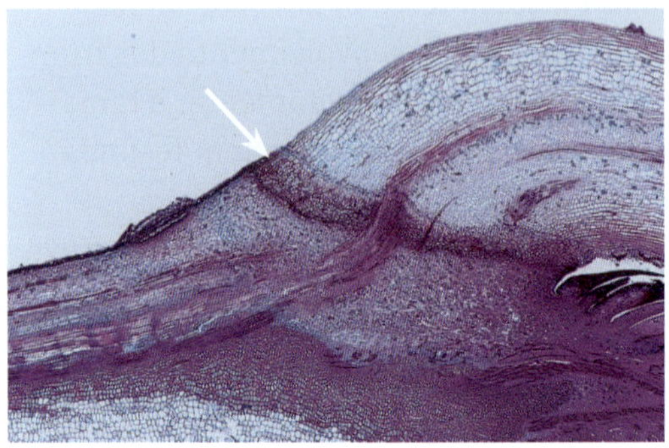

Biodisc/Visuals Unlimited/Corbis/Latinstock

Dr. Morley Read/SPL/Latinstock

Folhas e frutos da amoreira (a amora tem cerca de 3 cm).

## Biologia e cotidiano

### Amadurecimento dos frutos

Há muito tempo as pessoas sabem que frutas, como o mamão e a banana verdes, embrulhadas em jornal amadurecem mais rápido (figura 9.24). É de conhecimento popular ainda que nas frutas maduras o teor de açúcar aumenta, a cor e o cheiro mudam, e a textura fica mais macia.

Essas alterações são provocadas pelos hormônios vegetais. Nos casos relatados, um dos hormônios mais ativos é o gás etileno ($C_2H_4$), liberado após uma reação química que ocorre dentro da planta.

Quando embrulhamos as frutas em jornal, o gás etileno liberado fica retido no espaço entre as frutas e o jornal. Por isso as frutas amadurecem mais rápido. Sabendo disso, compreendemos também por que devemos renovar o ar no local de transporte das frutas para retardar o amadurecimento.

Nas lavouras, como é difícil aplicar o etileno em forma de gás, é utilizado um derivado do etileno dissolvido em água para estimular o amadurecimento dos frutos. Esse composto é então absorvido pela planta.

Sérgio Dotta Jr./Arquivo da editora

Figura 9.24 Mamões embrulhados em jornal.

# 5 Movimentos vegetais

Os vegetais são capazes de reagir a certos estímulos ambientais por meio de movimentos de partes do seu corpo. Entre esses movimentos, estão os **tropismos** (*tropein* = desvio, mudança de direção) e as **nastias** ou **nastismos**.

Os tropismos correspondem a mudanças na direção do crescimento. Se a planta crescer no sentido do estímulo, o tropismo é **positivo**; se ela crescer se afastando do estímulo, é **negativo**.

## Fototropismo

No fototropismo, o estímulo é a luz. Quando um vaso com uma planta é colocado na parte mais escura de uma sala, nota-se que a planta cresce em direção à região iluminada, ou seja, no sentido de onde vem a luz (figura 9.25). Para que a planta não fique torta, pode-se girar periodicamente o vaso.

Várias experiências foram realizadas desde o final do século XIX para testar o fototropismo. Vejamos três exemplos.

- **Experiências de Darwin** (figura 9.26). Por volta de 1880, Charles Darwin e seu filho Francis Darwin perceberam que plantas de alpiste recém-germinadas cresciam retas se iluminadas com a mesma quantidade de luz em todas as direções; se a luz viesse apenas de um lado, a planta se curvava naquela direção. Então, eles cortaram a ponta do coleóptilo de algumas plantas de alpiste recém-germinadas (o coleóptilo é uma espécie de bainha protetora do caule, que aflora da terra durante a germinação e contém no interior as primeiras folhas) e verificaram que elas não cresciam. Cobriram a ponta do coleóptilo de outras plantas com uma lâmina de estanho, que bloqueava a luz: a planta crescia, mas não se curvava em direção à luz. Em um terceiro grupo, a ponta do coleóptilo foi coberta com um papel transparente, e eles observaram que as plantas se curvavam em direção à luz. Esse fato se repetiu quando a base do coleóptilo foi coberta com estanho. Com esse conjunto de experiências, eles chegaram à seguinte conclusão: de algum modo, a ponta da planta controla o crescimento do coleóptilo e sua curvatura em direção à luz.

John Kaprielian/Photoresearchers,Inc./Latinstock

Figura 9.25 Fototropismo: a planta cresce em direção à luz da janela.

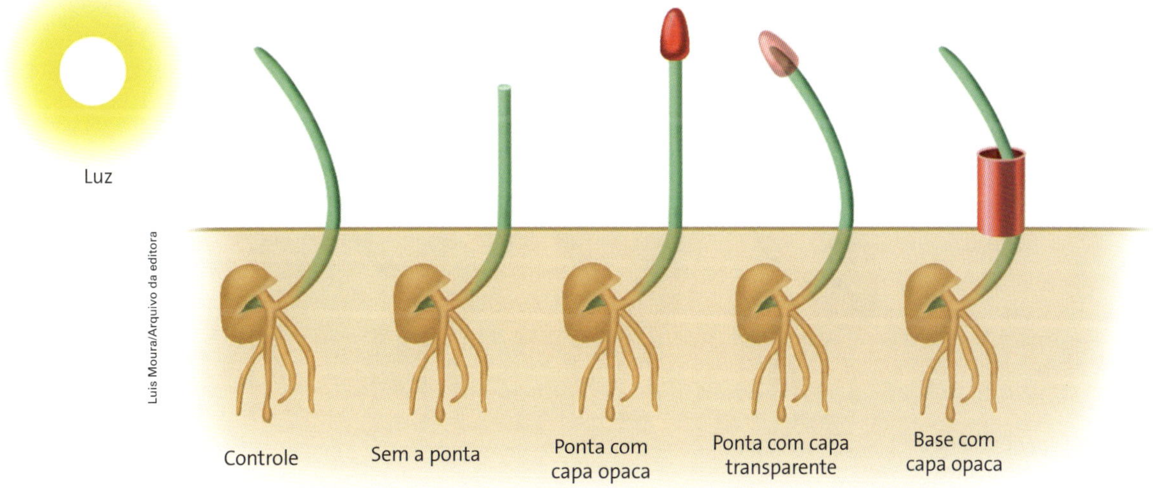


Figura 9.26 Experiência de Darwin e de seu filho (os elementos da ilustração não estão na mesma escala; cores fantasia).

- **Experiências de Boysen-Jensen** (figura 9.27). Em 1913, o cientista dinamarquês Peter Boysen-Jensen (1883-1959) fez um experimento usando aveia. Ele cortou a ponta do coleóptilo e colocou um bloco de gelatina entre ela e o resto da planta. Nessas condições, Boysen-Jensen observou que a planta se curvou em direção à luz. Então ele repetiu o experimento de forma semelhante, mas colocou no lugar do bloco de gelatina uma lâmina de mica, um tipo de mineral. O resultado obtido foi que a planta não se curvou em direção à luz.

  Comparando os dois experimentos, o cientista dinamarquês pensou na hipótese de que alguma substância química, produzida na ponta da planta, atravessava a gelatina e estimulava o crescimento da planta. Essa substância não atravessa a mica e por isso os resultados no crescimento são diferentes nos dois experimentos. Para confirmar sua hipótese, Boysen-Jensen realizou outra experiência, colocando a lâmina de mica apenas de um lado do coleóptilo. Quando a lâmina de mica ficava no lado não iluminado da planta, esta não se inclinava em direção à luz. A inclinação só ocorria quando a lâmina de mica estava inserida no lado iluminado da planta.

  A partir desse experimento, o cientista concluiu que alguma substância produzida na ponta do caule da planta deslocava-se para o lado escuro e aumentava a velocidade de crescimento daquele lado. Quando o crescimento no lado escuro é acelerado, é produzida a curvatura da planta em direção à luz.

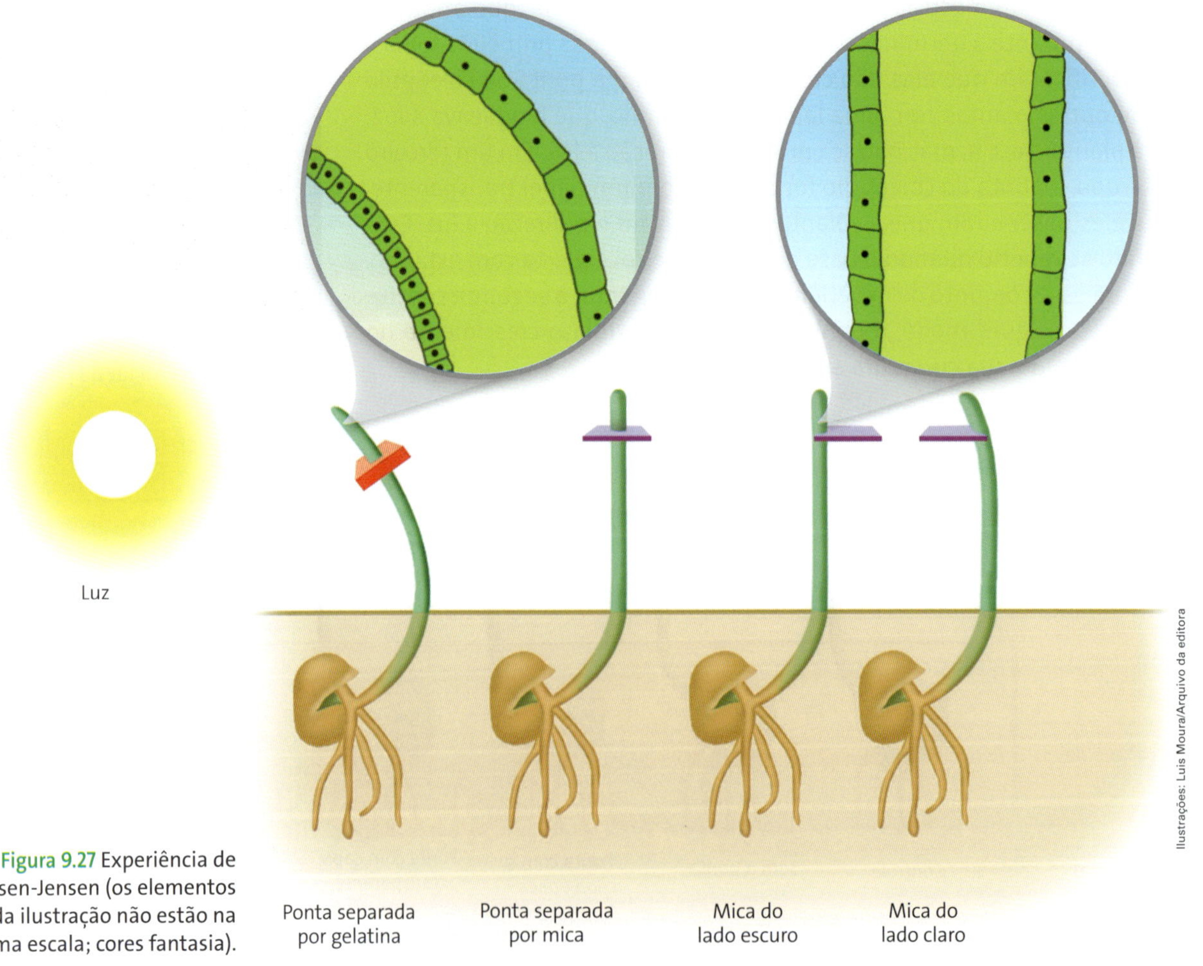


Figura 9.27 Experiência de Boysen-Jensen (os elementos da ilustração não estão na mesma escala; cores fantasia).

- **Experiência de Went** (figura 9.28). Em 1926, o cientista holandês Fritz Went (1903-1990) retirou a ponta de um coleóptilo de aveia e a colocou em uma placa de ágar por algumas horas. Em seguida, pegou uma planta sem a ponta do coleóptilo e pôs sobre ela a placa de ágar. O coleóptilo cresceu como se a ponta estivesse presente. Em outra planta sem a ponta do coleóptilo, colocou uma placa de ágar que não tinha recebido a ponta do coleóptilo: não verificou crescimento. Went supôs que alguma substância passava da ponta do coleóptilo para o ágar e deste para os coleóptilos cortados. Com isso, concluiu que, na planta normal, a ponta do coleóptilo produz uma substância que migra para os tecidos inferiores. Outro resultado conclusivo foi obtido quando a placa de ágar que recebeu a ponta do coleóptilo foi posta apenas de um lado de coleóptilos cortados: eles se curvaram para o lado oposto. Assim, Went concluiu que o lado com maior concentração da substância crescia mais que o lado oposto. Ele chamou essa substância de auxina.

Hoje se sabe que a luz provoca migração de auxina para o lado mais escuro e que a ponta do caule possui um pigmento fotorreceptor sensível à luz azul. A planta cresce em direção à luz porque o lado mais escuro fica com células maiores, o que provoca, mecanicamente, uma curvatura do caule para o lado de onde vem a luz (figura 9.29).

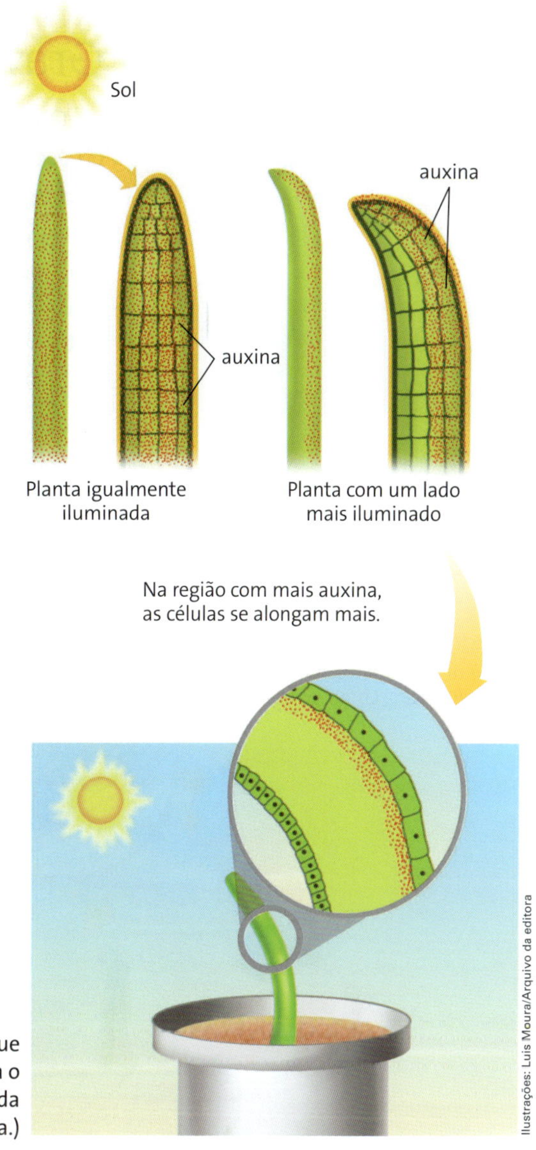


Figura 9.29 Auxina e fototropismo: observe que a região que recebe menos luz fica com mais auxina, o que provoca o alongamento das células e a curvatura do caule. (Os elementos da ilustração não estão na mesma escala; cores fantasia.)

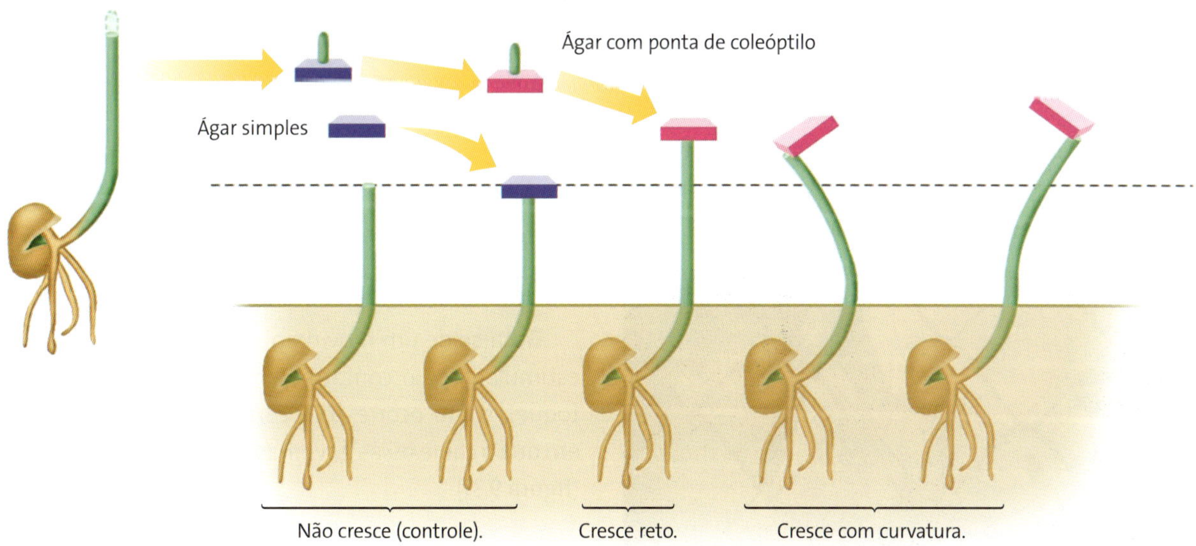


Figura 9.28 Experiência de Went (os elementos da ilustração não estão na mesma escala; cores fantasia.)

## Gravitropismo ou geotropismo

O estímulo é a gravidade. Quando uma semente germina, a raiz cresce para o interior da terra, e o caule, para fora do solo. Se uma semente germinada for colocada deitada, com o eixo caule-raiz na horizontal, alguns dias depois nota-se que o caule se curva para cima, e a raiz, para baixo. Como se trata do estímulo da gravidade, diz-se que a raiz possui **gravitropismo positivo**, e o caule, **gravitropismo negativo** (figura 9.30).

O efeito se deve ao acúmulo de auxina na face inferior dos órgãos. As células da raiz e do caule possuem sensibilidades diferentes para determinada concentração de auxina. A raiz fica com uma concentração que inibe o crescimento das células de baixo. Com isso, as células da parte de cima crescem mais, e a raiz se curva para baixo. O acúmulo de hormônios nas células da face inferior tem efeito estimulador para o caule. Essas células crescem mais que as de cima, e o caule curva-se para cima.

Figura 9.30 Gravitropismo na raiz e no caule (os elementos da ilustração não estão na mesma escala; as células são microscópicas; cores fantasia).

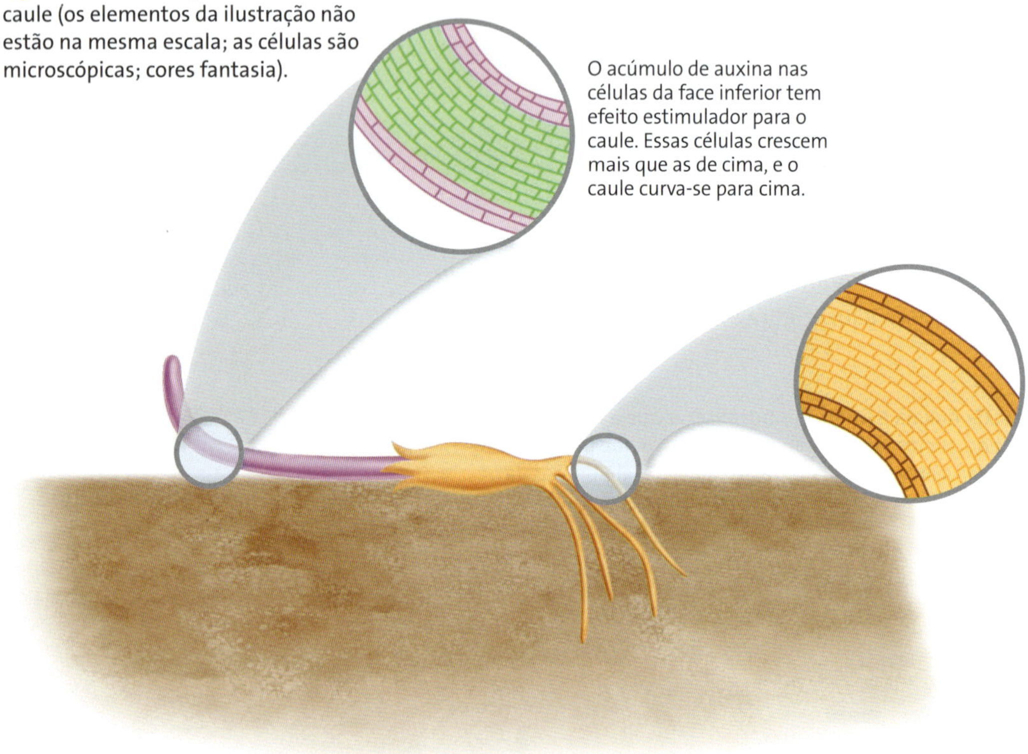

## Tigmotropismo

Trata-se de um movimento de curvatura da planta estimulado pelo contato com um suporte (*thigmo* = toque), como ocorre com certas plantas trepadeiras, em que o caule ou as gavinhas se enroscam no suporte (figura 9.31).

Figura 9.31 Exemplo de tigmotropismo: o crescimento do caule ao redor de um suporte.

# Nastias

Correspondem a movimentos que não envolvem crescimento e não são orientados, ou seja, são sempre iguais, não importando a direção do estímulo.

Um exemplo ocorre na sensitiva (*Mimosa pudica*): quando tocada, seus folíolos se fecham, e as folhas inclinam-se. Esse movimento, chamado **sismonastia** (*seismós* = abalo; *nastos* = apertado), é causado pela perda de água de pequenos órgãos (**pulvinos**) situados na base dos folíolos e da folha. Quando estão com suas células túrgidas, os pulvinos mantêm os folíolos abertos e as folhas levantadas. Com o toque, desencadeia-se um impulso elétrico que provoca a saída de íons potássio das células dos pulvinos, e elas perdem água por osmose (figura 9.32). Essa reação ocorre entre 1 e 2 segundos, mas o retorno à posição normal leva cerca de 10 minutos.

Uma hipótese para a vantagem adaptativa dessa reação seria que o fechamento dos folíolos expõe os espinhos do caule, o que desencoraja os animais predadores. Ou é possível que esses animais se assustem com o brusco movimento da planta. Um vento forte também desencadeia o fenômeno. Nesse caso, o fechamento dos folíolos diminuiria a superfície de transpiração da planta (a evaporação aumenta quando venta, o que poderia levar à desidratação da planta).

O fechamento da folha da dioneia, uma planta insetívora (vista no boxe das páginas 184 e 185), também é uma resposta ao estímulo de contato: o pouso de um inseto. Apesar de mais rápido, o mecanismo é idêntico ao da sensitiva: depende de um impulso elétrico que provoca a perda de água de certas células da folha.

Há ainda o caso de plantas, como a soja, que movem suas folhas para cima e para baixo em resposta à presença e à ausência de luz. Muitas delas são dotadas de pulvinos, responsáveis por esse movimento.

Podemos considerar ainda movimentos de deslocamento, como é o caso da atração química do anterozoide por substâncias químicas da oosfera. Esse fenômeno é chamado **taxia** ou **tactismo** (*taxis* = disposição; *tactu* = toque). Nesse caso, como o estímulo é uma substância química, trata-se de **quimiotactismo**. Outro exemplo é o movimento de cloroplastos no interior das células estimulado pela luz, o **fototactismo**.

Figura 9.32 Na ilustração, esquema da reação da folha da sensitiva ao toque (os elementos da ilustração não estão na mesma escala; cores fantasia). Nas fotos, sensitiva (altura da planta: de 15 cm a 45 cm) antes e depois do toque.

Ingeborg Asbach/Arquivo da editora

Fotos: Fabio Colombini/Acervo do fotógrafo

## 6 Fotoperiodismo

A duração do dia em relação à noite, em um período de 24 horas, recebe o nome de **fotoperíodo**. A reação da planta a essa duração é chamada de **fotoperiodismo**.

A floração pode ser influenciada pelo fotoperíodo, que serve de indicador das estações do ano. Algumas plantas florescem em qualquer período (não dependem do fotoperíodo), de acordo com a sua maturação e fatores ambientais, como a disponibilidade de água e a temperatura; são **plantas neutras** ou **indiferentes** (milho, feijão, algodão, tomate, girassol, etc.).

Outras florescem apenas em determinado período do ano, havendo as **plantas de dia longo** e as **plantas de dia curto**. Elas receberam esses nomes porque, quando o fotoperiodismo foi descoberto, pensou-se que a duração do dia fosse o fator determinante na floração. Os dias longos (no verão) são acompanhados por noites curtas, e as noites longas (no inverno) estão ligadas a dias curtos.

Com a realização de experimentos, comprovou-se que o fator que desencadeia a floração é a duração da noite; o que importa é o número de horas que a planta passa sem luz. Assim, as plantas de dia longo florescem quando a duração da noite (do período que elas passam no escuro) é inferior a um determinado valor, o **fotoperíodo crítico**. É o caso da beterraba, do trevo, da petúnia e da cevada, entre outras, que florescem principalmente no verão.

As plantas de dia curto florescem quando a duração da noite (do período que elas passam no escuro) é maior que o fotoperíodo crítico. É o caso do crisântemo, da dália, do morango e da violeta, entre outras, que florescem principalmente no início da primavera ou no outono.

Uma planta de dia longo (de noite curta), cujo fotoperíodo crítico é de 13 horas, floresce apenas quando as noites duram menos que esse intervalo. Uma planta de dia curto (de noite longa), cujo fotoperíodo crítico é de 8 horas, floresce apenas quando as noites duram mais que esse intervalo. Além disso, é necessário que o fotoperíodo seja contínuo. Se um período no escuro, mesmo suficientemente longo, for interrompido, em certos momentos, por alguns minutos (por meio de iluminação artificial), a planta de dia curto não florescerá (figura 9.33).

Figura 9.33 Experiência de fotoperiodismo (os elementos da ilustração não estão na mesma escala; cores fantasia).

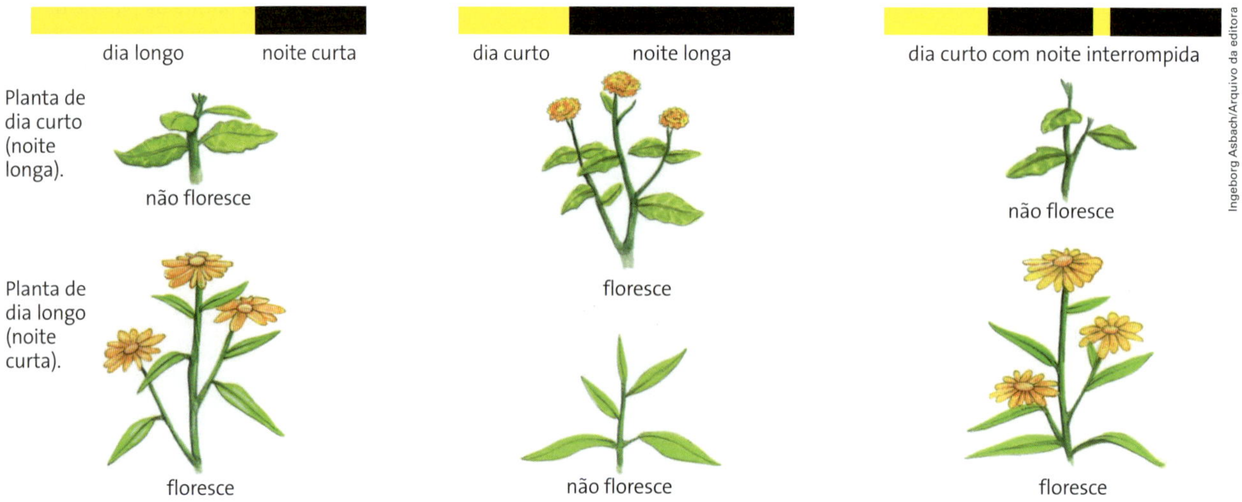

# Fitocromos

Os fitocromos (*phyton* = planta; *khroma* = cor) são pigmentos proteicos responsáveis pela absorção de energia da luz que influem na floração e na germinação das sementes. Existem dois tipos, que se convertem um no outro.

O fitocromo $\mathbf{F_V}$ absorve luz de comprimento de onda de cerca de 660 nanômetros, correspondente à cor vermelha, e converte-se no fitocromo $\mathbf{F_{VE}}$. Este, ao absorver luz vermelha de comprimento de onda mais longo, de cerca de 730 nanômetros ("VE" é sigla de vermelho extremo), se converte no fitocromo $\mathbf{F_V}$. O $\mathbf{F_{VE}}$ é o pigmento ativo, que, na concentração adequada, inibe a floração de plantas de dia curto e estimula a de plantas de dia longo.

Como a luz solar contém ambos os comprimentos de onda, depois de alguns minutos de exposição a essa luz, a concentração dos dois tipos de fitocromos atinge um equilíbrio: ao meio-dia, a porcentagem de pigmentos $\mathbf{F_{VE}}$ é de 60%. No escuro, o $\mathbf{F_{VE}}$ transforma-se espontaneamente no $\mathbf{F_V}$:

$$F_V \underset{\text{vermelho extremo e escuridão}}{\overset{\text{vermelho}}{\rightleftharpoons}} F_{VE}$$

Se uma planta de dia curto receber luz com comprimento de onda de 660 nanômetros durante o período de escuridão, a floração será inibida. Nessas mesmas condições, ocorre o oposto com plantas de dia longo: a floração é estimulada.

Além da floração, os fitocromos também estão envolvidos na germinação de algumas sementes. A influência da luz sobre a germinação de uma semente recebe o nome de **fotoblastismo** (*photos* = luz; *blastos* = broto). As sementes que dependem da luz para germinar são ditas **fotoblásticas positivas**; as que não dependem, **fotoblásticas negativas**. O fitocromo que estimula a germinação de uma semente é o $\mathbf{F_{VE}}$. Submetendo uma semente fotoblástica positiva a lampejos alternados de comprimentos de onda de 660 nanômetros e 730 nanômetros, nota-se que a semente germina quando o último lampejo corresponde ao de 730 nanômetros, que é o estímulo à formação do fitocromo $F_{VE}$.

# Estiolamento

Quando uma semente germina no escuro ou em um ambiente com pouca luz, o caule cresce mais rapidamente que o normal e alonga-se muito (figura 9.34). O fenômeno, controlado por fitocromos, é chamado estiolamento e é uma adaptação que faz sementes com poucas reservas e que ficam enterradas nas partes mais profundas do solo alcançarem de modo mais rápido uma fonte de luz. Como não há fotossíntese, as folhas são pequenas e amareladas (por falta de clorofila). Além disso, a ponta do caule pode ficar com a forma de um gancho, protegendo a gema e o meristema contra o atrito com o solo. Uma vez atingida a luz, o desenvolvimento torna-se normal.

Nigel Cattlin/Photoresearchers, Inc./Latinstock

Nigel Cattlin/Visuals Unlimited/Corbis/Latinstock

**Figura 9.34** Na primeira foto, sementes de feijão que cresceram no escuro (planta à esquerda) e com luz (planta à direita). Na segunda foto, caules de batata crescendo no escuro.

## Atividades

1. Você sabe que há dois tipos de vasos condutores de seiva, os vasos lenhosos e os vasos liberianos, que conduzem tipos diferentes de seiva, a seiva bruta e a orgânica. Então, responda:
   a) Os pulgões, insetos que se alimentam da seiva das plantas, espetam suas trombas sugadoras em que tipo de vasos? Justifique sua resposta.
   b) A erva-de-passarinho é uma planta que possui clorofila e faz fotossíntese, mas vive sobre as árvores e, com suas raízes finas, retira delas parte da seiva. Já o cipó-chumbo é uma planta sem clorofila que também retira seiva das árvores sobre as quais se instala. Que tipo de seiva cada uma dessas plantas retira? Justifique suas respostas.
2. Um aluno que está começando a estudar Biologia cobriu todas as folhas de uma planta com esmalte transparente – que, portanto, permitia a passagem da luz – para observar qual o efeito disso sobre a planta. Para surpresa dele, a planta deixou de fazer fotossíntese. Como você, que já estudou esse assunto, explicaria o que aconteceu?
3. Um professor fez na lousa os esquemas a seguir, representando uma estrutura vegetal, e, para ver se os estudantes estavam atentos, propositadamente inseriu um erro nos dois esquemas.

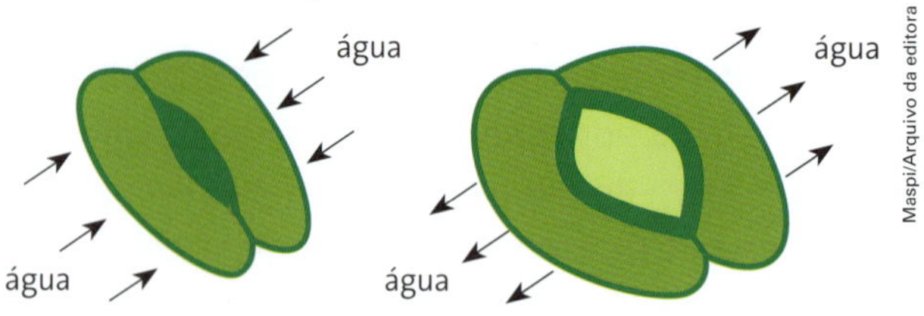


   Quando perguntou para os alunos o que os esquemas representavam, um estudante não só deu a resposta correta, como apontou e explicou os erros. O que ele deve ter dito ao professor?
4. Uma planta teve suas raízes mergulhadas em uma solução aquosa contendo um sal à base de enxofre radioativo, cuja presença, após algum tempo, foi detectada em proteínas do interior do caule e da folha da planta. Explique qual foi o caminho do enxofre radioativo desde a solução aquosa até chegar às proteínas do vegetal.

### Atividades práticas

1. Consigam dois vasos pequenos com plantas jovens, ainda em crescimento. Coloquem um dos vasos próximo a uma janela por onde entra luz, e o outro vaso deitado em uma superfície plana, de modo que a planta fique em posição horizontal, e afastado da janela. Reguem sempre que necessário os dois vasos. Após duas semanas, observem como está a posição do tronco e das folhas em cada vaso. Expliquem o que aconteceu.
2. Separem um pedaço de barbante (1 metro), um vaso não muito grande, com uma planta viva e cheia de ramos com folhas, e dois sacos plásticos incolores, secos e sem furos. Um dos sacos plásticos deve ser amarrado firmemente com barbante em volta de um dos ramos da planta, de modo que impeça a entrada de ar. Separem as paredes do outro saco e amarrem bem sua borda. Pendurem-no em algum ponto próximo à planta. O vaso deve ser colocado perto de uma janela. Após cerca de 3 horas, observem o interior do saco e respondam:
   a) O que ocorreu no interior do saco que envolvia a planta? Como explicar o fenômeno observado?
   b) Qual a função do saco plástico vazio?
   c) Se envolvermos com plástico dois ramos, um com poucas folhas e outro com muitas folhas, poderemos obter resultados diferentes entre eles? Por quê?
3. Façam este experimento sob a orientação do professor.

#### Material

- Uma flor branca recém-adquirida (em uma floricultura): cravo, rosa (os mais indicados para a atividade), copo-de-leite, margarida, palma-de-santa-rita ou crisântemo, com parte do caule.
- Um copo com água suficiente para manter a flor de pé.
- Anilina vermelha ou azul.
- Uma tesoura.
- Um balde ou uma bacia com água.

#### Procedimentos

- Dissolvam um pouco de anilina no copo com água, mexendo bem até a água ficar colorida.
- Cortem com a tesoura cerca de 3 centímetros da parte inferior da haste da flor (em diagonal), tomando o cuidado de fazê-lo com a haste da flor mergulhada na água da bacia.
- Retirem a flor da bacia e imediatamente ponham a haste no copo.
- Deixem a flor na janela e, depois de duas ou três horas, observem periodicamente as pétalas até perceberem alguma mudança.

a) Como ficou a flor? Por que isso ocorreu?
b) Esse experimento serve para demonstrar uma função do caule. Qual é essa função?

# Pensando no Enem

A produção de hormônios vegetais (como a auxina, ligada ao crescimento vegetal) e sua distribuição pelo organismo são fortemente influenciadas por fatores ambientais. Diversos são os estudos que buscam compreender melhor essas influências. O experimento seguinte integra um desses estudos.

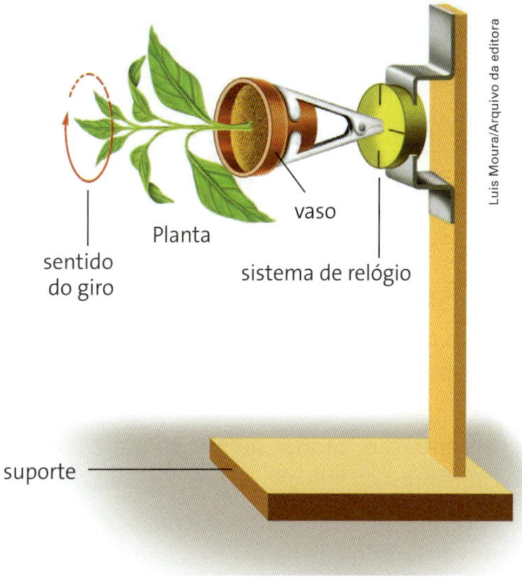


O fato de a planta do experimento crescer na direção horizontal, e não na vertical, pode ser explicado pelo argumento de que o giro faz com que a auxina se:

a) distribua uniformemente nas faces do caule, estimulando o crescimento de todas elas de forma igual.
b) acumule na face inferior do caule e, por isso, determine um crescimento maior dessa parte.
c) concentre na extremidade do caule e, por isso, iniba o crescimento nessa parte.
d) distribua uniformemente nas faces do caule e, por isso, iniba o crescimento de todas elas.
e) concentre na face inferior do caule e, por isso, iniba a atividade das gemas laterais.

### Resolução

Para a resolução desta questão é necessário interpretar um experimento clássico envolvendo o crescimento vegetal e relacioná-lo ao conhecimento a respeito da ação de hormônios vegetais.

O enunciado da questão apresenta a importância dos hormônios vegetais e uma ilustração do experimento a ser interpretado. Ele destaca que muitas das funções do hormônio dependem de sua distribuição na planta.

Vale destacar também que os movimentos na direção do crescimento das plantas em resposta a estímulos ambientais são chamados de tropismos. Esses tropismos podem ser classificados em positivos ou negativos. Os positivos indicam o crescimento da planta em direção ao estímulo; já os negativos indicam o crescimento no sentido oposto ao estímulo.

A auxina é um hormônio vegetal que, entre outras funções, controla a direção do crescimento da região apical de raízes e da gema apical de caules, em resposta a estímulos como luz e gravidade. Os tropismos causados pela luz são chamados de fototropismos e os relacionados à gravidade são denominados gravitropismos (ou geotropismos). A auxina é produzida nas regiões apicais de caules e raízes.

Os movimentos das plantas são originados por crescimento diferencial de uma das regiões do caule, em lados opostos, fazendo com que ele se curve em uma determinada direção.

#### Interpretação da figura

A figura apresenta a montagem do experimento. Nota-se que há uma haste metálica presa sobre um suporte. Nela, está fixado um sistema de relógio, no qual foi acoplado um vaso com uma muda de planta. O sistema de relógio faz com que a planta gire ininterruptamente ao redor de seu próprio eixo.

#### O problema

Já foi comprovado experimentalmente que, depois de uma planta permanecer certo tempo na posição horizontal, as suas regiões apicais começam a se curvar e crescer no sentido vertical. Tal fenômeno é chamado de gravitropismo negativo. Isso ocorre porque o hormônio auxina acumula-se na porção inferior do caule, em decorrência da ação da gravidade. A maior quantidade de auxina acumulada na região inferior do caule estimula o crescimento maior das células em comparação com a região superior do caule , levando a uma curvatura deste para cima, deixando a planta novamente na posição vertical.

Porém, no experimento apresentado, o sistema do relógio faz com que a planta gire continuamente, evitando que a auxina acumule-se em uma região específica do caule. Assim, como esse hormônio vegetal é mantido em concentrações semelhantes no caule, o crescimento continua a ocorrer por igual em todas as regiões e, por consequência, o crescimento da planta mantêm-se na horizontal.

Resposta: **A**.

# Vestibulares de Norte a Sul

1. **S** (UEL-PR) Considere o experimento sobre o efeito inibidor de hormônio vegetal no desenvolvimento das gemas laterais, apresentado na figura a seguir.

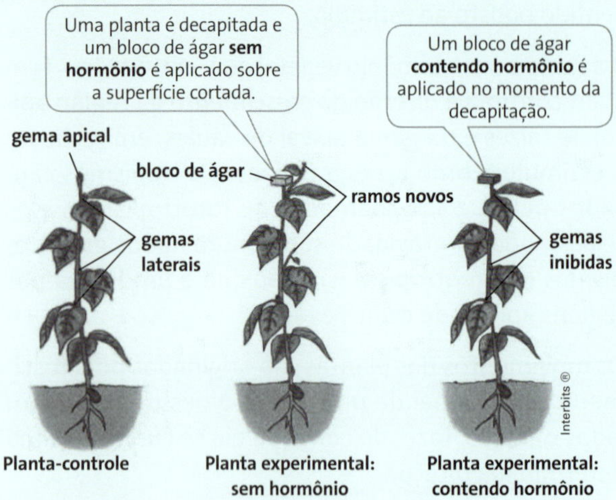


Com base na figura e nos conhecimentos sobre fisiologia vegetal, considere as afirmativas a seguir.

I. A ausência de hormônio produzido pelo meristema apical do caule exerce inibição sobre as gemas laterais, mantendo-as em estado de dormência.

II. As gemas laterais da planta-controle estão inibidas devido ao efeito do hormônio produzido pela gema apical.

III. O hormônio aplicado na planta decapitada inibe as gemas laterais e, consequentemente, a formação de ramos laterais.

IV. A técnica de poda das gemas apicais tem como objetivo estimular a formação de novos ramos laterais.

Assinale a alternativa correta.

a) Somente as afirmativas I e II são corretas.
b) Somente as afirmativas I e III são corretas.
c) Somente as afirmativas III e IV são corretas.
d) Somente as afirmativas I, II e IV são corretas.
e) Somente as afirmativas II, III e IV são corretas.

2. **CO** (Unemat-MT) A transpiração corresponde à perda de $H_2O$ sob a forma de vapor. Em plantas, o principal órgão responsável por esse processo é a folha.

Sobre o processo de transpiração, assinale a alternativa correta.

a) Nas plantas ocorre transpiração cuticular e estomática.
b) Nas plantas ocorre transpiração por meio de raízes do tipo pneumatóforo.
c) Nas plantas ocorre transpiração por meio de translocação da seiva elaborada.
d) Nas plantas ocorre transpiração por meio do movimento de geotropismo e fototropismo.
e) Nas plantas ocorre transpiração influenciada pelos hormônios auxina e giberelina.

3. **NE** (Unifor-CE) O gráfico abaixo mostra o efeito da aplicação do AIA sobre o crescimento de órgãos vegetais.

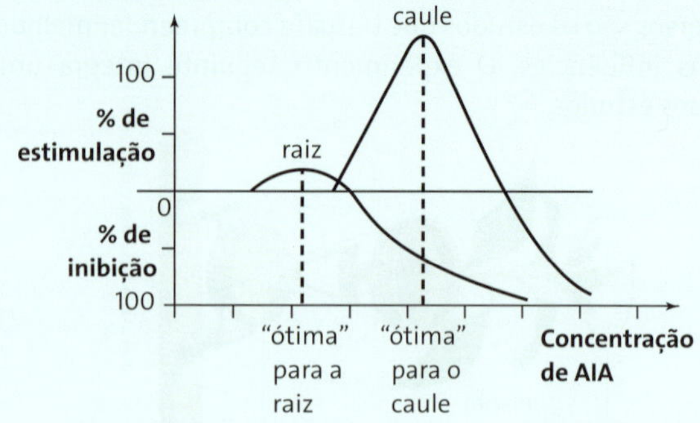


Sobre ele fizeram-se as seguintes afirmações:

I. As taxas de crescimento da raiz e do caule são diretamente proporcionais ao aumento da concentração de AIA.

II. A concentração "ótima" de AIA para o crescimento do caule provoca inibição do crescimento da raiz.

III. A concentração "ótima" de AIA é maior para o crescimento da raiz do que para o crescimento do caule.

Dessas afirmações somente:

a) I é correta.
b) II é correta.
c) III é correta.
d) I e II são corretas.
e) II e III são corretas.

4. **SE** (Unifesp) Um botânico tomou dois vasos, **A** e **B**, de uma determinada planta. O vaso **A** permaneceu como controle e no vaso **B** foi aplicada uma substância que induziu a planta a ficar com os estômatos permanentemente fechados. Após alguns dias, a planta do vaso **A** permaneceu igual e a do vaso **B** apresentou sinais de grande debilidade, embora ambas tenham ficado no mesmo local e com água em abundância. Foram levantadas três possibilidades para a debilidade da planta **B**:

I. A água que ia sendo absorvida pelas raízes não pôde ser perdida pela transpiração, acumulando-se em grande quantidade nos tecidos da planta.

II. A planta não pôde realizar fotossíntese porque o fechamento dos estômatos impediu a entrada de luz para o parênquima clorofiliano das folhas.

III. A principal via de captação de $CO_2$ para o interior da planta foi fechada, comprometendo a fotossíntese.

A explicação correta corresponde a:

a) I.
b) II.
c) III.
d) I e II.
e) II e III.

5. **CO** (UFG-GO) O proprietário de um viveiro de plantas deseja incrementar seu lucro com o aumento da produção de mudas provenientes de brotação. Para tanto, solicitou a orientação de um especialista que recomendou o tratamento com o hormônio vegetal:

a) ácido abscísico, para propiciar o fechamento estomático.
b) auxina, para promover o enraizamento de estacas.
c) citocinina, para estimular a germinação.
d) etileno, para intensificar a maturação dos frutos.
e) giberelina, para induzir a partenocarpia.

6. **CO** (UnB-DF) As auxinas, primeiro grupo de substâncias identificadas como fito-hormônios, atuam no crescimento e no desenvolvimento das plantas. O gráfico adiante mostra essa influência.

Com relação ao gráfico, julgue os itens que se seguem.

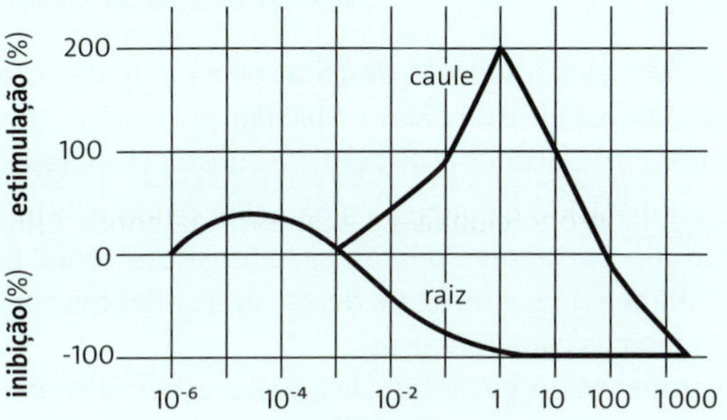


**Concentração de auxina, em partes por milhão** (ppm)

( ) A concentração de auxina que provoca a máxima estimulação varia para diferentes partes de uma mesma planta.
( ) Concentração de auxina entre 5 e 10 ppm inibe o crescimento do caule.
( ) O desempenho do tecido meristemático independe da concentração de auxina.
( ) Qualquer concentração de auxina que inibe o crescimento da raiz estimula o crescimento do caule.

7. **SE** (UFSJ-MG) Todos os organismos sentem e interagem com o ambiente que os cerca. Sobre como as plantas respondem a estímulos ambientais, assinale a alternativa INCORRETA:

a) As respostas de crescimento das plantas respondem a estímulos internos determinados geneticamente, pois vegetais não possuem sistema nervoso e, portanto, não têm a capacidade de perceber estímulos ambientais.
b) Os hormônios são compostos fundamentais no controle das funções internas das plantas e estão intimamente ligados a sua capacidade de responder a estímulos ambientais.
c) O tropismo é a resposta no crescimento das plantas causado por estímulos externos, como luz, gravidade e contato, entre outros.
d) O fototropismo é a resposta de crescimento das plantas em direção ou contra uma fonte luminosa mediada por ação hormonal.

8. **S** (Udesc) Os hormônios vegetais são substâncias que estimulam, inibem ou modificam os processos fisiológicos da planta. Eles podem agir à distância do seu local de síntese e são específicos.

Associe a primeira coluna de acordo com a segunda.

| | |
|---|---|
| (1) Giberelina | ( ) Envelhecimento vegetal, queda das folhas e amadurecimento de frutos. |
| (2) Auxina | ( ) Divisão celular e desenvolvimento de gemas laterais. |
| (3) Ácido abscísico | ( ) Inibição da germinação de sementes e das gemas durante condições desfavoráveis. |
| (4) Etileno | ( ) Alongamento de caule e estímulo à formação de raízes. |
| (5) Citocinina | ( ) Estímulo à germinação de sementes. |

Assinale a alternativa que contém a sequência correta, de cima para baixo.

a) 4 – 3 – 5 – 1 – 2
b) 5 – 3 – 2 – 1 – 4
c) 5 – 4 – 3 – 2 – 1
d) 4 – 5 – 3 – 1 – 2
e) 3 – 5 – 4 – 2 – 1

9. **SE** (Fuvest-SP) Realizou-se o seguinte experimento com um grupo de plantas: retirou-se um anel de casca contendo o floema, mantendo-se folhas acima e abaixo da região cortada. Em seguida, somente folhas abaixo do corte foram expostas a $CO_2$ radioativo durante 24 horas. Em que regiões da planta serão encontradas substâncias com material radioativo após o experimento? Por quê?

10. **SE** (Fuvest-SP) O esquema representa um experimento em que plantas semelhantes foram colocadas em tubos com igual quantidade de água, devidamente vedados para evitar a evaporação. A planta do tubo **A** foi mantida intacta; a do tubo **B** teve suas folhas totalmente cobertas por uma camada de vaselina. Cada tubo mostra o nível da água no início do experimento ($N_i$) e no final ($N_f$).

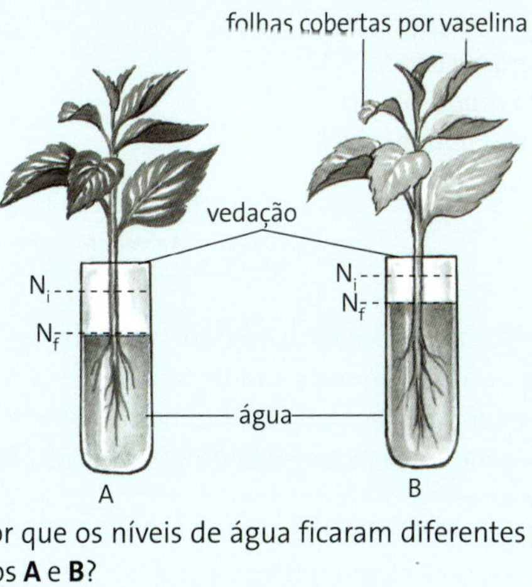


a) Por que os níveis de água ficaram diferentes nos tubos **A** e **B**?
b) Que estruturas da epiderme foliar tiveram seu funcionamento afetado pela vaselina?
c) Qual o papel dessas estruturas da epiderme para que a planta realize fotossíntese?

# Caiu no Enem

1. A contaminação pelo vírus da rubéola é especialmente preocupante em grávidas, devido à síndrome da rubéola congênita (SRC), que pode levar ao risco de aborto e malformações congênitas. Devido a campanhas de vacinação específicas, nas últimas décadas houve uma grande diminuição de casos de rubéola entre as mulheres, e, a partir de 2008, as campanhas se intensificaram e têm dado maior enfoque à vacinação de homens jovens.

BRASIL. Brasil livre de rubéola: campanha nacional de vacinação para eliminação da rubéola. Brasília: Ministério da Saúde, 2009 (adaptado).

Considerando a preocupação com a ocorrência da SRC, as campanhas passaram a dar enfoque à vacinação dos homens, porque eles

a) ficam mais expostos a esses vírus.
b) transmitem o vírus a mulheres gestantes.
c) passam a infecção diretamente para o feto.
d) transferem imunidade às parceiras grávidas.
e) são mais sucetíveis a esse vírus que as mulheres.

2. Os bichinhos e o homem

Arca de Noé

(Toquinho & Vinicius de Moraes)

*Nossa irmã, a mosca*
*É feia e tosca*
*Enquanto que o mosquito*
*É mais bonito*
*Nosso irmão besouro*
*Que é feito de couro*
*Mal sabe voar*
*Nossa irmã, a barata*
*Bichinha mais chata*
*É prima da borboleta*
*Que é uma careta*
*Nosso irmão, o grilo*
*Que vive dando estrilo*
*Só pra chatear*

MORAES, V. *A arca de Noé*: poemas infantis. São Paulo: Companhia das Letrinhas, 1991.

O poema acima sugere a existência de relações de afinidade entre os animais citados e nós, seres humanos. Respeitando a liberdade poética dos autores, a unidade taxonômica que expressa a afinidade entre nós e esses animais é:

a) o filo.
b) o reino.
c) a classe.
d) a família.
e) a espécie.

3. Experimentos realizados no século XX demonstraram que hormônios femininos e mediadores químicos atuam no comportamento materno de determinados animais, como cachorros, gatos e ratos, reduzindo o medo e a ansiedade, o que proporciona maior habilidade de orientação espacial. Por essa razão, as fêmeas desses animais abandonam a prole momentaneamente, a fim de encontrar alimentos, o que ocorre com facilidade e rapidez. Ainda são capazes de encontrar rapidamente o caminho de volta para proteger os filhotes.

VARELLA, D. *Borboletas da alma*: escritos sobre ciência e saúde. Companhia das Letras, 2006 (adaptado).

Considerando a situação descrita sob o ponto de vista da hereditariedade e da evolução biológica, o comportamento materno decorrente da ação das substâncias citadas é:

a) transmitido de geração a geração, sendo que indivíduos portadores dessas características terão mais chance de sobreviver e deixar descendentes com as mesmas características.
b) transmitido em intervalos de gerações, alternando descendentes machos e fêmeas, ou seja, em uma geração recebem a característica apenas os machos e, na outra geração, apenas as fêmeas.
c) determinado pela ação direta do ambiente sobre a fêmea quando ela está no período gestacional, portanto todos os descendentes receberão as características.
d) determinado pelas fêmeas, na medida em que elas transmitem o material genético necessário à produção de hormônios e dos mediadores químicos para sua prole de fêmeas, durante o período gestacional.
e) determinado após a fecundação, pois os espermatozoides dos machos transmitem as características para a prole e, ao nascerem, os indivíduos são selecionados pela ação do ambiente.

4. Estudos de fluxo de energia em ecossistemas demonstram que a alta produtividade nos manguezais está diretamente relacionada às taxas de produção primária líquida e à rápida reciclagem dos nutrientes. Como exemplo de seres vivos encontrados nesse ambiente, temos: aves, caranguejos, insetos, peixes e algas.

Dos grupos de seres vivos citados, os que contribuem diretamente para a manutenção dessa produtividade no referido ecossistema são

a) aves.
b) algas.
c) peixes.
d) insetos.
e) caranguejos.

5. A malária é uma doença típica de regiões tropicais. De acordo com dados do Ministério da Saúde, no final do século XX foram registrados mais de 600 mil casos de malária no Brasil, 99% dos quais na região amazônica. Os altos índices de malária nessa região podem ser explicados por várias razões, entre as quais:

a) As características genéticas das populações locais facilitam a transmissão e dificultam o tratamento da doença.
b) A falta de saneamento básico propicia o desenvolvimento do mosquito transmissor da malária nos esgotos não tratados.
c) A inexistência de predadores capazes de eliminar o causador e o transmissor em seus focos impede o controle da doença.
d) A temperatura elevada e os altos índices de chuva na floresta equatorial favorecem a proliferação do mosquito transmissor.
e) O Brasil é o único país do mundo que não implementou medidas concretas para interromper sua transmissão em núcleos urbanos.

6. Em 2009, o município maranhense de Bacabal foi fortemente atingido por enchentes, submetendo a população local a viver em precárias condições durante algum tempo. Em razão das enchentes, os agentes de saúde manifestaram, na ocasião, temor pelo aumento dos casos de doenças como, por exemplo, a malária, a leptospirose, a leishmaniose e a esquistossomose.

"Cidades inundadas enfrentam aumento de doenças." *Folha Online*. 22 abr. 2009. Disponível em: http://www1.folha.uol.com.br. Acesso em: 28 abr. 2010 (adaptado).

Que medidas o responsável pela promoção da saúde da população afetada pela enchente deveria sugerir para evitar o aumento das doenças mencionadas no texto, respectivamente?

a) Evitar o contato com a água contaminada por mosquitos, combater os percevejos hematófagos conhecidos como barbeiros, eliminar os caramujos do gênero *Biomphalaria* e combater o mosquito *Anopheles*.
b) Combater o mosquito *Anopheles*, evitar o contato com a água suja acumulada pelas enchentes, combater o mosquito flebótomo e eliminar caramujos do gênero *Biomphalaria*.
c) Eliminar os caramujos do gênero *Biomphalaria*, combater o mosquito flebótomo, evitar o contato com a água suja acumulada pelas enchentes e combater o mosquito *Aedes*.
d) Combater o mosquito *Aedes*, evitar o contato com a água suja acumulada pelas enchentes, eliminar os caramujos do gênero *Biomphalaria* e combater os percevejos hematófagos conhecidos como barbeiros.
e) Combater o mosquito *Aedes*, eliminar os caramujos do gênero *Biomphalaria*, combater o mosquito flebótomo e evitar o contato com a água contaminada por mosquitos.

7. Investigadores das Universidades de Oxford e da Califórnia desenvolveram uma variedade de *Aedes aegypti* geneticamente modificada que é candidata para uso na busca de redução na transmissão do vírus da dengue. Nessa nova variedade de mosquito, as fêmeas não conseguem voar devido à interrupção do desenvolvimento do músculo das asas. A modificação genética introduzida é um gene dominante condicional, isso é, o gene tem expressão dominante (basta apenas uma cópia do alelo) e este só atua nas fêmeas.

FU, G. et al. *Female-specific hightiess phenotype for mosquito control.* PNAS 107 (10): 4550-4554, 2010.

Prevê-se, porém, que a utilização dessa variedade de *Aedes aegypti* demore ainda anos para ser implementada, pois há demanda de muitos estudos com relação ao impacto ambiental. A liberação de machos de *Aedes aegypti* dessa variedade geneticamente modificada reduziria o número de casos de dengue em uma determinada região porque

a) diminuiria o sucesso reprodutivo desses machos transgênicos.
b) restringiria a área geográfica de voo dessa espécie de mosquito.
c) dificultaria a contaminação e reprodução do vetor natural da doença.
d) tornaria o mosquito menos resistente ao agente etiológico da doença.
e) dificultaria a obtenção de alimentos pelos machos geneticamente modificados.

8. A Síndrome da Imunodeficiência Adquirida (Aids) é a manifestação clínica da infecção pelo vírus HIV, que leva, em média, oito anos para se manifestar. No Brasil, desde a identificação do primeiro caso de Aids em 1980 até junho de 2007, já foram identificados cerca de 174 mil casos da doença. O país acumulou, aproximadamente, 192 mil óbitos devido à Aids até junho de 2006, sendo as taxas de mortalidade crescentes até meados da década de 1990 e estabilizando-se em cerca de 11 mil óbitos anuais desde 1998. [...] A partir do ano 2000, essa taxa se estabilizou em cerca de 6,4 óbitos por 100 mil habitantes, sendo esta estabilização mais evidente em São Paulo e no Distrito Federal.

Disponível em: http://www.aids.gov.br. Acesso em: 01 maio 2009 (adaptado).

A redução nas taxas de mortalidade devido à Aids a partir da década de 1990 é decorrente

a) do aumento do uso de preservativos nas relações sexuais, que torna o vírus HIV menos letal.
b) da melhoria das condições alimentares dos soropositivos, a qual fortalece o sistema imunológico deles.
c) do desenvolvimento de drogas que permitem diferentes formas de ação contra o vírus HIV.
d) das melhorias sanitárias implementadas nos últimos 30 anos, principalmente nas grandes capitais.
e) das campanhas que estimulam a vacinação contra o vírus e a busca pelos serviços de saúde.

9. Na prova de Biologia da segunda etapa do Vestibular-1999 da UFPB, foi solicitado aos candidatos que analisassem afirmações sobre a Doença de Chagas, causada pelo protozoário *Trypanosoma cruzi* e que tem como vetor o Triatomídeo, popularmente conhecido por barbeiro. Algumas dessas afirmações estão elencadas a seguir:

- Uma pessoa pode ser picada pelo barbeiro e não contrair a doença.
- Uma pessoa pode contrair a doença, sem nunca ter sido picada pelo barbeiro.
- A principal medida profilática contra o mal de Chagas é tratar as pessoas acometidas pela doença.

Das análises apresentadas pelos candidatos, as mais frequentes estão resumidas em cinco grupos a seguir:

Grupo I: Concordamos plenamente com as afirmações. Caso o barbeiro não esteja contaminado, não existe risco de transmissão da doença. Além disso, a picada do barbeiro não é a única forma de contágio: o parasita pode ser transmitido por transfusão feita com sangue contaminado e, por via materna, durante a gestação ou amamentação. A principal medida profilática contra esse mal é o tratamento das pessoas contaminadas.

Grupo II: Concordamos parcialmente com as afirmações. Sempre que uma pessoa for picada pelo barbeiro será contaminada, embora essa não seja a única forma de contágio: o parasita pode ser transmitido por transfusão feita com sangue contaminado e, por via materna, durante a gestação ou amamentação. A principal medida profilática para esse mal é o tratamento das pessoas contaminadas.

Grupo III: Concordamos parcialmente com as afirmações. Caso o barbeiro não esteja contaminado, não existe risco de transmissão da doença. A picada do barbeiro, no entanto, é a única forma de contágio. A principal medida profilática contra esse mal é adotar medidas de combate ao inseto.

Grupo IV: Concordamos parcialmente com as afirmações. Sempre que a pessoa for picada pelo barbeiro será contaminada. A picada do barbeiro, no entanto, não é a única forma de contágio: o parasita pode ser transmitido por transfusão feita com sangue contaminado e, por via materna, durante a gestação ou amamentação. A principal medida profilática contra esse mal é adotar medidas de combate ao inseto.

Grupo V: Concordamos parcialmente com as afirmações. Caso o barbeiro não esteja contaminado, não existe risco de transmissão da doença. Além disso, a picada do barbeiro não é a única forma de contágio: o parasita pode ser transmitido por transfusão feita com sangue contaminado e, por via materna, durante a gestação ou amamentação. A principal medida profilática contra esse mal é adotar medidas de combate ao inseto.

Está correta a análise feita pelos candidatos do:

a) Grupo I
b) Grupo II
c) Grupo III
d) Grupo IV
e) Grupo V

10. Estima-se que haja atualmente no mundo 40 milhões de pessoas infectadas pelo HIV (o vírus que causa a Aids), sendo que as taxas de novas infecções continuam crescendo, principalmente na África, Ásia e Rússia. Nesse cenário de pandemia, uma vacina contra o HIV teria imenso impacto, pois salvaria milhões de vidas.

Certamente seria um marco na história planetária e também uma esperança para as populações carentes de tratamento antiviral e de acompanhamento médico.

TANURI, A.; FERREIRA JUNIOR, O. C. Vacina contra Aids: desafios e esperanças. *Ciência Hoje* (44) 26, 2009 (adaptado).

Uma vacina eficiente contra o HIV deveria:

a) induzir a imunidade para proteger o organismo da contaminação viral.
b) ser capaz de alterar o genoma do organismo portador, induzindo a síntese de enzimas protetoras.
c) produzir antígenos capazes de se ligarem ao vírus, impedindo que este entre nas células do organismo humano.
d) ser amplamente aplicada em animais, visto que esses são os principais transmissores do vírus para os seres humanos.
e) estimular a imunidade, minimizando a transmissão do vírus por gotículas de saliva.

11. Os mapas abaixo apresentam informações acerca dos índices de infecção por leishmaniose tegumentar americana (LTA) em 1985 e 1999.

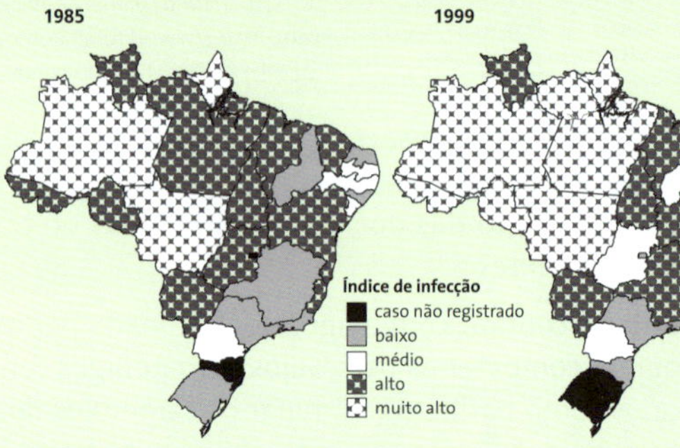


Ministério da Saúde.

A partir da leitura dos mapas acima, conclui-se que:

a) o índice de infecção por LTA em Minas Gerais elevou-se muito nesse período.
b) o estado de Mato Grosso apresentou diminuição do índice de infecção por LTA devido às intensas campanhas de saúde.
c) a expansão geográfica da LTA ocorreu no sentido norte-sul como resultado do processo predatório de colonização.
d) o índice de infecção por LTA no Maranhão diminuiu em virtude das fortes secas que assolaram o estado nesse período.
e) o aumento da infecção por LTA no Rio Grande do Sul resultou da proliferação do roedor que transmite essa enfermidade.

**12.** Houve uma grande elevação do número de casos de malária na Amazônia que, de 30 mil casos na década de 1970, chegou a cerca de 600 mil na década de 1990. Esse aumento pode ser relacionado a mudanças na região, como:

a) as transformações no clima da região decorrentes do efeito estufa e da diminuição da camada de ozônio.
b) o empobrecimento da classe média e a consequente falta de recursos para custear o caro tratamento da doença.
c) o aumento na migração humana para fazendas, grandes obras, assentamentos e garimpos, instalados nas áreas de floresta.
d) as modificações radicais nos costumes dos povos indígenas, que perderam a imunidade natural ao mosquito transmissor.
e) a destruição completa do ambiente natural de reprodução do agente causador, que o levou a migrar para os grandes centros urbanos.

**13.** O que têm em comum Noel Rosa, Castro Alves, Franz Kafka, Álvares de Azevedo, José de Alencar e Frédéric Chopin?

Todos eles morreram de tuberculose, doença que ao longo dos séculos fez mais de 100 milhões de vítimas. Aparentemente controlada durante algumas décadas, a tuberculose voltou a matar. O principal obstáculo para seu controle é o aumento do número de linhagens de bactérias resistentes aos antibióticos usados para combatê-la. Esse aumento do número de linhagens resistentes se deve a:

a) modificações no metabolismo das bactérias, para neutralizar o efeito dos antibióticos e incorporá-los à sua nutrição.
b) mutações selecionadas pelos antibióticos, que eliminam as bactérias sensíveis a eles, mas permitem que as resistentes se multipliquem.
c) mutações causadas pelos antibióticos, para que as bactérias se adaptem e transmitam essa adaptação a seus descendentes.
d) modificações fisiológicas nas bactérias, para torná-las cada vez mais fortes e mais agressivas no desenvolvimento da doença.
e) modificações na sensibilidade das bactérias, ocorridas depois de passarem um longo tempo sem contato com antibióticos.

**14.** Durante as estações chuvosas, aumentam no Brasil as campanhas de prevenção à dengue, que têm como objetivo a redução da proliferação do mosquito *Aedes aegypti*, transmissor do vírus da dengue. Que proposta preventiva poderia ser efetivada para diminuir a reprodução desse mosquito?

a) Colocação de telas nas portas e janelas, pois o mosquito necessita de ambientes cobertos e fechados para a sua reprodução.
b) Substituição das casas de barro por casas de alvenaria, haja vista que o mosquito se reproduz na parede das casas de barro.
c) Remoção dos recipientes que possam acumular água, porque as larvas do mosquito se desenvolvem nesse meio.
d) Higienização adequada de alimentos, visto que as larvas do mosquito se desenvolvem nesse tipo de substrato.
e) Colocação de filtros de água nas casas, visto que a reprodução do mosquito acontece em águas contaminadas.

**15.** O uso prolongado de lentes de contato, sobretudo durante a noite, aliado a condições precárias de higiene representam fatores de risco para o aparecimento de uma infecção denominada ceratite microbiana, que causa ulceração inflamatória da córnea. Para interromper o processo da doença, é necessário tratamento antibiótico.

De modo geral, os fatores de risco provocam a diminuição da oxigenação corneana e determinam mudanças no seu metabolismo, de um estado aeróbico para anaeróbico.

Como decorrência, observa-se a diminuição no número e na velocidade de mitoses do epitélio, o que predispõe ao aparecimento de defeitos epiteliais e à invasão bacteriana.

CRESTA, F. Lente de contato e infecção ocular. *Revista Sinopse de Oftalmologia*. São Paulo: Moreira Jr., v. 4, n. 4, 2002 (adaptado).

A instalação das bactérias e o avanço do processo infeccioso na córnea estão relacionados a algumas características gerais desses microrganismos, tais como:

a) A grande capacidade de adaptação, considerando as constantes mudanças no ambiente em que se reproduzem e o processo aeróbico como a melhor opção desses microrganismos para a obtenção de energia.
b) A grande capacidade de sofrer mutações, aumentando a probabilidade do aparecimento de formas resistentes e o processo anaeróbico da fermentação como a principal via de obtenção de energia.
c) A diversidade morfológica entre as bactérias, aumentando a variedade de tipos de agentes infecciosos e a nutrição heterotrófica, como forma de esses microrganismos obterem matéria-prima e energia.
d) O alto poder de reprodução, aumentando a variabilidade genética dos milhares de indivíduos e a nutrição heterotrófica, como única forma de obtenção de matéria-prima e energia desses microrganismos.
e) O alto poder de reprodução, originando milhares de descendentes geneticamente idênticos entre si e a diversidade metabólica, considerando processos aeróbicos e anaeróbicos para a obtenção de energia.

16. Na transpiração, as plantas perdem água na forma de vapor através dos estômatos. Quando os estômatos estão fechados, a transpiração torna-se desprezível. Por essa razão, a abertura dos estômatos pode funcionar como indicador do tipo de ecossistema e da estação do ano em que as plantas estão sendo observadas. A tabela a seguir mostra como se comportam os estômatos de uma planta da caatinga em diferentes condições climáticas e horas do dia.

| Condição climática | Horas do dia | | | | | |
|---|---|---|---|---|---|---|
| | 8h | 10h | 12h | 14h | 16h | 17h |
| Chuvoso | 2 | 2 | 2 | 0 | 2 | 2 |
| Seca | 1 | 1 | 0 | 0 | 0 | 0 |
| Seca intensa | 0 | 0 | 0 | 0 | 0 | 0 |

Legenda: 0 = estômatos completamente fechados
1 = estômatos parcialmente abertos
2 = estômatos completamente abertos

Considerando a mesma legenda dessa tabela, assinale a opção que melhor representa o comportamento dos estômatos de uma planta típica da Mata Atlântica.

a)

| Condição climática | Horas do dia | | | | | |
|---|---|---|---|---|---|---|
| | 8h | 10h | 12h | 14h | 16h | 17h |
| Chuvoso | 2 | 2 | 2 | 0 | 2 | 2 |
| Seca | 1 | 1 | 0 | 0 | 1 | 1 |
| Seca intensa | 1 | 1 | 0 | 0 | 0 | 0 |

b)

| Condição climática | Horas do dia | | | | | |
|---|---|---|---|---|---|---|
| | 8h | 10h | 12h | 14h | 16h | 17h |
| Chuvoso | 1 | 1 | 1 | 1 | 1 | 1 |
| Seca | 1 | 1 | 0 | 0 | 1 | 1 |
| Seca intensa | 0 | 0 | 0 | 0 | 0 | 0 |

c)

| Condição climática | Horas do dia | | | | | |
|---|---|---|---|---|---|---|
| | 8h | 10h | 12h | 14h | 16h | 17h |
| Chuvoso | 1 | 1 | 0 | 0 | 0 | 0 |
| Seca | 1 | 1 | 0 | 0 | 0 | 0 |

d)

| Condição climática | Horas do dia | | | | | |
|---|---|---|---|---|---|---|
| | 8h | 10h | 12h | 14h | 16h | 17h |
| Chuvoso | 1 | 1 | 0 | 0 | 0 | 0 |
| Seca intensa | 0 | 0 | 0 | 0 | 0 | 0 |

e)

| Condição climática | Horas do dia | | | | | |
|---|---|---|---|---|---|---|
| | 8h | 10h | 12h | 14h | 16h | 17h |
| Chuvoso | 2 | 2 | 2 | 0 | 2 | 2 |
| Seca | 2 | 2 | 2 | 0 | 2 | 2 |

17. O *Aedes aegypti* é vetor transmissor da dengue. Uma pesquisa feita em São Luís-MA, de 2000 a 2002, mapeou os tipos de reservatório onde esse mosquito era encontrado. A tabela abaixo mostra parte dos dados coletados nessa pesquisa.

| Tipos de reservatórios | População de *A. aegypti* | | |
|---|---|---|---|
| | 2000 | 2001 | 2002 |
| Pneu | 895 | 1658 | 974 |
| Tambor/tanque/ depósito de barro | | 46444 | 32787 |
| Vaso de planta | 456 | 3191 | 1399 |
| Material de construção/ peça de carro | 271 | 436 | 276 |
| Garrafa/lata/plástico | 675 | 2100 | 1059 |
| Poço/cisterna | 44 | 428 | 275 |
| Caixa-d'água | 248 | 1689 | 1014 |
| Recipiente natural/ armadilha/piscina/outros | 615 | 2658 | 1178 |
| **Total** | 10059 | 58604 | 38962 |

De acordo com essa pesquisa, o alvo inicial para a redução mais rápida dos focos do mosquito vetor da dengue nesse município deveria ser constituído por

a) pneus e caixas-d'água.
b) tambores, tanques e depósitos de barro.
c) vasos de plantas, poços e cisternas.
d) materiais de construção e peças de carro.
e) garrafas, latas e plásticos.

**18.** Certas espécies de algas são capazes de absorver rapidamente compostos inorgânicos presentes na água, acumulando-os durante seu crescimento. Essa capacidade fez com que se pensasse em usá-las como biofiltros para a limpeza de ambientes aquáticos contaminados, removendo, por exemplo, nitrogênio e fósforo de resíduos orgânicos e metais pesados provenientes de rejeitos industriais lançados nas águas. Na técnica do cultivo integrado, animais e algas crescem de forma associada, promovendo um maior equilíbrio ecológico.

SORIANO, E. M. Filtros vivos para limpar a água. Revista *Ciência Hoje*. v. 37, n. 219, 2005 (adaptado).

A utilização da técnica do cultivo integrado de animais e algas representa uma proposta favorável a um ecossistema mais equilibrado porque

a) os animais eliminam metais pesados, que são usados pelas algas para a síntese de biomassa.
b) os animais fornecem excretas orgânicas nitrogenadas, que são transformadas em gás carbônico pelas algas.
c) as algas usam os resíduos nitrogenados liberados pelos animais e eliminam gás carbônico na fotossíntese, usado na respiração aeróbica.
d) as algas usam os resíduos nitrogenados provenientes do metabolismo dos animais e, durante a síntese de compostos orgânicos, liberam oxigênio para o ambiente.
e) as algas aproveitam os resíduos do metabolismo dos animais e, durante a quimiossíntese de compostos orgânicos, liberam oxigênio para o ambiente.

**19.** Medidas de saneamento básico são fundamentais no processo de promoção de saúde e qualidade de vida da população. Muitas vezes, a falta de saneamento está relacionada com o aparecimento de várias doenças. Nesse contexto, um paciente dá entrada em um pronto atendimento relatando que há 30 dias teve contato com águas de enchente. Ainda informa que nesta localidade não há rede de esgoto e drenagem de águas pluviais e que a coleta de lixo é inadequada. Ele apresenta os seguintes sintomas: febre, dor de cabeça e dores musculares.

Disponível em: http://portal.saude.gov.br. Acesso em: 27 fev. 2012 (adaptado).

Relacionando os sintomas apresentados com as condições sanitárias da localidade, há indicações de que o paciente apresenta um caso de

a) difteria.
b) botulismo.
c) tuberculose.
d) leptospirose.
e) meningite meningocócica.

**20.** A partir do primeiro semestre de 2000, a ocorrência de casos humanos de febre amarela silvestre extrapolou as áreas endêmicas, com registro de casos em São Paulo e na Bahia, onde os últimos casos tinham ocorrido em 1953 e 1948. Para controlar a febre amarela silvestre e prevenir o risco de uma reurbanização da doença, foram propostas as seguintes ações:

I. Exterminar os animais que servem de reservatório do vírus causador da doença.
II. Combater a proliferação do mosquito transmissor.
III. Intensificar a vacinação nas áreas onde a febre amarela é endêmica e em suas regiões limítrofes.

É efetiva e possível de ser implementada uma estratégia envolvendo

a) a ação II, apenas.
b) as ações I e II, apenas.
c) as ações I e III, apenas.
d) as ações II e III, apenas.
e) as ações I, II e III.

**21.** **Casos de leptospirose crescem na região**

M.P.S. tem 12 anos e está desde janeiro em tratamento de leptospirose. Ela perdeu a tranquilidade e encontrou nos ratos, (...), os vilões de sua infância. "Se eu não os matar, eles me matam", diz. Seu medo reflete um dos maiores problemas do bairro: a falta de saneamento básico e o acúmulo de lixo...

(*O Estado de S. Paulo*, 31/07/1997)

**Oito suspeitos de leptospirose**

A cidade ficou sob as águas na madrugada de anteontem e, além de 120 desabrigados, as inundações estão fazendo outro tipo de vítimas: já há oito suspeitas de casos de leptospirose (...) transmitida pela urina de ratos contaminados.

(*Folha de S.Paulo*, 12/02/1999)

As notícias dos jornais sobre casos de leptospirose estão associadas aos fatos:

I. Quando ocorre uma enchente, as águas espalham, além do lixo acumulado, todos os dejetos dos animais que ali vivem.
II. O acúmulo de lixo cria ambiente propício para a proliferação dos ratos.
III. O lixo acumulado nos terrenos baldios e nas margens de rios entope os bueiros e compromete o escoamento das águas em dias de chuva.
IV. As pessoas que vivem na região assolada pela enchente, entrando em contato com a água contaminada, têm grande chance de contrair a leptospirose.

A **sequência** de fatos que relaciona corretamente a leptospirose, o lixo, as enchentes e os roedores, é:

a) I, II, III e IV.
b) I, III, IV e II.
c) IV, III, II e I.
d) II, IV, I e III.
e) II, III, I e IV.

22. Entre 1975 e 1999, apenas 15 novos produtos foram desenvolvidos para o tratamento da tuberculose e de doenças tropicais, as chamadas doenças negligenciadas. No mesmo período, 179 novas drogas surgiram para atender portadores de doenças cardiovasculares.

Desde 2003, um grande programa articula esforços em pesquisa e desenvolvimento tecnológico de instituições científicas, governamentais e privadas de vários países para reverter esse quadro de modo duradouro e profissional.

Sobre as doenças negligenciadas e o programa internacional, considere as seguintes afirmativas:

I. As doenças negligenciadas, típicas das regiões subdesenvolvidas do planeta, são geralmente associadas à subnutrição e à falta de saneamento básico.

II. As pesquisas sobre as doenças negligenciadas não interessam à indústria farmacêutica porque atingem países em desenvolvimento sendo economicamente pouco atrativas.

III. O programa de combate às doenças negligenciadas endêmicas não interessa ao Brasil porque atende a uma parcela muito pequena da população.

Está correto apenas o que se afirma em:

a) I.
b) II.
c) III.
d) I e II.
e) II e III.

23. Foram publicados recentemente trabalhos relatando o uso de fungos como controle biológico de mosquitos transmissores da malária. Observou-se o percentual de sobrevivência dos mosquitos *Anopheles* sp. após exposição ou não a superfícies cobertas com fungos sabidamente pesticidas, ao longo de duas semanas. Os dados obtidos estão presentes no gráfico a seguir.

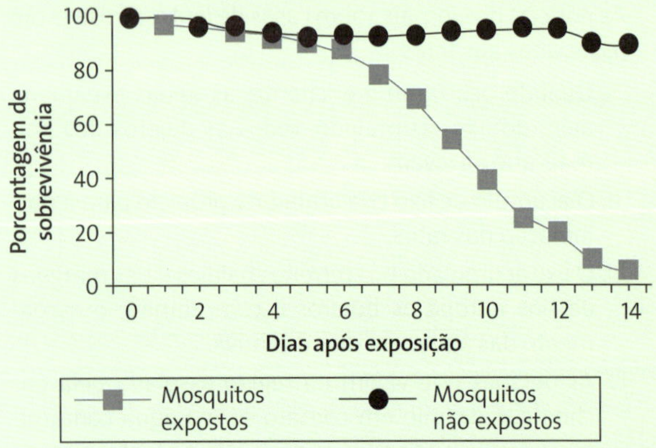


No grupo exposto aos fungos, o período em que houve 50% de sobrevivência ocorreu entre os dias

a) 2 e 4.
b) 4 e 6.
c) 6 e 8.
d) 8 e 10.
e) 10 e 12.

24. Para preparar uma massa básica de pão, deve-se misturar apenas farinha, água, sal e fermento. Parte do trabalho deixa-se para o fungo presente no fermento: ele utiliza amido e açúcares da farinha em reações químicas que resultam na produção de alguns outros compostos importantes no processo de crescimento da massa. Antes de assar, é importante que a massa seja deixada num recipiente por algumas horas para que o processo de fermentação ocorra.

Esse período de espera é importante para que a massa cresça, pois é quando ocorre a

a) reprodução do fungo na massa.
b) formação de dióxido de carbono.
c) liberação de energia pelos fungos.
d) transformação da água líquida em vapor de água.
e) evaporação do álcool formado na decomposição dos açúcares.

25. A doença de Chagas afeta mais de oito milhões de brasileiros, sendo comum em áreas rurais. É uma doença causada pelo protozoário *Trypanosoma cruzi* e transmitida por insetos conhecidos como barbeiros ou chupanças.

Uma ação do homem sobre o meio ambiente que tem contribuído para o aumento dessa doença é

a) o consumo de carnes de animais silvestres que são hospedeiros do vetor da doença.
b) a utilização de adubos químicos na agricultura que aceleram o ciclo reprodutivo do barbeiro.
c) a ausência de saneamento básico que favorece a proliferação do protozoário em regiões habitadas por humanos.
d) a poluição dos rios e lagos com pesticidas que exterminam o predador das larvas do inseto transmissor da doença.
e) o desmatamento que provoca a migração ou o desaparecimento dos animais silvestres dos quais o barbeiro se alimenta.

26. Na embalagem de um antibiótico, encontra-se uma bula que, entre outras informações, explica a ação do remédio do seguinte modo: *O medicamento atua por inibição da síntese proteica bacteriana.*

Essa afirmação permite concluir que o antibiótico

a) impede a fotossíntese realizada pelas bactérias causadoras da doença e, assim, elas não se alimentam e morrem.
b) altera as informações genéticas das bactérias causadoras da doença, o que impede a manutenção e a reprodução desses organismos.
c) dissolve as membranas das bactérias responsáveis pela doença, o que dificulta o transporte de nutrientes e provoca a morte delas.
d) elimina os vírus causadores da doença, pois não conseguem obter as proteínas que seriam produzidas pelas bactérias que parasitam.
e) interrompe a produção de proteína das bactérias causadoras da doença, o que impede sua multiplicação pelo bloqueio de funções vitais.

# Respostas

## Vestibulares de Norte a Sul

### Capítulo 1

1. a
2. e
3. e
4. d
5. e
6. a
7. e

### Capítulo 2

1. d
2. b
3. e
4. 02 + 04 + 08 + 32 = 46
5. a
6. a
7. a
8. d
9. c
10. d
11. e
12. a
13. b
14. d
15. a
16. b
17. a
18. d

### Capítulo 3

1. c
2. c
3. 02 + 08 + 16 = 26
4. c
5. b
6. e
7. c
8. V, V, F, F

### Capítulo 4

1. 01 + 04 + 16 = 21
2. c
3. d
4. c
5. d
6. e
7. d
8. e

### Capítulo 5

1. b
2. b
3. b
4. b
5. e
6. d
7. c
8. b
9. b
10. c
11. 02 + 04 + 08 + 16 + 32 = 62

### Capítulo 6

1. e
2. a
3. c
4. a
5. b
6. a
7. c
8. d
9. a

10. e
11. c
12. a
13. c
14. c
15. a
16. 01 + 04 = 05

## Capítulo 7

1. 02 + 04 + 08 + 16 + 32 = 62
2. b
3. e
4. a
5. b
6. V, V, V, F
7. a
8. c
9. e
10. c
11. c
12. 01 + 02 + 04 + 08 = 15
13. e
14. d
15. c

## Capítulo 8

1. b
2. d
3. e
4. b
5. e
6. d
7. b
8. a
9. e
10. b
11. b
12. c
13. 01 + 02 + 32 = 35
14. b
15. e

## Capítulo 9

1. e
2. a
3. b
4. c
5. b
6. V, F, F, F
7. a
8. d

# Caiu no Enem

1. b
2. b
3. a
4. b
5. d
6. b
7. c
8. c
9. e
10. a
11. a
12. c
13. b
14. c
15. e
16. e
17. b
18. d
19. d
20. d
21. a
22. d
23. d
24. b
25. e
26. e

# Parte 2

## Animais



## Anatomia e fisiologia humanas

# Animais

Os animais terrestres nos são geralmente bem familiares: o cão, o gato, o boi, os pássaros, os insetos. Essa familiaridade não é comum entre os animais aquáticos, principalmente quando falamos de invertebrados. Muitas espécies de animais que ocupam rios e mares não são tão conhecidas pelas pessoas. Alguns exemplos desses animais são as esponjas, as anêmonas e os corais.

Os recifes de corais formam ecossistemas que já foram comparados às florestas por causa de sua imensa variedade de espécies, além do próprio coral: crustáceos, anêmonas, esponjas, lesmas-marinhas, ouriços-do-mar, entre muitos outros animais. Também de forma semelhante ao que acontece nas florestas, toda essa biodiversidade está ameaçada pela ação humana.

Conhecer a biodiversidade e os grupos de organismos que a compõem é um passo importante na busca pela manutenção do equilíbrio entre o meio ambiente e a sociedade. Estudaremos agora os principais filos do reino animal, incluindo seres aquáticos e terrestres.

Jürgen Freund/Aurpra Photos/Corbis/Latinstock

CAPÍTULO

# 10 Características gerais dos animais

Jackiso/Shutterstock/Glow Images

Arara-vermelha (*Ara chloropterus*) com cerca de 90 cm de altura.

- *Quais as características gerais dos animais?*
- *Quais os principais filos desse reino?*

# 1 Organização do corpo

Neste capítulo, iniciamos o estudo do reino **Animalia** (animais) ou **Metazoa** (metazoários), formado por organismos eucariontes, pluricelulares (multicelulares) e heterotróficos, que ingerem a matéria orgânica de outro ser vivo e possuem um desenvolvimento embrionário com a formação de mórula e blástula.

Em geral, os animais se locomovem e possuem órgãos dos sentidos, musculatura e sistema nervoso, o que facilita a localização do alimento e a coordenação dos movimentos para a sua captura. A forma do corpo também está adaptada ao movimento. Ao contrário dos vegetais, que são ramificados, o corpo dos animais é compacto, o que ajuda na habilidade de locomoção, presente na maioria deles. Essa capacidade garante aos animais maior dispersão das espécies e facilita a reprodução sexuada.

A maior parte dos animais apresenta **simetria bilateral**, isto é, seu corpo pode ser dividido em duas partes simétricas, direita e esquerda. Isso garante o equilíbrio e diminui a resistência do ar ou da água ao movimento (figura 10.1).

Além da simetria bilateral, a maioria dos animais apresenta **cefalização**, isto é, em uma das extremidades do animal (considerada extremidade anterior) há uma cabeça, região com maior concentração de órgãos sensoriais e tecido nervoso do que o resto do corpo. A cabeça é especializada em receber estímulos ambientais durante o movimento. Por estar na região anterior do corpo, a cabeça facilita a localização de alimento (presas) e de predadores à medida que o animal se movimenta. A simetria bilateral e a cefalização podem ser consideradas, portanto, adaptações que auxiliam o deslocamento.

Apesar de a maioria dos animais apresentar simetria bilateral e cefalização, há algumas espécies que vivem fixas no solo e que, para se alimentar, promovem uma corrente de água ao seu redor e capturam algas, protozoários e outros seres que flutuam. A simetria da maioria desses animais é **radiada** (ou **radial**): seu corpo pode ser dividido em vários planos de simetria, dispostos em raios (figura 10.1). Essa forma é vantajosa para um animal **séssil** (que vive fixo a um substrato) ou com pouca mobilidade, pois ele pode entrar em contato com o ambiente em várias direções.

Além de órgãos dos sentidos, músculos e sistema nervoso, muitos animais possuem ainda um sistema digestório, responsável pela digestão e absorção do alimento; um sistema respiratório, que absorve gás oxigênio do ambiente e elimina gás carbônico; um sistema circulatório, que transporta alimento, oxigênio, gás carbônico, excretas e outras substâncias; um sistema excretor, que elimina substâncias tóxicas e ajuda a regular a composição química do meio interno; um sistema endócrino, que produz hormônios.

Figura 10.1 Simetria radiada da anêmona e simetria bilateral da borboleta e do ser humano (os elementos da ilustração não estão na mesma escala; cores fantasia).

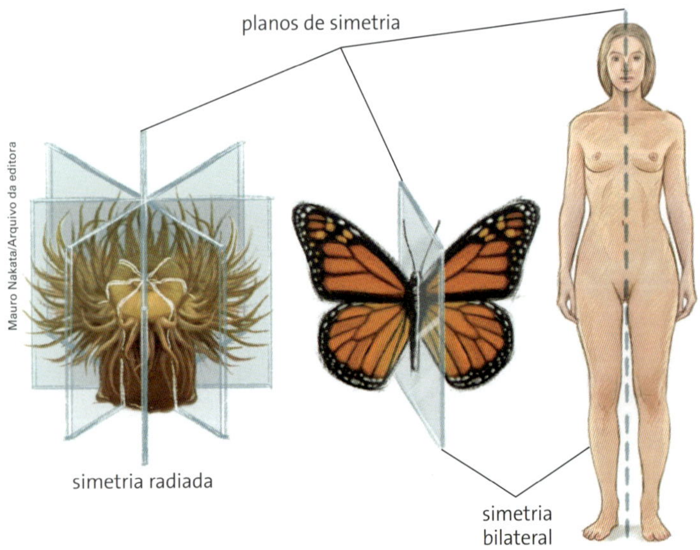

# 2 Desenvolvimento embrionário

Embora vários animais se reproduzam de forma assexuada, a maneira dominante é a reprodução sexuada. O ciclo de vida dos animais, em geral, tem a fase diploide dominante (ciclo diplobionte), e os gametas são representados pelos espermatozoides, quase sempre flagelados e móveis, e pelo óvulo, bem maior e imóvel, com reservas nutritivas para o início do desenvolvimento embrionário.

O desenvolvimento embrionário dos animais, que foi estudado no primeiro volume desta coleção, fornece uma base importante para a classificação dos animais. Por isso, vamos rever as fases iniciais do desenvolvimento embrionário do anfioxo, animal do filo dos cordados. Nesse filo estão os vertebrados, com crânio e coluna vertebral, e animais sem coluna vertebral, mas com um bastão flexível na região dorsal, a **notocorda** ou **corda dorsal**, como o anfioxo. A notocorda está presente também no embrião dos vertebrados, mas, na maioria dos casos, ela é substituída pela coluna vertebral ao longo do desenvolvimento.

A união do espermatozoide e do óvulo produz a célula-ovo ou o zigoto, que se divide várias vezes e forma um cacho de células, a **mórula** (diminutivo de *morum* = amora). Esta se transforma em uma esfera oca, a **blástula**, cuja cavidade é chamada **blastocele** (*blastós* = que germina; *koilos* = cavidade; figura 10.2). A esse estágio se segue o de **gástrula** (*gaster* = estômago), no qual já é possível identificar duas camadas diferentes de células: a **ectoderme** (*ektos* = de fora; *derma* = pele) e a **endoderme** (*endon* = interno) (figura 10.2). Os animais que apresentam apenas essas duas camadas são chamados **diblásticos** ou **diploblásticos** (*di* = dois; *diplos* = duplo). Aqueles que desenvolvem uma terceira camada, a **mesoderme** (*mesos* = meio), são chamados **triblásticos** ou **triploblásticos** (*tri* = três; *triplos* = triplo). Dessas camadas se originam todos os tecidos e órgãos do animal.

Figura 10.2 Esquema do desenvolvimento embrionário do anfioxo, animal do filo dos cordados, no qual também estão os vertebrados, e da sua estrutura interna. (Os elementos das ilustrações não estão na mesma escala; células microscópicas; cores fantasia.) Na foto, o animal adulto (cerca de 6 cm de comprimento).

Ilustrações: Ingeborg Asbach/Arquivo da editora

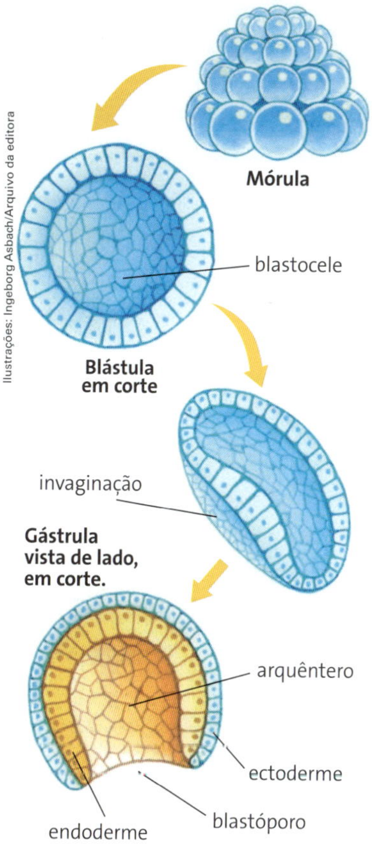


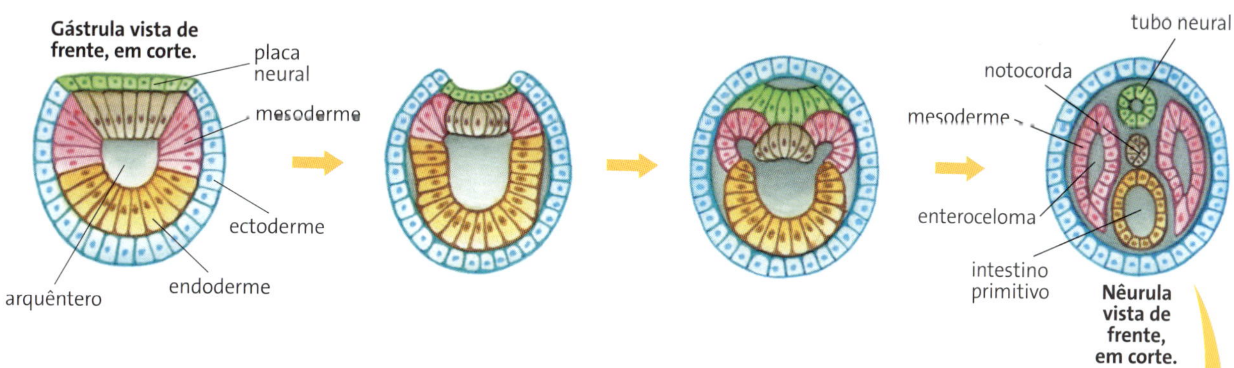


Marevision/Getty Images

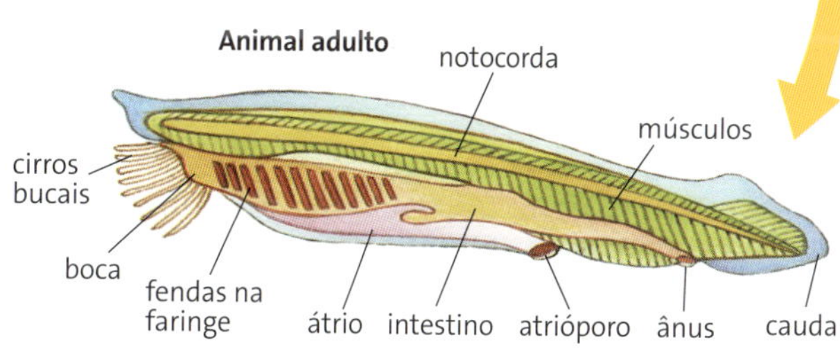

No estágio de gástrula, o embrião possui uma cavidade, o **intestino primitivo** ou o **arquêntero** (*arkhe* = primitivo; *entheron* = intestino), que originará a cavidade do tubo digestório do animal. Ela se comunica com o exterior por um orifício, o **blastóporo** (figura 10.2). Nos animais **protostômios** (*protos* = primeiro; *stoma* = boca) – todos os triblásticos, exceto os equinodermos e os cordados –, esse orifício origina a boca (ou tanto a boca quanto o ânus). Nos **deuterostômios** (*dêuteron* = segundo) – equinodermos e cordados –, a boca forma-se mais tarde em outra região, e o ânus forma-se do blastóporo ou em uma região próxima a ele.

Em alguns animais surge uma cavidade no meio da mesoderme, o **celoma** (*koilos* = cavidade), que dá origem, no adulto, à cavidade geral do corpo, situada entre a epiderme e o tubo digestório. Essa cavidade fornece espaço para o desenvolvimento de vários órgãos, além de facilitar o transporte de substâncias e de funcionar, em certos casos, como um esqueleto hidrostático. Esses animais são chamados **celomados**. Aqueles que não possuem celoma são ditos **acelomados** (*a* = sem). Outros animais possuem uma cavidade que não se formou dentro da mesoderme, mas da blastocele, sendo, por isso, chamada **pseudoceloma** (*pseudos* = falso); esses animais são **pseudocelomados** ou **blastocelomados** (figura 10.3).

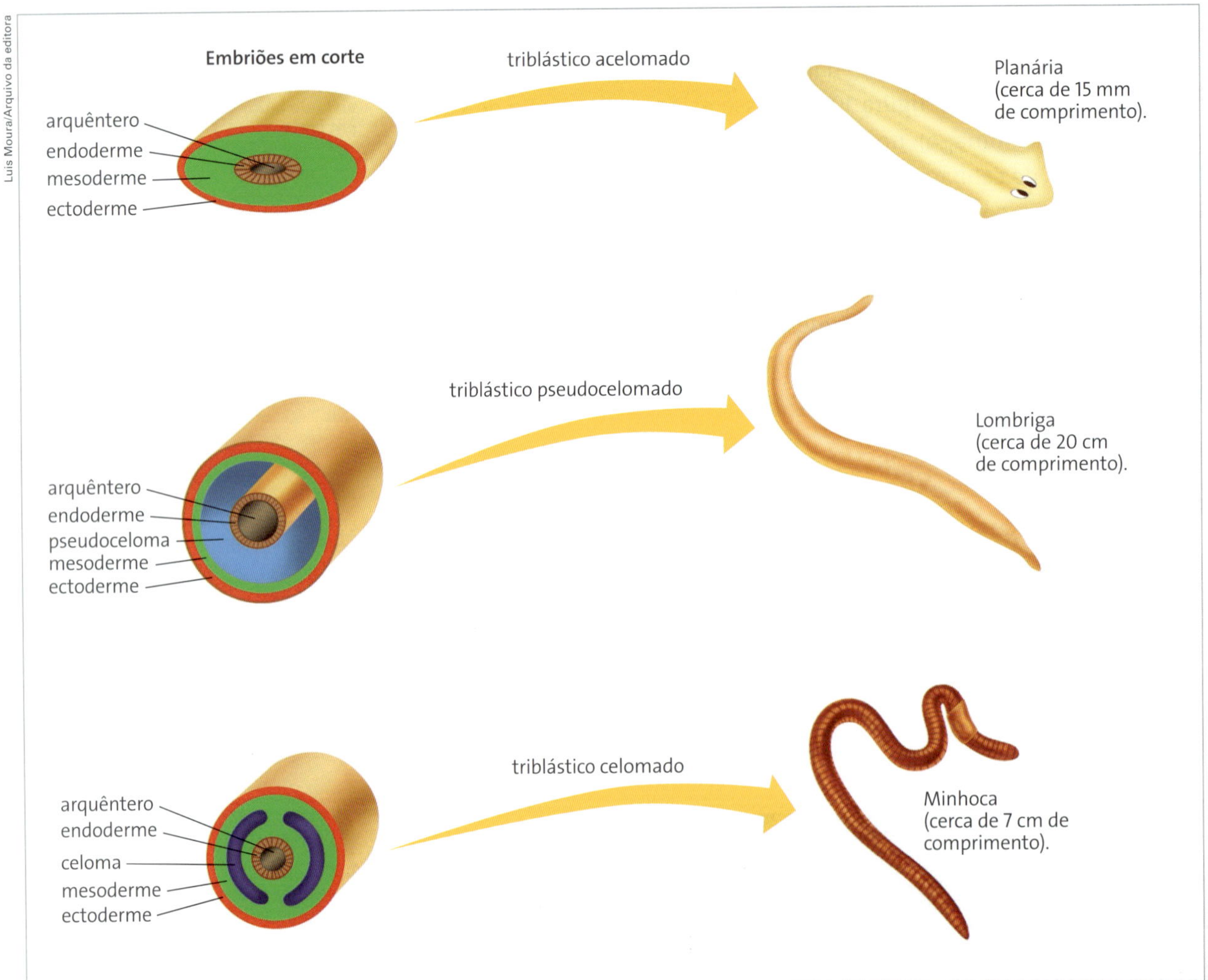


Figura 10.3 Estrutura do corpo dos embriões de um platelminto (verme com o corpo achatado dorsoventralmente, como a planária), de um nematódeo (verme com o corpo em forma de fio, como a lombriga) e de um anelídeo (verme com o corpo segmentado, como a minhoca). (Os elementos da ilustração não estão na mesma escala; as células são microscópicas; cores fantasia.)

Nos protostômios, o celoma surge a partir de cavidades ou fendas no interior da mesoderme, que é formada por células localizadas próximo ao blastóporo. Esse celoma é chamado **esquizoceloma** (*schizo* = dividir). Já o celoma dos deuterostômios forma-se a partir do arquêntero, por meio de evaginações da mesoderme, camada formada de células da endoderme. Esse celoma é chamado **enteroceloma** (*entheron* = intestino), e os animais que o possuem são chamados **enterocelomados** (figura 10.4).

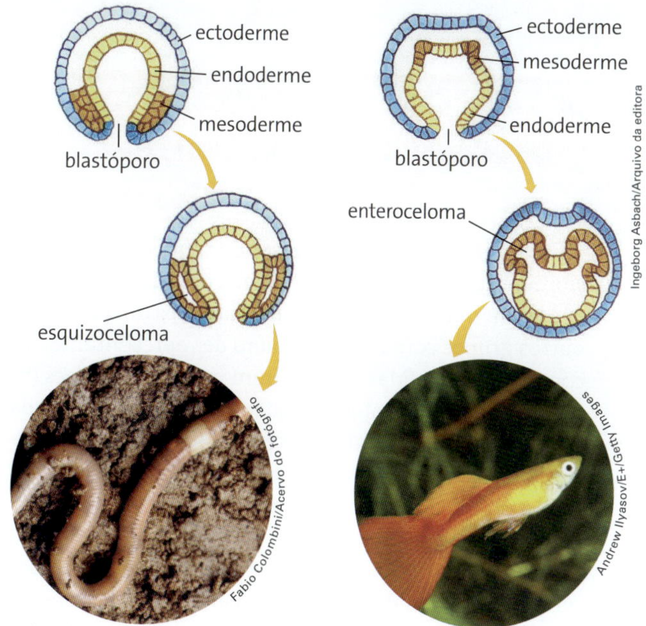


Animais protostômios, como a minhoca, têm a boca formada a partir do blastóporo.

Animais deuterostômios, como os peixes, têm o ânus formado a partir do blastóporo.

Figura 10.4 Diferenças na gástrula entre o embrião de protostômios e o de deuterostômios. (Os elementos da figura não estão na mesma escala; cores fantasia.)

## 3 Classificação

Veja no quadro ao lado como os animais podem ser agrupados de acordo com o desenvolvimento embrionário.

Os animais devem ter surgido da evolução de um ancestral comum, há cerca de 700 milhões de anos. Esse ancestral pode ter evoluído a partir de um grupo de protistas heterotróficos flagelados e coloniais, semelhantes aos coanócitos, células encontradas nas esponjas (como veremos no capítulo 11). Lembre-se de que o flagelo dos protistas é diferente na estrutura e na origem (a partir do centríolo) do flagelo das bactérias.

O diagrama abaixo (figura 10.5) apresenta as relações filogenéticas entre os principais grupos de animais com base no desenvolvimento embrionário e em características anatômicas.

| | | |
|---|---|---|
| sem folhetos embrionários | | poríferos |
| diblásticos | | cnidários |
| triblásticos | acelomados | platelmintos |
| | pseudocelomados | nematódeos |
| | celomados | moluscos |
| | | anelídeos |
| | | artrópodes |
| | | equinodermos |
| | | cordados |

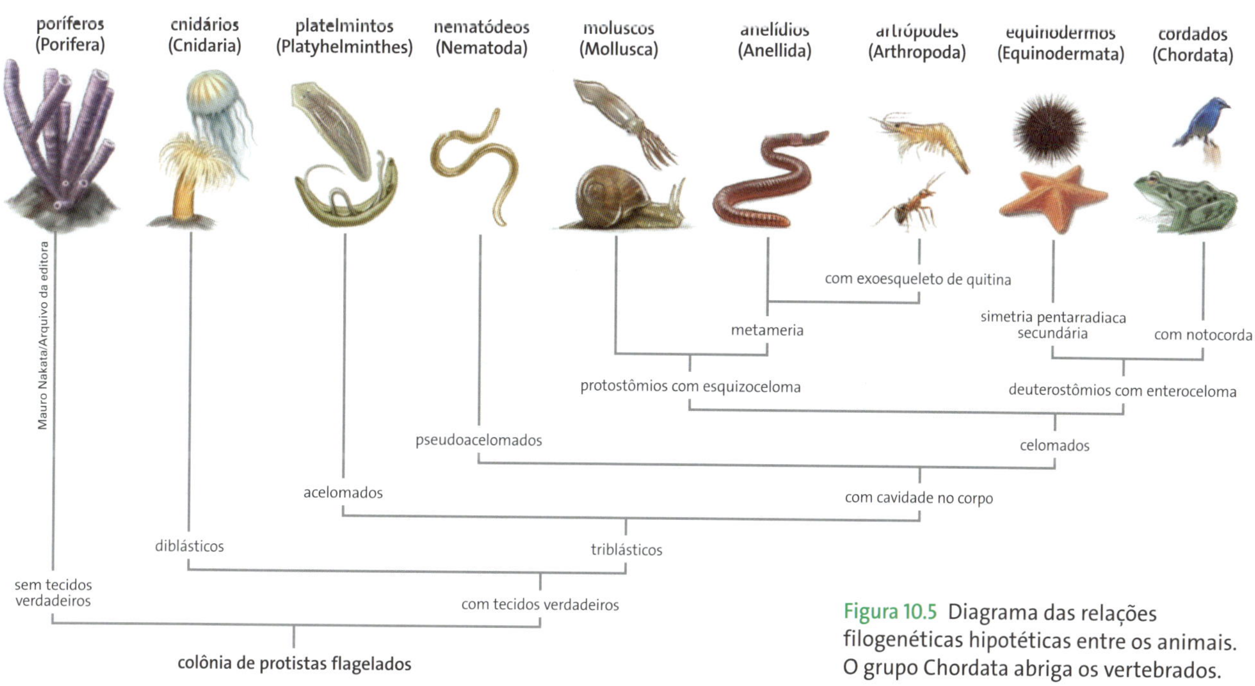


Figura 10.5 Diagrama das relações filogenéticas hipotéticas entre os animais. O grupo Chordata abriga os vertebrados.

## Aprofunde seus conhecimentos

### Novas hipóteses filogenéticas

Nos últimos anos, as análises de sequências de certos trechos do DNA, além das demais características, possibilitaram a proposta de novas relações filogenéticas entre os animais. De acordo com essas análises, os artrópodes ficam mais próximos dos nematódeos do que dos anelídeos (figura 10.6). Artrópodes e nematódeos, além de outros grupos com menor número de representantes, compõem o grupo dos Ecdysozoa (ecdisozoários), animais com cutículas rígidas e que sofrem mudas ou ecdises (trocam de cutícula ao longo da metamorfose ou do crescimento). Já platelmintos, anelídeos e moluscos, e outros grupos menores, formam o grupo dos Lophotrochozoa (lofotrocozoários), nome que tem dupla origem: do fato de anelídeos e moluscos produzirem uma larva ciliada, chamada trocófora, e do fato de alguns representantes de um grupo menor, os briozoários (figura 10.7), apresentarem um anel de tentáculos ciliados em torno da boca, o lofóforo. Essa estrutura é usada na filtração da água para obtenção de alimentos.

Não se deve esquecer, porém, de que essas árvores filogenéticas são construções hipotéticas, que podem ser reformuladas em função de novas análises e descobertas.

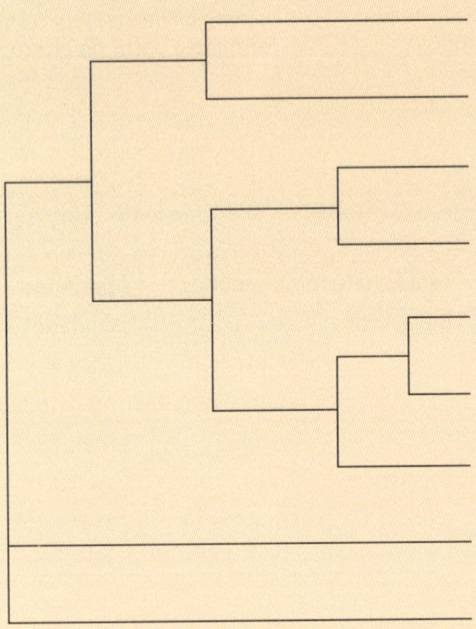


Figura 10.6 Diagrama das relações filogenéticas hipotéticas entre os principais grupos de invertebrados obtido a partir de análises moleculares.

Gerd Guenther/SPL/Latinstock

Figura 10.7 Colônia de briozoários, organismos de água doce que apresentam um anel de tentáculos chamado lofóforo. Cada indivíduo tem cerca de 2 mm, sem contar os tentáculos.

## Atividades

1. Que relação há entre a nutrição heterotrófica e a presença de sistema nervoso e órgãos dos sentidos na maioria dos animais?

2. Vegetais possuem, em geral, maior superfície relativa (relação entre a área e o volume) quando comparados aos animais. Estes possuem um corpo mais compacto que o dos vegetais. Relacione essas características com o tipo de nutrição desses dois grupos.

3. Organize as fases a seguir na sequência correta: blástula – – mórula – formação do celoma – gástrula.

4. Explique a relação entre o tipo de simetria mais comum no reino animal e a forma de obter alimentos mais utilizada pelos representantes desse grupo, a predação.

5. Que relação há entre a presença de uma cabeça e a mobilidade de um animal?

6. Observe novamente a figura 10.5. Entre os grupos que aparecem no diagrama, qual é o mais próximo evolutivamente do grupo dos cordados? Justifique sua resposta.

7. Um estudante afirmou que um animal era diblástico e celomado. Aponte o erro do estudante.

# Vestibulares de Norte a Sul

1. **S** (UFRGS-RS) Sobre a relação existente entre folhetos germinativos e celoma, assinale a alternativa correta.
   a) Todo diploblástico é celomado.
   b) Todo triploblástico é celomado.
   c) Todo triploblástico é acelomado.
   d) Todo celomado é diploblástico.
   e) Todo celomado é triploblástico.

2. **SE** (UFU-MG) No quadro a seguir estão citadas algumas características embrionárias presentes em diferentes filos do reino Animalia, indicados pelas letras de **A** a **F**.

| Filo | Número de folhetos germinativos | Presença de cavidade corporal | Celoma | Metameria |
|---|---|---|---|---|
| A | diblástico | – | – | – |
| B | triblástico | acelomado | – | – |
| C | triblástico | celomado | esquizocélico | não segmentado |
| D | triblástico | celomado | esquizocélico | segmentado |
| E | triblástico | celomado | enterocélico | não segmentado |
| F | triblástico | celomado | enterocélico | segmentado |

Assinale a alternativa que indica corretamente os nomes dos filos.
   a) **A** – Cnidaria; **B** – Platyhelminthes; **C** – Mollusca; **D** – Annelida; **E** – Echinodermata; **F** – Chordata.
   b) **A** Platyhelmintes; **B** – Nematoda; **C** – Mollusca; **D** – Arthropoda; **E** – Echinodermata; **F** – Chordata.
   c) **A** – Cnidaria; **B** – Nematoda; **C** – Mollusca; **D** – Arthropoda; **E** – Echinodermata; **F** – Chordata.
   d) **A** – Platyhelmintes; **B** – Nematoda; **C** – Arthropoda; **D** – Annelida; **E** – Chordata; **F** – Echinodermata.

3. **NE** (Uece) Analise as assertivas a seguir, relativas à origem e estudo dos tecidos:
   I. O zigoto é a célula inicial resultante da fecundação dos organismos que se reproduzem sexuadamente.
   II. Insetos e crustáceos são exemplos de animais com apenas dois folhetos embrionários (diploblásticos).
   III. Os vertebrados são animais que já têm três folhetos embrionários; portanto são chamados triploblásticos.

   Assinale a alternativa correta, relativa às assertivas anteriores:
   a) somente I é verdadeira.
   b) I e III são falsas.
   c) I e III são verdadeiras.
   d) II e III são falsas.

4. **NE** (Uespi) A figura abaixo mostra um dos estágios do desenvolvimento embrionário observado em vários grupos animais. Sobre este tema é correto afirmar que:

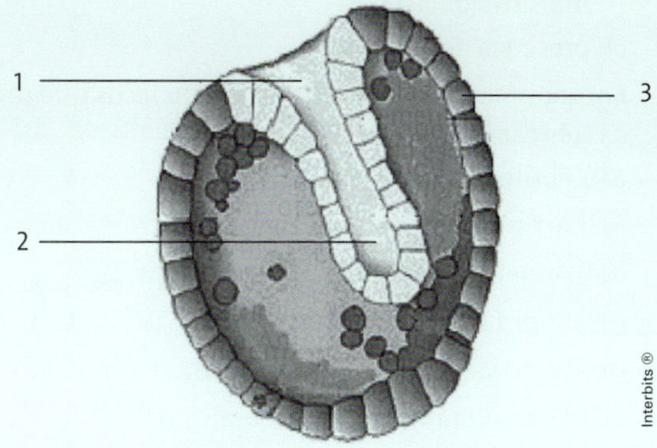


   a) nesse estágio, é definido o plano corporal do organismo.
   b) o blastóporo (1) dará origem ao ânus nos vertebrados.
   c) a figura mostra a blástula, estágio em que a blastocela (2) está repleta de líquido.
   d) o arquêntero (2) originará a boca nos moluscos e artrópodes.
   e) as células que originarão o sistema nervoso migram da periferia (3) para o interior do embrião.

5. **SE** (Ufla-MG) O esquema a seguir representa a diferenciação do tecido mesodérmico em animais triploblásticos.

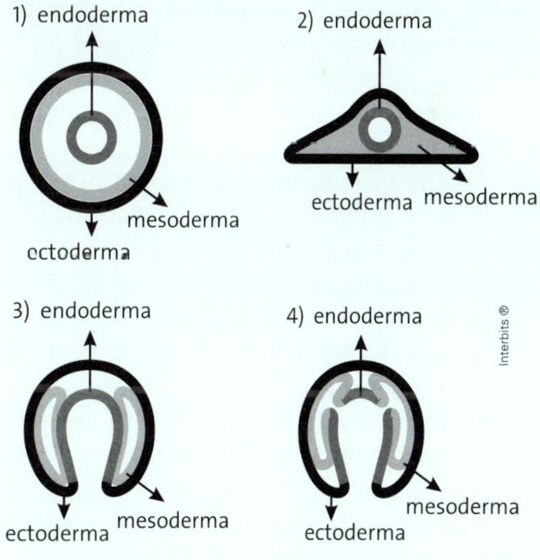


Os animais representados pelos esquemas 1, 2 e 4 são classificados, respectivamente, como:
   a) pseudocelomados, acelomados e enterocelomados.
   b) acelomados, pseudocelomados e enterocelomados.
   c) pseudocelomados, enterocelomados e esquizocelomados.
   d) enterocelomados, acelomados e esquizocelomados.

6. **S** (UFPR) Na questão a seguir, escreva no espaço apropriado a soma dos itens corretos.

A complexidade da organização dos grupos animais pode ser relacionada a algumas características anatômicas e embriológicas, tais como:

a) simetria bilateral;
b) presença de três folhetos embrionários (ectoderme, mesoderme e endoderme) que caracterizam os animais triploblásticos;
c) presença de celoma.

Entre os filos abaixo relacionados, quais os que reúnem as três características citadas?

(01) Porifera (esponjas).
(02) Arthropoda (insetos, aracnídeos, crustáceos, ...).
(04) Annelida (minhocas, sanguessugas, ...).
(08) Chordata (aves, répteis, ...).
(16) Protozoa (amebas, paramécios, ...).
(32) Coelenterata (medusas, corais, ...).

Soma (  )

7. **NE** (Uespi) Os cordados compreendem um grupo diverso do reino Animalia que compartilha características, também, pela maioria dos invertebrados, em alguma fase do ciclo de vida como, por exemplo, a presença de:

a) simetria bilateral.
b) notocorda.
c) fendas branquiais.
d) tubo nervoso dorsal.
e) cauda pós-anal.

8. **NE** (Ufal) Ao longo do desenvolvimento embrionário de organismos multicelulares, ocorrem sucessivas divisões mitóticas, e grupos de células se especializam para o desempenho das diferentes funções que o corpo deverá realizar. Sobre esse assunto, analise as proposições abaixo.

1) As mitoses nos blastômeros se sucedem com rapidez até que o embrião assuma a aparência de uma bola de células, a mórula.
2) Quando o embrião já se constitui de algumas centenas de células, começa a surgir em seu interior uma cavidade cheia de líquido; o embrião é, então, chamado de blástula.
3) No estágio de gástrula o embrião já apresenta um "esboço" de seu futuro tubo digestivo, o arquêntero.
4) No estágio de gástrula, as células embrionárias começam a se diferenciar, formando os primeiros tecidos, conhecidos por folhetos germinativos ou embrionários.

Está(ão) correta(s):

a) 1, 2, 3 e 4.
b) 1 e 4 apenas.
c) 2 e 3 apenas.
d) 1, 2 e 4 apenas.
e) 1 apenas.

9. **CO** (UEG-GO) Com base em alguns conceitos básicos de Anatomia e Embriologia é possível a separação dos animais em diferentes grupos. Preencha o quadro a seguir indicando a classificação dos grupos animais de acordo com a característica solicitada.

| Grupo animal | Simetria | Nº de folhetos embrionários | Presença ou ausência de celoma |
|---|---|---|---|
| Cnidários | | | |
| Platelmintos | | | |
| Anelídeos | | | |

10. **SE** (Unicamp-SP) Animais triploblásticos podem ser acelomados, pseudocelomados ou celomados. Considere o esquema a seguir do corte transversal de um embrião e responda:

a) Qual dos três níveis de organização está representado? Justifique.
b) O que está indicado por I, II, III e IV?

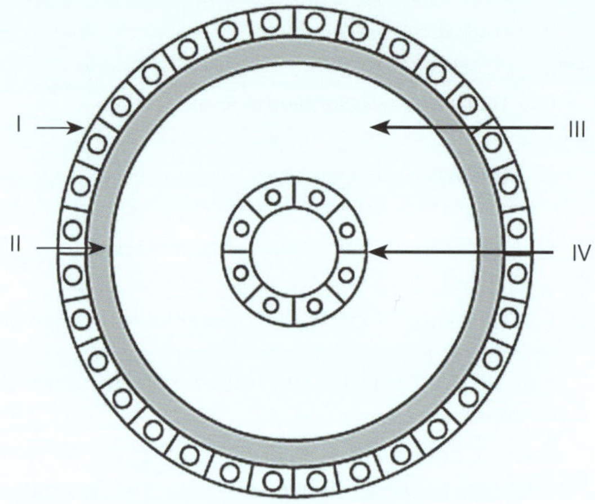


11. **CO** (UFG-GO) "Nada na vida, nem o nascimento, nem o casamento, nem o trabalho, nem..., nada é mais importante que a gastrulação" (Lewis Wolpert, citado por GILBERT, S. F. *Biologia do desenvolvimento*. Ribeirão Preto: SBG, 1994. p. 197).

De acordo com a consideração acima,

a) esquematize a fase de gástrula, indicando e nomeando duas estruturas.
b) relacione os seguintes termos: triblásticos e celoma.

12. **CO** (UFG-GO) Na árvore filogenética ou evolutiva dos animais, a simetria radial é uma característica importante dos organismos primitivos. Entretanto, os equinodermos como os ouriços e as estrelas-do-mar estão próximos aos cordados, como os répteis e os mamíferos, evidenciando um ancestral em comum. Sobre esse fato,

a) cite duas características morfológicas em comum entre os equinodermos e os cordados;
b) justifique o parentesco existente entre os dois grupos, apesar de simetricamente distintos.

CAPÍTULO

# 11 Poríferos

Jeffrey L./Rotman/Corbis/Latinstock

A esponja-barril (*Xestospongia muta*) atinge mais de 1 m de diâmetro.

- *Como é o corpo dos poríferos?*
- *Por que esses seres tão simples são considerados animais?*

## 1 Morfologia e fisiologia

Todos os representantes do filo **Porifera** (*poros* = poro; *ferre* = levar) são aquáticos, sendo a maioria marinha. Esses animais não apresentam órgãos de locomoção, a maioria está presa a rochas (sésseis). Vivem isolados ou formam colônias de tamanhos e cores variados.

Sua organização é muito simples, uma vez que as células não formam tecidos definidos nem se agrupam em órgãos. Além disso, os poríferos são os únicos animais sem sistema nervoso. Algumas espécies apresentam simetria radial, mas a maioria é assimétrica. Por causa dessas características muito simples, alguns cientistas colocam os poríferos em um grupo à parte: os **parazoários** (*para* = ao lado; *zoon* = animal). Os outros animais ficam no grupo dos **eumetazoários** (*eu* = verdadeiro).

No Brasil há cerca de 500 espécies descritas, e há mais de 10 mil espécies conhecidas no mundo.

A superfície de uma esponja apresenta uma série de poros (**óstios**), pelos quais a água penetra, trazendo alimento (plâncton) e gás oxigênio. No interior do animal, há uma cavidade, o **átrio** (espongiocele), e, na parte superior, uma abertura maior, o **ósculo**, pela qual a água sai levando gás carbônico e excretas em geral (figura 11.1).

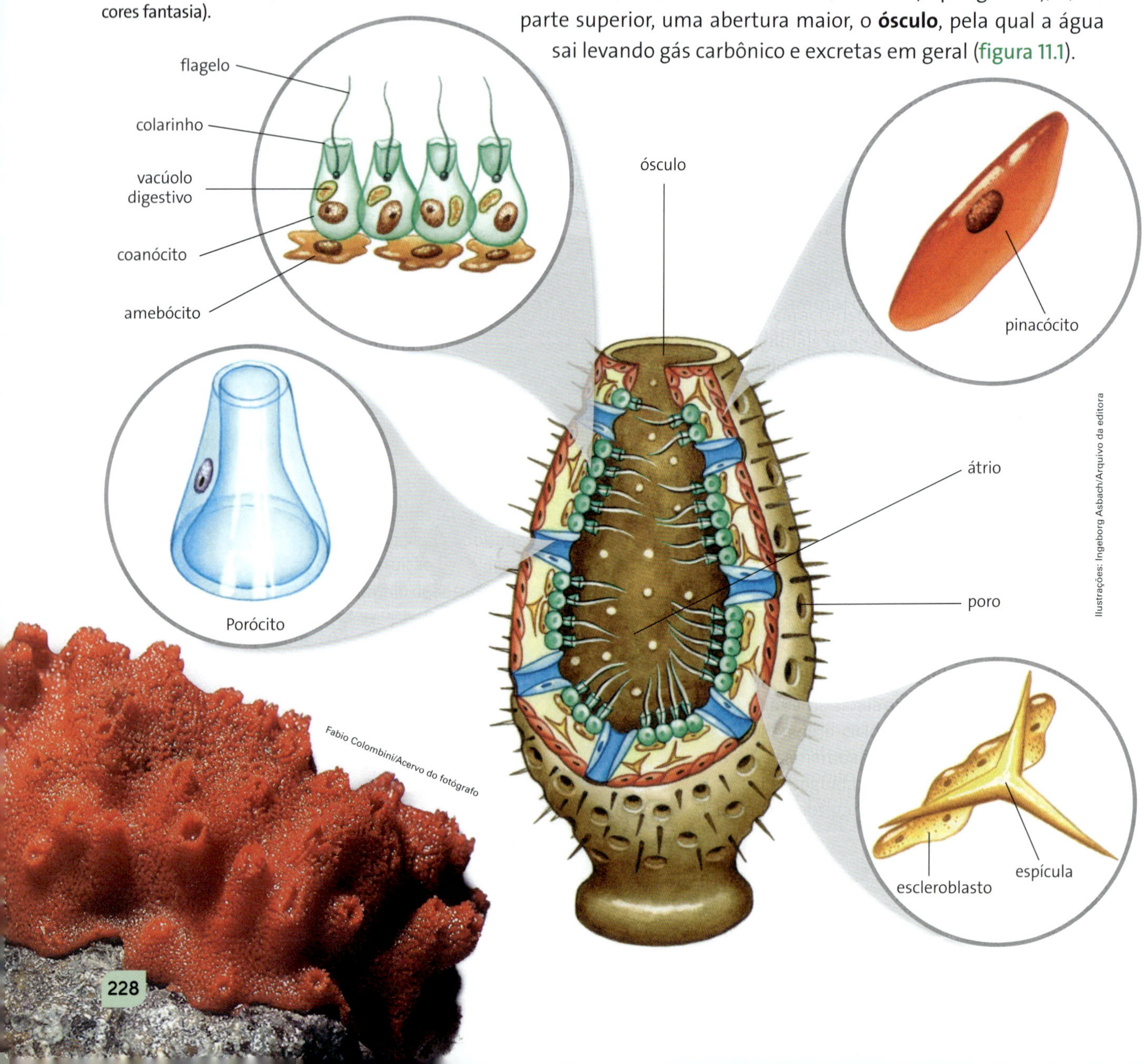


Figura 11.1 Na foto, colônia de esponja *Amphimedon compressa*, com cerca de 15 cm. Na ilustração, organização das esponjas (os elementos da ilustração não estão na mesma escala; as células são microscópicas; cores fantasia).

A epiderme é formada por uma camada de células, os **pinacócitos** (*pinakos* = quadro, prancha; *kytos* = célula), interrompida por **porócitos**, células com poros que permitem a entrada de água. A camada interna é formada pelas células características das esponjas, os **coanócitos** (*choane* = funil). Essas células promovem as correntes de água com os batimentos de seus flagelos e fagocitam as partículas de alimento suspensas na água. Entre essas duas camadas há o **mesohilo**, camada gelatinosa com vários tipos de células: **amebócitos** (*amoibe* = aquele que muda), que se locomovem por pseudópodes; **arqueócitos** (*archaîos* = antigo), não especializadas e capazes de originar outras células; **espongioblastos** e **escleroblastos** (*skleros* = duro; *blastos* = germe), que produzem o esqueleto do animal (reveja a figura 11.1).

A sustentação da esponja é dada por uma rede macia e flexível de filamentos proteicos, a **espongina**, produzida pelos **espongioblastos**. As esponjas, com esqueleto composto apenas de espongina, por exemplo, são macias e já foram usadas para o banho e para lavar louça (figura 11.2). Hoje em dia, as esponjas usadas são de plástico. Alguns poríferos possuem, além dessa rede, **espículas** (estruturas semelhantes a agulhas ou espinhos) de calcário (carbonato de cálcio) ou de sílica (dióxido de silício), produzidas pelos **escleroblastos**. Além de sustentarem o corpo do animal, as espículas o protegem de predadores, que desistem de comê-lo depois de espetar a boca nelas.

As esponjas não possuem boca nem cavidade digestória; elas são **animais filtradores**: à medida que a água circula em seu interior, os coanócitos e os amebócitos capturam, por fagocitose, seres unicelulares. Os amebócitos realizam a digestão intracelular e distribuem o alimento digerido para as outras células (figura 11.3). Também não possuem sistemas responsáveis pela respiração, pela circulação e pela excreção. O oxigênio, o gás carbônico e as excretas entram nas células ou saem delas por difusão e são levados pela corrente de água.

Os coanócitos assemelham-se aos protistas unicelulares do grupo dos coanoflagelados. Alguns desses protistas formam colônias, e é possível que de ancestrais deles tenham surgido os diversos grupos de animais.

Figura 11.2 Estrutura do esqueleto de sílica e esqueleto de espongina, que já foi usado para banho e limpeza.

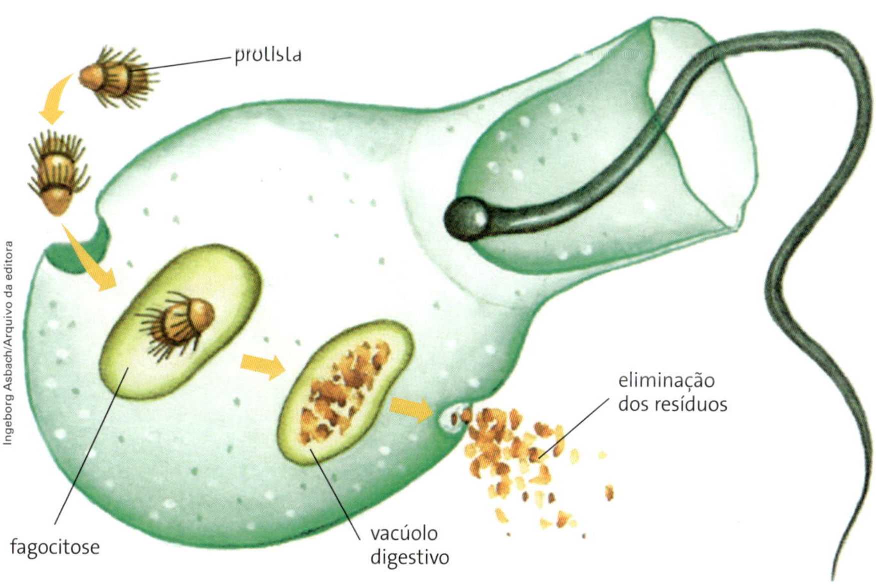


Figura 11.3 Digestão intracelular das esponjas no interior de um coanócito (os elementos da ilustração não estão na mesma escala; cores fantasia).

## 2 Reprodução

Figura 11.4 Brotos formando-se no corpo de esponja. (Diâmetro do maior ósculo: cerca de 5 cm.)

A reprodução pode ser sexuada ou assexuada. As esponjas têm grande capacidade de regeneração: pequenos pedaços do corpo são capazes de regenerar um corpo inteiro, caracterizando um tipo de reprodução assexuada por fragmentação. Se trituradas, as células de uma esponja podem se reunir por movimentos ameboides e formar uma esponja inteira.

O brotamento é uma forma frequente de reprodução assexuada: os brotos são formados por amebócitos, que originam novos indivíduos. Estes podem se destacar ou permanecer presos, formando colônias (figura 11.4). Nas esponjas de água doce há brotos especiais, as **gêmulas**, formadas por massas de arqueócitos e envolvidas por uma capa impermeável de espículas. As gêmulas resistem à época de seca dos rios e perduram após a morte da esponja-mãe. Na época das chuvas, desenvolvem-se e originam novos indivíduos.

Algumas esponjas são dioicas (sexos separados), mas a maioria é hermafrodita ou monoica (o mesmo indivíduo pode produzir gametas masculinos e femininos). Nesse caso, o espermatozoide e o óvulo de um indivíduo são geralmente produzidos em épocas diferentes, por isso a fecundação é quase sempre cruzada (entre gametas produzidos por indivíduos diferentes). Os espermatozoides saem pelo ósculo e penetram em outra esponja com a água, fecundando os óvulos (figura 11.5). Nesse caso, a fecundação é interna, mas há esponjas em que a fecundação é externa (ocorre na água, fora do corpo do animal).

O desenvolvimento embrionário é indireto: o ovo não origina uma esponja, mas se diferencia em larvas móveis que, após algum tempo fazendo parte do plâncton, fixam-se em um substrato, originando uma nova esponja (figura 11.5). A produção de larvas móveis facilita a dispersão de animais sésseis.

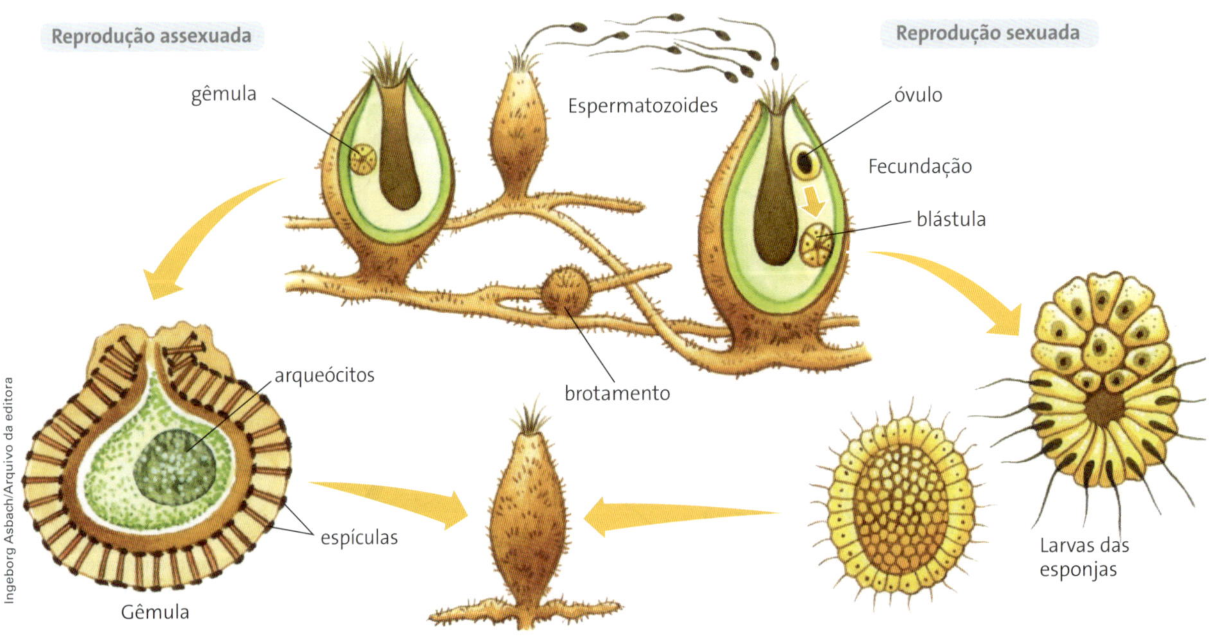


Figura 11.5 Reprodução e desenvolvimento das esponjas.

## Biologia e tecnologia

### Esponjas e medicamentos

As esponjas produzem substâncias tóxicas como forma de defesa contra predadores. A partir desses produtos, vários medicamentos têm sido obtidos.

O AZT, por exemplo, um remédio contra o vírus da Aids, foi sintetizado a partir de substâncias químicas descobertas em uma esponja típica dos recifes de corais do Caribe.

Recentemente, foram descobertas as substâncias baliclonaciclamina e arenosclerina A, B e C, produzidas por esponjas, que têm ação citotóxica e antibiótica contra bactérias resistentes a antibióticos, como as que causam infecções hospitalares. Na espécie *Aplysina caissara*, exclusiva do Brasil, foi detectado um alcaloide com propriedades antitumorais (figura 11.6).

João Carraro/Acervo do fotógrafo

Figura 11.6 A esponja *Aplysina caissara* (largura máxima de 20 cm), que produz substâncias antitumorais.

## Atividades

1. Ao rever o que aprenderam sobre esponjas, dois estudantes discordaram em um ponto importante: um deles afirmava que elas são diferentes de todos os outros animais porque não se deslocam, e o outro dizia que deveria ser outra a característica que as diferencia dos outros animais. Qual dos dois estudantes está certo? Justifique sua resposta.

2. Em uma esponja, animal séssil, a presença dos poros e dos coanócitos, com seus flagelos que promovem correntes de água, é fundamental para a alimentação. Explique a relação entre a imobilidade da esponja e a importância dos poros e coanócitos.

3. Embora as esponjas sejam sésseis, suas larvas são móveis, deslocando-se por algum tempo, antes de se fixarem. Que vantagem isso proporciona ao grupo?

4. Que características fazem com que as esponjas sejam confundidas com plantas?

5. Um pescador disse que as esponjas não têm nenhuma utilidade para o ser humano. Como você rebateria, em poucas palavras, essa afirmação?

6. Um estudante afirmou que, em uma esponja, o ósculo era uma boca, e o átrio, seu tubo digestório. No entanto, essa afirmação não está correta. Explique por quê.

7. Há alguns anos, cientistas descobriram, no alto de montanhas da ilha de Creta, na Grécia, fósseis de esponjas cuja idade superava os 10 milhões de anos. O que os cientistas puderam concluir a respeito da localização da ilha naquela época? Justifique sua resposta.

8. Existe uma espécie de esponja chamada *Tedania ignis*. Tocar essa esponja costuma ser desagradável, pois ela pode provocar queimaduras na pele. Isso acontece porque suas células produzem uma substância química tóxica. A esponja tem alguma vantagem em produzir uma substância química tóxica? Qual?

# Vestibulares de Norte a Sul

1. NE (UFPI) Assinale as características que tornam os organismos do filo Porifera bem diferentes daqueles de outros filos animais.
   a) Não podem se reproduzir.
   b) As formas adultas são sésseis.
   c) Não respondem a estímulos externos.
   d) Alimentam-se através de mecanismos de filtração.
   e) Suas células não são organizadas em tecidos.

2. S (UFSC) O filo Porifera é representado pelas esponjas. Na figura, as letras **A**, **B** e **C** referem-se aos aspectos reprodutivos desses animais.

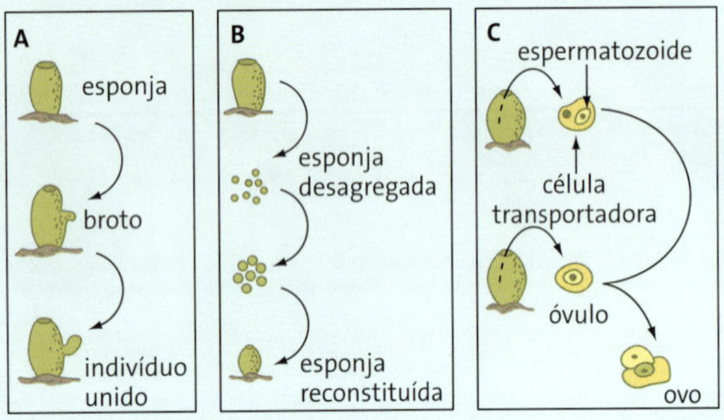


   (01) **A** representa um tipo de reprodução assexuada.
   (02) **B** representa um tipo de reprodução sexuada.
   (04) **C** representa, pela presença de células sexuais, a reprodução sexuada.
   (08) **A** é denominado brotamento.
   (16) Para a formação do ovo em **C**, deve ocorrer a fecundação.
   (32) Em **A** e **B**, os organismos produzidos por esses mecanismos possuem diferenças genéticas em relação ao indivíduo que lhes deu origem.
   (64) O fenômeno apresentado em **C** possibilita o aumento da variabilidade entre as esponjas.

   Dê a soma das respostas corretas.

3. SE (UFJF-MG) Observe as seguintes afirmativas:
   I. A grande capacidade regenerativa das esponjas revela a pequena interdependência e diferenciação de suas células.
   II. A água que circula pelo corpo de uma esponja segue o trajeto: ósculo – átrio – óstios.
   III. Nem todas as esponjas possuem espículas calcárias ou silicosas.

   Assinale:
   a) se apenas I estiver correta.
   b) se apenas I e II estiverem corretas.
   c) se I, II e III estiverem corretas.
   d) se apenas II e III estiverem corretas.
   e) se apenas I e III estiverem corretas.

4. NE (UPE) Antes da descoberta do plástico, as esponjas de banho utilizadas na higiene pessoal eram obtidas a partir de animais marinhos pertencentes ao filo Porifera. Em relação aos animais desse filo e suas características, pode-se afirmar que:
   I. são invertebrados aquáticos filtradores, de corpo esponjoso e de estrutura simples, sem tecidos ou órgãos diferenciados nem sistema nervoso.
   II. apresentam numerosos poros laterais e, na região superior do corpo, uma única abertura para a entrada do alimento e da água, denominada ósculo.
   III. apresentam digestão extracelular na espongiocele, que ocorre por meio de enzimas produzidas pelos nematocistos.
   IV. apresentam digestão intracelular, que ocorre no interior dos coanócitos e dos amebócitos.
   V. apresentam circulação de água, facilitada por meio de células especiais flageladas, denominadas coanócitos.

   Assinale a alternativa correta.
   a) I, II e V, apenas.
   b) II, III e IV, apenas.
   c) I, IV e V, apenas.
   d) I, III e V, apenas.
   e) III, IV e V, apenas.

5. S (Ufpel-RS) As esponjas constituem o filo Porifera do reino animal, sendo indivíduos de organização corporal simples, considerados um ramo primitivo na evolução dos metazoários. Os poríferos são usados pelos pintores para obter certos efeitos especiais na técnica de aquarela; antigamente, eram usados também como esponjas de banho. Quanto às esponjas, é correto afirmar que:
   a) não possuem tecidos verdadeiros e apresentam apenas espículas silicosas.
   b) possuem tecidos verdadeiros e podem apresentar espículas calcárias ou silicosas.
   c) não possuem tecidos verdadeiros e podem apresentar espículas calcárias ou silicosas.
   d) não possuem tecidos verdadeiros e apresentam apenas espículas calcárias.
   e) possuem tecidos verdadeiros e apresentam apenas espículas silicosas.

6. NE (UFPB) Os poríferos são considerados os representantes mais simples entre todos do reino Animalia. Sobre os representantes desse grupo, é correto afirmar que possuem
   a) um estágio larval durante seu desenvolvimento.
   b) sistema nervoso simples e difuso pelo corpo.
   c) representantes protostômios.
   d) representantes diploblásticos.
   e) digestão extracelular.

CAPÍTULO

# 12 Cnidários

Fabio Colombini/Acervo do fotógrafo

Água-viva (cerca de 17 cm de comprimento).

- Quais as características dos cnidários?
- Quais os principais representantes desse grupo?

# 1 Morfologia e fisiologia

No filo **Cnidaria** (**cnidários**) estão os corais, as águas-vivas, as anêmonas, as caravelas e as hidras, animais aquáticos, quase todos marinhos.

Os cnidários são animais diblásticos. Isso significa que na fase embrionária eles apresentam apenas ectoderme e endoderme. São dotados de simetria radiada, que permite às formas sésseis entrar em contato com o ambiente em várias direções, facilitando-lhes a captura de alimento.

Há duas formas de animais (figura 12.1):

- **polipoide** ou **pólipo** – é cilíndrica, séssil ou com pouca mobilidade, com uma das extremidades apoiada em um substrato qualquer e a outra livre; a abertura bucal é rodeada de tentáculos; as anêmonas são um exemplo desse tipo de formato;
- **medusoide** ou **medusa** – geralmente tem forma arredondada (em forma de guarda-chuva), apresenta movimentos causados pela contração do corpo, lança jatos de água (propulsão a jato); corresponde a um pólipo invertido, com a boca na parte inferior; também apresenta tentáculos na periferia do corpo; as água-vivas são um exemplo dessa forma.

Alguns cnidários alternam as duas formas durante o ciclo de vida.

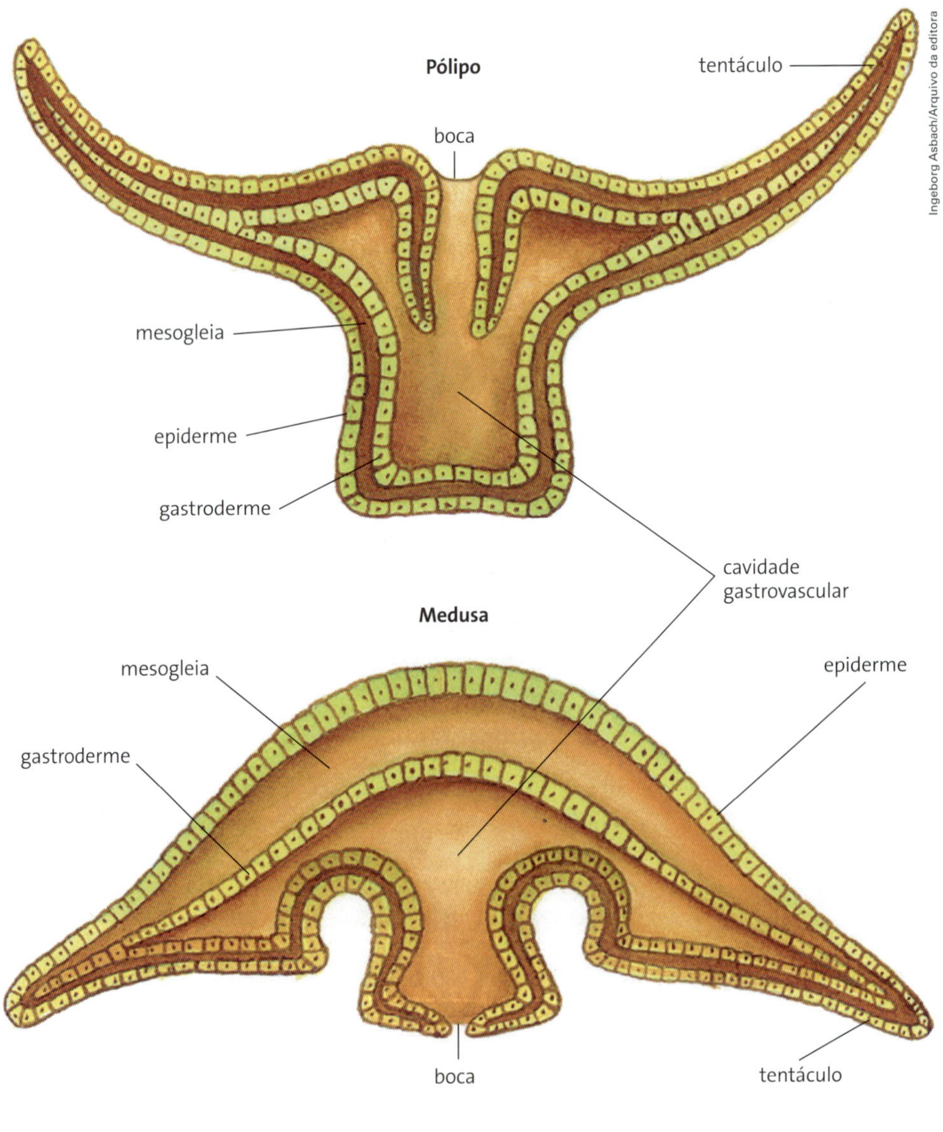


Figura 12.1 Formas pólipo e medusa dos cnidários (os elementos da ilustração não estão na mesma escala; cores fantasia).

# Revestimento, sustentação e movimentos

A parede do corpo dos cnidários é formada pela **epiderme** (derivada da ectoderme) e pela **gastroderme** (derivada da endoderme). Entre elas existe um material gelatinoso chamado **mesogleia** (*mesos* = meio; *gloia* = visgo). Reveja a figura 12.1.

Na epiderme estão as **células mioepiteliais** (*mys* = músculo), ligadas ao sistema nervoso. Essas células agem como músculos, contraindo o corpo do animal e produzindo movimento. Entre essas células há outras menores, as **intersticiais**, importantes na reprodução.

Na superfície do corpo dos cnidários há células exclusivas desse grupo, os **cnidócitos**, que se originam de células indiferenciadas, os **cnidoblastos** (*knidós* = urtiga). Os cnidócitos são responsáveis pela defesa contra predadores e pela captura de presas (figura 12.2). Dentro dessas células há uma cápsula, o **nematocisto** (*nematos* = filamento; *kystis* = vesícula), que contém uma espécie de fio enrolado, com uma ponta que funciona como se fosse um arpão (figura 12.2). Quando o cnidócito é tocado, a cápsula se abre, o filamento se desenrola, penetra na pele da presa e injeta nela uma toxina capaz de paralisar animais que servem de alimento aos cnidários: pequenos peixes, crustáceos e vermes.

Em alguns cnidários, como os corais, a epiderme secreta um **exoesqueleto** (esqueleto externo) de calcário e substâncias orgânicas. Em outros, como a água-viva, não há esqueleto de sustentação.

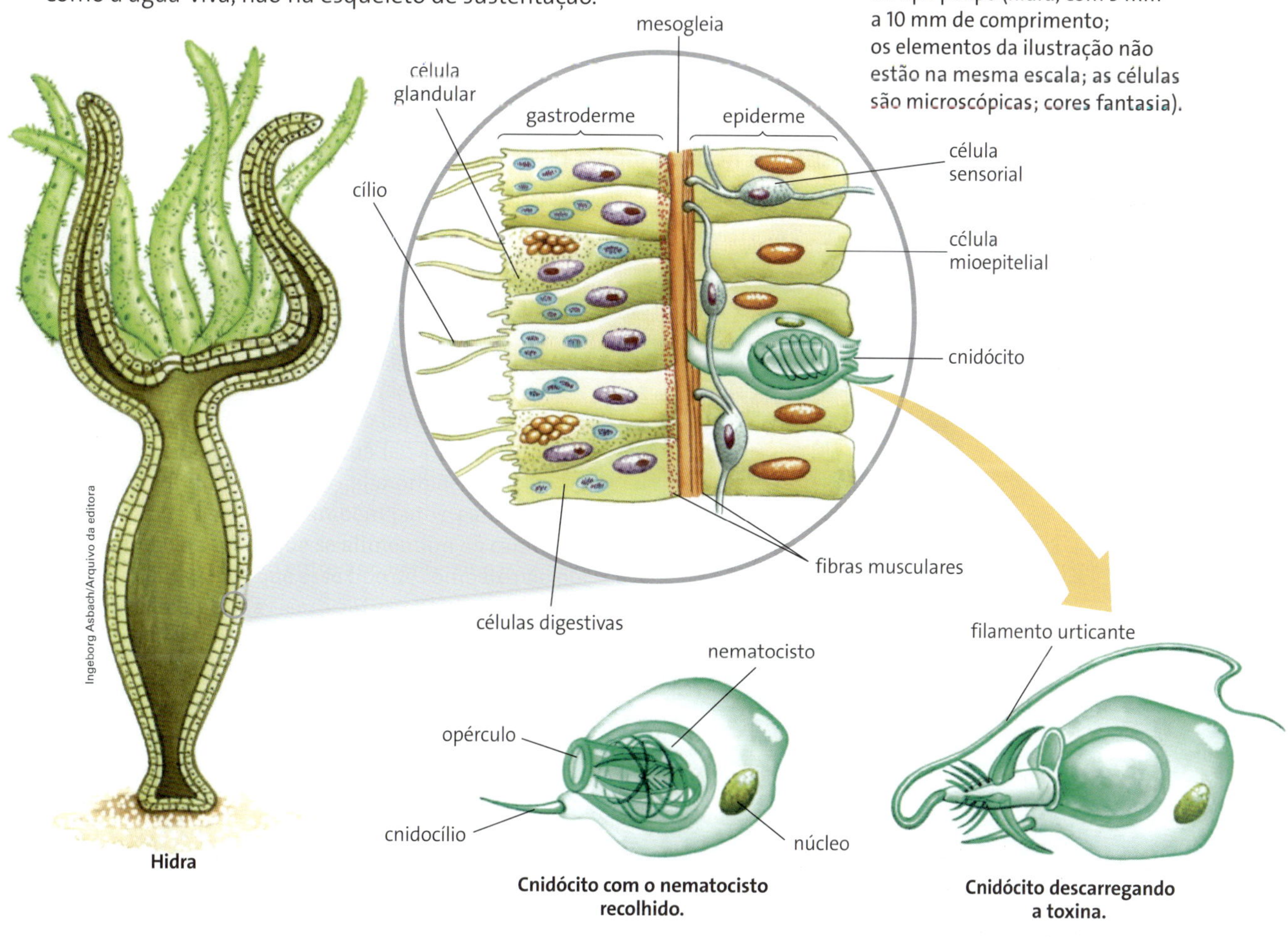


Figura 12.2 Estrutura de um cnidário do tipo pólipo (hidra, com 3 mm a 10 mm de comprimento; os elementos da ilustração não estão na mesma escala; as células são microscópicas; cores fantasia).

## Digestão

Diferentemente das esponjas, os cnidários apresentam cavidade digestória, a **cavidade gastrovascular** (*gaster* = estômago) ou **celêntero** (*koios* = oco; *entheron* = intestino) – daí o nome **celenterado**, dado antigamente a esse filo. No entanto, os cnidários não possuem abertura anal, o que caracteriza um **tubo digestório incompleto** (reveja a figura 12.1).

Esses animais apresentam digestão intra e extracelular: a gastroderme possui **células glandulares**, que produzem enzimas cuja função é fazer a digestão extracelular no celêntero (figura 12.3), e células digestórias, que fazem a digestão intracelular dos fragmentos alimentares parcialmente digeridos. Os resíduos são expulsos pela própria boca.

## Respiração, circulação e excreção

Os cnidários não possuem sistemas respiratório, circulatório e excretor. Como as distâncias no interior do organismo são pequenas (há poucas camadas de células no corpo), a distribuição das substâncias por difusão é suficiente. Desse modo, o oxigênio dissolvido na água é transportado pela parede do corpo e atinge todas as células. O gás carbônico faz o caminho inverso. Também por difusão, as excretas são eliminadas pela parede do corpo, e os alimentos passam da gastroderme para a mesogleia e epiderme.

## Coordenação

É feita por uma rede de células nervosas, mas não há regiões com maior concentração de neurônios e sinapses (o ponto de passagem do impulso nervoso de um neurônio para outro). Isso significa que não há gânglios nem cérebro. Por isso dizemos que os cnidários apresentam **sistema nervoso difuso**, pois não existe um centro nervoso.

Figura 12.3 Na foto à esquerda, a hidra (3 mm a 10 mm de altura) está capturando e ingerindo um pequeno crustáceo. Na foto à direita, o crustáceo encontra-se no interior do tubo digestório da hidra.

## 2 Reprodução

A reprodução assexuada pode ser feita por:

- **brotamento** – as células se multiplicam em uma região do corpo e originam um novo ser; o broto pode se soltar e ter vida independente ou permanecer ligado, formando colônias (figura 12.4);
- **estrobilização** (*strobilus* = cone) – ocorre um tipo de estrangulamento, que divide transversalmente o animal em vários descendentes.

A reprodução sexuada é feita por gametas produzidos nas células intersticiais. Na maioria das espécies, os sexos são separados e a fecundação é externa, ou seja, os gametas se encontram na água. O desenvolvimento é **indireto** (com um estágio larval) e do ovo surge uma larva ciliada e livre, a **plânula**, que se transforma, por metamorfose, no adulto (figura 12.5).

Figura 12.4 Reprodução por brotamento em uma hidra.

### Alternância de gerações

Em muitas espécies de cnidários há **alternância de gerações** ou **metagênese**, ou seja, a reprodução assexuada alterna-se com a sexuada, em um ciclo em que há também alternância entre as formas pólipo (assexuada) e medusa (sexuada). Esse processo é diferente do que ocorre nos vegetais, pois nos cnidários ambas as formas são diploides.

No caso do gênero *Obelia*, há uma colônia de pólipos com dois tipos de indivíduos (figura 12.5): o **gastrozoide** (*gaster* = estômago; *zoon* = animal; *eidos* = semelhante) – em maioria na colônia e responsável pela nutrição, possui boca com tentáculos e cavidade digestória – e o **gonozoide** (*gónos* = reprodução) – pólipo muito modificado, sem boca nem cavidade digestória, que produz, por uma espécie de brotamento, pequenas medusas, que se soltam e vão para a água, passando da forma jovem para a adulta. Essas medusas se reproduzem de forma sexuada, liberando gametas na água. Com o encontro dos gametas, ocorre a fecundação, que origina o zigoto. A larva proveniente do zigoto fixa-se em algum substrato e forma um pólipo, que, por brotamento, origina uma nova colônia.

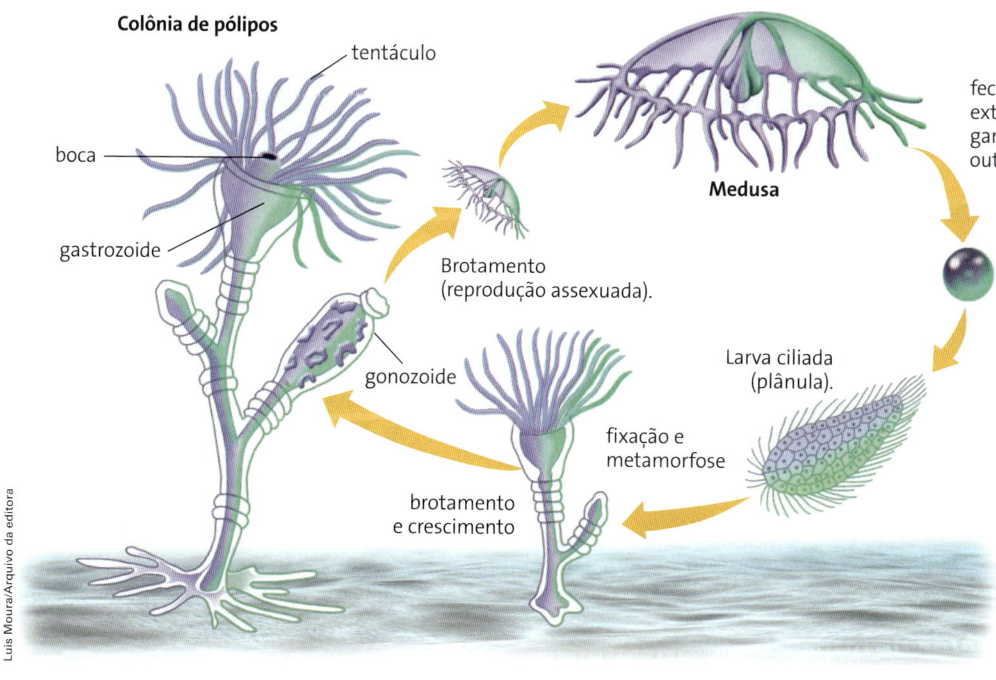


Figura 12.5 Alternância de gerações em uma colônia de pólipos do gênero *Obelia* (pólipos com cerca de 20 mm de altura; os elementos da ilustração não estão na mesma escala; cores fantasia).

# 3 Classificação

Os cnidários dividem-se em quatro classes:

**Anthozoa**

A classe dos antozoários (*anthos* = flor; *zoon* = animal) é composta de animais marinhos. São representados exclusivamente pela forma pólipo, ou seja, não há a fase de medusa. Os pólipos podem viver isolados, como as anêmonas-do-mar, ou formar colônias, como os corais (figura 12.6). Nestes, os pólipos secretam um esqueleto externo composto de calcário, responsável pela formação dos recifes de corais, que servem de abrigo e alimento para crustáceos, moluscos e peixes do litoral.

O acúmulo de esqueletos calcários de corais originou as ilhas e os recifes de corais (figura 12.6) em águas claras, rasas e quentes das regiões tropicais. A Grande Barreira de Corais da Austrália, a maior estrutura de organismos vivos da Terra, com 2300 km de comprimento e uma área de 350000 km$^2$, abriga em torno de 2900 espécies de corais e 1500 espécies de peixes.

Figura 12.6 **A**: Anêmona-do-mar: essa espécie é encontrada no litoral do Brasil, vive fixa às rochas e tem cerca de 4 cm de diâmetro. **B**: Pólipos de corais com seus tentáculos; cada indivíduo tem entre 3 mm e 60 mm de altura, dependendo da espécie (as colônias podem atingir até 1,5 m de altura). **C**: Corais e seus esqueletos. **D**: Recife de corais.

Além de proteger o litoral da erosão provocada pelas ondas, esses recifes servem de abrigo e de áreas de reprodução e alimentação. Como os recifes possuem muitas fendas e muitos túneis e seu substrato rígido permite que espécies sésseis possam se fixar nele, eles abrigam uma imensa variedade de organismos. Calcula-se que cerca de um quarto das espécies marinhas existentes no planeta dependa de recifes de corais para sobreviver e se reproduzir. Os recifes costumam ser comparados às florestas tropicais por causa dessa biodiversidade.

Os corais obtêm boa parte de seu alimento da matéria orgânica produzida pelas algas que vivem associadas a eles. Essas algas microscópicas vivem dentro do corpo dos corais e conferem cor a esses animais. Nessa relação mutualística, os corais fornecem às algas sais minerais e gás carbônico. As algas também possibilitam aos corais a transformação dos sais de cálcio da água do mar em carbonato de cálcio, base do esqueleto do coral.

Mas os corais estão sofrendo um processo de branqueamento (figura 12.7), o que significa que estão perdendo suas algas. Sem elas, sua sobrevivência está ameaçada, porque os ambientes nos quais os corais vivem são relativamente pobres em nutrientes. Suspeita-se que um dos responsáveis pela morte das algas seja o aumento da temperatura provocado pelo aquecimento global do planeta ou por fenômenos climáticos, como o El Niño (aquecimento anormal das águas superficiais do oceano Pacífico, que influencia o clima de todo o planeta).

Além disso, a sobrevivência dos corais também está ameaçada pelo aumento da concentração de gás carbônico no ar. Na água, esse gás transforma-se em ácido carbônico, que reduz o pH dos oceanos. O pH ácido dificulta a formação do esqueleto dos corais, feito de carbonato de cálcio.

A destruição dos corais pelo ser humano e a poluição das regiões costeiras também ameaçam os recifes de corais.

Figura 12.7 Branqueamento de corais.

Georgette Douwma/SPL/Latinstock

### Hydrozoa

Os hidrozoários (*hydor* = água; *zoon* = animal) incluem as espécies com as formas pólipo e medusa (que apresentam ciclo reprodutivo com alternância de gerações) ou apenas com uma das formas. Como exemplos temos: o gênero *Hydra* (hidra; pólipo isolado de água doce), a *Obelia* e a *Physalia* ("caravela-portuguesa", que forma uma colônia permanente; figura 12.8).

### Scyphozoa

Na classe dos cifozoários (*skyphos* = taça; *zoon* = animal) encontramos as águas-vivas, como a *Aurelia*; as espécies do grupo são sempre marinhas e basicamente representadas pela forma medusa, mais desenvolvida que a dos hidrozoários (figura 12.9).

### Cubozoa

Entre os cubozoários (*kybos* = cubo; *zoon* = animal) estão algumas medusas, antes classificadas como cifozoários e hoje colocadas nessa nova classe. O corpo tem o formato aproximadamente cúbico. Em geral, vivem em águas tropicais e possuem cnidócitos altamente tóxicos. É o caso da vespa-do-mar (*Chironex fleckeri*), encontrada em certas épocas do ano nas praias da Austrália (figura 12.10). No litoral brasileiro, é encontrada a cubomedusa da espécie *Chiropsalmus quadrumanus*. Esse animal tem provocado mais mortes que os tubarões no litoral.

Look/Latinstock

**Figura 12.8** Caravela-portuguesa (*Physalia physalis*) flutuando na superfície da água. Esse organismo é uma colônia composta de vários pólipos com funções diferentes: um pólipo é flutuador (estrutura cheia de gás, com cerca de 30 cm de altura); outros formam longos tentáculos especializados na defesa e na captura de alimentos (peixes, camarões, etc.); outros ainda cuidam da digestão do alimento e da reprodução da colônia.

Reinhard Dirscherl/Getty Images

**Figura 12.9** A água-viva (*Pelagia noctiluca*; diâmetro de cerca de 8 cm) passa a maior parte do tempo flutuando, mas também pode deslocar-se expulsando jatos de água pela contração do corpo, que a impulsionam para o sentido oposto.

David Doubilet/Getty Images

**Figura 12.10** Vespa-do-mar (pode chegar a 30 cm de diâmetro): seus tentáculos causam queimaduras muito graves.

**ATENÇÃO!**

**Evite nadar em lugares onde apareceram águas-vivas. Não toque nelas nem mesmo se encontrar alguma morta na areia da praia. A toxina da água-viva pode provocar irritações semelhantes a queimaduras e até reações alérgicas fortes, que precisam de tratamento médico imediato.**

## Atividades

1. Qual é a célula típica dos cnidários? Qual a função dessa célula?

2. Os cnidários podem apresentar diversos formatos, mas apenas um tipo de simetria. Que tipo de simetria os cnidários apresentam?

3. Onde ocorre a digestão dos cnidários?

4. Como é o sistema nervoso dos cnidários?

5. Alguns cnidários se apresentam apenas na forma de pólipos; outros têm apenas a forma de medusa. Mas há espécies que apresentam um ciclo com alternância de gerações. Descreva como esse ciclo funciona.

6. Certos predadores de águas-vivas, como algumas tartarugas marinhas, têm a boca e parte do esôfago revestidos internamente de células queratinizadas. Explique a importância dessa adaptação relacionando-a à alimentação desses animais.

7. Uma hidra capturou um pequeno crustáceo e, após a digestão de parte do animal, eliminou seu exoesqueleto (revestimento de quitina do corpo do animal). Explique melhor essa ocorrência dizendo por onde o crustáceo entrou no corpo da hidra, onde ocorreu a digestão e por qual abertura do corpo da hidra o exoesqueleto foi eliminado.

8. Visitando um museu oceanográfico, um casal notou nas vitrines algumas peças semelhantes a rochas. Lendo as legendas explicativas, ficaram surpresos ao ver que se tratava de um organismo do grupo dos cnidários. Qual é esse cnidário e o que faz com que tenha o aspecto de rocha?

9. Neste capítulo você estudou diferentes tipos de cnidários: alguns que, mesmo milhares de anos depois de mortos, podem ser descobertos por pesquisadores na forma de fósseis; e outros que, depois de mortos, se retirados da água, praticamente desaparecem após um período de tempo relativamente curto. Quais são esses cnidários? Justifique sua resposta.

10. Por que a maioria dos corais é encontrada, principalmente, em águas claras e rasas, e não em águas muito profundas?

11. Os corais podem ser usados na confecção de colares, brincos e outros ornamentos. No entanto, é proibido retirar esse material dos recifes. Que parte dos corais é utilizada para fazer esses objetos?

12. Nem todos os animais são capazes de caçar seu alimento. Dê exemplos de dois animais, de filos diferentes, que não fazem isso. Explique como eles conseguem obter alimento.

13. Exceto os parasitas, que vivem no corpo de animais que lhes servem de alimento, não há animais fixos vivendo na terra: só nos ambientes aquáticos. Que problema um animal fixo terrestre teria? Por que esse problema não existe nos animais aquáticos?

14. Um estudante observou que bolhas se desprendiam de corais em um aquário iluminado pela luz do Sol. O professor disse a ele que aquelas bolhas eram de gás oxigênio, e o estudante achou que os cnidários fazem fotossíntese. O professor afirmou que, com certeza, cnidários não fazem fotossíntese. Como você explica a produção de oxigênio pelos corais?

15. Placas como a da figura abaixo podem ser vistas nas praias da Austrália em certas épocas do ano. Elas alertam sobre o perigo que um tipo de animal representa. Qual é esse animal? Por que ele é perigoso?

KLN Artes Gráficas/Arquivo da editora

16. Indique as afirmações verdadeiras.
    a) Diferentemente dos poríferos, que são filtradores, os cnidários são predadores.
    b) Os coanócitos são células responsáveis pelo movimento de água nos cnidários.
    c) Os cnidários apresentam digestão extracelular e intracelular.
    d) Na metagênese, gerações de pólipos alternam-se com gerações de medusas.
    e) A água-viva é uma forma polipoide de cnidário.
    f) Cnidários apresentam cnidócitos, que servem como defesa contra predadores.
    g) Os cnidários apresentam sistema digestório incompleto.

**Trabalho em equipe**

Com auxílio do professor de Geografia, pesquisem em que regiões do Brasil existem recifes de corais. Falem também sobre as principais características desses recifes, que animais são encontrados neles, etc.

# Pensando no Enem

Os corais que formam o banco dos Abrolhos, na Bahia, podem estar extintos até 2050 devido a uma epidemia. Por exemplo, os corais-cérebro já tiveram cerca de 10% de sua população afetada pela praga branca, a mais prevalente das seis doenças identificadas em Abrolhos, causada provavelmente por uma bactéria. Os cientistas atribuem a proliferação das patologias ao aquecimento global e à poluição marinha. O aquecimento global reduziria a imunidade dos corais ou estimularia os patógenos causadores desses males, trazendo novos agentes infecciosos.

FURTADO, F. Peste branca no mar. *Ciência hoje*. Rio de Janeiro, v. 42, n. 251, ago. 2008 (adaptado).

A fim de combater a praga branca, a medida mais apropriada, segura e de efeitos mais duradouros seria:

a) aplicar antibióticos nas águas litorâneas de Abrolhos.

b) substituir os aterros sanitários por centros de reciclagem de lixo.

c) introduzir nas águas de Abrolhos espécies que se alimentem da bactéria causadora da doença.

d) aumentar, mundialmente, o uso de transportes coletivos e diminuir a queima de derivados de petróleo.

e) criar uma lei que proteja os corais, impedindo que mergulhadores e turistas se aproximem deles e os contaminem.

### Resolução

Questões que apresentam trechos de reportagem ou livro para abordar um assunto são muito comuns no Enem, pois permitem avaliar a capacidade de interpretação do aluno e verificar sua habilidade de analisar situações-problema e propostas de intervenção no ambiente, considerando medidas de conservação, recuperação ou utilização sustentável da biodiversidade.

### O problema

Ao analisar a questão superficialmente, o aluno pode assumir que o problema se resume a doenças dos corais causadas por bactérias, o que de certa forma não é errado. Entretanto, a proliferação dessas bactérias é consequência de outro fenômeno.

Segundo o texto, cientistas apontam que a epidemia é causada pela redução da imunidade dos corais provocada pelo aquecimento global e pela poluição dos mares. As bactérias que causam as doenças sempre estiveram presentes, mesmo antes de a epidemia começar. Porém os corais, em condições de temperatura e qualidade da água adequadas, conseguem resistir às infecções causadas por essas bactérias.

A poluição dos mares e o aquecimento global provocam alterações nas características físico-químicas da água, como no pH, na temperatura e na disponibilidade de nutrientes, que afetam toda a biota, incluindo os corais e as bactérias.

O texto indica dois possíveis impactos dessas mudanças:

- Enfraquecimento da imunidade dos corais, deixando-os mais suscetíveis a doenças como a praga branca.
- Estimulação dos patógenos, ou seja, aumento na quantidade de bactérias que causam doenças nos corais.

A questão solicita que a medida mais apropriada, segura e duradoura para combater a praga branca seja identificada.

As respostas **A** e **C** sugerem atacar as bactérias por meio de antibióticos ou seres vivos predadores. Apesar de as bactérias serem responsáveis pelas doenças, vimos que o desequilíbrio na água é a real causa. Buscar soluções pontuais como essas não resolve o problema e pode ser apenas um paliativo, já que os corais continuarão com a imunidade baixa. Além disso, essas sugestões poderiam trazer um desequilíbrio ambiental ainda maior se não fossem bem estudadas e planejadas. Os antibióticos poderiam matar não apenas as bactérias causadoras da praga branca, mas também muitas outras que desempenham papéis fundamentais no ambiente marinho. A introdução de espécies que se alimentam das bactérias poderia ser uma solução momentânea, mas estas espécies, por serem novas no ambiente, poderiam causar outro desequilíbrio nas cadeias alimentares e na disponibilidade de recursos.

A resposta **B** está incorreta, pois os aterros sanitários são terrenos adequados a receber resíduos sólidos com menor impacto ao ambiente ou à população local. Além disso, nem todo o lixo pode ser reciclado e os centros de reciclagem existentes no Brasil, além de não conseguirem absorver o total de lixo doméstico produzido, não reciclam matéria orgânica, que representa aproximadamente 60% do lixo doméstico.

A resposta **E** está incorreta, pois o texto não menciona que o turismo tem impacto negativo na fauna de corais.

A resposta **D** é a que sugere uma solução mais completa, de alcance mundial, pois, por meio do aumento do uso de transportes coletivos, o número de carros e, consequentemente, a emissão de gases que agravam o efeito estufa (fatores que, de acordo com algumas pesquisas, são responsáveis pelo aquecimento global) diminuiriam.

Resposta: **D**.

# Vestibulares de Norte a Sul

1. **S** (UEL-PR) A figura a seguir mostra o ciclo de vida da hidra.

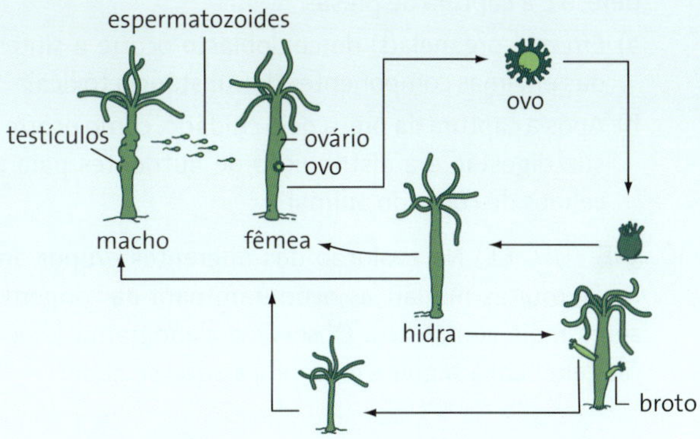


A análise da figura leva às seguintes considerações:

I. A hidra reproduz-se tanto sexuada como assexuadamente.

II. As larvas ciliadas têm vida livre.

III. No ciclo de vida da hidra só existe a fase de pólipo.

Dessas considerações, apenas:

a) I é correta.

b) III é correta.

c) I e II são corretas.

d) I e III são corretas.

e) II e III são corretas.

2. **NE** (Unifor-CE) A figura a seguir mostra o ciclo de vida de um cnidário.

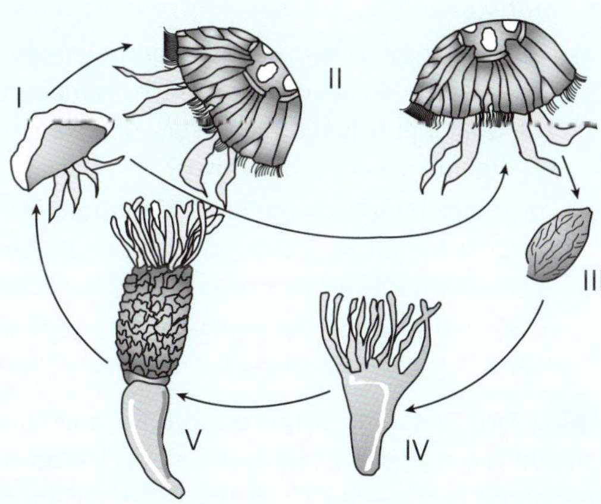


A fase que ocorre logo após a reprodução sexuada é a representada em:

a) I.

b) II.

c) III.

d) IV.

e) V.

3. **SE** (Fuvest-SP) A Grande Barreira de Recifes se estende por mais de 2000 km ao longo da costa nordeste da Austrália e é considerada uma das maiores estruturas construídas por seres vivos. Quais são esses organismos e como eles formam esses recifes?

a) esponjas – à custa de secreções calcárias

b) celenterados – à custa de espículas calcárias e silicosas do seu corpo

c) pólipos de cnidários – à custa de secreções calcárias

d) poríferos – à custa de material calcário do terreno

e) cnidários – à custa de material calcário do solo, como a gipsita

4. **NE** (UFPE) O ambiente marinho possivelmente inclui a maior diversidade biológica do planeta. Dentre os organismos que habitam esse ecossistema, o ilustrado abaixo, popularmente conhecido como "caravela", é bastante comum na região costeira do Nordeste brasileiro. Sobre as características do filo ao qual pertence a caravela, considere as assertivas seguintes.

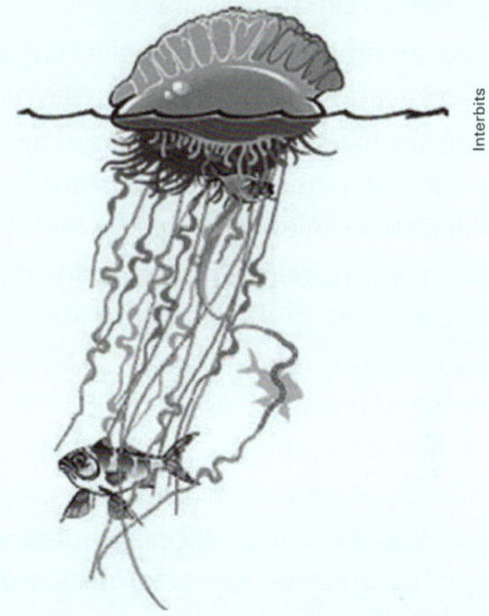


( ) É formada por uma colônia de diferentes pólipos especializados, que exercem em conjunto funções de flutuabilidade, captura da presa, defesa, dentre outras.

( ) Inclui animais da classe Anthozoa (antozoários), como os corais, cujos pólipos produzem um esqueleto de carbonato de cálcio que resiste mesmo após a sua morte.

( ) É onívora, ou seja, se alimenta de animais e algas, que são arrastados para a cavidade gastrovascular, onde ocorre a digestão intracelular.

( ) Possui o corpo formado por espículas, que não estão organizadas como um tecido verdadeiro; o contato com as espículas pode produzir queimaduras na pele.

( ) Pode reproduzir-se por brotamento ou sexualmente, mas as espécies são monoicas, ou seja, hermafroditas.

5. **S** (PUC-PR) Analise as proposições a seguir:

I. Primeiros animais da escala evolutiva a apresentarem uma cavidade digestiva.
II. Formação de dois tipos morfológicos de indivíduos.
III. Esqueleto formado por espículas ou por espongina.
IV. Presença de células urticantes para defesa e captura da presa.
V. Presença de células flageladas que realizam movimento de água no corpo do animal.

São características do filo Cnidaria:

a) apenas I, III e V.
b) apenas II, III e IV.
c) apenas II, IV e V.
d) I, II, III e V.
e) apenas I, II e IV.

6. **SE** (FGV-SP) Planta ou animal? Conheça alguns dos mistérios dos ceriantos, estes seres tão diferentes das demais espécies marinhas.

(*Terra da Gente*, agosto de 2008)

Os ceriantos são do filo Cnidaria, o mesmo das águas-vivas e das anêmonas marinhas. Deste modo, é correto dizer que os ceriantos:

a) são animais, reino Animalia, cujos representantes são eucariontes, multicelulares e heterótrofos.
b) são animais, reino Animalia, cujos representantes podem ser unicelulares ou multicelulares, mas exclusivamente eucariontes e heterótrofos.
c) são plantas, reino Plantae, cujos representantes são eucariontes, multicelulares e autótrofos.
d) são plantas, reino Plantae, cujos representantes podem ser unicelulares ou multicelulares, mas exclusivamente eucariontes e autótrofos.
e) não são plantas nem animais, mas pertencem ao reino Protista, cujos representantes podem ser eucariontes unicelulares heterótrofos ou multicelulares autótrofos.

7. **NE** (Uece) Os recifes são verdadeiras barreiras de depósitos calcários que se formaram ao longo dos anos em várias costas brasileiras. A constituição física dessas barreiras marinhas se deve ao acúmulo de "esqueletos" de:

a) crustáceos
b) algas
c) espongiários
d) celenterados

8. **SE** (Uerj) "Biólogos da Uerj desvendam segredos dos corais de Búzios. Os moradores locais, preocupados com os danos que os barcos ancorados nas praias do balneário, a poluição do mar e a venda excessiva de corais no comércio local poderiam trazer para a fauna marinha da região, resolveram procurar ajuda."

(Adaptado de: *O Globo*, 24/9/2000.)

Cite uma função dos recifes de corais na preservação do ecossistema litorâneo.

9. **SE** (Fuvest-SP) Os acidentes em que as pessoas são "queimadas" por cnidários ocorrem com frequência no litoral brasileiro. Esses animais possuem cnidoblastos ou cnidócitos, células que produzem uma substância tóxica, que é composta por várias enzimas e fica armazenada em organelas chamadas nematocistos.

Os cnidários utilizam essa substância tóxica para sua defesa e a captura de presas.

a) Em que organela(s) do cnidoblasto ocorre a síntese das enzimas componentes da substância tóxica?
b) Após a captura da presa pelo cnidário, como ocorrem sua digestão e a distribuição de nutrientes para as células do corpo do animal?

10. **NE** (UFC-CE) Na evolução dos diferentes grupos animais, muitas mudanças ocorreram para dar origem a seres mais complexos. Observe o cladograma (árvore filogenética) a seguir e responda ao que se pede:

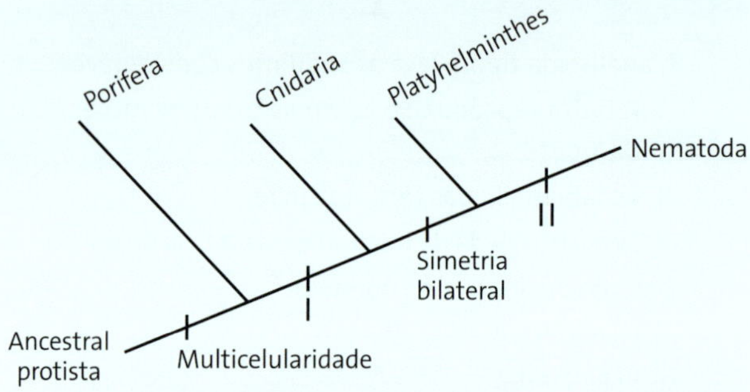


a) O número I representa a característica que levou ao surgimento do táxon Cnidaria. Indique essa característica.
b) Cite uma característica compartilhada entre protistas e animais que culminou na teoria monofilética, a qual sugere a origem dos animais a partir de protistas.
c) De acordo com o cladograma, os poríferos são considerados os animais com características mais primitivas. Qual a principal característica que classifica esses organismos como primitivos?
d) Por muito tempo, os poríferos não foram incluídos no reino animal. Hoje se sabe que esses organismos apresentam estruturas típicas de animais. Cite uma característica que inclui os poríferos no reino animal e, ao mesmo tempo, os exclui dos outros reinos.

11. **SE** (Uerj) Apesar da distância evolutiva, animais como a água-viva e a samambaia apresentam ciclo de vida semelhante. Nomeie o ciclo de vida compartilhado por águas-vivas e samambaias, indicando sua principal característica. Em seguida, cite os tipos de divisão celular que dão origem aos gametas em cada um desses dois seres vivos.

12. **SE** (Fuvest-SP) Por que as medusas podem, pelo simples contato, levar pequenos animais à morte ou provocar irritações cutâneas em seres humanos?

CAPÍTULO

# 13 Platelmintos

C.K.Ma/Shutterstock/Glow Images

Planária marinha sobre coral.

↘ *Quais as características dos platelmintos?*

↘ *Que doenças eles podem causar no ser humano?*

# 1 Morfologia e fisiologia

Costuma-se chamar de verme qualquer animal invertebrado que tenha o corpo alongado, fino e sem pernas, mas esse termo não tem significado taxonômico.

No filo **Platyhelmintes** (**platelmintos**; *platys* = chato; *helmins* = verme), estão os animais com o corpo achatado dorsoventralmente. Alguns, como as planárias, têm vida livre, isto é, não vivem como parasitas, mas deslocam-se no ambiente em busca de alimento e podem ser aquáticos ou terrestres (ocupam os solos úmidos). Outros, como a tênia (solitária) e o esquistossomo, são endoparasitas do ser humano (desenvolvem-se no interior do corpo do hospedeiro).

Os platelmintos são triblásticos e acelomados. Como adaptação ao movimento, as espécies de vida livre apresentam **cefalização**, isto é, na região anterior do corpo há uma cabeça com maior concentração de órgãos sensoriais e de tecido nervoso que o resto do corpo é especializada em receber estímulos ambientais durante o movimento, sendo usada para localizar as presas. Assim, o corpo do animal apresenta uma região anterior e outra posterior, além de poder ser dividido em duas metades semelhantes (direita e esquerda), o que caracteriza uma simetria bilateral e facilita o deslocamento (figura 13.1).

## Revestimento, sustentação e movimentos

Os platelmintos de vida livre produzem um muco na epiderme que facilita o movimento, realizado com ajuda dos cílios que revestem a face ventral. Os parasitas possuem uma **cutícula** sobre a epiderme, que protege esses animais contra enzimas digestivas, por exemplo.

Nas formas livres, a cabeça possui ocelos (olhos primitivos, que distinguem apenas a presença de luz). Nos parasitas, há ventosas e, às vezes, ganchos de fixação.

Figura 13.1 Tubo digestório da planária: a faringe pode ser estendida para fora da boca para ingerir alimento. (Os elementos da ilustração não estão na mesma escala; planárias de água doce têm, em média, de 3 mm a 15 mm de comprimento; cores fantasia.) Na foto da planária, o tubo digestório aparece em preto. (Imagem ao microscópio de luz; com uso de corantes.)

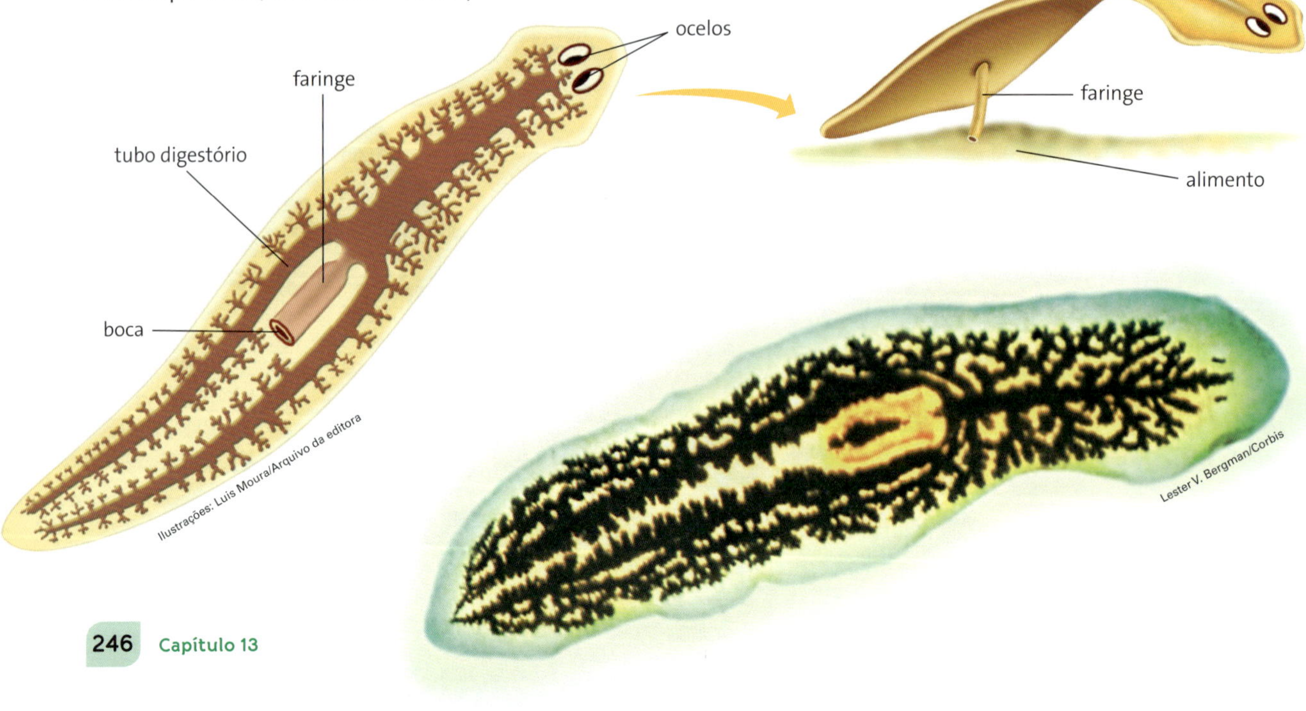

# Digestão

Os animais de vida livre costumam ser carnívoros e alimentam-se de outros invertebrados. Seu tubo digestório é incompleto (sem ânus) e a digestão é extra e intracelular (ela termina no citoplasma das células do intestino; figura 13.1). Os resíduos são eliminados pela boca. Alguns parasitas, como a tênia, não têm tubo digestório e retiram o alimento já digerido do sangue do hospedeiro.

# Respiração, circulação e excreção

A espessura do corpo dos platelmintos é muito pequena, o que facilita a difusão de substâncias pelo organismo. Assim, o oxigênio absorvido pela epiderme chega facilmente ao centro do corpo por difusão. Não existe nos platelmintos um sistema respiratório diferenciado nem um sistema circulatório. A cavidade digestória distribui alimento pelo corpo.

A amônia, substância nitrogenada produzida pela oxidação das proteínas e de outros compostos com nitrogênio, é eliminada por difusão através da pele. O excesso de água e de outros produtos do metabolismo é eliminado por células com um flagelo, o **solenócito** (*solen* = canal; *kytos* = célula), ou com vários flagelos, as **células-flama**, que, em conjunto, se assemelham à chama de uma vela. Essas células estão espalhadas pelo corpo do animal e realizam a excreção através de um sistema de tubos e de poros na epiderme (figura 13.2).

Órgãos excretores formados por tubos com uma extremidade aberta e outra interna, fechada, como as células-flama, são chamados **protonefrídios** (*protos* = primeiro; *nephron* = rim). Como veremos, o órgão excretor nos anelídeos é formado por um tubo aberto em ambas as extremidades e caracteriza um **metanefrídio**.

# Coordenação

O sistema nervoso dos platelmintos é mais desenvolvido que o dos cnidários e proporciona melhor coordenação de movimentos complexos. Há duas pequenas "estações nervosas", os **gânglios cerebrais**, ligadas entre si por dois **cordões nervosos**. Portanto, além da cefalização, há centralização do sistema nervoso, o que permite movimentos mais sofisticados.

Além dos ocelos das formas livres, há quimiorreceptores, que assinalam a presença de substâncias químicas úteis ou nocivas.

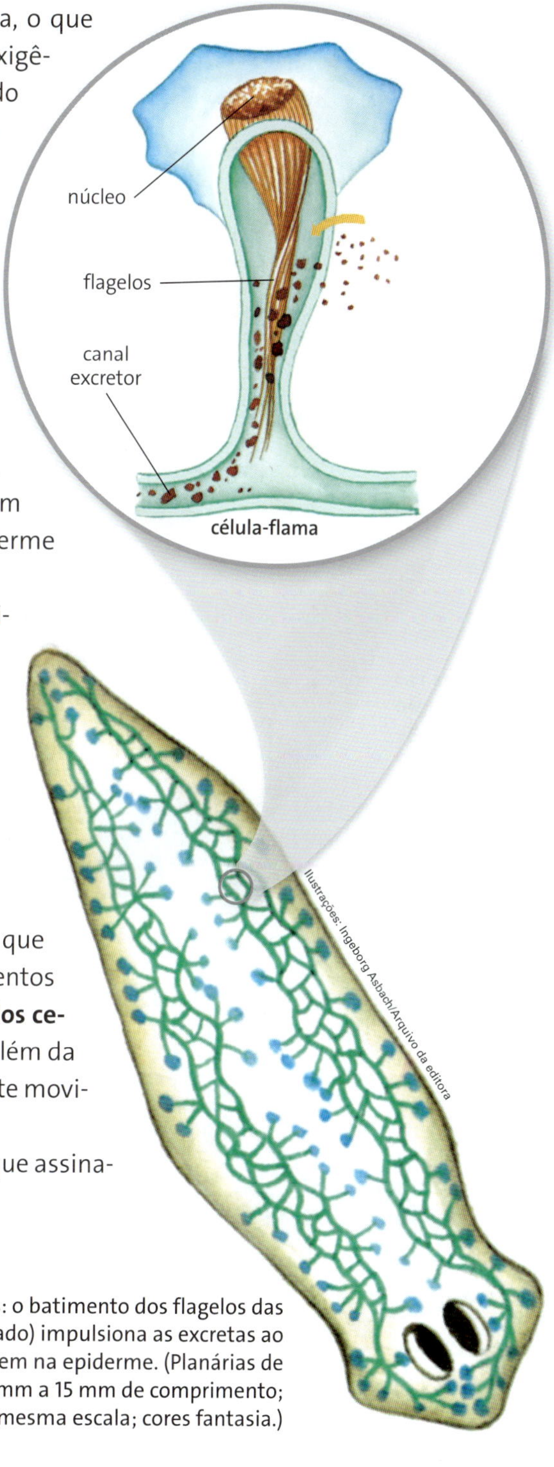


Figura 13.2 Excreção nos platelmintos: o batimento dos flagelos das células-flama (em detalhe ampliado) impulsiona as excretas ao longo de tubos excretores que se abrem na epiderme. (Planárias de água doce têm, em média, de 3 mm a 15 mm de comprimento; os elementos da ilustração não estão na mesma escala; cores fantasia.)

## 2 Reprodução

A planária pode realizar reprodução assexuada caminhando com a parte anterior e a posterior do corpo em sentidos contrários e cortando-se ao meio (**laceração** ou **fissão**). Depois, cada uma das partes se regenera, dando origem a uma planária inteira. Esse processo pode ser observado em laboratório cortando-se uma planária em dois ou mais pedaços (figura 13.3); isso ocorre porque no interior do corpo do animal há células-tronco totipotentes, isto é, células indiferenciadas e capazes de multiplicar-se (por mitoses) e diferenciar-se em vários tipos de células do corpo.

A pesquisa sobre essa capacidade de regeneração pode nos ajudar, no futuro, a desenvolver medicamentos que facilitem a regeneração de tecidos humanos e no combate de doenças degenerativas, como algumas doenças do sistema nervoso.

Em relação à reprodução sexuada (figura 13.4), a planária é hermafrodita (monoica; apresenta testículos e ovários), e a fecundação é cruzada e mútua, também chamada fecundação recíproca. Um animal introduz o **pênis** no **poro genital** do outro, e os espermatozoides fecundam os óvulos lançados pelos ovários nos **ovidutos** (*ovi* = ovo; *ductus* = canal). Os ovos ficam dentro de casulos nos quais há células contendo **vitelo**, substância nutritiva que alimenta o embrião. O ovo origina uma nova planária (desenvolvimento direto), mas nos parasitas há formação de larvas (desenvolvimento indireto).

As tênias também são hermafroditas: cada anel possui útero, testículos, ovários e outras partes do sistema reprodutor masculino e do feminino. O animal realiza autofecundação, produzindo anéis cheios de ovos, que são expulsos com as fezes.

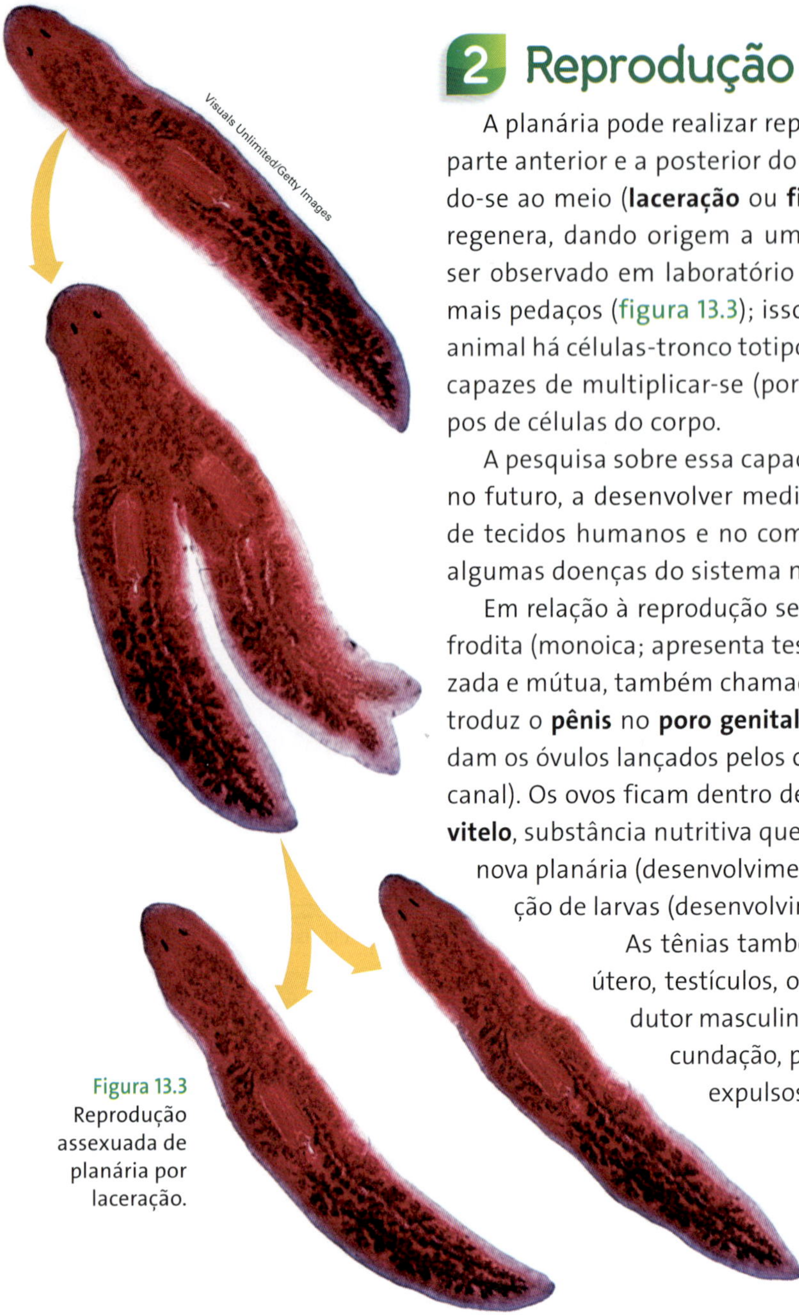


Figura 13.3 Reprodução assexuada de planária por laceração.

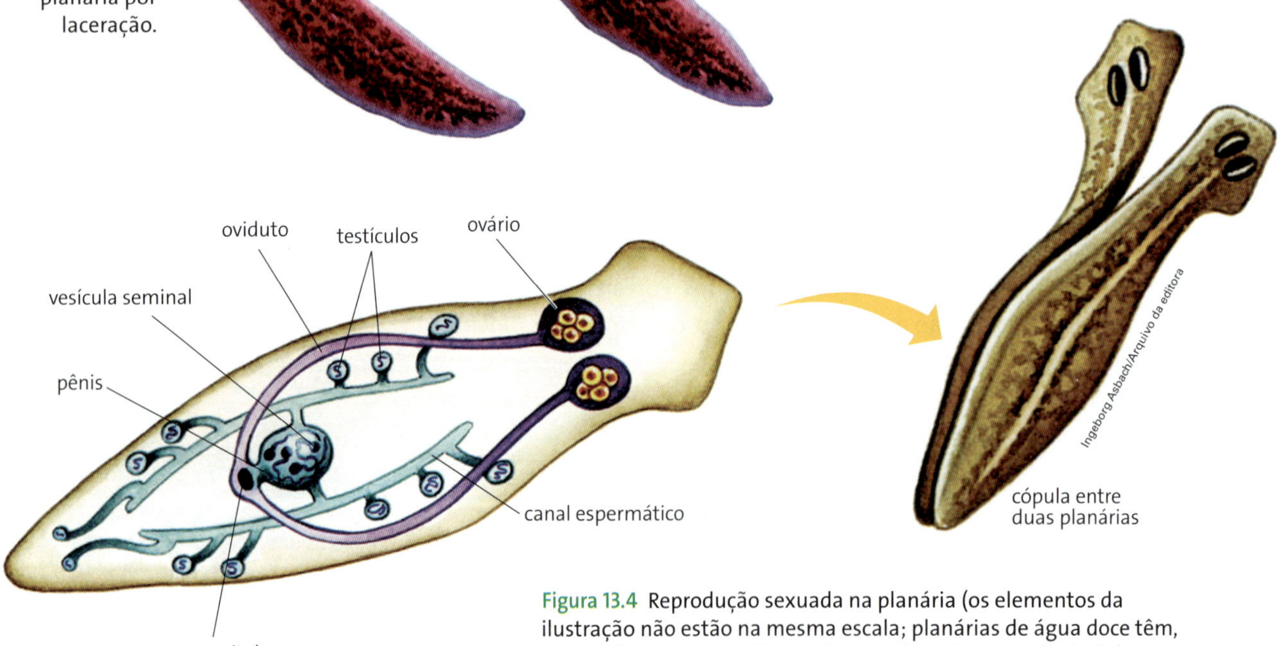


Figura 13.4 Reprodução sexuada na planária (os elementos da ilustração não estão na mesma escala; planárias de água doce têm, em média, de 3 mm a 15 mm de comprimento; cores fantasia).

## 3 Classificação

Os platelmintos dividem-se em três classes: **Turbellaria** (**turbelários**), **Trematoda** (**trematódeos**) e **Cestoda** (**cestódeos**).

### Turbelários

A maioria das espécies é aquática de vida livre; poucas são terrestres e parasitas. O termo *turbelário* vem do turbilhão provocado na água pelos cílios que cobrem a pele desses animais. O principal exemplo é a planária (*Dugesia tigrina*; figura 13.5).

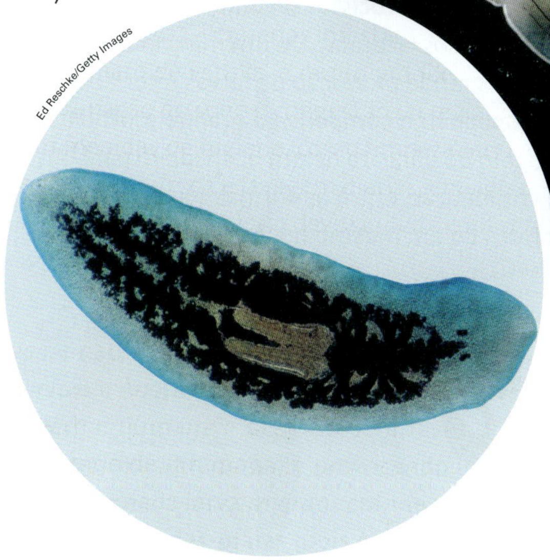

Figura 13.5 Planária marinha, com cerca de 3 cm de comprimento e planária de água doce, com cerca de 15 mm de comprimento (imagem ao microscópio óptico; com uso de corantes).

Lepus//SPL/ Latinstock

Ed Reschke/Getty Images

**ATENÇÃO!**

**As informações deste capítulo têm o objetivo de ajudá-lo a conhecer melhor algumas verminoses, mas não substituem a consulta ao médico.**

### Trematódeos

O corpo desses animais é revestido por uma cutícula com ventosas ou ganchos; possuem tubo digestório com uma boca que pode apresentar ventosas (*trematos* significa 'portador de orifícios', por causa da observação de ventosas ao redor da boca) e, em geral, são hermafroditas. Vamos estudar um representante desse grupo: o esquistossomo, representado por três espécies que provocam doenças em milhões de pessoas na África (*Schistosoma haematobium*), na Ásia (*Schistosoma japonicum*) e na América Latina (*Schistosoma mansoni*). Presente no Brasil, o *S. mansoni* é a causa da doença conhecida como **esquistossomose** ou **esquistossomíase mansônica** (ou ainda, **xistossomose**, **xistosa** e **doença do caramujo**).

O esquistossomo macho mede cerca de 1 cm e possui duas ventosas e um sulco ao longo do corpo, o **canal ginecóforo** (*gyné* = mulher; *ferre* = levar), no qual abriga a fêmea (com cerca de 1,5 cm) durante a cópula (o nome "esquistossomo" vem de *schistos* = fendido e *soma* = corpo, referindo-se ao canal ginecóforo), figura 13.6. Eles completam seu desenvolvimento no sistema porta-hepático (veias que ligam o intestino ao fígado) do hospedeiro definitivo (o ser humano, que abriga a forma com reprodução sexuada).

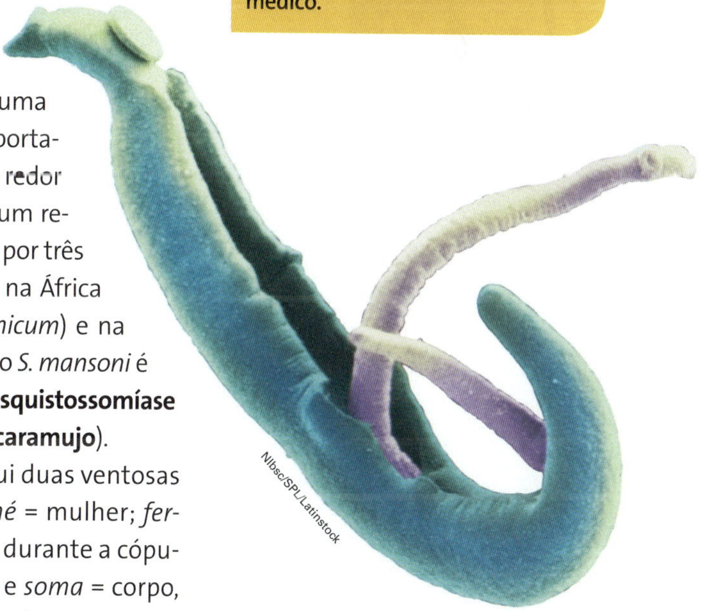

Nlbsc/SPL/Latinstock

Figura 13.6 Fêmea do esquistossomo no canal do corpo do macho, que tem cerca de 1 cm de comprimento. (Microscópio eletrônico; imagem colorizada por computador.)

A fêmea coloca cerca de 400 ovos por dia nas veias e nos capilares da parede do intestino, provocando uma inflamação nesses vasos, o que facilita a passagem dos ovos para a cavidade intestinal. Com isso, eles são eliminados pelas fezes (figura 13.7). Se estas chegarem até a água, os ovos se romperão e liberarão uma larva ciliada, o **miracídio** (*meirakion* = jovem), capaz de se movimentar ativamente por cerca de 8 a 12 horas. Depois desse tempo, ela só sobrevive se penetrar em um caramujo da família dos **planorbídeos** (*planos* = errante; *orbis* = mundo), do gênero *Biomphalaria*, que vive em água doce parada ou com pouca correnteza (figura 13.7).

Se conseguir penetrar no caramujo, o miracídio cresce e se desenvolve em um saco com centenas de células reprodutoras, o **esporocisto primário** (*sporo* = semente; *kystis* = bexiga). Este, por reprodução assexuada, forma vários **esporocistos secundários**, que originam outro tipo de larva, a **cercária** (*kerkos* = cauda). De um miracídio originam-se até 300 mil cercárias. Essa grande produção de larvas é comum em parasitas com mais de um hospedeiro e compensa a grande mortalidade que ocorre durante a passagem do parasita de um hospedeiro para outro. E essa passagem evita a competição entre as formas jovens e as adultas pelos recursos alimentares de um mesmo hospedeiro.

Figura 13.7 Ciclo do esquistossomo. O macho tem cerca de 1 cm de comprimento; os ovos, cerca de 0,15 mm; o miracídio, cerca de 0,16 mm; a cercária, cerca de 0,3 mm. (Os elementos da ilustração não estão na mesma escala; cores fantasia.)

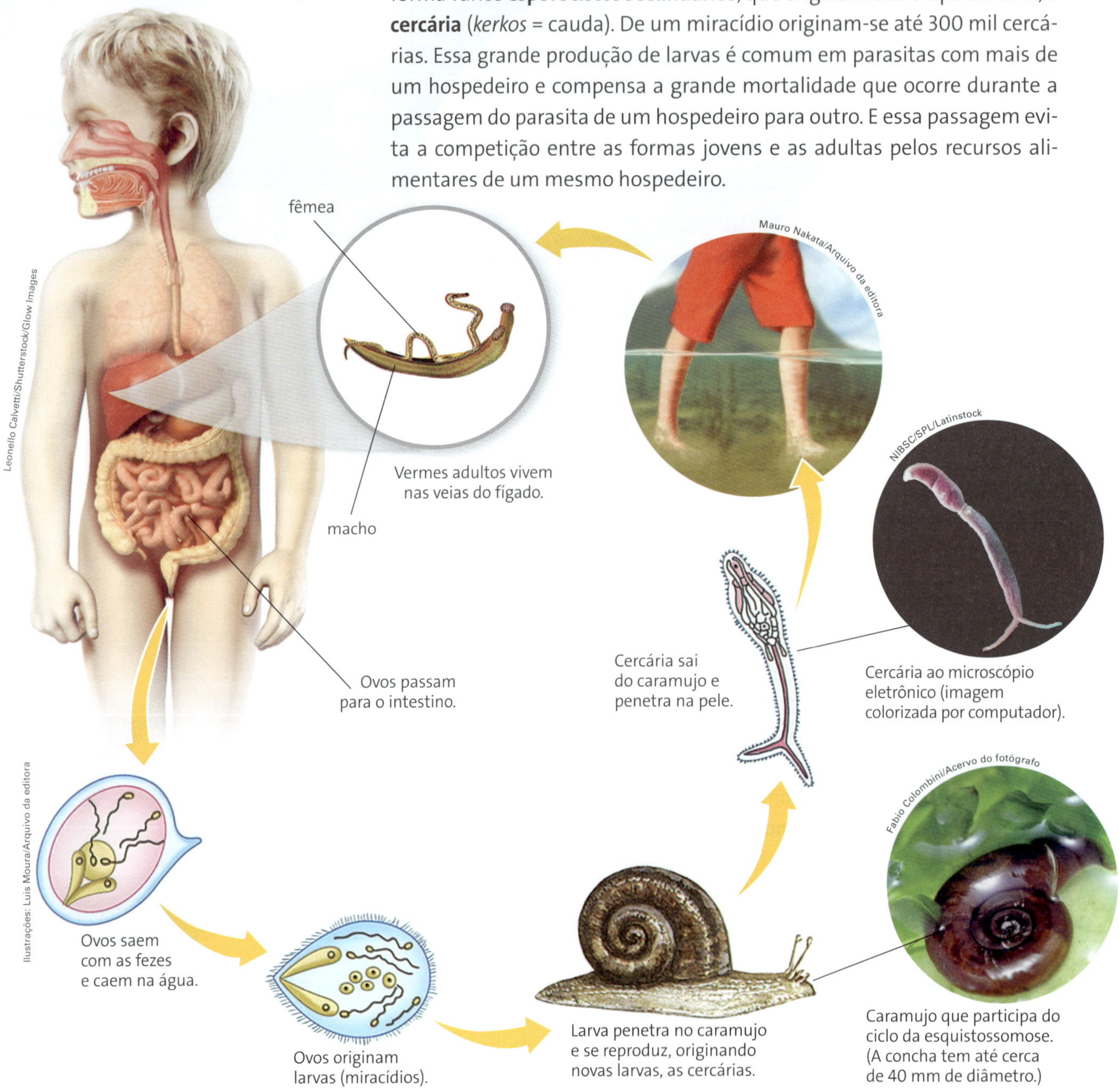

A cercária abandona o caramujo e pode viver livremente na água doce por até dois dias. Ela possui duas ventosas, cauda bifurcada e glândulas que auxiliam na penetração através da pele ou das mucosas do ser humano quando este entra em contato com água contaminada (bebendo, lavando roupa, tomando banho, etc.).

Ao penetrar na pele, a larva pode provocar uma reação alérgica, como coceira, vermelhidão e dor. Podem ocorrer problemas no fígado, no baço e no intestino, como diarreias, dores abdominais e emagrecimento. O baço e o fígado crescem, aumentando o volume da barriga (ascite ou "barriga-d'água"). Para combater a doença, além de tratar as pessoas afetadas (há medicamentos que destroem os vermes), é fundamental melhorar as condições econômicas da população. Moradias de melhor qualidade, com instalações sanitárias adequadas e sistema de esgoto eficiente, evitam que as fezes com os ovos atinjam os rios e, assim, impedem a propagação do verme. A população das regiões em que a doença é endêmica deve receber educação sanitária, com informações sobre hábitos elementares de higiene.

A água para beber tem de ser fervida (as cercárias podem penetrar pela mucosa bucal; as que chegam ao estômago são destruídas pelo suco gástrico). Não se deve entrar em rios nas horas mais quentes e luminosas do dia (das 10h às 16h), pois é esse o período de maior liberação de cercárias. O uso de luvas e botas de borracha também é um meio eficiente de evitar a contaminação. O controle do caramujo pode ser feito com produtos químicos ou por peixes que dele se alimentam (combate biológico).

## Biologia e ambiente

### O controle dos caramujos planorbídeos

O caramujo transmissor da esquistossomose pode ser combatido com produtos químicos, que, no entanto, podem matar também peixes e outros animais aquáticos.

Contra o caramujo tem sido usado também o controle ou combate biológico, por meio de predadores, competidores ou parasitas do caramujo. Nesse caso, pode ser usado outro caramujo, conhecido com o nome popular de aruá (figura 13.8), que devora os ovos do caramujo planorbídeo ou seus filhotes. São utilizados também patos, gansos e peixes, como a tilápia, que se alimentam do caramujo.

A vantagem é que esse tipo de combate não polui o ambiente. Mas sua ação é limitada por fatores ambientais, como a disponibilidade de opções alimentares ou a presença de outros predadores, com os quais o caramujo vai competir. Por essas razões, o uso do caramujo aruá no controle biológico ainda é uma técnica que está em estudo.

Por enquanto, as medidas mais eficazes ainda são o saneamento, o tratamento dos doentes e a educação sanitária.

Visuals Unlimited/Corbis/Latinstock

**Figura 13.8** Caramujo aruá, que pode ser uma opção no controle biológico dos planorbídeos.

# Cestódeos

Os principais exemplos dessa classe são a *Taenia solium*, a *Taenia saginata* (*tainia* = fita; o corpo desses animais apresenta forma de fita) e duas espécies de *Echinococcus*, vermes que se desenvolvem, principalmente, no tubo digestório dos vertebrados e causam doenças no ser humano (hospedeiro definitivo).

O corpo das tênias, também chamado **estróbilo** (*strobilus* = cone), é formado por uma repetição de segmentos ou anéis chamados **proglotes** ou **proglótides** (*proglottis* = ponta da língua), que crescem por divisão (**estrobilização**) dos anéis próximos da região anterior do verme, o **escólex** (*skólex* = verme). Nesta, há estruturas de fixação (**ventosas**) e, às vezes, uma coroa de ganchos (**rostro**, figura 13.9), que servem para prender o parasita na parede do intestino do hospedeiro.

Possuem uma cutícula protetora, vários cordões nervosos e até quatro canais excretores que percorrem todo o estróbilo. Cada anel é constituído por um sistema reprodutor hermafrodita, capaz de realizar a autofecundação.

Uma característica importante desse grupo é a ausência de tubo digestório, uma vez que esses vermes absorvem o alimento já digerido pelo intestino do hospedeiro.

Vamos estudar três problemas causados por cestódeos: a **teníase**, a **cisticercose** e a **hidatidose**.

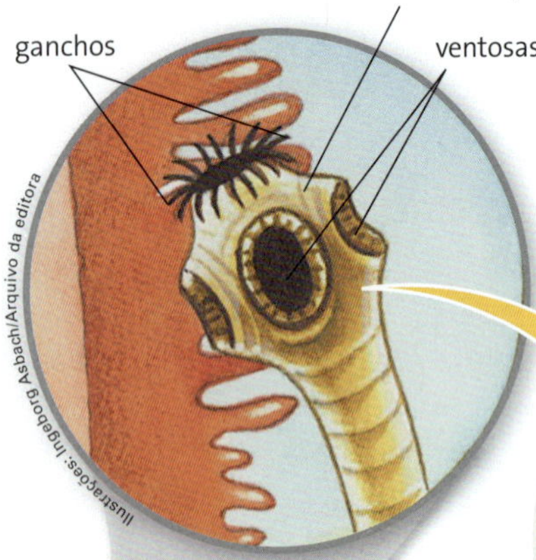


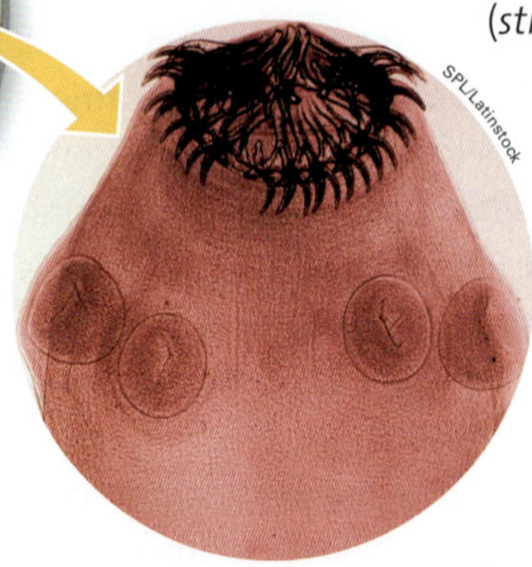

Escólex da tênia do porco (microscópio óptico; aumento de cerca de 15 vezes).

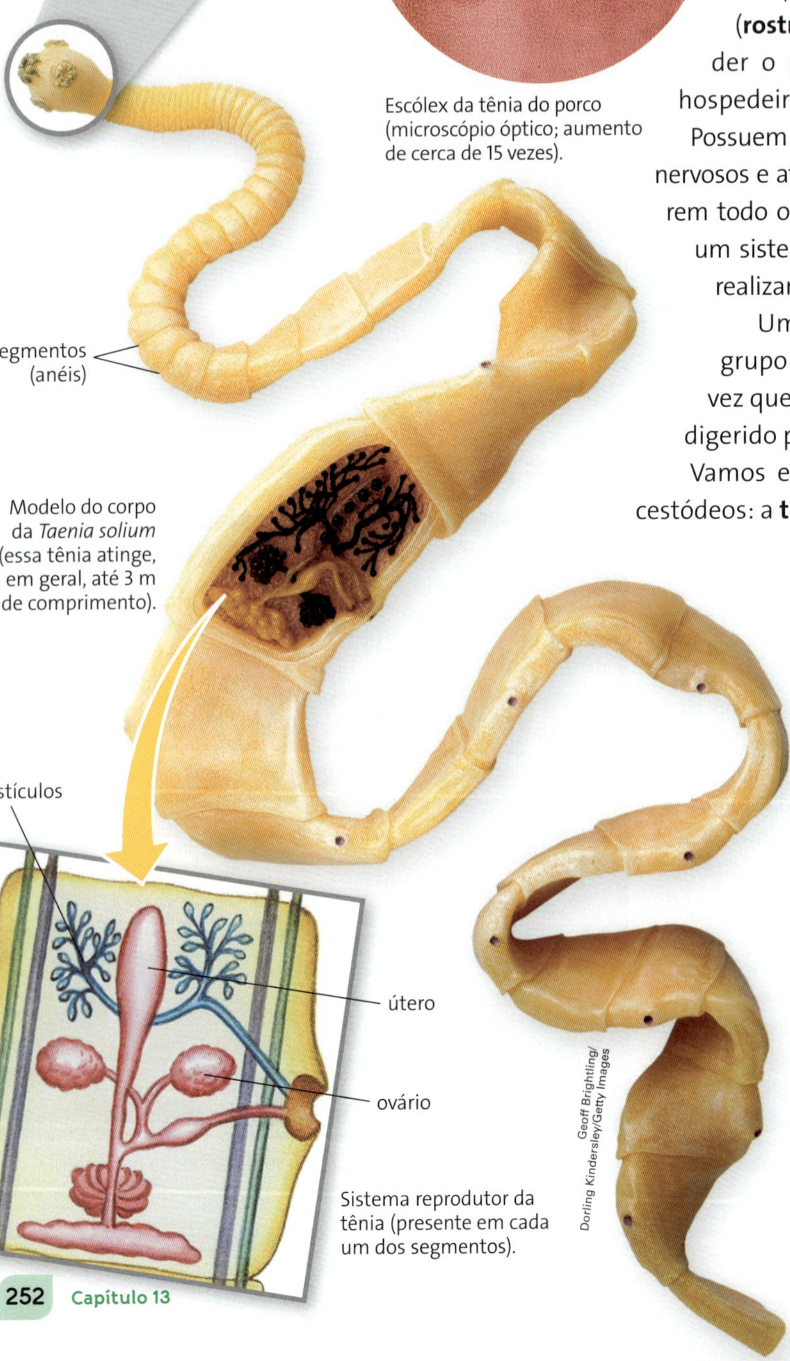


Escólex de tênia do boi (microscópio eletrônico; aumento de cerca de 25 vezes; colorizada por computador). O corpo dessa tênia atinge, em geral, até 8 m de comprimento.

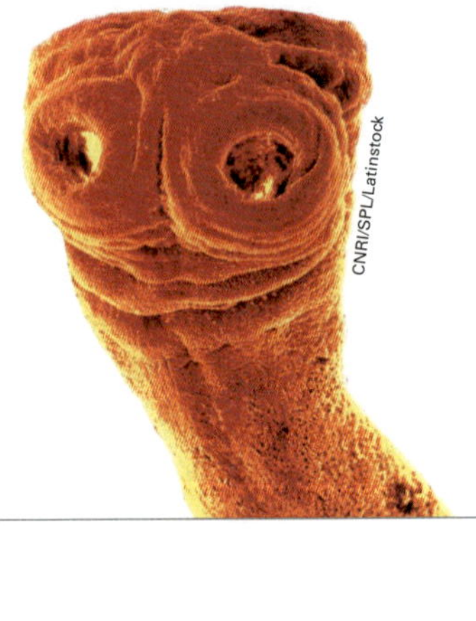


Figura 13.9 Estrutura do corpo da tênia (os elementos da figura não estão na mesma escala; cores fantasia).

A **teníase** é causada por duas espécies de tênia. O hospedeiro intermediário da *Taenia solium* é o porco, e o da *Taenia saginata* é o boi; o hospedeiro definitivo é o ser humano. A tênia adulta vive presa à parede do intestino delgado, onde ocorre a autofecundação. As proglotes fecundadas são expulsas com as fezes, desintegram-se e eliminam ovos que contêm um embrião esférico, portador de seis espinhos (figura 13.10). Esse embrião é chamado **oncosfera** (*ogkos* = tumor) ou **hexacanto** (*héx* = seis; *akantha* = espinho).

Cada proglote fecundada pode conter de 30 mil a 80 mil ovos, e é possível um indivíduo eliminar cerca de 700 mil ovos por dia (outro caso de adaptação à grande perda de ovos e larvas na passagem de um hospedeiro para outro).

Quando as fezes são depositadas no solo por falta de instalações sanitárias adequadas, os ovos podem contaminar água e verduras e ser ingeridos pelo porco ou pelo boi. No estômago destes, a casca do ovo é destruída, libertando a oncosfera, que fura a parede do intestino e vai alojar-se nos músculos do animal. Nestes, ela cresce e assume o aspecto de uma vesícula cheia de líquido (na qual há um escólex invaginado), o **cisticerco** (*kystis* = bexiga; *kerkos* = cauda). A olho nu, parece uma pequena esfera branca (por isso é popularmente chamado de canjiquinha). O ser humano contamina-se ao ingerir carne crua, mal-assada ou malcozida que contém cisticercos. Estes, no intestino delgado, desenvaginam o escólex, prendem-se à mucosa intestinal e alcançam o estágio adulto. Geralmente há apenas uma tênia no corpo da pessoa. Por isso, esses vermes são chamados também de **solitárias**.

Muitas vezes, a teníase não apresenta sintomas, mas há casos em que se constata dor abdominal, perda de peso, dor de cabeça, etc. O diagnóstico é feito pelo exame das fezes.

Figura 13.10 Ciclo de infecção da teníase (setas amarelas) e da cisticercose (seta vermelha). O corpo da tênia tem cerca de 1 000 proglotes. Os ovos têm, em média, 0,03 mm de diâmetro, e as larvas chegam a 12 mm de comprimento. Na foto, cisticerco (2 cm de diâmetro) no cérebro de uma pessoa com cisticercose (os elementos da ilustração não estão na mesma escala; cores fantasia).

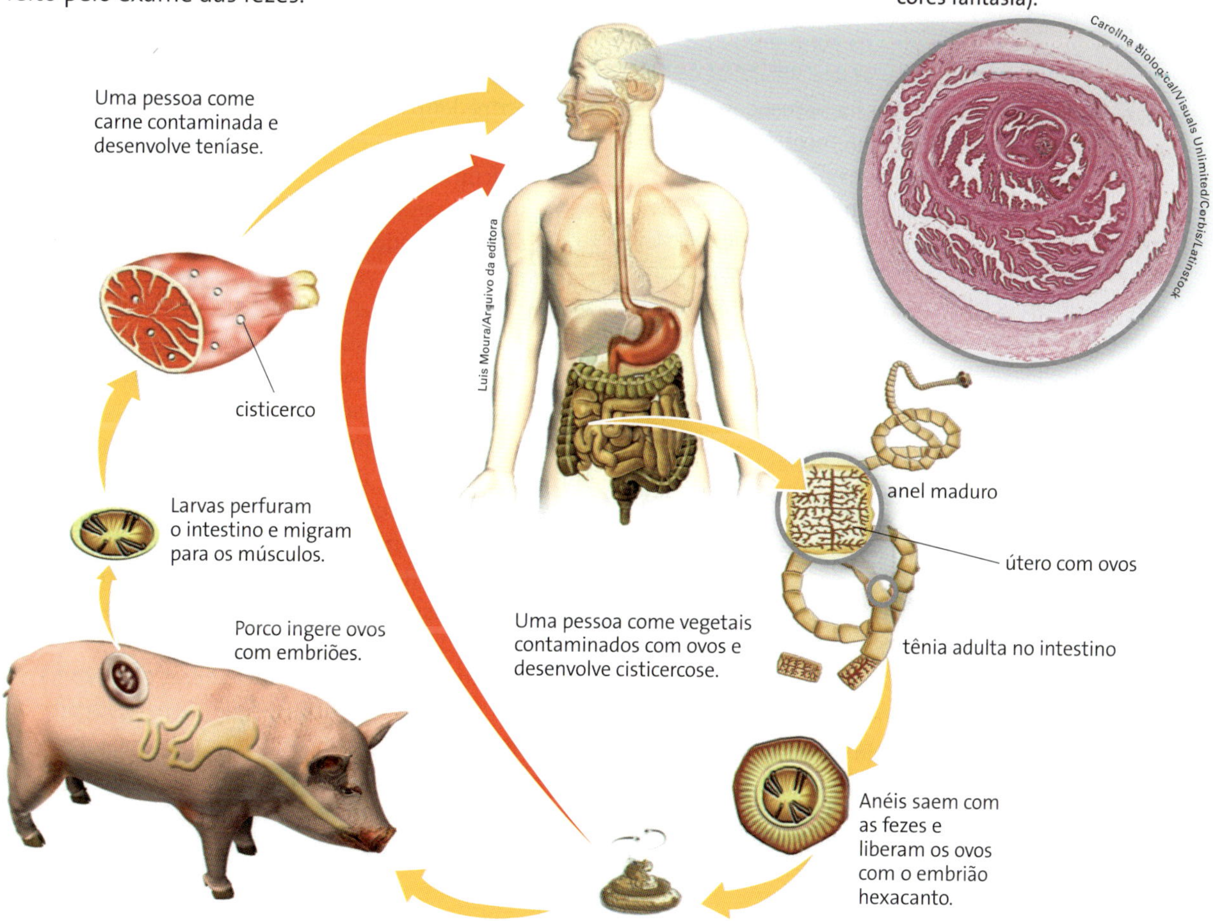

A **cisticercose humana** é uma doença mais grave que a teníase e desenvolve-se quando os ovos eliminados por um indivíduo infestado pela *Taenia solium* são transmitidos para ele próprio ou para outras pessoas através de mãos sujas ou água e alimentos contaminados (parece haver maior resistência natural do organismo contra a cisticercose por *Taenia saginata*).

Assim, enquanto na teníase o ser humano é o hospedeiro definitivo, na cisticercose ele é o hospedeiro intermediário (reveja a figura 13.10).

No intestino, as oncosferas são liberadas e passam para a circulação, indo se alojar nos olhos (cisticercose ocular), cérebro (neurocisticercose), pele, músculos, etc. A gravidade da doença depende do órgão atingido e pode levar à cegueira ou até à morte. O tratamento pode ser feito com cirurgias e medicamentos que destroem o cisticerco.

As medidas preventivas contra cisticercose humana incluem, além de medidas de saneamento básico, hábitos de higiene pessoal, como lavar as mãos antes de manipular alimentos ou após a evacuação, não levar a mão suja à boca e comer alimentos bem higienizados. Já as medidas para a prevenção da teníase incluem o uso de vasos sanitários ligados à rede de esgotos, fossas adequadamente tratadas e inspeção sanitária dos matadouros, com eliminação da carne de animais contaminados. A medida individual mais importante para evitar a teníase é evitar a ingestão de carne crua ou malcozida.

## Aprofunde seus conhecimentos

### Adaptações parasitárias

Em muitos parasitas o sistema nervoso, os órgãos dos sentidos e o sistema de locomoção estão atrofiados, o que é uma adaptação encontrada em muitos animais que permanecem em contato com a fonte de alimento (no caso, o hospedeiro). Ao contrário, órgãos de fixação, como ventosas e ganchos, e, algumas vezes, órgãos para a penetração no hospedeiro costumam estar bem desenvolvidos. Nos casos em que o parasita absorve alimento pela superfície de seu corpo, o tubo digestório é reduzido ou até ausente, como na tênia. Em outros, a pele é coberta por uma cutícula protetora grossa e, em outros ainda, o tubo digestório está presente.

O sistema reprodutivo dos parasitas é muito desenvolvido, capaz de produzir grande número de gametas e ovos, o que compensa a alta mortalidade que ocorre quando passam do corpo de um hospedeiro para outro. O hermafroditismo é outra adaptação que aumenta a capacidade de reprodução, uma vez que todos os indivíduos produzem ovos, além de resolver situações em que haja dificuldade de encontro entre dois parceiros (no caso do esquistossomo, a fêmea aloja-se em um canal no corpo do macho). A reprodução assexuada, pelo menos em alguma fase da vida, também aumenta o potencial reprodutivo.

Os hospedeiros intermediários ampliam a área de ação dos parasitas e possuem características ou hábitos que facilitam sua entrada no hospedeiro definitivo. Alguns parasitas provocam mudanças no comportamento do hospedeiro que acabam facilitando sua transmissão. Alguns vermes fazem os peixes que lhes servem de hospedeiros intermediários dar saltos fora da água, o que facilita sua captura por pássaros predadores, que funcionam como hospedeiros definitivos. Um parasita de formigas faz com que elas se agarrem às partes altas da grama, o que facilita sua ingestão por bois ou ovelhas (hospedeiros definitivos). Ratos infectados com o protozoário *Toxoplasma gondii*, causador da toxoplasmose, perdem o medo natural de gatos, aumentando a chance de serem ingeridos e facilitando a transmissão do parasita para o hospedeiro definitivo.

No entanto, é preciso sempre lembrar que não há nenhuma "intenção" ou "consciência" do parasita nessas mudanças comportamentais. O que houve foi um processo evolutivo em que parasitas mutantes capazes de alterar certos comportamentos aumentaram sua chance de sobrevivência.

## Atividades

1. Reveja a figura 13.1: observe que o tubo digestório da planária possui muitas ramificações, estendendo-se por praticamente todo o corpo do animal. Estabeleça uma relação entre esse fato e a ausência de sistema circulatório nesses animais.

2. Na "cabeça" de uma tênia não há órgãos sensoriais (ocelos, por exemplo) nem boca, há apenas órgãos de fixação. Já na "cabeça" das planárias há órgãos capazes de perceber a luz e de detectar substâncias químicas do ambiente.
   a) Explique essas diferenças morfológicas em função do modo de vida dos dois exemplos de vermes platelmintos.
   b) No caso da planária, qual a vantagem da localização dos órgãos dos sentidos e de gânglios cerebrais na região anterior do corpo?

3. Apesar de poderem atingir vários metros de comprimento, as tênias não possuem sistema circulatório nem sistema digestório. Explique por que a falta desses sistemas não constitui um problema para esses animais.

4. Nas fezes de uma pessoa com teníase pode haver até 700 mil ovos por dia, porque cada proglote madura da tênia contém em torno de 80 mil ovos. Uma fêmea de esquistossomo é mais modesta, mas, ainda assim, produz cerca de 400 ovos por dia, que saem com as fezes do hospedeiro. Pense no ciclo vital dos dois parasitas e explique por que a produção de uma grande quantidade de ovos é importante para a sobrevivência dessas espécies.

5. Durante a apresentação de um trabalho, um estudante afirmou que a carne de porco malcozida pode transmitir cisticercose e teníase. Você concorda com ele? Justifique sua resposta.

6. Em alguns locais do Brasil, onde as pessoas tomam banho ou nadam em lagoas ou açudes, costuma-se dizer: "Se nadou e depois coçou, é porque pegou". Explique a que doença essa expressão se refere e justifique sua resposta.

7. Ordene os acontecimentos abaixo na sequência correta do ciclo do esquistossomo. Comece pela fase do ovo no intestino humano:
   – ovo no intestino humano;
   – larva penetra (miracídio) no caramujo;
   – vermes adultos no sangue;
   – ovos na água;
   – larva penetra na pele;
   – larva (cercária) sai do caramujo.

8. Por que a cavidade do intestino é um ambiente propício para vermes parasitas?

9. Por que os ovos dos parasitas costumam ter películas protetoras?

10. Alguns vermes, como o esquistossomo, são capazes de incorporar certos antígenos do hospedeiro na superfície do corpo. Que vantagem você considera que isso traz para esses parasitas?

11. Um abatedouro foi fechado pela inspeção do Ministério da Agricultura, Pecuária e Abastecimento e teve mais de 600 kg de carne de porco e de boi apreendidos. O dono protestou, indignado, dizendo que em seu estabelecimento a carne ficava sob refrigeração constante e, portanto, não poderia estar estragada. Com base no que você aprendeu neste capítulo, explique qual pode ter sido o problema apresentado pela carne apreendida no abatedouro.

12. Por que o nome do filo dos animais deste capítulo é "platelmintos"?

13. Com relação às verminoses causadas por platelmintos, indique as afirmativas verdadeiras.
   a) Os platelmintos possuem respiração cutânea.
   b) A instalação de rede de esgotos ajuda a evitar a esquistossomose.
   c) A esquistossomose pode ser transmitida se uma pessoa levar a mão à boca e nela houver ovos do esquistossomo.
   d) A distribuição dos alimentos nos platelmintos é feita pelo sangue.
   e) A tênia é um parasita que vive no intestino humano.
   f) O exame de fezes pode indicar a presença de tênias e esquistossomos nos seres humanos.
   g) A excreção nas planárias é feita por células-flama.
   h) Para ajudar a prevenir a cisticercose, é importante tomar água tratada e não comer verduras e frutas mal-lavadas.
   i) O combate ao caramujo transmissor ajuda a evitar a cisticercose.
   j) A fiscalização da carne nos abatedouros ajuda a evitar a teníase.
   k) Se uma pessoa tem cisticercose é porque ingeriu ovos de tênia.
   l) A esquistossomose pode ser transmitida se uma pessoa nadar em lagoas onde há caramujos com larvas de esquistossomo.

# Vestibulares de Norte a Sul

1. **SE** (Unicamp-SP) A teníase e a cisticercose são doenças parasitárias que ainda preocupam as entidades sanitaristas. São medidas que controlam a incidência de casos dessas parasitoses: lavar bem os alimentos e tomar água fervida ou filtrada, para evitar a
   a) ingestão de ovos dos platelmintos causadores dessas doenças; e controlar as populações de caramujos, que são hospedeiros intermediários dos platelmintos.
   b) ingestão de ovos dos nematelmintos, além de cozinhar bem as carnes de porco e de boi, ambos portadores desses nematelmintos.
   c) ingestão de cisticercos; e controlar a população de insetos vetores, como o barbeiro, que transmite os ovos do parasita ao picar o homem.
   d) ingestão de ovos do parasita; e cozinhar adequadamente as carnes de porco e de boi para evitar a ingestão de cisticercos.

2. **SE** (Fuvest-SP) Uma criança foi internada em um hospital com convulsões e problemas neurológicos. Após vários exames, foi diagnosticada cisticercose cerebral. A mãe da criança iniciou, então, um processo contra o açougue do qual comprava carne todos os dias, alegando que este lhe forneceu carne contaminada com o verme causador da cisticercose. A acusação contra o açougue:
   a) não tem fundamento, pois a cisticercose é transmitida pela ingestão de ovos de tênia eliminados nas fezes dos hospedeiros.
   b) não tem fundamento, pois a cisticercose não é transmitida pelo consumo de carne, mas, sim, pela picada de mosquitos vetores.
   c) não tem fundamento, pois a cisticercose é contraída quando a criança nada em lagoas onde vivem caramujos hospedeiros do verme.
   d) tem fundamento, pois a cisticercose é transmitida pelo consumo de carne contaminada por larvas encistadas, os cisticercos.
   e) tem fundamento, pois a cisticercose é transmitida pelo consumo dos ovos da tênia, os cisticercos, que ficam alojados na carne do animal hospedeiro.

3. **S** (PUC-PR) Os cuidados a serem tomados para prevenção da malária e da esquistossomose são, respectivamente:
   a) eliminar focos de mosquitos e combater os caramujos transmissores.
   b) tratar os doentes com quinino e não andar descalço.
   c) evitar banhar-se em lagoas e melhorar as condições de moradia.
   d) destinar adequadamente as fezes humanas e cozinhar bem as carnes.
   e) não comer verduras e frutas mal-lavadas e tomar água tratada.

4. **CO** (Unemat-MT) Sobre os platelmintos, é correto afirmar que todos são:
   a) poliquetas, celomados, não possuem células-flama e pertencem à classe de hirudíneos.
   b) poliquetas, acelomados, possuem células-flama e pertencem à classe dos trematódos e céstodes.
   c) triblásticos, celomados, possuem células-flama e pertencem à classe dos trematódos e céstodos.
   d) triblásticos, acelomados, possuem células-flama e não pertencem à classe dos trematódos e céstodos.
   e) triblásticos, acelomados, possuem células-flama e pertencem à classe de trematódos e céstodes.

5. **SE** (UFMG) Observe as figuras que se referem ao ciclo da esquistossomose mansônica.

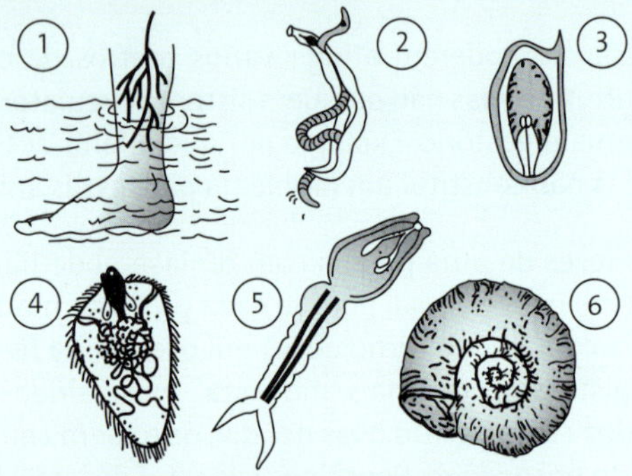


   Em relação às figuras, é correto afirmar que:
   a) a infecção ocorre em 1 pelas formas 3, 4 e 5.
   b) a meiose ocorre da fase 3 para a fase 4.
   c) a passagem do indivíduo 5 pelo indivíduo 6 é necessária para que ele dê origem a 4.
   d) o indivíduo indicado por 6 é o hospedeiro definitivo do parasita.
   e) os indivíduos indicados em 2 localizam-se no sistema porta-hepático de 1.

6. **SE** (Fuvest-SP) Impedir que as larvas penetrem na pele, que os ovos caiam na água e destruir os caramujos são maneiras de controlar a transmissão da:
   a) malária.
   b) doença de Chagas.
   c) esquistossomose.
   d) febre amarela.
   e) cisticercose.

7. **SE** (Fatec-SP) As planárias são vermes acelomados, pequenos e achatados dorsoventralmente; apresentam um tubo digestório com inúmeras ramificações.
   O tamanho e a forma da planária estão diretamente relacionados:
   a) à capacidade regenerativa de seu mesênquima.
   b) ao sistema ganglionar ventral.
   c) à presença de células-flama.
   d) aos ocelos acima dos gânglios cerebroides.
   e) à ausência de um sistema circulatório.

8. **SE** (PUC-RJ) Sabemos que é desaconselhável comer carne de porco crua porque podemos contrair uma doença, que se caracteriza por ingestão de:

a) cistos de *Taenia* e seu desenvolvimento no trato intestinal.
b) ovos de *Taenia* e seu desenvolvimento nos órgãos em geral.
c) ovos de *Trypanosoma* e seu desenvolvimento no trato intestinal.
d) larvas de moscas e seu desenvolvimento nos órgãos em geral.
e) toxinas bacterianas e desenvolvimento de diarreia.

9. **SE** (UFJF-MG) A esquistossomose intestinal é uma doença parasitária causada pelo *Schistosoma mansoni* (Platyhelminthes, Trematoda, Digenea), também conhecida como "xistose" ou "barriga-d'água". O Brasil é um foco endêmico da esquistossomose, com mais de seis milhões de pessoas infectadas.

O ciclo do *Schistosoma mansoni* envolve dois hospedeiros; o homem é o hospedeiro definitivo e os caramujos aquáticos do gênero *Biomphalaria* são os hospedeiros intermediários.

As formas de controle da doença envolvem o tratamento das pessoas doentes, a implantação de medidas de saneamento básico e a eliminação dos moluscos hospedeiros intermediários.

Sobre as formas de controle da doença mencionadas acima, leia as seguintes afirmativas:

I. O tratamento das pessoas doentes por meio do uso de medicação anti-helmíntica visa à eliminação das formas adultas do parasito, as quais só estão presentes no hospedeiro definitivo.
II. O tratamento das pessoas doentes por meio do uso de medicação anti-helmíntica visa à eliminação das formas larvais do parasito, que só estão presentes no hospedeiro definitivo.
III. A implantação de medidas de saneamento básico impede que os ovos do parasito, eliminados com as fezes do hospedeiro definitivo, cheguem aos corpos de água (rios, açudes, córregos) e liberem os miracídios, que são larvas infectantes para os hospedeiros intermediários.
IV. A eliminação dos moluscos visa à interrupção do ciclo do parasito, uma vez que as cercárias, que são as formas infectantes para os humanos, só se desenvolvem nos moluscos hospedeiros intermediários.
V. A eliminação dos moluscos visa à interrupção do ciclo do parasito, uma vez que os ovos do *Schistosoma mansoni*, que são as formas infectantes para os humanos, são eliminados com as fezes dos moluscos.

Estão corretas:

a) as afirmativas I, II e III.
b) as afirmativas II, III e IV.
c) as afirmativas I, III e IV.
d) as afirmativas I, IV e V.
e) as afirmativas II, IV e V.

10. **S** (Cefet-SC) Formularam-se algumas hipóteses sobre o motivo de uma criança ter contraído teníase.

I. Ingeriu carne contaminada.
II. Andou descalça sobre terra.
III. Bebeu água não potável.
IV. Nadou em lagoas com caramujos.

É (São) procedente(s) somente a(s) hipótese(s):

a) I.
b) I e IV.
c) II.
d) II e III.
e) III.

11. **CO** (UEG-GO) *Genoma contra a esquistossomose*

*Mapas do DNA ativo do parasita abrem caminhos para a criação de vacinas para resistência do verme a medicamentos*

Com os dados sobre o DNA dos vermes que afetam respectivamente a América Latina e a Ásia, além de algumas regiões da África, no caso do *Schistossoma mansoni*, deve ser possível obter informações cruciais sobre como as esquistossomoses interagem com os organismos de seus hospedeiros em nível molecular. Os mecanismos usados pelo verme para escapar da vigilância do sistema-imune e para se aproveitar do metabolismo humano poderão ser dirigidos contra ele, permitindo o desenvolvimento de novos medicamento e vacinas.

VERJOVSKI-ALMEIDA, S.; DEMARCO, R. Genoma contra a esquistossomose. *Scientific American*, 28. ed., set. 2004.

Sobre essa temática, é **correto** afirmar:

a) Os esquistossomos se reproduzem sexuadamente antes de serem despejados na água para infectar ou reinfectar novas vítimas humanas; assim, eliminar os caramujos é a única medida profilática eficaz no combate à esquistossomose.
b) O *Schistossoma* é um animal pequeno, com machos e fêmeas idênticos, reconhecidos por sua morfologia externa e sistemas sexuais apresentando ausência de dimorfismo sexual.
c) Os esquistossomos que infectam seres humanos se reproduzem em moluscos aquáticos, sendo uma das medidas para sua erradicação a eliminação de lesmas, caracóis e caramujos de água doce.
d) O *Schistossoma mansoni* é um importante parasita humano que vive nos planorbídeos, cefalópodes pulmonados de *habitat* dulcícola e que representa o grupo mais numeroso e diversificado dos moluscos

12. **N** (Ufac) Platelmintos são animais de corpo achatado dorsoventralmente. Alguns representantes do filo têm vida livre, sendo aquáticos ou terrestres. Outros são parasitas. Nesses indivíduos faltam os sistemas:

I. Respiratório.
II. Digestório.
III. Circulatório.
IV. Excretor.
V. Nervoso.

Assinale:

a) se I e II forem corretas.
b) se I e III forem corretas.
c) se II e IV forem corretas.
d) se II e III forem corretas.
e) se III e V forem corretas.

13. **NE** (UFRN) Leia o texto que segue:

"A esquistossomose mansônica é uma endemia mundial, ocorrendo em 52 países e territórios, principalmente na América do Sul, Caribe, África e Leste do Mediterrâneo, onde atinge as regiões do Delta do Nilo, além de países como Egito e Sudão. No Brasil, a transmissão ocorre em 19 estados, numa faixa contínua ao longo do litoral, desde o Rio Grande do Norte até a Bahia, na região Nordeste, alcançando o interior do Espírito Santo e Minas Gerais, no Sudeste."

Brasil. Ministério da Saúde. Secretaria de Vigilância em Saúde. *Guia de vigilância epidemiológica*/Ministério da Saúde, Secretaria de Vigilância em Saúde. 6. ed. Brasília: Ministério da Saúde, 2005.

O texto ressalta a grande ocorrência da esquistossomose no mundo e no Brasil, permitindo pensar suas formas de prevenção. Sabe-se que as ações de educação em saúde e a mobilização comunitária são muito importantes no controle desse mal, e que o saneamento ambiental é da maior eficácia para as modificações de caráter permanente das condições de transmissão da esquistossomose. Com o objetivo de quebrar o ciclo de vida do parasita, para prevenir essa doença, deve-se

a) exterminar as populações de caramujos que infectam os hospedeiros intermediários.
b) incentivar o uso de água potável e construir aterros para eliminar coleções hídricas que sejam criadouros de mosquitos.
c) impedir que os ovos do parasita presentes nas fezes de uma pessoa contaminem corpos aquáticos.
d) controlar as populações de nematódeos, hospedeiros intermediários do parasita.

14. **S** (UFPR) A tabela abaixo mostra o número de casos de cinco doenças notificadas pelo Hospital de Clínicas da UFPR entre os anos 2004 e 2007.

| | 2004 | 2005 | 2006 | 2007 | Total |
|---|---|---|---|---|---|
| Cisticercose | 23 | 12 | 24 | 13 | 72 |
| Dengue | 1 | 3 | 3 | 12 | 19 |
| Esquistossomose | 1 | 0 | 1 | 1 | 3 |
| Leishmaniose tegumentar | 13 | 13 | 9 | 8 | 43 |
| Malária | 12 | 5 | 3 | 2 | 22 |
| Total anual | 50 | 33 | 40 | 36 | 159 |

(Fonte: Boletim Epidemiológico HC – outubro 2008.)

A partir dos dados da tabela, é correto afirmar que entre 2004 e 2007:

a) o número de casos de doenças causadas por protozoários superou o número de casos de doenças causadas por vírus.
b) o número de casos de doenças causadas por bactérias superou o número daquelas causadas por vírus.
c) o número de casos de doenças causadas por vermes representou mais da metade do número total de casos apresentados.
d) o número de casos de doenças causadas por fungos superou o número de casos de doenças causadas por protozoários.
e) o número de casos de doenças transmitidas por mosquitos representa menos da metade do número total de casos apresentados.

15. **SE** (UFRRJ) Em um estudo sobre variabilidade genética, um pesquisador utilizou como modelo de estudo para as suas análises a *Taenia solium* e o *Schistosoma mansoni*. Indique em qual dos modelos de estudo utilizados foi observada uma maior variabilidade genética. Justifique a razão desse resultado pelo pesquisador.

16. **SE** (Unifesp) Agentes de saúde pretendem fornecer um curso para moradores em áreas com alta ocorrência de tênias (*Taenia solium*) e esquistossomos (*Schistosoma mansoni*). A ideia é prevenir a população das doenças causadas por esses organismos.

a) Em qual das duas situações é necessário alertar a população para o perigo do contágio direto, pessoa a pessoa? Justifique.
b) Cite duas medidas – uma para cada doença – que dependem de infraestrutura criada pelo poder público para preveni-las.

17. **S** (UEL-PR) No cladograma a seguir, as letras representam grupos de animais caracterizados de acordo com a legenda. Na falta de saneamento básico e de inspeção das carnes de porco e de boi, observa-se a ocorrência de uma parasitose em humanos.

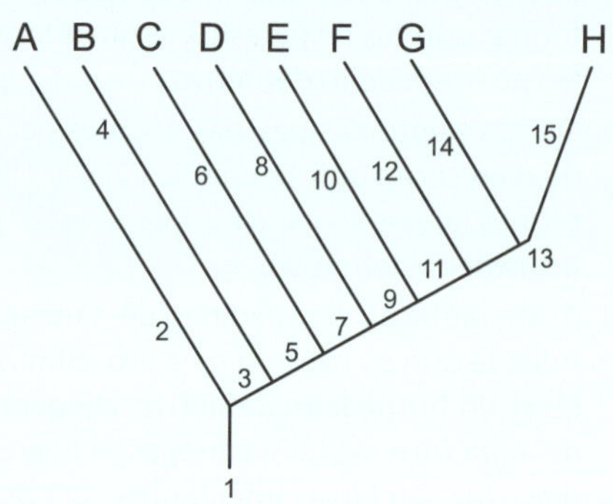


Interbits®

1. Multicelularidade
2. Sem tecidos verdadeiros
3. Simetria radial
4. Sistema nervoso organizado em rede não centralizada
5. Simetria bilateral
6. Endoparasita sem intestino
7. Notocorda
8. Nadadeiras raiadas
9. Membros utilizados para locomoção terrestre
10. Deposição de ovos na água
11. Primeiros vertebrados totalmente terrestres
12. Ectotermia
13. Endotermia
14. Presença de penas
15. Presença de glândulas mamárias

a) Identifique a parasitose e, pelas letras, os animais nela envolvidos.
b) Explique as formas de infestação nos hospedeiros.

CAPÍTULO

# 14 Nematódeos

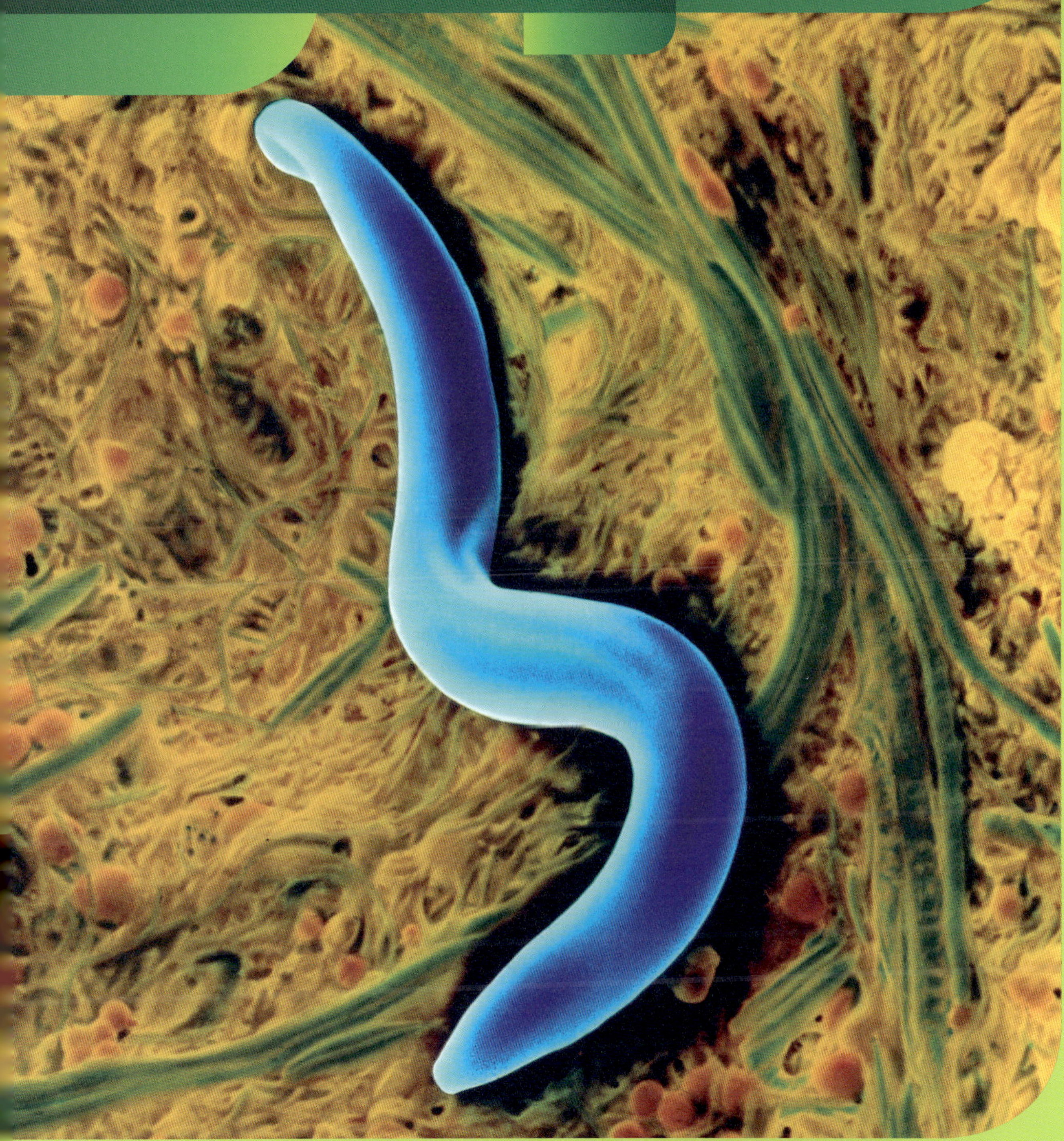

Microfield Scientific Ltd/SPL/Latinstock

Nematódeo visto ao microscópio eletrônico de varredura (imagem colorizada por computador).

- *Quais são as características dos nematódeos?*
- *Que doenças eles causam no ser humano?*

## 1 Morfologia e fisiologia

Na classificação dos organismos, o filo **Nematoda** (**nematódeos**, **nematoides** ou **nematelmintos**) fazia parte de uma classe do filo dos **asquelmintos**. Hoje, o termo *asquelminto* designa um conjunto de oito filos, do qual os nematódeos são os representantes mais numerosos. Esses animais estão espalhados em grande quantidade no solo, na água e como parasitas de animais e vegetais. Em um punhado de solo, podem existir centenas de milhares desses pequenos nematódeos.

Os nematódeos são vermes com o corpo alongado, cilíndrico e afilado nas extremidades, assemelhando-se a um fio (*nema* = filamento; figura 14.1). Muitos são microscópicos; outros medem poucos milímetros ou centímetros de comprimento. A simetria desses animais é bilateral.

Assim como os platelmintos, os nematódeos são triblásticos. Mas, ao contrário daqueles, apresentam uma cavidade corporal entre o intestino e a epiderme, chamada de pseudoceloma. Por isso que, quando observado em corte, o verme adquire o aspecto de um tubo com outro tubo (o digestório) em seu interior (daí o nome asquelminto, *asco* = saco; e *helminto* = verme).

Esse pseudoceloma proporciona mais espaço para o desenvolvimento dos órgãos. O líquido que preenche essa cavidade ajuda a distribuir nutrientes e outras substâncias pelo corpo, além de facilitar a eliminação das excretas e de funcionar como um esqueleto hidrostático. Assim, a sustentação do animal é dada pela pressão do líquido do pseudoceloma.

O corpo dos nematódeos é coberto por uma película muito resistente e flexível, secretada pela epiderme, a **cutícula**. Essa estrutura é rica em fibras colágenas e protege o corpo do animal contra o atrito de partículas do solo ou, nas espécies parasitas, contra as defesas do hospedeiro. Não há esqueleto rígido, e sob a epiderme existe uma camada de músculos longitudinais. Os músculos atuam contra a cutícula e contra a pressão do líquido que preenche a cavidade corporal (esqueleto hidrostático).

Os nematódeos apresentam movimentos ondulatórios, que podem ser bem rápidos, como se o animal desse chicotadas com o corpo. Esse tipo de movimento, aliado ao fato de o corpo ser afilado, permite que os nematódeos de vida livre se desloquem com mais facilidade entre as partículas do solo.

Nigel Cattlin/Photoresearchers/Latinstock

Figura 14.1 Nematódeo em meio à madeira apodrecida de uma árvore.

Esses animais apresentam tubo digestório completo, com boca e ânus, nas fêmeas, e cloaca (abertura comum ao sistema digestório e reprodutor) nos machos (figura 14.2). A digestão é extra e intracelular. Em alguns parasitas, o intestino apenas absorve o alimento já digerido pelo hospedeiro.

Não há sistema respiratório nem circulatório. A respiração é feita por difusão dos gases através da superfície do corpo; enquanto os nutrientes resultantes da digestão intracelular são lançados no líquido que preenche o pseudoceloma e difundidos para as demais células do corpo.

Como sistema excretor, há uma célula grande com a forma da letra "H" ou um par de células alongadas em forma de saco (**renetes**). Ambas abrem-se para o exterior por meio de um poro na epiderme.

O sistema nervoso é centralizado, com um anel na região anterior do corpo, do qual partem cordões nervosos longitudinais.

Na maioria dos casos, os sexos são separados (figura 14.2). Os machos possuem **testículos**, onde são produzidos os espermatozoides, além de **glândulas anexas**, que produzem líquidos para o transporte dos gametas. E as fêmeas possuem **ovários**, que produzem óvulos, **ovidutos**, que levam os óvulos fecundados para dois **úteros**, e uma **vagina**.

A fecundação é interna e do ovo sai uma forma jovem semelhante ao adulto (mas sem sistema reprodutor), que troca de cutícula (mudas) à medida que cresce.

Em alguns casos há partenogênese: o óvulo se desenvolve sem ter sido fecundado e origina um novo indivíduo.

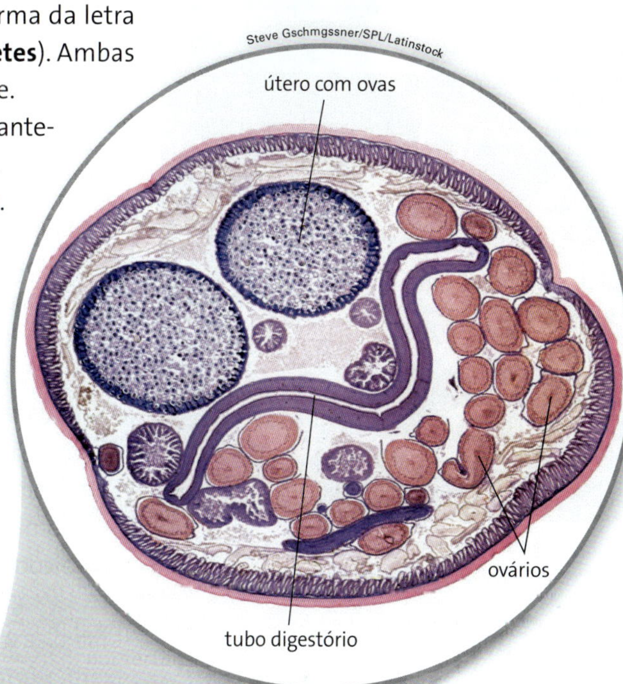


**Fêmea de *Ascaris* (corte longitudinal).**

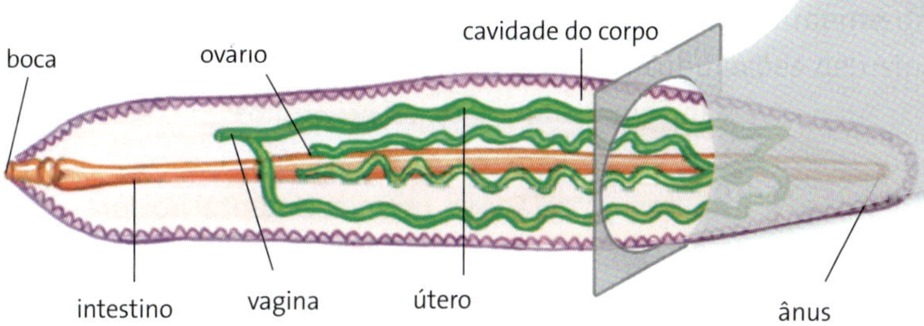


**Macho de *Ascaris***

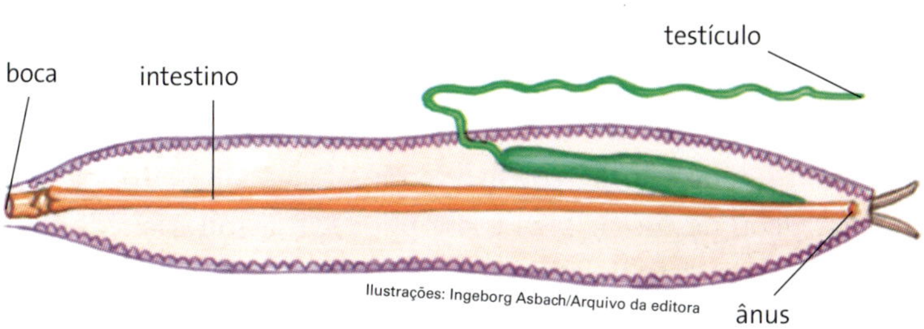


Figura 14.2 Organização interna do corpo de nematódeos macho e fêmea (os elementos ilustrados não estão na mesma escala; o comprimento dos vermes vai de 15 cm a 40 cm; cores fantasia). Na foto, corte transversal do corpo de uma fêmea de *Ascaris* (microscópio óptico; aumento de 13 vezes; com uso de corantes).

**ATENÇÃO!**

As informações sobre questões de saúde deste capítulo não substituem a orientação médica nem podem ser usadas para diagnóstico, tratamento ou prevenção de doenças.

Sinclair Stammers/SPL/Latinstock

Figura 14.3 Lombrigas (*Ascaris lumbricoides*) em placa de petri.

## 2 Principais parasitoses humanas

Entre os nematódeos, há parasitas que apresentam apenas um hospedeiro. Eles são chamados parasitas **monóxenos** (*mono* = um; *xenos* = estranho, hóspede). Já os que apresentam mais de um hospedeiro no ciclo de vida são chamados **heteróxenos** (*hetero* = diferente). Vejamos o ciclo de alguns deles e as doenças que provocam.

### Ascaridíase

Também chamada **ascaríase**, é causada pelo *Ascaris lumbricoides*, conhecida popularmente como **lombriga** (*lumbricu* = minhoca, embora a minhoca seja representante de outro filo, o dos anelídeos). Veja a figura 14.3. Os vermes adultos medem entre 15 cm e 40 cm de comprimento e desenvolvem-se no intestino delgado do hospedeiro, onde macho e fêmea se acasalam. A fêmea produz até 200 mil ovos por dia, cada um com cerca de 50 μm de diâmetro. Os ovos são expulsos com as fezes do hospedeiro e, em condições favoráveis de umidade e temperatura, dão origem a uma larva infectante.

Não havendo saneamento básico (esgoto ou fossa), os ovos podem chegar ao solo e contaminar água e alimentos. É por isso que crianças que costumam levar as mãos sujas de terra à boca contaminam-se mais facilmente. Hortaliças regadas com água contaminada de rios e córregos também podem apresentar ovos. Moscas, baratas e outros insetos também podem espalhá-los.

No intestino, os ovos eclodem e libertam as larvas. Estas, antes de se instalarem nesse órgão, migram pelo corpo, sofrem várias mudanças, à medida que se transformam em adultos, e adquirem uma cutícula que as protege dos sucos digestivos. Elas atravessam a parede intestinal e caem nas veias e nos vasos linfáticos, chegando, dois ou três dias depois, ao coração, do qual são levadas para os pulmões e passam para os alvéolos, subindo pelos brônquios e pela traqueia até chegarem à laringe. Passam, então, para a faringe, vão para o estômago e, já adultas, instalam-se definitivamente no intestino delgado (figura 14.4).

A gravidade da doença depende da quantidade de vermes que o hospedeiro abriga. Infestações pequenas podem passar despercebidas; as intensas, porém, com cinquenta ou mais vermes, podem provocar obstrução intestinal. O desvio dos nutrientes do hospedeiro para o parasita é mais grave se aquele for mal alimentado, subnutrido ou muito jovem. Podem aparecer manifestações alérgicas, como urticária, cólicas, diarreias, prisão de ventre, tosse seca e chiado (uma vez que as larvas passam pelos pulmões e podem provocar lesões nesses órgãos).

O tratamento com medicamentos que eliminam os vermes é muito eficiente. A prevenção consiste na instalação de redes de esgotos, construção de fossas sépticas e educação sanitária, criando hábitos de higiene pessoal (lavar as mãos antes de tocar nos alimentos, de comer, etc.).

OED Verminoses

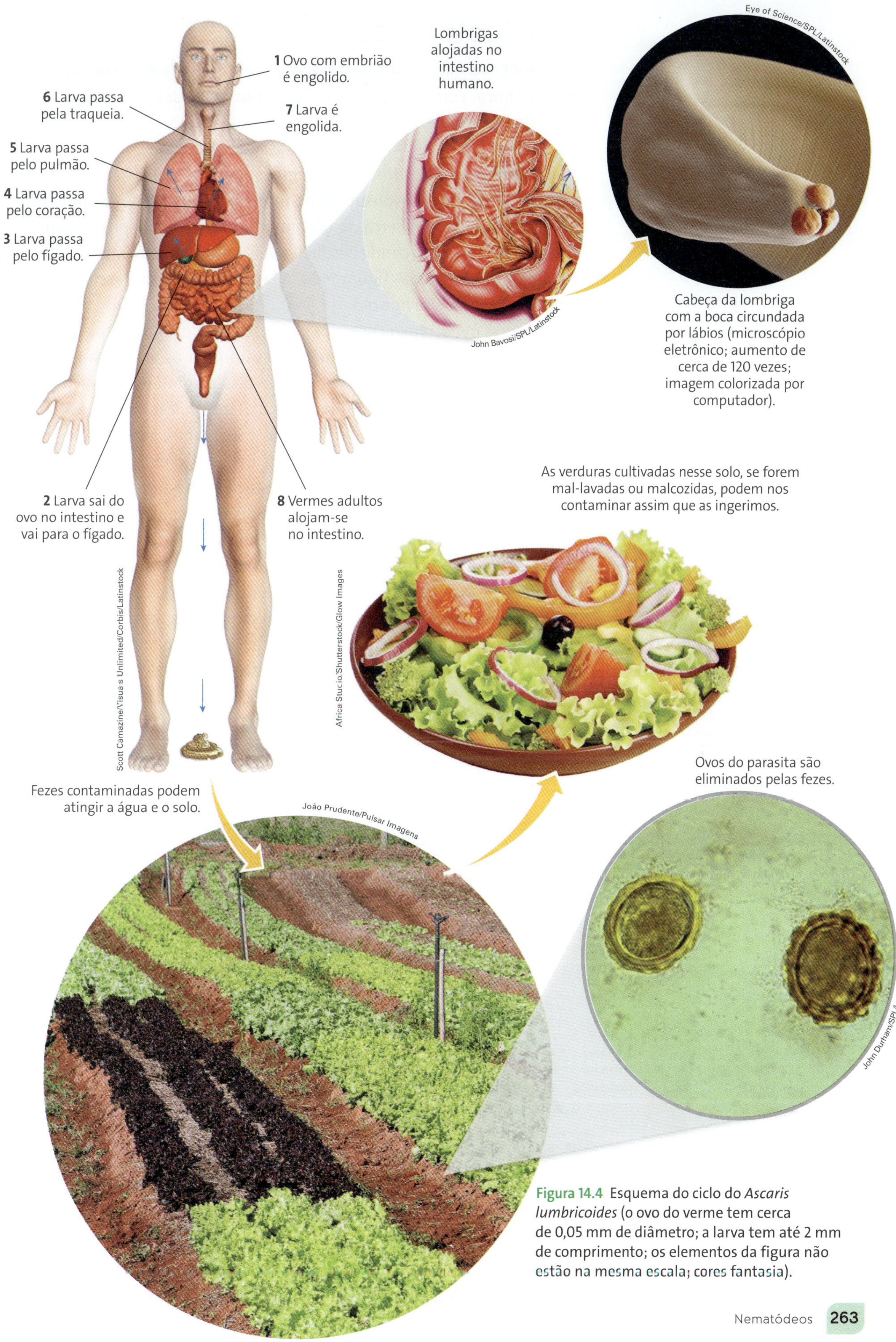


**Figura 14.4** Esquema do ciclo do *Ascaris lumbricoides* (o ovo do verme tem cerca de 0,05 mm de diâmetro; a larva tem até 2 mm de comprimento; os elementos da figura não estão na mesma escala; cores fantasia).

# Ancilostomose

Também chamada **ancilostomíase**, **necatoríase**, **amarelão** (a pessoa fica anêmica, com pele pálida) ou **opilação**, pode ser causada por dois tipos de nematódeos com ciclos semelhantes: o *Ancylostoma duodenale* e o *Necator americanus* (*necator* = assassino; figura 14.5).

Os vermes adultos (machos e fêmeas) medem entre 1 cm e 2 cm de comprimento e desenvolvem-se no intestino delgado do ser humano. Os ovos, que medem cerca de 60 μm por 40 μm, são expulsos com as fezes e, encontrando condições favoráveis no solo (terra úmida e quente), liberam uma larva (figura 14.5). A larva abandona a casca do ovo e passa a ter vida livre no solo.

As larvas penetram na pele dos pés descalços de uma pessoa, migram para os vasos linfáticos da derme e passam para os vasos sanguíneos, sendo levadas pela circulação para o coração e o pulmão (no qual podem provocar lesões). Depois, perfuram os capilares pulmonares e a parede dos alvéolos, migram pelos bronquíolos e chegam à faringe. Dali, descem pelo esôfago e alcançam o intestino delgado, onde se tornam adultas (figura 14.5). Outra maneira de infestação é pela ingestão da larva, que alcança o estado adulto no intestino delgado, sem migração.

Com placas cortantes ou dentes, os vermes rasgam as paredes intestinais e sugam o sangue, provocando hemorragias e anemia. A pessoa fica pálida, cansada, com fraqueza, tontura, desânimo e dores musculares. À medida que a anemia se agrava, ocorrem falta de ar e deficiências na circulação e no funcionamento do coração, que podem levar à morte.

A prevenção é feita com a construção de instalações sanitárias, hábitos de higiene (lavar as mãos antes de comer, lavar bem os alimentos, etc.), tratamento da água e uso de calçados. O tratamento deve ser feito com vermífugos, associados à administração de ferro (para combater a anemia) e a uma dieta rica em proteínas, vitaminas e alimentos com ferro.

Figura 14.5 Esquema do ciclo do *Ancylostoma duodenale* (os ovos têm cerca de 0,05 mm de diâmetro, e as larvas, aproximadamente 0,6 mm de comprimento; os elementos da ilustração não estão na mesma escala; cores fantasia).

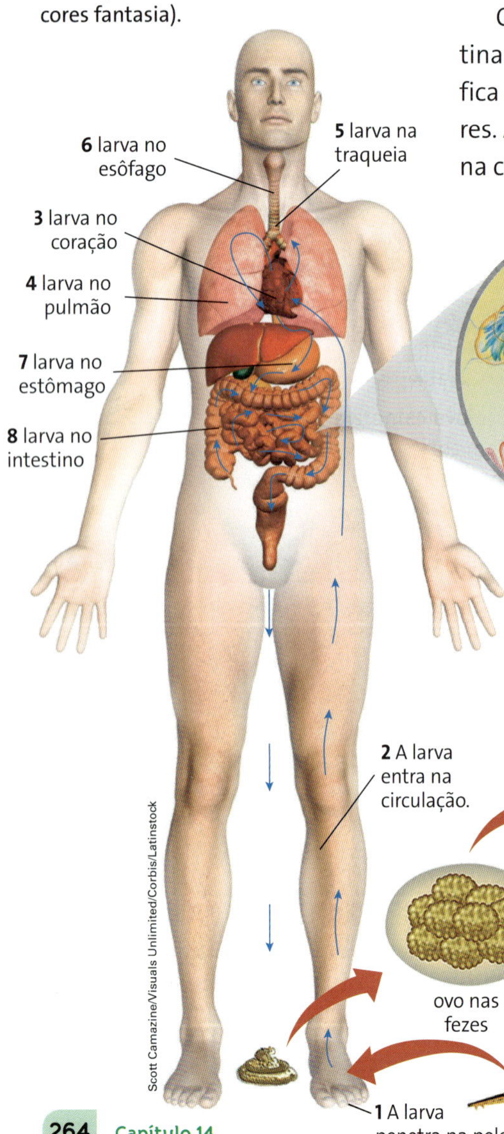


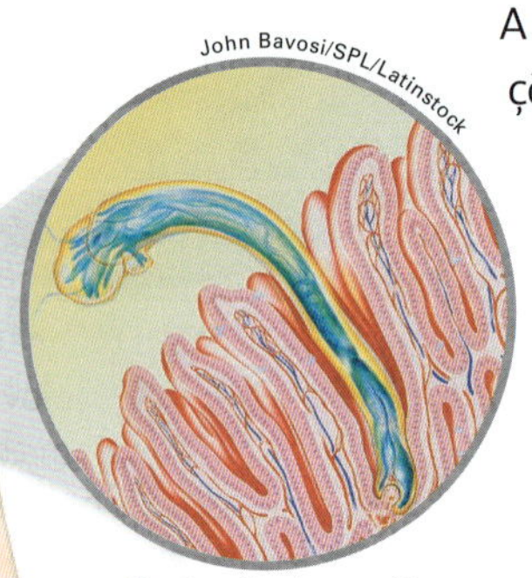


Ilustração do necátor (entre 1 cm e 2 cm de comprimento) aderido à parede do intestino delgado, entre as vilosidades.

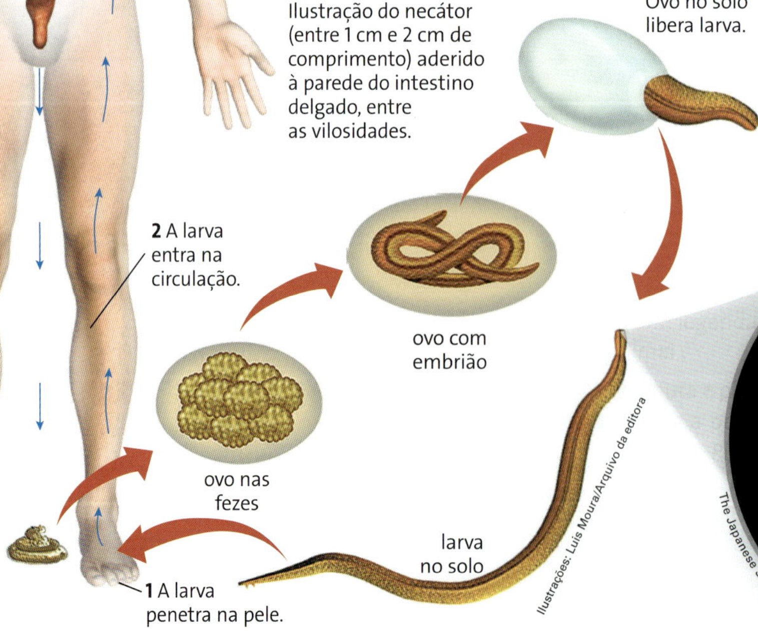

Detalhe da boca do ancilóstomo (microscópio eletrônico; aumento de cerca de 150 vezes; imagem colorizada por computador).

## Enterobíase

A enterobíase ou **oxiuríase** é provocada pelo nematódeo *Enterobius vermicularis* (*énteron* = intestino; *bios* = vida) ou *Oxyurus vermicularis*, conhecido como **oxiúro** (*oxys* = ponta; *ourás* = cauda). O macho mede cerca de 5 mm de comprimento, e a fêmea, 1 cm. Ambos se desenvolvem no intestino grosso. Depois de fecundada, a fêmea dirige-se para a região em torno do ânus, onde deposita seus ovos; o sintoma mais frequente é uma coceira nessa região, em geral à noite, provocada pela movimentação da fêmea. A transmissão pode ocorrer de um indivíduo para outro (inalação ou ingestão de ovos pela poeira ou pelos alimentos) ou por autoinfestação, quando, após coçar o ânus, a pessoa (em geral crianças) leva a mão à boca ou contamina alimentos com os ovos que ficam sob as unhas. Os ovos também podem ser encontrados nas roupas de cama, nas toalhas, no chão e nos objetos de casa, sendo frequentes as pequenas epidemias em uma residência. Pequenas infestações não apresentam sintomas, mas, quando o número de vermes é muito grande, podem ocorrer inflamação intestinal, perturbação do sono e congestão da região anal. A prevenção deve ser feita com medidas de higiene, como limpeza das unhas e do corpo, uso de privadas e lavatórios, troca e lavagem diárias, em água fervente, da roupa de dormir e da de cama. O tratamento deve ser feito com vermífugos.

## Larva *migrans* cutânea

Algumas espécies de nematódeos que parasitam o intestino de cães e gatos (*Ancylostoma braziliensis* e *Ancylostoma caninum*) produzem larvas que podem penetrar na epiderme humana e deslocar-se através dela, abrindo túneis (que lembram o traçado de um mapa) e provocando intensa coceira (figura 14.6). Essa doença é chamada larva *migrans* cutânea, **bicho-geográfico**, **dermatite pruriginosa** ou **bicho-das-praias** (pois é comum em praias poluídas por fezes de cães e gatos).

A prevenção pode ser feita ao impedir o acesso de animais a tanques de areia em escolas e parques onde crianças brincam e ao não levar animais à praia. É preciso realizar exames periódicos nos animais para verificar se estão contaminados e eliminar o verme com medicamentos. O ideal também é usar chinelos na praia e sentar-se em cadeiras ou toalhas, de modo a evitar o contato da pele com a areia. Há medicamentos que matam as larvas.

St. Bartholomew's Hospital/SPL/Latinstock

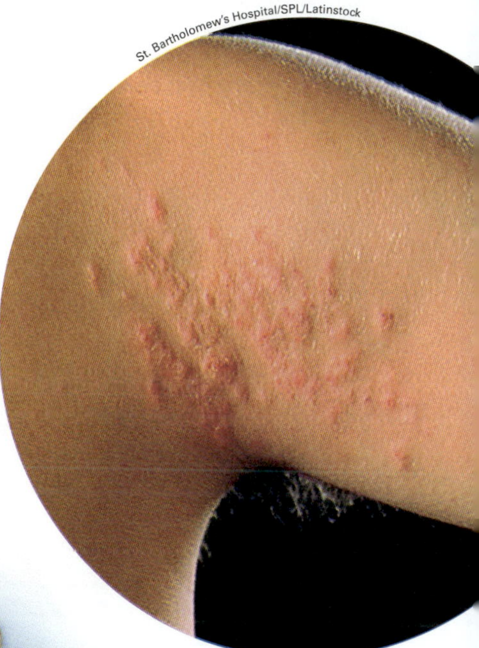

Volodymyr Burdiak/Shutterstock/Glow Images

Figura 14.6 Lesão de pele causada por bicho-geográfico (a larva mede aproximadamente 0,8 mm). A presença das fezes de cães e gatos em praias leva à contaminação de pessoas pela larva *migrans* cutânea.

## Filariose

A forma mais comum é a filariose linfática, causada pelo verme *Wuchereria bancrofti* ou **filária** (*filariu* = novelo de linha), que se desenvolve nos vasos linfáticos. Essa doença é mais encontrada em regiões tropicais (no Brasil e em outros países da América Latina, do Sudeste Asiático e da África).

O macho mede aproximadamente 4 cm de comprimento, e a fêmea, de 7 cm a 10 cm. Esta produz larvas que migram para o sangue do hospedeiro e só completam o seu desenvolvimento em mosquitos hematófagos do gênero *Culex*. Com a picada, as larvas passam junto com o sangue para o tubo digestório do mosquito, migram para os músculos, crescem e formam larvas infestantes, que mais tarde se instalarão nas peças bucais do inseto (figura 14.7).

Quando o inseto contaminado pica uma pessoa, as larvas atingem os vasos linfáticos, tornam-se adultas e obstruem esses vasos. Como a função desses vasos é retirar o excesso de líquido que sai do sangue para banhar os tecidos, ocorre acúmulo desse líquido na região atingida (principalmente pernas, mamas e escroto), causando hipertrofia, inchaço e deformações (daí a doença também ser conhecida por **elefantíase**).

O combate ao mosquito e às suas larvas se dá por meio de medidas profiláticas, como uso de inseticidas, saneamento ambiental, drenagem de águas pluviais e tratamento de esgotos. Existem medicamentos contra esse verme; eles devem ser rapidamente administrados para evitar as lesões irreversíveis da doença.

Figura 14.7 Esquema do ciclo da filária (os elementos ilustrados não estão na mesma escala: comprimento das larvas é de 0,3 mm a 0,6 mm, e dos vermes adultos, de 4 cm a 10 cm; cores fantasia). Os vasos do sistema linfático são obstruídos quando ocorre a infestação pelo *W. bancrofti*, causando o inchaço e a deformação de locais como as mamas e as pernas.

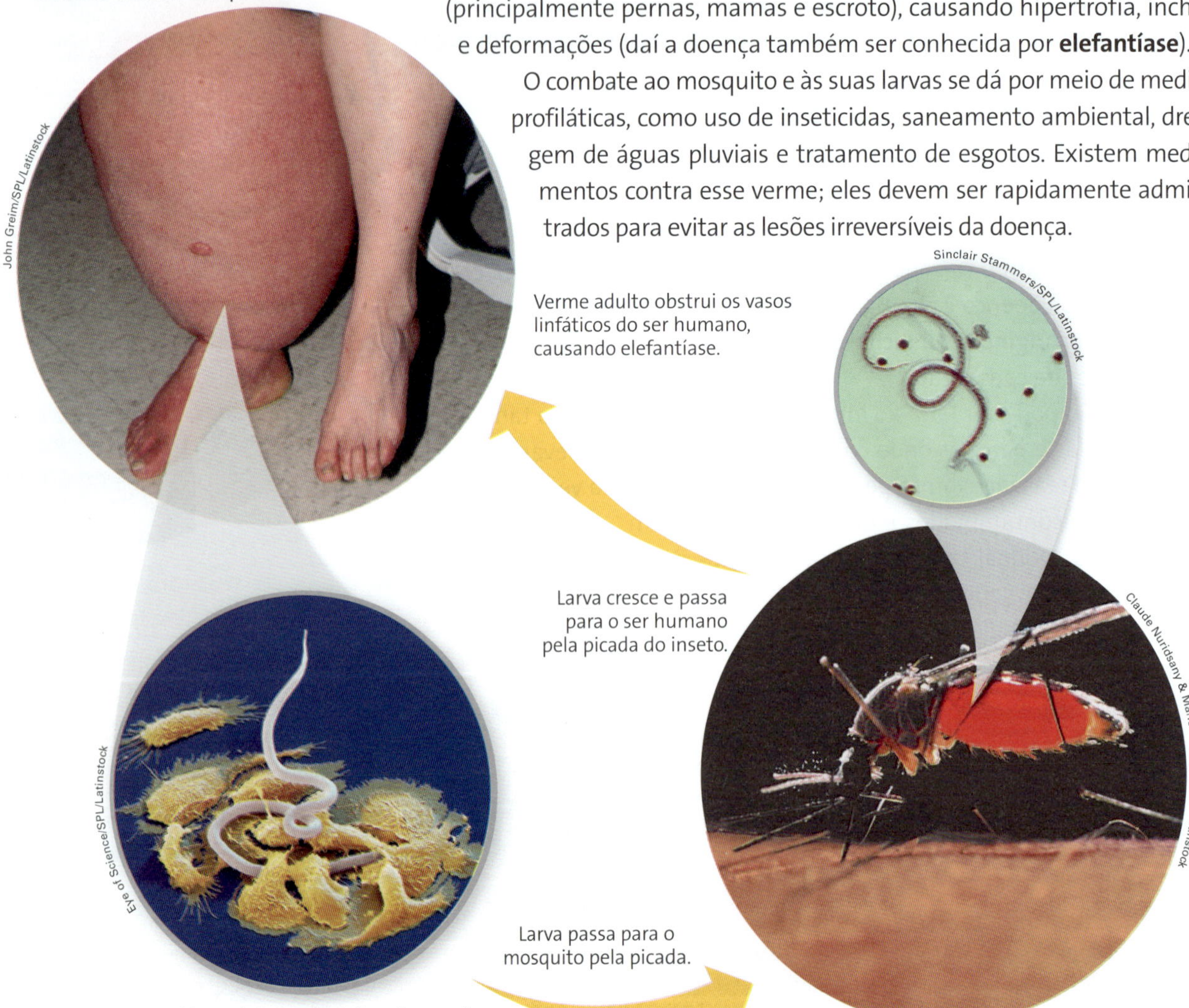


Macrófagos (células de defesa do corpo) atacando as larvas (microfilárias; microscópio eletrônico; aumento de cerca de 1500 vezes; colorizada por computador).

Mosquito do gênero *Culex* (3 mm a 6 mm de comprimento) sobre pele humana; o abdome do inseto está dilatado e cheio de sangue ingerido.

# Atividades

1. Comparando nematódeos e platelmintos, um estudante observou uma importante diferença entre os dois grupos no que se refere à organização do sistema digestório. Explique qual é essa diferença.

2. Em geral se diz que o corpo dos nematódeos é "um tubo dentro de outro tubo", afirmação que não se aplica aos platelmintos. Explique essa diferença entre esses dois grupos de vermes.

3. O protozoário *Trypanosoma cruzi*, o platelminto *Schistosoma mansoni* e o nematódeo *Ascaris lumbricoides*, apesar de serem de grupos diferentes entre si, têm algo em comum. O que é? Explique.

4. Um garoto chegou ao posto de saúde com anemia. O médico, ao ver o resultado dos exames, disse à mãe do menino que ele estava com uma verminose intestinal e aconselhou o garoto a não andar mais descalço no chão de terra. Qual deve ser a verminose do garoto? Justifique sua resposta.

5. Observe os esquemas a seguir, identificados pelos números 1 e 2, que representam os ciclos de vida de dois vermes parasitas do ser humano.

**1**

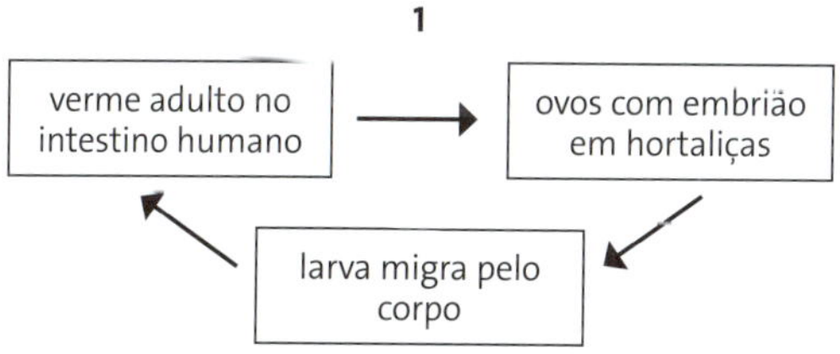


**2**

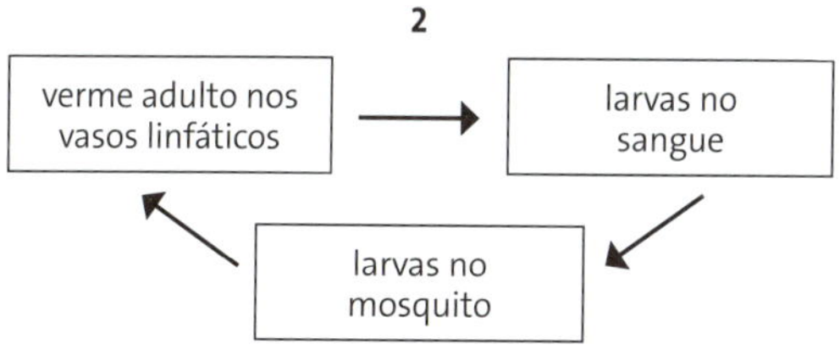


Estabeleça a relação entre as características relacionadas a seguir e cada um dos ciclos esquematizados. Em seguida, com base no que aprendeu neste capítulo, identifique os parasitas correspondentes a cada ciclo.

a) Uma das medidas preventivas é beber água tratada ou filtrada e fervida e lavar bem as frutas e verduras antes do consumo.
b) O diagnóstico pode ser feito por meio de um exame de fezes.
c) O ciclo de vida se completa em dois hospedeiros.

6. Relacione os termos a seguir com as frases correspondentes: planária, tênia, lombriga, ancilóstomo, filária, oxiúro, esquistossomo.

a) Pode nos deixar doentes quando comemos carne malcozida e contaminada com cisticercos.
b) Tem vida livre, não é parasita.
c) A larva pode sair de um caramujo e penetrar no organismo humano através da pele.
d) Vive nas veias do fígado e do intestino do ser humano.
e) Produz a doença conhecida como ascaridíase.
f) Vive nos vasos linfáticos do ser humano.
g) Sai do ovo no solo e penetra no corpo humano através da pele.
h) Vive no intestino e provoca irritação na região anal.
i) A picada de certos mosquitos pode transmitir a larva desse verme.
j) São pseudocelomados.
k) Produz uma doença conhecida também como "amarelão".
l) Andar calçado ajuda a evitar a doença causada por esse verme.
m) A doença causada por esse verme pode ser evitada com o combate ao mosquito transmissor.
n) Possuem um canal ginecóforo, que abriga a fêmea.
o) São acelomados.
p) É parasita e hermafrodita.
q) Causa uma doença conhecida popularmente como "elefantíase".

## Trabalho em equipe

Forme um grupo e escolham uma das doenças indicadas a seguir para pesquisa. Procurem dados atualizados dessa doença no Brasil e no município em que vocês vivem. Elaborem uma campanha de combate a essa doença. A campanha deve incluir pequenos textos, escritos em linguagem acessível a leigos, sobre as formas de transmissão, os cuidados para prevenção, etc. Podem ser criados cartazes, frases de alerta (*slogans*), figuras, letras de música, etc.

Depois, façam uma apresentação dos trabalhos para a classe e uma exposição para a comunidade escolar (alunos, professores e funcionários da escola e pais ou responsáveis).

Verifiquem também se em sua região existe alguma instituição educacional (por exemplo, um museu, um centro de ciências ou uma universidade) que desenvolva atividades relacionadas ao tema da pesquisa e se é possível agendar uma visita ao local. Ou pesquisem *sites* da internet de universidades, museus, etc., que disponibilizem exposições virtuais sobre o tema.

a) Teníase e cisticercose
b) Esquistossomose
c) Ascaridíase
d) Ancilostomose

# Pensando no Enem

Em 2009, o município maranhense de Bacabal foi fortemente atingido por enchentes, submetendo a população local a viver em precárias condições durante algum tempo. Em razão das enchentes, os agentes de saúde manifestaram, na ocasião, temor pelo aumento dos casos de doenças como, por exemplo, a malária, a leptospirose, a leishmaniose e a esquistossomose.

"Cidades inundadas enfrentam aumento de doenças". *Folha Online*. 22 abr. 2009. Disponível em: <www1.folha.uol.com.br>. Acesso em: 28 abr. 2010 (adaptado).

Que medidas o responsável pela promoção da saúde da população afetada pela enchente deveria sugerir para evitar o aumento das doenças mencionadas no texto, respectivamente?

a) Evitar o contato com a água contaminada por mosquitos, combater os percevejos hematófagos conhecidos como barbeiros, eliminar os caramujos do gênero *Biomphalaria* e combater o mosquito *Anopheles*.

b) Combater o mosquito *Anopheles*, evitar o contato com a água suja acumulada pelas enchentes, combater o mosquito flebótomo e eliminar caramujos do gênero *Biomphalaria*.

c) Eliminar os caramujos do gênero *Biomphalaria*, combater o mosquito flebótomo, evitar o contato com a água suja acumulada pelas enchentes e combater o mosquito *Aedes*.

d) Combater o mosquito *Aedes*, evitar o contato com a água suja acumulada pelas enchentes, eliminar os caramujos do gênero *Biomphalaria* e combater os percevejos hematófagos conhecidos como barbeiros.

e) Combater o mosquito *Aedes*, eliminar os caramujos do gênero *Biomphalaria*, combater o mosquito flebótomo e evitar o contato com a água contaminada por mosquitos.

## Resolução

Esta questão apresenta um trecho de uma reportagem de jornal, o que é muito comum no Enem. O aluno deve reconhecer os principais pontos apresentados na reportagem e ser capaz de relacioná-los com o que pede a questão.

Neste exercício, o enunciado trata do problema de enchentes no município de Bacabal e o temor do consequente aumento de doenças, como a malária, a leptospirose, a leishmaniose e a esquistossomose.

Levando em conta as enchentes, a questão pede para que o aluno indique quais medidas devem ser tomadas para evitar um surto das doenças mencionadas.

### O problema

Para responder a esta questão, o aluno deve conhecer os meios de transmissão das quatro doenças mencionadas no texto e como se relacionam com as enchentes. Além disso, é importante que o aluno conheça a espécie de animal que participa do ciclo de vida e transmissão de cada doença.

A malária é uma doença causada pelo protozoário *Plasmodium* e é transmitida através da picada do mosquito *Anopheles*. O mosquito, por sua vez, se reproduz em água parada, onde suas larvas se desenvolvem. Com as enchentes, surgem locais de reprodução do mosquito, o que pode levar ao aumento de casos da doença.

A leptospirose é uma doença causada pela bactéria do tipo *Leptospira*, presente na urina de roedores. As pessoas podem contrair a doença ao entrar em áreas inundadas com água contaminada. A bactéria penetra por lesões na pele ou pelas mucosas em contato com a água.

A leishmaniose é causada pelos protozoários do gênero *Leishmania* e é transmitida pela picada dos mosquitos flebótomos. Estes se reproduzem em ambientes úmidos, aumentando com chuvas e enchentes.

A esquistossomose é causada por platelmintos do gênero *Schistosoma*. Estes necessitam da água para se desenvolver e da presença de caramujos do gênero *Biomphalaria*, como hospedeiro intermediário. A infecção se dá ao entrar em água contaminada por fezes contendo ovos de *Schistosoma* e caramujos *Biomphalaria*.

As alternativas apresentadas na questão enfocam principalmente o combate aos insetos vetores e hospedeiros intermediários (exceto no caso da leptospirose, em que a contaminação se dá pela água).

Muitas alternativas apresentam a ordem das medidas profiláticas trocadas. Além disso, em algumas alternativas a informação da espécie de vetor pode confundir o aluno: a malária, como vimos, é transmitida pela picada do *Anopheles*, entretanto, em duas alternativas é citado o *Aedes*, que é o vetor da dengue.

O aluno deve seguir a ordem das doenças mencionadas no texto:

1. Malária – combater o mosquito *Anopheles*.
2. Leptospirose – evitar contato com água das enchentes.
3. Leishmaniose – combater o mosquito flebótomo.
4. Esquistossomose – eliminar os caramujos do gênero *Biomphalaria*.

Resposta: **B**.

# Vestibulares de Norte a Sul

1. CO (UnB-DF) É certo dizer que:

( 0 ) uma das maneiras de erradicar a esquistossomose é acabar com os miracídios que saem dos caramujos.

( 1 ) a carne de porco pode transmitir a teníase.

( 2 ) o *Ascaris lumbricoides* pode infestar o homem diretamente ou através de um hospedeiro intermediário.

( 3 ) a disenteria amebiana é causada por certas amebas ingeridas em águas contaminadas.

( 4 ) a malária pode ser transmitida por picada de insetos ou mordida de animais silvestres.

( 5 ) a mais importante medida contra o mal de Chagas é o combate ao "barbeiro".

Assinale as alternativas corretas.

2. S (UEL-PR) Nematódeos são animais vermiformes de vida livre ou parasitária, encontrados em plantas e animais, inclusive no homem. Sobre as características presentes em nematódeos, considere as afirmativas a seguir.

I. Corpo não segmentado coberto por cutícula.
II. Trato digestório completo.
III. Órgãos especializados para circulação.
IV. Pseudoceloma.

Estão corretas apenas as afirmativas:

a) I e III.
b) I e IV.
c) II e III.
d) I, II e IV.
e) II, III e IV.

3. NE (UFPE) Uma série de verminoses acomete o homem, especialmente na infância, como os helmintos *Ascaris lumbricoides* (lombriga) e *Enterobius vermicularis* (oxiúro) – que podem ser veiculados por alimentos. Sobre esse assunto, considere as afirmativas abaixo.

( ) Nematelmintos, como *A. lumbricoides* e *E. vermicularis*, possuem o corpo cilíndrico, simetria bilateral e pseudoceloma.

( ) O *A. lumbricoides*, depois de ingerido, migra do intestino para os alvéolos pulmonares através da corrente sanguínea.

( ) A ascaridíase provoca a "barriga-d'água", doença caracterizada pelo aumento do fígado e do baço, o que gera uma expansão abdominal.

( ) No ciclo de vida de *E. vermicularis*, as fêmeas migram à noite do intestino grosso para a região anal, onde põem seus ovos.

( ) A descarga de dejetos humanos ou animais no solo pode transmitir a oxiurose e a ascaridíase; assim, andar calçado pode prevenir ambas as doenças.

4. SE (PUCC-SP) São parasitoses que podem ser adquiridas com a penetração de larvas através da pele:

a) teníase e esquistossomose.
b) esquistossomose e ancilostomose.
c) ancilostomose e ascaridíase.
d) ascaridíase e teníase.
e) teníase e ancilostomose.

5. SE (PUCC-SP) Considere as duas listas abaixo:

I. Verminoses importantes para a saúde pública brasileira: 1. esquistossomose; 2. teníase; 3. ascaridíase; 4. ancilostomose.

II. Formas de aquisição dos vermes: a) ingestão de ovos; b) ingestão de cisticercos; c) penetração pela pele das larvas presentes no solo; d) penetração pela pele ou mucosas das larvas presentes na água.

A associação correta entre I e II é:

a) 1-d; 2-b; 3-a; 4-c.
b) 1-a; 2-c; 3-c; 4-d.
c) 1-b; 2-a; 3-d; 4-c.
d) 1-c; 2-b; 3-a; 4-d.
e) 1-d; 2-a; 3-c; 4-b.

6. SE (Unifesp) Acerca da doença conhecida como amarelão (ou ancilostomíase), é correto afirmar que:

a) seu agente causador pertence ao mesmo filo da lombriga (*Ascaris lumbricoides*), que causa a ascaridíase, e da tênia (*Taenia solium*), que causa a teníase.

b) no filo do agente causador do amarelão, os organismos são sempre parasitas, uma vez que não possuem cavidade celomática verdadeira.

c) o doente apresenta cor amarela na pele porque o parasita aloja-se nas células hepáticas, produzindo aumento do fígado (hepatomegalia).

d) o ciclo de vida do agente causador é igual ao da lombriga (*Ascaris lumbricoides*), com a diferença de que as larvas do amarelão penetram ativamente no corpo do hospedeiro.

e) medidas de saneamento só são efetivas no combate à doença se forem eliminados também os hospedeiros intermediários.

7. SE (Fuvest-SP) Indique a alternativa que lista somente doenças que têm artrópodes como transmissores ou hospedeiros intermediários do agente causador:

a) amarelão, doença de Chagas, esquistossomose e teníase.
b) dengue, esquistossomose, febre amarela e malária.
c) amarelão, doença de Chagas, filariose e malária.
d) dengue, febre amarela, filariose e malária.
e) dengue, febre amarela, filariose e teníase.

8. **N** (UFPA) Várias espécies de helmintos são agrupadas dentro do filo Nematoda, ou vermes cilíndricos. As principais novidades evolutivas que surgiram nesse filo, em comparação com os vermes achatados (Platelmintos), foram:

a) a presença de três folhetos germinativos; uma cavidade interna chamada pseudoceloma; e o sistema digestório completo.
b) a presença de três folhetos germinativos; uma cavidade interna chamada celoma; e o sistema circulatório fechado.
c) a presença de três folhetos germinativos; ausência de cavidade interna; e sistema digestório completo.
d) a presença de dois folhetos germinativos; uma cavidade interna chamada pseudoceloma; e o sistema digestório completo.
e) a presença de três folhetos germinativos; uma cavidade interna chamada celoma; e o sistema digestório completo.

9. **SE** (Mack-SP) As verminoses representam um grande problema de saúde, principalmente nos países subdesenvolvidos. A falta de redes de água e de esgoto, de campanhas de esclarecimento público, de higiene pessoal e de programas de combate aos transmissores, leva ao aparecimento de milhares de novos casos na população brasileira.

Dentre as verminoses humanas causadas por nematódos, citam-se, corretamente:

a) teníase, ascaridíase e ancilostomose.
b) filariose, ancilostomose e ascaridíase.
c) esquistossomose, ascaridíase e ancilostomose.
d) esquistossomose, filariose e oxiurose.
e) teníase, filariose e esquistossomose.

10. **S** (UFPR) Observe as figuras abaixo, extraídas de folhetos distribuídos à população por órgãos públicos:

A

Use sempre a privada e faça com que sua família use também. Assim impedirá que as fezes se espalhem, contaminando o solo e a água.

B

Fure ou guarde os pneus em local aberto.

As figuras A e B representam, respectivamente, medidas de prevenção da:

a) doença de Chagas e cisticercose.
b) ancilostomose e cólera.
c) malária e dengue.
d) esquistossomose e febre amarela.
e) teníase e ascaridíase.

11. **SE** (UFF-RJ) A ascaridíase e a ancilostomose, causadas respectivamente pelo *Ascaris lumbricoides* e pelo *Ancylostoma duodenale*, são consideradas parasitoses intestinais. No entanto, essas parasitoses podem também causar lesões pulmonares.

a) Considerando o ciclo desses parasitas, explique por que eles são capazes de causar lesões pulmonares.
b) Cite um método profilático para prevenir cada uma dessas parasitoses e justifique a eficácia do método citado.

12. **SE** (Unifesp) Em um centro de saúde, localizado em uma região com alta incidência de casos de ascaridíase (lombriga, *Ascaris lumbricoides*), foram encontrados folhetos informativos com medidas de prevenção e combate à doença. Entre as medidas, constavam as seguintes:

I. Lave muito bem frutas e verduras antes de serem ingeridas.
II. Ande sempre calçado.
III. Verifique se os porcos – hospedeiros intermediários da doença – não estão contaminados com larvas do verme.
IV. Ferva e filtre a água antes de tomá-la.

O diretor do centro de saúde, ao ler essas instruções, determinou que todos os folhetos fossem recolhidos, para serem corrigidos. Responda:

a) Quais medidas devem ser mantidas pelo diretor por serem corretas e eficientes contra a ascaridíase? Justifique sua resposta.
b) Se nessa região a incidência de amarelão também fosse alta, que medida presente no folheto seria eficaz para combater tal doença? Justifique sua resposta.

13. **SE** (Unicamp-SP) Uma das maneiras de diagnosticar parasitoses em uma pessoa é através do exame de fezes. As parasitoses abaixo podem ser diagnosticadas por esse exame? Justifique sua resposta em cada caso.

a) Esquistossomose.
b) Ascaridíase.
c) Doença de Chagas.

14. **SE** (Fuvest-SP) "Humilhação dessas lombrigas / humilhação de confessá-las (...) / o que é pior: mínimo verme / quinze centímetros modestos (...) / enquanto Zé, rival na escola (...), / ele expeliu entre ohs! e ahs! (...) / formidável tênia porcina: / a solitária de três metros."(C. D. de Andrade, *Dupla humilhação*.)

Lombrigas e solitárias (tênias) pertencem a grupos animais distintos e, apesar da "humilhação" do protagonista, ele teria argumentos biológicos para afirmar que as lombrigas apresentam maior complexidade que as tênias.

a) A quais filos animais pertencem a lombriga e a tênia, respectivamente?
b) Cite duas novidades evolutivas do filo da lombriga em relação ao filo da tênia.

CAPÍTULO

# 15 Moluscos

Paul Souders/Corbis/Latinstock

Caracol de jardim (*Helix aspers*).

↘ *Como é o corpo de um molusco?*

↘ *Quais os principais representantes desse filo?*

# 1 Morfologia e fisiologia

O filo **Mollusca** (**moluscos**) é representado principalmente por seres marinhos, embora haja algumas espécies terrestres e outras de água doce. O nome do grupo se deve ao corpo mole (*mollis* = mole). Várias espécies do mar são utilizadas como alimento (polvo, lula, caracol, ostra, mexilhão, etc.).

Esses animais apresentam simetria bilateral, são triblásticos e celomados, com o corpo (não segmentado) dividido em três partes: **cabeça** ou **região cefálica**, **pé** e **massa visceral**. Ao longo da evolução, essas partes sofreram mudanças e passaram a ser diferentes em cada grupo de moluscos.

Na cabeça, estão os órgãos sensoriais e os gânglios cerebrais. O pé apresenta-se musculoso e, em alguns animais, pode estar transformado em braços. A massa visceral contém os principais órgãos do animal (figura 15.1).

## Revestimento, sustentação e movimentos

A massa visceral é revestida por uma dobra da epiderme (**manto** ou **pálio**), que delimita uma cavidade entre ela e a massa visceral, chamada **cavidade palial** ou do **manto** (figura 15.1). Nela estão as aberturas dos sistemas digestório e excretor, e as brânquias ou os pulmões (nas espécies terrestres).

Na epiderme do manto há glândulas que secretam uma concha calcária. Essa estrutura corresponde a um exoesqueleto que reveste o corpo. Na lesma e no polvo, a concha está ausente. Na lula, ela é interna e reduzida (figura 15.1). Além de proteger o corpo contra predadores, abalos mecânicos e desidratação (no caso dos moluscos terrestres); em alguns moluscos a concha pode ser usada para escavar ou perfurar.

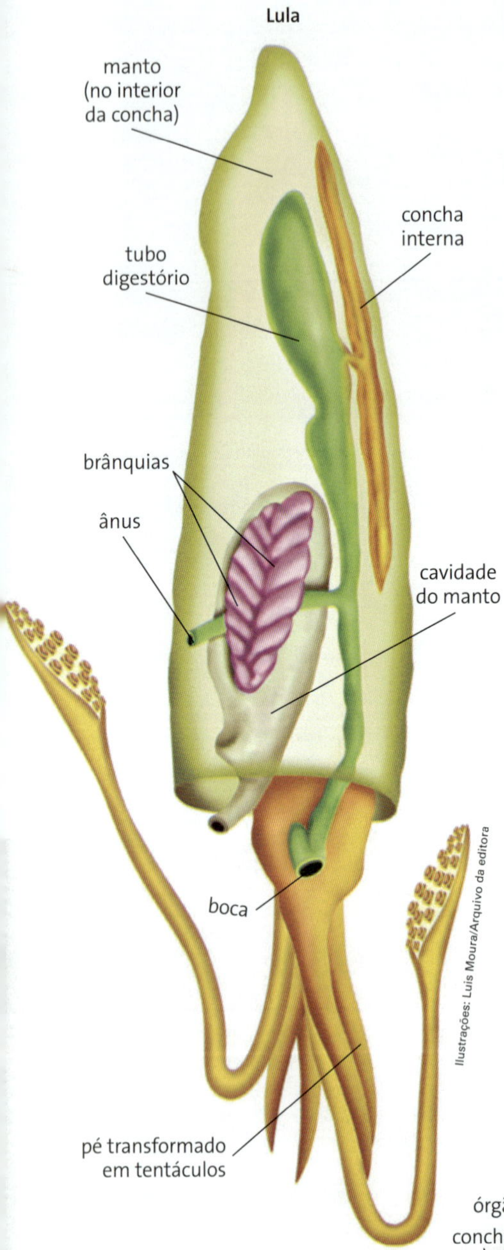


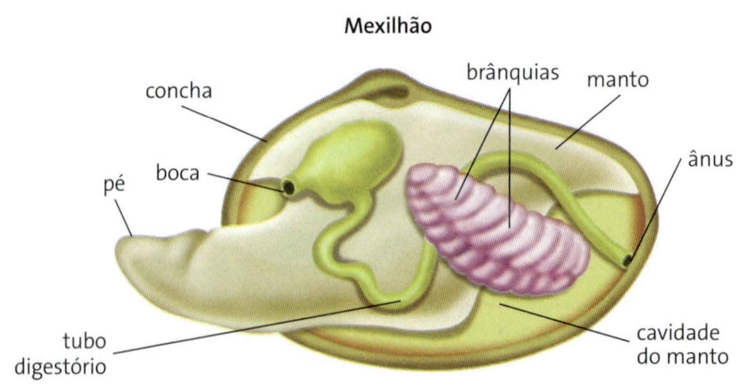


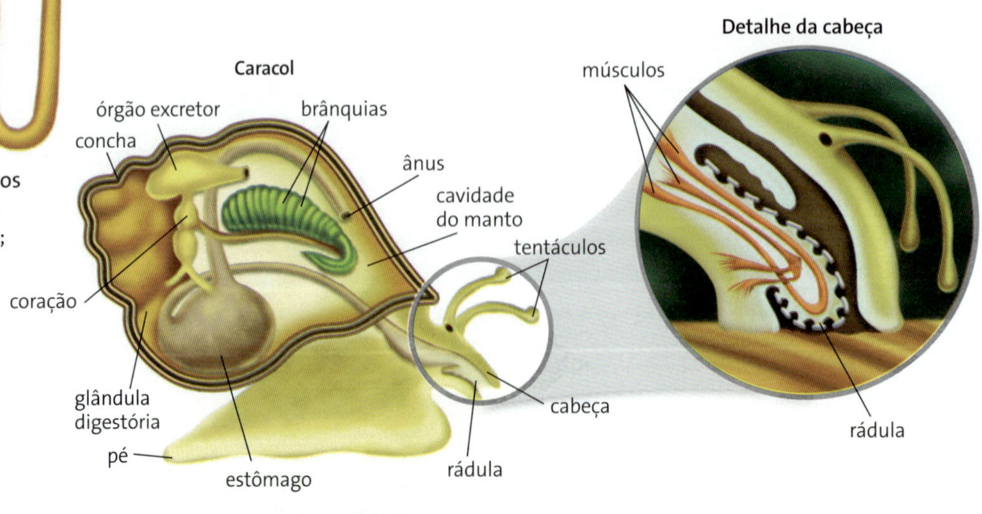


Figura 15.1 Corpo dos moluscos (os elementos da ilustração não estão na mesma escala; cores fantasia).

## Digestão

O tubo digestório dos moluscos é completo: boca, estômago, glândula digestória e intestino, que se abre pelo ânus. A maioria desses animais (exceto os bivalves) apresenta na boca uma estrutura característica do grupo, semelhante a uma língua com pequenos dentes de quitina, a **rádula** (*radula* = pequeno raspador) (figura 15.1). Com esse órgão, o animal raspa algas e outros alimentos presos nas pedras e nas conchas de outros moluscos e os envia para o tubo digestório. Os moluscos filtradores, que se alimentam de plâncton, como a ostra e o mexilhão, não apresentam essa estrutura.

## Respiração

A maioria dos moluscos tem respiração branquial. Localizadas na cavidade palial, as brânquias retiram o oxigênio dissolvido na água, que é levado pelo sangue para todas as células do corpo. O gás carbônico segue o caminho inverso (figura 15.2). As lesmas-do-mar têm brânquias externas, vindo daí o nome da subordem desses animais: do grego *Nudibranchia* (significa 'brânquias descobertas'). Veja a figura 15.3.

Em alguns caracóis (terrestres) e caramujos de água doce, a cavidade palial transforma-se em uma câmara cuja parede é irrigada de sangue. Essa câmara funciona como um **pulmão**, retirando oxigênio do ar atmosférico. Em algumas lesmas, a respiração é cutânea.

Figura 15.2 Respiração no mexilhão (até 7 cm de comprimento): além de promover a troca de gases, as brânquias secretam um muco no qual ficam presos seres microscópicos (algas, protozoários, etc.), que são levados para a boca. (Os elementos da ilustração não estão na mesma escala; cores fantasia.)

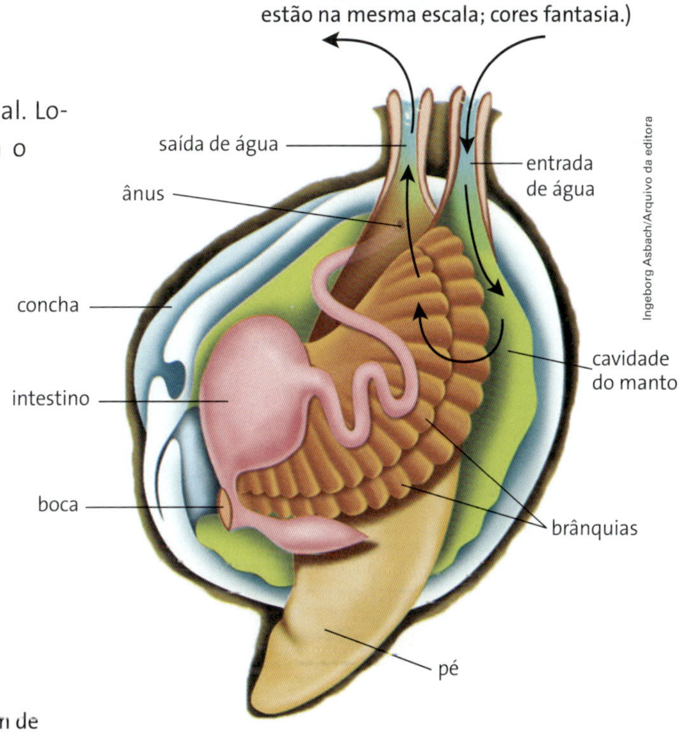


Figura 15.3 Lesma-do-mar (*Flabellina verrucosa*; 15 mm a 25 mm de comprimento). Observe as brânquias na superfície dorsal do animal.

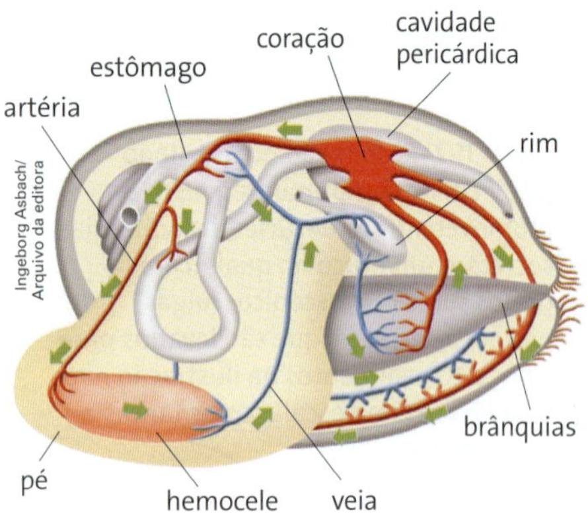


**Figura 15.4** Esquema geral da circulação aberta dos moluscos (os elementos da ilustração não estão na mesma escala; cores fantasia).

# Circulação e excreção

Na maioria dos moluscos, a circulação é aberta, ou seja, o sangue não fica restrito apenas aos vasos sanguíneos. O sangue oxigenado proveniente das brânquias passa pelo coração (órgão dorsal musculoso e contrátil), que o impulsiona por um sistema ramificado de vasos e de lacunas (hemoceles), nas quais estão mergulhados os órgãos (figura 15.4). O coração está situado em uma cavidade cheia de líquido, a **cavidade pericárdica** (*peri* = ao redor), que é o que restou do celoma no adulto. O transporte de oxigênio é auxiliado pelos pigmentos respiratórios. Em geral, o pigmento respiratório é a hemocianina (cor azulada), mas, em alguns moluscos, é a hemoglobina. Em outros não há pigmentos respiratórios.

No polvo e na lula, a circulação é fechada: o sangue circula sempre dentro de vasos, e as trocas de nutrientes e gases ocorrem entre os capilares e os tecidos. As excretas saem do sangue, caem na cavidade pericárdica e são retiradas por um rim formado por tubos, algumas vezes ciliados, os **metanefrídios**, que as lança na cavidade palial pelo poro renal.

# Coordenação

O sistema nervoso é formado por vários pares de gânglios unidos por cordões nervosos.

O polvo e a lula têm olhos bem desenvolvidos, semelhantes aos dos vertebrados e capazes de formar imagens (figura 15.5). Em outros moluscos, como a ostra e o mexilhão, os órgãos visuais são mais simples e capazes apenas de captar a luz (**células fotorreceptoras**). Há também estatocistos (que funcionam como órgãos de equilíbrio), **tentáculos táteis** e **osfrádios** (receptores químicos próximos às brânquias, com a função de identificar e analisar as substâncias dissolvidas na água).

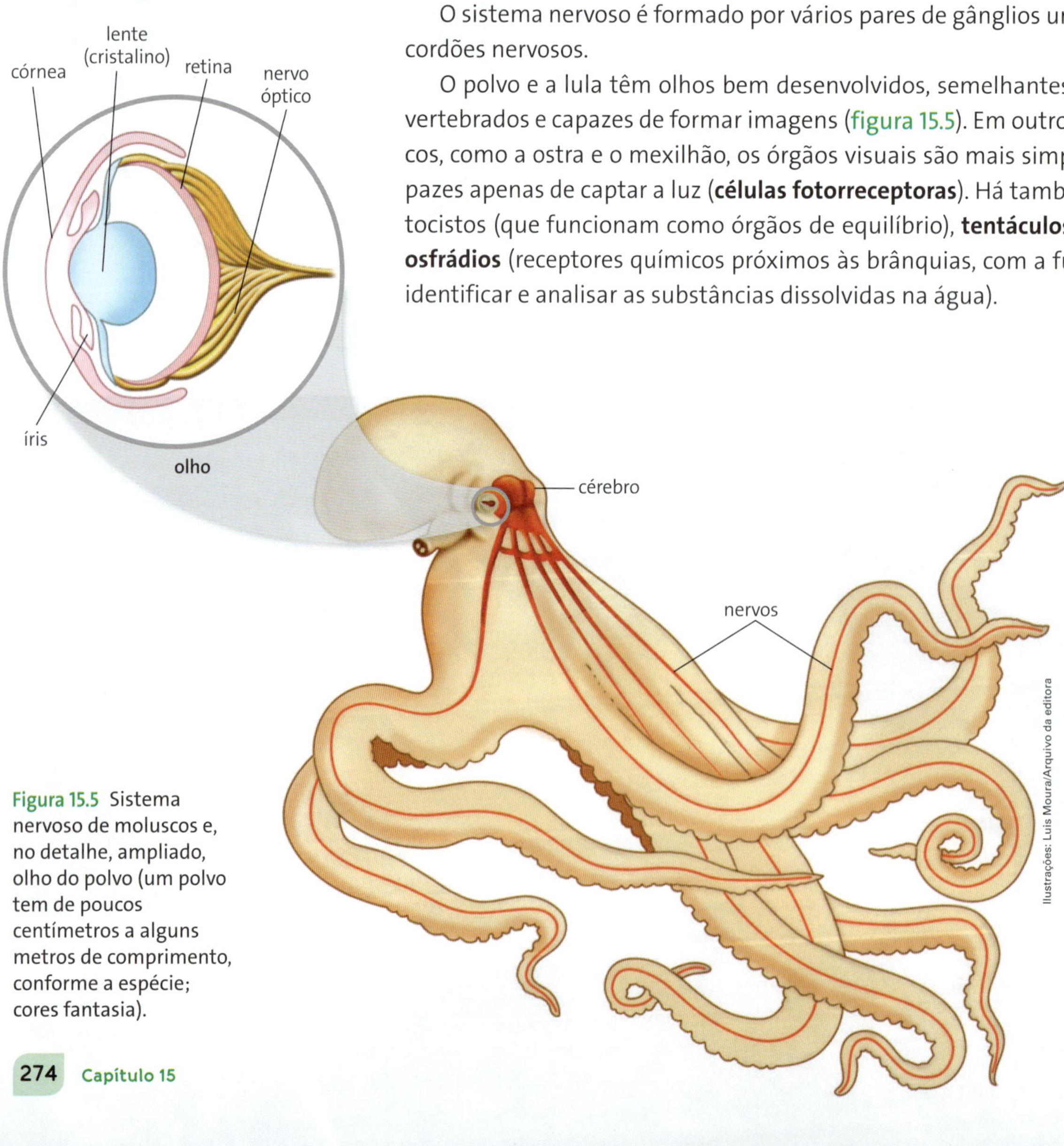


**Figura 15.5** Sistema nervoso de moluscos e, no detalhe, ampliado, olho do polvo (um polvo tem de poucos centímetros a alguns metros de comprimento, conforme a espécie; cores fantasia).

## 2 Reprodução

Há espécies hermafroditas e de sexos separados. Nos polvos, por exemplo, o macho introduz os espermatozoides na fêmea durante a cópula. A fêmea geralmente cuida dos ovos até que eles eclodam (figura 15.6). Nas espécies hermafroditas raramente ocorre autofecundação, sendo mais comum a fecundação cruzada. Em algumas espécies, o indivíduo produz, inicialmente, só gametas masculinos, funcionando como macho. Mais tarde, produz gametas femininos, funcionando como fêmea.

A fecundação também pode ser externa e o desenvolvimento, direto ou indireto.

Robert F. Sisson/National Geographic/Getty Images

Georgette Douwma/SPL/Latinstock

Figura 15.6 Macho e fêmea de polvo em cópula. No detalhe, filhote de polvo eclode de ovo.

## Biologia e ambiente

### Um molusco invasor

Uma das causas da extinção de espécies são as espécies invasoras, isto é, espécies que não estavam presentes em um ecossistema e que, por não terem inimigos naturais nas áreas aonde chegam, proliferam e atacam espécies nativas, competindo com elas por recursos naturais.

Na década de 1980, foi importado da África o caramujo gigante africano (*Achatina fulica*; figura 15.7) para substituir o *escargot*, um caramujo comestível. O cultivo e a comercialização do caramujo fracassaram e eles escaparam dos locais de criação, espalhando-se pelo ambiente. Esse caramujo não possui inimigos naturais, alimenta-se da vegetação natural e se reproduz rapidamente, destruindo plantações e servindo de hospedeiro intermediário para vermes causadores de doenças no ser humano e em animais domésticos.

Outra fonte de espécies invasoras aquáticas é a água de lastro, usada para dar estabilidade aos navios e descarregada nos portos. Essa água pode conter muitas espécies de plantas e animais marinhos, que, descarregadas em novos ambientes, podem se tornar invasoras.

Fabio Colombini/Acervo do fotógrafo

Figura 15.7 Caramujo gigante africano (até cerca de 15 cm de comprimento).

# 3 Classificação

O desenvolvimento da cabeça, do pé, da massa visceral e do corpo, além da presença e da forma da concha, são os principais critérios de classificação dos moluscos. Vamos estudar as classes: **Gastropoda** (gastrópodes); **Bivalvia** (bivalves); **Cephalopoda** (cefalópodes); **Scaphopoda** (escafópodes); **Polyplacophora** (poliplacóforos).

## Gastrópodes

O nome da classe deve-se ao fato de o pé localizar-se na região ventral (*gaster* = ventre; *podos* = pés). São representados pelos caramujos (aquáticos), pelas lesmas e pelos caracóis (terrestres e de água doce). Alguns possuem uma concha enrolada em espiral, mas outros, como certas lesmas terrestres, não têm concha. Em outros, como a lesma-do-mar, a concha é interna e reduzida (figura 15.8).

Apesar de não terem valor taxonômico, os termos caracol e caramujo são usualmente empregados para moluscos gastrópodes diferentes entre si. Costuma-se chamar de caracóis aos gastrópodes de ambiente terrestre e de água doce, cujas conchas são, em geral, leves e delicadas (paredes mais finas), enquanto o nome caramujo é usado para gastrópodes marinhos, com conchas maiores e mais pesadas do que as dos caracóis.

A concha fina dos caracóis facilita seu deslocamento no meio terrestre, e a concha mais espessa dos caramujos ajuda o animal a resistir ao impacto das ondas.

Figura 15.8 Exemplos de gastrópodes: **A**: lesma terrestre (cerca de 6 cm de comprimento); **B**: lesma-do-mar (cerca de 4 cm de comprimento); **C**: caracol de jardim (concha com cerca de 3 cm de diâmetro); **D**: concha de caramujo (cerca de 10 cm de comprimento).

## Bivalves

Nessa classe, estão as ostras e os mexilhões ou mariscos. A concha está dividida em duas **valvas** (daí o nome, bivalves), que são unidas por um ligamento e fechadas por músculos. A tendência do ligamento elástico é manter as valvas abertas. Os músculos, muito fortes, chamados **músculos adutores**, fecham as valvas. Por isso é muito difícil abrir uma ostra viva. Os mexilhões se fixam ao substrato por meio de filamentos com substâncias adesivas, secretados pelo pé, o **bisso**.

Ingeborg Asbach/Arquivo da editora

Figura 15.9 Bivalves utilizam seus pés musculosos para cavar na areia. (Os elementos da ilustração não estão na mesma escala; cores fantasia.)

Na maioria dos bivalves o pé tem a forma de machado (daí o nome antes usado para essa classe: **pelecípodes**; *pélekys* = machado), e é frequentemente usado para cavar (figura 15.9).

As brânquias desempenham dupla função: absorvem oxigênio e filtram partículas de alimento (algas microscópicas), que são levadas para a boca.

Alguns bivalves, como os do gênero *Teredo*, destroem a madeira de árvores e barcos, cavando uma verdadeira galeria de túneis (figura 15.10). O molusco tem corpo alongado, com uma concha que envolve apenas uma extremidade do animal, como um capacete. Ele escava e digere a madeira (a digestão é feita por bactérias que vivem em seu corpo) e pode eventualmente destruir toda uma estrutura que esteja submersa na água. É encontrado em manguezais, onde participa da decomposição da matéria orgânica das árvores desse ecossistema.

Na página 275 você viu um exemplo de espécie invasora: o caramujo gigante africano. Outro exemplo de molusco invasor é o mexilhão dourado (*Limnoperna fortunei*). Trazido acidentalmente da Ásia com a água de lastro de navios, ele obstrui tubulações de usinas hidrelétricas, em razão da sua capacidade de se incrustar em superfícies submersas (a água de lastro é usada para dar estabilidade aos navios e é descarregada nos portos).

Paulo Santos/Reuters/Latinstock

Michael Clutson/SPL/Latinstock

Figura 15.10 No detalhe, molusco do gênero *Teredo* (atinge até 40 cm de comprimento) incrustado na madeira e, na imagem maior, madeira com buracos feitos pelo molusco.

## Cefalópodes

Esse nome se deve ao fato de os pés modificados em braços saírem da cabeça (*kephalé* = cabeça). Representados pelo polvo, pela lula, pelo náutilo e pelo choco ou siba (gênero *Sepia*), entre outros, esses animais marinhos estão entre os maiores invertebrados conhecidos (figura 15.11).

Possuem um sistema nervoso bem desenvolvido, que controla os deslocamentos rápidos; e olhos semelhantes aos dos vertebrados, que formam imagens detalhadas dos objetos e ajudam na fuga e na captura de presas. O sistema circulatório é fechado. O sistema fechado dá maior velocidade ao sangue. Isso é uma adaptação do grupo dos cefalópodes em razão de seus animais predadores, que têm movimento mais rápido que a maioria dos outros moluscos e, portanto, apresentam um consumo maior de energia.

A concha é interna e reduzida nas lulas e ausente nos polvos. No náutilo ela é externa (figura 15.11).

O pé está transformado em braços ou tentáculos com ventosas, que são usados na locomoção, para manipular pedras e outros objetos e na captura de presas.

Além de rastejarem, utilizando as ventosas dos braços, os cefalópodes deslocam-se por propulsão de jatos de água emitidos por um sifão, formado pela cavidade do manto (figura 15.11). Possuem também uma bolsa que pode soltar um jato de tinta (secreção escura) quando o animal é atacado, tornando a água turva e facilitando sua fuga. Possuem ainda células especiais na pele, os cromatóforos, que lhes permitem mudar de cor, facilitando a camuflagem.

**Figura 15.11** Alguns grupos de cefalópodes e a forma de locomoção por propulsão de jatos de água (nas ilustrações, cores fantasia).

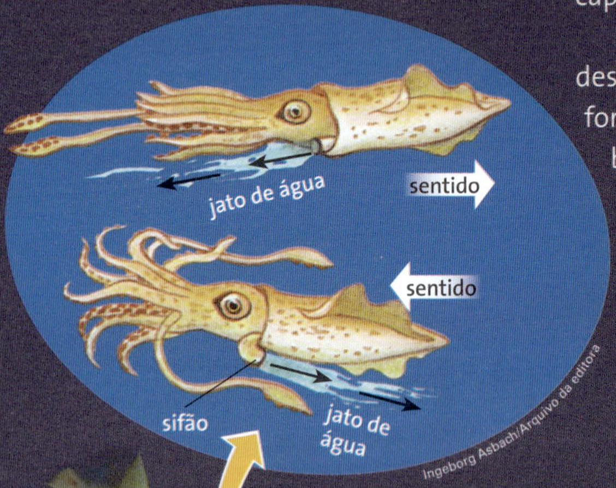

Lula (cerca de 35 cm de comprimento) e ilustração da sua anatomia, acima.

Náutilo (cerca de 15 cm de diâmetro).

Chocos ou sibas (gênero *Sepia*; cerca de 30 cm de comprimento).

Polvo (cerca de 40 cm de comprimento).

Inga Ivanova/Shutterstock/Glow Images

## Escafópodes

Os escafópodes são todos marinhos e passam a maior parte do tempo enterrados na areia. Alimentam-se de plâncton, capturado por meio de tentáculos ciliados perto da boca. Esses animais não têm brânquias e sua respiração é cutânea, realizada pelo manto. O manto também é uma concha em forma de tubo. O pé tem a forma de um cone, à semelhança da proa de um bote (daí o nome do grupo: *skáphos* = barco; figura 15.12).

Fabio Colombini/Acervo do fotógrafo

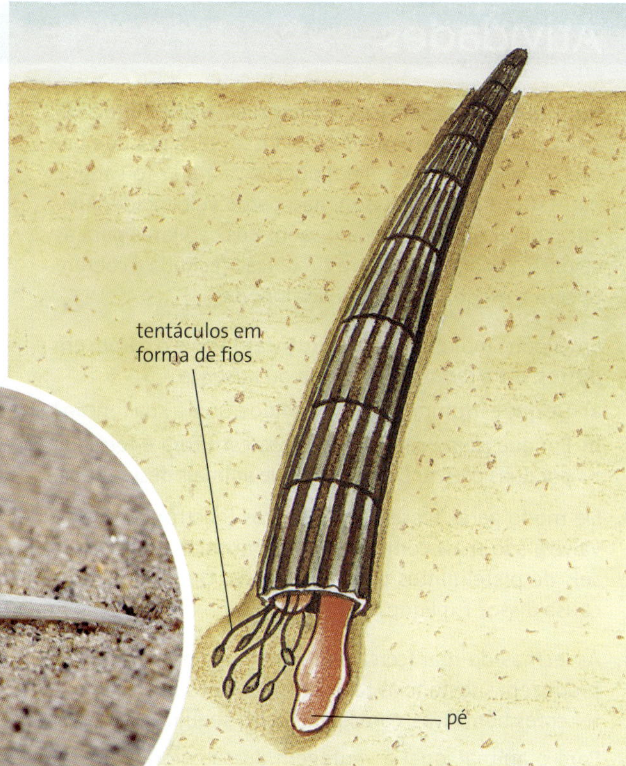


Ilustrações: Hiroe Sasaki/Arquivo da editora

Figura 15.12 Foto de escafópode (gênero *Dentallium*; cerca de 5 cm de comprimento) e ilustração (cores fantasia) do animal enterrado no fundo do mar.

## Poliplacóforos

Também chamados quítons, os poliplacóforos medem 5 cm, em média, e rastejam no fundo do mar, raspando algas das rochas com auxílio da rádula (figura 15.13).

Sua cabeça é reduzida, sem olhos nem tentáculos, e não se observa, externamente, grande diferença entre a região anterior e a posterior do animal (daí o outro nome do grupo, anfineuros: *anfi* = duplo; *neuro* = nervo, indicando cabeça). A concha é formada pela superposição de placas produzidas pelo manto (fato que deu origem ao nome do grupo: *poliplacóforo* = portador de muitas placas) (figura 15.13).

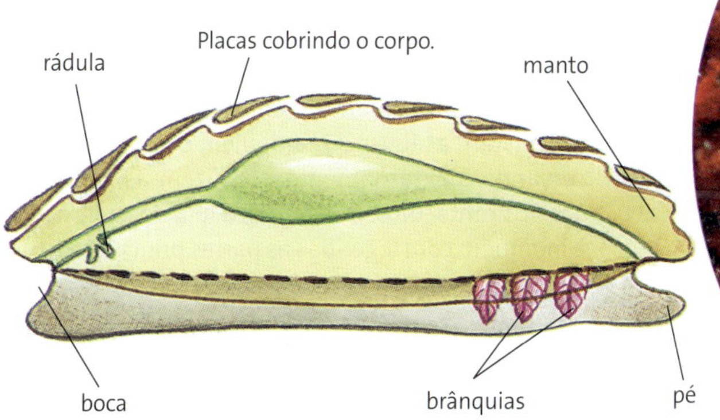

Scott Leslie/Minden Pictures/Latinstock

Figura 15.13 Ilustração do animal em corte (cores fantasia) mostrando alguns de seus órgãos e foto de um quíton (5 cm, em média).

# Atividades

1. Na maioria dos moluscos a circulação é aberta (o sangue sai dos vasos, perdendo, com isso, velocidade, e banha as células). Nos cefalópodes, é fechada (o sangue não sai dos vasos e, assim, não perde velocidade; apenas o alimento e o oxigênio saem dos capilares para as células). Explique por que a circulação fechada é coerente com o modo de vida dos cefalópodes.

2. Em alguns moluscos essa estrutura envolve o corpo; em outros, ela é reduzida e interna ou ausente.
   a) De que estrutura estamos falando e qual a sua função?
   b) Em que grupo de moluscos essa estrutura é formada por duas partes? Dê exemplos de animais desse grupo.

3. De modo geral, fósseis de moluscos (gastrópodes e bivalves) são mais comumente encontrados do que fósseis de platelmintos ou de anelídeos. Qual pode ser a causa disso? Explique.

4. As lesmas-do-mar (cerca de 5 cm de comprimento) que produzem substâncias tóxicas ou venenosas costumam ter cores bem vivas, como a da foto a seguir.

   Para o animal, qual a vantagem dessa coloração, chamada de coloração de advertência?

Georgette Douwma/SPL/Latinstock

5. Apesar de relativamente distantes evolutivamente, as esponjas (grupo dos poríferos) e certos moluscos, como a ostra e o mexilhão, apresentam um tipo de nutrição semelhante. Como é essa nutrição?

6. Observando o comportamento de um caracol-de-jardim, um estudante notou que, no pé do animal, havia uma glândula produtora de muco. Qual seria a função desse muco?

7. Em laboratório, polvos aprendem a distinguir objetos de formas diferentes, a achar a saída de labirintos e a abrir garrafas fechadas com rolha, quando, dentro delas, há algum alimento. Essa grande capacidade de aprendizagem pode ser explicada: os cefalópodes apresentam determinado sistema corporal bem mais desenvolvido do que o de animais de outros grupos. Qual é esse sistema?

8. Em um dos capítulos anteriores você estudou um parasita do organismo humano cujo ciclo envolve a participação de um molusco.
   a) Qual é esse parasita?
   b) Qual a classe do molusco envolvido no ciclo?
   c) Como é a participação do molusco nesse ciclo?

9. Neste capítulo, você conheceu vários representantes do filo dos moluscos, entre eles os caramujos, as ostras e os polvos. Agora, no caderno, escreva quais dos animais citados possuem as características a seguir (um animal pode ter mais de uma característica).
   a) Moluscos que têm a capacidade de soltar tinta preta para fugir dos predadores.
   b) Concha dividida em duas partes (valvas).
   c) Molusco que produz as pérolas.
   d) Moluscos do grupo dos gastrópodes.
   e) Moluscos sem conchas.
   f) Moluscos do grupo dos cefalópodes.
   g) Moluscos com circulação fechada.

10. Que parte do corpo dos moluscos bivalves constitui uma defesa contra predadores? E que adaptações o polvo possui contra predadores que compensam a falta dessa parte?

## Atividade prática

Faça esta atividade em grupo. Vocês vão precisar de:

- um marisco (ou mexilhão) grande com sua concha (pode ser obtido nas feiras livres ou nos mercados);
- uma lula de tamanho médio (pode ser obtida nas feiras livres ou nos mercados);
- uma bandeja ou uma forma de bolo;
- luvas de silicone;
- lupa de mão (ou lupa binocular, se houver);
- tesoura e pinças;
- pano para limpar as mãos;
- água limpa.

1. Para a observação do marisco, ponham o animal na bandeja e retirem sua concha superior. Observem-no, procurando identificar as estruturas corporais do animal, como as brânquias e os sifões inalante e exalante. Utilizem a lupa para ver detalhes. Desenhem-no no caderno e anotem o que observaram.

2. Para a observação da lula (que deve estar fresca), ponham o animal na bandeja e adicionem um pouco de água (apenas o suficiente para cobri-lo). Vistam as luvas e manipulem o animal, observando-o externamente. Localizem as ventosas nos tentáculos. Desenhem a lula no caderno e indiquem com legendas as partes principais do corpo do animal.

   Utilizando tesoura e pinças, com a orientação do professor, abram a pele do manto até expor as vísceras do animal. Procurem localizar o sifão, a boca, a bolsa de tinta e outras estruturas indicadas pelo professor.

# Vestibulares de Norte a Sul

1. **SE** (FCC-SP) Qual dos seguintes animais está filogeneticamente mais relacionado à lula?
   a) caramujo
   b) lombriga
   c) planária
   d) minhoca
   e) tatuzinho

2. **SE** (PUCC-SP) O esquema abaixo representa a organização básica de um molusco.

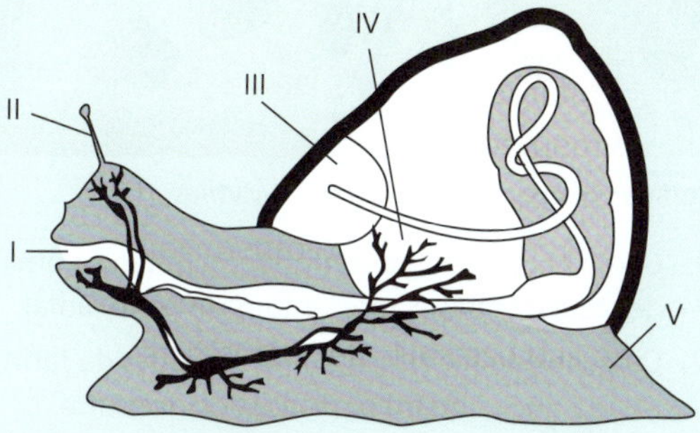


Quais das estruturas numeradas correspondem, respectivamente, à cavidade do manto, à massa visceral e ao pé?
   a) I, II e III
   b) II, III e IV
   c) III, I e V
   d) III, IV e V
   e) V, IV e III

3. **SE** (UFRRJ) João, aluno do ensino médio que estava fazendo uma revisão em seus apontamentos de zoologia, verificou que, ao contrário dos gastrópodes marinhos que apresentam respiração branquial, os gastrópodes dulcícolas (que vivem em água "doce") utilizam oxigênio atmosférico através de sua cavidade paleal que é ricamente vascularizada, como um pulmão primitivo. Surgiu, então, uma dúvida: "Por que esses animais aquáticos respiram por pulmões? Outros moluscos, como os bivalves, respiram por meio de brânquias, quer vivam em água 'doce' ou salgada, e o mesmo acontece com os peixes. Por que, então, os gastrópodes dulcícolas não respiram por brânquias?".

   João, ao formular tais questões, não lembrava que:
   a) vivendo em águas rasas, a respiração pulmonar permite um aproveitamento melhor do oxigênio atmosférico.
   b) os gastrópodes dulcícolas representam o retorno ao ambiente aquático depois que seus ancestrais conquistaram o ambiente terrestre.
   c) a pressão parcial do oxigênio em águas interiores é muito menor que na água do mar.
   d) próximo à superfície, a disponibilidade de alimentos é maior.
   e) os gastrópodes não são planctófagos, não podendo realizar a filtração.

4. **SE** (FGV-SP) Os moluscos bivalves (ostras e mexilhões) são organismos economicamente importantes como fonte de alimento para o homem, por possuir alto valor nutritivo. Eles conseguem filtrar grandes volumes de água em poucas horas, daí serem comumente chamados "organismos filtradores", mas, em consequência, podem acumular, no seu trato digestivo, altas concentrações de microrganismos e compostos químicos tóxicos, eventualmente presentes na água onde vivem, assim pondo em risco a saúde pública e exercendo grande impacto social e econômico nas áreas de sua criação.

   Assinale a afirmação correta.
   a) Os moluscos não possuem sistema digestório.
   b) Os moluscos não possuem sistema nervoso ganglionar.
   c) Os mexilhões possuem concha com apenas uma valva.
   d) Nos mexilhões, as brânquias têm função respiratória e importante papel na nutrição.
   e) Os moluscos são sempre hermafroditas.

5. **NE** (Uece) Nos moluscos, o órgão constituído de uma membrana epidérmica, que possui glândulas responsáveis pela secreção da concha, é o(a)
   a) rádula.
   b) papo.
   c) manto.
   d) pé.

6. **NE** (UFPE) Na figura a seguir é ilustrada a organização geral de um molusco gastrópode, em que se observa um corpo constituído por cabeça, massa visceral (onde se concentram os órgãos) e pé. Com relação ao filo Mollusca, é correto afirmar que:

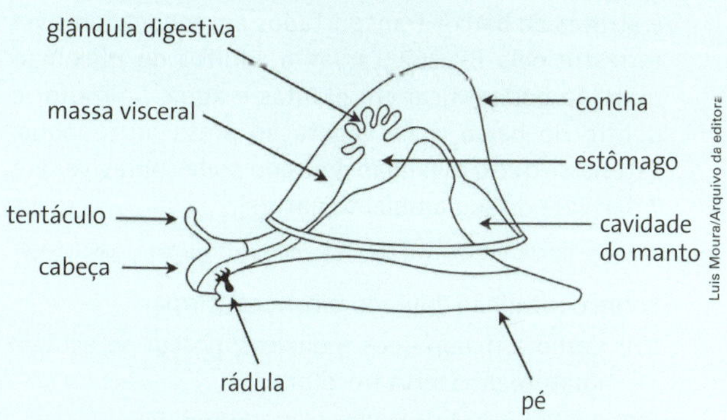


   a) não apresenta sistema digestório completo, de forma que a digestão é processada através de uma bolsa enzimática.
   b) apresenta respiração exclusivamente branquial.
   c) o sistema nervoso consiste de um anel situado em torno da boca.
   d) a excreção é feita através dos túbulos de Malpighi e de glândulas localizadas na base dos pés.
   e) lesmas, ostras, mexilhões, lulas e polvos são moluscos.

7. **NE** (Uece) Os moluscos caracterizam-se por serem animais que

a) utilizam uma estrutura denominada rádula para se alimentar.
b) possuem, logo após a faringe, uma região dilatada de paredes grossas denominada moela.
c) apresentam exoesqueleto de quitina.
d) eliminam os produtos da excreção através de estruturas denominadas túbulos de Malpighi.

8. **N** (UFT-TO) Os moluscos apresentam simetria bilateral, são triblásticos e possuem celoma. Esta última característica representa uma novidade evolutiva dos moluscos em relação aos:

a) cordados.
b) anelídeos.
c) crustáceos.
d) equinodermos.
e) nematelmintos.

9. **CO** (UFMS) "O mexilhão dourado tem causado certo pânico entre a comunidade científica e empresários, principalmente do setor elétrico. (...) O prejuízo, tanto ambiental como econômico, será incalculável se medidas de controle da dispersão não forem tomadas. Este informativo tem o objetivo de deixar a sociedade esclarecida sobre a ocorrência do mexilhão dourado para que a mesma possa ajudar no controle da dispersão. O mexilhão dourado (*Limnoperna fortunei*) é um bivalve da família Mytilidae de no máximo 4 cm de comprimento. (...). O mexilhão dourado foi registrado no rio Miranda recentemente, em 2003, e foi observado até a altura do Passo do Lontra. Provavelmente veio do rio Paraguai e chegou ao Miranda, incrustado nos cascos das embarcações, em plantas e equipamentos de pesca (adultos) ou dentro de reservatórios de água (larvas) abastecidos no rio Paraguai. Outra forma de dispersão é através de barcos transportados em rebocadores via terrestre pela BR 262. Larvas e adultos do mexilhão dourado podem ficar em plantas e água, no motor e dentro do barco, e na vegetação presa ao reboque. Estima-se que o mexilhão dourado pode sobreviver até 7 dias fora do seu ambiente natural."

(Fonte: http://www.agronline.com.br/artigos/artigo.php?id=159).

Sobre o mexilhão dourado, é correto afirmar:

(01) Como a maioria dos moluscos, possui no estágio imaturo uma larva trocófora.
(02) A troca gasosa é realizada por brânquias.
(04) São predadores ativos apresentando uma cabeça e uma rádula bem desenvolvidas.
(08) São identificados por apresentar uma concha de carbonato de cálcio espiralada.
(16) O adulto pode se fixar no substrato (casco das embarcações, plantas, equipamento de pesca, etc.) por meio de uma estrutura filamentosa denominada bisso.
(32) São moluscos bivalves, os bivalves podem ser encontrados em águas marinhas e continentais.

10. **S** (UFSC) "... Os moluscos constituem um grupo muito bem-sucedido na natureza. Ocupam vários ambientes e exibem hábitos de vida bastante diversificados."

(Trecho extraído do livro *Biologia*, de Amabis e colaboradores, 1974, p. 294).

Em relação a esse filo e baseado na observação dos diferentes hábitos mostrados na figura, assinale a(s) proposição(ões) verdadeira(s).

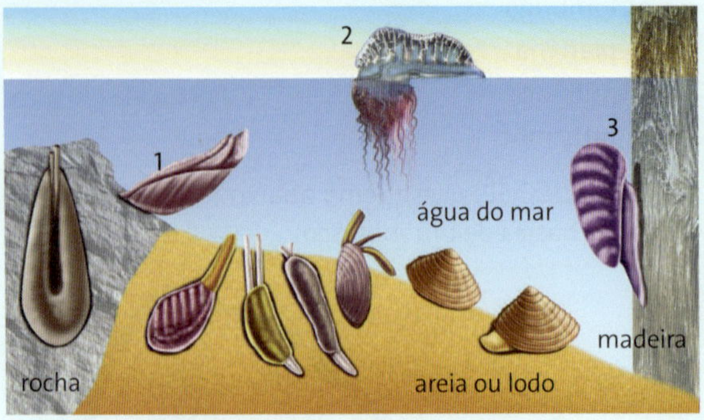


Legenda: 1 – *Ostrea*; 2 – *Pecten*; 3 – *Mytilus*.

01. Como características embrionárias são celomados, deuterostômios e apresentam simetria radial.
02. Os gastrópodes possuem no assoalho da faringe a rádula que utilizam para raspar o alimento.
04. A respiração é branquial nos animais aquáticos e pulmonar nos terrestres.
08. O grupo dos bivalves compreende muitos animais comestíveis e importantes economicamente, como os mexilhões, as ostras e os *escargots*.
16. A figura representa o grupo dos bivalves, que se caracterizam por apresentar uma concha formada por duas partes chamadas valvas, no interior das quais se encontra a cabeça, diferenciada, o pé e a massa visceral.
32. Baseado na figura, podemos constatar que enquanto o *Pecten* é um animal de vida livre, a ostra e o *Mytilus* são fixos.
64. A lula é um decápode com o corpo afilado em forma de cone e a cabeça com oito tentáculos.

11. **SE** (PUC-MG) Uma estrutura comum no tubo digestório de várias classes de moluscos é a rádula, que funciona como uma língua raspadora e trituradora de alimentos. Porém, nos bivalves, a rádula está ausente. Por quê?

12. **NE** (UFC-CE) As ostras, pertencentes ao filo Mollusca, classe Bivalvia, são de grande interesse econômico para o homem por diversas razões. As ostras perlíferas despertam interesse econômico pelo fato de poderem desenvolver entre o manto e a concha as famosas pérolas. Sobre esses organismos, responda:

a) Como são formadas as pérolas naturais?
b) Qual a importância do processo de formação de pérolas para as ostras?

CAPÍTULO

# 16 Anelídeos

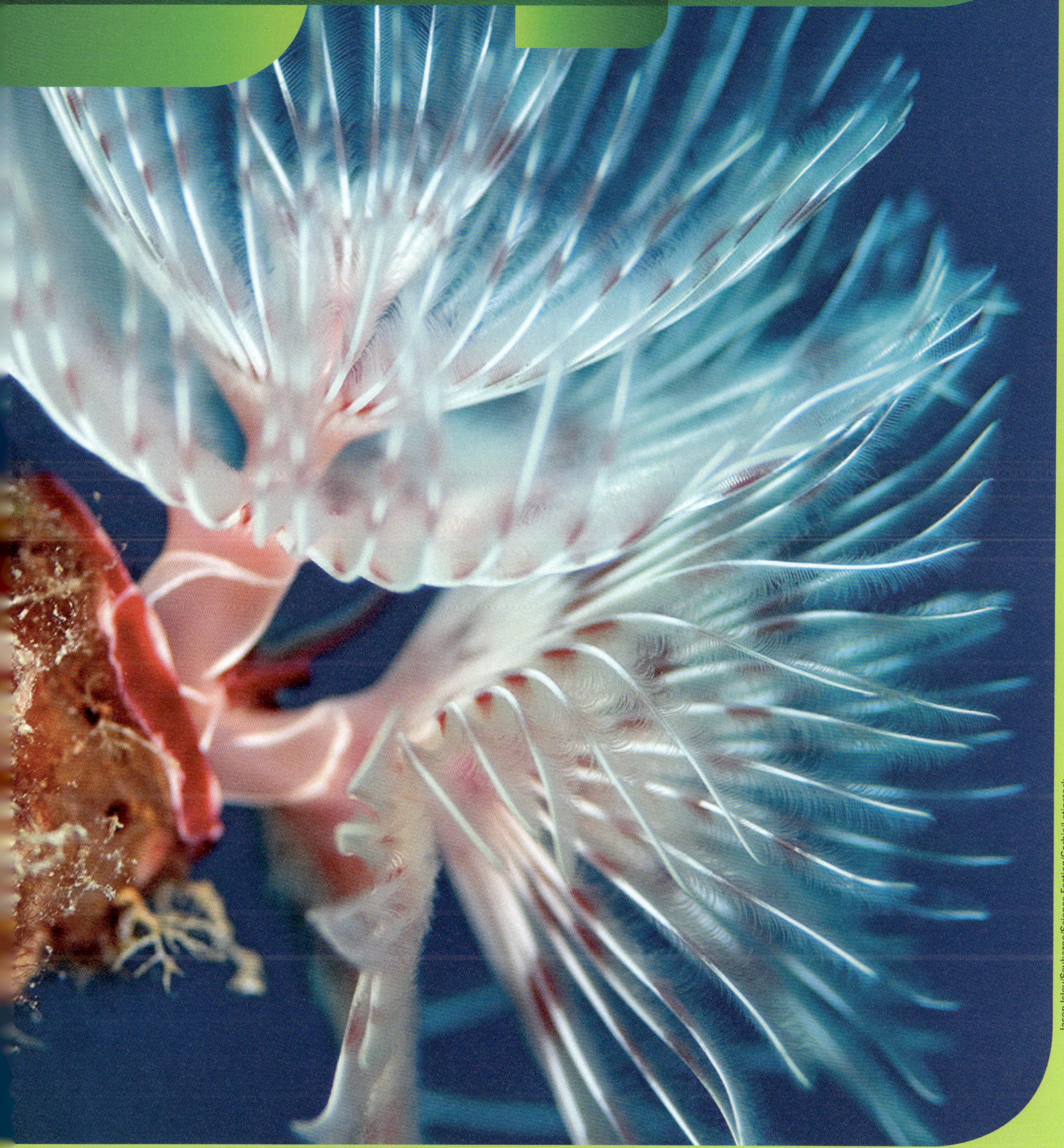

Jason Isley/Scubazoo/Science Faction/Corbis/Latinstock

Poliquetos (*Protula magnifica*) em coral na Indonésia.

> ↘ *Quais as características dos anelídeos?*
>
> ↘ *Como é o modo de vida desses animais?*

# 1 Morfologia e fisiologia

As espécies do filo **Annelida** são encontradas no solo (minhocas), no mar (poliquetos ou vermes marinhos) ou como ectoparasitas de vertebrados aquáticos, principalmente de água doce (sanguessugas; figura 16.1).

O termo **anelídeo** (*annelus* = anel) indica uma das principais características desses animais: a segmentação do corpo (cilíndrico), com repetições desses segmentos (em forma de anel). Esse fenômeno é chamado de **metameria** (*meta* = além de; *meros* = parte).

Esses animais são triblásticos, celomados e apresentam simetria bilateral. O celoma, que está dividido por septos em anéis, segmentos ou **metâmeros**, é preenchido por um líquido, que circula pelo corpo, e contém os órgãos de reprodução e os de excreção.

## Revestimento, sustentação e movimentos

A superfície do corpo dos anelídeos é revestida por uma epiderme, com uma cutícula externa, e pode apresentar pequenas estruturas semelhantes a "pelos" duros, chamadas **cerdas**. Essas estruturas são compostas de quitina (um glicídio) e funcionam como âncoras, dando apoio ao animal em sua locomoção. Nos poliquetos (*polys* = muito; *chaîte* = cerdas), essas cerdas, numerosas e desenvolvidas, estão implantadas em expansões laterais chamadas **parapódios** (*para* = ao lado de; *podos* = pé) e funcionam como pernas rudimentares (figura 16.1).

Sob a epiderme aparece a musculatura (figura 16.1), desenvolvida no sentido circular e longitudinal e auxiliando na locomoção do animal e no movimento do alimento ao longo do tubo digestório. As cerdas servem de pontos de apoio na terra, prendendo uma parte do corpo ao solo, enquanto a outra se estica ou encolhe. A divisão do corpo em anéis dá maior flexibilidade aos movimentos.

A sustentação é dada pelo líquido do celoma, que funciona como um esqueleto hidrostático.

Figura 16.1 Estrutura dos anelídeos (os elementos da ilustração não estão na mesma escala; cores fantasia).

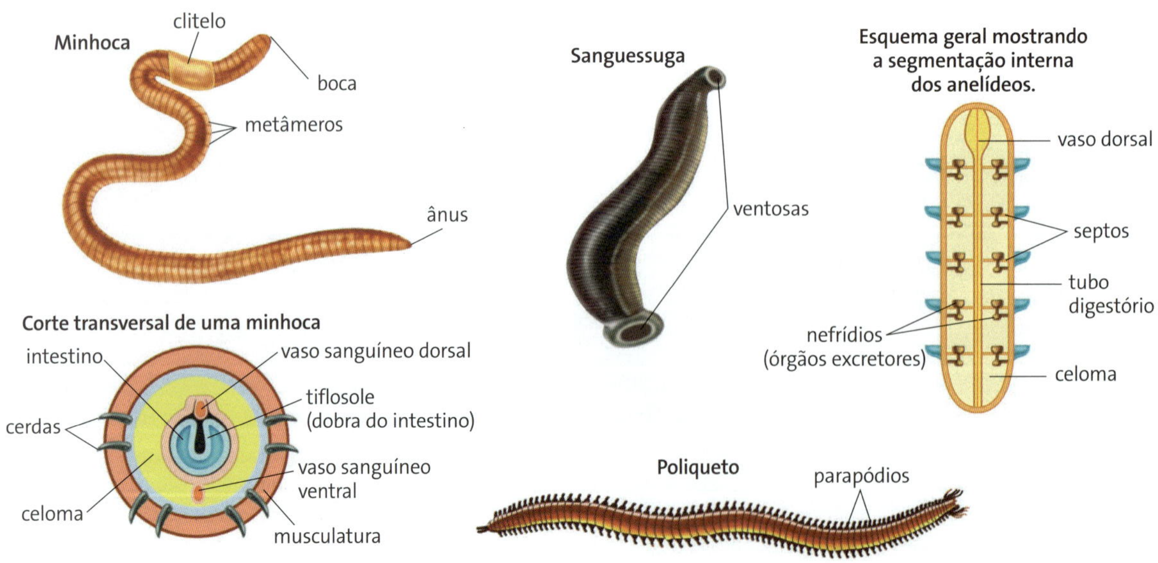


Ilustrações: Luis Moura/Arquivo da editora

# Circulação e respiração

Em animais maiores e mais complexos, com o corpo formado por muitas camadas de células, a difusão é lenta demais para levar alimento e oxigênio para todas as células em uma velocidade compatível com as necessidades energéticas do corpo. Podemos compreender, então, por que os anelídeos, diferentemente dos platelmintos e nematódeos, possuem sistema circulatório com a função de levar alimento e oxigênio para as células.

Nas minhocas, esse sistema é fechado: o sangue não sai dos vasos, como ocorre, por exemplo, nos insetos, que têm o sistema circulatório aberto. Há dois vasos principais em posição longitudinal: um dorsal, contrátil, que impulsiona o sangue, e um ventral. Ambos estão ligados entre si por pares de vasos laterais, chamados **corações** laterais, que se contraem ritmicamente e que auxiliam na propulsão do sangue. Outros vasos laterais ligam os vasos longitudinais na parte posterior do corpo (figura 16.2).

Nos órgãos há vasos muito finos e ramificados (**capilares**), que permitem a passagem de alimento e oxigênio para as células e recebem delas gás carbônico e excretas.

Alguns anelídeos possuem **pigmentos respiratórios** no sangue: são proteínas ligadas a metais que, por terem afinidade com o oxigênio, aumentam a capacidade de transporte desse gás pelo sangue. O mais comum é a **hemoglobina**, de cor vermelha, encontrada nas minhocas. Nesses animais a respiração é **cutânea** (através da pele) e indireta (os gases são levados pelo sangue; figura 16.3).

A respiração cutânea só é possível se a pele do animal estiver úmida. Assim, a pele das minhocas é praticamente nua, sem coberturas impermeabilizantes, e possui células produtoras de muco, que ajuda a manter a umidade da pele.

Em alguns poliquetos, a respiração e a circulação são semelhantes às da minhoca, mas as formas maiores possuem brânquias, isto é, dobras da pele em forma de fios ou lâminas, ricas em vasos sanguíneos. Com elas, o animal passa a ter uma grande superfície de contato em uma pequena região do corpo. Desse modo, o resto do corpo nao precisa realizar respiração cutânea e pode receber uma cobertura protetora ou alojar-se em um tubo, deixando apenas as brânquias expostas, como fazem muitos poliquetos. Na maioria das sanguessugas, a respiração também é cutânea, com brânquias em algumas espécies.

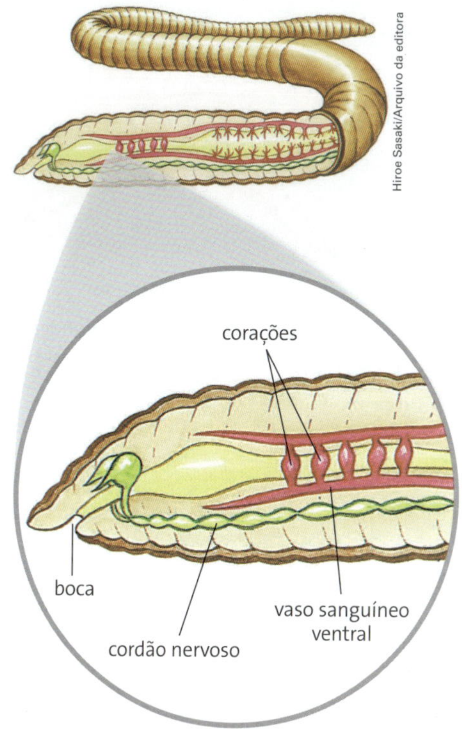


Figura 16.2 Sistema circulatório dos anelídeos (na figura aparece também parte do tubo digestório e do sistema nervoso; os elementos da ilustração não estão na mesma escala; cores fantasia).

Visão esquemática de parte do corpo da minhoca

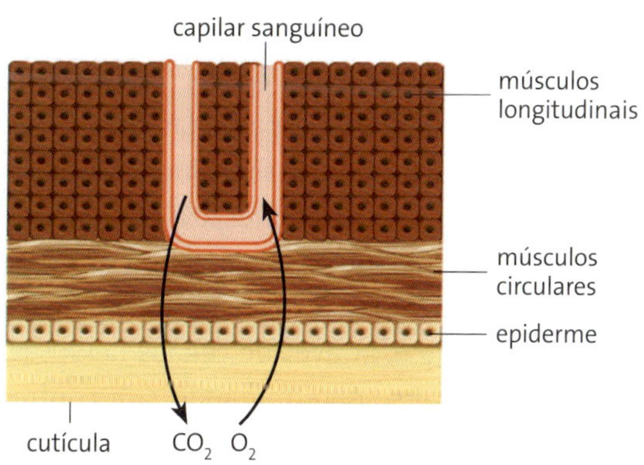


Detalhe da cabeça de um poliqueto

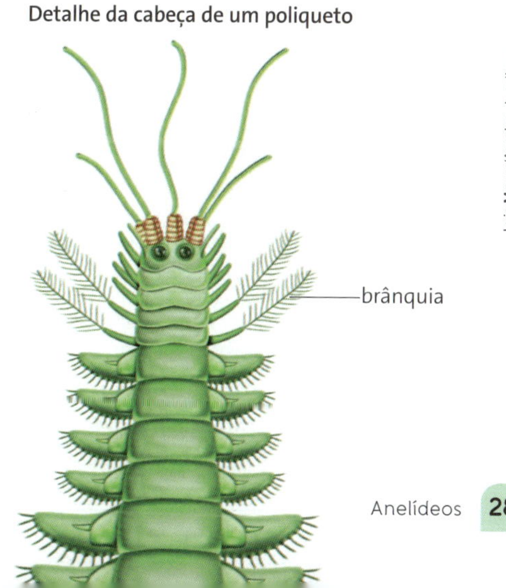


Figura 16.3 Respiração cutânea e indireta na minhoca e respiração branquial nos poliquetos maiores (os elementos da ilustração não estão na mesma escala; o comprimento dos poliquetos varia, conforme a espécie, de cerca de 1 mm até 3 m; cores fantasia).

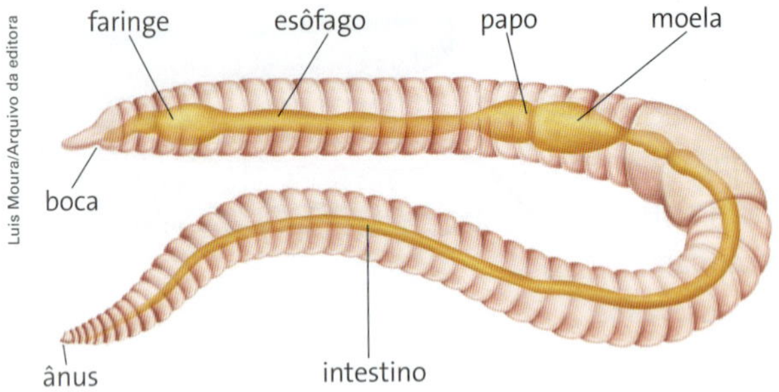


Figura 16.4 Tubo digestório da minhoca (os elementos da ilustração não estão na mesma escala; cores fantasia).

## Digestão

Certos anelídeos alimentam-se de detritos vegetais; outros são carnívoros; alguns são parasitas (alimentam-se de sangue e líquidos de outros animais). A digestão é extracelular e o tubo digestório é completo, com regiões diferenciadas: faringe, esôfago, intestino e ânus (figura 16.4).

Nas minhocas, há um **papo**, que armazena o alimento, e uma região muscular (**moela**), que o tritura (figura 16.4), sendo digerido e absorvido pela parede do intestino.

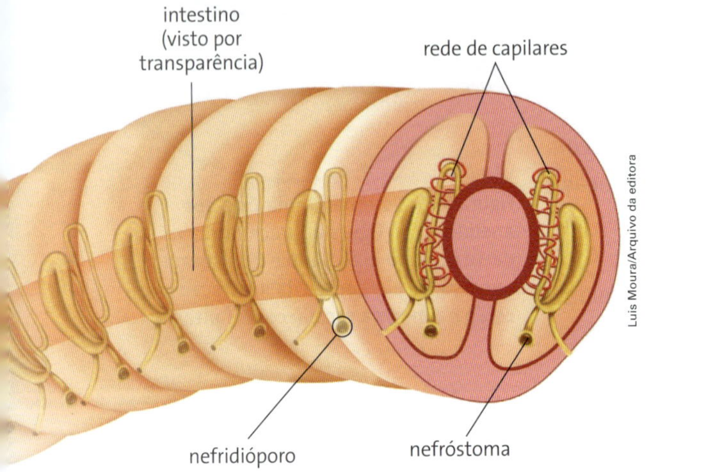


Figura 16.5 Excreção dos anelídeos (os elementos da ilustração não estão na mesma escala; cores fantasia).

## Excreção

Em cada segmento do corpo dos anelídeos, há um par de tubos abertos em ambas as extremidades, que funcionam como pequenos rins, os **metanefrídios** (*meta* = além de; *nephros* = rim). Eles retiram excretas do celoma através de uma extremidade ciliada em forma de funil, o **nefróstoma** (*stoma* = boca). Os cílios aspiram o fluido celomático para dentro do tubo: as substâncias que ainda serão usadas pelo organismo voltam para o sangue; enquanto as tóxicas (amônia, ureia, etc.) ou em excesso (água, sais, etc.) são eliminadas através do **nefridióporo**, que se abre na superfície do corpo (figura 16.5).

As substâncias também podem ser absorvidas do sangue por uma rede de capilares que envolve o tubo. Portanto, os nefrídios não apenas eliminam as substâncias tóxicas, mas também ajudam a controlar a concentração de substâncias no corpo, colaborando, assim, para a manutenção do equilíbrio do organismo (**homeostase**).

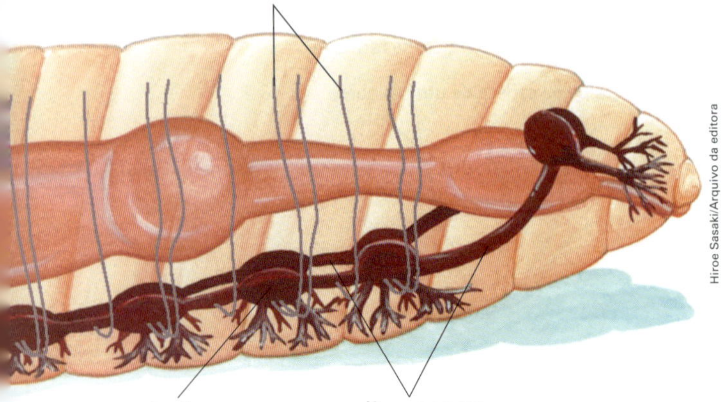


Figura 16.6 Sistema nervoso dos anelídeos (os elementos da ilustração não estão na mesma escala; cores fantasia).

## Coordenação

O sistema nervoso é formado por dois cordões nervosos ventrais, com um par de gânglios por segmento. Dos gânglios saem nervos para os músculos circulares e longitudinais (figura 16.6).

Nas minhocas, não há ocelos (presentes nos poliquetos), mas há células espalhadas pela pele que acusam a presença de luz e, assim, ajudam o animal a procurar ambientes escuros e frescos. Há também células que detectam estímulos mecânicos. Um estímulo em tais células é captado pelos nervos do gânglio do anel correspondente e, através de células nervosas, levado para os músculos, determinando sua contração e o movimento do corpo.

## 2 Reprodução

O tipo de reprodução dos anelídeos varia conforme o grupo. Neste momento, será descrita com mais detalhes apenas a forma de reprodução das minhocas. A forma de reprodução dos demais grupos será descrita apenas em linhas mais gerais.

Na maioria dos poliquetos, os sexos são separados, e as gônadas estão presentes somente na época da reprodução. Os gametas saem pelos nefrídios ou o animal elimina a parte do corpo que contém as gônadas. O desenvolvimento dos poliquetos é indireto, com formação de uma larva ciliada, chamada **trocófora** (*trochós* = roda; *phorein* = levar), semelhante à de vários moluscos (figura 16.7). Os poliquetos também apresentam reprodução assexuada: formam-se zonas de brotamento em regiões específicas do corpo, nas quais se desenvolvem novos indivíduos, que, depois, se separam.

As sanguessugas são animais hermafroditas. Para reproduzir-se, um indivíduo coloca na superfície de outro de sua espécie uma bolsa de espermatozoides, que penetram através da pele até os ovários, onde fecundam os ovos. Em seguida, o animal fecundado deposita uma cápsula idêntica à das minhocas, como veremos a seguir.

O hermafroditismo pode ser vantajoso em situações em que existe dificuldade de encontro entre parceiros ou em animais sésseis, pois o encontro entre dois indivíduos quaisquer é capaz de produzir filhotes.

As minhocas têm gônadas permanentes, e os gametas são eliminados por orifícios genitais. O desenvolvimento é direto. Embora elas sejam hermafroditas, não ocorre autofecundação, pois os óvulos e os espermatozoides são produzidos em glândulas que não se comunicam. Assim, a fecundação é recíproca, também chamada de fecundação cruzada.

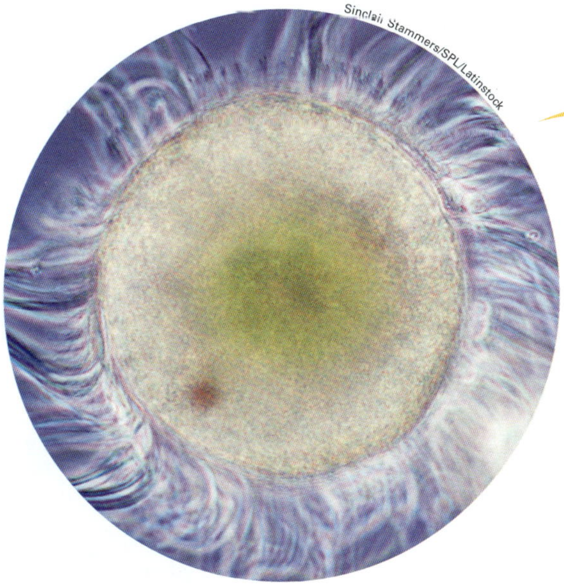


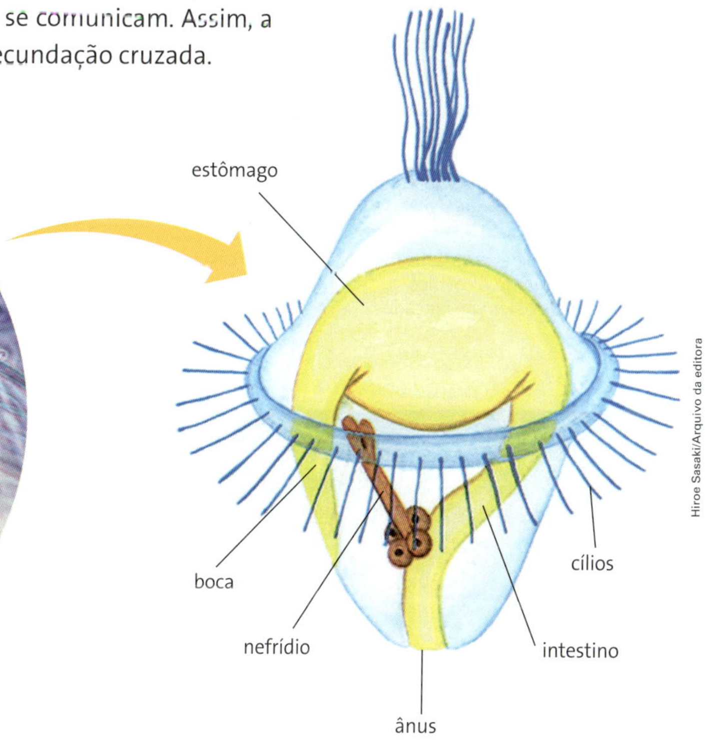


Figura 16.7 Esquema da larva trocófora dos poliquetos. Esse tipo de larva é semelhante à forma larval apresentada por vários moluscos. Na foto, larva trocófora de poliqueto (microscópio óptico; aumento de cerca de 100 vezes; os elementos da ilustração não estão na mesma escala; cores fantasia).

Durante a cópula, dois indivíduos se unem e cada um transfere espermatozoides para uma bolsa chamada receptáculo seminal, ou espermateca (*sperma* = semente; *theca* = estojo), do outro. Depois da transferência de espermatozoides os dois animais se separam. As minhocas apresentam uma estrutura glandular formada pelo tegumento de alguns segmentos, chamada **clitelo** (*clitellum* = cinta), localizado mais ou menos no centro do corpo.

Quando o sistema sexual feminino amadurece, os óvulos são lançados em uma cápsula (**casulo**), produzida pelo clitelo. Esse casulo desliza em direção à abertura do receptáculo seminal, onde recebe os espermatozoides. A fecundação ocorre dentro do casulo e é, portanto, externa; os ovos desenvolvem-se e o casulo é depositado em terra úmida. Da eclosão dos ovos saem indivíduos jovens iguais aos adultos (figura 16.8).

Figura 16.8 Reprodução das minhocas. Na foto, duas minhocas acasalando-se. (Os elementos da ilustração não estão na mesma escala; as minhocas têm, em geral, cerca de 7 cm de comprimento; cores fantasia.)

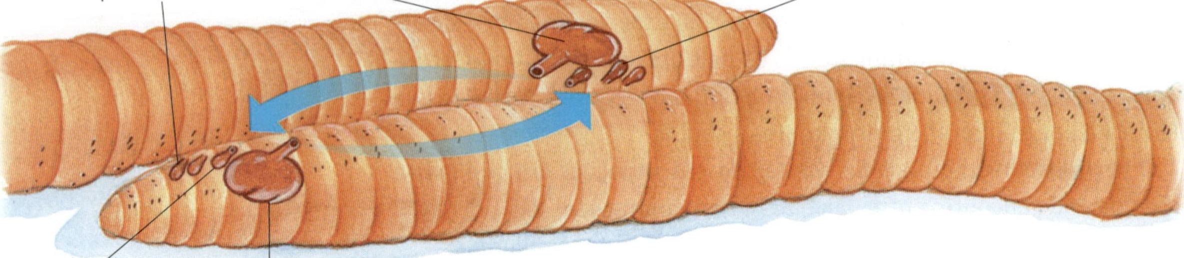


Hiroe Sasaki/Arquivo da editora

Fecundação recíproca na minhoca: os espermatozoides eliminados pelas vesículas seminais são lançados nos receptáculos seminais da outra minhoca.

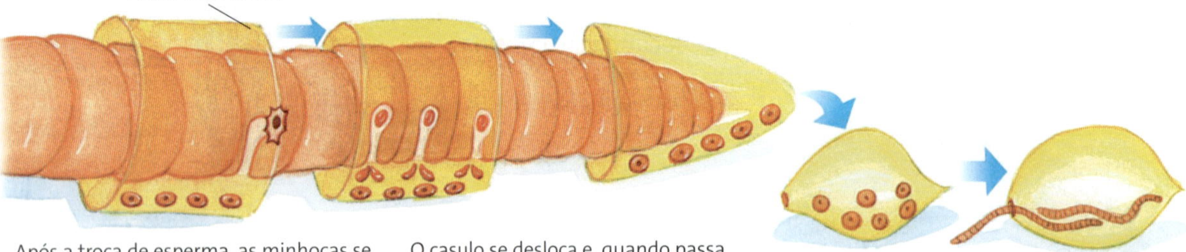


Após a troca de esperma, as minhocas se separam. Quando os óvulos amadurecem, eles são lançados no casulo.

O casulo se desloca e, quando passa pelos receptáculos seminais, recebe os espermatozoides do parceiro. Há fecundação e formam-se os ovos.

O casulo deixa o corpo da minhoca e os ovos se desenvolvem em filhotes.

Robin Chittenden; Frank Lane Picture Agency/Corbis/Latinstock

## 3 Classificação

Os anelídeos costumavam ser divididos em três classes: **Polychaeta** (poliquetos), **Oligochaeta** (oligoquetos) e **Hirudinea** ou **Hirudinoidea** (hirudíneos). Atualmente, Oligochaeta e Hirudinea são consideradas subclasses da classe **Clitellata** (anelídeos com clitelo).

## Poliquetos

Alguns poliquetos se deslocam ativamente e são chamados de poliquetos errantes. Outros vivem em túneis que cavam na areia. Há também os que constroem tubos com calcário ou grãos de areia, cimentados por um muco, e são chamados de poliquetos tubícolas (figura 16.9).

Em geral, a cabeça é diferenciada, apresentando olhos e tentáculos. Os segmentos possuem um par de parapódios, usados na locomoção e na respiração e dotados de muitas cerdas (figura 16.9).

Possuem sexos separados, com fecundação externa e desenvolvimento embrionário indireto (larva trocófora). Alguns apresentam respiração cutânea; outros possuem brânquias que, em geral, são modificações dos parapódios.

O poliqueto conhecido como palolo (*Palolo viridis*) passa sua vida nos recifes de corais. Uma vez por ano, porém, em Samoa, no sul do Pacífico, segmentos especializados para a reprodução soltam-se de seu corpo e flutuam na superfície, liberando óvulos e espermatozoides. Os nativos da ilha aproveitam para colher os pedaços do verme, cozinhá-los e comê-los.

Figura 16.9 Foto de poliqueta tubícola, cujos tentáculos são usados na captura de alimento (cerca de 6 cm de comprimento, fora os tentáculos).

Robert Marien/Corbis/Latinstock

Fábio Colombini/Acervo do fotógrafo

Figura 16.10 Minhocuçu-do-cerrado (*Rhinodrilus alatus*), que pode medir mais de 50 cm e está na lista de animais ameaçados de extinção.

Edward Kinsman/Photo Researchers/Getty Images

Figura 16.11 Foto de sanguessuga (de 1 cm a 30 cm, dependendo da espécie). Na ilustração, detalhe da parte interna da boca e da faringe em corte longitudinal: as mandíbulas cortam a pele do hospedeiro (cores fantasia).

## Oligoquetos

A maioria dos oligoquetos (minhocas) é terrestre, mas há alguns de água doce. Em geral, medem entre 5 cm e 10 cm. Os minhocuçus (figura 16.10; na língua indígena o sufixo *açu* ou *uçu* significa 'grandeza') atingem até 2 m de comprimento, mas estão em sério risco de extinção por causa da venda como iscas para captura de peixes maiores, o que é proibido por lei federal.

Os oligoquetos não possuem cabeça diferenciada, nem parapódios, e as cerdas são pequenas e pouco numerosas (*oligos* = pouco; *chaîte* = cerdas). Respiram através da pele e apresentam, como característica típica, o clitelo.

## Hirudíneos

A maioria dos hirudíneos (*hirudo* = sanguessuga) é de água doce. Eles medem de 1 cm a 30 cm de comprimento, respiram através da pele, não possuem cerdas (daí o outro nome do grupo **Aquetas**, *a* = sem) e apresentam duas ventosas: a posterior participa da locomoção e da fixação; a anterior, em volta da boca, ajuda a sugar o sangue de animais, uma vez que a maioria parasita vertebrados aquáticos (figura 16.11). O principal exemplo é a *Hirudo medicinalis*. Há espécies que comem pequenos animais ou restos de matéria orgânica.

## Biologia e tecnologia

### O uso das sanguessugas

No século XIX a *Hirudo medicinalis* era usada para fazer sangria (tirar sangue) em doentes, pois acreditava-se que esse procedimento curava muitas doenças.

Hoje a substância anticoagulante hirudina, encontrada na saliva dessa sanguessuga, é uma alternativa nos tratamentos contra trombose (formação de coágulos sanguíneos nas veias). Ela é usada também em laboratório, em técnicas para a dosagem de substâncias, como a trombina, que agem na coagulação do sangue. A própria sanguessuga pode ser usada em determinadas cirurgias plásticas para retirar o sangue acumulado em certos pontos da pele (figura 16.12).

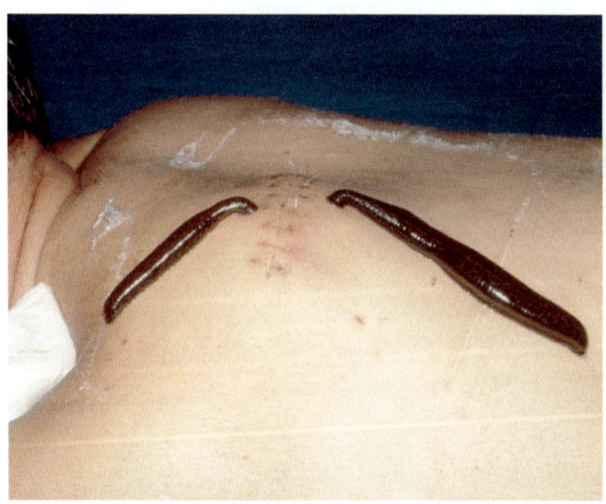

St. Bartholomew's Hospital/SPL/Latinstock

Figura 16.12 Sanguessugas usadas para retirar sangue acumulado na pele.

## 4 A importância das minhocas

O Brasil é o terceiro país com maior número de minhocas do mundo. São cerca de 300 espécies já conhecidas.

Bom para nós. As minhocas são importantíssimas para a fertilidade do solo. Ao abrirem caminho por ele, comendo terra e restos vegetais e construindo túneis, elas tornam o solo mais poroso e arejado, o que facilita a circulação de ar e permite que a água se infiltre melhor. Com isso, as raízes das plantas conseguem oxigênio e água com mais facilidade.

Além disso, elas digerem a matéria orgânica dos detritos e eliminam fezes que servem de adubo para o solo. Produzem, assim, uma parte do húmus (matéria orgânica em decomposição), rica em sais minerais necessários às plantas, o que diminui a necessidade de se usar adubo químico. Funcionam então como arados e adubadores naturais.

Minhocultura é a criação de minhocas para comercialização dos animais ou de suas fezes. Elas podem ser criadas em caixas de madeira, canteiros, etc. Mas é preciso orientação especializada para montar um minhocário, mesmo porque não é qualquer espécie de minhoca que pode ser utilizada e são necessários cuidados com a saúde, como o uso de luvas de borracha no trato com o solo.

Na criação de minhocas podem ser utilizados restos orgânicos (restos vegetais, esterco, etc.), que serão transformados em adubo (húmus de minhoca), colaborando, assim, para a reciclagem desses materiais.

As minhocas são ainda úteis para a pesquisa de medicamentos, como fonte de proteína para a alimentação animal (e usadas também em alguns países na alimentação humana), além de funcionarem como bioindicadores da qualidade ambiental.

Finalmente, não podemos nos ater apenas a uma visão utilitarista das espécies: as minhocas, como todos os outros seres vivos, fazem parte de uma teia alimentar e sua extinção pode causar desequilíbrios ecológicos, podendo provocar, por exemplo, a extinção de outros animais que se alimentam dela (figura 16.13).

Figura 16.13 Rã comendo minhoca (minhoca com cerca de 7 cm de comprimento).

Fabio Colombini/Acervo do fotógrafo

# Atividades

1. Visitando a área rural pela primeira vez na vida, um jovem estranhou quando soube que um agricultor tinha acabado de receber um carregamento de minhocas. Explique para esse jovem a provável razão da aquisição do agricultor.

2. Pensando no que você estudou neste capítulo, a respeito da respiração em minhocas, explique por que esses animais, em geral, passam o dia embaixo da terra e só vêm à superfície à noite.

3. Em animais como as minhocas, que têm o corpo formado por várias camadas de células, aquelas próximas ao tubo digestório ficam relativamente perto dos nutrientes dos alimentos, mas distantes da epiderme (por onde entra o oxigênio); já as células da epiderme estão próximas do oxigênio, mas distantes dos nutrientes. Como esse problema é resolvido nesses animais?

4. Alguns estudantes montaram uma exposição com fotos de seres do reino animal. Havia corais, anêmonas, tênias, planárias, áscaris, poliquetos e minhocas. Observando a exposição, um estudante disse que nessa lista estavam representados cinco filos: em dois deles, havia animais com simetria radiada; em três, os animais tinham três folhetos embrionários; e em apenas um os animais eram celomados. Ele está certo? Justifique sua resposta.

5. Que característica o sangue da minhoca tem em comum com o nosso?

6. Na saliva das sanguessugas há uma substância anticoagulante, a hirudina. Qual a função da hirudina para a sanguessuga?

7. Examinando o corpo da minhoca externamente, é possível notar facilmente uma diferença entre esses animais e os platelmintos e nematódeos. Qual é essa diferença?

## Atividade prática

Em grupo, construam um minhocário e observem a atividade desses anelídeos. Vocês vão precisar de:

- um aquário pequeno (pode ser um vidro de conserva grande e de boca larga);
- terra escura, que seja rica em matéria orgânica;
- terra de cor diferente (mais clara ou avermelhada);
- areia;
- pó de giz;
- pó de carvão;
- um pouco de água;
- algumas minhocas: adquirir com criadores (ou em lojas de equipamentos para pesca);
- um pedaço de tela de náilon para janelas ou um pedaço de tule;
- um pedaço de elástico usado em costura;
- um pedaço de tecido preto (ou uma ou duas folhas de cartolina preta);
- uma folha de papel sulfite ou de caderno;
- uma pequena lâmina de vidro (com cerca de 20 cm de lado e alguns milímetros de espessura);
- um par de luvas de borracha;
- pá de jardim (para pegar terra);
- lupa manual e uma placa de Petri (se houver uma lupa binocular na escola, será interessante utilizá-la).

Com as luvas de borracha e a pá, coloquem uma grossa camada de terra de jardim no fundo do aquário; em seguida, uma camada menos espessa que a anterior de terra clara; depois, uma camada de igual espessura de areia e uma camada bem fina de pó de giz. Sobre esta, coloquem outra grossa camada de terra escura, mais uma de terra clara, outra de areia e, finalmente, uma camada bem fina de pó de carvão.

Repitam a sequência de camadas até completar o recipiente, de modo que a última camada seja de terra escura. Reguem a mistura com água cuidadosamente, deixando-a apenas úmida (se ficar encharcada, será preciso esvaziar o recipiente e começar tudo de novo). Sobre a terra, depositem as minhocas.

Fechem o recipiente com a tela de náilon (ou o tule), usando o elástico, e envolvam-no com o pano preto (ou usem a cartolina). Ponham o minhocário em um local protegido do sol e da chuva e aguardem dois ou três dias.

a) Por que foi preciso envolver o minhocário com um pano escuro e mantê-lo onde não bate sol?
b) Retirem o pano escuro e observem as laterais do minhocário. O que pode ser observado? Expliquem.
c) Usando as luvas, peguem uma das minhocas, segurando-a com cuidado entre o polegar e o indicador. Descrevam como ela reage. Que sistemas corporais a minhoca utiliza nessa reação?
d) Coloquem a minhoca sobre a folha de papel e observem-na por alguns instantes. Agora, transfiram-na para a lâmina de vidro e observem. Ela consegue se deslocar igualmente bem em ambas as superfícies? Por quê?
e) Coloquem a minhoca na placa de Petri e, usando a lupa, observem detalhes de seu corpo, como os anéis, as cerdas, o clitelo, etc. (fiquem atentos para que ela não fique muito ressecada; se necessário, molhem o animal com água limpa). Façam desenhos do que observaram.

Terminadas as observações, verifiquem qual o melhor destino para as minhocas. Se não forem da fauna local, não podem ser colocadas em ambiente natural.

# Vestibulares de Norte a Sul

1. **NE** (UFRN) A atividade das minhocas favorece a agricultura, pois reduz a compactação e facilita a aeração do solo. Entretanto, em função das características climáticas do semiárido nordestino, o uso de minhocas na lavoura não é recomendado devido à baixa sobrevivência desses animais na região. Isso ocorre porque há:

   a) aumento da absorção de gás carbônico, aumentando o metabolismo.
   b) redução da difusão de oxigênio, aumentando a de gás carbônico.
   c) redução da concentração do sangue, diminuindo a difusão de oxigênio.
   d) aumento da desidratação, prejudicando a respiração.

2. **SE** (Vunesp-SP) Observe o esquema abaixo. Suponha que o pássaro, se quiser comer a minhoca, tenha que passar por seis círculos que contenham pistas (informações) com características desse anelídeo, não podendo pular nenhum círculo. Um caminho correto a ser percorrido é:

   a) 2, 3, 6, 9, 8 e 11.
   b) 2, 3, 6, 5, 8 e 11.
   c) 1, 4, 7, 8, 9 e 11.
   d) 2, 3, 6, 5, 8 e 10.
   e) 3, 2, 1, 4, 7 e 10.

3. **SE** (Ufscar-SP) A minhoca é um anelídeo comum em vários ecossistemas. Apresenta um sistema digestivo como o desenho abaixo ilustra.

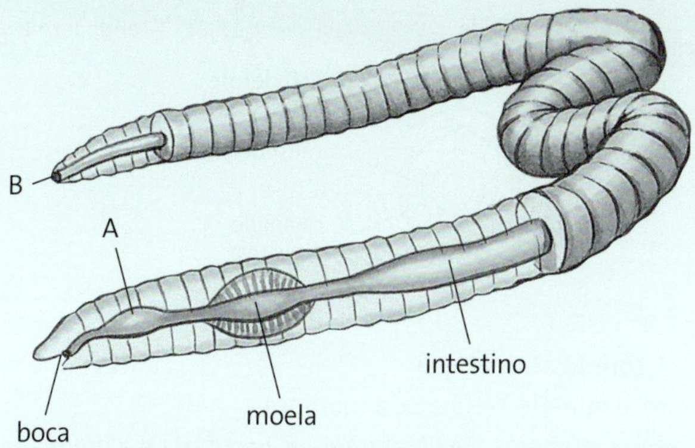


Sobre a digestão que ocorre nesses animais, assinale a(s) proposição(ões) correta(s).

01. O alimento ingerido fica armazenado em A, que é o estômago.
02. A moela serve para triturar alimentos mais resistentes.
04. Na moela, o processo de digestão é mecânico.
08. No intestino, ocorre a digestão química.
16. Em B, temos o ânus, que elimina as fezes que acabam por fertilizar o solo.
32. O sistema digestivo desses animais é do tipo incompleto.
64. A digestão é apenas intracelular.

Dê como resposta a soma dos números das proposições corretas.

4. **S** (Udesc) Assinale a alternativa incorreta quanto ao reino animal.

   a) Os animais, em sua maioria, são celomados.
   b) Os platelmintos são organismos acelomados.
   c) Os anelídeos são organismos pseudocelomados.
   d) Os nematódeos são organismos pseudocelomados.
   e) Animais diblásticos possuem apenas dois folhetos embrionários: ectoderma e endoderma.

5. **N** (UFT-TO) As trocas gasosas nos anelídeos ocorrem através de:

   a) brânquias ou epiderme.
   b) brânquias ou pulmões foliáceos.
   c) brânquias e traqueias.
   d) brânquias apenas.
   e) traqueias apenas.

6. **SE** (UFMG) Os desenhos abaixo representam cortes transversais de três animais.

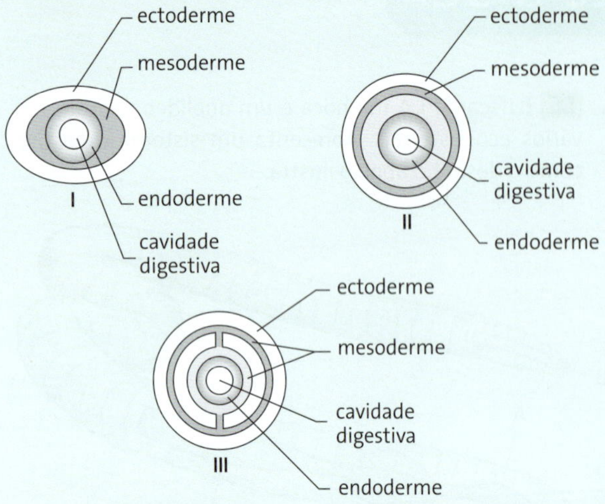


É correto afirmar que:

a) o número I refere-se à minhoca.

b) os números II e III referem-se à solitária e à medusa, respectivamente.

c) os números I e III referem-se ao ouriço-do-mar e ao homem, respectivamente.

d) os números I e II referem-se à planária e à tênia, respectivamente.

e) os números I e III referem-se aos platelmintos e aos anelídeos, respectivamente.

7. **SE** (PUCC-SP) As minhocas são animais:

a) monoicos, que realizam autofecundação e possuem desenvolvimento direto.

b) dioicos, que realizam fecundação cruzada e possuem desenvolvimento indireto.

c) monoicos, que realizam autofecundação e possuem desenvolvimento indireto.

d) dioicos, que realizam fecundação cruzada e possuem desenvolvimento direto.

e) monoicos, que realizam fecundação cruzada e possuem desenvolvimento direto.

8. **SE** (PUC-SP) Um biólogo coletou exemplares de uma espécie animal desconhecida, os quais foram criados em laboratório e analisados quanto a diversas características.

Concluiu-se que se tratava de representantes do filo Annelida, pois eram animais:

a) diblásticos, celomados, segmentados e de simetria radial.

b) triblásticos, celomados, não segmentados e de simetria bilateral.

c) triblásticos, acelomados, segmentados e de simetria bilateral.

d) diblásticos, celomados, segmentados e de simetria bilateral.

e) triblásticos, celomados, segmentados e de simetria bilateral.

9. **SE** (Unicamp-SP) O jornal *O Estado de S. Paulo*, de 2 de agosto de 1997, noticiou a descoberta de "colônias de vermes desconhecidos escondidos em metano congelado emergindo do fundo do mar. [...] As criaturas parecem pertencer a uma espécie nova na família dos organismos conhecidos como poliquetos [...]. Elas parecem cegas, mas têm boca, aparelho digestivo e um sistema de circulação complexo". As características mencionadas não permitem classificar esses novos organismos como poliquetos.

a) A que filo pertencem os poliquetos?

b) Cite duas características que, em conjunto, permitiriam identificar esses animais como poliquetos.

c) Quais são as outras duas classes desse filo? Dê uma característica de cada uma que as diferencie dos poliquetos.

10. **NE** (Ufal) Em um jardim, Júlia via minhocas na terra. Ela ficou curiosa em saber mais sobre esse animal.

a) Indique a Júlia duas características do filo ao qual as minhocas pertencem.

b) Explique a importância desses animais do ponto de vista ecológico.

11. **SE** (Unicamp-SP) Sob a denominação de "vermes", estão incluídos invertebrados de vida livre e parasitária como platelmintos, nematódeos e anelídeos.

a) Os animais citados no texto apresentam a mesma simetria. Indique qual é essa simetria e dê duas novidades evolutivas associadas ao aparecimento dessa simetria.

b) *Hirudo medicinalis* (sanguessuga), *Ascaris lumbricoides* (lombriga) e *Taenia saginata* (tênia) são exemplos de parasitas pertencentes a cada um dos filos citados que podem ser diferenciados também pelo fato de serem endoparasitas ou ectoparasitas. Identifique o filo a que pertencem e separe-os quanto ao modo de vida parasitária.

12. **SE** (Vunesp-SP) Considere os versos da canção infantil:

*Minhoca, Minhoca, me dá uma beijoca*
*Não dou, não dou*
*Então eu vou roubar*
*Minhoco, Minhoco, você é mesmo louco*
*Beijou o lado errado, a boca é do outro lado.*

Disponível em: <www.escolapaulofreire.com.br/infantil/musica_amarelo.htm>.

a) Qual a importância das minhocas para as plantas?

b) Com relação à organização do corpo das minhocas (Annelida), justifique a frase "beijou o lado errado". Com relação à reprodução das minhocas, justifique a correção ou incorreção dos termos "minhoco" (macho) e "minhoca" (fêmea). Justifique sua resposta.

CAPÍTULO

# 17 Artrópodes

Nigel Cattlin/Visuals Unlimited/Corbis/Latinstock

Joaninha asiática (*Harmonia axyridis*) se alimenta de pulgões.

↘ *Quais as principais características dos artrópodes e de suas classes?*

↘ *Que adaptações permitiram seu sucesso evolutivo?*

# 1 Características gerais

Tradicionalmente, o filo **Arthropoda** era dividido em cinco classes principais: **Insecta** (insetos, a mais numerosa: besouro, mosca, formiga, borboleta, abelha, etc.); **Crustacea** (crustáceos: camarão, siri, caranguejo, lagosta, craca, tatuzinho-de-jardim, etc.); **Arachnida** (aracnídeos: aranha, escorpião, carrapato, etc.); **Chilopoda** (quilópodes: lacraia ou centopeia); **Diplopoda** (diplópodes: piolho-de-cobra ou embuá).

Classificações mais recentes consideram quatro subfilos atuais: **Crustacea**; **Hexapoda** ("seis pés"), que contém a classe **Insecta**; **Chelicerata** (quelicerados; "portadores de quelíceras"), que contém a classe **Arachnida**; **Myriapoda** (miriápodes; "muitos pés"; *myria* = dez mil), com as classes **Chilopoda** e **Diplopoda**.

Para simplificar, vamos estudar quatro classes do filo Arthropoda (Insecta, Arachnida, Chilopoda e Diplopoda) e um subfilo desse grupo (Crustacea).

Os artrópodes são triblásticos e celomados. Eles apresentam simetria bilateral, com corpo segmentado, exoesqueleto e apêndices articulados. Esses apêndices são acionados por músculos de contração rápida (músculos estriados), inseridos no esqueleto (daí o nome: *arthron* = articulação; *podos* = pé), que tornam a locomoção muito eficiente.

O celoma dos artrópodes é bastante reduzido, ficando restrito às cavidades das gônadas e, em determinados grupos, à cavidade dos órgãos excretores. Assim, enquanto nos anelídeos o líquido do celoma funciona como um esqueleto hidrostático, nos artrópodes essa função é exercida pelo exoesqueleto.

## Metameria

Como o dos anelídeos, o corpo dos artrópodes é segmentado ou metamerizado (formado por uma sequência de metâmeros, anéis ou segmentos), mas, diferentemente daqueles animais (cuja segmentação pouco se altera no estado adulto), essa segmentação só é bem evidente nas formas larvais. Isso acontece porque, ao longo do desenvolvimento, os segmentos se fundem e formam regiões distintas, fenômeno denominado **tagmatização** (cada região funcional é chamada de **tagma**; figura 17.1).

Nos insetos, por exemplo, há três tagmas: **cabeça**, na qual estão a boca e os órgãos sensoriais; **tórax**, geralmente encarregado da locomoção; **abdome**, no qual está a maior parte dos órgãos internos (vísceras). Em alguns artrópodes, como no camarão e na aranha, a cabeça está fundida com o tórax, formando um **cefalotórax** (*kephalé* = cabeça). Em outros, como no embuá e na lacraia, há apenas a cabeça e o tronco.

Figura 17.1 Exemplo de tagmatização em um inseto adulto (besouro *Lucanus cervus*).

Stephen Dalton/Minden Pictures/Latinstock

## Exoesqueleto

O corpo dos artrópodes é revestido por um exoesqueleto formado por quitina (um polissacarídeo nitrogenado) associado a proteínas. Nos crustáceos, há também fosfato e carbonato de cálcio, responsáveis pela alta resistência da carapaça desses animais. Nas formas terrestres, principalmente, há ainda uma cobertura de cera impermeável, que impede a desidratação, sendo uma importante adaptação à vida fora da água.

Lembre-se de que os primeiros animais surgiram no ambiente aquático. Os insetos descendem de um grupo de invertebrados que saiu da água e passou a viver no ambiente terrestre. No ar existe mais gás oxigênio que na água, mas há também o risco de perda de água por evaporação pela superfície do corpo — daí a importância do exoesqueleto nesse caso.

Além de proteger o animal, o esqueleto serve como ponto de apoio para os músculos estriados, capazes de contração rápida. Em certos pontos, o esqueleto é fino e dobrável. Examinando as pernas de um inseto, por exemplo, observamos que elas possuem articulações. Associados aos apêndices articulados, os músculos tornam a locomoção (marcha, natação ou voo) e os movimentos bem eficientes (figura 17.2). Os apêndices desempenham ainda outras funções: ajudam a pegar comida, a mastigar o alimento, a sugar o néctar, etc. No caso das antenas, elas funcionam como órgãos dos sentidos (olfato e tato).

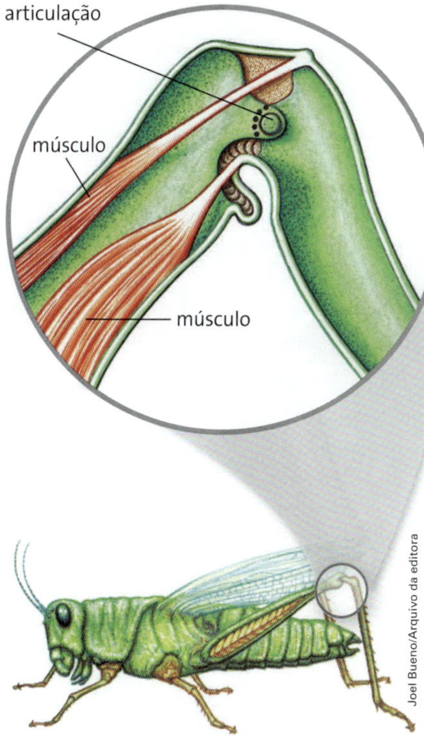


Figura 17.2 Detalhe (ampliado) de músculos e articulação dos artrópodes (comprimento do gafanhoto, de 1 cm a 8 cm, dependendo da espécie; cores fantasia).

## Crescimento por mudas

Por ser rígido e por envolver todo o corpo, o exoesqueleto limita o crescimento do animal. Esse problema é resolvido com as **mudas** ou **ecdises** (*eckdysis* = despojar). Periodicamente, ao longo do desenvolvimento e do crescimento, e sob o controle de um hormônio (**ecdisona** ou **hormônio da muda**), a epiderme secreta um líquido que forma um espaço entre ela e o exoesqueleto. Depois, a epiderme produz um esqueleto novo, ainda flexível, que permite o crescimento do animal. Em determinado momento o esqueleto velho, chamado **exúvia** (*exuviae* = roupa desprezada, despojos), arrebenta, e o artrópode o abandona. Uma vez fora do esqueleto velho, o corpo do artrópode cresce, e o novo exoesqueleto endurece.

Por causa dessa troca periódica, o crescimento nos artrópodes não é contínuo como nos outros animais: há momentos da vida sem nenhum crescimento, alternados com outros de crescimento (figura 17.3).

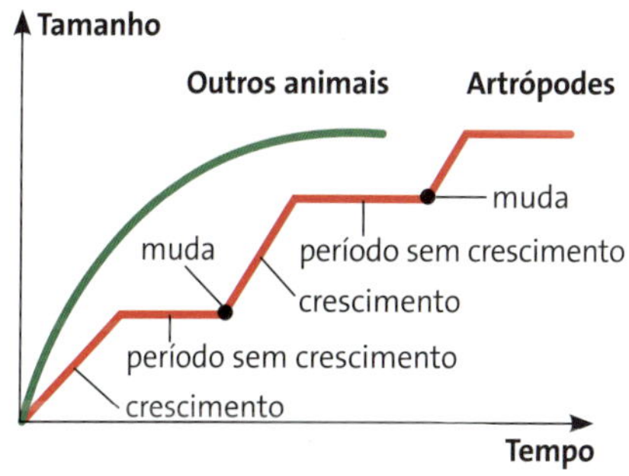


Figura 17.3 Crescimento e muda dos artrópodes. Na foto, cigarra (cerca de 4 cm de comprimento; as espécies variam em torno de 2 cm a 6 cm de comprimento) em metamorfose abandonando o exoesqueleto. No gráfico, compare a curva descontínua de crescimento dos artrópodes (vermelha) com a curva contínua de crescimento dos outros animais (verde). Nos artrópodes, o crescimento ocorre logo após a muda.

# 2 Insetos

Os insetos formam o grupo com maior número de espécies conhecidas entre os artrópodes. Essa diversidade indica que eles foram bem-sucedidos na colonização do ambiente terrestre, onde a maior parte vive. Por serem pequenos, podem se instalar em vários tipos de microambiente.

A capacidade de voo de muitas espécies permite-lhes alcançar com facilidade fontes de alimento distantes, além de lhes dar grande poder de defesa e de dispersão. A epiderme impermeável, o tipo de excreção (que economiza água) e o ovo coberto por casca possibilitam sua sobrevivência em ambientes secos.

Veja alguns representantes dos insetos na figura 17.4.

Figura 17.4 Alguns representantes do grupo dos insetos (quando a espécie não é mencionada, o tamanho indica a variação de comprimento entre as principais espécies).

Borboleta (*Anartia amathea*, de 5 cm a 7 cm da ponta de uma asa à outra).

Libélula (2 cm a 5 cm).

Pulga (1 mm a 8 mm).

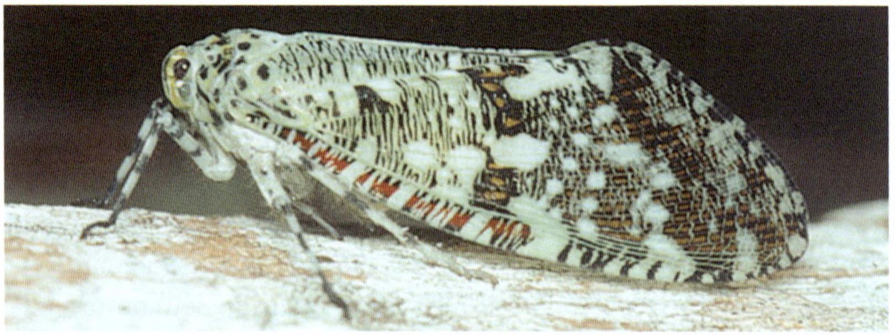


Cigarrinha (0,3 cm a 2 cm).

Piolho (2 mm a 4 mm).

Traça-dos-livros (12 mm a 25 mm).

Percevejo ("barbeiro", transmissor da doença de Chagas; cerca de 2 cm).

Vaga-lume (besouro da família Lampyridae; 1 cm a 2 cm).

Esperança (2 cm a 5 cm).

# Morfologia externa

O corpo de um inseto é dividido em três regiões (tagmas): cabeça, tórax e abdome.

Na cabeça há um par de antenas sensoriais (que capta cheiros e é sensível ao tato), dois grandes **olhos compostos** e, entre eles, três ocelos (figura 17.5). Próximo à boca estão os apêndices destinados à alimentação. No gafanhoto, eles são compostos por um par de **mandíbulas**, dois pares de **maxilas** (o segundo par está soldado, compondo uma peça ventral chamada **lábio** ou **palpo labial**) e o **labro** (uma expansão da cabeça). As partes duras de quitina dos apêndices bucais possibilitam a esses insetos cortar e comer partes relativamente duras das plantas. Além disso, os apêndices bucais estão modificados e adaptados aos vários tipos de alimentação dos vários grupos de insetos, como veremos adiante.

No tórax se prendem as asas, que correspondem a dobras achatadas do exoesqueleto. A maioria dos insetos (borboletas, abelhas, besouros, baratas, gafanhotos, etc.) possui dois pares de asas. Mosquitos e moscas possuem apenas um par. Os machos e as fêmeas férteis de formigas e cupins apresentam asas na época da reprodução. São poucos os insetos que não possuem asas; por exemplo, traça, pulga e piolho.

O movimento das asas depende da contração de **músculos verticais** e **longitudinais** (figura 17.6). Quando os verticais se contraem, a parte dorsal do tórax abaixa e, por um sistema de alavanca, a asa levanta. Quando os músculos verticais relaxam, os músculos longitudinais se contraem e o tórax fica mais alto, o que faz a asa abaixar.

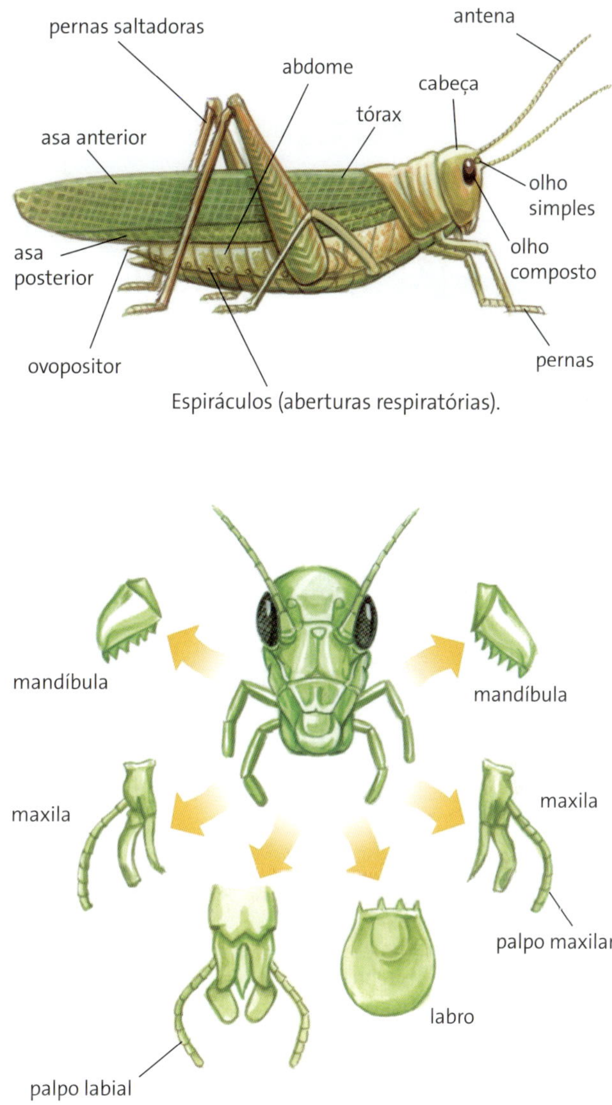


Ilustrações: Ingeborg Asbach/Arquivo da editora

Figura 17.5 Morfologia externa de um inseto (gafanhoto) e detalhes do aparelho bucal, do tipo mastigador (de 1 cm a 8 cm de comprimento, conforme a espécie; cores fantasia).

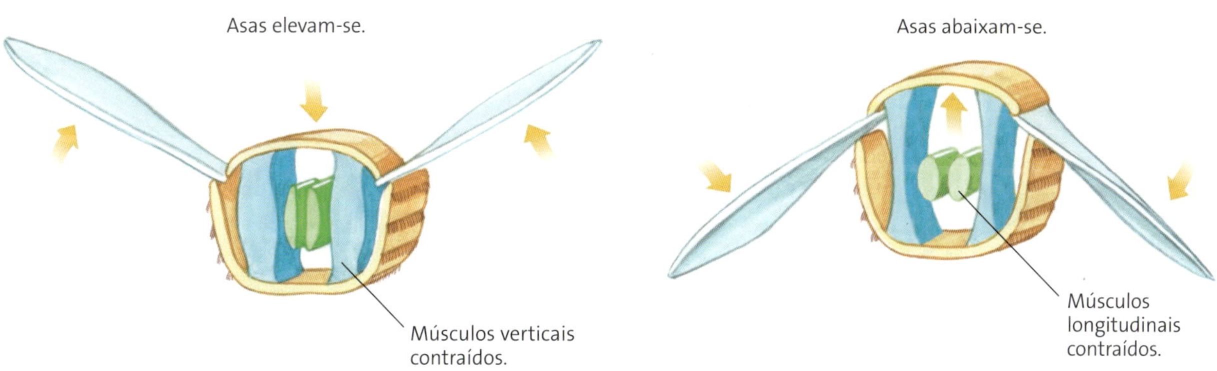


Figura 17.6 A contração dos músculos deforma as paredes do tórax e promove o movimento das asas. (Os elementos da ilustração não estão na mesma escala; cores fantasia.)

## Digestão

O tubo digestório é completo, e a digestão é extracelular. O alimento passa pela faringe, pelo esôfago (onde pode ser armazenada temporariamente a comida), pelo proventrículo (em alguns insetos funciona como um estômago mecânico, triturando o alimento), pelo estômago ou ventrículo (digere e absorve o alimento), pelo intestino, pelo reto e pelo ânus (figura 17.7). Na maioria dos insetos há também tubos finos, os **cecos gástricos**, que produzem enzimas e, com o estômago, digerem e absorvem a comida.

Os vários tipos de aparelho bucal estão relacionados com a alimentação: sugador (mariposas e borboletas), picador-sugador (percevejos, mosquitos), mastigador (gafanhotos), etc.

Insetos

Joel Bueno/Arquivo da editora

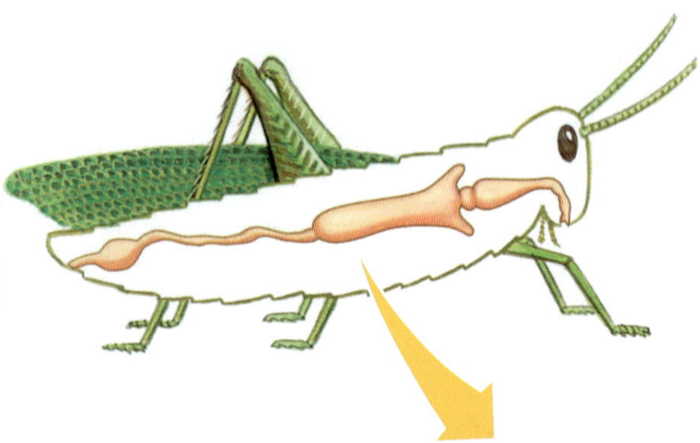

Mauro Nakata/Arquivo da editora

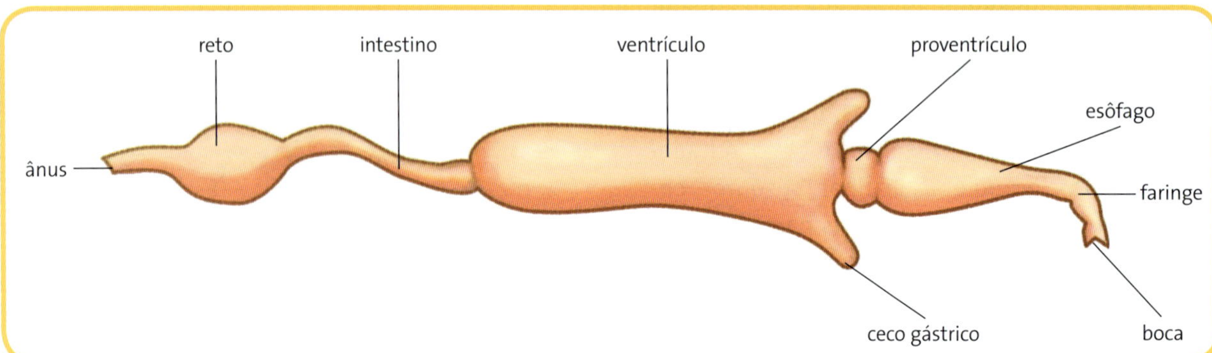


Figura 17.7 Esquema simplificado do tubo digestório de um inseto (figura sem escala; cores fantasia).

## Respiração

A respiração é feita por **traqueias**, que correspondem a invaginações da epiderme em forma de tubos ramificados (figura 17.8). As ramificações vão se tornando cada vez mais finas e os últimos ramos atingem os tecidos.

Na superfície de cada segmento do tórax e do abdome, há um par de **espiráculos** (*spiro* = respirar), orifícios pelos quais entra o ar. As extremidades das ramificações chegam a todos os tecidos de modo que não há transporte de gases (oxigênio e gás carbônico) pelo sangue. Portanto, diferentemente dos anelídeos, nos insetos as trocas gasosas ocorrem no interior do corpo, o que diminui a perda de água.

Figura 17.8 Respiração traqueal dos insetos (cores fantasia).

Joel Bueno/Arquivo da editora

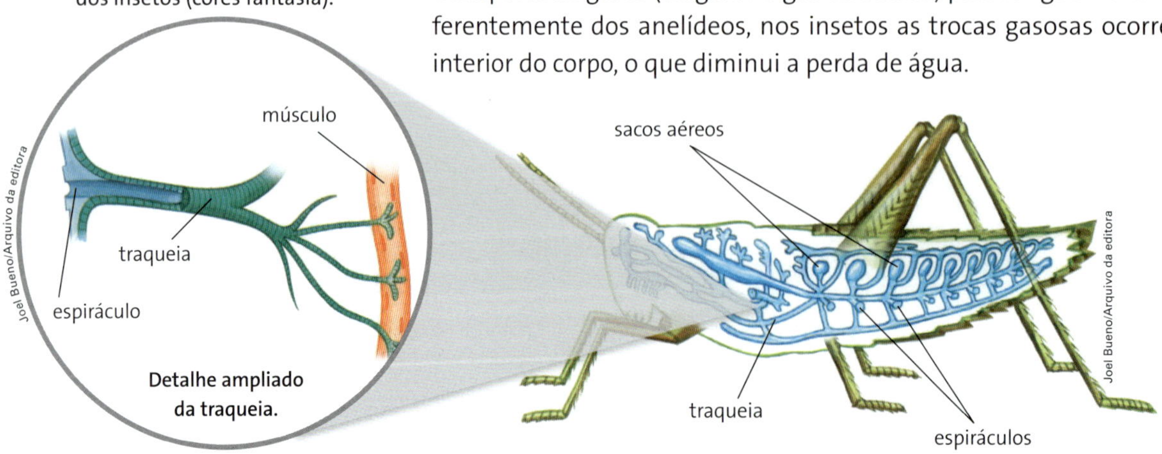

# Circulação e excreção

O sistema circulatório dos artrópodes é composto de um coração na região dorsal do abdome, que bombeia sangue para um vaso (aorta) anterior ou, dependendo do animal, anterior e posterior. No resto do corpo, o sangue circula por um sistema de lacunas, as hemoceles (*haîma* = sangue; *koîlos* = cavidade), banhando os órgãos. O sangue volta ao coração por orifícios (**óstios**). Durante a contração do coração, os óstios se fecham, o que permite que o sangue siga apenas pela aorta.

Esse tipo de sistema circulatório, presente em todos os artrópodes, não possui capilares e é chamado de **sistema circulatório aberto** ou **lacunar**, uma vez que o sangue sai dos vasos sanguíneos e banha as células. Por isso o sangue também é chamado **hemolinfa** (figura 17.9). A pressão do sangue ajuda a manter o formato do corpo do inseto logo após a muda, quando o exoesqueleto ainda não está formado.

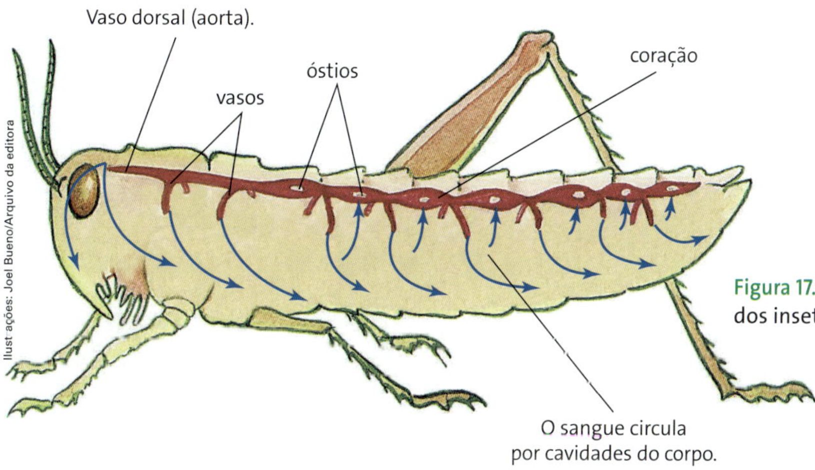


Figura 17.9 O sistema circulatório aberto dos insetos (cores fantasia).

As excretas são absorvidas pelos **túbulos de Malpighi** – nome dado em homenagem ao biólogo italiano Marcelo Malpighi (1628-1694) –, lançadas no intestino pela extremidade aberta do tubo e saem do corpo com as fezes (figura 17.10). A principal substância nitrogenada excretada é o **ácido úrico**, um composto insolúvel e pastoso. Essa consistência diminui a perda de água do animal (mais uma adaptação dos insetos à vida terrestre).

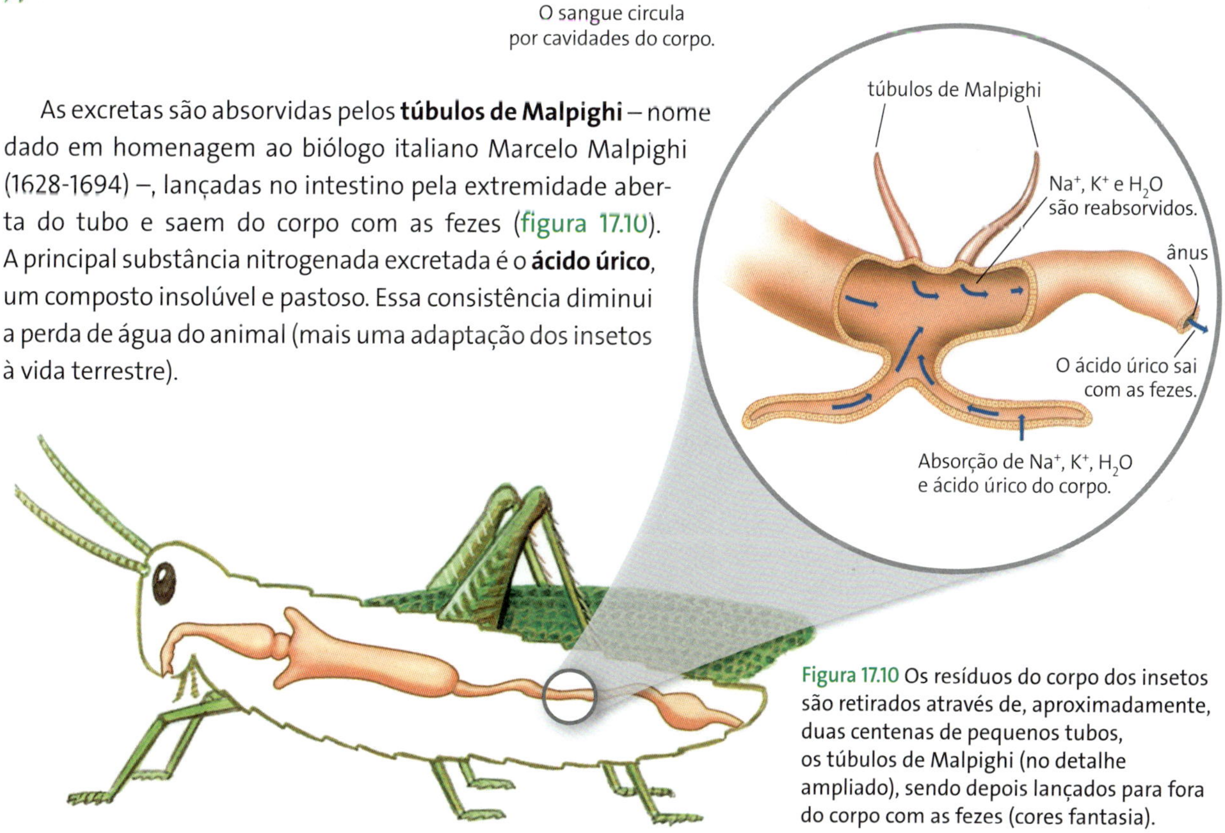


Figura 17.10 Os resíduos do corpo dos insetos são retirados através de, aproximadamente, duas centenas de pequenos tubos, os túbulos de Malpighi (no detalhe ampliado), sendo depois lançados para fora do corpo com as fezes (cores fantasia).

Figura 17.11 Insetos (joaninhas, cerca de 10 mm de comprimento, conforme a espécie) em cópula.

Luiz Iria/Arquivo da editora

## Reprodução e desenvolvimento

Os sexos são separados, e a fecundação é interna (figura 17.11), o que é fundamental em animais terrestres, pois garante a proteção dos gametas contra a desidratação. O celoma, muito reduzido, corresponde às cavidades das gônadas.

A maioria dos insetos sofre metamorfose e, dependendo do grau, eles são classificados em:

- **hemimetábolos** (*hemi* = meio) – a metamorfose é **incompleta**, isto é, o animal que sai do ovo difere pouco do animal adulto. Nos insetos hemimetábolos, como é o caso do gafanhoto, sai do ovo uma **ninfa** (filhote sem asas desenvolvidas), que sofre sucessivas mudas até chegar à forma adulta (com asas; figura 17.12).

**Figura 17.12** Metamorfose incompleta do gafanhoto (1 cm a 8 cm de comprimento, conforme a espécie).

- **holometábolos** (*holos* = todo; *metábole* = mudança) – a metamorfose é **completa**, ocorrendo em três etapas: larva → pupa → imago ou adulto; este fica bem diferente da larva, que passa por sucessivas mudas. Um exemplo são as borboletas e mariposas: do ovo sai uma larva (**lagarta**), que tece um casulo e entra na fase imóvel de **pupa** (também chamada, neste caso, **crisálida**); do casulo sai a borboleta adulta, sexualmente madura (figura 17.13). As larvas, muitas vezes, apresentam alimentação diferente da do indivíduo adulto, o que evita a competição dentro da espécie.
- **ametábolos** (*a* = sem) – sem metamorfose; caso da traça, em que o ovo origina o animal jovem. Este só difere do adulto no tamanho e no amadurecimento sexual (figura 17.14).

Figura 17.13 As borboletas apresentam metamorfose completa.

Figura 17.14 Desenvolvimento da traça, um inseto ametábolo (12 mm a 25 mm de comprimento, conforme a espécie).

# Sistema neurossensorial

O sistema nervoso é composto de gânglios cerebrais, ou cérebro, e gânglios ventrais unidos por cordões nervosos (figura 17.15). Há receptores para o gosto no aparelho bucal; nas borboletas e mariposas, eles estão nas pernas. Existem ainda receptores para o tato e o cheiro nas antenas. Algumas espécies possuem receptores para audição nas pernas ou no abdome. Para algumas espécies, o som pode ser importante na reprodução, como no comportamento reprodutivo das cigarras. Neste caso, os animais possuem um órgão produtor de som (uma câmara no abdome) e também receptores para audição localizados nas pernas ou no abdome.

Há olhos simples e compostos. O olho simples não forma imagens, apenas capta diferentes graus de intensidade luminosa. Já os olhos compostos são formados por unidades cilíndricas chamadas **omatídeos** (*omma* = olho; *idion* indica diminutivo) (figura 17.15). Cada unidade possui uma **córnea**, que apresenta superfície hexagonal (facetada) e funciona como lente. Dentro dela está o **cristalino**, que funciona como uma segunda lente. No final do cone ficam as estruturas receptoras de luz. Cada omatídeo forma a imagem de uma pequena parte do objeto; o conjunto de omatídeos dá a visão total do objeto como um mosaico (figura 17.15). É um tipo de olho muito sensível ao movimento (por isso é muito difícil pegar uma mosca).

Os insetos possuem um sistema de comunicação através dos **feromônios** (*féros* = o que transporta; *hormon* = estimulante), substâncias odoríferas lançadas no ambiente que transmitem mensagens a outros indivíduos da mesma espécie. Muitas fêmeas produzem feromônios que atraem os machos a uma distância considerável. Outras substâncias permitem que um inseto localize outros de sua espécie pela trilha deixada no solo.

Figura 17.15 Sistema nervoso dos insetos e olho composto. Observe como alguns insetos veem a imagem de um campo com flores: como um mosaico formado pelos vários omatídeos. (Os elementos da ilustração não estão na mesma escala; cores fantasia.)

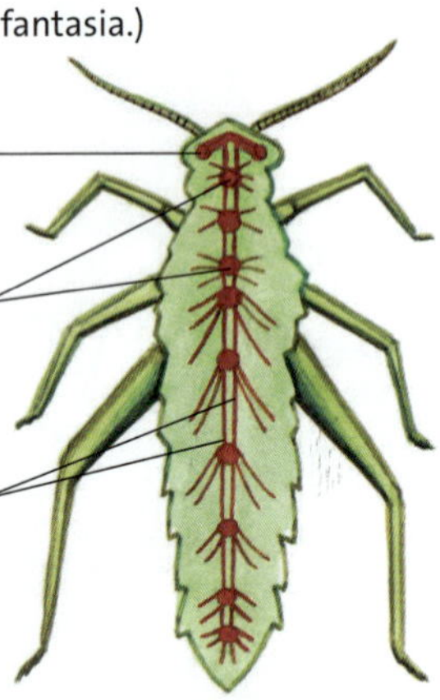


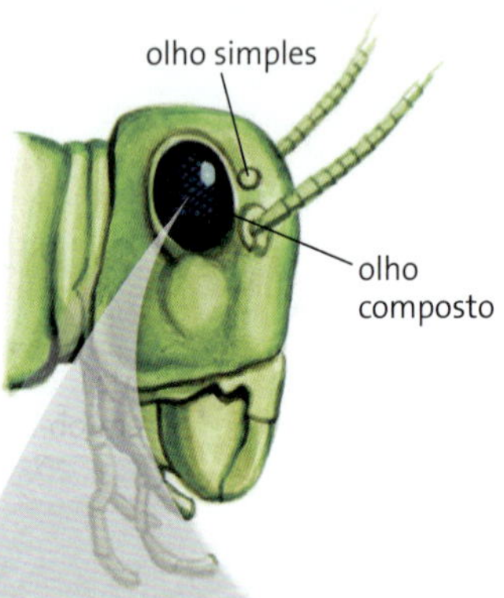


Ilustrações: Joel Bueno/Arquivo da editora

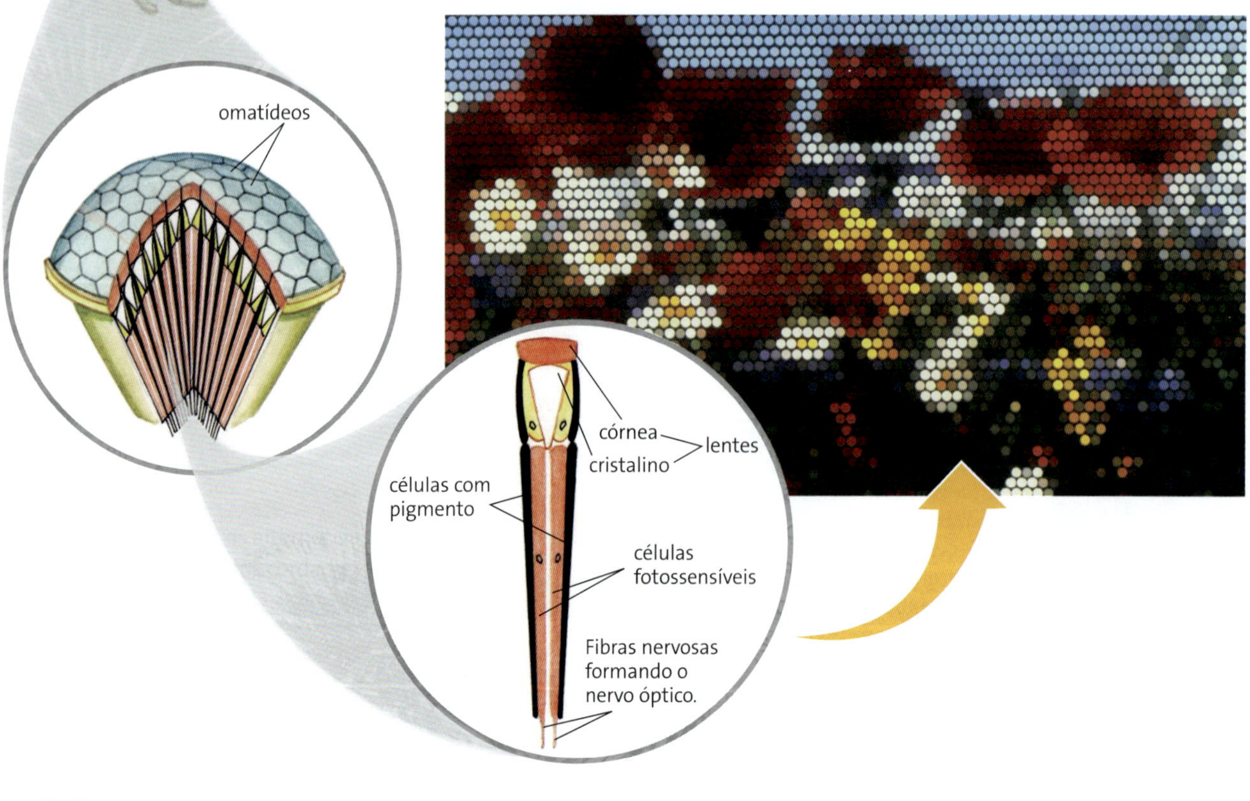


SPL/Latinstock

# Insetos: relações ecológicas

Alguns insetos transmitem agentes causadores de doenças. Outros provocam estragos em plantações, estoques de alimentos, tecidos, móveis, papéis, etc. Mas não podemos esquecer que a reprodução de muitas plantas depende do transporte do grão de pólen feito por insetos (polinização; figura 17.16), e que muitos insetos atacam os insetos que destroem plantações. Além disso, as abelhas produzem o mel, alimento de considerável importância econômica.

Richard Cummins/Corbis/Latinstock

Figura 17.16 A polinização por insetos é fundamental para a reprodução de muitas plantas com flores (borboleta-monarca, de 8 cm a 12 cm da ponta de uma asa à outra).

O combate aos insetos e a outros organismos que destroem plantações é feito principalmente com agrotóxicos ou defensivos agrícolas. O problema é que os agrotóxicos podem matar também os insetos polinizadores e os predadores de pragas. Além disso, se forem mal utilizados, podem poluir o ambiente, provocando intoxicações em outras formas de vida e no próprio ser humano. Finalmente, o uso constante desses produtos favorece a seleção de insetos resistentes. Por isso, os agrotóxicos devem ser usados com cuidado, na dose e na época certas. As pessoas que os aplicam devem usar roupas protetoras, e é preciso também respeitar o prazo da colheita e da comercialização do alimento. Esse prazo é o tempo necessário para que o produto perca a ação tóxica e as plantas possam ser consumidas.

O uso de agrotóxicos pode ser diminuído utilizando-se outras técnicas, como o combate ou controle biológico. Nesse caso, são usados os próprios parasitas e predadores naturais da praga em questão. Quando uma plantação é atacada por pulgões, por exemplo, podem-se soltar joaninhas na área cultivada, pois elas são predadoras desses insetos (reveja a imagem de abertura deste capítulo).

Das cerca de 9 mil espécies de formigas conhecidas, aproximadamente 400 causam danos à lavoura. As outras se alimentam de frutos caídos, néctar, cadáveres, etc. e não causam problemas ao ser humano (figura 17.17). Além disso, muitas espécies de formigas, assim como outras espécies de insetos, revolvem a terra e ajudam a arejar o solo, da mesma forma que as minhocas, o que facilita o crescimento das plantas.

Um número imenso de insetos serve de alimento a outros seres vivos, como anfíbios e aves, por exemplo, que, por sua vez, alimentam outras espécies. É fácil perceber, portanto, que a extinção de espécies de insetos provocaria gravíssimos desequilíbrios ecológicos. Preservar a biodiversidade é, portanto, preservar a vida na Terra.

Figura 17.17 Formigas-cortadeiras (*Atta* sp.) carregando folhas na Mata Atlântica.

Fabio Colombini/Acervo do fotógrafo

# 3 Crustáceos

Em geral, os crustáceos são aquáticos (camarão, siri, caranguejo, lagosta, copépode, pulga-d'água e craca) e a maioria vive no mar. Há espécies terrestres, como o tatuzinho-de-jardim, que vive apenas em ambientes muito úmidos. Veja a figura 17.18.

Diversos crustáceos pequenos, como os copépodes e as larvas dos crustáceos maiores, fazem parte do zooplâncton, que se alimenta do fitoplâncton e serve de alimento para peixes e outros animais maiores. As espécies conhecidas como *krill*, por exemplo, que parecem pequenos camarões, são o principal alimento de baleias e outros organismos aquáticos (*krill* deriva do holandês *kriel*, que significa peixes acabados de nascer, embora o animal não seja um peixe, mas um crustáceo). Há também formas sésseis, como as cracas, que vivem fixas às rochas ou outras superfícies submersas e capturam alimento projetando seus apêndices pela abertura de suas carapaças (figura 17.18).

Em muitos grupos, o exoesqueleto é reforçado por sais de cálcio, vindo daí o nome crustáceo: *crusta* = pele grossa ou crosta. Em alguns grupos, o corpo divide-se em cabeça, tórax e abdome, mas nos grupos mais conhecidos (camarão, siri, lagosta, caranguejo, etc.), a cabeça e o tórax estão fundidos formando um cefalotórax. O número de apêndices locomotores é variável, projetando-se, em alguns casos, do cefalotórax ou do cefalotórax e do abdome. O camarão, o siri e a lagosta têm cinco pares de pernas no cefalotórax, que permitem a eles andar no fundo do mar.

Figura 17.18 Alguns exemplos de crustáceos.

Fabio Colombini/Acervo do fotógrafo

Tatuzinho-de-jardim (cerca de 1 cm de comprimento).

Phototake Inc./Alamy/Other Images

Copépode (*Canthocamptus staphylinus*; cerca de 1 mm de comprimento).

Kongsak/Shutterstock/Glow Images

Nos siris, os últimos apêndices têm forma de remo (carapaça com cerca de 6 cm de largura).

Yxowert/Shutterstock/Glow Images

Cracas (cerca de 1 cm de diâmetro cada uma).

Os crustáceos possuem também pernas no abdome, que os ajudam a nadar (figura 17.19). Em alguns deles, como a lagosta, o siri e o caranguejo, o primeiro par de pernas tem o formato de pinças, com as quais eles capturam o alimento ou se defendem. No caso do siri, a extremidade do último par de pernas é achatada, funcionando como remos, adaptadas ao nado. No caso do caranguejo, suas pernas estão adaptadas apenas para andar, terminando em extremidade afiada, como uma unha.

No processo de digestão, há, de início, o trabalho mecânico, realizado pelo estômago; em seguida, ocorre a digestão química no intestino com as enzimas produzidas pelo **hepatopâncreas** (*hepatós* = fígado) (figura 17.20).

A respiração é feita, geralmente, por brânquias, ramificações laterais situadas na base das pernas (figura 17.20).

Nos crustáceos a circulação é semelhante à dos insetos, mas o sangue contém pigmentos respiratórios, como a hemocianina e, menos frequentemente, a hemoglobina. Sendo assim, nos crustáceos a circulação participa do transporte de oxigênio pelo corpo, o que não acontece nos insetos.

A excreção depende de glândulas situadas na cabeça (**glândulas maxilares** e **glândulas verdes** ou **antenares**), que retiram excretas do sangue e as eliminam por poros na base das antenas (figura 17.20).

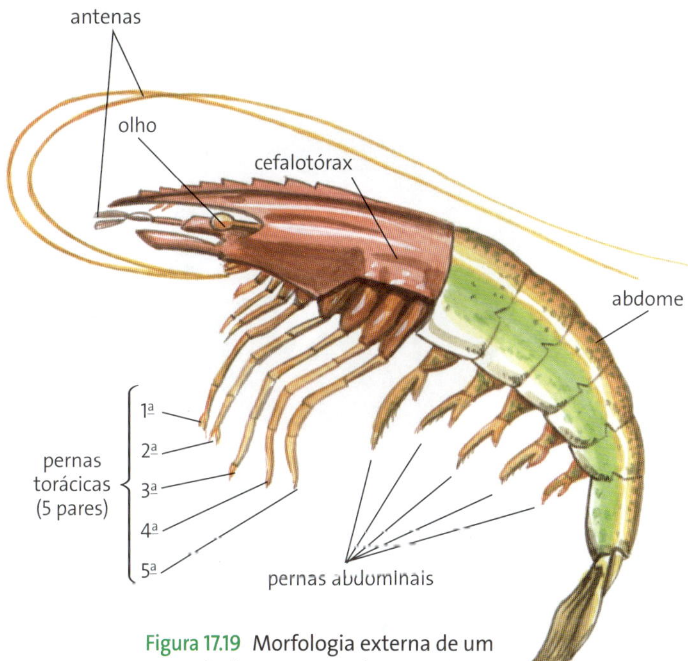

Figura 17.19 Morfologia externa de um camarão (7 cm a 10 cm de comprimento, em média; cores fantasia).

Ilustrações: Ingeborg Asbach/Arcuivo de editora

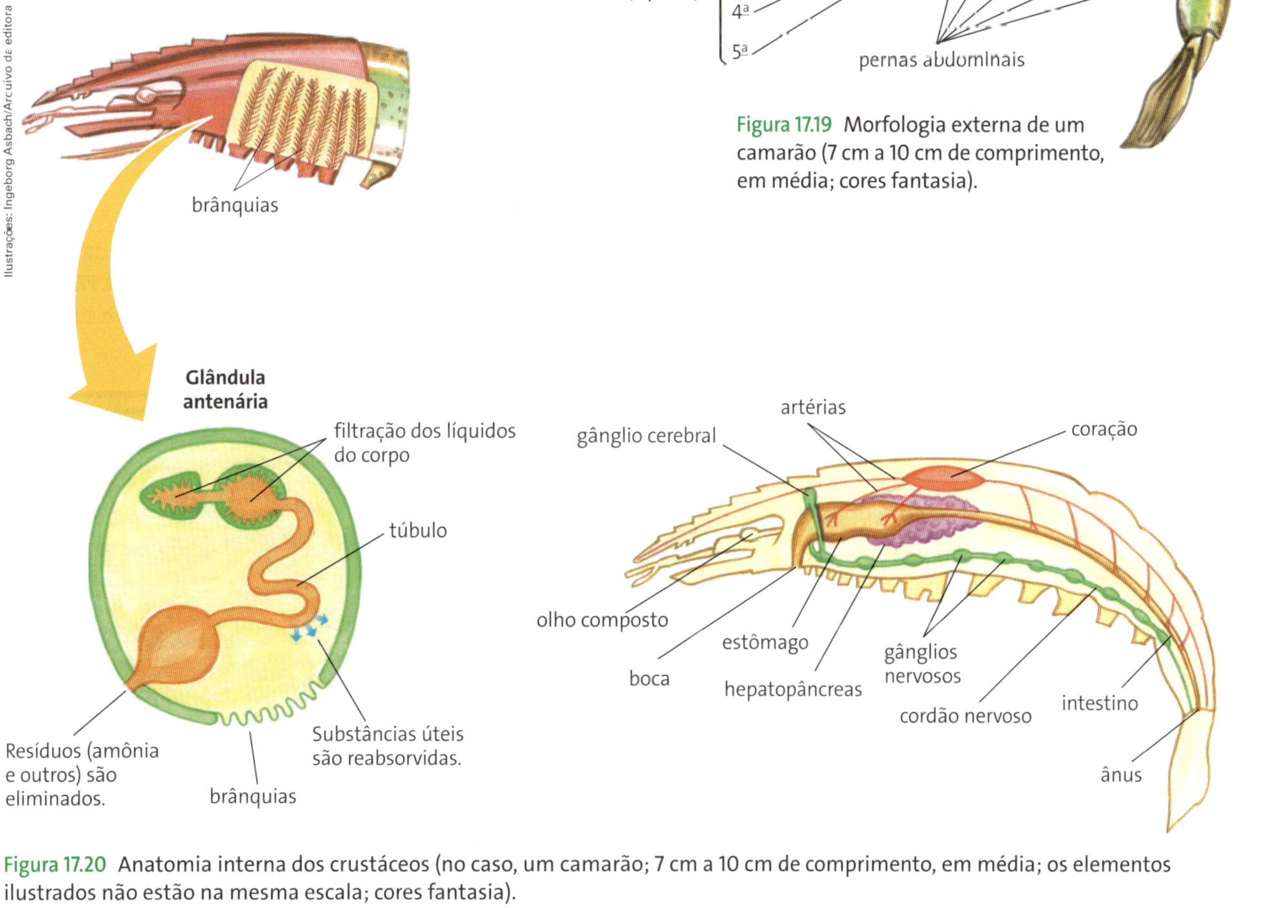

Figura 17.20 Anatomia interna dos crustáceos (no caso, um camarão; 7 cm a 10 cm de comprimento, em média; os elementos ilustrados não estão na mesma escala; cores fantasia).

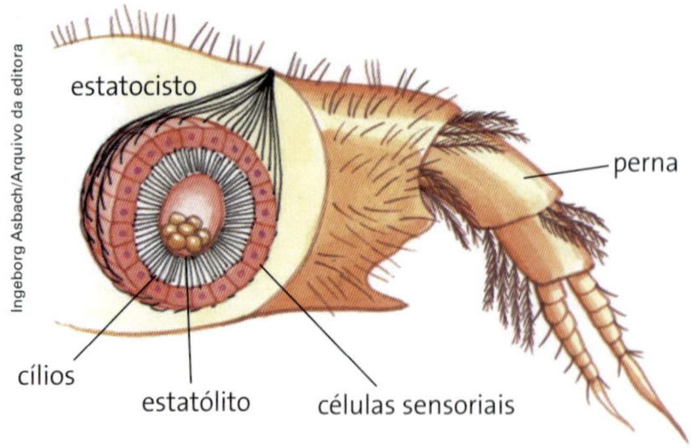


Figura 17.21 Morfologia interna de perna de crustáceo destacando estatocisto (cores fantasia).

Figura 17.22 Um dos estágios larvais dos crustáceos, a larva náuplio (imagem ao microscópio óptico; aumento de cerca de 200 vezes).

O sistema nervoso segue o padrão geral dos artrópodes: presença de órgãos táteis e olfatórios nas antenas e região bucal e de dois olhos compostos, que podem se localizar na extremidade de pedúnculos móveis.

Há também **estatocistos** (*statós* = parado; *kystis* = vesícula), que são órgãos de equilíbrio (figura 17.21). Eles são dobras da epiderme com células sensitivas dotadas de cílios. Pequenos grãos de areia ou de carbonato de cálcio, os **estatólitos** (*lithos* = pedra) estimulam os cílios com seu peso. Quando o animal muda de posição, o estatólito também se movimenta, estimulando outros pelos e informando ao sistema nervoso a mudança de posição do corpo. Desse modo, o animal pode corrigir, se necessário, sua posição (caso seja virado de cabeça para baixo, poderá acionar os músculos que o levam para a posição normal).

Na maioria dos crustáceos, os sexos são separados. Há casos de hermafroditismo, como na craca. Em alguns crustáceos, ocorre partenogênese (os óvulos desenvolvem-se sem terem sido fecundados). Em outros, o macho transfere para a fêmea os espermatozoides, e os ovos fecundados ficam presos aos apêndices da fêmea. O desenvolvimento pode ser direto, mas, em geral, envolve estágios larvais (figura 17.22).

## Biologia e tecnologia

### Cultivo de crustáceos

A pesca em escala industrial utiliza grandes navios pesqueiros capazes de localizar os cardumes por satélite ou sonar, e de fazer a captura com imensas redes de arrasto. Essas redes, que são puxadas junto ao fundo do mar, acabam arrastando também moluscos, crustáceos e peixes pequenos demais para o comércio, que, em sua maioria, morrem esmagados na própria rede ou no convés dos barcos, muito antes de serem devolvidos ao mar. Com isso, a população dos grandes peixes e também de crustáceos comestíveis, como o camarão e a lagosta, encontra-se ameaçada de extinção.

Uma opção à pesca comercial são as fazendas de criação de crustáceos, como os camarões (figura 17.23). A região Nordeste, de clima quente, é um bom lugar para o cultivo de camarões.

Figura 17.23 Técnico alimenta camarões em criação nos Estados Unidos.

# 4 Aracnídeos

Os aracnídeos (figura 17.24) são artrópodes tipicamente terrestres. Muitos são carnívoros e predadores, como as aranhas e os escorpiões, alguns também são peçonhentos. A peçonha é uma substância tóxica que um animal injeta ou inocula em outro; os animais que, quando ingeridos, causam apenas intoxicação não são peçonhentos; são venenosos. A picada de algumas espécies de aracnídeos pode causar danos graves ao ser humano e a animais domésticos.

Muitos ácaros (do mesmo grupo que o carrapato) são aracnídeos ectoparasitas e atacam aves e mamíferos. Algumas espécies podem transmitir doenças ao ser humano ou mesmo causá-las, como o *Sarcoptes scabeii*, que causa a **sarna** ou **escabiose**; e o *Demodex foliculorum*, que parasita o folículo do pelo e as glândulas sebáceas e provoca o cravo. Os ácaros que vivem na poeira doméstica são um dos maiores responsáveis pelas alergias respiratórias (figura 17.24).

A sarna é uma doença de pele e seu agente é transmitido por contato com a pele de pessoas infectadas ou por uso de roupas com ovos ou larvas. O doente deve ser tratado com medicamentos que matam o ácaro, e as roupas pessoais e de cama devem ser fervidas ou lavadas a seco.

Os sexos, geralmente, são separados e a fecundação é interna. Nos escorpiões e nas aranhas, o desenvolvimento é direto.

Ingo Arndt/Minden Pictures/Latinstock

Escorpião (em torno de 7 cm de comprimento). Os filhotes são carregados no dorso da mãe durante o início do desenvolvimento.

K. H. Kjeldsen/SPL/Latinstock

Ácaro da poeira doméstica (tem entre 0,1 mm e 0,6 mm; ampliado por microscópio eletrônico; colorizado por computador).

Figura 17.24 Exemplos de aracnídeos.

Fabio Colombini/Acervo do fotógrafo

Carrapato-estrela, que pode transmitir a febre maculosa (até cerca de 2 cm de comprimento).

Reptiles4all/Shutterstock/Glow Images

Aranha caranguejeira (o corpo, sem as pernas, pode ter até 10 cm).

## Morfologia externa

O corpo dos aracnídeos está dividido em cefalotórax e abdome (figura 17.25). Nos ácaros, porém, essas partes se fundem. E nos escorpiões, a parte posterior do abdome forma uma cauda com um aguilhão, que injeta peçonha.

Na parte anterior do cefalotórax, há um par de quelíceras (que na aranha são usadas para injetar peçonha na presa) e os **pedipalpos** (apêndices sensoriais na aranha e preensores no escorpião). Não há antenas nem mandíbulas. No cefalotórax há quatro pares de pernas (figura 17.25).

Figura 17.25 Morfologia externa da aranha e do escorpião (escalas diferentes; cores fantasia). Na foto, os olhos simples das aranhas (em roxo), capazes de detectar diferentes intensidades de luz (imagem ao microscópio eletrônico; aumento de cerca de 30 vezes; colorizada por computador).

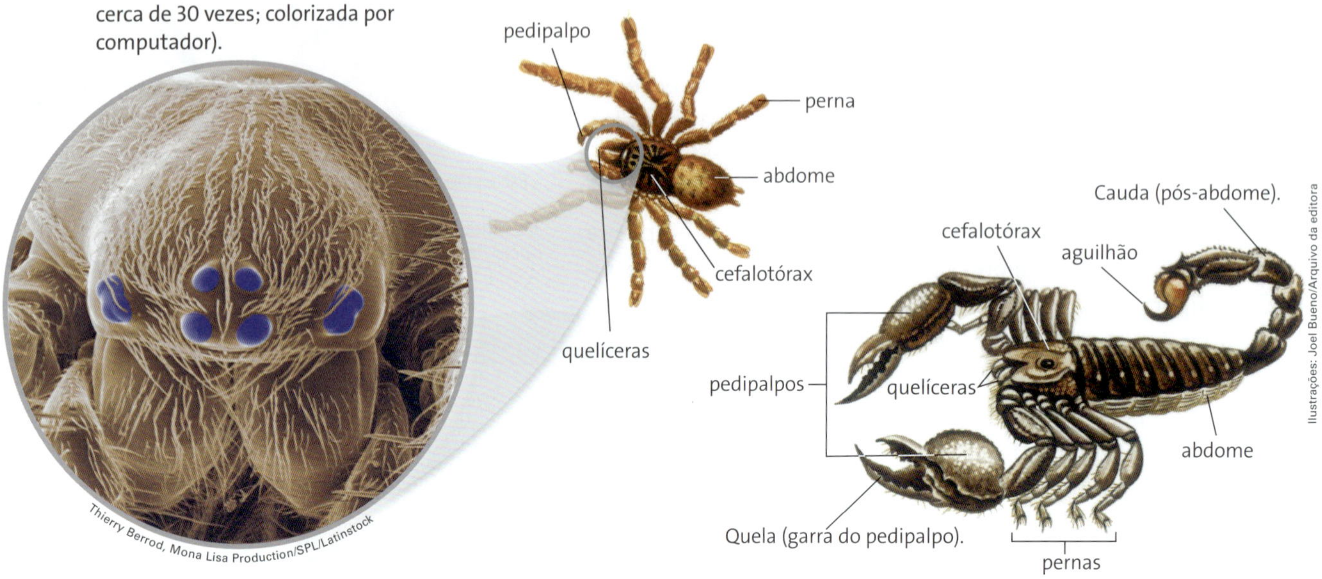

As aranhas são dotadas de pequenos apêndices abdominais (**fiandeiras**), que eliminam uma secreção. Em contato com o ar, essa secreção se transforma em fio, com o qual a aranha tece sua teia ou faz um casulo para os ovos ou para armazenar alimento (figura 17.26). A construção de teias é instintiva, ou seja, não depende de aprendizado. Cada aranha já nasce sabendo construir a teia típica de sua espécie, o que mostra que esse comportamento é geneticamente determinado.

Figura 17.26 À esquerda, a aranha em sua teia (gênero *Argiope*; cerca de 3 cm de comprimento, fora as pernas) e abaixo aranha envolvendo uma presa (gafanhoto).

## Digestão

Os aracnídeos possuem um tubo digestório adaptado para sugar (figura 17.27). Nas aranhas e nos escorpiões, a digestão é extracorpórea. Primeiro, a aranha injeta o veneno em sua presa e, depois, secreta enzimas para a digestão, sugando o produto líquido por meio da sua faringe musculosa. No caso dos carrapatos, muitos são hematófagos (se alimentam de sangue); alguns transmitem doenças para o gado e para o ser humano, como é o caso do carrapato-estrela, que pode transmitir a febre maculosa, causada pela bactéria *Rickettsia rickettsii* (como foi visto no capítulo 3).

## Respiração, circulação e excreção

Vimos que, nos animais com traqueia, o sangue não é utilizado no transporte de oxigênio; o transporte de gases depende da difusão e é eficaz apenas em pequenos animais, como insetos e aranhas pequenas. Nas aranhas maiores e nos escorpiões, há **filotraqueias** (**falsos pulmões** ou **pulmões foliáceos**), ou seja, traqueias modificadas que formam cavidades mais amplas, com dobras (lamelas) em forma de folhas de livro (figura 17.27). Essas cavidades contêm sangue, que transporta os gases com auxílio de pigmentos respiratórios (em geral, hemocianina). O transporte rápido de oxigênio permite que os aracnídeos atinjam tamanhos, em média, maiores que os dos insetos.

A excreção é feita pelos túbulos de Malpighi e por **glândulas coxais**, que se abrem na base das pernas. O sistema circulatório e o nervoso seguem o padrão básico dos artrópodes. Os olhos são simples e há órgãos táteis (pelos espalhados pelo corpo) e olfativos.

Figura 17.27 Anatomia de uma aranha (os elementos da ilustração não estão na mesma escala; cores fantasia).

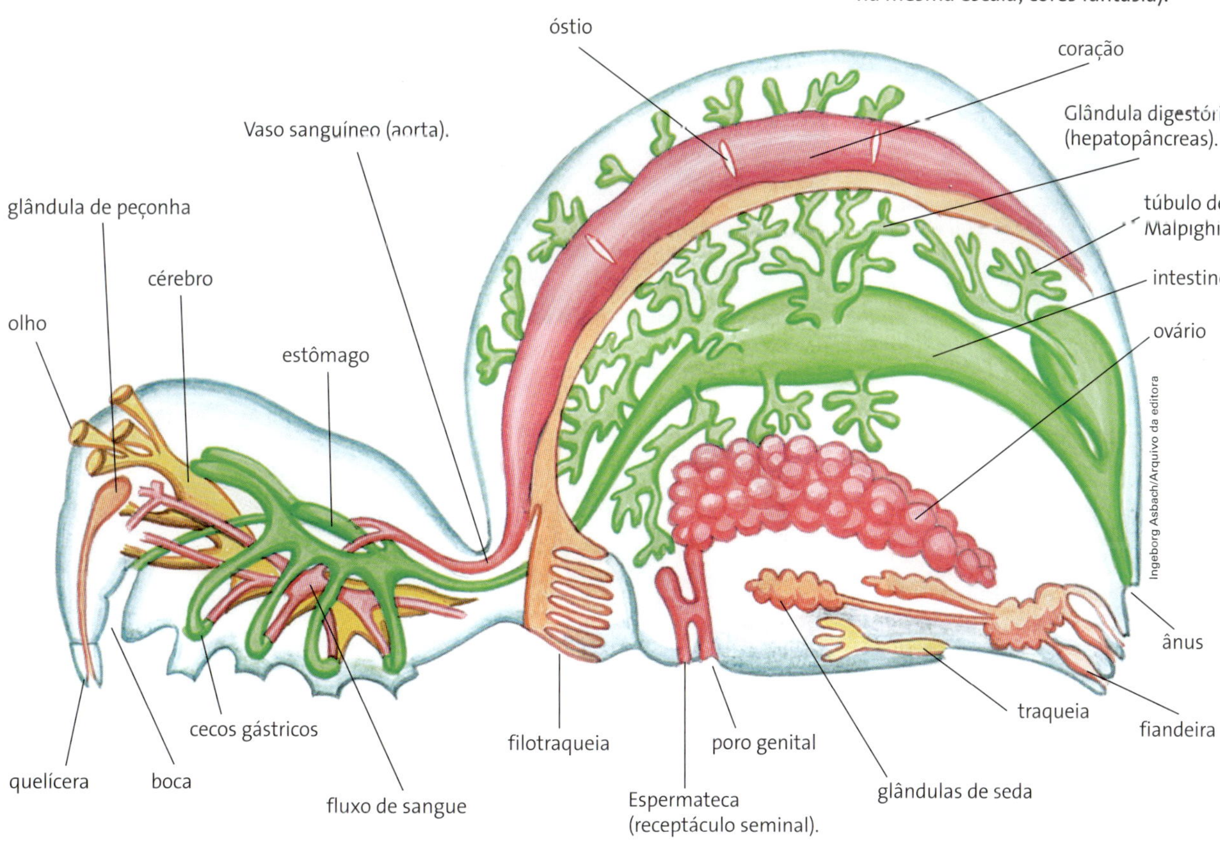

Biologia e cotidiano

## Aracnídeos perigosos para o ser humano

A maioria dos aracnídeos não é perigosa. Mas podem ocorrer acidentes com algumas espécies.

As picadas da aranha marrom (gênero *Loxosceles*; cerca de 1 cm de comprimento) podem provocar febre, mal-estar e falência renal, além de necrose (morte) do tecido no local da lesão podendo levar à morte (figura 17.28). É necessário atendimento médico, para uso de soro (soro antiloxoscélico) e de outros medicamentos.

A aranha-armadeira (gênero *Phoneutria*; cerca de 4 cm de comprimento, sem as pernas) é assim chamada porque, ao se sentir em perigo, apoia-se nas pernas traseiras e ergue as dianteiras, "armando" o ataque (figura 17.28). Em geral, sua picada provoca apenas dor local, que pode ser muito intensa, mas também pode causar problemas cardíacos, principalmente em crianças e idosos. Também nesse caso pode ser necessário o uso de soro antiaracnídico e outros medicamentos.

A peçonha da aranha-de-grama, também chamada aranha-de-jardim ou tarântula (gênero *Lycosa*; com 5 cm de comprimento), é mais fraca, mas provoca dor local intensa. Não há soro específico (figura 17.28).

A viúva-negra (gênero *Latrodectus*) recebeu esse nome porque a fêmea (com 3 cm de comprimento) devora o macho (em torno de 1 cm de comprimento) após a cópula (figura 17.28). Em caso de picada, pode ser necessário receber soro antiaracnídico, entre outros medicamentos, pois há risco de insuficiências respiratória e renal.

Embora as aranhas-caranguejeiras tenham aspecto assustador (chegando a 10 cm de corpo e 30 cm de envergadura), a picada das espécies encontradas no Brasil costuma causar apenas dor de curta duração; mas se houver outros sintomas deve-se procurar atendimento médico.

Entre os escorpiões mais comuns no Brasil, estão o amarelo (*Tityus serrulatus*), com 5 cm a 7 cm de comprimento, e o marrom (*Tityus bahiensis*), com 5 cm a 7 cm de comprimento (figura 17.28). A pessoa picada por escorpião deve receber soro antiescorpiônico.

Para evitar acidentes com aranhas e escorpiões, é aconselhável sacudir roupas e calçados antes de usá-los, andar sempre calçado, evitar o acúmulo de entulho, lixo, tijolos, telhas, madeiras, etc. próximo às residências e não colocar a mão desprotegida embaixo de madeiras ou em buracos.

Em caso de picada de aranha ou escorpião, deve-se procurar socorro médico imediato, pois pode haver risco de vida, sendo necessário, então, a aplicação de soro antiveneno específico. Não devem ser feitos torniquete nem incisão e sucção no local da picada.

Fotos: Fabio Colombini/Acervo do fotógrafo

Aranha marrom (*Laxosceles* sp.)

Aranha-de-jardim (*Lycosa erythrognatha*)

Viúva-negra (*Latrodectus* sp.)

Aranha-armadeira (*Phoneutria* sp.)

Escorpião marrom (*Tityus bahiensis*)

Figura 17.28 Exemplos de aranhas e escorpiões que podem causar acidentes para o ser humano.

# 5 Quilópodes e diplópodes

Esses animais são terrestres, muito semelhantes entre si e formam o grupo dos miriápodes.

Os nomes *miriápode* e *quilópode* devem-se ao grande número de pernas que esses animais possuem (*myria* = dez mil; *chilioi* = mil), que pode chegar a cerca de duzentos pares nos quilópodes e a quatrocentos nos diplópodes.

No grupo dos quilópodes, estão as lacraias ou centopeias; no dos diplópodes, os embuás ou piolhos-de-cobra (figura 17.29).

Nas lacraias, há um par de pernas longas por anel, e nos embuás, dois pares de pernas curtas por segmento (exceto nos primeiros), como consequência da soldadura dos anéis dois a dois (é por causa dessa soldadura que os embuás são chamados diplópodes; *diploos* = duplo).

As lacraias vivem em lugares sombreados (sob pedras ou madeira acumulada, em forros de casas de madeira, etc.) e são carnívoras (comem insetos, minhocas e até pequenos vertebrados, como pássaros, camundongos, etc.). Esses animais usam as **forcípulas** (primeiro par de apêndices do tronco; figura 17.29) para inocular veneno. A picada produz uma dor muito intensa por causa da peçonha, que é capaz de matar pequenas presas. Por isso, embora a picada provoque apenas reações locais, como dor, inchaço e vermelhidão, em alguns casos pode haver febre, vômitos e outras alterações sistêmicas, sendo indicado atendimento médico. No Brasil, a lacraia mais comum é a *Scolopendra viridicornis* que atinge até cerca de 20 cm de comprimento. Reveja a figura 17.29.

Os embuás não injetam peçonha. Quando importunados, enrolam-se e ficam imóveis, parecendo mortos. Algumas formas eliminam substâncias repelentes, que afastam os predadores. São herbívoros e auxiliam na produção de húmus para o solo em que vivem.

Esses animais possuem o corpo dividido em cabeça, com um par de antenas e olhos simples, e tronco alongado, formado por uma sequência de anéis ou segmentos (figura 17.29).

Os diversos sistemas dos quilópodes e dos diplópodes são muito semelhantes aos dos insetos, com traqueia, túbulos de Malpighi, sistema circulatório aberto e sistema nervoso ganglionar e ventral. Possuem ocelos e cerdas táteis, sexos separados e fecundação interna, através de espermatóforos. O desenvolvimento é direto.

Fotos: Fabio Colombini/Acervo do fotógrafo

Figura 17.29 Na foto **A**, uma lacraia encontrada no Brasil (*Scolopendra viridicornis*; 14 cm de comprimento). Na foto **B**, embuá (3 cm a 15 cm de comprimento, dependendo da espécie). Na foto **C**, o embuá está enrolado, como forma de defesa. Na foto **D**, é possível ver as pernas do animal.

## Aprofunde seus conhecimentos

### Os primeiros artrópodes

Os primeiros animais surgiram nos mares e eram invertebrados de corpo mole. Até 2012, só eram encontrados fósseis de animais com esqueleto (fósseis são moldes nas rochas) provenientes do período Cambriano (542 a 488 milhões de anos atrás, aproximadamente) em diante. Hoje já se conhece fósseis de organismos com esqueleto encontrados em escavações correspondentes a um período mais antigo, entre 560 e 550 milhões de anos atrás.

Acredita-se que os animais artrópodes mais antigos tenham surgido no início do período Cambriano, quando parece ter havido uma grande diversificação das formas de vida em geral (figura 17.30). Os trilobitas eram diversos e abundantes nesse período.

Os registros mais antigos de trilobitas têm 530 milhões de anos de idade. Eles possuíam exoesqueleto, antenas, corpo segmentado e apêndices articulados (figura 17.30), e estão entre os grupos mais antigos de artrópodes. Os trilobitas se extinguiram ao final do Permiano (há cerca de 250 milhões de anos).

Os fósseis mais antigos de crustáceos têm 513 milhões de anos de idade e os de aracnídeos têm 420 milhões de anos.

Os artrópodes foram os primeiros animais a conquistar o ambiente terrestre, no período Siluriano, que começou há cerca de 439 milhões de anos, depois que algumas plantas já estavam estabelecidas.

Os insetos parecem ter surgido há cerca de 400 milhões de anos, e os primeiros insetos alados teriam demorado mais 100 milhões de anos para evoluir.

Dr. Morley Read/Shutterstock/Glow Images

Figura 17.30 Fóssil de trilobita (comprimento de cerca de 35 mm) e reconstituição de alguns animais da época do Cambriano. Alguns desses animais eram bastante diferentes dos animais de hoje, como o do gênero *Opabinia* (o animal maior, no alto da foto). Embaixo, à direita, podem ser vistos três trilobitas. (Os elementos da figura estão fora de escala. Cores fantasia.)

O. Meckes, N. Ottawa/SPL/Latinstock

# Atividades

1. Identifique, em cada grupo, como o corpo está dividido; quantos pares de pernas e de antenas há; se as quelíceras e as mandíbulas estão presentes; qual o sistema respiratório e excretor predominante; se o desenvolvimento é direto ou indireto; qual o *habitat* mais comum.

| | Aracnídeos | Insetos | Crustáceos | Quilópodes | Diplópodes |
|---|---|---|---|---|---|
| Exemplos | aranha, escorpião, carrapato | formiga, abelha, gafanhoto, mosca, besouro, borboleta | camarão, siri, lagosta | lacraia | embuá |
| Divisão do corpo | | | | | |
| Pernas | | | | | |
| Antenas | | | | | |
| Quelíceras | | | | | |
| Mandíbulas | | | | | |
| Respiração | | | | | |
| Excreção | | | | | |
| Desenvolvimento | | | | | |
| *Habitat* mais comum | | | | | |

2. No período Cambriano (que começou há cerca de 542 milhões de anos), eram comuns os artrópodes marinhos conhecidos como trilobitas (foto a seguir).

Sinclair Stammers/SPL/Latinstock

Fóssil de trilobita (comprimento de cerca de 35 mm).

Que característica do trilobita, evidente no exemplar da foto, está presente nos artrópodes atuais?

3. Às vezes, depois de aplicar inseticidas em pomares, observa-se que a produção de frutas diminui. Como você explica isso?

4. Os insetos são invertebrados que apresentam fecundação interna. Qual a importância dessa adaptação e que vantagem ela trouxe ao grupo?

5. A afirmação "sem lagartas não há borboletas" é correta? Justifique sua resposta.

6. Por que em geral os artrópodes procuram se esconder durante o período de muda de exoesqueleto?

7. Segundo um especialista, se todas as formigas fossem destruídas, centenas de milhares de espécies poderiam ficar ameaçadas de extinção. Por que isso aconteceria?

8. Entre os crustáceos, há animais maiores e mais pesados do que a média dos insetos, caso das lagostas, que têm exoesqueletos mais espessos. Por que, para esses animais, o peso do esqueleto não é um problema como o seria para um inseto?

9. No abdome de certos artrópodes existem glândulas que produzem uma secreção que, em contato com o ar, se transforma em um fio bastante resistente.
   a) De que animais estamos falando?
   b) Para que o animal produz esses fios?

10. Veja a seguir ilustrações de representantes de três grupos de artrópodes. Você provavelmente não os conhece, mas, com base em características visíveis nas figuras, classifique cada um deles em um dos grupos estudados neste capítulo e diga que características utilizou para responder. (As figuras não estão na mesma escala.)

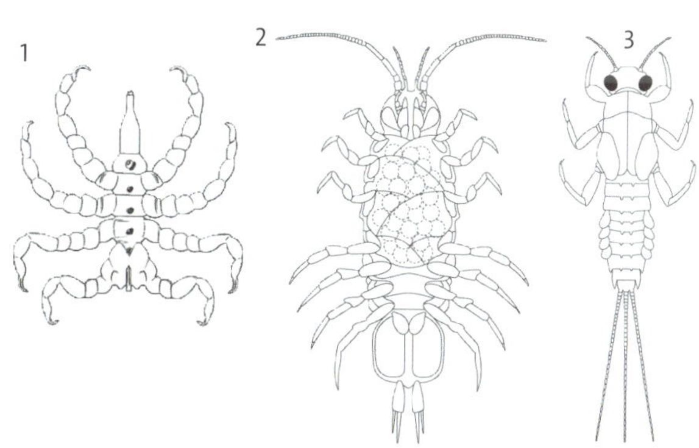


Casa de Tipos/Arquivo da editora

# Pensando no Enem

A atividade pesqueira é antes de tudo extrativista, o que causa impactos ambientais. Muitas espécies já apresentam sério comprometimento em seus estoques e, para diminuir esse impacto, várias espécies vêm sendo cultivadas. No Brasil, o cultivo de algas, mexilhões, ostras, peixes e camarões vem sendo realizado há alguns anos, com grande sucesso, graças ao estudo minucioso da biologia dessas espécies.

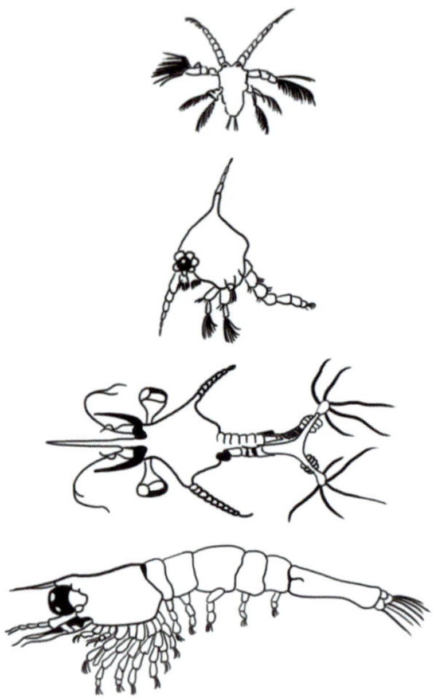

Algumas das fases larvárias de crustáceos

Os crustáceos decápodes, por exemplo, apresentam durante seu desenvolvimento larvário, várias etapas com mudança radical de sua forma. Não só a sua forma muda, mas também a sua alimentação e *habitat*. Isso faz com que os criadores estejam atentos a essas mudanças, porque a alimentação ministrada tem de mudar a cada fase.

Se para o criador essas mudanças são um problema, para a espécie em questão essa metamorfose apresenta uma vantagem importante para sua sobrevivência, pois

a) aumenta a predação entre os indivíduos.
b) aumenta o ritmo de crescimento.
c) diminui a competição entre os indivíduos da mesma espécie.
d) diminui a quantidade de nichos ecológicos ocupados pela espécie.
e) mantém a uniformidade da espécie.

**Resolução**

O enunciado desta questão apresenta informações sobre o problema do extrativismo excessivo da pesca. Além disso, aponta a importância da criação das espécies ameaçadas, em especial dos crustáceos decápodes.

Esses crustáceos possuem desenvolvimento indireto, passando por várias fases larvais até chegar à fase adulta. Isso pode ser observado na figura que acompanha a questão, que ilustra as diferentes formas de um camarão.

Além do formato, o texto salienta que as diferentes fases do crustáceo requerem alimentação e *habitat* específicos, o que dificulta a criação, muito embora seja uma característica benéfica para a espécie.

**Interpretação da figura**

A figura ilustra o desenvolvimento larval até a fase adulta de uma espécie de crustáceo. São quatro estágios de desenvolvimento.

A progressão ocorre de cima para baixo. O primeiro desenho representa a fase larval mais jovem, passando por dois estágios intermediários até chegar ao estágio adulto.

**O problema**

A primeira parte do enunciado não é necessária para responder à questão, e apenas introduz o assunto do cultivo de seres vivos por interesse comercial.

A figura, apesar de ilustrar com detalhes o desenvolvimento do crustáceo, também não é fundamental para a resolução da questão.

A parte importante para essa resolução é o segundo parágrafo do enunciado, pois explica que o processo de mudanças de fase durante o desenvolvimento dos crustáceos envolve também diferentes tipos de *habitats* e alimentação.

Como cada estágio larval ocupa um *habitat* distinto e consome alimentos diferentes, pode-se dizer que cada fase larval possui um nicho ecológico único. Dessa forma, a competição entre os indivíduos da mesma espécie diminui.

Resposta: **C**.

# Vestibulares de Norte a Sul

1. **SE** (Cefet-SP) Ao estudar um costão rochoso, um aluno fez o esquema de dois tipos de animais encontrados, A e B, e de um tipo de alga, C.

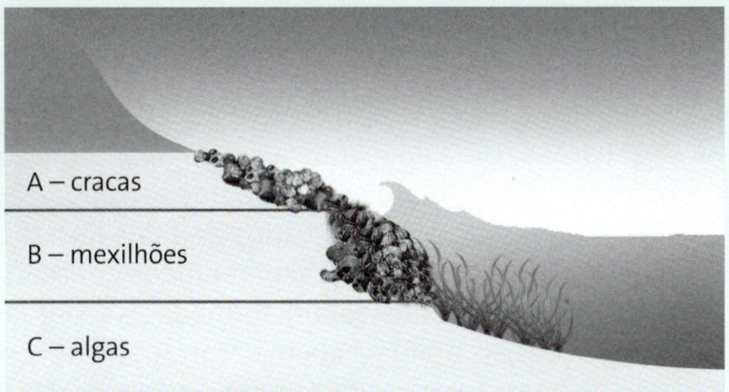


Luis Moura/Arquivo da editora

Os animais A e B apresentam grau de parentesco mais próximo, respectivamente, com:

a) o caramujo e o caranguejo.
b) o siri e o camarão.
c) a anêmona e a ostra.
d) a esponja e a barata-da-praia.
e) o camarão e a ostra.

2. **CO** (UFG-GO) Os fios das teias das aranhas são, quimicamente, feitos por compostos, como os apresentados a seguir em suas formas iônicas.

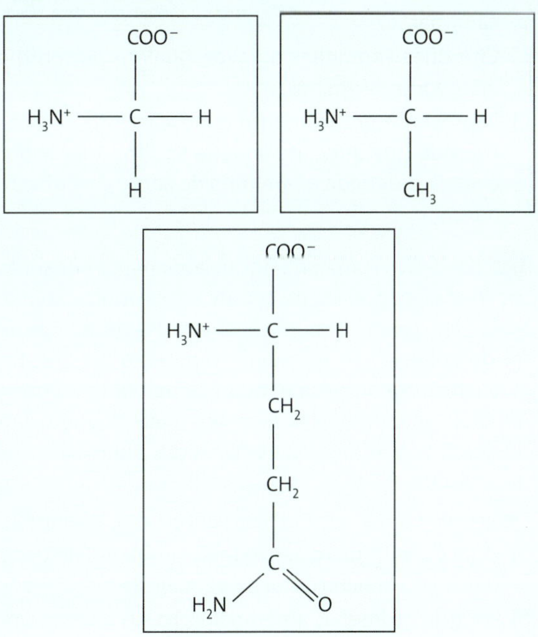

O filo ao qual a aranha pertence e a substância formada por esses compostos são, respectivamente,

a) Echinodermata e lipídio.
b) Echinodermata e proteína.
c) Arthropoda e proteína.
d) Arthropoda e lipídio.
e) Arthropoda e triglicerídeo.

3. **SE** (Mack-SP) O quadro abaixo mostra algumas características (indicadas por A, B, C, D, E, F, G e H) referentes aos sistemas circulatório, excretor e respiratório, encontradas em animais invertebrados.

| Sistema circulatório | Sistema excretor | Sistema respiratório |
|---|---|---|
| A – aberto | C – protonefrídio | F – traqueal |
| B – fechado | D – metanefrídio | G – cutâneo |
| | E – túbulos de Malpighi | H – branquial |

A respeito dessas características, são feitas as seguintes afirmações:

I. Insetos possuem A, E e F.
II. Anelídeos possuem B, D, G e H.
III. Moluscos possuem A, B, D e H.

Assinale:

a) se somente I estiver correta.
b) se somente I e II estiverem corretas.
c) se somente II e III estiverem corretas.
d) se todas estiverem corretas.
e) se todas estiverem incorretas.

4. **S** (PUC-PR) Relacione as descrições dos sistemas circulatórios com seus respectivos filos animais:

I. Ausente. O alimento é distribuído diretamente da cavidade gastrovascular.
II. Ausente. O alimento é distribuído pelo intestino muito ramificado.
III. Ausente. O alimento é distribuído pelo fluido da cavidade pseudocelomática.
IV. Presente. Do tipo fechado, com vasos pulsáteis e sangue dotado de pigmentos respiratórios.
V. Presente. Do tipo aberto, com coração e vasos sanguíneos, onde circula o fluido celômico.

P = Artrópodes
T = Platelmintos
S = Nematelmistos
R = Moluscos
Q = Anelídeos
U = Cnidários

A opção que contém as associações corretas é:

a) I – U; II – T; III – S; IV – Q; V – P.
b) I – P; II – Q; III – R; IV – S; V – T.
c) I – P; II – Q; III – R; IV – U; V – T.
d) I – P; II – Q; III – R; IV – T; V – U.
e) I – U; II – T; III – R; IV – Q; V – S.

5. **SE** (Vunesp-SP) O sistema circulatório dos insetos não permite rápida circulação do sangue, mas esses animais podem conseguir grandes quantidades de energia rapidamente, porque:

a) são anaeróbios.
b) possuem pigmentos exclusivos para o transporte de oxigênio.
c) só armazenam alimentos na forma de carboidratos.
d) as lacunas de seu sistema circulatório armazenam ar.
e) suas células não dependem do sangue para receber oxigênio.

6. **SE** (Vunesp-SP) As figuras a seguir representam dois animais invertebrados, o nereis, um poliqueto marinho, e a centopeia, um quilópode terrestre. Apesar de apresentarem algumas características comuns, tais como apêndices locomotores e segmentação do corpo, esses animais pertencem a filos diferentes.

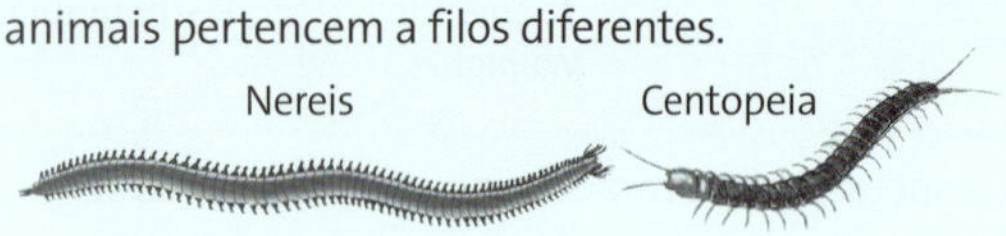


Assinale a alternativa correta.

a) O nereis é um anelídeo, a centopeia é um artrópode e ambos apresentam circulação aberta.
b) O nereis é um artrópode, a centopeia é um anelídeo e ambos apresentam circulação fechada.
c) O nereis é um asquelminto, a centopeia é um platelminto e ambos não apresentam sistema circulatório.
d) O nereis é um anelídeo, a centopeia é um artrópode e ambos apresentam exoesqueleto.
e) O nereis é um anelídeo, a centopeia é um artrópode, mas apenas a centopeia apresenta exoesqueleto.

7. **SE** (Vunesp-SP) João e Pedro estão caminhando por um parque e observam, presas ao tronco de uma árvore, "cascas", que João identifica como sendo de cigarras. Especialistas chamam essas cascas de exúvias. João conta a Pedro que a tradição popular diz que "as cigarras estouram de tanto cantar". Ele também explica que as cigarras são insetos e descreve o número de apêndices encontrado em um inseto generalizado.

a) Do ponto de vista biológico, é correto afirmar que as exúvias são restos do corpo de cigarras que "estouraram de tanto cantar"? Justifique sua resposta.
b) Qual o número de apêndices encontrados no tórax de um inseto adulto generalizado?

8. **SE** (Unicamp-SP) Um estudante encontrou um animal adulto com 6 patas articuladas, sem antenas e corpo dividido em cefalotórax e abdome. Cite a classe a que esse animal pertence e o aspecto morfológico discordante em relação às características gerais dessa classe. Sugira uma possível causa para tal discordância.

9. **CO** (UFG-GO) Um dos grupos mais numerosos de artrópodes, os insetos, passou a ocupar o ambiente terrestre. Algumas estruturas foram relevantes para que os insetos conquistassem a terra firme e ocupassem vários espaços do planeta, passando a ter importância ecológica e influência na economia.

a) Indique duas estruturas que possibilitaram a conquista do meio terrestre e explique por que elas foram importantes.
b) De que forma os insetos exercem influência ecológica e econômica?

10. **NE** (UFMA) Uma aula prática de Biologia tinha como objetivo conhecer a diversidade dos artrópodes; então, o professor entregou vários animais aos alunos para que esses animais fossem reunidos em três grupos. Como resultado, foram formadas as seguintes associações: I. aranha, abelha, carrapato; II. escorpião, formiga, mosca; III. camarão, siri, craca. O professor, porém, constatou que foram cometidos alguns equívocos.

a) Reagrupe, então, os animais, corrigindo os erros.
b) Cite uma característica externa exclusiva de cada grupo que você formou.

11. **SE** (UFV-MG) Considere uma coleção de Arthropoda incluindo organismos das classes: Crustacea, Insecta, Arachnida, Diplopoda e Chilopoda.

a) Diferencie os Insecta e os Arachnida dessa coleção, utilizando uma característica externa exclusiva de cada classe.
b) Cite duas vantagens do exoesqueleto presente nos artrópodos terrestres.
c) Represente graficamente o crescimento de um artrópodo qualquer, até a idade adulta, colocando no eixo da ordenada o tamanho do corpo e na abscissa, o tempo.

12. **CO** (UFG-GO) A maioria dos insetos passa por sucessivas mudas ou ecdises, do ovo até a fase adulta, cujo controle é feito pelo hormônio ecdisona. Na década de 1970, foi descoberto um hormônio vegetal, o brasinosterol, cuja estrutura química é muito semelhante ao hormônio ecdisona. Pesquisas recentes relatam que o brasinosterol, se administrado em insetos, bloqueia o efeito da ecdisona.

De acordo com as informações anteriores, responda:

a) Qual é a vantagem para o meio ambiente do uso potencial do brasinosterol na agricultura?
b) Por que os insetos ametábolos, como a traça-dos-livros, poderiam ser menos suscetíveis ao tratamento com brasinosterol do que os insetos hemimetábolos, como o gafanhoto?

CAPÍTULO

# 18 Equinodermos

Cigdem Sean Cooper/Shutterstock/Glow Images

Estrela-do-mar (diâmetro entre 2 cm e 1 m, dependendo da espécie).

> ↘ *Quais as características principais dos equinodermos?*
>
> ↘ *Quais os representantes desse filo?*

## 1 Morfologia e fisiologia

Os animais do filo **Echinodermata** (**equinodermos** ou **equinodermas**) – estrelas-do-mar, bolachas-da-praia, estrelas-serpentes, pepinos-do-mar, lírios-do-mar e ouriços-do-mar – são exclusivamente marinhos e de vida livre. O nome desse grupo decorre da presença de espinhos na pele: *échinos* = espinho; *derma* = pele.

Os equinodermos são triblásticos e celomados e apresentam características em comum com os protocordados (grupo do filo dos cordados, no qual estão os vertebrados), sobretudo na fase embrionária.

Nos filos estudados até aqui:

- o celoma é formado de uma fenda na mesoderme, sendo, por isso, chamado esquizoceloma;
- a boca do adulto origina-se do blastóporo (protostômios);
- o esqueleto é, em geral, externo, secretado pela epiderme, que se origina da ectoderme (daí a denominação exoesqueleto).

As características que mostram parentesco evolutivo entre os equinodermos e os protocordados são:

- o celoma forma-se de dobras do intestino primitivo do embrião, sendo, por isso, chamado enteroceloma (reveja essa característica na figura 10.4, página 223);
- o blastóporo origina o ânus, e a boca surge em outra região (deuterostômios; reveja essa característica na figura 10.13);
- o esqueleto, coberto pela epiderme, é produzido pela derme, camada que se forma da mesoderme; trata-se, portanto, de um endoesqueleto.

Figura 18.1 Estrela-do-mar cercada por ouriços-do-mar sobre rocha.

### Morfologia externa

A maioria dos equinodermos apresenta simetria **pentâmera**, também chamada simetria **pentarradial** ou **pentarradiada** (*penta* = cinco). Isso significa que o corpo pode ser dividido em cinco planos em volta de uma área central onde fica a boca. Esses planos são demarcados pelas **zonas radiais**, **ambulacrárias** ou **ambulacrais**.

Com esse tipo de simetria, os órgãos sensoriais estão distribuídos pela periferia do corpo, e os animais recebem informações de todas as direções do ambiente, o que é uma adaptação à vida séssil ou com pouca mobilidade. Os equinodermos fazem parte da **comunidade bentônica** ou **bentos** (*bénthos* = profundidade), que é o conjunto de seres que vivem no leito do mar (figura 18.1). Alguns são fixos (sésseis), como as algas macroscópicas, as esponjas, as ostras, as cracas e as anêmonas; outros se movem pelo fundo, como as estrelas-do-mar, os caranguejos, os siris e os caramujos.

Os equinodermos originaram-se de espécies com simetria bilateral, como é evidenciado pela simetria da larva. A simetria radial é **secundária**, ou seja, uma modificação que ocorre ao longo do desenvolvimento do animal.

A região em que se localiza a boca é chamada **zona oral** e está, normalmente, voltada para baixo. Na maioria das espécies, o ânus encontra-se na região oposta, a **zona aboral**.

A superfície do animal é recoberta por epiderme, abaixo da qual está o esqueleto, formado por ossículos calcários com células entre eles, o que permite um aumento do tamanho do animal sem a necessidade de mudas. Os ossículos podem se fundir e formar placas calcárias soldadas. Geralmente, há espinhos na pele.

Nos ouriços-do-mar e nas estrelas-do-mar, podem-se encontrar pequenas pinças, as **pedicelárias** (*pediculus* = pequeno pé), que servem de defesa contra pequenos animais ou para remoção de detritos (figura 18.2).

## Sistema ambulacrário

Situado nas zonas radiais, o **sistema ambulacrário**, também chamado **sistema aquífero** ou **hidrovascular**, origina-se do celoma e é formado por um sistema de canais, pelo qual circula a água do mar.

Os canais comunicam-se com pequenos tubos, os **pódios**, também chamados **pés ambulacrários** ou **ambulacrais** (*ambulare* = caminhar), ligados a dilatações chamadas **ampolas** (figura 18.2).

A contração dos músculos da ampola bombeia a água para os pódios, que se alongam e aderem a uma superfície. Em seguida, os músculos dos pódios se contraem e fazem a água voltar para a ampola. A ação combinada de milhares de pódios move lentamente o corpo do animal sobre rochas ou areia. No ouriço-do-mar, a locomoção é ajudada pelo movimento dos espinhos e, na estrela-do-mar, pelos braços e pelos espinhos.

Figura 18.2 Sistema aquífero e pedicelária da estrela-do-mar (os elementos das ilustrações não estão na mesma escala; cores fantasia). Na foto, braço de uma estrela-do-mar (*Asterias rubens*; 10 cm a 30 cm de diâmetro); as projeções são os pódios.

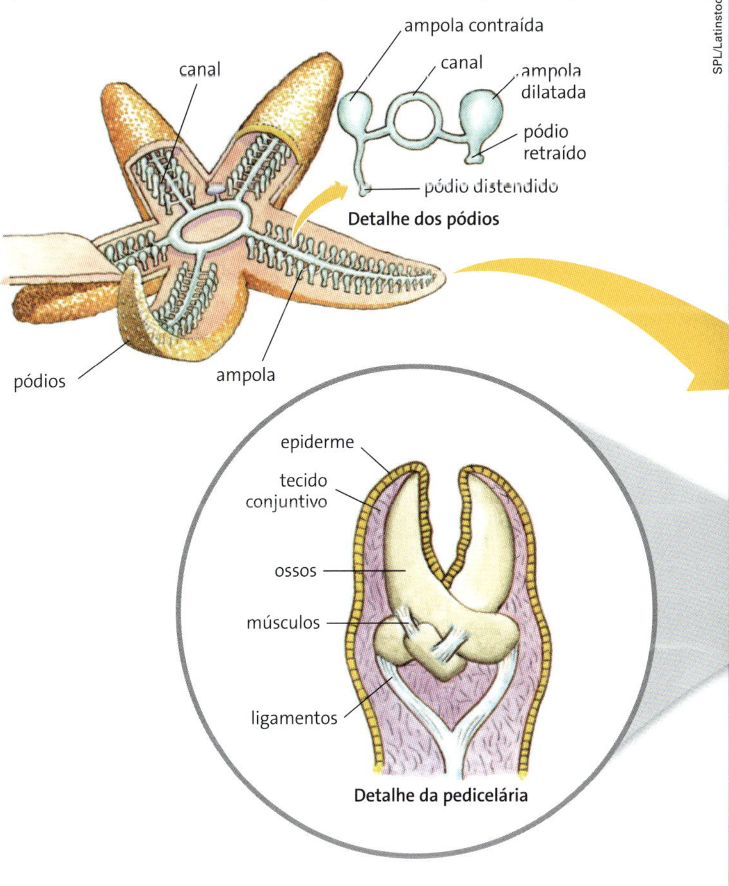


Ilustrações: Ingeborg Asbach/Arquivo da editora

SPL/Latinstock

## Digestão e respiração

O tubo digestório é completo. Na estrela-do-mar, ele apresenta glândulas digestórias. No ouriço-do-mar, a boca é provida de um forte aparelho, a **lanterna de aristóteles** (esse órgão foi descrito inicialmente por Aristóteles, filósofo grego nascido em 384 a.C.), formado por cinco longos dentes montados em um suporte calcário (figura 18.3), com os quais raspa as rochas e o fundo do mar, recolhendo alimento (algas e detritos). Na bolacha-da-praia, o ânus localiza-se na mesma face da boca.

Os pódios participam da troca de gases com a água, mas podem aparecer estruturas respiratórias. No ouriço-do-mar, há cinco pares de brânquias, que se projetam para fora do corpo. O pepino-do-mar possui grandes ramificações na parede da cloaca (bolsa que antecede o ânus), chamadas **árvores respiratórias**, que recebem a água do mar através do ânus pelo bombeamento da cloaca.

Tom McHugh/Photoresearchers/Latinstock

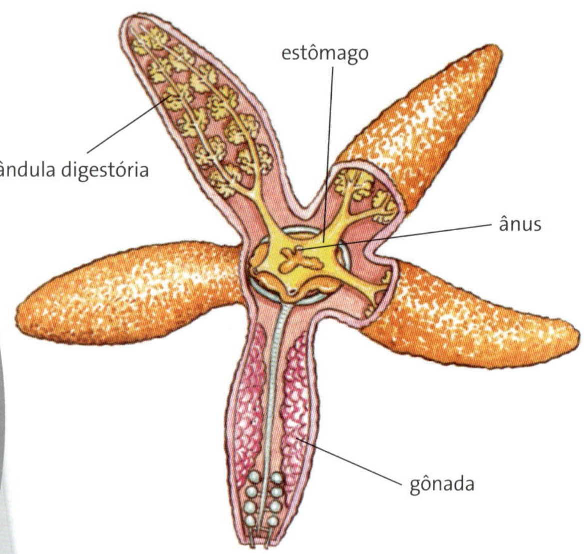


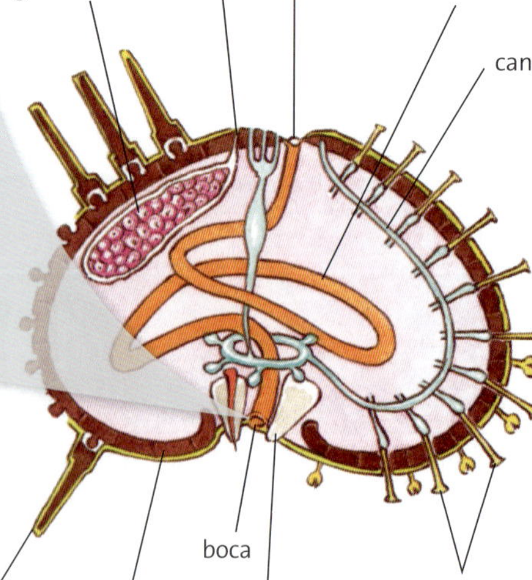


Ilustrações: Ingeborg Asbach/Arquivo da editora

Figura 18.3 Sistemas digestório e reprodutor dos equinodermos. O diâmetro da estrela-do-mar pode variar de 2 cm a 1 m, dependendo da espécie, e o do ouriço-do-mar, de 6 cm a 35 cm. (Os elementos da ilustração não estão na mesma escala; cores fantasia.) Na foto, dentes da lanterna de aristóteles de um ouriço-do-mar (*Strongylocentrotus droebachiensis*; animal com cerca de 5 cm de diâmetro).

## Reprodução

Os sexos são quase sempre separados, e as gônadas desembocam no exterior por orifícios na superfície do corpo. Em geral, a fecundação é externa. O desenvolvimento é indireto, com formação de larvas planctônicas ciliadas, de simetria bilateral, que sofrem metamorfose e transformam-se no adulto (figura 18.4).

As estrelas-do-mar são capazes de regenerar braços danificados. Em algumas espécies, um único braço, desde que possua uma parte do disco central, pode crescer e transformar-se em um animal completo (figura 18.5). Essa capacidade de regeneração é usada em alguns casos para a reprodução assexuada por fissão, em que a divisão do corpo origina novos indivíduos.

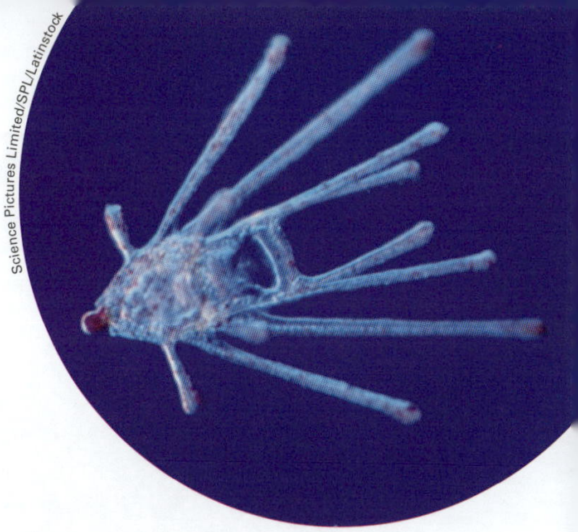

Science Pictures Limited/SPL/Latinstock

Figura 18.4 Foto de larva do ouriço-do-mar ao microscópio de luz (comprimento máximo de cerca de 1,5 mm).

Georgette Douwma/SPL/Latinstock

Figura 18.5 Braço de estrela-do-mar (parte maior) formando um novo animal (o diâmetro de uma estrela-do-mar varia de 2 cm a 1 m, dependendo da espécie).

## Circulação, excreção e coordenação

O sistema circulatório é muito rudimentar, com um líquido incolor, e suas funções são substituídas, em grande parte, pelo sistema aquífero e pela circulação do líquido celômico. As excretas são eliminadas pelos pódios e pelas pápulas.

O sistema nervoso é pouco desenvolvido nesse filo (coerente com a pouca mobilidade desses animais). Na ponta dos braços da estrela-do-mar, existem olhos simples, capazes de perceber luz. Além disso, células táteis e olfativas estão espalhadas na epiderme.

Leo Francini/Alamy/Latinstock

## 2 Classificação

O filo Echinodermata divide-se em cinco classes principais:

- **Echinoidea** (**equinoides**) – é representada pelo ouriço-do-mar e pela bolacha-da-praia ou ouriço-escudo (figura 18.6), animais que não possuem braços. Esses animais costumam se alojar em pedras e recifes do litoral e podem provocar ferimentos no ser humano com seus espinhos. Nesse caso, deve-se limpar e desinfetar o local e remover os pedaços de espinhos. Em alguns países, os ovos de ouriço-do-mar são usados como alimento.

Andrew J. Martinez/Photoresearchers/Getty Images

Figura 18.6 **A**: um ouriço-do-mar (*Lytechinus variegatus*; 7 cm de diâmetro). **B**: bolacha-da-praia (6 cm a 10 cm de diâmetro).

Frederick R. McConnaughey/Photoresearchers/Getty Images

- **Asteroidea** (**asteroides**) – é representada pela estrela-do-mar (figura 18.7), que possui um disco central do qual saem cinco braços (às vezes, mais) com ocelos nas extremidades. Os braços apresentam movimento e ajudam na captura de presas. As estrelas-do-mar são carnívoras: alimentam-se de corais, moluscos, crustáceos e até de peixes. Algumas causam grandes danos aos recifes de corais.

Figura 18.7 Estrela-do-mar.

- **Holothuroidea** (**holoturoides**) – é representada pelo pepino-do-mar ou holotúria (figura 18.8), animal que não possui carapaça. Seu esqueleto está reduzido a placas microscópicas, por isso seu corpo é mole, o que é compensado pela maior capacidade de locomoção. Apresenta em volta da boca um círculo de tentáculos, que serve para a captura de partículas de alimento, depositadas no fundo do mar ou flutuando na água, que grudam nos tentáculos. Quando atacadas, algumas holotúrias lançam para fora parte de seus órgãos internos. Enquanto o predador os come, elas afastam-se e, depois, regeneram as partes perdidas. Outras espécies lançam pelo ânus tubos de consistência pegajosa, que podem imobilizar ou atrapalhar o atacante. Os tubos são, depois, regenerados. Em alguns países, esses animais são consumidos como alimento.
- **Ophiuroidea** (**ofiuroides**) – é representada pela estrela-serpente, serpente-do-mar ou ofiúro (figura 18.9), equinodermo parecido com a estrela-do-mar, mas com braços mais longos, finos e flexíveis, usados para locomoção. Esse animal é pequeno e apresenta um disco central, que varia de 1 cm a 3 cm.
- **Crinoidea** (**crinoides**) – é representada pelo lírio-do-mar, que vive preso por ramificações (cirros) em rochas ou em outros suportes (figura 18.10). Pode possuir um pedúnculo. Alguns, não pedunculados, são capazes de se soltar e deslocar-se na água. O ânus e a boca abrem-se na mesma face dorsal do animal.

Fabio Colombini/Acervo do fotógrafo

Figura 18.8 Pepino-do-mar (cerca de 10 cm de comprimento).

Geogette Douwma/SPL/Latinstock

Figura 18.9 Serpente-do-mar (atinge 50 cm de diâmetro).

Fabio Colombini/Acervo do fotógrafo

Figura 18.10 Lírio-do-mar (*Tropiometra carinata*; 9 cm de diâmetro).

## Biologia tem História

### Os equinodermos e a embriologia

No final do século XIX, ainda não se sabia ao certo como ocorria a fecundação. Alguns estudiosos propunham que espermatozoides estimulavam o óvulo mecanicamente, induzindo o desenvolvimento do embrião; outros acreditavam que espermatozoides penetravam no óvulo e que os componentes todos se misturavam.

Na época, alguns pesquisadores começaram a estudar ovos de ouriço-do-mar, porque eles são transparentes e de fácil observação. Analisando a fecundação desses animais com um microscópio, Oscar Hertwig, zoólogo alemão, viu que apenas um espermatozoide era necessário para fertilizar o óvulo, e que na formação do ovo ocorria a fusão dos núcleos dos gametas.

# Atividades

1. No passado, os equinodermos chegaram a ser colocados no mesmo grupo dos cnidários.
   a) Isso porque eles apresentam uma característica em comum com os cnidários que não é muito frequente entre os animais. Que característica é essa?
   b) No entanto, uma característica do embrião, percebida nos primeiros estágios do desenvolvimento, diferencia os dois grupos. Qual é essa característica?

2. O gráfico abaixo dá uma ideia da quantidade relativa de espécies em vários filos animais.

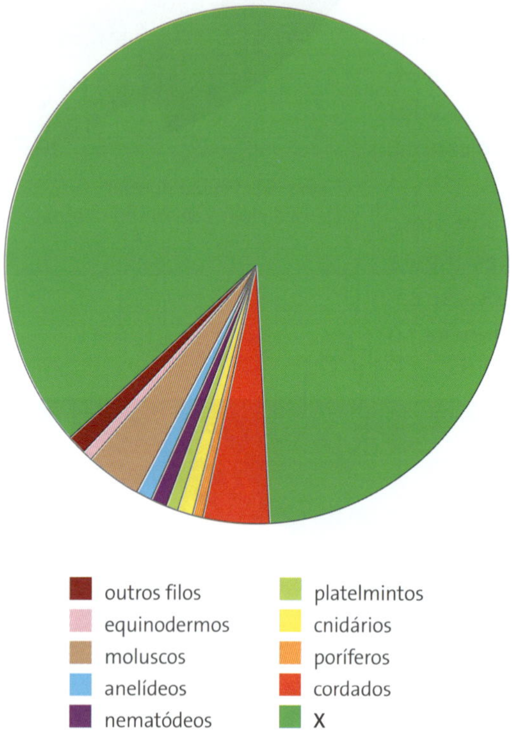


   Qual o filo identificado pela letra **X**? O que o gráfico indica sobre a quantidade de espécies desse filo?

3. Que diferenças existem entre a larva dos equinodermos e o animal adulto? Justifique, em função do modo de vida, essas diferenças.

4. Por muito tempo, as lontras que viviam em meio às grandes algas pardas das costas da Califórnia foram caçadas por causa de sua pele. À medida que a população de lontras diminuía, aumentava a de ouriços-do-mar. A quantidade de algas pardas também se reduzia. Com a proibição da caça às lontras, o número desses animais voltou a aumentar, e as algas cresceram novamente. Com as algas, vieram moluscos, peixes, camarões e outros animais aquáticos. Como você explica o aumento ou a diminuição, em cada situação, da população de ouriços-do-mar e de algas?

5. Explique o que são e quais as funções dos seguintes órgãos: pedicelárias, lanterna de aristóteles e pés ambulacrários.

6. Em que classes se dividem os equinodermos? Dê um exemplo de cada uma.

7. As fotos a seguir mostram dois momentos da vida de um camarão-arlequim, crustáceo do oceano Pacífico que preda estrelas-do-mar: sobre a parte aboral de sua presa e após tê-la virado, com a parte oral voltada para cima.

Georgette Douwma/SPL/Latinstock

Visuals Unlimited/Corbis

Camarão-arlequim (*Hymenocera picta*; de 2,5 cm a 3,8 cm de comprimento) sobre sua presa, uma estrela-do-mar (*Fromia monilis*; atinge 12 cm de diâmetro).

   O camarão-arlequim faz isso para dificultar a fuga da estrela e, assim, ficar mais fácil se alimentar dela. Por que, virada dessa forma, é mais difícil a estrela-do-mar escapar?

# Pensando no Enem

*As estrelas-do-mar comem ostras, o que resulta em efeitos econômicos negativos para criadores e pescadores. Por isso, ao se depararem com esses predadores em suas dragas, costumavam pegar as estrelas-do-mar, parti-las ao meio e atirá-las de novo à água. Mas o resultado disso não era a eliminação das estrelas-do-mar, e sim o aumento do seu número.*

DONAVEL, D. A bela é uma fera. *Superinteressante*. Disponível em: <http://super.abril.com.br>. Acesso em: 30 abr. 2010 (adaptado).

A partir do texto e do seu conhecimento a respeito desses organismos, a explicação para o aumento da população de estrelas-do-mar baseia-se no fato de elas possuírem:

a) papilas respiratórias que facilitaram sua reprodução e respiração por mais tempo no ambiente.
b) pés ambulacrários que facilitaram a reprodução e a locomoção do equinodermo pelo ambiente aquático.
c) espinhos na superfície do corpo que facilitaram sua proteção e reprodução, contribuindo para a sua sobrevivência.
d) um sistema de canais que contribuíram na distribuição de água pelo seu corpo e ajudaram bastante em sua reprodução.
e) alta capacidade regenerativa e reprodutiva, sendo cada parte seccionada capaz de dar origem a um novo indivíduo.

### Resolução

Para a resolução desta questão, é importante que o aluno seja capaz de interpretar o texto do enunciado sobre as estrela-do-mar retirado de uma revista. A capacidade de interpretar um texto e relacioná-lo com os conhecimentos de Biologia para resolver uma situação-problema são habilidades avaliadas pelo Enem e, consequentemente, são frequentes no exame.

O texto do enunciado informa que as estrelas-do-mar são predadoras naturais das ostras e, por isso, os criadores e pescadores de ostras tentam livrar-se delas quebrando-as ao meio e devolvendo os pedaços ao mar. Contudo, o efeito obtido é exatamente o oposto do desejado: é observado um aumento na população das estrelas-do mar.

### O problema

O problema da questão reside no fato de as estrelas-do-mar não morrerem ao ser partidas ao meio e jogadas ao mar. Ao contrário, sua população aumenta.

Apesar de o aluno necessitar de conhecimento básico sobre esses equinodermos, o próprio texto da questão fornece informações suficientes para ela ser respondida corretamente.

Ao analisar as respostas, nota-se que cada uma apresenta características ou estruturas das estrelas-do-mar. Cabe ao aluno identificar qual ajudaria o animal a sobreviver e se reproduzir, caso seja partido ao meio.

- As papilas respiratórias são pequenas projeções do corpo das estrelas-do-mar, responsáveis pelas trocas gasosas. Essa característica não está relacionada à função reprodutiva.
- Os pés ambulacrais são pequenas estruturas tentaculares no ventre das estrelas. São usados para locomoção, fixação do animal, além de manipulação do alimento. Essa característica não está relacionada à função reprodutiva.
- Muitas estrelas-do-mar possuem espinhos na superfície do corpo que são usados principalmente para proteção contra predadores. Essa característica não está relacionada à função reprodutiva.
- As estrelas-do-mar possuem um sistema de canais conhecido como sistema ambulacral que fazem a distribuição de água e outros compostos pelo corpo do animal. Os pés ambulacrais são diretamente ligados a esse sistema. Essa característica não está relacionada à função reprodutiva.
- As estrelas-do-mar possuem alta capacidade de regeneração. Quando perdem um braço, conseguem regenerá-lo completamente. Muitas vezes, quando partidas em dois ou mais pedaços, estes se regeneram e cada pedaço dá origem a um novo indivíduo. A reprodução sexuada é externa, com gametas sendo liberados na água.

Com base na análise das alternativas da questão, podemos concluir que o aumento do número de indivíduos observado pelos pescadores está relacionado à reprodução assexuada das estrelas-do-mar, que ocorre por regeneração. Portanto, quando os pescadores partiam as estrelas-do-mar ao meio e as jogavam na água, as duas metades continuavam vivas; depois de um tempo, regeneravam-se, e cada parte dava origem a uma nova estrela.

Cabe ressaltar que a parte da estrela-do-mar só dará origem a um novo indivíduo se esta possuir uma porção considerável do disco central, região mais ao centro do animal. Se apenas um braço for retirado, a estrela-do-mar conseguirá regenerá-lo sem problemas; porém o braço retirado, se não possuir uma parte do disco central, não se regenerará e logo morrerá.

Muitos outros equinodermos, como ofiúros e lírios-do-mar, também possuem grande capacidade regenerativa. O pepino-do-mar, também um equinodermo, eviscera todos os seus órgãos internos como modo de defesa. Apesar disso, o animal continua vivo e regenera todas as partes perdidas.

Resposta: **E**.

# Vestibulares de Norte a Sul

1. **S** (UFSM-RS) O homem utiliza-se de várias espécies de animais aquáticos como alimento. Certo restaurante realizou um festival de frutos do mar servindo pratos feitos com moluscos e crustáceos. Certamente não estava presente no festival:

a) lagosta.
b) mexilhão.
c) camarão.
d) ouriço-do-mar.
e) ostra.

2. **S** (UFSC) As figuras a seguir representam animais pertencentes a diferentes filos.

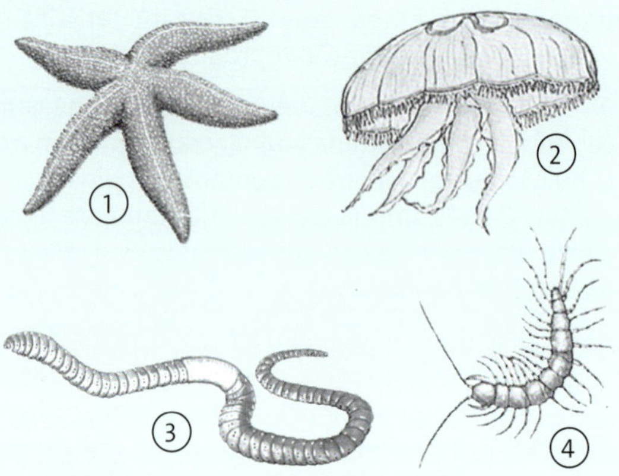


01. A figura 1 refere-se a um platelminto.
02. Os filos representados por 1 e 2 apresentam simetria bilateral.
04. A principal característica do filo representado na figura 3 é o corpo segmentado em anéis.
08. As moscas também fazem parte do filo representado pela figura 4.
16. Todos os filos apresentados pertencem ao grupo dos vertebrados.
32. O animal representado na figura 3 é hermafrodita.
64. Todos os animais pertencentes aos filos representados por 2 e 4 são parasitas.

Indique a soma dos números das respostas corretas.

3. **S** (UEM-PR) A presença de uma cavidade corporal interna nos animais é uma importante característica evolutiva. Sobre as vantagens que essa cavidade oferece, assinale o que for correto.

01) Possibilita o transporte de nutrientes e de excretas e a proteção dos órgãos internos.
02) Permite uma melhor acomodação dos órgãos internos e fornece sustentação ao animal.
04) Organiza o corpo em segmentos iguais e melhora a flexibilidade.
08) Possibilita o crescimento dos órgãos internos e a cefalização.
16) Facilita a distribuição dos nutrientes e o acasalamento.

4. **S** (UEPG-PR) A diversidade de animais, vertebrados ou invertebrados, é muito grande e por isso deve-se classificá-los em grupos que possam expressar suas características e seus representantes. Nesse contexto, assinale o que for correto, no que se refere à relação correta entre o filo e seu representante.

01) Filo molusca – lula (*Loligo brasiliensis*).
02) Filo platyhelminthes – fascíola (*Fasciola hepatica*).
04) Filo arthropoda – lírio-do-mar (*Antedon meridionalis*).
08) Filo echinodermata – camarão (*Pinaeus brasiliensis*).

5. **SE** (Unicamp-SP) Em uma excursão à praia, foram coletados alguns organismos que foram colocados em sacos plásticos e identificados como: esponjas, cracas, algas macroscópicas, gastrópodes, mexilhões (bivalves), ouriços-do-mar, caranguejos e estrelas-do-mar.

a) Organize os animais coletados por filos.
b) Além dessa organização por filo, os animais podem ser classificados pela mobilidade (os fixos e os que se deslocam) ou pelo seu principal modo de obter alimento (filtradores, predadores e herbívoros). Organize-os segundo a mobilidade e, depois, segundo o modo de obter alimentação.
c) Cite uma divisão (filo) de algas macroscópicas que poderia ter sido encontrada na excursão à praia.

6. **NE** (Ufal) Os equinodermos são animais marinhos que apresentam, em sua maioria, simetria radial.

a) Por que a simetria radial dos equinodermos é considerada secundária?
b) Compare o esqueleto dos equinodermos com o dos artrópodes quanto à localização e à composição.

7. **SE** (Unicamp-SP) Os animais podem ou não apresentar simetria. Considere os seguintes animais: planária, esponja, medusa (água-viva), minhoca, coral e besouro.

a) Quais deles apresentam simetria radial? E quais apresentam simetria bilateral?
b) Caracterize esses dois tipos de simetria.
c) Qual o tipo de simetria dos equinodermos na fase larval e na fase adulta?

8. **CO** (UFG-GO) Na árvore filogenética ou evolutiva dos animais, a simetria radial é uma característica importante dos organismos primitivos. Entretanto, os equinodermos como os ouriços e as estrelas-do-mar estão próximos aos cordados, como os répteis e os mamíferos, evidenciando um ancestral em comum. Sobre esse fato,

a) cite duas características morfológicas em comum entre os equinodermos e os cordados;
b) justifique o parentesco existente entre os dois grupos, apesar de simetricamente distintos.

CAPÍTULO

# 19 Cordados: cefalocordados e urocordados

Georgette Douwma/SPL/Latinstock

Ascídia *Polycarpa aurata* sobre coral.

- O que os cordados têm em comum?
- Quais os representantes dos cefalocordados e dos urocordados?

# 1 Características gerais dos cordados

O filo **Chordata** inclui os urocordados (ascídias), os cefalocordados (anfioxo) e os vertebrados. Esses animais mantêm certas características presentes em alguns invertebrados, como a simetria bilateral, o corpo segmentado e a circulação fechada. Com os equinodermos apresentam em comum a deuterostomia. Mas o grupo possui outras características exclusivas, que, às vezes, estão presentes apenas em algum estágio do ciclo de vida, como na fase embrionária.

Veja a seguir algumas dessas características.

O nome "cordado" vem do fato de esses seres possuírem uma **notocorda** ou **corda dorsal** (*notos* = dorso; *chorda* = cordão), bastão flexível de células que se estende por quase toda a região dorsal, acima do tubo digestório e abaixo do sistema nervoso. A notocorda funciona como ponto de apoio aos músculos, permitindo, por exemplo, que o animal use a cauda para impulsionar seu corpo pela água (figura 19.1). Nos vertebrados, ela é, total ou parcialmente, substituída pela coluna vertebral durante o desenvolvimento embrionário. A presença de vértebras e de coluna vertebral é uma característica exclusiva dos vertebrados.

Os cordados possuem um **sistema nervoso dorsal** e **oco**, formado a partir do tubo neural e originado da ectoderme do embrião. Sua localização é na região dorsal do corpo, acima da notocorda, diferentemente do sistema nervoso da maioria dos grupos de animais estudados até aqui, que se situava na região ventral e era formado por um cordão duplo e maciço de células (figura 19.1). Na região anterior do corpo, esse cordão se dilata e forma a **vesícula encefálica**, que, nos vertebrados, origina o **encéfalo**.

Os cordados possuem uma **cauda pós-anal musculosa**. Trata-se de uma região posterior ao ânus, com músculos e notocorda (ou coluna vertebral; figura 19.1). Nos cordados aquáticos, a cauda ajuda na locomoção na água. Em outros, como jacarés e lagartos, funciona como arma de defesa e ataque. Em certos macacos, ela é preensora, e ajuda o animal a se segurar nos galhos das árvores. No ser humano, a cauda é atrofiada e forma o final da coluna vertebral (os ossos do cóccix).

Figura 19.1 **A**: esquema geral de um cordado; **B**: comparação entre vertebrados (salamandra) e invertebrados (gafanhoto). (Os elementos da ilustração não estão na mesma escala; cores fantasia.)

A

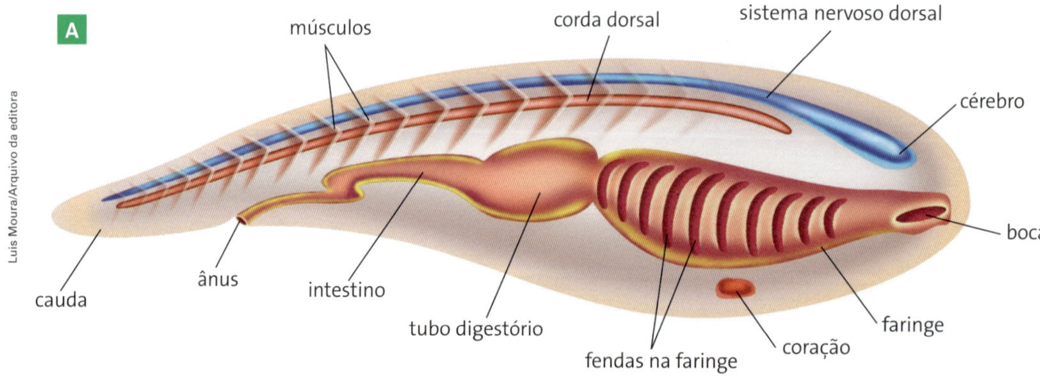

Além dessas características exclusivas, na faringe (região anterior do tubo digestório) do embrião dos cordados podem ser observados os **arcos faríngeos** ou **farigianos**, separados por **fendas** ou **sulcos faríngeos** (alguns autores chamam essas estruturas de **fendas branquiais**), e evaginações, as **bolsas faríngeas**. Nos peixes, os arcos e as fendas faríngeas persistem no adulto e participam da respiração: a água que entra pela boca passa pelas brânquias e sai pelas fendas faríngeas. Em outros vertebrados (répteis, aves e mamíferos), esses arcos e fendas originam outras estruturas, como a tuba auditiva (na orelha), e a função respiratória é exercida pelos pulmões.

A ascídia e o anfioxo possuem um sulco ciliado na faringe, o **endóstilo** (*endon* = dentro; *stylos* = coluna). Ele secreta um muco que ajuda o animal a capturar partículas de alimento. Na larva da lampreia, um vertebrado, também há um endóstilo, que durante a metamorfose origina a glândula tireoide. Há evidências de que o endóstilo e a tireoide das lampreias são homólogos à tireoide dos outros vertebrados.

No filo dos cordados, vamos estudar três grupos: **Cephalochordata** (**cefalocordados**), **Urochordata** (**urocordados**) e **Vertebrata** (**vertebrados**). Os dois primeiros são chamados de **protocordados** (*protos* = primeiro) um grupo sem valor taxonômico.

Uma importante diferença entre vertebrados e protocordados é que só os primeiros possuem um crânio, estrutura óssea ou cartilaginosa que envolve e protege o encéfalo. Como veremos no capítulo 20, no estudo dos peixes, essa característica também coloca os vertebrados em um grupo mais amplo, denominado **Craniata** (craniados).

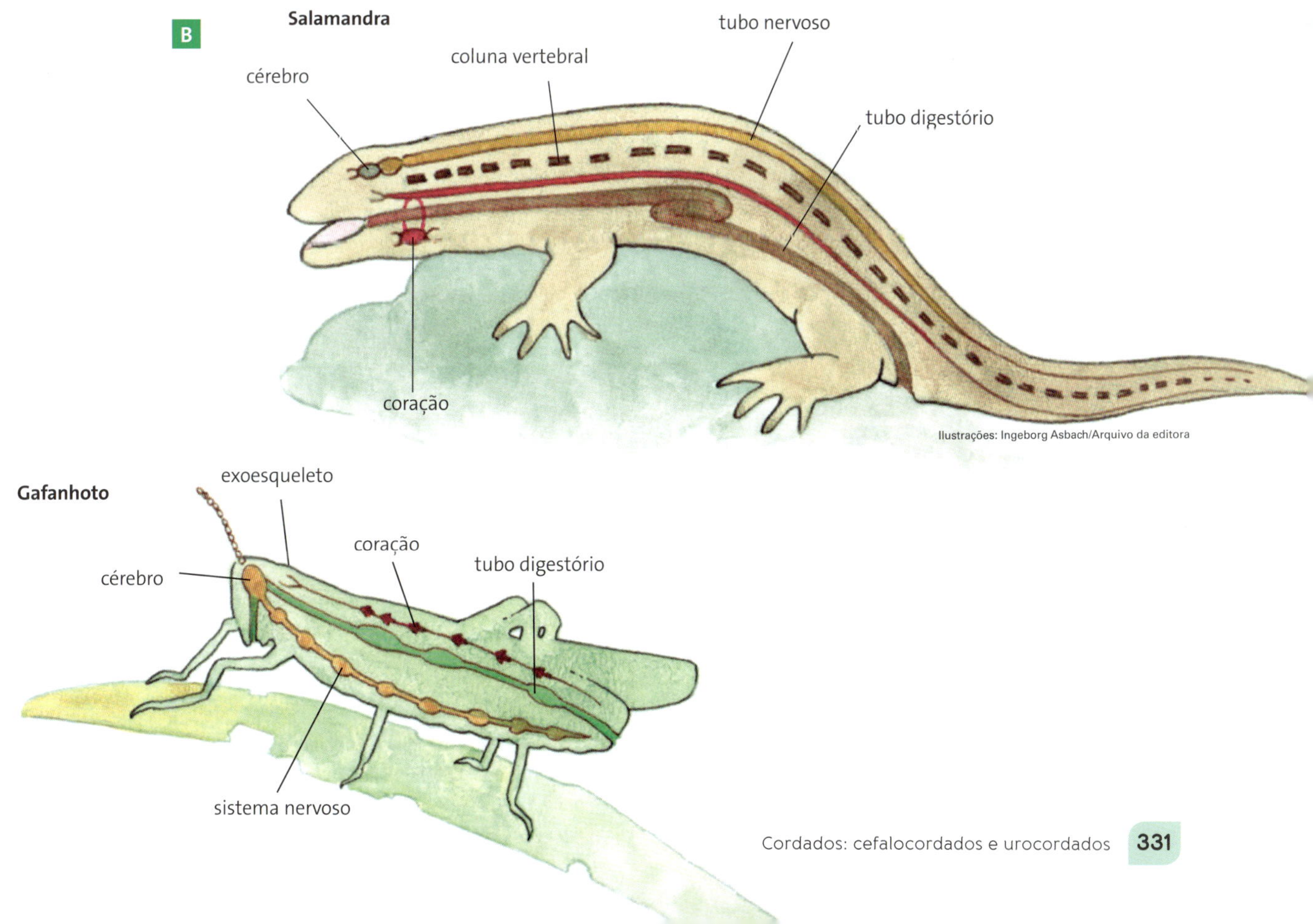

# 2 Cefalocordados

O termo "cefalocordado" vem do fato de que a notocorda vai da cauda até a região cefálica. Nos urocordados, a notocorda localiza-se na região caudal da larva.

Os cefalocordados são representados pelo anfioxo (gênero *Branchiostoma*), cujo corpo, quase transparente, apresenta a forma de uma lança de duas pontas (daí seu nome: *amphi* = dos dois lados; *oxus* = ponta; figura 19.2). É um animal exclusivamente marinho (vive em águas rasas, em geral com a parte posterior enterrada na areia, nadando por curtos períodos de tempo). A boca é rodeada por tentáculos (**cirros bucais**), que não deixam passar areia nem outras partículas grandes. As fendas faríngeas filtram o alimento (plâncton), que entra pela boca e chega ao intestino (são animais filtradores).

O anfioxo possui notocorda durante toda a vida. Essa estrutura funciona como um esqueleto flexível e serve de ponto de apoio aos músculos organizados em blocos, os miótomos (*mys* = músculo; *tomé* = corte) (figura 19.2). Quando os músculos são contraídos, a notocorda impede que o corpo encolha, o que facilita os movimentos ondulatórios utilizados para natação.

Esses blocos de músculos demonstram que alguns sistemas dos cordados retêm uma segmentação ou metameria, presente em alguns invertebrados, como os anelídeos e artrópodes.

Sobre o corpo do anfioxo existem três nadadeiras interligadas: uma dorsal, uma caudal e uma ventral.

Nas fendas faríngeas ocorre a troca de gás carbônico por oxigênio (hematose). A circulação é feita por um sistema fechado, com vasos contráteis que impulsionam o sangue. O sistema nervoso do animal é formado por um cordão nervoso dorsal, oco, e pela **vesícula cerebral**, uma dilatação do cordão nervoso, além de nervos para as diversas partes do corpo. Os cefalocordados possuem ocelos que captam a luz.

Os sexos são separados, e as gônadas liberam os gametas na cavidade atrial; depois, os gametas são eliminados pelo poro atrial. A fecundação ocorre na água, e o desenvolvimento é indireto.

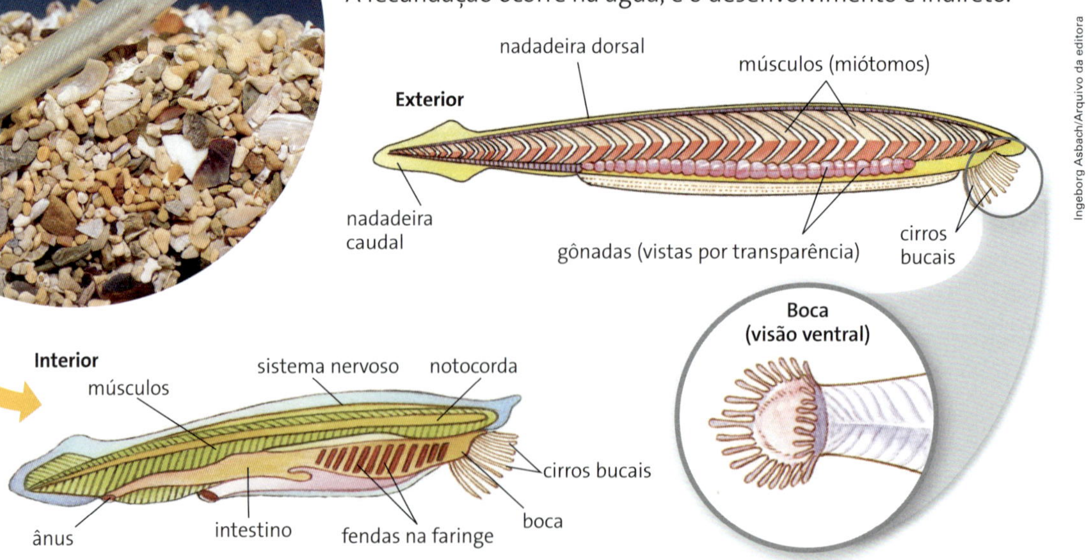


Figura 19.2 Foto de anfioxo (*Branchiostoma lanceolatum*; cerca de 6 cm de comprimento) e ilustrações da organização desse cefalocordado. (Os elementos ilustrados não estão na mesma escala; cores fantasia.)

## 3 Urocordados

Nesse grupo de animais, a notocorda é restrita à cauda na larva (daí o nome do grupo, *ourás* = cauda; *chorda* = cordão). Os urocordados são representados por animais marinhos sésseis solitários ou coloniais chamados ascídias. Quando adultas, as ascídias isoladas assemelham-se a pequenos esguichos, que eliminam um líquido quando espremidas (figura 19.3).

As ascídias são revestidas por uma túnica protetora, formada por **tunicina** (daí o outro nome desse grupo: **tunicados**), uma substância semelhante à celulose.

Fabio Colombini/Acervo do fotógrafo

Reinhard Dirscherl/Look/Latinstock

Figura 19.3 Na primeira foto, uma ascídia negra (*Phallusia nigra*; cerca de 10 cm de altura) encontrada no litoral do Brasil; na segunda, ascídias (*Polycarpa aurata*; de 4 cm a 6 cm de altura).

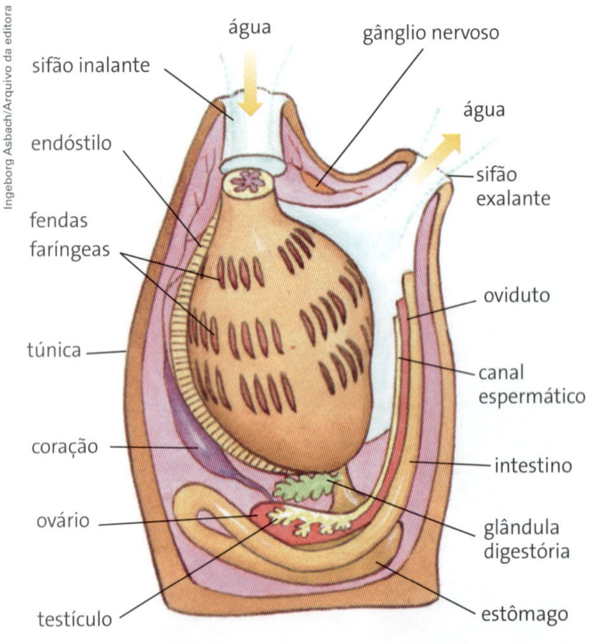


Figura 19.4 Ilustração da organização das ascídias (em geral, de 3 cm a 10 cm de altura; os elementos representados não estão na mesma escala; cores fantasia).

Os adultos possuem dois sifões: o **oral** ou **inalante**, pelo qual a água entra; e o **cloacal** ou **exalante**, pelo qual saem os resíduos, a água e os gametas (figura 19.4). As ascídias são animais filtradores: o alimento (plâncton) é retido pelas fendas faríngeas, encaminhado ao estômago e, depois, ao intestino.

A ascídia é hermafrodita, com fecundação externa, mas também pode realizar reprodução assexuada por brotamento, originando as colônias.

Sua larva natante apresenta todas as características típicas do filo dos cordados: tubo nervoso dorsal, fendas faríngeas, notocorda, coração ventral e cauda. Ela é muito semelhante ao anfioxo e à larva das lampreias (classe mais simples de vertebrados), o que evidencia o parentesco dos protocordados com os vertebrados (figura 19.5).

Quando atinge o estado adulto, a ascídia se fixa ao substrato, a cauda regride e desaparecem a notocorda e grande parte do tubo nervoso que ficavam nessa região.

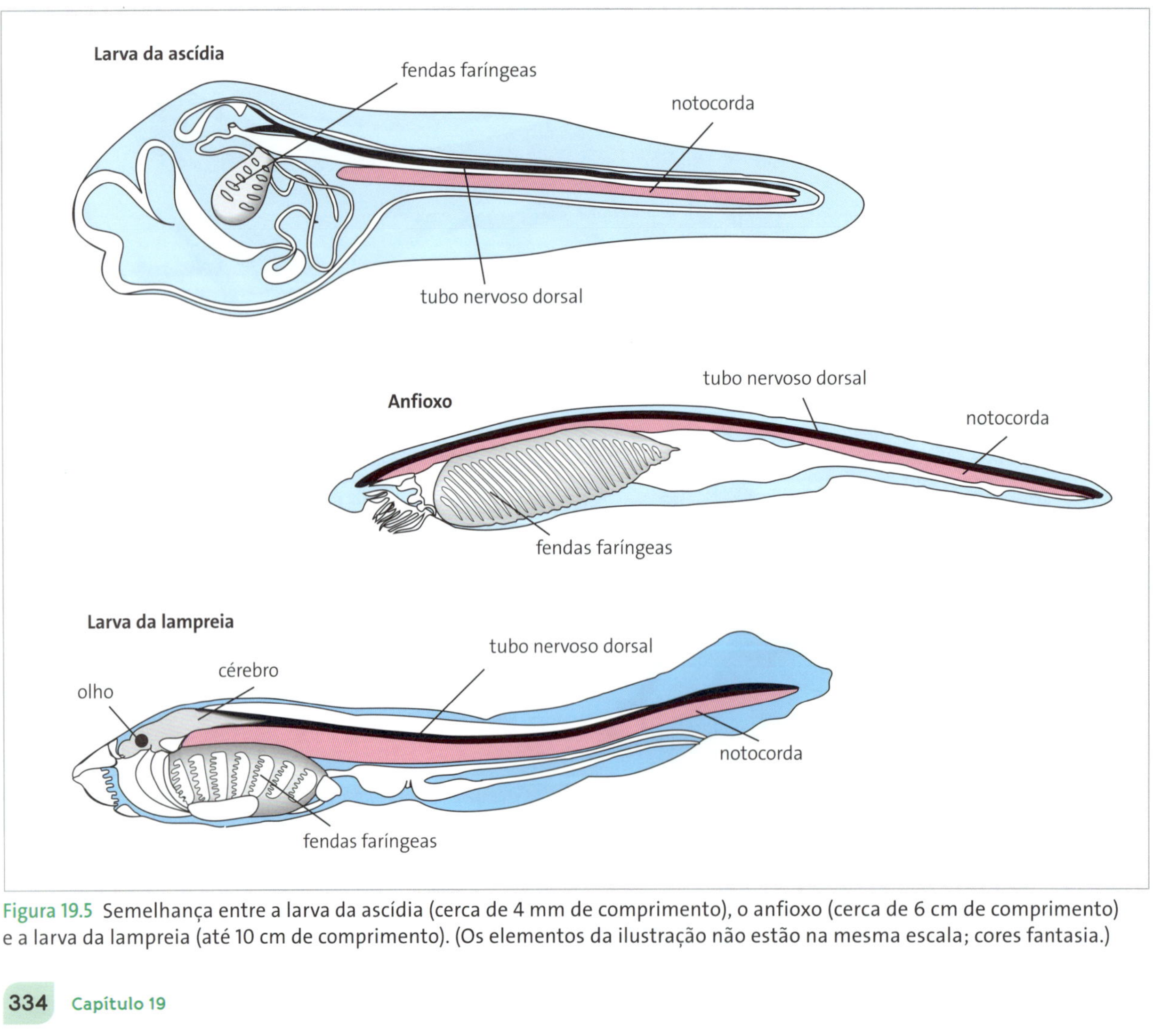


Figura 19.5 Semelhança entre a larva da ascídia (cerca de 4 mm de comprimento), o anfioxo (cerca de 6 cm de comprimento) e a larva da lampreia (até 10 cm de comprimento). (Os elementos da ilustração não estão na mesma escala; cores fantasia.)

## 4 Origem evolutiva dos cordados

Em rochas do Cambriano de 520 milhões a 530 milhões de anos atrás foram descobertos fósseis de cordados já extintos, como o *Haikouella lanceolata*, com 20 mm a 30 mm de comprimento (figura 19.6), e o *Pikaia gracilens*, com cerca de 5 cm de comprimento. Esses animais podem ter sido ancestrais dos vertebrados.

O estudo desses fósseis sugere que possuíam notocorda e, como o anfioxo, blocos de músculos ao longo do corpo.

Figura 19.6 Reconstrução artística do *Haikouella lanceolata* (com 20 mm a 30 mm de comprimento; os elementos da figura não estão na mesma escala; cores fantasia).

Luis Moura/Arquivo da editora

## Atividades

1. Um estudante achou muito estranho quando leu em seu livro de Biologia que, evolutivamente, os vertebrados estão mais próximos de uma estrela-do-mar do que de um inseto. No entanto, essa afirmação considera a presença de características comuns aos equinodermos e aos vertebrados, que aproximam os dois grupos. Quais são essas características?

2. Em 1830, o anatomista francês Geoffroy Saint-Hilaire (1772-1844) afirmou que o corpo dos vertebrados era semelhante ao dos invertebrados, só que invertido. Explique sob que aspecto Saint-Hilaire está correto.

3. As ascídias são animais sésseis que não apresentam desenvolvimento direto (em que o zigoto origina um animal semelhante ao adulto). A fase larval, que poderia parecer gasto inútil de energia, no entanto, representa uma vantagem evolutiva para o animal. Qual é essa vantagem?

4. Cefalocordados e urocordados são reunidos informalmente no grupo dos protocordados, que, evolutivamente, está mais próximo do grupo dos vertebrados do que os outros invertebrados.
   a) Que características aproximam os protocordados dos vertebrados?
   b) Os vertebrados apresentam, porém, algumas características distintas em relação aos protocordados. Quais são elas?

5. Examinando uma ascídia adulta, uma estudante disse que, além de fendas na faringe, o animal não possuía nenhuma característica típica do grupo dos cordados. No entanto, o professor disse que ela estava enganada. Por que a estudante se enganou? Explique.

6. Apesar de relativamente distantes evolutivamente, os cefalocordados e os moluscos bivalves (ostra, mexilhão, etc.) apresentam pelo menos uma semelhança, que está relacionada ao modo de alimentação. Explique essa semelhança.

# Vestibulares de Norte a Sul

1. **NE** (Uece) Com relação às fendas branquiais que surgem na faringe dos embriões dos cordados é correto afirmar que:

a) existem somente na fase larval.
b) sempre persistem.
c) persistem nos cordados terrestres e regridem nos aquáticos.
d) regridem nos terrestres e persistem em alguns aquáticos.

2. **NE** (Uece) O reino Animalia reúne uma grande diversidade de organismos distribuídos em filos que encerram determinadas características peculiares. Considere as seguintes afirmativas:

I. O filo Porifera reúne as esponjas, animais de organização muito simples, que absorvem água com partículas alimentares através de células especializadas chamadas coanócitos.
II. O filo Arthropoda reúne grande diversidade de animais que se caracterizam por ter corpo protegido por um exoesqueleto de quitina.
III. O filo Chordata reúne somente animais vertebrados como peixes, anfíbios, aves e mamíferos.
IV. São animais parasitas pertencentes ao filo Nematoda os ancilóstomos, que provocam o amarelão, e as filárias, causadoras da elefantíase.

São corretas:

a) I, II e III.
b) II, III e IV.
c) I, II e IV.
d) I, III e IV.

3. **NE** (Fesp-PE) Determinados animais constituem tipos de transição entre os invertebrados e os vertebrados. Não possuem esqueleto ósseo e formam notocorda nas fases iniciais do desenvolvimento. Esses animais são:

a) pelecípodes.
b) tetrápodos.
c) quilópodes.
d) peixes.
e) protocordados.

4. **SE** (UFV-MG) Das alternativas abaixo, que característica não é própria dos cordados?

a) notocorda
b) fendas branquiais
c) tubo nervoso ventral
d) presença de boca e ânus
e) simetria bilateral

5. **SE** (Fuvest-SP) No desenvolvimento dos cordados, três caracteres gerais salientam-se, distinguindo-os de outros animais. Assinale a alternativa que inclui esses três caracteres.

a) Notocorda, três folhetos germinativos, tubo nervoso dorsal.
b) Corpo segmentado, tubo digestivo completo, tubo nervoso dorsal.
c) Simetria bilateral, corpo segmentado, notocorda.
d) Simetria bilateral, três folhetos germinativos, notocorda.
e) Tubo nervoso dorsal, notocorda, fendas branquiais na faringe.

6. **SE** (Unicamp-SP) A figura a seguir mostra uma das árvores evolutivas sugeridas para os animais.

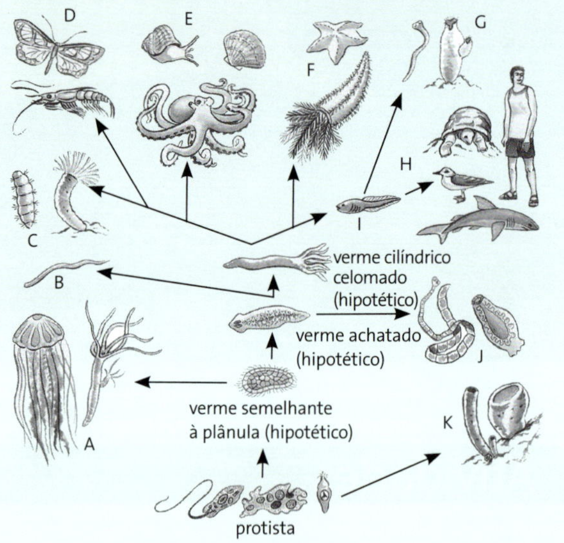


(Adaptada de: ARMS, K. & CAMP, P. S. *Biology*, Saunders, 1987.)

a) Sabendo que os metazoários triploblásticos são divididos em protostomados e deuterostomados, dê o nome de dois filos pertencentes a cada um desses grupos.
b) Na figura, que letra representa cada um dos filos escolhidos por você?
c) Dê uma característica dos protostomados triploblásticos. Como essa característica se apresenta nos deuterostomados?

7. **NE** (UFC-CE) Cite duas características dos anfioxos, pertencentes ao táxon Cephalochordata, que são utilizadas para embasar as relações filogenéticas com os vertebrados. Em que se baseia a denominação do táxon? Diga em qual etapa do desenvolvimento embrionário é reconhecida a característica que denomina o táxon e descreva como essa característica se origina embriologicamente.

CAPÍTULO

# 20 Peixes

Peixes nadando próximo a coral.

> ↘ *Quais são as características típicas dos peixes?*
>
> ↘ *Como eles são classificados?*

# 1 Características gerais dos vertebrados

Com este capítulo iniciamos o estudo dos vertebrados. Esses animais apresentam endoesqueleto ósseo ou de cartilagem, o que, juntamente com outras características, lhes permite atingir um tamanho maior que o dos artrópodes. O esqueleto dos vertebrados confere maior sustentação no ambiente terrestre, possibilitando o aparecimento de animais maiores e mais pesados.

Como o nome do grupo indica, o esqueleto inclui uma coluna vertebral, que sustenta o corpo e protege a medula espinal, além de um crânio, que protege o encéfalo (figura 20.1). No entanto, alguns animais estudados aqui possuem crânio mas não possuem vértebras: é o caso do peixe-bruxa ou feiticeira, como veremos adiante. Por isso, os vertebrados fazem parte de um grupo mais amplo, o **Craniata** (craniados), que reúne os vertebrados e o peixe-bruxa (embora muitas vezes o termo vertebrados seja usado para todos os craniados).

Outra característica dos vertebrados é a presença de uma pele com duas camadas, a epiderme e a derme. Além disso, na maioria dos vertebrados, encontramos anexos embrionários, como o saco vitelínico, presente nos peixes, e o córion, âmnio e alantoide, nos répteis, aves e mamíferos.

Os vertebrados apresentam diversos mecanismos de adaptação às variações de temperatura. As aves e os mamíferos mantêm praticamente constante a temperatura do corpo, apesar das variações térmicas do ambiente; por isso esses animais foram chamados de **homeotérmicos** (*homoios* = o mesmo; *thermos* = calor).

Figura 20.1 O esqueleto de dois vertebrados (rato e peixe) mostrando duas características desse grupo: o crânio e a coluna vertebral.

Além de aumentar ou diminuir a perda de calor pelo corpo de acordo com suas necessidades, as aves e os mamíferos podem usar a energia liberada no metabolismo para regular sua temperatura.

A maioria dos outros animais não possui mecanismos fisiológicos tão eficientes quanto esse dos homeotérmicos. Se a temperatura do ambiente cair muito, o animal pode ficar inativo, pois parte do metabolismo será interrompida. Por isso esses animais foram chamados de **pecilotérmicos**, **poiquilotérmicos** (*poikilos* = variado) ou **heterotérmicos**.

Como veremos adiante, porém, muitos répteis não ficam passivos diante das variações do ambiente. Um lagarto pode aquecer-se ao sol se a temperatura cair ou ir para a sombra se ela aumentar. Isso significa que ele pode, pelo seu comportamento, proteger-se (até certo ponto) das variações de temperatura. Por isso, atualmente, os cientistas preferem classificar os animais em **ectotérmicos** e **endotérmicos**. Os ectotérmicos (*ektos* = de fora), como muitos répteis, são aqueles que se valem do comportamento e de fontes externas de calor (o Sol) para controlar sua temperatura: eles se expõem ao sol quando o tempo está frio e se refugiam na sombra quando está quente. Já os endotérmicos (*endon* = interno), como as aves e os mamíferos, utilizam a energia de seu metabolismo para regular a temperatura corporal.

Vamos estudar os seguintes grupos: **Agnatha** (ágnatos), **Chondrichthyes** (condrictes), **Osteichthyes** (osteíctes), **Amphibia** (anfíbios), **Reptilia** (répteis), **Aves** (aves) e **Mammalia** (mamíferos).

As três primeiras formam o grupo dos peixes, animais aquáticos com fendas faríngeas na fase adulta e que respiram por brânquias. Segundo a sistemática filogenética, porém, *peixes* e *répteis* são termos sem valor taxonômico, uma vez que não se referem a grupos monofiléticos.

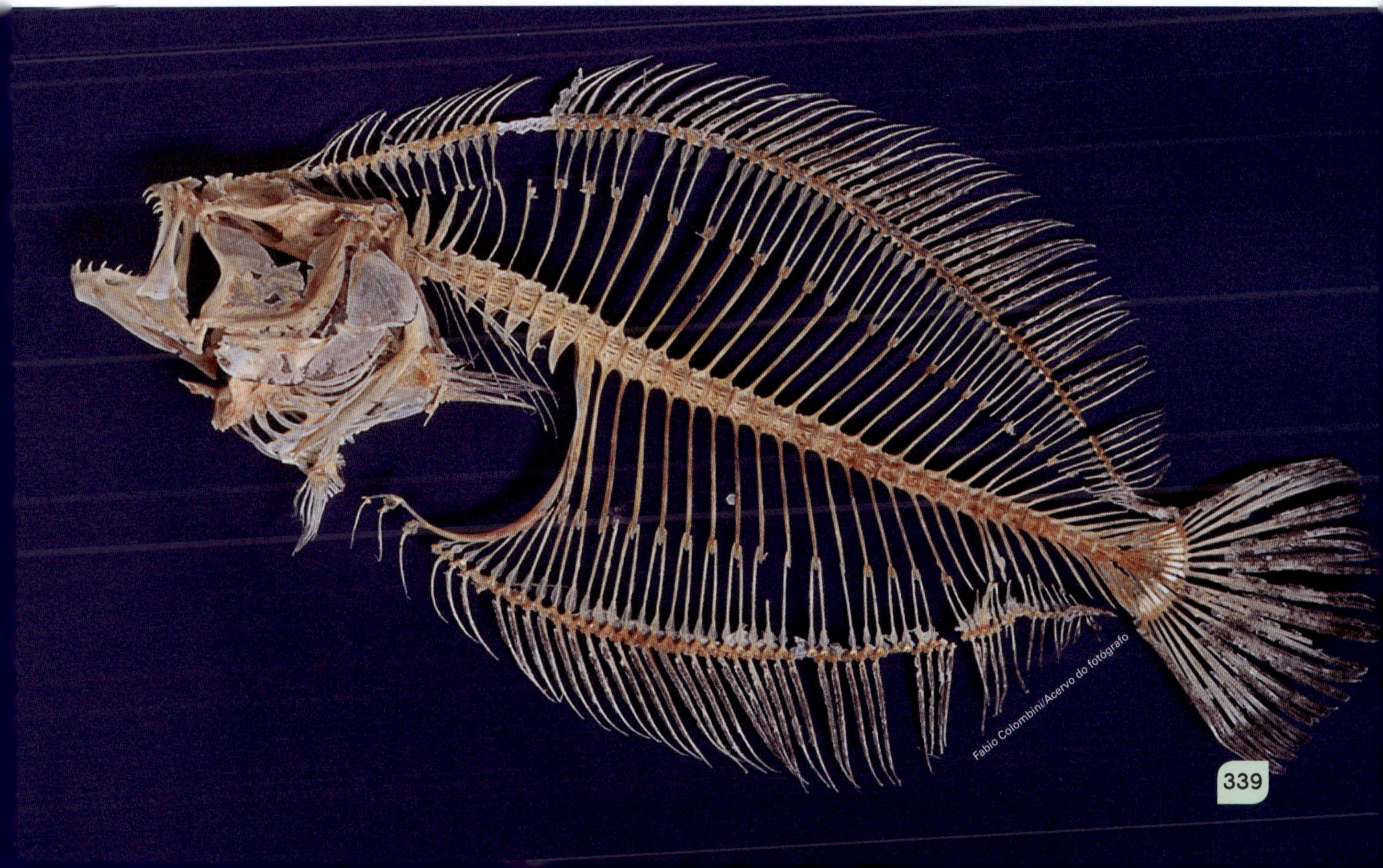

Fabio Colombini/Acervo do fotógrafo

# 2 Ágnatos

São representados pelas feiticeiras, animais exclusivamente marinhos, também conhecidos como peixes-bruxas; e pelas lampreias, que vivem tanto no mar como em água doce (figura 20.2). Destituídos de maxilas (*a* = sem; *gnathos* = mandíbula), os ágnatos possuem uma boca circular sugadora, daí o outro nome do grupo: **Cyclostomata** (ou ciclostomados, *kyklos* = redondo; *stoma* = boca).

Figura 20.2 **A:** Foto de peixe-bruxa ou feiticeira (atinge cerca de 50 cm de comprimento); **B:** lampreia (atinge cerca de 1 m de comprimento) e ilustração da boca do animal mostrando os dentes e a língua (cores fantasia).

Tom McHugh/Photoresearchers/Latinstock

Derek Middleton/Minden/Latinstock

Ingeborg Asbach/Arquivo da editora

Diferentemente dos outros peixes, os ágnatos não possuem escamas nem pares de nadadeiras. As nadadeiras ímpares (dorsal, caudal e anal) são pouco desenvolvidas e o esqueleto é cartilaginoso.

O intestino apresenta dobras, formando uma **válvula espiral**. Essa estrutura, que também está presente nos condrictes, aumenta a superfície de contato com o alimento, e termina no ânus.

A respiração é branquial. Nas lampreias as fendas faríngeas são em número de sete. A água entra pela boca e sai pelas fendas. A circulação é semelhante à dos osteíctes e será estudada mais adiante.

O sistema urinário é como o dos demais peixes, formado por um par de rins, que filtram o sangue, retirando dele as excretas, e de tubos que levam o produto de excreção para a cloaca (ágnatos e condrictes) ou para um poro excretor próximo ao ânus (osteíctes). O controle da quantidade de água e concentração de sais do corpo (osmorregulação) será estudado mais adiante.

O peixe-bruxa mede cerca de 50 cm de comprimento e vive em águas profundas, alimentando-se de peixes vivos ou mortos. É comum fixar-se no corpo de outros peixes e passar a escavá-lo. No Japão é apreciado como alimento, mas sua principal utilidade comercial é a pele, vendida com o nome popular de "couro de enguia" (embora o animal não seja uma enguia). Apesar de ter crânio, o peixe-bruxa não possui vértebras e seu esqueleto é cartilaginoso, como o dos condrictes. Esses animais são hermafroditas, com fecundação cruzada, ovíparas e não apresentam fase larval.

As lampreias também são animais de corpo alongado e podem atingir 1 metro de comprimento. Diferente dos peixes-bruxa, as lampreias apresentam vértebras rudimentares. A boca desses animais funciona como uma ventosa, que a lampreia usa para se fixar no corpo de outros peixes, perfurando a pele com a língua e com os dentes e sugando o sangue e outros tecidos do hospedeiro (é ectoparasita).

A maioria das espécies marinhas de lampreias sobe os rios na época da reprodução. A fecundação é externa: a fêmea lança óvulos em buracos no fundo do rio, e os machos cobrem os óvulos com esperma. Dos ovos sai uma larva chamada **amocete** (semelhante ao anfioxo), que permanece naqueles buracos. Após alguns anos nos rios, a larva volta aos mares, onde completa a metamorfose.

# 3 Condrictes

São animais, principalmente marinhos, representados pelo tubarão, pela raia e pela quimera. Os condrictes apresentam esqueleto de cartilagem calcificada (daí o seu nome: *chondros* = cartilagem; *ichthyes* = peixe).

Como ocorre na maioria dos animais aquáticos, o formato do corpo dos condrictes é alongado e sua forma hidrodinâmica ajuda a diminuir a resistência da água. A água é mais densa que o ar, e, portanto, opõe mais resistência ao movimento. A forma hidrodinâmica facilita o deslocamento no meio aquático.

## Revestimento e sustentação

A epiderme possui glândulas produtoras de muco e escamas (**placoides**) com estrutura parecida com a dos dentes dos vertebrados (por isso elas também são chamadas **dentículos dérmicos**).

A escama possui uma parte externa – o **esmalte** –, de origem epidérmica, e uma interna – a **dentina** –, de origem dérmica. A dentina envolve um canal central – a **polpa** (figura 20.3).

Nos condrictes e na maioria dos vertebrados há um **esqueleto axial**, formado pelo crânio e pela coluna vertebral, e um **esqueleto apendicular**, que sustentam as nadadeiras e, em outros vertebrados, as pernas ou asas. Reveja a figura 20.1.

## Nadadeiras

Enquanto os ágnatos possuem nadadeiras ímpares pouco desenvolvidas, os condrictes apresentam, além das ímpares, nadadeiras pares: as **peitorais** e as **pélvicas** (figura 20.3). Em conjunto, elas proporcionam maior velocidade, mais estabilidade e maior capacidade de subir ou descer na água. A propulsão da natação é dada pelos movimentos da cauda, que apresenta uma nadadeira mais desenvolvida, a nadadeira caudal.

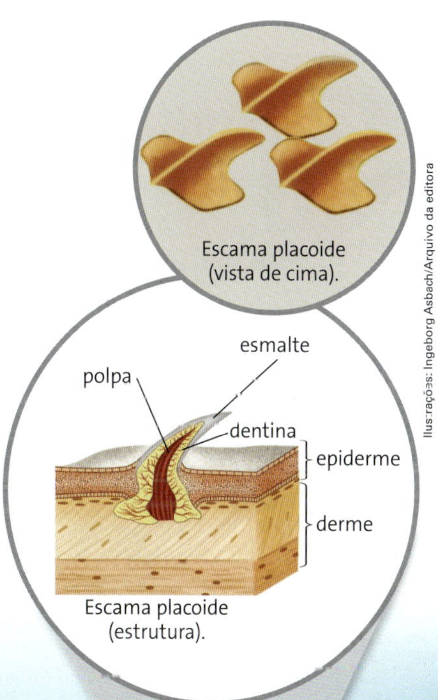

Figura 20.3 Morfologia externa dos condrictes, com detalhes das escamas (os elementos da ilustração não estão na mesma escala; cores fantasia).

# Maxilas

Os condrictes, assim como os osteíctes, os anfíbios, os répteis, as aves e os mamíferos, pertencem ao grupo dos vertebrados **gnatostomados** (*gnathos* = maxila; *stoma* = boca). Isso significa que eles possuem maxilas, formadas por uma peça fixa e outra móvel (mandíbula).

As maxilas, com sua parte móvel, permitem a captura de presas grandes, aumentando a variedade de alimento disponível.

# Nutrição, respiração, circulação e excreção

Nos condrictes a boca é ventral, com maxilas e várias fileiras de dentes pontiagudos, que são escamas modificadas, sendo trocados continuamente: à medida que os anteriores caem, novos se formam na parte de trás (figura 20.4).

Esses peixes apresentam intestino com válvula espiral, pâncreas e fígado. O intestino termina em uma cloaca (figura 20.4).

Possuem de cinco a sete pares de brânquias, visíveis externamente (figura 20.4). À exceção das quimeras, não possuem **opérculo**, uma placa óssea móvel sobre as brânquias (*operculum* = tampa), presente na maioria dos peixes com esqueleto ósseo. Em linhas gerais, a circulação e a excreção assemelham-se às dos ágnatos e osteíctes, como veremos adiante.

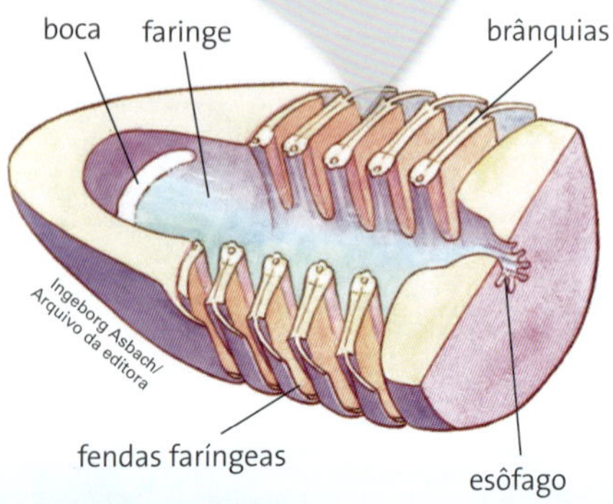


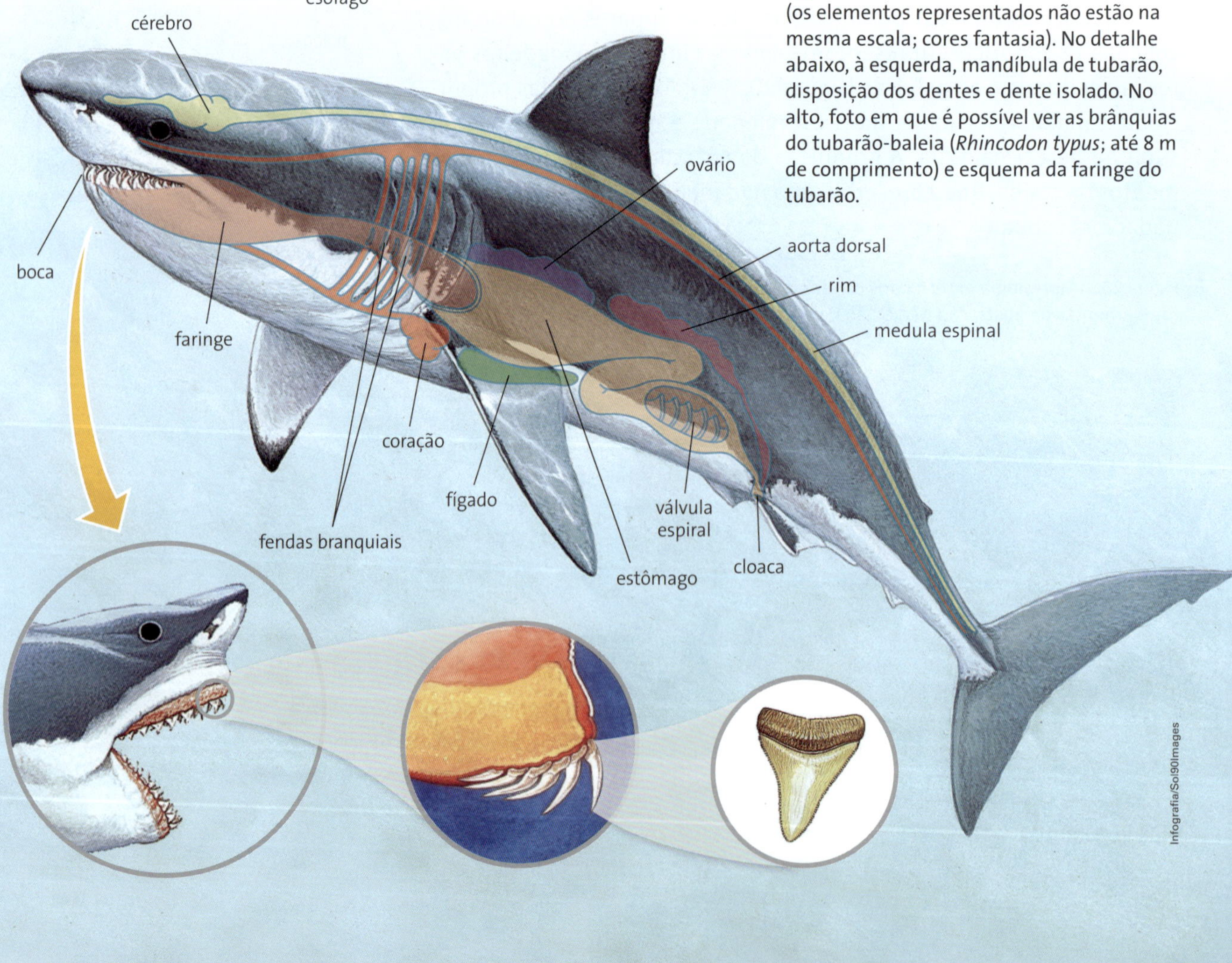


Figura 20.4 Anatomia interna do tubarão (os elementos representados não estão na mesma escala; cores fantasia). No detalhe abaixo, à esquerda, mandíbula de tubarão, disposição dos dentes e dente isolado. No alto, foto em que é possível ver as brânquias do tubarão-baleia (*Rhincodon typus*; até 8 m de comprimento) e esquema da faringe do tubarão.

## Sistema neurossensorial

Os sistemas nervoso e sensorial também são semelhantes aos dos ágnatos. As narinas, sem comunicação com a cavidade bucal, apresentam apenas função olfativa, sem participar do sistema respiratório. Pelas narinas, os condrictes são capazes de perceber substâncias químicas dissolvidas na água; por exemplo, podem detectar a presença de uma gota de sangue dissolvida em cerca de 100 litros de água. A orelha interna (ou ouvido interno na nomenclatura antiga) é sensível a vibrações provocadas por sons na água. Há também órgãos de equilíbrio, que dão informações sobre mudanças na posição do corpo.

Os condrictes, os outros peixes e as larvas de anfíbios possuem a chamada **linha lateral**, um sistema sensorial, formado por canais que se comunicam com o exterior por pequenos poros. Esse órgão capta vibrações provocadas por correntes de água, movimentos de outros peixes e sons de baixa frequência. Desse modo, o animal pode obter informações sobre o seu movimento e o de suas presas.

O sistema nervoso dos peixes, formado pelo encéfalo (protegido pelo crânio) e pela medula espinal (protegida pela coluna vertebral), recebe os estímulos captados pelos órgãos dos sentidos. Ele envia mensagens para os músculos do corpo, levando-os a se contrair. Desse modo, controla as reações do animal aos estímulos.

## Reprodução

Nos peixes condrictes, a fecundação é interna, e as nadadeiras pélvicas do macho são modificadas e formam um órgão copulador chamado **clásper**. A maioria das espécies é ovípara, como as raias e alguns tubarões (figura 20.5), ou ovovivípara (muitos tubarões), mas existem condrictes vivíparos (alguns tubarões). Nestes, forma-se uma espécie de placenta a partir do saco vitelínico do embrião, que se encontra preso ao útero da mãe.

O desenvolvimento dos filhotes é direto.

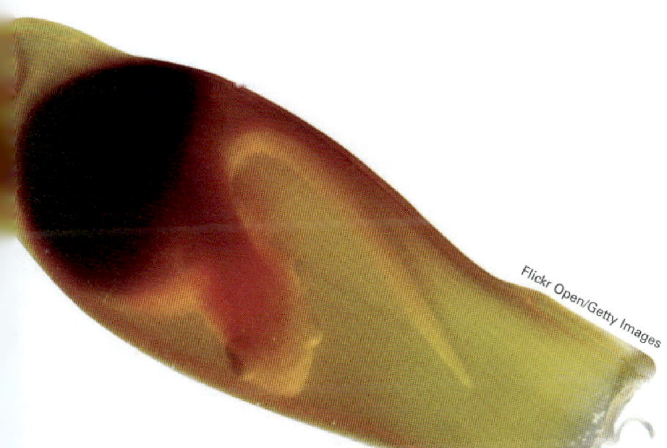

Flickr Open/Getty Images

Fotos: Neil Fletcher/Dorling Kindersley/Getty Images

Figura 20.5 Filhote de espécie ovípara de tubarão saindo do ovo (cerca de 6 cm de comprimento). No primeiro ovo, pode ser visto o saco vitelínico na parte ventral do embrião.

Fabio Colombini/Acervo do fotógrafo

Tubarão-marrom (*Carcharhinus plumbeus*; de 1,3 m a 2 m de comprimento).

# Classificação

Os condrictes podem ser divididos em dois grupos: **Elasmobranchii** (elasmobrânquios), também chamados **Selachii** (seláquios) (*selachos* = peixe cartilaginoso), e **Holocephali** (holocéfalos).

O grupo dos elasmobrânquios (*elasmós* = lâmina), ou seláquios, reúne os tubarões e raias (figura 20.6). Muitas raias (ou arraias) apresentam espinhos com peçonha na cauda e algumas espécies de tubarões, como o tubarão-martelo, o tubarão-cabeça-chata e o tubarão-branco, podem atacar o ser humano.

Fabio Colombini/Acervo do fotógrafo

Tubarão-lixa (Ginglymostoma cirratum; atinge até 4 m de comprimento).

Muitas raias apresentam espinhos com peçonha na cauda (50 cm a 1 m de comprimento).

Norbert Wu/Minden Pictures/Latinstock

Figura 20.6 Alguns condrictes encontrados no litoral brasileiro.

Os holocéfalos (*holos* = todo; *kephalé* = cabeça) são representados pelas quimeras, que vivem em águas profundas (figura 20.7). No animal adulto, a pele não tem escamas e as fendas faríngeas (quatro pares) são cobertas por um opérculo carnoso.

Brandon D. Cole/Corbis/Latinstock

Figura 20.7 Foto de quimera (até 1 m de comprimento).

# 4 Osteíctes

O grupo é bastante variado em formas, cores e tamanho. Alguns têm aspecto bem peculiar, como o cavalo-marinho e a enguia. O poraquê ou peixe-elétrico da Amazônia é capaz de produzir descargas elétricas de até 500 volts, dependendo do seu tamanho. Outros (sardinha, truta, bacalhau, atum, enchova, salmão, namorado, vermelho, etc.) são fonte de alimento para o ser humano.

## Morfologia e fisiologia

A epiderme apresenta glândulas produtoras de muco e escamas dérmicas. O esqueleto predominantemente ósseo dá o nome ao grupo (*osteo* = osso).

Diferentemente das nadadeiras dos condrictes, que são rígidas, as nadadeiras dos osteíctes são mais flexíveis, o que ajuda na mudança de direção e permite manobras mais rápidas. A maior parte do impulso e da velocidade vem dos movimentos laterais da cauda e da nadadeira caudal. As nadadeiras dorsais e a anal dão estabilidade ao corpo. As peitorais e as pélvicas ajudam no equilíbrio, funcionam como freio e colaboram para os movimentos mais precisos (figura 20.8).

Os osteíctes possuem boca anterior, com dentes iguais entre si (na maioria das espécies) e maxilas. Possuem fígado, pâncreas e intestino, geralmente, sem válvula espiral e que termina no ânus e não em uma cloaca. Observe a figura 20.9.

Ilustrações: Ingeborg Asbach/Arquivo da editora

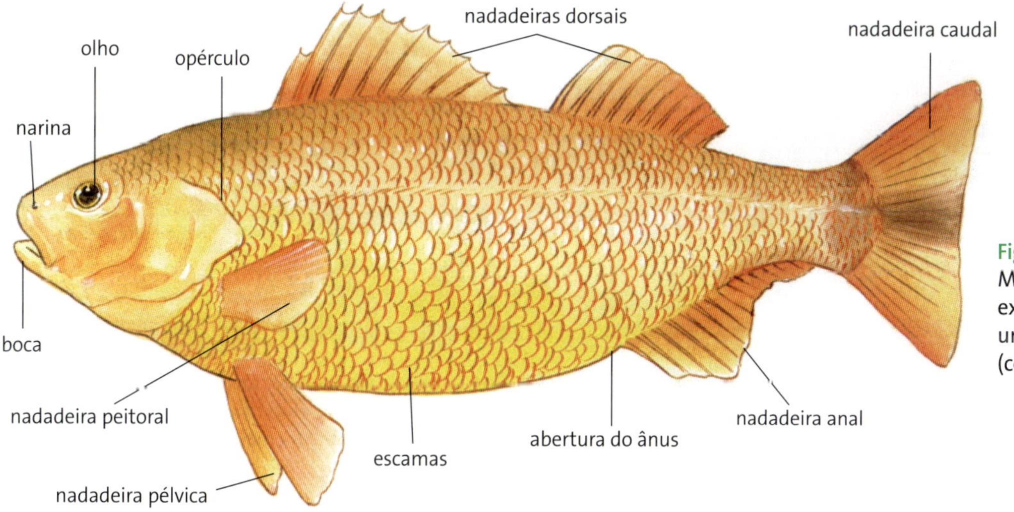


**Figura 20.8** Morfologia externa de um osteícte (cores fantasia).

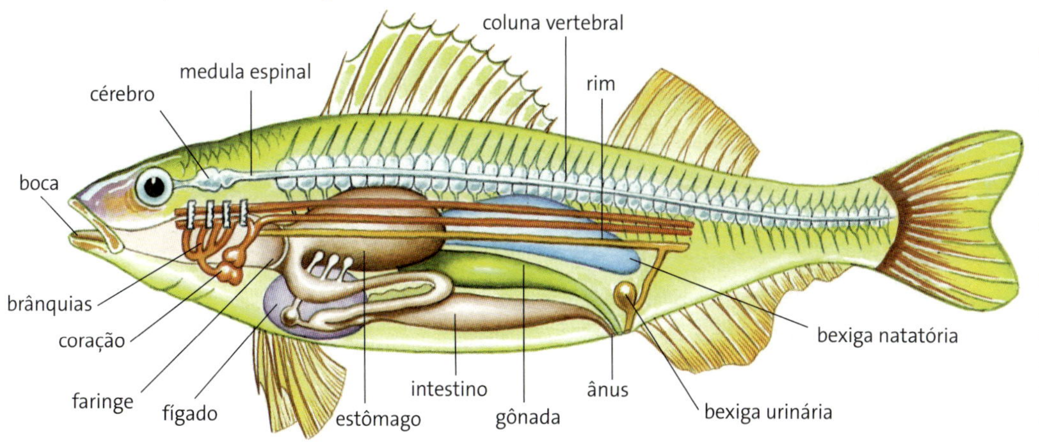


**Figura 20.9** Anatomia interna de um osteícte. A amônia é a principal excreta nitrogenada eliminada pelo sistema urinário. (Os elementos representados não estão exatamente na mesma escala; cores fantasia.)

Há quatro pares, às vezes cinco, de brânquias cobertas por uma estrutura óssea – o opérculo. Essa estrutura, acionada por um músculo, movimenta-se, o que aumenta a eficácia da circulação da água e da troca de gases nas brânquias (figura 20.10).

O coração dos peixes possui duas dilatações principais: um **átrio** e um **ventrículo** (figura 20.11). O sangue com gás carbônico, vindo de todas as partes do corpo, é levado pelas veias para uma pequena antecâmara do átrio: o **seio venoso**. O átrio bombeia o sangue para o ventrículo e este para outra cavidade, o **cone arterial**. Deste, o sangue segue por um vaso, a aorta ventral, que se ramifica e forma os arcos aórticos, que levam o sangue para as brânquias.

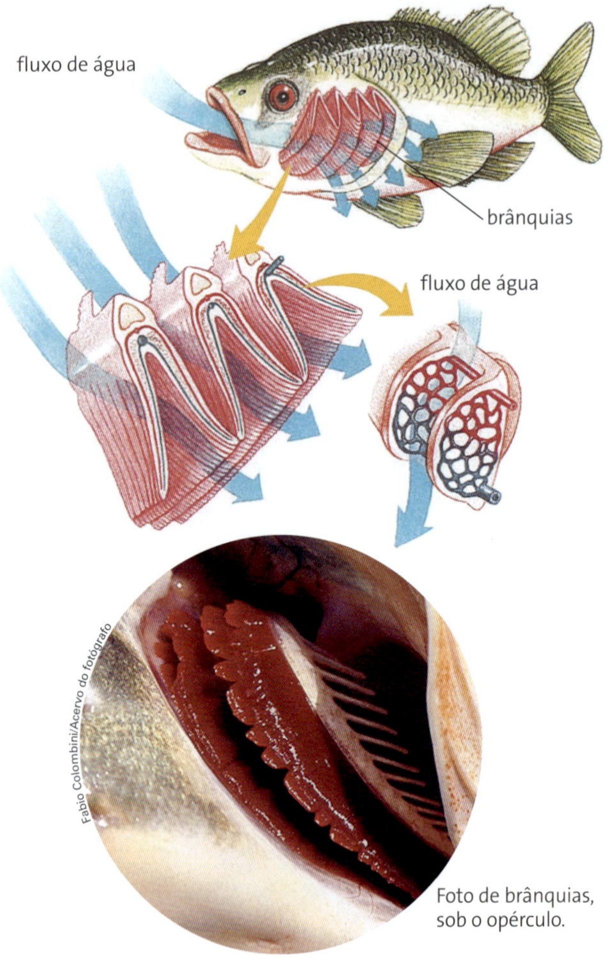


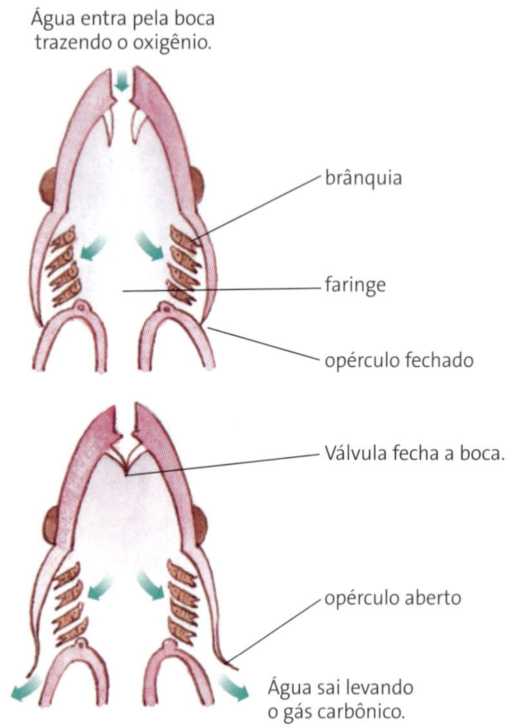


Figura 20.10 Respiração branquial nos osteíctes: a água penetra na boca e passa pelas brânquias, formadas por filamentos sustentados pelos arcos branquiais por onde o sangue circula, recebendo o oxigênio da água e eliminando o gás carbônico. A água com gás carbônico é eliminada através do opérculo. (Os elementos ilustrados não estão na mesma escala; cores fantasia.)

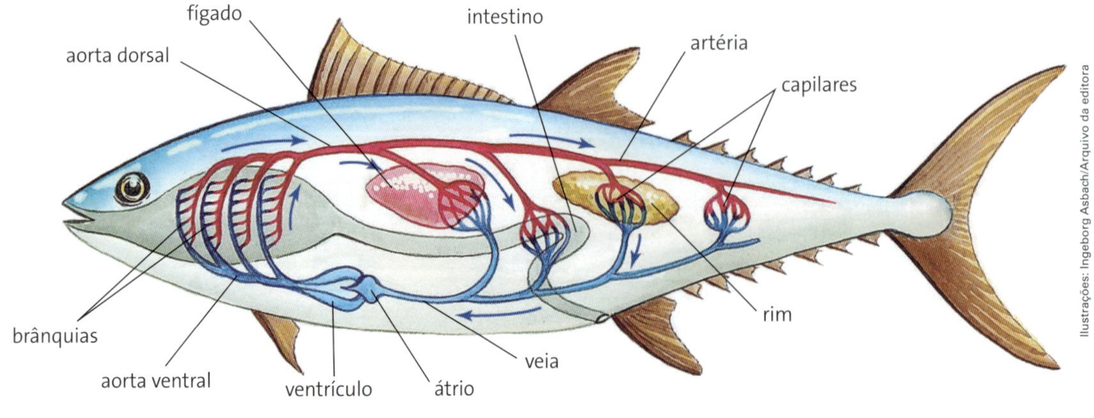


Figura 20.11 Esquema simplificado da circulação dos peixes (os elementos da ilustração não estão na mesma escala; cores fantasia).

Nas brânquias, as artérias ramificam-se nos capilares sanguíneos, onde ocorre a **hematose** (*haîma, atos* = sangue; *ose* = ação): o sangue que chega, rico em gás carbônico e pobre em oxigênio, perde gás carbônico para a água que circula entre as brânquias e recebe dela o oxigênio, transformando-se em sangue oxigenado, que é conduzido pela aorta dorsal para ser distribuído para as diversas partes do corpo.

Dizemos, então, que a circulação nos peixes é **simples** (em um circuito inteiro, o sangue passa apenas uma vez pelo coração) e **completa** (o sangue pobre em oxigênio não se mistura com o rico em oxigênio).

Os rins eliminam amônia como principal excreta nitrogenado. Os excretas nitrogenados são produzidos pela destruição de proteínas, ácidos nucleicos e outras substâncias nitrogenadas originadas da nutrição ou da renovação das células. Embora seja um composto tóxico, a amônia é também muito solúvel em água e pode ser eliminada muito diluída, uma vez que há grande disponibilidade de água para animais que vivem no ambiente aquático. Animais cujo principal excreta nitrogenado é a amônia são chamados **amoniotélicos** (*telos* = fim).

Alguns peixes de água salgada, como o tubarão e a raia, também transformam amônia em ureia, que é acumulada no sangue (são chamados animais ureotélicos). Com isso, eles mantêm a concentração sanguínea próxima à da água do mar, o que impede a perda excessiva de água do corpo por osmose através das brânquias (a água do mar é hipertônica em relação aos líquidos dos seres aquáticos).

Com exceção de algumas espécies que vivem no fundo do mar ou do rio, os osteíctes possuem uma bolsa ou saco de gás (uma mistura de nitrogênio, gás carbônico e oxigênio), chamado **bexiga natatória**, que ajuda na flutuação e permite que o animal mantenha o equilíbrio em diferentes profundidades sem muito esforço muscular (figura 20.12). O volume desse órgão é controlado pela entrada e saída de gases do sangue. A saída dos gases do sangue para a bexiga natatória facilita a subida do animal na água, enquanto o processo inverso ajuda o animal a afundar.

Em alguns peixes (salmão, arenque, enguia), a bexiga natatória está ligada ao tubo digestório por um ducto ou canal que permite ao gás escapar. Esses peixes podem encher a bexiga tomando ar na superfície. Em outros não há essa ligação; neles a bexiga natatória troca gases com o sangue.

Os tubarões não possuem bexiga natatória, mas, como seu fígado acumula muito óleo, o que diminui a densidade do animal (o óleo é menos denso que a água), a flutuação é facilitada.

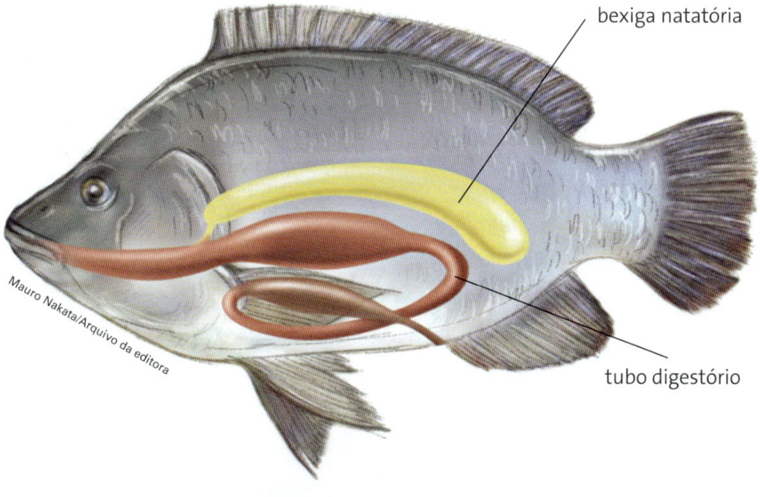


Figura 20.12 Esquema simplificado de bexiga natatória (os elementos da ilustração não estão na mesma escala; cores fantasia).

Figura 20.13 Peixes pulmonados: gêneros *Neoceratodus* (ilustração em cores fantasia, indicando o pulmão; 1,5 m de comprimento), *Lepidosiren* (piramboia; até 1,5 m de comprimento) e *Protopterus* (até 1,8 m de comprimento).

A bexiga natatória surgiu de uma bolsa que funcionava como pulmão primitivo em peixes que viviam em rios e lagos que secavam periodicamente ou em águas estagnadas e, portanto, com baixo teor de oxigênio. Ainda hoje há peixes, pertencentes ao grupo dos **dipnoicos** (*di* = dois; *pneumon* = pulmão) ou **pulmonados**, que usam esse pulmão primitivo para absorver oxigênio do ar. É o caso do peixe australiano do gênero *Neoceratodus*, da piramboia (*Lepidosiren paradoxa* figura 20.13), encontrada na América do Sul, inclusive no Brasil (Amazônia e Mato Grosso), e do peixe africano do gênero *Protopterus*.

Na época das secas, a piramboia escava tocas no leito seco dos rios, respirando apenas através do pulmão (o nome "piramboia" vem da língua tupi *pi'rá*, que significa 'peixe' e *mboy*, 'cobra'). O *Protopterus* pode viver em buracos, em uma espécie de casulo secretado pela epiderme, que impede a desidratação. Assim, ele fica apenas com a boca para fora, através da qual inspira o ar atmosférico; durante o período de seca, ele sobrevive consumindo muito pouco oxigênio, com apenas uma inspiração a cada duas horas.

O sistema neurossensorial é semelhante aos dos condrictes, com narinas, olhos, orelha interna e linha lateral (figura 20.14). Os salmões, por exemplo, dependem do olfato na época da reprodução. Eles nascem num rio, vão para o mar e na época da reprodução voltam ao rio onde nasceram. Localizam o rio principalmente pelo olfato, que lhes permite reconhecer a combinação dos diversos cheiros que se encontram na água do rio original.

Figura 20.14 Robalo (*Centropomus undecimalis*; até 1 m de comprimento) com a linha lateral bem visível.

# Problemas osmóticos no ambiente aquático

A pressão osmótica da água doce é inferior à do sangue dos peixes, o que provoca a entrada de água no sangue por osmose e a perda de sais por difusão através das brânquias. Com isso, nos peixes de água doce haveria tendência de diluição do sangue, o que provocaria ruptura das hemácias (hemólise). Mas isso não ocorre porque esses animais eliminam urina em grande quantidade, e muito diluída, através de muitos glomérulos bem desenvolvidos. A perda de sais por causa da grande produção de urina (a reabsorção no túbulo renal não compensa essa perda) e da difusão pelas brânquias é compensada pela absorção por transporte ativo (com gasto de energia) de sais minerais do ambiente pelas próprias brânquias. Além disso, o animal repõe parte dos sais perdidos no alimento que ingere (figura 20.15).

Situação oposta ocorre nos peixes ósseos marinhos. A pressão da água do mar, rica em sais, é superior à do sangue desses peixes, que perdem água por osmose e ganham sais por difusão através das brânquias. Os rins (com glomérulos reduzidos), embora eliminem pouca urina, não reabsorvem água em quantidade suficiente. Para compensar a perda de água, esses peixes bebem muita água do mar, que é absorvida, com os sais, pelo tubo digestório. O excesso de sais, adquiridos também por meio das brânquias, é eliminado por transporte ativo nas brânquias (figura 20.16).

Nos peixes cartilaginosos marinhos, há acúmulo de ureia no sangue, o que lhes permite manter a concentração interna praticamente igual à da água do mar, resolvendo assim o problema osmótico. O excesso de ureia no sangue desses peixes poderia desnaturar as proteínas, mas a substância óxido de trimetilamina neutraliza esse efeito.

Alguns peixes retiram-se do mar, sobem a correnteza de rios e reproduzem-se na água doce: são os peixes **anádromos** (*ana* = para cima; *dromo* = correr), como algumas lampreias e o salmão. Outros se reproduzem no mar, mas passam a fase adulta na água doce: são os **catádromos** (*cata* = para baixo), cujo exemplo mais representativo é a enguia. O organismo desses animais funciona de forma diferente nos dois ambientes: as brânquias bombeiam sais em direções opostas (conforme o caso), e os rins aumentam ou diminuem o volume da urina.

Ilustrações: Mauro Nakata/Arquivo da editora

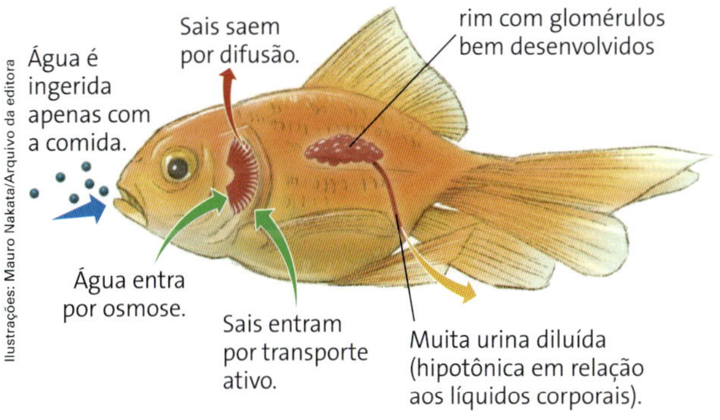


Figura 20.15 Mecanismo que garante o equilíbrio osmótico em peixes de água doce. (Os elementos da ilustração não estão na mesma escala; cores fantasia.)

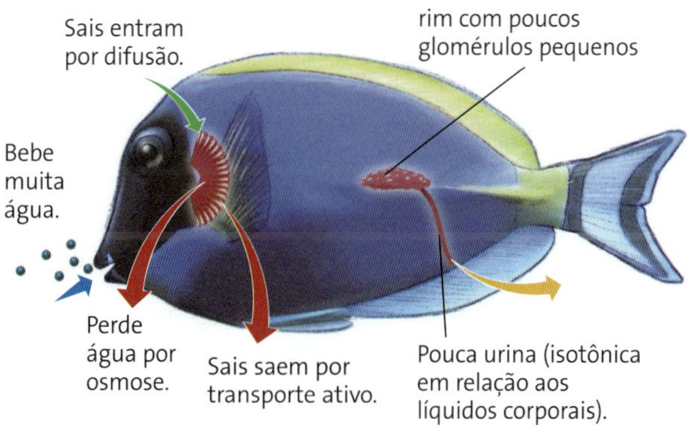


Figura 20.16 Mecanismo que garante o equilíbrio osmótico em peixes ósseos marinhos. (Os elementos da ilustração não estão na mesma escala; cores fantasia.)

## Reprodução

A reprodução é sexuada, com sexos separados (mas algumas espécies são hermafroditas). Na maioria dos osteíctes, as fêmeas e os machos lançam os gametas na água. O encontro do espermatozoide com o óvulo se dá fora do corpo da fêmea (fecundação externa).

Em geral, um grande número de gametas é produzido, porém muitos se perdem na água, sem que haja o encontro entre óvulo e espermatozoide. Além disso, muitos filhotes são devorados assim que se formam.

Também pode ocorrer fecundação interna. Nesse caso, depois da fecundação as fêmeas de algumas espécies lançam o ovo na água com uma reserva de alimento e o embrião se desenvolve fora do corpo da mãe, à custa dessa reserva de alimento: são **ovíparos** (*ovi* = ovo; *parere* = dar à luz). As reservas nutritivas ficam dentro de uma bolsa chamada **vesícula vitelínica** ou **saco vitelínico**, formada a partir dos folhetos embrionários.Em outras espécies, o embrião permanece no corpo da mãe e se alimenta das reservas nutritivas do ovo. Nesse caso, o filhote sai do corpo da mãe completamente formado (**ovovivíparos**). É o caso da maioria dos tubarões e de algumas espécies de osteíctes.

Em alguns casos, o embrião se desenvolve dentro do útero e recebe alimento diretamente do sangue da mãe, por meio de um órgão chamado de placenta. Essas espécies, chamadas de **vivíparas**, são encontradas também entre os tubarões.

Do ovo da maioria dos peixes sai um filhote parecido com o adulto: é o **alevino**. A reprodução da maioria dos peixes apresenta, portanto, desenvolvimento direto.

## Classificação

Os osteíctes podem ser divididos em dois grupos: **Actinopterygii** (actinopterígeos) e **Sarcopterygii** (sarcopterígeos).

Os sarcopterígeos possuem nadadeiras carnosas (*sarkos* = carnoso; *pterygx* = nadadeira), com suporte ósseo no centro da nadadeira, semelhante ao dos vertebrados com pernas, e músculos bem desenvolvidos. São também chamadas nadadeiras lobadas. Em geral são dotados de **coanas** (*choane* = funil) – abertura de comunicação entre a cavidade nasal e a faringe – e pulmão primitivo. Atualmente, o grupo é representado apenas por algumas espécies, que incluem os peixes dipnoicos, como a piramboia (*Lepidosiren paradoxa*) e o *Neoceratodus forsteri* da Austrália, e o celacanto (grupo dos actnístias, gênero *Latimeria*) (figura 20.17).

Peter Scoones/SPL/Latinstock

Figura 20.17 Celacanto (chega a cerca de 1,80 m de comprimento; cores fantasia).

Os actinopterígeos representam a maioria dos peixes. Possuem nadadeiras raiadas (*aktinos* = raio), com um feixe de ossos finos, em forma de leque. São desprovidos de coanas e possuem bexiga natatória (figura 20.18).

Conhecemos hoje mais de 25 mil espécies de peixes. O Brasil é o campeão de biodiversidade de peixes de água doce, com mais de 3 mil espécies diferentes. A pesca sem controle, porém, vem sendo uma ameaça a toda essa diversidade.

Figura 20.18 Alguns actinopterígeos com características interessantes encontrados em águas brasileiras.

Guentermanaus/Shutterstock/Glow Images

Piranha: famoso predador dos rios (mede entre 20 cm e 40 cm de comprimento).

Fabio Colombini/Acervo do fotógrafo

Moreia. O corpo é alongado, semelhante ao de uma cobra (mede de 1 m a 1,5 m de comprimento e ocorre em toda a costa brasileira).

Haroldo Palo Jr./kino.com.br

Poraquê, ou peixe-elétrico (2 m de comprimento), encontrado na Amazônia e em Mato Grosso; suas descargas elétricas paralisam peixes de que se alimenta.

Frederic Pacorel/Getty Images

Peixe-voador (mede de 25 cm a 40 cm de comprimento), com nadadeiras que lhe permitem planar fora da água.

Fabio Colombini/Acervo do fotógrafo

Linguado. O corpo é achatado; vive sobre o fundo, camuflado. Os dois olhos ficam no lado de cima do corpo (de 30 cm a 50 cm de comprimento).

Gregory G. Dimijian/Photoresearchers, Inc./Latinstock

Cavalo-marinho macho com ovos no abdome (até 20 cm de comprimento). A fêmea põe os óvulos em uma bolsa no abdome do macho. Ali eles são fecundados e se desenvolvem.

## 5 Evolução

Os fósseis mais antigos que podem ser considerados ágnatos são os conodontes, que existiram há mais de 540 milhões de anos (figura 20.19). Eles podem ter sido descendentes de animais semelhantes ao pikaia, visto no capítulo anterior. Tinham o corpo alongado e possuíam dentes (*kônos*, cone + *odontos*, dentes), mas não maxilas. Deviam ser predadores marinhos, tendo se extinguido há cerca de 200 milhões de anos.

Os **ostracodermos** representam um grupo extinto de peixes que datam de cerca de 500 milhões de anos (figura 20.19). À semelhança dos ágnatos, esses pequenos peixes (menos de 50 cm de comprimento) eram desprovidos de maxilas. A cabeça e o tórax eram cobertos com uma armadura óssea protetora (*ostracon* = concha; *derma* = pele). Eles foram suplantados pelos **placodermos**, com maxilas (figura 20.19), que possuíam armadura óssea (*plaque* = placas) e alguns, nadadeiras pares. A presença de maxilas possibilitou-lhes atacar outros animais (predação).

*Dunkleosteus*: um dos maiores peixes da época; chegava a medir 9 m.

*Hemicyclaspis* (cerca de 13 cm de comprimento).

*Cladoselache*: media cerca de 1 m.

*Pteraspir* (cerca de 20 cm de comprimento).

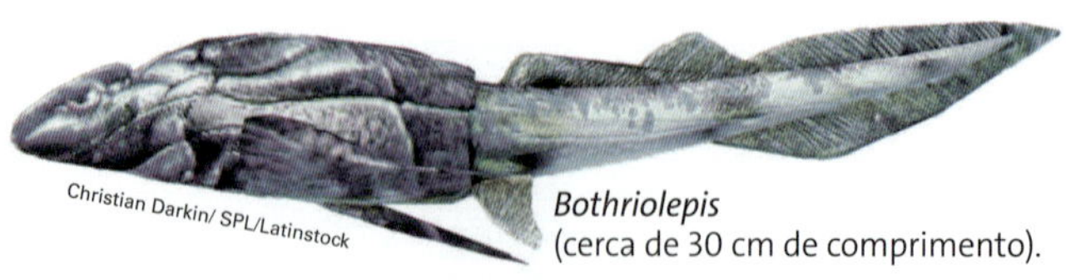


*Bothriolepis* (cerca de 30 cm de comprimento).

Figura 20.19 Alguns representantes dos ostracodermos (gêneros *Hemicyclaspis* e *Pteraspir*) e dos placodermos (gêneros *Dunkleosteus*, *Cladoselache* e *Bothriolepsis*). (Os elementos da figura não estão na mesma escala; cores fantasia.)

Os órgãos dos sentidos, mais complexos, passaram a orientar movimentos mais precisos, realizados por nadadeiras pares. Apareceram, então, os antepassados dos peixes atuais, com maxilas mais desenvolvidas que a dos placodermos e sem a armadura óssea (que, provavelmente, não constituía grande defesa contra as maxilas dos novos predadores), o que diminuiu o peso e facilitou a locomoção.

Os osteíctes originaram-se de peixes dotados de bolsas de gás que funcionavam como pulmões primitivos. Essas bolsas complementavam a respiração branquial e permitiam resistir às estações secas. O grupo que permaneceu com esse pulmão originou os atuais peixes pulmonados. Em um segundo grupo, a bolsa de gás evoluiu para a bexiga natatória.

O período Devoniano (entre 416 milhões e 359 milhões de anos atrás) ficou conhecido como a Era dos Peixes, por causa do grande número de fósseis desses animais. No período seguinte (Carbonífero), os placodermos desapareceram e os peixes de nadadeiras raiadas passaram a dominar. A partir de ancestrais dos atuais sarcopterígeos, surgiriam os primeiros anfíbios, que são também os primeiros vertebrados com quatro pernas, chamados **tetrápodes** (*tetra* = quatro; *podos* = pés), como veremos no capítulo seguinte.

Nas rochas da região do Ceará há muitos fósseis de peixes. Veja a figura 20.20.

Figura 20.20 Fóssil de peixe (*Vinctifer comptoni*) de 110 milhões de anos encontrado na chapada do Araripe (CE) e fóssil de dente (cerca de 12 cm de comprimento) do tubarão *Carcharodon megalodon*, o maior tubarão que já existiu (18 m ou até mais de comprimento) e que viveu entre 20 milhões e 1,6 milhão de anos atrás.

## Atividades

1. Identifique as afirmativas corretas.
   a) Tubarões e raias possuem esqueleto ósseo.
   b) Alguns peixes respiram por pulmões.
   c) As brânquias absorvem o gás oxigênio dissolvido na água e eliminam o gás carbônico do sangue dos peixes.
   d) Na fecundação externa, o encontro do espermatozoide e do óvulo ocorre fora do corpo da fêmea, na água.
   e) Tubarões e raias possuem opérculo.
   f) Os peixes ovíparos apresentam fecundação interna.
   g) Mesmo que a temperatura da água aumente de 4 °C para 24 °C, a temperatura do corpo do peixe não varia.
   h) As lampreias apresentam maxilas.
   i) Condríctes e osteíctes são animais gnatostomados.
   j) Na circulação dos peixes, o sangue rico em oxigênio se mistura com o sangue rico em gás carbônico.
   k) A circulação dos peixes é simples e completa.

2. Observando com atenção a morfologia externa de um peixe ósseo, um estudante identificou uma série de adaptações que tornam mais eficiente o deslocamento desses animais no ambiente em que vivem. Quais podem ter sido as adaptações observadas? Explique.

3. Um estudante afirmou que, se taparmos as narinas dos peixes, eles deixam de respirar e morrem. Você concorda com isso? Justifique sua resposta.

4. O petróleo, o carvão mineral e outros minérios são recursos naturais não renováveis e, mais cedo ou mais tarde, se acabarão. Já os peixes são considerados um recurso natural renovável, pois podem se reproduzir e dar origem a novos peixes, repondo o estoque no ambiente. Isso significa que esse recurso é inesgotável? Justifique sua resposta.

5. Na figura abaixo, podem ser vistos alguns órgãos de um peixe (perca amarela; *Perca flavescens*; 10 a 25 cm de comprimento).

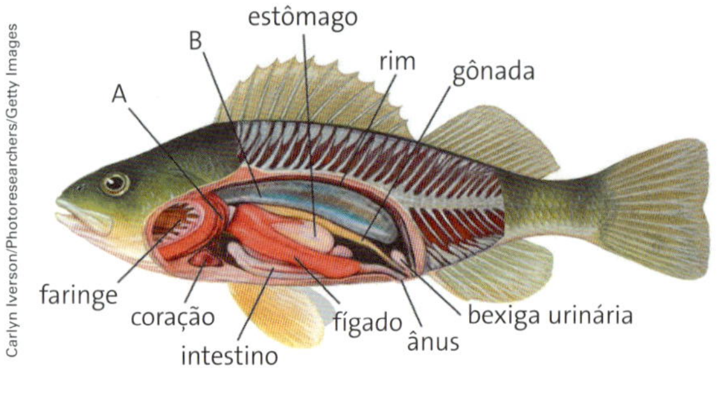


Que órgãos estão indicados pelas letras A e B? Quais as suas funções?

6. Neste capítulo, você aprendeu, entre outras coisas, que: vertebrados têm um crânio; alguns peixes apresentam esqueleto cartilaginoso e outros, ósseo; há peixes com nadadeiras raiadas e outros com nadadeiras musculosas. Com base nessas informações e no cladograma simplificado a seguir, responda:

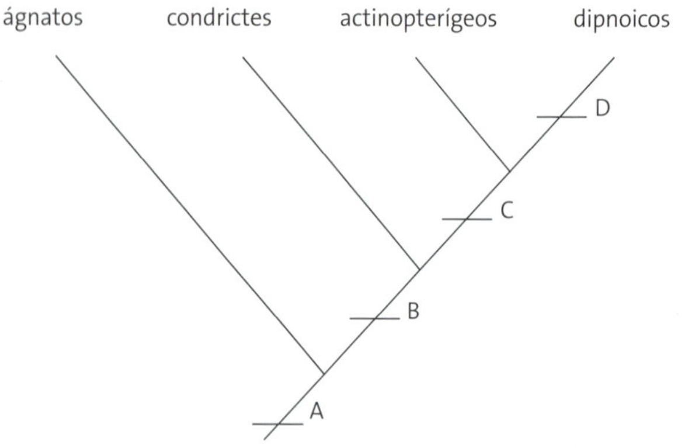


   a) Qual o grupo mais aparentado evolutivamente com os ágnatos?
   b) Estabeleça a correspondência correta entre as letras que aparecem no cladograma e as seguintes características:
      • maxilas;
      • presença de bexiga natatória ou de pulmão;
      • crânio;
      • nadadeiras musculosas.
   c) Qual a função da bexiga natatória?
   d) Que grupos do esquema correspondem aos osteíctes?
   e) Quais os representantes atuais dos ágnatos? E dos condrictes?

7. Peixes com fecundação externa produzem, em geral, um maior número de gametas do que peixes com fecundação interna. Com base no que você já aprendeu sobre adaptações das espécies ao ambiente, explique a provável causa dessa diferença entre os dois grupos.

8. Em alguns casos, a pesca é feita com imensas redes de arrasto, que pegam peixes pequenos demais para o comércio. Esses peixes acabam morrendo esmagados na própria rede ou no convés dos navios antes de serem devolvidos ao mar. Alguns países proíbem o uso de redes com malhas muito finas na pesca. Qual é a razão dessa proibição?

9. Muitos peixes apresentam a parte dorsal escura e a ventral, clara. Por que isso constitui uma boa camuflagem no ambiente aquático? (Imagine-se no fundo da água olhando para cima e na parte de cima olhando para baixo.)

10. Tubarões não possuem bexiga natatória, mas seu fígado acumula muito óleo. Que vantagem isso lhe traz?

# Pensando no Enem

A pesca não predatória pressupõe que cada peixe retirado de seu *habitat* já tenha procriado pelo menos uma vez. Para algumas espécies, isso ocorre depois dos peixes apresentarem a máxima variação anual de seu peso.

O controle de pesca no Pantanal é feito com base no peso de cada espécie.

A tabela fornece o peso do pacu, uma dessas espécies, em cada ano.

| **Idade** (anos) | 1 | 2 | 3 | 4 | 5 | 6 | 7 | 8 | 9 | 10 | 11 | 12 | 13 |
|---|---|---|---|---|---|---|---|---|---|---|---|---|---|
| **Peso** (kg) | 1,1 | 1,7 | 2,6 | 3,9 | 5,1 | 6,1 | 7 | 7,8 | 8,5 | 8,9 | 9,1 | 9,3 | 9,4 |

Considerando esses dados, a pesca do pacu deve ser autorizada para espécimes com peso de, no mínimo,

a) 4 kg.
b) 5 kg.
c) 7 kg.
d) 9 kg.
e) 11 kg.

### Resolução

Esta questão, apesar de estar relacionada às Ciências da Natureza, engloba outras áreas de conhecimento. A pergunta avalia a capacidade de interpretação do texto e da tabela apresentadas no enunciado, além de conhecimentos básicos de matemática.

O enunciado apresenta informações sobre a norma para a pesca não predatória: o peixe precisa ter atingido a maturidade sexual e deve ter procriado pelo menos uma vez antes de sua pesca ser autorizada. A maturidade sexual é presumida pelo peso do animal.

Uma informação muito importante do enunciado é que para muitos peixes o cálculo do peso mínimo para pesca se dá pela máxima variação anual de seu peso.

### Interpretação da tabela

A questão apresenta o pacu como exemplo, fornecendo uma tabela com o peso do peixe por ano de vida.

Na linha superior da tabela está apresentada a idade do animal em anos; na linha inferior estão relacionados os valores de peso do animal, em kg, para cada idade citada. Por exemplo, o peixe com 1 ano apresenta 1,1kg; o peixe com 6 anos apresenta 6,1 kg; o peixe com 10 anos apresenta 8,9kg, e assim por diante.

### O problema

Após a apresentação de todos os dados, é feita a pergunta: qual seria o peso mínimo do pacu para que sua pesca seja permitida?

O aluno deve considerar a informação importante apresentada no próprio enunciado da questão, de que o pacu é uma das espécies que apresentam a máxima variação anual de peso como indicativo de já ter procriado pelo menos uma vez. Essa variação é obtida pela diferença do peso de um ano pelo ano anterior.

Por exemplo, a diferença entre o peso do 2º ano para o 1º ano: 1,7 kg – 1,1 kg = 0,6 kg.

Este cálculo deve ser feito para todos os anos:

2º – 1º ano = 0,6 kg

3º – 2º ano = 0,9 kg

4º – 3º ano = 1,3 kg

5º – 4º ano = 1,2 kg

6º – 5º ano = 1 kg

7º – 6º ano = 0,9 kg

8º – 7º ano = 0,8 kg

9º – 8º ano = 0,7 kg

10º – 9º ano = 0,2 kg

11º – 10º ano = 0,2 kg

12º – 11º ano = 0,2 kg

13º – 12º ano = 0,1 kg

A máxima variação anual de peso do pacu se dá no 4º ano, portanto o peso mínimo para a pesca do pacu é de 4 kg.

Resposta **A**.

# Vestibulares de Norte a Sul

1. **S** (UCS-RS) Existe um grande número de espécies de peixe adaptadas a diferentes ambientes aquáticos.

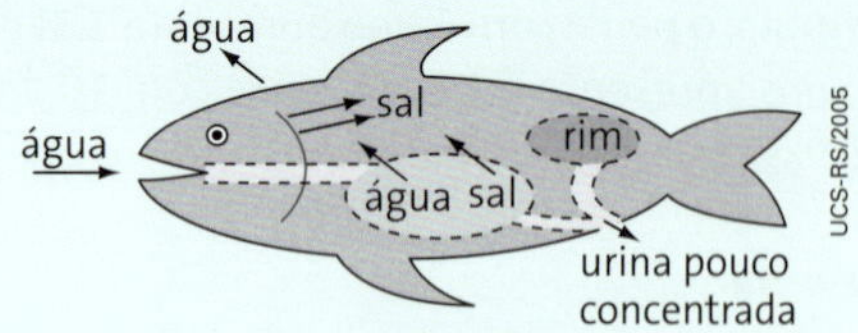


O esquema anterior representa um peixe:

a) marinho, cujo organismo perde água constantemente, porque a concentração salina da água do mar é igual à da água no organismo do peixe, e o excesso de sal é eliminado por difusão.
b) de água doce, em cujo organismo a concentração salina é maior que a da água do ambiente, por isso há eliminação do excesso de sal por transporte ativo.
c) de água doce, em cujo organismo a concentração salina é igual à da água do ambiente, não ocorrendo eliminação de sal.
d) de água doce, em cujo organismo a concentração salina é maior que a da água do ambiente, e o excesso de sal é eliminado por difusão.
e) marinho, cujo organismo perde água constantemente, porque a concentração de sal da água do mar é maior do que a concentração de sal da água presente no organismo do peixe, e o excesso de sal é eliminado por transporte ativo.

2. **SE** (PUC-MG) O esquema a seguir representa a regulação osmótica em peixes ósseos marinhos e dulcícolas. Analisando o esquema, assinale a opção correta.

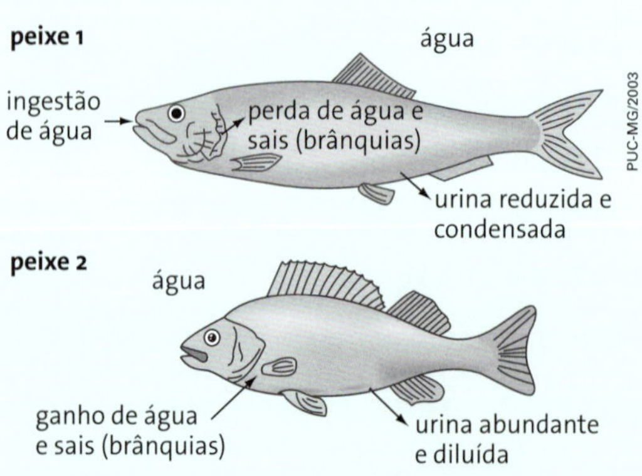


a) O peixe 1 é marinho, e o peixe 2 é dulcícola.
b) O peixe 1 busca a isotonia, e o peixe 2 se encontra em isotonia.
c) A ingestão de água acontece nos dois casos para a diluição do sangue.
d) Os rins excretam a mesma quantidade de sais nos dois peixes.

3. **NE** (UFPE) Os tubarões são animais condrictes que pertencem ao grupo Elasmobranchii. Todas as características abaixo são observadas em tubarões, exceto:

a) boca em posição ventral.
b) olfato muito desenvolvido.
c) narinas terminando em fundo cego, sem comunicação com a faringe.
d) presença de bexiga natatória.
e) apresentação de dimorfismo sexual.

4. **SE** (Uerj) Como consequência dos mecanismos que regulam a pressão osmótica dos peixes marinhos, os peixes ósseos precisam beber água do mar, enquanto os cartilaginosos não.

O gráfico a seguir mostra a osmolaridade do plasma sanguíneo de peixes marinhos, em relação à da água do mar.

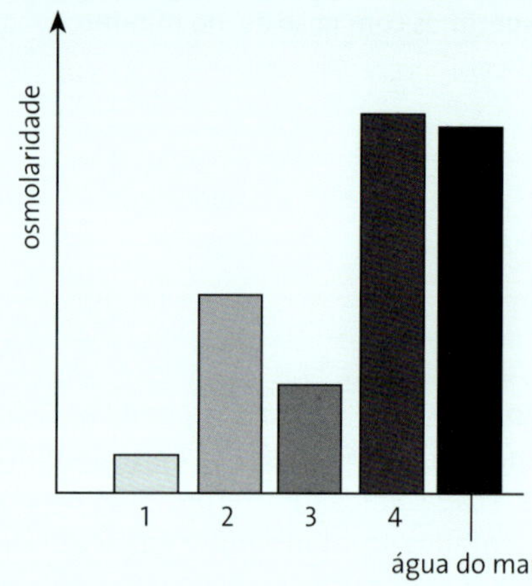


A coluna do gráfico que representa a osmolaridade do plasma dos elasmobrânquios e a substância orgânica importante para a manutenção da pressão osmótica nesses animais estão indicadas em:

a) 1 – ácido úrico
b) 2 – glicina
c) 3 – glicose
d) 4 – ureia

5. **SE** (UFJF-MG) A respeito dos peixes, será correto afirmar que:

a) a sua larva denomina-se, primeiramente, girino e, posteriormente, alevino.
b) neles, a medula raquiana ou espinal forma-se a partir da notocorda.
c) todas as espécies são dotadas de brânquias.
d) nas espécies ditas pulmonadas, a bexiga natatória exerce a função de pulmão, sendo o único órgão respiratório desses animais.
e) existem espécies de reprodução sexuada e espécies de reprodução assexuada.

6. **SE** (Vunesp-SP) No para-choque de um caminhão, estava escrita a frase:

Vunesp/2012

Atrás do caminhão vinha um ônibus escolar e os alunos, além de se divertirem com a frase, fizeram os seguintes comentários:

Pedrinho: – A frase está errada, pois o cavalo-marinho não se faz passar por peixe. Ele é um peixe.

Marcos: – Sim, mas nem tudo está tão errado assim. Afinal, sendo cordados, cavalos e peixes possuem fendas branquiais em alguma etapa de seu desenvolvimento.

João: – É verdade. Porém só nisso se assemelham, pois os cavalos, como os demais mamíferos, têm sistema nervoso dorsal, enquanto que no peixe é lateral.

Flávia: – Vocês todos estão errados, pois os cavalos-marinhos não são peixes, mas sim crustáceos, como o camarão, a lagosta e o caranguejo.

Rafael: – É isso mesmo! Crustáceos, com todas as características típicas desse grupo de artrópodes, incluindo cauda articulada e exoesqueleto.

Paulo: – O Rafael só errou em uma coisa: os crustáceos não são artrópodes. Os insetos é que o são.

Gilmar: – Nem peixes, nem crustáceos. São mamíferos aquáticos, ou não se chamariam cavalos-marinhos.

Pode-se dizer que estão corretos

a) Pedrinho, Marcos e João, apenas.
b) Pedrinho e Marcos, apenas.
c) Flávia e Rafael, apenas.
d) Flávia e Paulo, apenas.
e) Gilmar, apenas.

7. **CO** (UFMS) Quando compramos um peixe ósseo na feira ou no mercado, recomenda-se observar o estado de conservação das brânquias, pois se elas estiverem vermelhas e brilhantes significa que o peixe está em bom estado para ser consumido. Para que as brânquias sejam observadas facilmente pelo comprador é necessário

a) levantar as placas orais do peixe.
b) abrir as fendas branquiais do peixe.
c) remover a bexiga natatória do peixe.
d) levantar o opérculo do peixe.
e) fazer um corte longitudinal no pedúnculo caudal do peixe.

8. **S** (UFPR) Em abril de 2010, pescadores do litoral paranaense capturaram um tubarão de aproximadamente 300 kg e 3 m de comprimento, segundo informação de testemunhas. O fato foi noticiado nos blogs de surfistas e até filmado. O tubarão nadava na arrebentação, tipo de ocorrência extremamente raro, próximo ao local onde tradicionalmente os surfistas pegam onda, no pico de Matinhos. Apesar da lamentável morte do animal, a causa mais plausível de sua aparição nessas águas pode ser:

a) a presença de grande densidade de predadores da espécie em alto-mar e a busca de refúgio em águas rasas.
b) a sobre-exploração dos recursos pesqueiros, obrigando a espécie a encontrar alimento em locais mais rasos.
c) as mudanças nas correntes marinhas provocadas pela diminuição da camada de ozônio.
d) o efeito estufa, que aquece os oceanos e obriga a espécie a procurar a água fria em ambientes rasos.
e) a presença de esgoto doméstico lançado ao mar pelos balneários, que facilita a oferta de alimento para o tubarão.

9. **NE** (UPE) Quando se fazem referências a peixes, erroneamente se pode achar que a única diferença encontrada entre eles é o *habitat*, uma vez que alguns habitam águas doces e outros, águas salgadas. No entanto, são muitas as características que os diferenciam. Observe as afirmativas a seguir:

I. O peixe-bruxa é um representante atual de peixes primitivos, que, por não possuírem mandíbulas, não podem se alimentar de presas maiores nem mastigar partes duras dessas presas.
II. O tubarão representa uma classe de peixes, o qual possui um esqueleto firme, porém adaptável, denominado cartilaginoso, e nadadeiras articuladas de amplo movimento.
III. Os peixes ósseos primitivos desenvolveram bolsas de gás, que suplementaram a ação das brânquias e aperfeiçoaram o controle da flutuação, encontradas, atualmente, apenas nos peixes pulmonados.
IV. Descendentes de peixes com nadadeiras articuladas, tornaram-se, com o tempo, mais adaptados à vida na terra, o que deu origem aos tetrápodes.

Estão corretas, apenas,

a) I e II.
b) II e III.
c) I e IV.
d) II e IV.
e) III e IV.

10. **CO** (UFG-GO) Os cardumes deslocam-se sincronizadamente na água, sem colisões entre os peixes. Esse fato deve-se à presença de

a) cóclea.
b) glândulas mucosas.
c) opérculo.
d) fosseta loreal.
e) linha lateral.

11. **SE** (UFJF-MG) Os vertebrados aquáticos podem ser divididos em três grupos, que apresentam particularidades biológicas. As informações a seguir referem-se a características de cada um desses grupos.

I. Esqueleto ósseo; brânquias protegidas por opérculos; fecundação geralmente externa e desenvolvimento com fase larval.
II. Corpo alongado, cilíndrico, desprovido de escamas; pele recoberta por muco; boca que funciona como uma ventosa.
III. Esqueleto cartilaginoso; presença de espiráculos; fecundação interna e desenvolvimento sem fase larval.

Escolha a alternativa que apresenta exemplos de animais com as características das afirmativas I, II e III, **respectivamente**.

a) Tubarão, bagre e lampreia.
b) Sardinha, raia e lampreia.
c) Atum, lambari e raia.
d) Raia, lampreia e lambari.
e) Bacalhau, lampreia e tubarão.

12. **SE** (Vunesp-SP) Há pouco mais de 400 milhões de anos, alguns peixes tropicais começaram a desenvolver uma estratégia respiratória (respiração aérea) que se tornou uma vantagem evolutiva para a ocupação de águas com baixa concentração natural de oxigênio, como as dos rios da Amazônia. Recentemente, um dos problemas que têm preocupado os ambientalistas é o derramamento acidental de petróleo em rios da Amazônia, com a formação de uma película de óleo sobre a superfície dos rios. Estudos realizados por pesquisadores brasileiros demonstraram que algumas espécies de peixe podem ser mais afetadas por esse tipo de acidente ambiental. (Adaptado de: *Revista Pesquisa Fapesp*, n. 87, 2003.) Tendo como referência o texto, responda:

a) Qual é a estrutura presente em alguns peixes que possibilita a respiração aérea? Cite uma segunda função dessa estrutura.
b) Comparando os peixes pirarucu (*Araipama gigas*, que tem respiração aérea obrigatória) e boari (*Mesonauta insignis*, que retira todo o seu oxigênio da água), qual dos dois seria mais imediatamente afetado pelo derramamento de petróleo nos rios? Por quê?

13. **SE** (Vunesp-SP) "Cientistas ingleses disseram ter descoberto os restos de um dos primeiros tubarões. Os fósseis encontrados datam de 25 milhões de anos antes do que se acreditava. A impressão, a partir dos achados, é que os tubarões dessa época não tinham mandíbulas." (*O Estado de S. Paulo*, 17/2/1998. p. A-12.)

a) Qual é o grupo de vertebrados que não possuía mandíbulas e que, provavelmente, antecedeu aos peixes? Cite um exemplo de animal desse grupo.
b) Qual a grande vantagem da aquisição de mandíbula pelos peixes?

14. **SE** (UFRJ) Os peixes apresentam grande variedade de adaptações a modos de vida diferentes no ambiente marinho. Entre os peixes carnívoros existem aqueles adaptados à captura de presas graças ao nado rápido (grupo 1), e outros que capturam suas presas permanecendo imóveis e dissimulados sobre o substrato em águas rasas (grupo 2). Na tabela estão apresentados os valores da proporção superfície branquial/massa corporal de quatro espécies de peixes. Admitindo que no ambiente onde vivem essas espécies não existe variação significativa na disponibilidade de oxigênio, determine quais as espécies que pertencem ao grupo 1 e ao grupo 2. Justifique sua resposta.

| Espécie | Superfície branquial/massa corporal |
|---|---|
| A | 2 551 |
| B | 51 |
| C | 127 |
| D | 1 725 |

15. **SE** (Unicamp-SP) Os vertebrados apresentam apenas endoesqueleto, enquanto os invertebrados podem apresentar exoesqueleto ou endoesqueleto.

a) Dê um exemplo de invertebrado com endoesqueleto e outro com exoesqueleto. Indique em cada caso a função e o principal componente químico do esqueleto.
b) Que grupo de vertebrados possui esqueleto inteiramente cartilaginoso?

16. **SE** (Fuvest-SP) Dê quatro caracteres que distinguem os peixes cartilaginosos dos ósseos.

CAPÍTULO

# 21 Anfíbios

Espécie arborícola *Agalychnis callidryas* (fêmeas têm cerca de 7 cm; machos são um pouco menores).

## ↘ Quais as principais características dos anfíbios?

## ↘ Que adaptações eles possuem para a vida terrestre?

# 1 Características gerais

A colonização do ambiente terrestre pelos vertebrados só foi possível graças a uma série de adaptações à vida fora da água. O contato direto com o ar tem como primeiro risco a desidratação. Isso significa que a superfície do corpo deve ser impermeável ou mantida sempre úmida, e os órgãos respiratórios (pulmões) devem ficar no interior do corpo, protegidos contra a perda de água (figura 21.1).

Até mesmo a composição química da urina resulta de uma adaptação contra a perda de água (figura 21.1). Como vimos, muitos peixes eliminam amônia, composto muito tóxico que precisa ser diluído em muita água. Essa necessidade seria perigosa para um animal terrestre, que não dispõe de tanta água. O problema é resolvido pela eliminação de substâncias menos tóxicas, como a ureia (anfíbios) e o ácido úrico (répteis), cuja diluição não precisa ser tão grande.

Outro problema da vida terrestre é que o ar não fornece tanta sustentação ao corpo como a água. Assim, esqueletos e músculos mais fortes e pernas em vez de nadadeiras são mais algumas transformações provocadas pela seleção natural no corpo dos vertebrados terrestres (figura 21.1). Anfíbios, répteis, aves e mamíferos são **tetrápodes** ou **tetrápodos**, isto é, possuem quatro pernas (ou descendem de animais com quatro pernas).

A transmissão de informações para os órgãos dos sentidos também é diferente no ar e na água. Por exemplo, o som não se propaga com tanta facilidade no ar como na água; portanto, os vertebrados terrestres devem ter um órgão sensorial auditivo com estruturas capazes de amplificar o som.

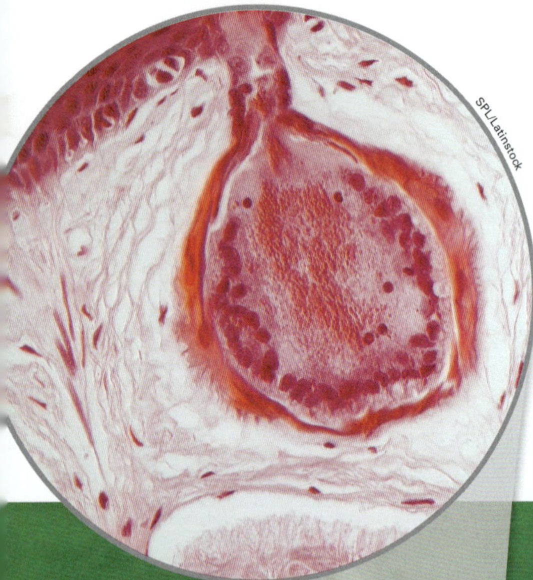

Figura 21.1 Adaptações dos anfíbios ao ambiente terrestre. Esses animais, no entanto, ainda dependem muito da água. No detalhe, glândula secretora de muco presente na pele de um sapo (microscópio óptico, com uso de corantes; aumento de cerca de 100 vezes).

Os anfíbios foram os primeiros vertebrados a ocupar o ambiente terrestre, principalmente graças à presença de pulmões e de dois pares de pernas. Entretanto, ainda são dependentes da água (daí o nome do grupo: *amphi* = dos dois lados; *bios* = vida), sobretudo em relação à reprodução, com a formação de uma larva, chamada **girino** (*gyrinus* = embrião de rã) no caso dos sapos, das rãs e das pererecas.

Entre os representantes dos anfíbios (figura 21.2) estão sapos, rãs e pererecas (geralmente terrestres); salamandras (terrestres ou de água doce); cecílias ou cobras-cegas (encontradas em solos úmidos).

O Brasil é um dos países mais ricos do mundo em número de espécies de anfíbios, com mais de 700 espécies descritas, das cerca de 6 mil conhecidas no mundo. A maioria dessas espécies vive na mata Atlântica e no cerrado e várias estão ameaçadas de extinção por causa da destruição de seus *habitat*.

Além do desequilíbrio ecológico, a perda da biodiversidade reduz também a chance de descoberta de medicamentos e outros produtos que poderiam trazer benefícios para os seres humanos.

A carne de rã tem alto teor proteico e pouco colesterol. A maior parte das espécies criadas para consumo pertence ao gênero *Rana*. Além de poderem servir de alimento para o ser humano, as rãs são importantes para a medicina, pois do veneno de algumas espécies podem ser extraídos medicamentos. A diminuição das populações de espécies de anfíbios pode causar desequilíbrios ambientais principalmente porque esses animais se alimentam de insetos e servem de alimento para animais maiores, como répteis, aves e mamíferos.

Figura 21.2 Exemplos de anfíbios.

Matt Jeppson/Shutterstock/Glow Images

Salamandra-tigre (15 cm a 20 cm de comprimento).

Cecília (atinge até 40 cm de comprimento).

Fabio Colombini/Acervo do fotógrafo

Sapo-ponta-de-flecha (entre 1,6 cm e 2 cm de comprimento).

Dirk Ercken/shutterstock/Glow Images

# 2 Morfologia e fisiologia

A pele dos anfíbios possui uma camada de queratina muito fina, que não fornece boa proteção contra a desidratação; e não possui, em geral, escamas. Além de ser fina e permeável, a pele dos anfíbios se mantém úmida pela ação de muitas glândulas mucosas. Essas características são importantes para permitir as trocas gasosas que ocorrem entre os vasos sanguíneos que irrigam a pele e o ar.

Os primeiros vertebrados terrestres conseguiram sobreviver no novo ambiente especialmente por causa do fortalecimento da coluna vertebral e do desenvolvimento dos ossos e músculos. As pernas são sustentadas por um esqueleto e permitem a muitos anfíbios dar longos saltos. Fora da água, esses membros sustentam e deslocam o corpo de uma forma que não seria possível com nadadeiras (figura 21.3).

Fotos: Fabio Colombini/Acervo do fotógrafo

Figura 21.3 Compare o esqueleto de um sapo (cerca de 4 cm de comprimento) com o de um peixe (cerca de 5 cm de comprimento). Observe, no sapo, a presença de membros locomotores que facilitam o deslocamento fora da água.

## Aprofunde seus conhecimentos

### Anfíbios venenosos

Os sapinhos-ponta-de-flecha são anfíbios encontrados nas Américas do Sul e Central (figura 21.4). Esse nome vem do uso que os índios de uma tribo da Colômbia faziam dos venenos da pele desses animais nas pontas de suas flechas, durante as caçadas. O cozimento destrói o veneno e permite que os índios se alimentem dos pássaros e pequenos mamíferos mortos pelas flechas.

Esses anfíbios possuem cores vivas e a maioria pertence aos gêneros *Dendrobates* e *Phyllobates*. As cores vivas funcionam como coloração de advertência ou aposemática (*após* = afastado; *sema* = sinal): elas sinalizam que eles são venenosos ou têm gosto ruim. Com isso, os predadores passam a evitá-los.

As propriedades medicamentosas dos venenos dessas espécies vêm sendo estudadas por causa dos seus efeitos analgésicos, anticonvulsivos e cardiotônicos (estimulantes do coração).

Fotos: Fivespots/Shutterstock/Glow Images

Figura 21.4 Anfíbios venenosos (gênero *Dendrobates*; 2,5 cm a 5 cm de comprimento).

## Nutrição e respiração

Alguns anfíbios não possuem dentes; outros, têm dentes muito pequenos no maxilar superior e no céu da boca (figura 21.5), que não são usados para mastigar, mas para segurar a presa, que é engolida inteira.

A cavidade nasal comunica-se com a bucal através de coanas, o que permite a entrada de ar mesmo com a boca fechada.

Os anfíbios são carnívoros. Alimentam-se de caracóis, lesmas, minhocas e outros invertebrados. Algumas espécies capturam a presa lançando para fora da boca a língua longa e viscosa (figura 21.5). O tubo digestório apresenta fígado, pâncreas e vesícula biliar, e termina na cloaca.

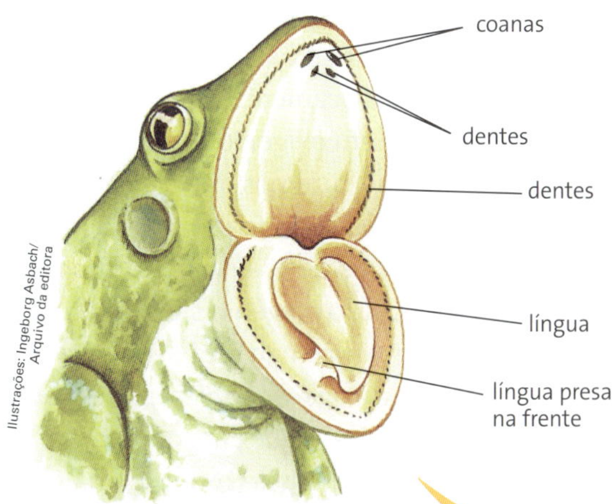

Figura 21.5 A língua de alguns anfíbios está adaptada para pegar insetos e outras presas pequenas. Os dentes têm função apenas de prender o alimento, mas nem todos os anfíbios os possuem (cores fantasia). Na foto, anfíbio (*Bufo japonicus*; 8 cm a 17 cm de comprimento) capturando inseto com a língua.

As larvas respiram por brânquias e pela pele. Em algumas salamandras, as brânquias persistem no adulto (figura 21.6), mas na maioria dos anfíbios adultos a respiração é pulmonar e cutânea. O ar é bombeado por contrações de músculos no assoalho da boca. Por causa da pequena superfície dos pulmões, a respiração cutânea pode ser mais importante que a pulmonar. Por isso na pele não pode haver uma cobertura eficiente contra o ressecamento, e a maioria dos anfíbios não pode se afastar muito da água ou de ambientes úmidos (algumas espécies apresentam adaptações que lhes permitem viver em ambientes mais secos). Muitos usam também a mucosa bucal para a respiração.

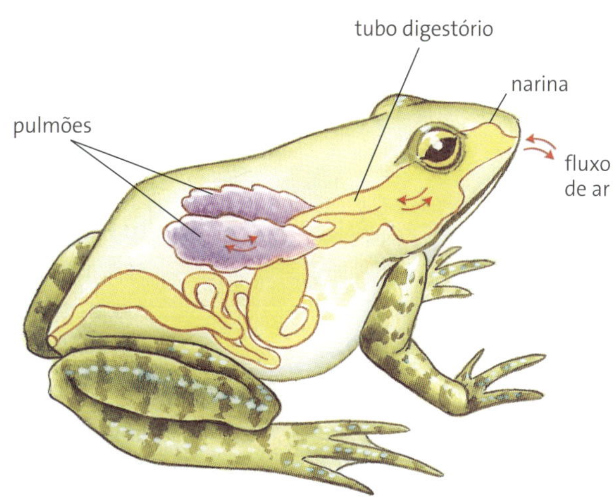


Figura 21.6 Respiração dos anfíbios adultos através dos pulmões e da pele (cores fantasia).

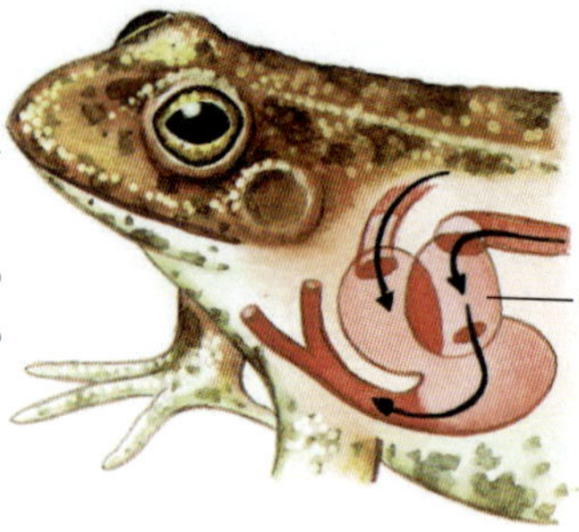


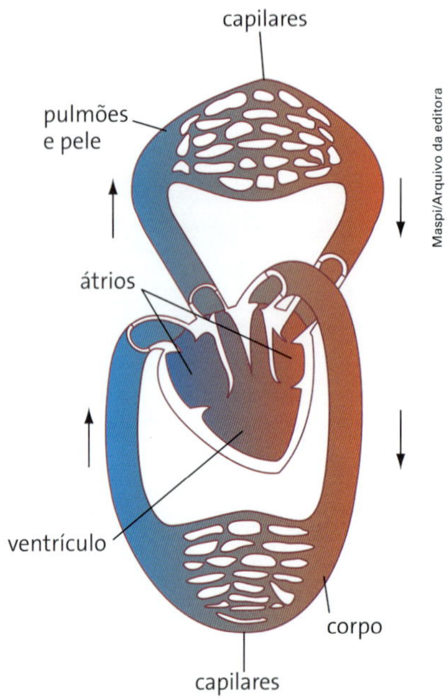


Figura 21.7 Esquemas simplificados do coração e da circulação dos anfíbios (em vermelho, sangue rico em oxigênio; em azul, sangue pobre em oxigênio). (Os elementos da ilustração não estão na mesma escala; cores fantasia.)

## Circulação, excreção e coordenação

Os anfíbios possuem coração com três cavidades: dois átrios e um ventrículo. A circulação é **dupla**. Isso significa que a cada ciclo o sangue passa duas vezes pelo coração: há uma circulação pulmonar e uma circulação sistêmica. A circulação pulmonar envia para os pulmões sangue pobre em oxigênio e a circulação sistêmica fornece sangue rico em oxigênio ao corpo. O sangue com pouco oxigênio chega ao átrio direito e o oxigenado, ao átrio esquerdo. Ambos seguem para o ventrículo e são bombeados para o corpo e para os pulmões (figura 21.7). Enquanto nos peixes o sangue é impulsionado pelo coração apenas uma vez (quando vai em direção às brânquias), nos anfíbios tanto o sangue que vai para o pulmão como o que vai para o corpo são impulsionados pelo coração. Esse sistema é mais eficiente para suprir um consumo maior de oxigênio, necessário para o deslocamento na terra. Há uma mistura muito pequena de sangue rico em oxigênio com sangue pobre em oxigênio no ventrículo e, por isso, dizemos que a circulação é **incompleta**. A presença de dobras musculares e de uma válvula diminui muito essa mistura, fazendo com que a maior parte do sangue oxigenado siga para o corpo e o com pouco oxigênio siga para o pulmão e a pele. Nos períodos em que o pulmão não está ativo (quando o animal está submerso, por exemplo), a oxigenação do sangue ocorre apenas na pele e não é vantajoso bombear sangue para os pulmões. O sangue que chega pelas veias que drenam a pele contém uma taxa mais alta de oxigênio. Nesse caso, o sangue que chega ao coração é direcionado para o corpo.

As larvas dos anfíbios eliminam amônia, já que, por se desenvolverem em ambiente aquático, contam com boa disponibilidade de água para diluir essa substância. Já os adultos, como vimos, eliminam ureia (são **ureotélicos**), que, por ser menos tóxica, necessita de menor quantidade de água para ser eliminada.

O sistema nervoso segue o plano geral dos vertebrados. Como os peixes, os anfíbios possuem dez pares de nervos cranianos. Apresentam epitélios olfativos nas narinas, botões gustativos na boca e sensibilidade tátil ao longo do corpo. Os olhos dos adultos possuem pálpebras e glândulas lacrimais, o que constitui uma adaptação à vida terrestre, pois protegem e evitam o ressecamento ocular. A visão é capaz de perceber apenas objetos em movimento e está adaptada para captar os movimentos rápidos de suas presas. O sistema de linha lateral, que capta vibrações sonoras na água, está presente na larva e nos adultos aquáticos.

Além da **orelha interna** (ouvido interno, pela terminologia antiga, que está presente também nos peixes), responsável pela audição e pelo equilíbrio, há uma **orelha média** (ouvido médio), formada por um osso (**columela)** que liga uma membrana situada na superfície do corpo (**tímpano**) à orelha interna. Essa estrutura amplia as ondas sonoras.

## 3 Reprodução

Alguns anfíbios coaxam, isto é, produzem sons amplificados pelo saco vocal do macho (figura 21.8). O coaxar varia de acordo com a espécie e, na época da reprodução, a fêmea é atraída pelo coaxar do macho de sua própria espécie.

Em geral, a fecundação é externa. Os sapos e as rãs machos atraem as fêmeas com o coaxar (a frequência do som caracteriza cada espécie) e se acasalam à beira da água. O macho abraça a fêmea e, à medida que ela elimina os óvulos, lança seus espermatozoides. Do ovo forma-se o girino, uma larva com cauda, sem pernas e de respiração branquial, que evolui para o estado adulto por metamorfose, ocorrendo a regressão da cauda e das brânquias, o desenvolvimento das pernas e dos pulmões, o encurtamento do intestino, o alargamento da boca e o aparecimento da língua e das pálpebras (figura 21.9). Por ter fecundação externa, a reprodução dos anfíbios depende da água. No entanto, há também espécies (algumas cecílias) ovíparas e vivíparas, com fecundação interna e desenvolvimento direto.

Fabio Colombini/Acervo do fotógrafo

Figura 21.8 Sapo coaxando (cerca de 10 cm de comprimento).

Figura 21.9 Metamorfose da rã-touro (*Lithobates catesbeianus*).

Fotos: Fabio Colombini/Acervo do fotógrafo

Aparecem os membros anteriores (cerca de 9 cm de comprimento).

A cauda regride (cerca de 10 cm de comprimento).

Adulto (10 cm a 20 cm de comprimento, em média).

Aparecem os membros posteriores (cerca de 3,5 cm de comprimento).

Ovos de rã-touro (cerca de 1 mm de diâmetro).

O macho abraça a fêmea, que, por sua vez, solta óvulos na água. Parte desses óvulos será fecundada pelos espermatozoides liberados pelos machos.

Kenneth H. Thomas/Photoresearchers, Inc./Latinstock

Girino (cerca de 2,5 cm de comprimento).

## 4 Classificação

Os anfíbios dividem-se em três ordens: **Anura** (anuros), **Urodela** ou **Caudata** (urodelos ou caudados) e **Gymnophiona** ou **Apoda** (gimnofionos ou ápodes).

Os anuros (*an* = sem; *ourás* = cauda) estão representados pelos sapos, rãs e pererecas (figura 21.10). Possuem pernas, mas são desprovidos de cauda. Na coluna vertebral há dez vértebras, e os olhos recebem a proteção de pálpebras. A maioria é terrestre, e existe um gênero (*Hyla*) arborícola. É possível encontrar algumas formas vivendo permanentemente na água. Muitos possuem glândulas produtoras de veneno na pele. Nos sapos há as **glândulas paratoides** ou **parotoides**, que se abrem nos lados da cabeça, atrás dos olhos, e liberam veneno quando comprimidas. Se algum predador tentar engolir o sapo, a pressão na pele faz esguichar uma substância leitosa que irrita a boca do predador, e este solta o animal ainda vivo.

A maioria dos anuros mede de 2 a 12 centímetros de comprimento, mas algumas espécies encontradas na África podem atingir até 1 metro.

No Brasil, o sapo mais comum é o sapo-cururu, mas são encontrados também o sapo-boi, o sapo-intanha e muitas outras espécies, pois as regiões tropicais em geral, com seu ambiente quente e úmido, são um paraíso para os anuros (figura 21.10).

Figura 21.10 Alguns exemplos de anuros.

Perereca (cerca de 10 cm de comprimento).

Sapo-cururu (14 cm a 18 cm de comprimento).

Rã (10 cm a 20 cm de comprimento) comendo minhoca.

Fotos: Fabio Colombini/Acervo do fotógrafo

**Biologia e cotidiano**

### Sapos, rãs e pererecas

Os termos *sapo*, *rã* e *perereca* não têm valor taxonômico, ou seja, não são usados pela ciência para classificar os anfíbios.

Em geral, são chamados de rãs aqueles anfíbios que apresentam pele mais lisa e úmida e passam a maior parte do tempo na água. As longas pernas posteriores são adaptadas para o salto ou para a natação (possuem membrana entre os dedos).

Os anfíbios conhecidos como sapos têm a pele mais grossa e rugosa, passam mais tempo fora da água, e suas pernas posteriores são menores que as das rãs (dão saltos mais curtos).

As pererecas têm ventosas na ponta dos dedos, que as ajudam a subir em árvores; passam mais tempo na terra. Na língua indígena tupi-guarani, perereca significa "andar aos saltos".

Os anfíbios ápodes (*a* = sem; *podos* = pé) são representados pelas cecílias (figura 21.11). Seu corpo é alongado e possui até duzentas vértebras. Não possuem pernas nem cinturas peitoral e pélvica. Como a cloaca se abre um pouco antes do final do corpo, os ápodes apresentam cauda curta. Os olhos encontram-se atrofiados e recobertos por pele; geralmente possuem vestígios de escamas mergulhadas na pele.

Os urodelos estão representados pelas salamandras e pelos tritões (figura 21.12). Possuem pernas e cauda. A larva e alguns adultos apresentam dentes nos dois maxilares. As espécies terrestres são dotadas de pálpebras; as aquáticas, não. Em certas salamandras terrestres, a fecundação é interna; outras voltam para a água na época da reprodução.

Em algumas salamandras do gênero *Ambystoma*, a larva, chamada **axolote** ou **axolotle** (em um dialeto asteca, o termo significa "monstro aquático"), não termina a metamorfose e forma um indivíduo sexualmente maduro, mas com características larvares (figura 21.13).

Esse fenômeno é conhecido como **neotenia** (*neos* = novo; *tenein* = estender-se) ou **pedomorfose** (*país, dos* = criança; *morphe* = forma) e ocorre pela ausência de tiroxina no organismo, o que é comprovado pelo fato de se conseguir metamorfose completa quando esse hormônio é fornecido à larva. A falta de iodo (necessário para a formação de tiroxina) nas regiões do norte do México, onde a salamandra é encontrada, pode ter selecionado larvas neotênicas, capazes de se reproduzir. Em outros casos, é possível que a neotenia tenha sido uma adaptação que garantiu a permanência da salamandra na água em regiões onde a vida na terra é difícil (locais muito frios, por exemplo).

**Figura 21.11** Cecília ou cobra-cega (20 cm a 40 cm de comprimento).

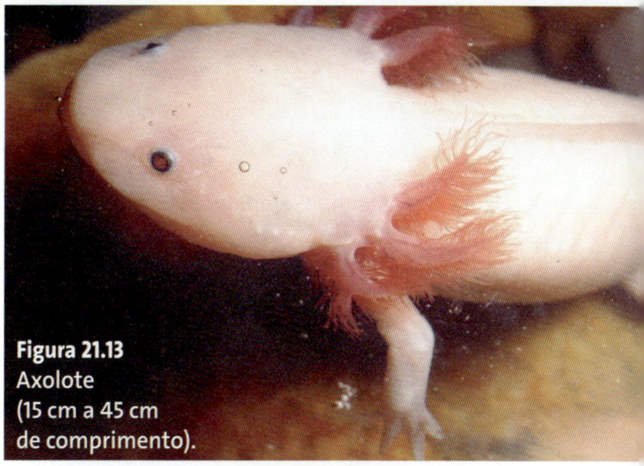

**Figura 21.13** Axolote (15 cm a 45 cm de comprimento).

Fotos: Fabio Colombini/Acervo do fotógrafo

Figura 21.12 Urodelos.

Salamandra (14 cm a 25 cm de comprimento).

Ivan Sazima/Reflexo

Tritão (10 cm a 16 cm de comprimento).

Derek Middleton/Minden Pictures/Latinstock

## 5 Evolução

Entre 385 e 365 milhões de anos atrás, peixes com nadadeiras musculosas e uma estrutura óssea semelhante à das pernas dos vertebrados terrestres deram origem a uma linhagem de vertebrados com uma estrutura óssea que poderia ser usada para locomover-se no ambiente terrestre. Essa transição está documentada por muitos fósseis, do *Panderichthys*, um peixe, até os primeiros tetrápodes, como o *Acanthostega* (figura 21.14). Em 2004 foram encontrados fósseis de um animal, o *Tiktaalik roseae*, de 375 milhões de anos, com essas características (figura 21.14). O comprimento total de seu corpo variava entre 0,9 m e 1,8 m e seu esqueleto sugere que estaria adaptado para viver em águas rasas (no dialeto esquimó da região onde foi achado o fóssil, *Tiktaalik* denomina um tipo de peixe grande que vive em águas rasas).

O *Tiktaalik* possuía brânquias, escamas e nadadeiras, mas também tinha características de anfíbios, com narinas e olhos no topo do crânio, em vez de nas laterais da cabeça, e um pescoço. As nadadeiras eram bem robustas, com uma disposição de ossos semelhante à dos membros dos anfíbios.

Figura 21.14 Alguns exemplos de anfíbios. Reconstituição artística de três fósseis da transição entre ancestrais de peixes e anfíbios e cladograma com os nomes de alguns desses fósseis. (Os elementos da ilustração não estão na mesma escala; cores fantasia.)

Victor Habbick Visions/SPL/Latinstock

*Tiktaalik* (0,9 m a 1,80 m de comprimento).

Christian Jegou Publiphoto Diffusion/SPL/Latinstock

Um dos primeiros anfíbios (gênero *Acanthostega*; cerca de 50 cm de comprimento), há cerca de 365 milhões de anos.

Walter Myers/SPL/Latinstock

Paisagem da Terra há cerca de 350 milhões de anos, com um animal do gênero *Ichthyostega* (cerca de 1,5 m de comprimento), que tinha quatro pernas, nadadeira caudal e escamas no corpo.

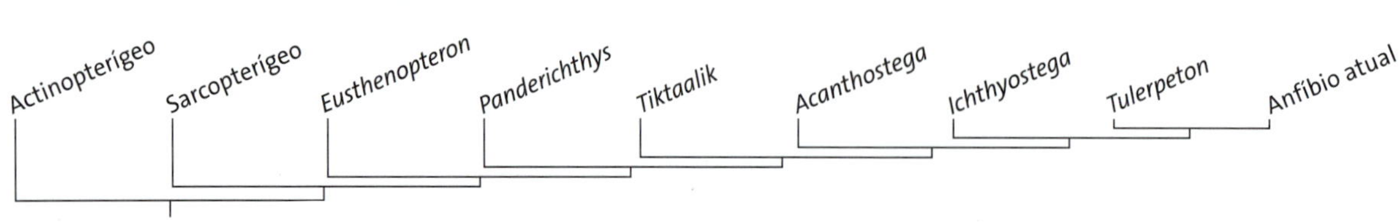

# Atividades

1. Cite duas características (adaptações) que ajudaram os primeiros anfíbios a se deslocar e respirar fora da água.

2. Por que a maioria dos anfíbios vive perto da água ou em lugares úmidos? Cite dois motivos.

3. Assinale as afirmativas corretas sobre os anfíbios:

   a) Possuem pele seca, rica em queratina, e impermeável.
   b) Os adultos têm respiração pulmonar e cutânea e a larva, respiração branquial e cutânea.
   c) Geralmente dependem da água para reprodução.
   d) Os ovos da maioria dos anfíbios têm uma casca protetora, que permite o desenvolvimento fora da água.
   e) O sapo sofre metamorfose; nessa passagem, desenvolvem-se pernas no lugar das nadadeiras.
   f) Na metamorfose do sapo há substituição de brânquias por pulmões.
   g) A maioria dos anfíbios vive bem em ambientes úmidos.
   h) A salamandra é um anfíbio do grupo dos anuros, e o sapo e a rã são anfíbios do grupo dos urodelos.
   i) A larva dos anuros é chamada de girino.
   j) Muitos sapos capturam a presa lançando para fora da boca uma língua longa e pegajosa.
   k) A fecundação na maioria dos anfíbios é interna.
   l) A pele dos anfíbios é lisa e com glândulas mucosas.
   m) O coração apresenta três cavidades, e a circulação é dupla e incompleta.
   n) Os anfíbios devem ter surgido de peixes com pulmões bem simples e nadadeiras lobadas (musculosas).

4. Observe os anfíbios das fotos a seguir. Que tipo de defesa contra predadores eles apresentam? Justifique suas hipóteses.

Fotos: Fabio Colombini/Acervo do fotógrafo

Sapo-de-chifre (*Proceratophrys* sp.; entre 2 cm e 4 cm de comprimento) no solo da mata Atlântica.

*Dendrobates azureus* (entre 2,5 cm e 6 cm de comprimento), na Amazônia.

5. Um estudante comparou o modo de vida de anfíbios e briófitas (musgos) e concluiu que há algumas semelhanças entre os grupos. Que semelhanças ele pode ter encontrado que justifiquem essa conclusão?

6. Os anfíbios de regiões mais secas passam boa parte do tempo enterrados no solo. Justifique esse comportamento, considerando algumas das principais características corporais desses animais.

7. Anfíbios, ao contrário dos peixes, têm pálpebras e glândulas lacrimais. Qual é a importância dessas estruturas para esse grupo de vertebrados?

8. Em lugares onde o inverno é muito rigoroso, algumas rãs hibernam até a primavera, enterradas em buracos feitos por elas no fundo das lagoas. Embora reduzam bastante seu metabolismo, ainda necessitam de algum oxigênio para se manterem vivas. Como elas retiram do ambiente o oxigênio de que necessitam, se seus pulmões ficam inativos?

9. Estudos recentes demonstraram que muitos anfíbios de hábitos terrestres "bebem" água pela barriga! Eles esticam os membros traseiros e encostam a parte ventral do corpo em superfícies cobertas de água. Que característica dos anfíbios permite que eles absorvam água desse modo?

10. A foto a seguir mostra uma membrana entre os dedos de uma rã. Qual é a função dessa membrana?

Fabio Colombini/Acervo do fotógrafo

11. Entre as enzimas digestivas dos anfíbios está a quitinase. O que ela digere e que vantagem traz para o anfíbio?

12. Nos últimos anos o número de anfíbios tem diminuído bastante. Entre as causas dessa diminuição estão o ataque de um tipo de fungo e a poluição e a destruição de seus ambientes naturais. Que tipo de desequilíbrio ecológico a extinção de anfíbios pode causar?

# Vestibulares de Norte a Sul

1. **SE** (Fuvest-SP) O gráfico a seguir apresenta medidas da excreção de substâncias nitrogenadas durante a metamorfose de certa espécie de sapos.

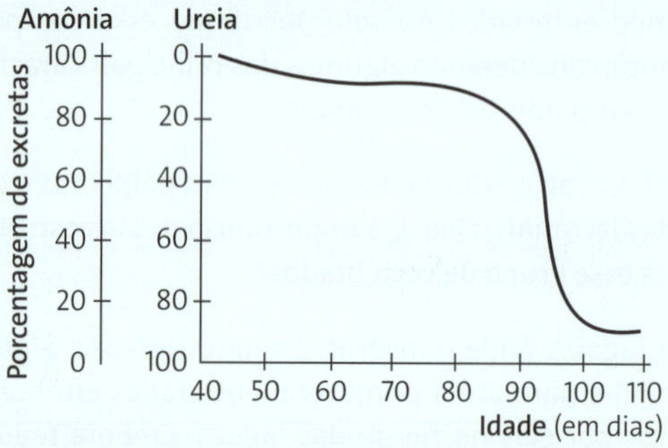


Os dados mostram que a excreção de:

a) amônia só ocorre nos primeiros dias de vida.
b) ureia começa a ocorrer por volta do centésimo dia.
c) amônia predomina sobre a de ureia em todo o período considerado.
d) ureia aumenta significativamente por volta do octogésimo dia.
e) amônia e de ureia faz-se em grande quantidade na fase larvária.

2. **NE** (Unifor-CE) O gráfico abaixo mostra os resultados de uma experiência feita para comparar o papel da pele ao dos pulmões em certa espécie de sapo do hemisfério norte.

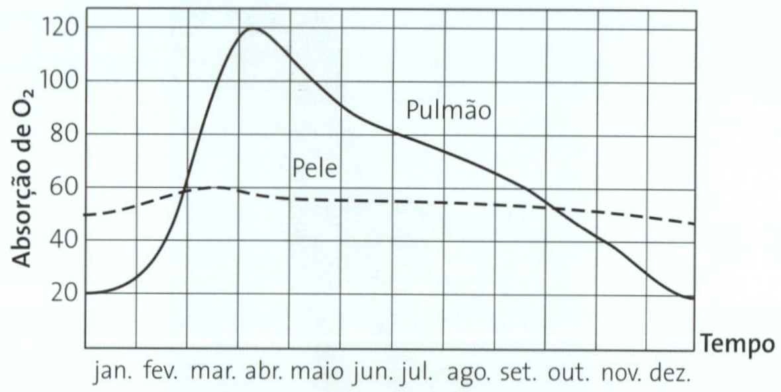


Sobre esses dados fizeram-se as seguintes afirmações:

I. Nos meses mais frios, a respiração cutânea predomina sobre a pulmonar.
II. Nos meses em que o metabolismo dos animais é mais intenso, predomina a respiração pulmonar.
III. A respiração cutânea é praticamente constante ao longo do ano.

É correto o que se afirma em:

a) I, somente.
b) II, somente.
c) III, somente.
d) II e III, somente.
e) I, II e III.

3. **N** (UFT-TO) O principal órgão respiratório em peixes e anfíbios é respectivamente:

a) brânquias e pele
b) pele e pulmão
c) brânquias e pulmão
d) pulmão e traqueia

4. **SE** (PUC-MG) É a característica que mostra uma adaptação dos anfíbios à vida terrestre:

a) Pele úmida;
b) Fecundação externa;
c) Pele com grande quantidade de glândulas mucosas;
d) Ovos com envoltório gelatinoso;
e) Quatro apêndices locomotores.

5. **SE** (Fuvest-SP) Qual das alternativas relaciona corretamente cada um dos animais designados pelas letras de **A** a **D** com as características indicadas pelos números de I a IV?

A. água-viva (celenterado)
B. lombriga (nematelminto)
C. mosquito (inseto)
D. sapo (anfíbio)

I. presença de pseudoceloma
II. sistema circulatório fechado
III. sistema respiratório traqueal
IV. sistema digestório incompleto

a) A-I; B-IV; C-II; D-III.
b) A-I; B-II; C-III; D-IV.
c) A-II; B-I; C-III; D-IV.
d) A-IV; B-III; C-I; D-II.
e) A-IV; B-I; C-III; D-II.

6. **SE** (Unicamp-SP) As cecílias, também chamadas de cobras-cegas, são facilmente confundidas com serpentes por observadores menos atentos, por também apresentarem corpo cilíndrico e desprovido de patas. Entretanto, uma análise mais cuidadosa pode diferenciar facilmente esses animais, pois as cecílias são anfíbios ápodos. Duas características apresentadas exclusivamente pelas cecílias, que as diferenciam das serpentes, são:

a) corpo revestido por pele úmida e ovos com casca calcária.
b) corpo revestido por escamas e respiração exclusivamente cutânea.
c) pele rica em glândulas secretoras de muco e respiração cutânea.
d) pele úmida e corpo revestido por escamas queratinizadas.

7. CO (UFMS) "Cientistas dos institutos Adolfo Lutz e Butantan isolam, a partir das toxinas da pele do sapo-cururu, dois esteroides capazes de matar o parasita causador da leishmaniose, cujos casos estão aumentando no Brasil. Uma das moléculas também é eficaz contra a doença de Chagas."

(Fonte: http://www.agencia.fapesp.br/materia/9276/especiais/esteroide-anfibio.htm).

Sobre o anfíbio citado na notícia acima, assinale a(s) proposição(ões) correta(s).

01. Estão incluídos no grupo natural Anura.
02. Respiram pela pele e através dos pulmões.
04. O coração de um adulto apresenta dois ventrículos e um átrio e nele não ocorre mistura do sangue venoso com o arterial.
08. As toxinas da pele são geralmente associadas a uma estrutura inoculadora de veneno semelhante aos dentes de uma cobra.
16. A cauda está ausente em todas as fases do ciclo de vida.
32. A dieta de um adulto é composta principalmente por itens com baixa quantidade de proteínas, como algas e musgos.

8. S (UEPG-PR) Os anfíbios são animais extremamente dependentes do ambiente aquático, em especial, na fase reprodutiva. Sobre a reprodução desses animais, assinale o que for correto.

01) Seus ovos sem casca, apenas com envoltório gelatinoso, só se mantêm viáveis em meio aquático. A fecundação é externa, como na maioria dos peixes.
02) Os machos, em cópula, despejam seu líquido seminal sobre um cordão gelatinoso que envolve os óvulos à medida que eles saem pela cloaca da fêmea. Uma vez fecundados, os ovos recebem diferentes cuidados. Em algumas espécies, eles se desenvolvem nos sacos vocais, em reentrâncias da pele dorsal, enrolados nas pernas ou simplesmente enovelados, aos milhares, em plantas aquáticas. Em pouco tempo surgem as larvas, que nos anuros são os girinos.
04) Antes da metamorfose, os girinos aumentam muito de tamanho. A primeira modificação marcante é o aparecimento das pernas posteriores. Em seguida amplia-se a boca, atrofiam-se as brânquias, surgem as pernas anteriores, menores, e acentua-se a regressão da cauda, que desaparece rapidamente. As substâncias da cauda são reabsorvidas e reaproveitadas para a sequência do desenvolvimento.
08) Não é de se estranhar que o estágio com pernas e cauda seja de curta duração, pois é um período crítico da vida desse anfíbio. Isso porque o desajeitado animal aquático tem dificuldade em nadar com as pernas e não salta bem na terra porque a cauda atrapalha. Torna-se, portanto uma presa fácil para os predadores.
16) A metamorfose dos anfíbios é controlada pelos hormônios tireoidianos.

9. NE (Uece) Sobre a evolução dos anfíbios, assinale o correto.

a) Estes animais foram os primeiros vertebrados a sobreviver em ambientes terrestres e, para tanto, desenvolveram uma pele áspera e rígida, capaz de suportar a dessecação imposta pelo meio terrestre.
b) A presença de uma língua musculosa, rápida, pegajosa e protrátil, possibilitou a captura de presas, facilitando a sobrevivência desses animais no ambiente terrestre.
c) Os anfíbios são animais bem adaptados ao ambiente terrestre, uma vez que produzem ovos com casca, resistentes à dessecação.
d) Embora sejam animais adaptados ao ambiente terrestre, os anfíbios não possuem pálpebras, essenciais à proteção ocular, e, somente por isso, precisam estar sempre próximos de ambientes aquáticos para realizar a lubrificação dos olhos.

10. S (UEL-PR) Com as alterações ambientais provocadas pela espécie humana, tem-se verificado uma redução nas populações de diversos anfíbios anuros no mundo todo. Esse fato, aliado ao pouco conhecimento que se tem da história natural de muitas espécies, torna o problema ainda mais grave.

Levando em conta as características biológicas e ecológicas dos anuros, considere as afirmativas a seguir.

I. Enquanto estão na forma larval, eles são afetados por águas poluídas porque respiram por meio de pulmões.
II. O epitélio pouco queratinizado torna os adultos mais suscetíveis à desidratação quando a cobertura vegetal é reduzida.
III. A poluição do ar prejudica os anuros porque eles possuem respiração cutânea mais desenvolvida que a pulmonar.
IV. Por serem sensíveis à poluição, os anuros são considerados indicadores biológicos da qualidade ambiental.

Assinale a alternativa correta.

a) Somente as afirmativas I e II são corretas.
b) Somente as afirmativas I e IV são corretas.
c) Somente as afirmativas III e IV são corretas.
d) Somente as afirmativas I, II e III são corretas.
e) Somente as afirmativas II, III e IV são corretas.

11. S (Udesc) Os anfíbios são classificados em três ordens: Urodela, Anura e Gymnophiona ou Apoda.

Assinale a alternativa correta que contém, respectivamente, os animais classificados como anfíbios e pertencentes a essas ordens.

a) salamandra, sapo, cobras-cegas (cecília)
b) jacaré, sapo, tartaruga
c) perereca, jiboia, salamandra
d) sapo, salamandra, cobras-cegas (cecília)
e) cobras-cegas (cecília), tartaruga, sapo

12. **S** (Udesc) Analise as proposições quanto às características dos anfíbios.

I. A reprodução é sexuada, com fecundação externa, e são de sexos distintos (macho e fêmea).
II. São homeotérmicos, ou seja, mantêm a temperatura corpórea praticamente constante, independente das variações térmicas do ambiente.
III. Apresentam pele lisa e glândulas mucosas, que são responsáveis pela manutenção da umidade da pele.
IV. São amniotas, pois apresentam bolsa amniótica ou âmnio que protege o embrião.

Assinale a alternativa **correta**.

a) Somente as afirmativas I e III são verdadeiras.
b) Somente as afirmativas I, II e III são verdadeiras.
c) Somente as afirmativas I, II e IV são verdadeiras.
d) Somente as afirmativas III e IV são verdadeiras.
e) Todas as afirmativas são verdadeiras.

13. **NE** (UFRN) "Biólogos descrevem nova espécie de perereca que habita as bromélias em áreas de Mata Atlântica, no interior do Rio de Janeiro. A descoberta mostra a importância da conservação de florestas próximas aos grandes centros populacionais. *Scinax insperatus*, nome dado à nova espécie, pertence a um grupo de pererecas bem particulares, que utilizam a água da chuva acumulada nas bromélias para se reproduzirem e criarem seus girinos.

Essas 'pererequinhas' medem entre 1 cm e 5 cm de comprimento e vivem a maior parte de suas vidas dentro dessas plantas, que chegam a acumular cerca de 20 litros de água em seu interior, tornando-se verdadeiros aquários suspensos essenciais para a proliferação desses animais".

Disponível em: <http://cienciahoje.uol.com.br/noticias/2011/12/surpresa-nas-bromelias>. Acesso em: 4 ago. 2012.

Com base no texto, é correto afirmar que esse anfíbio, além de apresentar metamorfose,

a) apresenta fecundação externa e constitui um dos elementos bióticos do ecossistema presente nas bromélias.
b) necessita da água para a sua reprodução e atua como ser autótrofo, fornecendo matéria orgânica para a bromélia.
c) necessita da água para a sua reprodução e estabelece uma relação intraespecífica com as bromélias.
d) apresenta fecundação interna e externa, na presença de água, e forma o bioma das bromélias.

14. **S** (UEM-PR) As glândulas contêm células especializadas na produção e eliminação de substâncias úteis ao organismo, podendo ser endócrinas ou exócrinas. Sobre a ação das glândulas nos animais, assinale o que for correto.

01) Nos mamíferos, a secreção do leite é controlada por um hormônio da neurohipófise.
02) Na maioria das espécies de crustáceos, a excreção é realizada pelas glândulas excretoras localizadas na base das pernas, chamadas de glândulas coxais, que funcionam de forma semelhante às glândulas antenais dos insetos.
04) Os sapos possuem, em local posterior aos olhos, um par de glândulas chamadas mucosas, que contêm veneno, expelido quando comprimidas.
08) Nos insetos, glândulas especiais produzem um hormônio, a ecdisona, que determina a muda ou ecdise.
16) Um grão de areia que se interpõe entre a concha e o manto estimula as células epidérmicas das ostras a secretarem camadas sobrepostas de nácar, originando uma pérola.

15. **SE** (FMTM-MG) Em anfíbios adultos, os pulmões são estruturas consideradas pouco eficientes, já que possuem uma superfície interna limitada, com alvéolos simples. Além disso, o mecanismo de bombeamento de ar no seu interior é precário, já que consta basicamente de movimentos de "engolir" da musculatura bucal (movimentos gulares). Responda:

a) Que estrutura assume uma importância especial nas trocas de gases em anfíbios?
b) Que problema essa mesma estrutura traz dificultando a sobrevivência dos anfíbios no ambiente terrestre?

16. **SE** (Fuvest-SP) Três grupos de sapos foram mantidos em três temperaturas diferentes: 5 °C, 15 °C e 25 °C. O gráfico a seguir foi construído a partir das medidas das quantidades de gases trocados entre os animais e o ambiente em cada uma dessas temperaturas.

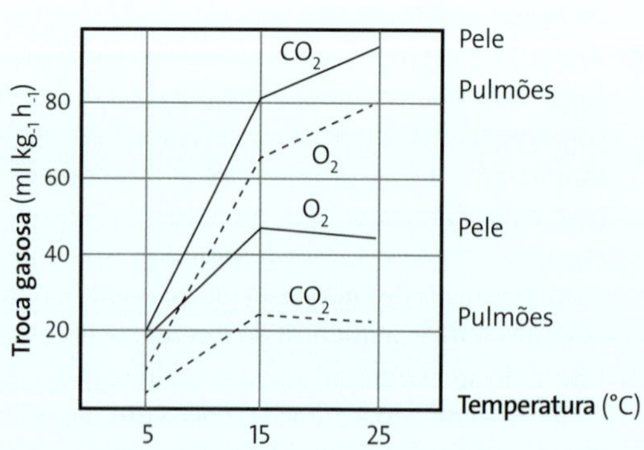


a) "Nos sapos, os papéis relativos da pele e dos pulmões na respiração mudam durante o ano". Justifique essa afirmação, com base nos dados do gráfico.
b) Um sapo inalou gás oxigênio radioativo. Qual será a primeira substância, diferente de gás oxigênio, a ser identificada nas mitocôndrias das células desse sapo?

CAPÍTULO

# 22 Répteis

Fabio Colombini/Acervo do fotógrafo

Iguana (*Iguana iguana*) na Caatinga.

- *Quais as principais características dos répteis?*
- *Que adaptações possibilitaram a esse grupo viver no ambiente terrestre?*

# 1 Características gerais

O nome *réptil* (do latim, *reptare* = rastejar) deriva do modo de locomoção desses animais: têm quatro pernas (ausentes nas serpentes), cinco dedos com unhas e sustentam o corpo de maneira eficiente no ambiente terrestre.

Embora alguns répteis vivam a maior parte do tempo na água, na qual conseguem alimento, todos descendem de animais com uma série de adaptações à vida terrestre não encontradas nos anfíbios. Pode-se dizer que os répteis foram os primeiros vertebrados a conquistar o ambiente terrestre e a se tornar independentes do meio aquático.

Os répteis apresentam a cobertura do corpo impermeável. Assim, esses animais não perdem água pela superfície corpórea e as trocas gasosas são feitas apenas pelos pulmões (figura 22.1), diferentemente dos anfíbios, que realizam respiração cutânea. Essas características possibilitam aos répteis viver em ambientes mais secos do que os anfíbios, que ainda dependem muito da água.

Outras importantes adaptações dos répteis ao ambiente terrestre são a produção de ovos com casca e a excreção de ácido úrico, como veremos mais adiante neste capítulo.

Pavlo Baishev/Alamy/Latinstock

E. R. Degginger/Photoresearchers/Getty Images

Figura 22.1 Algumas das adaptações dos répteis ao ambiente terrestre. Na foto ao lado, detalhe da pele impermeabilizada da iguana.

A temperatura do corpo dos peixes, anfíbios e répteis acompanha mais ou menos a temperatura do ambiente. Quando o ambiente está quente, a temperatura do animal se eleva; quando o ambiente esfria, sua temperatura diminui.

Quando está muito quente, um lagarto, por exemplo, pode esconder-se em alguma toca ou buraco e sair apenas quando a temperatura baixar. Dessa forma, sua temperatura não se elevará excessivamente. Quando está muito frio, o lagarto procura se aquecer ao sol, voltando para a sombra quando a temperatura sobe muito. Por isso dizemos que esses animais são ectotérmicos. Isso significa que eles se aquecem com o calor vindo de fora do corpo (do Sol). No entanto, se a temperatura cair muito em certas horas do dia e o animal não tiver como se esquentar, sua temperatura cairá. Com isso, a velocidade de seu metabolismo também diminuirá. Como resultado, ele poderá ter dificuldade para se locomover e se manter ativo.

Além de lagartos, estão incluídos no grupo dos répteis: jacarés, tartarugas, serpentes, etc. (figura 22.2).

Figura 22.2 Alguns representantes do grupo dos répteis.

## 2 Morfologia e fisiologia

### Revestimento e sustentação

A pele grossa e seca (sem glândulas mucosas), com bastante queratina, que forma escamas córneas (nas serpentes e nos lagartos) ou placas (nos crocodilos e nos jacarés) e evita a perda excessiva de água, permite a sobrevivência em ambientes muito secos, como os desertos. Nas tartarugas, essas placas se unem a placas ósseas, que formam uma carapaça protetora. Em muitos casos (serpentes e alguns lagartos), ocorrem mudas, com eliminação das camadas mais superficiais da epiderme.

O esqueleto ósseo e os músculos são mais fortes que os dos anfíbios.

### Nutrição e respiração

A maioria dos répteis (serpentes, crocodilos e jacarés) possui dentes; algumas serpentes apresentam presas inoculadoras de peçonha. Há glândulas salivares, fígado e pâncreas; o intestino termina na cloaca (figura 22.3).

O pulmão apresenta maior superfície relativa e é mais eficiente que o dos anfíbios. Todas as trocas gasosas são feitas pelos pulmões e não mais pela pele, que passou a ser grossa e resistente à desidratação. A ventilação dos pulmões também é eficiente, graças ao auxílio dos músculos das costelas, que aumentam e diminuem o volume do corpo, causando a diferença de pressão que faz o ar entrar e sair. Essas características foram fundamentais para o sucesso dos répteis no meio terrestre (figura 22.3).

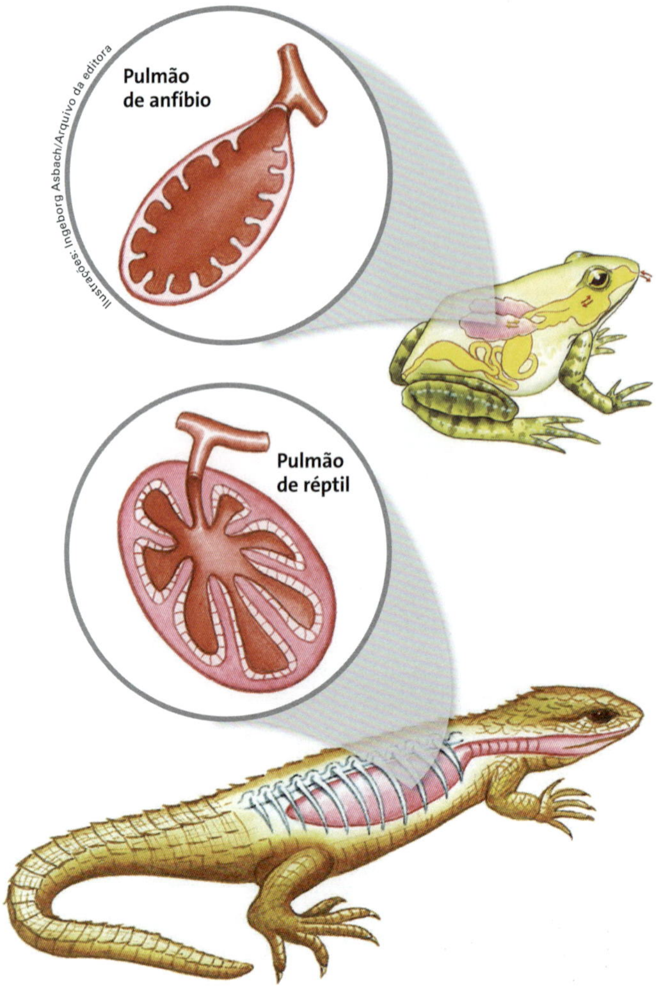


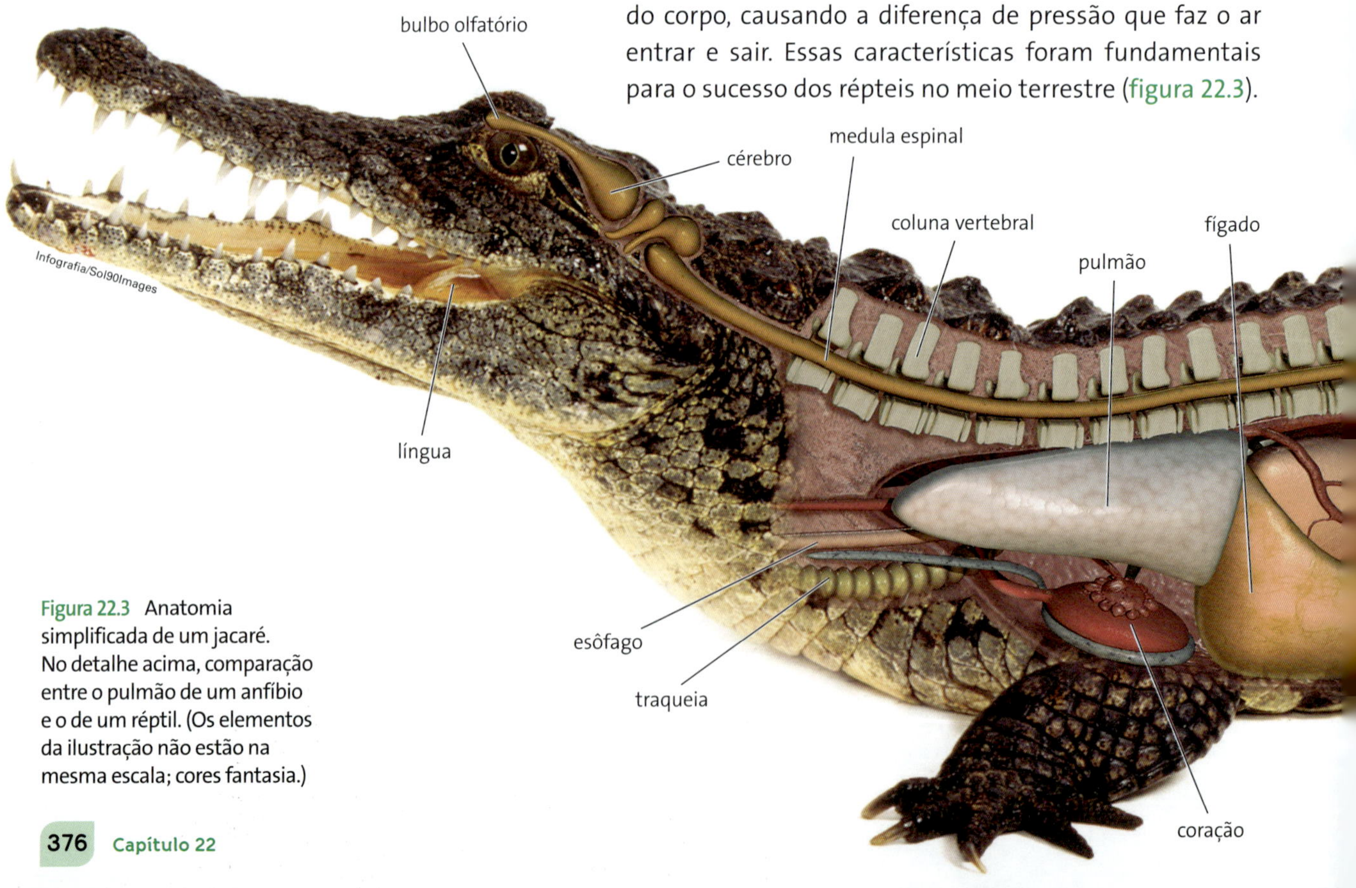


Figura 22.3 Anatomia simplificada de um jacaré. No detalhe acima, comparação entre o pulmão de um anfíbio e o de um réptil. (Os elementos da ilustração não estão na mesma escala; cores fantasia.)

## Circulação, excreção e coordenação

O coração dos répteis tem três cavidades: dois átrios e um ventrículo. Na maioria dos répteis, o ventrículo é dividido parcialmente por um septo incompleto (figura 22.4). Nos crocodilianos (crocodilos e jacarés), o septo é completo e o coração, portanto, tem quatro cavidades, dois átrios e dois ventrículos.

De modo semelhante ao que acontece em anfíbios, a circulação é dupla e incompleta, nela há pouca mistura de sangues e a divisão do ventrículo é parcial. Isso permite que, quando o animal não está utilizando o pulmão (se o animal está submerso, por exemplo), todo o sangue seja enviado para o restante do corpo. Até mesmo nos crocodilianos, nos quais a separação entre ventrículos é completa, o desvio do volume total de sangue para o restante do corpo, quando não está ocorrendo respiração pulmonar, é possível, pois há uma comunicação entre os dois vasos que saem dos ventrículos (cada um de um ventrículo), eles se unem e formam a aorta.

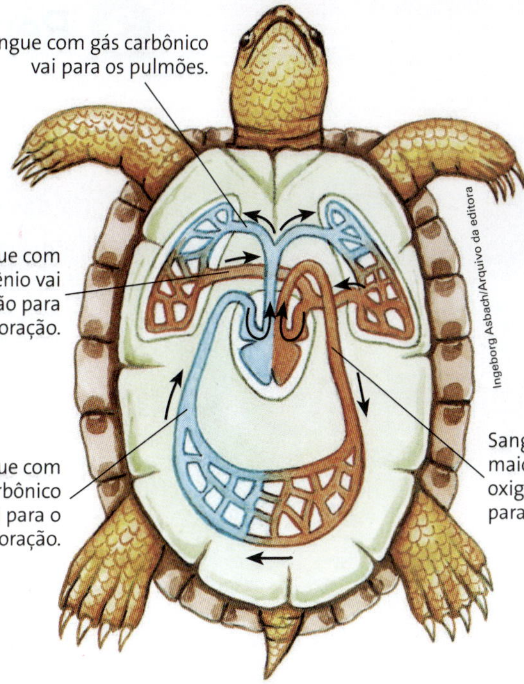


Figura 22.4 Esquema simplificado da circulação dos répteis (os elementos da ilustração não estão na mesma escala; cores fantasia).

A excreção é feita por rins e representa uma boa economia de água, uma vez que, na maioria dos répteis, é produzida uma pasta de ácido úrico (um composto insolúvel), que é eliminada pela cloaca com as fezes. Dizemos que os répteis são animais **uricotélicos**.

O sistema nervoso e os órgãos dos sentidos seguem o esquema geral dos vertebrados, e o cérebro é mais desenvolvido que o dos anfíbios. Há doze pares de nervos cranianos e terminações nervosas na pele. A gustação e a audição, com orelhas interna e média, são menos desenvolvidas que a visão e o olfato.

Luiz Iria/Arquivo da editora

## 3 Reproducão

O tipo de reprodução foi fundamental para o sucesso dos répteis na colonização do ambiente terrestre. A fecundação é interna, o que diminui o risco de perda de água pelos gametas, e há nos machos da maioria das espécies um pênis, órgão que lança gametas no interior da fêmea. O desenvolvimento é direto.

O embrião se desenvolve em um ovo com casca porosa, que fornece proteção mecânica e suporte e permite a troca de gases (oxigênio e gás carbônico) entre o embrião e o ambiente (figura 22.5). Além do saco vitelínico, que contém alimento para o desenvolvimento do embrião, os répteis têm três outros anexos embrionários: o **âmnio**, a **alantoide** e o **córion**. O âmnio (*amnion* = água corrente), também chamado bolsa de água, protege o embrião contra a desidratação. Esse anexo está presente também nas aves e nos mamíferos e por isso esses animais são chamados amniotas; peixes e anfíbios são anamniotas. O ovo dos répteis e o das aves é chamado ovo amniótico. A alantoide (*allantos* = salsicha, por causa da forma desse órgão) recebe as excretas do embrião e absorve o oxigênio do ar. O córion (*chorion* = pele) fornece uma proteção adicional e colabora com a alantoide na respiração.

O ovo com casca porosa e anexos embrionários foi uma adaptação importante na conquista do ambiente terrestre.

A cópula ocorre em áreas específicas de reprodução desses animais. A fecundação é interna.

Na temporada de desova, a fêmea realiza algumas posturas de ovos, que ficam protegidos na areia.

A excreção por ácido úrico é importante durante o desenvolvimento embrionário de um animal ovíparo, pois essa substância, sendo insolúvel, não se espalha pelo embrião e se acumula na cavidade da alantoide. É também importante na fase adulta, uma vez que possibilita boa economia de água: é necessário um volume cinco vezes menor de água para excretar a mesma quantidade de nitrogênio na forma de ácido úrico que na de ureia. No entanto, a síntese de ácido úrico a partir de substâncias nitrogenadas consome mais energia que a de ureia.

O saco vitelínico ou **vesícula vitelínica** (*vitellu* = gema de ovo) contém bastante gema (reserva nutritiva). Isso contribui para que surja diretamente do ovo um filhote semelhante aos pais, sem estágio larval. A maioria dos répteis é ovípara e, comumente, enterra seus ovos no solo. Mas algumas serpentes e alguns lagartos são ovovivíparos ou vivíparos.

A cada 1000 tartarugas que nascem, apenas uma conseguirá chegar à fase adulta.

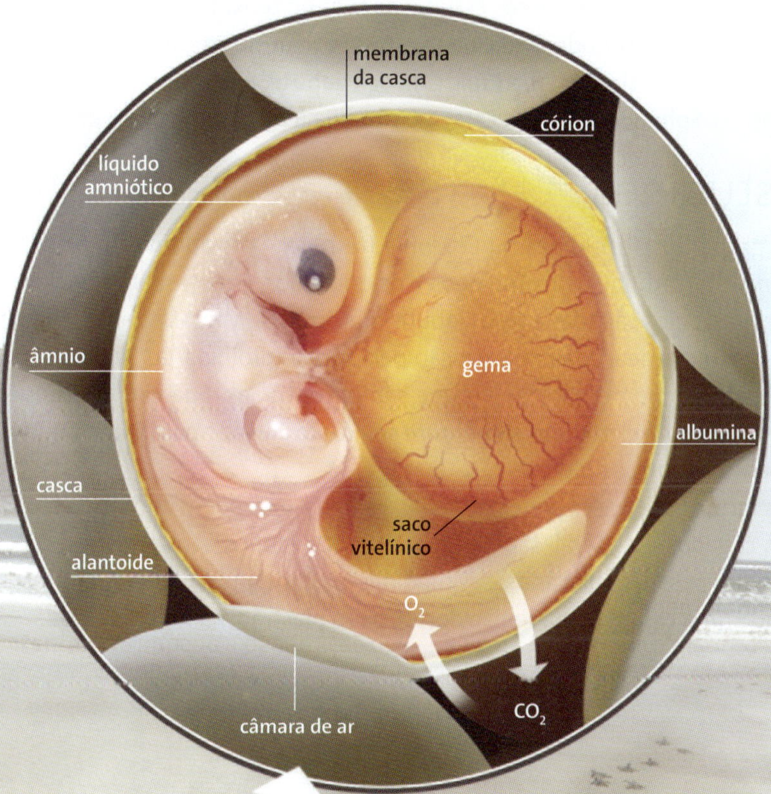


Figura 22.5 O ovo com casca e o desenvolvimento dos anexos embrionários foram fatores decisivos para a colonização do ambiente terrestre pelos répteis. Esses anexos estão ausentes nos anfíbios. (Os elementos da ilustração não estão na mesma escala; cores fantasia).

Cada desova libera cerca de 120 ovos; a incubação leva de 45 a 60 dias.

# 4 Classificação

Os répteis (Reptilia) eram considerados uma classe que designava lagartos, serpentes, tartarugas, crocodilos e outros animais ectotérmicos e amniotas. No entanto, novos estudos de sistemática indicam que aves (e seus ancestrais, os dinossauros) estão mais próximas dos crocodilos do que estes das tartarugas.

Nesse caso, o grupo dos répteis não seria monofilético, porque não contém todos os descendentes de um ancestral comum mais recente. De acordo com essa nova proposta, crocodilianos (jacarés, crocodilos e gaviais), pterossauros (répteis voadores extintos), dinossauros (também extintos) e aves fazem parte de um mesmo grupo, o dos arcossauros (Archosauria).

Por razões didáticas, vamos estudar as aves no próximo capítulo e usar o termo *réptil* no sentido tradicional, estudando neste capítulo os grupos **Testudines** ou **Chelonia** (tartaruga, cágado e jabuti), **Squamata** (lagartos e serpentes), **Sphenodontia** (tuatara) e **Crocodilia** (crocodilo, jacaré e gavial).

## Testudines

O grupo dos Testudines ou Chelonia (*testudo* = provido de carapaça; *chelone* = tartaruga), os testudíneos e os quelônios, é representado pelas tartarugas, pelos cágados e pelos jabutis (figura 22.6). Muitas espécies brasileiras estão ameaçadas de extinção pela pesca (proibida por lei) e destruição do ambiente natural em que são encontradas. Sua carne e seus ovos são consumidos como alimento, e seu casco é usado para fazer enfeites, pentes e outros objetos.

As tartarugas vivem, principalmente, na água, mas põem os ovos na terra. Os cágados, em geral, são de água doce. Os jabutis são terrestres. Os testudines possuem placas ósseas fundidas e recobertas por queratina, originando uma **carapaça**, na região dorsal, e um **plastrão**, na região ventral.

Figura 22.6 Alguns representantes dos quelônios.

Mikeledray/Shutterstock/Glow Images

Cágado (matamatá da Amazônia; até 80 cm de comprimento).

Fabio Colombini/Acervo do fotógrafo

Jabuti (até cerca de 70 cm de comprimento).

André Seale/Pulsar Imagens

Tartaruga-verde (encontrada no Brasil; em média, até 1,20 m de comprimento).

# Squamata

Os escamados (*squamata* = escamoso) podem ser divididos em três grupos: o grupo dos **lacertílios** (*lacerta* = lagarto) ou **sáurios** (*saûros* = lagarto), no qual estão os lagartos (como o teiú, o maior lagarto do Brasil), as lagartixas e os camaleões (figura 22.7); o grupo dos **ofídios** (*ophis* = serpente), no qual estão as serpentes; o grupo dos **anfisbenídeos** (*amphi* = dos dois lados; *bainein* = ir), no qual estão as cobras-de-duas--cabeças ou anfisbenas, animais geralmente sem pernas, de hábitos subterrâneos (figura 22.8).

Fabio Colombini/Acervo do fotógrafo

Figura 22.7 Os camaleões (cerca de 30 cm de comprimento) são representantes dos lacertílios.

Fabio Colombini/Acervo do fotógrafo

Figura 22.8 Anfisbena ou cobra-de-duas-cabeças (*Amphisbaena alba*; até 60 cm de comprimento).

Os lagartos são geralmente carnívoros, alimentando-se de insetos ou pequenos mamíferos; mas alguns são herbívoros ou onívoros. Os lagartos de maior porte (alguns ultrapassam 3 m) podem comer ratos, sapos e outros vertebrados. Já a lagartixa e o camaleão são insetívoros.

Alguns lagartos e as lagartixas podem soltar parte da cauda quando atacados por predadores, o que facilita sua fuga. A cauda pode se regenerar depois. Essa capacidade é chamada autotomia (*autós* = a si próprio; *thoméin* = cortar).

Durante o crescimento dos répteis, especialmente nos Squamata, ocorrem mudas periódicas da pele: a parte externa da epiderme é substituída por outra (figura 22.9).

Figura 22.9 Lagarto sofrendo muda (*Anolis carolinensis*; cerca de 25 cm de comprimento).

James H. Robinson/Photoresearchers/Getty Images

O termo cobra, usado popularmente no lugar de serpente, foi criado originalmente para um tipo de serpente, as najas, da África e Ásia. Além disso, esse termo é usado também para animais que não pertencem ao grupo dos ofídios, como a anfisbena (cobra-de-duas-cabeças). Por isso, na linguagem científica deve ser usado o termo "serpente".

As serpentes são animais carnívoros. Elas apresentam um conjunto de adaptações que as tornam capazes de capturar presas maiores que o diâmetro de seu próprio corpo. A mandíbula, articulada ao crânio pelo **osso quadrado**, pode abrir em um ângulo de quase 180° (figura 22.10). Além disso, os ramos direito e esquerdo da mandíbula não são soldados na parte da frente, mas presos por um ligamento elástico. Isso possibilita uma grande abertura lateral. O movimento alternado desses dois ramos, para a frente e para trás, ajuda o animal a abocanhar sua presa.

Outra adaptação que torna possível ingerir animais grandes é a abertura da traqueia sob a língua. Por essa abertura, a serpente pode respirar enquanto engole lentamente a presa. Destituídas do osso esterno, as serpentes apresentam costelas livres, o que permite também o aumento do diâmetro do corpo.

As serpentes não apresentam orifícios auditivos, mas sentem, através do esqueleto, as vibrações transmitidas pelo solo. As pálpebras, que cobrem os olhos, não são móveis, mas transparentes. A língua bífida (com duas ramificações) serve para o tato e para o olfato (as partículas aderem à língua e são levadas para o interior da boca, atingindo os órgãos olfativos da cavidade nasal).

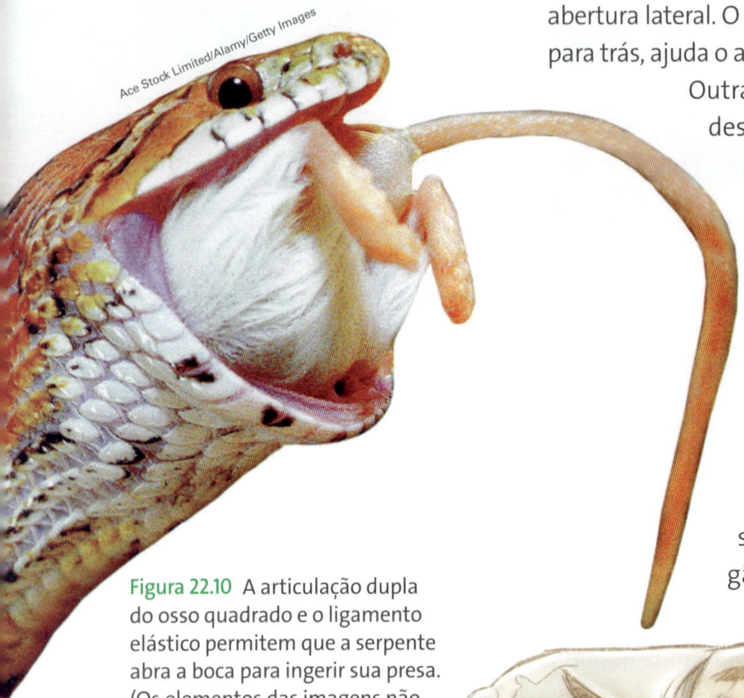


Figura 22.10 A articulação dupla do osso quadrado e o ligamento elástico permitem que a serpente abra a boca para ingerir sua presa. (Os elementos das imagens não estão na mesma escala; cores fantasia.)

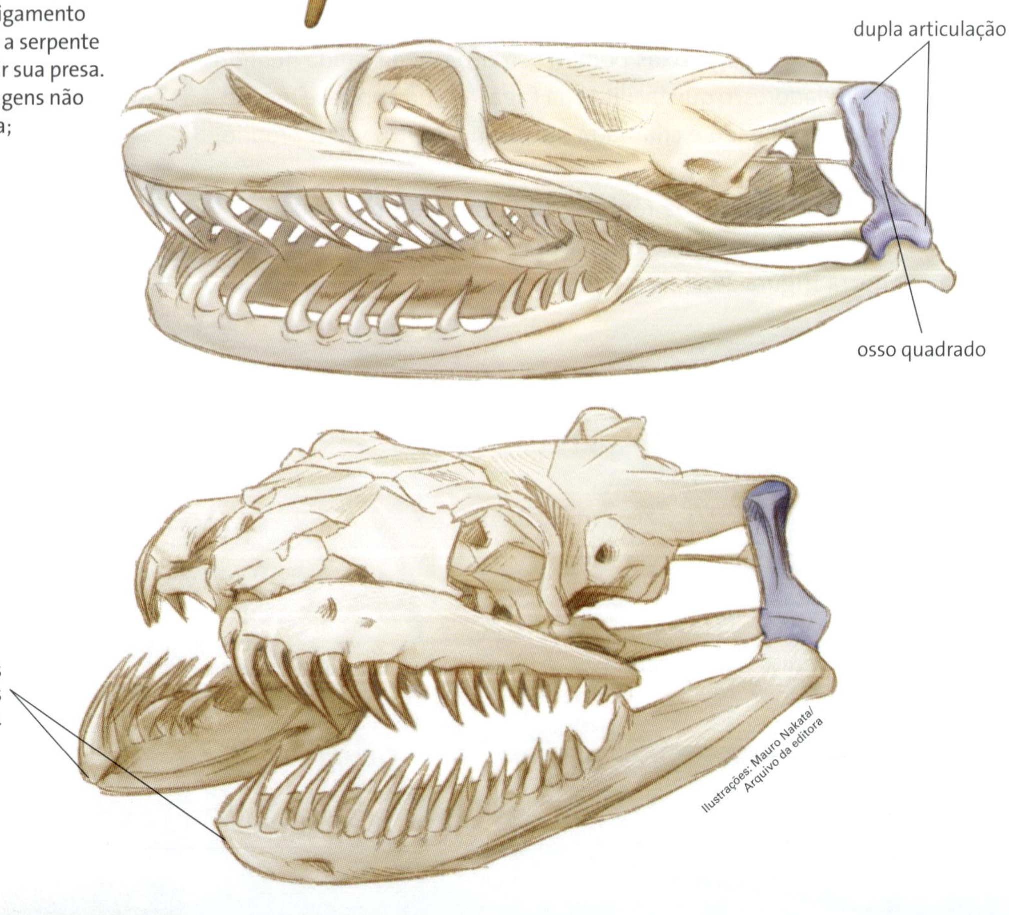

Algumas serpentes possuem glândulas produtoras de peçonha (serpentes peçonhentas), que é inoculada por dentes contendo canais em seu interior ou um sulco que conduzem a peçonha para o exterior (figura 22.11). Além disso, elas têm, na cabeça, um ou mais pares de dentes maiores que os outros (presas) na parte da frente do maxilar superior. As serpentes sem esses dentes inoculadores, chamadas de não peçonhentas, também podem causar ferimentos sérios e sua saliva pode conter substâncias tóxicas e causar envenenamento.

A maioria das serpentes peçonhentas possui também uma **fosseta lacrimal** ou **loreal**, uma abertura localizada entre cada olho e a narina (*lore* é o espaço entre o olho e as narinas de répteis e anfíbios), que registra o calor de presas, como aves ou mamíferos, facilitando sua localização. No entanto, as corais-verdadeiras são serpentes peçonhentas que não possuem fosseta loreal.

De acordo com a dentição, as serpentes podem ser divididas em:

- **áglifas** (*a* = sem; *glyphes* = sulco) – os dentes não têm sulcos nem canais para inocular peçonha, mas sua mordida pode causar sérios ferimentos, além de envenenamento por saliva tóxica ou por contaminação por bactérias (até mesmo o tétano). Exemplos: jiboias (figura 22.12), sucuris e caninanas;

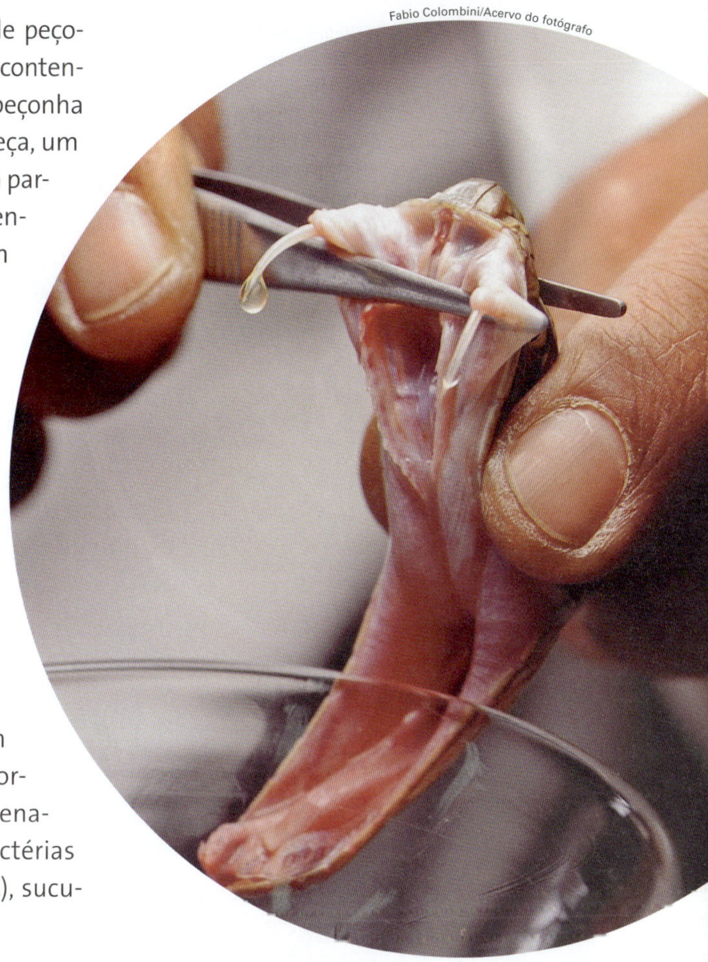


Figura 22.11 Extração da peçonha de jararaca. Observe os dentes inoculadores da peçonha.

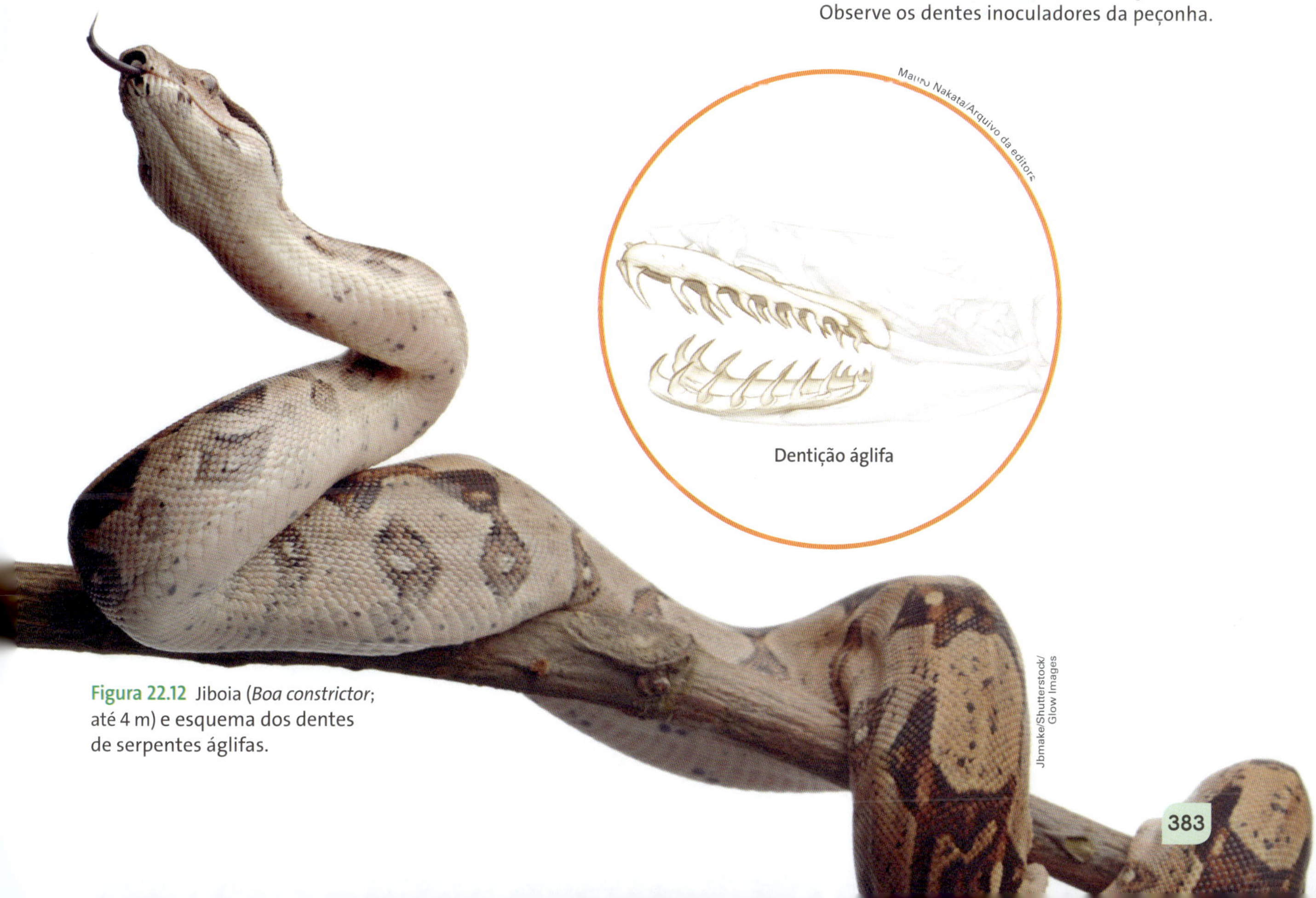


Figura 22.12 Jiboia (*Boa constrictor*; até 4 m) e esquema dos dentes de serpentes áglifas.

- **opistóglifas** (*opisthein* = atrás) – possuem um ou mais pares de dentes inoculadores de peçonha na região posterior da boca. Os dentes apresentam sulcos pelos quais escorre o veneno e são usados para paralisar a presa já dentro da boca. Exemplos: muçuranas, cobras-cipó e a maioria das cobras-corais-falsas (figura 22.13);

Muçurana (gênero *Clelia*; até 2,4 m; ataca e come outras serpentes).

Cobra-coral-falsa (gênero *Oxyrhopus*; 70 cm a 1,5 m).

Figura 22.13 Serpentes opistóglifas e esquema dos dentes.

- **proteróglifas** (*proterós* = dianteiro) – os dentes inoculadores, com sulco, estão na parte anterior da boca. Exemplo: corais-verdadeiras e najas (figura 22.14);

Figura 22.14 Serpentes proteróglifas e esquema dos dentes.

Coral-verdadeira (também conhecida como cobra-coral; gênero *Micrurus*; 60 cm a 1,3 m).

Naja (também conhecida como cobra-de-capelo; gênero *Naja*; 1 m a 2 m; encontrada na Índia, China e África).

- **solenóglifas** (*solen* = canal) – apresentam grandes dentes inoculadores, com canal interno, localizados na região anterior da boca. Exemplos: jararacas, cascavéis e surucucus (figura 22.15).

Em caso de picada de serpente, deve-se buscar socorro médico. A vítima deve ser imediatamente levada a um posto de saúde ou hospital para ser tratada com o soro antiofídico adequado, entre outros procedimentos médicos. Há vários tipos de soros em função do tipo de serpente: antibotrópico-crotálico, contra peçonhas de jararacas (gênero *Bothrops*) ou cascavéis (gênero *Crotalus*); antibotrópico-laquético, contra peçonhas de jararacas e surucucus (gêneros *Bothrops* e *Lachesis*), antibotrópico, anticrotálico, etc.

Caso se conheça a espécie de serpente que picou a pessoa, é importante comunicar ao médico. Não se deve amarrar a região afetada para isolar a peçonha, isto é, não se deve fazer torniquete ou garrote: isso impede a circulação normal do sangue, trazendo mais riscos para a região afetada, aumentando, por exemplo, a destruição dos tecidos (necrose) pela concentração da peçonha no local. Também não se deve sugar o local da picada nem fazer cortes ou colocar substâncias nele.

Em locais onde há serpentes, deve-se usar botas de cano alto e evitar mexer em buracos, montes de lixo, lenha ou cupinzeiros.

Figura 22.15 Serpentes solenóglifas e esquema dos dentes. Observe na foto da jararaca a fosseta lacrimal.

Jararaca (gênero *Bothrops*; 70 cm a 2 m).

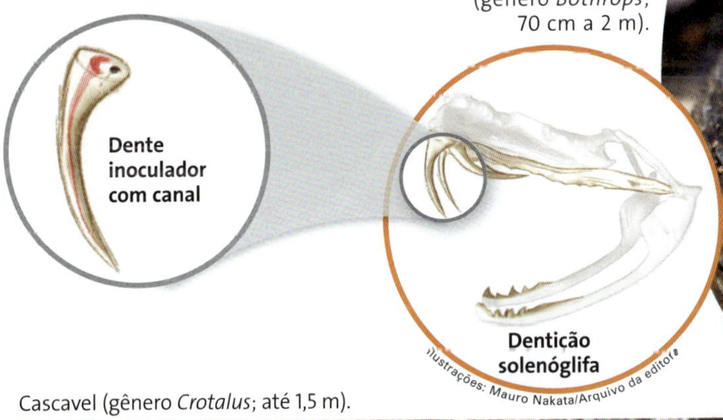


Cascavel (gênero *Crotalus*; até 1,5 m).

Asa Thoresen/Photoresearchers/Getty Images

Figura 22.16 Tuatara (cerca de 60 cm de comprimento).

## Sphenodontia

Também chamados de rincocéfalos (*rhygchos* = bico; *kekphalé* = cabeça), os esfenodontes (*sphenós* = cunha; *odontos* = dente) estão representados por apenas duas espécies conhecidas como tuataras (no idioma dos maoris, nativos da Nova Zelândia, "tuatara" significa 'dorso espinhoso'), encontradas na Nova Zelândia (figura 22.16).

Semelhante a um lagarto, possui no alto da cabeça, sob a pele, o olho pineal, ligado à glândula de mesmo nome, capaz de acusar variações de luz.

## Crocodilia

Os crocodilianos estão representados pelo jacaré, pelo crocodilo e pelo gavial, este encontrado na Índia (figura 22.17).

O corpo desses animais é coberto por escamas e placas ósseas. São carnívoros e passam boa parte do tempo dentro da água ou na beira dos rios, onde a maioria deles vive.

No Brasil não há crocodilos, apenas jacarés. O focinho do jacaré é mais largo e arredondado que o do crocodilo e o do gavial, o destes é mais longo e estreito.

Figura 22.17 Alguns representantes dos crocodilianos.

Latinstock/Tony Camacho/SPL

Crocodilo-do-nilo (em média, 3,5 m de comprimento, mas pode atingir 6 m).

Marcio Lourenço/Pulsar Imagens

Jacaré-açu (em média, 3,5 m de comprimento, mas pode atingir 6 m).

E. R. Degginger/Photoresearchers/Getty Images

Gavial (6 m a 7 m de comprimento).

# 5 Evolução

Os primeiros répteis surgiram há cerca de 360 milhões de anos, no período Carbonífero, quando o clima da Terra ficou mais seco, favorecendo os animais com pele mais resistente e que produziam ovos com casca, âmnio e outros anexos. Esses animais, cuja pele tem maior proteção contra perda de água por evaporação, têm também um pulmão mais eficiente, capaz de suprir a falta de respiração cutânea, e conseguiram povoar ambientes nos quais os anfíbios dificilmente sobreviveriam.

Alguns répteis, como as tartarugas, voltaram a viver no meio aquático. Mesmo eles, porém, mantiveram algumas adaptações à vida terrestre, como a respiração pulmonar e o ovo com casca.

Os répteis ancestrais deram origem aos répteis atuais, às aves e aos mamíferos. Além disso, deram origem a muitas formas que hoje não existem mais, como os pterossauros (*pteryx* = asa; *saûros* = lagarto), capazes de voar; os ictiossauros (*ichthyes* = peixe) e plesiossauros (*plesios* = próximo), que eram aquáticos; os dinossauros (*deinos* = terrível), terrestres. Na **figura 22.18** podem ser vistos alguns desses animais extintos.

**Figura 22.18** Répteis da Era Mesozoica: aquáticos (plesiossauros e ictiossauros) e voadores (pterossauros) (os elementos da ilustração não estão na mesma escala; cores fantasia).

Pterossauro (espécies maiores atingiam 20 m de envergadura – da ponta de uma asa à ponta da outra; as menores eram do tamanho de um pardal).

Cronossauro (cerca de 9 m a 10 m de comprimento), pertencente ao grupo dos plesiossauros.

Ictiossauro (cerca de 3 m de comprimento).

Há cerca de 230 milhões de anos, no Período Triássico, surgiram os primeiros representantes do grupo dos dinossauros (superordem **Dinosauria**), os maiores animais que já habitaram a Terra. Seus principais representantes eram herbívoros, como os diplódocos, os apotassauros, os braquiossauros, entre outros (figura 22.19). Surgiram também carnívoros enormes, como o alossauro (do Período Jurássico, iniciado há cerca de 210 milhões de anos) e o tiranossauro (do Cretáceo, que começou há 144 milhões de anos). Contudo, em vários períodos da Pré-História, a Terra também foi habitada por dinossauros de tamanhos menores, como o compsognato, que não era muito maior que uma galinha (figura 22.19).

Johann Brandstetter/akg-images/Album/Latinstock

Velocirraptor (Cretáceo), com 3 m de comprimento e 1 m de altura, caçava em bandos.

Joe Tucciarone/SPL/Latinstock

Compsognato (Jurássico), com 60 cm a 90 cm de comprimento e pesando cerca de 3 kg, caçava pequenos lagartos.

*Argentinosaurus huinculensis*, o maior animal terrestre, com 45 m de comprimento e pesando 100 toneladas. O fóssil foi descoberto na Argentina.

Mark Garlick/SPL RF/Latinstock

Tiranossauro (Cretáceo), com 15 m de comprimento e 6 m de altura. Um dos maiores carnívoros do Cretáceo.

Estegossauro, com 5 m de altura e 7 m de comprimento. Herbívoro do Jurássico.

Espinossauro (Cretáceo), o maior dinossauro carnívoro, com cerca de 16 m de comprimento.

Braquiossauro (Jurássico), herbívoro, com cerca de 22 m de comprimento e 12 m de altura.

Triceratope (Cretáceo), herbívoro com 4 m de altura e 9 m de comprimento.

Parassaurolofo, com 10 m de comprimento e cristas que, provavelmente, ajudavam a emitir sons. Herbívoro do Cretáceo.

**Figura 22.19** Alguns dinossauros (os elementos das ilustrações não estão na mesma escala; cores fantasia).

# Atividades

1. Indique as afirmativas corretas sobre os répteis.
   a) Dependem do calor do ambiente para se aquecer.
   b) A pele dos répteis é lisa, úmida e rica em glândulas mucosas.
   c) Possuem fecundação externa.
   d) A pele tem função respiratória.
   e) Na maioria dos casos, o embrião se desenvolve e recebe alimento dentro de um ovo com casca.
   f) Todas as serpentes são peçonhentas.
   g) Os primeiros répteis surgiram, por evolução, de anfíbios ancestrais.
   h) Do ovo sai uma larva.
   i) Assim como ocorre com os anfíbios, a reprodução dos répteis também depende da água.
   j) Todos os dinossauros eram animais gigantescos.
   k) Conhecemos várias características dos dinossauros pelo estudo de seus fósseis.
   l) O coração dos répteis tem duas cavidades.
   m) O ovo amniótico é uma importante adaptação ao ambiente terrestre.
   n) Todas as serpentes peçonhentas têm fosseta loreal.
   o) A circulação dos répteis é dupla e incompleta.

2. Alguns lagartos se parecem um pouco com as salamandras. Como é possível distinguir um animal do outro observando a pele deles?

3. Observando a figura a seguir, que mostra o dente de uma serpente, um estudante afirmou que ela era peçonhenta. O que levou o estudante a essa conclusão?

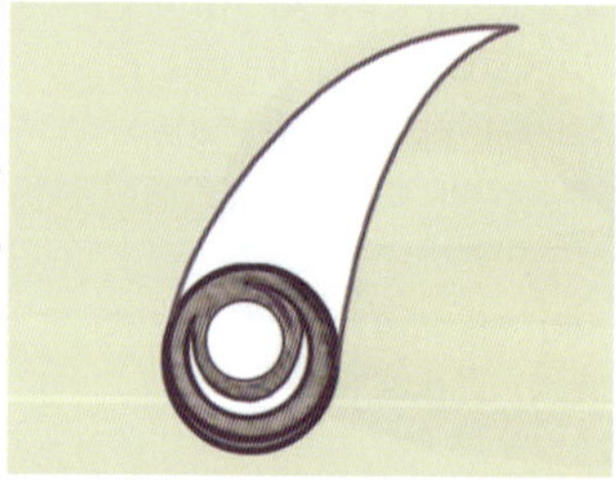

Reprodução/Arquivo da editora

4. A cobra píton enrola-se em volta dos ovos e fica contraindo os músculos de forma ritmada. Qual deve ser a vantagem desse comportamento para a reprodução?

5. Os olhos e as narinas dos crocodilos e dos jacarés estão em elevações no alto da cabeça. Como essa adaptação facilita a sobrevivência desses animais em seu *habitat*?

6. Os répteis apresentam algumas novidades evolutivas em relação aos anfíbios – por exemplo, adaptações do revestimento corporal, na respiração e na reprodução –, que lhes permitem maior independência do ambiente aquático. Explique como essas características ajudaram os répteis a se difundir por ambientes tão secos quanto os desertos.

7. A figura a seguir mostra algumas características presentes em muitas das serpentes peçonhentas.

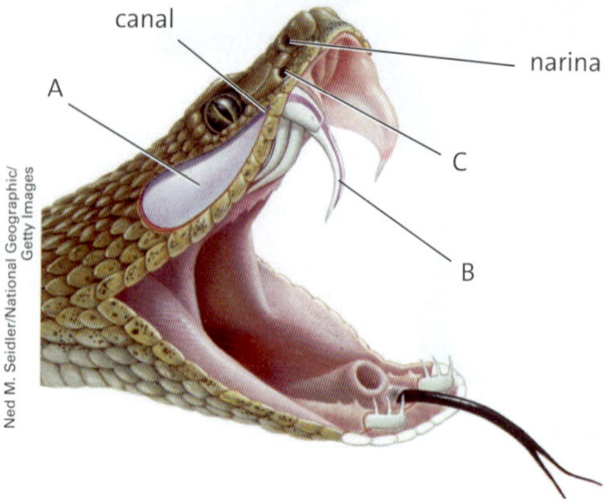


Ned M. Seidler/National Geographic/Getty Images

Que estruturas estão sendo indicadas pelas letras **A**, **B** e **C**? Qual a função dessas estruturas?

8. Explique por que tartarugas e jacarés, apesar de serem répteis que voltaram para o ambiente aquático, não podem ficar completamente submersos o tempo todo.

9. No livro *A vida dos vertebrados*, os autores (Pough, Janis e Heiser) afirmam que qualquer pessoa pode reconhecer facilmente os répteis testudines.
   a) A que répteis eles estão se referindo?
   b) Por que é tão fácil identificar esses animais?

10. Observe o cladograma abaixo e, com base em suas informações, responda às questões.
   a) Qual é o grupo evolutivamente mais próximo dos ictiossauros?
   b) Entre os grupos existentes ainda hoje, quem são os parentes evolutivos mais próximos das aves?
   c) Em um famoso filme sobre a recriação de dinossauros em laboratório, para completar os trechos que faltavam no DNA do dinossauro, foi usado DNA de rãs. Alguns pesquisadores acham que o filme errou nesse ponto e sugeriram o DNA de outro grupo de animais como base para essa complementação. Qual poderia ser o grupo sugerido pelos pesquisadores? Justifique sua resposta.

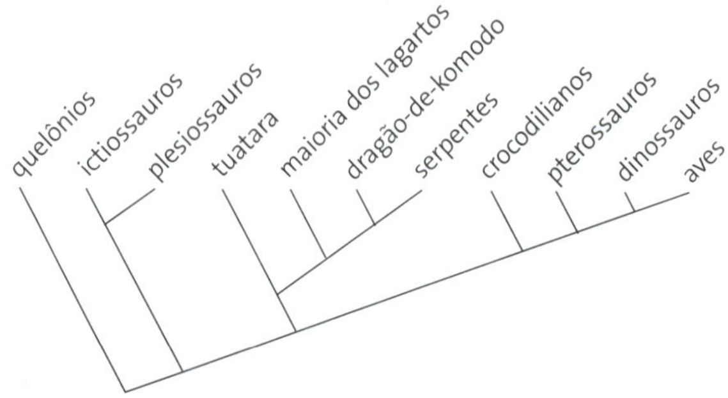

# Vestibulares de Norte a Sul

1. **SE** (UFRRJ) Com relação ao hábito das tartarugas marinhas de subir às praias para desovar, é correto dizer que:

a) as tartarugas fazem isso para evitar que os ovos se estraguem na água.

b) esse comportamento foi herdado de tartarugas terrestres ancestrais das marinhas.

c) se os ovos fossem colocados na água, flutuariam e seriam mais facilmente predados.

d) as tartarugas fazem isso para proteger os ovos de predadores marinhos que poderiam destruir os ovos, se deixados na água.

e) as tartarugas fazem isso porque os filhotes não resistiriam à água do mar.

2. **SE** (UFMG) A ruazinha lagarteando ao sol.
O coreto de música deserto
Aumenta ainda mais o silêncio.

Mário Quintana

A expressão *lagartear* — 'deitar-se ao sol' — resultou da observação de um comportamento comum aos lagartos.
É correto afirmar que, do ponto de vista biológico, esse comportamento se explica com base no fato de que os lagartos:

a) Dependem de fonte externa de calor para a regulação da temperatura, o que os torna muito ativos ou muito lentos.

b) Evitam a dessecação por meio de placas córneas e de corpo revestido por pele grossa, o que lhes dificulta a locomoção.

c) Excretam ureia, composto volátil e tóxico, que requer água para ser eliminada e induz a um estado de paralisia.

d) Possuem pequena superfície pulmonar para uma troca gasosa eficiente, o que os torna sonolentos e preguiçosos.

3. **CO** (UFMS) A determinação do sexo em várias espécies de répteis (*e.g.* quelônios, crocodilianos e alguns lacertílios) é influenciada pela temperatura de incubação durante o desenvolvimento embrionário. As temperaturas excessivamente altas ou baixas podem ser letais para o desenvolvimento de diversas espécies de répteis. Os gráficos **A** e **B** relacionam, respectivamente, a eclosão de machos e fêmeas em uma espécie de tartaruga e em uma espécie de lagarto, com a temperatura de incubação (°C).

A

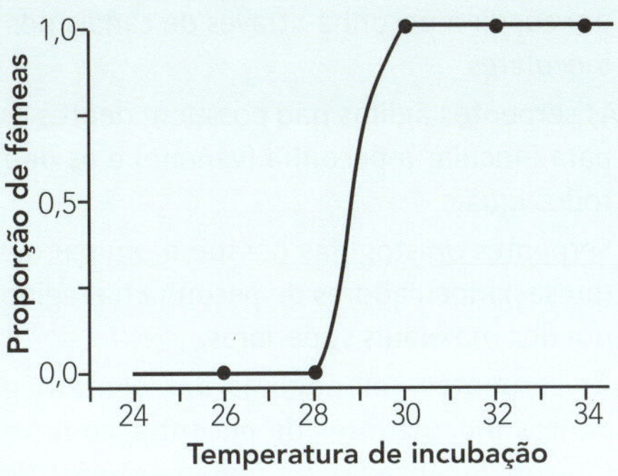


B

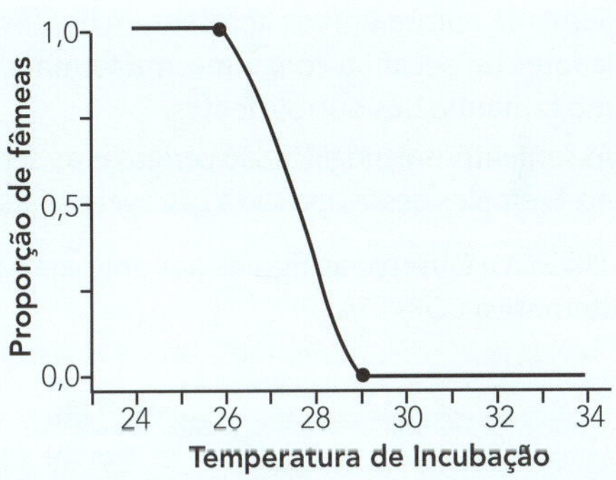


Após a análise cuidadosa dos gráficos, é correto afirmar que:

(01) não é possível relacionar a proporção de machos e fêmeas eclodidos com a temperatura de incubação.

(02) os ovos da tartaruga e do lagarto produzem um maior número de fêmeas quando a temperatura de incubação está entre 28 e 30 °C.

(04) dos ovos de tartaruga, nasce um maior número de machos quando incubados entre 24 e 28 °C; e, dos ovos de lagarto, um maior número de fêmeas com temperaturas entre 24 e 26 °C.

(08) dos ovos de tartaruga eclode um maior número de fêmeas quando a temperatura de incubação está igual ou acima de 30 °C; e, dos ovos de lagarto, o maior número dos machos eclode à temperatura acima de 29 °C.

(16) nos exemplos considerados, embora sejam espécies de répteis, fica claro que a temperatura não é um fator importante para a determinação dos sexos.

(32) a determinação das formas sexuais nos organismos indicados são modelos opostos de influência da temperatura de incubação.

Dê como resposta a soma dos valores das proposições corretas.

4. CO (UFMS) De acordo com a disposição e a forma dos dentes, as serpentes peçonhentas e não peçonhentas podem ser classificadas em áglifas, opistóglifas, proteróglifas e solenóglifas. Considerando essa classificação, assinale a(s) proposição(ões) correta(s).

(01) Serpentes opistóglifas são perigosas ao homem por cuspir a peçonha através de canais nos dentes inoculares.

(02) As serpentes áglifas não possuem dentes especiais para inocular a peçonha (veneno) e os dentes são todos iguais.

(04) Serpentes opistóglifas possuem um par de dentes (presas) inoculadores de peçonha na região posterior dos maxilares superiores.

(08) As serpentes solenóglifas apresentam grandes dentes inoculadores de peçonha, com um canal interno, localizados na região anterior do maxilar superior.

(16) Serpentes proteróglifas apresentam dentes inoculadores de peçonha com a mesma forma e o mesmo tamanho dos outros dentes.

(32) As serpentes solenóglifas são perigosas ao ser humano. Exemplos desse tipo são a cascavel e a jararaca.

5. CO (UEG-GO) Observe as figuras dos animais e assinale a alternativa CORRETA:

Luis Moura/Arquivo da editora

Sapo

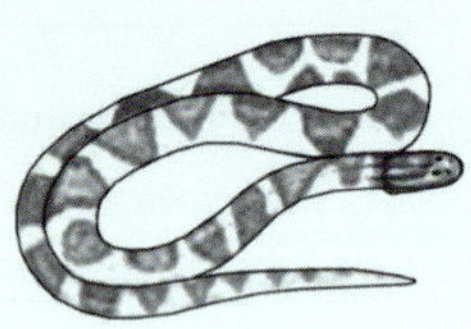

Cobra

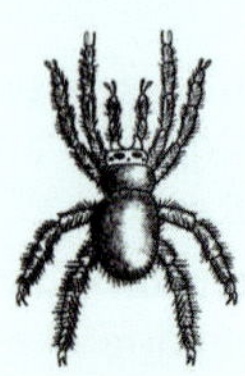

Aranha

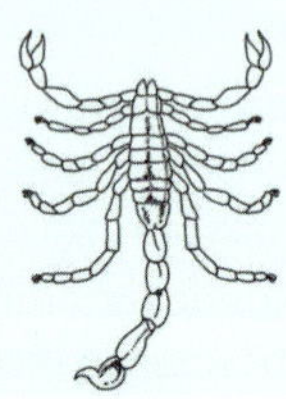

Escorpião

a) Todos os animais representados têm em comum o fato de serem animais peçonhentos que injetam veneno em suas presas.

b) Esses animais pertencem respectivamente a quatro classes: Amphibia, Reptilia, Aracnida e Insecta.

c) O escorpião utiliza suas pinças com dupla finalidade: imobilizar sua presa e inocular o veneno.

d) Em acidentes com picada de cobra, o socorro mais eficaz é a imobilização da vítima, a preparação de torniquete e a extração do veneno do local da picada, o mais rápido possível.

e) Esses animais apresentam diversos comportamentos reprodutivos, sendo que apenas o sapo tem fecundação externa.

6. SE (Vunesp-SP) São muitas as lojas que vendem animais exóticos para serem criados em casa como animais de estimação. Em uma dessas lojas, lagartos eram expostos em caixas de vidro, nas quais havia uma lâmpada acesa.

a) Qual a razão da lâmpada na caixa em que está colocado o animal? Esse procedimento tem alguma relação com algo que o animal experimenta em seu ambiente natural?

b) Se essa caixa fosse deixada na vitrine, diretamente sob luz solar intensa, durante todo o dia, haveria prejuízo ao lagarto?

7. SE (Unifesp) Pela primeira vez na história evolutiva, o embrião é protegido por um envoltório que o protege e impede que desidrate. Ali, há também substâncias de reserva que o nutrirão até que saia do envoltório e passe a ter vida livre.

a) Se essa frase for relacionada a um grupo animal, a que grupo ela se aplica com propriedade? Cite outra característica, reprodutiva ou do desenvolvimento do embrião, que também aparece nesse grupo pela primeira vez.

b) Se essa frase for relacionada a um grupo vegetal, a que grupo ela se aplica com propriedade? Cite outra característica, reprodutiva ou do desenvolvimento do embrião, que também aparece nesse grupo pela primeira vez.

8. SE (Uerj) Certos vertebrados possuem pulmão de grande superfície e pele seca impermeável. Outros vertebrados possuem pulmão de pequena superfície e pele úmida permeável. Por que os primeiros estão mais bem adaptados ao ambiente terrestre?

9. SE (Unicamp-SP) Muitas espécies de tartarugas marinhas estão ameaçadas de extinção pela ação do homem. As rotas de migração das tartarugas marinhas são bastante estudadas no Brasil pelo Projeto Tamar-Ibama, através da colocação de transmissores em seus cascos.

a) Sabendo-se que as tartarugas migram para colocar os ovos nas praias onde nasceram, cite duas características dos ovos das tartarugas que permitem seu desenvolvimento no ambiente terrestre.

b) Quelônios são répteis encontrados tanto no meio terrestre como no aquático. Cite uma diferença morfológica entre os quelônios marinhos e os terrestres.

10. SE (Vunesp-SP) Os jabutis (réptil quelônio), no sudeste do Brasil, são ativos na estação quente e chuvosa, permanecendo praticamente imóveis na estação fria e seca.

a) Que tipo de regulação térmica possuem os jabutis?

b) Explique esse comportamento de acordo com as diferentes condições climáticas.

c) A pele dos répteis é uma superfície adaptada à troca de gases? Justifique sua resposta.

d) Um aspecto curioso do comportamento dos répteis, especialmente de alguns lacertíleos (lagarto e lagartixa) é autotomia. O que a autotomia e qual a sua finalidade?

CAPÍTULO

# 23 Aves

Fabio Colombini/Acervo do fotógrafo

Ararajuba (*Guaruba guarouba*; cerca de 35 cm de comprimento).

> ↘ *Quais são as características comuns ao grupo das aves?*

# 1 Morfologia e fisiologia

Apesar de existir um grande número de espécies de aves no mundo, a estrutura geral do corpo de todas é semelhante. Como veremos ao longo do capítulo, quase todas as características das aves estão, de alguma forma, relacionadas ao voo.

Entre as adaptações ao voo, estão o corpo aerodinâmico coberto de penas e os membros anteriores transformados em asas. Ainda que nem todas as aves voem, elas são descendentes de ancestrais que voavam. No pinguim, as asas em forma de remo são usadas para a natação; na ema e no avestruz elas se apresentam atrofiadas, e os membros posteriores estão adaptados à corrida.

As aves usam os pés para se agarrar aos ramos de árvores, caminhar, nadar ou segurar presas. A forma dos pés e a do bico estão relacionadas ao seu modo de vida. Por exemplo: as membranas entre os dedos do pato facilitam a natação; os dedos fortes do gavião e do falcão ajudam a capturar e sustentar as presas durante o voo; o bico comprido e estreito do beija-flor ajuda a sugar o néctar das flores; o bico do gavião ajuda a dilacerar a carne (veja a **figura 23.1**).

O bico de muitas aves, além de ser utilizado na alimentação, também tem função de defesa. Nesse sentido, o bico e o pescoço móvel compensam a falta de membros dianteiros preensores (transformados em asas).

**Figura 23.1** Adaptações do bico das aves aos diferentes tipos de alimento.

Jack Milchanowski/Visuals Unlimited/Corbis/Latinstock

Beija-flor (cerca de 10 cm de comprimento): bico comprido e estreito, com língua comprida, que suga néctar.

Pete Oxford/Minden Pictures/Latinstock

Pica-pau-branco (*Melanerpes candidus*; cerca de 30 cm de comprimento): com seu bico, captura insetos no tronco das árvores.

MarcusVDT/Shutterstock/Glow Images

Gavião-real ou harpia (atinge mais de 1 m de comprimento): com bico que dilacera carne.

Microstock Man/Shutterstock/Glow Images

Garça (cerca de 75 cm de comprimento): bico comprido que pega peixes.

# Revestimento, sustentação e movimento

As penas são formadas de queratina (a mesma proteína encontrada nas escamas dos répteis e nos pelos dos mamíferos) e estão presas umas às outras por pequenos ganchos. Além de proteger a ave e diminuir a perda de água, elas ajudam a conservar o calor do corpo, mantendo a ave aquecida mesmo nos climas mais frios. As penas são estruturas leves, resistentes e flexíveis, que não aumentam muito o peso do animal e que com as asas e o próprio corpo formam uma superfície aerodinâmica, que ajuda a ave a levantar voo e a se manter no ar.

A pele das aves é seca e sem glândulas, com exceção da **glândula uropigiana** (*ourás* = cauda; *pygion* = traseiro). Essa estrutura fica localizada na região caudal e produz uma secreção oleosa. Com o bico, o animal passa essa secreção nas penas, impedindo que elas absorvam água e que fiquem encharcadas. Ao contrário do ar, a água conduz bem o calor, e poderia diminuir o isolamento térmico do animal. As aves aquáticas também se beneficiam do óleo produzido na glândula uropigiana para a flutuação. Como anexos da pele, há as escamas córneas nas pernas, o bico e as garras córneas.

Os ossos são leves, o que reduz o peso da ave e caracteriza mais uma adaptação ao voo, figura 23.2. Muitos – chamados **ossos pneumáticos** – possuem no interior espaços que se comunicam com os sacos aéreos (veja o tópico "Respiração").

Embora leve, o esqueleto fornece boa sustentação ao corpo, graças a várias soldaduras entre os ossos, fenômeno chamado **ancilose** ou **anquilose** (*agkylos* = aderente). Desse modo, forma-se uma armação óssea capaz de resistir aos esforços do voo. O osso esterno geralmente é bem desenvolvido, com uma expansão – chamada **quilha** ou **carena** (*carina* = quilha) – na qual está implantada a forte musculatura peitoral, responsável pelo movimento das asas (figura 23.2). Os olhos são protegidos pela **membrana nictitante**, que impede a penetração de poeira e o ressecamento durante o voo.

Figura 23.2 As asas, a carena e os músculos peitorais muito desenvolvidos estão entre as principais adaptações das aves à vida aérea. Na foto, esqueleto de pombo (cerca de 30 cm de comprimento; os elementos da ilustração não estão na mesma escala; cores fantasia).

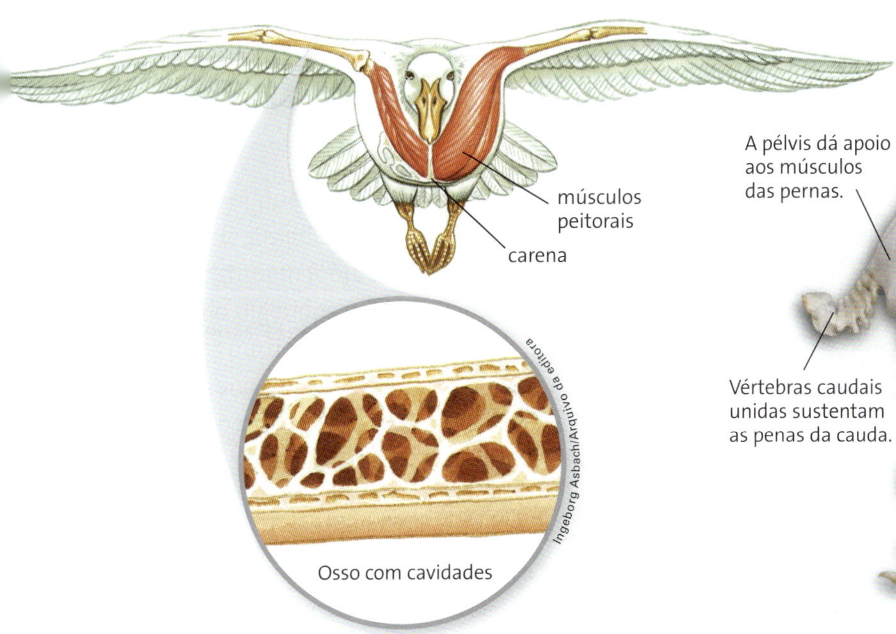


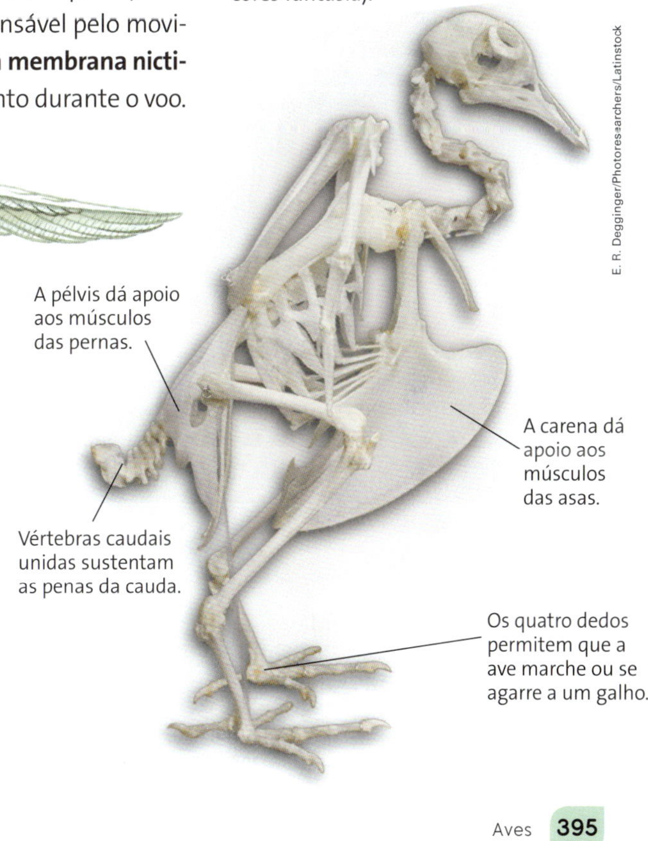

## Nutrição

O tipo de alimento varia conforme a espécie: sementes, frutas, néctar, insetos ou vertebrados, outras aves e restos de animais (carniça). Muitas espécies mantêm uma dieta mista. Há espécies que se alimentam de néctar das flores e promovem a polinização das plantas, outras, ao se alimentar de frutos, contribuem para a disseminação de sementes.

O alimento é ingerido pelo bico córneo, cujo formato varia de acordo com o tipo de alimentação de cada ave. Tal especificidade permite a convivência, sem competição ecológica, de várias espécies no mesmo ambiente, o que contribui para a ampla variedade de animais dessa classe.

A produção de enzimas digestivas ocorre no **estômago químico** ou **proventrículo** (*pró* = adiante; *ventriculum* = pequeno estômago). Nas aves que se alimentam de grãos (granívoras), a ausência de dentes (mais uma adaptação ao voo, por contribuir para a redução de peso) é compensada pela existência de um estômago chamado **moela** ou **estômago mecânico**, que tritura o alimento; além desse, há ainda o estômago químico ou proventrículo (figura 23.3). Em muitas aves, existe uma dilatação no esôfago (**papo**), na qual o alimento é armazenado e amolecido. Outras estruturas presentes nas aves são o fígado, o pâncreas, as glândulas salivares e o intestino, que termina na **cloaca** (figura 23.3).

As fezes de algumas aves podem ser usadas na adubação do solo, caso do guano, formado pelo acúmulo de fezes de aves marinhas no litoral do Chile e do Peru, que é um excelente fertilizante.

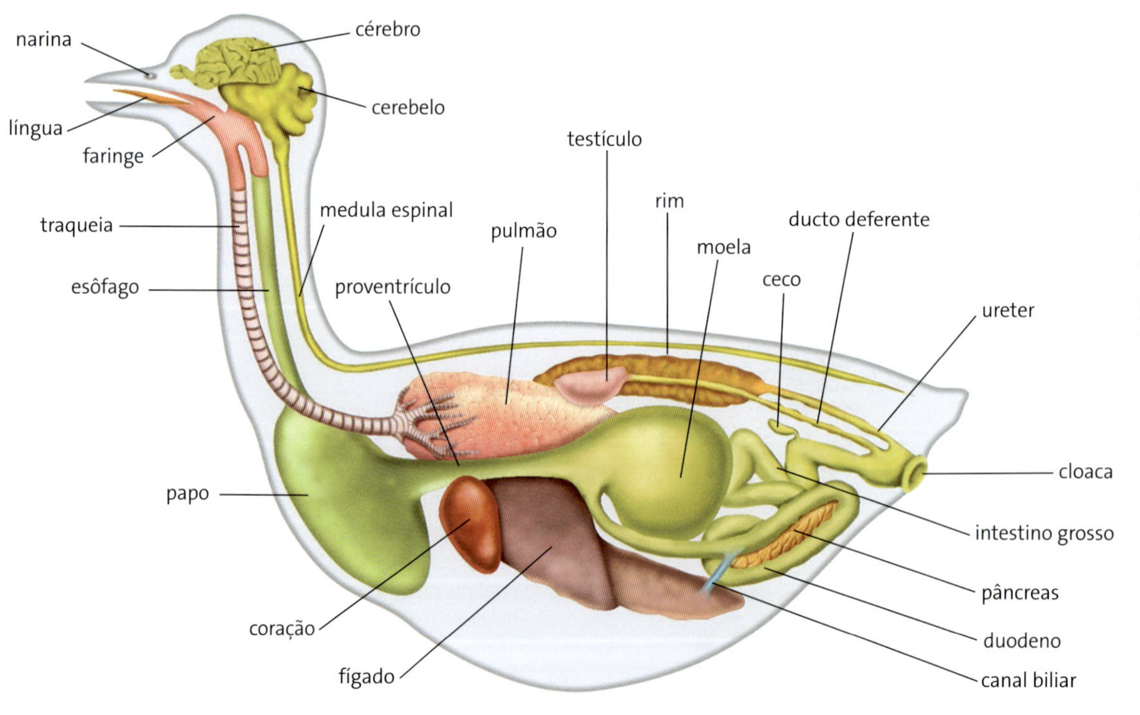


Figura 23.3 Anatomia interna de uma ave (os elementos da ilustração não estão na mesma escala; cores fantasia).

# Respiração

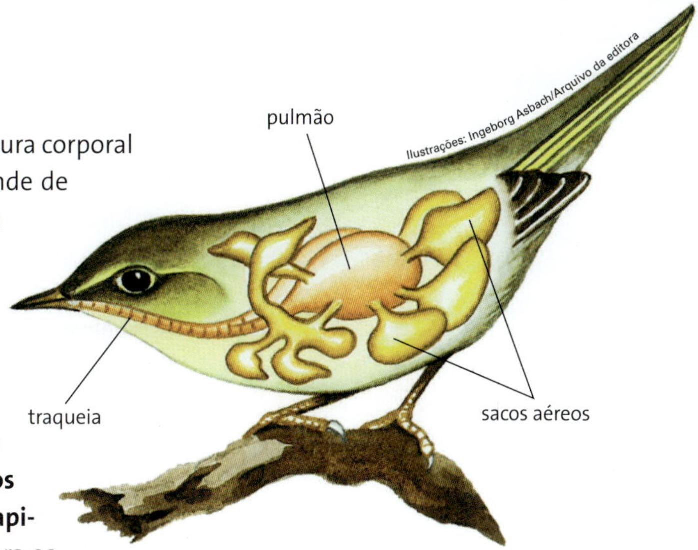



Figura 23.4 Sistema respiratório das aves (os elementos da ilustração não estão na mesma escala; cores fantasia).

As aves são endotérmicas, isto é, mantêm a temperatura corporal à custa do calor produzido no próprio corpo. Isso depende de um sistema respiratório capaz de promover uma troca eficiente de gases para a manutenção de uma boa taxa de produção de energia na respiração celular. Além disso, as aves também consomem muito oxigênio na geração da energia gasta com o voo.

A respiração das aves é pulmonar (figura 23.4). A traqueia ramifica-se em dois brônquios que, no interior do pulmão, se dividem em tubos finos, os **parabrônquios** (*para* = ao lado), dos quais saem pequenas projeções (**capilares aéreos**). O oxigênio do ar passa desses capilares para os sanguíneos, e o sangue com gás carbônico torna-se oxigenado; no caso do gás carbônico, o processo é inverso. Na traqueia há uma bolsa com cordas vocais, a **siringe** (*syrigx* = flauta de cana), responsável pelo canto e grito das aves. Os sons são usados para atrair o companheiro, marcar território e prevenir outros membros da espécie contra algum perigo.

O pulmão possui sacos aéreos, que são prolongamentos desse órgão nas regiões anterior e posterior do corpo (figura 23.4). Não ocorre troca de gases com o sangue nesses sacos, mas eles funcionam na ventilação, bombeando ar para o pulmão, tanto na inspiração como na expiração. Isso garante um fluxo contínuo de ar, que também ajuda a dissipar o calor, principalmente durante o voo: o ar dos sacos aéreos recebe o calor da ave e esse calor sai do corpo pela traqueia.

Além de ventilar o pulmão e ajudar a diminuir a densidade do corpo, os sacos aéreos atuam como meio de refrigeração.

# Circulação

As aves apresentam um coração com quatro cavidades, o que significa que a circulação é dupla e **completa** (não há mistura de sangue não oxigenado com oxigenado; figura 23.5). Essa característica está ligada às adaptações do organismo ao voo e à endotermia – duas funções orgânicas que exigem grande consumo de energia. Para produzir energia é necessário, além de alimento, um bom fornecimento de oxigênio, o que só é possível se a concentração desse gás no sangue for alta.

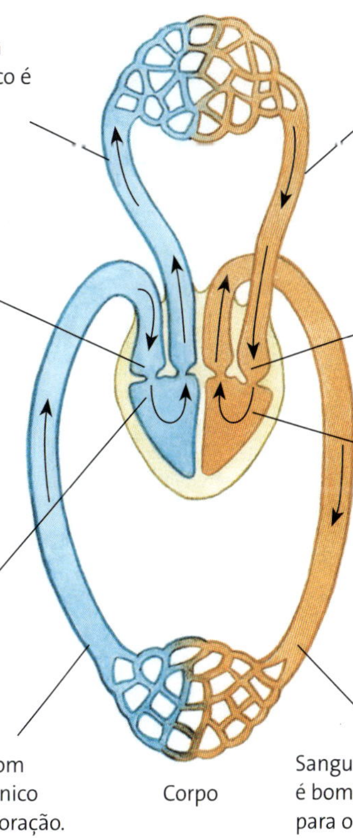


Figura 23.5 Esquema simplificado da circulação dupla e completa das aves (os elementos da ilustração não estão na mesma escala; cores fantasia).

## Excreção e coordenação

As aves não possuem bexiga urinária, e os rins eliminam ácido úrico em forma de uma pasta branca, que sai com as fezes. A eliminação contínua de urina e fezes é mais uma adaptação ao voo, pois evita acúmulo de peso.

O encéfalo é mais desenvolvido que o dos répteis – principalmente o cerebelo e as regiões do cérebro que coordenam os movimentos e o equilíbrio do corpo –, atendendo às manobras no voo.

O sistema nervoso apresenta doze pares de nervos cranianos. Os sentidos da visão (em cores) e da audição, com orelhas (ouvidos) externa, média e interna, são bem desenvolvidos. Os olhos são protegidos pela **membrana nictitante**, que impede a penetração de poeira e o ressecamento provocado pelo vento durante o voo. O olfato não costuma ser muito aguçado, talvez porque seja um sentido com maior valor adaptativo para animais terrestres, que vivem no solo e farejam a presença de presas e predadores.

Em certas épocas do ano, muitas aves migram de uma região para outra que tenha clima mais favorável ou mais alimento, ou para se reproduzir (figura 23.6). Elas orientam-se nessa migração por meio de referências geográficas, como montanhas, rios, lagos, costas marinhas; e da posição do Sol ou das estrelas, entre outros fatores.

Figura 23.6 Revoada de andorinhas sobre a cidade de Cornélio Procópio, no Paraná.

## Controle da temperatura

As aves controlam a temperatura do corpo (entre 40 °C e 42 °C) produzindo, retendo ou deixando sair do corpo menos ou mais calor.

A produção de mais calor está relacionada a uma capacidade de oxidação do alimento, o que depende de uma boa oxigenação dos tecidos, possível graças à grande ventilação do sistema respiratório e ao coração com quatro cavidades. O isolamento térmico do corpo, por causa da gordura subcutânea e da cobertura de penas, também contribui para a manutenção da temperatura.

A perda de calor é controlada também pela espessura da camada de penas. Quando o ambiente esfria, as penas arrepiam, o que aumenta a camada de ar retida entre elas, contribuindo assim para o isolamento térmico (**figura 23.7**). Ao mesmo tempo, ocorre maior oxidação de alimento, produzindo mais calor. A perda de calor pelos pés é diminuída por causa de um mecanismo de contracorrente sanguínea: os vasos sanguíneos que vão para os pés, levando o calor do corpo, são envolvidos por outros vasos, que conduzem sangue em sentido contrário. Esse sangue absorve o calor e o traz de volta para o corpo.

Quando há excesso de calor, as penas são mantidas próximas ao corpo, diminuindo a camada isolante de ar; o sangue é enviado em maior quantidade para a pele, e a respiração torna-se acelerada. O ar dos sacos aéreos recebe o calor do corpo e o elimina.

O consumo de energia no voo libera grande quantidade de calor; o excesso de calor do corpo é absorvido pelo ar frio (que foi retirado do ambiente e armazenado nos sacos aéreos) e eliminado na forma de ar quente.

Graças à endotermia, aves (e também os mamíferos) não precisam se aquecer ao sol, como os répteis, para que seu organismo funcione adequadamente, nem mesmo quando a temperatura ambiente é muito baixa. Por um lado, a endotermia permite que esses animais sejam mais ativos à noite, em dias nublados, ou em climas frios. Permite também que os animais endotérmicos se mantenham ativos por períodos mais prolongados – répteis alternam períodos de atividade mais intensa com outros de descanso. Por outro lado, a produção de calor para a manutenção da temperatura faz com que esses animais consumam muito mais alimento e oxigênio, proporcionalmente ao peso do corpo, do que os ectotérmicos. Essa grande demanda pode ser uma desvantagem em ambientes com pouco alimento.

Erni/Shutterstock/Glow Images

**Figura 23.7** Ave (*Erithacus rubecula*) com as penas arrepiadas por causa da baixa temperatura.

## 2 Reprodução

Nas aves, os sexos são separados. O macho possui dois testículos – dos quais saem os **ductos deferentes** –, que desembocam na cloaca (figura 23.8). Em algumas espécies há um pênis. Em geral, o ovário e o oviduto direito são atrofiados, e os do lado esquerdo aumentam de tamanho apenas no período reprodutivo. Os óvulos apresentam clara e casca, produzidas nas glândulas do **oviduto**, e são lançados para fora pela cloaca (figura 23.8).

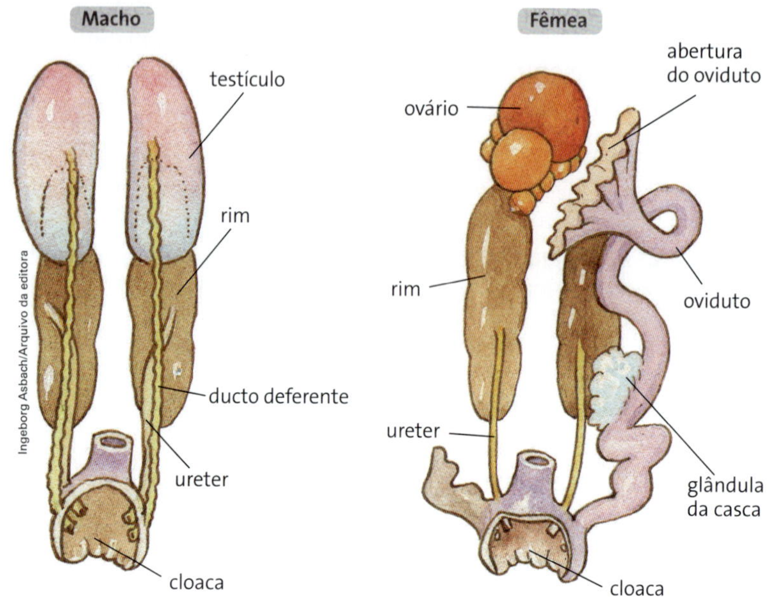


Figura 23.8 Sistema reprodutor das aves (os elementos da ilustração não estão na mesma escala; cores fantasia).

As aves são ovíparas, com desenvolvimento direto, e o ovo apresenta casca e anexos (amniotas) que protegem e alimentam o embrião, além de acumular suas excretas, permitindo o desenvolvimento em ambiente terrestre (figura 23.9).

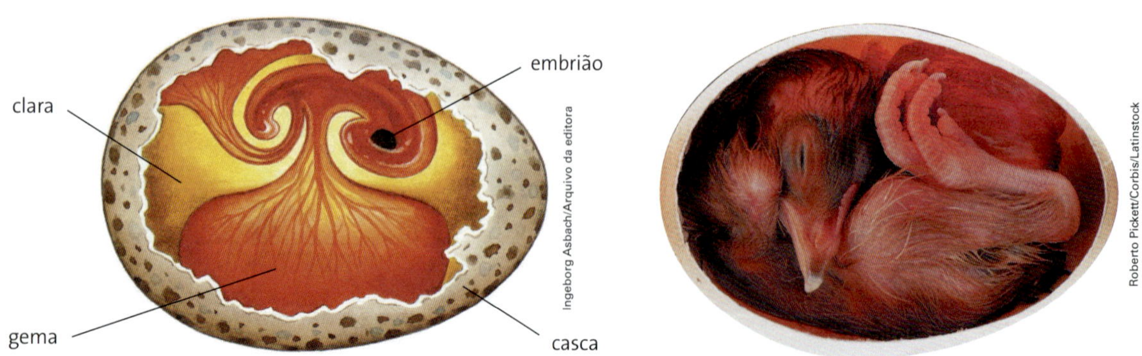


Figura 23.9 O ovo das aves é semelhante ao dos répteis e permite que o embrião se desenvolva no ambiente terrestre. Na foto, ovo de galinha (até 6 cm de diâmetro) com embrião aos 21 dias prestes a eclodir. (Os elementos da ilustração não estão na mesma escala; cores fantasia.)

Durante a época da reprodução, há uma série de rituais de corte e defesa de território, seguindo-se o acasalamento. Na maioria das espécies, há também a construção de ninhos (figura 23.10). Após a postura, ocorre um período de incubação, no qual os ovos são chocados, o que garante a temperatura adequada para o desenvolvimento do filhote. Este recebe alimentação e proteção dos pais durante algum tempo após a eclosão (saída do ovo).

Frans Lanting/Minden Pictures

Eric Isselee/Shutterstock/Glow Images

Fabio Colombini/Acervo do fotógrafo

Fabio Colombini/Acervo do fotógrafo

Figura 23.10 **A**: albatroz macho cortejando a fêmea (chega a cerca de 3,5 m de envergadura); **B**: pavão macho exibindo sua plumagem (1,80 m a 2,30 m de comprimento); **C**: joão-de-barro (15 cm a 20 cm de comprimento) no ninho em construção; **D**: sabiá-laranjeira (*Turdus rufiventris*; cerca de 25 cm de comprimento) alimentando filhote no ninho.

## Biologia e cotidiano

### Ovos das aves domésticas

Hoje em dia, das 31 espécies de animais domésticos, 11 são aves. Entre elas, está a galinha doméstica, variedade da subespécie *Gallus gallus domesticus* que o ser humano criou por seleção artificial.

Na maior parte das aves, a postura dos ovos é feita após a fecundação do óvulo. Eles são produzidos nos ovários e, à medida que descem pelo oviduto até saírem pela cloaca, recebem clara e casca. A galinha doméstica também expele óvulos não fecundados, ou seja, ela produz ovos independentemente da reprodução.

Uma galinha chega a produzir, anualmente, uma média de 300 ovos, pesando cada um cerca de 58 g (figura 23.11), bem menores, portanto, que o maior ovo de ave conhecido, o ovo de avestruz.

Galinhas selvagens voam distâncias curtas. Já a galinha doméstica é muito pesada para voar. Além disso, como põe ovos com muita frequência (diariamente, às vezes até mais de um por dia), seu peso é ainda maior, reduzindo bastante a possibilidade de voo. As variedades selvagens põem ovos apenas duas vezes por ano, em média.

Fabio Colombini/Acervo do fotógrafo

Figura 23.11 Galinha (cerca de 40 cm de altura) chocando ovos.

Ehtesham/Shutterstock/Glow Images

Psitaciformes: arara-vermelha (até 90 cm de comprimento).

## 3 Classificação

Na figura 23.12 apresentamos alguns representantes de algumas ordens de aves.

Winfried Wisniewski/Foto Natura/Latinstock

Reiformes: ema, uma das maiores aves das Américas (90 cm a 1,60 m de altura).

Fabio Colombini/Acervo do fotógrafo

Passeriformes: canário (cerca de 12 cm de comprimento). São os pássaros que se empoleiram (sabiá-laranjeira, bem-te-vi, sanhaço, curió, graúna, etc.) e, em geral, cantam.

Winfried Wisniewski/ Foto Natura/Latinstock

Ciconiformes: garça-azul (cerca de 50 cm de comprimento); são aves com o bico, os membros posteriores e o pescoço longos, vivem próximo à água doce.

Fabio Colombini/Acervo do fotógrafo

Esfenisciformes: pinguim (75 cm a 90 cm de altura).

Arthur Morris/Corbis/Latinstock

Estrigiformes: coruja-buraqueira (até 27 cm de comprimento).

Figura 23.12 Alguns representantes de ordens da classe Aves.

# 4 Evolução

Archaeopterix

As aves devem ter surgido de grupos de dinossauros carnívoros com penas, como alguns fósseis parecem indicar, a exemplo dos gêneros *Caudipteryx* e *Protarchaeopteryx*, descobertos na China, com 145 milhões de anos. Embora não permitissem o voo, as penas ajudariam a reter o calor corporal. Outro fóssil, do gênero *Archaeopteryx*, descoberto na Alemanha, com 150 milhões de anos, apresentava penas, mas ainda possuía dentes e uma longa cauda óssea (figura 23.13).

Mehau Kulyk/SPL/Latinstock

Chris Butler/SPL/Latinstock

**Figura 23.13** A evolução das aves: na ilustração (cores fantasia), reconstituição de um dinossauro com penas (*Velociraptor mongoliensis*, cerca de 2 m de comprimento) atacando um arqueópterix (cerca de 30 cm de comprimento); na foto, fóssil de arqueópterix.

## Aprofunde seus conhecimentos

### Aves são dinossauros?

As aves podem ter se originado de terópodes, dinossauros carnívoros e bípedes, ao longo da era Mesozoica (entre 245 e 65 milhões de anos). Para a maioria dos cientistas, as semelhanças entre esses dinossauros e as aves são tantas que estas podem ser consideradas verdadeiros "dinossauros avianos".

Entre os dinossauros "não avianos" mais próximos evolutivamente das aves estariam os gêneros *Deinonychus*, *Velociraptor* e *Oviraptor*, que, entre outras características, possuíam um pescoço alongado e móvel, pé com três dedos (apoiando-se em apenas dois deles para andar) e ossos ocos, que tornam o esqueleto mais leve. Além disso, muitos possuíam penas, que poderiam ser um isolante térmico, ajudando a manter o corpo do animal aquecido.

Sabemos hoje que várias características que se pensava serem exclusivas das aves estavam presentes nos fósseis de dinossauros não avianos, como o osso largo do peito e a estrutura cristalina da casca dos ovos. Além disso, sobre uma pilha de ovos de *Oviraptor*, foram encontrados restos do animal, que estava em posição semelhante à assumida por aves ao chocar.

Em 2006, cientistas ingleses conseguiram "religar" um gene de uma ave e viram que o embrião iniciou a formação de dentes semelhantes aos de fósseis ancestrais de aves.

Em 2007, cientistas conseguiram extrair colágeno (uma proteína) do osso do fêmur de um tiranossauro com 68 milhões de anos, compararam esse colágeno com o da galinha atual e viram que eles são bastante parecidos: mais um fato que apoia a ideia de um parentesco evolutivo entre dinossauros e aves, indicando que esses dois grupos descendem de um ancestral comum.

Esse é mais um exemplo de que, em ciência, tentamos formular hipóteses que possam ser testadas por observações ou experimentos. Isso é bom para a ciência; afinal, na busca de evidências que apoiem ou refutem as hipóteses formuladas, nosso conhecimento segue aumentando.

**Fontes de consulta:** CHIAPPE, L. M. Downsized Dinosaurs: The Evolutionary Transition to Modern Birds. *Evolution*: Education and Outreach. v. 2, n. 2, jun. 2009, p. 248-256. Disponível em: <www.springerlink.com/content/66w3755838876571/fulltext.pdf>. Acesso em: 5 set. 2012.QUICK, D. E.; RUBEN, J. A. Cardio-pulmonary Anatomy in Theropod Dinosaurs: Implications from Extant Archosaurs. *Journal of Morphology*. v. 270, n. 10, p. 1232-1246. Published Online 20 *May* 2009. Resumo disponível em: <www3.interscience.wiley.com/journal/122395783/abstract?CRETRY=1&SRETRY=0>. Acesso em: 5 set. 2012.

# Atividades

1. Indique as afirmações corretas acerca das aves:
   a) Possuem fecundação interna.
   b) A circulação é dupla e completa.
   c) Todas voam.
   d) São animais ectotérmicos.
   e) Possuem respiração pulmonar e cutânea.
   f) Possuem sacos aéreos e ossos ocos.
   g) O canto é produzido na siringe.
   h) As escamas dos répteis e as penas das aves são formadas por queratina.
2. Os cientistas acreditam que as aves vieram, por evolução, de um grupo de dinossauros. Uma das pistas que os levaram a essa conclusão é o fato de que alguns fósseis de dinossauros apresentavam o corpo coberto por algo que não estava presente em outros dinossauros. Que estrutura presente nesses fósseis apoia a ideia de parentesco evolutivo entre dinossauros e aves?
3. Um estudante disse que a carne de dinossauro deveria ter sabor parecido com a de galinha. Você concorda com ele? Justifique sua resposta.
4. Pesquisando uma região para um trabalho prático de Biologia, um estudante observou que em épocas de muito frio os lagartos do lugar mostravam-se pouco ativos, ao contrário das aves. Por que as aves podem se manter ativas mesmo em climas muito frios?
5. Você já deve ter ouvido a questão popular: "Quem nasceu primeiro, o ovo ou a galinha?". Raciocinando de acordo com a história evolutiva dos vertebrados, tente responder a essa pergunta.
6. Às vezes se diz que uma pessoa "come feito passarinho", querendo dizer com isso que ela come pouco. Na realidade, proporcionalmente ao seu peso, as aves comem muito mais que os répteis, e até mais do que vários mamíferos. Por que as aves precisam comer tanto?
7. Os músculos peitorais das aves são, em geral, bastante desenvolvidos, chegando a pesar cerca de 30% do peso total do animal, em alguns casos. Só para comparar, no ser humano, os músculos peitorais representam, em média, apenas 1% do peso total. Qual pode ser a razão do grande desenvolvimento desses músculos nas aves? Explique.
8. De modo geral, o esqueleto das aves é muito leve em relação ao peso total do corpo. A fragata, por exemplo, ave que tem mais de 2 metros de envergadura e peso superior a 2 kg, tem um esqueleto de pouco mais de 100 g — menos que o peso total de suas penas. Para as aves, qual a vantagem de ter um esqueleto tão leve?

## Trabalho em equipe

Em grupo, escolham um dos temas a seguir para pesquisar (em livros, na internet, em CD-ROMs, etc.). Depois, apresentem o resultado do trabalho (com ilustrações, fotos ou vídeos) para a classe e a comunidade escolar (alunos, professores e funcionários da escola e pais ou responsáveis).

Informem-se também se em sua região existe alguma instituição educacional (por exemplo, uma universidade, um museu ou um centro de ciências) que trabalhe com aves brasileiras ou mantenha uma exposição sobre esses animais e verifiquem se é possível visitar o local. Como opção, podem ser pesquisados na internet, *sites* de universidades, museus, etc., que disponibilizem uma exposição virtual sobre o tema.

1. Citem alguns exemplos de aves que possuam cada uma das adaptações a seguir. Falem também sobre seus hábitos de vida, suas relações ecológicas e onde podem ser encontradas na natureza.
   a) pés adaptados a: agarrar-se aos ramos de árvores; caminhar ou correr no solo; nadar; segurar presas.
   b) bicos adaptados a: quebrar sementes; recolher o néctar das flores; perfurar a casca das árvores para pegar larvas de insetos; capturar peixes.
2. Pesquisem uma lista atualizada de aves ameaçadas de extinção no Brasil, indicando, para cada ordem, pelo menos um representante, com fotos ou ilustrações. Indiquem também a categoria de ameaça em que a espécie está enquadrada (Extinta, Extinta na Natureza, Criticamente em Perigo, Em Perigo e Vulnerável), explicando o significado de cada categoria. Pesquisem também os estados brasileiros em que cada espécie é encontrada, seu nome científico e nome comum, algumas características dessas espécies, alguns fatores responsáveis pela extinção e possíveis planos de ação desenvolvidos para evitar a extinção.

# Vestibulares de Norte a Sul

1. **SE** (Unifesp) Cobras, em geral, ingerem uma grande quantidade de alimento, mas apenas de tempos em tempos. Gaviões, comparativamente, ingerem alimento em pequenas quantidades, porém diariamente e várias vezes ao dia. Conhecendo as principais características dos grupos a que esses animais pertencem, pode-se afirmar corretamente que isso ocorre porque:

   a) a digestão nas cobras é mais lenta e isso fornece energia aos poucos para seu corpo. Nos gaviões, a necessidade de fornecimento maior e mais rápido de energia condicionou o comportamento de tomada mais frequente de alimento.

   b) as cobras, por ingerirem as presas inteiras, demoram mais tempo digerindo pelos e penas. Os gaviões, por ingerirem as presas aos pedaços, já começam a digestão a partir do tecido muscular da presa.

   c) os órgãos sensoriais das cobras são bem menos desenvolvidos que os dos gaviões. Por isso, ao conseguirem alimento, ingerem a maior quantidade possível como forma de otimizar o recurso energético.

   d) sendo ectotérmicas (pecilotérmicas), as cobras possuem um período de busca de alimento restrito aos horários mais quentes do dia e, por isso, ingerem tudo o que encontram. Já os gaviões, que são endotérmicos (homeotérmicos), são ativos tanto de dia quanto à noite.

   e) as escamas e placas epidérmicas do corpo das cobras dificultam sua locomoção rápida, o que influencia o comportamento de caça e tomada de alimento. Os gaviões, nesse sentido, são mais ágeis e eficientes, por isso caçam e comem mais.

2. **NE** (UFRN) Répteis e aves foram os primeiros grupos animais na escala filogenética a apresentar âmnio e alantoide no ovo. Por conta desse ganho evolutivo, esses animais tornaram-se capazes de:

   a) desenvolver-se sem metamorfose.

   b) produzir maior número de filhotes.

   c) formar a cavidade celomática.

   d) reproduzir-se fora da água.

3. **S** (UFRGS-RS) Com relação às aves, considere as seguintes afirmações.

   I. Elas apresentam taxa metabólica elevada.

   II. Suas penas atuam como isolante térmico.

   III. Sua excreta nitrogenada é a ureia.

   Quais estão corretas?

   a) Apenas I.

   b) Apenas II.

   c) Apenas III.

   d) Apenas I e II.

   e) I, II e III.

4. **S** (Ufpel-RS) É comum vermos aves de ambientes aquáticos, como patos, marrecões, marrecos, biguás e cisnes, ficarem algum tempo pressionando com o bico a região caudal do uropígio. Assim, com a extremidade do bico, extraem e distribuem sobre as penas uma substância oleosa produzida por um par de glândulas denominadas uropigianas. A secreção proveniente dessas glândulas exerce diversas funções no mecanismo de vida das aves.

   Com base no texto e em seus conhecimentos, é correto afirmar que são funções dos óleos produzidos pelas glândulas uropigianas:

   a) impermeabilizar as penas, dificultar o acesso de ectoparasitos e propiciar melhor deslocamento durante o voo.

   b) evitar o encharcamento das penas, aumentar a perda de calor quando em atividade de voo e facilitar a transpiração.

   c) estabelecer maior união entre as penas, evitando a passagem de ar, facilitar a flutuação durante o nado e impedir a penetração de ectoparasitos.

   d) fornecer flexibilidade e impermeabilidade às penas, por armazenar ar entre elas e diminuir o peso corpóreo.

   e) facilitar a flutuação, impermeabilizar as penas e diminuir as perdas de calor corpóreo.

5. **N** (UFRR) "(...) Charles Evans avistou o que parecia ser uma revoada de pequenos pássaros cinzentos migrando (...) nenhum de nós imaginara encontrar qualquer sinal de vida em uma altitude como esta."

   Trecho do livro "A escalada do Everest de 1953", do autor Jonh Hunt, que relata a primeira expedição a atingir o cume do Monte Everest a 8 850 metros de altitude. A essa altitude, o metabolismo dos humanos sofre alterações profundas que podem levar à morte, por isso os escaladores fazem uso de oxigênio adicional em garrafas pressurizadas. Diferentemente, as aves podem manter alta atividade metabólica, mesmo a altitudes elevadas, devido a adaptações que aumentam as trocas de gases respiratórios.

   Sobre o sistema respiratório das aves, assinale a alternativa incorreta:

   a) O ar inspirado não se mistura com o ar velho, diferente de como ocorre nos mamíferos.

   b) Presença de sacos aéreos que armazenam o ar, porém, não realizam as trocas gasosas.

   c) A respiração das aves é pulmonar.

   d) O fluxo de ar é contínuo e unidirecional através dos pulmões.

   e) Presença de mecanismos de transporte ativo que aumentam suas trocas gasosas respiratórias.

6. **SE** (Vunesp-SP) No desenho de longa-metragem *Rio*, dirigido pelo brasileiro Carlos Saldanha, em uma das cenas, Blu, um macho de ararinha-azul (*Cyanopsitta spixii*), fala para a fêmea que está tentando conquistar:

— Está com calor? Acho que estou suando! Nem sabia que era biologicamente possível. Olha!

E mostra para a companheira sua axila suada.

Interbits®

(Rio, 20th Century Fox, 2011. Adaptado)

Considerando a fisiologia das aves, pode-se afirmar corretamente que:

a) as aves suam. As aves, assim como os demais vertebrados, são endotérmicos e mantêm a temperatura corporal a partir do calor gerado pelo próprio metabolismo, o que implica necessitarem de glândulas sudoríparas para dissipar o calor do corpo.

b) as aves suam. Dentre os vertebrados, apenas as aves e os mamíferos são endotérmicos e utilizam o calor externo para manter alto o metabolismo, o que implica necessitarem de glândulas sudoríparas para dissipar o calor do corpo.

c) as aves não suam. Embora sejam endotérmicas e mantenham a temperatura corporal a partir do calor gerado pelo metabolismo, as aves não apresentam glândulas sudoríparas, mas apresentam outros mecanismos fisiológicos de controle da temperatura corporal.

d) as aves não suam. As aves constituem-se no grupo mais aparentado aos répteis e, como eles, são ectotérmicas e utilizam o calor externo para manter alto o metabolismo, razão pela qual não têm glândulas sudoríparas, mas apresentam outros mecanismos fisiológicos de controle da temperatura corporal.

e) as aves não suam. Dentre os vertebrados, apenas os mamíferos são ectotérmicos e utilizam o calor externo para manter alto o metabolismo, o que implica que apenas eles apresentam glândulas sudoríparas e mecanismos fisiológicos de controle de temperatura corporal.

7. **S** (UEL-PR) Indique a que classes pertencem os animais cujas principais características estão relacionadas a seguir:

I. Papo e moela (aparelho digestivo); siringe; ossos pneumáticos; sacos aéreos; homeotérmicos; coração com quatro cavidades.

II. Durante a metamorfose, têm respiração branquial, pulmonar e cutânea; coração com três cavidades; pecilotérmicos; cloaca.

a) I – peixes e II – anfíbios
b) I – aves e II – anfíbios
c) I – aves e II – répteis
d) I – répteis e II – anfíbios
e) I – anfíbios e II – peixes.

8. **S** (Udesc) Dentro da Classe Aves, temos a ordem Anseriformes, que apresenta como exemplos o pato, o ganso e o marreco, aves criadas com regularidade em quase todo o estado de Santa Catarina.

a) Que tipo de adaptação existe nas patas dessas aves e qual sua função?
b) Como as penas dessas aves não ficam encharcadas quando estão na água?
c) Essas aves, assim como as demais, são seres homeotérmicos. Defina homeotermia.

9. **SE** (UFU-MG) De todos os grupos de vertebrados, as aves possuem o maior número de adaptações para que possam realizar o voo. Cite as adaptações que são encontradas nos sistemas:

a) dérmico.
b) esquelético.
c) respiratório.
d) excretório.

10. **NE** (UFBA) É engraçado pensar em um tordo empoleirado nas costas de um Velociraptor ou um pato nadando ao lado de um Spinosaurus. (DYKE, 2010, p. 59).

A ilustração apresenta duas concepções sobre a origem das aves modernas, considerando um período específico na história da evolução da vida na Terra.

A partir da análise das informações, associada aos conhecimentos sobre evolução,

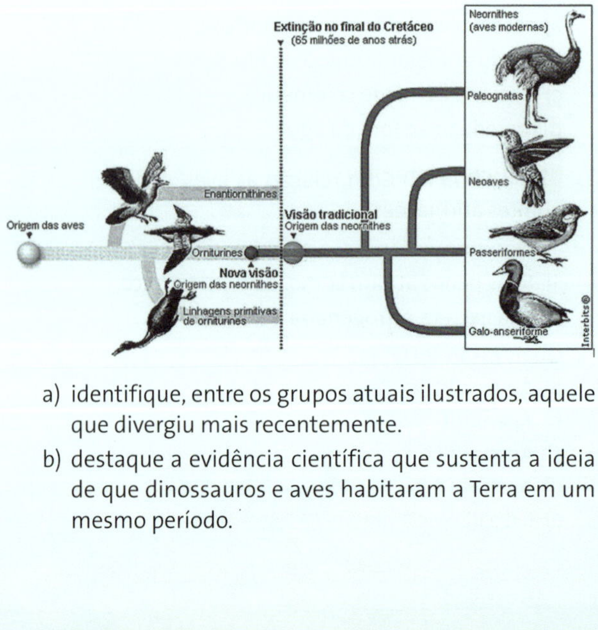


Interbits®

a) identifique, entre os grupos atuais ilustrados, aquele que divergiu mais recentemente.
b) destaque a evidência científica que sustenta a ideia de que dinossauros e aves habitaram a Terra em um mesmo período.

CAPÍTULO

# 24 Mamíferos

Fabio Colombini/Acervo do fotógrafo

Bugio (*Alouatta fusca*) com filhote.

↘ *Quais são as principais características dos mamíferos?*

# 1 Morfologia e fisiologia

Os mamíferos apresentam várias características exclusivas.

Uma das características exclusivas é o corpo coberto (total ou parcialmente) de pelos formados de queratina. A superfície do corpo dos mamíferos também apresenta glândulas **sudoríferas** (ou **sudoríparas**), **sebáceas** e **mamárias** (daí o nome do grupo, que significa 'portador de mamas'; figura 24.1). Os mamíferos machos também apresentam glândulas mamárias, mas elas são atrofiadas, ou seja, não se desenvolvem nem produzem leite.

Mesmo que um animal não apresente todas as características típicas do grupo dos mamíferos na fase adulta, geralmente podemos observar essas características na fase embrionária. A baleia e o golfinho, por exemplo, não possuem pelos quando adultos. Essa é provavelmente uma adaptação à vida aquática, pois o pelo diminui a velocidade da natação. No entanto, os pelos estão presentes no embrião desses animais. Então, podemos dizer que todos os mamíferos têm pelos, ao menos em alguma fase da vida.

Outra característica é a presença do **diafragma**, um músculo que divide a cavidade torácica da abdominal. A contração e o relaxamento do diafragma bombeiam o ar para dentro e para fora dos pulmões.

Os mamíferos apresentam ainda uma dentição diferenciada em dentes **incisivos**, **caninos**, **pré-molares** e **molares**.

Finalmente, sob a pele os mamíferos apresentam um tecido rico em células adiposas (adipócitos), o **panículo adiposo**, que atua como isolante térmico, diminuindo a perda de calor pelo corpo, e como reserva de alimento.

Figura 24.1 Pelos e glândulas mamárias são características exclusivas dos mamíferos. (Os elementos da figura não estão na mesma escala; as células são microscópicas; cores fantasia.)

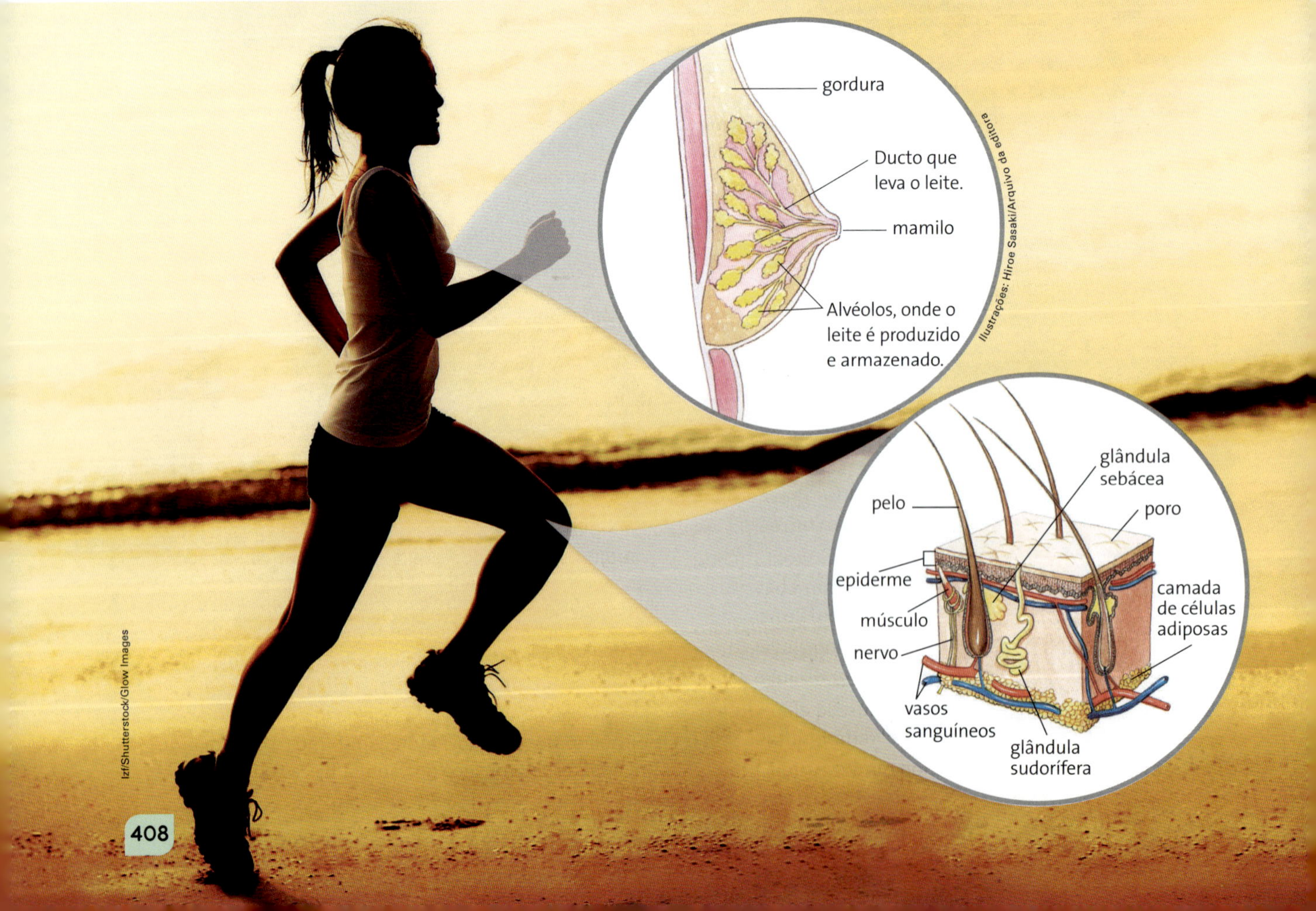

## Revestimento, sustentação e movimento

A pele, com epiderme queratinizada e derme, apresenta pelos. Sob a derme, a gordura concentra-se no tecido adiposo, que é mais espesso nos animais de clima frio e nos mamíferos aquáticos sem pelos, como a baleia e o golfinho. Os pelos e a gordura funcionam como isolante térmico e contribuem para a manutenção de uma temperatura constante.

Dependendo do grupo de mamíferos, pode haver garras, unhas, chifres e cascos. As garras e os cascos são formados de queratina. Os cornos são estruturas permanentes, formados exclusivamente por queratina, como no rinoceronte; ou por osso coberto de queratina ou pele, como no boi e no antílope. Os chifres são formados por osso e cobertos por pele apenas durante o crescimento. Essas estruturas são típicas dos cervídeos (veados e alces) e substituídas anualmente.

Em alguns mamíferos, as glândulas sudoríferas ajudam a baixar a temperatura do corpo. Ao evaporar, a água do suor retira calor da pele e do sangue abaixo dela, esfriando o corpo. Alguns animais, como os cães, possuem poucas glândulas sudoríferas, e a temperatura do corpo diminui quando eles respiram rápida e superficialmente (ficam ofegantes), o que aumenta a evaporação do vapor de água pelo sistema respiratório. As glândulas sebáceas produzem gordura que lubrifica os pelos e a pele, contribuindo para sua impermeabilização. As glândulas mamárias produzem o leite que alimenta os filhotes.

Enquanto em anfíbios, répteis e aves o número de vértebras cervicais varia muito, no esqueleto de quase todos os mamíferos há sempre sete vértebras cervicais (as exceções são a preguiça e o peixe-boi), além de uma cauda com número variável de vértebras (no ser humano ela é vestigial e corresponde ao cóccix). A ligação entre alguns desses ossos é feita por articulações, com ligamentos que permitem vários tipos de movimento. Os ossos servem de alavancas para os músculos, responsáveis pelos movimentos do corpo, e protegem certos órgãos, como o cérebro, a medula nervosa, os pulmões e o coração.

### Biologia e cotidiano

#### Pelo arrepiado

Muitos mamíferos ficam com os pelos levantados no frio, fazendo com que aumente a quantidade de ar quente retido próximo ao corpo.

Mas o animal também pode arrepiar os pelos quando está sendo ameaçado por outro. Nesse caso, a vantagem está em assustar o inimigo, pois, com os pelos eriçados, o animal parece maior.

No ser humano, os pelos estão bastante atrofiados, a não ser em certas partes do corpo. Então, no nosso caso, o fato de ficarmos arrepiados (no frio, por exemplo) pode ser apenas uma herança de nossos ancestrais que tinham mais pelos (**figura 24.2**).

Mitsuaki Iwago/Minden Pictures/Latinstock

**Figura 24.2** Filhote de gato doméstico com pelo arrepiado e em posição de defesa (um gato adulto pode ter 45 cm de comprimento).

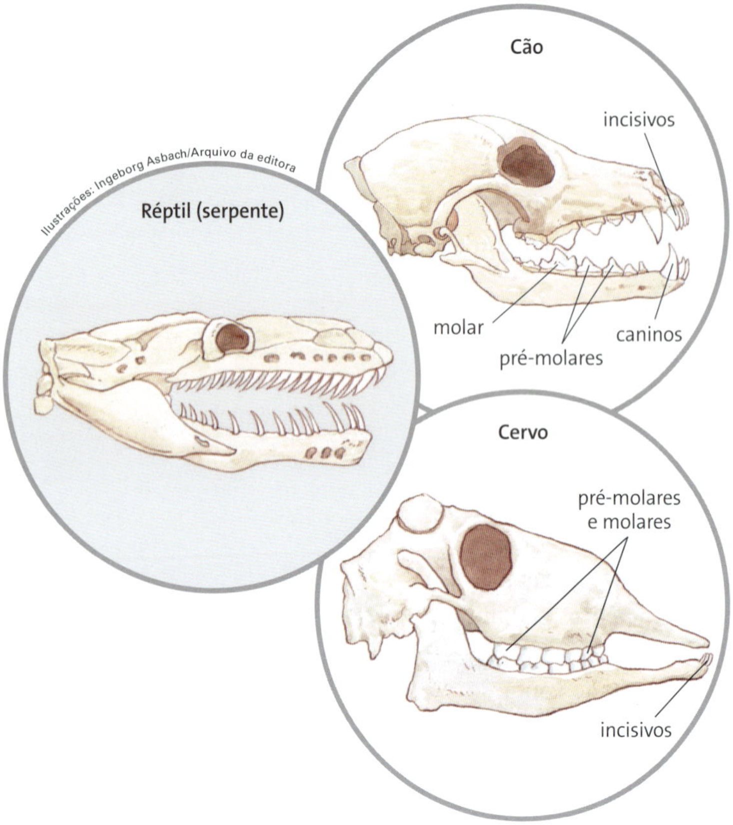


## Nutrição

Os diferentes tipos de dentes representam uma adaptação ao regime alimentar. São poucos os mamíferos (como a baleia e o tamanduá) que não possuem dentes; alguns não apresentam todos os tipos. A diferenciação nos dentes caracteriza esses animais como **heterodontes** (*hetero* = diferente; *odonto* = dente): os incisivos são especializados em cortar; os caninos têm um formato apropriado para furar e rasgar; os pré-molares e molares, para triturar (figura 24.3).

Os animais carnívoros, como a onça, possuem caninos bem desenvolvidos que furam e rasgam a carne das presas. Nos animais herbívoros, como bois, girafas e camelos, predominam os molares, usados para triturar folhas. Já o castor, que corta com os dentes ramos de árvores para construir barragens, tem incisivos bem desenvolvidos. Há ainda animais onívoros, que comem alimentos vegetais e animais (*omne* = tudo; *vorare* = comer). O urso-pardo, por exemplo, pode comer frutas, peixes, ovos, etc. O ser humano também é onívoro.

Figura 24.3 Na ilustração, comparação entre a dentição dos répteis (os dentes são todos semelhantes) e a dos mamíferos (dentes especializados com funções diferentes). Nas fotos, dentes de um carnívoro, onça, e de um herbívoro, cavalo. (Os elementos da figura não estão na mesma escala; cores fantasia.)

Estão presentes fígado, pâncreas e glândulas salivares (menos nos mamíferos aquáticos). Como nos osteíctes, o tubo digestório comunica-se com o exterior pelo ânus (figura 24.4), exceto no ornitorrinco e na equidna, que possuem cloaca (câmara comum que recebe os resíduos dos sistemas digestório, excretor e reprodutor).

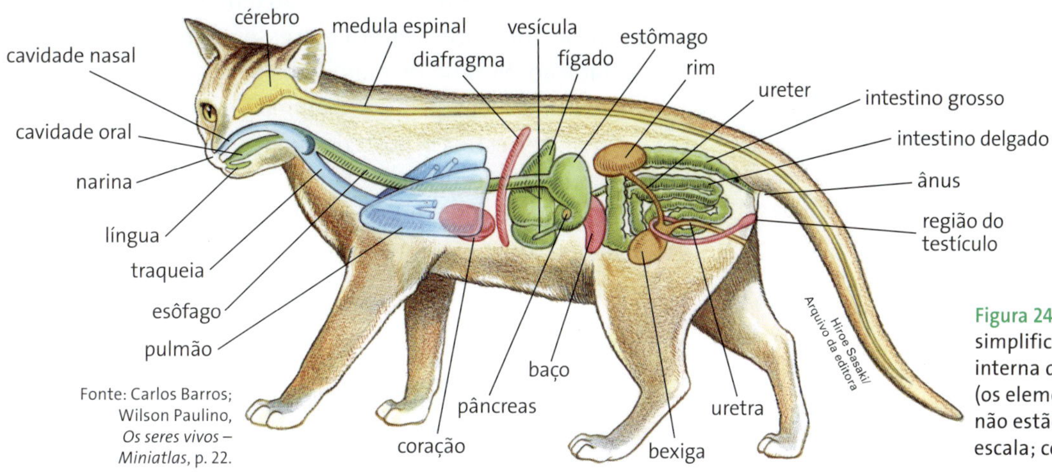


Fonte: Carlos Barros; Wilson Paulino, *Os seres vivos – Miniatlas*, p. 22.

Figura 24.4 Esquema simplificado da anatomia interna de um gato (os elementos da ilustração não estão na mesma escala; cores fantasia).

O estômago de mamíferos ruminantes (boi, carneiro, cabra, antílope, girafa, veado, camelo, etc.) é muito desenvolvido e divide-se em: pança ou rúmen (*rumen* = pança, papo); barrete ou retículo; folhoso ou omaso (*omasum* = tripa de boi); coagulador ou abomaso (*ab* = afastado). Veja a figura 24.5. Essa divisão em compartimentos permite um melhor aproveitamento da celulose presente nos vegetais ingeridos, que constituem um nutriente importante na dieta desses animais.

O alimento é engolido e amassado na pança, onde a celulose é digerida por bactérias. A fermentação da glicose produz ácidos orgânicos, que são absorvidos pela parede do rúmen e utilizados como fonte de energia, além de vitaminas, metano e gás carbônico.

A seguir, o alimento vai para o barrete, no qual há glândulas salivares semelhantes às da boca e com mais bactérias, que continuam a digestão da celulose.

Então, o alimento mistura-se à saliva e é regurgitado em pequenas porções, que serão mastigadas na boca vagarosamente. Depois é deglutido outra vez, indo para o folhoso, que ajuda a triturá-lo e a absorver água. O alimento segue, então, para o coagulador, que produz ácido clorídrico e pepsina, digerindo proteínas e bactérias que chegam a ele. Os microrganismos que vivem no estômago dos ruminantes constituem fonte de aminoácidos e vitaminas para esses animais, sendo digeridos no coagulador. A digestão é finalizada no intestino e os nutrientes, absorvidos.

O intestino dos animais herbívoros é muito maior que o do ser humano e o de animais carnívoros, e pode ter até 40 m de comprimento. Isso se deve à maior dificuldade de digestão do vegetal em comparação à da carne (por causa da parede de celulose das células vegetais). Nos herbívoros não ruminantes, a digestão da celulose ocorre pela ação de bactérias do ceco e do apêndice, que são mais desenvolvidos nesses animais que nos carnívoros.

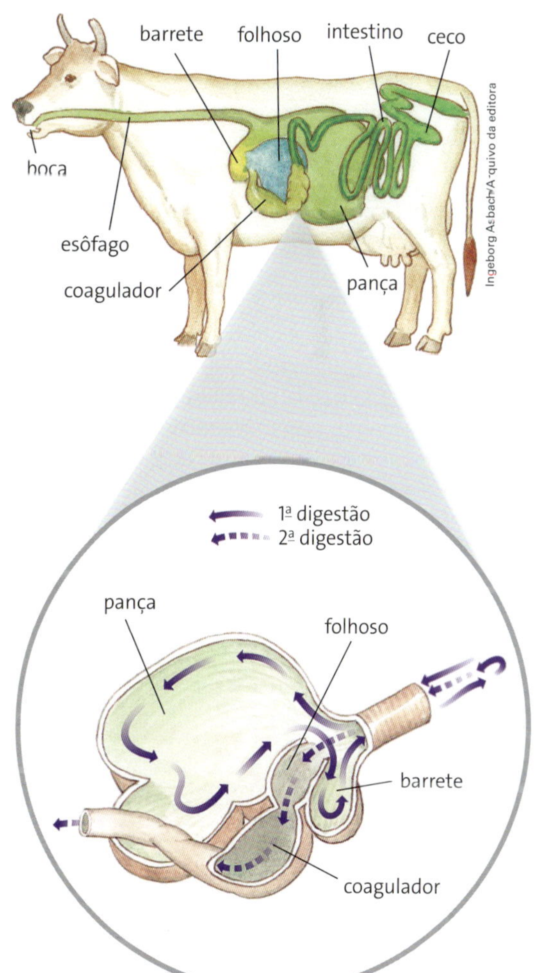


Figura 24.5 Sistema digestório dos ruminantes (os elementos da ilustração não estão na mesma escala; cores fantasia).

Figura 24.6 Esquemas simplificados dos sistemas respiratório, urinário e da circulação dos mamíferos (os elementos da ilustração não estão na mesma escala; cores fantasia).

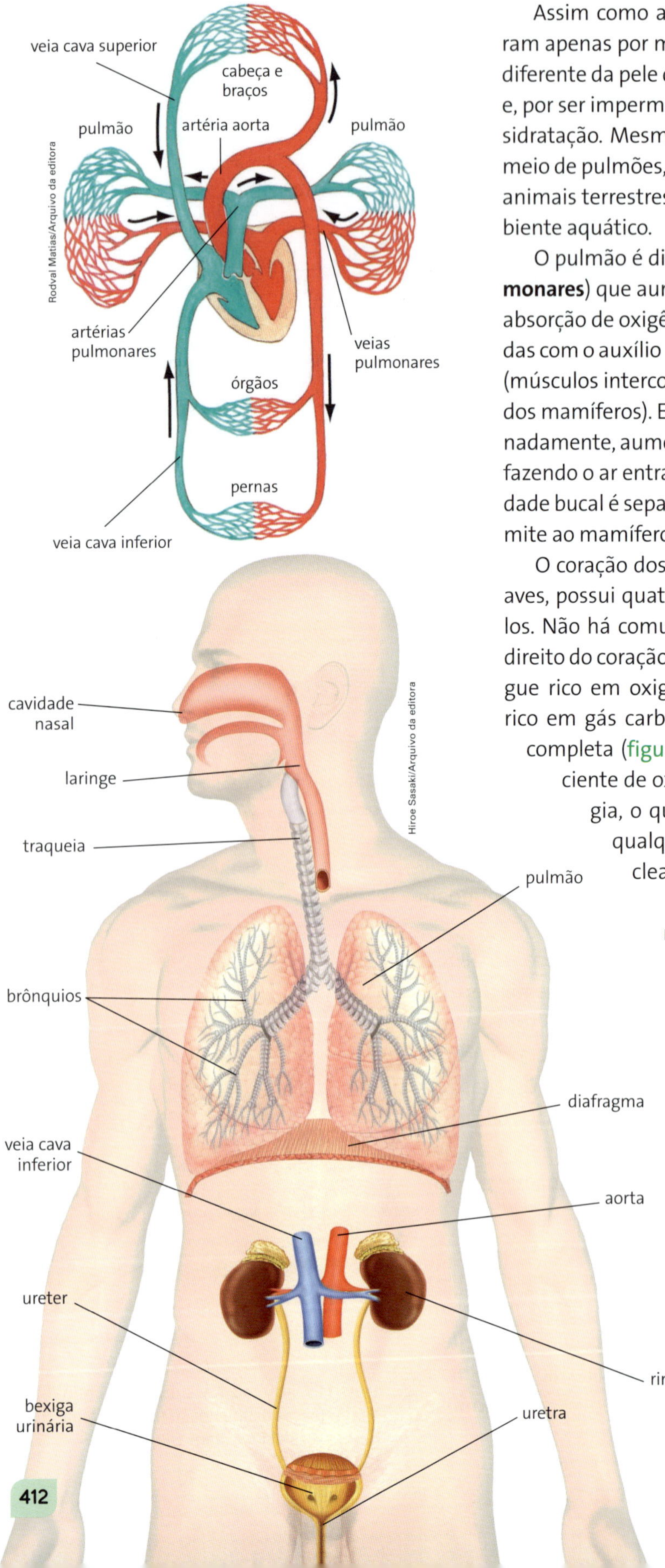


# Respiração, circulação e excreção

Assim como as aves e os répteis, os mamíferos respiram apenas por meio dos pulmões. A pele dos mamíferos, diferente da pele dos anfíbios, não tem função respiratória e, por ser impermeável, protege esses animais contra a desidratação. Mesmo os mamíferos aquáticos respiram por meio de pulmões, já que são animais que se originaram de animais terrestres e, posteriormente, voltaram para o ambiente aquático.

O pulmão é dividido em pequenos sacos (**alvéolos pulmonares**) que aumentam bastante a superfície relativa de absorção de oxigênio. A entrada e a saída de ar são realizadas com o auxílio dos músculos que ficam entre as costelas (músculos intercostais) e do diafragma (músculo exclusivo dos mamíferos). Esses músculos contraem e relaxam alternadamente, aumentando e diminuindo o volume do tórax, fazendo o ar entrar e sair dos pulmões (figura 24.6). A cavidade bucal é separada da nasal pelo osso palato, o que permite ao mamífero respirar enquanto mastiga.

O coração dos mamíferos, da mesma forma que o das aves, possui quatro cavidades: dois átrios e dois ventrículos. Não há comunicação entre o lado esquerdo e o lado direito do coração e, assim como ocorre com as aves, o sangue rico em oxigênio está completamente separado do rico em gás carbônico. A circulação é, portanto, dupla e completa (figura 24.6). Isso garante fornecimento suficiente de oxigênio para uma boa produção de energia, o que torna os mamíferos muito ativos em qualquer temperatura. As hemácias são anucleadas, na forma de disco bicôncavo.

O sistema urinário é formado por dois rins, dois ureteres (canais condutores), uma bexiga urinária e uma uretra (canal de saída), que se abre do lado externo do corpo (figura 24.6). Os rins retiram do sangue certas substâncias tóxicas produzidas pela atividade celular, como a ureia, além da água e dos sais minerais em excesso. Essas substâncias, eliminadas e dissolvidas na água, constituem a urina; ela, por sua vez, passa pelos ureteres e se acumula na bexiga urinária até sair do corpo pela uretra.

# Coordenação e órgãos dos sentidos

Assim como outros vertebrados, os mamíferos possuem um sistema nervoso formado pelo encéfalo (cérebro, cerebelo, bulbo e ponte), pela medula espinal e pelos nervos. Há doze pares de nervos cranianos (figura 24.7). Os mamíferos possuem o maior cérebro entre os vertebrados. Uma camada superficial bem desenvolvida chamada **córtex** confere a esses animais grande capacidade de inteligência, memória e aprendizagem. A audição – com orelhas interna, média e externa e com um pavilhão auricular que facilita a percepção dos sons –, a visão e os epitélios gustatórios e olfatórios são bem desenvolvidos, havendo ainda receptores sensoriais espalhados pela pele.

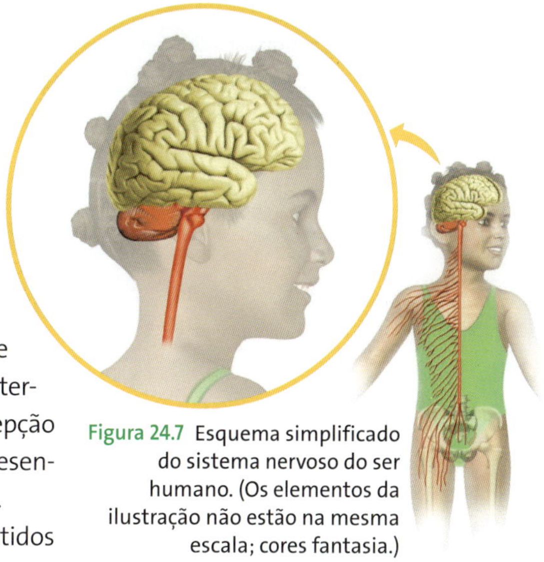

Figura 24.7 Esquema simplificado do sistema nervoso do ser humano. (Os elementos da ilustração não estão na mesma escala; cores fantasia.)

Dependendo do modo de vida do animal, alguns de seus sentidos podem ser mais aguçados do que outros. Muitos animais carnívoros têm olfato apurado. É o caso dos cães farejadores, por exemplo, que auxiliam a polícia a detectar a presença de drogas em malas e bagagens.

Já os animais que vivem em árvores, como os macacos, possuem excelente visão, um sentido obviamente importante para animais que pulam de galho em galho. Eles conseguem até mesmo distinguir cores, enquanto muitos outros mamíferos veem em preto e branco.

Os morcegos possuem excelente audição. Eles se orientam pelo eco dos sons muito agudos que emitem pela boca ou pelo nariz. Desse modo, conseguem desviar dos obstáculos e localizar alimento até mesmo no escuro. Esse sistema de orientação pelo eco também é usado pelas baleias e pelos golfinhos.

Os diversos sistemas dos mamíferos serão vistos com detalhes mais adiante neste volume, quando forem desenvolvidos os temas de anatomia e fisiologia humanas.

# Controle da temperatura

Os mamíferos são endotérmicos. Assim, quando o ambiente esfria, esses animais controlam a temperatura do corpo à custa do calor liberado pela oxidação de alimento. Quando o ambiente esquenta, refrigeram o corpo por meio da evaporação da água eliminada pelas glândulas sudoríferas ou da evaporação de água pela expiração.

Essa regulação da temperatura traz alguns problemas. Se o ambiente é frio, os mamíferos dependem de maior quantidade de alimento e de oxigênio; se é quente, correm o risco de perder muita água pela evaporação. Isso é diminuído pela presença dos pelos e da camada de gordura sob a pele, os quais isolam termicamente o corpo.

Outra adaptação dos organismos endotérmicos é sua capacidade de aumentar ou diminuir a quantidade de sangue que passa pela pele por meio da contração ou do relaxamento dos músculos lisos (involuntários) das arteríolas da pele. Quando os músculos se relaxam, as arteríolas dilatam-se e mais sangue circula pela pele, fazendo com que o corpo perca calor. Quando eles se contraem, o volume de sangue diminui (figura 24.8), reduzindo a perda de calor.

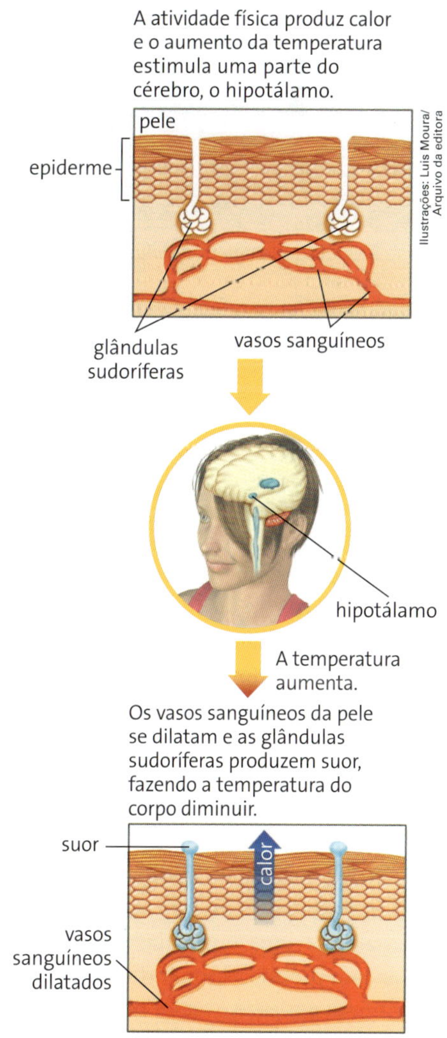


Ilustrações: Luis Moura/ Arquivo da editora

Figura 24.8 Mecanismos para perder calor e abaixar a temperatura em seres humanos, que são endotérmicos. (Os elementos da ilustração não estão na mesma escala; cores fantasia.)

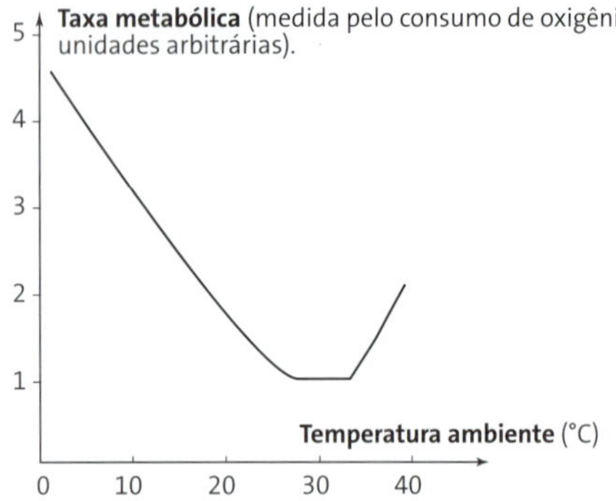


Figura 24.9 Variação da taxa metabólica em função da temperatura ambiente em um rato.

Figura 24.10 Esquilo (*Spermophilus armatus*; cerca de 30 cm de comprimento, fora a cauda) hibernando.

A velocidade das reações químicas, isto é, a taxa metabólica, varia em função da temperatura do ambiente. Ela pode ser medida pelo consumo de oxigênio por grama de peso do ser vivo.

Quando a temperatura ambiental está entre 27 °C e 35 °C, o metabolismo em repouso de um animal endotérmico permanece constante. Nesse intervalo, o animal quase não gasta energia para manter sua temperatura estabilizada. Abaixo dos 27 °C, à medida que a temperatura ambiente diminui, o animal precisa gastar cada vez mais energia para produzir calor e manter a temperatura do corpo constante; com isso, o metabolismo aumenta. Acima de 35 °C, o metabolismo também aumenta, pois o animal precisa gastar energia para eliminar calor, produzindo suor ou ofegando, por exemplo.

Observe na figura 24.9 como o metabolismo de um rato (animal endotérmico) varia com a temperatura.

Se essa avaliação fosse feita com um animal ectotérmico (por exemplo, um lagarto em repouso no laboratório), o resultado seria diferente. Quando a temperatura ambiente aumenta, a temperatura corporal também se eleva, o que faz a taxa metabólica aumentar até certo ponto.

Alguns mamíferos, como ratos-silvestres, esquilos e marmotas, diminuem suas atividades durante o inverno, caindo em uma espécie de sono profundo. A respiração e o batimento cardíaco diminuem muito, e a temperatura do corpo cai bastante (pode chegar a 2 °C). Esse processo, chamado **hibernação**, possibilita a sobrevivência no inverno, estação em que há escassez de alimento. Em vez de procurar comida, eles alimentam-se das reservas de gordura que acumularam no corpo (figura 24.10).

Outros mamíferos, como o urso, também passam o inverno dormindo, mas acordam de vez em quando; sua temperatura cai apenas alguns graus.

## Aprofunde seus conhecimentos

### Tamanho e superfície relativa

Quanto maior o corpo do animal, menor a superfície relativa e vice-versa. A superfície relativa é a razão entre a área e o volume de um corpo. Quando um corpo aumenta de tamanho, o volume aumenta com o cubo de suas dimensões e a área aumenta com o quadrado. Como a capacidade de perder calor para o ambiente depende da área da pele do animal, animais endotérmicos de pequeno porte, como o beija-flor, perdem muito calor através da pele e precisam consumir mais alimento e oxigênio, proporcionalmente ao peso do corpo, para manter sua temperatura. Um musaranho, mamífero com apenas 3 g de peso, come diariamente uma quantidade de alimento equivalente ao seu próprio peso! Portanto, o gasto de energia do animal por peso é maior nos animais pequenos.

Podemos concluir que, em princípio, animais que vivem em regiões frias tendem a apresentar maior porte que indivíduos da mesma espécie que vivem em ambiente quente – embora outros fatores possam influenciar essa relação. Além disso, as "expansões" do corpo (orelhas e patas) nos indivíduos de clima frio são, em geral, menores, pois a maior superfície relativa dessas partes facilita a perda de calor do corpo, o que seria uma desvantagem.

Nos animais de grande porte, como os elefantes, que vivem em regiões de clima quente, a pequena área relativa dificulta a perda de calor. No caso do elefante, os pelos reduzidos facilitam a perda de calor. Além disso, a grande superfície relativa das orelhas desses animais, por onde circula muito sangue, funciona como uma espécie de "radiador", facilitando a perda. Os elefantes possuem ainda adaptações comportamentais para diminuir sua temperatura, como lançar água sobre seu corpo com a tromba e chafurdar na lama, o que provoca evaporação de água na pele e, com isso, a perda de calor.

## 2 Reprodução e desenvolvimento

Os mamíferos apresentam fecundação interna. Os machos possuem pênis, e os testículos alojam-se na bolsa escrotal – em algumas espécies, permanentemente; em outras, apenas na época da reprodução. O desenvolvimento é direto. Quase todos os mamíferos são vivíparos (exceto o ornitorrinco e a equidna, que são ovíparos): o filhote desenvolve-se no útero à custa de alimento e oxigênio retirado diretamente do sangue da mãe pela placenta; por esta também elimina as excretas e o gás carbônico. Além da placenta, estão presentes o âmnio, o córion, a alantoide e o saco vitelínico. A placenta comunica-se com o embrião pelo cordão umbilical (figura 24.11).

Mesmo após o nascimento, o filhote continua a receber, por algum tempo, alimento diretamente da mãe (leite), produzido pelas glândulas mamárias. Os cuidados com a prole são mais intensos e persistem, em geral, por mais tempo nos mamíferos que nos outros vertebrados.

Figura 24.11 Filhote de elefante no útero materno. O líquido amniótico, envolvido por uma membrana chamada âmnio, protege o embrião de possíveis choques provocados pelos movimentos da mãe.

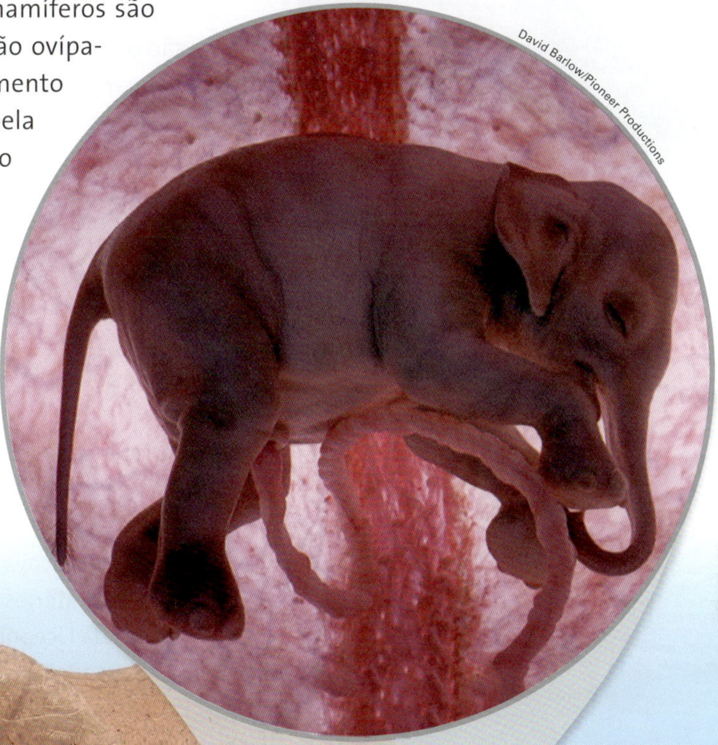

David Barlow/Pioneer Productions

Four Oaks/Shutterstock/Glow Images

Ornitorrinco (*Ornithorhynchus anatinus*; entre 40 cm e 60 cm de comprimento, fora a cauda).

Shinyoshiro/Minden Pictures/Latinstock

Equidna (*Tachyglossus aculeatus*; cerca de 30 cm de comprimento).

Reg Morrison/Minden Pictures/Latinstock

Figura 24.12 A ordem dos monotremados é formada por apenas duas espécies: o ornitorrinco e a equidna.

## 3 Classificação

Os mamíferos podem ser divididos em três grupos: **Prototheria** ou **Monotremata** (prototérios ou monotremados), **Metatheria** ou **Marsupialia** (metatérios ou marsupiais) e **Eutheria** (eutérios).

Os prototérios (*protos* = primitivo; *therion* = fera, termo usado para mamíferos) são o ornitorrinco e a equidna (figura 24.12).

Esses mamíferos apresentam algumas características dos répteis, como a postura de ovos com casca e gema e a presença da cloaca. Vem daí o termo monotremados (*monos* = um; *trema* = abertura), que se refere à abertura única dos sistemas digestório, urinário e genital. Possuem pelos e glândulas mamárias, mas não há mamilos e o leite é lambido dos poros da pele.

O ornitorrinco (*ornis*, *ithos* = ave; *rhygkhos* = bico), encontrado na Austrália e na Tasmânia, tem um bico córneo semelhante ao de um pato (na realidade é um focinho), usado para escavar o fundo dos rios em busca de pequenos invertebrados dos quais se alimenta. Os filhotes nutrem-se de leite, que escorre entre os pelos da barriga da mãe (as glândulas mamárias não possuem tetas).

A equidna (*échidna* é um monstro da mitologia grega com cabeça de serpente, talvez devido ao focinho longo e fino da equidna), encontrada na Austrália e na Nova Guiné, possui espinhos nas costas, patas com garras e um bico usado para escavar o solo em busca de insetos.

Entre os metatérios (*meta* = além de) estão os cangurus e coalas, encontrados nas ilhas da Oceania (Austrália, Nova Zelândia, etc.), e os gambás e catitas, encontrados na América do Sul. Veja a figura 24.13.

São vivíparos, mas de placenta rudimentar (constituída apenas pela união do saco vitelínico com a parede do útero) e transitória (dura apenas poucos dias antes de o filhote nascer; a gestação é curta, estendendo-se de 13 a 35 dias). Ao nascer, o filhote arrasta-se até o **marsúpio** (*marsupi* = bolsa), uma bolsa de pele situada no ventre da mãe que contém glândulas mamárias, na qual completa seu desenvolvimento (em alguns gambás não há marsúpio e os filhotes se agarram em dobras da pele).

As pernas traseiras do canguru são muito desenvolvidas, o que lhe permite se locomover com grandes saltos. Os maiores cangurus podem dar saltos de até oito metros de extensão e cerca de dois metros de altura. O canguru é um animal-símbolo da Austrália.

Figura 24.13 Marsupiais.

Frans Lanting/Latinstock

Canguru (*Macropus rufus*) com filhote (entre 1 m e 1,60 m de comprimento).

Gambá (*Didelphis marsupialis*; entre 45 cm e 50 cm de comprimento, fora a cauda).

Fabio Colombini/Acervo do fotógrafo

No grupo dos eutérios (*eu* = verdadeiro) está a maioria dos mamíferos. A placenta é desenvolvida e duradoura. Veja a seguir algumas ordens desse grupo e exemplos desses mamíferos.

- **Lagomorpha** (lagomorfos; *lagos* = lebre; *morphé* = forma) – além dos incisivos semelhantes aos dos roedores, possuem mais um par desse tipo de dente, menos desenvolvido, atrás dos incisivos superiores. Os dentes têm crescimento contínuo. As pernas traseiras são maiores que as dianteiras e estão adaptadas para o salto. A cauda é curta e grossa. São herbívoros (figura 24.14).
- **Xenarthra** (xenartros; edentados; *xénos* = estranho; *arthron* = articulação; suas vértebras têm uma articulação extra; *e* = sem; *dente* = dente) – com dentição incompleta ou sem dentes e garras desenvolvidas nos dedos. Exemplos: tamanduá-bandeira, tamanduá-mirim, tatu-bola, tatu-canastra, preguiça (figura 24.15).

Fotos: Fabio Colombini/Acervo do fotógrafo

Figura 24.14 Lebre-da-patagônia (70 cm a 75 cm de comprimento, fora a cauda): lagomorfo.

Preguiça-de-coleira (*Bradypus torquatus*; cerca de 80 cm de comprimento).

Tamanduá mirim (*Tamandua tetradactyla*; cerca de 55 cm de comprimento, fora a cauda): edentados.

Figura 24.15 Alguns xenartros.

Figura 24.16 Capivara (*Hydrochoerus hydrochaeris*; entre 1 m e 1,30 m de comprimento), o maior roedor do mundo, encontrado no Brasil.

Figura 24.17 Ouriço-cacheiro (*Coendou villosus*; 30 cm a 65 cm de comprimento, fora a cauda): insetívoro.

Fotos: Fabio Colombini/Acervo do fotógrafo

- **Rodentia** (roedores; *rodentia* = que rói) – é a ordem com o maior número de espécies; os animais são herbívoros e possuem dois pares de dentes incisivos bem desenvolvidos, um em cada maxilar, que crescem continuamente, adaptados para roer. Exemplos: rato, cutia, marmota, camundongo, porco-espinho, rato-canguru, esquilo, castor, capivara, lemingue, cobaia, chinchila, paca, preá (figura 24.16).
- **Insectivora** (insetívoros) – mamíferos com focinho longo e pontiagudo; são pequenos e comem principalmente insetos. Exemplos: toupeira, ouriço-cacheiro e musaranho (figura 24.17).
- **Carnivora** (carnívoros; *carne* = carne; *vorare* = devorar) – possuem caninos bem desenvolvidos (adaptados para perfurar e rasgar carne) e garras; nos aquáticos os membros são achatados e funcionam como remos. Embora muitos comam apenas carne, há também os de alimentação variada. Exemplos: tigre, raposa, leão, hiena, morsa, urso, cão, lobo, gato, foca, leão-marinho, lontra, leopardo, onça-pintada, quati, lobo-guará, cachorro-do-mato, guaxinim (ou mão-pelada), jaguatirica, guepardo (figura 24.18).

Figura 24.18 Dois mamíferos da ordem carnívora.

Kerstin Layer/Mauritius/Latinstock

- **Perissodactyla** (perissodáctilos; *perisson* = ímpar) – mamíferos com número ímpar de dedos (um ou três) e casco. Exemplos: zebra, rinoceronte, anta, cavalo. A anta é o maior mamífero brasileiro, podendo atingir até 200 kg de peso (figura 24.19).

Anta (*Tapirus terrestris*; entre 1,70 m e 2 m de comprimento).

Fotos: Fabio Colombini/Acervo do fotógrafo

Zebra (2,40 m de comprimento, fora a cauda).

Figura 24.19 Dois exemplos de perissodáctilos.

- **Primates** (primatas; *primates* = em primeiro lugar) – possuem adaptações relacionadas à vida em árvores: cinco dedos nas mãos e nos pés, adaptados para a preensão (um dos dedos fica em oposição aos outros, o que ajuda o animal a segurar-se em galhos de árvores e a agarrar objetos); unhas em vez de garras; visão bem desenvolvida (estereoscópica e em cores). Além disso, possuem postura ereta ou semiereta, cérebro bem desenvolvido em proporção ao corpo (são muito inteligentes) e, em geral, dispensam grande cuidado à prole. Exemplos: lóris, társio, macacos das Américas (mico, macaco-aranha) e da Europa (babuíno, macaco *Rhesus*, mandril), antropoides (chimpanzé, gorila, gibão, orangotango e o ser humano) (figura 24.20).

Frank Lukasseck/Corbis/Latinstock

Társio (*Tarsius syrichta*; de 10 cm a 15 cm de comprimento, fora a cauda).

Figura 24.20 Alguns primatas.

Fabio Colombini/Acervo do fotógrafo

Chimpanzé (*Pan troglodytes*; 63 cm a 90 cm de altura).

Fabio Colombini/Acervo do fotógrafo

Mico-leão-de-cara-dourada (*Leontopithecus chrysomelas*; cerca de 25 cm de comprimento, fora a cauda).

Figura 24.21 Morcego cerca de 15 cm de comprimento: quiróptero.

- **Chiroptera** (quirópteros; *cheîr* = mão; *pterón* = asa) – voadores com membros anteriores transformados em asas; a maioria se alimenta de frutas, néctar ou insetos; outros caçam ratos e rãs. Das mais de mil espécies de morcegos conhecidas, apenas três se alimentam de sangue: são os morcegos-vampiros. Para isso, eles abrem uma ferida na presa com os dentes incisivos e lambem o sangue. Exemplo: morcego (figura 24.21).
- **Sirenia** (sirênios; *sirena* = sereia) – aquáticos com membros anteriores transformados em nadadeiras; membros posteriores ausentes; cauda achatada, que funciona como remo. Herbívoros. Exemplo: peixe-boi, que vive nos rios da Amazônia (figura 24.22).

Figura 24.22 Peixe-boi-da-amazônia (*Trichechus inunguis*; entre 2,5 m e 4,5 m de comprimento): sirênio.

- **Cetacea** (cetáceos; *ketos* = baleia) – mamíferos marinhos, com membros anteriores transformados em nadadeiras; a forma é hidrodinâmica, não apresentam membros posteriores e possuem nadadeira caudal; a narina fica no alto da cabeça e dela sai um esguicho de ar quente com vapor de água; são carnívoros ou filtradores de plâncton; a grossa camada de gordura protege contra o frio. Exemplos: baleia, cachalote, golfinho (figura 24.23).

Figura 24.23 Alguns cetáceos.

Baleia jubarte (*Megaptera novaeangliae*; cerca de 15 m de comprimento).

Golfinho (*Tursiops truncatus*; entre 1,30 m e 4 m de comprimento).

- **Artiodactyla** (artiodáctilos; *arthion* = par; *daktylos* = dedo) – herbívoros com número par de dedos (dois ou quatro) protegidos por casco. Exemplos: boi, veado, porco, camelo, hipopótamo, girafa, cabra, lhama, antílope, carneiro (figura 24.24).

Fabio Colombini/Acervo do fotógrafo

Cervo-do-pantanal (cerca de 1,80 m de comprimento, fora a cauda).

Hipopótamo (até 2,70 m de comprimento).

Mitsuaki Iwago/Minden Pictures/Latinstock

Figura 24.24 Alguns artiodáctilos.

- **Proboscidea** (proboscídeos; *proboskis* = tromba; *eidos* = forma) – mamíferos herbívoros com nariz e lábio superior transformados em tromba, que pega o alimento e leva-o à boca, e dentes incisivos superiores bem desenvolvidos (presas). Herbívoros. Exemplo: elefante (figura 24.25).

Figura 24.25 Elefante (*Loxodonta africana*; entre 3,5 m e 5 m de comprimento, fora a cauda): proboscídeo.

Robert Hardholt/Shutterstock/Glow Images

Jane Burton/Warren Photographic/Photo Researchers/Getty Images

Figura 24.26 Reconstituição artística de um terapsida (*Cynognathus crateronotus*; cerca de 1 m de comprimento) com seus filhotes (cores fantasia).

## 4 Evolução

Os antepassados dos atuais mamíferos surgiram antes das aves, no Período Triássico, há cerca de 220 milhões de anos. Evoluíram de um grupo de répteis atualmente extintos, os terapsidas, conhecidos também como répteis mamaliformes e que viveram entre 280 a 190 milhões de anos atrás (figura 24.26). Possuíam já uma dentição especializada (eram heterodontes). As patas mantinham o tronco suspenso do solo, possibilitando que se deslocassem sem rastejar ("terapsida" vem de *téras*, *atos* = monstro; *apsis* = suspenso).

Os primeiros mamíferos eram pequenas criaturas peludas, do tamanho dos insetívoros atuais (figura 24.27). Nos fósseis desses animais, o tamanho da órbita (o espaço onde está o globo ocular) indica que seus olhos eram grandes: deviam estar adaptados a pouca quantidade de luz. Seriam, por isso, animais de hábitos noturnos.

Figura 24.27 Reconstituição artística de animais do Período Triássico (248 milhões a 206 milhões de anos atrás). À esquerda, um dos maiores répteis carnívoros da época (gênero *Postosuchus*), com cerca de 4 m de comprimento. Abaixo dele, três dos maiores terapsídeos herbívoros da época (gênero *Placerias*), com cerca de 3,5 m de comprimento. Abaixo e à direita aparecem dois exemplares dos primeiros mamíferos (gênero *Megazostrodon*; cerca de 10 cm de comprimento). Atrás deles, à direita, outro terapsídeo (gênero *Cynognathus*; cerca de 1 m de comprimento). Ao fundo podem ser vistos vários dinossauros e, no alto, um pterossauro.

Christian Jegou Publiphoto Diffusion/SPL/Latinstock

Provavelmente, à noite, quando a temperatura caía e muitos répteis diminuíam suas atividades, eles saíam para caçar insetos e outros invertebrados, uma vez que eram endotérmicos.

Foi somente a partir da extinção dos dinossauros, há 65 milhões de anos, que os mamíferos puderam espalhar-se pelos mais variados ambientes. No entanto, muitos dos primitivos mamíferos se extinguiram. Por exemplo, o mamute se extinguiu há cerca de 12 mil anos (figura 24.28).

Há cerca de 60 milhões de anos os mamíferos já tinham se diversificado. Os primeiros antropoides, grupo dos primatas que inclui o gorila, o chimpanzé, o orangotango e o ser humano, devem ter surgido há cerca de 50 milhões de anos. Veja na figura 24.29 uma filogenia simplificada dos vertebrados.

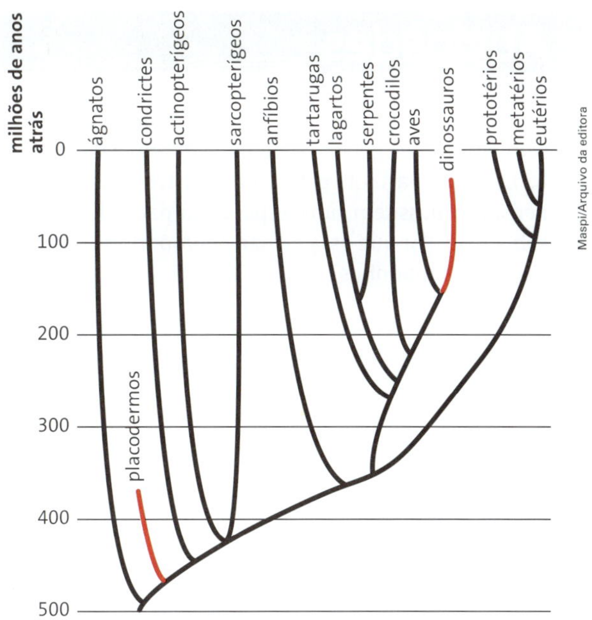


Figura 24.29 A filogenia de vertebrados e cordados.

Figura 24.28 Ilustrações de alguns mamíferos extintos (figura sem escala; cores fantasia).

# Atividades

1. Focas e leões-marinhos são animais mamíferos que vivem em regiões geladas e nadam em busca de alimento. Esses animais têm pelos muito curtos, mas em compensação possuem uma espessa camada de gordura sob a pele. Por que essa camada é importante para focas e leões-marinhos?

2. Algumas pessoas confundem baleias e golfinhos com peixes. Indique algumas diferenças entre os peixes e esses mamíferos.

3. Que diferença existe entre os dentes dos mamíferos e os dos outros vertebrados?

4. Por que costumamos suar depois de praticar exercícios?

5. Depois de uma corrida, um atleta estava suando e seu cachorro, que o acompanhava na corrida, estava ofegante. Explique a reação do organismo do atleta e a do organismo do cachorro.

6. No pôster da Olimpíada de 2000, em Sydney, aparecem três animais nativos da Austrália e que foram os mascotes daqueles jogos. O primeiro, à esquerda, é uma ave chamada kookaburra (gênero *Dacelo*). Quais são os outros dois animais? Em relação à reprodução, em que eles diferem dos outros mamíferos?

© Free Agents Limited/Corbis/Latinstock

7. Ao estudar as aves e os mamíferos, um estudante disse que uma das diferenças entre os dois grupos é que, enquanto todas as aves são ovíparas, os mamíferos são todos vivíparos. Ele está correto em suas afirmações? Explique.

8. Embora adaptados ao ambiente aquático, mamíferos como a baleia e o golfinho não podem ficar o tempo todo submersos; periodicamente, esses animais precisam subir até a superfície da água. Explique por que isso acontece.

9. Cientistas calculam que, em temperatura ambiente de 20 °C, uma pessoa em repouso gasta de 1 300 a 1 880 quilocalorias por dia (a quilocaloria é uma medida da quantidade de calor, que, nesse caso, dá uma ideia do gasto de energia da pessoa). Nas mesmas condições, um crocodilo, com o mesmo peso, gasta 60 quilocalorias. Explique essa diferença no consumo de energia.

10. Sem ter feito uma observação direta da dentição dos animais, um estudante disse que os dentes de uma onça certamente são diferentes dos de um boi. Por que ele pode afirmar isso com tanta certeza?

11. Nas moléculas dos três tipos de excreta — amônia, ureia e ácido úrico — há átomos de um elemento químico que está diretamente relacionado à origem delas no organismo.
    a) Qual é esse elemento e por que ele está presente nas moléculas dos três tipos de excreta?
    b) Qual é o principal fator ambiental responsável pelo tipo de excreta predominante em um grupo de animais?

12. A figura a seguir é um cladograma simplificado de alguns grupos de vertebrados. Em seu caderno, associe as letras da figura com os seguintes termos: esqueleto ósseo, âmnio, pernas, penas, coração com quatro cavidades, pelos, crânio, maxilas.

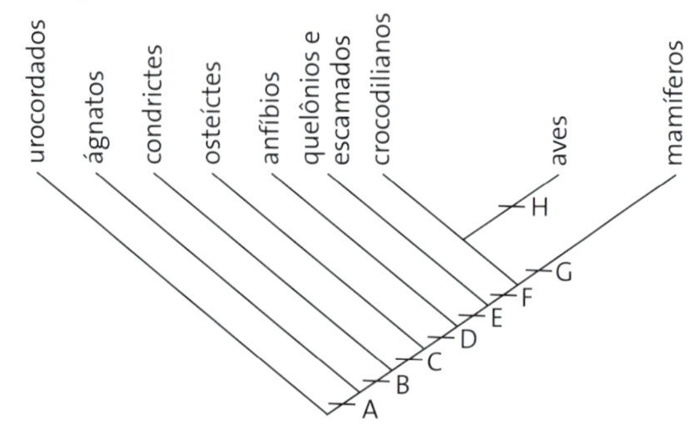


13. No esquema abaixo estão indicadas as relações filogenéticas entre algumas espécies de primatas. Observe que há duas espécies de chimpanzés: o bonobo (*Pan paniscus*) e o chimpanzé comum (*Pan troglodytes*). De acordo com o esquema, quais são os primatas evolutivamente mais próximos da espécie humana? Justifique sua resposta.

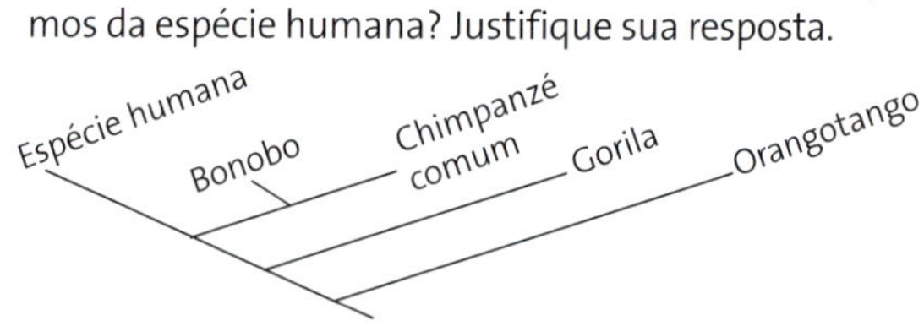


14. Você já conhece vários animais vertebrados: tartaruga, lampreia, peixe-boi, tubarão, pinguim, salamandra, baleia, jararaca, salmão, rã, ema, pombo, lagartixa, raia, morcego, chimpanzé, cavalo-marinho, entre outros. Então, no caderno, responda às questões abaixo.
    a) Classifique cada um dos animais mencionados em cada um dos seguintes grupos: ágnatos, condrictes, osteíctes, anfíbios, répteis, aves e mamíferos.
    b) Quais possuem esqueleto cartilaginoso?
    c) Quais possuem circulação simples e venosa?
    d) Quais possuem pelos no corpo, pelo menos na fase embrionária?
    e) Quais respiram por brânquias na fase adulta?

# Vestibulares de Norte a Sul

1. **SE** (UFMG) Sob condições padrão de temperatura ambiental de 20 °C, um camundongo consome 1,5 mL de $O_2$ por grama de peso corporal por hora para a manutenção de seu metabolismo basal, enquanto um homem adulto consome 0,2 mL/g por hora. Essa diferença se deve ao fato de a relação superfície/volume do corpo de um animal ser tanto maior quanto menor for seu tamanho.

   Com base no texto acima e em seus conhecimentos sobre o assunto, é incorreto afirmar que:

   a) os camundongos possuem maior metabolismo basal que o metabolismo basal humano.
   b) nas mesmas condições, o animal que possui maior metabolismo basal normalmente apresenta maior perda de calor para o meio.
   c) uma perereca, com a mesma massa do camundongo, apresentará o mesmo metabolismo basal.
   d) variando-se a temperatura ambiental, pode haver variação no consumo de $O_2$.

2. **S** (UEL-PR) O gráfico a seguir mostra o consumo de oxigênio de certos animais em função da temperatura ambiente.

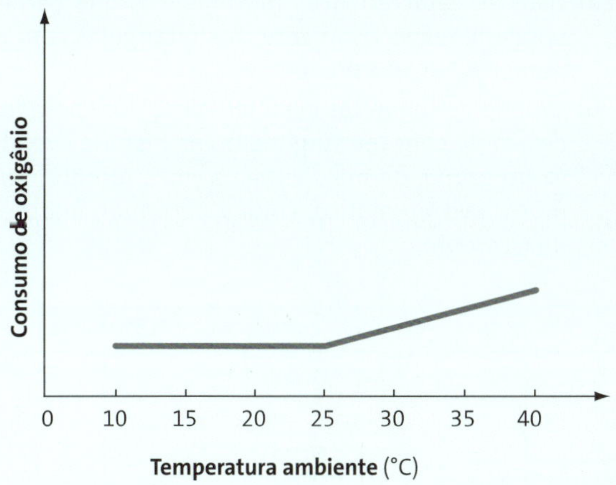


   Exemplos de animais que apresentam curvas como a do gráfico são:

   a) cavalo, sapo e papagaio.
   b) baleia, onça e pintassilgo.
   c) sapo, rã e tartaruga.
   d) jacaré, pardal e anta.
   e) cachorro, cascavel e canário.

3. **SE** (Fuvest-SP) Cada uma das curvas do gráfico a seguir mostra a correlação entre a temperatura corporal de um vertebrado (**A** ou **B**) e a temperatura do ambiente.

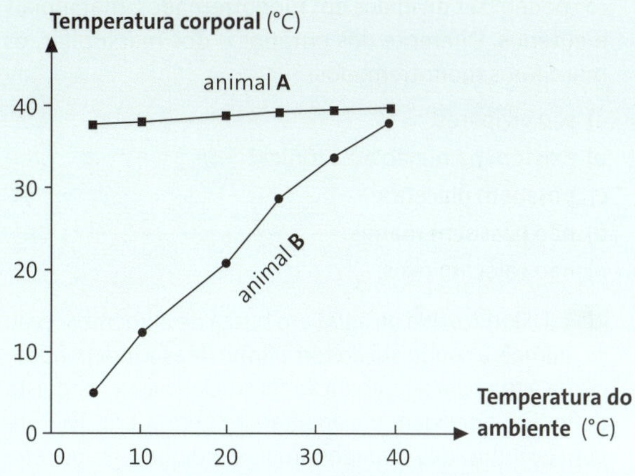


   Os animais **A** e **B** podem ser, respectivamente:

   a) coelho e lagarto.
   b) pombo e cavalo.
   c) sapo e jacaré.
   d) lagartixa e gato.
   e) tartaruga e galinha.

4. **NE** (UFMA) Osteichthyes, Amphibia, Reptilia (ofídio), Aves e Mammalia podem ser identificados, respectivamente, pelas seguintes características:

   a) respiração branquial; metamorfose; ausência de pernas; homeotérmicos; presença de pelos e glândulas mamárias.
   b) respiração cutânea; metamorfose; ausência de pernas; homeotérmicos; presença de pelos e glândulas mamárias.
   c) respiração branquial; metamorfose; ausência de pernas; pecilotérmicos; presença de pelos e glândulas mamárias.
   d) respiração cutânea; metamorfose; homeotérmicos; presença de pelos e glândulas mamárias; ausência de pernas.
   e) respiração branquial; desenvolvimento direto; pseudópodes; pecilotérmicos; presença de pelos e glândulas mamárias.

5. **S** (UFRGS-RS) Assinale a alternativa que contém apenas exemplos de mamíferos que NÃO apresentam placenta ou possuem uma forma rudimentar deste anexo embrionário.

   a) baleia e tamanduá
   b) capivara e golfinho
   c) leão-marinho e morcego
   d) canguru e gambá
   e) rato do banhado e lontra

6. **N** (Ufam) Os mamíferos assim são chamados devido a uma característica peculiar: a presença de glândulas mamárias que produzem leite para a prole. Os mamíferos possuem pelo, outro caráter distintivo, são endotérmicos e a maioria tem alta taxa metabólica. Os mamíferos podem ser divididos em monotremados, marsupiais e eutérios. Diferente dos eutérios e dos marsupiais, os mamíferos monotremados:

a) são vivíparos.
b) existem na região amazônica.
c) possuem placenta.
d) não possuem mamilos.
e) não colocam ovos.

7. **N** (UFRR) A saída da água em busca de alimentos levou os animais à conquista da terra firme. Mas a independência da água para a reprodução foi crucial para a conquista definitiva. Considere o cladograma sobre a provável origem evolutiva dos cordados atuais e indique o grupo referente aos números de 1 a 5 na sequência correta.

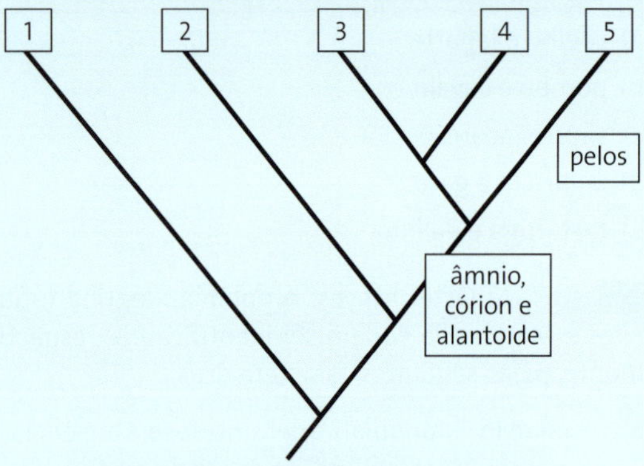


a) Aves, mamíferos, anfíbios, peixes e répteis.
b) Peixes, anfíbios, répteis, aves e mamíferos.
c) Peixes, répteis, anfíbios, aves e mamíferos.
d) Répteis, peixes, anfíbios, mamíferos e aves.
e) Mamíferos, aves, répteis, anfíbios e peixes.

8. **SE** (UFRJ) As duas curvas do gráfico a seguir representam um experimento relacionando a taxa metabólica de dois animais de espécies diferentes (animal **A** e animal **B**) com a temperatura ambiente. A taxa metabólica foi determinada pelo consumo de oxigênio. Qual das curvas (**A** ou **B**) pode ser associada ao animal endotérmico e qual corresponde ao animal ectotérmico? Justifique suas respostas.

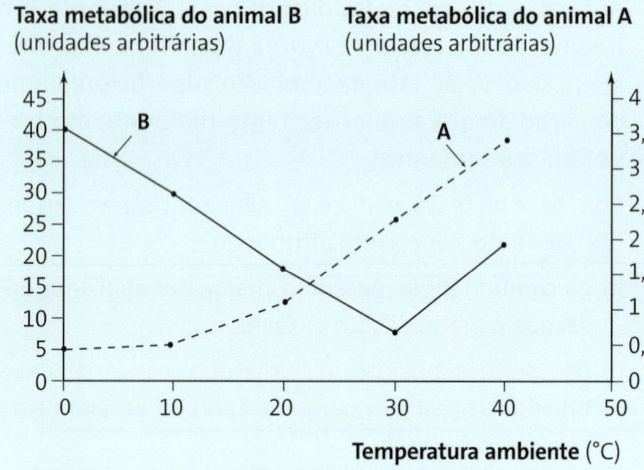


9. **SE** (Fuvest-SP) O diagrama abaixo representa uma das hipóteses sobre a evolução dos animais metazoários. Nele, os retângulos com os números I, II, III e IV correspondem ao surgimento de novas características morfológicas. Isso significa que os grupos de animais situados acima desses retângulos são portadores da característica correspondente.

a) Liste as características morfológicas que correspondem, respectivamente, aos retângulos com os números I, II, III e IV.
b) Ordene as seguintes características dos cordados, de acordo com seu surgimento na história evolutiva do grupo, da mais antiga à mais recente: pulmões, ovo amniótico, coluna vertebral, endotermia, cérebro.

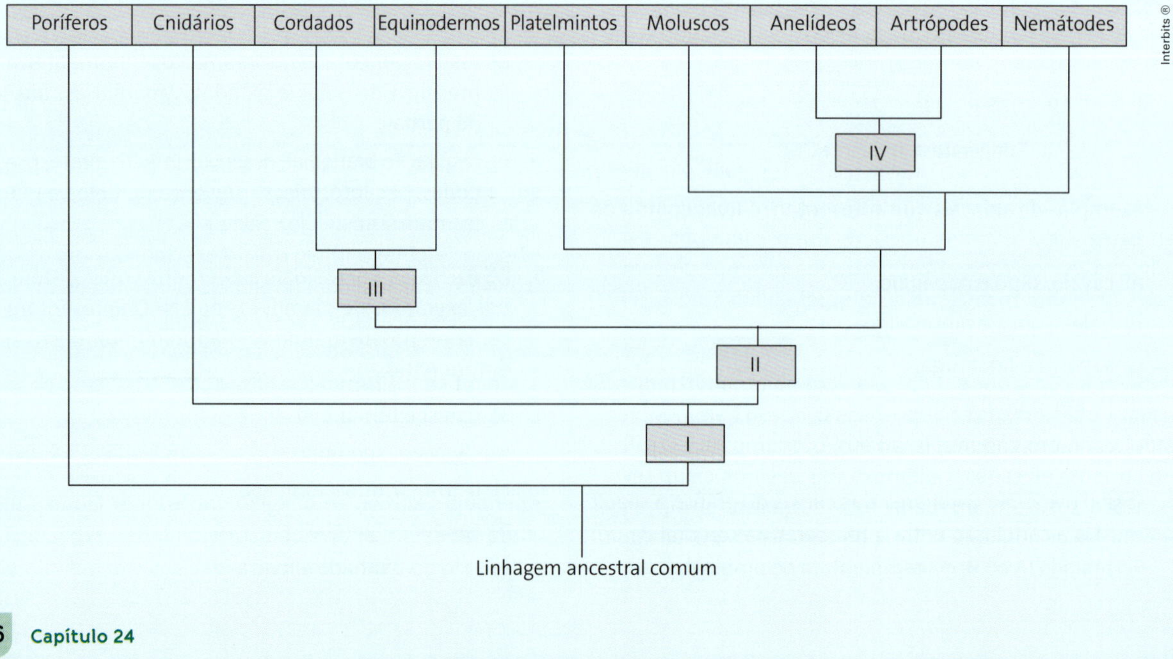

10. **SE** (Ufop-MG) Em um laboratório de Fisiologia, um sapo e um rato são mantidos em caixas separadas a uma temperatura de 2 °C. Um deles praticamente não consumiu nenhum alimento, enquanto o outro se alimentou todo o tempo. Identifique cada um deles, justificando sua resposta.

11. **SE** (UFV-MG) A chave dicotômica abaixo representa alguns critérios que separaram os principais grupos ou classes de vertebrados. A simbologia (+) indica presença e (–) ausência.

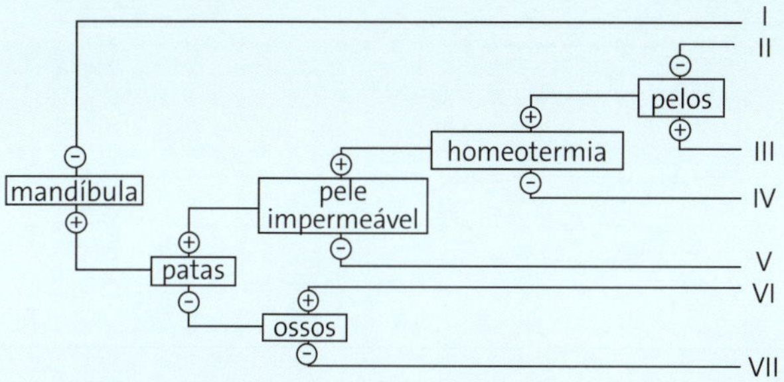


Tendo como base a chave representada, cite:

a) um exemplo de organismo pertencente ao grupo indicado pelo número I, e a classe indicada por IV, respectivamente.

b) o número da classe cujos organismos apresentam pele úmida e circulação dupla e incompleta, e o da classe do tubarão, respectivamente.

c) duas outras características importantes, além das indicadas, que sejam exclusivas da classe II.

12. **SE** (UFJF-MG) Os mamíferos apresentam mais de quatro mil espécies, incluindo a baleia-azul, com 160 toneladas de peso e 30 metros de comprimento, e o pequeno musaranho, com 3 gramas e 8 centímetros. Seus representantes possuem uma grande diversidade morfofisiológica, o que permitiu a ocupação de diferentes ambientes (terra, ar, água doce e mar).

a) Cite duas características que distinguem os mamíferos dos demais vertebrados.

b) O período de gestação dos mamíferos está diretamente relacionado ao tamanho do corpo. O elefante, por exemplo, apresenta uma gestação de 22 meses e o rato doméstico, de 19 dias. Entretanto, o gambá, que é maior que o rato doméstico, apresenta uma gestação de apenas 13 dias. Explique a diferença entre o tempo de gestação do gambá e do rato doméstico.

c) Algumas espécies de mamíferos, como os ratos-silvestres, que vivem em regiões de clima temperado, onde o frio é intenso, apresentam uma estratégia para suportar esse período de condições climáticas desfavoráveis. Essa estratégia é conhecida como hibernação. Qual é o mecanismo fisiológico envolvido nesse processo e qual é a sua vantagem para o animal?

d) Cite duas adaptações que permitem ao peixe-boi ocupar o ambiente aquático.

13. **CO** (UFG-GO) Os mamíferos surgiram a partir da evolução de um grupo de répteis primitivos entre 245 e 208 milhões de anos atrás. Atualmente, ocupam os mais diversos ambientes e estão distribuídos em três grupos: prototérios, metatérios e eutérios. Com base no desenvolvimento embrionário, explique a diferença entre esses três grupos, citando exemplo de cada grupo.

14. **SE** (Unicamp-SP) Em relação ao peixe-boi, o padre Fernão Cardim escreveu por volta de 1625: "[...] este peixe é nestas partes real, o estimado sobre todos os demais peixes [...] tem carne toda de fibra, como a de vaca [...] e também tem toucinho [...] sua cabeça é toda de boi com couro e cabelos, [...] olhos e língua [...]". Nesse trecho, identifique a única palavra que permite reconhecer, sem dúvida, o peixe-boi como sendo um mamífero.

15. **SE** (Unicamp-SP) O ornitorrinco vive perto da água e nela se locomove utilizando as membranas existentes entre seus dedos. Seus filhotes se desenvolvem em ovos que são chocados fora do corpo materno e se alimentam lambendo uma secreção láctea que escorre nos pelos do ventre da mãe. A boca do ornitorrinco é dotada de um bico achatado com o qual ele pega alimento no lodo do fundo do rio.

a) A que classe pertence o ornitorrinco?

b) Cite duas características mencionadas no texto que justifiquem essa classificação.

c) Uma das características citadas no texto ocorre tanto no ornitorrinco quanto nos indivíduos da classe que lhe deu origem. Que classe é essa e qual a característica comum?

16. **CO** (UnB-DF) Redija um texto, na modalidade padrão da língua portuguesa, apresentando as diferenças anatômicas entre o coração esquematizado na figura e o coração de um indivíduo adulto da classe Mammalia. Apresente, ainda, as implicações dessas diferenças do ponto de vista fisiológico.

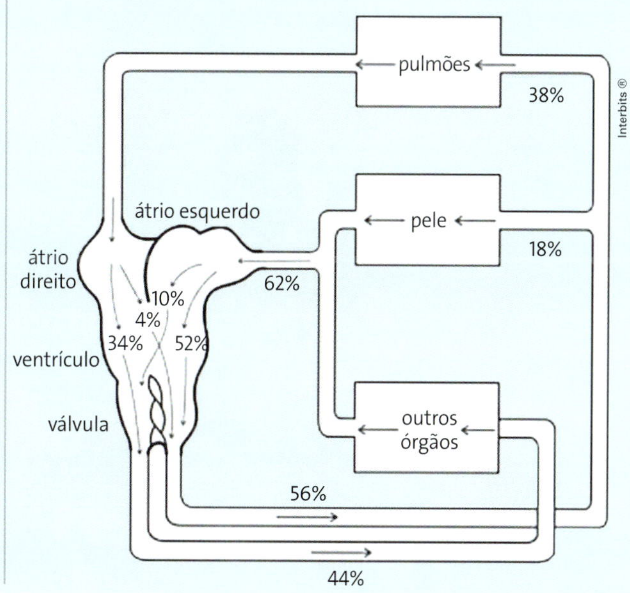

# Anatomia e fisiologia humanas

Todos os sistemas de um organismo funcionam em conjunto de modo a manter suas condições internas compatíveis com a vida. Por exemplo, a composição química dos líquidos do corpo mantém-se mais ou menos constante. Qualquer falha nesse controle pode determinar uma doença ou até mesmo a morte do organismo.

Essa capacidade de autorregulação presente em todas as formas vivas é denominada homeostase.

No corpo humano, cada um dos sistemas de órgãos, como o sistema digestório e o sistema respiratório, são responsáveis em conjunto pela manutenção do equilíbrio do organismo. A seguir, estudaremos a anatomia e a fisiologia de cada um desses sistemas separadamente. Mas é importante lembrar que o organismo funciona de forma integrada, com todos os sistemas funcionando simultaneamente.

CAPÍTULO

# 25 Nutrição

Gorillaimages/Shutterstock/Glow Images

Garota comendo um pedaço de melancia. Uma nutrição adequada é importante para o bom funcionamento do corpo.

> ↘ *Quais os órgãos do sistema digestório?*
>
> ↘ *Que funções esse sistema desempenha no organismo?*

## 1 Sistema digestório

O sistema digestório humano, como outros aspectos da nossa fisiologia, é cercado por uma série de mitos. Muitas pessoas acreditam, por exemplo, que a digestão se inicia no estômago. Como veremos a seguir, o processo digestivo se inicia na boca, e isso pode ocorrer antes mesmo de ingerirmos o alimento. Quando vemos ou sentimos o cheiro de algum alimento, nosso corpo muitas vezes já se antecipa e começa a se preparar para a digestão, produzindo saliva, por exemplo.

O alimento ingerido percorre o seguinte caminho: boca, faringe, esôfago, estômago, intestinos delgado e grosso e ânus. Na boca há dentes, língua e glândulas salivares anexas. O intestino delgado recebe as substâncias secretadas pelo fígado e pelo pâncreas (figura 25.1).

Sistema digestório

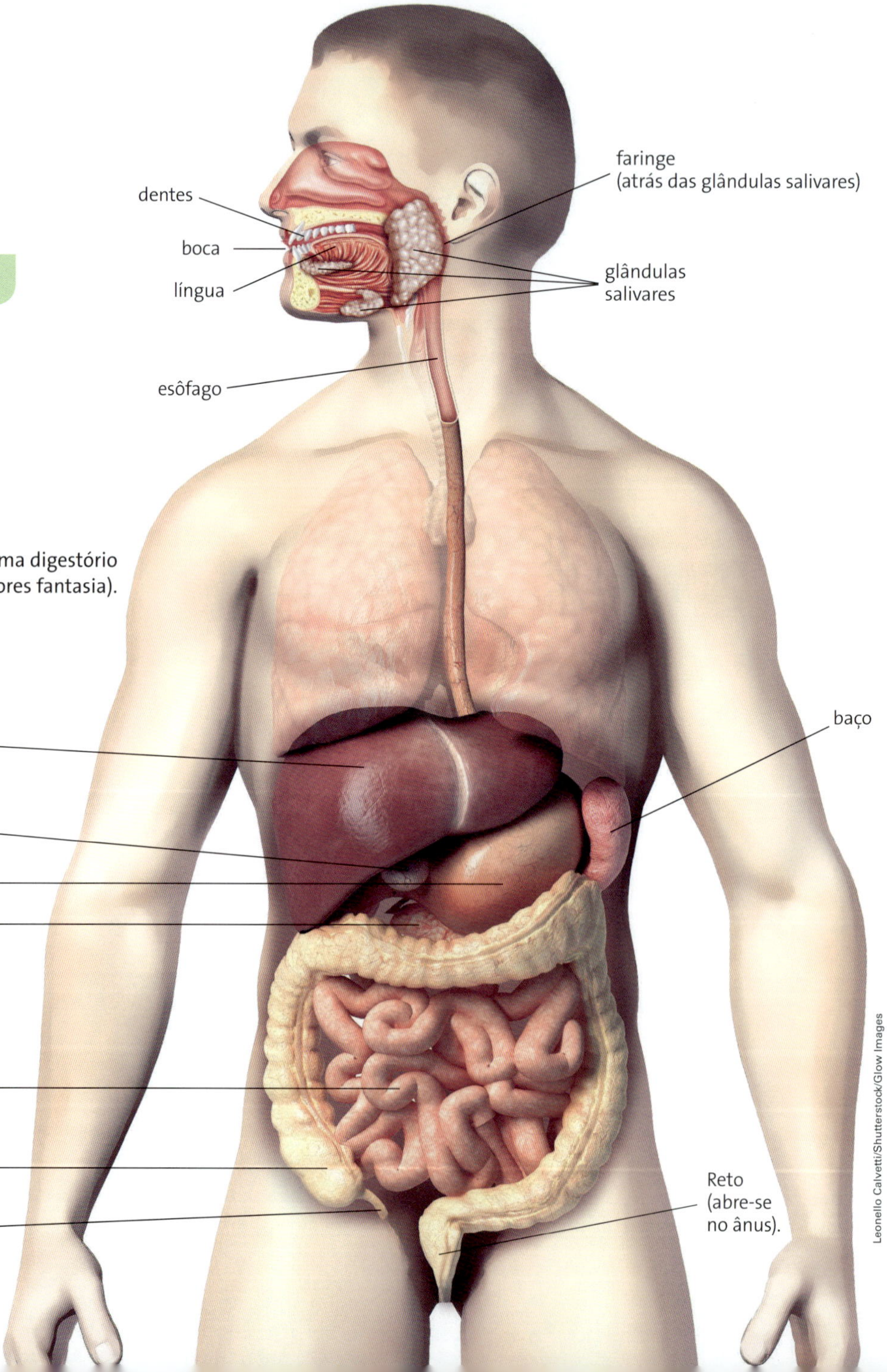


Figura 25.1 O sistema digestório (figura sem escala; cores fantasia).

## Modificações do alimento na boca

Com os dentes, nós cortamos e trituramos o alimento. Esse processo faz com que aumente a superfície de contato com as enzimas digestivas e a velocidade da digestão.

Aos três ou quatro anos de idade, uma criança possui vinte dentes: é a primeira dentição, ou de leite, que cai com o tempo. À medida que a criança cresce, o maxilar também cresce, e os dentes de leite ficam pequenos demais. Esses dentes são, então, substituídos por outros, que vão formar a dentição permanente. Essa nova dentição é formada por 32 dentes: oito incisivos (cortam pedaços de frutas e legumes); quatro caninos (furam e rasgam carne); oito pré-molares e doze molares (trituram cereais, folhas e a comida em geral). Veja na figura 25.2 a estrutura de um dente.

A língua – órgão de grande mobilidade e com corpúsculos sensoriais que captam o sabor – manipula o alimento e o mistura à saliva. O *piercing* (colocação de joias perfurantes no corpo) na língua ou nos lábios aumenta o risco de inflamações, infecções e lesões.

Os dentes (com a língua) realizam a **digestão mecânica**, ou seja, a transformação do alimento em pedaços menores. As enzimas digestivas realizam a **digestão química**, isto é, a transformação das moléculas do alimento em outras capazes de serem absorvidas pelo intestino delgado, passarem para o sangue e entrarem na célula.

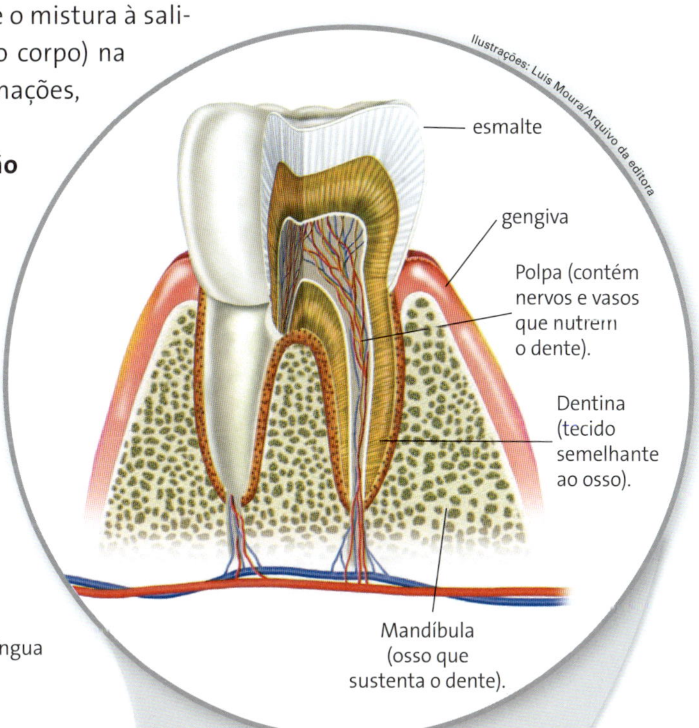


**Dentes permanentes no ser humano**

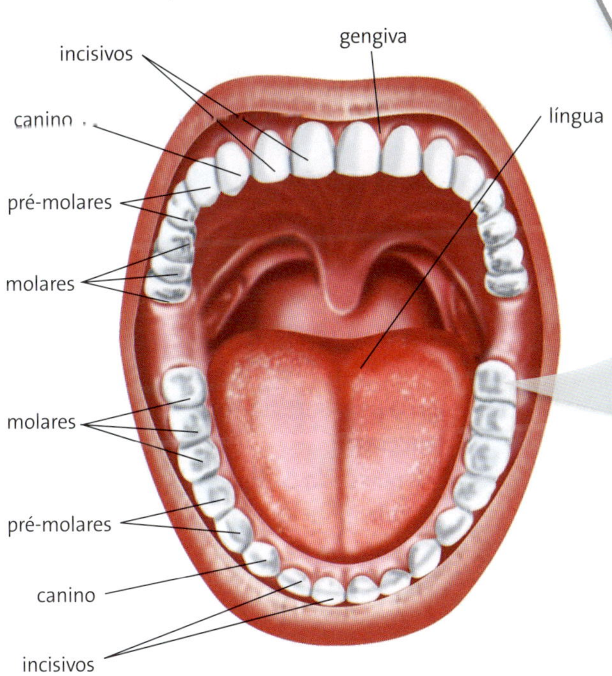


Figura 25.2 Dentição humana de um adulto e estrutura de um dente (os elementos da ilustração não estão na mesma escala; cores fantasia).

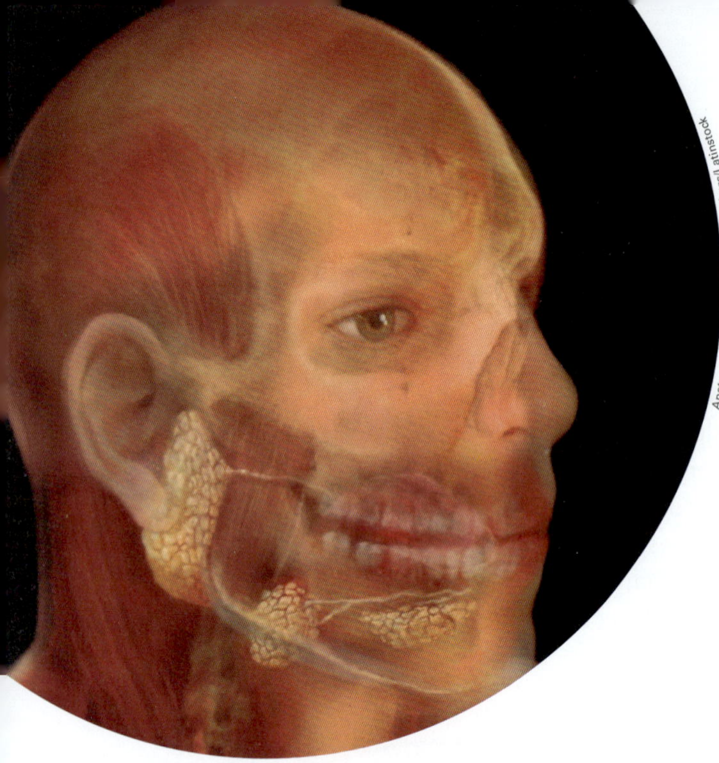


Figura 25.3 Sobreposição de imagens mostrando a localização das glândulas salivares: parótida (à esquerda da imagem), submaxilar (ao centro) e sublingual (à direita) (cores fantasia).

Além de proteger a boca contra as bactérias e umedecer sua mucosa, a saliva lubrifica e dilui o alimento, o que facilita a mastigação, a gustação e a deglutição. Outro componente da saliva é a enzima **amilase salivar** (*amylon* = farinha; *ase* = designa enzima) ou **ptialina** (*ptyal* = saliva; *ina* = natureza de), que inicia a digestão do amido e do glicogênio em maltose; ela age no pH neutro da boca, mas é inibida ao chegar ao estômago por causa da acidez do suco gástrico.

O cheiro e o sabor dos alimentos, captados pelas terminações nervosas do nariz e da língua, estimulam a maior produção de saliva. Não é à toa, portanto, que dizemos "fiquei com água na boca". Uma pessoa produz cerca de 1 L de saliva por dia pelos três pares de glândulas salivares: as **parótidas** (*para* = ao lado; *otós* = ouvido), as **submaxilares** (*sub* = abaixo de) e as **sublinguais** (figura 25.3).

Após a mastigação, o alimento é engolido e passa para a faringe e, depois, para o esôfago. Nesse momento, a **epiglote** (*epi* = sobre; *glottis* = lingueta), uma pequena estrutura de cartilagem que funciona como uma "válvula", fecha automaticamente a entrada da laringe (**glote**) e impede que o alimento siga pelo sistema respiratório (figura 25.4). Logo depois da deglutição, a epiglote eleva-se de modo que o ar possa entrar pela laringe. Quando há descontrole dos reflexos que fecham a laringe, nós engasgamos, mas um novo reflexo provoca tosse e ajuda a desobstruir o sistema respiratório.

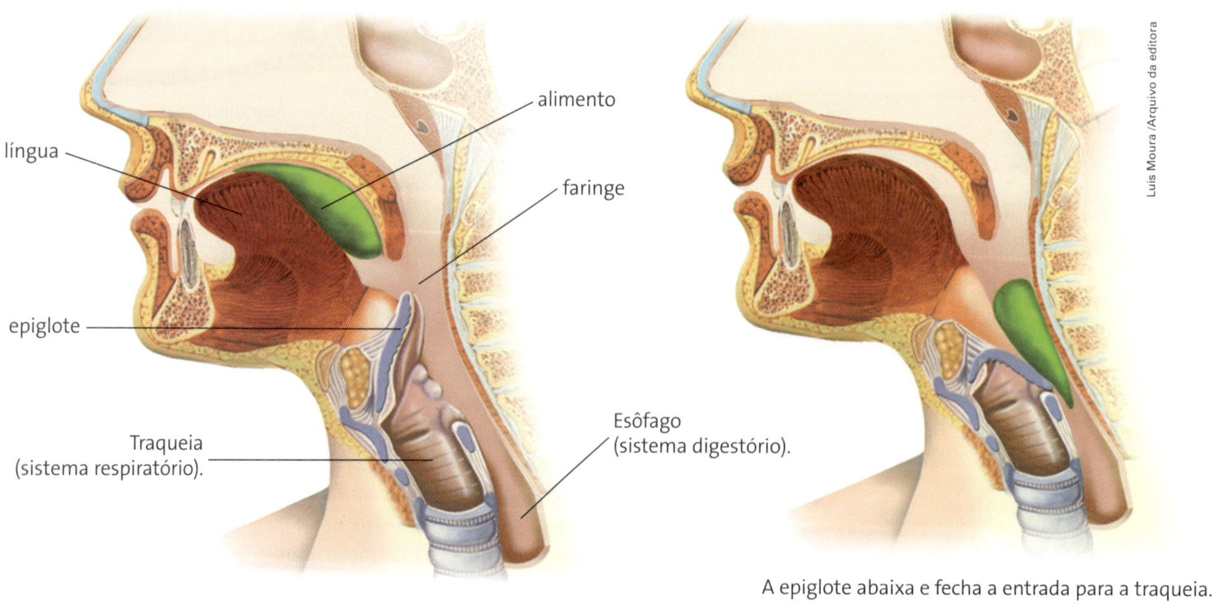


Figura 25.4 Observe como a epiglote cobre a abertura do sistema respiratório quando o alimento é engolido. A faringe tem cerca de 15 cm de comprimento. (Os elementos da ilustração não estão na mesma escala; cores fantasia.)

# Modificações do alimento no estômago

Do esôfago até o estômago, o alimento é ativamente transportado por contrações musculares – as **contrações** ou **movimentos peristálticos** ou a **peristalse** (figura 25.5), que também fazem parte da digestão mecânica.

O estômago é uma região dilatada e musculosa do canal alimentar. Na sua entrada e na sua saída há dois esfíncteres, a cárdia e o piloro, respectivamente, cuja função é controlar o volume de alimento que entra ou sai do órgão. No estômago, o alimento armazenado sofre a ação do suco gástrico, que contém ácido clorídrico, responsável pela extrema acidez nessa cavidade (pH em torno de 2). Esse ácido facilita a ação das enzimas do suco gástrico, desnatura proteínas, facilitando sua digestão, e destrói várias bactérias. Um muco secretado pelo estômago protege suas paredes da ação do suco gástrico.

A simples visão do alimento, ou a percepção de seu odor podem estimular a secreção gástrica. Além de um estímulo nervoso, há um controle hormonal: o contato do alimento com a parte final do estômago ativa suas células a produzirem **gastrina** (*gaster* = estômago; *ina* = natureza de), que, lançada no sangue, passa a estimular a secreção de suco gástrico.

A principal enzima do suco gástrico é a **pepsina** (*pepsis* = digestão; *ina* = natureza de), uma protease (digere proteínas) produzida na forma inativa de **pepsinogênio** (*genaîo* = gerar). Pela ação do ácido clorídrico, o pepsinogênio transforma-se em pepsina e começa a quebrar as ligações químicas entre certos aminoácidos. Com isso, a proteína é fragmentada em polipeptídios de tamanhos variados.

O alimento permanece no estômago de duas a quatro horas, e forma-se uma massa ácida branca e pastosa: o **quimo** (*chymos* = papa, mingau). Parte da água e dos sais, o álcool e alguns medicamentos, como a aspirina, são absorvidos no estômago. O restante do bolo alimentar passa para o intestino delgado, no qual ocorre a maior parte da absorção do alimento.

Entre o estômago e o início do intestino delgado há um músculo que funciona como uma válvula, o **piloro** (figura 25.6). Essa válvula controla a passagem do alimento para o intestino.

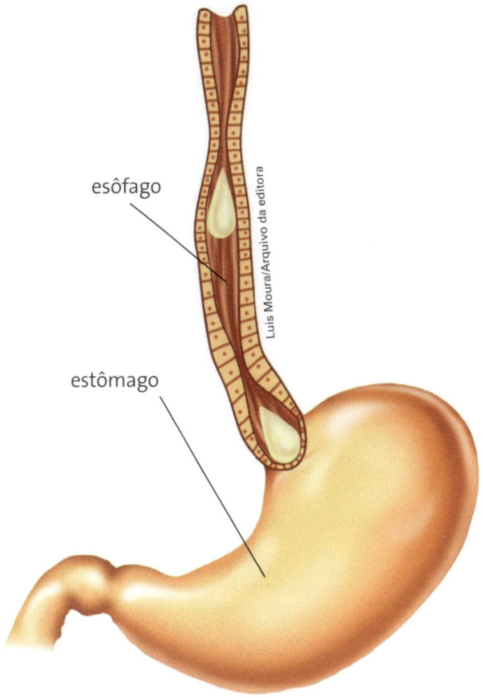


Figura 25.5 Contrações peristálticas empurram o alimento ao longo do tubo digestório. O esôfago tem cerca de 25 cm de comprimento e o estômago, cerca de 30 cm de comprimento e 15 cm de largura máxima. (Os elementos da ilustração não estão na mesma escala; cores fantasia.)

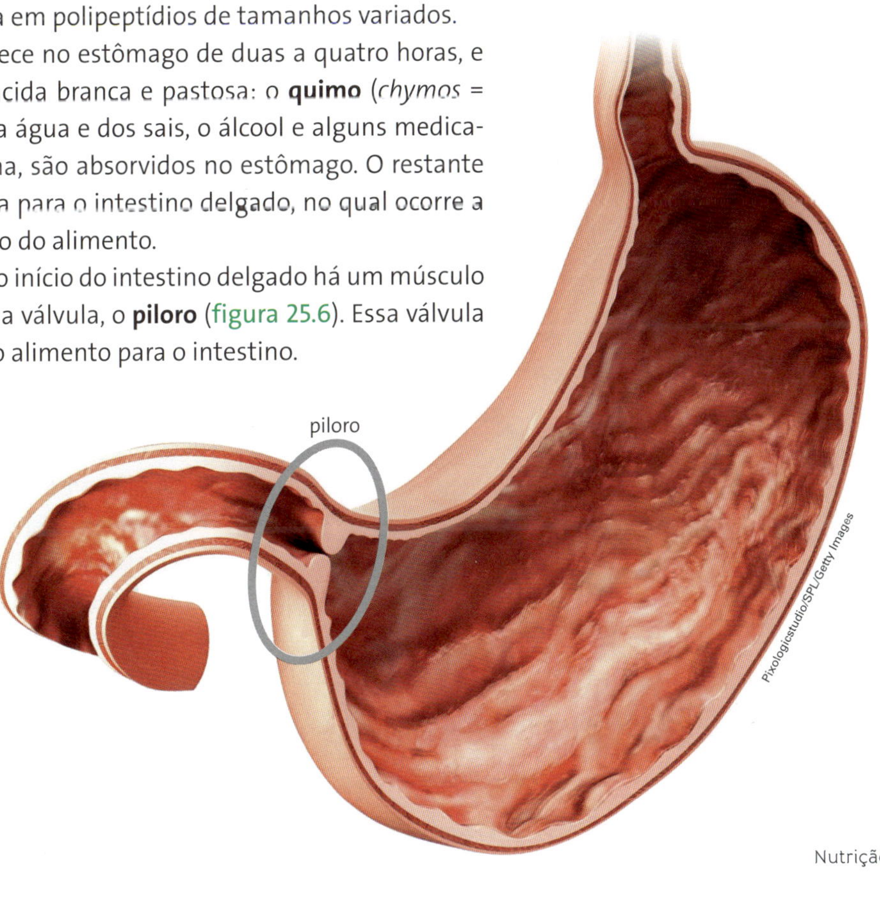


Figura 25.6 Ilustração de estômago em corte evidenciando a região do piloro.

## Modificações do alimento no intestino delgado

A maior parte da digestão e da absorção do alimento ocorre no **intestino delgado**, um tubo com cerca de 2,5 centímetros de diâmetro e 6,5 metros de comprimento, que pode ser dividido em três partes: o **duodeno**, com cerca de 25 cm de comprimento (*duodenum*, significa 'doze dedos'; o comprimento do duodeno é aproximadamente igual à largura de doze dedos), o **jejuno** (*jejunu* = que está em jejum) e o **íleo** (*ileum* = enrolado). No seu interior realiza-se a principal parte da digestão e da absorção do alimento pelo organismo.

No duodeno são lançadas as secreções do fígado e do pâncreas, também controladas por mensagens nervosas e hormônios (figura 25.7). Quando entra em contato com a parede intestinal, o quimo estimula a produção de **secretina** (estimula a secreção pelo pâncreas de bicarbonato de sódio, substância básica que neutraliza a acidez do quimo) e **colecistocinina** (estimula a secreção da bile, pela vesícula biliar, e das enzimas do suco pancreático). Além disso, a secretina, juntamente com outro hormônio, o peptídeo inibitório gástrico, inibe a motilidade do estômago, a secreção do ácido clorídrico e o esvaziamento do estômago.

O suco pancreático é alcalino (pH entre 7,5 e 8,8), pois contém água e bicarbonato de sódio. Nele há também as enzimas **tripsina** (*thrípsis* = desmanchar) e **quimiotripsina**, que quebram os fragmentos de proteína produzidos pela pepsina. Essas duas enzimas são produzidas em formas inativas: o **tripsinogênio**, que se transforma em tripsina pela ação da **enteroquinase** (*énteron* = intestino; *kin* = o que agita), uma enzima produzida no duodeno; e o **quimiotripsinogênio**, ativado pela ação da tripsina formada.

Figura 25.7 A vesícula biliar e o pâncreas (cerca de 15 cm de comprimento) lançam a bile, produzida no fígado (cerca de 20 cm de largura, 17 cm de altura e 11 cm de espessura), com enzimas digestivas no intestino delgado (os elementos da ilustração não estão na mesma escala; cores fantasia).

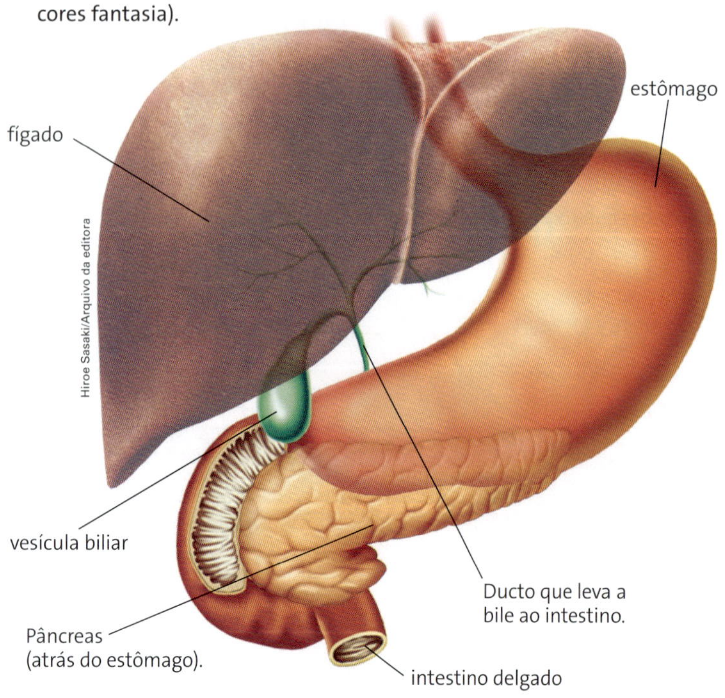


O pâncreas produz ainda: a **amilase pancreática**, que completa a ação da amilase salivar; as **nucleases** (desoxirribonucleases e ribonucleases), que fragmentam ácidos nucleicos em nucleotídeos; a **carboxipeptidase** (produzida em forma inativa), que quebra mais algumas ligações dos peptídios; uma **lipase**, que digere as gorduras (triglicerídios) em ácidos graxos, glicerol e monoglicerídios.

A bile, produzida no fígado, é armazenada na vesícula biliar e lançada no intestino; ela contém sais biliares que atuam como detergentes, transformando as gorduras em minúsculas gotículas que se misturam com a água e formam uma emulsão. Isso facilita a ação da lipase, pois aumenta a superfície de contato dos lipídios com essa enzima.

# Fim da digestão e absorção do alimento

A digestão termina na parte mais longa do intestino delgado, formada pelo jejuno e pelo íleo. Essas porções do intestino produzem o suco intestinal, composto pelas enzimas responsáveis pelas etapas finais da digestão: **maltase**, que hidrolisa a maltose em glicose; **sacarase**, que transforma a sacarose em glicose e frutose; **lactase**, que quebra a lactose em glicose e galactose; **aminopeptidases**, **dipeptidases** e **tripeptidases**, que hidrolisam os polipeptídios em aminoácidos; lipase, em pequena quantidade; **nucleosidases** e **nucleotidases**, que atacam nucleosídeos e nucleotídeos.

Após a digestão, o alimento transforma-se em um líquido branco: o **quilo** (*chylos* = suco). Os monossacarídeos, como a glicose e a frutose, bem como os aminoácidos, passam pela parede intestinal e são absorvidos por capilares sanguíneos de onde seguem para o fígado. Daí vão, pelo sangue, para o resto do corpo. Na parede do intestino há dobras ou pregas que facilitam esse trabalho de absorção. Outras dobras microscópicas – as **vilosidades** (*villos* = peludo) – aumentam ainda mais a superfície de absorção do alimento. Além disso, cada célula possui pequenas projeções, as **microvilosidades** (figura 25.8).

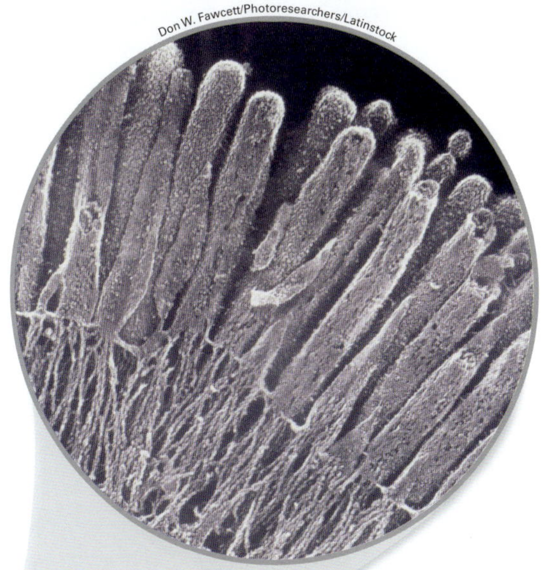


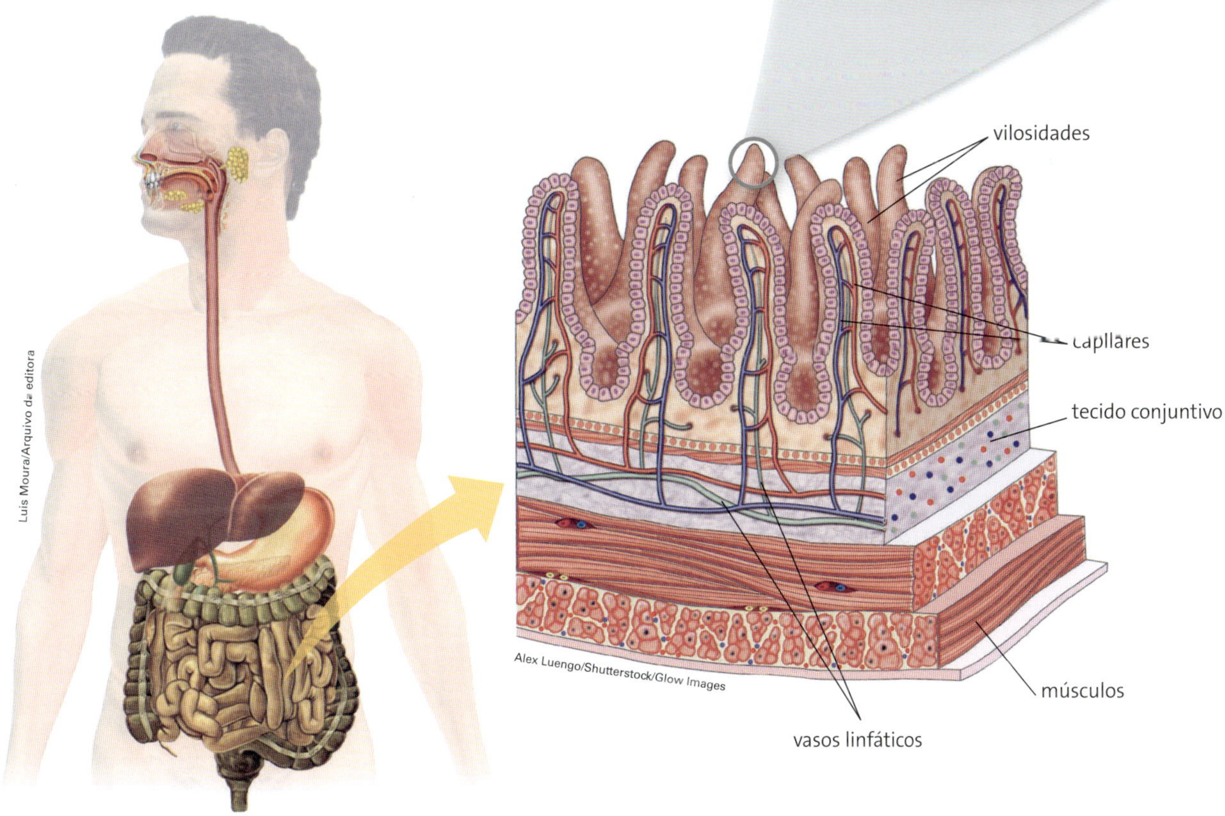


Figura 25.8 O grande número de dobras na parede do intestino (10 a 40 vilosidades por milímetro quadrado) e em suas células (microvilosidades) aumenta a área de absorção do alimento. (Os elementos da ilustração não estão na mesma escala; as células são microscópicas; cores fantasia.) Na foto, vilosidade ao microscópio eletrônico (aumento de cerca de 100 vezes. Imagem colorizada por computador).

Figura 25.9 O intestino grosso humano.

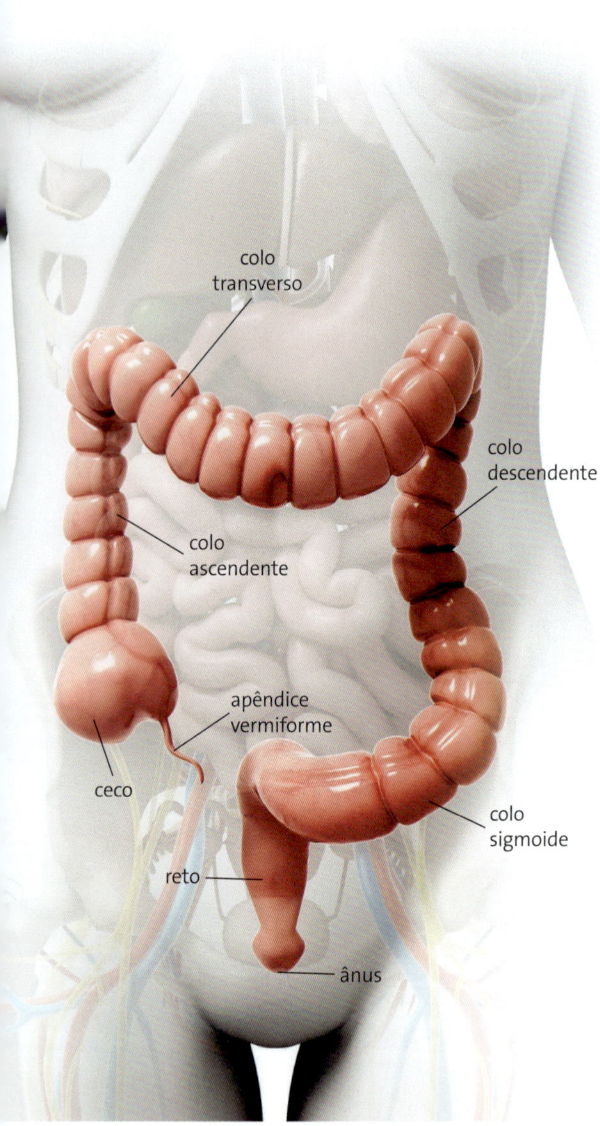


Sebastian Kaulitzki/Shutterstock/Glow Images

As gorduras agrupam-se no interior das células intestinais em pequenas gotículas, que serão absorvidas pelos vasos linfáticos das vilosidades e lançadas, com a água que escapa dos capilares sanguíneos, nas veias.

Depois de passar de três a dez horas no intestino delgado, o que resta do alimento chega ao **intestino grosso** (figura 25.9). Com cerca de 6,5 centímetros de diâmetro e 1,5 metro de comprimento, ele é mais largo e mais curto que o intestino delgado.

O intestino grosso é composto do **ceco** (a parte inicial, em forma de bolsa, onde se abre o intestino delgado), no qual está o **apêndice vermiforme** ou **cecal**, do **colo** ou **cólon**, que pode ser dividido em colo **ascendente**, **transverso**, **descendente** e **sigmoide** (parte final, em forma de **S**), e do **reto** (figura 25.9).

Nos animais herbívoros o ceco é bem desenvolvido e funciona como um reservatório no qual ocorre parte da digestão. Em muitos animais herbívoros, o apêndice vermiforme é maior e ajuda na digestão da celulose. No ser humano ele não exerce essa função, mas possui um tecido linfático (presente em outros órgãos do corpo), responsável pela produção de células de defesa do organismo. A **apendicite** é uma inflamação desse órgão, e, em geral, é feita logo uma cirurgia para sua retirada, pois há risco de que se rompa e dissemine a infecção.

O colo é a parte maior, na qual ocorre a absorção da água e dos sais minerais não absorvidos pelo intestino delgado. Nele há também bactérias que fazem parte da microbiota intestinal (também chamada de flora intestinal). Esses microrganismos participam da formação das fezes e da produção de vitaminas do complexo B e vitamina K. As fezes, formadas por água e restos não digeridos (como a celulose), são eliminadas pelo reto, tubo musculoso com abertura para o exterior do organismo através do ânus.

O tempo total da digestão — da deglutição à eliminação das fezes — é de 12 a 24 horas.

## Biologia e cotidiano

### Vômito, eructação e flatulência

O vômito é a expulsão forçada, através da boca, do conteúdo do estômago e, às vezes, do duodeno por meio de uma reversão das contrações peristálticas. Há várias causas para isso, como a irritação da mucosa gástrica por microrganismos ou por toxinas, drogas ou álcool. O vômito frequente pode causar a perda excessiva de água do organismo e levar à desidratação.

A eructação (ou arroto) é a saída pela boca do ar contido no esôfago e no estômago. Em geral acontece logo após as refeições, pois o estômago está mais cheio. O ar liberado pode vir por termos engolido muito ar falando durante a refeição, mascando chicletes, fumando, dormindo com a boca aberta, etc.

A fermentação dos resíduos pelas bactérias da flora intestinal pode produzir gases que podem sair com um ruído e cheiro ruim: são os flatos (do latim *flatus*, sopro). Certos alimentos ricos em fibras podem aumentar a eliminação de gases (flatulência). Em geral, o gás derivado da fermentação de vegetais tende a ser sem cheiro, e o resultante da digestão de carnes pode ser malcheiroso. Essa eliminação também pode ser provocada pela incapacidade que algumas pessoas têm de digerir o açúcar do leite (lactose) ou pela deglutição excessiva de ar na alimentação.

# Funções do fígado

O fígado (figura 25.10) não atua apenas na digestão. Ele é um dos órgãos mais importantes e versáteis, um complexo laboratório químico que realiza diversas funções vitais ao organismo, como:

- retirar o excesso de glicose do sangue, armazenando-a na forma de glicogênio e devolvendo-a ao sangue de acordo com as necessidades do organismo;
- armazenar diversas vitaminas (A, D e $B_{12}$), lipídios e alguns minerais, como o ferro;
- transformar o excesso de glicídios e proteínas em lipídios, que serão armazenados no tecido adiposo;
- fabricar várias proteínas do sangue, como as que atuam na coagulação (protrombina, fibrinogênio, etc.);
- desaminar (retirar o nitrogênio) os aminoácidos para que possam ser oxidados ou transformados em glicídios ou lipídios – a desaminação produz amônia, composto muito tóxico, que é transformada em ureia (menos tóxica) e esta é lançada no sangue e eliminada pelos rins;
- fabricar os aminoácidos necessários ao corpo a partir dos aminoácidos essenciais;
- destruir, com o baço e a medula óssea, hemácias que não funcionam adequadamente. Como resultado da degradação das hemácias é produzido um pigmento, a bilirrubina, derivado da destruição da hemoglobina. É a bilirrubina que dá a cor amarelo-esverdeada à bile e que, depois de transformada em outros produtos, é eliminada pelas fezes e pela urina;
- remover substâncias tóxicas do sangue (álcool, drogas, pesticidas, poluentes), transformando-as em produtos menos tóxicos; alguns desses produtos são eliminados pela bile ou pela urina.

Figura 25.10 Localização e anatomia do fígado humano (os elementos da ilustração não estão na mesma escala; cores fantasia).

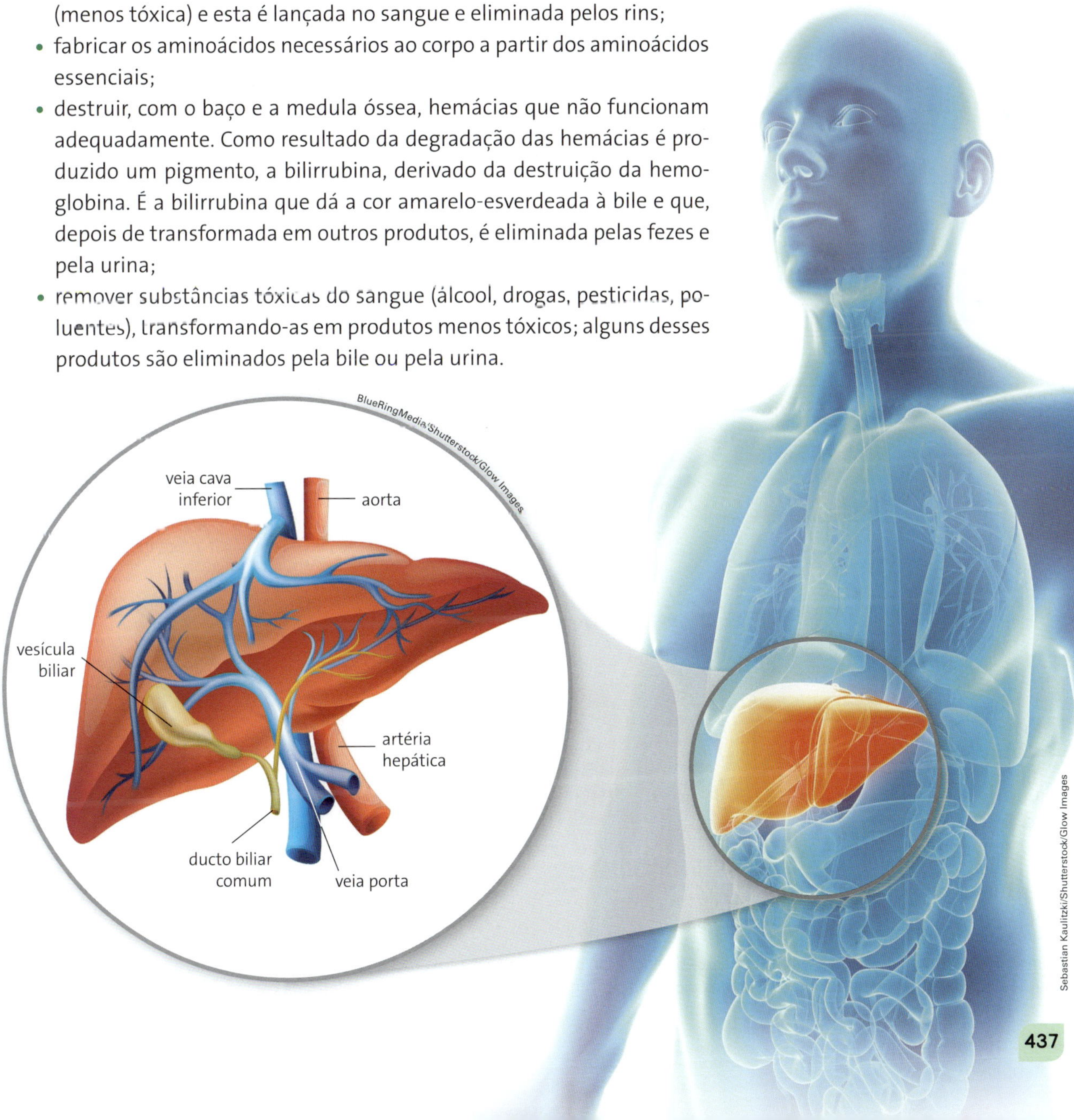

# 2 Problemas no sistema digestório

> **! ATENÇÃO!**
>
> As informações sobre questões de saúde deste capítulo não substituem a orientação médica nem podem ser usadas para diagnóstico, tratamento ou prevenção de doenças.

Os problemas mais frequentes no sistema digestório humano podem ocorrer em qualquer um dos órgãos que compõem esse sistema, além de suas glândulas anexas. Algumas dessas doenças que causam problemas digestórios são de simples solução e podem ser facilmente evitados por meio de métodos de prevenção, como veremos a seguir.

## Cárie dentária

Uma das principais causas de perda dos dentes é a cárie. A cárie se forma quando bactérias que vivem na boca se misturam a restos de comida e à saliva e formam uma película que adere aos dentes, a **placa dentária** ou **bacteriana**. As bactérias da placa realizam a fermentação dos glicídios que estão sobre os dentes, liberando ácidos que corroem o esmalte. Se a cárie não for tratada, os ácidos podem atingir a dentina e chegar à polpa, destruindo o dente (figura 25.11).

Para manter dentes saudáveis, o ideal é escová-los após as refeições e antes de se deitar. É preciso também moderar o consumo de alimentos ricos em açúcar (balas, doces, etc.) e ir periodicamente ao dentista. Para remover resíduos de alimento dos locais que a escova não alcança, deve-se usar o fio dental. Não use palito, porque ele pode machucar a gengiva. Finalmente, a adição de flúor à água que abastece a cidade torna o esmalte dos dentes mais resistentes aos ácidos, especialmente em crianças.

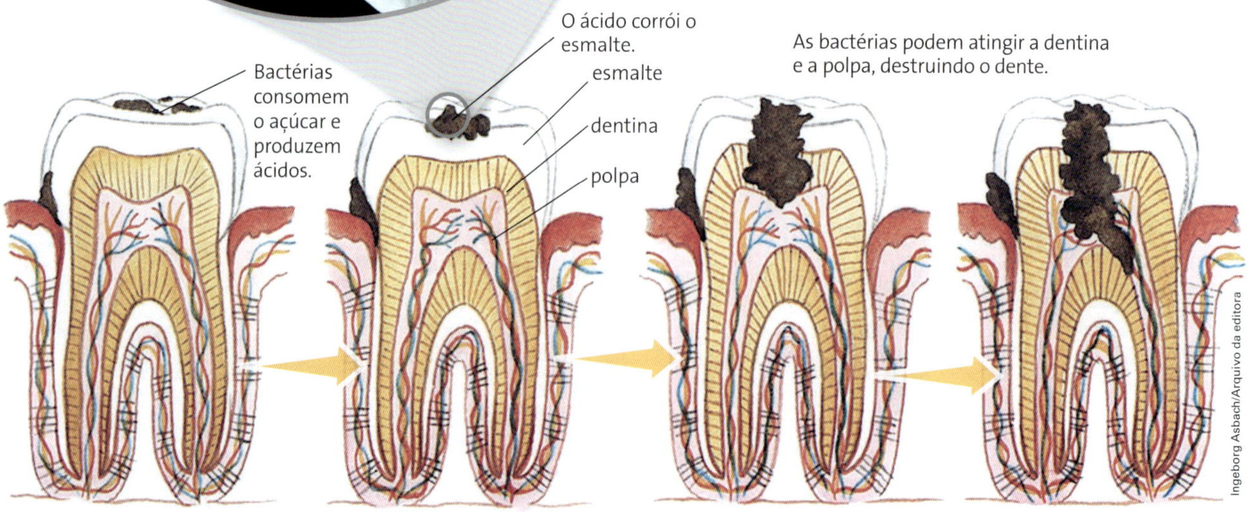


Figura 25.11 A evolução de uma cárie (os elementos da ilustração não estão na mesma escala; cores fantasia). Na foto, a placa bacteriana aparece em amarelo (imagem obtida por microscópio eletrônico; aumento de cerca de 70 vezes; colorizada por computador).

# Úlcera péptica

Geralmente, o revestimento do estômago e o do duodeno são protegidos contra o ácido clorídrico por um muco. Em certos casos, porém, essa defesa pode falhar e forma-se uma lesão: é a úlcera péptica, que pode ser provocada, entre outras causas, por certos medicamentos e por um tipo de bactéria (*Helicobacter pylori*; figura 25.12). Os sintomas mais frequentes são dor com queimação na parte superior do abdome, azia e náuseas. O tratamento é feito com medicamentos que diminuem a secreção ácida, protegem a mucosa e combatem a bactéria.

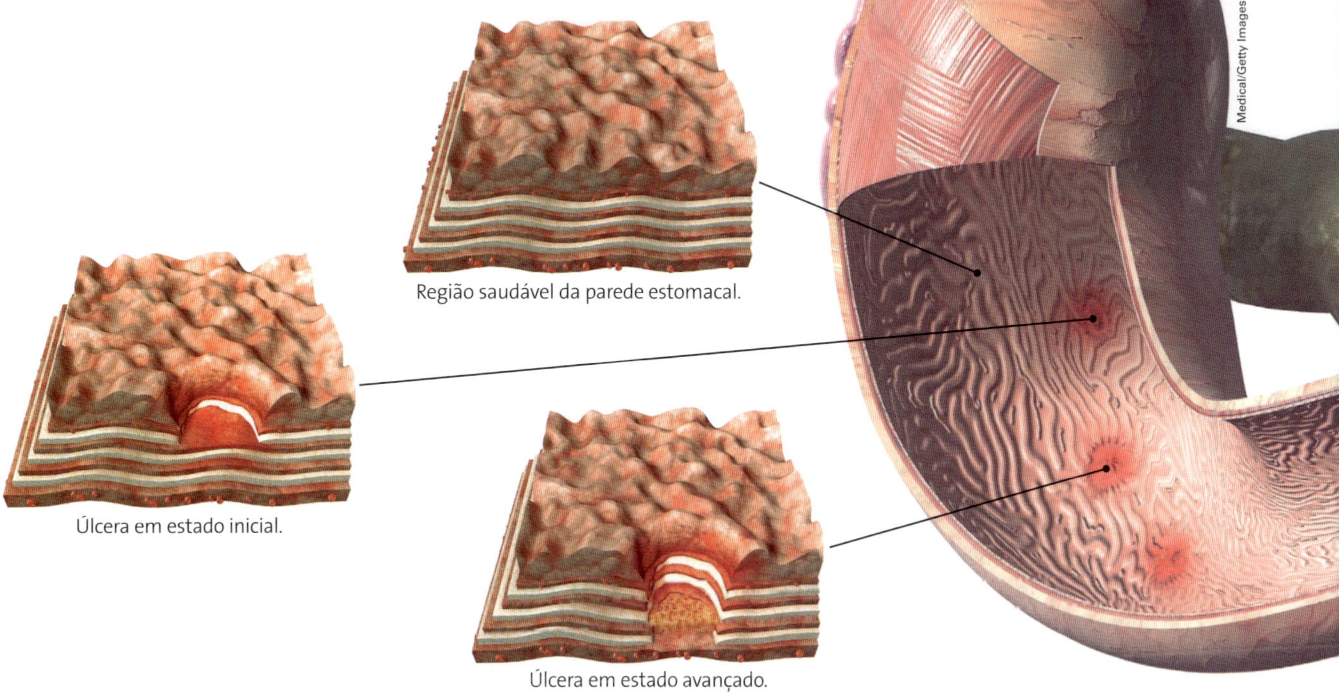


Figura 25.12 Ilustração de úlcera péptica (os elementos da figura não estão na mesma escala; cores fantasia). A bactéria *Helicobacter pylori* tem cerca de 3 micrômetros de comprimento).

# Hepatite e cirrose

O consumo excessivo de bebidas alcoólicas e a ação de substâncias químicas ou de alguns tipos de vírus provocam hepatite. Esta pode levar à cirrose hepática, ou seja, à destruição de parte do tecido do fígado, que pode progredir até ele deixar de realizar sua função e provocar a morte da pessoa. Se a causa da cirrose for o álcool, a pessoa tem de parar de beber.

Na cirrose, na hepatite e quando o canal da vesícula biliar fica bloqueado por um material sólido (cálculo biliar), a bilirrubina, um pigmento da bile, é lançada no sangue e não no intestino, e a pele e a esclera (ou esclerótica, a parte branca do olho) ficam amareladas, o que caracteriza a **icterícia** (*íkteros* = amarelo-esverdeado). Veja a figura 25.13. No entanto, a icterícia pode ter várias outras causas e precisa ser investigada pelo médico.

Em certos casos, pode-se recorrer ao transplante de fígado, substituindo o fígado doente por outro, geralmente retirado de doadores com morte cerebral, ou por um fragmento de fígado de um doador vivo, visto que esse órgão possui boa capacidade de regeneração. No entanto, a cirurgia é complexa e sempre há algum risco de rejeição ou outros problemas.

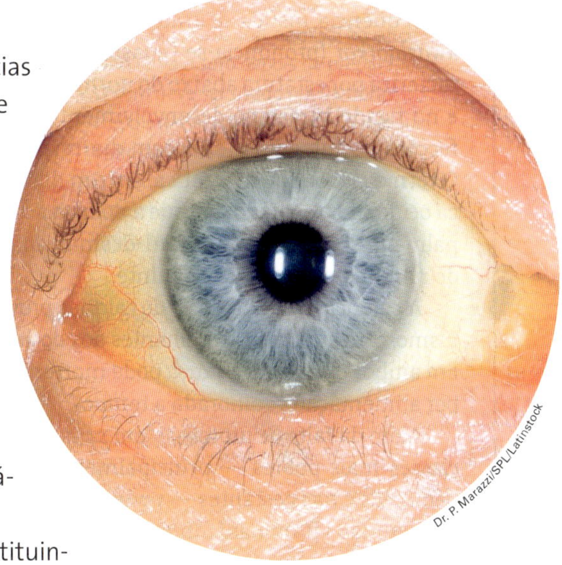


Figura 25.13 Esclera amarelada do olho por deposição de bilirrubina (lembre-se: somente um médico pode fazer um diagnóstico correto do problema).

# Atividades

1. O quadro abaixo resume os principais processos da digestão humana. Substitua as letras pelos termos que a completam corretamente.

| Glândulas | Enzimas e outros produtos | Local de ação | Nutriente que sofre ação enzimática | Produto final da ação enzimática |
|---|---|---|---|---|
| salivares | A | B | C | D |
| E | F | estômago | G | H |
| I | bile | J | K | emulsão de lipídios |
| | L | | amido | N |
| pâncreas | tripsina, quimiotripsina e peptidases | M | O | peptídios e aminoácidos |
| do intestino delgado | P<br>R<br>peptidases<br>W<br>maltase | S | Q<br>sacarose<br>U<br>lactose | ácidos graxos e glicerol<br>T<br>V<br>X<br>Z |

2. Uma garota estava comendo um sanduíche de pão francês com queijo e presunto. Qual desses alimentos é o primeiro a sofrer digestão? Por quê?

3. Indique apenas as afirmativas verdadeiras.
   a) A digestão das proteínas ocorre apenas no estômago.
   b) A bile é uma enzima digestiva.
   c) A adição de flúor à água que abastece a cidade ajuda a evitar a cárie.
   d) A glicose é digerida no intestino delgado.
   e) A bile ajuda na digestão das gorduras.
   f) A maior parte da absorção do alimento ocorre no intestino grosso.
   g) A diarreia é perigosa porque pode provocar desidratação.

4. Que enzima pode ser adicionada ao sabão em pó para remover manchas de gordura?

5. Um professor de Biologia explicou aos seus alunos que a pepsina é secretada pelas células da parede do estômago em sua forma inativa, o pepsinogênio, e convertida em pepsina ativa apenas quando lançada na cavidade gástrica, enquanto a amilase é produzida nas células diretamente em sua forma ativa. Considere os substratos de atuação dessas enzimas e formule uma hipótese para explicar por que a amilase é produzida na forma ativa e a pepsina não.

6. Na parede do intestino delgado há de dez a quarenta vilosidades por milímetro quadrado. Por que esse grande número de vilosidades é importante?

7. Suponha que, numa aula prática, o professor de Biologia tenha colocado em um frasco de vidro pedaços de batata e suco gástrico; em outro frasco, um pouco de clara de ovo e saliva; e, em um terceiro frasco, uma solução aquosa de farinha de trigo e saliva. Em qual dos três recipientes deve ter ocorrido digestão? Justifique sua resposta.

8. A digestão dos alimentos começa a ocorrer ainda na boca, enquanto mastigamos, graças à ação da amilase salivar, enzima que atua sobre o amido. No entanto, mesmo que mastiguemos bem os alimentos, boa parte do amido não é digerida. Está correto afirmar que esse amido, que não foi digerido na boca, é eliminado do organismo? Justifique sua resposta.

9. Em um laboratório, foram colocadas as seguintes substâncias em tubos de ensaio:
   tubo I: saliva fervida + farinha de trigo + ácido clorídrico
   tubo II: manteiga + amilase salivar + água
   tubo III: clara de ovo + suco gástrico
   tubo IV: carne + amilase salivar
   Verificou-se que houve digestão em apenas um dos tubos. Identifique esse tubo e justifique a não ocorrência do fenômeno nos outros três.

10. Em uma aula prática, os estudantes, reunidos em grupo, colocaram os seguintes conteúdos em tubos de ensaio:
    tubo I: iodo + farinha de trigo + saliva a 37 °C
    tubo II: iodo + farinha de trigo + saliva a 50 °C
    tubo III: iodo + farinha de milho
    tubo IV: iodo + leite
    tubo V: iodo + leite + saliva
    Observou-se inicialmente o aparecimento de uma coloração azulada em três tubos do conjunto. Após alguns minutos, essa coloração desapareceu em um deles, mantendo-se nos outros dois.
    a) Sabendo que o iodo reage com o amido produzindo a coloração azulada, diga em que tubos essa cor apareceu. Justifique sua resposta.
    b) Em qual dos três tubos o azul inicial deve ter desaparecido? Explique.

11. Em um hospital especializado em sistema digestório, uma pessoa teve parte do duodeno removida por cirurgia, enquanto outra precisou remover uma parte de mesmo comprimento do intestino grosso. Em qual delas a probabilidade de problemas com a digestão dos alimentos é maior? Por quê?

12. Um estudante de Biologia, lembrando o que aprendeu no volume 1 desta coleção – que as enzimas são específicas –, argumentou que há algum engano nisso, uma vez que a amilase, por exemplo, é capaz de atuar na digestão de alimentos tão diversos quanto arroz, pão, macarrão, tapioca e creme de milho. Explique ao estudante por que o argumento dele não procede.

# Pensando no Enem

Defende-se que a inclusão da carne bovina na dieta é importante, por ser uma excelente fonte de proteínas. Por outro lado, pesquisas apontam efeitos prejudiciais que a carne bovina traz à saúde, como o risco de doenças cardiovasculares. Devido aos teores de colesterol e de gordura, há quem decida substituí-la por outros tipos de carne, como a de frango e a suína. O quadro a seguir apresenta a quantidade de colesterol em diversos tipos de carne crua e cozida.

| Alimento | Colesterol (mg/100 g) | |
|---|---|---|
| | **Cru** | **Cozido** |
| Carne de frango (branca) sem pele | 58 | 75 |
| Carne de frango (escura) sem pele | 80 | 124 |
| Pele de frango | 104 | 139 |
| Carne suína (bisteca) | 49 | 97 |
| Carne suína (toucinho) | 54 | 56 |
| Carne bovina (contrafilé) | 51 | 66 |
| Carne bovina (músculo) | 52 | 67 |

*Revista ProTeste*, n. 54, dez/2006 (com adaptações).

Com base nessas informações, avalie as afirmativas a seguir.

I. O risco de ocorrerem doenças cardiovasculares por ingestões habituais da mesma quantidade de carne é menor se esta for carne branca de frango do que se for toucinho.

II. Uma porção de contrafilé cru possui, aproximadamente, 50% de sua massa constituída de colesterol.

III. A retirada da pele de uma porção cozida de carne escura de frango altera a quantidade de colesterol a ser ingerida.

IV. A pequena diferença entre os teores de colesterol encontrados no toucinho cru e no cozido indica que esse tipo de alimento é pobre em água.

É correto apenas o que se afirma em:

a) I e II.

b) I e III.

c) II e III.

d) II e IV.

e) III e IV.

## Resolução

Esta questão inicia-se com um texto que explica a importância da alimentação com carne bovina. O texto fala ainda sobre a quantidade de gordura e de colesterol que podem ser prejudiciais à saúde.

Em virtude desses possíveis problemas nutricionais, muitas pessoas optam por outros tipos de carne, como a de frango ou suína. A tabela apresentada faz a comparação entre diversos tipos de carnes bovinas, de frango e suínas.

### Interpretação da tabela

Na primeira coluna são apresentados sete tipos de carnes: três de frango, duas suínas e duas bovinas. Na segunda coluna estão apresentados os respectivos valores de colesterol para as carnes cruas. E na terceira coluna estão os valores de colesterol para as carnes cozidas.

Uma análise rápida mostra que os valores das carnes cozidas são sempre maiores que os valores para a mesma carne crua. A pele de frango é que apresenta as maiores concentrações de colesterol, tanto crua como cozida.

A bisteca suína é que apresenta o menor valor de colesterol para carne crua. Já para a carne cozida, o toucinho suíno apresenta o menor valor.

### O problema

As quatro afirmações devem ser julgadas como certas ou erradas de acordo com os dados da tabela apresentada:

I. Esta informação está incorreta, já que os valores de colesterol do toucinho são menores que os dois tipos de carne de frango, independente de cru ou cozido.

II. Esta também está errada, já que o contrafilé possui 51 mg de colesterol em 100 g de carne. Isso seria o mesmo que 0,051 g de colesterol para cada 100 g de carne, ou seja, 0,051% de sua massa constituída de colesterol.

III. Esta afirmação está correta, visto que a pele do frango é a carne com maior quantidade de colesterol e os valores para carne escura de frango são referentes a ela sem a pele.

IV. Esta afirmação também está correta. Ao cozinhar a carne, ela perde água. A quantidade de colesterol se mantém constante, porém a porcentagem de água diminui o que faz com que a quantidade relativa de colesterol aumente. Como a diferença entre os teores de colesterol do toucinho cru e cozido foi pequena, chega-se à conclusão que a quantidade de água na carne é pequena.

Resposta: **E**.

# Vestibulares de Norte a Sul

**1.** **S** (UEL-PR) No esquema a seguir, estão representados quatro tubos de ensaio com os seus componentes:

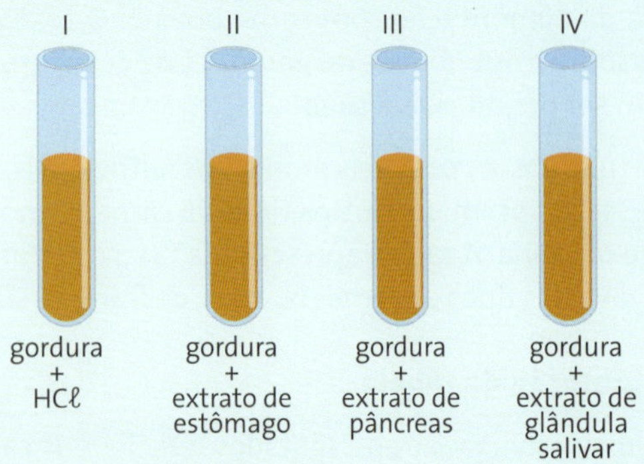


O material retirado de determinado órgão do rato foi adicionado aos tubos de ensaio e após 1 hora, a 38 °C, verificou-se que apenas no tubo III ocorreu digestão de gordura. Assinale a alternativa que indica, respectivamente, de qual órgão do rato foi retirado o material adicionado aos tubos e qual enzima digestiva participou no processo.

a) intestino delgado e tripsina
b) vesícula biliar e lipase
c) intestino delgado e quimiotripsina
d) vesícula biliar e amilase
e) intestino delgado e pepsina

**2.** **SE** (Fatec-SP) A um pedaço de carne triturada acrescentou-se água, e essa mistura foi igualmente distribuída por seis tubos de ensaio (I a VI). A cada tubo de ensaio, mantido em certo pH, foi adicionada uma enzima digestiva, conforme a lista a seguir.

I. pepsina; pH = 2
II. pepsina; pH = 9
III. ptialina; pH = 2
IV. ptialina; pH = 9
V. tripsina; pH = 2
VI. tripsina; pH = 9

Todos os tubos de ensaio permaneceram durante duas horas em uma estufa a 38 °C. Assinale a alternativa da tabela que indica corretamente a ocorrência (+) ou não (–) de digestão nos tubos I a VI.

| | I | II | III | IV | V | VI |
|---|---|---|---|---|---|---|
| a) | + | – | + | – | + | – |
| b) | + | – | – | + | – | – |
| c) | + | – | – | – | – | + |
| d) | – | + | + | – | – | + |
| e) | – | + | – | + | + | – |

**3.** **SE** (UFF-RJ) Durante o processo evolutivo, a anatomia e a fisiologia digestivas dos animais adaptaram-se, eficientemente, às suas características alimentares. No homem, o alimento é digerido sequencialmente nos diversos compartimentos do tubo digestivo até atingir condições ideais para absorção. Observe adiante a indicação dos tipos de alimentos, enumerados de 1 a 4 em diferentes cores e o gráfico de barras que registra as taxas de digestão referentes aos tipos distintos de alimentos em cada compartimento digestivo do homem:

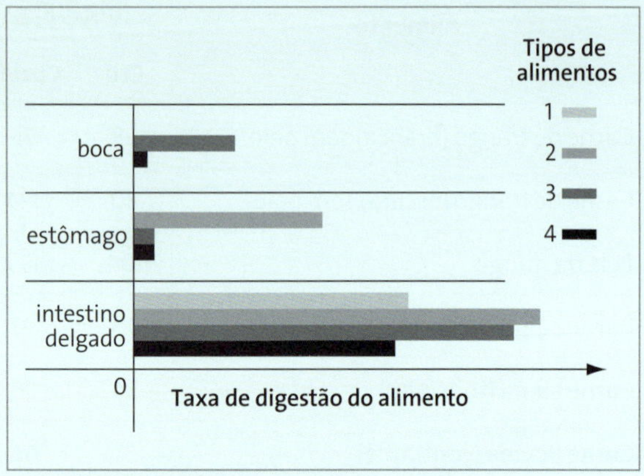


As características digestivas do principal carboidrato e da mais importante proteína do leite apresentam um perfil similar aos tipos de alimentos identificados, respectivamente, pelos números:

a) 1 e 2.
b) 3 e 1.
c) 3 e 2.
d) 3 e 4.
e) 4 e 1.

**4.** **S** (UEL-PR) Ao ingerir um lanche composto de pão e carne:

a) a digestão química do pão inicia-se na boca, com a ação da tripsina, e a da carne inicia-se do duodeno, onde as proteínas são quebradas com a ação da bile.
b) a digestão química do pão inicia-se no estômago, onde o amido é quebrado pela ação do suco gástrico, e a da carne inicia-se na boca, com a ação da pepsina.
c) a digestão química do pão inicia-se na boca, com a ação da pepsina, e a da carne inicia-se no intestino delgado, com a ação da bile, que é produzida no fígado.
d) a digestão química do pão e da carne inicia-se no estômago pela ação da bile e da ptialina, respectivamente; a enzima pepsina, no duodeno, completa a digestão.
e) a digestão química do pão inicia-se na boca, com a ação da ptialina, e a da carne inicia-se no estômago, onde as proteínas são quebradas pela ação do suco gástrico.

5. **SE** (Uerj) Uma pessoa submetida a uma determinada dieta alimentar deseja ingerir, no máximo, 500 kcal em fatias de uma torta.

Observe que:

- valor calórico é a quantidade de energia capaz de produzir trabalho, liberada pelo metabolismo de uma certa quantidade de alimento ingerido;
- os valores calóricos aproximados de carboidratos, lipídios e proteínas são, respectivamente, 4, 9 e 4 kcal/g;
- a torta contém, ao todo, 50% de carboidratos, 15% de lipídios e 35% de proteínas;
- cada fatia da torta tem massa de 50 g e todas são iguais e homogêneas.

Para obedecer à dieta, a maior quantidade de fatias dessa torta que a pessoa pode comer corresponde a:

a) 1
b) 2
c) 3
d) 4

6. **S** (UFRGS-RS) Tiago comeu um sanduíche de pão francês com queijo, presunto e manteiga, acompanhado de um copo de suco de laranja sem açúcar.

Relacione cada um dos itens do lanche de Tiago, listados na coluna 1, com as principais enzimas que atuarão na sua digestão, indicadas na coluna 2.

| Coluna 1 | Coluna 2 |
|---|---|
| ( ) pão francês | 1 - pepsina |
| ( ) manteiga | 2 - lipase |
| ( ) presunto | 3 - amilase |
| ( ) queijo | 4 - sacarase |
| ( ) suco de laranja | |

A sequência correta de preenchimento dos parênteses, de cima para baixo, é

a) 3 - 2 - 1 - 1 - 4.
b) 4 - 3 - 2 - 1 - 3.
c) 1 - 4 - 3 - 2 - 2.
d) 1 - 3 - 2 - 4 - 4.
e) 2 - 1 - 4 - 3 - 3.

7. **N** (UFT-TO) O sistema digestivo humano é composto de um longo tubo e glândulas associadas que secretam substâncias responsáveis pela digestão química dos alimentos. Sobre a digestão humana é CORRETO afirmar:

a) Na boca ocorre digestão mecânica pela ação da ptialina presente na saliva.
b) Na parede do estômago as glândulas estomacais secretam pepsinogênio, enzima responsável pela digestão de proteínas.
c) A digestão do quimo ocorre predominantemente no duodeno sob a ação das enzimas contidas no suco gástrico.
d) A secreção produzida pelo fígado contém diversas substâncias digestivas e é responsável pela neutralização do quimo no duodeno.
e) Uma secreção que atua no duodeno é a bile, produzida pelo fígado e armazenada na vesícula biliar.

8. **NE** (Unifor-CE) Uma pessoa fez uma refeição da qual constavam as substâncias I, II e III. Durante a digestão ocorreram os seguintes processos: na boca iniciou-se a digestão de II; no estômago iniciou-se a digestão de I e a de II foi interrompida; no duodeno ocorreu digestão das três substâncias. Com base nesses dados, é possível afirmar corretamente que I, II e III são, respectivamente,

a) carboidrato, proteína e lipídio.
b) proteína, carboidrato e lipídio.
c) lipídio, carboidrato e proteína.
d) carboidrato, lipídio e proteína.
e) proteína, lipídio e carboidrato.

9. **SE** (Uerj) Para o tratamento da acidez estomacal, recomenda-se a ingestão de antiácidos que contenham hidróxido de alumínio em sua formulação. A função dessa substância é neutralizar o excesso do ácido produzido pelo estômago.

Os produtos da reação de neutralização total entre o hidróxido de alumínio e o ácido do estômago são água e um sal, cuja fórmula está contida na seguinte alternativa:

a) $A\ell C\ell$
b) $A\ell C\ell_3$
c) $A\ell SO_4$
d) $A\ell_2(SO_4)_3$

10. **NE** (UPE) De acordo com a Organização Mundial de Saúde (OMS), cerca de 500 milhões de pessoas sofrem de obesidade. A cirurgia bariátrica tem sido utilizada no tratamento da obesidade mórbida, que acomete pessoas com o índice de massa corporal (IMC) superior a 40. Uma das técnicas desse tipo de cirurgia é denominada de Capella, que liga o estômago ao fim do intestino delgado.

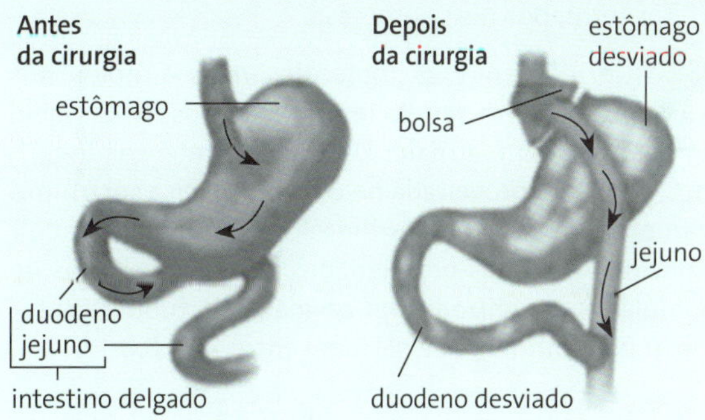

UPE/2013/Arquivo da editora

Disponível em: <www.clinicag.com.br>.

Qual das alternativas abaixo apresenta justificativa correta quanto ao procedimento denominado Capella?

a) O alimento que chega ao intestino já foi completamente digerido no estômago.
b) Ao se diminuir o percurso no intestino delgado, limita-se a absorção dos alimentos que acontece principalmente nessa região.
c) A ação do suco pancreático é otimizada pelo menor tamanho do intestino delgado.
d) A proximidade com o intestino grosso promoverá uma maior recuperação da água no bolo alimentar e consequentemente maior sensação de saciedade.
e) A absorção de carboidratos no estômago é preservada, no entanto a absorção no intestino grosso é eliminada.

11. **SE** (Uerj) Uma pessoa ingeriu, em uma refeição, somente pão, clara de ovo e azeite. A seguir, foram medidas, em função do tempo, em amostras coletadas no lúmen de diversos compartimentos de seu tubo digestivo, as concentrações de algumas substâncias:

- compartimentos: boca – estômago – duodeno – jejuno – íleo – cólon ascendente;
- substâncias: amido – proteína – triglicerídeos – peptídeos – glicose.

O gráfico a seguir representa os resultados encontrados para apenas uma das substâncias analisadas no jejuno e no íleo.

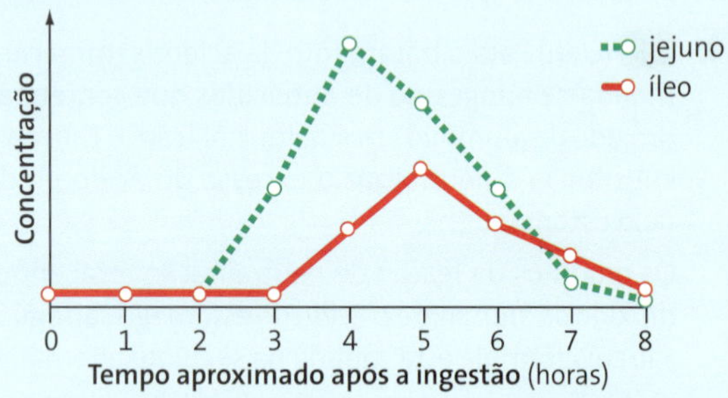


As concentrações dessa substância, medidas nos demais compartimentos, mantêm-se, ao longo do tempo, muito baixas, não estando, por isso, representadas no gráfico.

a) Identifique a substância cuja variação de concentração nos diversos compartimentos, durante os processos de digestão e absorção, deve corresponder à mostrada no gráfico. Explique como chegou a essa conclusão.

b) Descreva a atuação do suco pancreático na digestão dos ácidos nucleicos alimentares, citando os produtos formados nesse processo.

12. **SE** (Uerj) Apenas as moléculas mais simples dos alimentos podem ser eficientemente absorvidas pelo intestino. Assim, a maior parte dos alimentos ingeridos, para ser aproveitada pelo corpo, precisa ser quimicamente processada por hidrólise. O quadro a seguir relaciona algumas propriedades de quatro classes de hidrolases encontradas na cavidade do tubo digestório, todas com faixa de pH ideal entre 7,0 e 8,0.

| classe de hidrolase | substrato | |
|---|---|---|
| | tipo | necessidade de emulsificação |
| A | polissacarídeos | não |
| B | proteínas | não |
| C | dissacarídeo do leite | não |
| D | triacilgliceróis | sim |

Identifique uma enzima correspondente a cada classe, indicando os seus respectivos produtos.

13. **SE** (UFRJ) Uma pessoa só contrai o cólera se ingerir água contendo, no mínimo, $10^8$ vibriões, o microrganismo causador dessa doença. No entanto, se uma pessoa beber água contendo bicarbonato de sódio – um antiácido – são necessários apenas $10^4$ vibriões para iniciar a doença. Por que ocorre essa diferença?

14. **SE** (Unicamp-SP) O gráfico a seguir representa as atividades de duas enzimas do sistema digestório humano, avaliadas a 37 °C (condições normais de temperatura corpórea).

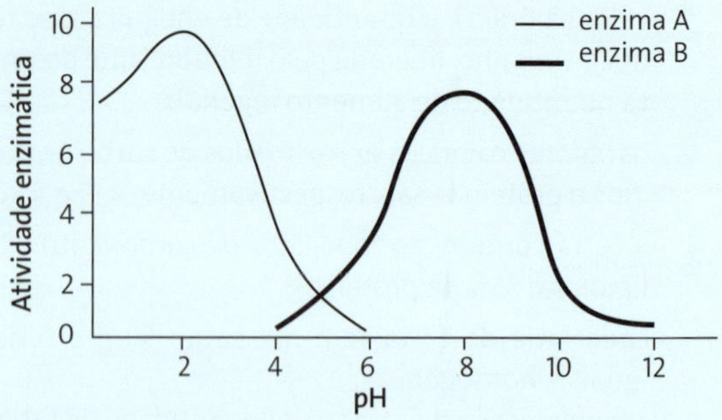


a) Qual é o local de atuação da enzima **A**? Justifique.

b) Cite uma enzima digestiva que apresente o padrão de atividade da enzima **B** e seu local de atuação.

c) Explique o que ocorreria com a atividade enzimática se, experimentalmente, a temperatura fosse pouco a pouco aumentada até atingir 60 °C.

15. **CO** (UFMT) A intolerância à lactose decorre de deficiência ou ausência de uma enzima intestinal, gerando incapacidade do organismo para digerir lactose. O problema ocorre em cerca de 25% dos brasileiros e, embora não haja tratamento para aumentar a capacidade de produzir essa enzima, os sintomas da intolerância podem ser controlados por meio de dieta.

(http://bvsms.saude.gov.br. Adaptado.)

Com base no texto e em seus conhecimentos sobre o assunto, responda:

a) Como deve ser a dieta de pessoas com essa deficiência enzimática? Justifique sua resposta.

b) Explique como ocorre a digestão da lactose no intestino delgado das pessoas normais.

16. **CO** (UFMT) O gráfico representa as curvas das atividades enzimáticas, em diferentes valores de pH, que ocorrem em três regiões do tubo digestório humano.

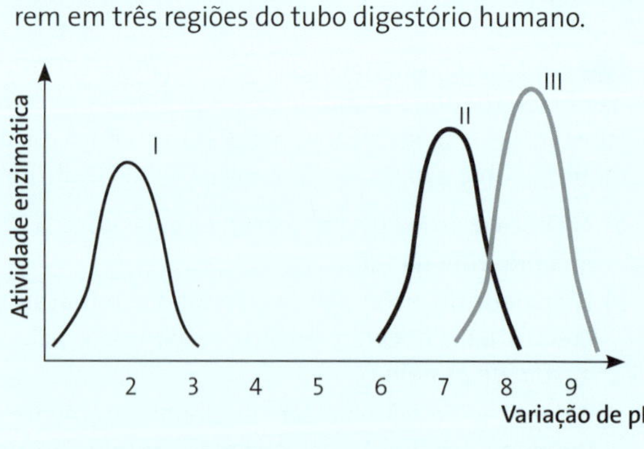


De acordo com o gráfico, responda:

a) Que curva representa a atividade enzimática que ocorre no estômago? Justifique sua resposta.

b) Quando o quimo sai do estômago e atinge o duodeno, sofre uma alteração de pH. Explique como ocorre essa mudança de pH e a importância dessa alteração.

CAPÍTULO

# 26 Respiração

tony4urban/Shutterstock/Glow Images

Mergulhadores conseguem respirar embaixo d'água com equipamentos. Você conhece os processos envolvidos na respiração?

> ↘ *Que órgãos formam o sistema respiratório?*
>
> ↘ *Quais as funções desse sistema?*

# 1 Sistema respiratório

Nos seres humanos, o ar penetra pelo nariz, através das narinas, atinge as cavidades nasais, passa pela faringe, pela laringe, pela traqueia, pelos brônquios e pelos bronquíolos e chega aos alvéolos pulmonares, nos quais ocorrem as trocas gasosas (figura 26.1).

Hybrid Medical Animation/SPL/Latinstock

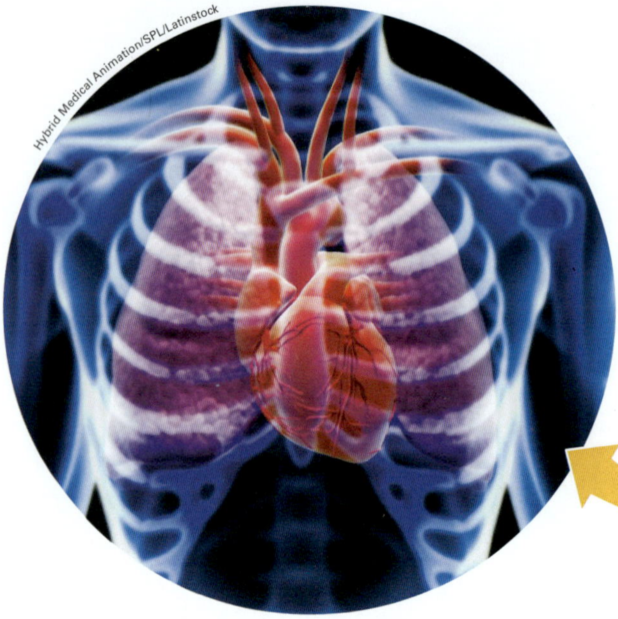

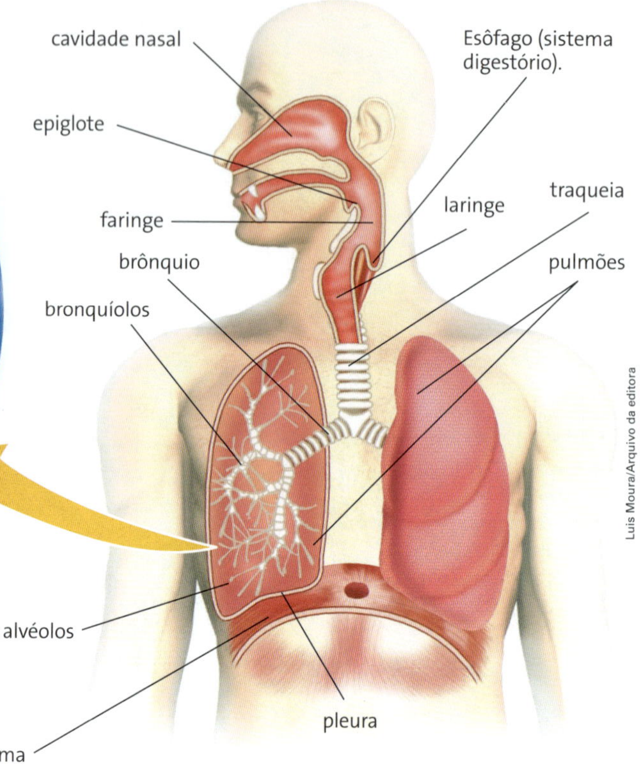


Luis Moura/Arquivo da editora

Figura 26.1 Representações do sistema respiratório; os brônquios têm cerca de 12 mm de diâmetro e o pulmão, em torno de 25 cm a 30 cm de comprimento no adulto. Acima, na ilustração feita em computador é possível ver a posição dos pulmões e do coração (estão representados também alguns vasos, que estudaremos no capítulo seguinte). (Os elementos ilustrados não estão na mesma escala; cores fantasia.)

## Vias respiratórias

A **cavidade nasal** possui terminações nervosas especializadas em perceber odores, além de umedecer, aquecer e filtrar o ar: seu revestimento é formado por pelos, cílios e um muco pegajoso (figura 26.2). Os microrganismos e as partículas estranhas aderem ao muco e são arrastados para fora do corpo ou para a garganta (os microrganismos engolidos são digeridos pelas enzimas digestivas) pelo movimento dos cílios. O espirro é uma defesa adicional, que ajuda a expelir do nosso corpo impurezas que entraram com o ar.

SPL/Latinstock

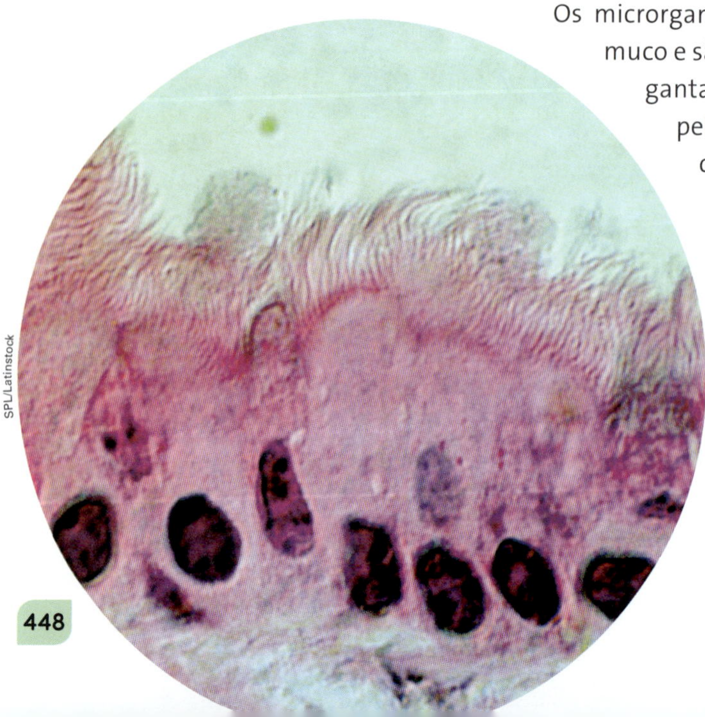

Figura 26.2 Tecido epitelial que forra as vias respiratórias. Ele é formado por células produtoras de muco e por cílios. Essas estruturas compõem uma defesa contra a invasão de microrganismos (microscópio óptico ou de luz, com uso de corantes; aumento de cerca de 600 vezes).

Da cavidade nasal, o ar vai para a faringe, região comum ao tubo digestório e ao sistema respiratório, e depois para a **laringe**, que é protegida por peças cartilaginosas e apresenta as **pregas vocais** (ou cordas vocais, pela terminologia antiga), responsáveis pela voz. Quando falamos, elas são esticadas por músculos e vibram com a passagem do ar, produzindo os sons (figura 26.3).

Sons agudos são produzidos quando as pregas vocais estão mais esticadas e vibrando rapidamente; sons mais graves são produzidos quando as pregas estão menos esticadas e vibrando mais devagar. Assim, pessoas com pregas vocais mais finas têm voz mais aguda; enquanto aquelas com pregas vocais mais espessas têm a voz mais grave. Mas os espaços no nariz, na boca e na faringe também influenciam o som da voz. A mudança de voz que costuma ocorrer na adolescência é provocada pelo aumento da espessura das pregas vocais.

Hiroe Sasaki/Arquivo da editora

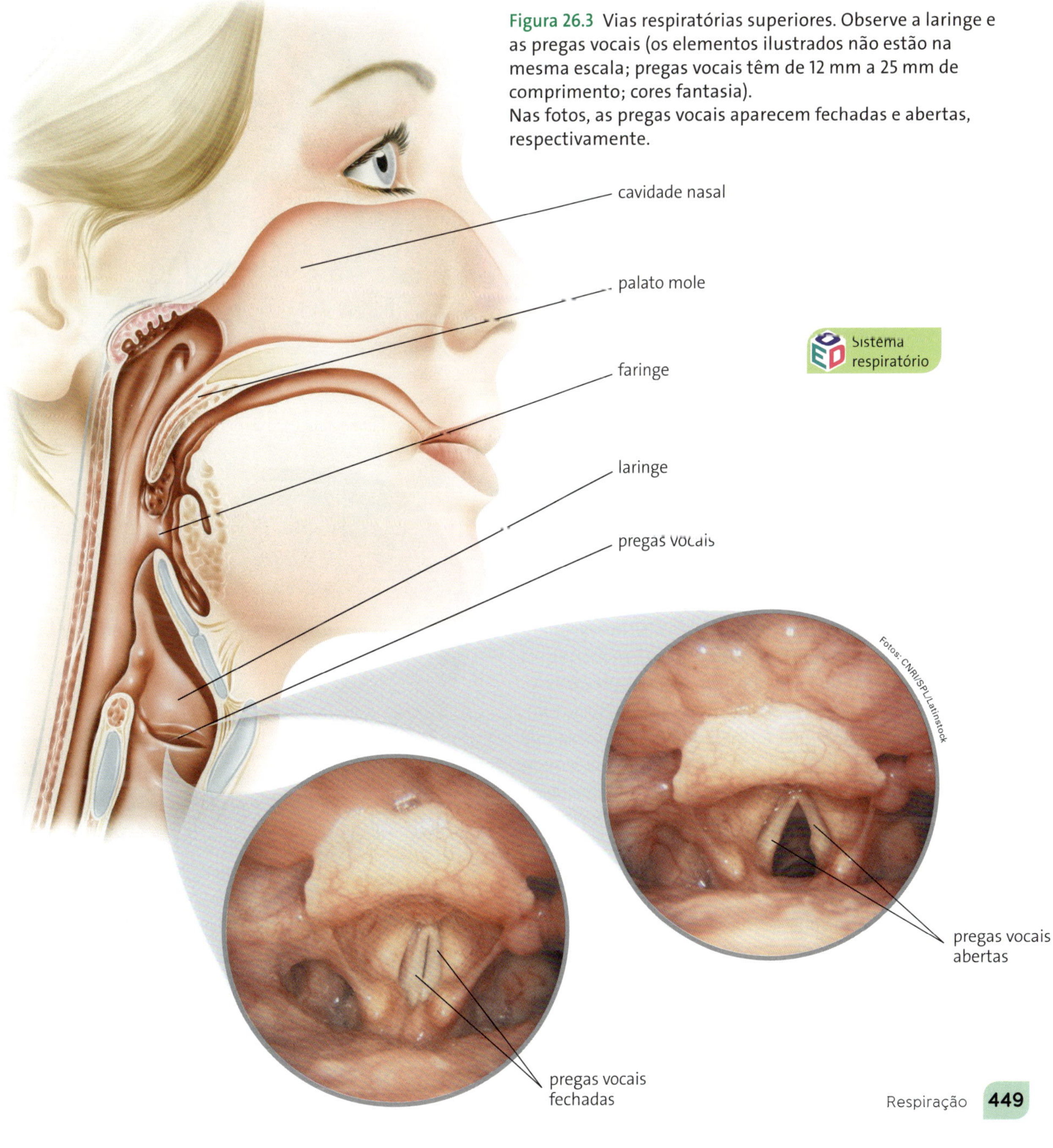


Figura 26.3 Vias respiratórias superiores. Observe a laringe e as pregas vocais (os elementos ilustrados não estão na mesma escala; pregas vocais têm de 12 mm a 25 mm de comprimento; cores fantasia).
Nas fotos, as pregas vocais aparecem fechadas e abertas, respectivamente.

Sistema respiratório

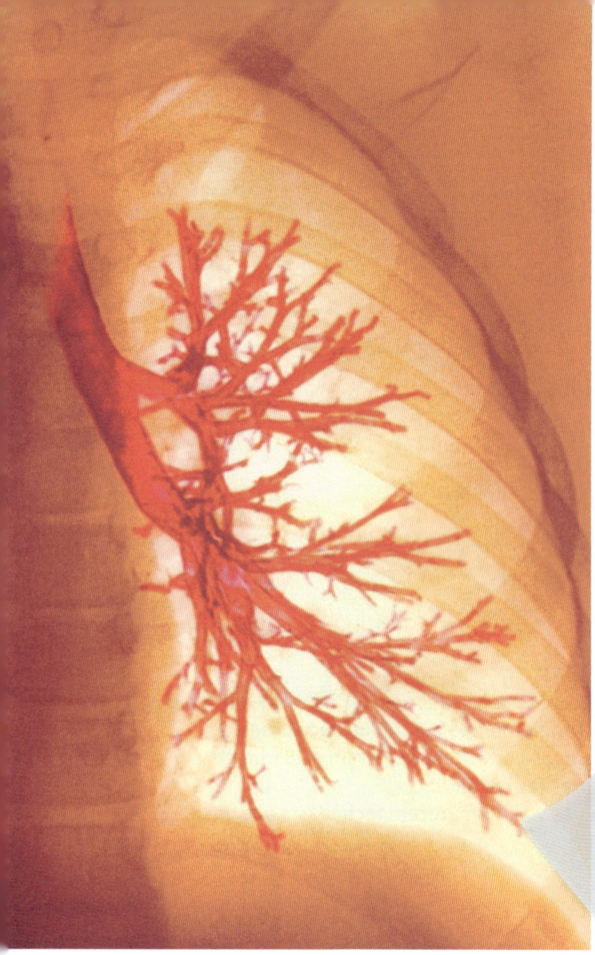

CNRI/SPL/Latinstock

A **traqueia** é um tubo que se bifurca e forma os brônquios, que, à semelhança da traqueia, são protegidos por anéis cartilaginosos, que impedem seu achatamento pela queda de pressão quando o ar é aspirado para os **pulmões**. Os brônquios ramificam-se no interior dos pulmões. Cada vez mais finos, os ramos formam os **bronquíolos**. Cada bronquíolo termina em um cacho de pequeníssimos sacos: os **alvéolos pulmonares**. O conjunto dos bronquíolos forma a **árvore respiratória** ou **bronquial** (figura 26.4).

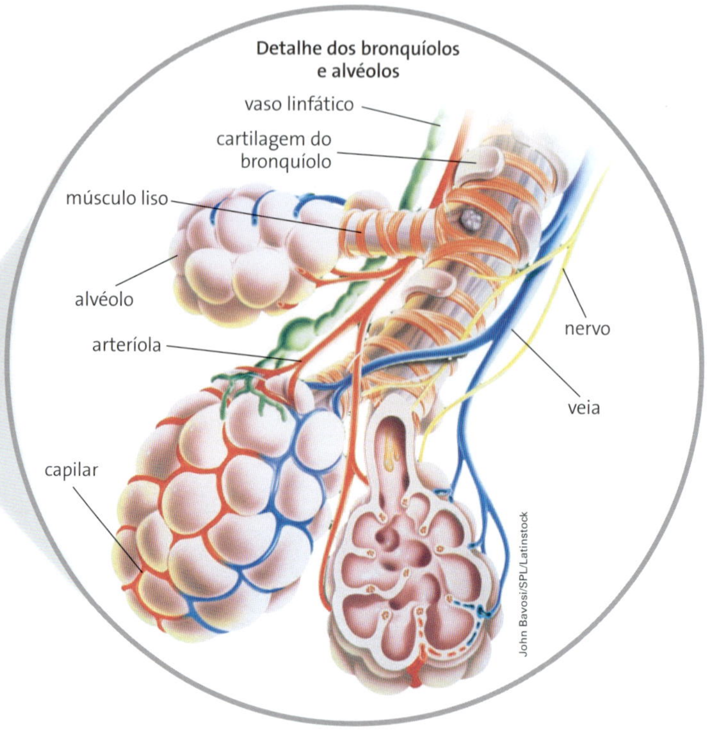


Figura 26.4 Ilustração de bronquíolos e alvéolos (cores fantasia). Na foto, raio X colorizado mostrando os bronquíolos que formam a árvore respiratória ou bronquial.

## Biologia e cotidiano

### Ronco e bocejo

Algumas pessoas roncam enquanto dormem. Isso pode acontecer quando dormem de boca aberta e respiram por ela. A passagem de ar faz vibrar o palato mole, que é a parte mole do céu da boca. O ronco pode acontecer também em razão de hipertrofia das adenoides, um tecido linfático na parte superior da faringe, que acaba obstruindo as vias nasais e impedindo a respiração normal. Esses e outros problemas podem causar pequenas paradas respiratórias durante o sono (apneia do sono), por isso é importante consultar um otorrinolaringologista (médico especialista em orelha, nariz e garganta) para diagnosticar e tratar o problema.

O bocejo é uma inspiração mais forte, que suga mais oxigênio para os pulmões (figura 26.5). Ele pode ajudar a manter uma pessoa acordada por mais tempo quando ela está sonolenta.

Figura 26.5 Em algumas situações, o bocejo pode ajudar a pessoa a se manter alerta.

## Pulmões

Os pulmões ocupam quase toda a caixa torácica e são revestidos por uma membrana dupla (**pleura**). Cada pulmão contém, além dos bronquíolos, cerca de 350 milhões de alvéolos pulmonares, o que aumenta muito a área de contato com o oxigênio: se os pulmões fossem como balões, com parede lisa, sem alvéolos, sua área total seria de cerca de 100 centímetros quadrados. Com os alvéolos, a área total é de cerca de 100 metros quadrados, uma área cerca de 50 vezes maior do que a da pele, que é de cerca de 2 metros quadrados.

Os alvéolos pulmonares são formados por uma fina camada de células achatadas envolvidas por uma rede de capilares. É neles que ocorre a **hematose** (figura 26.6). Na hematose, o sangue rico em gás carbônico (desoxigenado) passa a ser rico em oxigênio (oxigenado).

O ar entra nos pulmões e sai deles principalmente em razão da contração e do relaxamento do **diafragma** (músculo que separa a caixa torácica da cavidade abdominal, exclusivo dos mamíferos) e dos **músculos intercostais**. Ao se contrair, o diafragma abaixa. Esse movimento e o dos músculos **intercostais externos** aumentam o volume da caixa torácica, o que torna a pressão no interior dessa cavidade menor que a do ar atmosférico. Isso faz com que o ar penetre nos pulmões (figura 26.7). Na expiração os músculos relaxam, reduzindo o volume torácico. Com isso, a pressão na cavidade torácica fica maior que a atmosférica, o que faz o ar sair. Quando a respiração se torna mais forte, por exemplo durante um exercício intenso, a contração dos músculos **intercostais internos** e **abdominais** também ajuda a eliminar o ar. O movimento de entrada e de saída de ar nos pulmões, bem como a troca de gases entre os alvéolos e o ar, é chamado de **ventilação pulmonar**.

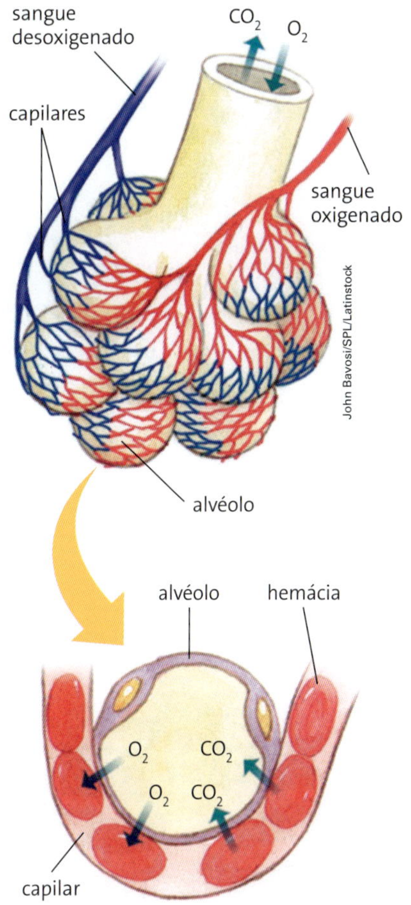


Figura 26.6 Representação da troca de gases nos alvéolos: o oxigênio do ar sai dos alvéolos (com cerca de 0,2 mm de diâmetro) e passa para o sangue; o gás carbônico sai do sangue e passa para o ar dos alvéolos (hemácias com cerca de 7 μm de diâmetro; os elementos da ilustração não estão na mesma escala; cores fantasia).

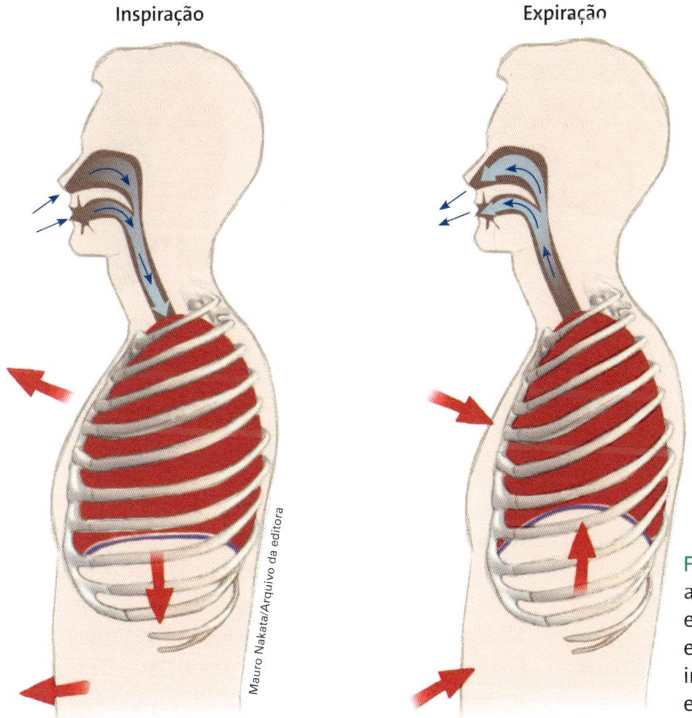


Figura 26.7 Entrada e saída de ar nos pulmões: as setas indicam a entrada e a saída de ar e os movimentos em razão da contração e do relaxamento do diafragma, dos músculos intercostais e do abdome na inspiração e expiração. (Os elementos da ilustração não estão na mesma escala; cores fantasia.)

# O controle da respiração

Nós podemos prender a respiração por um certo tempo, o que mostra que os movimentos respiratórios podem ser controlados, até certo ponto, voluntariamente. Mas, na maior parte do tempo, esses movimentos ocorrem sem que percebamos, em virtude da ação de neurônios localizados em dois centros respiratórios no bulbo e na ponte (regiões do encéfalo). O bulbo controla a inspiração e expiração e a ponte influencia a frequência e a profundidade da ventilação. À medida que a concentração de gás carbônico no sangue aumenta, o pH do sangue diminui (o gás carbônico forma ácido carbônico no plasma) e os neurônios localizados na medula oblonga ou bulbo (uma parte do encéfalo) enviam impulsos ao diafragma e aos músculos intercostais, fazendo com que ambos se contraiam – independentemente de querermos ou não. Neste caso, portanto, trata-se de um controle involuntário da respiração. Do mesmo modo, durante uma atividade física, o centro respiratório envia impulsos nervosos que aumentam a frequência e a intensidade dos movimentos respiratórios. Com isso, acelera-se a eliminação de gás carbônico e a entrada de oxigênio (**figura 26.8**). O controle pelo bulbo é feito por meio de mensagens nervosas vindas de receptores que detectam o nível de gás carbônico, de oxigênio e de pH, uma medida da acidez ou basicidade de uma solução, do sangue. Os quimiorreceptores (ou quimioceptores) presentes nas artérias carótidas e no bulbo são mais sensíveis às variações do gás carbônico que às do oxigênio.

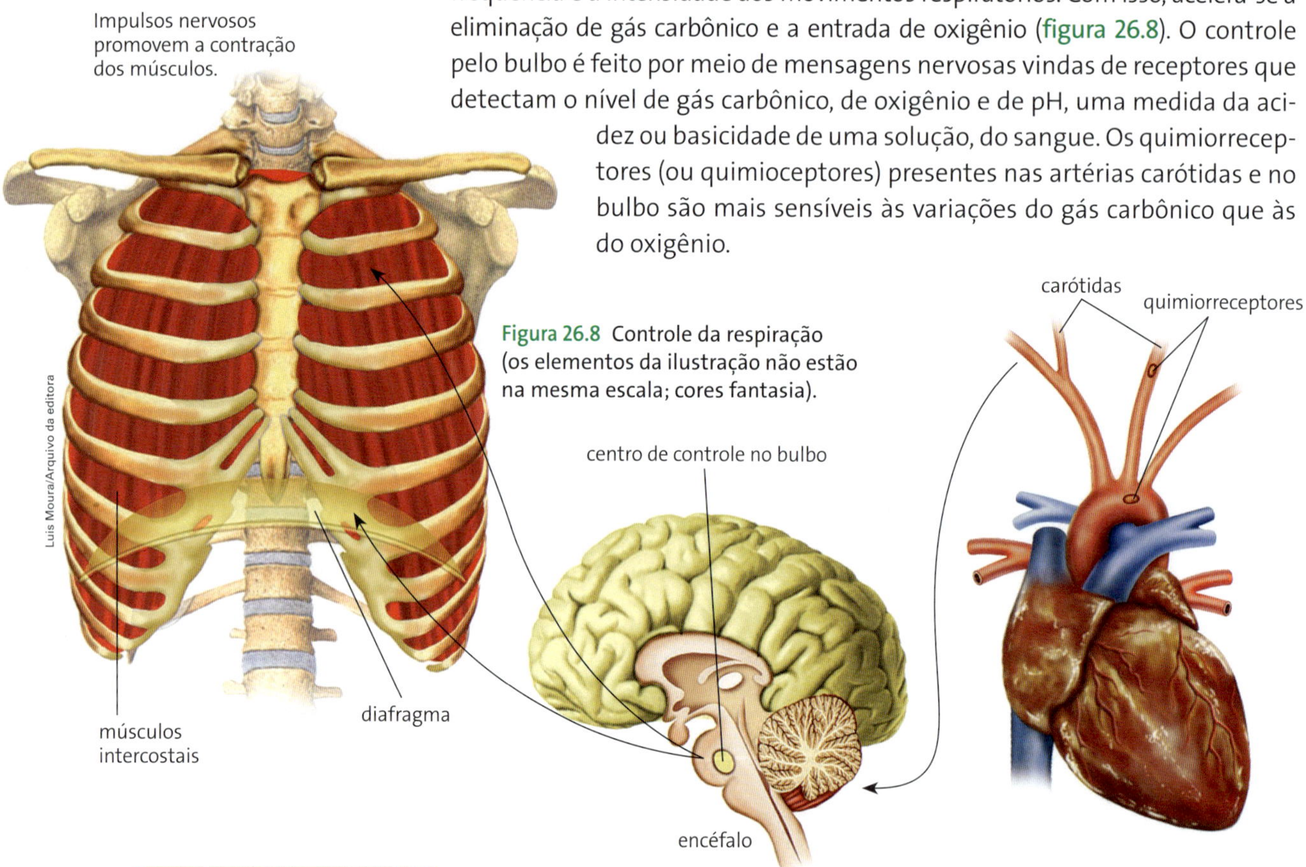


**Figura 26.8** Controle da respiração (os elementos da ilustração não estão na mesma escala; cores fantasia).

## Biologia e cotidiano

### O soluço

De repente, ocorre no diafragma uma contração involuntária (independente de nossa vontade) e rápida, e as pregas vocais se fecham, provocando um ruído estranho: é o soluço.

O soluço ocorre quando certos nervos fazem o diafragma se contrair de forma involuntária e a glote se fechar, e pode resultar de uma irritação desses nervos. Costuma passar logo e pode aparecer depois que se come ou se bebe muito ou depois que se ingere álcool. Mas pode também ser causado por algumas doenças. Por isso, se essa condição se repetir com frequência ou for persistente, é preciso consultar um médico.

# Transporte de gases pelo sangue

Na cavidade dos alvéolos pulmonares, a concentração de oxigênio é superior àquela nos capilares sanguíneos; logo, por difusão, o gás passa para o sangue. Uma pequena porcentagem de oxigênio dissolve-se no plasma, mas a maioria penetra nos glóbulos vermelhos e combina-se com a hemoglobina, simbolizada pela sigla Hb (figura 26.9).

Nos tecidos, a concentração de oxigênio no interior da célula é baixa, por causa do consumo contínuo desse gás na respiração celular. Assim, o oxigênio passa, por difusão, do sangue para as células.

Ao mesmo tempo que consome oxigênio, a célula produz gás carbônico. A concentração desse gás dentro da célula é maior que fora, e ele passa das células para o sangue. Seu transporte é um pouco diferente: cerca de 15% a 23% se ligam à hemoglobina e formam a **carbaminoemoglobina** ou **carboemoglobina** (composto instável); em torno de 7% são transportados dissolvidos no plasma; e cerca de 70% são transportados na forma de íon bicarbonato ($HCO_3^-$), dissolvido no plasma. Veja o esquema ao lado.

$CO_2$ que sai dos tecidos:
- 7% → dissolvidos no plasma
- 23% → $Hb + CO_2 \rightarrow HbCO_2$ (carboemoglobina)
- 70% → $CO_2 + H_2O \rightarrow H_2CO_3 \rightarrow$ $\rightarrow H^+ + HCO_3^-$ (lançados no plasma)

Ao penetrar na hemácia o gás carbônico reage com a água e produz ácido carbônico (figura 26.9). Essa reação é acelerada pela enzima **anidrase carbônica**. O ácido carbônico dissocia-se em íons $H^+$ e bicarbonato. Este sai da hemácia por difusão e é transportado dissolvido no plasma (na forma de bicarbonato de sódio). O íon $H^+$ combina-se com a hemoglobina que ficou livre do oxigênio e forma a **desoxiemoglobina**. No pulmão ocorre o processo inverso, com produção de gás carbônico, que passa do sangue para o alvéolo (figura 26.9).

O monóxido de carbono lançado pelos escapamentos dos automóveis e em outras combustões é um composto tóxico por causa de sua grande afinidade com a hemoglobina. Essa combinação forma um composto estável, a **carboxiemoglobina**, que impede o transporte de oxigênio para as células. Concentrações altas de monóxido de carbono, que podem ocorrer, por exemplo, com veículos ligados em ambientes fechados, podem levar uma pessoa à falta de oxigênio (**anoxia**) e à morte.

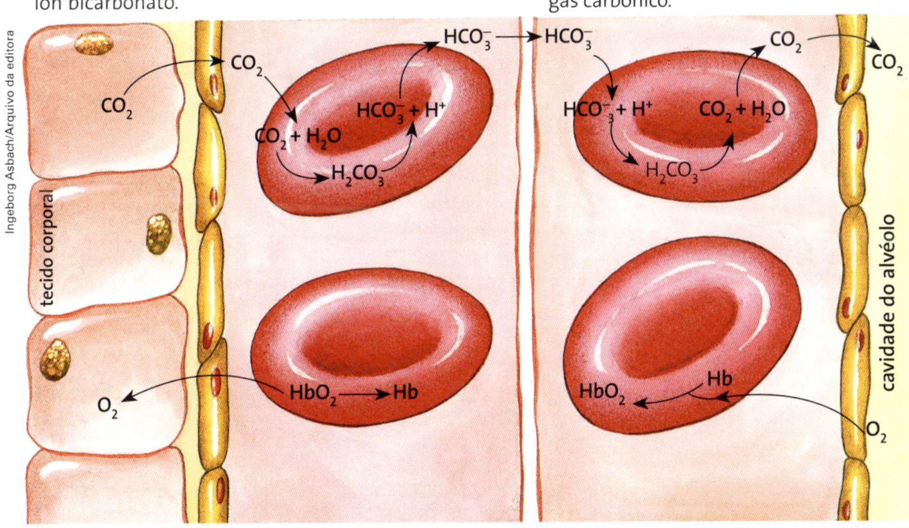


Figura 26.9 Transporte de oxigênio e gás carbônico pelo sangue (hemácias têm cerca de 7 µm de diâmetro; os elementos da ilustração não estão na mesma escala; cores fantasia).

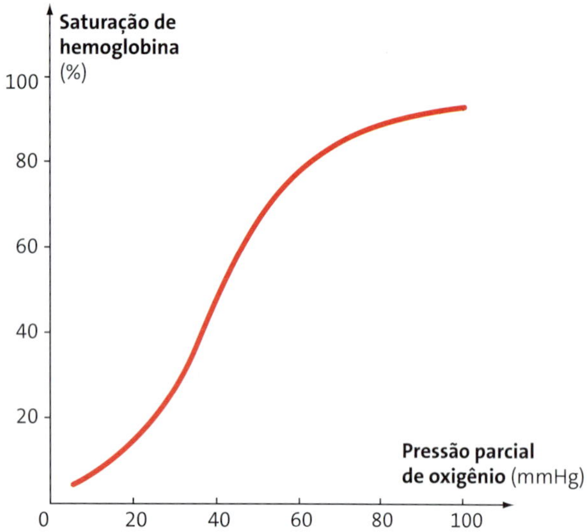


Figura 26.10 Curva de dissociação do oxigênio.

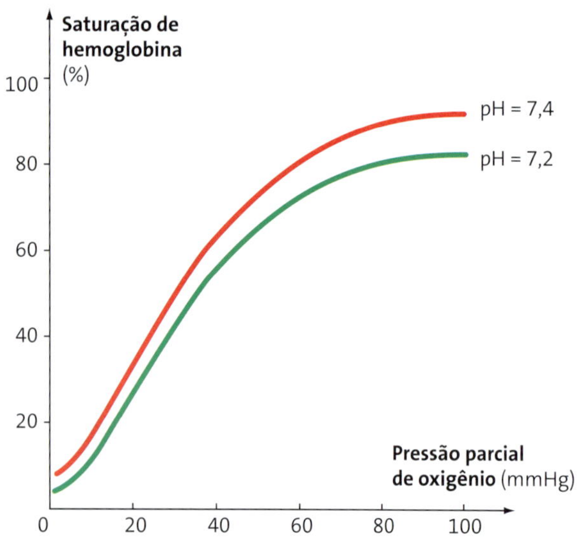


Figura 26.11 Influência do pH na combinação do oxigênio com a hemoglobina.

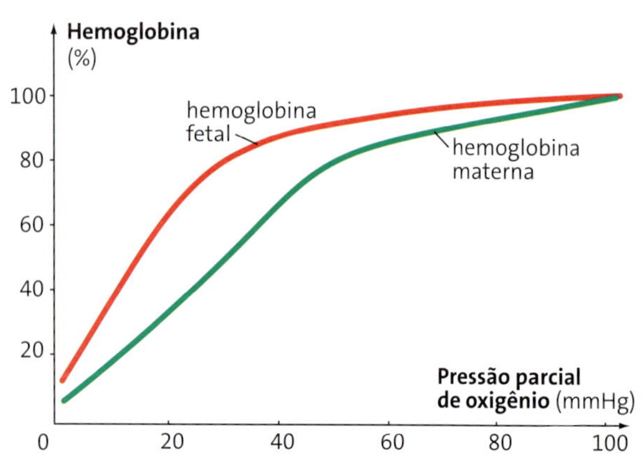


Figura 26.12 Curvas de dissociação da hemoglobina do adulto e do embrião.

# As trocas gasosas e as pressões dos gases

A concentração de oxigênio no interior do pulmão é maior que aquela nos capilares sanguíneos ou, como se diz em Química, a pressão parcial do oxigênio no pulmão é maior que no sangue. Logo, por difusão, o gás passa para o sangue e se combina à hemoglobina. Nos tecidos ocorre o inverso.

O gráfico ao lado (figura 26.10) mostra a curva de dissociação do oxigênio, que indica a concentração relativa desse gás combinado à hemoglobina em diferentes concentrações ou pressões parciais de oxigênio (medidas em milímetros de mercúrio). A pressão parcial é aquela exercida por determinado gás em uma mistura de gases. Quanto maior a pressão do oxigênio, maior a porcentagem de moléculas de hemoglobina combinadas a esse gás, isto é, maior a saturação da hemoglobina. Nos tecidos, onde a pressão de oxigênio é baixa, a hemoglobina libera a maior parte do oxigênio que estava combinado a ela.

A capacidade da hemoglobina de se combinar com o oxigênio é influenciada por vários fatores, como o pH do sangue.

O pH normal do sangue é 7,4, mas, durante um exercício intenso, ele diminui um pouco por causa da liberação de ácido lático e de gás carbônico, que se combina com a água do plasma e forma ácido carbônico. Observe no gráfico ao lado (figura 26.11) que, em um pH mais ácido (7,2), uma porcentagem menor de oxigênio está combinada à hemoglobina. Isso significa que a hemoglobina libera mais oxigênio para as células musculares durante a atividade física quando o consumo de oxigênio nas células aumenta.

As hemácias do embrião possuem uma hemoglobina (hemoglobina fetal) com maior afinidade pelo oxigênio que a hemoglobina adulta. Observe na figura 26.12 que, em determinada pressão parcial de oxigênio, a hemoglobina fetal fica mais saturada de oxigênio do que a hemoglobina adulta, o que facilita a passagem do oxigênio do sangue materno para o sangue do embrião na placenta.

## 2 Problemas no sistema respiratório

> **! ATENÇÃO!**
>
> **As informações sobre questões de saúde deste capítulo não substituem a orientação médica nem podem ser usadas para diagnóstico, tratamento ou prevenção de doenças.**

Vírus, como os do resfriado e os da gripe, podem atacar o nariz – fazendo com que as células aumentem a produção de muco –, a faringe – provocando dor de garganta –, a laringe – fazendo a voz ficar rouca – e os brônquios – provocando tosse. As bactérias também podem atacar as vias respiratórias, provocando infecções na faringe, na laringe, além de atacar os pulmões e provocar pneumonia, tuberculose, entre outros problemas.

Sinusite é a inflamação das mucosas que revestem internamente os seios da face (cavidades ósseas ao redor dos olhos e do nariz e na área correspondente às maçãs do rosto) e pode provocar dor de cabeça e nos seios da face, febre, entre outros sintomas.

Na rinite alérgica, há uma inflamação da mucosa nasal. Na asma alérgica há uma reação inflamatória nos brônquios, hipersecreção de muco e contração da musculatura lisa, o que dificulta a respiração. A principal causa dessa reação é uma hipersensibilidade à poeira (mais especificamente aos ácaros presentes na poeira doméstica), aos fungos e a outros elementos dispersos no ar. Por isso se deve manter o ambiente sempre bem limpo e arejado e forrar travesseiros e colchões. O médico deve ser consultado para prevenir e controlar as doenças alérgicas respiratórias.

A laringite é uma inflamação da laringe, causada, geralmente, por infecção respiratória ou agentes irritantes, tosse ou uso inadequado da voz, provocando rouquidão (as pregas vocais podem ficar inchadas e não vibrar direito) ou até mesmo perda da voz. É um distúrbio muito frequente em fumantes crônicos, por causa da lesão provocada pela inflamação crônica desse órgão. É preciso atendimento médico para pesquisar a causa do problema.

O enfisema é a progressiva destruição das paredes dos alvéolos, diminuindo a superfície relativa de absorção de oxigênio (figura 26.13). A eficiência respiratória diminui e provoca uma sobrecarga no coração, podendo levar à insuficiência cardíaca. Um dos grandes causadores do enfisema é o fumo, que é também a principal causa do câncer de pulmão, como veremos a seguir.

Na bronquite crônica, um excesso de muco acumula-se na região dos bronquíolos, o que dificulta a passagem de ar.

Figura 26.13 Esquema simplificado de alvéolos normais e de um fumante com enfisema (alvéolos têm em torno de 0,2 mm de diâmetro; cores fantasia). Nas fotos, alvéolos normais e de um fumante com enfisema (imagens ao microscópio eletrônico; aumento de cerca de 300 vezes; colorizadas por computador).

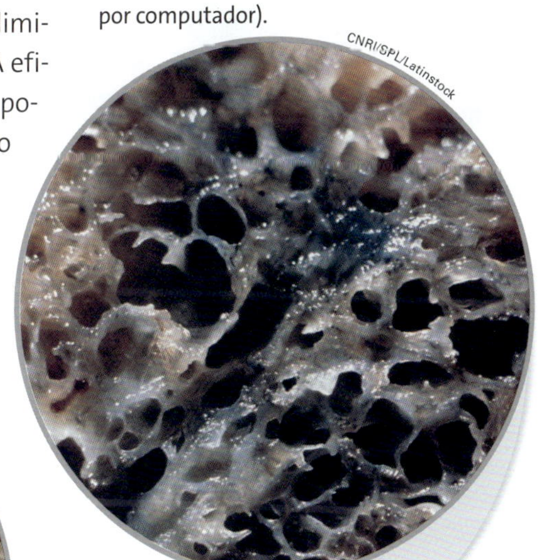


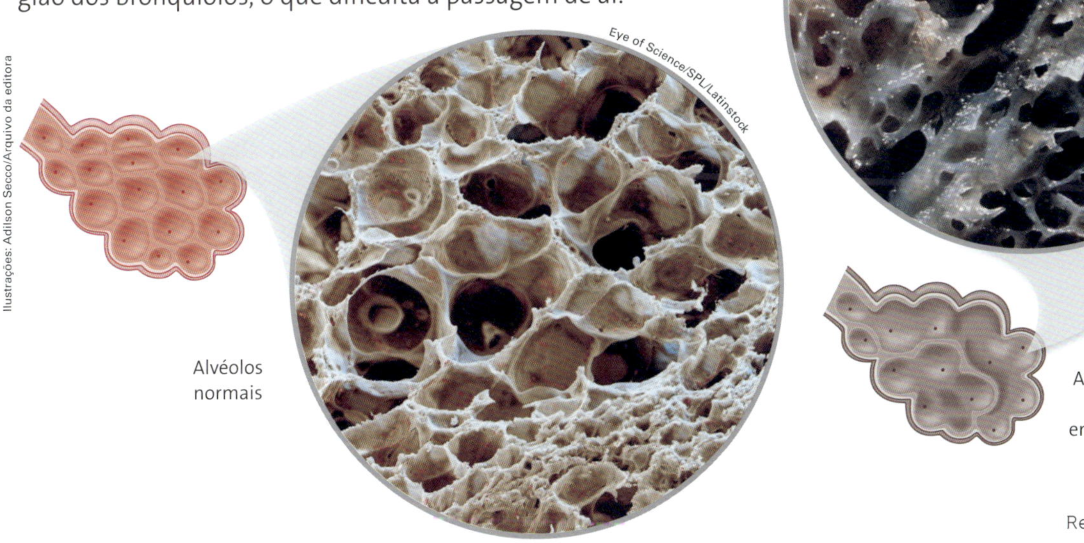

# O fumo e a saúde

O fumo é uma das maiores causas evitáveis de doença e morte no mundo. Algumas das doenças associadas ao cigarro desenvolvem-se no trato respiratório. No alcatrão, que é um dos compostos presentes na fumaça do cigarro, há várias substâncias cancerígenas, que podem provocar câncer de pulmão (figura 26.14), de garganta e de outras regiões do trato respiratório. O fumante tem mais chances também de desenvolver câncer em outros órgãos, porque muitas dessas substâncias cancerígenas passam para o sangue, de onde podem atingir todo o organismo.

O fumo pode provocar ou agravar diversos problemas no sistema respiratório. Ele destrói muitos cílios e muitas células encarregados da limpeza das vias respiratórias e provoca inflamações em brônquios e bronquíolos. Em consequência disso, o fumante produz muito muco, o que dificulta a passagem de ar e provoca a tosse. O fumante também contrai infecções com mais facilidade. Além da inflamação dos brônquios e bronquíolos, pode ocorrer também enfisema. O fumo é responsável por cerca de 90% dos casos de doença pulmonar obstrutiva crônica (DPOC), caracterizada pela ocorrência de bronquite crônica e enfisema.

Na fumaça do cigarro há também o gás monóxido de carbono, que segue dos pulmões para o sangue. No sangue, o monóxido combina-se mais fortemente com a hemoglobina do que o oxigênio, reduzindo a capacidade do sangue de levar oxigênio para as células.

Também presente no fumo está a nicotina – termo que vem do nome do diplomata francês Jean Nicot (1530-1600), que introduziu o tabaco na Europa –, que provoca a contração das artérias, o aumento do batimento cardíaco e da pressão arterial e eleva o risco de se formarem placas de gordura nas artérias (aterosclerose). Por isso, entre os fumantes o índice de problemas cardíacos é maior que entre os não fumantes.

Algumas marcas de cigarro têm quantidade menor de nicotina e alcatrão. O problema é que, como a nicotina provoca dependência (por isso é difícil parar de fumar), os fumantes passam a fumar mais cigarros e a inalar mais profundamente a fumaça, o que anula a vantagem que esses cigarros poderiam trazer.

Agora que você já sabe de tudo isso, já deve estar convencido de que não vale a pena começar a fumar, não é mesmo? E, se já fuma, que tal procurar um médico que possa ajudá-lo a parar?

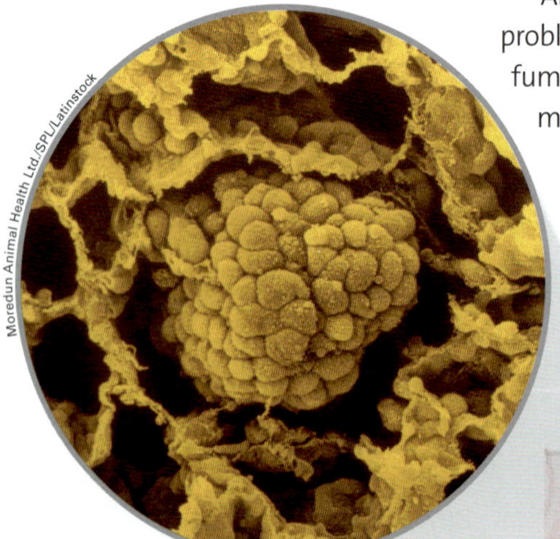


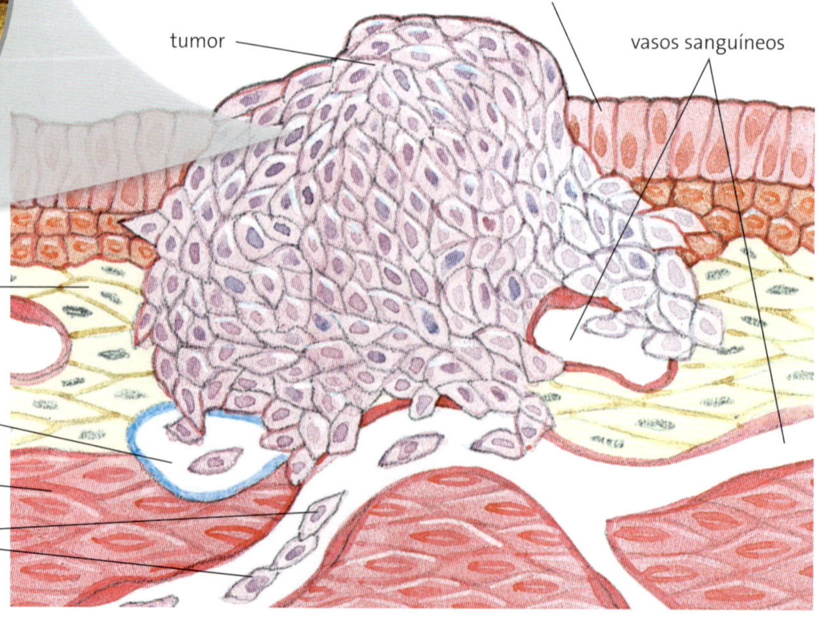


Figura 26.14 Representação esquemática de um tumor no sistema respiratório: as células do câncer se multiplicam a partir do tecido epitelial que reveste os brônquios. Em seguida, invadem o tecido conjuntivo e daí podem se espalhar para outras partes do corpo (as células são microscópicas; cores fantasia). Na foto, tumor no pulmão (microscópio eletrônico; aumento de cerca de 130 vezes; imagem colorizada por computador).

# Atividades

1. Por que animais endotérmicos têm, em geral, pulmões com maior superfície relativa em contato com o ar do que animais ectotérmicos com o mesmo tamanho de corpo?

2. Por que seria difícil para um animal com um corpo semelhante ao de um ser humano e necessidades energéticas semelhantes às nossas respirar apenas pela pele em vez de pelos pulmões?

3. Como a respiração celular e a respiração pulmonar (ou ventilação pulmonar) relacionam-se entre si em nosso organismo?

4. Em repouso, uma pessoa realiza, em média, de dez a quinze movimentos respiratórios por minuto. Mas, ao longo de uma atividade física intensa (uma corrida, por exemplo), esse ritmo pode aumentar para cerca de sessenta vezes por minuto. Que vantagem isso traz para o organismo?

5. A tabela a seguir indica a porcentagem de dois gases, **X** e **Y**, no ar inalado e no ar exalado. Descubra que gases são e justifique sua resposta.

| Gás | Ar inalado | Ar exalado |
|---|---|---|
| X | 21% | 16% |
| Y | 0,04% | 4% |

6. Em nosso organismo, o monóxido de carbono (CO) pode se combinar com a hemoglobina e formar um composto mais estável do que a oxiemoglobina. Por que essa combinação pode ser perigosa?

7. Ordene a sequência da passagem do ar pelo sistema respiratório: laringe, cavidades nasais, faringe, esôfago, brônquios, alvéolos, traqueia, bronquíolos. Depois, indique em qual dessas partes estão localizadas as pregas vocais, qual delas é comum ao sistema digestório e respiratório e onde ocorre a hematose.

## Atividade prática

Você vai construir um modelo de sistema respiratório humano e fazer alguns testes. Para isso, providencie o seguinte material:

- garrafa descartável transparente de plástico flexível (mas não excessivamente mole), com 1,5 L de volume;
- rolha que se ajuste bem ao gargalo da garrafa;
- prego (mais longo que a rolha);
- tubo plástico rígido (pode ser o envoltório plástico de uma caneta esferográfica, desde que se feche bem o furinho da lateral);
- 2 bexigas (ou balões de festa) de tamanhos diferentes: uma grande e outra pequena;
- tesoura;
- barbante e fita adesiva;
- cola plástica.

Com a tesoura, corte a parte inferior da garrafa e reserve. Usando o prego, fure a rolha e adapte o tubo plástico ao furo (deve ficar bem justo. Use a cola plástica para fechar possíveis aberturas). Com o barbante, prenda a bexiga menor na extremidade inferior do tubo (veja a foto ao lado). Reforce com fita adesiva para que ela fique bem presa ao tubo.

Coloque a rolha na garrafa e, com a cola plástica, vede as aberturas (se houver) entre a rolha e o gargalo. Corte a bexiga grande e, usando o barbante para amarrar, feche com a borracha a abertura inferior da garrafa.

Com o modelo pronto, faça o que se pede a seguir e responda às questões propostas.

a) Puxe com os dedos a borracha na parte inferior da garrafa. O que ocorre com a bexiga menor? Agora, solte e veja o que acontece. Como você explica o que ocorreu?

b) Você construiu um modelo do nosso sistema respiratório, que, como todo modelo, não é idêntico ao objeto representado. Compare cada parte do aparelho com um órgão do sistema respiratório.

c) Quando você puxa a borracha e depois solta, quais os dois fenômenos do sistema respiratório que você está reproduzindo?

d) Certas estruturas envolvidas diretamente nesses dois fenômenos não estão representadas no modelo. Você sabe quais são essas estruturas?

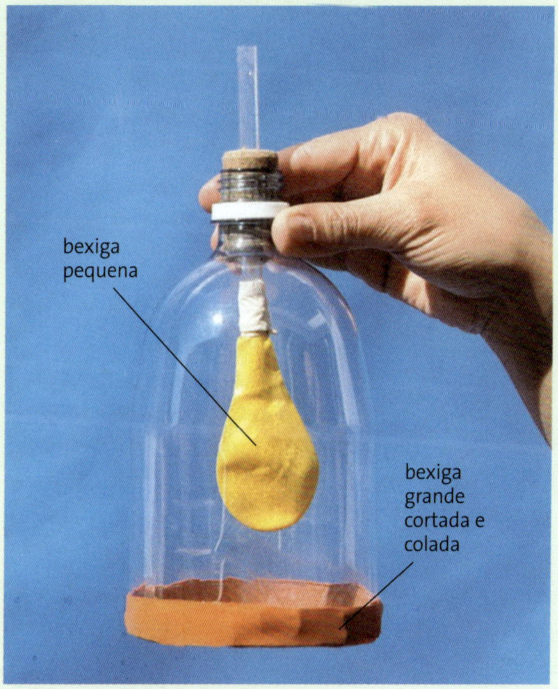


A. Parramón/AP Photo

# Pensando no Enem

1. A produção de soro antiofídico é feita por meio da extração da peçonha de serpentes que, após tratamento, é introduzida em um cavalo. Em seguida são feitas sangrias para avaliar a concentração de anticorpos produzidos pelo cavalo. Quando essa concentração atinge o valor desejado, é realizada a sangria final para obtenção do soro. As hemácias são devolvidas ao animal, por meio de uma técnica denominada plasmaferese, a fim de reduzir os efeitos colaterais provocados pela sangria.

Disponível em: http://www.infobibos.com. Acesso em: 28 abr. 2010 (adaptado).

A plasmaferese é importante, pois, se o animal ficar com uma baixa quantidade de hemácias, poderá apresentar:

a) febre alta e constante.
b) redução de imunidade.
c) aumento da pressão arterial.
d) quadro de leucemia profunda.
e) problemas no transporte de oxigênio.

**Resolução**

A questão inicia-se com um texto sobre a produção de soro antiofídico. Explica como se utiliza o sistema imune do cavalo e a extração dos anticorpos formados pelo veneno da cobra. Além disso, cita o procedimento de extração dos anticorpos e de plamaferese, que devolve as hemácias para o cavalo.

O aluno necessita interpretar corretamente o texto e discernir quais informações são relevantes para responder à questão corretamente. Além disso, é necessário conhecimento básico sobre hemácias e sua importância na fisiologia dos animais.

**O problema**

Apesar de o enunciado explicar resumidamente a produção de soro antiofídico, a questão está mais relacionada a hemácias e suas funções fisiológicas.

A pergunta se resume ao problema relacionado à baixa quantidade de hemácias.

As hemácias, também conhecidas como eritrócitos ou glóbulos vermelhos, são células do sangue com papel preponderante nas trocas gasosas dos animais. Elas são responsáveis pelo transporte de oxigênio aos tecidos, transportando também uma parte do gás carbônico.

Sua diminuição pode ocasionar problemas nas trocas gasosas, principalmente em relação ao transporte de oxigênio.

Resposta: **E**.

2. A adaptação dos integrantes da seleção brasileira de futebol à altitude de La Paz foi muito comentada em 1995, por ocasião de um torneio, como pode ser lido no texto abaixo.

"A seleção brasileira embarca hoje para La Paz, capital da Bolívia, situado a 3 700 metros de altitude, onde disputará o torneio Interamérica. A adaptação deverá ocorrer em um prazo de 10 dias, aproximadamente. O organismo humano, em altitudes elevadas, necessita desse tempo para se adaptar, evitando-se, assim, risco de um colapso circulatório."

(Adaptado da revista *Placar*, edição fev. 1995.)

A adaptação da equipe foi necessária principalmente porque a atmosfera de La Paz, quando comparada à das cidades brasileiras, apresenta:

a) menor pressão e menor concentração de oxigênio.
b) maior pressão e maior quantidade de oxigênio.
c) maior pressão e maior concentração de gás carbônico.
d) menor pressão e maior temperatura.
e) maior pressão e menor temperatura.

**Resolução**

Essa questão apresenta as dificuldades para se adaptar a altitudes elevadas. É apresentado um texto relatando as dificuldades da seleção brasileira para se adaptar à altitude de 3 700 m para jogar em La Paz, Bolívia.

No caso, a seleção optou por um período de adaptação de pelo menos dez dias, já que os jogadores não estavam habituados a jogar em altitudes elevadas e corriam o risco de sofrer um colapso respiratório.

O texto é meramente introdutório, não sendo necessário para responder à questão, que trata das diferenças atmosféricas entre dois locais de altitudes diferentes. Um próximo ao nível do mar e outro em altitude elevada.

**O problema**

A questão não é sobre a fisiologia dos jogadores e sim uma comparação entre cidades de altitude baixa, como as brasileiras, e as de altitude elevada, como La Paz.

As respostas englobam três características para diferenciar La Paz das cidades brasileiras: pressão atmosférica, concentração de gases e temperatura.

Quanto mais alto (mais distante do centro da Terra), menor é a força gravitacional. Por isso, em lugares com altitude elevada, a pressão atmosférica é menor. Com a pressão atmosférica menor, as moléculas do ar acabam ficando mais dispersas, deixando o ar rarefeito. A temperatura também diminui em lugares de maior altitude.

Resposta: **A**.

# Vestibulares de Norte a Sul

1. **NE** (UPE) Assinale Verdadeiro (V) ou Falso (F).

Por que é perigoso deixar o motor de veículos ligado em ambiente fechado?

( ) A afinidade da hemoglobina com o oxigênio varia com a concentração desse gás, ou seja, quando a concentração de $O_2$ é alta, a hemoglobina se une fortemente a ele, e, quando a concentração do $O_2$ diminui, a afinidade da hemoglobina ao oxigênio também diminui, e ele é liberado.

( ) O controle do ritmo involuntário da respiração é exercido, principalmente, pela medula oblonga (bulbo). O aumento da concentração de $CO_2$ no sangue provoca a redução de pH, o que estimula os centros respiratórios do bulbo, que, por sua vez, determinam o aumento na frequência respiratória.

( ) A concentração de $O_2$ é percebida pelas células quimiorreceptoras da aorta e das carótidas. Quando ocorre a diminuição da concentração de $O_2$, essas células enviam estímulo ao bulbo, que determina o aumento do ritmo respiratório.

( ) O monóxido de carbono (CO) lançado pelos escapamentos dos automóveis tem pouca afinidade com a hemoglobina, formando um composto instável, a carboxiemoglobina (HbCO) que impede o transporte de oxigênio para as células.

( ) Quanto maior a pressão do oxigênio, maior a percentagem de moléculas de hemoglobina combinadas a esse gás, ou seja, maior a saturação da hemoglobina. Nos tecidos onde a pressão de oxigênio é baixa, a hemoglobina libera a maior parte do oxigênio, que a ela estava ligado.

2. **SE** (Uerj) Um dos equipamentos de segurança de uma cápsula espacial tripulada efetua a remoção do gás carbônico desse ambiente. Admita que, após um acidente, esse equipamento tenha deixado de funcionar. Observe as curvas do gráfico abaixo:

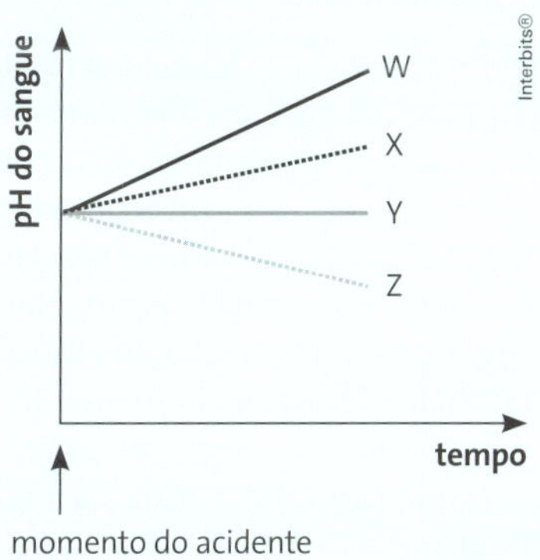


A curva que representa a tendência do que deve ter ocorrido, após o acidente, com o pH sanguíneo dos tripulantes está identificada por:

a) W.
b) X.
c) Y.
d) Z.

3. **CO** (UnB-DF) A sequência das estruturas do sistema respiratório pulmonar é:

a) fossas nasais – laringe – esôfago – brônquios – traqueia.
b) fossas nasais – faringe – laringe – traqueia – brônquios.
c) fossas nasais – laringe – faringe – traqueia – brônquios.
d) fossas nasais – faringe – esôfago – traqueia – brônquios.
e) fossas nasais – faringe – traqueia – laringe – brônquios.

4. **SE** (PUC-RJ) A respiração é a troca de gases do organismo com o ambiente. Nela o ar entra e sai dos pulmões graças à contração do diafragma. Considere as seguintes etapas do processo respiratório no homem:

I. Durante a inspiração, o diafragma se contrai e desce aumentando o volume da caixa torácica.
II. Quando a pressão interna na caixa torácica diminui e se torna menor que a pressão do ar atmosférico, o ar penetra nos pulmões.
III. Durante a expiração, o volume torácico aumenta, e a pressão interna se torna menor que a pressão do ar atmosférico.
IV. Quando o diafragma relaxa, ele reduz o volume torácico e empurra o ar usado para fora dos pulmões.

Assinale as opções corretas.

a) I e II
b) I, II e III
c) todas
d) II, III e IV
e) I, II e IV

5. **SE** (Uerj) Em um experimento, solicitou-se a uma pessoa que respirasse o ar existente dentro de um saco plástico durante alguns minutos. Foram medidos, antes e durante o período de respiração do ar contido no saco, os seguintes parâmetros:

1 – pressão parcial do $O_2$ no sangue;
2 – concentração de $H_2CO_3$ no sangue;
3 – pressão parcial do $CO_2$ no saco plástico.

Observe os gráficos orientados a seguir, nos quais as ordenadas representam as medidas desses parâmetros, e as abscissas, o tempo de duração do experimento.

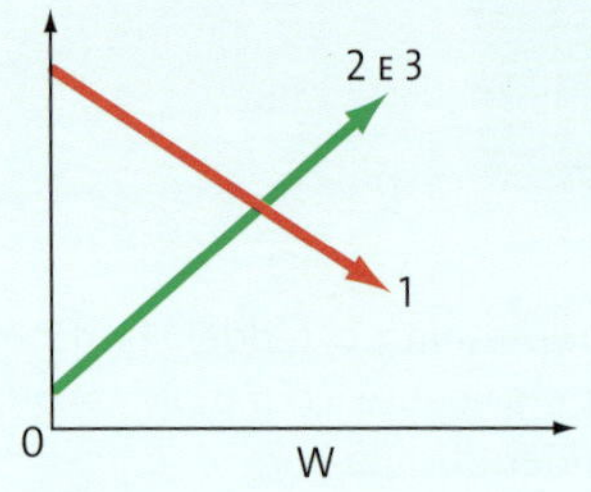


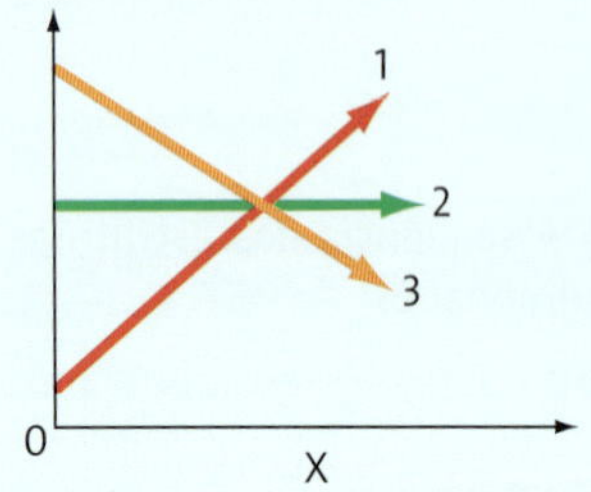


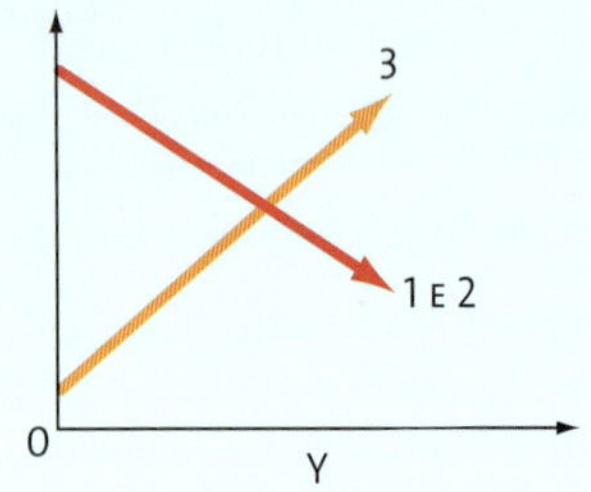


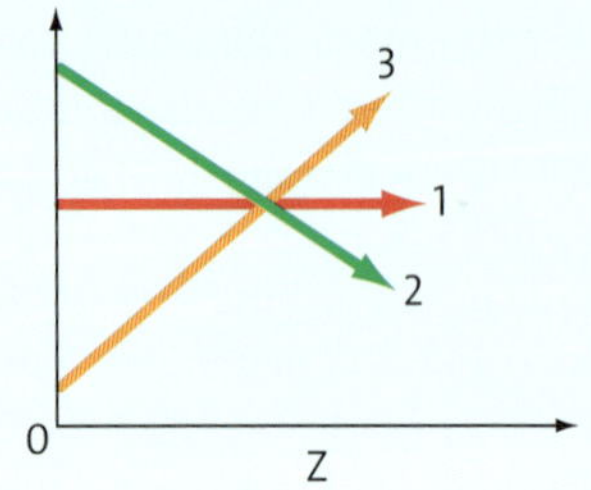


O gráfico que representa adequadamente a variação dos três parâmetros nas condições experimentais é o identificado pela letra:

a) W.

b) X.

c) Y.

d) Z.

6. **NE** (UFPE) O hábito de fumar tem causado graves prejuízos à saúde, podendo levar à morte, uma vez que:

( ) o monóxido de carbono inspirado pelo fumante, ao associar-se com a hemoglobina, impede-a de realizar o transporte de oxigênio, diminuindo a oxigenação dos tecidos.

( ) o monóxido de carbono, ao combinar-se com a hemoglobina, impossibilita o transporte e a liberação do gás carbônico pelo organismo, uma vez que este é transportado majoritariamente ligado à hemoglobina.

( ) o monóxido de carbono, ao combinar-se com o ácido carbônico no plasma, impede a liberação do oxigênio e eleva o pH do plasma, causando alcalose.

( ) a irritação causada pelo alcatrão e outros resíduos do cigarro diminui os movimentos dos cílios das vias respiratórias e aumenta a produção de secreção, causando tosse e pigarro, o que pode levar à perda da elasticidade pulmonar, dificultando a ventilação.

( ) a diminuição das trocas gasosas no alvéolo, causada pela baixa eficiência pulmonar em consequência do cigarro, aumenta a concentração de gás carbônico e diminui a concentração de oxigênio no sangue, aumentando sua acidez.

Coloque **V** (verdadeiro) ou **F** (falso) nos parênteses.

7. **SE** (Fuvest-SP) Em condições normais, nem todo o gás oxigênio transportado pelo sangue é liberado nos tecidos corporais; um pouco dele continua retido nas moléculas de hemoglobina. No entanto, um aumento da temperatura ou uma queda do pH faz com que a hemoglobina libere uma quantidade adicional de gás oxigênio.

a) Explique a relação entre atividade muscular e aumento de temperatura.

b) Explique a relação entre atividade muscular e queda de pH.

c) Explique de que maneira o comportamento da hemoglobina, descrito no texto, pode ser benéfico para músculos em atividade intensa.

8. **CO** (UFG-GO) Leia o texto a seguir.

O Dia Mundial sem Tabaco foi criado em 1987 pela Organização Mundial da Saúde, com o objetivo de atrair a atenção sobre a epidemia do tabagismo que é a segunda maior causa de morte no mundo, em torno de cinco milhões ao ano. A fumaça do cigarro é composta por, aproximadamente, 3 a 6% de monóxido de carbono, que é tóxico para o ser humano. Considerando a importância do combate ao tabagismo, o artigo 2º da Lei Federal nº 9.294, de 15 de julho de 1996, proíbe fumar em recinto coletivo, privado ou público.

Com base no exposto, explique:

a) como o gás, mencionado no texto, diminui a eficiência respiratória de um fumante ativo;

b) a importância, para a saúde pública, da proibição instituída pela lei federal mencionada no texto.

9. **N** (UFPA) A prática de um exercício extenuante altera os níveis fisiológicos normais do organismo. Nos seres humanos, pode ocorrer uma elevação de até 2,0% na taxa metabólica de um corredor de maratona. Quando nos exercitamos, as células musculares passam a respirar mais, produzindo, assim, maior quantidade de energia para a contração dos músculos. Este aumento metabólico leva a um aumento do ritmo respiratório e o indivíduo fica ofegante. Explique como o aumento da respiração celular atua na regulação do ritmo respiratório.

CAPÍTULO

# 27 Circulação

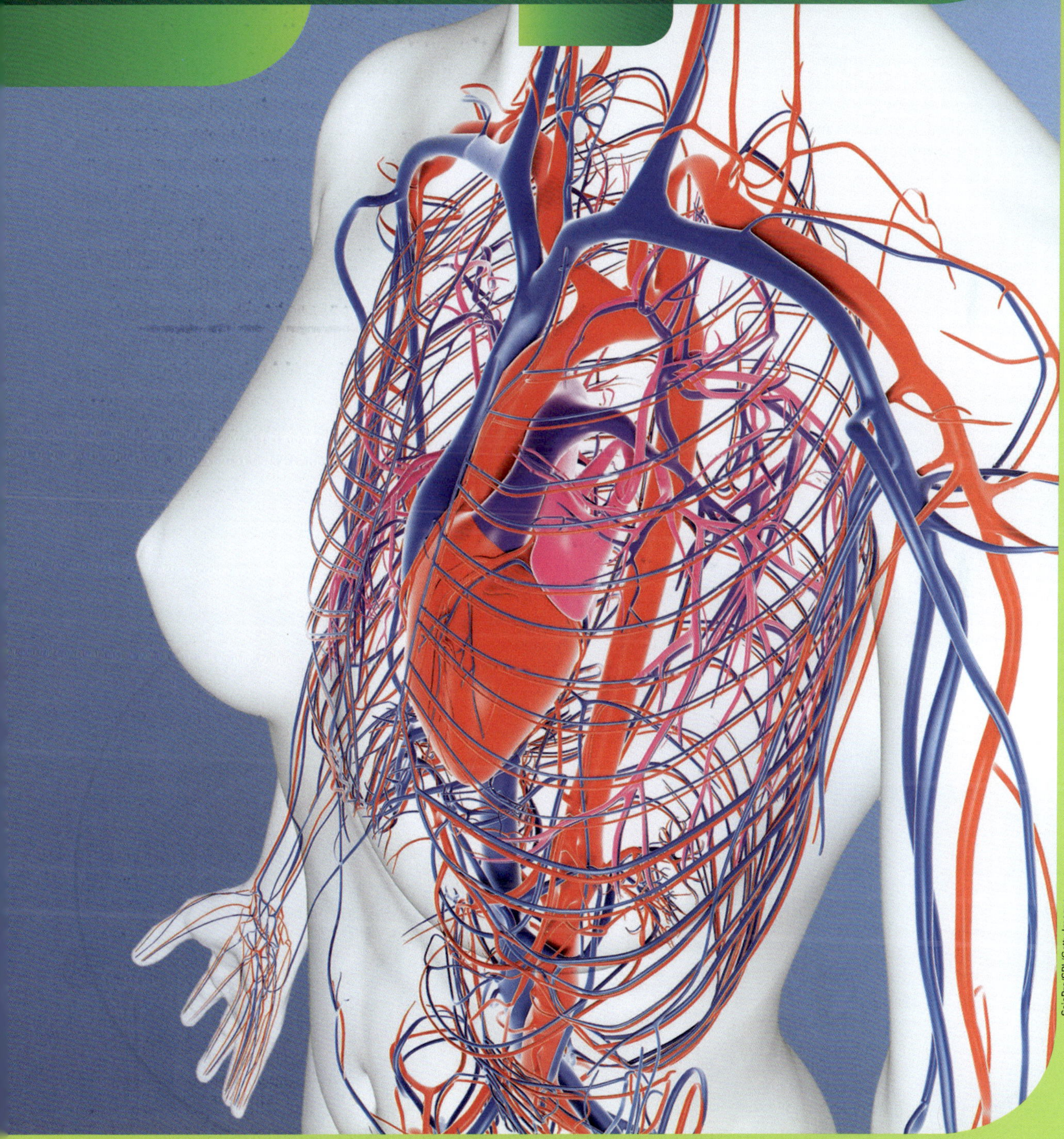
SciePro/SPL/Getty Images

Ilustração representando parte do sistema cardiovascular de uma mulher.

> ↘ *Como funciona nossa circulação?*
>
> ↘ *Como o sistema circulatório se relaciona com outros sistemas?*

# 1 Sistema circulatório

Vamos estudar primeiro o funcionamento do coração e, depois, o trajeto do sangue pelo corpo.

## Coração

O coração de uma pessoa tem, mais ou menos, o tamanho de um punho fechado. Situado no meio da caixa torácica, atrás do osso esterno, esse órgão é formado pelo músculo cardíaco, o **miocárdio** (*mys* = músculo; *kardia* = coração). A parte externa do coração é revestida por uma membrana dupla, o **pericárdio** (*peri* = ao redor; *kardia* = coração). A parte interna é revestida pelo **endocárdio** (*endon* = interno). O coração possui quatro cavidades ou **câmaras cardíacas**: dois átrios (antes chamados aurículas) e dois ventrículos. Sua extremidade inferior está voltada para a esquerda (figura 27.1). É por isso que podemos sentir melhor as batidas do coração do lado esquerdo do peito.

O coração funciona como uma bomba que se contrai e se relaxa ritmicamente. A fase de contração chama-se **sístole** (*systole* = contração) e a de relaxamento, **diástole** (*diastollein* = dilatação). As artérias coronárias (*korone* = coroa) levam o sangue com nutrientes e oxigênio para o miocárdio; enquanto as veias coronárias recolhem o sangue com gás carbônico e outras excretas produzidos pelo músculo cardíaco.

Figura 27.1 Esquema mostrando a localização do coração humano no tórax e de alguns vasos que saem desse órgão. No detalhe, o esquema mostra os tecidos que compõem o coração.

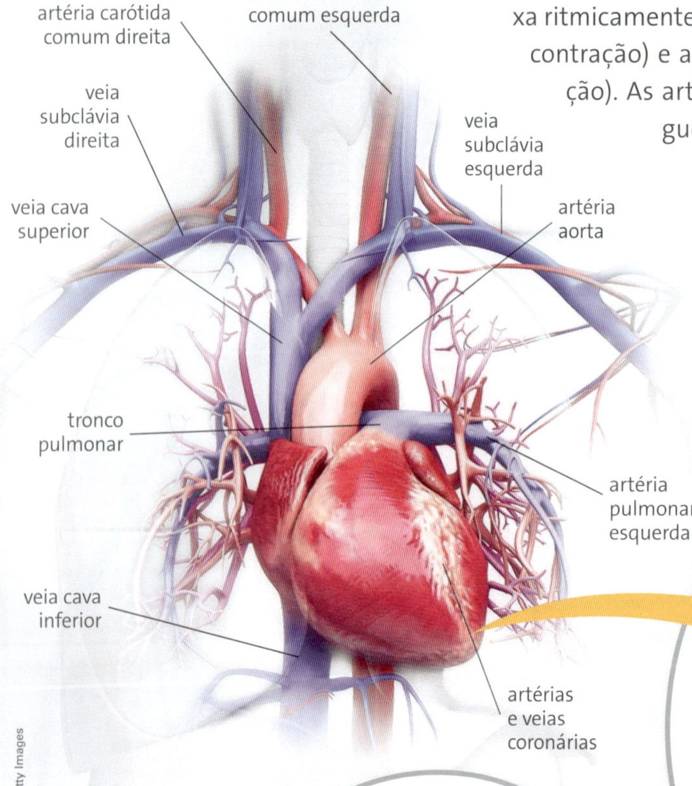


Pixologicstudio/SPL/Getty Images

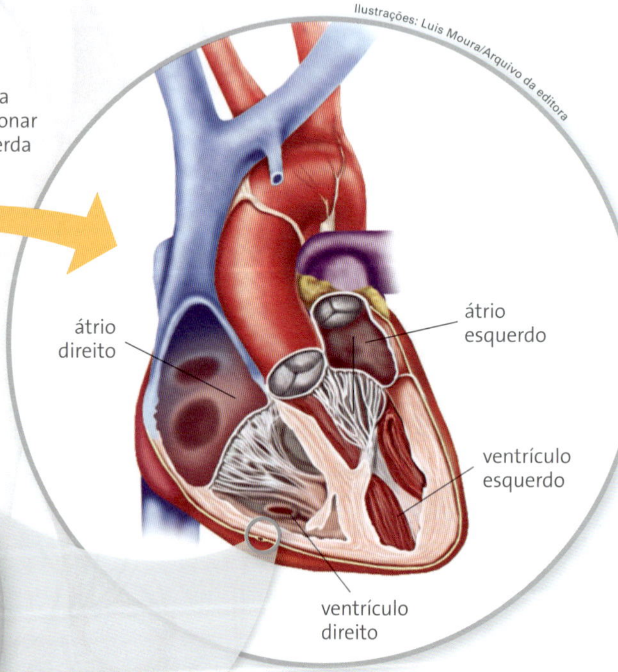


Coração em corte evidenciando as quatro câmaras cardíacas

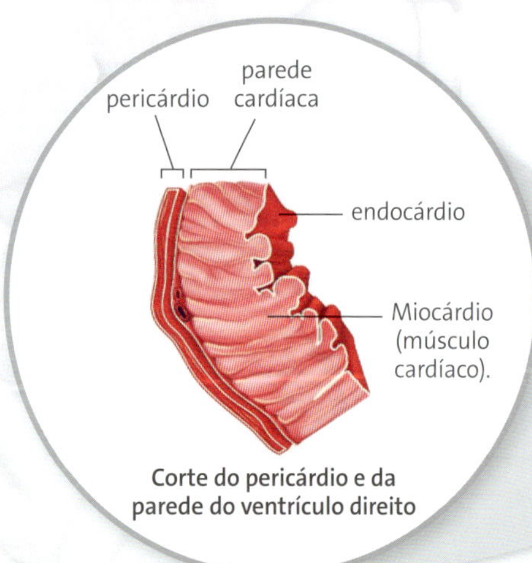


Corte do pericárdio e da parede do ventrículo direito

Ilustrações: Luis Moura/Arquivo da editora

Os átrios comunicam-se com os respectivos ventrículos por meio de orifícios protegidos por **valvas** (*valva* = batente de porta). É comum que as valvas sejam chamadas popularmente de **válvulas**; mas esse termo e o termo "cúspide" devem ser usados para as estruturas menores que formam as valvas. A **valva atrioventricular direita** (nome oficial), chamada também de tricúspide, é formada por três peças ou válvulas (*tri*: 'três'; *cuspidis*: 'peça'). Já a **valva atrioventricular esquerda** (nome oficial), chamada também de bicúspide ou mitral (de *mitra*, um barrete – espécie de chapéu – com duas faixas usado por bispos), é formada por duas válvulas.

O sangue atravessa essas valvas apenas no sentido do átrio para o ventrículo, pois sua pressão fecha a passagem no sentido contrário (figura 27.2). Situação semelhante ocorre na passagem dos ventrículos para as artérias, onde ficam a **valva do tronco pulmonar** (ou, simplesmente, **valva pulmonar**) e a **valva aórtica**. Ambas as valvas são chamadas de valvas semilunares (*semi* = metade; *luna* = lua) ou sigmoides (*sigma* = letra grega correspondente à letra "S", indicando forma semelhante a essa letra). Cada uma é formada por três válvulas semilunares (em forma de meia lua) presas às paredes das artérias.

Circulação sanguínea

Figura 27.2 Ilustrações representando o fluxo do sangue no coração com a participação das válvulas. As setas vermelhas indicam o fluxo do sangue oxigenado; as azuis representam o sangue desoxigenado. (Os elementos ilustrados não estão na mesma escala; cores fantasia.)

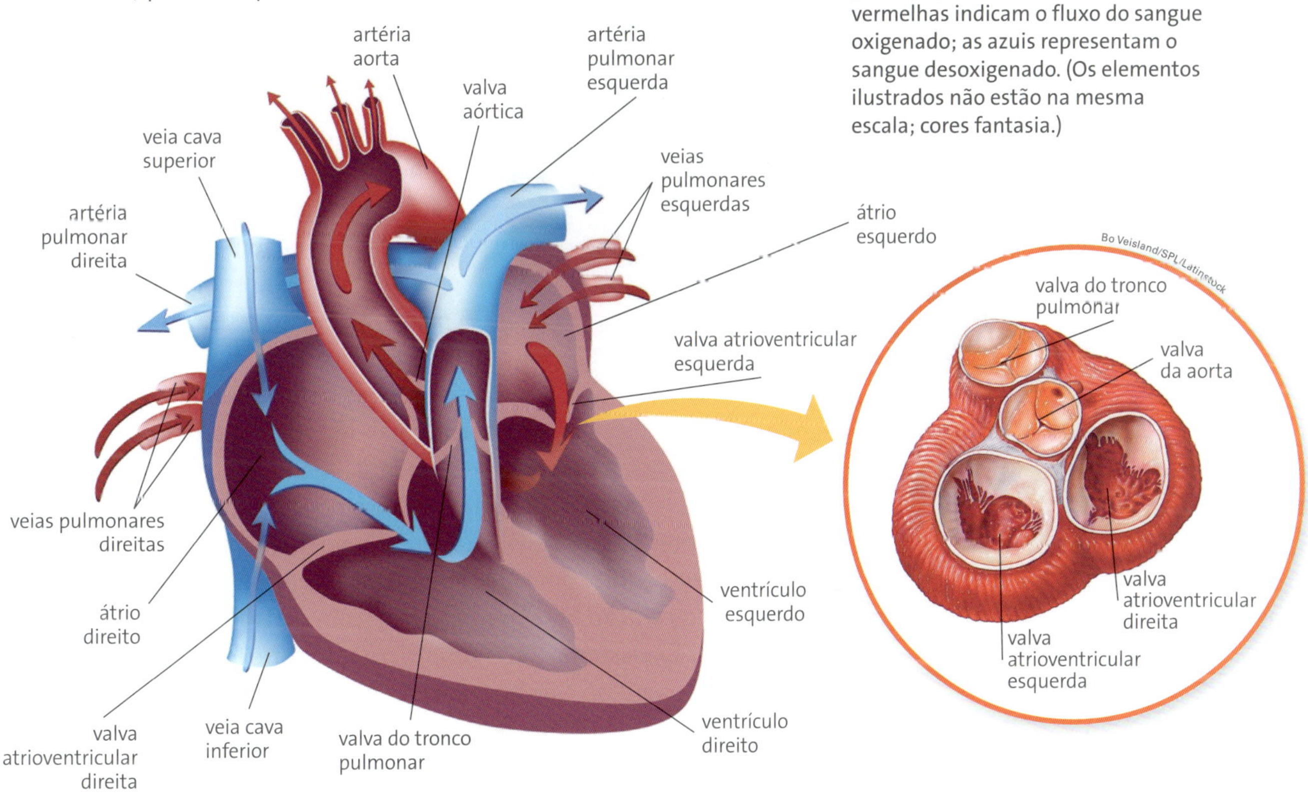


Fluxo sanguíneo

sangue desoxigenado

sangue oxigenado

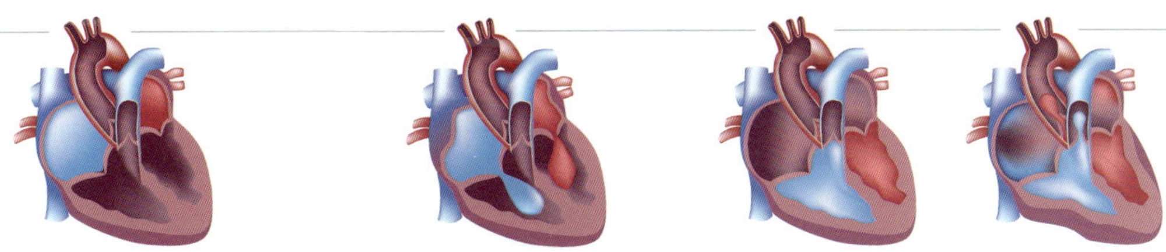

Átrios e ventrículos estão relaxados (diástole); o sangue entra nos átrios.

Os átrios contraem-se (sístole atrial) e o sangue entra nos ventrículos, que estão relaxados. As valvas entre os átrios e os ventrículos abrem-se.

Os ventrículos contraem-se (sístole ventricular). As valvas na saída dos ventrículos abrem-se e o sangue entra nas artérias. As valvas entre os átrios e os ventrículos fecham-se e impedem o refluxo do sangue.

Ilustrações: Alila Sao Mai/Shutterstock/Glow Images

Wolfgang Flamisch/Corbis/Latinstock

Figura 27.3 Usando o estetoscópio, o médico pode descobrir problemas no coração e também no sistema respiratório.

Os sons que o médico escuta com o estetoscópio (figura 27.3) são produzidos pelo fechamento das valvas e pelo fluxo do sangue e são chamados bulhas cardíacas. O primeiro ruído (o som é semelhante a um "tum") ocorre quando as valvas atrioventriculares se fecham e o segundo no fechamento das valvas semilunares. O médico é capaz de perceber ainda ruídos anormais – chamados sopros cardíacos –, que podem indicar algum problema no fechamento das valvas.

O miocárdio é capaz de funcionar independentemente do sistema nervoso graças a um grupo de células musculares especiais situado no átrio direito, que gera impulsos elétricos e determina o ritmo das contrações – o **nó sinoatrial**, também chamado **marca-passo**.

Essas atividades elétricas podem ser registradas pelo eletrocardiógrafo; o exame é chamado eletrocardiograma e por ele é possível identificar algum problema no coração (figura 27.4).

Lester Lefkowitz/Corbis/Latinstock

Figura 27.4 Foto de uma pessoa realizando um eletrocardiograma.

Quando os ventrículos se contraem, eles impulsionam o sangue para as artérias. É possível perceber a expansão das artérias encostando os dedos nos pontos em que elas passam perto da pele, como no punho ou no pescoço, abaixo do ângulo do queixo (figura 27.5). É a chamada pulsação ou pulso arterial. Contando o número de pulsações, medimos o número de batimentos do coração por minuto (mas não se deve usar o polegar para sentir o pulso de outra pessoa: como ele tem pulsação própria, a pessoa vai sentir o seu próprio pulso).

Sob condições normais e em repouso, a frequência das batidas cardíacas em adultos varia, em geral de sessenta a oitenta vezes por minuto, mas pode ser menor em atletas bem treinados – e somente o médico pode avaliar se frequências diferentes dessas constituem um problema. Após exercício intenso ou sob forte emoção, a frequência da pulsação aumenta porque o coração bate mais rápido e com mais força. Embora possua um sistema autônomo, o coração sofre influência do sistema nervoso e de hormônios, como a adrenalina.

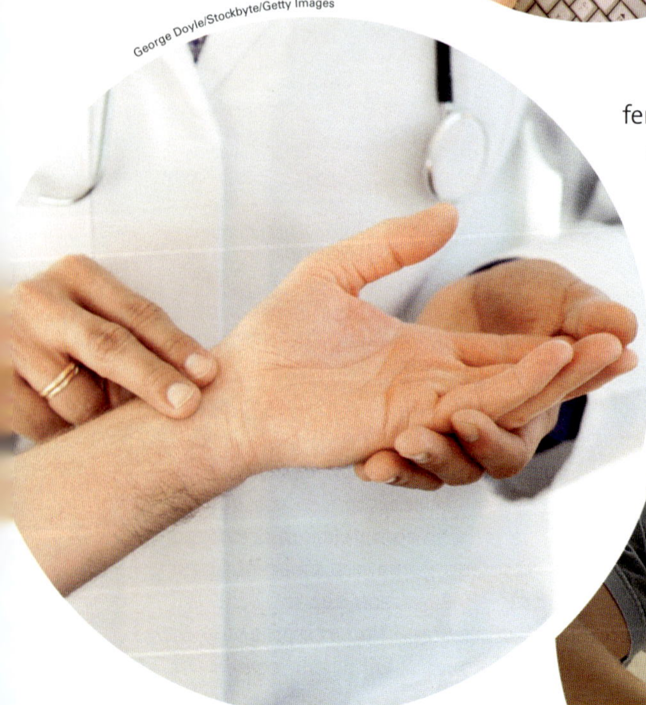
George Doyle/Stockbyte/Getty Images

Duncan Smith/Getty Images

Figura 27.5 Duas formas de se tomar a pulsação.

# Circulações sistêmica e pulmonar

O sangue rico em oxigênio sai do ventrículo esquerdo pela aorta (a maior de todas as artérias), que se ramifica pelo corpo (figura 27.6). As ramificações tornam-se cada vez menores e mais estreitas, e formam as arteríolas e os capilares sanguíneos. Neles ocorrem as trocas entre o sangue e as células: o oxigênio e os nutrientes (glicose, aminoácidos, etc.) atravessam os capilares e dirigem-se para as células; o gás carbônico e as excretas saem das células e entram no sangue. Desse modo, o sangue oxigenado transforma-se em sangue pobre em oxigênio e rico em gás carbônico (sangue desoxigenado).

As ramificações dos capilares unem-se e formam vasos cada vez maiores, até formarem as vênulas e as veias. Duas grandes veias recolhem o sangue desoxigenado e o lançam no átrio direito: a **veia cava superior**, que recolhe o sangue das regiões acima do coração (braços, cabeça, pescoço) e a **veia cava inferior**, que recolhe o sangue do resto do corpo (figura 27.6).

Essa circulação – que leva sangue rico em oxigênio aos tecidos e traz para o coração sangue pobre em oxigênio – é chamada de **grande circulação** ou **circulação sistêmica**. O sangue percorre todo o corpo em cerca de 1 minuto.

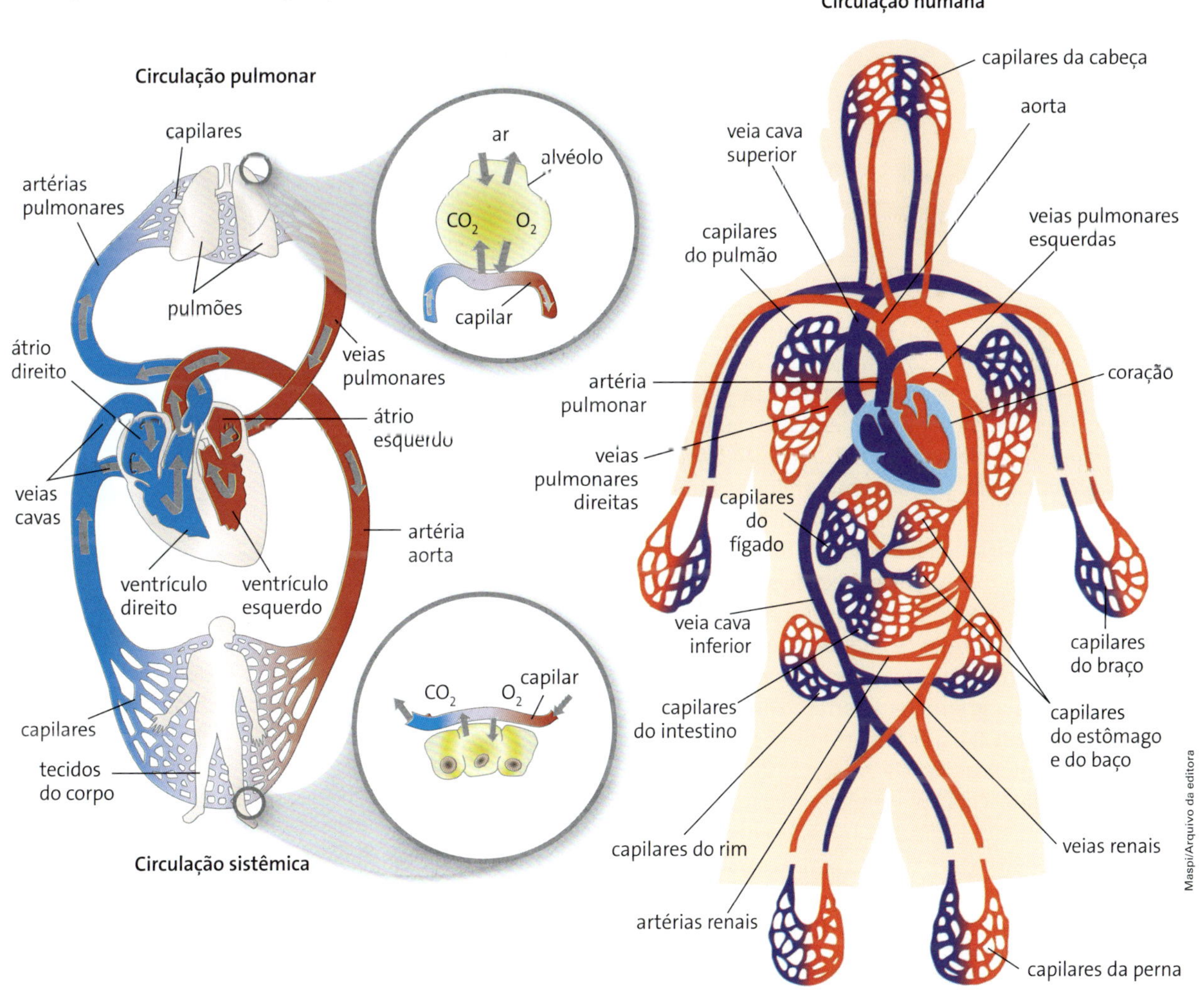


Figura 27.6 Esquemas da circulação humana. Os capilares têm apenas 0,008 mm de diâmetro. Já as maiores artérias e veias do corpo chegam a ter 3 cm de diâmetro. (Os elementos da ilustração não estão na mesma escala; cores fantasia.)

O sangue rico em gás carbônico passa do átrio direito para o ventrículo direito e deste é bombeado para as **artérias pulmonares direita** e **esquerda** (figura 27.6), que o levam para os pulmões. Nestes, ocorre a hematose: o sangue dos capilares perde gás carbônico, recebe oxigênio dos alvéolos pulmonares e transforma-se em sangue rico em oxigênio. Este sangue volta ao coração pelas **veias pulmonares**, entrando no átrio esquerdo e recomeçando o trajeto (figura 27.6).

Essa circulação – que leva aos pulmões sangue pobre em oxigênio e devolve sangue rico em oxigênio ao coração – é chamada de **pequena circulação** ou **circulação pulmonar**.

O sangue rico em oxigênio é vermelho vivo e o pobre em oxigênio, vermelho-escuro, com um tom próximo ao roxo. Muitas veias têm paredes finas e passam perto da superfície do corpo. Por isso, em pessoas com pele mais clara, o sangue dessas veias visto através da pele parece azul.

Quando impulsionado pelo coração, o sangue exerce uma pressão contra a parede das artérias: a **pressão arterial**. Em indivíduos jovens e em repouso, a pressão máxima, medida durante a sístole ventricular (**pressão sistólica**), nas grandes artérias próximas ao coração, como a artéria braquial (do braço), equivale, em geral, à pressão de uma coluna de cerca de 120 mm de mercúrio. A pressão mínima, medida durante a diástole ventricular (**pressão diastólica**), equivale à de uma coluna de cerca de 80 mm de mercúrio. De forma simplificada, dizemos que a pressão é de 12 por 8 (centímetros de mercúrio).

Goodluz/Shutterstock/Glow Images

## Biologia e saúde

### Medindo a pressão arterial

A pressão alta aumenta os riscos de distúrbios no organismo (veremos isso adiante). Por isso, é importante ir ao médico periodicamente para verificar a pressão arterial e prevenir problemas de saúde.

Para medir a pressão arterial, o médico coloca em volta do braço da pessoa um esfigmomanômetro (*sphygmós* = pulso; *manômetro* = instrumento que mede pressão em líquidos e gases) e utiliza um estetoscópio para ouvir o barulho do fluxo do sangue pela artéria do braço. Então, ele bombeia ar na bolsa inflável até que a pressão do ar no aparelho comprima a artéria do braço e interrompa a pulsação, indicando que o fluxo sanguíneo na artéria foi interrompido (figura 27.7). Aos poucos, ele deixa o ar sair até que possa escutar de novo o ruído provocado pela passagem do sangue, que nesse momento está com pressão máxima: ele está medindo a pressão sistólica. O ar bombeado continua a sair até o sangue passar a fluir livremente e o som desaparece de novo. Nesse momento, o coração está relaxado e ele mede a pressão diastólica (figura 27.7).

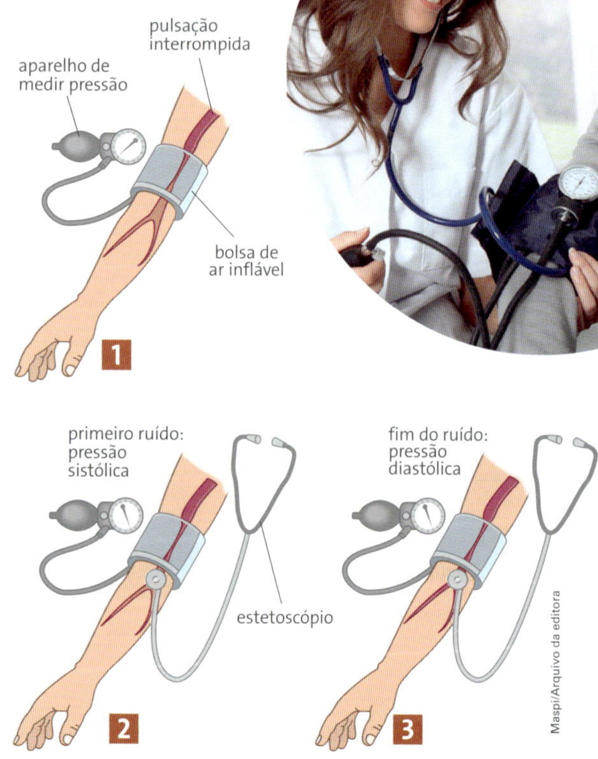


Maspi/Arquivo da editora

Figura 27.7 Como o médico mede a pressão arterial. (Os elementos da ilustração não estão na mesma escala; cores fantasia.)

# Estrutura das artérias, das veias e dos capilares sanguíneos

A parede das artérias e das veias é formada por três camadas: **externa**, com tecido conjuntivo rico em fibras colágenas e elásticas; **média**, que apresenta músculo liso e fibras elásticas; **interna**, originada por células epiteliais achatadas, o endotélio. O capilar é formado apenas por endotélio (figura 27.8).

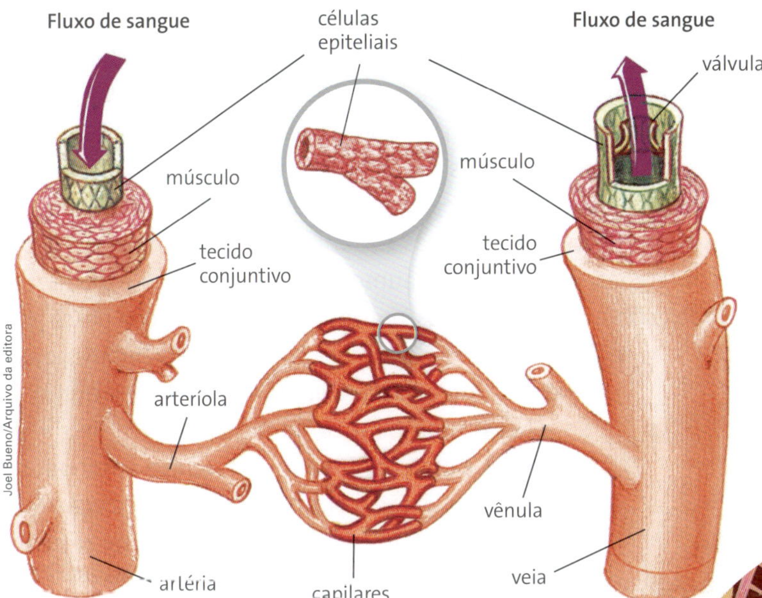

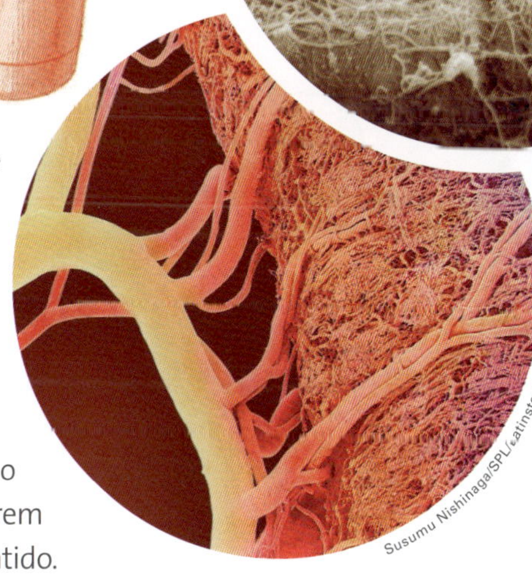


Fig. 27.8 Artérias se ramificam até formar capilares, que se reúnem e formam as veias. (Os elementos da ilustração não estão na mesma escala; cores fantasia.) É pelos capilares que ocorre a passagem de substâncias entre o sangue e as células do organismo. Na primeira foto, capilar visto ao microscópio eletrônico, com uma hemácia em seu interior (aumento de cerca de 6 000 vezes; imagem colorizada por computador). Na segunda foto, vasos sanguíneos após preparo especial com resina. Os capilares são os vasos mais finos (microscópio eletrônico; aumento de cerca de 30 vezes; imagem colorizada por computador).

As camadas musculares das artérias são mais espessas que as das veias, o que lhes permite suportar a pressão sanguínea decorrente da contração dos ventrículos. Essa pressão diminui à medida que o sangue se afasta do coração, e nas veias é muito baixa. Apesar disso, o sangue das partes inferiores do corpo consegue voltar ao coração graças ao trabalho dos músculos do esqueleto e da respiração. Quando esses músculos se contraem, as veias próximas se comprimem, impulsionando o sangue (figura 27.9). Como elas possuem válvulas que só se abrem no sentido da volta ao coração, fica garantido o fluxo nesse sentido.

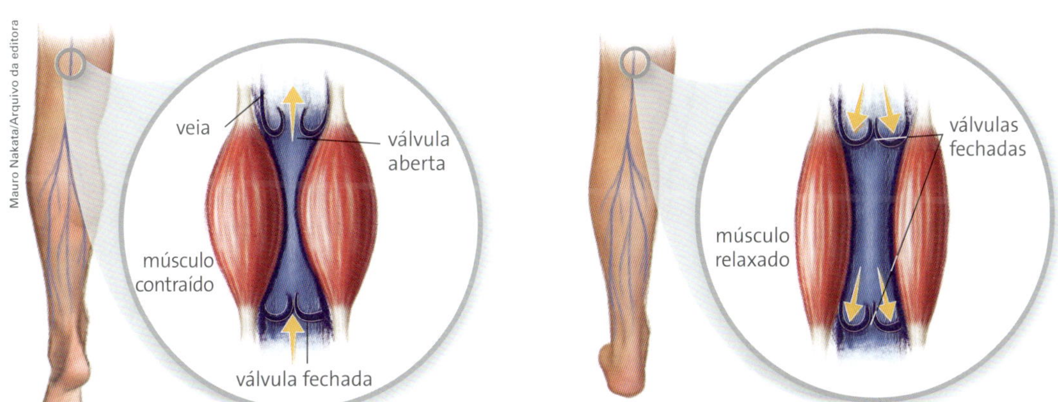


Figura 27.9 A contração dos músculos esqueléticos comprime as veias e impulsiona o sangue de volta ao coração. As válvulas impedem a passagem do sangue no sentido contrário. (Figura sem escala; cores fantasia.)

# Circulação linfática

Parte da água e pequenas moléculas presentes no sangue rico em oxigênio passam dos capilares para os tecidos. Esse líquido que banha os tecidos chama-se **líquido intersticial**. Uma parte desse líquido volta para os capilares; outra parte é recolhida pelos **vasos linfáticos** e passa a se chamar **linfa** (*limpha* = água).

Os vasos linfáticos de todo o corpo unem-se em dois grandes vasos, que lançam a linfa nas veias próximas ao coração. Desse modo, ela retorna à circulação sanguínea (figura 27.10).

Esses vasos apresentam outras funções, entre as quais: recolher algumas proteínas que vazam dos capilares e devolvê-las ao sangue; absorver gorduras do intestino (com isso, após uma refeição rica em gordura, a linfa fica com aspecto leitoso); recolher linfócitos dos linfonodos e lançá-los no sangue.

Os linfócitos defendem o corpo atacando moléculas e organismos invasores (vírus, bactérias, proteínas estranhas ao organismo, etc.). Em algumas infecções, os linfonodos aumentam de tamanho e podem ser percebidos sob a pele em certos pontos do corpo, como o pescoço, as axilas e as virilhas. Essa reação é chamada linfadenopatia (*adenos* = glândula; *pathos* = doença) reacional, conhecida também como íngua (*inguen, inis* = virilha), e indicam, geralmente, que os linfonodos da região estão combatendo os microrganismos que causam infecção (mas somente o médico pode atestar se não há outro problema).

Os vasos linfáticos passam ainda pelo baço, pelo timo e pelas tonsilas palatinas (também chamadas amígdalas), que, como os linfonodos, produzem células de defesa do corpo. O conjunto desses órgãos e dos vasos linfáticos forma o **sistema linfático**.

Figura 27.10 Coração e sistema linfático (os elementos da ilustração não estão na mesma escala; cores fantasia).

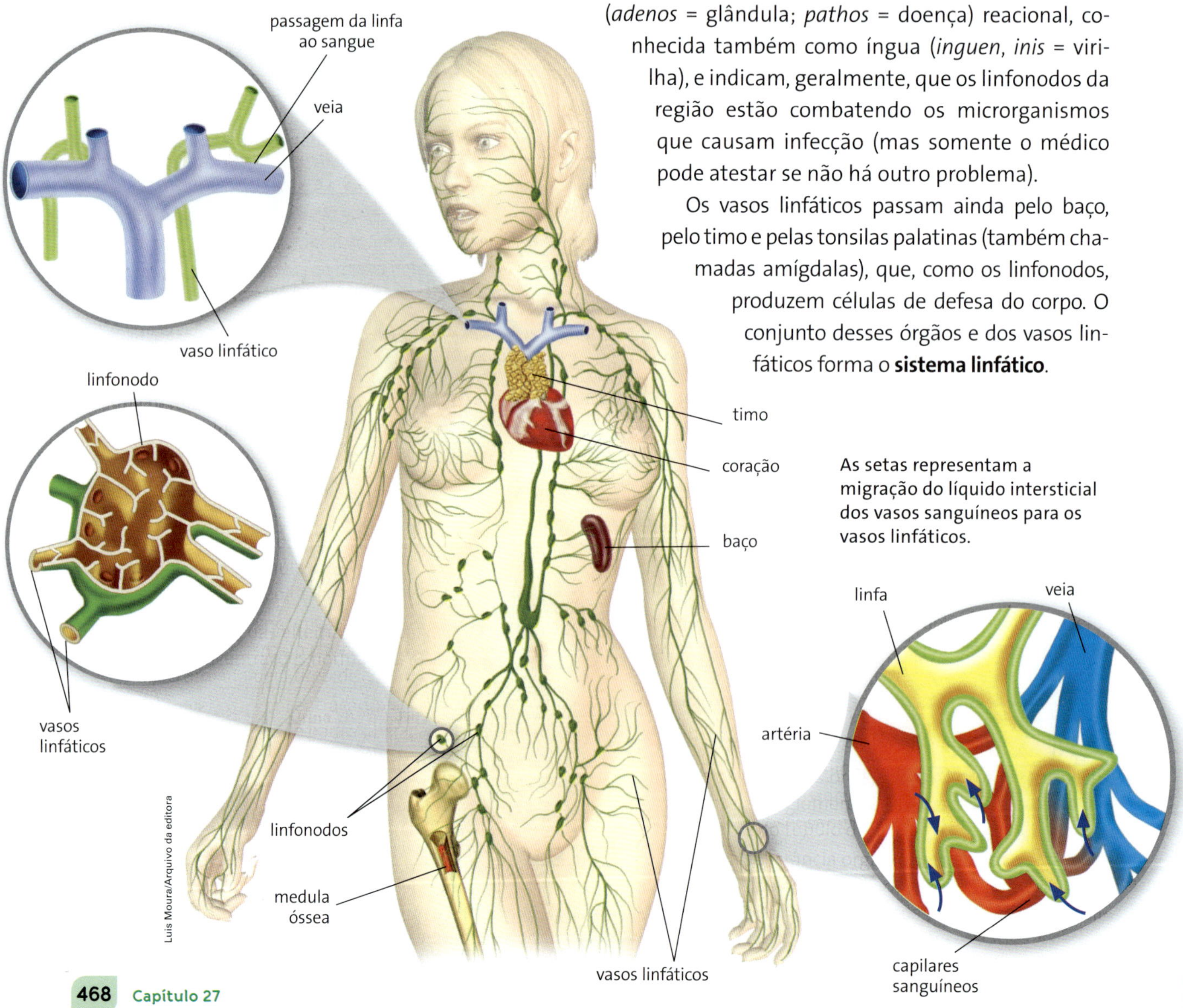

# 2 Doenças cardiovasculares

As doenças cardiovasculares são a principal causa de morte em boa parte do mundo e mesmo no Brasil. Vejamos algumas delas e o que pode ser feito para preveni-las.

> **! ATENÇÃO!**
>
> **As informações sobre questões de saúde deste capítulo não substituem a orientação médica nem podem ser usadas para diagnóstico, tratamento ou prevenção de doenças.**

## Aterosclerose

A aterosclerose (*esclero* = duro) é o tipo mais importante de arteriosclerose, um grupo de doenças que atingem as artérias do corpo e provocam espessamento da parede arterial (*atheros* = papa; *skleros* = duro, indicando que as artérias ficam endurecidas e com depósitos gordurosos) e sua perda de elasticidade. Em geral, a aterosclerose ocorre por causa de depósitos de placas gordurosas (**ateromas**), que, com o tempo, se calcificam na parte interna da parede. O estreitamento dos vasos pode provocar uma deficiência na irrigação de sangue em um órgão ou tecido – processo conhecido como **isquemia** (*ischo* = deter; *haîma* = sangue). Veja a figura 27.11.

A deposição de placas gordurosas na parede das artérias reduz muito o fluxo de sangue nesses vasos.

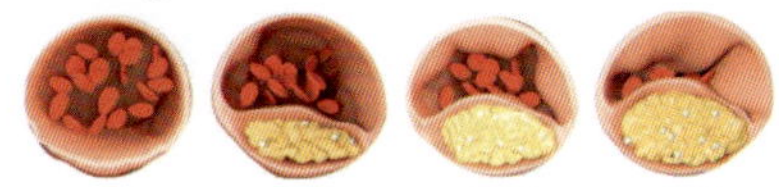


O coração pode ser seriamente afetado pelo estreitamento das artérias coronárias (figura 27.11). A pessoa passa a sentir dores no peito, que se irradiam para o ombro e para o braço esquerdo: é a **angina de peito** ou ***angina pectoris*** (*ankhon* = estrangular; *pectus* = peito). Além disso, nos vasos com aterosclerose há tendência à formação de coágulos, que entopem esses vasos e interrompem o fluxo sanguíneo: é a **trombose** (*thrombos* = coágulo; *ose* = doença). Nesse caso, parte do músculo cardíaco fica sem oxigênio e morre: é o **infarto** ou **enfarte do miocárdio**, a principal causa de parada cardíaca ou "ataque cardíaco". Se houver suspeita de ataque cardíaco, é preciso chamar uma ambulância imediatamente. A pessoa que está sofrendo um ataque cardíaco pode apresentar uma série de sinais: pressão e dor no peito que se irradiam para os ombros, pescoço ou braços; falta de ar; fraqueza súbita e desmaio.

No cérebro, a isquemia, a hipertensão e a trombose podem levar ao acidente vascular cerebral (AVC), lesão em uma região do cérebro causada por uma interrupção da circulação sanguínea ou por uma ruptura (derrame) de um vaso sanguíneo. Esses acidentes podem prejudicar diversas funções (fala, locomoção, etc.) ou provocar a morte.

Vários fatores predispõem o organismo à aterosclerose. Sua frequência aumenta com a idade, a vida sedentária, o estresse, a alimentação rica em gordura animal (com colesterol e triglicerídios de ácidos graxos saturados), a hipertensão, a obesidade, o fumo (a nicotina aumenta a chance de aterosclerose e da formação de coágulos no sangue) e certas doenças, como diabetes. Supõe-se também que haja predisposição hereditária.

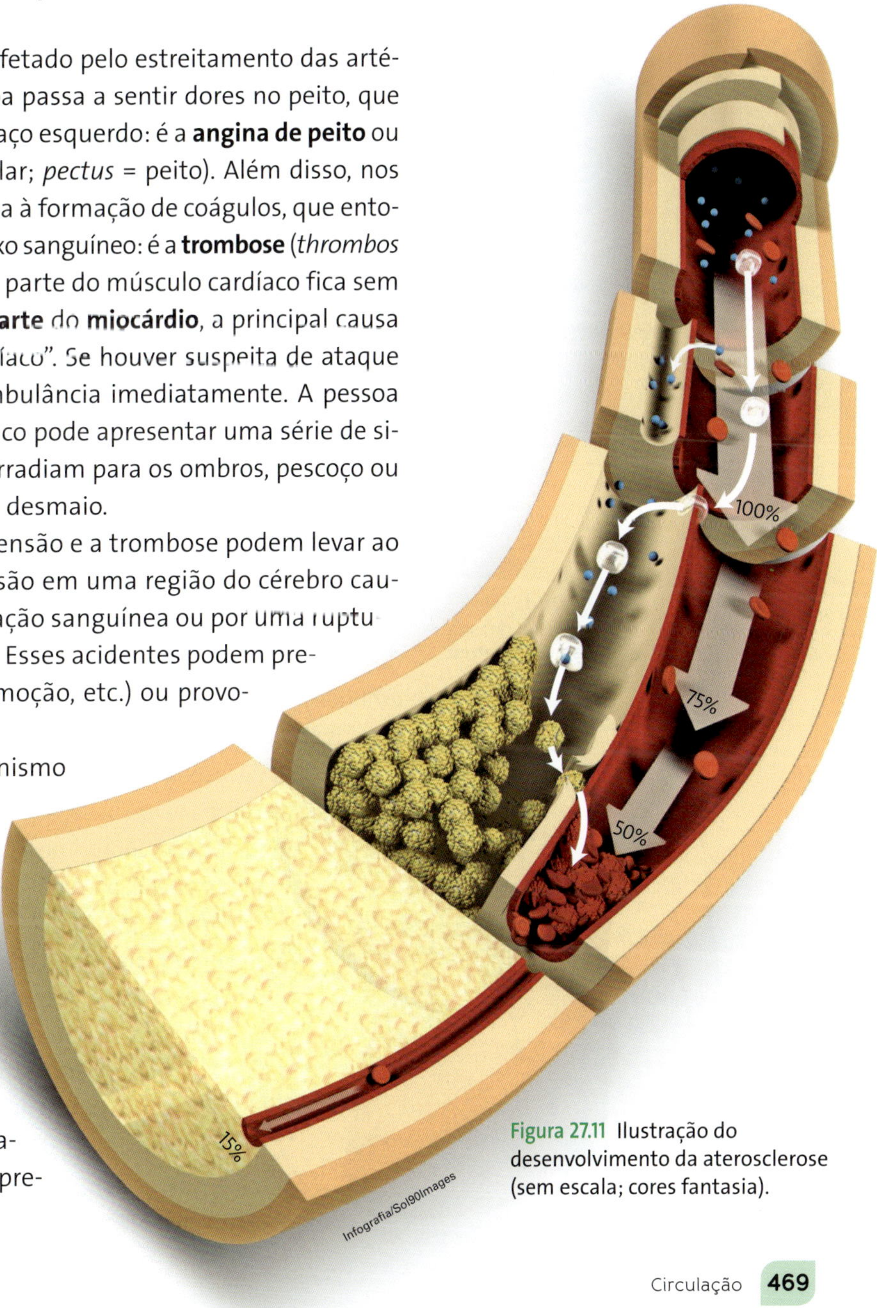


Figura 27.11 Ilustração do desenvolvimento da aterosclerose (sem escala; cores fantasia).

## Hipertensão

A hipertensão (*hyper* = acima de) é a subida anormal e constante da pressão arterial ("pressão alta"), que causa lesões nos vasos sanguíneos e favorece a ocorrência de aterosclerose, derrame e insuficiência cardíaca, além de acometer outros órgãos (rins, olhos, etc.). Pode ter várias causas, ainda não totalmente conhecidas; por exemplo, pode surgir quando a capacidade dos rins é afetada. Como a hipertensão muitas vezes não produz sintomas – somente um exame médico pode diagnosticá-la –, muitos hipertensos não se cuidam porque simplesmente não sabem que têm esse problema. A doença, no entanto, exige acompanhamento médico. Em certos casos, pode ser necessário o uso de medicamentos.

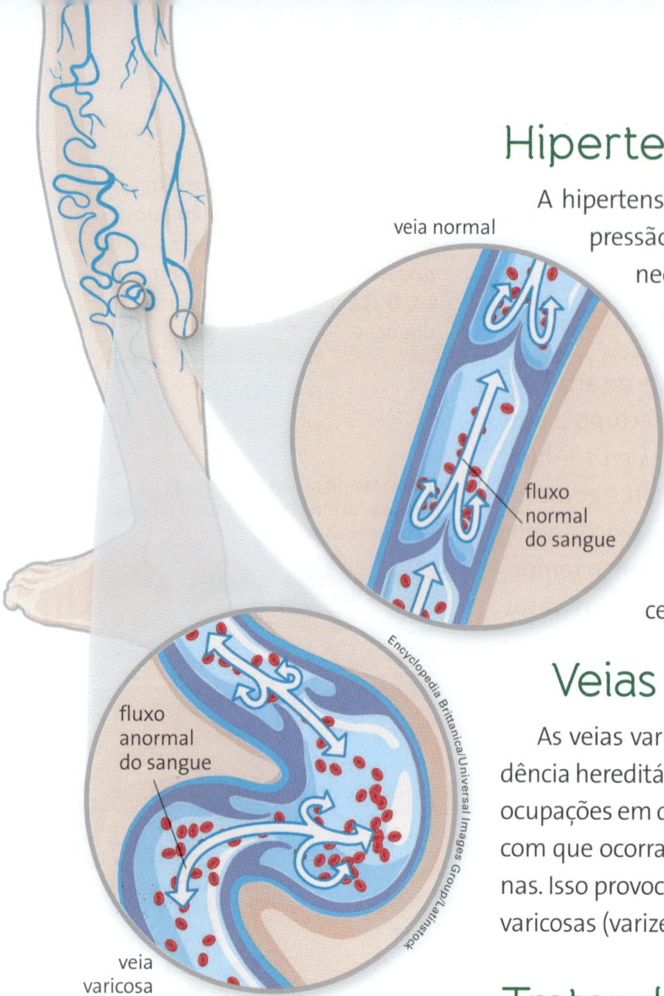


Figura 27.12 Ilustração (sem escala; cores fantasia) de veias normais e de veias varicosas.

## Veias varicosas ou varizes

As veias varicosas (varizes) ocorrem por vários fatores, entre eles a tendência hereditária para desenvolver defeitos nas válvulas, músculos fracos e ocupações em que a pessoa fica muito tempo em pé ou sentada. Elas fazem com que ocorra acúmulo de sangue nas veias, principalmente nas das pernas. Isso provoca a ruptura das válvulas das veias e o aparecimento de veias varicosas (varizes), que podem ser removidas cirurgicamente (figura 27.12).

## Tratando o coração doente

Há vários medicamentos para os problemas cardiovasculares, além de tratamentos cirúrgicos, entre eles, o transplante cardíaco. Em geral, a espera por um novo coração pode ser demorada, mas já existem aparelhos, alimentados por baterias, que funcionam como corações artificiais ou auxiliam a batida do coração doente e podem ser implantados e funcionar por alguns anos, até aparecer um doador.

Uma linha de tratamento experimental é o uso de células-tronco, capazes de se transformar em diferentes tecidos e que podem melhorar as regiões do coração atingidas por um infarto. As células-tronco são encontradas em embriões no início do desenvolvimento, no cordão umbilical e em alguns tecidos adultos.

Em casos de artéria coronária obstruída pela aterosclerose, na técnica conhecida como angioplastia, um "balão" vazio é levado até a obstrução e, ao ser inflado, comprime a placa de gordura contra a parede da artéria e abre espaço para a passagem do sangue.

A cirurgia conhecida como ponte de safena consiste na retirada de um ou mais segmentos da veia safena da perna (atualmente tem sido mais usada a artéria mamária interna), seguida de costura de uma das pontas à parede da aorta e da outra ponta a um segmento de artéria coronária, como mostra a figura 27.13.

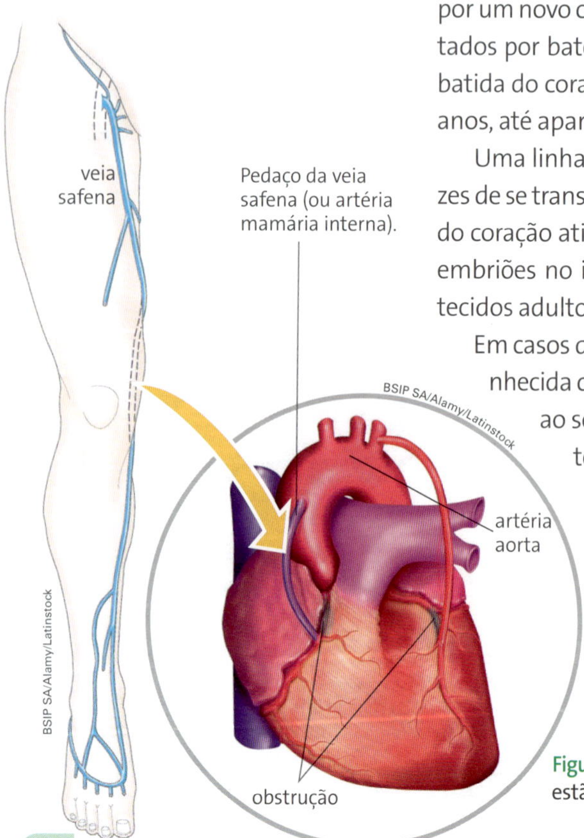


Figura 27.13 Os elementos da ilustração não estão na mesma escala; cores fantasia.

O coração artificial

# Atividades

1. Observe abaixo o esquema simplificado que representa o coração e os vasos de chegada ou saída de sangue (indicados por números).

Casa de Tipos/Arquivo da editora

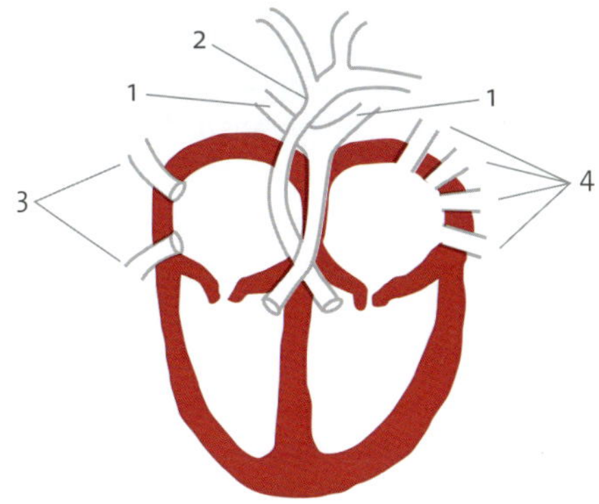


a) Para onde é conduzido o sangue que sai do coração pelo vaso 1? E o sangue que sai pelo vaso 2?

b) De onde vem o sangue que chega ao coração pelo vaso 3? E o sangue que chega pelo vaso 4?

c) Em quais dos vasos indicados no esquema circula sangue rico em oxigênio?

d) Que vasos indicados no esquema participam da circulação sistêmica? E da circulação pulmonar?

e) Por que podemos dizer que, em nosso organismo, tudo se passa como se fossem dois corações a bombear o sangue?

2. Quando um vaso sanguíneo é secionado, seja ele uma artéria, seja uma veia, provoca-se uma hemorragia, que pode levar a pessoa à morte. Se o vaso secionado for uma artéria, o sangue sai em jatos; se for uma veia, o sangue escorre continuamente. Como se explica essa diferença?

3. Um estudante fez as seguintes afirmações: 1ª) a concentração de oxigênio no sangue das veias pulmonares e no sangue das veias cavas é praticamente a mesma; 2ª) a concentração de oxigênio no sangue das artérias pulmonares é praticamente igual à sua concentração no sangue da artéria aorta. Alguma dessas afirmações está correta? Ou as duas estão? Justifique suas respostas.

4. A tabela a seguir indica o volume de dois gases (X e Y) em 100 mL de sangue.

| Gás | Artérias pulmonares | Veias pulmonares |
|---|---|---|
| X | 14 mL | 40 mL |
| Y | 50 mL | 20 mL |

a) Que gases estão indicados pelas letras **X** e **Y**?

b) Explique as diferenças de concentração desses gases no sangue das artérias e veias pulmonares.

c) Como se chama o fenômeno responsável pela mudança na concentração dos gases no sangue?

5. Algumas crianças podem nascer com um defeito no septo que separa os ventrículos, o que faz com que o lado direito e o lado esquerdo do coração estejam em comunicação direta; para corrigir o problema, é preciso fazer uma cirurgia. Por que as crianças com esse problema sofrem de "falta de ar"?

## Trabalho em equipe

Em grupo, escolham um dos temas abaixo para pesquisar (em livros, CD-ROMs, internet, etc.) e depois exponham o trabalho para a classe.

1. O que são febre reumática, insuficiência cardíaca e arritmias cardíacas.
2. Elaborem e apresentem para a classe um quadro comparativo dos sistemas circulatórios nos principais grupos de invertebrados e vertebrados.
3. Neste capítulo vocês aprenderam como a pressão arterial pode ser medida. Com o auxílio de professores de Física, pesquisem e expliquem para a classe o conceito de pressão e quais suas unidades de medida.

## Atividade prática

Nesta atividade, você vai apenas observar enquanto seu professor disseca um coração de boi (que pode ser adquirido em açougues ou feiras livres) e, com base no que observar, responder às perguntas propostas ao longo deste texto.

O professor, vestindo luvas de látex, deverá colocar o coração (previamente lavado, para retirar todo o sangue coagulado) em uma bandeja plástica (ou uma forma retangular para bolo) e mostrar-lhes a parte externa do órgão. O que são as massas amareladas ao redor do coração? Tente identificar também os principais vasos ligados a ele.

Em seguida, o professor, com um bisturi ou uma gilete (com uma das bordas protegida por esparadrapo ou fita-crepe), fará um corte longitudinal no ventrículo direito e outro no ventrículo esquerdo. Usando a pinça para manusear o órgão, observe a comunicação entre o átrio e o ventrículo do lado direito do coração e entre as cavidades correspondentes do lado esquerdo. O que são as pequenas membranas entre elas?

Observe novamente os principais vasos ligados ao coração (agora pelo lado interno) e veja se há membranas entre eles e as cavidades do órgão.

Finalmente, observe a musculatura na parte inferior do coração. Ela deve se apresentar mais desenvolvida em um dos lados. Pensando no funcionamento do coração, procure explicar essa diferença na espessura das paredes do órgão.

# Vestibulares de Norte a Sul

1. **CO** (UEG-GO) A força gravitacional desempenha um papel fundamental na estabilidade dos organismos vivos. Dentro de uma espaçonave em órbita os tripulantes experimentam uma aparente perda de peso, situação denominada de estado de imponderabilidade. No caso de um astronauta em um ambiente onde a gravidade é praticamente nula, é correto afirmar:

   a) o cérebro será menos irrigado por correntes sanguíneas.
   b) a pressão para baixo, sobre a coluna vertical, torna-se maior.
   c) o seu coração bombeia mais facilmente sangue para todas as regiões do seu corpo.
   d) a quantidade de movimento linear do fluido sanguíneo passa a ser uma função da densidade do sangue.
   e) a quantidade de movimento linear do fluido sanguíneo passa a ser uma função da densidade da linfa.

2. **S** (UFSC) Com relação ao Sistema Cardiovascular e com base no esquema a seguir, cujas setas indicam o trajeto do sangue no corpo, assinale a(s) proposição(ões) **correta(s)**.

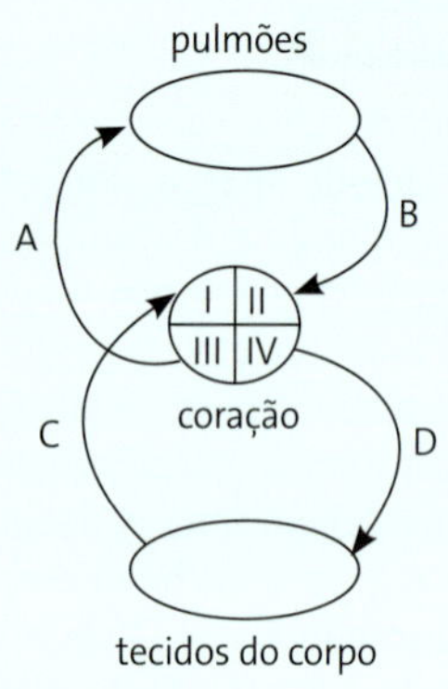


   (01) As cavidades I e II representam os ventrículos e as cavidades III e IV representam os átrios (ou aurículas).
   (02) O sangue que leva o oxigênio para as células musculares do coração (miocárdio) através das artérias coronárias é impulsionado pela cavidade IV.
   (04) Os vasos sanguíneos representados pelas setas B e C correspondem às veias e os vasos sanguíneos representados pelas setas A e D correspondem às artérias.
   (08) O trajeto que o sangue faz da cavidade III até a cavidade II corresponde à circulação sistêmica, também chamada grande circulação.
   (16) Nas cavidades I e III circula sangue arterial, ao passo que nas cavidades II e IV circula sangue venoso.
   (32) Quando as cavidades III e IV estão em diástole, as cavidades I e II estão em sístole, e vice-versa.
   (64) Entre as cavidades I e II localiza-se a válvula bicúspide (ou mitral) e entre as cavidades III e IV localiza-se a válvula tricúspide.

3. **NE** (Uece) Certo paciente ao medir sua pressão encontrou 130 mm Hg por 110 mm Hg. Relatou o ocorrido para o médico que sugeriu que ele colocasse um aparelho para registrar as medidas ao longo de 24 horas. Associando este resultado aos dados de outros exames, o médico julgou importante este acompanhamento.

   Sobre a pressão do paciente, assinale o correto.

   a) A pressão diastólica estava fora da faixa de normalidade.
   b) A pressão sistólica estava fora da faixa de normalidade.
   c) Ambas as pressões, sistólica e diastólica, estavam fora da faixa de normalidade.
   d) Não havia anormalidade. Ambas as pressões, sistólica e diastólica, estavam dentro da faixa de normalidade.

4. **N** (UFRR) O sistema cardiovascular é formado por uma complexa rede de tubos – vasos sanguíneos e linfáticos – pelos quais circulam sangue e linfa, sendo o responsável pela manutenção dos trilhões de células que constituem o nosso corpo. Em relação às muitas funções desempenhadas pelo sistema cardiovascular, é CORRETO afirmar que entre elas estão:

   a) Transporte de nutrientes e gás carbônico para as células, remoção de gás oxigênio e excreções resultantes do metabolismo celular e regulação da temperatura corporal;
   b) Transporte de nutrientes e gás oxigênio para as células, remoção de gás carbônico e excreções resultantes do metabolismo celular e regulação da temperatura corporal;
   c) Transporte de nutrientes para as células, remoção de excreções resultantes do metabolismo celular, produção de hormônios;
   d) Regulação da temperatura corporal, transporte de alimentos para a célula, regulação do ambiente interno do corpo;
   e) Transporte de gás carbônico para as células, remoção de excreções resultantes do metabolismo celular e regulação da temperatura corporal.

5. **SE** (Fatec-SP) A figura a seguir esquematiza o coração de um mamífero, com suas câmaras (representadas por letras), veias e artérias (representadas por algarismos).

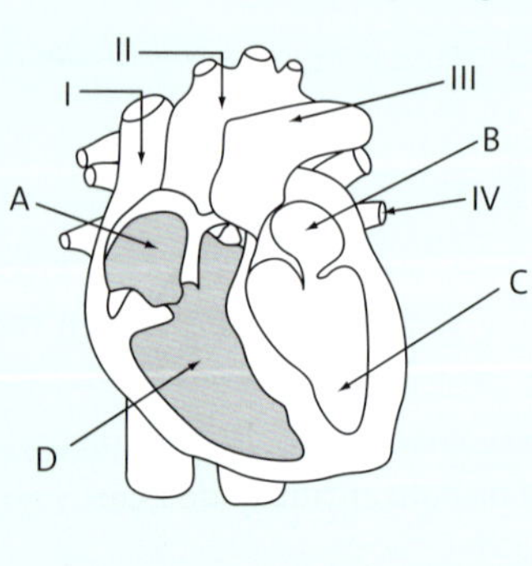

Identifique cada parte do coração e assinale a alternativa que apresenta a correspondência correta.

a) O sangue rico em $O_2$ chega nas câmaras **A** e **B**.
b) O sangue rico em $CO_2$ chega na câmara **B**.
c) Os vasos identificados por I, II e III são, respectivamente, veia cava superior, artéria pulmonar e artéria aorta.
d) O vaso indicado por IV traz sangue arterial dos pulmões ao coração.
e) O vaso indicado por III leva o sangue arterial do coração para o corpo.

6. **SE** (UFMG) Analise estes gráficos representativos da atividade do sistema cardiovascular durante a realização de exercício físico:

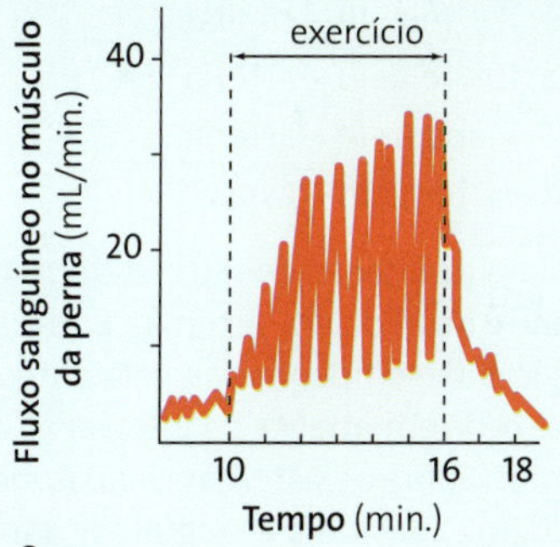


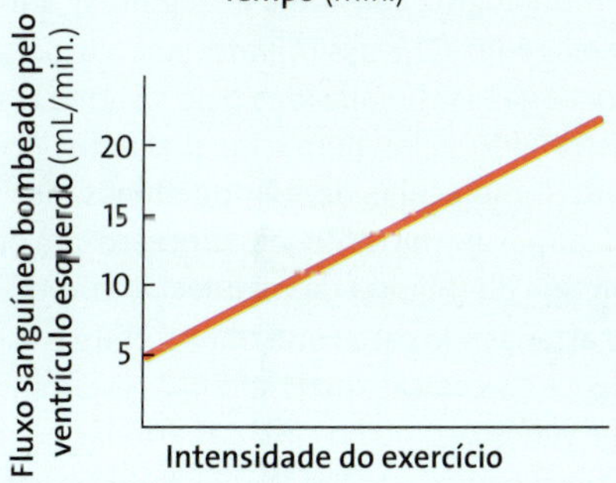


Com base nas informações contidas nesses gráficos e em outros conhecimentos sobre o assunto, é incorreto afirmar que, durante o exercício físico:

a) o músculo da perna recebe maior quantidade de oxigênio entre 14 e 16 minutos de atividade.
b) o volume de sangue de um indivíduo pode aumentar até cinco vezes.
c) o volume de sangue que passa pelo coração de um indivíduo, a cada minuto, é maior que no repouso.
d) um fluxo maior de hemácias aumenta a oxigenação do músculo da perna.

7. **S** (UCS-RS) Considere o gráfico a seguir relativo à concentração de $CO_2$ no sangue, sabendo que, inicialmente, o sangue sofreu hematose.

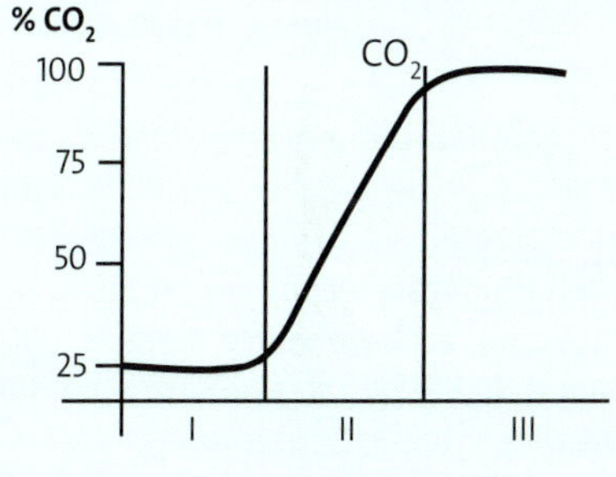


Nos estágios I, II e III do gráfico estão representadas as concentrações de $CO_2$ do sangue, respectivamente, nas:

a) artéria pulmonar, veia umbilical e veia cava.
b) veia pulmonar, carótidas e veia cava.
c) veia pulmonar, artéria femoral e artéria aorta.
d) veia cava superior, artéria pulmonar e coronárias.
e) artéria aorta, artéria pulmonar e veia cava inferior.

8. **SE** (UPM-SP) O gráfico a seguir representa a variação do pH sanguíneo de uma pessoa num intervalo de tempo. No momento A, a pessoa inicia uma atividade física.

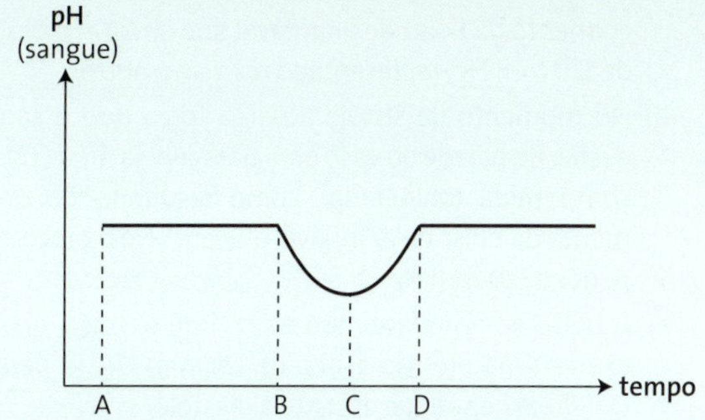


A respeito do gráfico dado, são feitas as afirmativas a seguir.

I. No período AB, a atividade da enzima anidrase carbônica é suficiente para converter o ácido carbônico em bicarbonato.
II. No período BC, o ritmo respiratório do indivíduo aumentou.
III. No período CD, há intensa eliminação de $CO_2$.

Assinale:

a) Se todas as afirmativas estiverem corretas.
b) Se somente as afirmativas I e II estiverem corretas.
c) Se somente as afirmativas II e III estiverem corretas.
d) Se somente a afirmativa II estiver correta.
e) Se somente a afirmativa III estiver correta.

9. **SE** (FGV-SP) Em condições normais de saúde e repouso, o número de pulsações de um homem adulto é da ordem de 70 por minuto. Após um abundante almoço ou jantar, em que se ingerem carnes, conservas, pães e doces, o que se espera em relação ao número de pulsações por minuto é que:

a) haja aumento desse número, devido à atividade cardíaca que se acelera em razão da diminuição da temperatura interna do corpo.
b) haja aumento desse número devido à maior necessidade de irrigação sanguínea dos tecidos do trato digestivo.
c) haja redução desse número, uma vez que a temperatura do corpo sofrerá pequena redução e, com isso, a atividade cardíaca diminui.
d) não haja qualquer alteração, uma vez que os alimentos ingeridos sofrerão digestão no estômago e intestino, sem qualquer interferência com a atividade cardíaca.
e) não haja qualquer alteração desse número, mas que haja aumento da pressão sanguínea em decorrência da quantidade de sal ingerida.

10. SE (UFU-MG) Durante a realização de atividade física, é natural que ocorra um aumento da pressão arterial. Esse aumento fisiológico difere do quadro de hipertensão durante atividades cotidianas e até quando se está em repouso. Por ser um quadro patológico e de evolução silenciosa, merece atenção e correta interpretação.

Considerando uma pressão arterial de 120 mm Hg por 80 mm Hg, assinale a alternativa correta.

a) No momento da sístole ventricular, a força que o sangue exerce na parede do vaso para passar pela área (artéria) comprimida (obliterada), como resultado do enchimento da bolsa de ar inflável que envolve o braço, é de 120 mm Hg, representado no manômetro.

b) No momento da sístole atrial, a força que o sangue exerce na parede do vaso para passar pela área (artéria) comprimida (obliterada), como resultado do enchimento da bolsa de ar inflável que envolve o braço, é superior a 120 mm Hg.

c) A bolsa de ar inflável que comprime o braço, quando exerce uma pressão acima de 120 mm Hg, já permite um fluxo de sangue durante a diástole.

d) A bolsa de ar inflável que comprime o braço, quando exerce uma pressão abaixo de 80 mm Hg, não permite um fluxo de sangue durante a sístole atrial.

11. SE (Unirio-RJ) Pesquisadores da Universidade de Cambridge, na Inglaterra, sugerem que o uso de estatinas, substâncias utilizadas ao colesterol, podem retardar o envelhecimento das artérias.

As artérias dos pacientes que sofrem de doenças cardíacas (pressão alta, diabetes, colesterol alto) e tem hábitos desaconselhados (tabagismo, pouca ou nenhuma atividade física) envelhecem em uma progressão mais acelerada do que o resto do corpo.

As células das artérias mais "envelhecidas" não funcionam tão bem quanto as mais jovens. Por isso, são menos capazes de combater a ruptura dos depósitos de gordura, chamados de placas arterioscleróticas, o que pode bloquear as artérias e causar ataques cardíacos e derrames.

De acordo com o estudo, ao aumentar os níveis da proteína NBS-1, as estatinas aceleram a recuperação do DNA das células, aumentando o tempo de vida das artérias e prevenindo seu envelhecimento prematuro.

(http://www.bbc.co.uk)

Em nível estrutural, os vasos sanguíneos aos quais o texto se refere diferenciam-se das veias porque:

a) nas artérias, o sangue circula mais lentamente por estar sob baixa pressão.

b) as artérias possuem paredes mais espessas e ricas em fibras elásticas.

c) em geral, as artérias são bem mais visíveis e superficiais que as veias.

d) nas artérias, o fluxo do sangue é impulsionado pela contração da musculatura.

e) as artérias só transportam sangue arterial, rico em oxigênio.

12. SE (Fuvest-SP) O gráfico a seguir mostra a variação na pressão sanguínea e na velocidade do sangue em diferentes vasos do sistema circulatório humano.

Qual das alternativas correlaciona corretamente as regiões I, II e III do gráfico com o tipo de vaso sanguíneo?

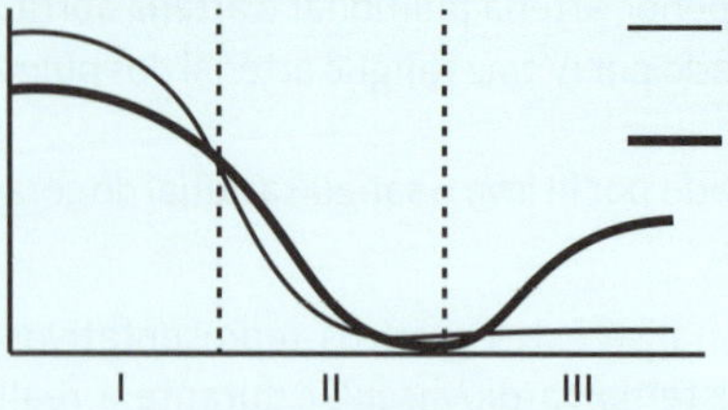


a) I – artéria; II – capilar; III – veia.

b) I – artéria; II – veia; III – capilar.

c) I – artéria; II – veia; III – artéria.

d) I – veia; II – capilar; III – artéria.

e) I – veia; II – artéria; III – capilar.

13. S (UFPR) Para facilitação de seu estudo, muitas vezes o corpo humano é dividido em sistemas. Entretanto as funções fisiológicas desempenhadas pelo corpo não estão dissociadas e ocorrem através da integração desses diferentes sistemas. Sobre os sistemas circulatório, respiratório e imunológico, considere as seguintes afirmativas:

1. O oxigênio ($O_2$) assimilado pelo corpo através das trocas gasosas realizadas pelo sistema respiratório, é distribuído pelas hemácias presentes no sangue, ligado a moléculas de hemoglobinas, desempenhando papel importante no processo de produção de energia da maioria das células do corpo.
2. As artérias são vasos que transportam o sangue proveniente do coração, podendo inclusive transportar sangue venoso, como no caso das artérias pulmonares.
3. O timo, o baço e os linfonodos fazem parte do sistema linfático, que, entre outras funções, desempenha papel importante no sistema de defesa do corpo humano.
4. O sistema circulatório é composto pelos sistemas sanguíneo, que transporta o oxigênio, e pelo linfático, responsável pelo transporte de $CO_2$.

Assinale a alternativa correta.

a) Somente a afirmativa 1 é verdadeira.

b) Somente as afirmativas 1 e 2 são verdadeiras.

c) Somente as afirmativas 1, 2 e 3 são verdadeiras.

d) Somente as afirmativas 2 e 3 são verdadeiras.

e) As afirmativas 1, 2, 3 e 4 são verdadeiras.

14. SE (Vunesp-SP) Durante um exame médico para localizar um coágulo sanguíneo, um indivíduo recebeu, via parenteral, um cateter que percorreu vasos, seguindo o fluxo da corrente sanguínea, passou pelo coração e atingiu um dos pulmões.

a) Cite a trajetória sequencial percorrida pelo cateter, desde sua passagem pelas cavidades cardíacas até atingir o pulmão.

b) Que denominação recebe a contração do músculo cardíaco que, ao bombear o sangue, possibilitou a passagem do cateter ao pulmão? Qual foi o tipo de sangue presente nessa trajetória?

CAPÍTULO

# 28 Sistema urinário

Montgomery Martin/Alamy/Latinstock

Paciente em sessão de hemodiálise.

> ↘ *Que funções o sistema urinário desempenha no organismo humano?*

# 1 Funções do sistema urinário

Na maioria das vezes, os organismos apresentam uma concentração de solutos diferente da encontrada no meio externo. Para a manutenção das funções biológicas, essas concentrações devem ser mantidas mais ou menos constantes. O processo que garante essa constância é a **osmorregulação**. A osmorregulação permite, então, que o organismo mantenha uma concentração de sais e outros solutos e uma pressão osmótica diferentes das do ambiente, regulando a quantidade de água no interior do corpo.

O sistema urinário, juntamente com outros sistemas do organismo, colabora para a manutenção de um meio interno constante e compatível com a vida, isto é, colabora para a **homeostase** (*homoios* = o mesmo; *stásis* = parada). Além de eliminar substâncias em excesso, o sistema urinário elimina substâncias prejudiciais resultantes do metabolismo.

A eliminação de restos de comida pelas fezes não é considerada excreção. O termo excreta é usado apenas para denominar as substâncias que passam pelo interior das células ou os produtos de seu metabolismo e que serão eliminadas do corpo. É o caso da ureia, eliminada na urina, e do gás carbônico, eliminado na respiração, por exemplo.

## Excreção de substâncias nitrogenadas

Nos animais os principais produtos tóxicos que serão excretados são as moléculas nitrogenadas originadas da oxidação de aminoácidos e de ácidos nucleicos. Esse processo produz, entre outros compostos, a **amônia**. Alguns animais a eliminam diretamente; outros a transformam em ureia ou em ácido úrico (figura 28.1).

Embora quase todos os animais tenham na urina uma mistura de amônia, ureia e ácido úrico, em geral uma dessas substâncias predomina, o que depende da quantidade de água disponível tanto durante a vida embrionária como na fase adulta do animal.

Animais aquáticos podem excretar diretamente a amônia, pois, apesar de ser bastante tóxica, também é muito solúvel em água. Os animais terrestres teriam de gastar muita água para excretar a amônia, correndo o risco de desidratação. Sendo menos tóxica, a ureia pode ser eliminada de forma mais concentrada, e o animal pode economizar água: é o caso dos mamíferos e anfíbios adultos, entre outros.

Essa transformação ocorre no fígado por uma série de reações químicas (**ciclo da ureia** ou **da ornitina**), que envolvem gasto de energia e das quais participam três aminoácidos e o gás carbônico da respiração.

O embrião dos animais ovíparos e terrestres (a maioria dos répteis, das aves e dos insetos) não dispõe de meios para eliminar as excretas através da casca do ovo. Assim, em vez de ureia, esses embriões produzem ácido úrico, que, por ser insolúvel na água, pode ser acumulado em um compartimento separado do embrião. Esse problema não ocorre no embrião dos mamíferos, que lança no sangue materno a ureia produzida.

Figura 28.1 As excretas nitrogenadas originam-se do metabolismo das proteínas e dos ácidos nucleicos.

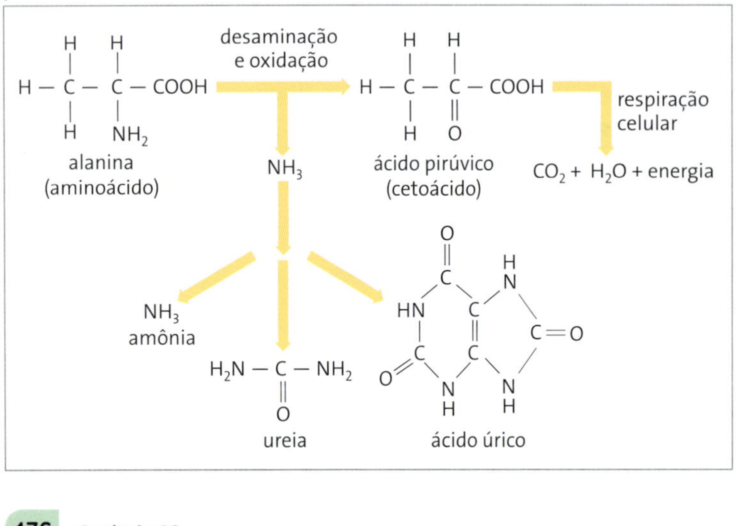

## 2 Sistema urinário

Os principais órgãos excretores são os rins: dois órgãos com formato semelhante a grãos de feijão e formados pelos **néfrons** ou **nefros** (*nefros* = rim).

Os pulmões e o fígado também colaboram na excreção, ao eliminar gás carbônico e inativar substâncias prejudiciais ao organismo, respectivamente. Substâncias como o álcool podem ser oxidadas em gás carbônico e água; ou transformadas em outras substâncias no fígado e então eliminadas pela urina ou pela bile. A bile elimina também os produtos resultantes da destruição das moléculas de hemoglobina, que são transformados em pigmentos biliares, como a bilirrubina. Esses pigmentos são lançados no intestino e transformados em outras substâncias por bactérias da flora intestinal. Algumas dessas substâncias são eliminadas pelas fezes, sendo responsáveis por sua cor característica. Outras substâncias voltam para o sangue e são eliminadas pela urina, tornando-a amarelada.

Sistema urinário humano: rins

Contudo, a maior parte do trabalho de excreção, que se constitui pela eliminação da ureia produzida no fígado, é realizada pelos rins. Além disso, os rins também regulam a concentração de água e sais do corpo, mantendo o equilíbrio do organismo (osmorregulação).

Os rins também impedem que a ureia e outros produtos tóxicos ou em excesso atinjam concentrações altas no sangue.

Os rins recebem sangue pelas artérias renais, que se ramificam então em muitas arteríolas. Cada arteríola se dirige a uma pequena estrutura chamada néfron. Existe cerca de 1 milhão dessas pequenas unidades em cada rim. O sangue sai dos rins pelas veias renais, que se unem à veia cava inferior, que chega ao coração. De cada um dos rins sai um tubo chamado ureter. Os ureteres levam a urina para a **bexiga urinária**, um saco muscular que acumula a urina e a lança para o exterior através da uretra (figura 28.2).

Figura 28.2 Sistema urinário humano e os vasos que o abastecem de sangue. (As medidas de um rim são 11 cm × 6 cm × 3 cm, aproximadamente; cores fantasia.)

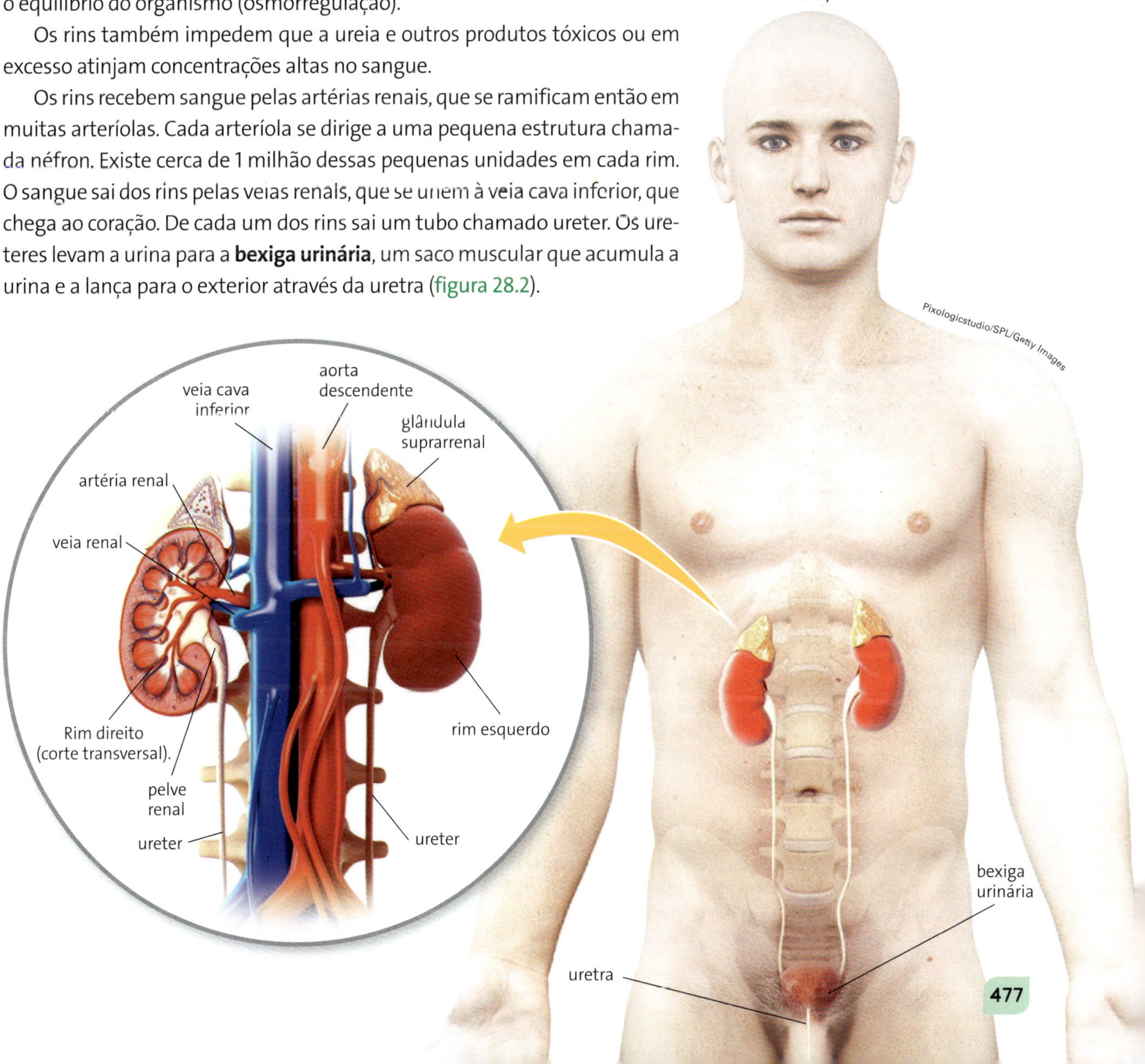

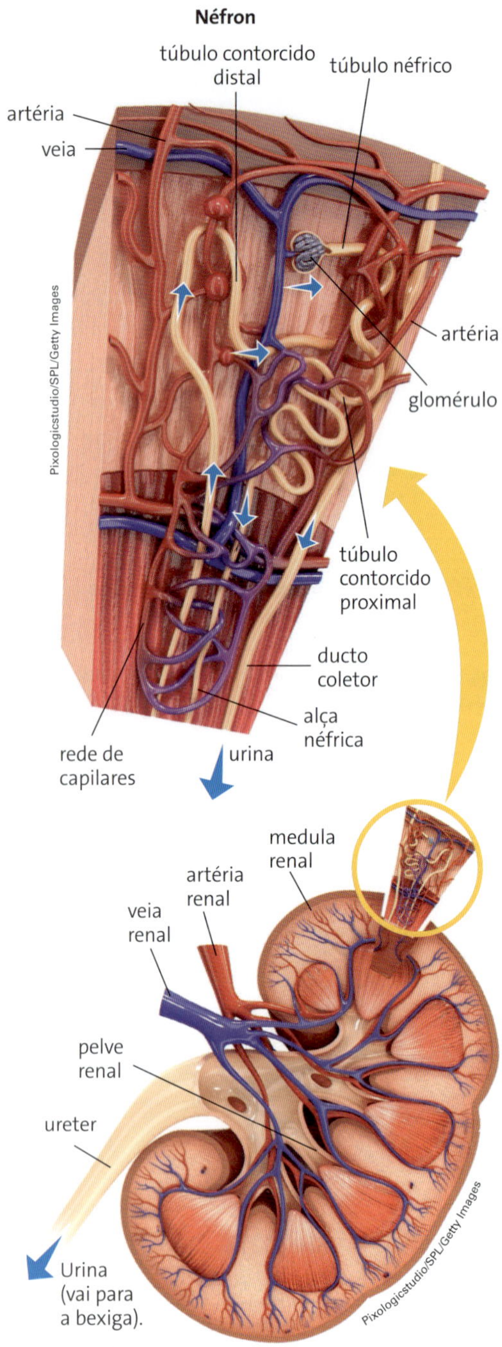


Figura 28.3 Esquema do néfron. As setas azuis indicam o caminho do líquido filtrado até a formação da urina. (Os elementos ilustrados não estão na mesma escala; cores fantasia.)

# Estrutura do néfron

O néfron é composto de duas partes: o **corpúsculo renal** (anteriormente denominado de corpúsculo de Malpighi) e o **túbulo néfrico** (figura 28.3). O corpúsculo é formado pelo **glomérulo renal** ou **néfrico** (*glomus* = novelo), um novelo de capilares, envolvido pela **cápsula renal** ou **glomerular** (anteriormente chamada de cápsula de Bowman), que é a extremidade dilatada do túbulo renal. Este túbulo é dividido em três regiões: o **túbulo contorcido proximal**, a **alça néfrica** (antes chamada de alça de Henle) e o **túbulo contorcido distal** (figura 28.3).

Envolvendo o túbulo há uma rede de capilares, formada a partir da arteríola **eferente**, que sai do glomérulo.

O sangue que sai pela arteríola eferente ainda é rico em oxigênio. Essa arteríola forma uma rede de capilares que envolve o néfron. O sangue no interior desses capilares fornece oxigênio às células e recebe gás carbônico. Os capilares se reúnem e formam vênulas e veias que desembocam na veia renal.

Os glomérulos concentram-se na região externa do rim (**córtex**), e os túbulos estão parte no córtex e parte na **medula** (figura 28.3). Esses túbulos vão confluindo até formar canais maiores (**ductos coletores**), que lançam a urina na **pelve renal**.

# Funcionamento do néfron

No néfron ocorrem três processos: **filtração**, **reabsorção** e **secreção**.

Na filtração a pressão do sangue expulsa, do glomérulo para a cápsula, a água e as pequenas moléculas dissolvidas no plasma, como sais, moléculas orgânicas simples e ureia. Os elementos figurados do sangue e as grandes proteínas do plasma não passam para a cápsula (figura 28.4). O líquido formado nessa etapa é chamado **filtrado glomerular**.

A reabsorção ocorre ao longo do túbulo. Através da rede de capilares que o envolve, a água e as substâncias úteis que tinham sido filtradas são reabsorvidas, voltando para o sangue (figura 28.4). As células da parte inicial do túbulo (túbulo contorcido proximal) reabsorvem, por transporte ativo (com gasto de energia), quase toda a glicose, os aminoácidos e outras substâncias úteis ao organismo, além de parte dos sais.

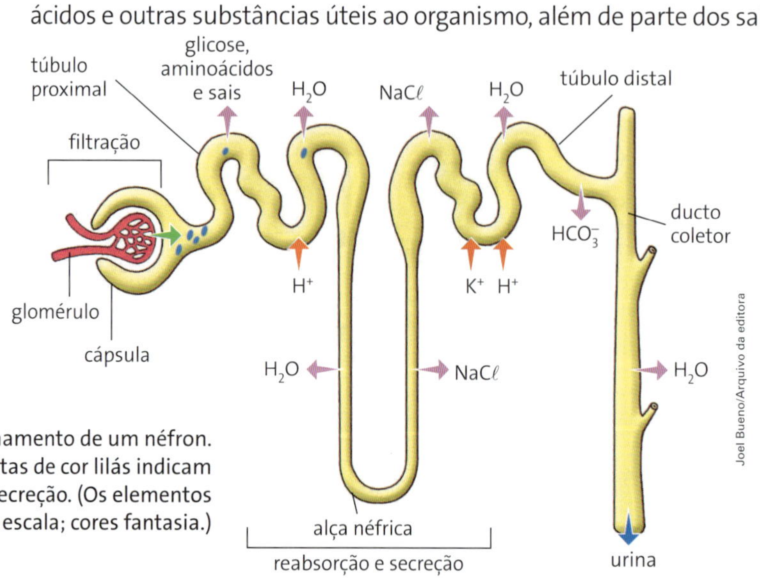


Figura 28.4 Esquema simplificado do funcionamento de um néfron. A seta de cor verde indica a filtração; as setas de cor lilás indicam a reabsorção; as setas laranja indicam a secreção. (Os elementos da ilustração não estão na mesma escala; cores fantasia.)

Ao receber de volta essas substâncias, o sangue fica mais concentrado que o líquido do túbulo, e cerca de 80% a 85% da água também é reabsorvida, agora por osmose (transporte passivo, sem gasto de energia). Em seguida ao túbulo contorcido proximal está a alça néfrica, com um ramo descendente – no qual continua a reabsorção de água por osmose – e outro ascendente – no qual são reabsorvidos sais. Na membrana das células epiteliais da alça, há um grande número de aquaporinas, proteínas envolvidas no transporte de moléculas de água. Após o ramo ascendente, vem a parte final do túbulo renal: o túbulo contorcido distal. Nele ocorre a reabsorção ativa dos sais. Além disso, suas paredes (e também a dos ductos coletores) apresentam permeabilidade variável em relação à água. Assim, se o corpo precisar reter água, as paredes do túbulo (e do ducto coletor) tornam-se mais permeáveis e mais água sai para o sangue por osmose; caso contrário, elas ficam menos permeáveis (reveja a figura 28.4).

A filtração e a reabsorção são as duas etapas principais do trabalho do néfron. Uma terceira etapa, a **secreção tubular**, complementa-as. Nela as células do túbulo controlam a taxa de potássio no sangue, retirando íons $K^+$ do sangue, e ajudam a manter constante o pH do sangue (em torno de 7,4), removendo íons $H^+$ (ácidos) do sangue ou reabsorvendo íons bicarbonato (básicos) do filtrado.

Ao sair do ducto coletor, a urina é formada por cerca de 95% de água, 2% de ureia, 1% de cloreto de sódio e 2% de outros sais e produtos nitrogenados, como ácido úrico, amônia e creatinina.

À medida que ocorre o acúmulo de urina, a bexiga aumenta. Quando o volume atinge cerca de 300 mililitros, nervos estimulam a contração dos músculos da bexiga, fazendo também com que os músculos involuntários no esfíncter interno (*sphigktér* = o que aperta), em torno da uretra, relaxem (figura 28.5). Se os músculos do esfíncter externo, de controle voluntário, também relaxarem, a urina é eliminada do corpo pela **micção** (ato de urinar).

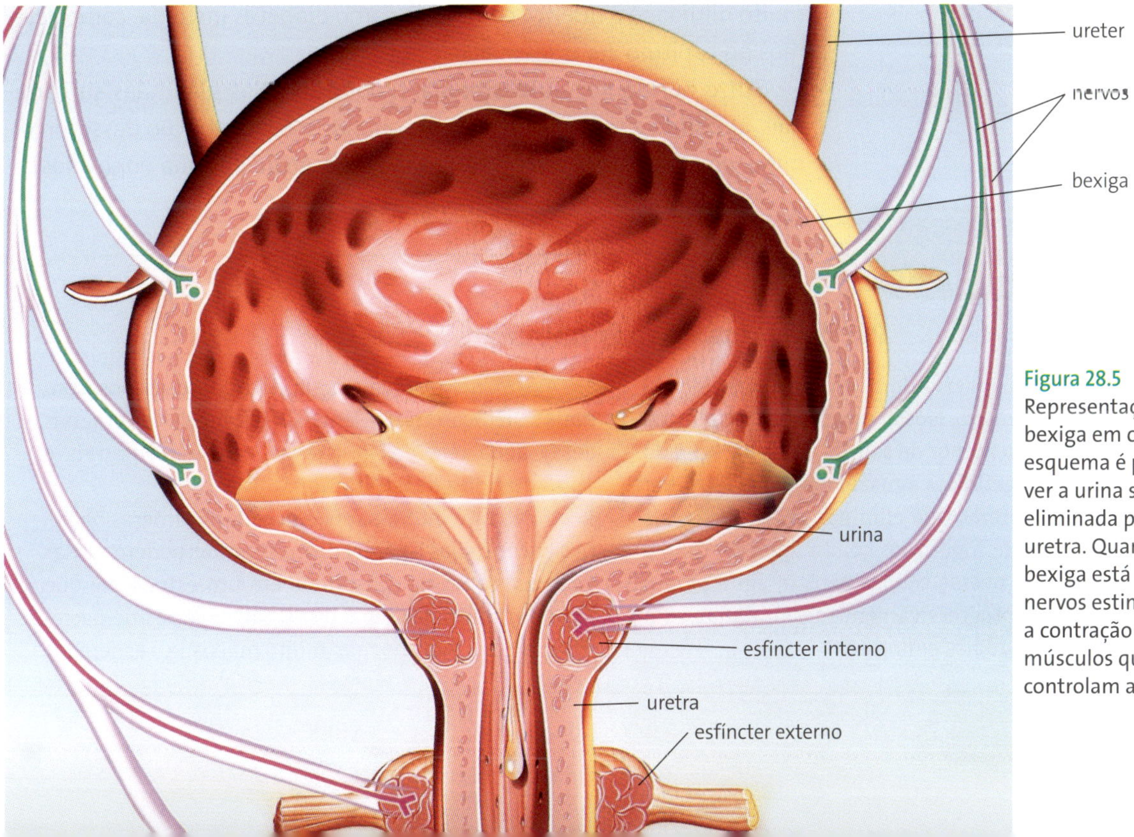


**Figura 28.5**
Representação da bexiga em corte. No esquema é possível ver a urina sendo eliminada pela uretra. Quando a bexiga está cheia, nervos estimulam a contração dos músculos que controlam a micção.

## Controle hormonal

Em um dia, o volume total de sangue no nosso corpo (de 4 L a 6 L) é filtrado cerca de sessenta vezes, o que produz em torno de 180 L de filtrado na cápsula renal. No entanto, cerca de 99% desse volume é reabsorvido para o sangue, e produz-se, assim, 1 L a 2 L de urina por dia. Portanto, nosso rim tem grande capacidade de economizar água, concentrando excretas e ureia produzidas em um dia em pouco mais de 1 L de urina. Eliminamos, assim, uma quantidade mínima de água para diluir os produtos de excreção. Essa economia tem um importante valor adaptativo para os animais terrestres.

A quantidade de água reabsorvida pode variar ligeiramente, de acordo com a quantidade total de água do corpo. Em dias quentes, quando se perde muita água pelo suor, as células de uma região do encéfalo (**hipotálamo**) produzem o **hormônio antidiurético** (**ADH**), que é armazenado e lançado no sangue pela hipófise. Quando a pressão osmótica do sangue aumenta (por causa da diminuição de água), esse hormônio faz aumentar a permeabilidade à água do túbulo contorcido distal e do ducto coletor, e uma proporção maior de água é reabsorvida por osmose, podendo restar apenas 0,5 L dos 180 L de água que passaram pelos rins. A urina é produzida em menor quantidade e se torna mais concentrada, portanto, mais escura.

O inverso ocorre quando se bebe muita água e a pressão osmótica do sangue cai. A produção de ADH fica inibida, e a permeabilidade do túbulo e a reabsorção de água diminuem. Assim, a urina fica mais diluída (clara) e abundante.

O álcool também inibe a produção de ADH. Quando toma cerveja, uma pessoa está ingerindo álcool e muita água. Isso que explica o efeito diurético dessa bebida.

Quando há deficiência de ADH, forma-se grande quantidade de urina muito diluída: é a doença conhecida como diabetes insípida, como veremos no capítulo 29.

Outro hormônio, a **aldosterona**, produzido pelas glândulas suprarrenais, aumenta a reabsorção de sódio quando a concentração desse íon diminui no sangue, o que faz aumentar a reabsorção de água por osmose.

### Biologia e cotidiano

#### Por que água do mar não mata a sede?

A água do mar é cerca de três vezes mais salgada que o sangue humano. Nosso rim produz uma urina com concentração menor de sais do que a da água do mar. Assim, se ingerirmos água do mar, para eliminar o excesso de sal, temos de eliminar pela urina mais água do que a que ingerimos com a água do mar, o que faz com que nossas células percam água para o sangue e fiquem progressivamente desidratadas, com risco de parada cardíaca e morte.

Assim, quanto mais água do mar bebermos, com mais sede ficaremos. Além disso, alguns sais minerais dessa água têm efeito laxante, causando diarreia e aumentando a desidratação.

Outro fato interessante é que, das inúmeras bactérias encontradas na água do mar, muitas podem causar doenças (como foi constatado em um estudo em que foram encontradas mais de 20 mil espécies de bactérias em 1 L de água do mar, muito mais que o esperado).

## Os rins e o controle da pressão arterial

Tanto o ADH quanto a aldosterona contribuem para controlar a pressão arterial. Mas esses hormônios agem de formas diferentes: enquanto o ADH eleva a pressão ao promover a entrada direta de mais água no interior dos vasos, a aldosterona acrescenta mais sais ao sangue, tornando-o hipertônico e fazendo com que absorva água dos tecidos por osmose. Essa entrada de água eleva a pressão arterial.

Quando a pressão sanguínea diminui, os rins lançam no sangue a enzima renina, que transforma o angiotensinogênio, uma proteína do plasma, em angiotensina I. Ela é transformada em angiotensina II por uma enzima produzida pelos vasos sanguíneos e provoca a constrição das arteríolas, além de estimular a reabsorção de íons sódio e a secreção de aldosterona. O resultado é um aumento da pressão arterial.

Quando o coração fica mais distendido por conta de um aumento do volume de sangue, ele libera um hormônio, o peptídio natriurético atrial (PNA), que aumenta a taxa de filtração glomerular e promove a perda de íons sódio e de água na urina. Com isso, o volume de urina aumenta e o teor de água e sais volta ao normal. O PNA tem ação antagônica à da angiotensina (esta eleva a pressão arterial e ele diminui).

Entre os medicamentos utilizados para tratar a pressão alta (hipertensão) estão drogas que inibem a produção da enzima que transforma a angiotensina I em angiotensina II. Outros bloqueiam o fluxo de íons cálcio para as células do músculo liso das arteríolas, o que bloqueia a contração desses músculos e o aumento da pressão.

### Biologia e saúde

#### Diuréticos naturais e sintéticos

Os diuréticos são substancias que diminuem a reabsorção de água pelos rins, e com isso um maior volume de água é eliminado na urina. A eliminação de urina é chamada **diurese**.

Algumas bebidas, como o café, o chá (**figura 28.6**) e alguns refrigerantes, também têm ação diurética. A cafeína, presente no café e no chá, inibe a reabsorção de sódio e aumenta a taxa de filtração glomerular, aumentando a produção de urina. O álcool da cerveja, do vinho e de outras bebidas alcoólicas também inibe o hormônio antidiurético, aumentando a diurese.

Os medicamentos que possuem efeito diurético são indicados pelos médicos (e, é claro, só devem ser tomados com prescrição médica) para pessoas com problemas cardiovasculares, renais e outros.

Nitr/Shutterstock/Glow Images

Nitr/Shutterstock/Glow Images

Figura 28.6
Café e chá são bebidas com efeito diurético.

As informações sobre questões de saúde deste capítulo não substituem a orientação médica nem podem ser usadas para diagnóstico, tratamento ou prevenção de doenças.

## 3 Problemas no sistema urinário

Diversas doenças podem prejudicar o funcionamento dos rins e causar insuficiência renal e afetar todo o organismo. Pode ocorrer aumento da pressão arterial, elevação da taxa de ureia no sangue (uremia), retenção de água e sal (que causa edema, ou seja, inchaço nos tecidos), aumento da acidez do sangue (acidose), entre outros problemas.

A **litíase urinária** ou **cálculo renal** é também conhecida como "pedras nos rins" (*lithos* = pedra; *calculu* = pedrinha). Os cálculos podem se formar quando aumenta a concentração de cálcio ou de outros sais na urina por causa de alguma doença, por exemplo. Cálculos pequenos podem sair naturalmente na urina. Cálculos maiores podem obstruir e ferir partes do sistema urinário (figura 28.7). Por isso, algumas vezes, é necessário quebrá-los com ondas de choque (litotripsia), para que possam ser eliminados, ou removê-los por meio de cirurgia. Além de certa predisposição genética, a baixa ingestão de água é um fator que pode aumentar a chance de formação de cálculos.

O sistema urinário também pode ser atacado por microrganismos, com o desenvolvimento de infecções, por exemplo, na uretra, a **uretrite**, ou na bexiga, a **cistite** (*cysto* = bexiga; *ite* = inflamação).

A **glomerulonefrite** é a inflamação dos glomérulos renais. Pode acontecer como uma reação do sistema imune às toxinas produzidas por bactérias que infectaram alguma parte do corpo. As lesões dos glomérulos podem permitir que hemácias e proteínas passem para a cápsula glomerular, e a presença de sangue na urina é um dos sintomas iniciais da doença.

Pelo exame de urina pode-se verificar a presença de microrganismos e uma série de problemas em vários órgãos do corpo. Por exemplo, a presença de glicose na urina pode indicar que a pessoa está com diabetes.

Alguns medicamentos, algumas drogas ou os produtos de suas transformações no organismo também podem ser identificados na urina, mesmo depois de terem sido usados há várias semanas. É nisso que se baseia o exame *antidoping*, feito, por exemplo, em competições esportivas para descobrir se um atleta usou alguma substância proibida que lhe daria vantagem sobre os outros competidores.

Se as funções renais estiverem muito prejudicadas, pode ser necessário recorrer à hemodiálise, como vimos na abertura deste capítulo. Pode ser necessário também um transplante de rim.

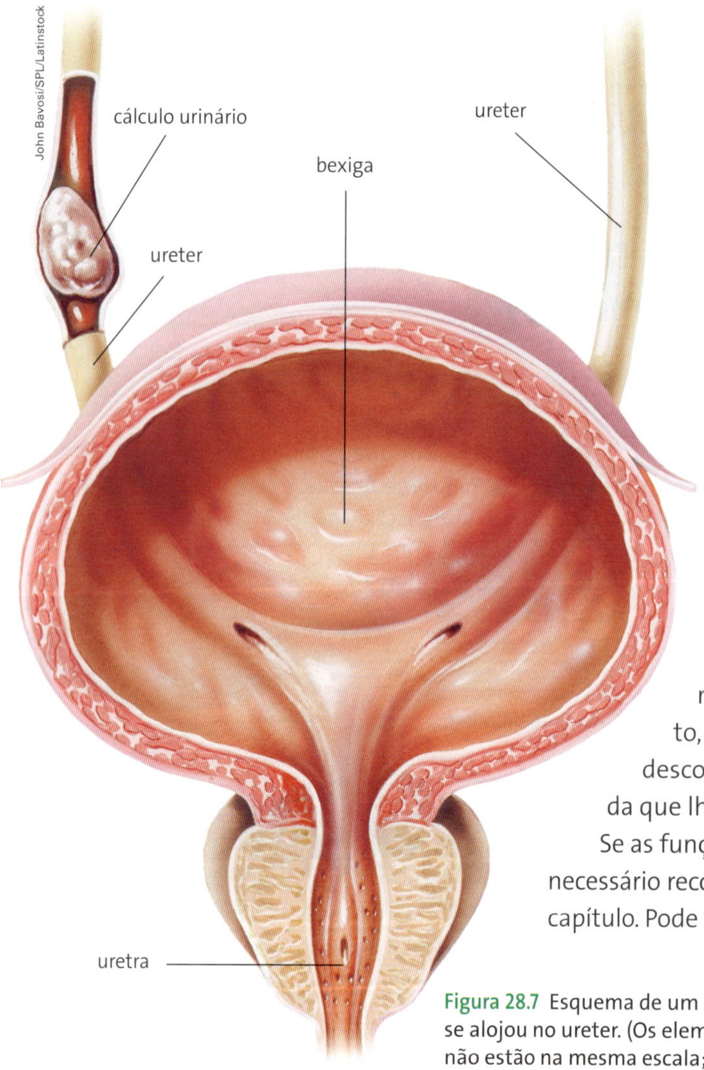


Figura 28.7 Esquema de um cálculo urinário que se alojou no ureter. (Os elementos da ilustração não estão na mesma escala; cores fantasia.)

# Atividades

1. Observe o nefro na ilustração abaixo e responda às questões.

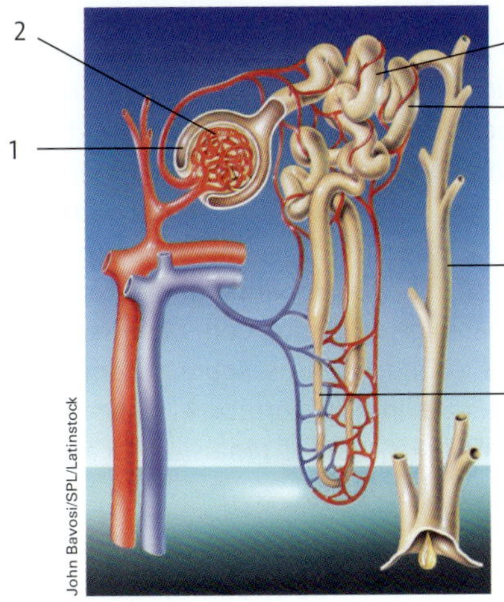


a) Identifique as partes indicadas pelos números.

b) Que alteração ocorre na composição da parte líquida do sangue quando ela passa da parte 1 para a parte 2? Como se chama essa etapa do trabalho do rim?

c) Que substâncias são reabsorvidas na parte 3, na parte 4 e na parte 5?

d) Como o néfron consegue regular o pH do sangue?

e) Quando perdemos muita água pelo suor, a permeabilidade do túbulo néfrico aumenta ou diminui? Que hormônio promove essa alteração? Em que sentido isso colabora para o equilíbrio do organismo?

2. Devemos manter nosso organismo sempre bem hidratado, mas é particularmente importante beber água durante a prática de atividades físicas, sobretudo nos dias mais quentes. Explique essas afirmações.

3. Sabe-se que o fumo pode causar até mesmo câncer de bexiga. Explique como as substâncias cancerígenas do fumo, que são absorvidas sobretudo nos pulmões, chegam à bexiga urinária.

4. Quando bebemos mais água, a reabsorção nos túbulos e ductos coletores dos rins aumenta ou diminui? Em que sentido isso colabora para o equilíbrio do corpo?

5. O álcool inibe a produção do hormônio antidiurético. Sabendo disso, explique:

a) o que ocorre com a produção de urina quando se toma cerveja ou outra bebida alcoólica.

b) por que não se deve tomar bebida alcoólica depois de fazer muito exercício, principalmente em dias quentes.

6. Em qual dessas situações a urina de uma pessoa deveria apresentar maior concentração de ureia: quando ela ingere mais carboidratos ou quando ingere mais proteínas? Justifique sua resposta.

7. As células do tubo contorcido proximal possuem muitas mitocôndrias, e o ramo descendente da alça néfrica, poucas. Como você explica essa diferença?

8. Os aparelhos de hemodiálise têm uma membrana que permite a difusão de íons e pequenas moléculas entre o sangue do paciente e a solução de diálise; depois de passar pelo aparelho, o sangue filtrado volta ao corpo do paciente. Por que na solução de diálise é necessário manter uma concentração de sais e glicose igual à concentração dessas substâncias no sangue?

9. Observe o gráfico a seguir e explique a variação no volume de urina que ele registra.

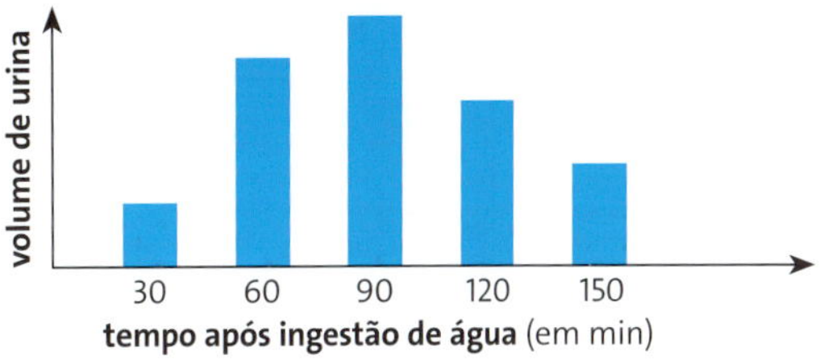


10. A água não sai do organismo humano apenas na forma de urina. Que outro órgão elimina bastante água em dias quentes e após uma atividade física? Que função essa perda de água desempenha no organismo?

11. Por que quando ingerimos menos água do que o usual, a coloração da urina fica mais intensa (tendendo a amarelo-escuro)?

12. No inverno, a urina costuma ser mais clara do que no verão. Além disso, no inverno o volume de urina também costuma ser maior. Procure dar uma explicação para ambos os fatos.

## Trabalho em equipe

1. Elaborem e apresentem para a classe um quadro comparativo dos sistemas de excreção nos principais grupos de invertebrados e vertebrados.

2. Neste capítulo, vocês viram como a ureia é sintetizada no fígado a partir da amônia. Mas a ureia também pode ser sintetizada a partir de um composto inorgânico, o cianeto de amônio. Essa síntese foi muito importante na história da Química. Com o auxílio do professor de Química, pesquisem e expliquem para a classe a época, o autor e a importância dessa síntese para a Química.

3. O rim foi o primeiro órgão vital a ser transplantado com sucesso em seres humanos. Pesquisem quais órgãos podem ser doados e transplantados; quais os procedimentos para a doação de órgãos para transplante; que problemas podem surgir para doadores e receptores de órgãos e tecidos; que leis tratam da doação de órgãos e tecidos. Com o auxílio do professor de Filosofia, discutam também as implicações éticas (bioéticas) dessa doação.

# Vestibulares de Norte a Sul

1. **NE** (Unifor-CE) Assinale a alternativa da tabela que identifica corretamente as substâncias transportadas pelo sangue nos rins (o sinal + indica sangue rico na substância mencionada).

| | **Artéria renal** | | | **Veia renal** | | |
|---|---|---|---|---|---|---|
| | Oxigênio | Gás carbônico | Ureia | Oxigênio | Gás carbônico | Ureia |
| a) | + | | + | | + | |
| b) | + | | + | | + | + |
| c) | + | | | | + | + |
| d) | | + | + | + | | |
| e) | | + | | + | | + |

2. **SE** (Uerj) A água, principal componente químico do corpo humano, é perdida em quantidades relativamente altas por meio dos mecanismos de excreção, devendo ser reposta para evitar a desidratação. Observe o gráfico.

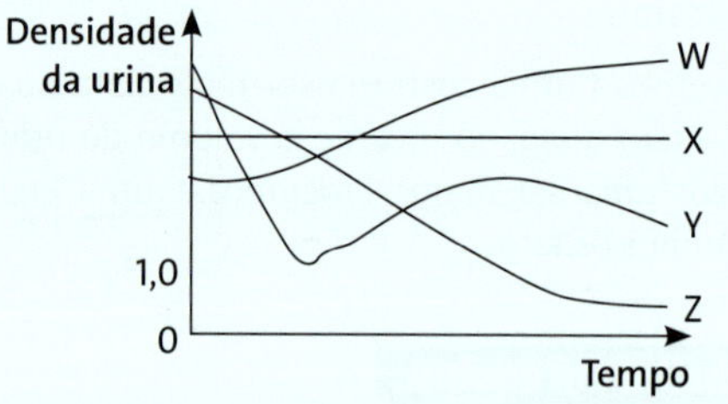


Considere que o ponto zero do gráfico corresponde ao instante a partir do qual uma pessoa deixe de repor a água perdida por seu organismo. A curva que registra as alterações da densidade da urina dessa pessoa, em função do tempo, é a identificada pela seguinte letra:

a) W.

b) X.

c) Y.

d) Z.

3. **N** (UFPA) Qual das alternativas abaixo indica corretamente as concentrações normais de proteína?

| | **Plasma sanguíneo** | **Urina** | **Filtrado glomerular** |
|---|---|---|---|
| a) | Alta | Ausente | Ausente |
| b) | Alta | Baixa | Ausente |
| c) | Ausente | Baixa | Alta |
| d) | Baixa | Alta | Alta |
| e) | Baixa | Ausente | Ausente |

4. **S** (UEL-PR) Os consumidores de cerveja sabem que, depois de algum tempo de consumo, é inevitável o desejo de micção. Esse fenômeno é decorrente da diminuição da secreção de ADH (hormônio antidiurético), levando a um aumento do volume de urina. Os usuários de cerveja também sabem que, se tomada em excesso, o álcool nela presente causa distúrbios comportamentais que só se extinguem, paulatinamente, com a degradação metabólica do álcool. Com base nessas informações e nos conhecimentos sobre o tema, assinale a alternativa que indica, correta e respectivamente, o efeito do ADH nos túbulos renais e o local de degradação metabólica do álcool.

a) Aumento de secreção de água para o filtrado glomerular; peroxissomos de células tubulares do rim.

b) Diminuição da reabsorção de água do filtrado; retículo liso de células tubulares renais.

c) Aumento da reabsorção de sódio do filtrado glomerular; retículo granular de macrófagos hepáticos.

d) Aumento da reabsorção de água do filtrado glomerular; retículo liso de células hepáticas.

e) Diminuição da reabsorção de sódio do filtrado glomerular; lisossomos de células das glândulas sudoríparas.

5. **CO** (UFG-GO) Leia a notícia a seguir.

RIM ARTIFICIAL IMPLANTÁVEL PROMETE ACABAR COM DIÁLISE

Pesquisadores da Universidade da Califórnia, nos Estados Unidos, apresentaram o modelo de um aparelho que poderá se tornar o primeiro rim artificial implantável. Este aparelho replica as funções de um rim humano em duas etapas. Na primeira, milhares de filtros microscópicos mimetizam o glomérulo e, na segunda, um conjunto de células tubulares mimetizam os túbulos renais.

Disponível em: <http://www.inovacaotecnologica.com.br/noticias/noticia.php?artigo=rim-artificial-implantavel>. Acesso em: 6 nov. 2010. [Adaptado]

Considerando a hipótese de o modelo descrito ser bem-sucedido e aceito sem rejeição pelo organismo humano, no caso de implante, descreva a função a ser desempenhada pelo rim artificial, em cada uma das etapas descritas.

6. **SE** (Vunesp-SP) Considere as funções do rim humano.

a) Quais os principais processos que ocorrem, respectivamente, no glomérulo localizado na cápsula de Bowman e no túbulo do néfron?

b) Cite uma substância orgânica filtrada que será reabsorvida pelo sangue e dê o nome da principal substância tóxica que será filtrada e posteriormente eliminada pela urina.

CAPÍTULO

# 29 Sistema endócrino

Randy Faris/Corbis/Latinstock

O *bungee jump* é um tipo de atividade que geralmente provoca as reações de medo relacionadas ao sistema endócrino.

↘ *Que hormônios são produzidos pelo sistema endócrino e quais suas funções?*

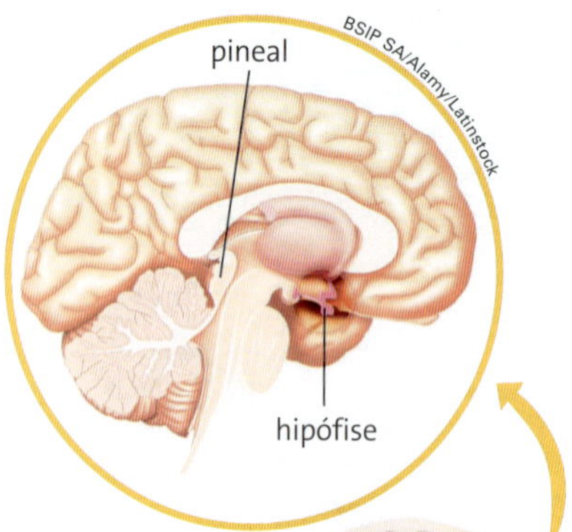


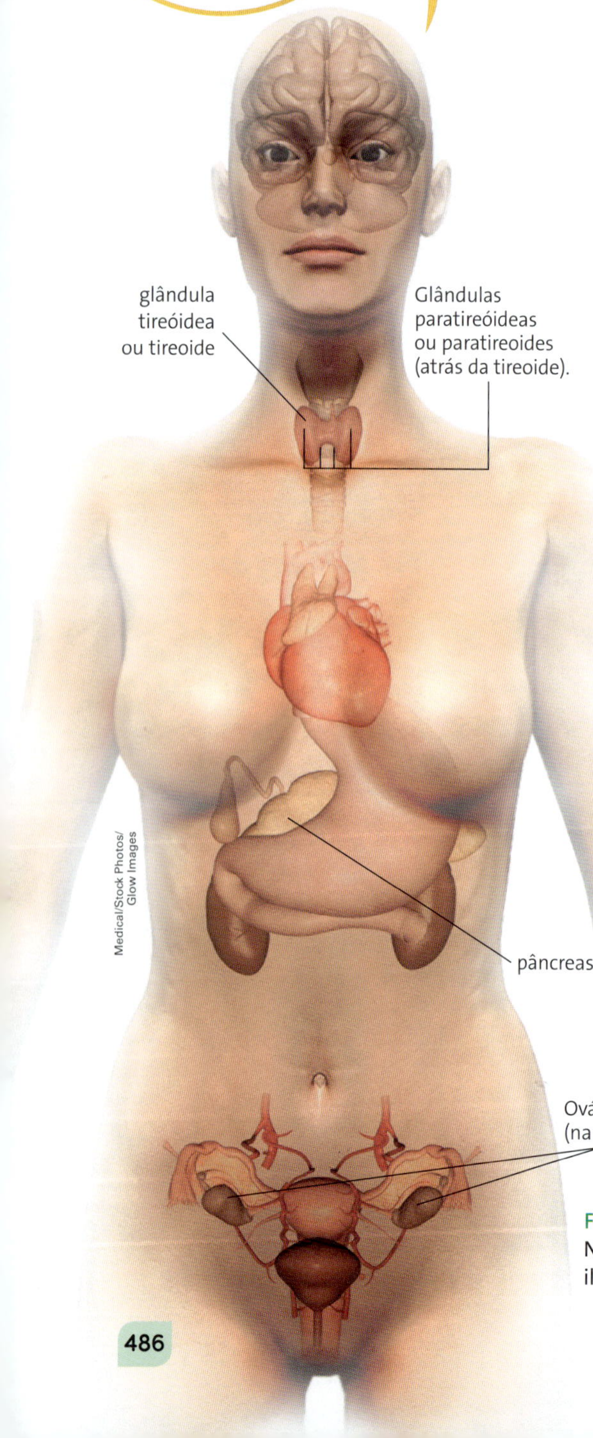


## 1 Hormônios

A coordenação das funções do organismo é feita pelos sistemas nervoso e endócrino. O sistema endócrino (figura 29.1) é formado pelo conjunto das glândulas endócrinas, ou seja, glândulas que produzem os hormônios (*hormaein* = estimular), substâncias lançadas no sangue que influenciam a atividade de vários órgãos. Os hormônios controlam o crescimento, a pressão arterial, a concentração de substâncias no sangue, etc., e colaboram para a homeostase. Alguns hormônios são lipossolúveis (solúveis em lipídios). É o caso dos esteroides e daqueles produzidos pela glândula tireóidea (ou tireoide na nomenclatura antiga). Outros são hidrossolúveis (solúveis em água), como os hormônios proteicos e a adrenalina (produzida na glândula suprarrenal).

Hoje se sabe que os hormônios podem ser produzidos também pelo sistema nervoso e por células especializadas de vários órgãos, como intestino, coração, fígado, rins, estômago.

A parte da Medicina que estuda essas glândulas é a **endocrinologia** (*endon* = interno; *krinein* = segregar).

A maioria dos hormônios é formada por proteínas ou por peptídios. Os hormônios da glândula tireóidea e os da medula da suprarrenal, por exemplo, formam-se a partir de um único aminoácido modificado, a tirosina. Há também os que são constituídos de esteroides (um grupo de lipídios), como os sexuais e os do córtex da suprarrenal.

O hormônio age como um mensageiro químico, atuando em determinado tecido do corpo (**tecido-alvo**), ao ligar-se a proteínas presentes, em geral, na membrana das células: os **receptores hormonais**. Cada tipo de hormônio se adapta apenas aos tipos de células cujos receptores apresentam forma complementar à sua.

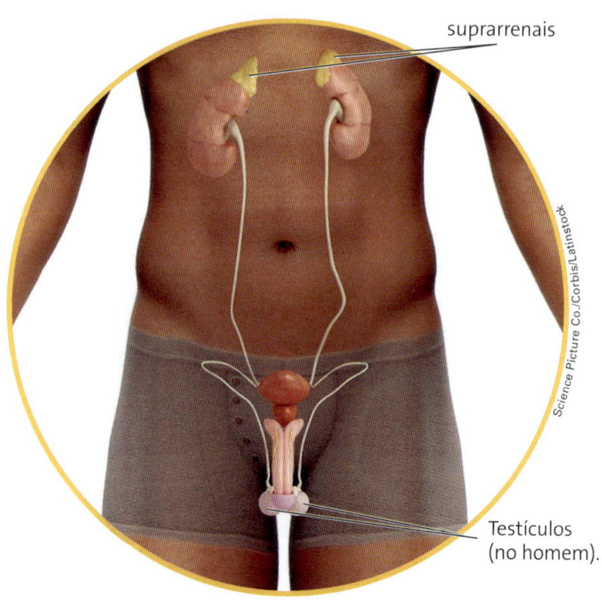


Figura 29.1 As glândulas endócrinas e alguns órgãos próximos. No detalhe, tronco e pélvis masculinos (os elementos das ilustrações não estão na mesma escala; cores fantasia).

Após o encaixe, o receptor é ativado e desencadeia uma série de reações químicas. Um efeito comum desse encaixe é a produção de **monofosfato de adenosina cíclico** (**AMP cíclico**), que pode, entre outros efeitos, estimular a síntese de proteínas, ativar enzimas ou aumentar a permeabilidade da membrana plasmática (figura 29.2).

Outros hormônios, como os esteroides e os da glândula tireóidea, atravessam a membrana plasmática e se ligam a receptores no interior da célula-alvo (figura 29.2); eles estimulam o funcionamento dos genes para a fabricação de RNA-m e, consequentemente, de proteínas específicas, muitas das quais são enzimas, que vão controlar diversas reações químicas da célula.

Os hormônios exercem seus efeitos mesmo em pequena quantidade. O resultado dependerá do tipo de célula sobre a qual atuam. Assim, um mesmo hormônio pode ter efeitos distintos em células diferentes, por exemplo, estimulando o crescimento de uma e inibindo o de outra.

A produção de muitos hormônios é controlada por mecanismos de ***feedback* negativo** (de **retroação** ou **retroalimentação negativa**). Nesse caso, a substância produzida sob estímulo da glândula controla a própria produção. Se, por exemplo, falta uma substância no sangue, determinada glândula é automaticamente estimulada e secreta um hormônio que estimula a produção daquela substância. À medida que se acumula no sangue, a substância inibe a glândula, que passa a produzir menos hormônio.

Às vezes, o controle depende de outro hormônio. A glândula tireóidea é estimulada por um hormônio da hipófise, cuja produção é inibida à medida que a concentração de hormônio da glândula tireóidea aumenta.

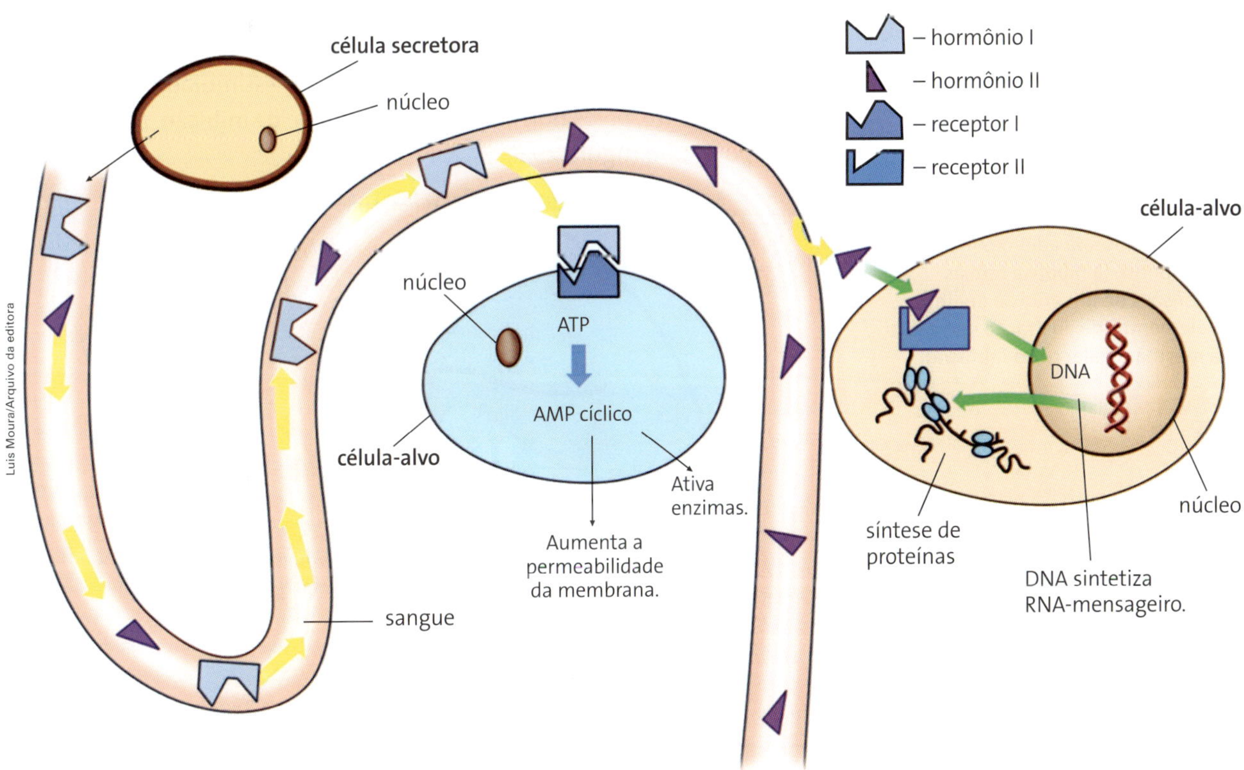


Figura 29.2 Esquema simplificado da ação dos hormônios em duas células-alvo diferentes (os elementos da ilustração não estão na mesma escala; cores fantasia).

> **! ATENÇÃO!**
>
> **As informações sobre questões de saúde deste capítulo não substituem a orientação médica nem podem ser usadas para diagnóstico, tratamento ou prevenção de doenças.**

# 2 Glândulas endócrinas

Antes de estudarmos as principais glândulas endócrinas humanas, observe novamente na figura 29.1 a localização delas.

## Glândula pineal

A glândula pineal (*pínea* = pinha, devido à sua forma) está localizada próximo ao centro do cérebro dos mamíferos e produz um hormônio chamado **melatonina** (*mélan* = negro; *tosos* = trabalho). Essa glândula e o hormônio fazem parte do chamado relógio biológico e regulam funções relacionadas com a duração dos dias e das noites. A produção de melatonina ocorre apenas à noite, na ausência de luz; por isso sua concentração aumenta de noite e cai durante o dia.

A melatonina influencia o crescimento e o ciclo reprodutivo de diversos animais e, provavelmente, regula o sono no ser humano. Ela está envolvida também nos ritmos circadianos, que variam ao longo de um período de mais ou menos um dia (daí o nome circadiano, que significa, em latim,"cerca de um dia").

Em países com um inverno longo, em que a duração das noites é grande, algumas pessoas sofrem de um tipo de depressão, chamado transtorno afetivo sazonal, que pode estar relacionado a mudanças na produção da melatonina.

## Hipófise

Também chamada **pituitária** (*pituita* = secreção viscosa), a hipófise (*hypophisis* = o que se desenvolve por baixo) fica na base do cérebro, acima do "céu da boca", e é dividida em **adenoipófise** (ou **lobo anterior da hipófise**) e **neuroipófise** (ou **lobo posterior da hipófise**).

A secreção dos hormônios da adenoipófise é estimulada ou inibida, respectivamente, pelos **hormônios de liberação** e **de inibição**, produzidos pelo hipotálamo (figura 29.3).

Figura 29.3 Localização da hipófise no encéfalo, indicando também algumas partes do encéfalo que serão estudadas no próximo capítulo. Na segunda ilustração, a secreção dos hormônios da adenoipófise e da neuroipófise (a hipófise tem as dimensões de um grão de ervilha; os elementos da ilustração não estão na mesma escala; cores fantasia).

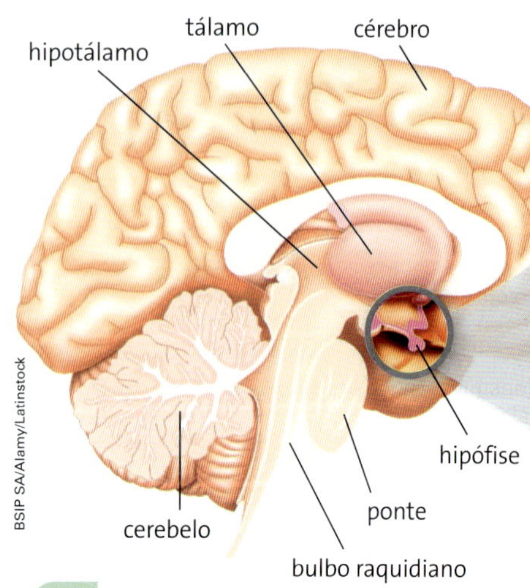


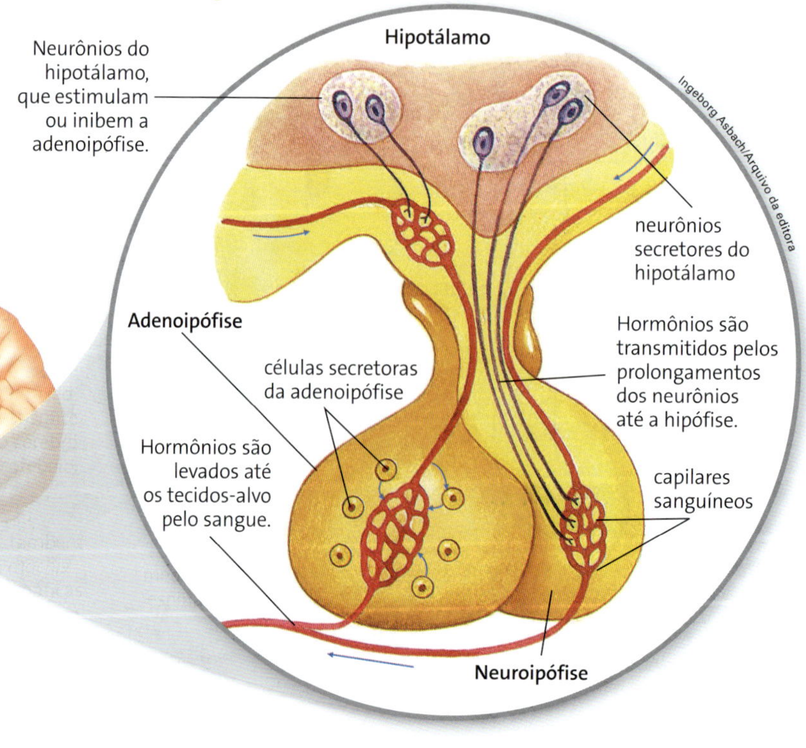

Os hormônios da adenoipófise são **tróficos** ou **trópicos** (*trophé* = nutrição, desenvolvimento), o que significa que controlam outras glândulas endócrinas: **hormônio tireóideo-trópico** ou **tireotrófico** (TSH), que estimula a glândula tireóidea; **hormônio adrenocorticotrópico** (ACTH), que controla o córtex das suprarrenais; **hormônios gonadotrópicos**, como o **hormônio folículo-estimulante** (FSH), que provoca o crescimento dos folículos nos ovários e a formação de espermatozoides nos testículos, e o **hormônio luteinizante** (LH), que provoca a ovulação, a formação do corpo lúteo nos ovários e a produção de testosterona nos testículos.

Além desses, ela produz hormônios que não agem em glândulas endócrinas: **prolactina** (*pró* = anterior; *lacte* = leite), que estimula a produção de leite nas glândulas mamárias durante a gravidez e a amamentação; **hormônio do crescimento** (GH; iniciais do inglês *growth hormone*) ou **somatotrofina** (*soma* = corpo; *trophé* = nutrição), que estimula o crescimento de quase todos os tecidos, até mesmo dos ossos e da cartilagem, provocando aumento da estatura nos jovens durante a puberdade.

A deficiência de GH na infância provoca **nanismo** (baixa estatura) e retardo da puberdade. Quando ocorre uma hiperfunção da hipófise antes da puberdade, por causa de tumores, por exemplo, a pessoa apresenta **gigantismo** e pode atingir até 2,70 m de altura. Se não for tratado, o tumor acaba destruindo a hipófise e levando o indivíduo à morte. Quando isso ocorre após a puberdade, os ossos do crânio, da face, das mãos e dos pés aumentam em espessura, doença conhecida como **acromegalia** (*akron* = extremidade; *megale* = gigante).

A neuroipófise é, na realidade, uma expansão do hipotálamo. Os hormônios que ela secreta – **ocitocina** ou **oxitocina** e hormônio antidiurético (ADH) ou **vasopressina** – são fabricados por neurônios dessa região do encéfalo e denominados **neurossecreções**. Eles encontram-se armazenados na ponta dos axônios e ficam concentrados na neuroipófise antes de serem lançados no sangue (reveja a figura 29.3).

A ocitocina (*okys* = rápido; *tokos* = parto) estimula a contração da musculatura do útero no momento do parto, ajudando o bebê a nascer, e provoca a liberação do leite na amamentação, quando o bebê suga a mama (figura 29.4). Trata-se de um mecanismo de retroalimentação positiva, ou seja, quanto maior o estímulo (sucção), maior será a produção de ocitocina e, consequentemente, a liberação de leite.

O ADH (ou vasopressina) controla a eliminação de água pelos rins. Quando há pouca água no organismo, a pressão osmótica do sangue aumenta e estimula as células do hipotálamo, que promovem a liberação do hormônio no sangue pela neuroipófise. Esse hormônio aumenta a permeabilidade do túbulo renal à água, provocando maior reabsorção e diminuindo a quantidade de água eliminada pela urina. Além disso, quando em alta concentração, o ADH provoca a contração das arteríolas, aumentando a pressão arterial (daí o nome vasopressina).

Quando há deficiência de ADH, forma-se grande quantidade de urina muito diluída (até 20 L ou 30 L por dia), caracterizando a doença conhecida como **diabetes insípida** ("sem gosto", em oposição a **diabetes melito** ou *mellitus* – *melitus* = açucarado – em que a urina contém glicose).

Figura 29.4 Participação dos sistemas nervoso e endócrino na eliminação do leite: o ato de sugar estimula neurônios que conduzem a mensagem nervosa até o hipotálamo. O resultado é a produção de ocitocina e a secreção do leite. (Os elementos da ilustração não estão na mesma escala; cores fantasia.)

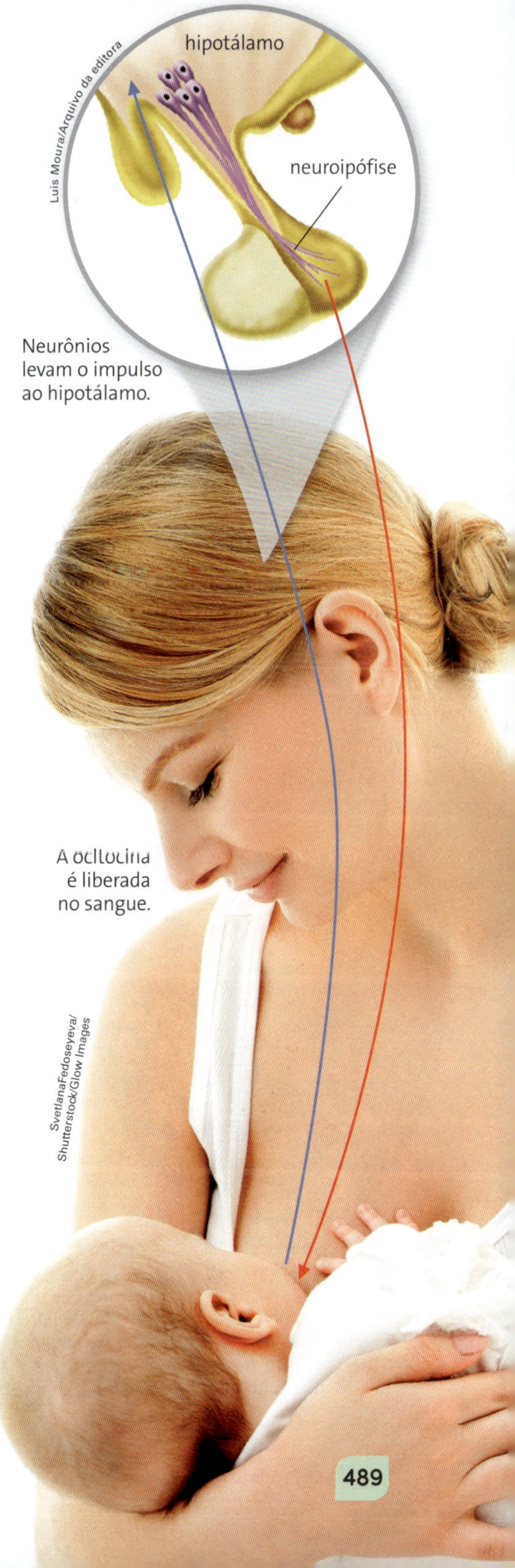

## Glândula tireóidea

A glândula tireóidea (também chamada tireoide, na antiga nomenclatura; *thyreos* = escudo; *eidos* = semelhante) está situada na frente da traqueia, encravada na cartilagem chamada **proeminência laríngea**, também conhecida como pomo de adão (figura 29.5). Ela produz a **tiroxina** ou **tetraiodotironina** (T4) e a **tri-iodotironina** (T3), hormônios com quatro e três átomos de iodo na molécula, respectivamente.

Esses hormônios estimulam a oferta e o consumo de oxigênio pelos órgãos, intensificando a respiração celular e, em consequência, liberando calor no organismo. Estimulam também a frequência e a intensidade dos batimentos cardíacos e dos movimentos respiratórios, aumentando o fluxo de sangue para os tecidos, e a formação dos ossos no período de crescimento.

A formação de tumores ou a produção de anticorpos contra proteínas da glândula tireóidea (doenças autoimunes) podem provocar **hipertireoidismo** – a glândula passa a funcionar acima do nível normal – ou **hipotireoidismo** – a ação glandular é deficiente.

Figura 29.5 Esquema do mecanismo de *feedback* negativo que controla a secreção da glândula tireóidea. (Os elementos da figura não estão na mesma escala; cores fantasia.)

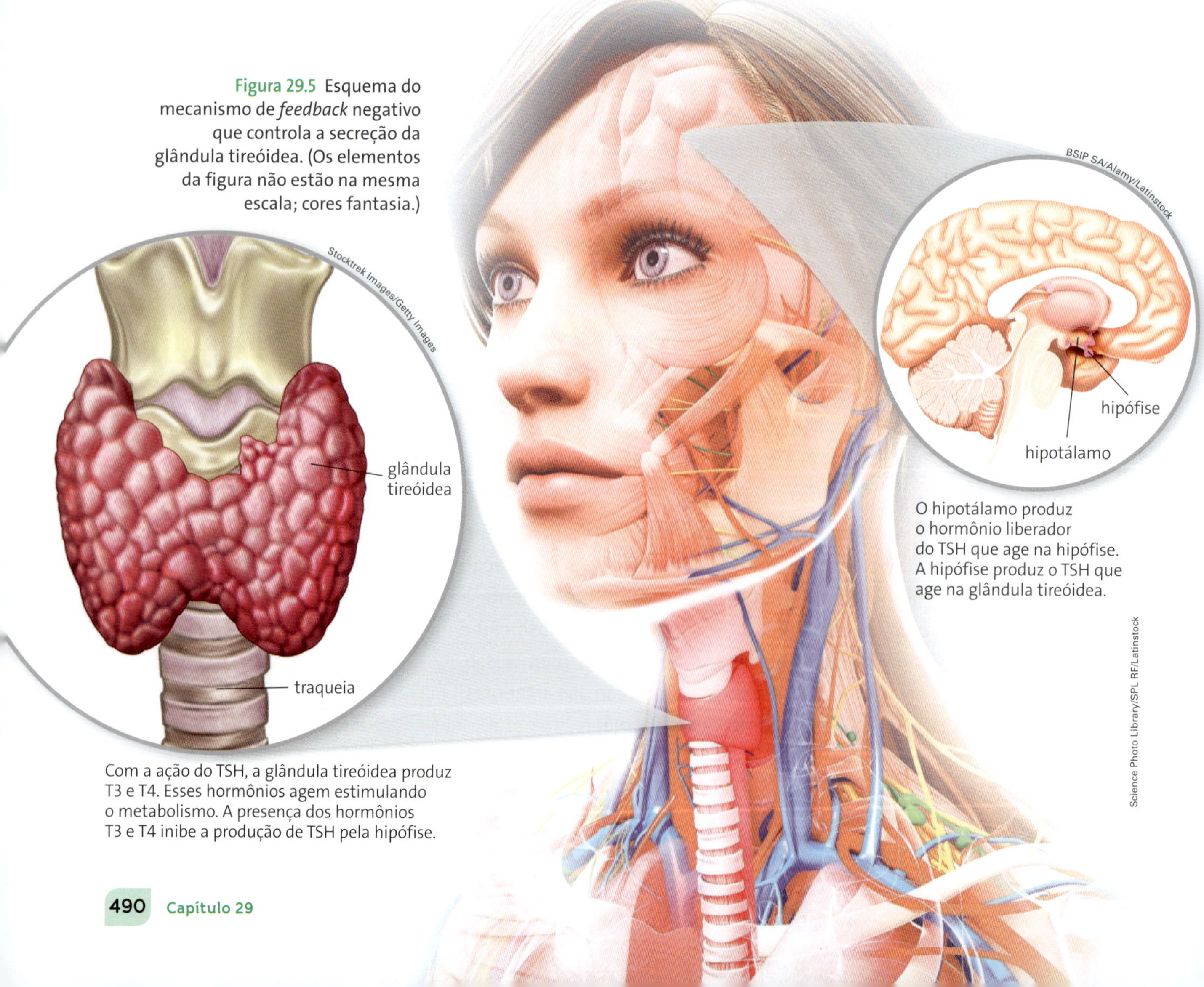

No hipertireoidismo pode haver perda de peso (apesar do aumento da ingestão de alimento), batimentos cardíacos acelerados, produção excessiva de calor e de suor, tremores, nervosismo, fraqueza, entre outros sintomas. A glândula aumenta de tamanho (por isso, a doença é conhecida também como **bócio exoftálmico**), e o doente apresenta, às vezes, olhos saltados da órbita (**exoftalmia**; *exo* = para fora; *ophthalmós* = olhos). Veja a figura 29.6. O tratamento pode ser feito com medicamentos que inibem a produção dos hormônios ou com cirurgia para a retirada da glândula, seguida do uso de medicamentos com os hormônios da glândula.

No hipotireoidismo o metabolismo está baixo e pode haver apatia, lentidão dos movimentos, sonolência, ganho de peso sem aumento da ingestão de alimento, frequência cardíaca reduzida, pouca produção de calor com baixa tolerância ao frio e, às vezes, inchaço (por causa do acúmulo de líquido) em várias partes do corpo (**mixedema**). Essa doença pode ser provocada também pela falta de iodo, necessário para a formação dos hormônios. Sem estes, a produção de TSH não é inibida por *feedback* e esse hormônio continua estimulando a glândula tireóidea, que cresce e produz grande quantidade de substâncias precursoras (inativas) de seus hormônios (figura 29.6).

O aumento da glândula tireóidea provocado pela falta de iodo (mais comum em regiões onde o solo é pobre nesse elemento) é chamado **bócio endêmico** ou **carencial**. Se a doença ocorre na gestação ou na infância, pode haver deficiência mental acentuada (antigamente denominada cretinismo) e sério comprometimento do crescimento físico da criança. Esse problema pode ser diagnosticado com o teste do pezinho, feito a partir do segundo dia de vida, de preferência antes do fim da primeira semana. Uma gota de sangue do pé do bebê é analisada no laboratório para verificar se a glândula tireóidea está produzindo pouco ou nenhum hormônio. Esse teste serve também para detectar se há níveis altos de fenilalanina, característicos da doença fenilcetonúria.

Existe uma lei que determina um acréscimo de iodo no sal de cozinha, a fim de evitar deficiências na glândula tireóidea por carência desse elemento químico.

A glândula tireóidea produz também **calcitonina**, hormônio que diminui a liberação de cálcio no sangue, ao contrário do hormônio das glândulas paratireóideas, como veremos a seguir.

Figura 29.6 A exoftalmia e o bócio são sintomas do mau funcionamento da glândula tireóidea.

Dr. P. Marazzi/SPL/Latinstock

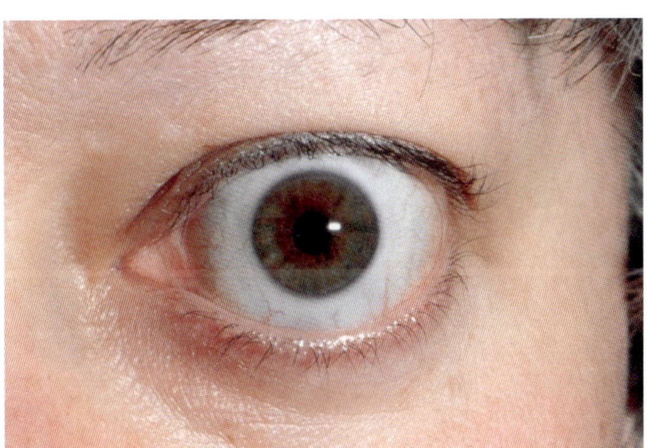

Tumores e doenças autoimunes podem provocar o **hipertireoidismo** (a glândula tireóidea funciona acima do nível normal). O paciente com essa condição pode apresentar exoftalmia.

Biophoto Associates/Photoresearchers/Latinstock

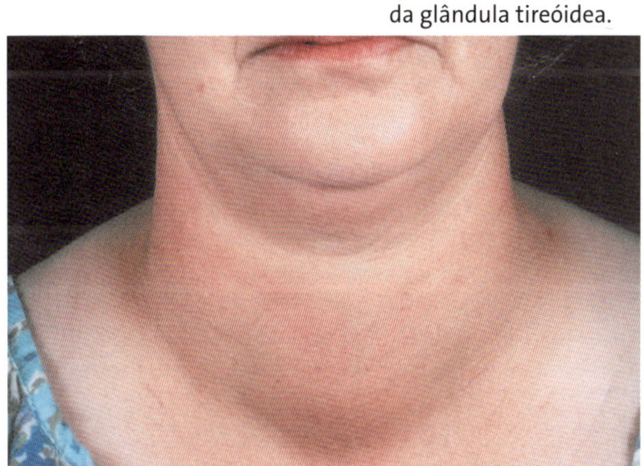

Em um quadro de **hipotireoidismo**, a glândula tireóidea não produz os hormonios T3 eT4, a produção de TSH não é inibida e há grande estímulo da glândula, que aumenta de volume (bócio).

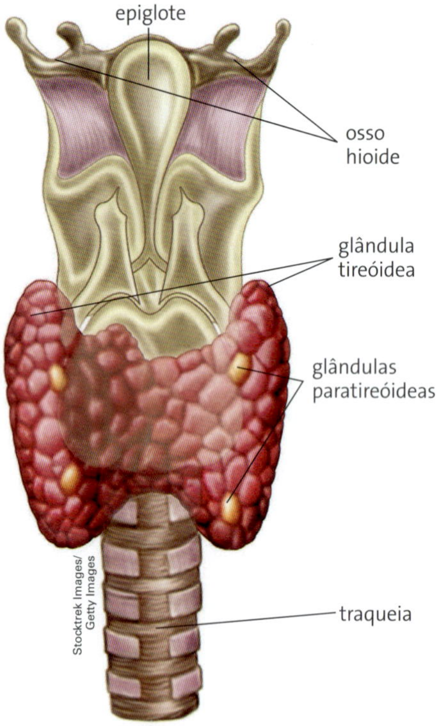


Figura 29.7 Glândula tireóidea (de 4 cm a 4,8 cm na dimensão vertical) vista por trás, mostrando as glândulas paratireóideas (cores fantasia).

# Glândulas paratireóideas

As glândulas paratireóideas (*para* = ao lado) são quatro e ficam atrás da glândula tireóidea (figura 29.7).

Essas glândulas produzem o **paratormônio** ou **hormônio paratireóideo**, que controla a taxa de cálcio no sangue, elemento importante para a contração muscular, entre outras funções. Quando a concentração de cálcio no sangue diminui, o paratormônio promove a sua retirada do osso, lançando-o no sangue, além de aumentar a absorção de cálcio pelo intestino e a sua reabsorção pelos túbulos renais. Observe na figura 29.8 a interação entre a atividade dos hormônios das glândulas tireóidea e paratireóideas.

A hiperfunção das glândulas paratireóideas, causada, por exemplo, por um tumor, pode enfraquecer os ossos, provocar cálculos renais e desequilíbrios no organismo, o que pode resultar na morte do doente. Na hipofunção (baixa concentração de cálcio no sangue), ocorrem contrações musculares e, dependendo da baixa na concentração do cálcio, a pessoa pode morrer por asfixia causada pela contração da musculatura da laringe. Essa condição (contrações involuntárias dos músculos) é chamada **tetania**, embora não seja causada pela bactéria do tétano (*tetanós* = rigidez espasmódica do corpo).

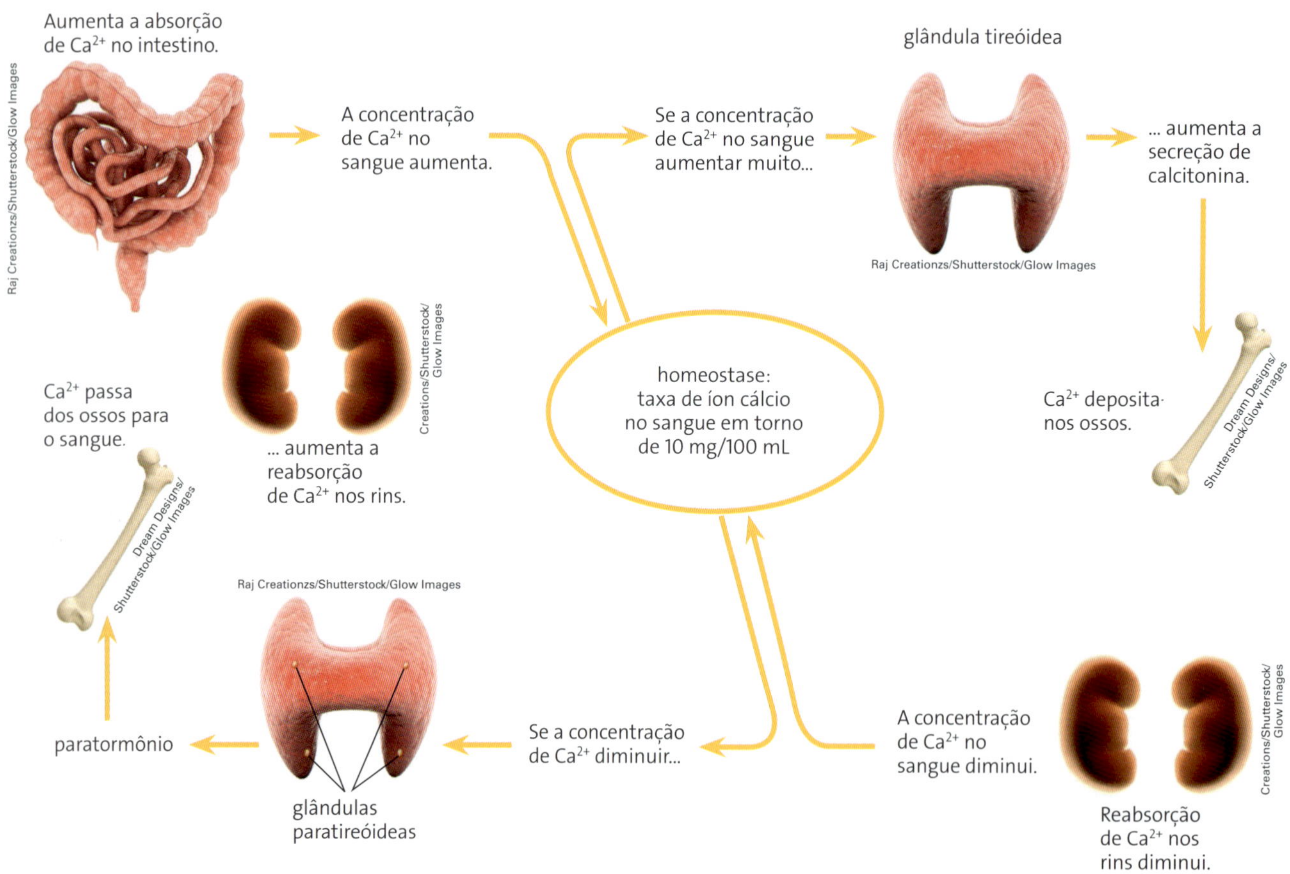


Figura 29.8 A ação conjunta de hormônios das glândulas tireóidea e paratireóideas impede que a taxa de cálcio suba ou caia muito abaixo do valor médio de 10 mg/100 mL. (Os elementos da ilustração não estão na mesma escala; cores fantasia.)

# Pâncreas

A parte endócrina do pâncreas é formada pelas ilhotas pancreáticas, antes chamadas ilhotas de Langerhans, em homenagem ao médico alemão Paul Langerhans (1847-1888), que descreveu essas estruturas. Nas ilhotas há dois tipos de células: as **células beta**, que produzem a **insulina** (*insula* = ilha, porque o hormônio foi descoberto em aglomerados de células espalhados ao longo do tecido produtor de enzimas do pâncreas), e as **células alfa**, que produzem o **glucagon** (figura 29.9).

A insulina facilita a entrada da glicose que está no sangue nas várias células do corpo, como as do músculo, do fígado e as do tecido adiposo. No interior das células, a energia da glicose pode ser liberada pela respiração celular. A ação desse hormônio, portanto, diminui o nível de glicose no sangue, que tende a aumentar depois de uma refeição rica em carboidratos. Ela também promove no fígado a síntese de glicogênio a partir da glicose, facilita a absorção de aminoácidos pelas células, estimula a síntese de proteínas e inibe a transformação de aminoácidos e lipídios em glicose pelo fígado, processo chamado **gliconeogênese** (*glykis* = doce; *neo* = novo; *genesis* = origem) e a conversão do glicogênio em glicose, chamada **glicogenólise** (*lysis* = dissolução).

O glucagon provoca efeito oposto ao da insulina: aumenta o nível de glicose no sangue pela transformação do glicogênio do fígado (glicogenólise). A ação combinada desses dois hormônios permite um controle mais eficiente do funcionamento do organismo; ela mantém a taxa de glicose no sangue (glicemia) em níveis normais (figura 29.10).

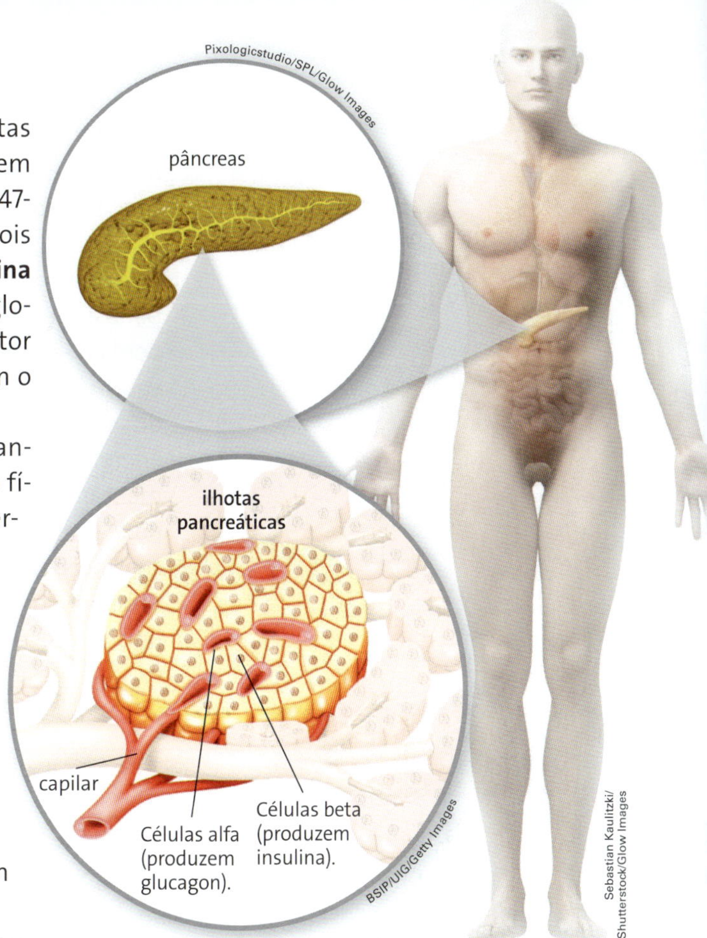


Figura 29.9 Localização das células alfa e beta do pâncreas (figura sem escala; cores fantasia).

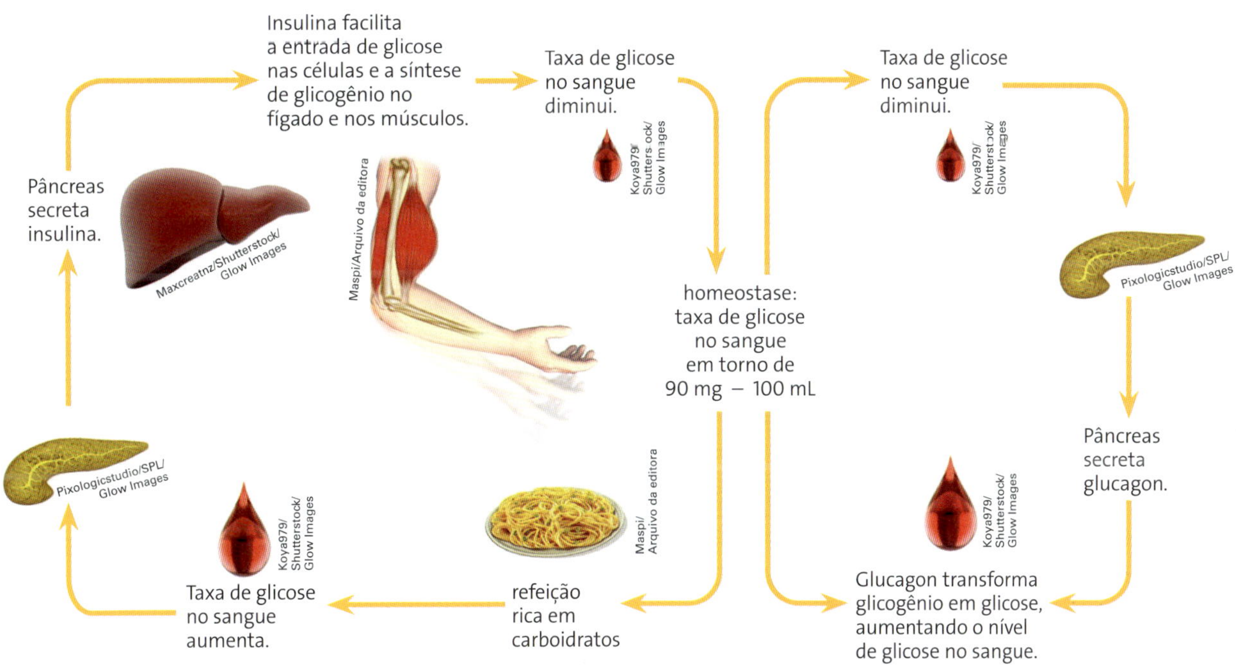


Figura 29.10 O controle da taxa de glicose no sangue, um exemplo de homeostase (o pâncreas mede cerca de 15 cm de comprimento; cores fantasia).

Se o pâncreas deixar de produzir insulina, ou passar a produzi-la em quantidade insuficiente, ou ainda, se as células do corpo não reagirem à insulina produzida, a glicose vai se acumular no sangue e sua taxa aumentará. Essa doença é conhecida como **diabetes** (ou diabete) **melito** (*dia* = através de; *baiten* = passar; *melitus* = açucarado). Na diabetes, a glicose se acumula no sangue (hiperglicemia) e, ao sair na urina, arrasta muita água por osmose. A perda de glicose e água causa fome e sede excessivas, com perda de peso e perigo de desidratação. A diabetes não tratada pode provocar perda de visão, feridas na pele e problemas cardíacos e renais. Além disso, como o indivíduo passa a depender apenas de gordura para obter energia, a produção de alguns ácidos (pela oxidação dos lipídios) pode aumentar. Essas substâncias causam desequilíbrio no sangue (acidose), que pode fazer o indivíduo entrar em coma e até morrer. A diminuição da concentração de glicose no sangue abaixo do limite normal – hipoglicemia – também pode fazer o indivíduo entrar em coma e provocar lesão cerebral, pois a glicose é a única fonte de energia para a célula nervosa.

Biologia e saúde

## Tipos de diabetes

Há dois tipos de diabetes melito. A diabetes tipo 1, ou diabetes dependente de insulina; e a diabetes tipo 2, ou diabetes não dependente de insulina

O tipo 1 é provocado pela deficiência de insulina causada pela destruição das células beta do pâncreas. A destruição das células beta pode ser consequência, por exemplo, de uma doença autoimune, e acomete, em geral, pessoas com menos de 25 anos. Essas pessoas tornam-se insulinodependentes, ou seja, precisam tomar injeções diárias do hormônio para suprir sua falta, além de seguir uma dieta indicada pelo médico e de monitorar a taxa de glicose no sangue (figura 29.11).

Antes da engenharia genética, a insulina utilizada pelos diabéticos era extraída de bois ou de porcos. Mas, como essa insulina não é exatamente igual à humana, ela provocava reação alérgica em alguns pacientes. Atualmente, a insulina pode ser produzida por engenharia genética. Nesse processo, bactérias recebem o segmento de DNA humano responsável pela produção de insulina. As bactérias passam a produzir insulina idêntica à humana e se reproduzem assexuadamente, gerando mais bactérias produtoras de insulina.

O tipo 2, mais comum, costuma ocorrer em pessoas obesas, geralmente com mais de 40 anos. Porém, a frequência dessa doença tem aumentado em pessoas mais jovens e até mesmo em adolescentes. Apesar de ainda possuírem insulina, ela não é tão eficaz para promover a absorção de glicose pelas células nem para inibir a conversão de glicogênio em glicose pelo fígado. Além da obesidade e predisposição genética, o sedentarismo é um fator de risco para essa doença.

Entre os sinais que recomendam consulta ao médico, podemos citar: vontade frequente de urinar, sede exagerada, cansaço constante, sonolência, infecções urinárias ou de pele, visão turva, coceira, perda de peso, eventuais feridas que demoram a cicatrizar.

É claro que apenas um médico pode fazer o diagnóstico e sugerir o tratamento correto para o problema. Embora a doença tenha um componente genético, para se prevenir da diabetes tipo 2 deve-se evitar o sedentarismo e a obesidade, praticando exercícios regulares sob a orientação de profissionais e realizar exames periódicos se houver casos de diabetes na família.

Steve Horrell/SPL/Latinstock

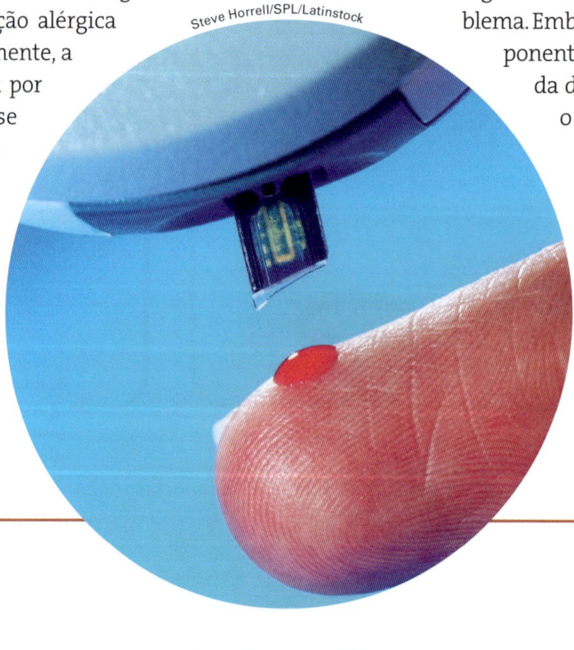

Figura 29.11 Há *kits* que permitem a realização de testes dos níveis de glicose do sangue em casa. É importante, porém, orientação médica.

# Glândulas suprarrenais

Essas glândulas, também chamadas **adrenais**, se localizam sobre os rins e possuem duas regiões distintas: a **medula** e o **córtex**.

Na medula das suprarrenais são produzidas a **adrenalina** ou **epinefrina** (*epi* = sobre; *nephron* = rim) e a **noradrenalina** ou **norepinefrina** (*nor* = além de). Em condições normais, esses hormônios são produzidos em pequena quantidade e contribuem para regular a pressão arterial, seja pela contração dos vasos sanguíneos, seja pelo aumento do débito cardíaco. No entanto, em uma situação de perigo (ou assim considerada pelo organismo), a medula é estimulada pelo sistema nervoso simpático (que será estudado no capítulo seguinte) e libera grande quantidade desses hormônios, principalmente adrenalina (veja a figura 29.12).

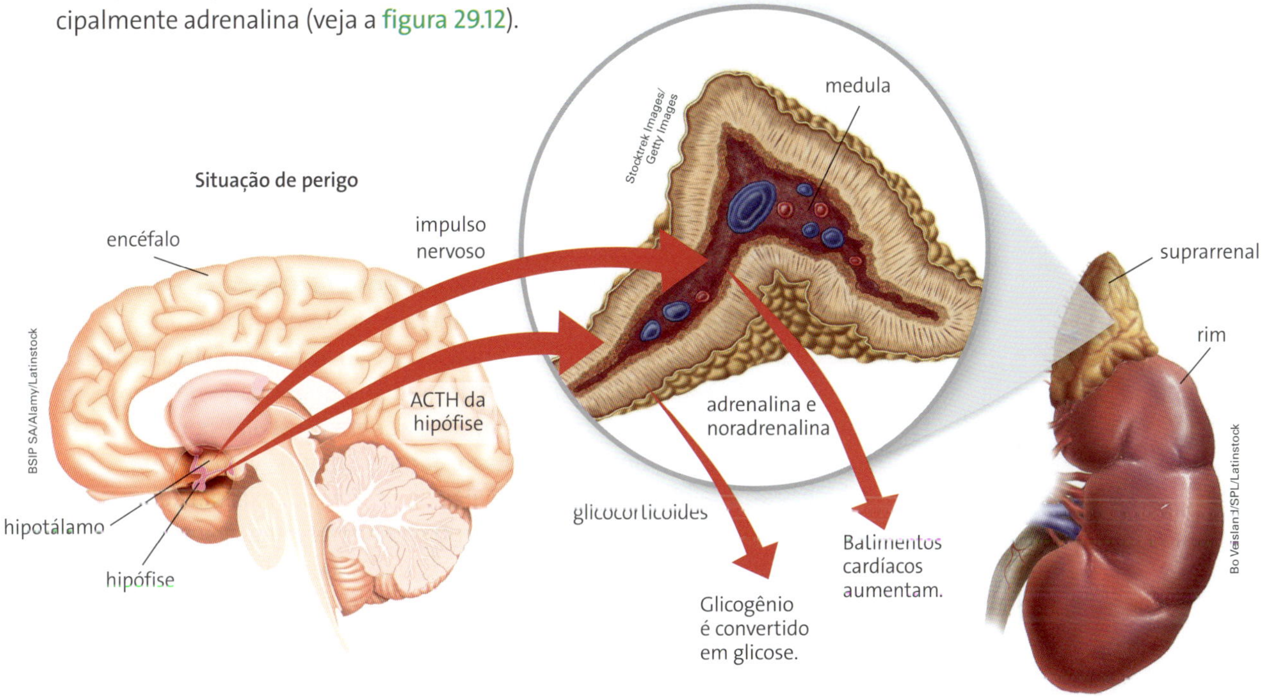


Figura 29.12 Em uma situação de perigo, a suprarrenal é estimulada tanto pelo hipotálamo (no encéfalo) como pelo hormônio adrenocorticotrófico, produzido pela hipófise, e seus hormônios preparam o organismo para enfrentar aquela situação. (Dimensões da suprarrenal, em centímetros: 3 x 5 x 1; os elementos da ilustração não estão na mesma escala; cores fantasia.)

Com isso, o organismo aumenta sua capacidade de enfrentar a situação de alarme, preparando-se para lutar ou fugir, é a chamada resposta de luta, ou fuga, de curta duração. O fígado converte mais glicogênio em glicose, lançando-a no sangue. Este é desviado para os músculos e para o cérebro. Ao mesmo tempo, por contração das arteríolas, diminui a irrigação em órgãos como a pele, o tubo digestório e os rins, que não necessitam de muito sangue durante o perigo. A pressão sanguínea e a força e a velocidade dos batimentos cardíacos crescem, aumentando, com isso, a disponibilidade de oxigênio e glicose para o organismo, e, consequentemente, a taxa metabólica se eleva. A adrenalina também provoca a liberação de lipídios no tecido adiposo, que podem ser usados na liberação de energia.

Numa segunda etapa, chamada de reação de resistência, o córtex da suprarrenal libera cortisol, cujos efeitos ajudam o corpo a enfrentar por mais tempo situações estressantes.

As modificações que surgem no corpo por causa do estado de alerta ou de tensão (estresse) não podem ser mantidas por muito tempo sem prejuízos para a saúde do organismo.

No córtex são produzidos os **corticosteroides** – mineralocorticoides e glicocorticoides – a partir do colesterol. O principal mineralocorticoide é a **aldosterona**, que aumenta a reabsorção de íons sódio (com a consequente retenção de água) e provoca a secreção de íons potássio e hidrogênio pelas células do túbulo renal. Assim, esse hormônio regula a taxa de água e de sais do organismo. Quando o indivíduo está sob estresse, ocorre a elevação da taxa de aldosterona, que aumenta a pressão sanguínea.

O glicocorticoide mais importante é o **cortisol**, que faz o fígado lançar glicose no sangue e promove a conversão de aminoácidos e lipídios em glicose pelo fígado. Essa conversão ajuda a enfrentar períodos sem comida e situações estressantes (em ação conjunta com os hormônios da medula da suprarrenal e os mineralocorticoides).

Uma propriedade dos glicocorticoides usada em Medicina é a sua capacidade de diminuir inflamações, uma vez que reduz a permeabilidade dos capilares sanguíneos (na inflamação os capilares dilatam-se).

Outros glicocorticoides são a corticosterona e a cortisona. O córtex secreta ainda um pouco de hormônios sexuais androgênicos, com efeito semelhante ao da testosterona. O papel desses hormônios é estimular o desenvolvimento inicial dos órgãos sexuais masculinos na infância e têm efeito discreto na mulher.

Quando o córtex é destruído por tumores ou doenças autoimunes, por exemplo, há produção insuficiente de corticosteroides, caracterizando a **doença de Addison**. A deficiência de mineralocorticoides provoca perda de grande quantidade de sal e água na urina, podendo levar o indivíduo à morte em poucos dias. A falta de glicocorticoides reduz a quantidade de glicose no sangue entre uma refeição e outra, provoca fraqueza muscular, perda de peso, queda na pressão sanguínea (hipotensão), falta de apetite, vômitos, etc.

A hipertrofia da glândula suprarrenal pode ocorrer por excesso de secreção do ACTH pela hipófise. Os lipídios do corpo passam a ser muito utilizados, há inchaço na face (popularmente conhecida como "face de lua") e crescimento excessivo do pelo facial (por causa do aumento de androgênios). A perda de proteínas causa atrofia e enfraquecimento musculares e favorece infecções. Além disso, aumentam a glicemia e a pressão arterial. Essa enfermidade recebe o nome de **doença de Cushing**.

## Biologia e saúde

### Esteroides anabolizantes

Os esteroides anabolizantes são produtos sintéticos semelhantes à testosterona (um hormônio masculino), usados pelos médicos em doses controladas para tratar certas doenças.

No entanto, por aumentarem a síntese de proteínas no músculo, são também consumidos, sem acompanhamento médico, por pessoas que querem aumentar sua musculatura rapidamente.

O perigo é que esse uso sem controle médico pode interromper o crescimento do adolescente, causar hepatite, danos aos rins, câncer de fígado, problemas de comportamento (depressão, aumento da agressividade e irritabilidade), aumento do colesterol ruim (LDL), diminuição da libido, aumento da pressão arterial e maior risco de ataque cardíaco. No homem pode causar desenvolvimento das mamas, provocar impotência, reduzir a produção de esperma, provocando esterilidade e atrofia dos testículos. Na mulher, pode desequilibrar o ciclo menstrual e causar o desenvolvimento de características masculinas, como a presença de pelos na face, crescimento excessivo de pelos no corpo, perda de cabelo e diminuição dos seios.

Por tudo isso, além de serem proibidos nas competições esportivas, os esteroides anabolizantes nunca devem ser usados sem indicação médica.

## Timo

O timo é um órgão do sistema imune que atua na produção de anticorpos. Ele produz também hormônios, como a timosina, que promovem a multiplicação e o desenvolvimento dos linfócitos T, células de defesa do sistema imune que ajudam a atacar microrganismos invasores. Nas crianças o timo é desenvolvido, mas, à medida que o tempo passa, o órgão vai diminuindo de tamanho e atividade, tornando-se atrofiado no adulto. Antes de se atrofiar, o timo envia linfócitos T para outros órgãos envolvidos na defesa do corpo.

## Gônadas

Já estudamos detalhadamente as gônadas (testículos e ovários) e seu papel na reprodução, no capítulo 16 do primeiro volume desta coleção. Aqui, vamos recordar as funções hormonais das gônadas.

Além de produzirem gametas, o testículo e o ovário lançam hormônios no sangue.

Os testículos produzem os espermatozoides e os hormônios andrógenos, entre os quais se destaca a testosterona. Ela determina o desenvolvimento dos órgãos genitais (caracteres sexuais primários) e as características sexuais secundárias, como a distribuição dos pelos (maior quantidade na face e no peito, por exemplo), o tom da voz e o desenvolvimento muscular e ósseo.

Durante a puberdade, os testículos são estimulados pelos hormônios folículo-estimulante (FSH) e luteinizante (LH), produzidos pela hipófise (figura 29.13). O LH estimula o testículo a iniciar a produção de testosterona. O FSH, com o reforço da testosterona, estimula células situadas nos túbulos seminíferos (células intersticiais ou de Leydig) a iniciarem a espermatogênese (produção de espermatozoides).

Os ovários produzem óvulos (gametas femininos) e hormônios estrógenos e progesterona. Os estrógenos são responsáveis pelas características sexuais secundárias femininas, além de estarem envolvidos, com a progesterona, no ciclo de mudanças que ocorrem nos ovários e no útero (ciclo menstrual), como vimos no volume 1 desta coleção.

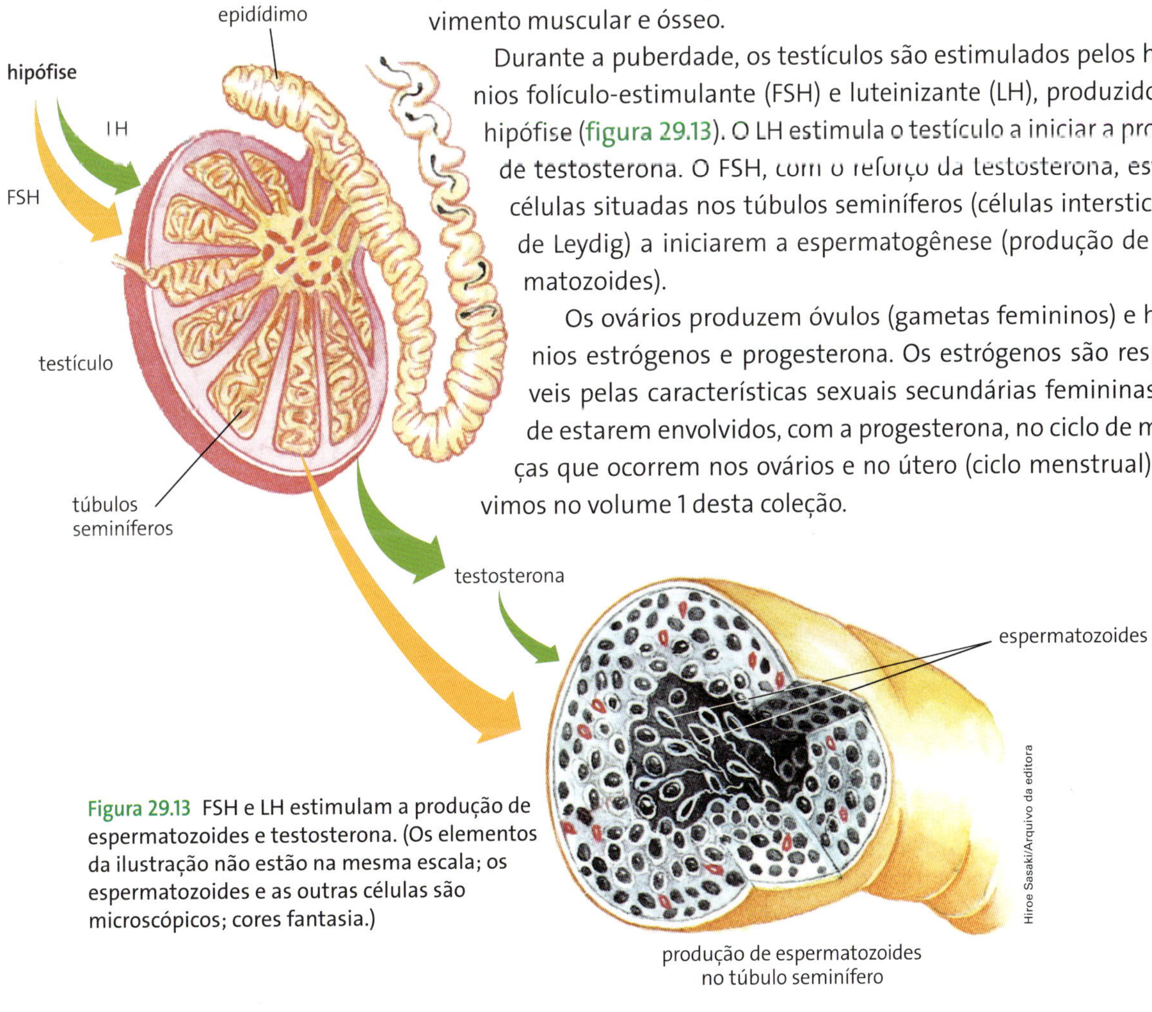


**Figura 29.13** FSH e LH estimulam a produção de espermatozoides e testosterona. (Os elementos da ilustração não estão na mesma escala; os espermatozoides e as outras células são microscópicos; cores fantasia.)

# Atividades

1. Escreva qual glândula possui cada característica abaixo (uma glândula pode ter mais de uma característica).
   a) Prepara o corpo para enfrentar uma situação de perigo.
   b) Controla a taxa de açúcar no sangue.
   c) Retira cálcio do osso e lança no sangue.
   d) A hipofunção acarreta nanismo; a hiperfunção, gigantismo ou acromegalia.
   e) Controla a reabsorção de água nos rins.
   f) Seu mau funcionamento causa a diabetes melito.
   g) Controla as outras glândulas do corpo.
   h) Sua função é afetada pela falta de iodo na alimentação.
   i) Acelera as contrações do útero no parto.
   j) Localizada no pescoço, estimula a respiração celular e a liberação de calor no organismo.

2. Conta-se que já na Antiguidade percebeu-se que a urina de algumas pessoas atraía moscas. Hoje se sabe que esse é um sinal de que, provavelmente, o sistema endócrino dessas pessoas não está funcionando como deveria.
   a) Como é chamado o problema de saúde mais provável de pessoas cuja urina atrai moscas? Qual o principal órgão do sistema endócrino afetado por esse problema?
   b) Explique por que a urina de pessoas com esse problema atrai moscas.

3. Você sabia que, em uma orquestra, o maestro é quem coordena o trabalho dos músicos? Pensando nisso, responda qual das glândulas do sistema endócrino humano pode ser chamada de "maestro das glândulas" e por quê.

4. A imagem a seguir é a radiografia colorida de uma das glândulas de uma pessoa que ingeriu iodo radioativo (uma quantidade muito pequena).

SPL/Latinstock

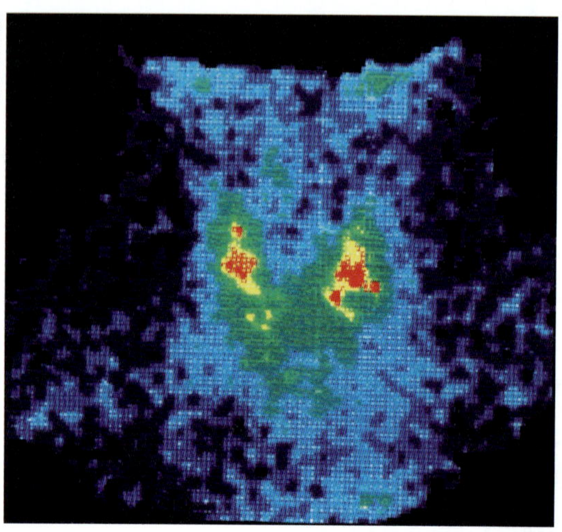

Nesse tipo de exame, chamado cintilografia, se o iodo radioativo concentra-se em uma região da glândula, isso pode significar a presença de um tumor. De que glândula estamos falando? Justifique sua resposta.

5. O hormônio do crescimento é um hormônio anabólico.
   a) Em que glândula ele é produzido?
   b) Qual dos gráficos a seguir representa melhor a variação da síntese de proteínas no organismo em função da concentração desse hormônio no sangue? Justifique sua resposta.

I.

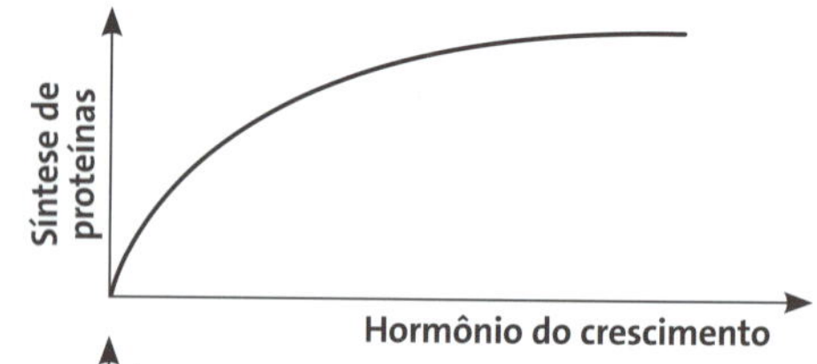


II.

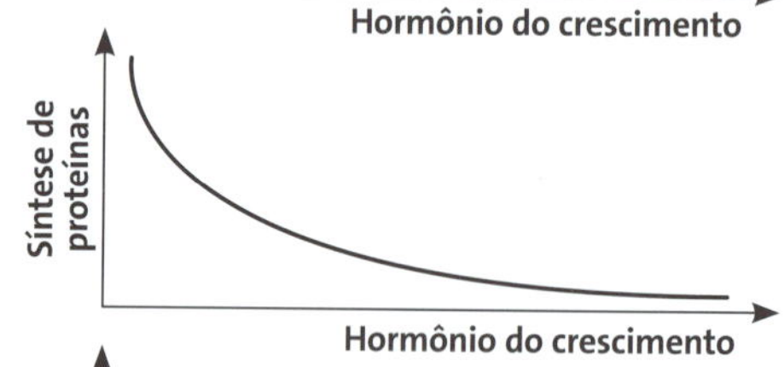


III.

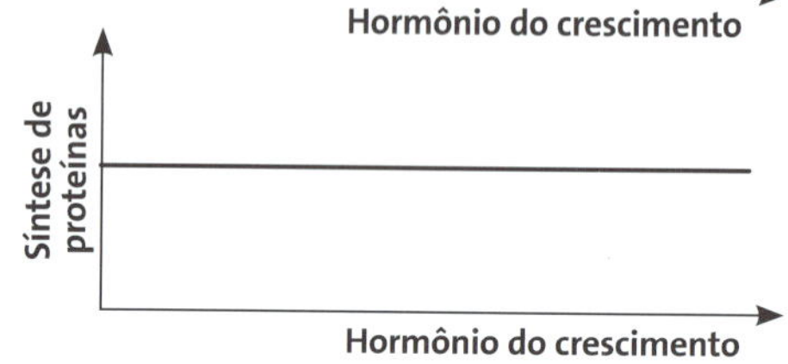


6. Os sistemas do organismo trabalham de forma integrada. Um bom exemplo disso ocorre numa situação de perigo, em que a pessoa fica em estado de alerta. Nesse caso:
   a) Qual é a glândula endócrina que entra em ação e onde ela está localizada?
   b) Quais os efeitos da atuação dessa glândula sobre o coração e o fígado e como isso ajuda a enfrentar a situação?

7. Existe uma glândula em nosso corpo que, se fosse removida, afetaria tanto a capacidade de digerir os alimentos quanto a de controlar a taxa de glicose no sangue. Qual é essa glândula e por que sua remoção provocaria esses efeitos?

## Trabalho em equipe

1. Vocês viram que os hormônios podem ser formados por proteínas, peptídios, aminoácidos modificados e esteroides. Com o auxílio do professor de Química, pesquisem e apresentem as fórmulas de alguns hormônios encontrados no corpo humano.

2. Com o auxílio dos professores de Arte, Português, Matemática e Sociologia, façam uma pesquisa sobre como anda o consumo sem indicação médica de esteroides anabolizantes no Brasil, que fatores sociais estimulam esse consumo e quais as consequências para a saúde. Elaborem, também, uma campanha (com cartazes, vídeos, etc.) desestimulando o uso desses produtos.

# Vestibulares de Norte a Sul

1. **SE** (Fuvest-SP) O gráfico mostra os níveis de glicose no sangue de duas pessoas (A e B), nas cinco horas seguintes, após elas terem ingerido tipos e quantidades semelhantes de alimentos. A pessoa A é portadora de um distúrbio hormonal que se manifesta, em geral, após os 40 anos de idade. A pessoa B é saudável.

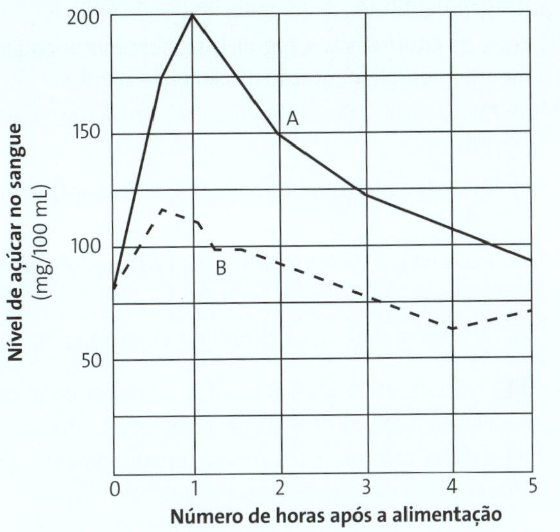


Qual das alternativas indica o hormônio alterado e a glândula portadora desse hormônio?

a) Insulina; pâncreas.

b) Insulina; fígado.

c) Insulina; hipófise.

d) Glucagon; fígado.

e) Glucagon; suprarrenal.

2. **NE** (UFPE) Em relação à regulação dos níveis de cálcio no sangue, podemos afirmar que [indique verdadeiro ou falso]:

( ) a glândula tireoide é estimulada pela adenoipófise para produzir o hormônio calcitonina, aumentando assim a deposição de cálcio nos ossos.

( ) a secreção de paratormônio é estimulada pela redução da taxa de cálcio no sangue e aumenta a liberação de cálcio dos ossos.

( ) a taxa de cálcio no sangue é regulada por mecanismo neural, uma vez que o cálcio está envolvido no equilíbrio iônico da célula.

( ) o aumento do cálcio no sangue estimula a liberação de calcitonina, a qual aumenta a deposição de cálcio nos ossos.

( ) o nível de cálcio no sangue é regulado pela ingestão diária desse íon.

3. **SE** (Ufes) A hipófise produz e secreta uma série de hormônios que têm ação em órgãos distintos, sendo, portanto, considerada a mais importante glândula do sistema endócrino humano. Sobre os hormônios hipofisários, é correto afirmar que:

a) O FSH, produzido na hipófise anterior, facilita o crescimento dos folículos ovarianos e aumenta a motilidade das trompas uterinas durante a fecundação.

b) A vasopressina, secretada pelo lobo posterior da hipófise, é responsável pela reabsorção de água nos túbulos renais.

c) O hormônio adrenocorticotrófico (ACTH) é um esteroide secretado pela adeno-hipófise e exerce efeito inibitório sobre o córtex adrenal.

d) O comportamento maternal e a produção de leite, após o parto, ocorrem sob a influência do hormônio prolactina.

4. **CO** (UFG-GO – adaptado) O esquema a seguir relaciona o aleitamento materno exclusivo a um benefício para a mãe puérpera no início da lactação.

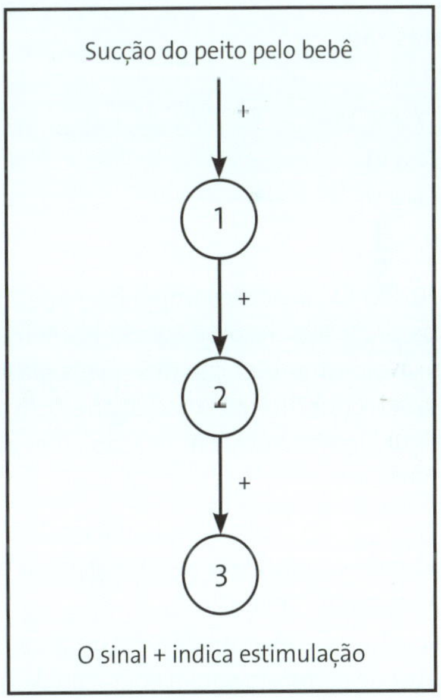


Os números 1, 2 e 3 desse esquema correspondem, respectivamente, à estimulação de uma glândula, à produção de um hormônio e a uma ação fisiológica no organismo da mãe puérpera, sendo:

a) 1 – hipotálamo, 2 – GnRH, 3 – produção de FSH/LH.

b) 1 – adenoipófise, 2 – FSH, 3 – foliculogênese.

c) 1 – adenoipófise, 2 – LH, 3 – ovulação.

d) 1 – neuroipófise, 2 – prolactina, 3 – contração uterina.

e) 1 – neuroipófise, 2 – ocitocina, 3 – ejeção do leite.

5. **N** (UEPA) Ele surge do nada. Tem os músculos enrijecidos e uma arma na mão. Está tão assustado quanto você, mas a voz sai forte: "É um assalto!". Diante dessa situação de perigo ou assim considerada pelo organismo, a medula é estimulada pelo sistema nervoso simpático e libera substâncias que aumentam a capacidade do organismo de enfrentar a situação de alarme. (Adaptado de: Linhares e Gewandsznajder: *Biologia – volume único*, 2008).

Sobre a situação descrita, analise o quadro abaixo e assinale a alternativa correta.

| | Substância | Ação |
|---|---|---|
| I | Glucagon | Aumenta a disponibilidade de glicose lançando-a no sangue. |
| II | Adrenalina | Aumento dos movimentos respiratórios e dos batimentos cardíacos. |
| III | Adrenalina | Contração dos vasos periféricos ocasionando a palidez da pele. |
| IV | Glucagon | Reduz a quantidade de glicose no sangue. |
| V | Adrenalina | Aumento da taxa metabólica e diminuição das atividades digestivas. |
| VI | Acetilcolina | Diminuição da disponibilidade de oxigênio e dilatacão da pupila. |

As corretas são:

a) I, II, III e V
b) I, III, IV e V
c) II, IV, V e VI
d) III, IV, V e VI
e) I, II, III, IV e VI

6. **S** (PUC-PR) O cálcio desempenha papel importante em vários processos fisiológicos do homem. Por isso, é indispensável a manutenção dos níveis plasmáticos de cálcio em estreitos limites, o que ocorre com a participação de alguns hormônios. Em relação ao exposto, pode-se afirmar:

a) A diminuição da concentração plasmática de cálcio é um fator de estímulo para a liberação do paratormônio pelas paratireoides.
b) A elevação da concentração plasmática de cálcio é um fator de estímulo para a liberação de tri-iodotiroxina e tiroxina pela tireoide.
c) A elevação da concentração plasmática de cálcio é um fator de estímulo para a liberação de aldosterona pelo córtex das adrenais.
d) A diminuição da concentração plasmática de cálcio é um fator de estímulo para a liberação de calcitonina pelas células parafoliculares da tireoide.
e) A diminuição da concentração plasmática de cálcio é um fator de estímulo para a liberação de adrenalina pela medula das adrenais.

7. **N** (UFT-TO) A homeostase em animais é mantida por dois sistemas de controle: o neural e o endócrino. Os hormônios exercem efeitos impressionantes nos processos da reprodução, de desenvolvimento e metabólicos. A hipófise é uma glândula endócrina dividida em dois lobos, adenoipófise e neuroipófise, e produz uma série de hormônios que modula outras glândulas, entre elas, a tireoide. O hormônio .......... produzido pela ................. estimula a tireoide, modulando a secreção dos hormônios .................... e ......................, através de um refinado mecanismo de controle recíproco, conhecido por retroalimentação.

Entre as alternativas a seguir, qual descreve adequadamente a complementação das lacunas acima?

a) TSH, neuroipófise, tireoxina (T4) e tri-iodotireonina (T3).
b) TSH, adenoipófise, tireoxina (T4) e tri-iodotireonina (T3).
c) tireoxina (T4), adenoipófise, TSH e tri-iodotireonina (T3).
d) TSH, adenoipófise, calcitonina e tireoxina (T4).

8. **SE** (Fuvest-SP) O gráfico mostra os níveis de glicose medidos no sangue de duas pessoas, sendo uma saudável e outra com diabetes melito, imediatamente após uma refeição e nas cinco horas seguintes.

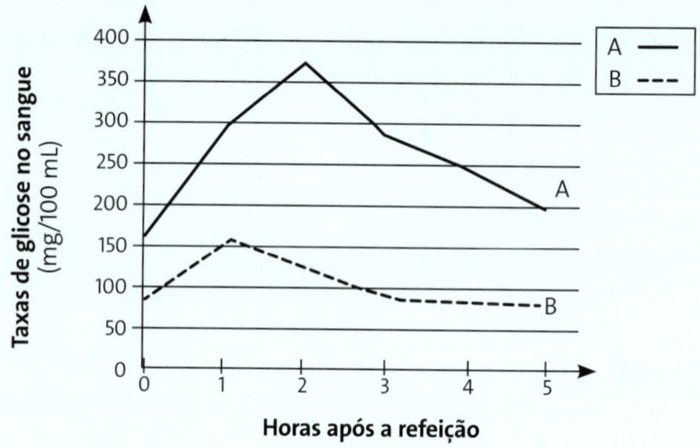


a) Identifique a curva correspondente às medidas da pessoa diabética, justificando sua resposta.
b) Como se explicam os níveis estáveis de glicose na curva B, após 3 horas da refeição?

9. **NE** (UFRN) Em menos de uma hora, Magali tomou um litro de sorvete de chocolate. Sua mãe repreendeu-a e a proibiu de tomar sorvete por um mês. Revoltada, Magali resolveu fazer greve de fome e passou todo o dia seguinte sem se alimentar. Explique como os hormônios do pâncreas atuaram para manter a concentração de glicose sanguínea em níveis constantes, quando Magali:

a) consumiu o sorvete.
b) fez greve de fome.

CAPÍTULO

# 30 Sistemas nervoso e sensorial

Alex Pix/Shutterstock/Glow Images

Ver e ouvir o mar, sentir seu gosto salgado e o cheiro da praia. Nossos sentidos são parte do sistema sensorial.

*Como está organizado nosso sistema nervoso e quais suas funções?*

*Visão, audição, gustação, olfato e tato: como esses sentidos funcionam?*

# 1 Sistema nervoso

O sistema nervoso – exclusivo dos animais – vale-se de mensagens elétricas que caminham pelos nervos mais rapidamente que os hormônios através do sangue. Além de coordenar as diversas funções do organismo, contribuindo para seu equilíbrio, permite que os animais reajam de modo rápido a estímulos do meio ambiente.

Antes de iniciar o estudo do sistema nervoso, vamos rever alguns aspectos importantes sobre a principal célula desse sistema: o neurônio, estudado no volume 1 desta coleção.

O neurônio apresenta uma região (corpo celular) onde se localizam o núcleo e a maior parte do citoplasma. Dela saem várias ramificações arborescentes (dendritos) e uma longa (axônio). Essas ramificações são chamadas de neurofibras (ou fibras nervosas). Nos seres humanos, como nos demais vertebrados, ao redor da maioria dos axônios, ficam os oligodendrócitos ou as células de Schwann. Essas células produzem o estrato mielínico (ou bainha de mielina), que funciona como um isolante elétrico, aumentando a velocidade de condução do impulso nervoso (figura 30.1).

Quando um neurônio é estimulado, ocorre uma série de alterações elétricas em sua membrana. Essas alterações são causadas pela entrada de íons sódio e pela saída de íons potássio e constituem o impulso nervoso. Os impulsos podem começar pelos dendritos ou pelo corpo celular e caminham para o axônio.

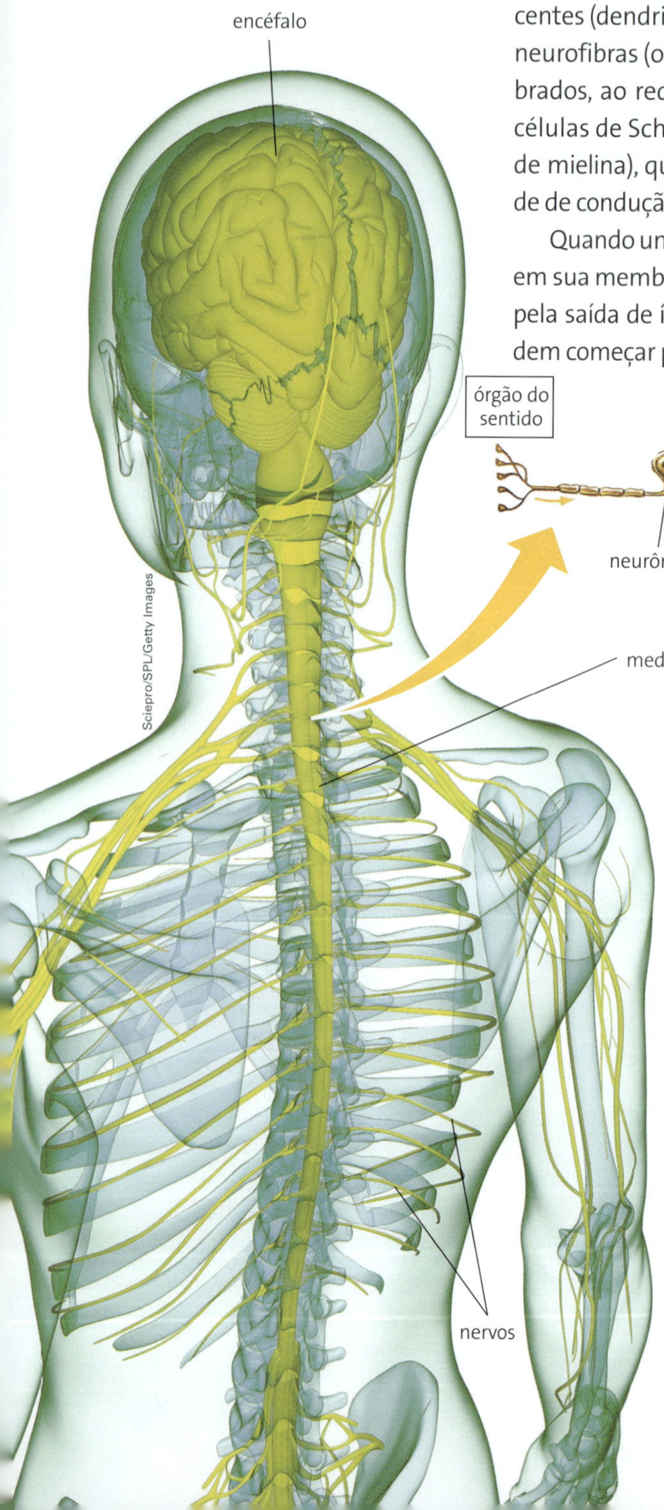


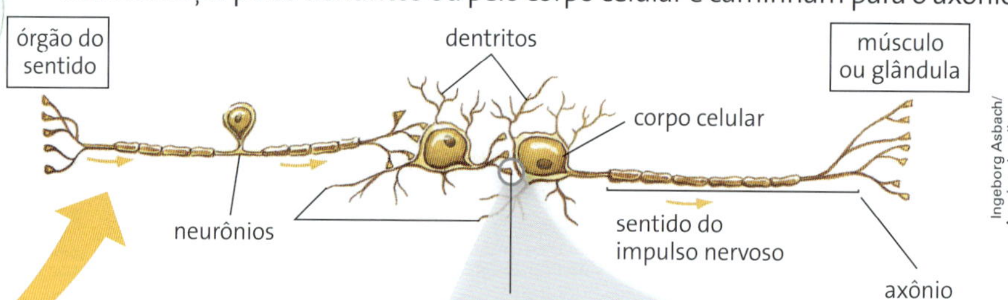


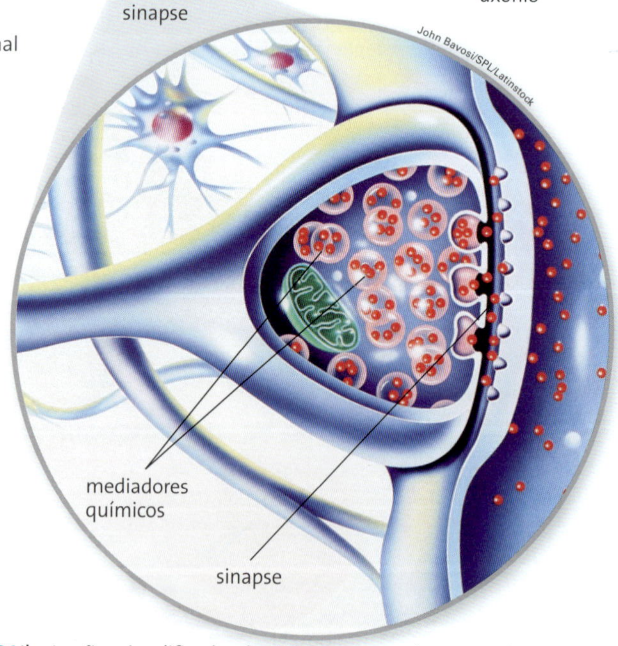


Figura 30.1 Ilustrações simplificadas do sistema nervoso humano, de neurônios e de uma sinapse (um axônio tem entre 0,2 µm e 20 µm de diâmetro, e o comprimento varia de frações de milímetro até cerca de 1 m; os elementos da ilustração não estão na mesma escala; cores fantasia).

Na região de contato entre dois neurônios (sinapse) existe, em geral, um pequeno espaço, isto é, não há perfeita continuidade entre as membranas de ambas as células. A passagem do impulso nervoso por essa região é feita por substâncias químicas: os neuro-hormônios, também chamados de mediadores químicos, ou ainda, neurotransmissores. A acetilcolina, a noradrenalina e a serotonina são alguns exemplos. Como esses mediadores estão acumulados apenas no final do axônio, a transmissão do impulso ocorre sempre do axônio de um neurônio para o dendrito ou o corpo do neurônio seguinte (figura 30.1). Por meio das sinapses, um neurônio pode passar mensagens para centenas ou até milhares de neurônios.

Um processo semelhante ocorre nas junções neuromusculares (ou mioneurais), como são chamadas as sinapses entre o axônio de um neurônio e a célula muscular.

## Sistema nervoso central

O nosso **sistema nervoso central**, formado pela medula espinal e encéfalo (reveja a figura 30.1), está protegido por ossos – a coluna vertebral e o crânio – e por três membranas – as **meninges** (*meninx* = membrana) formadas por tecido conjuntivo propriamente dito: a **dura-máter** (*dura-mater* = mãe rígida), a mais externa; a **aracnoide**, (*arakhné* = aranha; *eidos* = semelhante), em posição mediana; a **pia-máter** (*pia mater* = mãe piedosa, porque envolve e protege todo o sistema nervoso central), a mais interna e onde estão os vasos sanguíneos que nutrem o sistema nervoso (figura 30.2).

Entre a aracnoide e a pia-máter e no interior das cavidades do sistema nervoso circula o **líquido cerebrospinal** ou **cefalorraquidiano**, que proporciona proteção adicional, amortecendo eventuais choques dos ossos com o sistema nervoso durante os movimentos do corpo.

Sistema nervoso

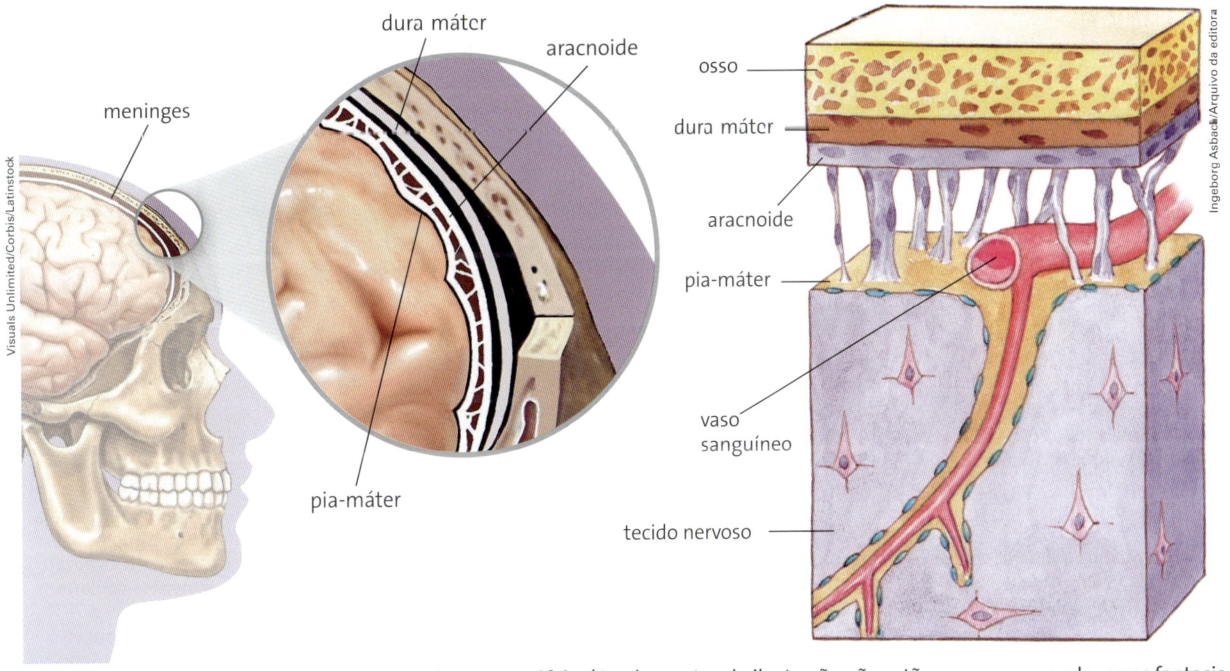


Figura 30.2 Ilustração das meninges que envolvem o encéfalo. (Os elementos da ilustração não estão na mesma escala; cores fantasia.)

## O encéfalo

O encéfalo é constituído por diferentes regiões, com funções diversas. Os bulbos olfatórios são duas protuberâncias que recebem nervos do nariz; os hemisférios cerebrais são duas dilatações que, ligadas por um feixe de fibras nervosas (o corpo caloso), constituem o cérebro. Outras regiões do encéfalo com diferentes funções são o cerebelo, a ponte, o tálamo e o hipotálamo, e a medula oblonga ou bulbo raquidiano (figura 30.3). Essas regiões não estão isoladas entre si — ao contrário, muitas funções dependem do trabalho conjunto de mais de uma delas. Algumas regiões, porém, têm um controle maior sobre determinadas funções.

O encéfalo recebe informações dos órgãos sensoriais; integra e relaciona as diversas mensagens de órgãos diferentes, comparando-as com outras informações armazenadas na memória; envia mensagens para os órgãos efetores (músculos e glândulas), controlando as reações do organismo ao ambiente externo e ao próprio organismo. É responsável também pelas emoções e pela capacidade de imaginar, prever, resolver problemas e de responder por todas as formas de pensamento abstrato.

A figura 30.3 indica – de forma simplificada, uma vez que há uma interação bastante complexa entre todas as partes – as principais funções de cada região do encéfalo.

Figura 30.3 O encéfalo e suas funções (ilustração sem escala; cores fantasia).

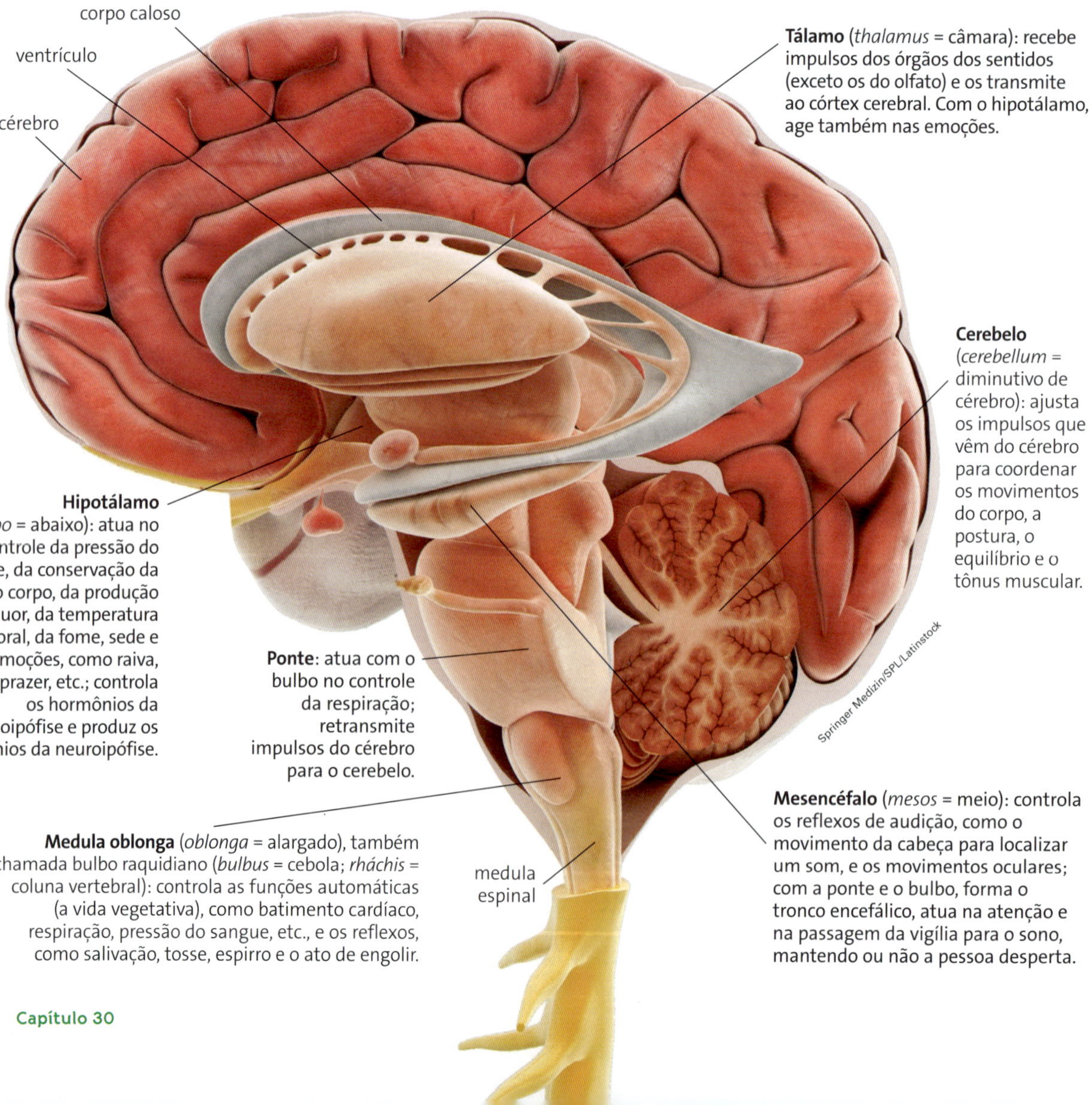

O **cérebro** está dividido em dois hemisférios, que se ligam pelo corpo caloso. Cada hemisfério cerebral se divide em quatro lobos, separados por sulcos ou pregas que recebem os nomes dos ossos que os envolvem: **frontal**, **occipital**, **temporal** e **parietal** (figura 30.4).

No ser humano, como nos demais mamíferos, a camada mais externa (que tem de três a cinco milímetros de espessura), o **córtex cerebral** (*cortex* = casca), é muito desenvolvida, em virtude das muitas dobras que aumentam sua área, sendo formada por numerosos corpos celulares de neurônios, que lhe conferem cor cinzenta. A camada inferior é branca, formada pelos prolongamentos dos neurônios que saem ou chegam ao córtex.

Controlador (com outras partes do encéfalo) da percepção, das emoções (a região envolvida é a amígdala) e dos atos voluntários, o córtex recebe e processa as informações dos órgãos dos sentidos, sendo a sede do pensamento, da aprendizagem, da linguagem, da consciência, da memória (da qual participa o hipocampo) e da inteligência (figura 30.4).

Em certas cirurgias no cérebro humano, o uso de anestesia local permitiu que fossem estimuladas com eletrodos certas partes do cérebro, e, com isso, o paciente movia determinados lugares do corpo ou demonstrava a sensação de ouvir um ruído ou de perceber luz. Através dessas e de outras técnicas, foram mapeadas várias regiões do córtex (figura 30.4). Algumas áreas recebem impulsos de neurônios sensoriais. Outras produzem os impulsos enviados pelos neurônios motores para os músculos e as glândulas. Certas áreas interpretam e integram as diversas mensagens.

Como você acaba de ver, o encéfalo controla muitos órgãos e funções do corpo. Por isso, os acidentes com lesões no cérebro, ainda que não provoquem a morte da pessoa acidentada, podem comprometer ou afetar muito a sua vida. É fácil entender, portanto, a importância de usar capacetes no exercício de determinadas atividades profissionais ou ao andar em veículos pouco estáveis, como motocicletas, bicicletas e *skates*, ou muito velozes, como os carros de corrida.

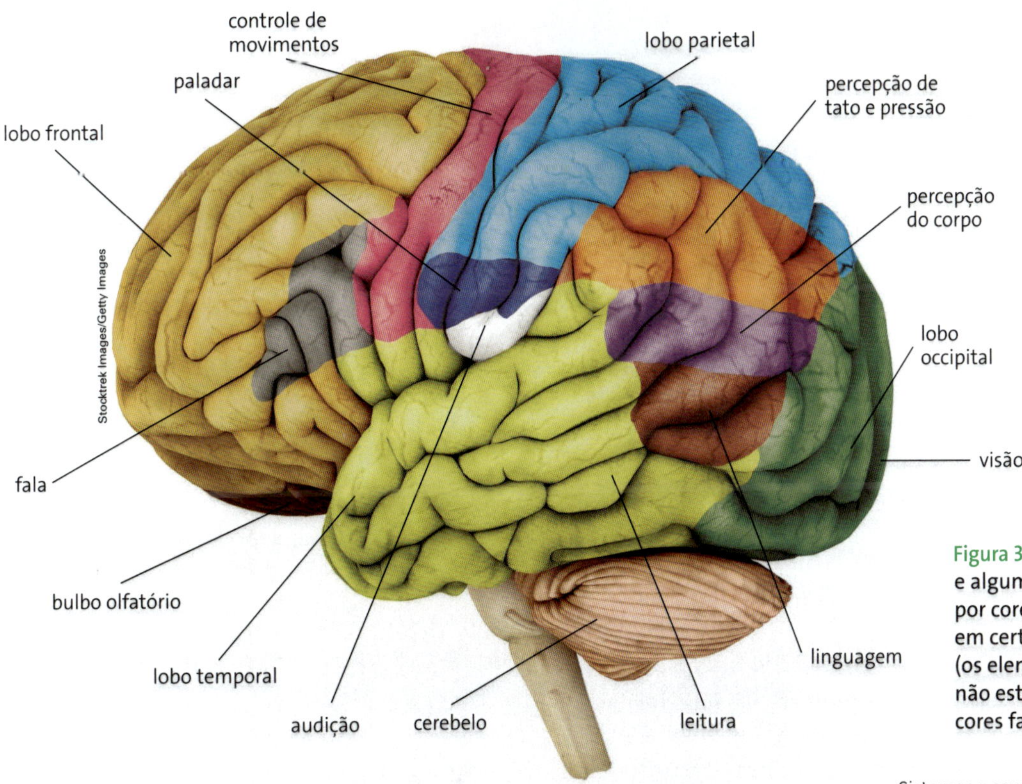


Figura 30.4 Lobos cerebrais e algumas áreas (destacadas por cores) especializadas em certas funções (os elementos da ilustração não estão na mesma escala; cores fantasia).

## Medula espinal

A medula espinal está situada no interior da coluna vertebral. Assim como o encéfalo, a medula é constituída de uma **substância branca** – formada pelas fibras nervosas (dendritos e axônios; a mielina destes é responsável pela cor branca) – e uma **substância cinzenta** – formada pela concentração de corpos celulares de neurônios e a parte inicial de seus prolongamentos (figura 30.5). Mas, a disposição da substância branca e cinzenta é diferente na medula. Enquanto no encéfalo a região externa (córtex) é constituída de substância cinzenta (com exceção do bulbo), na medula essa substância está presente no interior do órgão, e a substância branca, na parte externa (figura 30.5).

Pela **raiz ventral** da medula saem prolongamentos dos neurônios motores. Na **raiz dorsal** há prolongamentos dos neurônios sensitivos, cujos corpos celulares estão no interior dos gânglios nervosos (figura 30.6). Lesões na raiz dorsal provocam perda de sensibilidade da parte correspondente do corpo, pois o estímulo não chega à medula e é impedido de ir ao cérebro. Na medula também ocorrem diversas sinapses entre os neurônios que chegam e os que saem do sistema nervoso central.

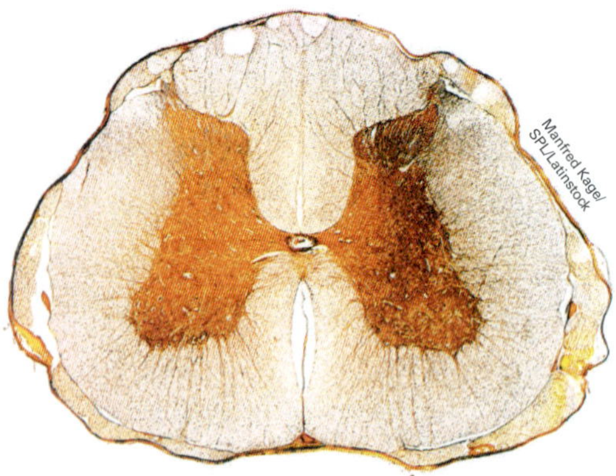


Figura 30.5 Foto de medula espinal vista em corte (microscópio óptico; aumento de cerca de 15 vezes; com uso de corantes) mostrando os corpos celulares na substância cinzenta (no interior, região avermelhada) e a substância branca, com concentração de fibras.

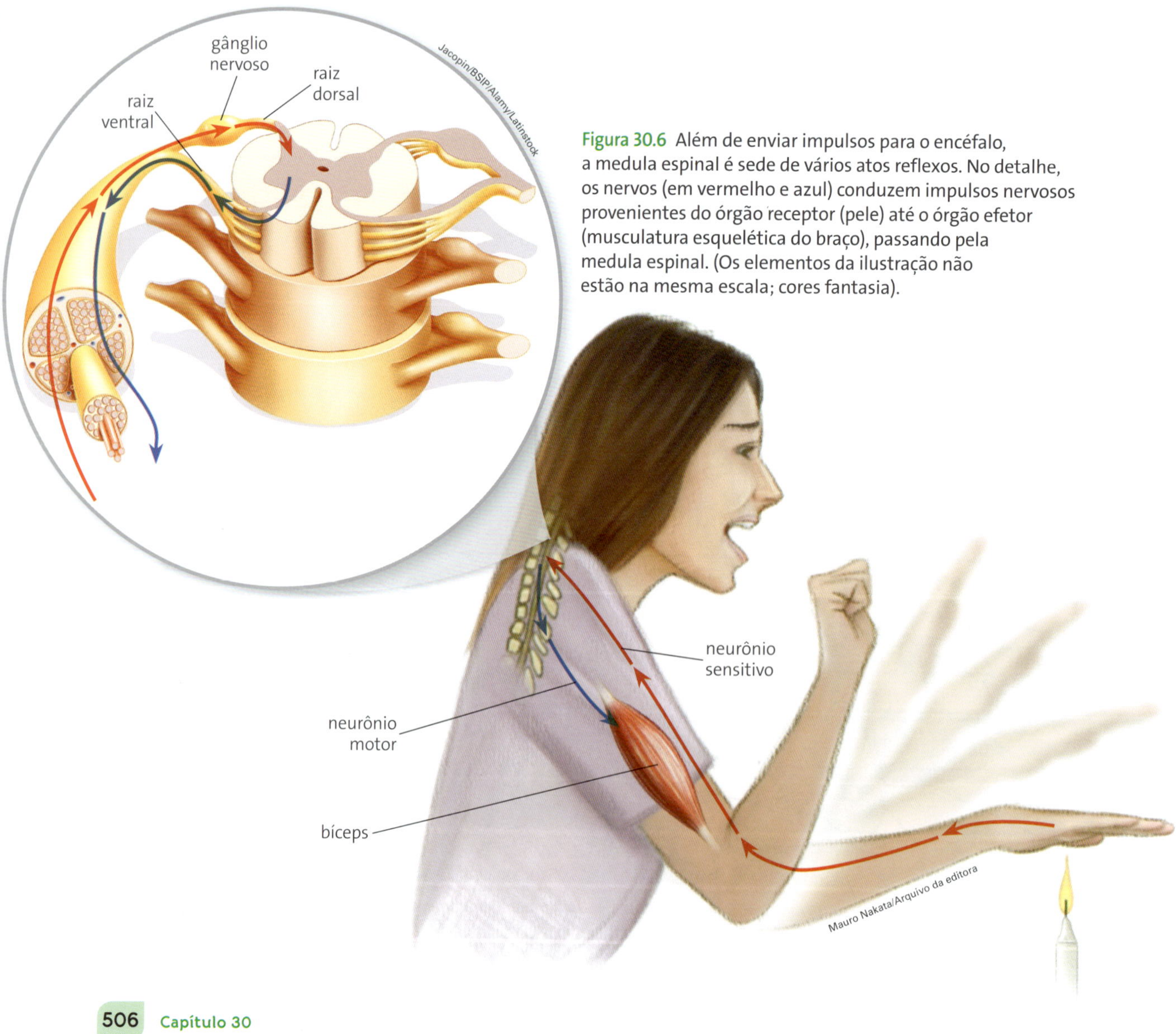


Figura 30.6 Além de enviar impulsos para o encéfalo, a medula espinal é sede de vários atos reflexos. No detalhe, os nervos (em vermelho e azul) conduzem impulsos nervosos provenientes do órgão receptor (pele) até o órgão efetor (musculatura esquelética do braço), passando pela medula espinal. (Os elementos da ilustração não estão na mesma escala; cores fantasia).

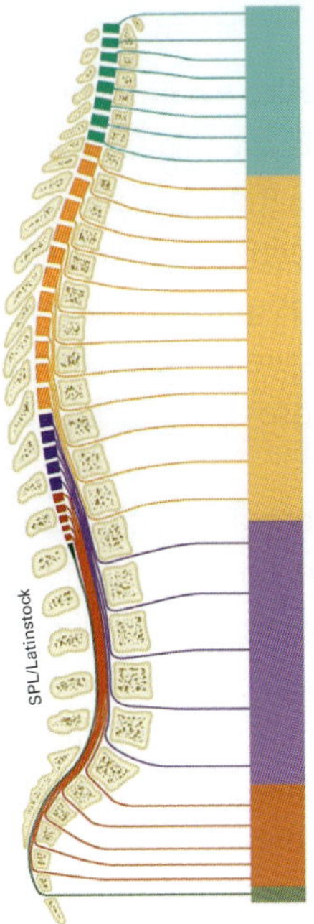


Localização dos nervos espinais na coluna vertebral.

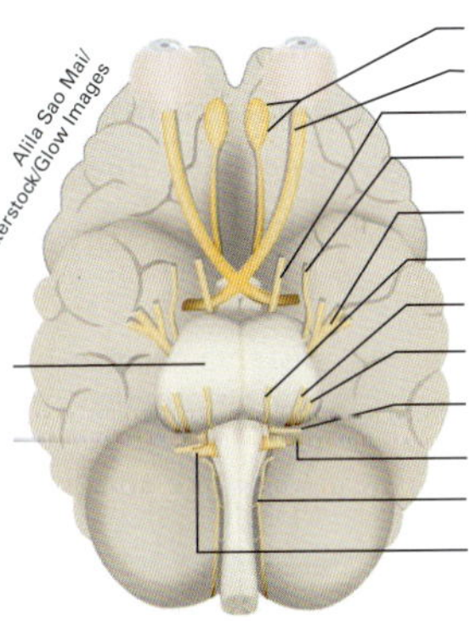


A origem dos doze pares de nervos cranianos vistos da base do encéfalo.

Figura 30.7 Localização dos nervos espinais e dos nervos cranianos (os elementos das figuras não estão na mesma escala; cores fantasia).

# Sistema nervoso periférico

Esse sistema é formado pelos gânglios nervosos, pelos nervos cranianos (que saem do encéfalo) e pelos nervos espinais (que saem da medula espinal).

Na espécie humana há 12 pares de nervos cranianos (o mesmo número encontrado em répteis, aves e mamíferos, enquanto nos peixes e anfíbios há dez pares) e 31 pares de nervos espinais (o mesmo número nos outros mamíferos; nos outros grupos, o número é variável). Os nervos cranianos fazem a conexão com órgãos dos sentidos e com músculos esqueléticos da face, sendo que o nervo vago faz a conexão com o coração e alguns órgãos digestórios e respiratórios (figura 30.7).

Cada nervo é formado por dezenas e até centenas de prolongamentos de neurônios, as neurofibras (ou fibras nervosas), envolvidos por tecido conjuntivo (figura 30.8).

No sistema nervoso periférico encontram-se nervos sensitivos, motores e mistos.

- Os nervos sensitivos ou sensoriais recolhem informações dos órgãos dos sentidos e dos órgãos internos, como o nervo óptico, responsável pela captação das imagens;
- os motores levam mensagens do sistema nervoso central para os músculos e para as glândulas, como o oculomotor (responsável pelo movimento do globo ocular);
- os nervos mistos possuem fibras nervosas sensitivas e motoras. É o caso dos 31 pares de nervos espinais que saem da medula nos mamíferos.

Uma parte dos nervos motores controla os músculos esqueléticos, comandando as respostas ao ambiente externo que podem ser controladas conscientemente (respostas voluntárias). Essa parte é chamada **sistema nervoso somático**, também chamado **sistema nervoso periférico somático** (*soma* = corpo). No entanto, muitas vezes essas respostas ocorrem de modo involuntário. É o caso dos atos reflexos, em que as respostas voltam pela medula antes de ir para o cérebro. Dizemos, então, que o sistema nervoso somático controla a relação com o ambiente.

Os nervos que levam impulsos aos músculos lisos, às glândulas e ao músculo cardíaco fazem parte do **sistema nervoso autônomo**, também chamado **sistema nervoso periférico autônomo** ou **visceral**. Desse modo, esse sistema controla as atividades involuntárias, que fazem parte da vida vegetativa, ou seja, é responsável, com os hormônios, pelo controle da homeostase.

A maioria dos órgãos controlados por esse sistema recebe dois tipos de nervos: um que estimula e outro que inibe o funcionamento do órgão.

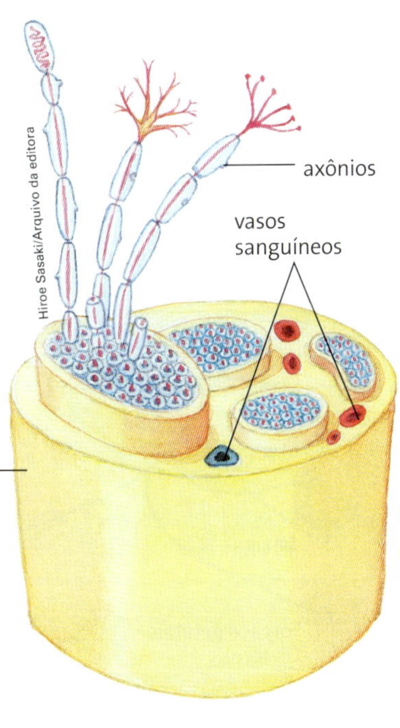


Figura 30.8 Esquema do interior de um nervo, formado por prolongamentos de neurônios (axônios), vasos sanguíneos e tecido conjuntivo. (Figura sem escala; cores fantasia.)

Assim, o sistema nervoso autônomo divide-se em **simpático** e **parassimpático**. Os nervos simpáticos originam-se na região mediana da medula; os parassimpáticos saem do bulbo e da extremidade final da medula (figura 30.9).

O neurotransmissor dos nervos do parassimpático é a acetilcolina. No sistema nervoso simpático há liberação de acetilcolina nos nervos que saem da medula espinal e se dirigem para os gânglios nervosos (nervos pré-ganglionares) e de noradrenalina nos nervos que saem dos gânglios nervosos para os órgãos (nervos pós-ganglionares).

O efeito de cada sistema varia de órgão para órgão. O coração é estimulado pelo simpático e inibido pelo parassimpático. Na musculatura do tubo digestório ocorre o contrário: o simpático diminui a peristalse e o parassimpático aumenta.

O sistema nervoso simpático estimula os órgãos que preparam um animal para enfrentar um perigo, deixando-o pronto para lutar ou fugir, ou seja, apresenta os mesmos efeitos dos hormônios da medula da glândula suprarrenal. Em situações de perigo, aumenta a frequência respiratória, o débito cardíaco e a pressão arterial, enviando mais sangue e oxigênio para o corpo; lança glicose no sangue; dilata as artérias dos músculos esqueléticos e contrai as artérias da pele e das vísceras, desviando sangue da pele e de outros órgãos para o cérebro e para os músculos; dilata a pupila, ampliando a visão periférica; e estimula a medula da glândula suprarrenal a produzir adrenalina e noradrenalina, que potencializam os seus efeitos. Passado o perigo, o sistema nervoso parassimpático entra em ação, diminuindo o batimento cardíaco e fazendo com que as demais atividades atuem em seu ritmo normal, reduzindo o gasto de energia do organismo.

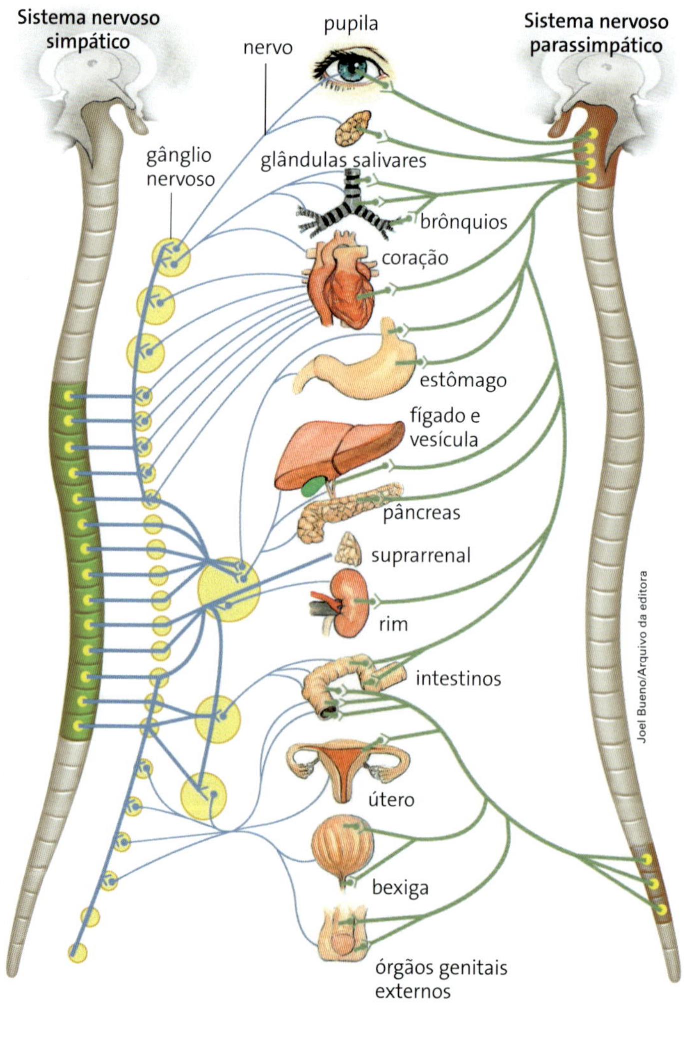


Figura 30.9 Sistema nervoso autônomo (a medula e o encéfalo estão representados duas vezes para facilitar a visualização). O sistema nervoso simpático e o parassimpático têm ações opostas sobre os órgãos. Por exemplo, o simpático dilata a pupila e inibe a salivação, enquanto o parassimpático faz o contrário. (Os elementos da ilustração não estão na mesma escala; cores fantasia.)

# Problemas do sistema nervoso

Diversos fatores podem provocar danos ao sistema nervoso. A meningite, por exemplo, é uma doença causada por vírus ou bactérias que invadem as meninges. Os sintomas da meningite são febre, dor de cabeça muito forte e rigidez na musculatura da nuca, que impede a pessoa de encostar o queixo no peito. Essa infecção pode se espalhar pelo sistema nervoso, sendo necessário pronto atendimento médico.

O sistema nervoso pode ser afetado também por problemas circulatórios. A hipertensão e a aterosclerose podem levar ao rompimento (acidente vascular cerebral ou derrame) ou à obstrução de um vaso sanguíneo, com a morte da parte do cérebro irrigada por esse vaso e a perda da função que essa parte controlava (algum sentido, movimento de uma área do corpo) ou a morte da pessoa.

Até certo ponto é possível recuperar os danos ocorridos no cérebro. Por meio de exercícios físicos especiais, outras porções do cérebro são estimuladas e podem assumir, pelo menos em parte, as funções que as áreas destruídas exerciam.

Lesões na medula espinal podem causar a paralisia. Dependendo do local da lesão e da intensidade do dano pode ocorrer a **paraplegia** (*para* = ao lado; *pleg* = ferir), que é a paralisia dos membros inferiores, ou a **tetraplegia** (*tetra* = quatro), que é a paralisia dos membros superiores e inferiores (figura 30.10).

Não é possível prevenir todas as doenças do sistema nervoso, mas é possível evitar as de outros sistemas que acabam por comprometê-lo, como os problemas do sistema circulatório. Por isso, é importante evitar a obesidade, não fumar, controlar a pressão arterial, evitar o excesso de bebidas alcoólicas e de gordura na alimentação, praticar exercícios físicos (com a orientação de especialistas), ter repouso adequado, com bom número de horas de sono.

**ATENÇÃO!**

**As informações sobre questões de saúde deste capítulo não substituem a orientação médica nem podem ser usadas para diagnóstico, tratamento ou prevenção de doenças.**

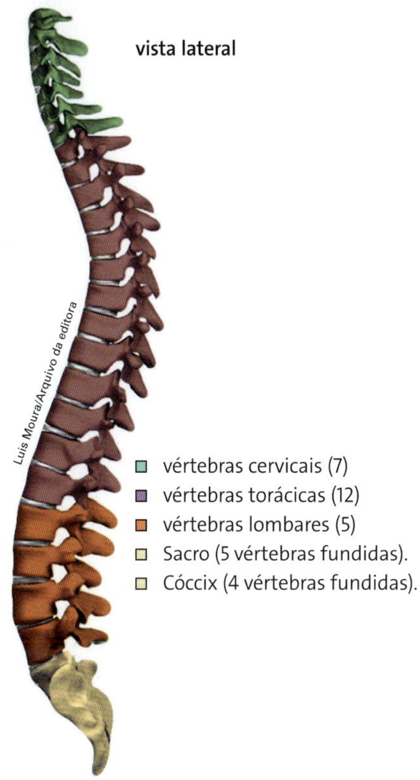


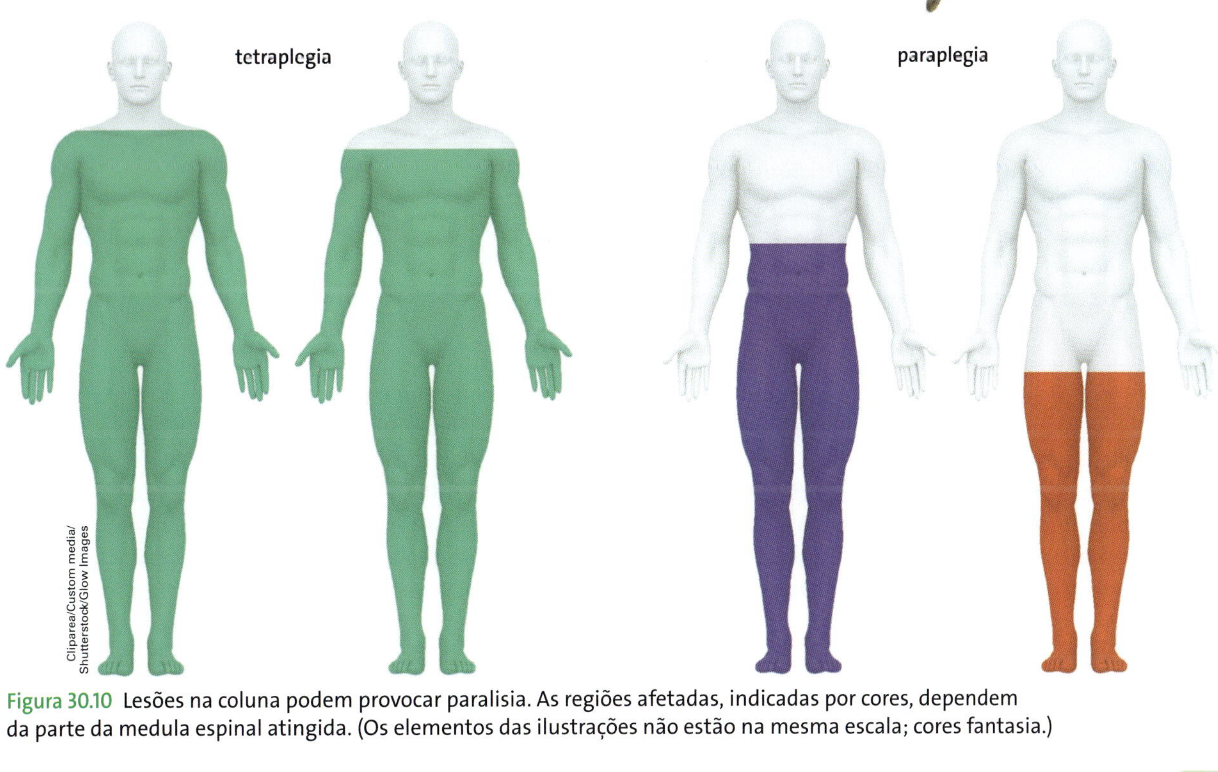


Figura 30.10 Lesões na coluna podem provocar paralisia. As regiões afetadas, indicadas por cores, dependem da parte da medula espinal atingida. (Os elementos das ilustrações não estão na mesma escala; cores fantasia.)

## Biologia e saúde

A ação das drogas no sistema nervoso

### Drogas

Droga é qualquer substância que, administrada ao organismo, produz modificações em suas funções. Mas o que usualmente é chamado de droga equivale, em Medicina, à "droga psicotrópica", conhecida também como "tóxico". "Psico" vem de uma palavra grega que significa "mente" e "trópica" quer dizer "atração". Essas drogas agem no sistema nervoso e modificam a maneira de sentir, pensar ou agir.

O fumo e as bebidas alcoólicas (que contêm álcool) são drogas legais, isto é, são permitidas por lei para maiores de dezoito anos. Isso não quer dizer que não façam mal – muito pelo contrário. Todas as drogas podem causar sérios distúrbios físicos e psíquicos.

A maconha, o *crack* e a cocaína são exemplos de drogas ilegais: além de fazerem mal à saúde, quem as usa – e também quem as vende ou passa essas drogas para outras pessoas – está sujeito às penas da lei.

As drogas podem provocar tolerância: seu efeito sobre o organismo passa a ser menor por causa do uso repetido e são necessárias doses cada vez maiores para a pessoa sentir o mesmo efeito. O aumento das doses pode interromper a respiração ou a circulação e provocar a morte.

Essas substâncias também podem provocar dependência: depois de algum tempo de consumo, a pessoa se sente muito mal quando para de tomar a droga e não consegue deixar de consumi-la. Para deixar a droga, ela precisa de ajuda e deve procurar um médico.

Todas as drogas fazem mal à saúde, mas seus efeitos variam de acordo com o tipo de droga e com a pessoa. Logo depois de utilizar a droga, a pessoa pode sentir-se mais alegre, relaxada, com mais energia. Mas depois aparecem efeitos bem desagradáveis: um grande cansaço ou medo, depressão (tristeza profunda), problemas de memória, dificuldade de concentração e de aprender alguma coisa ou de reagir a uma emergência (os reflexos ficam prejudicados). Com o uso surgem também danos a vários órgãos, como pulmões, fígado, coração, rins e cérebro, danos que podem levar até a morte (algumas drogas podem provocar a morte logo na primeira vez em que são usadas).

Veja a seguir alguns dos prejuízos que as drogas podem trazer ao organismo.

- **Maconha** – pode ocorrer angústia, tremores, alucinações, dificuldades de memória, de concentração, de atenção e de aprendizagem. A maconha prejudica os reflexos e, por isso, é perigoso dirigir sob o seu efeito. O uso frequente pode afetar o sistema respiratório e aumentar a chance de desenvolver câncer de pulmão.
- **Cocaína** e ***crack*** – inicialmente, a pessoa até pode sentir-se mais alerta e confiante, mas pode apresentar também comportamento violento, insônia, irritabilidade, tremores, paranoia (mania de perseguição) e alucinações. A isso se segue um período de depressão, angústia, irritabilidade e cansaço. Além disso, essas drogas aumentam a pressão do sangue e os batimentos cardíacos, com risco de morte por parada cardíaca ou respiratória. O uso repetido da cocaína provoca lesões e perfurações no revestimento do nariz, por meio do qual ela é comumente aspirada, e o *crack* causa danos aos pulmões. Surgem alterações irreversíveis no cérebro depois de, em média, dois anos de uso contínuo. São afetadas a memória, a atenção, a concentração, a capacidade de raciocínio abstrato e a percepção espacial. O uso durante a gravidez pode provocar problemas no feto e prejudicar seu desenvolvimento: há risco de a criança nascer com peso do corpo e do cérebro abaixo do normal.
- **Anfetaminas** – deixam a pessoa com menos sono e aumentam o estado de alerta, a agressividade e a irritabilidade. Podem provocar paranoia e alucinações. A pressão e o batimento cardíaco podem aumentar muito. Passado o efeito, a pessoa tem sono prolongado, apatia e falta de energia. Há risco de convulsões e intoxicações graves.
- **Alucinógenos** – o mais conhecido é a dietilamida do ácido lisérgico (LSD). Provocam alucinações visuais e auditivas e alterações das emoções e dos pensamentos. A pessoa pode ficar confusa, deprimida, violenta ou entrar em pânico, achando que está sendo perseguida, ficar com medo de enlouquecer ou de morrer. As alucinações também podem levar a ações perigosas, como a de se jogar de um prédio. Com o uso prolongado, a memória, a atenção e o raciocínio ficam prejudicados.
- ***Ecstasy*** (êxtase) – combina os efeitos das anfetaminas com os dos alucinógenos. Pode causar crises de pânico e depressão. Há aumento da temperatura do corpo, da frequência cardíaca e da pressão arterial, suor intenso e náuseas. Podem ocorrer convulsões, falta de controle dos movimentos do corpo e morte por desidratação ou aumento da temperatura do corpo.
- **Solventes inalantes** – trata-se de substâncias voláteis que, inaladas, provocam, inicialmente, euforia, alucinações, tonturas, náuseas, seguidas de confusão mental, dor de cabeça e perda de autocontrole. Por fim, segue-se uma fase de depressão e delírios e, mesmo no primeiro uso da droga, pode ocorrer morte por parada cardíaca ou respiratória. O uso continuado provoca perda de memória, dificuldade de concentração, apatia e danos ao cérebro, fígado, rins, sangue e medula óssea.

- **Opioides** – são drogas produzidas com base no ópio, como heroína, morfina e codeína. Provocam sonolência, alteração do humor, náuseas, vômitos, alucinações e até a morte por parada respiratória. Produzem rapidamente dependência.
- **Álcool** – inicialmente, alivia a tensão e a ansiedade e dá uma sensação de relaxamento, euforia e desinibição. À medida que sua concentração no sangue aumenta, os centros nervosos que controlam o raciocínio, os reflexos, a coordenação motora e a memória são inibidos. A pessoa perde a firmeza para andar e raciocinar e fala com dificuldade. Pode ficar agressiva e com comportamento social inconveniente.

Por provocar sonolência, diminuir os reflexos e prejudicar a coordenação motora, é muito perigoso dirigir veículos sob o efeito dessa substância. Essa mistura de álcool e direção é considerada uma das principais causas dos acidentes com veículos. Estudos revelam que, do total de acidentes de trânsito que resultam em internação ou morte, entre 30% e 50% foram provocados por motoristas que consumiram álcool antes de dirigir. E lembre-se de que pessoas que dirigem depois de beber estão sujeitas às punições da lei.

O consumo habitual e excessivo pode provocar danos ao cérebro (morte de neurônios), ao fígado (cirrose hepática), ao pâncreas, ao coração (aumenta a pressão arterial), ao estômago, ao intestino, entre outros órgãos. Além disso, diminui a resistência do organismo e aumenta os riscos de alguns tipos de câncer, como de boca, de esôfago e de faringe. Doses altas podem provocar a morte por parada respiratória.

Algumas pessoas podem ficar dependentes. O alcoólatra bebe compulsivamente e, se não beber, fica irritado e pode apresentar aumento da transpiração, tremores nas mãos, convulsões e até alucinações (o chamado *delirium tremens*) por causa da síndrome de abstinência. Nesse caso, é necessário tratamento médico, pois a pessoa corre risco de morrer.

Crianças e adolescentes não podem beber. A bebida na juventude é um fator de risco de dano cerebral. Estudos mostraram que a parte do cérebro relacionada à memória é 10% menor em jovens consumidores de álcool, além de ficar reduzida a capacidade de raciocínio e de tomada de decisões rápidas.

O consumo de álcool durante a gravidez aumenta o risco de aborto e pode causar problemas ao feto: a criança pode nascer com retardamento mental e outras complicações.

- **Fumo** – a pessoa que fuma um maço de cigarros por dia vive, em média, sete anos menos que uma que não fuma. Calcula-se que ocorram no mundo cerca de 3 milhões de mortes por ano causadas pelo fumo. A nicotina pode fazer o fumante sentir-se mais relaxado, pois provoca certo relaxamento muscular, mas é um estimulante leve do coração. O efeito imediato é o aumento do batimento cardíaco e da pressão arterial. Ela causa dependência e sua falta pode provocar sintomas desagradáveis, como dor de cabeça, irritação e insônia; por isso pode ser difícil deixar de fumar. Também aumenta a chance de aterosclerose, infarto e acidente vascular cerebral (derrame). O monóxido de carbono reduz a taxa de oxigênio nos órgãos.

A taxa de mortalidade das mulheres que fumam e tomam pílulas anticoncepcionais é três vezes maior que a das que tomam pílula e não fumam. Isso porque o fumo e a pílula aumentam o risco de formação de coágulos no sangue.

Durante a gravidez, o fumo diminui o suprimento de oxigênio do feto, o que prejudica seu desenvolvimento. Mães fumantes apresentam mais chance de sofrer aborto. O bebê também pode nascer prematuramente ou com peso abaixo da média.

O fumo pode causar também bronquite, enfisema e câncer no pulmão e em outros órgãos.

O fumante não prejudica apenas a sua saúde, mas também a das pessoas que não fumam, visto que elas absorvem parte da fumaça dos cigarros (fumantes passivos), principalmente em ambientes fechados. É por isso que cada vez mais são impostas restrições ao fumo em lugares públicos.

Os benefícios de parar de fumar são muitos. Os níveis de oxigênio e de monóxido de carbono no sangue voltam ao normal em poucos dias. A expectativa de vida aumenta e, em cinco anos, o risco de doença cardíaca e de câncer de pulmão cai pela metade. Além disso, o desempenho físico e a qualidade de vida como um todo melhoram.

Em resumo, apesar de inicialmente a pessoa se sentir mais alegre, relaxada ou com mais energia, o consumo de drogas é uma agressão a todo o organismo. Além dos danos físicos, as drogas prejudicam o desenvolvimento da personalidade, a aprendizagem, o desempenho profissional, o relacionamento com outras pessoas e a capacidade de enfrentar os problemas do cotidiano.

Por tudo isso, diga não às drogas e não aceite a oferta para consumi-las.

**Fontes de consulta**: AQUINO, J. G. (Org.). *Drogas na escola*: alternativas teóricas e práticas. São Paulo: Summus, 2000; BRAUN, I. M. *Drogas*: perguntas e respostas. São Paulo: MG, 2007; CAVALIERI, A. L.; EGYPTO, A. C. *Drogas e prevenção*: a cena e a reflexão. São Paulo: Saraiva, 2002; COTRIM, B. C. *Drogas – Mitos e verdades*. São Paulo: Ática, 2004.
*Sites*: <www.cebrid.epm.br/index.php>; <www.senad.gov.br/publicacoes/publicacoes.html>; <www.obid.senad.gov.br/portais/OBID/index.php>.
(Acesso em: 12 dez. 2009)

## Biologia e tecnologia

# Investigando o cérebro

Por meio de eletrodos presos à cabeça (figura 30.11), pode-se registrar a atividade elétrica do cérebro. Chamado de eletroencefalograma (EEG), esse registro pode ser útil em casos de anormalidade grave, quando há grande alteração no funcionamento do cérebro; por exemplo, utiliza-se o EEG para detectar tumores e certas doenças, como a epilepsia.

Além do EEG, a pesquisa e o tratamento de doenças do cérebro contam com vários outros aparelhos que permitem visualizar as regiões em atividade do cérebro durante algum acontecimento. A tomografia por emissão de pósitrons, por exemplo, permite localizar as regiões que estão em atividade durante a aprendizagem de certos conceitos ou quando se experimentam determinados tipos de emoção (figura 30.11).

Os derrames ocorrem quando há alguma interferência no suprimento de sangue no cérebro, por exemplo, quando um vaso sanguíneo se rompe. Como consequência de um derrame, a pessoa pode apresentar, entre outros, distúrbios na fala, na movimentação e na visão.

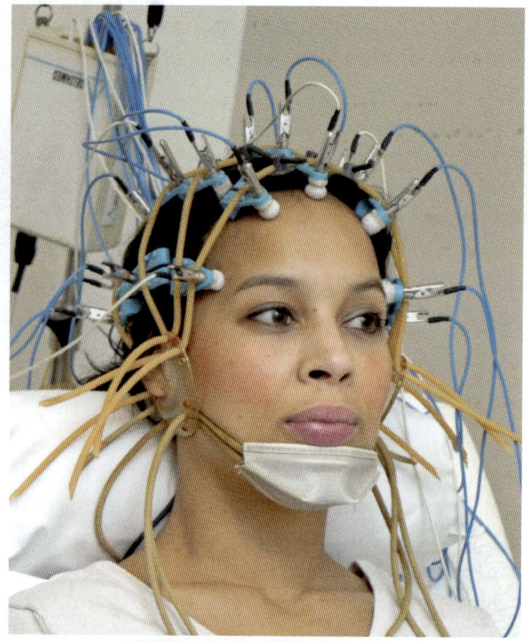

AJ Photo/Hop Americain/SPL/Latinstock

Figura 30.11 Mulher com eletrodos utilizados no exame de eletroencefalograma.

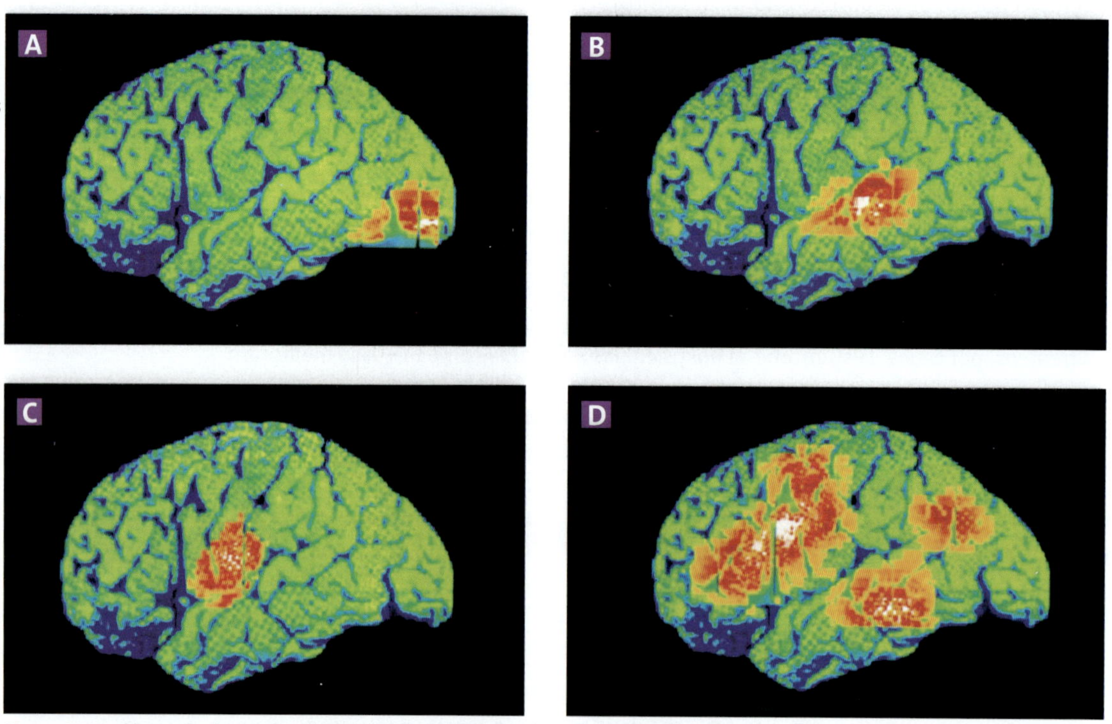


Fotos: Welcome Dept. of Cognitive Neurology/SPL/Latinstock

Figura 30.12 Algumas áreas do cérebro mais especializadas em certas funções. Nas fotos, as áreas do cérebro em maior atividade (em vermelho, laranja e amarelo) quando uma pessoa lê (sem falar) uma palavra (**A**), ouve uma palavra (**B**), fala em voz alta a palavra que ouviu (**C**) e fala uma palavra relacionada à palavra que acabou de ouvir (**D**). Essa técnica de análise por imagens baseia-se na avaliação do aumento do consumo de oxigênio por determinadas áreas do órgão (cores fantasia).

# 2 Os receptores sensoriais

Os animais possuem **receptores sensoriais**, estruturas que reagem a mudanças nos ambientes externo (**exteroceptores**) e interno (**interoceptores**) e que podem ser formadas por simples terminações nervosas dos neurônios ou por células epiteliais especializadas. Os exteroceptores são encontrados nos órgãos responsáveis pela visão, audição, tato, gustação e olfato. Os interoceptores acusam variações de pressão arterial, pH do sangue, pressão osmótica, atuando na sensação de fome, sede, etc. E há ainda os **proprioceptores**, localizados no interior de músculos esqueléticos, tendões, ligamentos e articulações. Eles nos permitem perceber a posição do corpo e suas partes (figura 30.13).

Cada receptor está organizado para responder a determinado tipo de estímulo. Há receptores ativados pela luz (**fotoceptores** ou **fotorreceptores**), que ocorrem nos olhos e são responsáveis pela visão; por estímulos mecânicos (**mecanoceptores** ou **mecanorreceptores**), responsáveis pelas sensações táteis da pele, pelo equilíbrio, pela audição; por substâncias químicas (**quimioceptores** ou **quimiorreceptores**), que atuam no sentido do olfato e da gustação; pela variação de temperatura (**termoceptores** ou **termorreceptores**), que indicam frio ou calor; **nociceptores** ou **nocirreceptores** são ativados quando o estímulo (que pode ser térmico, químico ou mecânico) pode provocar lesões (é potencialmente perigoso) por exceder uma faixa fisiológica (*nocere* = machucar).

Todos os receptores funcionam de modo semelhante: um estímulo (ondas sonoras, luz, pressão, etc.) altera a permeabilidade da membrana de suas células e gera uma inversão de cargas elétricas, como ocorre nas células nervosas. Essa mudança é passada para um neurônio (às vezes, o receptor é o próprio neurônio), e o impulso é levado para o sistema nervoso, que interpreta, armazena (como memória) e encaminha o tipo de resposta adequada ao estímulo.

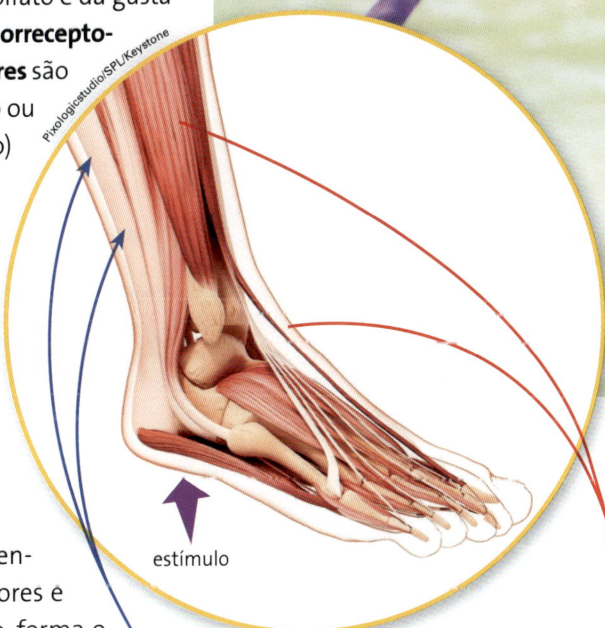


Os receptores podem estar reunidos em órgãos dos sentidos, como da visão e da audição. O conjunto de receptores e de órgãos dos sentidos dos animais, como o ser humano, forma o **sistema sensorial**.

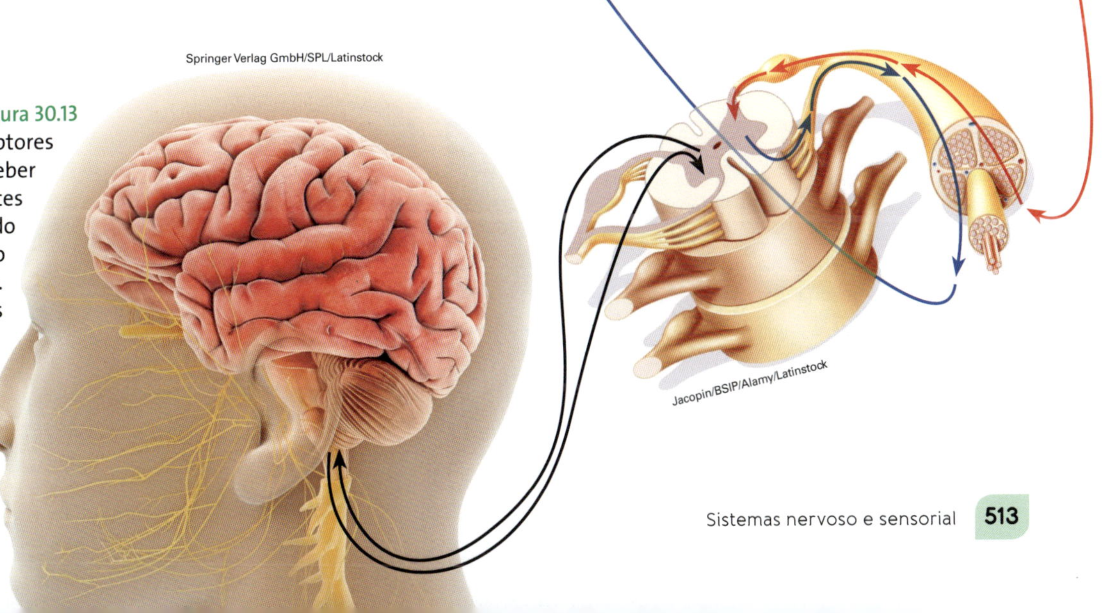


Figura 30.13 Os proprioceptores nos permitem perceber a posição das partes do corpo, contribuindo para o nosso equilíbrio. (Os elementos das ilustrações não estão na mesma escala; cores fantasia.)

Órgãos dos sentidos: olhos

# Estrutura geral do olho

O olho humano é coberto por uma camada protetora de tecido conjuntivo fibroso, a **esclera** (ou esclerótica, a parte branca do olho; *skleros* = duro), que é transparente na parte anterior, formando a **córnea** (*corneus* = formado de camadas). Parte da esclera e a superfície interna das pálpebras são revestidas por uma membrana, a **conjuntiva**. Mais internamente se situa a **corioide** (ou coroide; *chorion* = membrana) com vasos sanguíneos e melanina. Esta pode ser vista na parte anterior da corioide, a **íris** (na mitologia grega, íris é a mensageira dos deuses e simboliza a união entre o céu e a terra; é a origem também de "arco-íris"), e é responsável pela cor dos olhos (figura 30.14). No centro da íris existe uma abertura, a **pupila**, pela qual entra a luz (*pupilla* = menininha; ao olhar nos olhos de alguém vemos nossa imagem refletida em miniatura; a pupila é conhecida como "menina dos olhos"; a expressão quer dizer também "algo que tem um significado especial para alguém"). A íris pode se contrair, abrindo ou fechando a pupila e controlando a quantidade de luz que entra no olho.

Figura 30.14 Esquema do olho humano. Nas fotos, abertura e fechamento da pupila em consequência da menor e da maior intensidade luminosa. (Os elementos das ilustrações não estão na mesma escala; cores fantasia.)

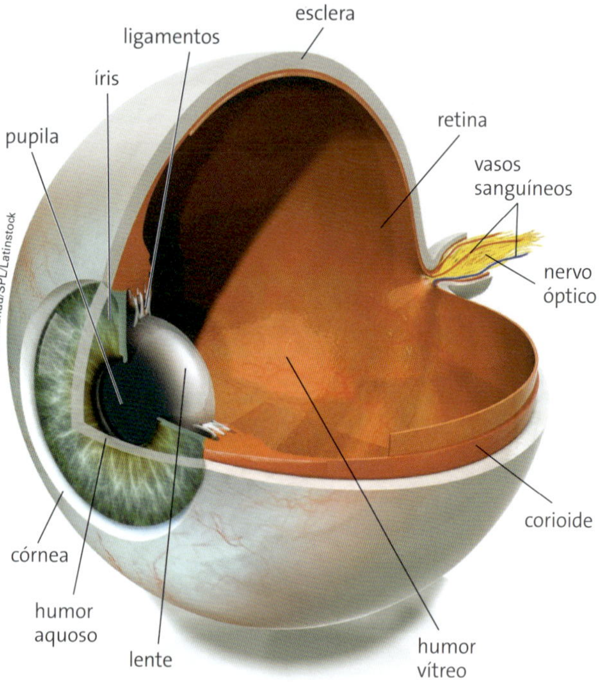


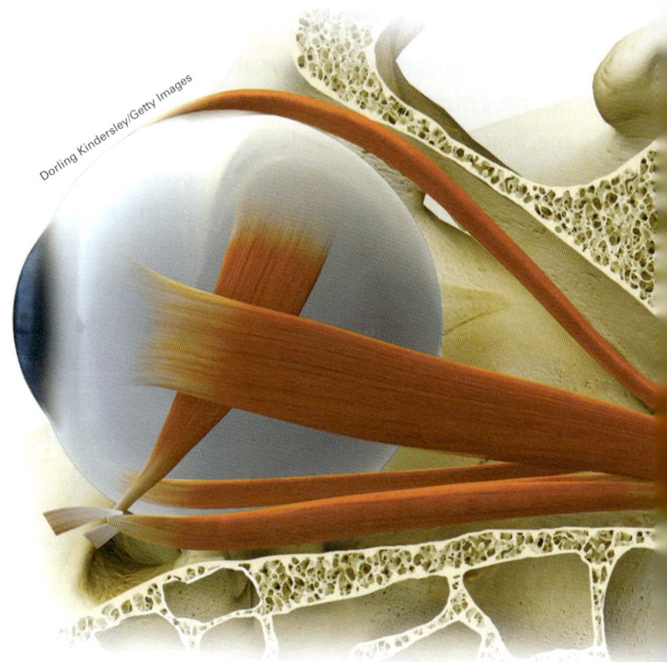


Músculos que movimentam o globo ocular.

ambiente pouco iluminado

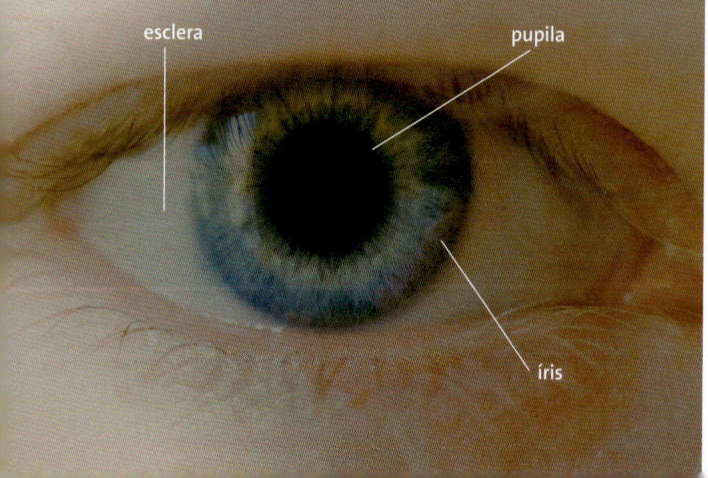


ambiente iluminado

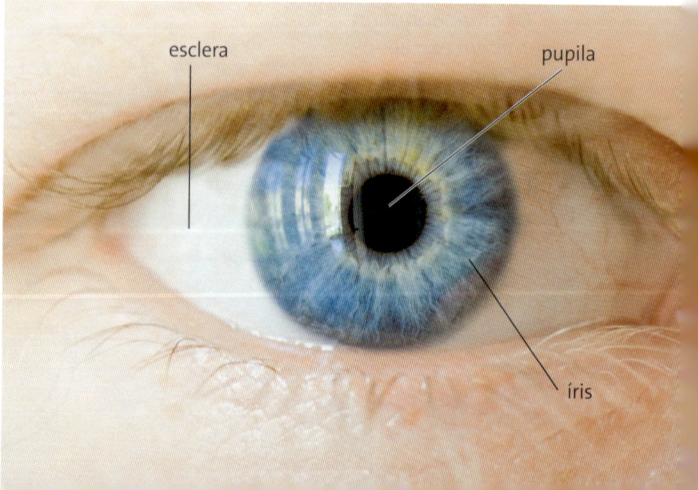


Fotos: annastock/Shutterstock/Glow Images

Os raios luminosos que chegam aos olhos são desviados (sofrem refração) ao passarem pela córnea, pelo **humor aquoso** (líquido claro; *humore* = =líquido), pela **lente** (ou cristalino, na terminologia antiga) e pelo **corpo vítreo** (líquido bastante viscoso). Esse conjunto funciona como um sistema de lentes convergentes e forma uma imagem na parte sensível do olho, a **retina** (figura 30.14). A superfície da retina é o único local do corpo em que os vasos sanguíneos podem ser observados diretamente, com auxílio de lentes especiais, para a investigação de doenças da retina e de problemas cardiovasculares (figura 30.15). O exame é feito pelo oftalmologista. A região onde os axônios dos neurônios da retina se agrupam e formam o **nervo óptico** – que sai da retina e se dirige ao cérebro levando os impulsos nervosos – é o **disco do nervo óptico** (**ponto cego**). Por causa da ausência de fotorreceptores nessa região, não há formação de imagens nela (figura 30.15).

Os olhos são protegidos pelas pálpebras e pelos cílios. Além disso, cada vez que piscamos, certa quantidade de lágrima espalha-se sobre a superfície do olho para protegê-lo.

Quando um corpo estranho entra nos olhos, a produção de lágrimas aumenta automaticamente (isso também acontece quando passamos por fortes emoções). Além de impedir que as camadas externas dos olhos percam água e sequem, as lágrimas possuem substâncias que atacam bactérias.

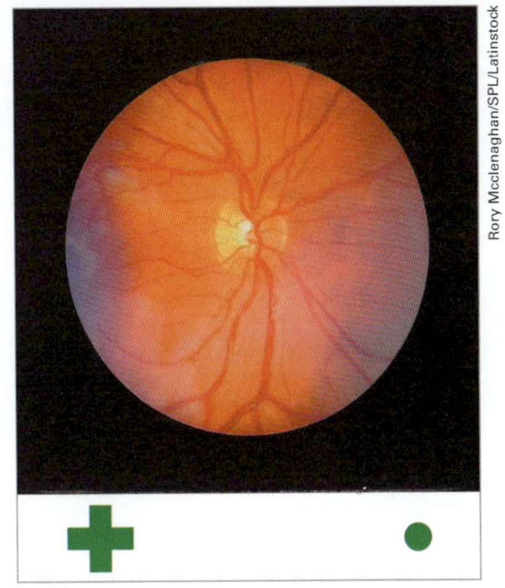


Figura 30.15 Na foto, vasos sanguíneos da retina com o nervo óptico ao centro. No esquema, experiência para demonstrar a existência do ponto cego: segure o livro com os braços completamente esticados, feche o olho esquerdo e olhe com o direito para a figura da cruz. Em determinado momento a imagem do círculo desaparece, indicando que ela caiu no ponto cego do olho direito. Continuando a aproximar o livro, o círculo volta a aparecer, pois saiu do ponto cego da visão.

## Cones e bastonetes

Há dois tipos de células fotossensíveis na retina: **cones** e **bastonetes** (figura 30.16); os nomes derivam de seu formato. Como um filme muito sensível, os bastonetes captam imagens mesmo com pouca luz, sendo importantes para a visão no escuro. Nos animais de hábitos noturnos a retina é formada, predominantemente, por essas células.

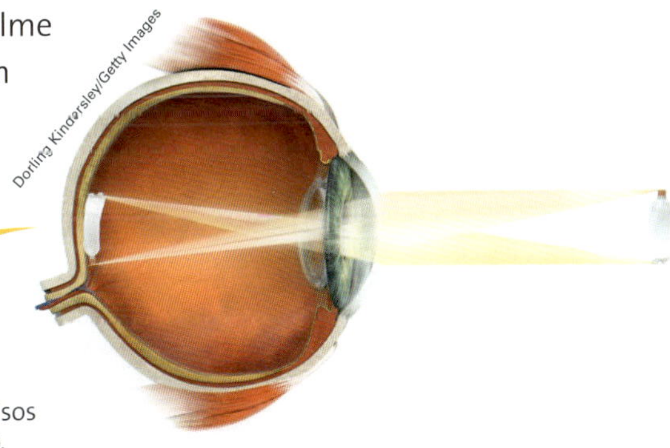


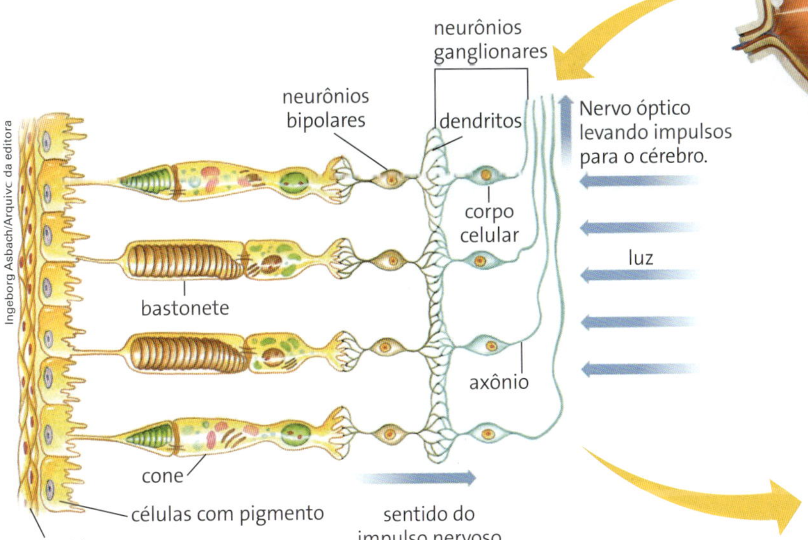


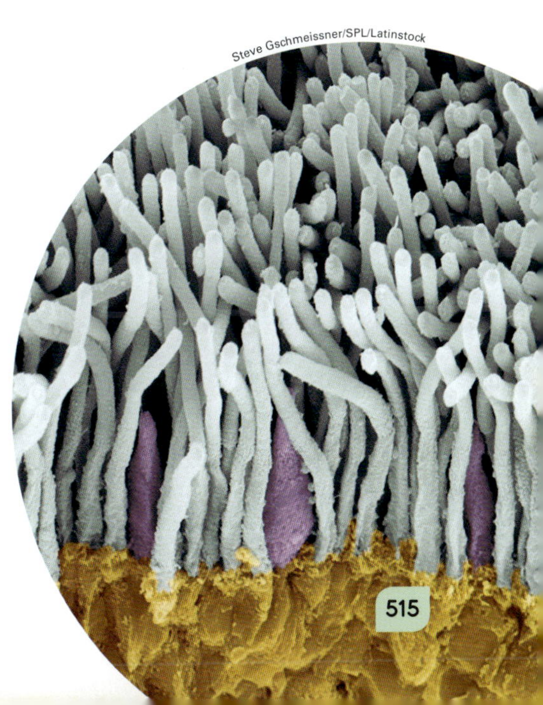


Figura 30.16 Esquema simplificado da retina, mostrando os cones e os bastonetes. (Cones e bastonetes são células microscópicas; os elementos da ilustração não estão na mesma escala; cores fantasia). Na foto, a parte mais distante dos bastonetes aparece em cinza e a dos cones, em violeta. A parte contendo o núcleo de ambas as células aparece em marrom (microscópio eletrônico; aumento de cerca de 2 000 vezes; imagem colorizada por computador.)

Fotorreceptores

Os cones são estimulados apenas por intensidades mais altas de luz, funcionando melhor na claridade e fornecendo imagens mais nítidas que os bastonetes. Estão mais concentrados em uma pequena região chamada **mácula lútea** (do latim, mancha amarela), em cujo centro está a ***fovea centralis*** (em latim, depressão central) ou, simplesmente, **fóvea**. Nessa depressão há apenas cones e é nela que a imagem se forma com maior nitidez. Na periferia da retina há maior concentração de bastonetes. É por esse motivo que na obscuridade vemos melhor com o canto dos olhos.

Outra diferença importante entre bastonetes e cones é que estes dão uma imagem colorida do ambiente. Com pouca luminosidade, é possível perceber apenas o branco, o preto e os tons de cinza. Há três tipos de cones: os mais sensíveis ao comprimento de onda do vermelho, aqueles sensíveis ao verde e os mais sensíveis ao azul. A percepção de outras tonalidades depende da quantidade relativa de tipos de cones estimulados.

## Biologia e cotidiano

### O olho humano e a máquina fotográfica

É comum comparar o olho humano a uma máquina fotográfica, com suas lentes, seu diafragma e filme ou sensores eletrônicos (nas máquinas digitais). Veja a figura 30.17. Nas máquinas fotográficas, a luz entra por uma abertura que pode ser regulada pelo diafragma. Este se abre e se fecha rapidamente e a luz entra por determinado período de tempo. A objetiva é formada por um sistema de lentes para colocar em foco a imagem, que é real e invertida. Ao atingir o filme, a luz provoca transformações químicas e grava a imagem.

Nas câmaras digitais, em vez de filme, há um sensor (um *chip* sensível à luz; figura 30.17) que converte a luz em um fluxo de elétrons, que, por sua vez, é transformado em dados digitais (na forma de um código binário, código de informática formado pelos números 1 e 0), armazenados no cartão de memória da máquina ou convertidos em imagem, que é visualizada na tela de cristal líquido do equipamento.

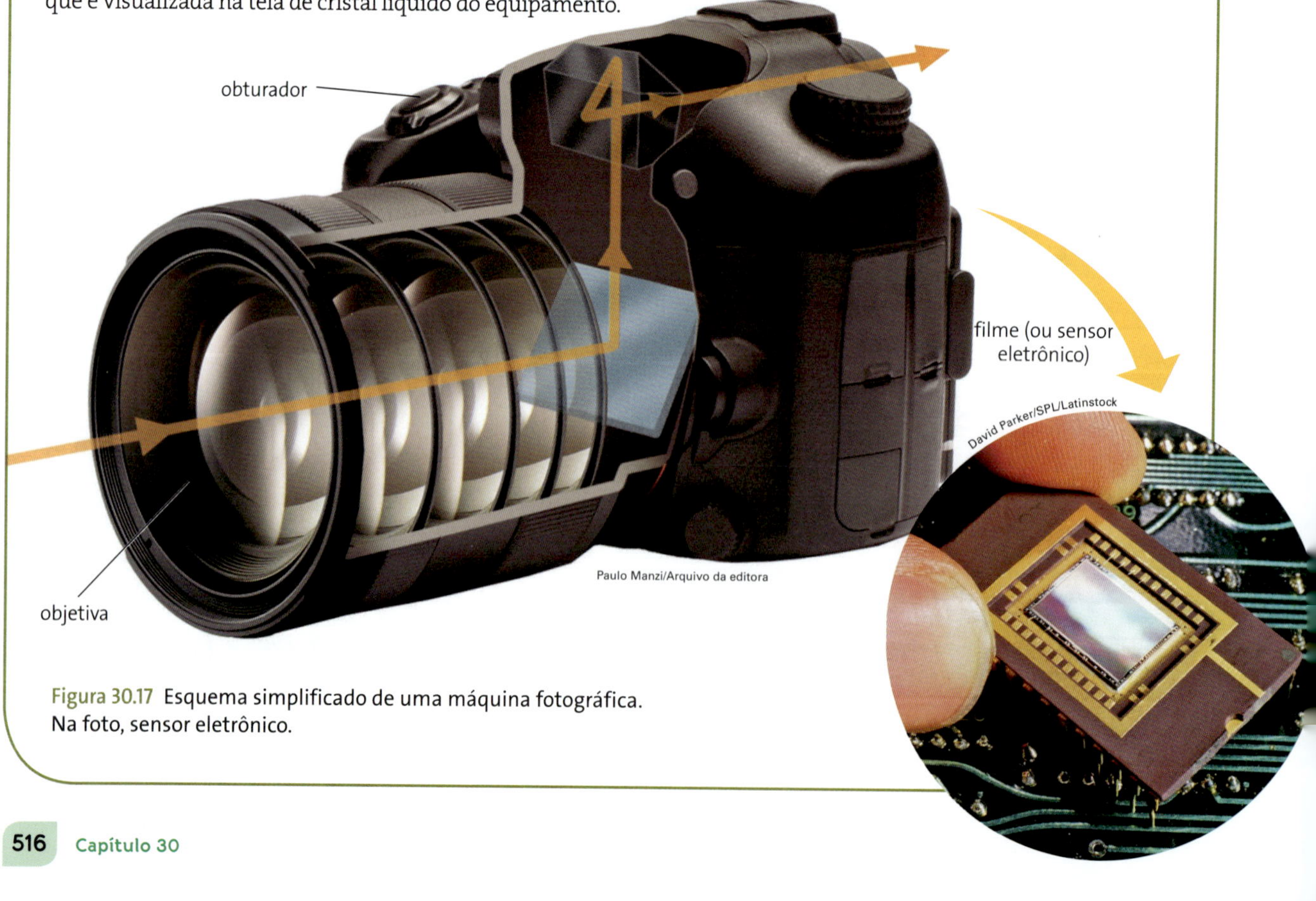


Figura 30.17 Esquema simplificado de uma máquina fotográfica. Na foto, sensor eletrônico.

Os bastonetes possuem um pigmento vermelho chamado **rodopsina**. Pequenas quantidades de luz em uma sala escura provocam a quebra de moléculas de rodopsina, estimulando o início dos impulsos visuais. A carência de vitamina A no organismo resulta numa produção menor de rodopsina, pois essa vitamina participa da composição desse pigmento. Como os bastonetes são sensíveis à pequena quantidade de luz, o indivíduo passa a apresentar baixa capacidade de enxergar na obscuridade: é a chamada cegueira noturna.

Quando uma pessoa permanece muito tempo na claridade, grande parte de sua rodopsina se decompõe. Consequentemente, ao entrar em um ambiente pouco iluminado, ela verá com dificuldade. Com a permanência nesse ambiente, sua visão melhora à medida que a rodopsina é ressintetizada.

Nos cones, o pigmento sensível à luz é a fotopsina, também derivado da vitamina A.

**! ATENÇÃO!**

**As informações sobre questões de saúde deste capítulo não substituem a orientação médica nem podem ser usadas para diagnóstico, tratamento ou prevenção de doenças.**

## Problemas nos olhos

Vejamos a seguir alguns problemas que podem afetar a visão no ser humano.

- **Hipermetropia** – problema decorrente do fato de o diâmetro do globo ocular ser pequeno demais ou de o sistema de lentes ter pouca refração. Em ambos, os raios luminosos não são desviados suficientemente para que sejam focalizados sobre a retina (a imagem, teoricamente, se formaria em um ponto depois da retina). Quando o objeto está longe, a pessoa ainda pode focalizá-lo usando seu poder de acomodação (aumentando a convergência da lente). Para objetos próximos há necessidade de um grande aumento de refração, acima da capacidade de acomodação do olho. Consequentemente, o hipermetrope enxerga mal de perto. A correção é feita com lentes convergentes, que desviam os raios luminosos de maneira que eles se aproximem, isto é, convirjam (figura 30.18).

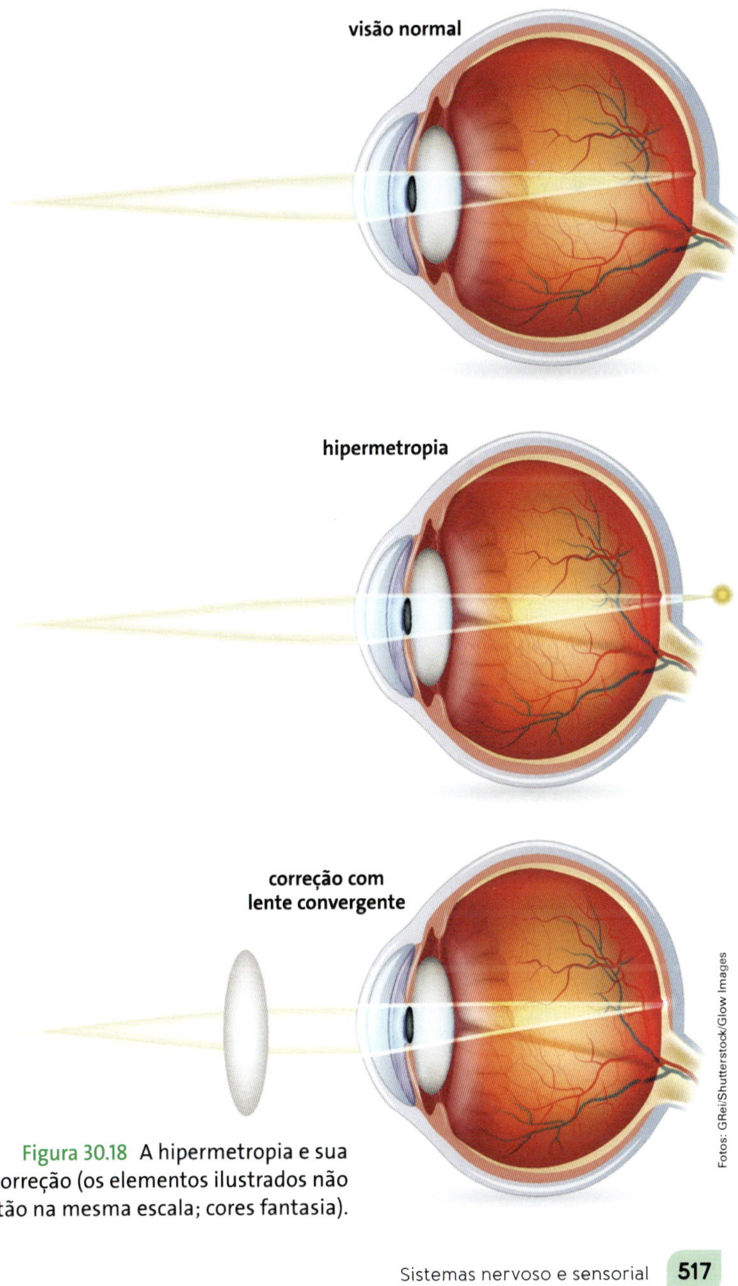


Figura 30.18 A hipermetropia e sua correção (os elementos ilustrados não estão na mesma escala; cores fantasia).

- **Catarata** (com instrumentos apropriados, a lente aparece com uma opalescência translúcida como a de uma cascata) – doença em que a lente do olho perde parte da transparência, dificultando a visão. É mais comum após os cinquenta anos. Pode ser corrigida por meio de cirurgia na qual se retira o núcleo da lente e coloca-se em seu lugar uma lente artificial.
- **Miopia** (*myein* = cerrar; *opsis* = visão, porque a pessoa míope aperta as pálpebras para ver melhor) – em geral, é causada por um globo ocular muito alongado ou por grande poder de refração do sistema de lentes. Os raios luminosos são focalizados em um ponto antes da retina, onde, se houvesse um anteparo, seria formada uma imagem. Quando o objeto está perto, a acomodação ainda consegue resolver o problema, mas, à medida que a distância aumenta, a lente não pode diminuir mais a sua convergência, e o míope passa a ter dificuldade para enxergar de longe. A correção é feita com lentes divergentes, que desviam os raios luminosos de maneira que eles se afastem uns dos outros, formando um feixe divergente (figura 30.19).

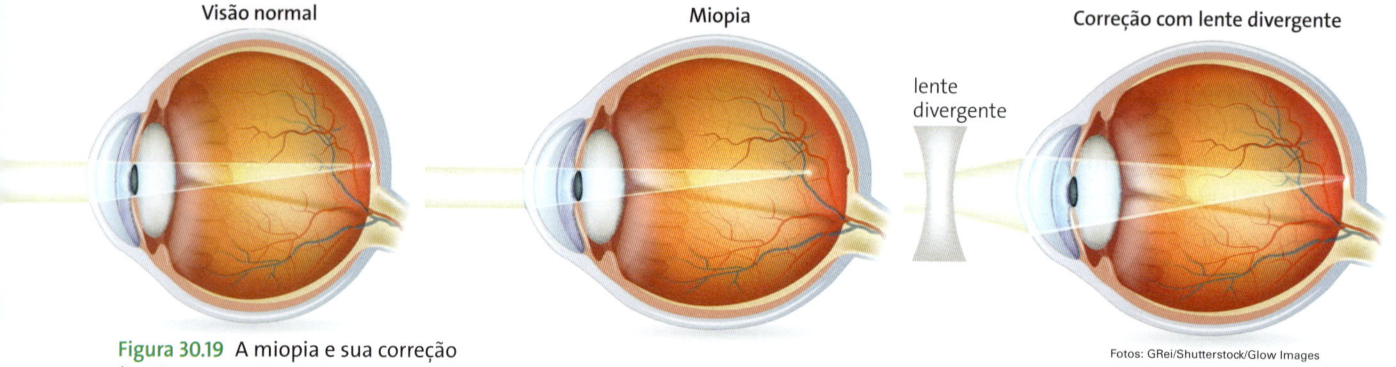


Figura 30.19 A miopia e sua correção (os elementos ilustrados não estão na mesma escala; cores fantasia).

- **Presbiopia** (*presbys* = antigo; *opsis* = visão) – o poder de refração dos olhos pode ser alterado pela contração de pequenos músculos do olho (músculos ciliares), que modificam a forma da lente (cristalino). Essa capacidade, chamada **acomodação**, permite que as imagens situadas a distâncias diversas se formem sobre a retina, mas tende a diminuir com a idade, em geral após os 40 anos, à medida que a lente perde sua elasticidade, provocando a presbiopia, conhecida como "vista cansada". A focalização dos objetos próximos passa a ser difícil. O problema pode ser corrigido com auxílio de lentes convergentes – lentes para perto ou do tipo multifocal (figura 30.20).

Figura 30.20 Correção da presbiopia por lente corretora (os elementos ilustrados não estão na mesma escala; cores fantasia).

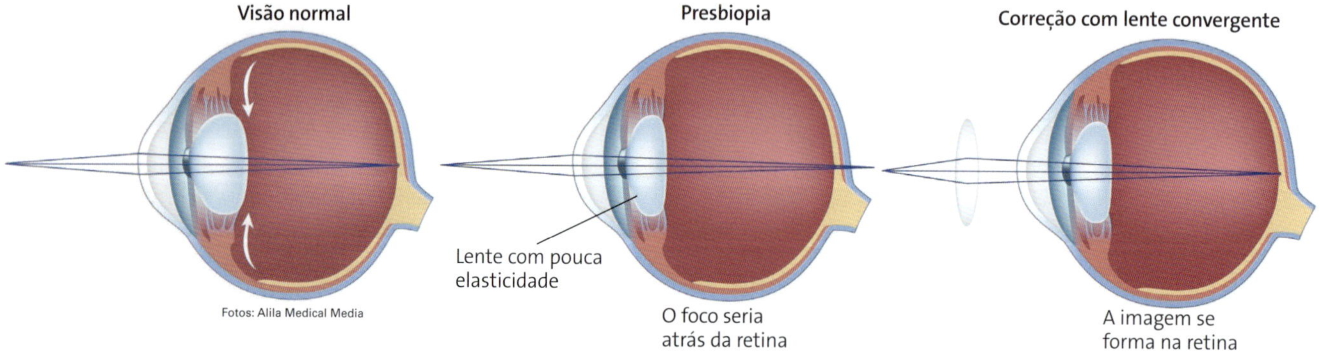

- **Astigmatismo** (*a* = sem; *stygma* = ponto, marca) – é consequência de um formato irregular da córnea ou da lente, que desviam os raios luminosos de maneira diferente e a imagem fica fora de foco em algumas direções. A correção é feita com lentes cilíndricas que tenham curvaturas desiguais, compensando a curvatura desigual do olho (figura 30.21).

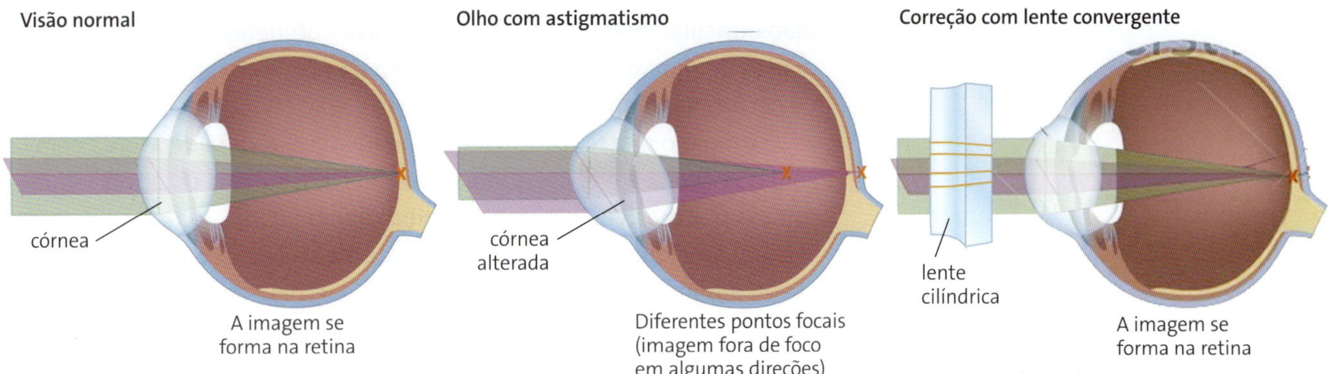


Figura 30.21 O astigmatismo e sua correção (os elementos ilustrados não estão na mesma escala; cores fantasia).

- **Daltonismo** – de origem genética, afeta os cones, e a pessoa não consegue distinguir certas cores. A mais comum é a dificuldade de distinguir o vermelho e o verde, provocada pela ausência dos cones responsáveis por essas cores.
- **Conjuntivite** – trata-se de inflamação da conjuntiva, causada por bactérias, vírus, etc. Os olhos costumam ficar avermelhados, e a pessoa pode apresentar uma sensação incômoda, como se tivesse "areia" nos olhos. É importante procurar o médico e não usar colírios ou outros medicamentos por conta própria, uma vez que eles podem provocar efeitos indesejados e até outras doenças.
- **Glaucoma** (*glaux* = azulado, cor da pupila que pode aparecer em razão da opacificação da lente, o que indica que o termo pode ter sido usado inicialmente para a catarata) – problema em que o humor aquoso se acumula, o que provoca aumento da pressão intraocular, que pode lesionar o nervo óptico. Por isso, se a doença não for diagnosticada (a medida da pressão intraocular feita pelo oftalmologista é usada para identificar indícios de glaucoma) e tratada a tempo (com medicamentos ou cirurgia), poderá provocar cegueira irreversível (por destruição do nervo óptico) (figura 30.22).

Figura 30.22 O aumento da pressão intraocular no glaucoma (figura sem escala; cores fantasia).

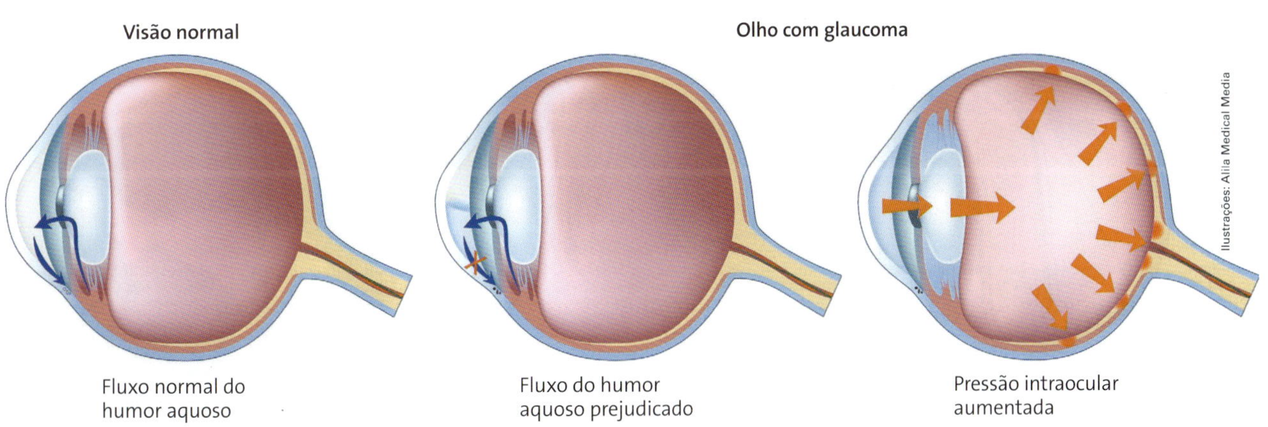

# Estrutura geral da orelha

Na espécie humana, a orelha pode ser dividida em externa, média e interna (figura 30.23). A externa é formada pelo **pavilhão auricular**, que capta o som, e pelo **meato acústico externo** (ou canal auditivo). Neste há pelos e glândulas produtoras de cerúmen, que protegem a orelha da entrada de poeira e microrganismos (pode-se limpar a parte visível do pavilhão auricular, mas não se deve introduzir cotonetes ou outros objetos dentro do meato acústico externo para não correr o risco, entre outros, de perfurar a membrana timpânica).

O tímpano marca o início da orelha média. Ele vibra de acordo com o som que chega a ele. Essas vibrações são transmitidas para três pequenos ossos – **martelo**, **bigorna** e **estribo** (figura 30.23) – articulados entre si e que funcionam como um sistema de alavancas, que podem amplificar ou diminuir as vibrações do tímpano, por meio de pequenos músculos presos a eles. Esses músculos podem frear os movimentos dos ossos, protegendo os ouvidos contra sons muito fortes.

A orelha média comunica-se com a garganta e, consequentemente, com o exterior através da **tuba auditiva** – antes chamada trompa de Eustáquio, em homenagem ao anatomista italiano Bartolomeu Eustáquio (1520-1574).

Fig. 30.23 Estrutura da orelha humana (cores fantasia). Na foto, raio X dos três ossos da orelha, os menores do corpo humano (aumento de cerca de 5 vezes; imagem colorizada por computador).

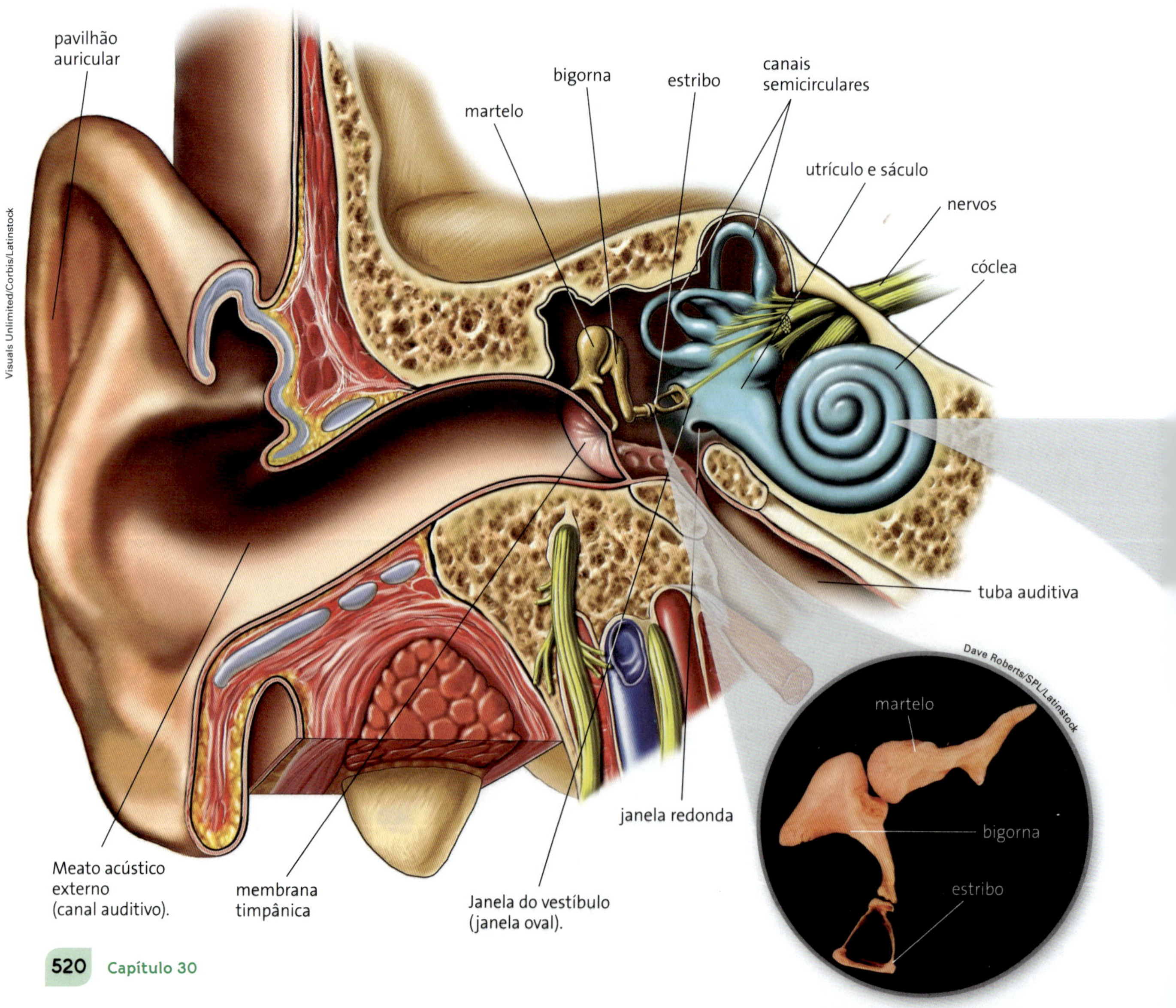

Se não houvesse essa comunicação, o tímpano permaneceria inchado para fora ou para dentro sempre que houvesse alteração na pressão, o que diminuiria sua flexibilidade e prejudicaria a audição. É o que ocorre quando se sobe uma serra de carro ou de ônibus. A pressão atmosférica fica menor que a do ar na orelha média, e o tímpano é pressionado de dentro para fora e fica um pouco curvado. A saída de parte do ar pela tuba auditiva equilibra as pressões e resolve o problema. De modo geral, isso acontece de forma natural, mas é possível facilitar esse processo engolindo um pouco de saliva ou bocejando, o que faz com que a tuba se abra, facilitando a saída de ar da orelha média e igualando as pressões nas duas faces do tímpano, que volta a vibrar normalmente.

A vibração do tímpano é transmitida pelos três pequenos ossos para a **janela do vestíbulo** (ou janela oval; uma membrana), que a passa para um líquido no interior da **cóclea** (*cochlea* = caracol; tubo enrolado como a concha de um caracol). Nesta há a **membrana basilar**, com células sensitivas ciliadas (mecanoceptores), que se agrupam no **órgão espiral** (ou órgão de Corti na terminologia antiga) e são capazes de perceber as vibrações causadas no líquido pela janela oval, o que faz com que os cílios dessas células se choquem contra a **membrana tectorial** ou **tectórica** (*tectorium* = cobertura). O próprio movimento do líquido também estimula os cílios, gerando um impulso nervoso que é levado pelo **nervo vestibulococlear** ao centro da audição, no lobo temporal do cérebro, onde o som é percebido (figura 30.24).

Se a cóclea fosse uma estrutura inteiramente rígida, o líquido em seu interior não poderia se movimentar (vibrar), pois os líquidos são, por natureza, incompressíveis. Entretanto, ela possui outra membrana elástica, a **janela redonda**, que se dilata e permite a movimentação do líquido quando ele recebe as vibrações da janela oval (reveja a figura 30.23). Na orelha interna há ainda o sáculo, o utrículo e os canais semicirculares, que, como veremos mais adiante, atuam no equilíbrio.

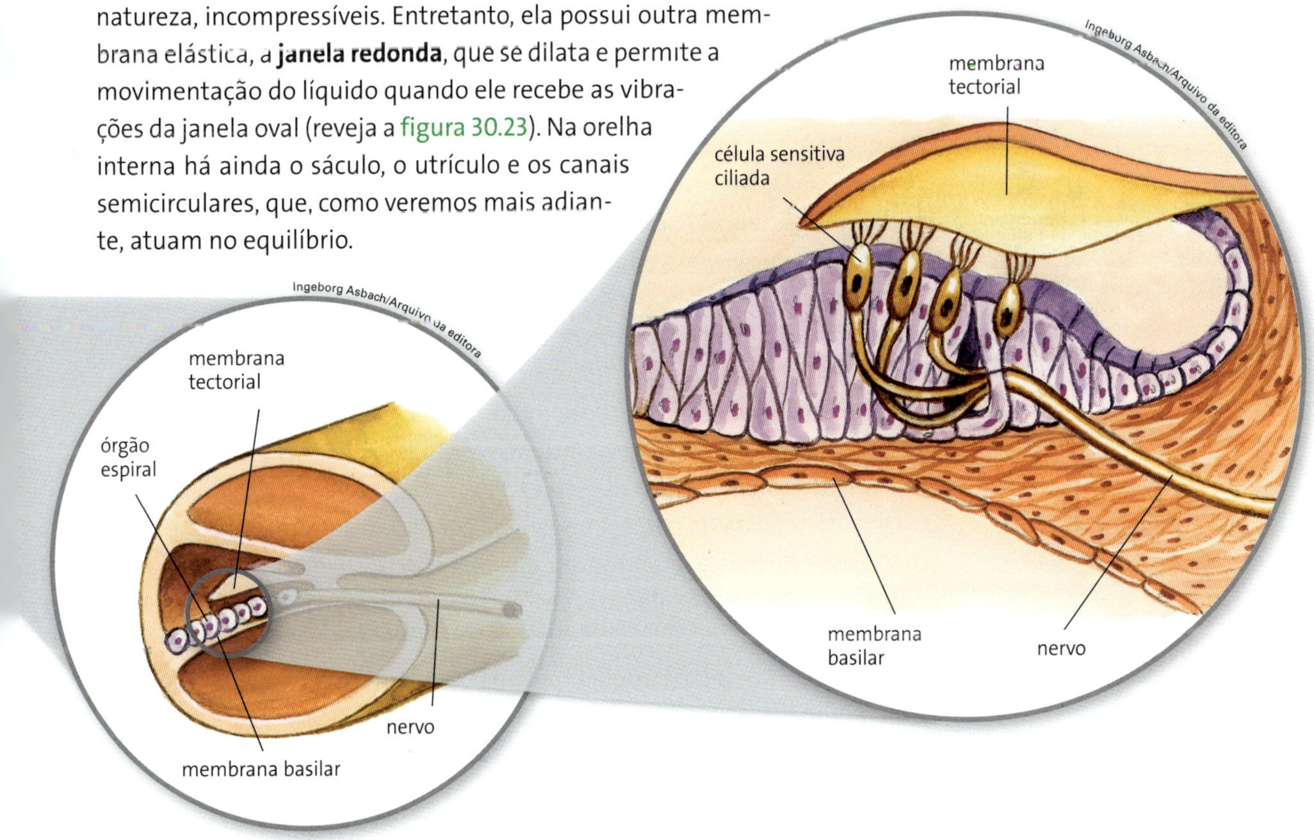


Figura 30.24 Órgão espiral em detalhe (os elementos da ilustração não estão na mesma escala; cores fantasia).

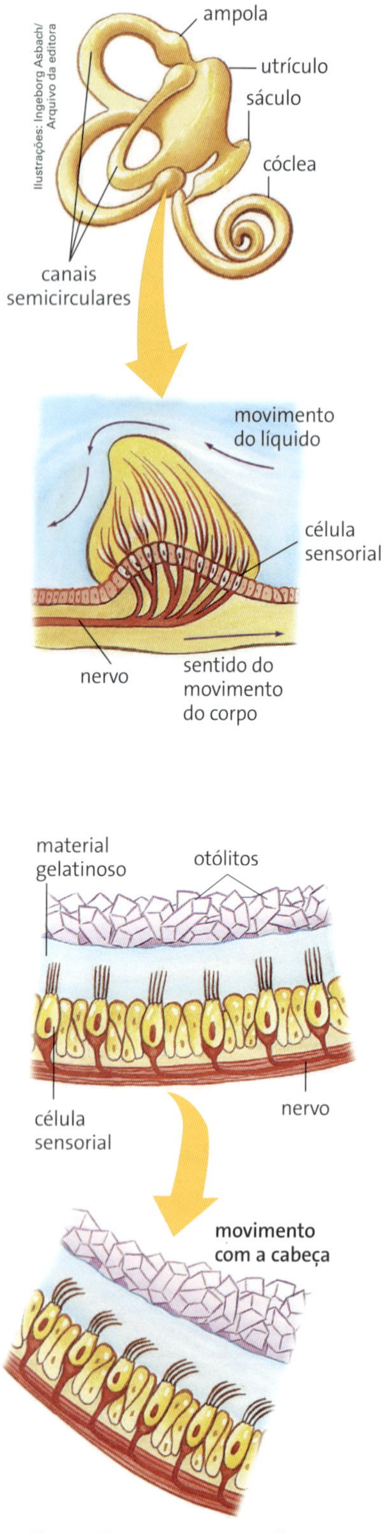


Figura 30.25 Como o aparelho vestibular detecta os movimentos do corpo. (Os elementos da ilustração não estão na mesma escala; cores fantasia.)

## Problemas auditivos

A perda parcial ou total da audição (surdez) pode ser provocada por lesões no mecanismo de transmissão dos sons até a cóclea, na cóclea ou no nervo vestibulococlear. Alguns tipos de surdez são de origem hereditária. Outros são provocados por: exposição a sons muito intensos; infecções no ouvido; uso de certos medicamentos (alguns antibióticos podem afetar o nervo vestibulococlear). Além disso, à medida que a pessoa envelhece, é comum haver perda progressiva da capacidade auditiva.

Em certos casos, essa perda pode ser corrigida ou diminuída com medicamentos, cirurgia, aparelhos amplificadores ou implantes de cóclea.

Um recurso utilizado pelas pessoas portadoras de deficiência auditiva é a linguagem de sinais. O diagnóstico e tratamento dos problemas de audição é feito pelo otorrinolaringologista (*otós* = orelha; *rhinos* = nariz; *larigx* = laringe).

## Manutenção do equilíbrio

O utrículo, o sáculo e os canais semicirculares formam o **aparelho vestibular** ou **labirinto**. Em seu interior há células sensoriais ciliadas (na realidade, trata-se de um prolongamento chamado **esterocílio** (*stereos* = duro), com estrutura um pouco diferente da dos cílios verdadeiros), que enviam mensagens ao sistema nervoso sobre as mudanças de posição do corpo. Em resposta, o sistema nervoso envia sinais aos músculos para ajustar a postura e manter o equilíbrio.

No utrículo e no sáculo existe uma substância gelatinosa com otólitos (figura 30.25). Quando uma pessoa começa a se movimentar, está em um carro que acelera ou freia, ou a cabeça é desviada, os otólitos deslocam-se e os cílios das diferentes células sensoriais são estimulados.

Nos canais semicirculares há regiões dilatadas (**ampolas** ou **âmpulas**) com células sensoriais cobertas por material gelatinoso. Movimentos da cabeça fazem o líquido no interior dos canais se movimentar, pressionando as células sensoriais. A disposição dos canais permite que eles recebam informações dos três planos dos movimentos da cabeça no espaço e as enviem ao sistema nervoso para que ele faça os ajustes na postura e na posição dos olhos (reveja a figura 30.25).

Quando uma pessoa gira o corpo e para de repente, o líquido nos canais continua a se deslocar por alguns instantes por inércia. Nesse momento, são enviadas para o cérebro informações de que o corpo está se movimentando, mas essas informações não são coerentes com a percepção dos olhos de que o corpo está parado. Esse conflito de informações faz a pessoa ficar tonta temporariamente.

Quando se anda de barco, também há conflito de informações: o piso do barco está fixo, mas a visão mostra que ele se desloca, o que pode provocar enjoos e até vômitos em algumas pessoas.

Existem várias doenças que afetam o labirinto, chamadas de labirintopatias (labirintite, termo usado popularmente para denominá-las, é apenas um tipo de labirintopatia, que se caracteriza pela infecção ou inflamação da orelha interna). Dependendo do problema, a pessoa pode ter tonturas, vertigens, enjoos, dor de cabeça, ouvir zumbidos ou apresentar outros sintomas. O tratamento é feito de acordo com a causa do problema e somente o médico pode diagnosticá-lo e tratá-lo corretamente.

# Olfato e gustação

Os animais são capazes de captar estímulos químicos do ambiente por meio de receptores químicos. Quando são capazes de detectar partículas emitidas por objetos distantes, esses receptores são chamados de **receptores olfatórios**, constituindo o olfato. E aqueles que são estimulados apenas por partículas químicas em contato direto com o objeto são chamados de **receptores gustatórios**, constituindo a gustação (paladar).

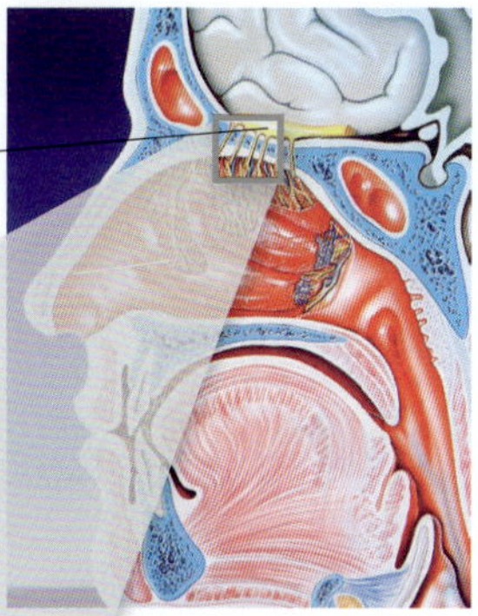


John Bavosi/SPL/Latinstock

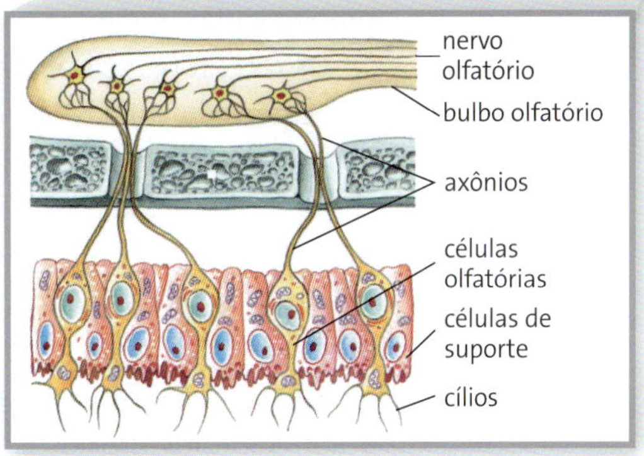


Ingeborg Asbach/Arquivo da editora

Figura 30.26 As células olfatórias localizam-se no teto das cavidades nasais. (Os elementos da ilustração não estão na mesma escala; as células são microscópicas; cores fantasia.)

Na parte superior das **cavidades nasais** dos seres humanos, bem como dos mamíferos e de outros vertebrados terrestres, há células olfatórias dotadas de cílios. Quando determinadas moléculas do ambiente ligam-se a essas células, deflagra-se um impulso nervoso, que é encaminhado ao **bulbo olfatório** (figura 30.26).

O olfato humano não é tão desenvolvido quanto o da maioria dos mamíferos. No ser humano, os receptores olfatórios ocupam uma área de 10 centímetros quadrados do nariz, enquanto nos cães esses receptores ocupam 25 centímetros quadrados. Um cão pastor-alemão, por exemplo, tem cerca de 220 milhões de receptores olfatórios, contra os cerca de 16 milhões do ser humano. Ainda assim, nossos 16 milhões de receptores olfatórios possibilitam uma percepção de cerca de 10 mil odores diferentes.

Boa parte do que conhecemos como sabor do alimento deve-se ao olfato: com o nariz e os olhos tapados, pode ser difícil distinguir, só pelo gosto, uma maçã de uma batata, por exemplo. Quando estamos resfriados, o excesso de muco produzido no nariz dificulta o contato dos receptores olfatórios com as partículas responsáveis pelo cheiro. O resultado é que os alimentos perdem muito do sabor.

Na língua encontramos os **botões gustatórios**, concentrados em pequenas projeções, as **papilas gustatórias**. (figura 30.27). As células gustatórias reagem a diversos tipos de substâncias químicas.

Com os botões gustatórios, percebemos quatro tipos de sensações fundamentais: o doce, o salgado, o azedo e o amargo. Atualmente, um quinto sabor é reconhecido: o umami. Trata-se de uma palavra japonesa, que vem dos ideogramas *umai*, 'gostoso', e *mi*, 'sabor'. Ele pode ser percebido em alimentos temperados com glutamato monossódico, derivado de um aminoácido, o ácido glutâmico (mas algumas pessoas podem ser alérgicas a esse tempero). O ácido glutâmico também está naturalmente presente, com outros aminoácidos, nos alimentos ricos em proteínas, como a carne e o peixe. Por isso, esse sabor também pode ser percebido, em menor grau, nesses alimentos.

Hiroe Sasaki/Arquivo da editora

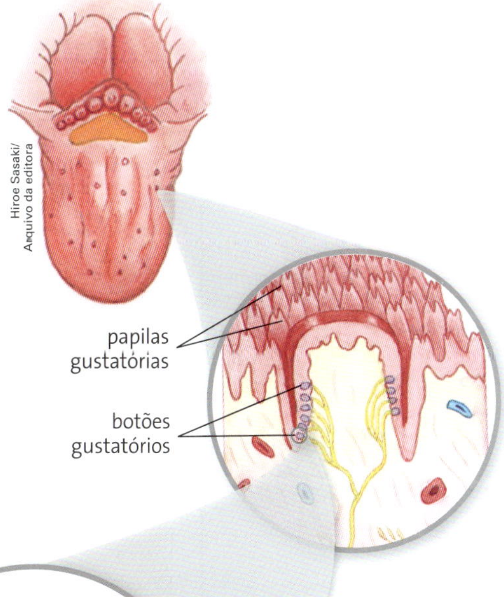


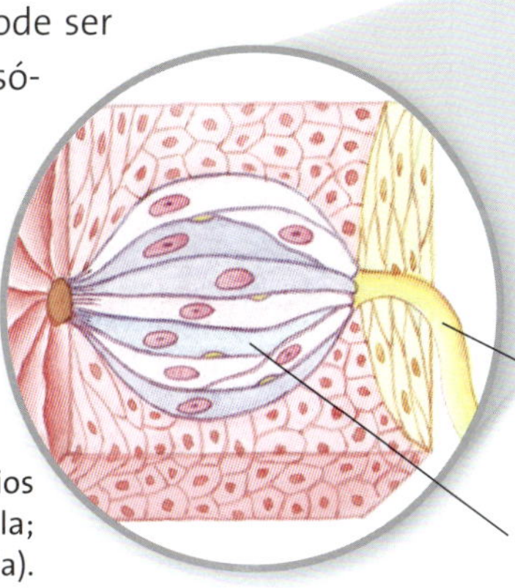


Figura 30.27 Papilas e botões gustatórios (os elementos ilustrados não estão na mesma escala; as células são microscópicas; cores fantasia).

Receptores da pele

# Receptores da pele

Nos seres humanos, assim como nos demais vertebrados, existem vários tipos de receptores que acusam dor, sensações táteis (tato e pressão) e sensações térmicas (calor e frio). O tato é a percepção de que algo tocou nossa pele e de que esse toque ocorreu em determinado ponto dela.

Entre os receptores do tato, por exemplo, encontramos, na porção superior da derme, aqueles que são muito sensíveis a toques leves, que fornecem informações sobre qual o ponto tocado. Há também corpúsculos que estão situados em áreas mais profundas da derme e acusam pressões mais fortes de um objeto sobre a pele (figura 30.28).

Os receptores que acusam a dor são terminações de células nervosas que estão espalhadas em vários tecidos do corpo. A dor é uma informação importante: ela nos diz que há algo errado acontecendo em nosso corpo. A dor impede, por exemplo, que uma pessoa tente mover uma perna quebrada, o que poderia piorar a fratura. E imagine o que ocorreria se você não sentisse dor quando, sem notar, encostasse a mão em uma panela muito quente!

Certos anestésicos locais, como a novocaína, usada por dentistas, atuam diretamente nos receptores da dor na pele ou nas gengivas. A aspirina e outros medicamentos atuam inibindo a produção de prostaglandinas, substâncias que causam dor e inflamação em diversas regiões do corpo. As drogas derivadas do ópio, como a morfina e a codeína, atuam nos centros da dor no cérebro.

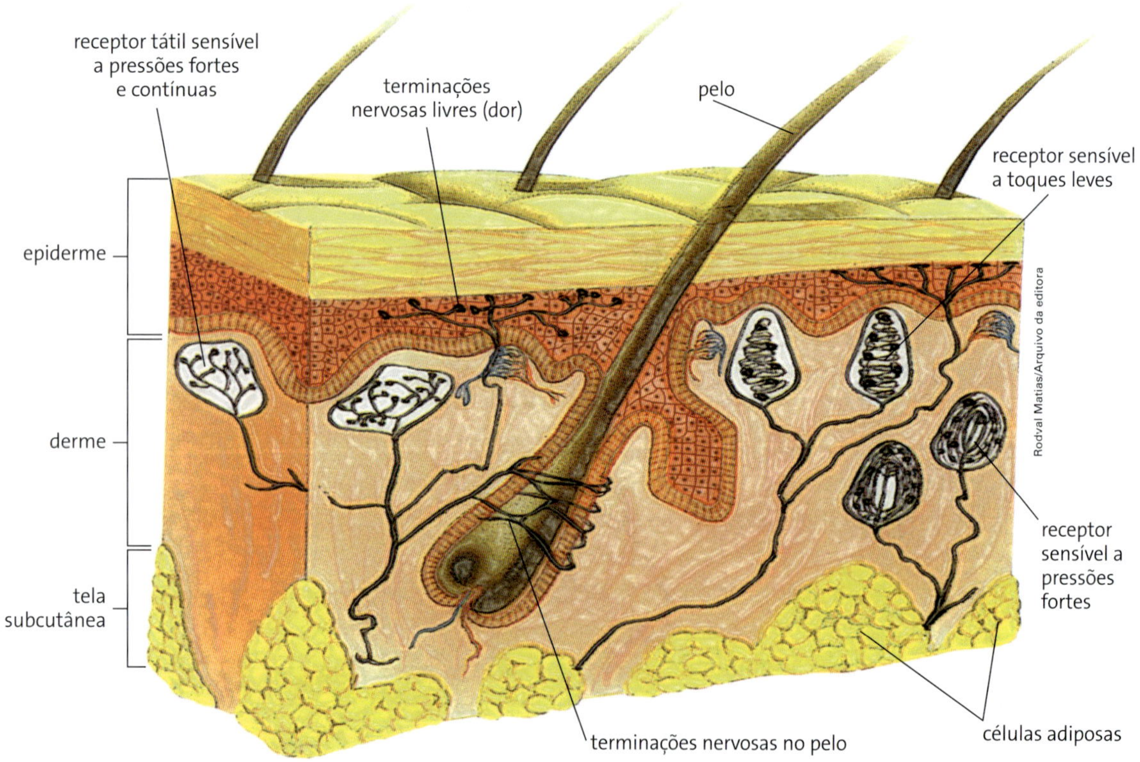


Figura 30.28 Os diversos receptores da pele. Algumas áreas da pele possuem mais receptores que outras, por isso são mais sensíveis: a extremidade dos dedos, por exemplo, tem maior concentração de receptores que o dorso da mão. (Os elementos ilustrados não estão na mesma escala; as células são microscópicas; cores fantasia.)

## Atividades

1. Indique quais das atividades abaixo são controladas pelo sistema nervoso autônomo:
   a) O aumento da frequência cardíaca quando levamos um susto.
   b) Salivar ao ver uma comida.
   c) Chutar uma bola ao bater um pênalti.
   d) Os atos de pensar, falar e memorizar.

2. Indique as afirmativas corretas:
   a) As meninges envolvem o encéfalo e a medula espinal.
   b) O cerebelo é a parte mais desenvolvida do encéfalo.
   c) O sistema nervoso autônomo é subdividido em simpático e parassimpático.
   d) O hipotálamo controla a temperatura corporal e a sede.
   e) O encéfalo e a medula espinal fazem parte do sistema nervoso central.
   f) Depois que a situação de perigo termina, o sistema nervoso simpático entra em ação.
   g) Um problema no cerebelo tornaria difícil ficar em pé.

3. Sabendo que o lobo parietal do cérebro está relacionado com a capacidade de comunicação por meio da linguagem, cite algumas das atividades cotidianas que seriam afetadas por um problema nessa região do órgão.

4. Quando, em um acidente, há suspeita de algum dano à coluna vertebral, a vítima deve ser imobilizada em posição horizontal (deitada) antes de ser levada ao hospital. Por que esse cuidado é necessário?

5. Uma pessoa cujos olhos estejam em perfeitas condições pode, mesmo assim, não enxergar. Qual a possível explicação para esse fenômeno?

6. Em situações de perigo, o sistema nervoso simpático provoca, por exemplo, a contração dos vasos sanguíneos da pele, a liberação de glicose do fígado para o sangue e a estimulação das glândulas sudoríferas. Explique a importância desses efeitos nesse tipo de situação.

7. Um computador conseguiu ganhar algumas partidas de um campeão mundial de xadrez. Já existem computadores que fazem diagnósticos de certas doenças tão bem quanto os médicos. Você acha que um dia será possível construir um computador que seja capaz de realizar tudo o que o cérebro humano faz? Que tenha emoções e consciência? Discuta isso com os colegas e, depois, no caderno, escreva as conclusões a que você chegou.

8. Você conheceu vários tipos de receptores sensoriais: fotoceptores, mecanoceptores, quimioceptores, termoceptores. Então, no caderno, indique que tipos de receptores estão presentes na audição, gustação, visão, equilíbrio, calor.

9. Uma pessoa se balança em uma rede, de olhos fechados, e, mesmo assim, sabe para que lado o seu corpo está indo a cada momento. Que estrutura de seu corpo lhe dá essa percepção?

10. Analise o gráfico a seguir.

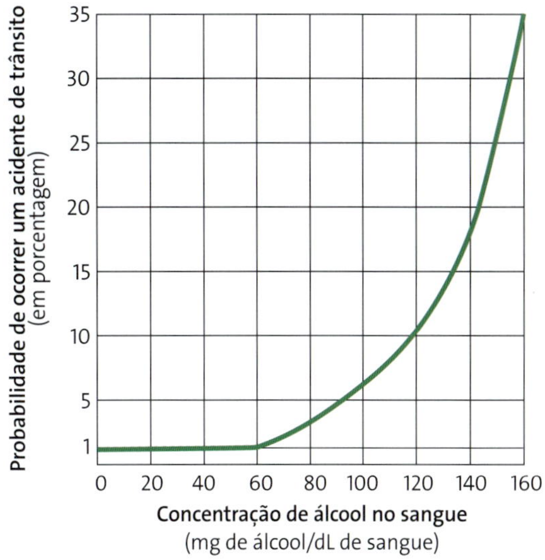


   a) Qual a relação entre probabilidade de acontecer um acidente de trânsito e a concentração de álcool no sangue do motorista?
   b) Com base no que você aprendeu sobre os efeitos do álcool no organismo, justifique a informação apresentada pelo gráfico.

11. O esquema abaixo mostra o olho de um motorista em dois instantes de sua viagem. Em qual deles o olho foi ofuscado pelo farol de outro carro? Justifique sua resposta.

12. Observe a figura abaixo e depois responda às questões.

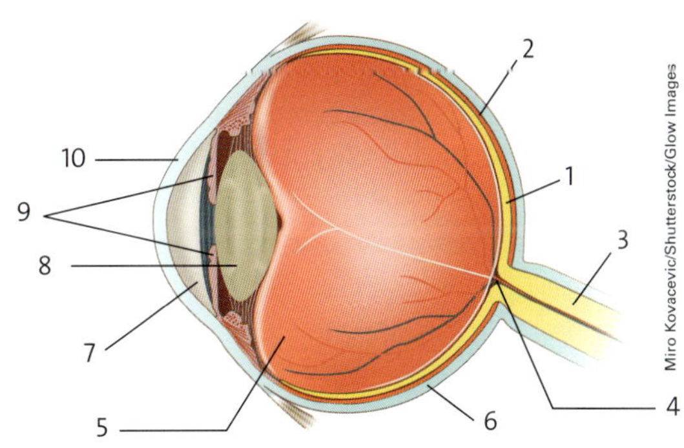


(Figura sem escala; cores fantasia.)

   a) Identifique as partes indicadas por números.
   b) Em que região encontram-se os cones e os bastonetes?
   c) Que estrutura envia mensagens ao cérebro?
   d) Qual é a parte que pode regular a intensidade de luz que penetra nos olhos?
   e) Qual é a estrutura que colabora para a acomodação visual?

# Vestibulares de Norte a Sul

1. NE (UFPE) Sobre o sistema nervoso do homem e suas funções, é correto afirmar que [indique verdadeiro ou falso]:

( ) o hipotálamo é importante para a homeostase corporal.

( ) o equilíbrio corporal é controlado pelo bulbo raquidiano.

( ) os atos de pensar, evocar lembranças e falar dependem da integridade do córtex cerebral.

( ) os atos reflexos ocorrem no âmbito da medula espinal.

( ) o ato de andar de bicicleta é coordenado pelo cerebelo.

2. SE (Unicamp-SP) Para se observar corpos de neurônios, o melhor seria fazer cortes histológicos com material colhido a partir de:

a) nervos raquianos.
b) nervos cranianos.
c) massa branca da medula.
d) medula óssea.
e) córtex cerebral.

3. SE (Fuvest-SP) Qual dos seguintes comportamentos envolve maior número de órgãos do sistema nervoso?

a) Salivar ao sentir o aroma de comida gostosa.
b) Levantar a perna quando o médico toca com martelo no joelho do paciente.
c) Piscar com a aproximação brusca de um objeto.
d) Retirar bruscamente a mão ao tocar um objeto muito quente.
e) Preencher uma ficha de identificação.

4. S (UEL-PR) A visão é um dos sentidos mais importantes para a espécie humana, e o olho é um dos órgãos mais complexos do nosso corpo. Quando uma pessoa idosa perde a capacidade de enxergar devido à catarata, a estrutura que perdeu a sua função é:

a) a pálpebra.
b) a córnea.
c) a retina.
d) o cristalino.
e) o ponto cego.

5. SE (Ufes) A visão em ambientes de pouca luminosidade é feita no homem:

a) por todas as células fotorreceptoras.
b) somente pelos cones, o que dá maior acuidade visual.
c) pelos bastonetes.
d) por bastonetes e principalmente pelos cones, pois ambos recebem estímulos luminosos.
e) por todas as células existentes no cristalino.

6. CO (UFG-GO) Leia o texto:

"Mutirão de cirurgia de catarata foi prorrogado pela Sesab. Estatísticas do Ministério da Saúde indicam que a cada ano, no Brasil, são registrados em torno de 120 mil novos casos de catarata, condição que pode levar à cegueira, mas é reversível mediante cirurgia. A doença afeta o cristalino, provocando dificuldades de visão, mas, na maioria dos casos, avança de forma lenta."

Disponível em: <www.saude.ba.gov.br/noticias>. Acesso em: 11 set. 2007.

Uma pessoa submetida a essa cirurgia tem o cristalino substituído por outra lente intraocular que permite

a) regular a quantidade de luz que incide sobre o globo ocular.
b) responder aos estímulos luminosos de baixa e alta intensidades.
c) convergir os raios de luz, possibilitando a formação da imagem na retina.
d) lubrificar o globo ocular devido à produção de fluido lacrimal.
e) promover barreira física externa de proteção ao globo ocular.

7. N (UFRR) O vestibular é um momento importante na vida de uma pessoa, a qual pode apresentar certa ansiedade antes e durante as provas. Nesta situação o organismo sofre intensas alterações fisiológicas. Considerando as alterações estimuladas pelo Sistema Nervoso Periférico Autônomo Simpático, classifique as afirmativas abaixo como verdadeiras (V) ou falsas (F) e marque a alternativa que representa a sequência correta:

I. Aumento da frequência cardíaca
II. Aumento da peristalte intestinal
III. Diminuição da pressão sanguínea
IV. Dilatação da pupila
V. Contração da bexiga

a) V, V, F, V, V.
b) F, V, V, F, V.
c) V, F, V, V, F.
d) F, V, F, F, V.
e) V, F, F, V, F.

8. S (PUC-PR) Um indivíduo, após sofrer lesão em seu cerebelo, poderá desempenhar todas as funções a seguir, exceto:

a) lembrar-se do nome de um amigo.
b) retirar a mão se espetada por um alfinete.
c) resolver mentalmente um problema de Matemática.
d) pular corda.
e) ouvir música.

9. **NE** (UPE) A música "Bate coração" refere-se aos batimentos cardíacos. Mas, por que o coração bate?

**Bate coração (Elba Ramalho)**

"Bate, bate, bate, coração
Dentro desse velho peito...
Tum, tum, bate coração
Oi, tum, coração pode bater
Oi, tum, tum, tum, bate, coração
Que eu morro de amor com muito prazer"

Assinale a alternativa que explica corretamente o evento relacionado aos batimentos cardíacos.

a) A atividade parassimpática reduz os batimentos cardíacos, contribuindo para o repouso do coração.
b) A atividade simpática, sob ação da noradrenalina, diante de situações de defesa ou ataque, diminui a frequência cardíaca.
c) A contração do coração – diástole – e o seu relaxamento – sístole – são controlados por fenômenos miogênicos.
d) Apesar de sua contração voluntária, os batimentos cardíacos têm mecanismos reguladores relacionados com o sistema nervoso autônomo, e a atuação desses nervos ajusta a frequência conforme as necessidades do organismo.
e) O nervo vago, cardiomediador, libera adrenalina como mediador químico, e os nervos cardíacos, cardioaceleradores, liberam acetilcolina.

10. **SE** (Fuvest-SP) Num ambiente iluminado, ao focalizar um objeto distante, o olho humano se ajusta a essa situação. Se a pessoa passa, em seguida, para um ambiente de penumbra, ao focalizar um objeto próximo, a íris:

a) aumenta, diminuindo a abertura da pupila, e os músculos ciliares se contraem, aumentando o poder refrativo do cristalino.
b) diminui, aumentando a abertura da pupila, e os músculos ciliares se contraem, aumentando o poder refrativo do cristalino.
c) diminui, aumentando a abertura da pupila, e os músculos ciliares se relaxam, aumentando o poder refrativo do cristalino.
d) aumenta, diminuindo a abertura da pupila, e os músculos ciliares se relaxam, diminuindo o poder refrativo do cristalino.
e) diminui, aumentando a abertura da pupila, e os músculos ciliares se relaxam, diminuindo o poder refrativo do cristalino.

11. **NE** (FURRN) Quando o eixo ântero-posterior do olho é alongado, a imagem forma-se antes da retina. Essa anomalia do aparelho da visão é conhecida como:

a) presbiopia.
b) hipermetropia.
c) miopia.
d) astigmatismo.
e) estrabismo.

12. **SE** (Vunesp-SP) Quando você termina de jogar uma partida de futebol, com 90 minutos de duração, você nota que há um aumento do número de batidas de seu coração por minuto. O responsável por isso é o sistema nervoso:

a) somático.
b) autônomo simpático.
c) autônomo parassimpático.
d) periférico.
e) autônomo somático.

13. **SE** (Cesgranrio-RJ) O sistema nervoso central humano, responsável por receber, analisar e integrar informações do meio externo e do meio interno, é dividido em:

a) cérebro e meninges.
b) medula espinal e nervos raquidianos.
c) nervos encefálicos e nervos espinais.
d) encéfalo e nervos cranianos.
e) encéfalo e medula espinal.

14. **SE** (UFU-MG) Com relação ao olho humano, assinale a alternativa correta.

a) A retina garante a alimentação dos tecidos dos olhos humanos e é pigmentada, formando a câmara escura, que funciona como uma máquina fotográfica.
b) A coroide é a parte fibrosa de sustentação do olho humano. Mantendo os olhos abertos, a coroide representa a parte pigmentada do olho.
c) A córnea é o primeiro meio de refração do feixe luminoso que incide no olho. O cristalino é a lente responsável por uma espécie de "ajuste-focal" que torna possível a visão nítida da imagem.
d) A íris é rica em cones e bastonetes, células sensíveis do olho humano, que são as principais pigmentações referentes ao desenvolvimento ocular.

15. **SE** (Cefet-SP) Uma pessoa que trabalha com atendimento ao público sofreu uma infecção nas fibras nervosas que ligam a cóclea ao cérebro. Em uma consulta médica, ela foi informada que o grau de infecção foi tal que as referidas fibras ficaram permanentemente danificadas, embora as estruturas da orelha externa e média nada tenham sofrido. Considerando a nova condição desse trabalhador, ele poderá continuar exercendo normalmente a função de atendente?

a) Sim, pois as estruturas receptoras das ondas sonoras, entre elas o tímpano, não foram afetadas.
b) Sim, pois as fibras nervosas danificadas não são importantes para a função de atendente.
c) Sim, porque as ondas sonoras continuarão a chegar aos ossículos (martelo, bigorna e estribo) e à cóclea.
d) Não, porque o dano nessas fibras nervosas impede que o cérebro interprete as vibrações recebidas pelas orelhas externa e média.
e) Não, pois o problema está relacionado à locomoção, e a capacidade de falar, ouvir e enxergar continua intacta.

16. **S** (UEM-PR)

"Logo após a morte da cantora britânica Amy Winehouse, em 23 de julho passado, teorias sobre as causas do óbito começaram a aparecer. Além da tese óbvia de uma *overdose* de drogas, havia a possibilidade, levantada pela família, de a cantora ter morrido por abstinência de álcool."

<http://veja.abril.com.br/noticia/celebridades/amy-winehouse-pode-ter-morrido-de-abstinencia-diz-especialista>. Acesso em: 21/9/2011, às 15h54min.

Sobre o alcoolismo, é correto afirmar que:

01) durante a abstinência do álcool a pressão sanguínea pode aumentar, a pessoa pode ter taquicardia, tremores, ficar ansiosa, suar frio.

02) o grau máximo da abstinência do álcool é chamado de *Delirium tremens*, caracterizado por crises convulsivas.

04) o sistema nervoso parassimpático é o responsável pela taquicardia, pela ansiedade e pelo aumento da pressão sanguínea.

08) o álcool altera a atividade de neurotransmissores, estimulando o indivíduo a procurar doses cada vez maiores para atingir o efeito prazeroso.

16) a ingestão de álcool altera as atividades autônomas controladas pelo sistema nervoso periférico somático.

17. **S** (UEL-PR) Para o desempenho das práticas desportivas, o equilíbrio é fundamental. Os órgãos de equilíbrio detectam a posição do corpo e permitem perceber se estamos de cabeça para cima ou para baixo e a velocidade em que estamos nos deslocando. A orelha humana é o órgão responsável pela audição e pelo equilíbrio e uma de suas regiões, a orelha interna, é um complexo labirinto membranoso conhecido como aparelho vestibular.

Qual das estruturas citadas a seguir é um dos componentes do aparelho vestibular responsável pelo equilíbrio?

a) Cóclea.
b) Membrana timpânica.
c) Canais semicirculares.
d) Bigorna.
e) Órgão de Corti.

18. **CO** (UFG-GO) Um médico, ao analisar o exame oftalmológico de um paciente, detectou que o globo ocular é mais alongado horizontalmente que o normal. Para a correção desse defeito visual, prescreveu o uso de óculos com lente divergente. O defeito visual e a justificativa para a escolha da lente são, respectivamente,

a) astigmatismo – concentração de raios de luz em um único plano.
b) catarata – compensação da distância entre o cristalino e a retina.
c) hipermetropia – concentração de raios de luz em um único plano.
d) presbiopia – compensação da distância entre o cristalino e a retina.
e) miopia – aumento da distância entre o cristalino e o ponto focal.

19. **SE** (Fuvest-SP) Os batimentos do coração são involuntários e estão sob o controle do sistema nervoso.

a) Qual o ramo do sistema nervoso que executa esse controle?
b) Cite outro órgão muscular do corpo que é controlado por esse mesmo ramo nervoso.

20. **SE** (Ufop-MG) Costuma-se sentir a sensação de semissurdez quando se desce rapidamente uma montanha.

a) A que fenômeno físico se deve essa sensação?
b) Que estrutura do aparelho auditivo é afetada nesse processo?
c) Por que o ato de abrir a boca e inspirar diminui essa sensação?

21. **S** (UFPR) Há aproximadamente 90 anos, o farmacologista alemão Otto Loewi realizou experimentos que o credenciaram a receber o Prêmio Nobel de Medicina em 1936. Em um dos experimentos, ele retirou os corações de dois sapos, deixando-os em solução fisiológica em recipientes separados.

Em um dos corações, um nervo do sistema nervoso autônomo foi preservado. Loewi estimulou eletricamente o nervo e observou a redução da frequência cardíaca. Depois, ele injetou a solução do coração estimulado no outro coração e observou o mesmo efeito, ou seja, o outro coração também apresentou uma redução da frequência de seus batimentos.

a) A qual divisão do sistema nervoso autônomo pertence o nervo preservado?
b) Explique por que a solução do coração estimulado provocou o mesmo efeito no outro coração.
c) O que aconteceria se a solução do coração estimulado fosse injetada em uma fibra muscular esquelética?

22. **SE** (Unicamp-SP) Na Olimpíada de Pequim ocorreram competições de tiro ao alvo e de arco e flecha. O desempenho dos atletas nessas modalidades esportivas requer extrema acuidade visual, além de outros mecanismos fisiológicos.

a) A constituição do olho humano permite ao atleta focar de maneira precisa o objeto-alvo. Como a imagem é formada? Quais componentes do olho participam dessa formação?
b) Os defeitos mais comuns na acomodação visual são miopia e hipermetropia. Por que as imagens não são nítidas no olho de uma pessoa míope e de uma pessoa hipermetrope? Como os óculos podem corrigir esses dois problemas?

## Caiu no Enem

1. O desenvolvimento da maior parte das espécies de insetos passa por vários estágios até chegar à fase adulta, quando finalmente estão aptos à reprodução. Esse desenvolvimento é um jogo complexo de hormônios. A ECDISONA promove as mudas (ecdíases), mas o HORMÔNIO JUVENIL impede que o inseto perca suas características de larva. Com o tempo, a quantidade desse hormônio diminui e o inseto chega à fase adulta.

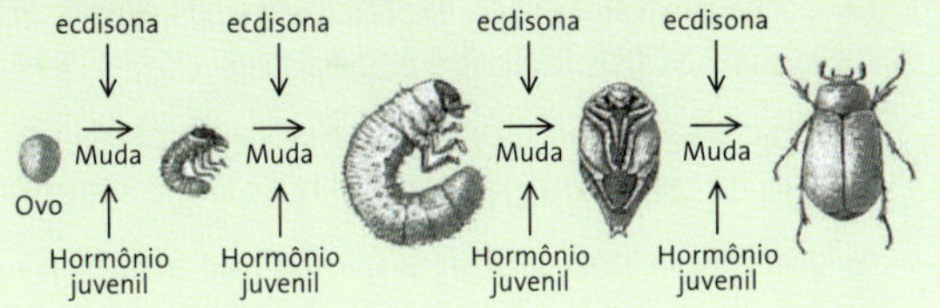


Cientistas descobriram que algumas árvores produzem um composto químico muito semelhante ao HORMÔNIO JUVENIL dos insetos. A vantagem de uma árvore que produz uma substância que funcione como HORMÔNIO JUVENIL é que a larva do inseto, ao se alimentar da planta, ingere esse hormônio e:

a) vive sem se reproduzir, pois nunca chega à fase adulta.
b) vive menos tempo, pois seu ciclo de vida encurta.
c) vive mais tempo, pois ocorrem poucas mudas.
d) morre, pois chega muito rápido à fase adulta.
e) morre, pois não sofrerá mais mudas.

2. O metabolismo dos carboidratos é fundamental para o ser humano, pois a partir desses compostos orgânicos obtém-se grande parte da energia para as funções vitais. Por outro lado, desequilíbrios nesse processo podem provocar hiperglicemia ou diabetes. O caminho do açúcar no organismo inicia-se com a ingestão de carboidratos, que, chegando ao intestino, sofrem a ação de enzimas, "quebrando-se" em moléculas menores (glicose, por exemplo), que serão absorvidas. A insulina, hormônio produzido no pâncreas, é responsável por facilitar a entrada da glicose nas células. Se uma pessoa produz pouca insulina, ou se sua ação está diminuída, dificilmente a glicose pode entrar na célula e ser consumida.

Com base nessas informações, pode-se concluir que:

a) o papel realizado pelas enzimas pode ser diretamente substituído pelo hormônio insulina.
b) a insulina produzida pelo pâncreas tem um papel enzimático sobre as moléculas de açúcar.
c) o acúmulo de glicose no sangue é provocado pelo aumento da ação da insulina, levando o indivíduo a um quadro clínico de hiperglicemia.
d) a diminuição da insulina circulante provoca um acúmulo de glicose no sangue.
e) o principal papel da insulina é manter o nível de glicose suficientemente alto, evitando, assim, um quadro clínico de diabetes.

3. As serpentes que habitam regiões de seca podem ficar em jejum por um longo período de tempo devido à escassez de alimento. Assim, a sobrevivência desses predadores está relacionada ao aproveitamento máximo dos nutrientes obtidos com a presa capturada. De acordo com essa situação, essas serpentes apresentam alterações morfológicas e fisiológicas, como o aumento das vilosidades intestinais e a intensificação da irrigação sanguínea na porção interna dessas estruturas.

A função do aumento das vilosidades intestinais para essas serpentes é maximizar o(a):

a) comprimento do trato gastrointestinal para caber mais alimento.
b) área de contato com o conteúdo intestinal para absorção dos nutrientes.
c) liberação de calor via irrigação sanguínea para controle térmico do sistema digestório.
d) secreção de enzimas digestivas para aumentar a degradação proteica no estômago.
e) processo de digestão para diminuir o tempo de permanência do alimento no intestino.

4. A imagem representa uma ilustração retirada do livro *De Motu Cordis*, de autoria do médico inglês Willian Harvey, que fez importantes contribuições para o entendimento do processo de circulação do sangue no corpo humano. No experimento ilustrado, Harvey, após aplicar um torniquete (A) no braço de um voluntário e esperar alguns vasos incharem, pressionava-os em um ponto (H). Mantendo o ponto pressionado, deslocava o conteúdo de sangue em direção ao cotovelo, percebendo que um trecho do vaso sanguíneo permanecia vazio após esse processo (H – O).

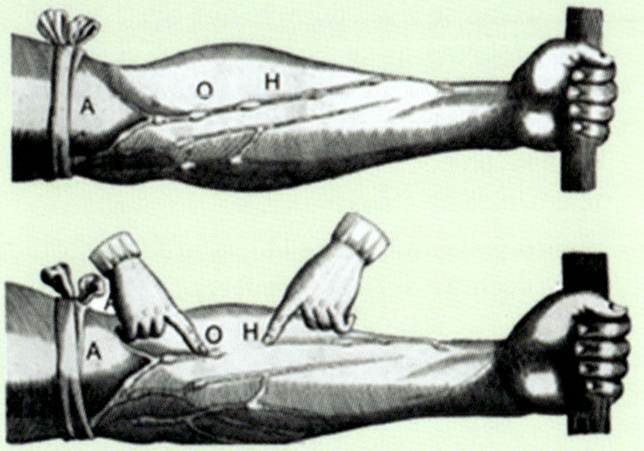


Disponível em: www.answer.com. Acesso em: 18 dez. 2012 (adaptado).

A demonstração de Harvey permite estabelecer a relação entre circulação sanguínea e:

a) pressão arterial.
b) válvulas venosas.
c) circulação linfática.
d) contração cardíaca.
e) transporte de gases.

5. Caso os cientistas descobrissem alguma substância que impedisse a reprodução de todos os insetos, certamente nos livraríamos de várias doenças em que esses animais são vetores. Em compensação teríamos grandes problemas como a diminuição drástica de plantas que dependem dos insetos para polinização, que é o caso das:

a) algas.
b) briófitas como os musgos.
c) pteridófitas como as samambaias.
d) gimnospermas como os pinheiros.
e) angiospermas como as árvores frutíferas.

6. Em uma aula de Biologia, o seguinte texto é apresentado:

**Lagoa Azul está doente**

Os vereadores da pequena cidade de Lagoa Azul estavam discutindo a situação da saúde no município. A situação era mais grave com relação a três doenças: doença de Chagas, esquistossomose e ascaridíase (lombriga). Na tentativa de prevenir novos casos, foram apresentadas várias propostas:

- Proposta 1: Promover uma campanha de vacinação.
- Proposta 2: Promover uma campanha de educação da população com relação a noções básicas de higiene, incluindo fervura de água.
- Proposta 3: Construir rede de saneamento básico.
- Proposta 4: Melhorar as condições de edificação das moradias e estimular o uso de telas nas portas e janelas e mosquiteiros de filó.
- Proposta 5: Realizar campanha de esclarecimento sobre os perigos de banhos nas lagoas.
- Proposta 6: Aconselhar o uso controlado de inseticidas.
- Proposta 7: Drenar e aterrar as lagoas do município.

Em relação à esquistossomose, a situação é complexa, pois o ciclo de vida do verme que causa a doença tem vários estágios, incluindo a existência de um hospedeiro intermediário, um caramujo aquático, que é contaminado pelas fezes das pessoas doentes. Analisando as medidas propostas, o combate à doença terá sucesso se forem implementadas:

a) 1 e 6, pois envolvem a eliminação do agente causador da doença e de seu hospedeiro.
b) 1 e 4, pois, além de eliminarem o agente causador da doença, também previnem o contato do transmissor com as pessoas sãs.
c) 4 e 6, pois envolvem o extermínio do transmissor da doença.
d) 1, 4 e 6, pois atingirão todas as fases do ciclo de vida do agente causador da doença, incluindo o seu hospedeiro intermediário.
e) 3 e 5, pois prevenirão a contaminação do hospedeiro intermediário pelas fezes das pessoas doentes e a contaminação de pessoas sãs por águas contaminadas.

7. Considere o texto *Lagoa Azul está doente* da questão anterior. Para o combate da ascaridíase, a proposta que trará maior benefício social, se implementada pela prefeitura, será:

a) 1.
b) 3.
c) 4.
d) 5.
e) 6

8. Para que todos os órgãos do corpo humano funcionem em boas condições, é necessário que a temperatura do corpo fique sempre entre 36 °C e 37 °C.

Para manter-se dentro dessa faixa, em dias de muito calor ou durante intensos exercícios físicos, uma série de mecanismos fisiológicos é acionada.

Pode-se citar como o principal responsável pela manutenção da temperatura corporal humana o sistema:

a) digestório, pois produz enzimas que atuam na quebra de alimentos calóricos.
b) imunológico, pois suas células agem no sangue, diminuindo a condução do calor.
c) nervoso, pois promove a sudorese, que permite perda de calor por meio da evaporação da água.
d) reprodutor, pois secreta hormônios que alteram a temperatura, principalmente durante a menopausa.
e) endócrino, pois fabrica anticorpos que, por sua vez, atuam na variação do diâmetro dos vasos periféricos.

9. Recentemente, foi descoberta uma nova espécie de inseto *flebotomídeo*, batizado de *Lutzomya maruaga*. O novo inseto possui apenas fêmeas que se reproduzem a partir da produção de ovos sem a intervenção de machos, em um processo conhecido como partenogênese. A espécie está restrita a uma caverna na região amazônica, não sendo encontrada em outros lugares. O inseto não se alimenta de sangue nem transmite doenças, como o fazem outros mosquitos de seu mesmo gênero. Os adultos não se alimentam e as larvas parecem se alimentar apenas de fezes de morcego (guano) existente no fundo da caverna. Essa dieta larval acumularia reservas a serem usadas na fase adulta.

*Ciência hoje*, Rio de Janeiro, v. 42, n. 252, set. 2008 (adaptado).

Em relação a essa descoberta, vê-se que a nova espécie de *flebotomídeo*:

a) deve apresentar maior variabilidade genética que seus congêneres.
b) deve ter uma fase adulta longa se comparado com seus congêneres.
c) é mais vulnerável a desequilíbrios em seu ambiente que seus congêneres.
d) está livre de hábitos hematófagos e de transmissão de doenças devido à ausência de machos.
e) tem grandes chances de se dispersar para outros ambientes, tornando-se potencialmente invasora.

10. Arroz e feijão formam um "par perfeito", pois fornecem energia, aminoácidos e diversos nutrientes. O que falta em um deles pode ser encontrado no outro. Por exemplo, o arroz pobre no aminoácido lisina, que é encontrado em abundância no feijão, e o aminoácido metionina é abundante no arroz e pouco encontrado no feijão. A tabela seguinte apresenta informações nutricionais desses dois alimentos.

| | arroz (1 colher de sopa) | feijão (1 colher de sopa) |
|---|---|---|
| **calorias** | 41 kcal | 58 kcal |
| **carboidratos** | 8,07 g | 10,6 g |
| **proteínas** | 0,58 g | 3,53 g |
| **lipídios** | 0,73 g | 0,18 g |
| **colesterol** | 0 g | 0 g |

Silva, R. S. *Arroz e feijão, um par perfeito.* Disponível em: <http://www.correpar.com.br>. Acesso em: 1º fev. 2009.

A partir das informações contidas no texto e na tabela, conclui-se que:

a) os carboidratos contidos no arroz são mais nutritivos que os do feijão.
b) o arroz é mais calórico que o feijão por conter maior quantidade de lipídios.
c) as proteínas do arroz têm a mesma composição de aminoácidos que as do feijão.
d) a combinação de arroz com feijão contém energia e nutrientes e é pobre em colesterol.
e) duas colheres de arroz e três de feijão são menos calóricas que três colheres de arroz e duas de feijão.

11.

DAVIS, J. *Garfield está de dieta.* Porto Alegre: L&PM, 2006.

A condição física apresentada pelo personagem da tirinha é um fator de risco que pode desencadear doenças como:

a) anemia.
b) beribéri.
c) diabetes.
d) escorbuto.
e) fenilcetonúria.

12. A produção de soro antiofídico é feita por meio da extração da peçonha de serpentes que, após tratamento, é introduzida em um cavalo. Em seguida são feitas sangrias para avaliar a concentração de anticorpos produzidos pelo cavalo. Quando essa concentração atinge o valor desejado, é realizada a sangria final para obtenção do soro. As hemácias são devolvidas ao animal, por meio de uma técnica denominada plasmaferese, a fim de reduzir os efeitos colaterais provocados pela sangria.

Disponível em: <http://www.infobibos.com>. Acesso em: 28 abr. 2010 (adaptado).

A plasmaferese é importante, pois, se o animal ficar com uma baixa quantidade de hemácias, poderá apresentar:

a) febre alta e constante.
b) redução de imunidade.
c) aumento da pressão arterial.
d) quadro de leucemia profunda.
e) problemas no transporte de oxigênio.

13. Diversos comportamentos e funções fisiológicas do nosso corpo são periódicos; sendo assim, são classificados como ritmo biológico. Quando o ritmo biológico responde a um período aproximado de 24 horas, ele é denominado ritmo circadiano. Esse ritmo diário é mantido pelas pistas ambientais de claro-escuro e determina comportamentos como o ciclo do sono-vigília e o da alimentação. Uma pessoa, em condições normais, acorda às 8 h e vai dormir às 21 h, mantendo seu ciclo de sono dentro do ritmo dia e noite. Imagine que essa mesma pessoa tenha sido mantida numa sala totalmente escura por mais de quinze dias. Ao sair de lá, ela dormia às 18 h e acordava às 3 h da manhã. Além disso, dormia mais vezes durante o dia, por curtos períodos de tempo, e havia perdido a noção da contagem dos dias, pois, quando saiu, achou que havia passado muito mais tempo no escuro.

BRANDÃO, M. L. *Psicofisiologia.* São Paulo: Atheneu, 2000 (adaptado).

Em função das características observadas, conclui-se que a pessoa

a) apresentou aumento do seu período de sono contínuo e passou a dormir durante o dia, pois seu ritmo biológico foi alterado apenas no período noturno.
b) apresentou pouca alteração do seu ritmo circadiano, sendo que sua noção de tempo foi alterada somente pela sua falta de atenção à passagem do tempo.
c) estava com seu ritmo já alterado antes de entrar na sala, o que significa que apenas progrediu para um estado mais avançado de perda do ritmo biológico no escuro.
d) teve seu ritmo biológico alterado devido à ausência de luz e de contato com o mundo externo, no qual a noção de tempo de um dia é modulada pela presença ou ausência do sol.
e) deveria não ter apresentado nenhuma mudança do seu período de sono porque, na realidade, continua com o seu ritmo normal, independentemente do ambiente em que seja colocada.

# Respostas

## Vestibulares de Norte a Sul

### Capítulo 10

1. e
2. a
3. c
4. b
5. a
6. 02 + 04 + 08 = 14
7. a
8. a

### Capítulo 11

1. e
2. 01 + 04 + 08 + 16 + 64 = 93
3. e
4. c
5. c
6. a

### Capítulo 12

1. d
2. c
3. c
4. V, V, F, F, F
5. e
6. a
7. d

### Capítulo 13

1. d
2. a
3. a
4. e
5. e
6. c
7. e
8. a
9. c
10. a
11. c
12. b
13. c
14. a

### Capítulo 14

1. itens 1, 3 e 5
2. d
3. V, V, F, V, F
4. b
5. a
6. d
7. d
8. a
9. b
10. d

### Capítulo 15

1. a
2. d
3. b
4. d
5. c
6. e
7. a
8. e
9. 01 + 02 + 16 + 32 = 51
10. 02 + 04 + 32 = 38

### Capítulo 16

1. d
2. a
3. 02 + 04 + 08 + 16 = 30
4. c
5. a
6. e
7. e
8. e

### Capítulo 17

1. e
2. c
3. b
4. a
5. e
6. e

### Capítulo 18

1. d
2. 04 + 08 + 32 = 44
3. 01 + 02 = 03
4. 01 + 02 = 03

### Capítulo 19

1. d
2. c
3. e
4. c
5. e

### Capítulo 20

1. d
2. a
3. d
4. d
5. c
6. b
7. d
8. b
9. c
10. e
11. e

### Capítulo 21

1. d
2. e
3. a

4. e
5. e
6. c
7. 01 + 02 = 03
8. 01 + 02 + 04 + 08 + 16 = 31
9. b
10. e
11. a
12. a
13. a
14. 08 + 16 = 24

## Capítulo 22

1. b
2. a
3. 04 + 08 + 32 = 44
4. 02 + 04 + 08 + 32 = 46
5. e

## Capítulo 23

1. a
2. d
3. d
4. e
5. e
6. c
7. b

## Capítulo 24

1. c
2. c
3. a
4. a
5. d
6. d
7. b

## Capítulo 25

1. b
2. c
3. a
4. e
5. b
6. a
7. b
8. b
9. b

## Capítulo 26

1. V, V, V, F, V
2. d
3. b
4. e
5. a
6. V, F, F, V, V

## Capítulo 27

1. c
2. 02 + 04 + 32 = 38
3. a
4. b
5. d
6. b
7. b
8. a
9. d
10. a
11. b
12. a
13. c

## Capítulo 28

1. a
2. a
3. a
4. d

## Capítulo 29

1. a
2. F, V, F, V, F
3. b
4. e
5. a
6. a
7. b

## Capítulo 30

1. V, F, V, V, V
2. e
3. e
4. d
5. c
6. c
7. e
8. d
9. a
10. b
11. c
12. b
13. e
14. c
15. d
16. 01 + 02 + 08 = 11
17. c
18. e

## Caiu no Enem

1. a
2. d
3. b
4. b
5. e
6. e
7. b
8. c
9. c
10. d
11. c
12. e
13. d

# Sugestões de leitura, filmes e *sites*

## Livros

- ***A mente desconhecida***
  John Horgan. São Paulo: Cia. das Letras, 2002.
- ***Atlas dos animais***
  David Lambert. São Paulo: Moderna, 1995.
- ***A vida privada das plantas***
  David Attenborough. Lisboa: Gradiva, 1995.
- ***Baleias e golfinhos***
  Marcos César de Oliveira Santos. São Paulo: Ática, 2003. (Coleção Investigando).
- ***Como o cérebro pensa***
  William Calvin. Rio de Janeiro: Rocco, 1998.
- ***Digestão nojenta***
  Nick Arnold. São Paulo: Melhoramentos, 2002.
- ***Drogas***
  Beatriz C. Marlatt. São Paulo: Ática, 2004.
- ***Humanidade sem raças?***
  Sergio D. J. Pena. São Paulo: Publifolha, 2008.
- ***Nutrição***
  Fernando Gewandsznajder. São Paulo: Ática, 2004. (Coleção De Olho na Ciência).
- ***O cérebro nosso de cada dia***
  Suzana Herculano-Houzel. Rio de Janeiro: Vieira & Lent, 2002.
- ***O fim da ciência***
  John Horgan. São Paulo: Companhia da Letras, 1998.
- ***O planeta simbiótico***
  Lynn Margullis. Rio de Janeiro: Rocco, 2001.
- ***Os 100 maiores cientistas da História***
  John Simmons. Rio de Janeiro: Difel, 2002.
- ***Oswaldo Cruz & Carlos Chagas***
  Moacyr Scliar. São Paulo: Odysseus, 2002.
- ***Pequenos seres vivos***
  Gilberto Martho. São Paulo: Ática, 2004.
- ***Sangue, ossos e pedacinhos***
  Nick Arnold. São Paulo: Melhoramentos, 1996.

## Filmes

- *A marcha dos pinguins* (La marche de l'empereur). Direção: Luc Jacquet, França, 2005.
- *E a banda continua a tocar* (And the band played on). Direção: Roger Spottiswoode, Estados Unidos, 1993.
- *Nas montanhas dos gorilas* (Gorillas in the mist). Direção: Michael Apted, Estados Unidos, 1988.
- *O curandeiro da selva* (Medicine man). Direção: John McTierman, Estados Unidos, 1992.

## *Sites*

**Todos os endereços eletrônicos sugeridos a seguir estavam ativos em 20 maio 2014.**

- Agência Nacional de Vigilância Sanitária:
  <www.anvisa.gov.br>
- Associação mico-leão-dourado:
  <www.micoleao.org.br/>
- Canal Ciência:
  <www.canalciencia.ibict.br>
- Centro Brasileiro de Informações sobre Drogas Psicotrópicas:
  <www.cebrid.epm.br/index.php>
- Centro de Divulgação Científica e Cultural:
  <www.cdcc.sc.usp.br>
- Centro Nacional de Pesquisa e Conservação de Répteis e Anfíbios:
  <www.icmbio.gov.br/ran>
- Ciência e cultura na escola:
  <www.ciencia-cultura.com>
- Ciência Hoje:
  <http://cienciahoje.uol.com.br/view>
- Espaço Ciência:
  <www.espacociencia.pe.gov.br>
- Estação Ciência:
  <www.eciencia.usp.br>
- Fundação Oswaldo Cruz:
  <www.fiocruz.br>
- Gripe:
  <www.gripe.org.br>
- Instituto Butantan:
  <www.butantan.gov.br>
- Instituto de Botânica:
  <www.ibot.sp.gov.br>
- Instituto de Ciências Biomédicas:
  <www.icb.usp.br>
- Instituto Vital Brazil:
  <www.ivb.rj.gov.br>
- Laboratório de anatomia vegetal:
  <http://docentes.esa.ipcb.pt/lab.biologia/disciplinas/botanica/Anatomia.html#primaria-raiz>
- Laboratório de ensino de Ciências e Tecnologia:
  <http://darwin.futuro.usp.br>
- Mamíferos marinhos:
  <www.nema-rs.org.br/pags/pop_mamiferos.html>
- Ministério da Saúde:
  <www.saude.sp.gov.br/resources/ses/perfil/cidadao/temas-de-saude/animais_peconhentos.pdf>

- Programa Educar:
<http://educar.sc.usp.br>
- Programa Nacional de Controle do Tabagismo:
<www.inca.gov.br/tabagismo>
- Projeto Tamar:
<www.projetotamar.com.br>
- Proteste:
<www.proteste.org.br/saude/nc/noticia/mitos-e-verdades-sobre-a-catapora>
- Seara da Ciência:
<www.seara.ufc.br>
- Secretaria da Educação do Estado do Paraná:
<http://ciencias.seed.pr.gov.br>
- Secretaria da Saúde do Estado do Paraná:
<www.sesa.pr.gov.br/modules/conteudo/conteudo.php?conteudo=939>
- *Site* da dengue:
<www.dengue.org.br>
- Sociedade Brasileira de Ficologia:
<www.sbfic.org.br>
- TV Cultura:
<www.tvcultura.com.br/aloescola>
- Um pé de quê?:
<www.umpedeque.com.br>
- Universidade Estadual Paulista Júlio de Mesquita Filho:
<www.unesp.br>
- Universidade Federal do Paraná:
<www.floresta.ufpr.br/~lpf/ind_entomologia.html>
- Wikiaves:
<www.wikiaves.com.br>
- Zoológico de São Paulo:
<www.zoologico.com.br>

# Bibliografia


ALTERTHUM, F.; Trabulsi, L. R. *Microbiologia*. 5. ed. São Paulo: Atheneu, 2008.

AMORIM, D. de S. *Fundamentos de sistemática filogenética*. Ribeirão Preto: Holos, 2002.

BARNES, R. S. K.; CALOW, P.; OLIVE, P. J. W. *Os invertebrados:* uma síntese. 2. ed. São Paulo: Atheneu, 2007.

BRASIL. Ministério da Educação. Secretaria de Educação Básica. *Orientações curriculares para o Ensino Médio:* Ciências da Natureza, Matemática e suas Tecnologias. Brasília: MEC/SEB, 2006.

______. Ministério da Educação. Secretaria de Educação Média e Tecnológica. *Parâmetros Curriculares Nacionais para o Ensino Médio:* Ciências da Natureza, Matemática e suas Tecnologias. Brasília: MEC/Semtec, 1999.

______. Ministério da Educação. Secretaria de Educação Média e Tecnológica. *PCN Ensino Médio:* orientações educacionais complementares aos Parâmetros Curriculares Nacionais – Ciências da Natureza, Matemática e suas Tecnologias. Brasília: MEC/Semtec, 2002.

BRUSCA, R. C.; BRUSCA, G. J. *Invertebrados*. 2. ed. Rio de Janeiro: Guanabara Koogan, 2007.

CAMPBELL, N. A.; REECE, J. B. *Biology*. 8. ed. San Francisco: Pearson, 2008.

CIMERMAN, B.; CIMERMAN, S. *Parasitologia humana e seus fundamentos gerais*. 2. ed. São Paulo: Atheneu, 2005.

COHEN, B. J.; WOOD, D. L. *Memmler: o* corpo humano na saúde e na doença. 9. ed. São Paulo: Manole, 2002.

CONSTANZO, L. S. *Fisiologia*. 4. ed. Rio de Janeiro: Guanabara Koogan, 2008.

FORTEY, R. *Vida:* uma biografia não autorizada. São Paulo: Record, 2001.

FRANCO, G. *Tabela de composição química dos alimentos*. 9. ed. São Paulo: Atheneu, 1999.

FRANÇOSO, L. A.; GEJER, D.; REATO, F. N. de. *Sexualidade e saúde reprodutiva na adolescência*. São Paulo: Atheneu, 2001.

FUNKE, B. R.; TORTORA, G. J.; CASE, C. *Microbiologia*. 8. ed. Porto Alegre: Artmed, 2005.

GUYTON, A. C.; Hall, J. E. *Tratado de fisiologia médica*. 11. ed. Rio de Janeiro: Elsevier, 2006.

HILDEBRAND, M.; GOSLOW JR., G. E. *Análise da estrutura dos vertebrados*. 2. ed. São Paulo: Atheneu, 2006.

KERBAUY, G. B. *Fisiologia vegetal*. Rio de Janeiro: Guanabara Koogan, 2004.

KRASILCHIK, M. *Prática de ensino de Biologia*. 4. ed. São Paulo: Edusp, 2008.

MARGULIS, L.; KARLENE, V. S. *Five Kingdoms:* an Illustrated Guide to the Phyla of Life on Earth. 3. ed. New York: W. H. F. Freeman and Company, 1998.

MAUSETH, J. D. *Botany:* an Introduction to Plant Biology. Sudbury: Jones & Bartlett, 2008.

MOORE, J. *Uma introdução aos invertebrados*. São Paulo: Santos, 2003.

NEVES, D. P. *Parasitologia humana*. 11. ed. São Paulo: Atheneu, 2005.

NULTSCH, W. *Botânica geral*. 10. ed. Porto Alegre: Artmed, 2000.

PASSOS, M. R. L. *Atlas de DST e diagnóstico diferencial*. São Paulo: Revinter, 2002.

PENA, S. D. J. *Humanidade sem raças?* São Paulo: Publifolha, 2008.

PFALLER, Michael A.; MURRAY, Patrick R. *Microbiologia médica*. 5. ed. São Paulo: Elsevier, 2006.

POUGH, F. H.; JANIS, C. M.; HEISER, J. B. *A vida dos vertebrados*. 4. ed. São Paulo: Atheneu, 2008.

PURVES, W. K. et al. *Vida:* a ciência da Biologia. 6. ed. Porto Alegre: Artmed, 2005. 3 v.

RAVEN, P. H.; EVERT, R. F.; EICHHORN, S. E. *Biologia vegetal*. 7. ed. Rio de Janeiro: Guanabara Koogan, 2007.

_______; JOHNSON, G. B.; LOSOS, J. B.; SINGER, S. R. *Biology*. 7. ed. Boston: McGraw-Hill, 2005.

REY, L. *Parasitologia:* parasitas e doenças parasitárias do homem nos trópicos ocidentais. 4. ed. Rio de Janeiro: Guanabara Koogan, 2008.

RUPPERT, E.; FOX, R. S. E.; BARNES, R. D. *Zoologia dos invertebrados*. 7. ed. São Paulo: Roca, 2005.

SCHMIDT-NIELSEN, K. *Fisiologia animal:* adaptação e meio ambiente. 5. ed. São Paulo: Santos, 2002.

SHUBIN, N. *A história de quando éramos peixes:* uma revolucionária teoria sobre a origem do corpo humano. Rio de Janeiro: Elsevier, 2008.

SOLOMON, E. P.; BERG, L. R.; MARTIN, D. W. *Biology*. 7. ed. Belmont: Thomson Learning, 2005.

TIRAPEGUI, J. *Nutrição:* fundamentos e aspectos atuais. 2. ed. São Paulo: Atheneu, 2006.

TORTORA, G. J.; GRABOWSKI, S. R. *Corpo humano:* fundamentos de Anatomia e Fisiologia. 6. ed. Porto Alegre: Artmed, 2006.

ZIMMER, C. *À beira d'água:* macroevolução e a transformação da vida. Rio de Janeiro: Jorge Zahar, 1999.

PROJETO
MÚLTIPLO

# Caderno de Estudo

## Biologia

Ensino Médio


### Sérgio Linhares

Bacharel e licenciado em História Natural pela Universidade do Brasil (atual UFRJ).

Foi professor de Biologia Geral na Universidade do Brasil (atual UFRJ) e de Biologia no Colégio Pedro II e em outros colégios e cursinhos pré-vestibulares do Rio de Janeiro.

### Fernando Gewandsznajder

Licenciado em Biologia pelo Instituto de Biologia da Universidade Federal do Rio de Janeiro.

Mestre em Educação pelo Instituto de Estudos Avançados em Educação da Fundação Getúlio Vargas (RJ).

Mestre em Filosofia pela Pontifícia Universidade Católica do Rio de Janeiro.

Doutor em Educação pela Faculdade de Educação da Universidade Federal do Rio de Janeiro.

Foi professor de Biologia e Ciências no Colégio Pedro II e em outros colégios e cursinhos pré-vestibulares do Rio de Janeiro.



editora ática

editora ática

Diretoria editorial: Lidiane Vivaldini Olo
Editoria de Ciências e Biologia: José Roberto Miney
Editores: Helena Pacca e Felipe Murro Capeli
Colaboradora editorial: Ana Luisa Mengardo
Supervisor de arte e produção: Sérgio Yutaka
Supervisor de arte e criação: Didier Moraes
Coordenadora de arte e criação: Andréa Dellamagna
Editor de arte: André Gomes Vitale
Diagramação: Casa de Tipos
Design gráfico: UC Produção Editorial, Andréa Dellamagna (miolo e capa)
Gerente de revisão: Hélia de Jesus Gonsaga
Equipe de revisão: Rosângela Muricy (coord.), Ana Paula Chabaribery Malfa, Gloria Cunha e Luís Maurício Boa Nova; Flávia Venézio dos Santos e Gabriela Macedo de Andrade (estags.)
Supervisor de iconografia: Sílvio Kligin
Pesquisadoras iconográficas: Cláudia Bertolazzi e Roberta Freire Lacerda Santos
Tratamento de imagem: Cesar Wolf e Fernanda Crevin
Foto da capa: Dan Farral/Photodisc/Getty Images
Grafismos: Shutterstock/Glow Images
Ilustrações: Casa de Tipos, Hiroe Sasaki, Ingeborg Asbach, Luis Moura, Maspi, Mauro Nakata, Rodval Matias e Theo Szczepanski

Direitos desta edição cedidos à Editora Ática S.A.
Av. das Nações Unidas, 7221, 3º andar, setor C
Pinheiros – São Paulo – SP
CEP 05425-902
Tel.: 4003-3061
www.atica.com.br/editora@atica.com.br

Dados Internacionais de Catalogação na Publicação (CIP)
(Câmara Brasileira do Livro, SP, Brasil)

Linhares, Sérgio
Projeto Múltiplo: Biologia / Sérgio Linhares, Fernando Gewandsznajder. -- São Paulo : Ática, 2014.

Obra em 3 v.
Bibliografia.

1. Projeto Múltiplo: Biologia (Ensino médio)
I. Gewandsznajder, Fernando. II. Título.

14-01325 CDD-574.07

Índice para catálogo sistemático:
1. Projeto Múltiplo: Biologia : Ensino médio 574.07

2017
ISBN 978 85 08 16755-5 (AL)
ISBN 978 85 08 16756-2 (PR)
Código da obra CL 738361
CAE 501262 (AL)
CAE 501263 (PR)
1ª edição
6ª impressão

Impressão e acabamento: Brasilform Editora e Ind. Gráfica

Uma publicação Abril EDUCAÇÃO

# Apresentação

O Ensino Médio é a época na qual a maioria dos adolescentes faz uma escolha que os acompanhará por toda a vida: a da profissão que desejam seguir.

Além da profissão, a escolha da universidade também é um fator decisivo para o seu futuro sucesso profissional. E para que você tenha um bom desempenho no exame vestibular da universidade que escolher, além de conhecer muito bem todo o conteúdo do Ensino Médio, você deve ter uma ótima habilidade em resolver exercícios. Por esse motivo, este caderno reúne mais de 200 questões das mais variadas e renomadas universidades do país, questões de níveis complexos, que, no todo, representam um momento único de preparação para o vestibular. Para auxiliá-lo com as resoluções, cada sequência de exercícios de um mesmo tema é precedida por quadros-resumos que sintetizam os principais tópicos do conteúdo.

Encare o período de estudo com este caderno como oportunidade de aperfeiçoar sua capacidade de resolver exercícios de forma rápida e segura.

Utilize este caderno como um instrumento de aperfeiçoamento de suas habilidades e não desista dos seus sonhos.

Bons estudos!

# Sumário

# Vestibular em foco

Theo Szczepanski/Arquivo da editora

# CLASSIFICAÇÃO DOS SERES VIVOS

## Conceitos

- **Árvore filogenética**: representação com a possível sequência de origem dos seres.
- Filogenia: história evolutiva de um grupo.
- Cladogênese e anagênese.

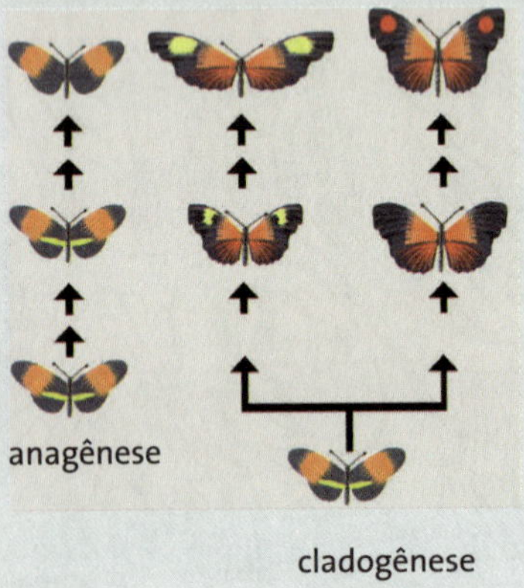


## Categorias taxonômicas

- Grupos: reino, filo, classe, ordem, família, gênero, espécie.

## Regras de nomenclatura

- Espécies com nome **binominal** (gênero + espécie), escrito em itálico ou sublinhado (quando à mão).

## Sistemática filogenética

- Identifica grupos monofiléticos (**clados**), ou seja, que têm um ancestral comum e exclusivo.
- **Cladograma**: os nós correspondem às especiações (ancestral que origina novos grupos). As novas espécies (ou grupos) ficam nos terminais, e os ramos representam as relações (ramos que compartilham mesmo nó têm relação mais estreita).

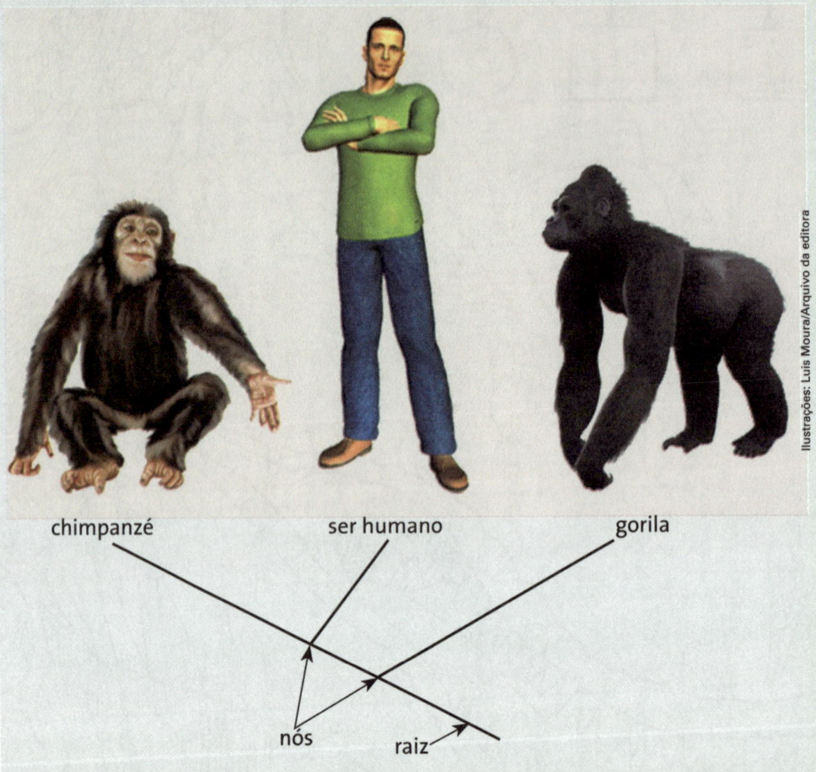


## Reinos

- **Monera**: bactérias e cianobactérias.
- **Protista**: unicelulares eucariontes (protozoários), algas.
- **Plantae**: plantas terrestres.
- **Animalia**: eucariontes pluricelulares heterotróficos.
- **Fungi**: fungos.

## Domínios

- Semelhantes a "super-reinos".
- **Archaea**: procariontes (arqueas).
- **Bacteria**: bactérias.
- **Eukarya**: plantas, animais, fungos e protistas.

# Exercícios

1. (Uespi) A reorganização taxonômica dos seres vivos baseada em aspectos evolutivos e filogenéticos, proposta por Karl Woese em 1978, demonstrou a existência de três linhagens celulares conhecidas como "Domínios".
   Sobre este assunto, é correto afirmar que:
   a) os Domínios são categorias taxonômicas acima de Reino.
   b) o Domínio *Archea* inclui bactérias que podem causar doenças ao homem.
   c) o Domínio *Eukaria* inclui fungos, algas azuis, protistas e vegetais.
   d) o Domínio *Eubacteria* inclui organismos encontrados em ambientes ácidos ou hipersalinos.
   e) a existência dos Domínios não alterou o sistema de classificação dos cinco Reinos proposta por Robert Wittaker em 1969.

2. (Ufla-MG) De acordo com o sistema universal de classificação, a alternativa que apresenta a sequência de categorias taxonômicas iniciando-se a partir de filo é:
   a) Chordata – Mammalia – Carnívora – Canidae – *Canis*.
   b) Chordata – Carnívora – Mammalia – Canidae – *Canis*.
   c) Chordata – Canidae – Carnívora – Mammalia – *Canis*.
   d) Chordata – Mammalia – Canidae – Carnívora – *Canis*.
   e) Chordata – *Canis* – Mammalia – Canidae – Carnívora.

3. (UFPI) Segundo a classificação dos animais, numere a segunda coluna, de acordo com a primeira. Logo após, indique a alternativa em que se acha a sequência correta

| **1ª coluna** | **2ª coluna** |
|---|---|
| 1. Arthropoda | ( ) Espécie |
| 2. Reptilia | ( ) Família |
| 3. *Ascaris lumbricoides* | ( ) Filo |
| 4. Canidae | ( ) Classe |
| 5. *Bothrops* | ( ) Gênero |

   A sequência correta de cima para baixo é:
   a) 3-1-2-4-5
   b) 5-4-1-3-2
   c) 3-4-1-2-5
   d) 2-5-4-3-1
   e) 5-1-3-4-2

4. (Ufla-MG) Em relação à sistemática e nomenclatura zoológica, pode-se afirmar que
   I. Os nomes genéricos devem ser escritos com a primeira letra maiúscula e destacada do restante do texto.
   II. A ordem hierárquica das categorias taxonômicas é: reino, filo, ordem, classe, família, gênero e espécie.
   III. A escrita correta para a espécie humana, seguindo as regras de nomenclatura, é *Homo sapiens*.
   IV. Os nomes da categoria da família em animais são sempre terminados em -idae, como, por exemplo, Felidae e Viperidae.

   Assinale a alternativa CORRETA.
   a) Somente as afirmativas II e III são corretas.
   b) Somente as afirmativas I, III e IV são corretas.
   c) Somente as afirmativas II, III e IV são corretas.
   d) Somente as afirmativas I, II e IV são corretas.

5. (UFPA) O açaí e a bacaba são palmeiras que produzem frutos muito apreciados pelas populações do estado do Pará. Os grupos taxonômicos dessas duas plantas são mostrados na classificação abaixo. As plantas citadas pertencem à mesma categoria taxonômica até
   Angiospermae > Monocotyledonae > Principes > Arecaceae *Euterpe oleracea* (Açaí) *Oenocarpus distichus* (Bacaba)
   a) classe
   b) filo
   c) família
   d) gênero
   e) ordem

6. (Unifesp) "Em uma área de transição entre a mata atlântica e o cerrado são encontrados o pau-d'arco (*Tabebuia serratifolia*), a caixeta (*Tabebuia cassinoides*) e alguns ipês (*Tabebuia aurea*, *Tabebuia alba*, *Cybistax antisyphillitica*). O cipó-de-são-joão (*Pyrostegia venusta*) é também frequente naquela região".
   Considerando-se os critérios da classificação biológica, no texto são citados
   a) 3 gêneros e 3 espécies.
   b) 3 gêneros e 4 espécies.
   c) 3 gêneros e 6 espécies.
   d) 4 gêneros e 4 espécies.
   e) 4 gêneros e 6 espécies.

7. (UFSM-RS) Nas Artes, os artistas classificam suas obras segundo diversos padrões inerentes a cada área, por exemplo, a Pintura e a Escultura. Na Biologia, o processo é similar, pois há também um sistema de classificação dos organismos. A parte da Biologia que identifica, nomeia e classifica os seres vivos é a Taxonomia, e a parte que estuda as relações evolutivas entre eles é a Sistemática. Então, assinale a alternativa correta.

I. O conceito biológico de espécie pode ser aplicado para qualquer ser vivo.

II. A especiação, ou surgimento de uma nova espécie, ocorre através do isolamento geográfico de duas populações, seguido do isolamento reprodutivo.

III. O nome científico das espécies pode ser escrito em qualquer língua, devendo, no entanto, ser binomial, com a primeira palavra indicando o epíteto genérico (gênero).

Está(ão) correta(s)

a) apenas I.
b) apenas II.
c) apenas III.
d) apenas I e II.
e) apenas II e III.

8. (UPF-RS) Os reinos de seres vivos indicados (esquerda) devem ser associados às suas características (direita).

| Seres vivos | Características |
|---|---|
| I. Monera | ( ) sem clorofila, heterótrofos, reprodução sexuada ou assexuada (esporos) |
| II. Protista | ( ) unicelulares, sem mitocôndrias e cloroplastos; autótrofos ou heterótrofos |
| III. Fungi | ( ) autótrofos, pluricelulares; células ricas em sistema de endomembranas |
| IV. Plantae | ( ) heterótrofos, pluricelulares; reprodução sexuada |
| V. Animalia | ( ) unicelulares, ricos em sistema de endomembranas; autótrofos ou heterótrofos |

A sequência correta, de cima para baixo, é:

a) I, II, V, IV e III
b) III, II, IV, V e I
c) I, III, IV, V e II
d) III, I, IV, V e II
e) II, III, V, IV e I

9. (CFTSC) Toda a biodiversidade conhecida e catalogada pela ciência tem uma classificação na biologia. Sobre o sistema de classificação dos seres vivos, assinale V para VERDADEIRO ou F para FALSO.

( ) Na classificação dos seres vivos em categorias taxonômicas, classe é um grupo de famílias.

( ) A espécie foi adotada como unidade básica de classificação, sendo considerados da mesma espécie indivíduos que apresentam semelhanças entre si, capazes de cruzar uns com os outros, gerando descendentes férteis.

( ) Os seres vivos são classificados em cinco grandes reinos: o dos vírus, o monera, o protista, o animal e o vegetal.

( ) O Reino Protista é representado por organismos unicelulares e procariontes.

( ) O Reino Animalia compreende os organismos pluricelulares, eucariontes e heterótrofos por ingestão. Esse reino abrange todos os animais, desde os poríferos até os mamíferos.

Assinale a alternativa que apresenta a sequência correta, de cima para baixo:

a) V, V, V, F, V
b) V, V, F, V, F
c) F, V, V, F, F
d) F, V, F, F, V
e) F, V, V, F, F

10. (UTFPR) Numa coleta promovida numa aula prática de Ciências que teve lugar no pátio da escola, José e João formaram uma dupla para esta atividade. Terminada a tarefa, tiveram que classificar os seres que capturaram. Uma formiga, um tatuzinho de jardim, um caracol, uma lagartixa, uma rã e uma aranha. Respectivamente, os animais coletados pertencem aos seguintes grupos:

a) artrópodos, moluscos, crustáceos, anfíbios, répteis, aracnídeos.
b) anfíbios, crustáceos, moluscos, insetos, répteis, artrópodos.
c) insetos, crustáceos, moluscos, répteis, anfíbios, artrópodos.
d) insetos, moluscos, crustáceos, anfíbios, répteis, aracnídeos.
e) insetos, moluscos, crustáceos, répteis, anfíbios, aracnídeos.

11. (UFG-GO) Analise os cladogramas abaixo que ilustram dois sistemas de classificação: sistema A, no qual os seres vivos são classificados em dois reinos, e sistema B, no qual os seres vivos são classificados em cinco reinos.

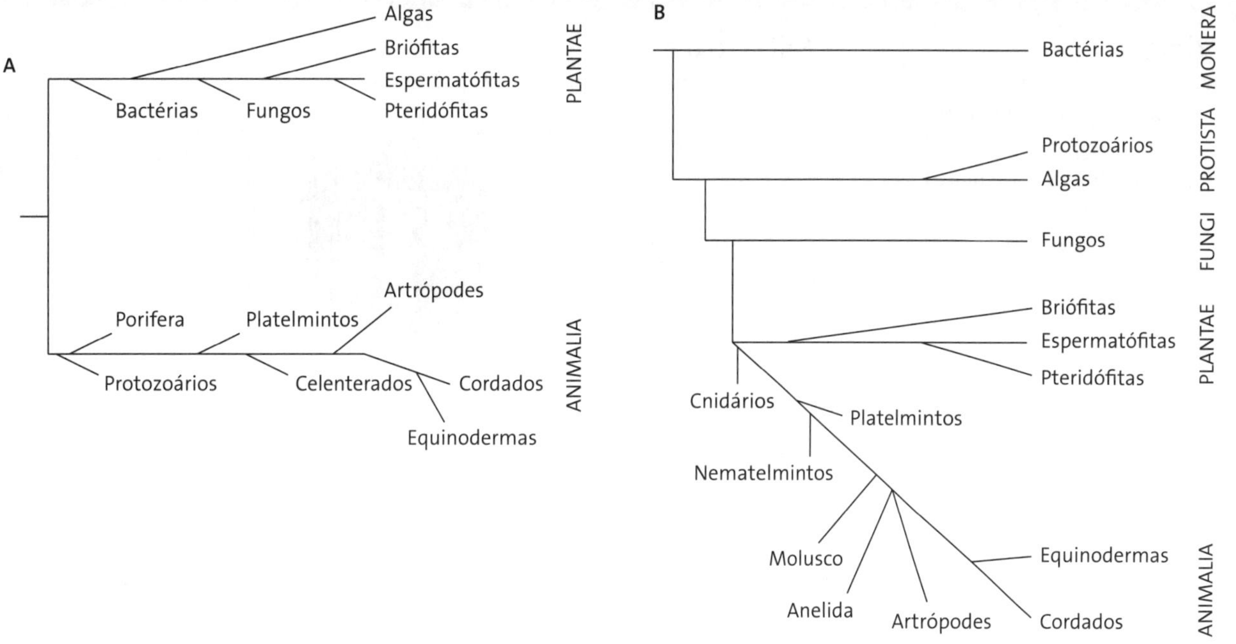


A análise dos cladogramas A e B permite concluir que,

a) pelo sistema A, as diatomáceas e as amebas são classificadas no reino Plantae e, pelo sistema B, no reino Monera.

b) por ambos sistemas, os musgos são ancestrais das clorofíceas e das rodofíceas.

c) por ambos sistemas, as estrelas-do-mar são ancestrais das tênias e das aranhas.

d) pelo sistema A, as leveduras, o fermento biológico, são classificadas no reino Plantae e, pelo sistema B, no reino Fungi.

e) por ambos sistemas, os peixes e as planárias são ancestrais de águas-vivas e de corais.

12. (UFTM-MG) Os quadrinhos ilustram uma conhecida expressão popular.

(Fernando Gonsales, *Folha de S.Paulo*, 11.09.2007)

Segundo o sistema de classificação zoológica, pode-se dizer que o cavalo (animal de tração) e o cavalo-marinho representado nos quadrinhos pertencem a

a) um mesmo filo, mas não a um mesmo reino.

b) um mesmo reino, mas não a um mesmo filo.

c) diferentes espécies de duas famílias de uma mesma classe.

d) diferentes ordens de uma mesma família.

e) diferentes classes de um mesmo filo.

## Vírus

- Não possuem organização celular e só se reproduzem no interior de células vivas.
- São parasitas intracelulares obrigatórios.

## Estrutura

- Capsídeo proteico com vários capsômeros.

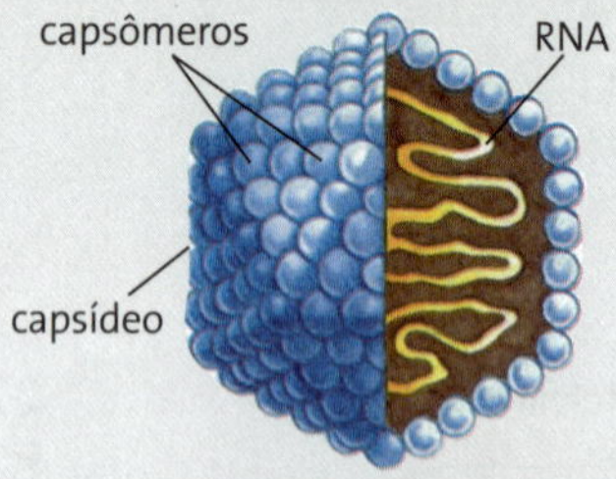

Ingeborg Asbach/Arquivo da editora

Vírus da poliomielite

## Reprodução

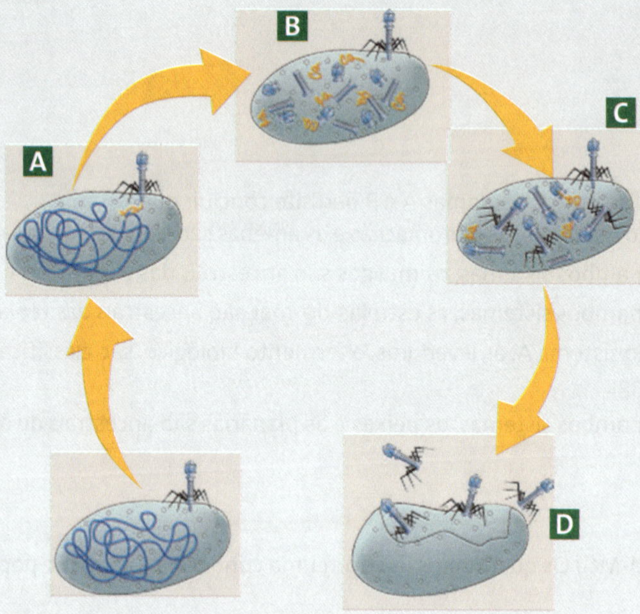

Luis Moura/Arquivo da editora

## Doenças

- **Epidemia:** doença que surge de forma súbita e se espalha rapidamente; **endemia**: doença que persiste em uma região; **pandemia**: endemia globalizada; agente patológico - organismo que causa a infecção; **vetor**: que transmite o agente patológico; **profilaxia**: medidas para a prevenção de doenças.
- Exemplos: gripes e resfriados (vacinas não duram muito por causa das mutações do vírus), dengue (mosquito é vetor do vírus, e a doença pode ser a forma clássica ou a mais grave, a dengue hemorrágica), raiva (há vacina para os animais domésticos vetores) e algumas DST como herpes e Aids.
- HIV: retrovírus causador da Aids. Ataca linfócitos, usando o aparato celular para produzir DNA a partir do seu RNA (com a ajuda da enzima **transcriptase reversa**). O HIV destrói células do sistema imune, por isso o doente pode sofrer com infecções oportunistas.

  Transmissão: fluidos corporais (sangue, sêmen, leite materno). A prevenção inclui usar preservativos, esterilizar aparelhos perfurocortantes, entre outras.

  Diagnose e tratamento: exames de sangue atestam a presença do vírus, e os medicamentos (como antirretrovirais) podem retardar a evolução da doença, mas não curá-la (vírus sofre muitas mutações).

## Procariontes

- Bactérias, cianobactérias e arqueas.
- Bactérias se associam a outros seres vivos e podem ser comensais (não causam prejuízos e obtêm alimento), parasitas (causam doenças) ou mutualistas (benefício mútuo).
- Importância: decomposição da matéria orgânica, fixação do nitrogênio, utilização pelos seres humanos (laticínios, engenharia genética).
- Heterotróficas (absorção) ou autotróficas (fotossíntese ou quimiossíntese).

## Estrutura

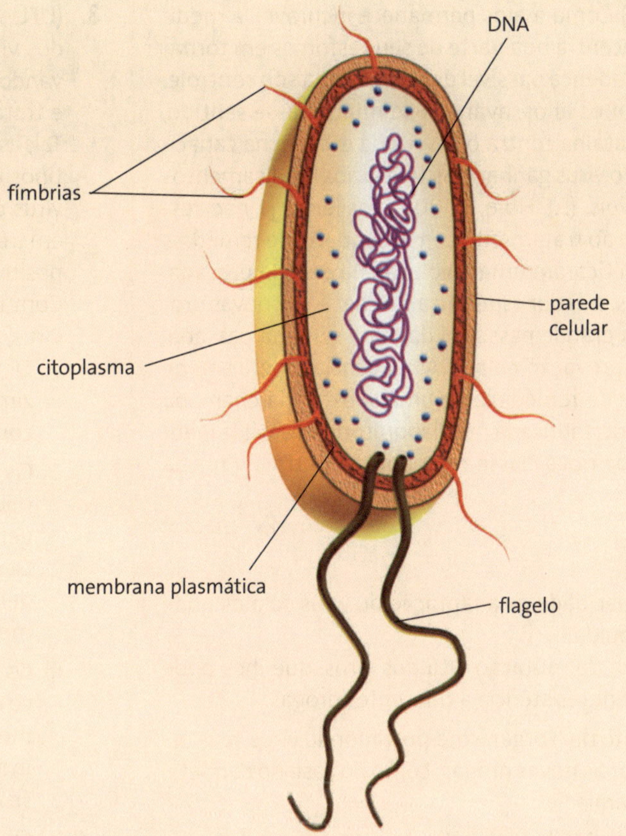


Luis Moura/Arquivo da editora

- A classificação de acordo com a forma: cocos, bacilos, vibriões e espirilos.

## Reprodução

- Divisão binária (assexuada) ou conjugação (união das fímbrias para transferência de material genético).

## Cianobactérias

- Fazem fotossíntese e fixam nitrogênio (pelos heterocistos).

## Doenças

- Procariontes são sensíveis aos antibióticos.
- Exemplos: tuberculose (há vacinação e o tratamento com antibióticos), tétano (vacinas e soro antitetânico para tratar), leptospirose (há animais domésticos como vetores, problema de epidemia piora com enchentes) e cólera (vacina tem baixa eficácia).

## Arqueas

- Unicelulares e procariontes.
- Podem viver em ambientes extremos, como: termófilas (em fontes hidrotermais, etc.), halófilas (em alta salinidade) e metanogênicas (nos pântanos sem oxigênio).

# Exercícios

1. (FGV-SP) Como a aids permanece incurável, a medicina concentra boa parte de seus esforços em torná-la uma doença passível de ser mantida sob controle. Nos últimos anos, avançou-se muito nesse sentido, mas a batalha contra o HIV ainda esbarra na capacidade de o vírus ganhar resistência aos medicamentos disponíveis. (...). Hoje, 30 000 brasileiros já não respondem ao tratamento com o coquetel de remédios que significaram uma revolução na década passada. Para eles, a maior esperança é a criação de novas drogas. Um grande passo foi dado na semana passada, com a aprovação pela FDA, a agência americana de controle de remédios, de uma substância chamada maraviroc, fabricada pelo laboratório Pfizer. Ela inaugura uma nova classe terapêutica contra o vírus da aids.

   Revista *Veja* – 15.08.2007

   Essa capacidade de adaptação do vírus da aids pode ser atribuída:
   a) à taxa de mutação alta dos vírus, que lhes pode conferir resistência a diferentes drogas.
   b) ao fato de o organismo portador do vírus se acostumar às novas drogas, como no caso do coquetel antiviral.
   c) à capacidade de os vírus produzirem anticorpos que neutralizam as novas drogas.
   d) ao fato de as drogas antivirais perderem sua atividade com o passar dos anos.
   e) à intolerância que, com o passar dos anos, o organismo portador do vírus adquire contra as drogas antivirais, passando a produzir anticorpos que neutralizam a ação dessas drogas.

2. (UFRN) Apesar de não saber que a raiva era causada por um vírus, Pasteur realizou vários experimentos para desenvolver uma vacina contra essa doença. No experimento inicial, que não deu certo, ele recolheu saliva de cães infectados e a inoculou em um recipiente de vidro (balão) contendo meio de cultura (água e nutrientes).
   Esse experimento não deu certo porque o vírus
   a) é um microrganismo envelopado.
   b) intensificou sua virulência.
   c) atenuou sua patogenicidade.
   d) é metabolicamente dependente.

3. (UFU-MG) Os estudos sobre as formas de replicação dos vírus intensificaram-se nos últimos anos, objetivando encontrar meios mais eficientes de prevenção e tratamento de doenças virais nos seres humanos. Tais estudos têm demonstrado que existem diferentes tipos de vírus e diferentes formas de replicação. Os vírus de RNA de cadeia simples podem ser divididos em três tipos básicos, conhecidos como vírus de cadeia positiva, vírus de cadeia negativa e como retrovírus.
   Com relação aos diferentes tipos de replicação dos vírus, analise as afirmativas abaixo.
   I. Os retrovírus contêm cadeias simples de RNA, enzima transcriptase reversa e produzem DNA tendo como modelo o RNA viral.
   II. Os vírus de cadeia negativa possuem RNA genômico com as mesmas sequências de bases nitrogenadas dos RNA mensageiros (RNAm) formados. Dessa maneira, moléculas de RNA servem de modelo para a síntese de moléculas de RNA complementares à cadeia molde.
   III. Os vírus de cadeia positiva possuem RNA genômico com sequências de bases nitrogenadas complementares às dos RNAm formados. Desta maneira, moléculas de RNA servem de modelo para a síntese do RNAm.
   IV. Os retrovírus contêm uma cadeia de RNA dupla hélice que serve de base para a transcrição do DNA necessário à replicação.

   Marque a alternativa correta.
   a) somente II e III são corretas.
   b) somente IV é correta.
   c) somente I é correta.
   d) somente I, II e III são corretas.

4. (Unifor-CE) A respeito dos vírus foram feitas as seguintes afirmações:
   I. São seres acelulares.
   II. Apresentam em sua estrutura apenas parede celular e DNA.
   III. São parasitas intracelulares obrigatórios.
   IV. Causam doenças apenas em animais.

   É correto o que se afirma SOMENTE em:
   a) I
   b) I e III
   c) II e III
   d) I, III e IV
   e) II, III e IV

**5.** (Uespi) Observe o ciclo replicativo do bacteriófago abaixo e, em seguida, assinale a alternativa correta.

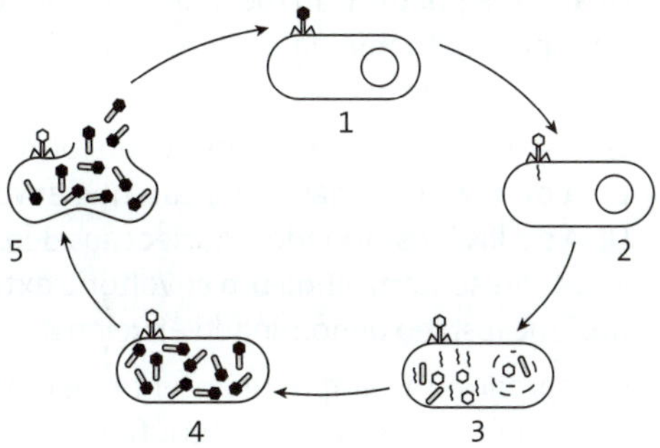


a) O esquema mostra um ciclo lisogênico.

b) Fica evidente que bacteriófagos não precisam do capsídeo dentro da célula para se replicar.

c) O material genético celular não sofre alteração durante o ciclo replicativo do bacteriófago.

d) A célula acima infectada poderia pertencer a um ser humano.

e) Ao fim do ciclo replicativo do bacteriófago, a célula se mantém íntegra e pode ser infectada novamente.

**6.** (Udesc) Leia e analise as afirmativas abaixo:

I. As bactérias possuem apenas um material genético, DNA ou RNA.

II. O cromossomo bacteriano está enovelado em torno de uma proteína histona.

III. As bactérias possuem apenas um cromossomo, que é circular, e algumas apresentam um material genético denominado plasmídeo, que está disperso no citoplasma.

IV. Pelo processo de transdução, muitas bactérias trocam material genético com outras bactérias.

Assinale a alternativa **correta**.

a) Somente as afirmativas I e II são verdadeiras.

b) Somente a afirmativa III é verdadeira.

c) Somente as afirmativas I, III e IV são verdadeiras.

d) Somente as afirmativas II e IV são verdadeiras.

e) Todas as afirmativas são verdadeiras.

**7.** (UCS-RS) A penicilina surgiu de um acidente com uma das experiências de Alexander Fleming. Ela foi o marco inicial da era dos antibióticos e pôde diminuir expressivamente o número de mortes causadas por doenças infecciosas. Considere as seguintes afirmativas sobre a descoberta da penicilina.

I. Apareceu na década de 20, por acaso, a partir de uma cultura de bactérias mofadas. As pesquisas ficaram anos paradas, até que voltaram a todo o vapor, afinal a penicilina se tornou uma espécie de segredo estratégico durante a Segunda Guerra.

II. Abriu caminho para as mais poderosas armas da medicina em prol da vida humana. Antes dos antibióticos, era possível morrer em decorrência de um mero resfriado, por exemplo.

III. A busca incessante da indústria farmacêutica por novos antibióticos, entretanto, esconde um grande perigo. O uso indiscriminado dos mesmos está induzindo ao aumento no número de bactérias resistentes a eles.

Das afirmativas acima, pode-se dizer que

a) apenas I está correta.

b) apenas II está correta.

c) apenas III está correta.

d) I e III estão corretas.

e) I, II e III estão corretas.

**8.** (Ufop-MG) A análise laboratorial de uma amostra de água revelou a presença de dois patógenos (A e b) com as seguintes características: Patógeno A → organismo filtrável, parasita intracelular, constituído por uma capa proteica que envolve a molécula de ácido nucleico.
Patógeno B → organismo não filtrável, que tem uma membrana lipoproteica revestida por uma parede rica em polissacarídeos, que envolve um citoplasma onde se encontra seu material genético constituído por uma molécula circular de DNA.
Esses organismos são, respectivamente:

a) uma bactéria e um fungo.

b) um protozoário e um fungo.

c) um vírus e uma bactéria.

d) uma bactéria e um vírus.

9. (Mack-SP) Cientistas britânicos afirmam estar desenvolvendo um antibiótico a partir de larvas de moscas verdes que poderá, no futuro, combater 12 tipos de infecções causadas pela bactéria *Staphylococcus aureus* resistente à meticilina ou SARM, muito propagada em ambientes hospitalares. A bactéria se tornou resistente a vários antibióticos, primeiro à penicilina e, logo depois, à meticilina.

A partir do texto, considere as afirmações abaixo.

I. Devido ao uso constante de antibióticos em hospitais, as bactérias que permanecem nesses ambientes foram selecionadas.

II. A resistência das bactérias aos antibióticos pode ser transmitida às gerações seguintes por divisão celular ou por conjugação.

III. Amensalismo é o nome da relação ecológica que pode se estabelecer entre as moscas e as bactérias.

Assinale

a) se somente I estiver correta.
b) se somente III estiver correta.
c) se I, II e III estiverem corretas.
d) se somente I e II estiverem corretas.
e) se somente II e III estiverem corretas.

10. (Uerj) Em 1977, cientistas a bordo do submarino de pesquisa *Alvin* foram os primeiros a identificar, no oceano Pacífico, comunidades abissais vivendo em profundidades superiores a 2,5 km, formadas por grande número de seres, alguns, inclusive, de grande porte. Essas comunidades se desenvolvem em torno de fontes termais submersas, constituídas por fendas da crosta terrestre que liberam gases, onde a água do mar penetra e é aquecida.

A formação de matéria orgânica que mantém essas comunidades está associada ao processo de:

a) fotossíntese realizada por algas
b) quimiossíntese de bactérias autotróficas
c) síntese abiótica com uso de energia térmica
d) sedimentação de excretas de seres da superfície

11. (UEPB) Sobre os vírus, podemos afirmar que

a) a transmissão dos vírus das plantas ocorre exclusivamente por difusão mecânica, ou seja, quando uma pessoa manipula uma planta infectada e a seguir uma sadia.
b) são estruturalmente simples, sendo formados por uma ou mais cápsulas proteicas, que envolvem o DNA e o RNA, compondo o nucleocapsídeo. Alguns vírus apresentam ainda um envoltório externo ao nucleocapsídeo denominado envelope.
c) se reproduzem sempre no interior de uma célula hospedeira, exceto os bacteriófagos, por terem dois tipos de ciclos de replicação: o ciclo lítico e o ciclo lisogênico.
d) a infecção viral é específica, sendo esta especificidade decorrência do fato de que para um vírus penetrar em uma célula deve haver uma interação das proteínas virais com as proteínas receptoras existentes na membrana plasmática das células.
e) os retrovírus podem apresentar DNA ou RNA, mas obrigatoriamente apresentam a transcriptase reversa.

12. (Fuvest-SP) O organismo A é um parasita intracelular constituído por uma cápsula proteica que envolve a molécula de ácido nucleico. O organismo B tem uma membrana lipoproteica revestida por uma parede rica em polissacarídios que envolvem um citoplasma, onde se encontra seu material genético, constituído por uma molécula circular de DNA. Esses organismos são, respectivamente:

a) uma bactéria e um vírus
b) um vírus e um fungo
c) uma bactéria e um fungo
d) um vírus e uma bactéria
e) um vírus e um protozoário

13. (Ufal) A prática dos exames e das condutas preventivas é importante, pois uma pessoa portadora de doença sexualmente transmissível – por vezes, permanecendo latente – pode, involuntariamente, transmiti-la para outras pessoas. Ao procurar um médico, um cliente relatou os seguintes sintomas:
- aparecimento de lesão na genitália externa, em forma de pequena úlcera, referida pelo médico como cancro duro;
- desaparecimento dessa lesão (cancro), naturalmente, em pouco tempo;
- aparecimento de lesões generalizadas na pele, com numerosos pontos vermelhos e escamosos, após, aproximadamente, dois meses.
- ocorrência posterior de lesões em órgãos do sistema nervoso, circulatório e urinário.

Considerando essas informações, o médico concluiu que o paciente havia sido infectado por uma certa bactéria e apresentava:

a) Sífilis.

b) Gonorreia.

c) Pediculose pubiana.

d) Tricomoníase.

e) Condiloma acuminado.

14. (UFPB) Os antibióticos são de extrema importância para o combate a muitas doenças causadas por bactérias. No entanto, o seu uso indiscriminado pode trazer graves problemas de saúde pública, a exemplo do surgimento das bactérias multirresistentes, como a KPC. Uma classe muito importante de antibióticos tem sua eficácia por agir no ribossomo da célula bacteriana, impedindo o funcionamento correto desse componente celular. Diante do exposto, é correto afirmar que essa classe de antibiótico é eficaz porque

a) impede a transcrição gênica.

b) modifica o código genético.

c) destrói a membrana plasmática.

d) impede a síntese de proteínas.

e) provoca mutações gênicas.

15. (Uespi) Abaixo é ilustrado um simples teste para detectar a resistência de bactérias aos antibióticos de uso humano, indicados para terapia contra infecções. Admita que, no teste hipotético abaixo, concentrações iguais dos antibióticos 1, 2 e 3 foram inoculados em discos de papel de filtro que, a seguir, foram transferidos para placas com nutrientes contendo a bactéria *Escherichia coli*. Após 24 horas de exposição:

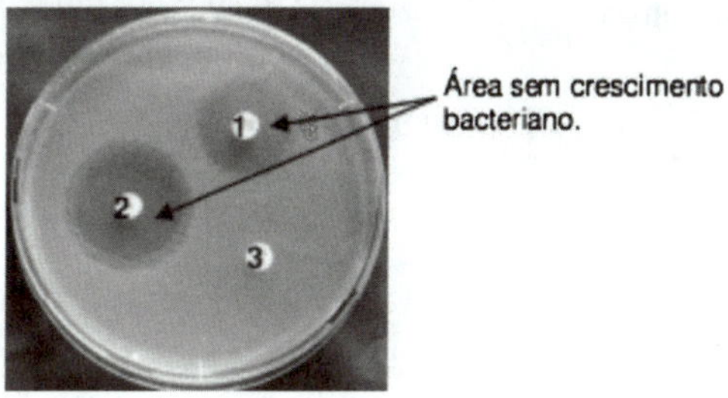


a) a bactéria foi igualmente sensível aos antibióticos 1 e 2.

b) o antibiótico 1, somente, exerceu uma ação inibitória, mas não foi bactericida.

c) o uso indiscriminado de antibióticos poderia explicar o resultado apresentado com o antibiótico 3.

d) genes de resistência a antibióticos transferidos por "conjugação" são a causa do resultado com o antibiótico 3.

e) o antibiótico 2 possui ação contra *Escherichia coli* e outras bactérias de diferentes espécies.

16. (UFG-GO) Leia as informações a seguir.

Como chefe da Diretoria de Saúde Pública da cidade do Rio de Janeiro a partir de 1903, o médico sanitarista Oswaldo Cruz adotou medidas como a formação de um esquadrão de 50 homens vacinados, que percorriam a cidade espalhando raticida e mandando recolher o lixo, sendo essas medidas pertencentes à Reforma Sanitária, durante o mandato (1902-1906) do Presidente Rodrigues Alves.

Disponível em: <http://super.abril.com.br/arquivo/1994/conteudo_114370.shtml>. (Adaptado).

Nesse contexto histórico, a medida adotada visava erradicar a seguinte doença:

a) febre amarela.

b) peste bubônica.

c) tuberculose.

d) cólera.

e) varíola.

# PROTOZOÁRIOS, ALGAS E FUNGOS

## Protozoários

- Em condições desfavoráveis formam **cistos** (inativos).
- Grupo sem valor taxonômico.

## Grupos

### Com pseudópodes

- Emitem pseudópodes para aproximar-se do alimento e fagocitá-lo.
- A ameba é um representante do grupo.

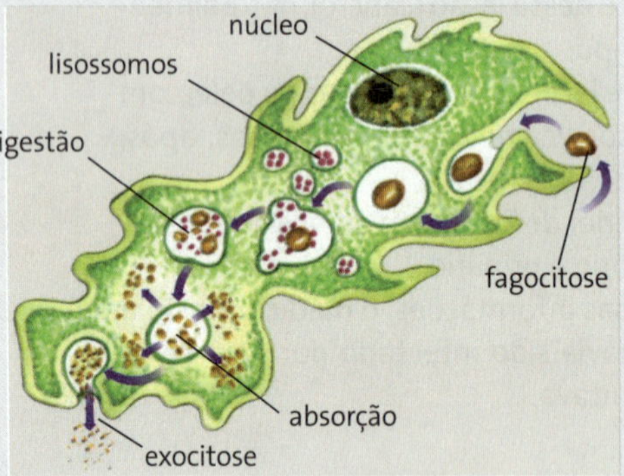


Ilustrações: Ingeborg Asbach/Arquivo da editora

### Com cílios ou com flagelos

- Cílios são semelhantes aos flagelos, mas menores e mais numerosos. Estruturas funcionam na locomoção e na captura de alimento.

### Sem organelas de locomoção

- São parasitas intracelulares.

## Doenças

- Como exemplo: doença de Chagas (vetor é o inseto barbeiro, que transmite a doença pelas fezes), leishmaniose (mosquito flebotomíneo é o vetor) e malária (ser humano é hospedeiro intermediário, e mosquito-prego, o definitivo).

## Algas

- Grupo sem valor taxonômico, todas fazem fotossíntese.
- Algas microscópicas constituem o **fitoplâncton** (exemplo: **diatomáceas** e os **dinoflagelados**).
- Algas unicelulares flageladas e com vacúolo contrátil formam o grupo das **euglenófitas**.
- Outros grupos: algas verdes (clorofíceas), pardas (feofíceas, possuem alginatos na parede celular) e vermelhas (rodofíceas, contêm ágar e carragenina na parede celular).

## Reprodução

- Assexuada (divisão binária, fragmentação ou esporulação) ou sexuada com alternância de gerações:

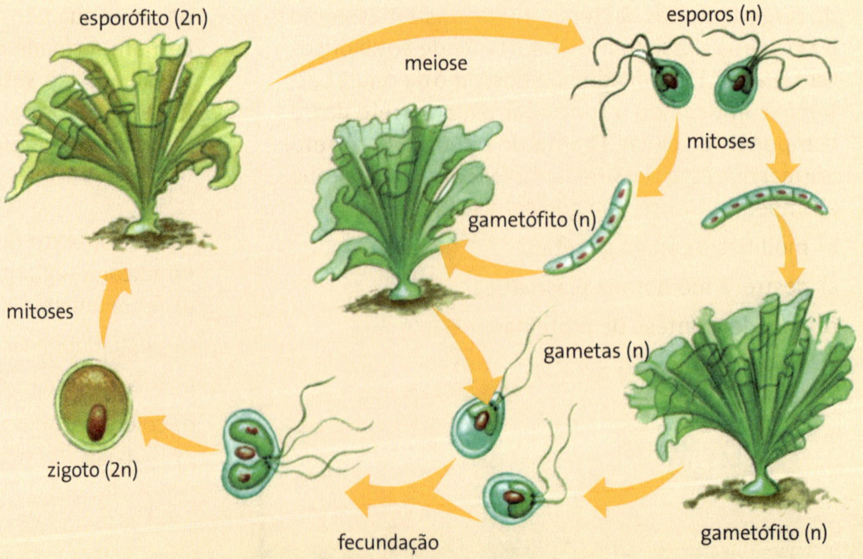

## Fungos

- Decompositores de matéria orgânica.
- Estrutura: parede celular contém quitina (polissacarídeo presente em animais).
- Heterótrofos que realizam absorção (produzem reserva de glicogênio, assim como os animais).
- Reprodução: assexuada por fragmentação ou esporos. Sexuada ocorre com união de hifas:

## Classificação

### Zigomicetos

- Reprodução assexuada por formação de esporos (exemplo: bolor de pão).

### Ascomicetos

- Possuem **asco** (estrutura produtora de esporos). Exemplo: gênero *Penicillium* (utilizado na produção de penicilina e alguns queijos).

### Basidiomicetos

- Reprodução sexuada é a mais comum (hifas se unem e formam **basidiocarpo**). Exemplos: cogumelos e orelhas-de-pau.

### Deuteromicetos

- Grupo sem valor taxonômico, não apresentam forma sexuada.

### Associações

- Mutualismos íntimos e permanentes.
- **Liquens**: fungos com algas ou cianobactérias (fungo fornece água e sais minerais e recebe matéria orgânica). São seres pioneiros, com reprodução assexuada (por meio dos sorédios).
- **Micorrizas**: fungos com raízes de plantas (fungo aumenta superfície de absorção das raízes e recebe substâncias orgânicas em troca).

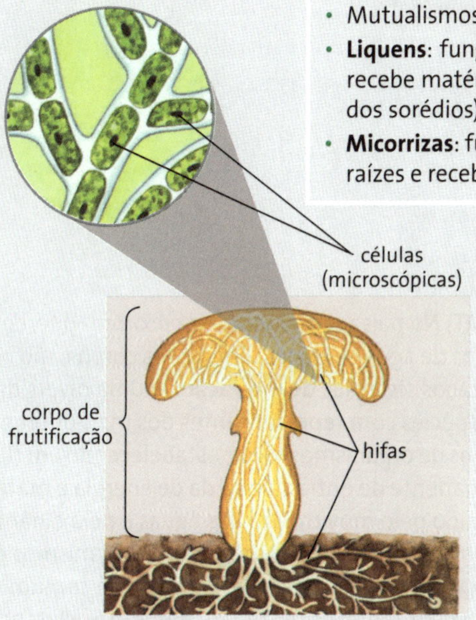


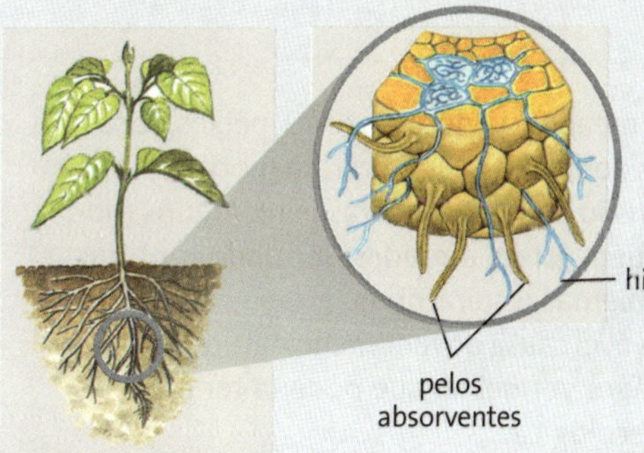


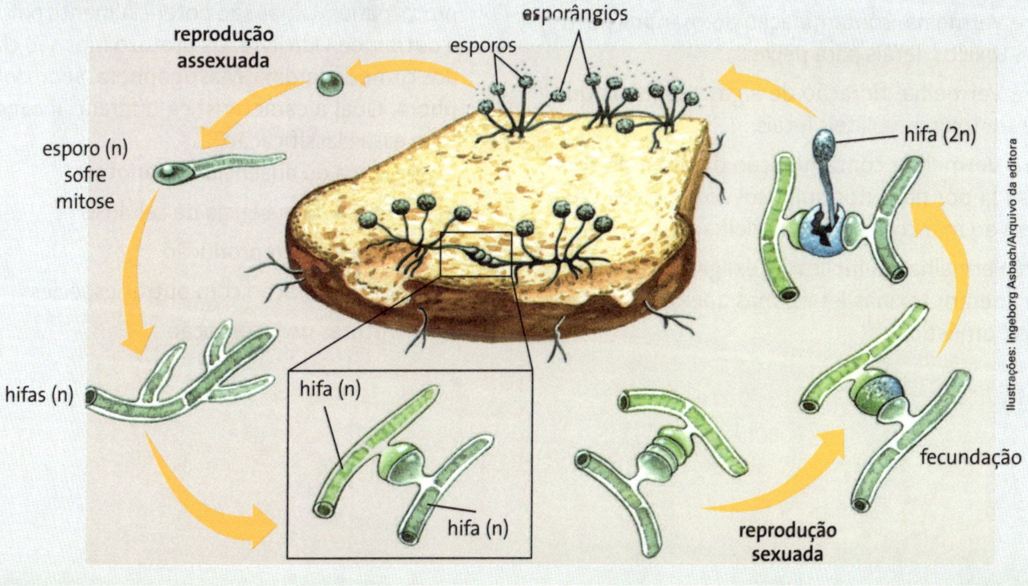


Ilustrações: Ingeborg Asbach/Arquivo da editora

# Exercícios

1. (FEI-SP) A fotossíntese é a grande fonte de oxigênio livre e disponível para os seres vivos terrestres e aquáticos. Sabe-se hoje que quase 90% deste fenômeno fotobioquímico que ocorre em nosso planeta é realizado:
   a) principalmente pela floresta amazônica
   b) pelas florestas que se distribuem pelos continentes
   c) pelos microrganismos do zooplâncton
   d) pelas algas planctônicas
   e) pelos microdecompositores presentes nos mares e continentes

2. (FGV-SP) Em meados da década de 70, peixes, focas, e até animais domésticos, apareceram mortos, numa grande extensão do litoral sul brasileiro. Alguns moradores também foram afetados, sentindo tonturas e graves problemas respiratórios.
   Indicar a provável causa do fenômeno natural, conhecido como Maré Vermelha, que poderia ter causado tal tragédia ecológica.
   a) Maré Vermelha: crescimento exagerado de bactérias coliformes.
   b) Maré Vermelha: contaminação do mar por pesticidas tóxicos, letais para peixes.
   c) Maré Vermelha: floração de algas marinhas que liberam toxinas voláteis letais.
   d) Maré Vermelha: contaminação da água do mar causada por produtos químicos tóxicos que conferem ao mar coloração avermelhada.
   e) Maré Vermelha: multiplicação exagerada de peixes que liberam toxinas letais, mas apenas para animais domésticos.

3. (FFFCMPA-RS) Os cogumelos vêm sendo consumidos pelos povos orientais desde a antiguidade devido às suas propriedades medicinais e comestíveis. Entre as espécies comestíveis apenas 20 são comercialmente produzidas em alta escala, destacando-se entre elas o Shiitake (*Lentinula elodes*) e o Champignon (*Agaricus bisporus*).
   Esses cogumelos comestíveis pertencem à classe
   a) Ascomiceto.
   b) Ficomiceto.
   c) Oomiceto.
   d) Basidiomiceto.
   e) Zigomiceto.

4. (UFMT) Na paisagem pantaneira ocorrem diferentes corpos de água. As baías, um desses corpos, são consideradas sistemas de interação de uma diversidade de espécies com representantes dos mais diferentes grupos de organismos vivos, estabelecendo um fluxo permanente de entrada e saída de energia e matéria definido pelo movimento das águas e pela dinâmica das interações biológicas. Dentre os organismos que compõem a biodiversidade das baías, é comum encontrar-se representante das diferentes classes de protozoários. Umas são potencialmente patogênicas e outras, de vida livre. Os protozoários são classificados como Sacordina, Mastigophora, Sporozoa e Ciliophora. Qual a característica diferencial considerada para essa classificação?
   a) Presença ou ausência de carioteca
   b) Presença ou ausência de celulose
   c) Estruturas de reprodução
   d) Tipo de interação com outras espécies
   e) Estruturas de locomoção

5. (UFMG) Os possíveis ancestrais das plantas com flor descendem de um grupo de algas verdes.
Considerando-se essa informação, é INCORRETO afirmar que os dois grupos mencionados têm em comum
a) a clorofila como pigmento fotossintetizante.
b) a parede celular com celulose.
c) o glicogênio como fonte de energia.
d) os pigmentos acessórios de diversas cores.

6. (UEPB) No ciclo de vida de um basidiomiceto hipotético, identifique as estruturas ou processos numerados, assinalando a alternativa em que estes estejam corretamente nomeados.

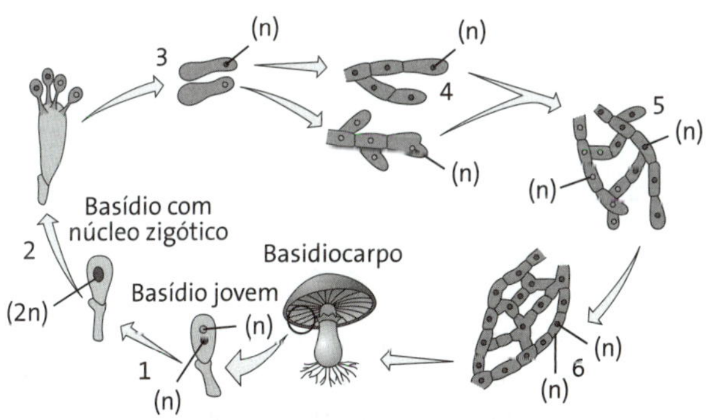


a) 1-plasmogamia; 2-mitose; 3-germinação; 4-hifas dicarióticas; 5-cariogamia; 6-hifas + e –.
b) 1-cariogamia; 2-meiose; 3-germinação; 4-hifas + e –; 5-plasmogamia; 6-hifas dicarióticas.
c) 1-cariogamia; 2-meiose; 3-plasmogamia; 4-hifas + e –; 5-germinação; 6-hifas dicarióticas.
d) 1-germinação; 2-mitose; 3-plasmogamia; 4-hifas cenocíticas; 5-cariogamia; 6-hifas + e –.
e) 1-plasmogamia; 2-meiose; 3-germinação; 4-hifas + e –; 5-cariogamia; 6-hifas dicarióticas.

7. (Ufop-MG) Com relação à Malária, é INCORRETO afirmar:
a) As formas infectantes são transmitidas por inoculação pela picada do transmissor.
b) É diagnosticada através do exame das fezes humanas.
c) É uma doença que causa febre em intervalos regulares.
d) O transmissor é um inseto popularmente chamado de mosquito prego.

8. (UFTM-MG) O micélio vegetativo de um único indivíduo da espécie *Armillaria ostoyae*, que ocorre no estado de Oregon (EUA), expande-se por cerca de 8,9 km$^2$ de área e provavelmente deve ter 2 400 anos e centenas de toneladas, o que o qualifica como o maior organismo da Terra.

(Sônia Lopes e Sérgio Rosso, Bio, volume 2, 2010. Adaptado.)

De acordo com o texto, é possível afirmar que esse organismo
a) consegue obter seus nutrientes por absorção, após a realização da digestão extracorpórea.
b) é autotrófico, dependente da luz para conseguir produzir sua própria matéria orgânica.
c) apresenta parede celular celulósica, que fornece uma grande sustentação para mantê-lo com esse porte.
d) possui tecidos com diferentes funções para manter essa gigantesca estrutura e conservar-se vivo.
e) armazena amido e laminarina, que são moléculas mais estáveis e são consumidos lentamente.

9. (Efoa-MG) Considerando-se a classificação dos seres vivos em cinco Reinos, no desenho abaixo foram representados exemplos de organismos de dois deles.

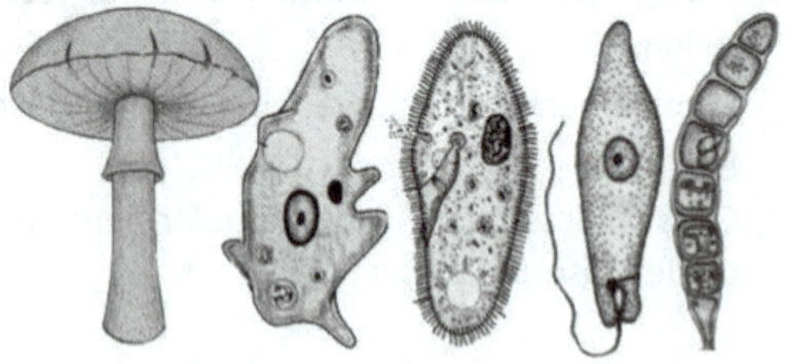

I II III IV V

Observe os exemplos e assinale a alternativa INCORRETA:

a) O Reino Fungi está representado pelo basidiomiceto indicado por I.

b) Se dois Reinos estão representados, II, III, IV e V são Protistas.

c) O exemplar IV é uma alga unicelular, e V uma filamentosa.

d) Os exemplares II e III são protozoários do grupo dos sarcodinas.

e) O Reino Monera, que inclui os procariontes, não foi representado.

10. (Ufam) Encontramos dois tipos de reprodução em protozoários: sexuada e assexuada. Qual das alternativas abaixo corresponde à reprodução assexuada?

a) conjugação; esquizogonia; fecundação.

b) brotamento ou gemulação; conjugação; singamia ou fecundação.

c) brotamento ou gemulação; singamia ou fecundação.

d) divisão binária ou cissiparidade; conjugação.

e) divisão binária ou cissiparidade; brotamento ou gemulação; esquizogonia.

11. (UPE) No reino Protista, todos os organismos são ___1___. As algas protistas são ___2___ classificadas de acordo com ___3___. Os protozoários, em relação à nutrição, são todos ___4___, obtendo o alimento do meio por ___5___ ou absorção. A seguir, assinale a alternativa que contém as palavras que preenchem corretamente as lacunas do texto acima.

a) 1-procariontes; 2-fotossintetizantes; 3-sua coloração; 4-parasitas; 5-fagocitose.

b) 1-unicelulares; 2-quimiossintetizantes; 3-sua morfologia; 4-parasitas; 5-ingestão.

c) 1-procariontes; 2-unicelulares; 3-seus pigmentos; 4-autótrofos; 5-quimiossíntese.

d) 1-eucariontes; 2-unicelulares; 3-sua morfologia; 4-quimiossintetizantes; 5-fagocitose.

e) 1-eucariontes; 2-fotossintetizantes; 3-seus pigmentos; 4-heterótrofos; 5-ingestão.

12. (Ufop-MG) Os fungos já foram confundidos com vegetais pela semelhança morfológica de alguns indivíduos de uma das suas classes taxonômicas. Os fungos, em geral, são importantes para o homem em todos os processos abaixo, exceto:

a) Alimentação humana.

b) Fabricação de antibióticos.

c) Produção de oxigênio através da fotossíntese.

d) Decomposição de matéria orgânica.

e) Produção de bebidas alcoólicas.

13. (Uece) Algas são organismos extremamente importantes do ponto de vista ecológico, uma vez que constituem a base da cadeia alimentar e produzem a maior parte do oxigênio atmosférico. Representam também ótimas fontes de substâncias largamente utilizadas na indústria química, farmacêutica e alimentícia. Dentre as opções a seguir, escolha a que NÃO contém SOMENTE produtos que podem apresentar substâncias originárias de algas.

a) Fertilizante e ração animal.

b) Pasta de dente e xampu.

c) Geleia e sorvete.

d) Soro fisiológico e meio de cultura.

14. (UEPB) O fenômeno denominado "maré vermelha" ocorre devido à proliferação de algumas espécies de dinoflagelados, que, sob determinadas condições, formam populações extraordinariamente grandes. Essa concentração pode liberar toxinas e provocar a contaminação e a mortalidade em organismos filtradores, peixes e outros vertebrados marinhos. Essa contaminação e mortalidade se devem

a) à variedade de toxinas produzidas no verão por essas algas.

b) à proliferação excessiva de certas macroalgas.

c) ao tipo de pigmento de algumas espécies de dinoflagelados.

d) à elevada toxicidade da tetraodontoxina provocada pelos dinoflagelados.

e) à elevada toxicidade da neurotoxina produzida por esses dinoflagelados.

15. (UGF-RJ) "Obras raras se deterioram no Rio"

*"Obras do acervo musical, partituras e documentos da Escola de Música da Universidade Federal do Rio de Janeiro estão ameaçados. Diversas obras raras estão sendo destruídas."*

(*Folha de S. Paulo*: 05/05/94.)

Seres capazes de realizar esse tipo de destruição são:

a) fungos e bactérias.

b) fungos e protozoários.

c) fungos e cianofíceas.

d) bactérias e protozoários.

e) bactérias e cianofíceas.

16. (FMTM-MG) Entre as amebas, observa-se a forma de reprodução esquematizada a seguir:

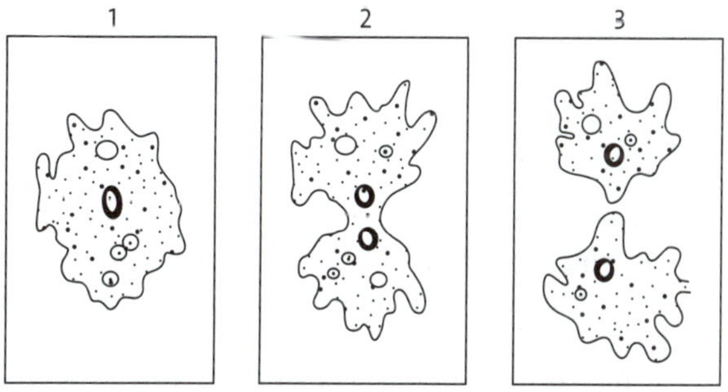


A respeito desse processo, pode-se afirmar que:

a) não ocorre em fungos e algas.

b) é a única forma de reprodução encontrada em protozoários.

c) se caracteriza pela ocorrência de permutação (ou *crossing-over*).

d) permite crescimento populacional muito lento.

e) a mutação é sua principal fonte de variabilidade genética.

**17.** (Mack-SP)

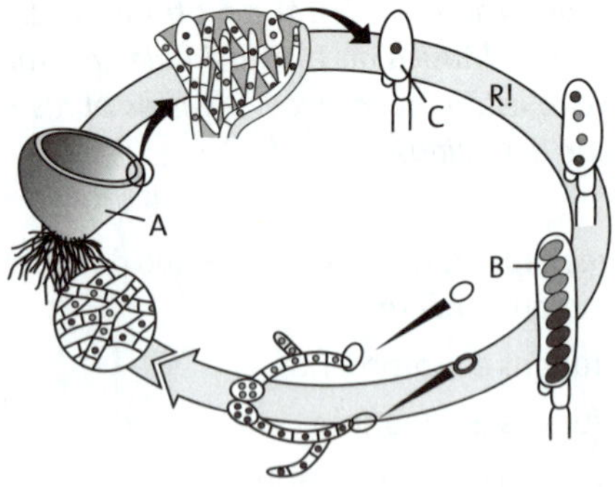


O desenho acima representa o ciclo vital de um fungo ascomiceto. A respeito dele são feitas as seguintes afirmações:

I. A indica o ascocarpo (corpo de frutificação), constituído por hifas tanto monocarióticas como dicarióticas.

II. B indica o asco, contendo 8 ascósporos diploides.

III. A meiose que ocorre em C é denominada zigótica.

Assinale:

a) se somente I estiver correta.

b) se apenas I e II estiverem corretas.

c) se apenas II e III estiverem corretas.

d) se apenas I e III estiverem corretas.

e) se todas estiverem corretas.

**18.** (Fuvest-SP) Frequentemente, os fungos são estudados juntamente com as plantas, na área da Botânica. Em termos biológicos, é correto afirmar que essa aproximação

a) não se justifica, pois a organização dos tecidos nos fungos assemelha-se muito mais à dos animais que à das plantas.

b) se justifica, pois as células dos fungos têm o mesmo tipo de revestimento que as células vegetais.

c) não se justifica, pois a forma de obtenção e armazenamento de energia nos fungos é diferente da encontrada nas plantas.

d) se justifica, pois os fungos possuem as mesmas organelas celulares que as plantas.

e) se justifica, pois os fungos e as algas verdes têm o mesmo mecanismo de reprodução.

**19.** (Vunesp-SP) Maré vermelha deixa litoral em alerta.

Uma mancha escura formada por um fenômeno conhecido como "maré vermelha" cobriu ontem uma parte do canal de São Sebastião (...) e pode provocar a morte em massa de peixes. A Secretaria de Meio Ambiente de São Sebastião entrou em estado de alerta. O risco para o homem está no consumo de ostras e moluscos contaminados.

(Jornal *Vale Paraibano*, 01.02.2003.)

A maré vermelha é causada por

a) proliferação de algas macroscópicas do grupo das rodófitas, tóxicas para consumo pelo homem ou pela fauna marinha.

b) proliferação de bactérias que apresentam em seu hialoplasma o pigmento vermelho ficoeritrina. As toxinas produzidas por essas bactérias afetam a fauna circunvizinha.

c) crescimento de fungos sobre material orgânico em suspensão, material este proveniente de esgotos lançados ao mar nas regiões das grandes cidades litorâneas.

d) proliferação de liquens, que são associações entre algas unicelulares componentes do fitoplâncton e fungos. O termo maré vermelha decorre da produção de pigmentos pelas algas marinhas associadas ao fungo.

e) explosão populacional de algas unicelulares do grupo das pirrófitas, componentes do fitoplâncton. A liberação de toxinas afeta a fauna circunvizinha.

**20.** (Uespi) Com relação aos fungos, assinale a alternativa incorreta.

a) Os fungos têm excepcional capacidade de dispersão, graças ao elevado número de esporos produzidos.

b) A maioria das espécies requer, para o desenvolvimento, substâncias orgânicas como substrato, umidade e ausência de luz (ou luz fraca).

c) Os esporos de alguns fungos, existentes na poeira, podem determinar algumas formas de alergia ao homem.

d) Estão relacionados a inúmeras atividades humanas, como a indústria, a medicina e a pesquisa biológica.

e) São os principais decompositores nos mais diversos ecossistemas terrestres, assim como os poríferos e os celenterados no ambiente marinho.

# PLANTAS I – BRIÓFITAS, PTERIDÓFITAS E GIMNOSPERMAS

## Introdução

- Plantas são organismos eucariontes, pluricelulares (com parede celular de celulose e reserva de amido), autotróficos fotossintéticos (com clorofila a e b) e com o embrião protegido por uma camada de células na fase inicial de seu desenvolvimento.
- Adaptações à vida terrestre: retirar água e sais minerais do solo (raízes), e luz de fora dele (folhas); adaptações contra a dessecação (tecidos de proteção, formação de esporos) e contra a ação da gravidade (tecidos de sustentação).

## Classificação

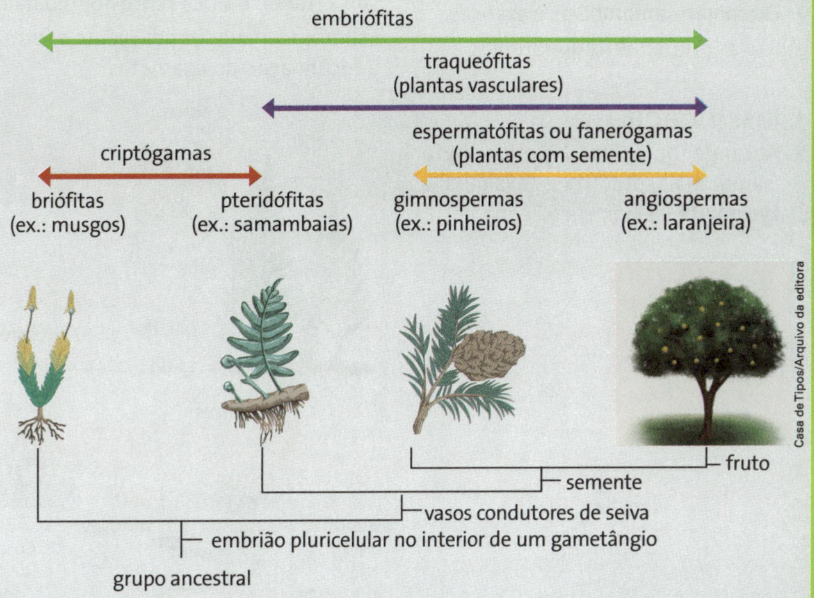


- Vasos lenhosos permitiram o tamanho maior, e a aquisição de sementes facilitou a conquista do meio terrestre.

## Ciclos reprodutivos

- Reprodução assexuada é frequente (folhas, galhos ou caule geram novos indivíduos).
- Reprodução sexuada com alternância entre indivíduos haploides (**gametófito** produz gametas que fazem fecundação) e diploides (**esporófito** realiza meiose para formar esporos).

## Briófitas

- Exemplar: musgos.
- Primeiro grupo a conquistar o ambiente terrestre. Comuns em locais úmidos e sombreados.

## Classificação

- Classes **musgos**, **hepáticas** e **antóceros**.

## Domínios

- A "planta" é o **gametófito**, com gametângios (**anterídio** e **arquegônio**).
- Reprodução tem ciclo **haplonte-diplonte**, e os gametas dependem da água para ser transportados:

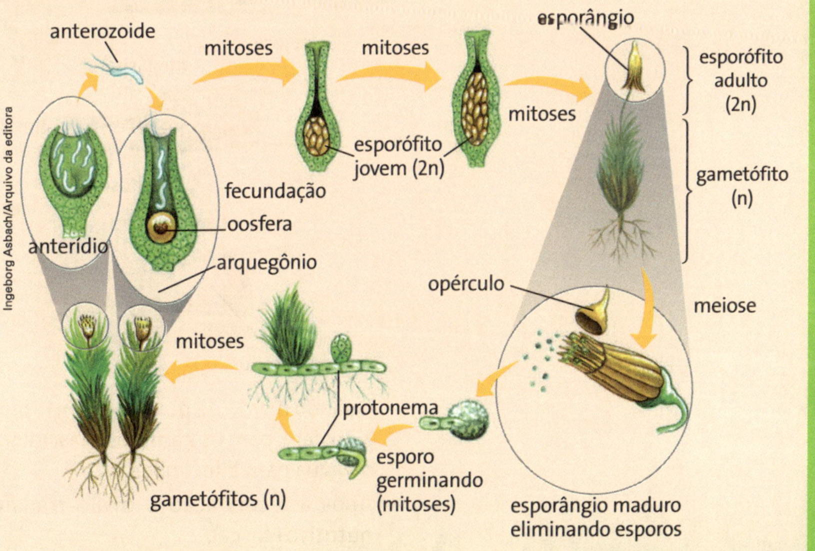

## Pteridófitas

- Exemplar: samambaias e avencas.
- São as primeiras traqueófitas.

### Classificação

- Abrange dois filos: **Pteridophyta** (samambaia, psilófita e cavalinha) e **Lycophyta** (selaginela e licopódio).

- A "planta" é o **esporófito**, com esporângios agrupados em **soros**. Caule é subterrâneo ou fica rente ao solo na maioria das espécies (rizoma).
- Esporos são levados pelo vento e formam o **prótalo**. Mas é a água que possibilita a fecundação dos gametas:

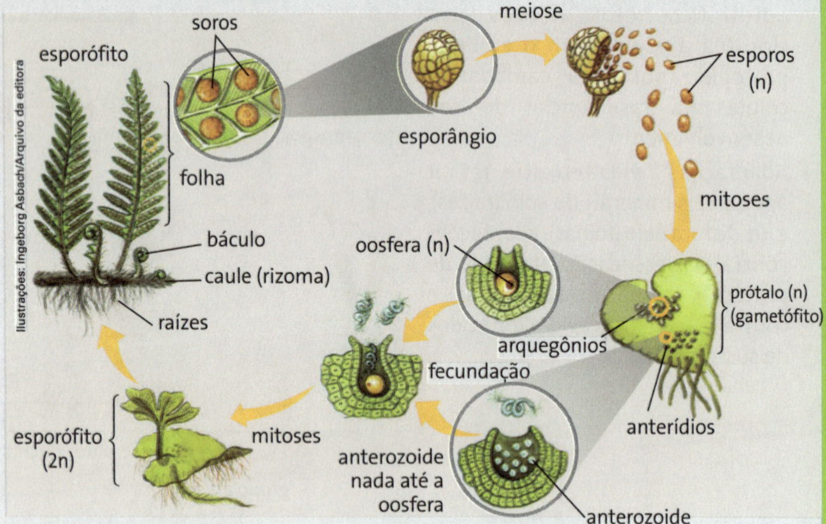


## Gimnospermas

- Exemplar: pinheiros.
- Apresentam sementes (espermatófitas) e folhas especializadas na produção de esporos (esporófilas, reunidas em estróbilos).

### Classificação

- Divisões: **coníferas**, **cicadáceas**, **gnetófitas** e **gincófitas** (*Ginkgo biloba*).

- A "planta" é o **esporófito**, e os estróbilos produzem **micrósporos** (forma o **grão de pólen**) ou **megásporos**.

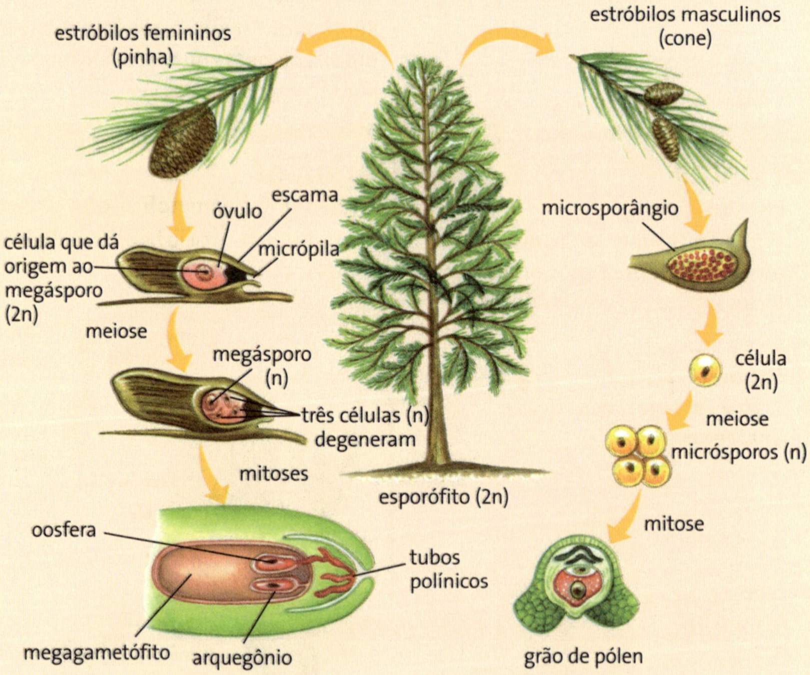


- Quando o grão de pólen germina forma-se o **tubo polínico**, que vai em direção à oosfera, com os gametas masculinos no interior. Não há mais a dependência da água para a fecundação.
- Após a fecundação o óvulo transforma-se em **semente** (embrião+tecido nutritivo+casca).

# Exercícios

1. (UFMS) As coníferas constituem um grupo de plantas lenhosas que tiveram o apogeu de seu desenvolvimento na era Mesozoica. Ocorrem principalmente em regiões de clima temperado do hemisfério Norte, onde há predomínio da família Pinaceae (*Pinus* sp), utilizada nas indústrias de celulose e confecções de móveis.
No Brasil, o principal representante nativo é da família Araucariaceae (*Araucaria angustifolia* – pinheiro-do-paraná), típica da região Sul e utilizada na alimentação (pinhão). Como características dos pinheiros, citam-se
a) presença de flores, óvulos protegidos por ovário, lenho constituído por fibras e traqueídeos, polinização pelo vento.
b) presença de flores, óvulos protegidos por ovário, lenho constituído por traqueídeos e elementos de vasos, polinização especializada.
c) ausência de flores, óvulos não protegidos por ovário, lenho constituído por fibras e traqueídeos, polinização pelo vento.
d) presença de flores, óvulos não protegidos por ovário, lenho constituído por fibras e traqueídeos, polinização pelo vento.
e) ausência de flores, óvulos não protegidos por ovário, lenho constituído por fibras e traqueídeos, polinização especializada.

2. (Fatec-SP) Analise a descrição abaixo:
"Grupo de plantas de pequeno porte, encontradas em locais úmidos e sombreados, que crescem no solo ou sobre os troncos das árvores. Há poucas espécies dulcícolas e nenhuma marinha. Este grupo de plantas apresenta rizoides e não possui vasos condutores".
Após a análise do texto, assinale a alternativa que apresenta o nome do grupo das plantas com as características apresentadas.
a) Briófitas.
b) Angiospermas.
c) Gimnospermas.
d) Dicotiledôneas.
e) Pteridófitas.

3. (PUC-RS) A pteridófita representada abaixo:

corresponde à fase do ciclo vital denominada ______________, que é originada, normalmente, de ____________________ em cujo núcleo encontramos ____________ genoma(s).
a) gametófito – esporo – dois
b) esporófito – gema – um
c) esporófito – zigoto – dois
d) gametófito – propágulo – um
e) esporófito – esporo – um

4. (Mack-SP) Os termos "criptógama" e "fanerógama" são utilizados, respectivamente, para indicar plantas que não têm flores e as que têm flores; "avascular" e "vascular" designam, respectivamente, plantas que não têm e que têm vasos condutores de seiva. Assinale a alternativa que apresenta exemplo de planta criptógama vascular.
a) Samambaia
b) Pinheiro
c) Musgo
d) Elodea
e) Cacto

5. (UFSM-RS) As plantas que, ao atingirem a maturidade sexual, formam ramos reprodutivos chamados estróbilos masculinos e estróbilos femininos pertencem ao grupo das

a) Angiospermas apenas.
b) Gimnospermas apenas.
c) Briófitas.
d) Pteridófitas.
e) Angiospermas e Gimnospermas.

6. (Vunesp-SP) Os algarismos romanos, de I a V, representam grupos de organismos fotossintetizantes, e os algarismos arábicos, de 1 a 5, indicam algumas características desses grupos.

ORGANISMOS

I. Angiospermas
II. Gimnospermas
III. Algas
IV. Pteridófitas
V. Briófitas

CARACTERÍSTICAS

1. As sementes são produzidas em cones ou estróbilos.
2. Leguminosas e gramíneas constituem duas famílias deste grupo, com grande importância ecológica, alimentar e econômica.
3. O caule costuma ser subterrâneo e as folhas formadas por folíolos.
4. O transporte de água e de materiais é feito por difusão, célula a célula, e de forma lenta.
5. Muitas espécies deste grupo são componentes do fitoplâncton, apresentando diferentes formas, tamanhos e cores.

Assinale a alternativa que associa, corretamente, esses grupos de organismos com suas respectivas características.

a) I 2, II 1, III 3, IV 4 e V 5.
b) I 1, II 3, III 2, IV 5 e V 4.
c) I 2, II 1, III 5, IV 3 e V 4.
d) I 5, II 4, III 1, IV 3 e V 2.
e) I 4, II 3, III 5, IV 2 e V 1.

7. (Mack-SP) Assinale a alternativa correta a respeito dos ciclos reprodutivos dos vegetais:

a) Nas Briófitas, a fase esporofítica é predominante sobre a fase gametofítica.
b) Nas Filicíneas como a samambaia, o prótalo é hermafrodita.
c) Nas Gimnospermas, a meiose ocorre na fase gametofítica.
d) Nas Briófitas, Pteridófitas, Gimnospermas e Angiospermas, o gametófito é a fase diploide.
e) Nas Gimnospermas e Angiospermas, a fase gametofítica é predominante sobre a fase esporofítica.

8. (Fuvest-SP) O diagrama representa as relações filogenéticas entre as algas e os principais grupos de plantas atuais. Cada círculo numerado indica uma aquisição evolutiva compartilhada apenas pelos grupos representados nos ramos acima desse círculo. Por exemplo, o círculo 1 representa "embrião dependente do organismo genitor", característica comum a todos os grupos, exceto ao das algas.

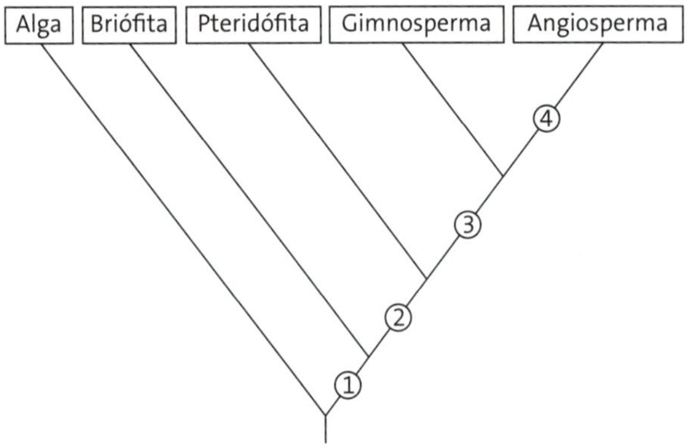


Os círculos de números 2, 3 e 4 representam, respectivamente,

a) alternância de gerações; fruto; semente.
b) alternância de gerações; tecidos condutores; fruto.
c) tecidos condutores; fruto; flor.
d) tecidos condutores; semente; fruto.
e) semente; flor; tecidos condutores.

9. (Unioeste-PR) O pinheiro-do-paraná (*Araucaria angustifolia*) é uma árvore símbolo do Paraná. Entre as características que definem a divisão (filo) à qual pertence, assinale a alternativa INCORRETA.

a) Na maioria das espécies, as folhas são pequenas, em forma de escamas ou agulhas (folhas aciculares).

b) Ocorre dupla fecundação, da oosfera e das antípodas, pelos núcleos espermáticos do grão de pólen.

c) Suas sementes são nuas e não envolvidas pelo esporófilo, ou seja, seus óvulos e sementes são expostos na superfície de esporófilos e estruturas análogas.

d) Apresenta polinização anemófila.

e) Muitas espécies são monoicas, ou seja, flores masculinas e femininas ocorrem na mesma planta e com reprodução sifonogâmica.

10. (PUC-MG) São características das briófitas:

a) fase gametofítica dominante, esporófito dependente do gametófito, fecundação dependente da água.

b) fase esporofítica dominante, gametófito dependente do esporófito, fecundação dependente da água.

c) fase gametofítica dominante, esporófito independente do gametófito, fecundação independente da água.

d) fase esporofítica dominante, gametófito independente do esporófito, fecundação independente da água.

e) fase gametofítica dominante, esporófito reduzido a uma célula gamética, fecundação independente da água.

11. (Mack-SP) A floresta ou mata de araucárias situa-se nos estados do Rio Grande do Sul, Santa Catarina, Paraná e São Paulo. O pinheiro-do-paraná (*Araucaria angustifolia*) é a árvore mais característica dessa mata, chegando a atingir 25 m de altura, com troncos de até 1,5 m de diâmetro. A respeito dessa espécie vegetal, é correto afirmar que:

a) é monoica, isto é, que a mesma planta apresenta flores masculina e feminina.

b) possui flores femininas atraentes, favorecendo a polinização por insetos e aves.

c) possui fruto, o pinhão, que contém uma semente em seu interior.

d) tem folhas largas, permitindo alta taxa de transpiração.

e) suas flores femininas possuem óvulos, mas não ovários.

12. (UFRRJ) A respeito dos vegetais A, B, C, e D mostrados nas figuras a seguir, assinale a alternativa correta:

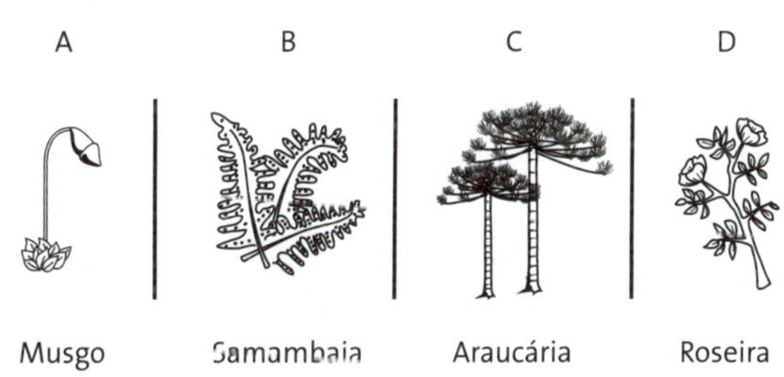


a) todas as ilustrações mostram a fase gametofítica dessas plantas;

b) somente C e D produzem frutos;

c) somente B, C e D produzem sementes;

d) em D não há formação de frutos;

e) B, C e D apresentam vasos condutores de seiva.

13. (Ufop-MG) Os organismos representados abaixo foram classificados em dois grupos:

Grupo 1 (criptógamas) Grupo 2 (fanerógamas)

Samambaia Avenca Pinheiro-do-paraná Abacateiro

Qual o critério utilizado para separar os dois grupos acima?

a) Organização celular.

b) Presença dos tecidos especializados no transporte de nutrientes.

c) Grau de desenvolvimento dos órgãos reprodutores.

d) Presença ou não de espécies hermafroditas.

e) Número de cromossomos presentes nas células dos indivíduos adultos.

14. (Fameca-SP) Um grupo de pesquisadores extraiu um princípio ativo, extremamente eficiente no combate a um determinado câncer, do androceu de um vegetal. Um segundo grupo de cientistas obteve, em vegetais avasculares, uma fragrância adequada a um perfume. Um terceiro grupo identificou nos aglomerados de esporos vegetais, denominados soros, uma enzima muito útil para estudos biotecnológicos.
Assinale a alternativa que contém, correta e respectivamente, os grupos vegetais dos quais foram extraídas as substâncias pesquisadas pelos três grupos de cientistas.

a) Monocotiledôneas, talófitas e briófitas.

b) Pteridófitas, talófitas e gimnospermas.

c) Gimnospermas, pteridófitas e talófitas.

d) Angiospermas, briófitas e pteridófitas.

e) Dicotiledôneas, gimnospermas e pteridófitas.

15. (PUCC-SP) Assinale a alternativa da tabela a seguir que indica corretamente a fase de maior desenvolvimento (+) no ciclo de vida dos grupos vegetais considerados e as estruturas cuja presença (+) os caracteriza nessa fase.

| | **Grupos vegetais** | **Fase mais desenvolvida** | | **Estruturas características** | |
|---|---|---|---|---|---|
| | | **gametofítica** | **esporofítica** | **rizoides** | **vasos condutores** |
| a) | briófitas | + | | + | + |
| b) | pteridófitas | + | | + | + |
| c) | gimnospermas | + | | | + |
| d) | briófitas | | + | + | |
| e) | gimnospermas | | + | | + |

# PLANTAS II – ANGIOSPERMAS

## Angiospermas

- É o grupo com maior porcentagem de espécies de plantas conhecidas.
- Presença de flores e frutos.
- A "planta" é o **esporófito**, e o gametófito é reduzido.

## Flor

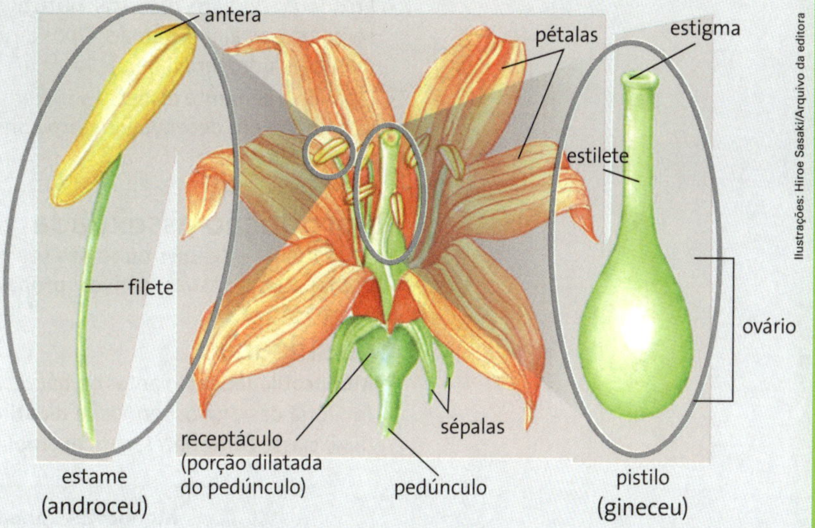


- Nos estames há o **saco polínico**, onde os esporos são formados por meiose, gerando grãos de pólen (gametófito masculino). Nos pistilos a meiose forma o megásporo, que dará origem ao gametófito feminino (**saco embrionário**, com dois núcleos polares, três antípodas e uma oosfera, todos haploides).

## Polinização

- Transporte de um grão de pólen de uma planta para o pistilo de outra.
- Tipos de polinização: **anemofilia** (vento), **entomofilia** (insetos), **ornitofilia** (aves) e **quiropterofilia** (morcegos). Essa polinização dirigida facilita a fecundação cruzada entre plantas distantes.

## Fecundação

- Em contato com o estigma, o grão de pólen forma o **tubo polínico**. Esse tubo cresce para dentro do estilete.

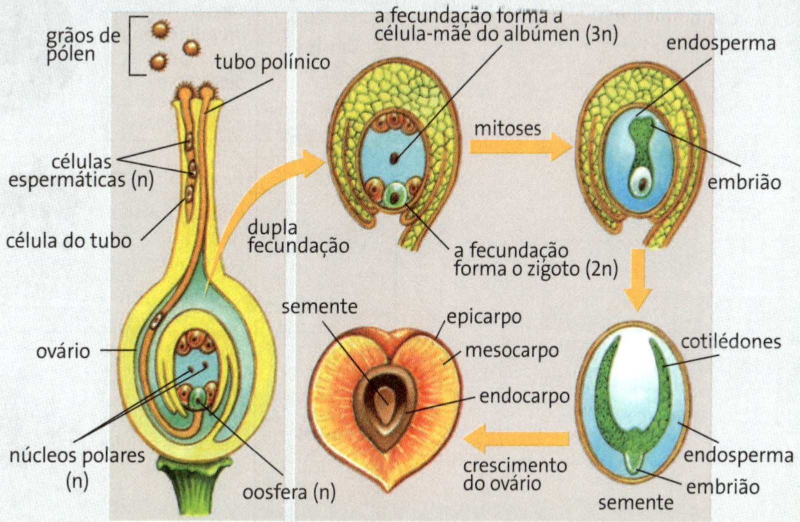

- Após a fecundação o ovário transforma-se em **fruto** e os óvulos em sementes. O **endosperma** é a reserva nutritiva do embrião.
- Frutos acumulam reservas nutritivas e contribuem para a dispersão das sementes, atraindo animais. Tipos de dispersão: **zoocoria** (animais), **anemocoria** (vento) e **hidrocoria** (água).
- Quando a semente dispersa sofre embebição, a casca se rompe e ela germina. O embrião em desenvolvimento consome as reservas dos cotilédones ou do endosperma.

## Reprodução assexuada

- Geralmente os caules ou folhas são capazes de originar novos indivíduos das gemas ou botões vegetativos (**propagação vegetativa**).

## Classificação

- **Monocotiledôneas** (plantas herbáceas, bambu, palmeiras, etc.), **eudicotiledôneas** (maioria das angiospermas) e **dicotiledôneas basais** (têm características das duas classes anteriores, com exemplares como o abacate e o jaborandi).

| | **Monocotiledônea** | **Eudicotiledônea** |
|---|---|---|
| **Sementes** | 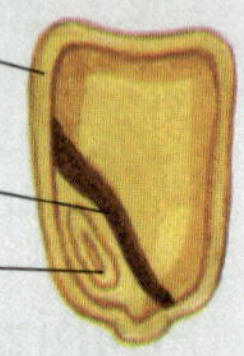<br>grão de milho em corte | 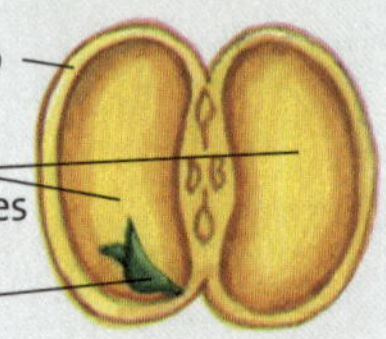<br>grão de feijão aberto |
| **Folhas** | <br>folhas com nervuras paralelas (paralelinérveas) | folhas com nervuras ramificadas (reticuladas)  |
| **Caules** | vasos irregularmente espalhados pelo caule  | vasos na periferia do caule em arranjo regular  |
| **Raízes** | raiz fasciculada (sem raiz principal) 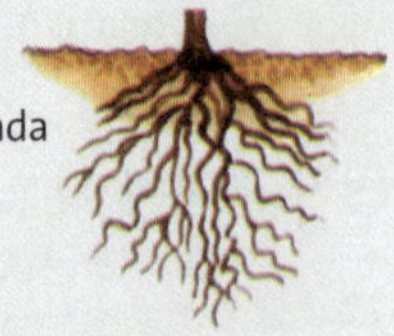 | raiz axial (com raiz principal) 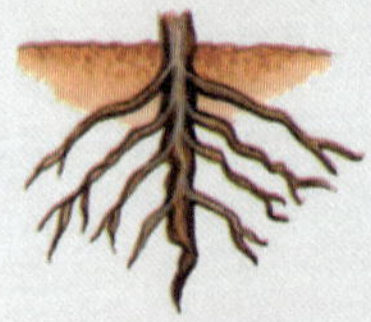 |
| **Flores** | flor trímera (organização em três ou múltiplos de três)  | flor tetrâmera ou pentâmera (organização em quatro, cinco ou múltiplos)  |

Ilustrações: Hiroe Sasaki/Arquivo da editora

# Exercícios

1. (PUC-RS) Para um dado vegetal que dependa da água para sua reprodução, seria muito importante contar em seu ciclo evolutivo com a presença de

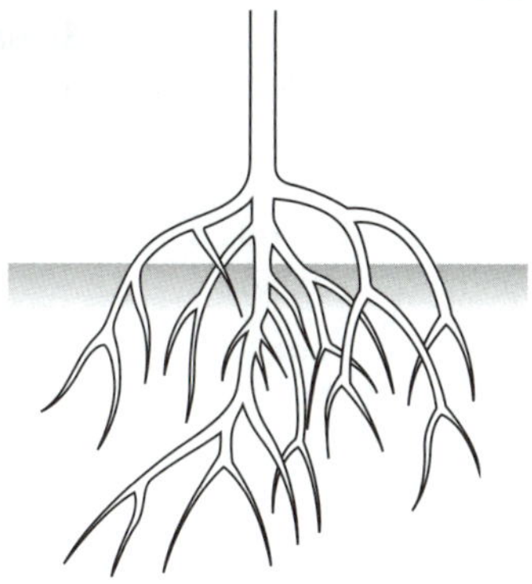

a) gametângios de parede grossa.
b) esporos multinucleados.
c) fase esporofítica desenvolvida.
d) gametas flagelados.
e) fase gametofítica diploide.

2. (Unicamp-SP) Cladogramas são diagramas que indicam uma história comum entre espécies ou grupos de seres vivos. Os números 3 e 4 no cladograma apresentado abaixo correspondem, respectivamente, aos seguintes grupos vegetais:

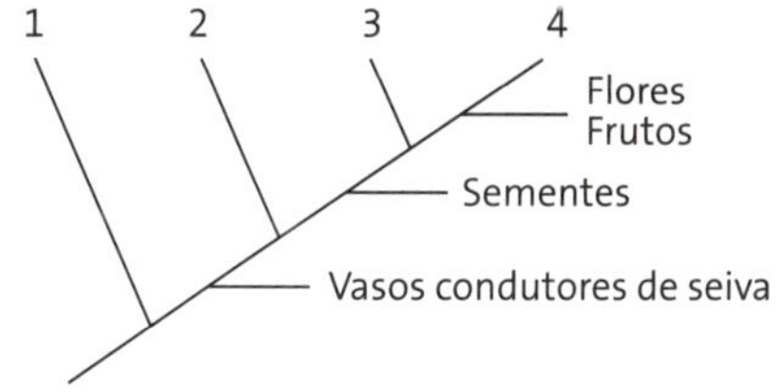


a) angiospermas e gimnospermas.
b) pteridófitas e gimnospermas.
c) pteridófitas e briófitas.
d) gimnospermas e angiospermas.

3. (UFRN) A reprodução sexuada de animais e plantas necessita de adaptações específicas para essa finalidade. Nas plantas, os grãos de pólen e os óvulos desempenham as mesmas funções que, nos animais, são exercidas, respectivamente, por espermatozoides e óvulos. As estruturas dos vegetais que desempenham funções semelhantes às dos testículos e às da vagina nos animais são, respectivamente,
a) pistilo e estame.
b) filete e corola.
c) antera e estigma.
d) estilete e oosfera.

4. (UFRGS-RS - Adaptada) As colunas numeradas, a seguir, listam quatro grupos de plantas atuais; o quadro de baixo lista características desses grupos.
Associe adequadamente as informações.

| | |
|---|---|
| 1. Briófita | 3. Gimnosperma |
| 2. Pteridófita | 4. Angiosperma |

| |
|---|
| ( ) plantas avasculares que apresentam rizoides |
| ( ) plantas sem sementes que apresentam esporângios |
| ( ) plantas com estróbilos que apresentam sementes nuas |

A sequência correta de preenchimento dos parênteses, de cima para baixo, é
a) 3 – 2 – 1.
b) 3 – 1 – 4.
c) 1 – 4 – 3.
d) 2 – 3 – 4.
e) 1 – 2 – 3.

5. (PUC-RJ) Ao longo da evolução dos organismos, a meiose e a fecundação ocorreram em diferentes fases do ciclo de vida dos organismos. Quanto ao ciclo de vida de alguns grupos de plantas, é correto afirmar:

a) Nas briófitas, o esporófito é dominante, e o gametófito é dependente nutricionalmente do esporófito.

b) Nas pteridófitas, o gametófito é dominante, e o esporófito é dependente nutricionalmente do gametófito.

c) Em angiospermas, o gametófito é extremamente reduzido e dependente nutricionalmente do esporófito e desenvolve-se no interior da flor no rudimento seminal (óvulo).

d) Em gimnospermas, o esporófito é extremamente reduzido e dependente nutricionalmente do gametófito e desenvolve-se geralmente nos estróbilos.

e) Nas angiospermas e nas gimnospermas, o gametófito é reduzido e independente nutricionalmente do esporófito.

6. (Fuvest-SP) As afirmações abaixo se referem a características do ciclo de vida de grupos de plantas terrestres: musgos, samambaias, pinheiros e plantas com flores.

I. O grupo evolutivamente mais antigo possui fase haploide mais duradoura do que fase diploide.

II. Todos os grupos com fase diploide mais duradoura do que fase haploide apresentam raiz, caule e folha verdadeiros.

III. Os grupos que possuem fase haploide e diploide de igual duração apresentam, também, rizoides, filoides e cauloides (ou seja, raiz, folha e caule não verdadeiros).

Está correto apenas o que se afirma em

a) I.
b) II.
c) III.
d) I e II.
e) II e III.

7. (UFU-MG) Numere a coluna da direita de acordo com a da esquerda.

| | |
|---|---|
| (1) Briófita | ( ) Cipreste |
| (2) Pteridófita | ( ) Musgo |
| (3) Gimnosperma | ( ) Avenca |
| (4) Angiosperma | ( ) Rosa |
| | ( ) Milho |
| | ( ) Samambaia |
| | ( ) Acerola |
| | ( ) Capim |

Assinale a alternativa que apresenta a sequência correta, de cima para baixo.

a) 1, 2, 1, 3, 3, 1, 3, 4

b) 2, 1, 2, 4, 3, 2, 4, 3

c) 3, 1, 2, 4, 4, 2, 4, 4

d) 4, 1, 2, 3, 4, 1, 3, 3

8. (Uespi) Ao analisar uma amostra vegetal, um pesquisador observou as seguintes características:

1) raiz pivotante;

2) nervuras reticuladas nas folhas;

3) sépalas e pétalas das flores organizadas na base 5 (pentâmeras).

O pesquisador concluiu que se tratava de uma:

a) angiosperma monocotiledônea.

b) gimnosperma.

c) angiosperma dicotiledônea.

d) pteridófita.

e) briófita.

9. (UFRGS-RS) A figura abaixo apresenta algumas das características compartilhadas por grupos de plantas. As características associadas aos números 1 e 2 representam, respectivamente, a presença de

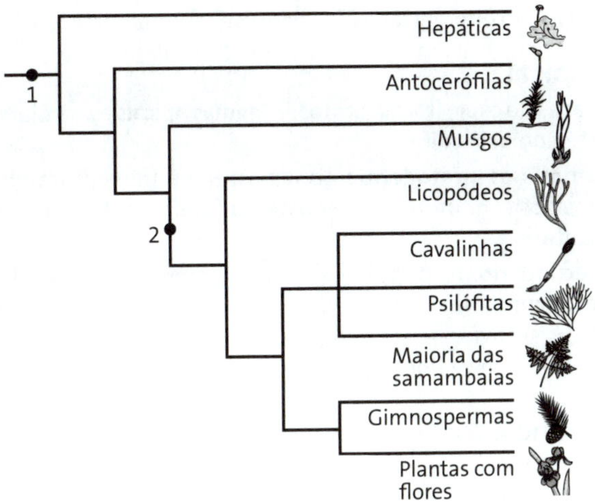


Adaptado de: SADAVA et al. *Vida*: a ciência da biologia. 8. ed. Porto Alegre: Artmed, 2009.

a) esporófito haploide e folhas verdadeiras.
b) gametófito haploide e sementes.
c) esporófito haploide e estômatos.
d) embrião protegido e tecido vascular.
e) embrião protegido e sementes.

10. (Fuvest-SP) O endosperma das sementes de angiospermas contém:
a) material genético de cada genitor em quantidades iguais.
b) somente material genético materno.
c) somente material genético paterno.
d) maior quantidade de material genético materno.
e) maior quantidade de material genético paterno.

11. (UFF-RJ) As plantas, ao longo do processo evolutivo, apresentaram diversas características que permitiram o seu estabelecimento e perpetuação. Essas características são compartilhadas entre os grupos ou podem ser exclusivas. Os quadros a seguir apresentam três grupos vegetais (**Quadro I**) e algumas características do reino vegetal (**Quadro II**).

| **Quadro I** |
|---|
| 1) Pteridófitas |
| 2) Gimnospermas |
| 3) Angiospermas |

| **Quadro II** |
|---|
| a) surgimento de vasos condutores |
| b) gametófito como fase dominante |
| c) surgimento da semente |
| d) formação de fruto |
| e) estruturas reprodutivas – estróbilos |

Assinale a alternativa que correlaciona corretamente cada um dos três grupos vegetais (**Quadro I**) com uma das características evolutivas (**Quadro II**) que foi fundamental para o estabelecimento do grupo.

a) 1-a; 2-e; 3-b.
b) 1-a; 2-c; 3-d.
c) 1-b; 2-a; 3-e.
d) 1-b; 2-d; 3-c.
e) 1-c; 2-e; 3-d.

12. (Ufop-MG) O gameta feminino e os gametas masculinos em plantas superiores são, respectivamente:
a) Núcleos polares e núcleos espermáticos.
b) Oosfera e núcleos espermáticos.
c) Óvulo e grãos de pólen.
d) Óvulo e espermatozoides.
e) Oosfera e núcleos polares.

# MORFOLOGIA VEGETAL

## Tecidos vegetais

### Meristemas

- Grupo de células não diferenciadas (características embrionárias).

### Meristema apical

- Nas extremidades do caule (forma brotos, as **gemas apicais** e as **axilares**) e da raiz (protegido pela **coifa**).
- **Meristemas primários** (**protoderme** – origina a epiderme –, **procâmbio** – origina os tecidos condutores – e **meristema fundamental** – demais tecidos da planta).
- **Meristema secundário**: responsável pelo crescimento em espessura (**crescimento secundário**), no interior do caule e raiz (não das monocotiledôneas). Divide-se em **felogênio** (forma feloderma e súber) e **câmbio** (produz o xilema e floema).

### Tecidos diferenciados

- Tecidos de revestimento: **epiderme** (com cutícula impermeável) e **súber** (células mortas e ocas).
- Tecidos de assimilação e de reserva: **parênquimas** (células vivas com grandes vacúolos), **clorofiliano** (fotossíntese), **lacunoso**, **paliçádico** e **amilífero**.

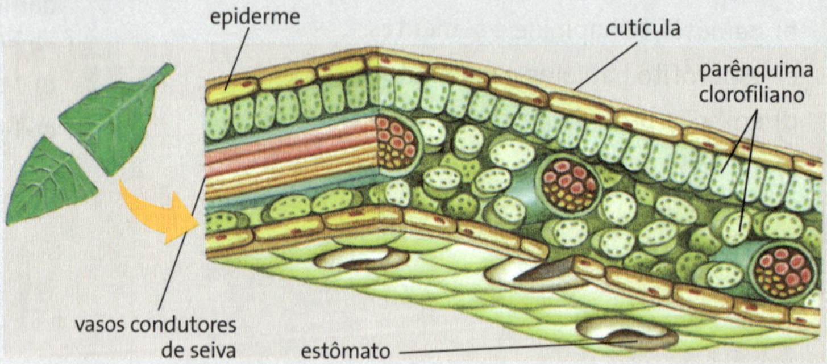


- Tecidos de sustentação: **colênquima** (células espessas) e **esclerênquima** (células mortas com lignina).
- Tecidos condutores de seiva: **vasos lenhosos** (seiva bruta) e **liberianos** (seiva elaborada).

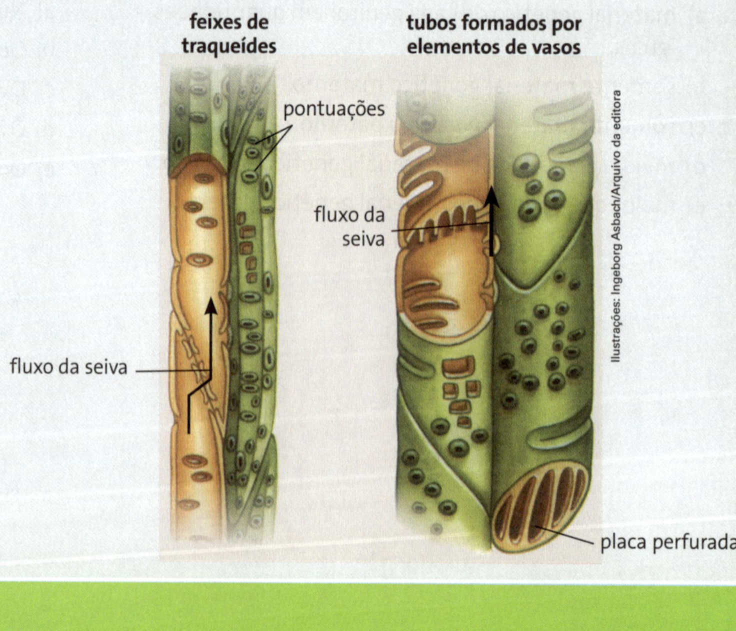

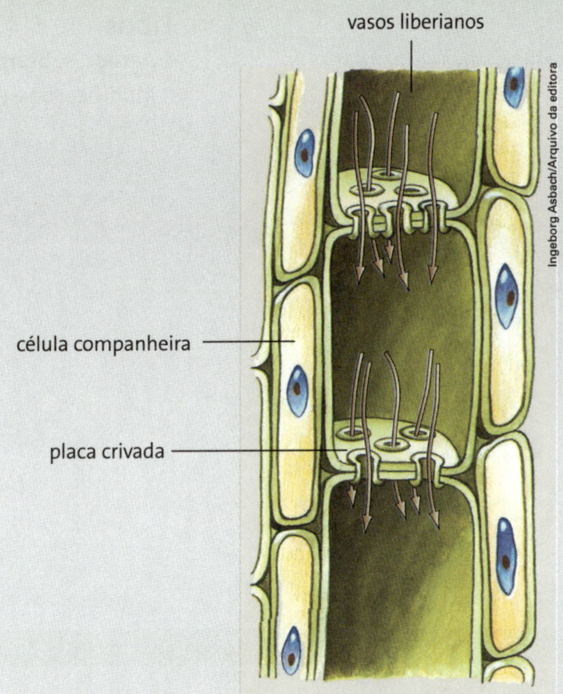


fluxo da seiva
nos vasos liberianos

- Tecidos secretores: **nectários** e **bolsas secretoras**.

## Raiz

- Sem clorofila, faz fixação e absorção de água e sais minerais.

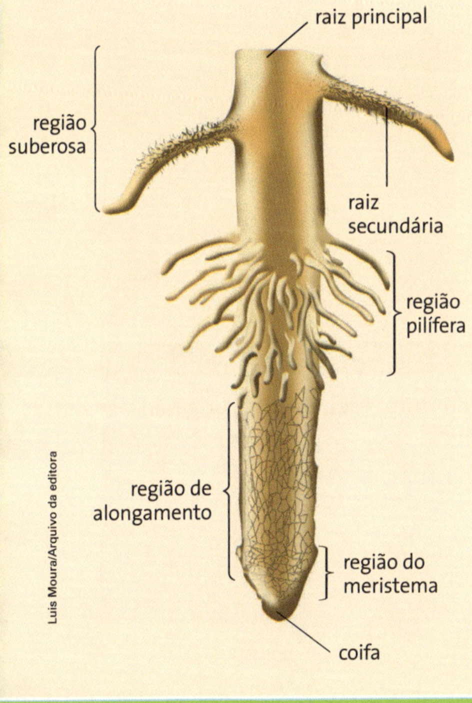


## Tipos

- **Fasciculada** (em cabeleira) e **axial** (raiz principal mais desenvolvida). **Adventícias** são as que saem do meio do caule ou folha.
- Raiz com função de sustentação (**tabulares**), reserva (**tuberosas**), respiração (**pneumatóforos**), absorção (**aéreas** e **sugadoras**) e aquáticas.

## Caule

- Transporta as seivas e sustenta.

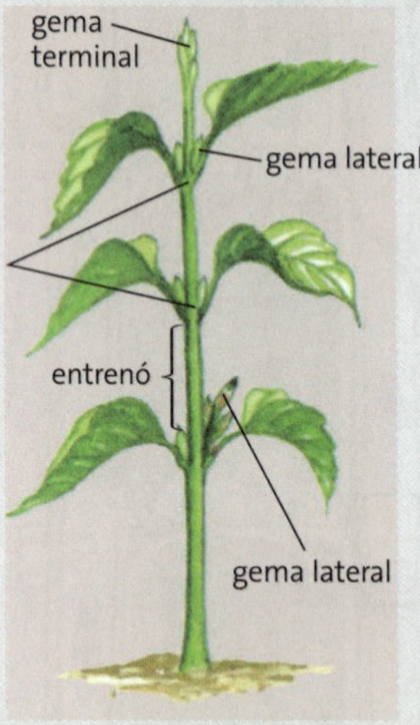


### Tipos

- **Aéreos**, **subterrâneos** (acumulam reservas) e **aquáticos**.
- Modificações: espinhos, acúleos, gavinhas e cladódios.

## Folha

- Especializada na realização da fotossíntese.

**folha completa**

Ilustrações: Hiroe Sasaki/Arquivo da editora

### Tipos

- **Paralelinérveas** (nervuras paralelas) e **peninérveas** (nervura ramificada).
- **Simples** (limbo não dividido) ou **compostas** (limbo dividido).
- Modificações: espinhos (cacto), brácteas e gavinhas (ervilha).

## Fruto

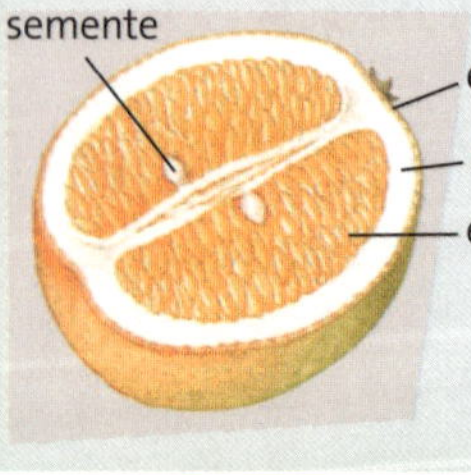


- **Fruta**: parte comestível do fruto. **Pseudofruto**: originário de outras partes da flor (não do ovário).

# Exercícios

1. (UFPE/UFRPE) Os caules subterrâneos e aéreos, ilustrados em 1, 2, 3, 4 e 5, são observados, respectivamente, em plantas de:

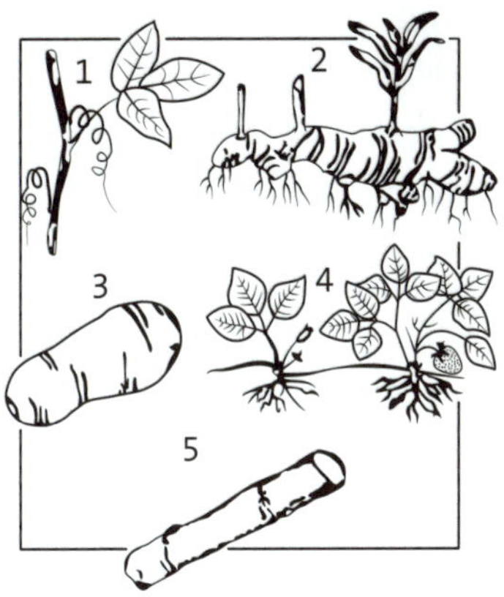


a) morango, banana, gengibre, maracujá e cana-de-açúcar.
b) banana, morango, maracujá, cana-de-açúcar e milho.
c) milho, batata, banana, maracujá e morango.
d) morango, gengibre, batata, banana e milho.
e) maracujá, gengibre, batata, morango e cana-de-açúcar.

2. (Ufam) As adaptações dos caules são as modificações dos caules normais, muitas vezes como consequência das funções que exercem ou em razão da influência do meio físico. Observando a figura abaixo, assinale a alternativa correspondente à numeração das adaptações.

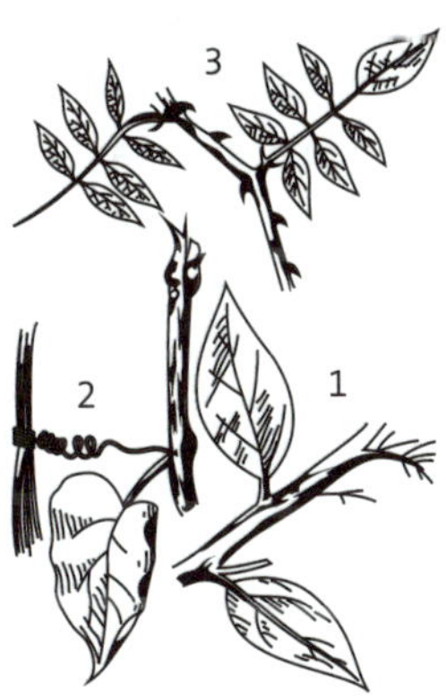


a) 1 espinhos; 2 gavinhas; 3 acúleos
b) 1 gavinhas; 2 espinhos; 3 acúleos
c) 1 acúleos; 2 gavinhas; 3 espinhos
d) 1 espinhos; 2 gavinhas; 3 espinhos
e) 1 espinhos; 2 acúleos; 3 acúleos

3. (UFU-MG) Analise o desenho esquemático abaixo e assinale a alternativa que apresenta corretamente a identificação das estruturas numeradas, respectivamente, de 1 a 5.

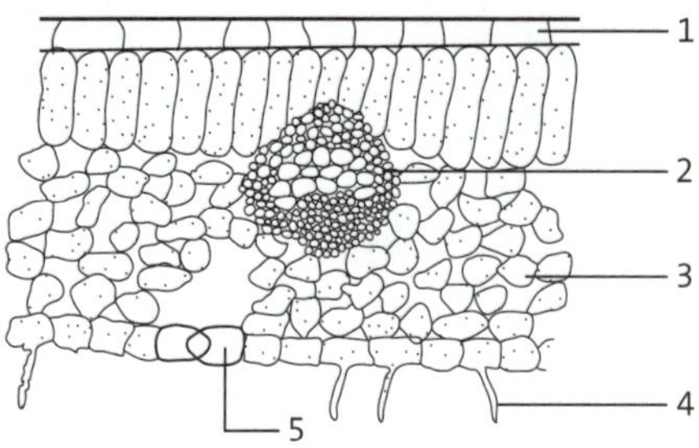


a) Epiderme superior, xilema, parênquima lacunoso, tricoma e célula guarda.
b) Epiderme inferior, floema, parênquima clorofilado, tricoma e ostíolo.
c) Cutina, xilema, aerênquima, radícula e estômato.
d) Epiderme superior, floema, parênquima paliçádico, prolongamento epidérmico e ostíolo.
e) Epiderme inferior, floema, parênquima clorofilado, radícula e célula companheira.

4. (Unifor-CE) A figura abaixo esquematiza três tipos de células encontradas nos vegetais.

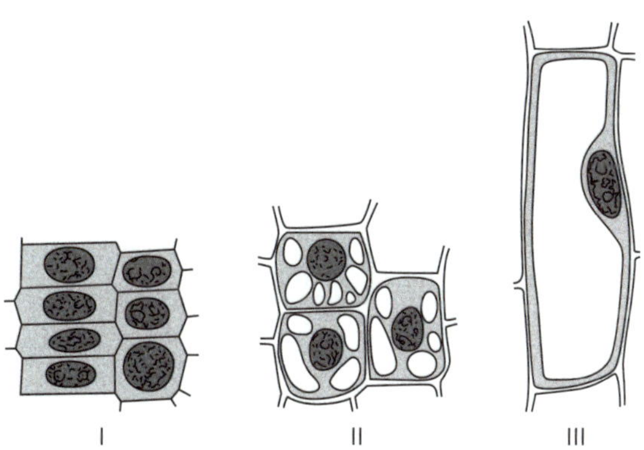


Os meristemas primários e os parênquimas das raízes apresentam, respectivamente, células dos tipos:

a) I e II
b) I e III
c) II e III
d) III e I
e) III e II

5. (PUC-RS) Existem lagartas que, atacando plantações, alimentam-se vorazmente dos tecidos vegetais que ficam compreendidos entre as duas epidermes da folha.
Esses animais devoram a parte da folha denominada
a) mesófilo.
b) bainha.
c) ápice.
d) base.
e) hipsófilo.

6. (Vunesp-SP) Considere uma refeição onde estão incluídos arroz branco, feijão, batata inglesa, alface e pimentão. Assinale a alternativa que representa a parte comestível dos vegetais citados, na ordem em que foram apresentados.
a) Endosperma da semente, semente, raiz, folha e fruto.
b) Endosperma da semente, semente, caule, folha e fruto.
c) Semente, endosperma da semente, caule, folha e fruto.
d) Fruto, semente, raiz, folha e endosperma da semente.
e) Semente, fruto, caule, folha e fruto.

7. (UFRGS-RS) Árvores adultas geralmente apresentam dificuldades para serem transplantadas de um lugar para outro. As palmeiras, pertencentes às monocotiledôneas, suportam melhor essa operação, devido ao seu sistema radicular, que é do tipo
a) pivotante.
b) fasciculado.
c) escora.
d) tabular.
e) axial.

8. (Mack-SP) A planta *Cuscuta* sp. (cipó-chumbo) é considerada parasita de certos tipos de vegetais (Ex.: *Hibiscus* sp.), dos quais ela extrai, com suas raízes especiais, a seiva elaborada. Essas raízes são chamadas ____________ e alcançam o ____________ situado mais ____________ ao ____________ .
Os espaços devem ser preenchidos correta e respectivamente por:
a) hidatódios, xilema, internamente e floema.
b) hidatódios, floema, externamente e xilema.
c) haustórios, xilema, internamente e floema.
d) haustórios, floema, internamente e xilema.
e) haustórios, floema, externamente e xilema.

9. (Fuvest-SP) No morango, os frutos verdadeiros são as estruturas escuras e rígidas que se encontram sobre a parte vermelha e suculenta. Cada uma dessas estruturas resulta, diretamente,

a) da fecundação do óvulo pelo núcleo espermático do grão de pólen.
b) do desenvolvimento do ovário, que contém a semente com o embrião.
c) da fecundação de várias flores de uma mesma inflorescência.
d) da dupla fecundação, que é exclusiva das angiospermas.
e) do desenvolvimento do endosperma que nutrirá o embrião.

11. (Mack-SP) A respeito da semente, são feitas as seguintes afirmações:

I. É uma estrutura exclusiva das gimnospermas e angiospermas.
II. Resulta do desenvolvimento do ovário após ter ocorrido a fecundação.
III. Uma de suas partes, o cotilédone, é uma folha especial, cuja função é absorver as reservas alimentares armazenadas no endosperma e transferi-las para o embrião.
IV. É sempre formada dentro do fruto.

Estão corretas, apenas:

a) I e II.
b) II e III.
c) III e IV.
d) I e III.
e) I e IV.

10. (FGV-SP) A rolha de cortiça, utilizada para tapar garrafas de vinhos, apresenta características fundamentais que interferem na qualidade das bebidas armazenadas, entre elas a porosidade. A cortiça é extraída a partir do súber da espécie de árvore *Quercus suber*, ou sobreiro, original da península Ibérica.

A porosidade da cortiça deve-se ao fato de esse tecido vegetal ser constituído por células

a) cujo citoplasma apresenta vacúolo repleto de ar.
b) mortas em que restam apenas as paredes celulósicas.
c) cuja membrana plasmática apresenta alta permeabilidade.
d) vivas cuja parede celular apresenta reduzida quantidade de celulose.
e) originadas a partir de tecidos condutores de seiva, portanto, tubos.

12. (PUC-RJ) Considerando-se a histologia vegetal – ciência que estuda os tecidos biológicos vegetais – é errado afirmar que:

a) os tecidos de revestimento dos vegetais são hipoderme e endoderme.
b) os tecidos de condução dos vegetais são xilema e floema.
c) os tecidos de sustentação dos vegetais são colênquima e esclerênquima.
d) os meristemas são responsáveis por formar os tecidos das plantas.
e) os tecidos que atuam no armazenamento de substâncias, na fotossíntese e no transporte de substâncias a curta distância são os parênquimas.

13. (UFTM-MG) A foto representa um corte transversal do caule de uma árvore.

(http://tehnologie.urmatorulpas.com)

Na imagem, é possível verificar a existência de anéis anuais de crescimento. Sobre esses anéis, é correto afirmar que

a) os anéis mais espessos ou mais largos, chamados estivais, foram produzidos no inverno.

b) cada anel corresponde a diferentes conjuntos de floemas, produzidos em diferentes estações do ano.

c) cada anel corresponde a diferentes conjuntos de xilemas, produzidos em diferentes estações do ano.

d) revelam que a planta era típica de uma região de clima tropical e seco.

e) os anéis centrais correspondem aos últimos produzidos pela planta.

14. (UEL-PR)

Figura 1: Anéis de tronco de árvore.

Esses anéis de crescimento são bastante evidentes em árvores de regiões temperadas, onde as estações do ano são bem definidas. Os anéis são resultantes de diferentes taxas de crescimento em espessura do caule devido às variações das condições ambientais.

Com base nessas informações e na figura 1, pode-se afirmar que cada anel é formado pelo conjunto de vasos denominado __________ primaveril e __________ estival. O primaveril é __________ denso, constituído por células de paredes __________; já o estival é __________ denso, formado por células de paredes __________.

Assinale a alternativa que preenche, correta e respectivamente, as lacunas do texto.

a) Floema, floema, menos, espessas, mais, finas.

b) Floema, xilema, menos, finas, mais, espessas.

c) Xilema, xilema, menos, finas, mais, espessas.

d) Xilema, floema, mais, espessas, menos, finas.

e) Xilema, xilema, mais, espessas, menos, finas.

15. (Udesc) Existem diferenças entre a organização das estruturas dos vegetais. Em relação ao enunciado, relacione as colunas.

(1) Epiderme e súber

(2) Colênquima e esclerênquima

(3) Vasos lenhosos e liberianos

(4) Parênquima amilífero e parênquima clorofiliano

( ) são tecidos de assimilação e reserva dos vegetais.

( ) são tecidos de condução de seiva dos vegetais.

( ) são tecidos de revestimento e proteção dos vegetais.

( ) são tecidos de sustentação dos vegetais.

Assinale a alternativa que contém a sequência correta, de cima para baixo.

a) 4 – 3 – 1 – 2
b) 3 – 4 – 2 – 1
c) 4 – 2 – 1 – 3
d) 2 – 3 – 1 – 4
e) 1 – 3 – 4 – 2

16. (Udesc) Os tecidos vegetais fundamentais são aqueles encarregados de uma série de funções, como preenchimento e sustentação. A respeito destes tecidos, analise cada proposição e assinale (V) para verdadeira ou (F) para falsa.

( ) O parênquima de reserva está presente em sementes, frutos, raízes e rizomas e tem como função o armazenamento de substâncias nutritivas.

( ) O parênquima clorofiliano é o principal tecido de preenchimento de folhas, tendo por função a realização da fotossíntese.

( ) O colênquima é formado por células vivas e é responsável pela sustentação de folhas, frutos e caules.

( ) O parênquima aquífero está presente em plantas aquáticas, auxiliando na flutuabilidade desses vegetais.

( ) O esclerênquima é formado por células mortas, impregnadas de lignina, e é responsável pela sustentação de caules em crescimento.

Assinale a alternativa que contém a sequência correta, de cima para baixo.

a) V – F – F – V – V
b) V – V – V – F – F
c) V – V – F – F – V
d) F – F – V – V – F
e) F – F – V – F – V

17. (FGV-SP) Com relação aos tecidos vegetais, pode-se afirmar que

a) o parênquima é formado por células mortas, portadoras de parede secundária, e ocorre em todos os órgãos vegetais.
b) o colênquima origina-se da protoderme dos meristemas apicais.
c) o esclerênquima é formado por células vivas, cujas paredes primárias são espessadas por suberina.
d) a epiderme é um tecido de revestimento formado por células vivas e portadoras de paredes primárias, cuja função é proteger o vegetal contra a perda excessiva de água.
e) a periderme é um tecido que aparece em vegetais que apresentam crescimento secundário e origina-se por mitoses do meristema secundário, chamado câmbio interfascicular.

18. (Udesc) Os tecidos vegetais são divididos em tecido de formação (meristemáticos) e tecidos adultos (permanentes ou diferenciados).

Associe a primeira coluna de acordo com a segunda.

1. Meristema apical ou primário
2. Parênquima paliçádico e parênquima lacunoso
3. Tecido de revestimento e proteção
4. Meristema lateral ou secundário
5. Tecido de sustentação

( ) Responsável pelo crescimento em espessura; localiza-se no interior da raiz e do caule das gimnospermas, de algumas monocotiledôneas (arbustos) e na maior parte das dicotiledôneas.

( ) Esclerênquima e colênquima

( ) Responsável pelo crescimento em comprimento da planta; localiza-se na ponta da raiz e do caule.

( ) Epiderme e súber.

( ) Responsável pela assimilação (fotossíntese); localiza-se nas folhas e nos caules.

Assinale a alternativa que contém a sequência correta, de cima para baixo.

a) 4 – 3 – 1 – 5 – 2
b) 4 – 5 – 2 – 3 – 1
c) 1 – 5 – 4 – 2 – 3
d) 4 – 5 – 1 – 3 – 2
e) 1 – 3 – 4 – 5 – 2

**19.** (UEPB) De acordo com as correlações funcionais entre os tecidos animais e vegetais, associe as duas colunas.

A — Sangue
B — Ossos
C — Glândulas
D — Tecido adiposo
E — Cartilagens
F — Vasos sanguíneos

I — Colênquima
II — Seiva
III — Esclerênquima
IV — Xilema e Floema
V — Parênquima aclorofilado
VI — Pelos secretores

a) A – II; B – III; C – VI; D – V; E – I; F – IV
b) A – II; B – I; C – VI; D – V; E – III; F – IV
c) A – IV; B – II; C – V; D – I; E – III; F – VI
d) A – I; B – II; C – VI; D – IV; E – III; F – V
e) A – II; B – I; C – V; D – VI; E – IV; F – III

**20.** (UFPE/UFRPE) Faça a correlação entre as partes de um caule, numeradas de 1 a 4, na figura adiante, com suas respectivas denominações e funções.

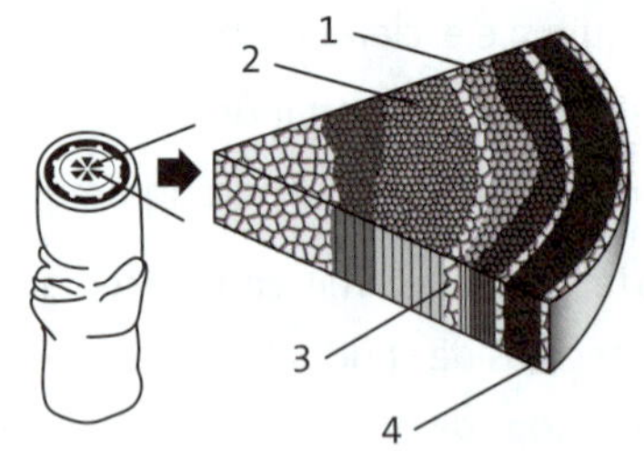


( ) Xilema – transporte de seiva bruta
( ) Câmbio – crescimento secundário
( ) Súber – proteção e isolamento térmico
( ) Floema – transporte de seiva elaborada

A sequência correta é:

a) 1, 2, 3 e 4
b) 2, 3, 4 e 1
c) 1, 3, 4 e 2
d) 2, 4, 3 e 1
e) 4, 3, 1 e 2

**21.** (UEPB) Assim como os animais, os vegetais apresentam diversos tipos de tecidos em sua constituição. Entre os tecidos vegetais verificam-se os meristemas, primário e secundário, com células pouco diferenciadas e alto poder proliferativo, promovendo o crescimento das plantas. Tomando como base o meristema secundário, analise a figura abaixo e classifique as legendas, quanto a sua nomenclatura e sua função:

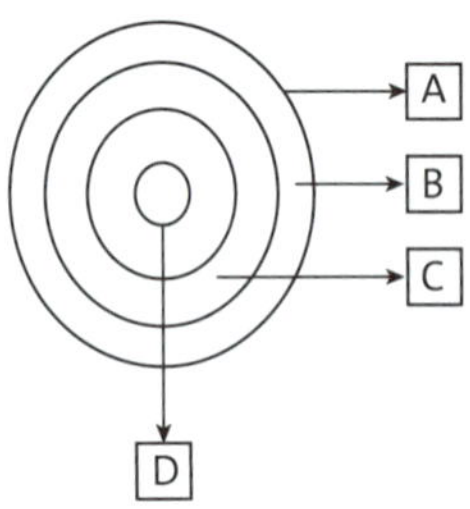


a) A – Súber, tecido morto, reveste raízes e caules; B – Felogênio, tecido vivo com poder proliferativo; C – Feloderme, parte da periderme constituída por camada(s) de células parenquimáticas, originadas por divisão das células do felogênio; D – Câmbio, principal responsável pelo crescimento da planta.
b) A – Súber, tecido morto, reveste apenas caules; B – Felogênio, tecido vivo de constituição; C – Feloderme, tecido originado do suber; D – Câmbio, principal responsável pelo crescimento da planta.
c) A – Súber, tecido morto, reveste apenas raízes; B – Felogênio, tecido vivo com poder proliferativo; C – Feloderme, tecido originado da periderme; D – Câmbio, principal responsável pelo crescimento da planta, pois forma o vaso lenhoso.
d) A – Súber, tecido vivo, reveste raízes e caules; B – Felogênio, tecido vivo com poder de substituição; C – Feloderme, parte da periderme originada por divisão das células do câmbio; D – Câmbio, principal responsável pelo crescimento da planta, pois forma o vaso lenhoso e o vaso liberiano.
e) A – Súber, tecido vivo, reveste raízes e caules; B – Felogênio, tecido vivo com poder proliferativo; C – Feloderme, parte da periderme originada por divisão das células do câmbio; D – Câmbio, principal responsável pelo crescimento da planta, pois forma apenas o vaso liberiano.

## Transporte da seiva bruta

- Sais e água são absorvidos pelas raízes e transportados para a planta pelo **xilema**.
- **Pressão da raiz** empurra a seiva para cima. Mas o principal fator para a subida da seiva é a transpiração foliar e a coesão entre as moléculas de água (**teoria da coesão-tensão**).

## Controle da transpiração

- **Estômatos** se abrem quando há luz e disponibilidade de água, e se fecham com a perda excessiva de água ou na falta de luz. A baixa concentração de gás carbônico também estimula a abertura estomática.

**estômatos de eudicotiledôneas (vistos de cima)**

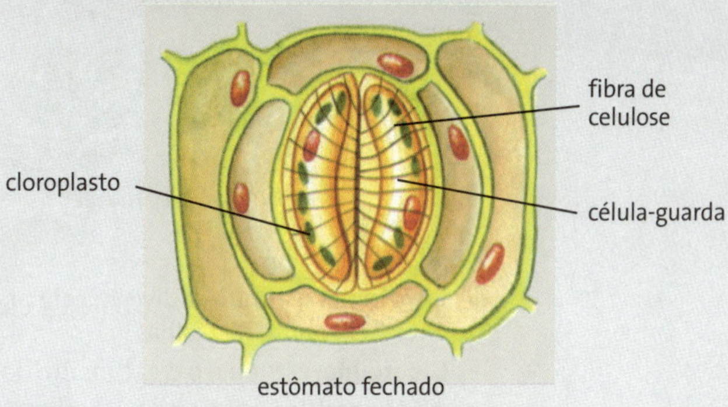


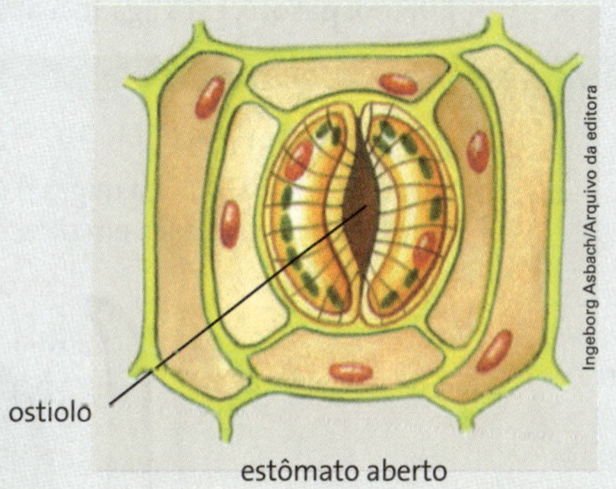


## Transporte de seiva orgânica

- Matéria orgânica produzida nas folhas (fonte produtora) deve ser transportada às fontes consumidoras, através do **floema**.
- A seiva move-se de onde a pressão hidrostática é maior (órgão produtor) para onde é menor (**teoria do fluxo em massa**).

- Demonstração do transporte por meio de experimento com membranas semipermeáveis:

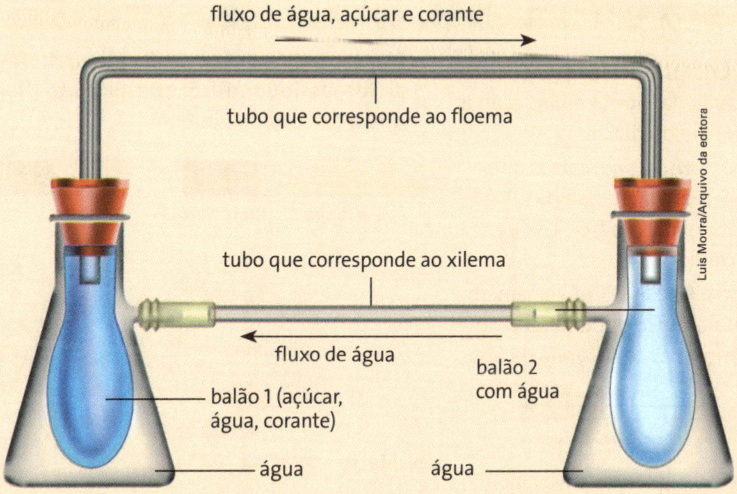


- **Anel de Malpighi**: cintamento na casca da árvore interrompendo o fluxo do floema e gerando a morte das células por falta de nutrientes.

## Hormônios vegetais

- **Auxinas**: a principal é o **AIA**. Estimula o crescimento, mas em excesso o inibe (concentrações diferentes para caule e raiz). Estimula a formação de raízes adventícias e também exerce a **dominância apical** (gema apical da planta inibe crescimento de gemas laterais), propriedade utilizada na realização de podas:

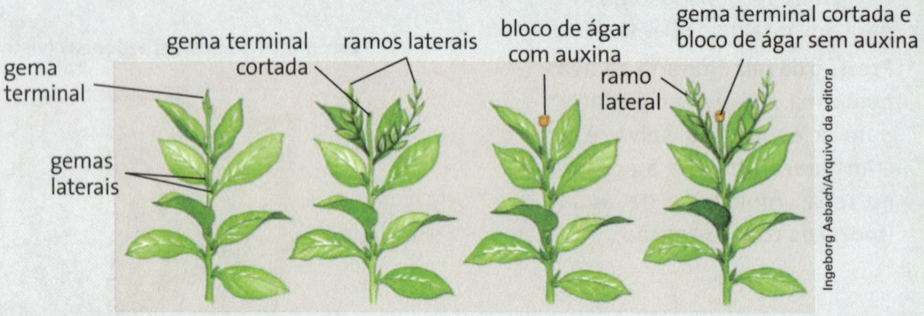


- **Citocinina**: estimula a divisão celular, age na germinação e no retardamento do envelhecimento das folhas.
- **Giberelina**: estimula o crescimento do caule e das folhas.
- **Ácido abscísico**: inibe o crescimento das gemas e promove dormência nas sementes.
- **Etileno**: gasoso, está ligado à abscisão foliar e ao amadurecimento dos frutos.

## Movimentos vegetais

- Reação a certos estímulos ambientais geram movimentos como os **tropismos** (mudanças na direção do crescimento, é positivo quando a planta cresce em direção ao estímulo e negativo quando se afasta) e **nastismos** (movimentos iguais independente do estímulo, como o fechamento foliar).

### Fototropismo

- Estímulo é a luz. Auxina migra para o lado mais escuro (células ficam maiores desse lado), e a planta cresce em direção à luz.

### Gravitropismo

- Estímulo é a gravidade. Auxina se acumula na face inferior dos órgãos: na raiz inibe o crescimento (se curva para baixo) e no caule estimula (se curva para cima).

## Fotoperiodismo

- Reação da planta em relação à duração do dia.
- **Fitocromos**: pigmentos que absorvem a energia da luz e influenciam na floração e germinação.

  Tipos: **Fv** e **Fve**. Convertem-se um no outro dependendo do comprimento de onda da luz.

$$F_v \underset{\text{vermelho extremo e escuridão}}{\overset{\text{vermelho}}{\rightleftarrows}} F_{ve}$$

  Fve é o pigmento ativo (inibe floração de plantas de dia curto e estimula as de dia longo).

- Plantas **indiferentes**, de **dia longo** (florescem quando o tempo no escuro é inferior ao **fotoperíodo crítico**) e de **dia curto** (florescem quando a duração da noite é maior que o fotoperíodo crítico).

# Exercícios

1. (Unifei-MG) A água e os sais minerais absorvidos pelas raízes atingem as folhas da copa de uma árvore. A teoria da tensão-coesão é a mais aceita atualmente para explicar a condução da seiva bruta no interior das plantas vasculares.
Assinale a alternativa que melhor explica essa teoria.
   a) O fenômeno da capilaridade, resultante das propriedades de adesão e coesão da água nos vasos do xilema, é o responsável pela condução da seiva bruta.
   b) A tensão exercida pela pressão positiva da raiz succiona a seiva bruta até as folhas e a coluna de água eleva-se pelas forças de adesão entre as moléculas de água e as paredes dos vasos do xilema.
   c) Os sais minerais acumulados no interior do xilema radicular desenvolvem uma grande pressão osmótica, impulsionando a seiva bruta até a copa das árvores.
   d) A transpiração pelas folhas provoca uma tensão no interior do xilema, succionando e elevando a coluna de seiva bruta, que é contínua e mantém-se unida pelas forças de coesão entre as moléculas de água e adesão dessas com as paredes dos vasos do xilema.

2. (UFMS) Eventualmente, na primavera, quando os dias são quentes e as noites, frias, é possível observar o desprendimento de gotículas de água na extremidade de folhas jovens de pequenas plantas. Sobre esse fato, assinale a alternativa correta.
   a) Trata-se do processo de transpiração, que ocorre quando a umidade relativa do ar é baixa, o solo encontra-se úmido e há boa absorção de água pelas raízes.
   b) Trata-se do processo de transpiração, que ocorre quando a umidade relativa do ar é alta, o solo encontra-se seco e há baixa absorção de água pelas raízes.
   c) Trata-se do processo de gutação, que ocorre quando a umidade relativa do ar é alta, o solo encontra-se úmido e há boa absorção de água pelas raízes.
   d) Trata-se do processo de gutação, que ocorre quando a umidade relativa do ar é alta, o solo encontra-se úmido e há baixa absorção de água pelas raízes.
   e) Trata-se do processo de gutação, que ocorre quando a umidade relativa do ar é baixa, o solo encontra-se seco e há baixa absorção de água pelas raízes.

3. (FMJ-SP) As companhias de eletricidade normalmente realizam a poda das árvores existentes nas cidades. Essa prática faz com que as plantas não cresçam em altura, e isso é percebido na configuração da copa. Assim, uma vez realizada corretamente a poda em uma árvore, a copa não cresce em altura. A explicação para esse fato está contida em:
   a) As gemas laterais conseguem crescer mais, pois deixam de ser inibidas pelas auxinas produzidas pela gema apical.
   b) A poda elimina as gemas laterais, que voltam a crescer com mais vigor em razão da intensa produção de auxinas pelas gemas apicais.
   c) A retirada das gemas apicais possibilita que ocorra o fenômeno da dominância apical, ou seja, as auxinas perdem o poder inibitório.
   d) A lesão provocada nas gemas apicais provoca maior produção de auxinas pelos tecidos adjacentes, e isso faz com que as gemas laterais cresçam.
   e) O corte das gemas apicais estimula uma maior produção de auxinas pela gema apical da raiz, que sobe até as gemas laterais, estimulando-as a crescer.

4. (Ufal) Os processos fotossintéticos garantem a disponibilidade de oxigênio na atmosfera, essencial à vida no planeta. Considerando que a fotossíntese das plantas ocorre em paralelo com vários outros processos fisiológicos, observe a figura abaixo e aponte a alternativa correta.

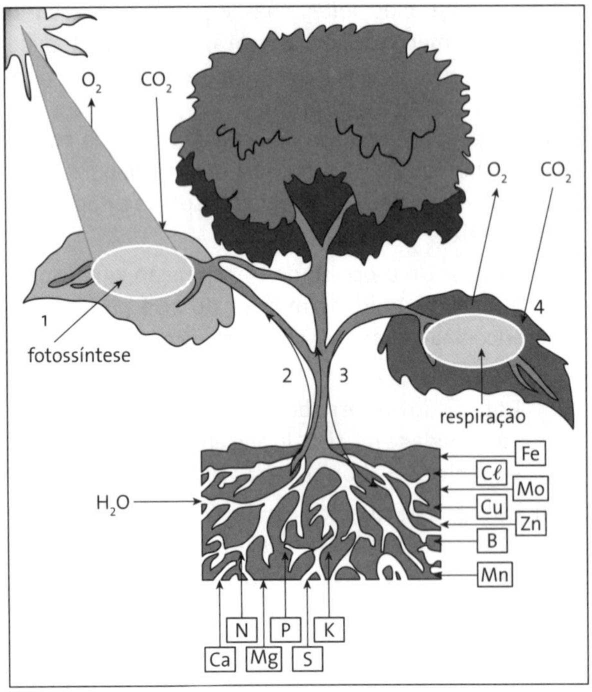


a) O processo fotossintético (1) consome gás carbônico derivado da queima de combustíveis fósseis e gera o saldo energético de ATPs necessários à autonomia autotrófica das plantas.

b) A seiva bruta carreada pelo xilema (2) da planta é uma solução aquosa de sais minerais como o Nitrogênio, Fósforo e Potássio, que funcionam como macronutrientes.

c) A seiva elaborada carreada pelo floema (3) é uma solução de açúcares, vitaminas e aminoácidos produzidos na respiração celular (4).

d) Solos com presença de substâncias tais como Ferro, Cobre, Cloro e Manganês são tóxicos às plantas provocando prejuízos em seu crescimento.

e) A fotossíntese (1) e a respiração celular (4) são processos que dependem da irradiação solar para acontecerem.

5. (Fuvest-SP) Foi realizado um experimento envolvendo plantas de dia longo e plantas de dia curto, ambas com fotoperíodo crítico de 12 h. Essas plantas foram submetidas a três tratamentos diferentes:

I. 14 h de luz e 10 h de escuro;

II. 11 h de luz e 13 h de escuro;

III. 11 h de luz, 3 h de escuro, *flash* de luz e 10 h de escuro.

Com os tratamentos I e III, apenas as plantas de dia longo floresceram; com o tratamento II, floresceram apenas as de dia curto (ver esquema). Os resultados desse experimento permitem concluir que:

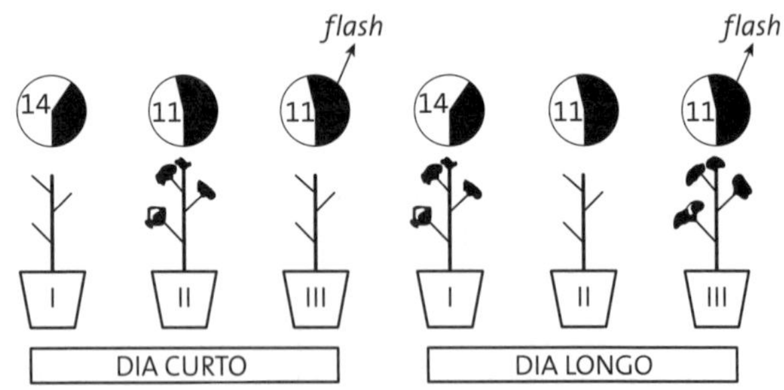


a) a floração é controlada pela duração do período contínuo de luz.

b) a floração é controlada pela duração do período contínuo de escuro.

c) a floração independe do período de iluminação.

d) o *flash* de luz interfere apenas na floração das plantas de dia curto.

e) o *flash* de luz interfere apenas na floração das plantas de dia longo.

6. (PUCC-SP) De cada um dos troncos de árvores de uma pequena alameda foi retirado um anel completo de sua casca. Depois de certo tempo verificou-se que essas árvores morreram. O primeiro efeito, após a retirada do anel de casca, foi a

a) interrupção do fluxo de seiva elaborada para as raízes.
b) interrupção do fluxo de seiva bruta para as folhas.
c) morte das raízes por falta de nutrientes orgânicos.
d) cessação de absorção devido à morte das raízes.
e) cessação da fotossíntese devido à falta de "matéria-prima".

7. (Vunesp-SP) Nos vegetais, estômatos, xilema, floema e lenticelas têm suas funções relacionadas, respectivamente, a

a) trocas gasosas, transporte de água e sais minerais, transporte de substâncias orgânicas e trocas gasosas.
b) trocas gasosas, transporte de substâncias orgânicas, transporte de água e sais minerais e trocas gasosas.
c) trocas gasosas, transporte de substâncias orgânicas, transporte de água e sais minerais e transporte de sais.
d) absorção de luz, transporte de água, transporte de sais minerais e trocas gasosas.
e) absorção de compostos orgânicos, transporte de água e sais minerais, transporte de substâncias orgânicas e trocas gasosas.

8. (UFMS) Assinale a alternativa correta.

a) A planta apresenta fototropismo negativo quando o caule tende a crescer em direção à fonte de luz.
b) Quando as folhas das plantas crescem em direção à fonte de luz, o fenômeno é denominado geotropismo negativo.
c) Quando o caule busca uma área sem luminosidade para o seu crescimento, o fenômeno é denominado tigmotropismo negativo.
d) Em geral, o caule das plantas apresenta geotropismo positivo.
e) Em geral, as raízes da planta crescem em direção ao solo, apresentando, portanto, geotropismo positivo.

9. (UCS-RS) O Brasil é um grande exportador de frutos. Um dos problemas dessa exportação é que alguns tipos de frutos não podem ser transportados maduros; assim eles chegam verdes ao seu destino. Antes da comercialização, no entanto, os importadores podem utilizar um artifício para o amadurecimento desses frutos, que consiste na aplicação do seguinte produto:

a) Etileno, substância gasosa, que ocorre naturalmente nas plantas.
b) Auxina, hormônio vegetal que controla o crescimento e o desenvolvimento.
c) Giberelina, hormônio promotor do crescimento de caule e de folhas.
d) Ácido abscísico, presente naturalmente nas sementes e nos frutos.
e) Citoquinina, promotor de divisão celular.

10. (UFT-TO) As plantas, ao longo de sua história evolutiva, não desenvolveram uma estrutura que seja ao mesmo tempo favorável à entrada de dióxido de carbono, essencial à fotossíntese, e que evite a perda excessiva de água por transpiração. No entanto, especializações minimizam a perda de água e otimizam a captação de $CO_2$. Sobre a perda de água em plantas terrestres é INCORRETO afirmar:

a) A transpiração ocorre através da cutícula da epiderme, lenticelas e/ou pelo ostíolo dos estômatos.

b) Uma pequena fração de água perdida por transpiração sai através da cutícula e através das lenticelas da casca.

c) Nas plantas vasculares, a maior parte da água perdida pela transpiração ocorre através dos estômatos.

d) A abertura e o fechamento estomático controlam a troca gasosa através da superfície da folha.

e) A única forma de perda de água pelas folhas é a transpiração.

11. (UEMT) A transpiração corresponde à perda de $H_2O$ sob a forma de vapor. Em plantas, o principal órgão responsável por esse processo é a folha.
Sobre o processo de transpiração, assinale a alternativa correta.

a) Nas plantas ocorre transpiração cuticular e estomática.

b) Nas plantas ocorre transpiração por meio de raízes do tipo pneumatóforo.

c) Nas plantas ocorre transpiração por meio de translocação da seiva elaborada.

d) Nas plantas ocorre transpiração por meio do movimento de geotropismo e fototropismo.

e) Nas plantas ocorre transpiração influenciada pelos hormônios auxina e giberelina.

12. (Uece) Preencha os espaços abaixo:

Sabe-se que a água é o elemento principal para o metabolismo de todas as formas de vida. No caso dos vegetais a água representa de 80% a 90% do seu peso fresco, mas existem plantas que mesmo saturadas continuam a absorver água, eliminando o excesso através de poros presentes nas folhas.
Nesse caso, as plantas eliminam água no estado líquido através dos ________________, sendo esse processo conhecido como ________________ ou ________________.

Assinale a alternativa que contém os termos que completam corretamente e na ordem a sentença anterior.

a) parênquima aquífero – transpiração – gutação

b) estômatos – sudação – exsudação

c) hidatódios – sudação – gutação

d) hidatódios – sudação – transpiração

13. (PUC-SP) O estômato é uma estrutura encontrada na epiderme foliar, constituída por duas células denominadas células-guarda. Estas absorvem água quando há grande concentração de íons potássio em seu interior, o que leva o estômato a se abrir.
Se o suprimento de água na folha é baixo, ocorre saída de íons potássio das células-guarda para as células vizinhas e, nesse caso, as células-guarda tornam-se

a) flácidas, provocando o fechamento do estômato.

b) flácidas, provocando a abertura do estômato.

c) flácidas, não alterando o comportamento do estômato.

d) túrgidas, provocando o fechamento do estômato.

e) túrgidas, provocando a abertura do estômato.

# INVERTEBRADOS

## Poríferos

- Aquáticos e filtradores, maioria sésseis (sem locomoção). Podem formar colônias.
- Não têm tecidos ou órgãos especializados. Superfície do corpo é coberta por poros:

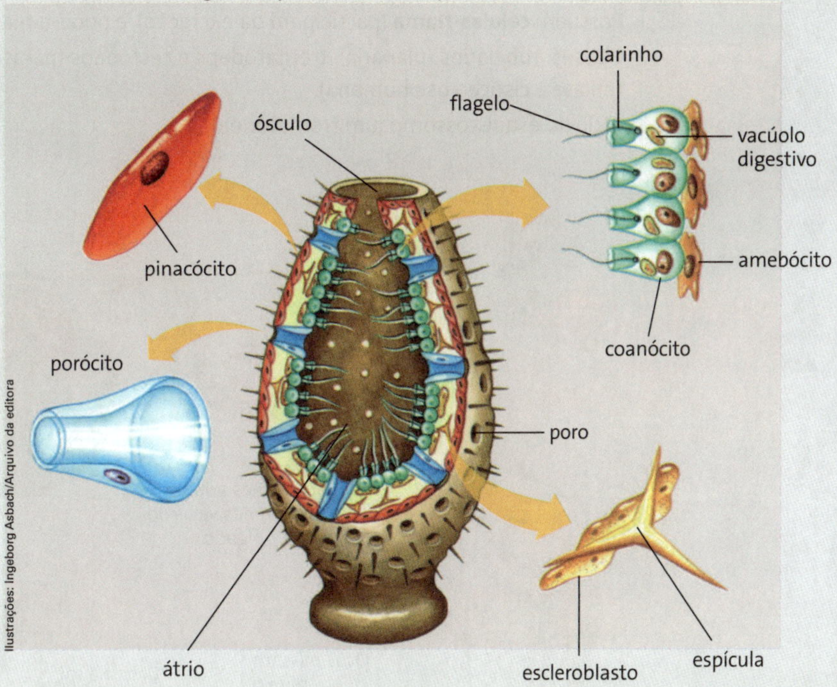


## Cnidários

- Corais e águas-vivas. Animais de simetria radial, com forma de **pólipo** (séssil) ou **medusa** (movimenta-se por jato-propulsão).

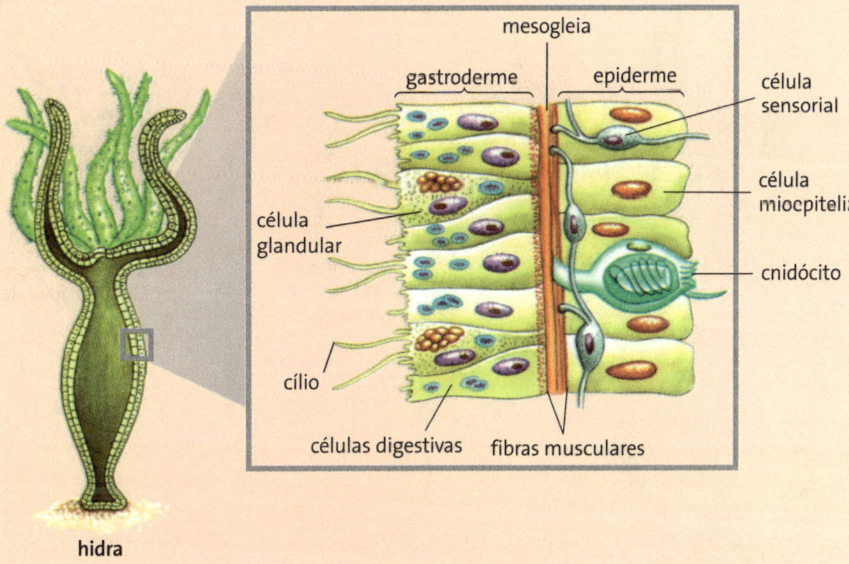


- Pode ocorrer alternância de gerações (sexuada com a forma medusa e assexuada com pólipos).
- Classes: hidrozoários, cifozoários (medusas marinhas), antozoários (pólipos marinhos) e cubozoários (medusas).

## Platelmintos

- Planárias, esquistossomo e solitária. Vermes de corpo achatado, triblásticos e com cefalização (gânglios cerebrais e quimiorreceptores). Alguns são endoparasitas.
- Possuem **células-flama** (participam da excreção), e podem realizar reprodução assexuada.
- Classes: tubelários (planária), trematódeos e cestódeos (parasitas como a *Taenia*, que provoca teníase e cisticercose humana).
- Ciclo do esquistossomo (um trematódeo):

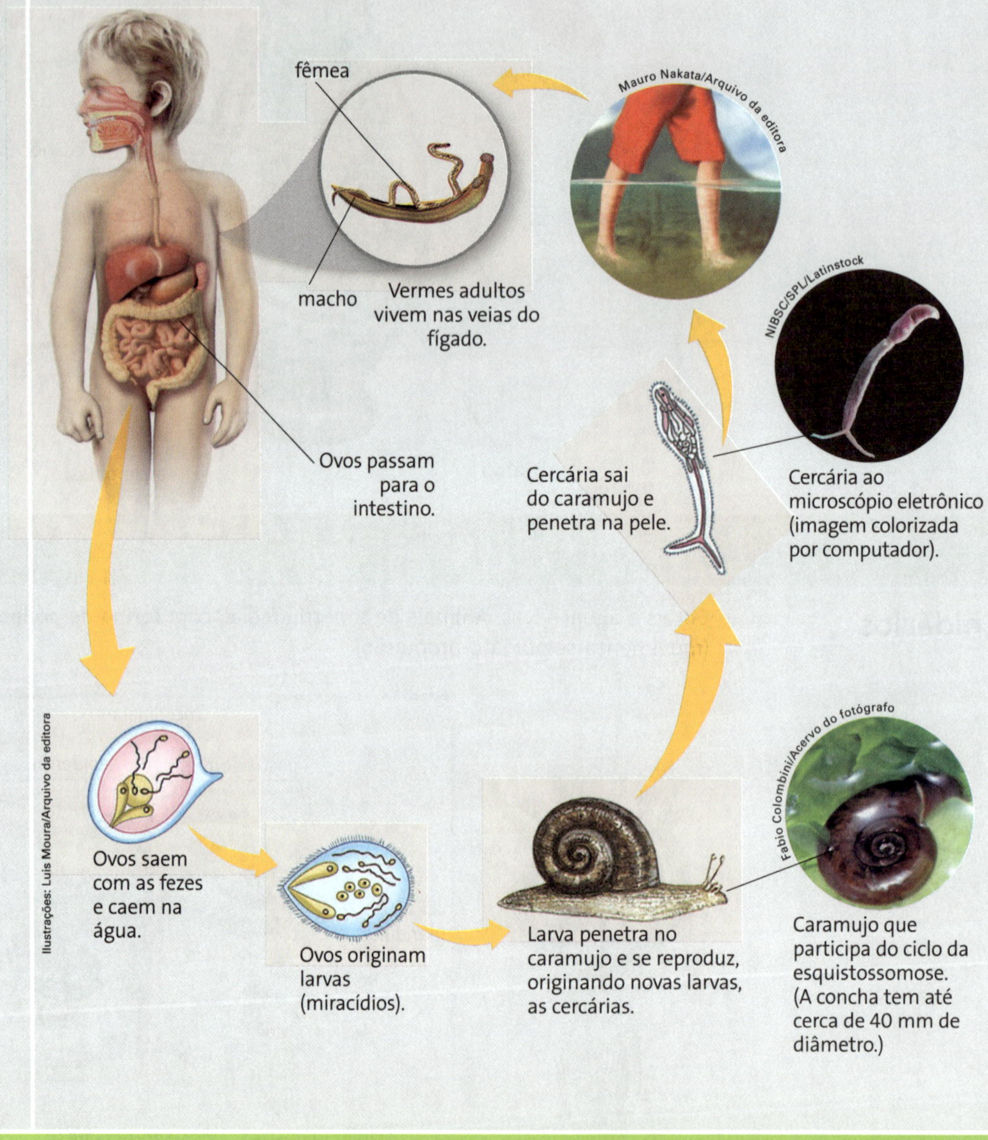


## Nematódeos

- Lombrigas e filárias. Vermes de corpo cilíndrico (semelhante a um fio), com pseudoceloma e corpo coberto por cutícula.
- Muitos são parasitas, causando doenças nos seres humanos, como a ascaridíase (lombriga que vive no intestino delgado), a ancilostomose (ou amarelão, verme que provoca hemorragias e anemia no hospedeiro) e a filariose (ou elefantíase, verme: se desenvolve nos vasos linfáticos, e mosquito *Culex* é vetor).

| | |
|---|---|
| **Moluscos** | • Animais triblásticos e celomados, com corpo mole dividido em cabeça, pé e massa visceral (de onde é secretada a concha). Boca apresenta a **rádula**, que participa da alimentação. |

**caracol** (até 5 cm de comprimento)

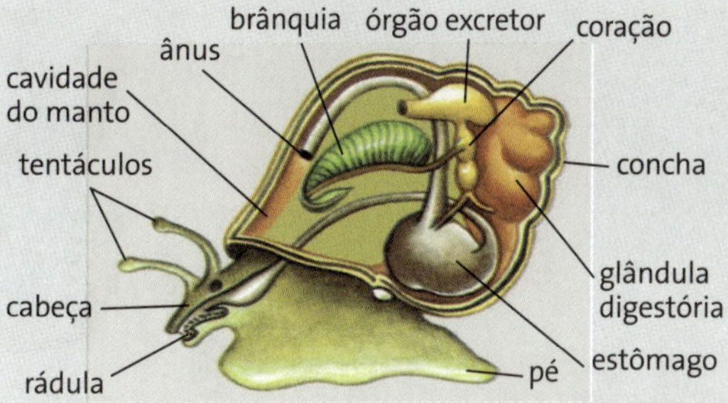


Ingeborg Asbach/Arquivo da editora

• Classes: gastrópodes (caramujos e caracóis, pés na região ventral e concha enrolada ou ausente), bivalves (ostras e mexilhões, apresentam concha dividida em duas valvas) e cefalópodes (polvo e lula, pés são modificados em braços e saem da cabeça, a concha é interna ou ausente).

| | |
|---|---|
| **Anelídeos** | • Animais de corpo cilíndrico, segmentado em repetições (metameria) e coberto por cerdas. Alguns anelídeos apresentam pigmentos respiratórios como hemoglobina e respiração cutânea. Minhocas apresentam **clitelo**, envolvido na reprodução. |

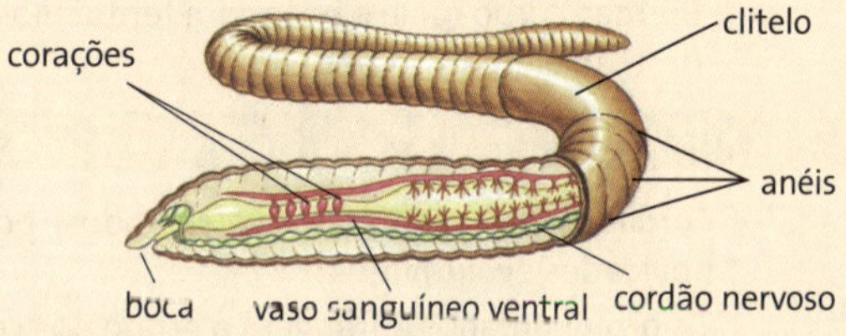


Hiroe Sasaki/Arquivo da editora

• Classes: poliquetos (animais com muitas cerdas, desenvolvidas em parapódios), oligoquetos (minhocas, seres importantes para a fertilidade do solo) e hirudíneos (sem cerdas e com ventosas, são na maioria parasitas aquáticos como a sanguessuga).

| | |
|---|---|
| **Artrópodes** | • Animais com corpo segmentado (cabeça, tórax e abdome), exoesqueleto de quitina e apêndices articulados. Realizam a **muda** (troca de exoesqueletos para permitir o crescimento): |

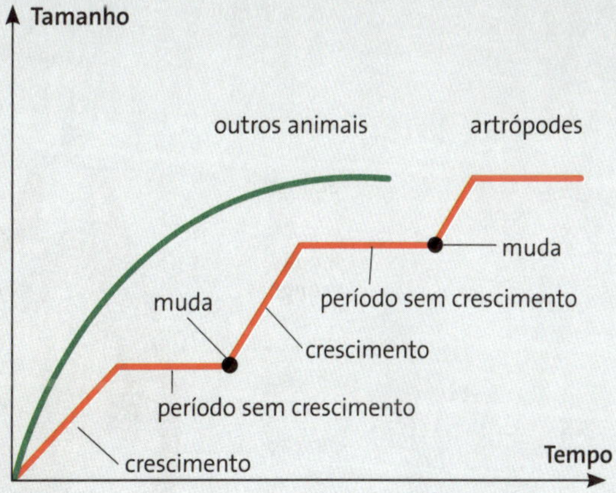


• Classes: insetos (mais numerosos, têm respiração traqueal, vários conseguem voar e sofrem metamorfose), crustáceos (lagosta e siri, cabeça e tórax fundidos em um cefalotórax e respiração branqueal), aracnídeos (aranha e escorpião, são terrestres e possuem cefalotórax), quilópodes (centopeias) e diplópodes (piolho-de-cobra).

## Equinodermos

- Estrelas e ouriços-do-mar, animais exclusivamente marinhos (comunidade bentônica). Possuem espinhos na pele e compartilham características com os protocordados. Têm simetria pentâmera e exclusivo **sistema ambulacrário** (para locomoção):

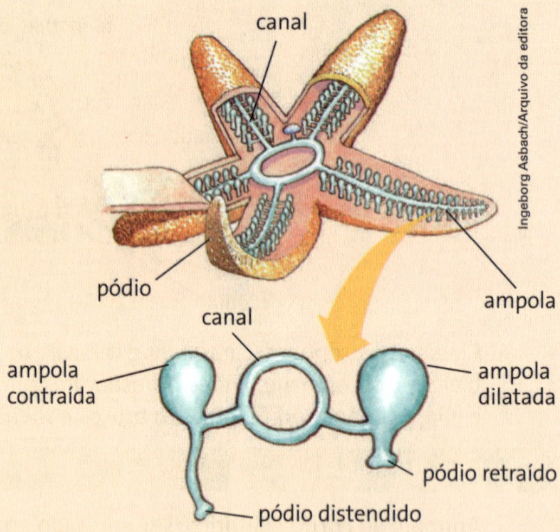


Ingeborg Asbach/Arquivo da editora

- **Lanterna de aristóteles**: presente nos ouriços-do-mar, participa da captura de alimento.
- Classes: asteroides (estrela-do-mar), equinoides (bolacha-da-praia), holoturoides (pepino--do-mar, corpo mole e boca com tentáculos), ofiuroides (serpente-do-mar) e crinoides (lírio--do-mar, animais sésseis).

## Protocordados

- **Cordados** (protocordados + vertebrados): possuem notocorda e sistema nervoso dorsal como novidades evolutivas.
- Os protocordados abrangem o grupo dos cefalocordados (anfioxo) e urocordados (ascídias), mas não têm valor taxonômico.

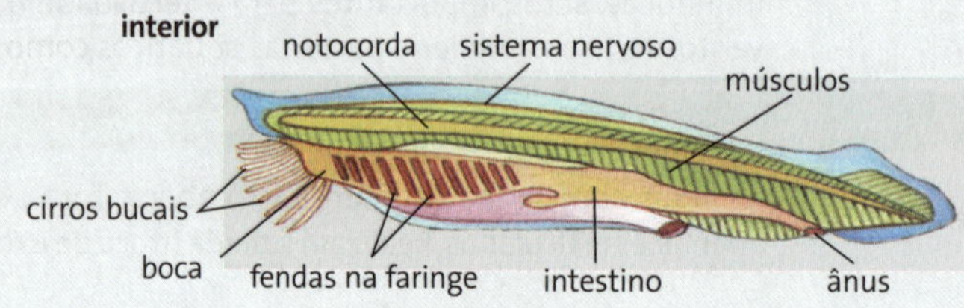


Ingeborg Asbach/Arquivo da editora

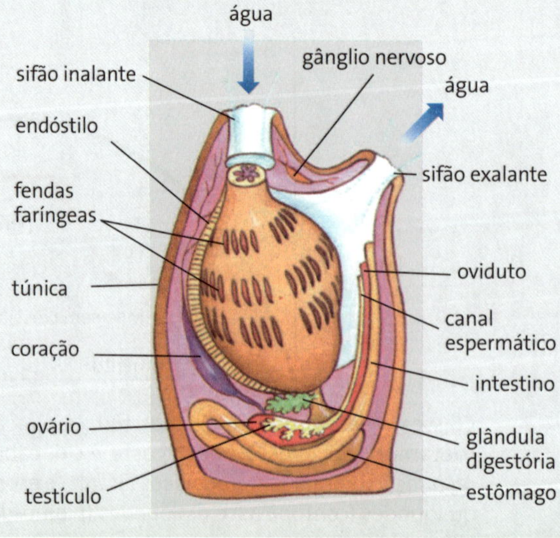

# Exercícios

1. (Ufpel-RS) As esponjas constituem o filo Porifera do reino Animal, sendo indivíduos de organização corporal simples, considerados um ramo primitivo na evolução dos metazoários. Os poríferos são usados pelos pintores para obter certos efeitos especiais na técnica de aquarela; antigamente, eram usados também como esponjas de banho. Quanto às esponjas, é correto afirmar que
   a) não possuem tecidos verdadeiros e apresentam apenas espículas silicosas.
   b) possuem tecidos verdadeiros e podem apresentar espículas calcárias ou silicosas.
   c) não possuem tecidos verdadeiros e podem apresentar espículas calcárias ou silicosas.
   d) não possuem tecidos verdadeiros e apresentam apenas espículas calcárias.
   e) possuem tecidos verdadeiros e apresentam apenas espículas silicosas.

2. (ESCS-DF) O pequeno mundo do fundo do mar
   "*Um levantamento da vida marinha microscópica revela seres raros do litoral sudeste do país. Algumas imagens de seres do fundo do mar são surpreendentes até para mergulhadores experientes. O* Hypselodoris picta lajencis *é um molusco de 25 milímetros, que foi registrado na Baía de Ilha Grande, em Angra dos Reis*".

   Revista *Época*, 22/12/2008.

   Dentre as características dos moluscos, destacam-se:
   a) acelomado – protostômio – diblástico – tubo digestivo completo.
   b) acelomado – deuterostômio – diblástico – tubo digestivo incompleto.
   c) pseudocelomado – protostômio – triblástico – tubo digestivo completo.
   d) eucelomado – deuterostômio – triblástico – tubo digestivo incompleto.
   e) eucelomado – protostômio – triblástico – tubo digestivo completo.

3. (UFC-CE) "Recifes são ambientes resistentes à ação de ondas e correntes marinhas, estando entre os ecossistemas mais produtivos. Podem ter origem biogênica ou não. Recifes biogênicos são formados por organismos marinhos (animais e vegetais) providos de esqueleto calcáreo".

   *Ciência Hoje*, jan-fev 200, pág. 19.

   O filo animal mais representativo na formação de recifes e sua respectiva classe é:
   a) Arthropoda – crustacea.
   b) Mollusca – gastropoda.
   c) Cnidaria – anthozoa.
   d) Mollusca – cephalopoda.
   e) Cnidaria – scyphozoa.

4. (Ufpel-RS) Os moluscos possuem sistema digestório completo e com hábitos alimentares variados, podendo ser herbívoros ou carnívoros. Alguns possuem na faringe uma placa de dentes chamada rádula utilizada para ralar o alimento a ser ingerido.
   Entretanto, outros alimentam-se de organismos microscópicos, tais como protozoários, algas e bactérias, e por isso recebem a denominação de filtradores.
   Com base no texto e em seus conhecimentos, é correto afirmar que a rádula ocorre nos moluscos pertencentes às Classes
   a) Pelecypoda (mexilhões e ostras) e Polyplacophora (chiton).
   b) Gastropoda (mariscos e ostras) e Pelecypoda (caracóis terrestres).
   c) Polyplacophora (polvos e lulas) e Cephalopoda (caracóis aquáticos).
   d) Cephalopoda (lulas e polvos) e Gastropoda (lesmas e caracóis).
   e) Gastropoda (lulas e polvos) e Monoplacophora (Neopalina).

5. (UEL-PR) A utilização do soro imune é o tratamento utilizado contra a peçonha de cobras, aranhas, escorpiões e lacraias. As peçonhas, utilizadas para produção do soro, são retiradas de glândulas localizadas em diferentes locais do corpo desses animais.

Analise as afirmativas a seguir:

I. As aranhas possuem essas glândulas associadas a apêndices da região anterior do corpo denominados quelíceras, com os quais inoculam a peçonha.

II. Os escorpiões possuem essas glândulas associadas a uma estrutura localizada na extremidade posterior do corpo denominada aguilhão, com a qual inoculam a peçonha.

III. As lacraias possuem essas glândulas associadas a apêndices do último segmento do tronco, modificados em uma estrutura injetora de peçonha, denominados pedipalpos.

IV. As serpentes possuem um par dessas glândulas no maxilar superior sendo que, além de injetar a peçonha pela picada, algumas são capazes de expeli-la em jatos.

Assinale a alternativa correta.

a) Somente as afirmativas I e II são corretas.
b) Somente as afirmativas I e III são corretas.
c) Somente as afirmativas III e IV são corretas.
d) Somente as afirmativas I, II e IV são corretas.
e) Somente as afirmativas II, III e IV são corretas.

6. (Furg-RS) Células que revestem externamente as esponjas e as que revestem a espongiocela são, respectivamente:

a) amebócitos e espículas;
b) pinacócitos e coanócitos;
c) coanócitos e pinacócitos;
d) arqueócitos e espículas;
e) pinacócitos e amebócitos.

7. (UFMG) **Observe** as figuras que se referem ao ciclo da esquistossomose mansônica.

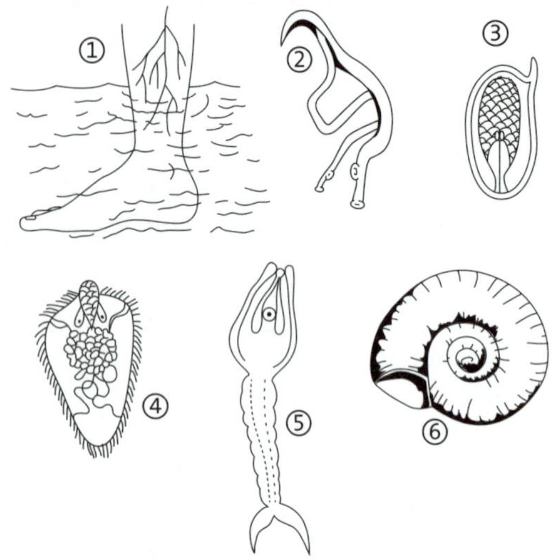


Em relação às figuras, é correto afirmar-se que:

a) a infecção ocorre em 1 pelas formas 3, 4 e 5.
b) a meiose ocorre da fase 3 para a fase 4.
c) a passagem do indivíduo 5 pelo indivíduo 6 é necessária para que ele dê origem a 4.
d) o indivíduo indicado por 6 é o hospedeiro definitivo do parasito.
e) os indivíduos indicados em 2 localizam-se no sistema porta-hepático de 1.

8. (Furg-RS) É correto afirmar que os processos assexuados observados ao longo do ciclo dos Trematoda são uma forma de:

a) diminuir as chances de dispersão das cercarias.
b) diminuir as chances de alcançar novos hospedeiros.
c) espoliar com mais eficiência os recursos do hospedeiro.
d) aumentar as chances de alcançar novos hospedeiros.
e) aumentar as chances de chegar à fase miracídio.

9. (PUC-PR) Com relação ao anfioxo, precioso elo para o estudo evolutivo das espécies, pode-se afirmar:

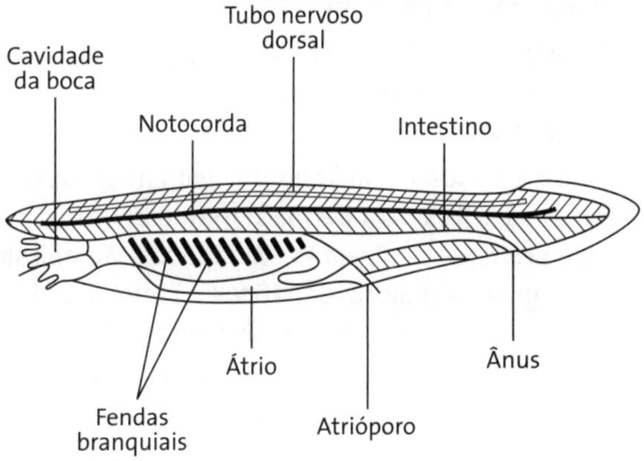


I. Pertence ao filo Chordata
II. É encontrado apenas em ambientes marinhos.
III. É mais evoluído do que os ciclóstomos.
IV. Possui notocorda apenas durante uma fase de sua vida.
V. Tem respiração branquial.

Estão corretas as afirmações:

a) III, IV e V.
b) I, II e IV.
c) II, III e IV.
d) II, III e V.
e) I, II e V.

10. (PUC-RS) Dos sistemas respiratórios abaixo descritos, qual é o único que não depende do sistema circulatório para fazer o transporte de gases?

a) As brânquias de um caranguejo.
b) Os pulmões de um réptil.
c) A pele de uma minhoca.
d) O sistema traqueal de um inseto.
e) As brânquias de um peixe.

11. (Unifor-CE) As parasitoses intestinais constituem-se num grave problema de saúde pública, sobretudo nos países em desenvolvimento, sendo um dos principais fatores debilitantes da população, associando-se frequentemente a quadros de diarreia crônica e desnutrição, comprometendo, como consequência, o desenvolvimento físico e intelectual, particularmente das faixas etárias mais jovens da população (LUDWIG, 1999).

Fonte: <www.webartigos.com/articles/3372/1/Parasitoses-Intestinais/pagina1.html#ixzz1MWOdKD98>

Os agentes etiológicos dessas parasitoses apresentam ciclos evolutivos que contam com períodos de parasitose humana, períodos de vida livre no ambiente e períodos de parasitose em outros animais. A infecção humana é mais comum em crianças, por meio da via oral-fecal, sendo águas e alimentos contaminados os principais veículos de transmissão (TOSCANI, 2007).

Fonte: <www.webartigos.com/articles/3372/1/Parasitoses-Intestinais/pagina1.html#ixzz1MWOzGG1i>. Acesso em: 16 maio 2011. (adaptado).

Nesse contexto, a falta de instalações sanitárias adequadas é diretamente responsável pelo aumento da incidência das seguintes endemias:

a) Teníase, ancilostomose e ascaridíase.
b) Ancilostomose, bócio endêmico e teníase.
c) Doença de chagas, ancilostomose, dengue.
d) Esquistossomose, dengue e malária.
e) Filariose, ascaridíase e dengue.

12. (Ufop-MG) Assinale a afirmativa incorreta em relação aos organismos pertencentes à classe Cestoda.

a) Apresentam o corpo dividido em proglotes.
b) O escólex está na parte anterior.
c) Apresentam tubo digestivo completo.
d) São hermafroditas.
e) O corpo é achatado dorsoventralmente em forma de fita.

13. (UEL-PR) É comum, quando pessoas entram em lagoas do Pantanal, anelídeos sanguessugas se fixarem na pele para se alimentarem. Para isso, utilizam uma ventosa oral que possui pequenos dentes afiados que raspam a pele, provocando hemorragia.
Com relação às sanguessugas, considere as afirmativas a seguir.

I. Contêm um par de nefrídios individualizado para cada segmento corporal.

II. São celomados com inúmeros segmentos iguais separados internamente por septos transversais membranosos.

III. Da mesma forma que as minhocas, as sanguessugas apresentam cerdas para a locomoção.

IV. Assim como nas minhocas, os órgãos são irrigados por uma rede contínua de capilares que se estende sob a epiderme.

Assinale a alternativa correta.

a) Somente as afirmativas I e II são corretas.
b) Somente as afirmativas I e III são corretas.
c) Somente as afirmativas III e IV são corretas.
d) Somente as afirmativas I, II e IV são corretas.
e) Somente as afirmativas II, III e IV são corretas.

15. (Udesc) Assinale a alternativa correta, quanto à correspondência, das características dos gastrópodos e miriápodos, respectivamente.

a) Gastrópodos são aracnídeos que possuem quelíceras. Miriápodos possuem o corpo revestido por espinhos.
b) Gastrópodos são animais que eliminam substâncias gástricas para o espaço extracorpóreo, a fim de promover a digestão. Miriápodos são animais em grande maioria aquáticos e sobrevivem em grandes profundezas com ausência de luz.
c) Gastrópodos são vermes que parasitam o aparelho digestório de vertebrados. Miriápodos são crustáceos e apresentam cabeça, tórax e abdômen.
d) Gastrópodos são moluscos marinhos com a cabeça bem desenvolvida e pés modificados em tentáculos que partem da região cefálica. Miriápodos são moluscos que vivem na água doce ou salgada e têm o corpo achatado, lateralmente possuindo concha externa formada por duas valvas.
e) Gastrópodos são animais que se deslocam por rastejamento, através de ondas de ação muscular, no lado ventral do pé como, por exemplo, caramujos e lesmas. Miriápodos são animais que possuem muitas pernas articuladas.

14. (PUC-PR) Em relação ao 'Phylum Cnidária', foram feitas as seguintes proposições:

I. Os cnidários são aquáticos, diblásticos e com simetria radial, sendo encontrados em duas formas: pólipos (fixos) e medusa (livres).

II. A digestão nos cnidários é extra e intracelular e não há aparelho respiratório, circulatório ou excretor e o sistema nervoso é difuso.

III. Nos cnidários, a reprodução sexuada ocorre por brotamento ou estrobilização.

IV. Os corais e a anêmona-do-mar são exemplos da classe dos cifozoários.

Assinale a alternativa correta:

a) Todas estão incorretas.
b) Apenas III e IV estão corretas.
c) Apenas I está correta.
d) Todas estão corretas.
e) Apenas I e II estão corretas.

16. (UFJF-MG) "Tenho um aquário de peixes ornamentais onde surgiram caramujos. Existe o risco de se contrair a esquistossomose através desses moluscos?"

(Ciência Hoje/julho de 2000).

A este leitor você responderia:

a) sim, pela presença dos caramujos, que são os hospedeiros definitivos do *Schistosoma mansoni* e os transmissores da esquistossomose para o homem.
b) não, porque a transmissão da esquistossomose para o homem se dá pela ingestão de alimentos e água contaminados, não envolvendo a presença de outros animais.
c) sim, porque em ambientes onde ocorrem peixes e caramujos se dá a infecção do homem pelos miracídios do *S. mansoni*.
d) não, porque é remota a possibilidade de contaminação da água do aquário com fezes humanas contendo ovos do *S. mansoni*.

**17.** (UEPB) Considere as afirmações:

I. A excreção dos platelmintos é feita por meio de células-flama.

II. Um turbelário difere de um trematodo por apresentar um sistema excretor formado por protonefrídio.

III. Os platelmintos da classe cestoda não apresentam sistema digestório.

IV. Uma das características embrionárias, que determina um maior grau de evolução dos platelmintos em relação aos ctenóforos, é a presença da mesoderme.

Estão corretas:

a) I, II e IV, apenas

b) III e IV, apenas

c) II, III e IV, apenas

d) I, III e IV, apenas

e) I, II, III e IV

**18.** (UFU-MG) Os humanos adquirem ascaridíase ao:

a) ingerir ovos desse parasita monoxeno em verduras mal lavadas e água contaminada.

b) comer carne malcozida ou crua que contém cistos desse parasita heteroxeno.

c) dormir ao relento e ao serem picados por mosquitos contaminados pelos nematódos.

d) nadar em rios ou lagoas contaminadas por cercárias e outras larvas.

**19.** (Udesc) Assinale a alternativa correta, quanto aos poríferos, cnidários, platelmintos e nematelmintos.

a) As esponjas pertencem ao filo dos poríferos. Possuem constante movimentação através de cílios e apresentam digestão exclusivamente extracelular.

b) As águas-vivas e as anêmonas pertencem ao filo dos cnidários. Apresentam digestão intracelular (células digestivas) da gastroderme e extracelular no tubo digestório incompleto, pois não têm ânus.

c) Os *Ascaris lumbricoides* são vermes que pertencem ao filo dos platelmintos. Possuem corpos achatados com simetria bilateral e sua digestão é incompleta, pois não têm ânus.

d) A *Taenia saginata* é um verme pertencente ao filo dos nematelmintos, pois seu corpo é achatado com simetria bilateral. Sua digestão é completa, pois tem ânus.

e) Os corais pertencem ao filo dos poríferos. Possuem corpos com esqueleto calcário e sua digestão é completa, pois têm ânus

**20.** (UEL-PR) Para entender a evolução animal, o estudo da presença do celoma é fundamental, porque indica a separação de linhagens importantes.

Considerando a classificação tradicional dos animais segundo esse critério, assinale a alternativa que indica aqueles que são, respectivamente, acelomados, pseudocelomados e celomados.

a) Planárias, lombrigas e minhocas.

b) Tênias, gafanhotos e medusas.

c) Filárias, protozoários e ancilóstomos.

d) Poliquetos, lesmas e esquistossomos.

e) Camarões, sanguessugas e estrelas-do-mar.

21. (Udesc) Abaixo apresenta-se um esquema no canal alimentar de uma sanguessuga. Baseado no desenho e nos conhecimentos sobre anelídeos, assinale a alternativa correta.

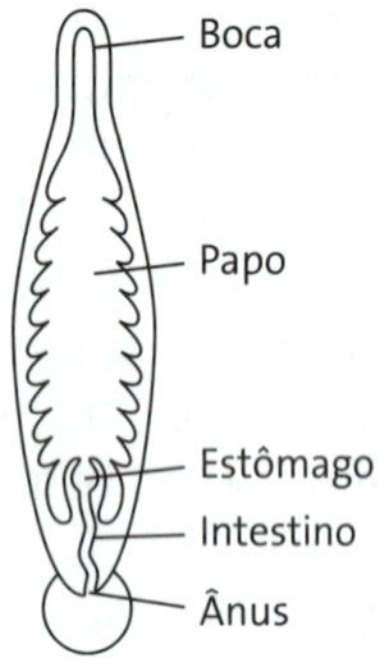


a) Sendo o papo tão grande, as sanguessugas realizam praticamente toda a digestão e absorção de nutrientes diretamente nesse órgão.
b) A grande área ocupada pelo papo indica que esses seres são capazes de ingerir grandes quantidades de sangue intermitentemente e, posteriormente, efetuarem a digestão.
c) Assim como outros anelídeos, as sanguessugas são seres com sistema digestivo incompleto.
d) Apenas os anelídeos, entre os animais invertebrados, possuem sistemas digestivos tubulares.
e) As diminutas dimensões do intestino e estômago indicam serem esses órgãos anexos, na digestão dos anelídeos em geral.

22. (UEPB) Para se adaptarem perfeitamente ao meio em que vivem, os seres vivos necessitam das funções de relação harmoniosamente funcionando. Entre as referidas funções, o Sistema Nervoso Central permite um melhor relacionamento com o meio. Na escala evolutiva dos animais o referido sistema aparece, pela primeira vez, nos:
a) anelídeos
b) platelmintos
c) celenterados
d) artrópodos
e) cordados

23. (UEFS-BA) À primeira vista, a ventosa de um polvo se assemelha à de uma flecha de brinquedo ou à que fixa um GPS no parabrisa. Na verdade, porém, é um órgão, notavelmente sofisticado, que pode não só prender objetos com diferentes intensidades, mas também manejá-los graças a grupos de músculos especializados.

(VENTOSA sensacional..., 2010. p. 66-67).

A complexidade da percepção táctil e gustativa desse grupo de animais dar-se-á
a) pelo sistema nervoso difuso, formado por células que se distribuem por toda a epiderme, concentrando-se principalmente ao redor da boca.
b) pelas células glandulares especializadas dispersas por todo o corpo, capazes de agir independentemente da ação do gânglio cerebral.
c) pela ação de receptores que se organizam em órgãos quase primitivos, denominados ocelos, que informam ao sistema nervoso os estímulos presentes no ambiente.
d) pela presença de cordões nervosos ligados a anéis de células nervosas, que se comunicam com a camada de células musculares presentes na epiderme.
e) pela presença de diversos gânglios nervosos unidos e ligados a nervos que trazem informações dos órgãos dos sentidos e ditam ação à sua complexa musculatura.

24. (Uerj) A esquistossomose é uma importante doença que ocorre endemicamente no Brasil. Com relação ao ciclo evolutivo do *Schistossoma mansoni*, a alternativa que apresenta a correta forma de transmissão desta verminose é:
a) os miracídios penetram no homem pela pele
b) os miracídios são ingeridos pela água contaminada
c) as cercárias penetram ativamente pela pele e mucosas humanas
d) as cercárias são ingeridas através de legumes e verduras malcozidos
e) o caramujo *Biomphalaria* é ingerido com verduras e legumes mal lavados

**25.** (UFMS) Associe as características com o nome do animal e assinale a alternativa correta.

CARACTERÍSTICAS

I. marinho, simetria radial no adulto, endoesqueleto com placas calcárias, sistema ambulacral

II. cabeça, tórax e abdome, três pares de patas, um par de antenas, respiração traqueal

III. tegumento úmido, respiração pulmonar e cutânea no adulto, coração dividido em três cavidades, em geral com fecundação externa

IV. não segmentado, corpo mole, concha protetora, pé ventral, respiração branquial, manto

ANIMAL

A- sapo

B- ouriço-do-mar

C- minhoca

D- barata

E- cobra

F- ostra

G- lacraia

a) I-F, II-C, III-G, IV-E

b) I-B, II-D, III-A, IV-F

c) I-G, II-D, III-E, IV-C

d) I-B, II-G, III-A, IV-G

e) I-D, II-F, III-B, IV-F

**26.** (UGF-RJ) “Cientistas brasileiros iniciaram um projeto cujo objetivo é mapear os genes do parasita *Schistosoma mansoni*, causador da esquistossomose. O conhecimento do genoma do parasita mostrará áreas mais promissoras para a produção de vacinas.”

(*O Globo*, 30/11/93)

Enquanto as vacinas não estão em uso para prevenir essa doença, devemos adotar como medida profilática em áreas endêmicas da esquistossomose o (a):

a) cozimento eficiente de carnes.

b) drenagem de regiões alagadas.

c) eliminação de insetos transmissores.

d) separação de animais domésticos contaminados.

e) combate ao hospedeiro intermediário.

**27.** (Unioste-PR) Um animal apresenta um sistema excretor formado por um saco alongado e tubular, com uma das extremidades ligada ao intestino e outra que termina em fundo cego. O sistema excretor descrito acima se refere

a) aos néfrons, encontrados em vertebrados.

b) às glândulas antenais, encontradas em crustáceos.

c) aos metanefrídios, encontrados em moluscos.

d) aos túbulos de Malpighi, encontrados em insetos.

e) às glândulas coxais, encontradas na maioria das espécies de aranhas.

**28.** (Fuvest-SP) Boca e sistema digestivo ausentes, cabeça com quatro ventosas musculares e um círculo de ganchos, cutícula permeável a água e nutrientes e que protege contra os sucos digestivos do hospedeiro, sistema reprodutor completo e ovos com alta tolerância e variações de pH.

O texto descreve adaptações das:

a) lombrigas ao endoparasitismo.

b) tênias ao endoparasitismo.

c) lombrigas ao ectoparasitismo.

d) tênias ao ectoparasitismo.

e) tênias ao comensalismo.

29. (UFPI) Os equinodermatas são animais triblásticos, celomados e deuterostômios. Das alternativas abaixo, relacionadas aos equinodermatas, todas são verdadeiras, EXCETO:

a) Todos apresentam um endoesqueleto calcário.

b) São bem representados nos ambientes marinhos e poucas espécies são de água doce.

c) Suas larvas apresentam simetria bilateral.

d) O sistema ambulacrário ou hidrovascular é exclusivo desse grupo.

e) Na superfície do corpo, existem, além de espinhos, as pedicelárias e as pápulas.

30. (Mack-SP) Os agentes causadores da malária, filariose ou elefantíase, amarelão e esquistossomose, são respectivamente:

a) *Ascaris lumbricoides*; *Ancylostoma duodenale*; *Triatoma* sp; *Planorbis* sp;

b) *Plasmodium vivax*; *Taenia solium*; *Dugesia tigrina*; *Leishmania donovani*;

c) *Necator amaricanus*; *Trichnella spiralis*; *Trichonympha* sp; *Anopheles* sp;

d) *Fasciola hepatica*; *Taenia saginata*; *Culex* sp; *Entamoeba histolytica*;

e) *Plasmodium vivax*; *Wuchereria bancrofti*; *Ancylostoma duodenale*; *Schistosoma* sp.

31. (FMJ-SP) A respeito dos animais da classe Nematoda, podemos afirmar que:

a) a maioria é hermafrodita;

b) possuem nefrídeos;

c) apresentam sistema circulatório fechado;

d) não possuem sistema respiratório;

e) seu aparelho digestivo é incompleto.

32. (Ufop-MG) O helminto transmitido ao homem por um artrópode é:

a) *Taenia saginata*

b) *Ancylostoma duodenale*

c) *Ascaris lumbricoides*

d) *Taenia solium*

e) *Wuchereria bancrofti*

33. (Fuvest-SP) Os platelmintos parasitas *Schistosoma mansoni* (esquistossomo) e *Taenia solium* (Tênia) apresentam:

a) A espécie humana como hospedeiro intermediário;

b) Um invertebrado como hospedeiro intermediário;

c) Dois tipos de hospedeiro, um intermediário e um definitivo;

d) Dois tipos de hospedeiro, ambos vertebrados;

e) Um único tipo de hospedeiro, que pode ser um vertebrado ou um invertebrado.

34. (Uece) Marque a opção que apresenta seres vivos com simetria radial.

a) planária, tênia, esquistossomo

b) traça, sarna, camarão

c) hidra, água-viva, anêmona-do-mar

d) sanguessuga, minhoca, poliqueta

**35.** (Vunesp-SP) Analise a tira Níquel Náusea do cartunista Fernando Gonsales.

(*Folha de S.Paulo*, 29.04.2012.)

Com relação aos insetos holometábolos, como os representados nos quadrinhos, é correto afirmar que

a) os diferentes recursos explorados pelas formas jovem e adulta possibilitam que, em um mesmo hábitat, um mesmo nicho ecológico possa comportar um maior número de espécies.

b) a forma jovem compõe um nicho ecológico diferente daquele da forma adulta, o que demonstra que a uma mesma espécie podem corresponder diferentes nichos ecológicos, mas não diferentes hábitats.

c) os diferentes recursos explorados pelas formas jovem e adulta possibilitam que um mesmo hábitat suporte um maior número de indivíduos da espécie.

d) as formas jovem e adulta competem pelos mesmos recursos em seu hábitat, o que exemplifica um caso de seleção natural.

e) as formas jovem e adulta competem pelos mesmos recursos em seu hábitat, o que exemplifica um caso de competição intraespecífica.

---

**36.** (Ufpel-RS) As minhocas pertencem à Classe Oligochaeta e são representadas pelas espécies *Pheretyma hawayana* (minhoca brasileira), *Lumbricus terrestris* (minhoca europeia) e *Fisenia phoetida* (minhoca vermelha da Califórnia). Todas as espécies participam ativamente na produção de húmus, o que contribui para o aumento da fertilidade do solo. Além disso, cavam inúmeras galerias subterrâneas que são responsáveis pela drenagem e aeração do solo.

Com base no texto e em seus conhecimentos, é correto afirmar que as minhocas são organismos

a) monoicos, isto é, cada indivíduo apresenta apenas um órgão sexual; triploblásticos, isto é, possuem os três folhetos embrionários; protostômios, isto é, a cavidade anal é originada do blastóporo; armazenam o esperma recebido de outra minhoca no interior do clitelo.

b) dioicos, isto é, cada indivíduo apresenta tanto órgãos sexuais masculinos como femininos; diploblásticos, isto é, possuem apenas dois folhetos embrionários; deuterostômios, isto é, apresentam a cavidade oral originada do blastóporo; armazenam o esperma na cavidade celomática.

c) dioicos, isto é, cada indivíduo apresenta tanto órgãos sexuais masculinos como femininos; diploblásticos, isto é, possuem apenas um dos dois folhetos embrionários (ectoderma ou endoderma); deuterostômio, isto é, apresentam cavidade anal originada do blastóporo; armazenam o esperma recebido de outra minhoca em seus apêndices carnosos denominados de parapódios.

d) monoicos, isto é, cada indivíduo apresenta tanto órgãos sexuais masculinos quanto femininos; triploblásticos, isto é, possuem os três folhetos embrionários; protostômios, isto é, apresentam a cavidade oral originada do blastóporo; armazenam nas vesículas seminais o esperma recebido de outra minhoca.

e) monoicos, isto é, cada indivíduo apresenta tanto órgãos sexuais masculinos quanto femininos; triploblásticos, isto é, possuem apenas três folhetos embrionários; deuterostômios, isto é, apresentam a cavidade oral originada do blastóporo; liberam o esperma armazenado nas vesículas seminais quando o casulo contendo óvulos passa pelas aberturas dos receptáculos seminais.

# VERTEBRADOS I – PEIXES, ANFÍBIOS E RÉPTEIS

## Vertebrados

- Esqueleto com coluna vertebral e crânio.

## Peixes

- Aquáticos, respiração branqueal.
- Não são um grupo monofilético.

## Ágnatos

- Lampreias. Não têm maxilas (boca sugadora), escamas nem nadadeiras.

## Condrictes

- Tubarão e raia. Possuem esqueleto de cartilagem calcificada, escamas **placoides** (dentículos dérmicos).
- **Linha lateral**: sistema sensorial em todos os peixes, capta vibrações da água.

## Osteíctes

- "Peixes" como atum e cavalo-marinho. Apresentam esqueleto ósseo e nadadeiras flexíveis. A **bexiga natatória** é uma bolsa de gás que auxilia a flutuação.

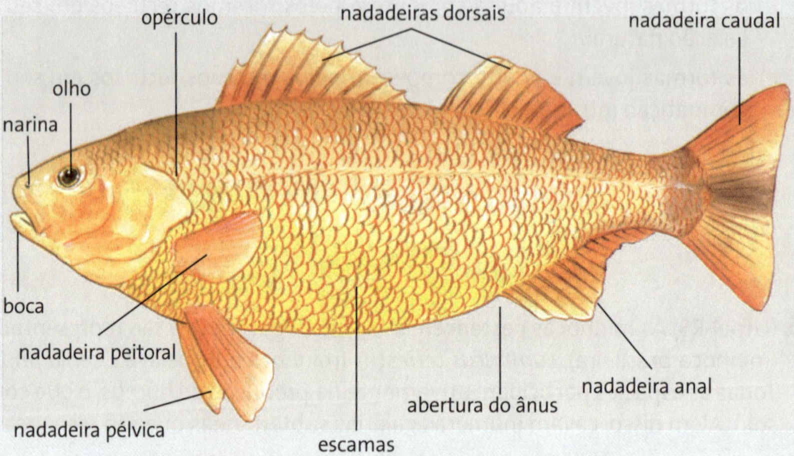


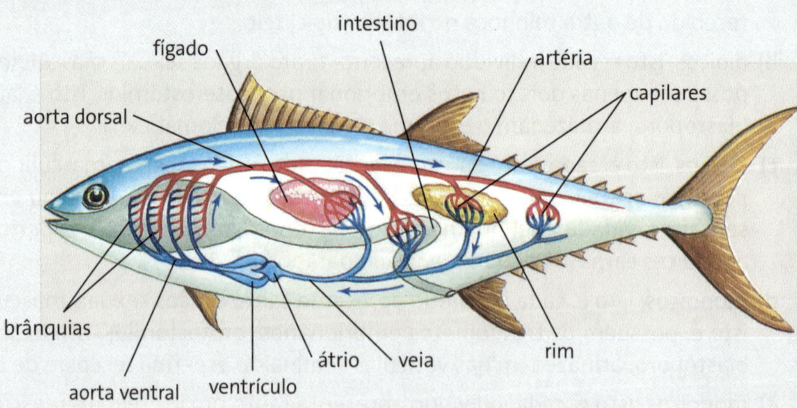


Ilustrações: Ingeborg Asbach/Arquivo da editora

- Circulação simples e completa, excreção de amônia. A reprodução é sexuada, com fecundação externa (encontro dos gametas na água) e formação de **alevinos** (filhote semelhante ao adulto).
- Divisão: actinopterígeos e sarcopterígeos.

## Evolução

- Fósseis mais antigos são de agnatos. Depois vieram os ostracodermos (já extintos), suplantados pelos placodermos, que possuíam maxilas (permitiu a atividade de predação).
- Ancestrais dos sarcopterígeos deram origem aos anfíbios.

## Anfíbios

- Sapos, salamandras e cobra-cega.
- Os anfíbios foram os primeiros animais a conquistar o ambiente terrestre com o uso das pernas e respiração pulmonar (e cutânea), mas ainda dependem da água para a reprodução (o **girino** é uma larva aquática).
- Circulação dupla (pulmonar e sistêmica) e incompleta, excreção de ureia. A fecundação é externa.

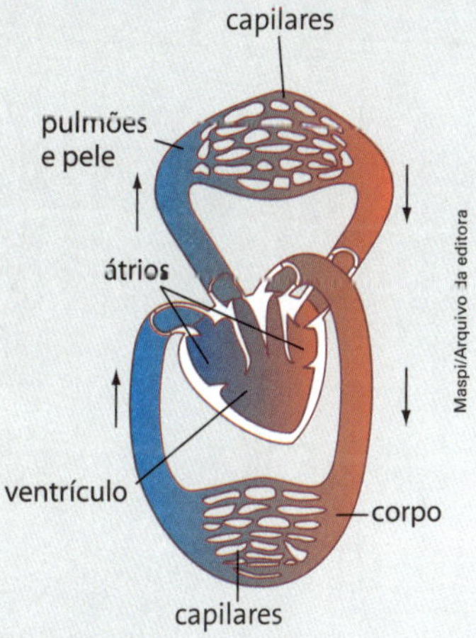


- Ordens: anuros (rãs, possuem glândula paratoide que libera veneno), urodelos (salamandra, tem pernas e cauda) e ápodes (cecílias, não possuem pernas e os olhos são atrofiados).

## Evolução

- Peixes com nadadeiras musculosas originaram seres capazes de se locomover em ambiente terrestre.

## Répteis

- Jacarés, tartarugas e serpentes. Primeiros vertebrados a conquistar efetivamente o ambiente terrestre.
- São ectotérmicos (não controlam a temperatura corporal). Têm pele grossa e com escamas que evitam a perda de água.

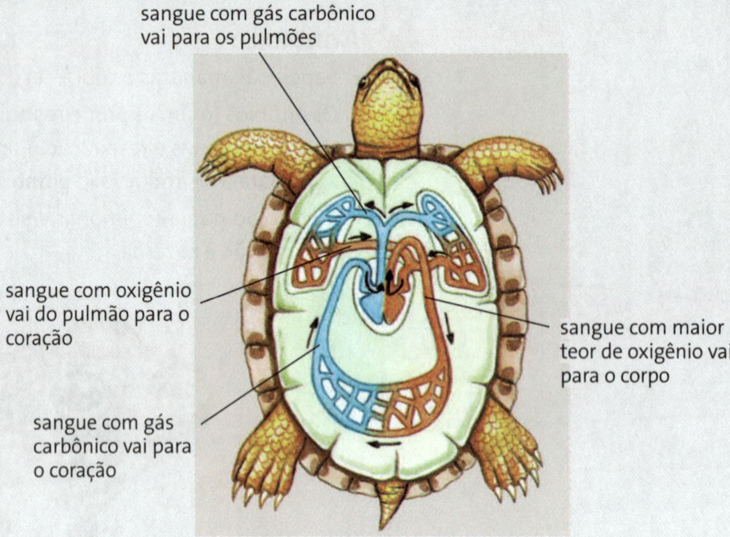


- Circulação semelhante à dos anfíbios e excreção de ácido úrico. A fecundação é interna e desenvolve-se o **ovo** (conquista do ambiente terrestre).

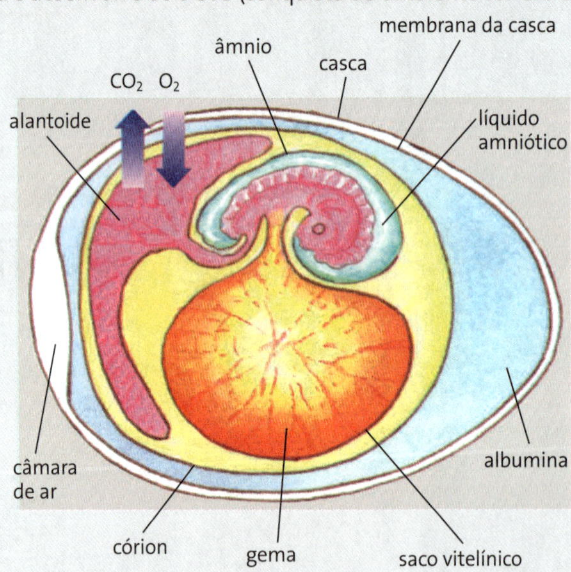


Ingeborg Asbach/Arquivo da editora

- Grupos: Chelonia (tartaruga, animais com carapaça), Squamata (lagartos; realizam a muda e têm corpo escamoso) e Crocodilia (crocodilos; vivem ao redor de ambientes aquáticos).

## Evolução

- Répteis surgiram quando a Terra se tornou mais seca, o que favoreceu sua sobrevivência.
- O grupo deu origem às aves e aos mamíferos. No passado, a Terra já foi dominada pelos dinossauros, ancestrais dos répteis atuais.

# Exercícios

1. (Udesc) Analise as proposições abaixo, em relação aos cordados.

   I. Possuem notocorda ou corda dorsal, que é substituída por coluna vertebral nos mamíferos.

   II. Os anfíbios possuem a pele seca e impermeável, o que evita a desidratação e favorece a sobrevivência em ambientes secos.

   III. O filo dos cordados é dividido em subfilos: Urochordata ou Tunicata, Cephalochordata e Vertebrata.

   IV. Os répteis possuem fecundação externa, e os anfíbios geralmente interna.

   Assinale a alternativa correta.

   a) Somente as afirmativas II, III e IV são verdadeiras.

   b) Somente as afirmativas II e IV são verdadeiras.

   c) Somente as afirmativas I e III são verdadeiras.

   d) Somente as afirmativas I, II e III são verdadeiras.

   e) Todas as afirmativas são verdadeiras.

2. (UFTM-MG) Peixe-boi, cavalo-marinho, golfinho, tubarão e pinguim são animais vertebrados e muitas vezes são confundidos por alguns alunos quanto aos grupos a que pertencem. Com os conhecimentos de Fisiologia e Zoologia, sabe-se que esses animais apresentam características morfofisiológicas bem definidas. Assim, pode-se afirmar corretamente que o

   a) tubarão e o cavalo-marinho apresentam respiração branquial, apresentam linhas laterais, nadadeiras e coração com duas cavidades.

   b) pinguim apresenta pelos, fecundação interna, produz ovos com casca calcária e diversos anexos embrionários como âmnio e alantoide.

   c) golfinho e o tubarão pertencem à mesma classe de vertebrado, apresentando nadadeiras caudais, respiração branquial e fecundação interna.

   d) golfinho e o peixe-boi apresentam pelos, diafragma, hemácias anucleadas, placenta, realizam a fecundação externa na água e são endotérmicos.

   e) peixe-boi, cavalo-marinho e o golfinho apresentam respiração pulmonar, apresentam fecundação interna e são endotérmicos.

3. (UFG-GO) Na escala zoológica, diversos organismos aquáticos ou terrestres apresentam estruturas adaptadas à obtenção do oxigênio. Diante disso, as trocas gasosas ocorrem

   a) nas planárias por osmose ao longo do sistema traqueal e das células-flama, localizadas ao longo do corpo.

   b) nas minhocas por absorção ativa nas glândulas calcíferas presentes nos vasos sanguíneos anteriores e dorsais.

   c) nos insetos por difusão no sistema traqueal, chegando ao sangue, que faz a distribuição até o coração dorsal.

   d) nos peixes por difusão nos filamentos branquiais das guelras, num mecanismo de contracorrente.

   e) nas aves por absorção ativa nos sacos aéreos localizados nas asas e na siringe anexa à traqueia.

4. (Uespi) Acidentes ofídicos ainda são comuns no Brasil, particularmente aqueles causados pela jararaca. Sobre este assunto, é correto afirmar:

   a) todas as serpentes peçonhentas possuem dentes inoculadores de veneno.

   b) serpentes peçonhentas possuem fosseta loreal, um órgão sensitivo que detecta o calor das presas, exceto as corais verdadeiras.

   c) a jararaca representa mais de 90% dos incidentes com ofídios; isto porque possuem capacidade de ejetar o veneno em jatos que atingem a presa à distância.

   d) o soro antiofídico é constituído de anticorpos que neutralizam venenos de quaisquer espécies de serpentes.

   e) serpentes não utilizam veneno para capturar presas, mas somente para se defender; do contrário, poderiam se envenenar ao consumir a caça.

5. (Unicamp-SP) As cecílias, também chamadas de cobras-cegas, são facilmente confundidas com serpentes por observadores menos atentos, por também apresentarem corpo cilíndrico e desprovido de patas. Entretanto, uma análise mais cuidadosa pode diferenciar facilmente esses animais, pois as cecílias são anfíbios ápodos. Duas características apresentadas exclusivamente pelas cecílias, que as diferenciam das serpentes, são:
a) corpo revestido por pele úmida e ovos com casca calcária.
b) corpo revestido por escamas e respiração exclusivamente cutânea.
c) pele rica em glândulas secretoras de muco e respiração cutânea.
d) pele úmida e corpo revestido por escamas queratinizadas.

6. (UFG-GO) Em um determinado ecossistema, vivem alguns animais, como cobra, tartaruga, coruja, gavião, macaco, tatu e gambá.
Que alteração pode ocorrer no metabolismo de alguns desses animais se a temperatura ambiente for 50 °F?
a) Aumento da temperatura corporal do gambá e do tatu, equilibrando-se à do ambiente.
b) Elevação da frequência cardíaca da tartaruga, mantendo a temperatura corporal constante.
c) Diminuição da frequência do voo da coruja e do gavião, evitando a perda de energia térmica.
d) Redução da função respiratória da cobra, diminuindo o consumo energético.
e) Dilatação dos vasos sanguíneos periféricos do macaco, aumentando a circulação do sangue.

7. (IFGO) Os anfíbios são conhecidos como os primeiros vertebrados a transitarem entre o meio aquático e o terrestre. A ordem mais expressiva da classe Amphibia é a dos anuros, que tem como representantes os sapos, rãs e pererecas.
Assinale a alternativa que contém os três tipos de respiração realizados pelos sapos na fase adulta.
a) Cutânea, traqueal e branquial.
b) Gular, pulmonar e traqueal.
c) Difusão, filotraqueal e cutânea.
d) Branquial, difusão e gular.
e) Cutânea, gular e pulmonar.

8. (Ufscar-SP) Considere as seguintes características:
I. Respiração pulmonar e ectotermia.
II. Pele seca revestida por escamas, carapaças ou placas dérmicas.
III. Fecundação interna.
IV. Excreção predominante de amônia.
V. Presença de ovo amniótico.

As principais características evolutivas que proporcionaram aos répteis vida mais independente do ambiente aquático e a conquista do ambiente terrestre são, apenas,
a) I e II.
b) I e III.
c) II e IV.
d) IV e V.
e) III e V.

9. (Udesc) Observe as figuras abaixo.

Figura 1

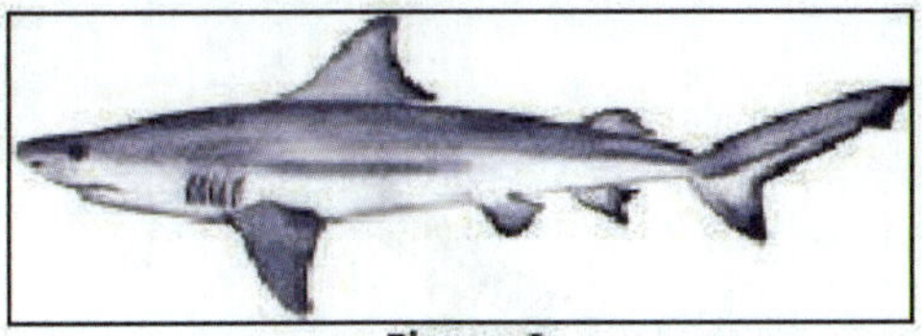

Figura 2

Elas representam duas classes de animais pertencentes ao Filo Chordata. A respeito das principais características desses animais, analise as proposições abaixo.

I. Na Figura 1, pode-se observar um peixe da Classe Chondrichthyes, animal que apresenta esqueleto cartilaginoso; e, na Figura 2, um representante da Classe Osteichthyes, animais de esqueleto ósseo.

II. A linha lateral é um órgão exclusivo dos peixes ósseos e tem por função detectar vibrações na água.

III. As brânquias dos peixes Chondrichthyes encontram-se protegidas por um opérculo.

IV. Os peixes ósseos flutuam na água graças à presença de uma estrutura denominada bexiga natatória.

V. Os peixes cartilaginosos apresentam a boca localizada na porção ventral do corpo, enquanto nos peixes ósseos a posição é anterior.

Assinale a alternativa correta.

a) Somente as afirmativas I, II e IV são verdadeiras.

b) Somente as afirmativas IV e V são verdadeiras.

c) Somente as afirmativas III e IV são verdadeiras.

d) Somente as afirmativas I, III e V são verdadeiras.

e) Todas as afirmativas são verdadeiras.

10. (Unifesp) A figura mostra o comportamento de um lagarto em diferentes períodos do dia.

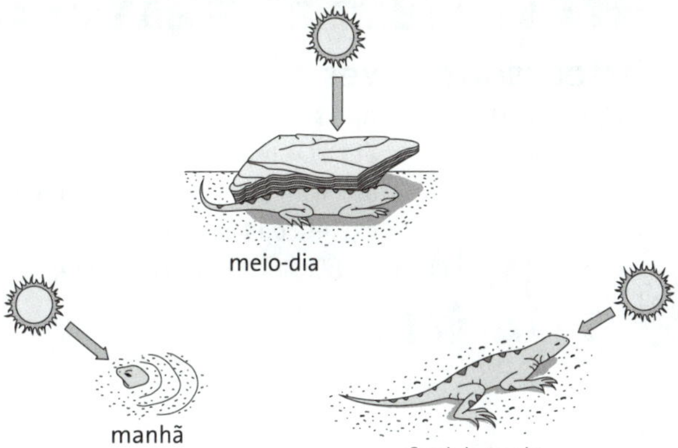


(Hickman et al. 2004, Princípios integrados de Zoologia. Modificado.)

Tal comportamento encontra-se relacionado diretamente com a

a) regulação térmica do animal, pois seu metabolismo celular não é capaz de produzir qualquer tipo de calor.

b) regulação térmica do animal, pois seu corpo necessita manter temperaturas adequadas ao metabolismo.

c) respiração, pois ela ocorre tanto por meio de pulmões como também por meio da pele.

d) respiração, pois o ar que chega aos seus pulmões deve conter certa porcentagem de umidade para as trocas alveolares.

e) regulação térmica e com a respiração, pois o animal não é capaz de produzir seu próprio calor e respira por meio de pulmões e da pele.

# VERTEBRADOS II – AVES E MAMÍFEROS

## Vertebrados

- Esqueleto com coluna vertebral e crânio.

## Aves

- Apresentam diversas adaptações associadas ao voo (asas, corpo aerodinâmico, ossos pneumáticos, etc.). O corpo recoberto por penas (proteção) e a **glândula uropigiana** (libera secreção oleosa) auxiliam a endotermia. A **moela** compensa a ausência de dentes, e é liberado ácido úrico como excreta da alimentação.
- Circulação dupla e completa.

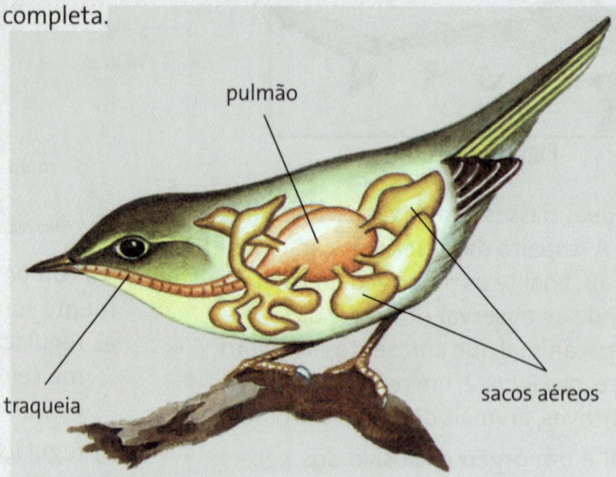


Ilustrações: Ingeborg Asbach/Arquivo da editora

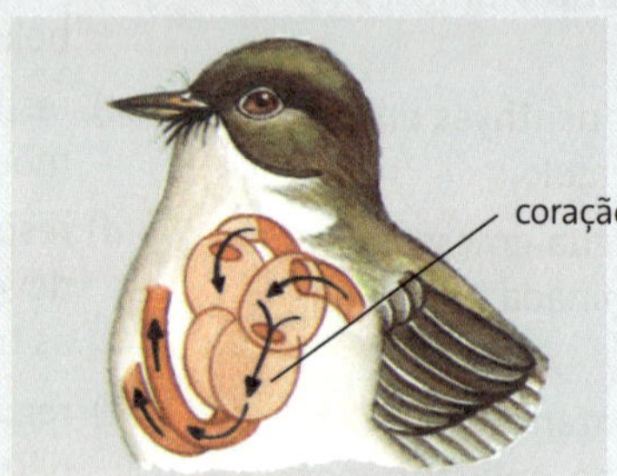


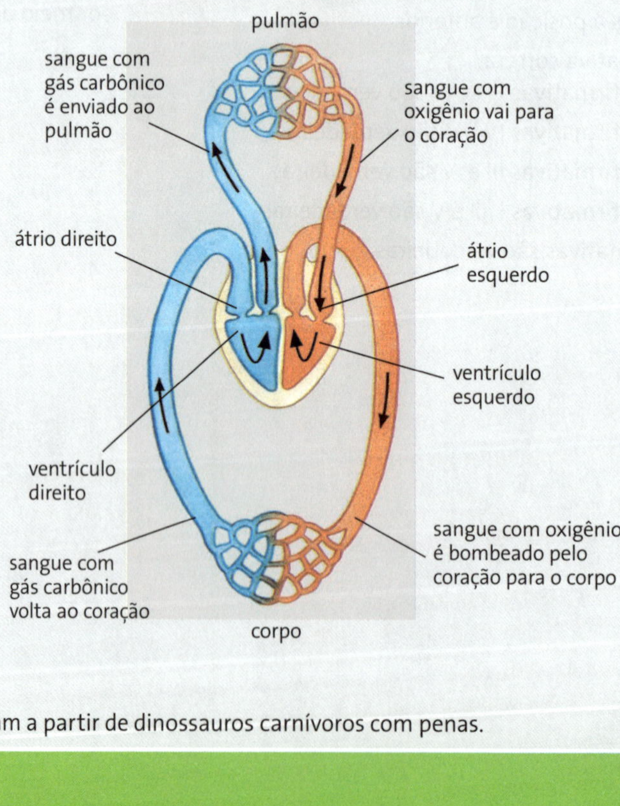


## Evolução

- As aves surgiram a partir de dinossauros carnívoros com penas.

## Mamíferos

- Possuem o corpo coberto por pelos, apresentam glândulas mamárias, sudoríparas e sebáceas. Há uma camada de gordura sob a pele que também auxilia no isolamento térmico (endotermia). Alguns mamíferos passam pela **hibernação** (processo de diminuição do metabolismo) em épocas de pouco alimento disponível.
- O estômago dos mamíferos ruminantes é muito desenvolvido (comparativamente ao restante do grupo):

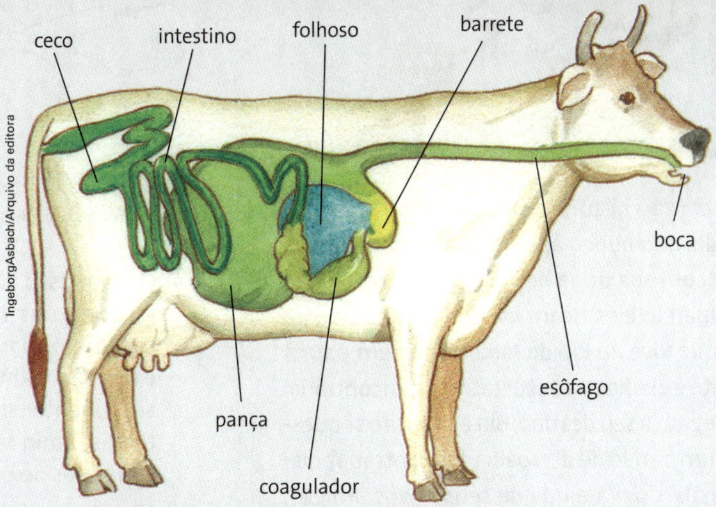


- Circulação dos mamíferos é dupla e completa, e a excreção é de ureia. A fecundação é interna e os mamíferos são vivíparos (na maioria).

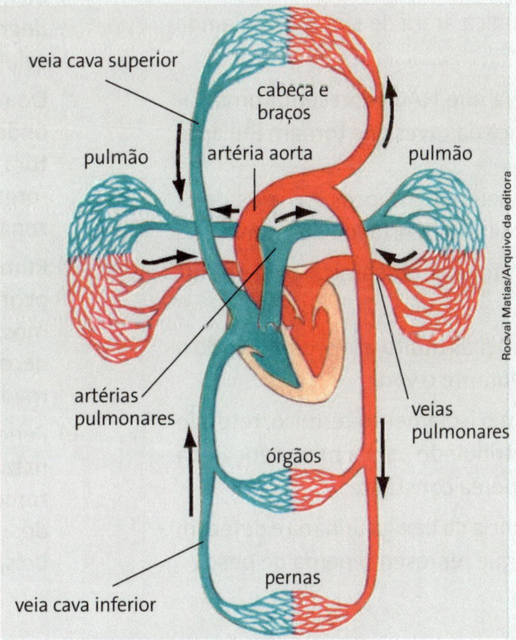


- Grupos: monotremados (ornitorrinco, são ovíparos e possuem cloaca), marsupiais (cangurus, têm placenta rudimentar e transitória, e o marsúpio) e eutérios (maioria das espécies tem placenta desenvolvida e duradoura).

## Evolução

- Surgiram antes das aves, no Triássico, e evoluíram a partir de répteis ancestrais.
- Foi após a extinção dos dinossauros que os mamíferos se espalharam e diversificaram pela Terra.

## Exercícios

1. (UEPB)

UEPB/2012

O filme Rio conta a história de Blu, uma ararinha-azul domesticada, que nunca aprendeu a voar e vive pacatamente com sua dona em uma pequena cidade dos EUA. Quando eles ficam sabendo que há outra arara-azul que vive no Rio de Janeiro, partem para a terra distante e exótica na expectativa de encontrá-la. Mal eles chegam a seu destino, Blu e Jade são sequestrados por um bando de atrapalhados contrabandistas de animais. Com a ajuda de seus novos amigos, Blu busca coragem para aprender a voar, estragar os planos dos sequestradores que estão em sua cola, e tenta conquistar a única arara de sua espécie ainda existente.

Assinale a alternativa que NÃO representa uma característica anatômica das aves que tornam Blu apto para o voo.

a) Seus ossos são pneumáticos, ocos e cheios de ar quente, o que diminui a densidade do animal.
b) Possuem asas e forma aerodinâmica, para se sustentar no ar.
c) São cobertas por penas muito leves, diminuindo o peso específico durante o voo.
d) As penas realizam o isolamento térmico, retendo calor e assim contribuindo para a manutenção da temperatura corpórea constante.
e) Apresentam ausência de bexiga urinária e defecam durante o voo, o que representa perda de peso.

2. (UEPB) Analise a figura abaixo, que mostra parte do aparelho digestório dos ruminantes. Em seguida, assinale a alternativa correta sobre este tema.

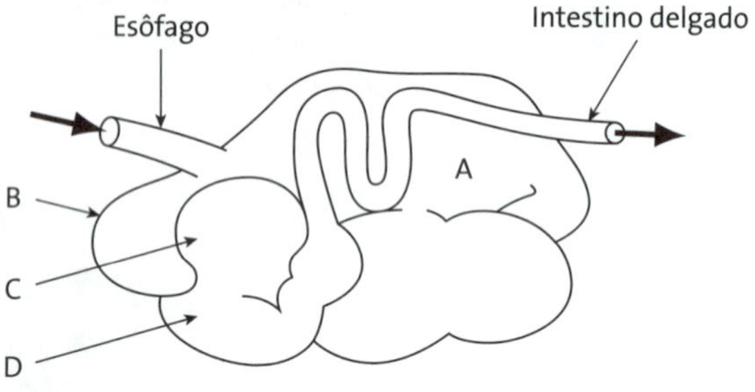


Fonte: Pough, F. H., Heiser, J. B. & McFarland, W. N. *A vida dos vertebrados*. Atheneu: São Paulo, 1993.

a) O abomasso (D) é a última câmara do sistema digestório dos ruminantes; nela há produção de certas enzimas, que vão digerir parte do alimento e também os micro-organismos existentes na massa alimentar, que são importantes fontes de proteínas, aminoácidos essenciais, ácidos graxos e vitaminas do complexo B.
b) Quando deglutido, o alimento é conduzido diretamente ao rúmen (B), onde é amassado pela ação da musculatura dessa câmara e onde a celulose é degradada por micro-organismos produtores de celulase.
c) Do rúmen, o alimento retorna para o retículo (A), onde também é amassado pela ação da musculatura, e a digestão da celulose por ação de micro-organismos prossegue. Aí também ficam armazenadas partículas grandes de alimento.
d) Rúmen (A), retículo (B) e omaso (C) são locais onde ocorre fermentação por ação de micro-organismos, dando origem a diferentes substâncias; em decorrência disso, essas câmaras são também chamadas câmaras de fermentação.
e) Periodicamente, ocorre inversão voluntária do peristaltismo do esôfago, e os alimentos contidos no rúmen (A) retornam à boca, onde serão mastigados: é o processo de ruminação, que ocorre em bois, cabras, porcos, camelos e girafas.

3. (UEFS-BA) Embora talvez existissem répteis com capacidade de manter estável a temperatura corporal, a atividade contínua no clima frio sempre foi uma característica dos mamíferos. Despertos e alertas durante a noite, com olhos dilatados e visão acurada, os mamíferos não dependiam do calor diurno do Sol e migraram para o norte e para o sul. À medida que se afastavam do calor e dos répteis dos trópicos equatoriais, desenvolviam mecanismos de isolamento mais eficazes para manter a temperatura interna.

MARGULIS, Lynn; SAGAN, Dorion. *Microcosmos*: quatro bilhões de anos de evolução microbiana. São Paulo: Cutrix. 2002.

Pode-se considerar como uma das vantagens dos mamíferos, em relação aos répteis a respeito do controle da temperatura corpórea, a

a) capacidade de gerar descendentes a partir de uma fecundação interna acompanhada de cópula.
b) um maior grau de dispersão territorial, o que favoreceu na ocupação de uma diversidade maior de nichos ecológicos pelo grupo.
c) obtenção do calor necessário para manutenção da temperatura corpórea a partir de um mecanismo eficiente de absorção da luz solar incidente.
d) uma adaptação plena ao ambiente terrestre a partir de mecanismos de preservação da água do corpo.
e) ampla variação da temperatura do corpo apenas como adequação a mudanças da temperatura do ambiente.

4. (Vunesp-SP)

Quando abrirem meu coração
Vão achar sinalização
De mão e contramão.

(Millôr Fernandes. Veja, 04.04.2012.)

No contexto da biologia, os versos de Millôr Fernandes, falecido em 2012, podem ser usados para ilustrar, de maneira poética, as características de um sistema circulatório em que os sangues arterial e venoso seguem fluxos distintos, sem se misturarem.
Nessas condições, o protagonista desses versos poderia ser

a) uma ave ou um peixe.
b) um réptil ou um mamífero.
c) um mamífero ou uma ave.
d) um peixe ou um réptil.
e) um réptil ou uma ave.

5. (UEPB) Os mamíferos são animais de fecundação interna, porém, o desenvolvimento embrionário apresenta diferenças, que subdividem esta classe em 3 clados. Sobre este tema, são apresentadas as proposições abaixo:

I. Atualmente, o clado Prototheria é representado pelos ornitorrincos e os equidnas, ovíparos, que têm ovos megalécitos e desenvolvimento embrionário praticamente idêntico ao dos répteis. Os filhotes nascem imaturos e se alimentam do leite produzido por glândulas mamárias (sem mamilos), localizadas no ventre da fêmea.
II. No clado Eutheria, o desenvolvimento embrionário ocorre no interior do útero materno e os embriões em desenvolvimento ligam-se à parede uterina por meio da placenta, órgão formado por tecidos maternos e embrionários, responsável pela nutrição, pelas trocas gasosas e excreção de substâncias resultantes do metabolismo.
III. No clado Metatheria, as fêmeas possuem o marsúpio, no qual os filhotes completam o desenvolvimento após serem expelidos ainda imaturos do útero materno. Na América do Sul, são representados pelos gambás e cuícas.

Assinale a alternativa que apresenta a(s) proposição(ões) correta(s).

a) I, apenas.
b) Todas.
c) II, apenas.
d) III, apenas.
e) II e III, apenas.

6. (Fuvest-SP) No coração dos mamíferos há passagem de sangue:

a) da aurícula esquerda para o ventrículo esquerdo.
b) do ventrículo direito para a aurícula direita.
c) do ventrículo direito para o ventrículo esquerdo.
d) da aurícula direita para a aurícula esquerda.
e) da aurícula direita para o ventrículo esquerdo.

7. (Fuvest-SP) A figura abaixo representa, em corte longitudinal, o coração de um sapo.

Comparando-se o coração de um sapo com o coração humano, pode-se afirmar que

a) não há diferenças significativas entre os dois quanto à estrutura das câmaras.

b) enquanto no sapo o sangue chega pelos átrios cardíacos, no coração humano o sangue chega pelos ventrículos.

c) ao contrário do que ocorre no sapo, no coração humano o sangue chega sempre pelo átrio direito.

d) ao contrário do que ocorre no sapo, nas câmaras do coração humano por onde passa sangue arterial não passa sangue venoso.

e) nos dois casos, o sangue venoso chega ao coração por dois vasos, um que se abre no átrio direito e o outro, no átrio esquerdo.

9. (ESCS-DF) A excreção de compostos nitrogenados pelos animais está relacionada à toxicidade dessas substâncias e à concentração de água nos tecidos. A respeito desse assunto, assinale a opção correta.

a) A amônia é uma substância de toxicidade baixa e insolúvel em água, propriedade química importante para os invertebrados terrestres.

b) O produto final da excreção dos mamíferos é principalmente a amônia, que é bem menos tóxica que a ureia.

c) Os insetos possuem sistema excretor na forma de tubos simples e abertos para o exterior por poros excretores.

d) Os peixes marinhos produzem grande volume de urina, quando comparado ao dos peixes de água doce, que perdem pouca água para o meio externo, produzindo, portanto, urina bem concentrada e pouco volumosa.

e) O resíduo nitrogenado das aves e dos répteis terrestres, animais que dispõem de muito pouca água, compõe-se principalmente de ácido úrico, excreta insolúvel em água e de baixa toxicidade.

8. (UFJF-MG) Dentre os animais ameaçados de extinção, listados pelo IBAMA em 1996 e ocorrentes em Minas Gerais, cuja caça, manutenção em cativeiro ou comercialização constituem crime inafiançável, encontram-se o lobo-guará, a lontra, o macaco-sauá e a anta. Sobre esses mamíferos é INCORRETO afirmar:

a) todos são placentários, logo, pertencentes à subclasse dos eutérios, cujos embriões são mantidos por trocas metabólicas com o organismo materno;

b) o macaco-sauá é o mais próximo, evolutivamente, do homem;

c) todos são vivíparos, as fêmeas possuem útero e uma só vagina;

d) todos são monogástricos, mas apresentam hábitos alimentares diferentes;

e) todos são placentários, exceto o ornotorrinco, que pertence à subclasse dos metatérios, caracterizada pela presença de marsúpio ou bolsa abdominal.

10. (UEL-PR) A taxa de consumo de oxigênio em relação à massa corpórea é muito mais alta no mamífero pequeno que no grande. Por exemplo, 1 g de tecido de um camundongo consome oxigênio numa taxa até 100 vezes maior que 1 g de tecido de um elefante. Este elevado consumo de oxigênio do animal pequeno requer um maior suprimento desse elemento para os tecidos. Assim sendo, espera-se que mamíferos menores apresentem:

a) Maior frequência cardíaca e menor frequência respiratória que mamíferos maiores.

b) Menor frequência cardíaca e maior frequência respiratória que mamíferos maiores.

c) Menor frequência cardíaca e menor frequência respiratória que mamíferos maiores.

d) Maior frequência cardíaca e maior frequência respiratória que mamíferos maiores.

e) Frequência cardíaca e respiratória igual à dos mamíferos maiores.

# FISIOLOGIA I – SISTEMAS DIGESTÓRIO, RESPIRATÓRIO E CIRCULATÓRIO

## Sistema digestório

- Processo começa na boca, com a língua, a saliva (que contém a enzima **amilase salivar**) e os dentes (**digestão mecânica**).

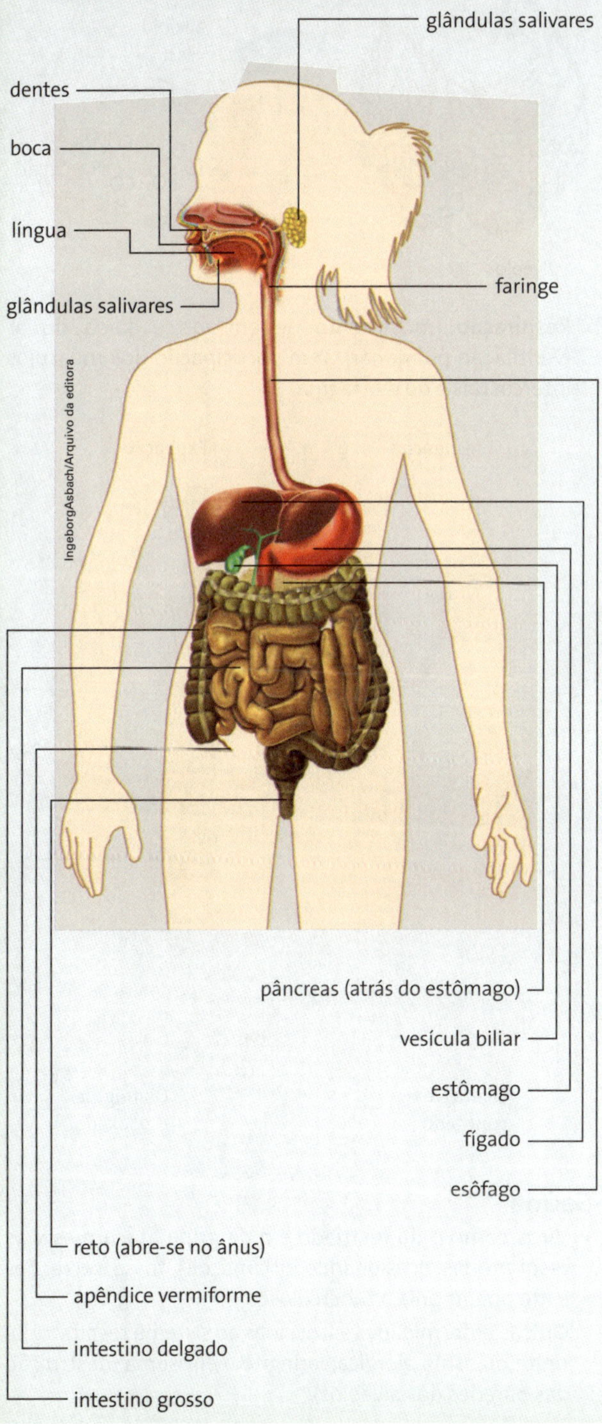


## Estômago

- Enzimas digestivas fazem a **digestão química** (transformação do alimento em moléculas menores que serão absorvidas pelo sangue).
- Após ser deglutido, o alimento vai para o estômago, onde há o **suco gástrico** (ácido, facilita a digestão de proteínas e a ação da **pepsina**).
- **Quimo**: massa pastosa (parte da água, sais e outras substâncias é absorvida) formada no estômago, é enviado ao intestino delgado.

## Intestino delgado

- Realiza a maior parte da digestão e absorção do alimento.
- Partes: **duodeno** (recebe secreções como a bile, tripsina, amilase pancreática e lipases, entre outras enzimas), **jejuno** e **íleo** (produzem o suco intestinal).

## Intestino grosso

- Recebe o restante de alimento do intestino delgado e forma o bolo fecal.
- Contém bactérias que promovem a formação das fezes e de vitaminas úteis ao corpo.

## Saúde

- **Úlcera péptica**: falha na defesa dos revestimentos intestinal e estomacal contra os ácidos produzidos. Provoca dores, azia e náuseas.
- **Hepatite** e **cirrose**: destruição de parte do tecido do fígado, que pode levar à morte.
- **Cálculos biliares**: cristalização de substâncias da bile. Pode ser necessária cirurgia para a retirada.

## Sistema respiratório

- Ar penetra pelo nariz e passa por diversas estruturas até atingir os alvéolos pulmonares, onde ocorrem as **trocas gasosas**.

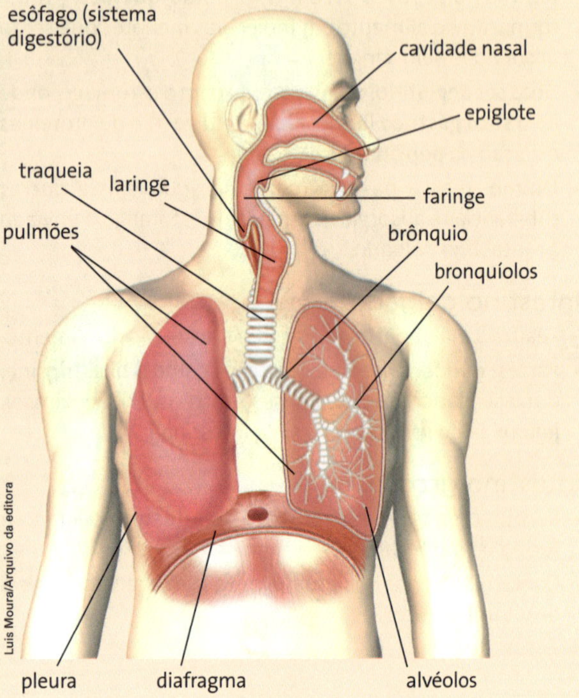


- A laringe possui **pregas vocais**, e quando o ar passa por ela produz a voz.

## Pulmões

- É onde ocorre a **hematose** (sangue desoxigenado é oxigenado novamente, por difusão dos gases):

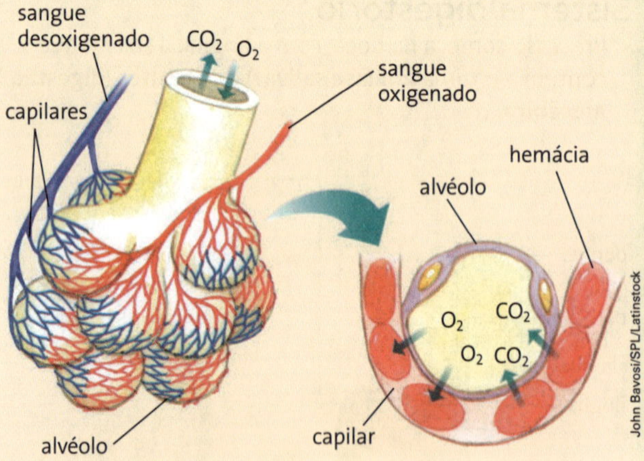


- **Respiração**: movimento de entrada e saída do ar (ventilação pulmonar). Tem participação dos músculos intercostais e do diafragma.

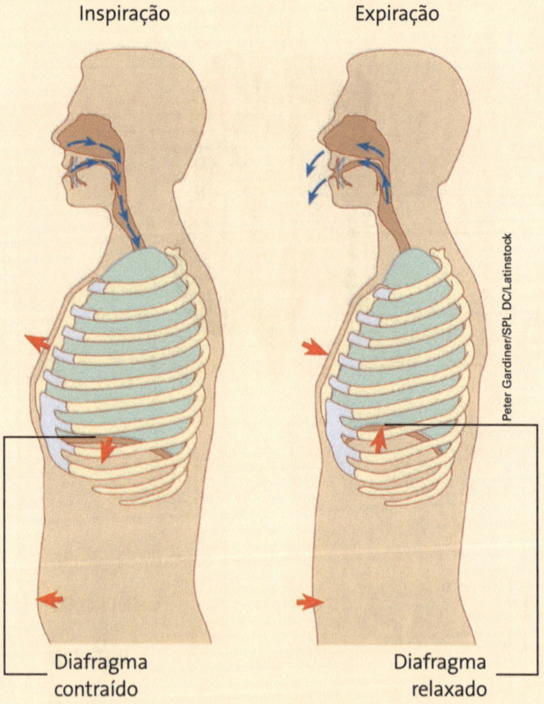


## Saúde

- Vírus como o do resfriado e o da gripe atacam as vias respiratórias, ocasionando inflamações, tosse, secreções e até pneumonia e tuberculose.
- Outras enfermidades associadas ao sistema respiratório: rinite ou asma alérgica, laringite e enfisema (destruição das paredes dos alvéolos).

## Sistema circulatório

- O coração é o órgão principal da circulação, e tanto o sangue arterial quanto o venoso passam por ele:

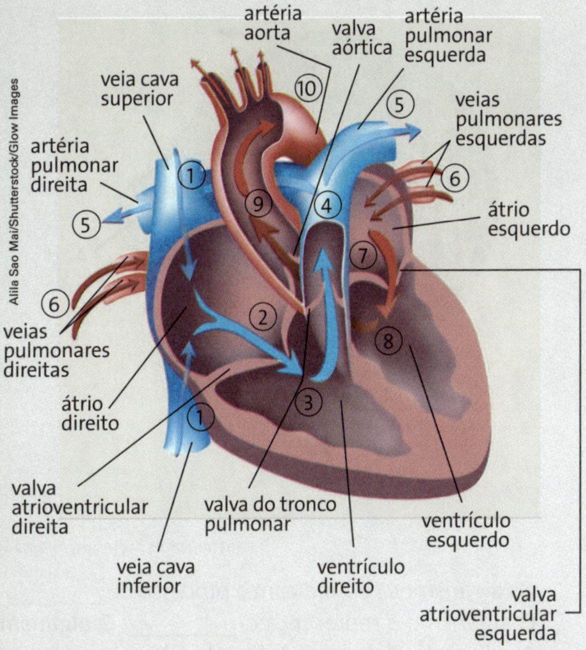


Alila Sao Mai/Shutterstock/Glow Images

- Funcionamento do coração: **sístole** (contração) e **diástole** (dilatação). O ritmo das contrações é determinado pelo **marca-passo**.

## Circulação sistêmica e pulmonar

- A **circulação sistêmica** leva o sangue rico em oxigênio aos tecidos e traz para o coração sangue pobre em oxigênio.
- A **circulação pulmonar** completa o ciclo, levando o sangue rico em gás carbônico para os pulmões, para ser oxigenado novamente (**hematose**) e retornar ao coração.

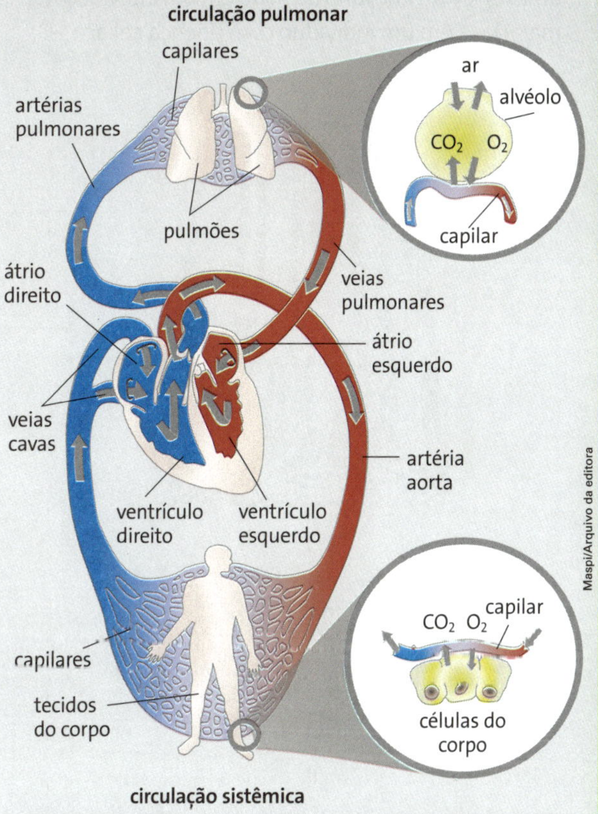


Maspi/Arquivo da editora

## Circulação linfática

- **Líquido intersticial**: sai do sangue e banha os tecidos, sendo recolhido pelos **vasos linfáticos** (passando a se chamar **linfa**).
- Os vasos também têm outras funções, como recolher substâncias e mandar linfócitos ao sangue, participando do sistema imunológico.

## Saúde

- **Aterosclerose**: espessamento da parede arterial devido a depósitos de gordura. Causa uma deficiência na irrigação sanguínea, podendo gerar **isquemias**, coágulos (que podem resultar em **trombose**), dor e por fim **infarto** (parada cardíaca).
- **Hipertensão**: favorece a aterosclerose, derrame e insuficiência cardíaca.
- Tratamentos: medicamentos e cirurgias (entre elas a angioplastia, a ponte de safena e o transplante).
- Prevenção: controle do peso corporal, não fumar, dieta saudável e prática de exercícios regularmente.

# Exercícios

1. (UFMG) A doença celíaca consiste em um distúrbio inflamatório do intestino delgado, que ocorre em indivíduos com sensibilidade ao glúten e à ingestão de trigo, centeio ou cevada.

Analise estas duas figuras, em que está representada uma região do intestino delgado em um indivíduo normal – I – e em um indivíduo com doença celíaca – II.

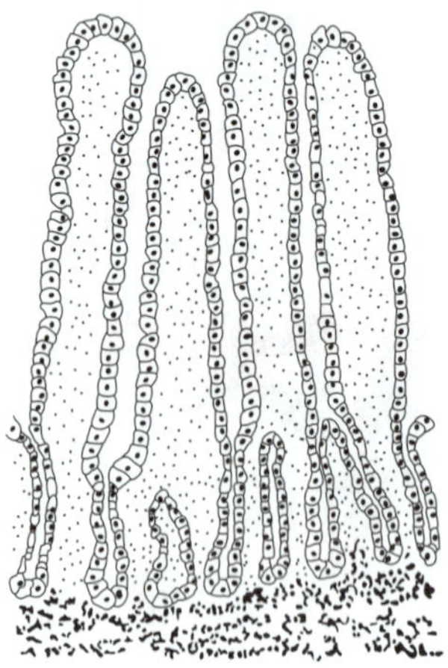

I

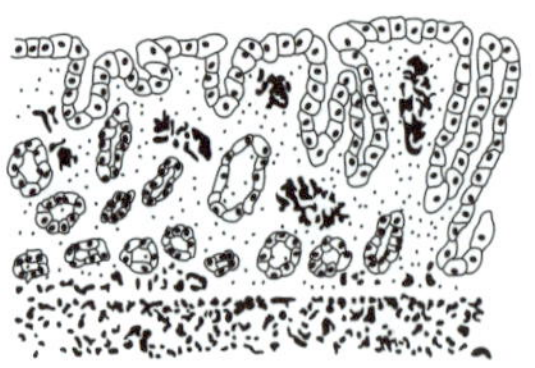

II

Considerando-se a alteração estrutural representada na Figura II, é INCORRETO afirmar que indivíduos portadores de doença celíaca podem apresentar

a) baixa produção de hemoglobina.

b) diminuição da densidade mineral óssea.

c) aumento da absorção de água.

d) retardo do crescimento corporal.

2. (Fameca-SP) A figura ilustra o processo da hematose em mamíferos.

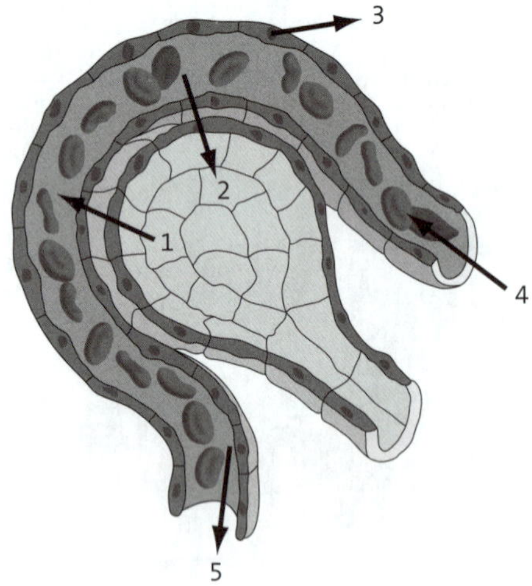


(http://profs.ccems.pt. Adaptado.)

Os algarismos 1 e 2 indicam o processo de _________. O algarismo 3 representa o _________. O algarismo 4 indica o fluxo sanguíneo bombeado pelo _________ e o 5 indica o fluxo sanguíneo com destino ao _________.

Assinale a alternativa que completa, correta e respectivamente, as lacunas do texto.

a) transporte ativo de gases – epitélio simples capilar – átrio esquerdo – ventrículo direito

b) osmose sanguínea de gases – endotélio capilar – ventrículo esquerdo – átrio esquerdo

c) difusão facilitada de gases – epitélio alveolar – ventrículo esquerdo – átrio direito

d) difusão simples de gases – endotélio capilar – ventrículo direito – átrio esquerdo

e) transporte passivo de gases – epitélio alveolar – átrio direito – ventrículo esquerdo

3. (UEL-PR) Ao ingerir um lanche composto de pão e carne,

a) a digestão química do pão inicia-se na boca, com a ação da tripsina, e a da carne inicia-se do duodeno, onde as proteínas são quebradas com a ação da bile.

b) a digestão química do pão inicia-se no estômago, onde o amido é quebrado pela ação do suco gástrico, e a da carne inicia-se na boca, com a ação da pepsina.

c) a digestão química do pão inicia-se na boca, com a ação da pepsina, e a da carne inicia-se no intestino delgado, com a ação da bile, que é produzida no fígado.

d) a digestão química do pão e da carne inicia-se no estômago pela ação da bile e da ptialina, respectivamente; a enzima pepsina, no duodeno, completa a digestão.

e) a digestão química do pão inicia-se na boca, com a ação da ptialina, e a da carne inicia-se no estômago, onde as proteínas são quebradas pela ação do suco gástrico.

4. (Mack-SP) Num experimento, uma quantidade de margarina foi colocada em um tubo de ensaio contendo soro fisiológico. A esse tubo foi adicionada certa quantidade de uma secreção digestiva. Após alguns minutos, em estufa a 37 °C, verificou-se que havia inúmeras gotículas gordurosas, mas não havia ocorrido digestão química. Assinale a alternativa que apresenta o nome dessa secreção e o órgão de onde ela foi retirada.

a) suco gástrico; estômago

b) saliva; boca

c) suco entérico; duodeno

d) suco pancreático; intestino grosso

e) bile; vesícula biliar

5. (UFU-MG) O processo de digestão nos humanos é composto por duas fases: uma mecânica, na qual a correta mastigação é essencial, e outra enzimática, controlada por hormônios da digestão. Sobre estes hormônios, analise as afirmações a seguir e marque a alternativa correta.

a) As gorduras parcialmente digeridas, presentes no quimo, estimulam as células do duodeno a liberarem o hormônio secretina, que provoca a eliminação da bile pela vesícula biliar.

b) A acidez do quimo, que chega ao duodeno, estimula certas células da parede intestinal a liberar, especialmente, o hormônio colecistoquinina, que agirá no pâncreas, estimulando-o a liberar, principalmente, bicarbonato de sódio.

c) A secreção do suco gástrico é estimulada por impulsos nervosos e pelo hormônio gastrina, produzido no estômago.

d) A digestão de proteínas inicia-se no estômago e completa-se no duodeno por ação de três proteases secretadas pelo pâncreas: enteroquinase, pepsina e procarboxipeptidase.

6. (Vunesp-SP) No homem, o processo químico da digestão pode ser dividido em três etapas: insalivação, que ocorre na boca; quimificação, que ocorre no estômago; quilificação, que ocorre no intestino. Em cada uma dessas etapas, enzimas específicas atuam a um determinado pH ótimo. O pH ótimo em cada uma dessas etapas é, respectivamente,

a) 2, 7 e 8.

b) 7, 2 e 8.

c) 7, 8 e 2.

d) 8, 7 e 2.

e) 8, 2 e 7.

7. (Udesc) No processo de inspiração, o ar rico em __________ é filtrado, aquecido e umedecido quando passa pelas vias respiratórias, sendo levado __________. No pulmão o __________ do ar inspirado entra na circulação sanguínea. O dióxido de carbono do sangue __________ é liberado nos __________ para que seja eliminado com o ar expirado.

Assinale a alternativa que preenche corretamente, na sequência, os espaços em branco no texto acima.

a) oxigênio – aos pulmões – oxigênio – venoso – alvéolos

b) dióxido de carbono – aos pulmões – oxigênio – arterial – alvéolos

c) dióxido de carbono – à traqueia – dióxido de carbono – arterial – alvéolos

d) oxigênio – à traqueia – oxigênio – arterial – alvéolos

e) oxigênio – aos pulmões – dióxido de carbono – venoso – alvéolos

9. (UFTM-MG) Pesquisa da Unicamp revelou que, no período de 2000 a 2007, crianças e adolescentes de 10 a 19 anos apresentaram um aumento de 44% na taxa de colesterol total e de 50% na taxa de triglicérides.

(*Folha de S.Paulo*, 16.10.2008. Adaptado.)

Esses dados indicam que pessoas nessa faixa etária, se mantiverem valores elevados dessas substâncias na fase adulta, podem

a) ter os vasos sanguíneos obstruídos e isso pode provocar problemas cardíacos ou acidentes vasculares cerebrais.

b) ter os vasos sanguíneos dilatados e isso pode desencadear diabetes insípida e tireoidites.

c) desenvolver problemas respiratórios e intolerância alimentar a gordura e proteínas da carne.

d) ter o número de células sanguíneas circulantes reduzido, devido à falta de espaço no interior dos vasos.

e) ter uma hepatomegalia, devido ao elevado catabolismo dessas substâncias nas células do fígado.

8. (Fuvest-SP) A ingestão de alimentos gordurosos estimula a contração da vesícula biliar. A bile, liberada no

a) estômago, contém enzimas que digerem lipídios.

b) estômago, contém ácidos que facilitam a digestão dos lipídios.

c) fígado, contém enzimas que facilitam a digestão dos lipídios.

d) duodeno, contém enzimas que digerem lipídios.

e) duodeno, contém ácidos que facilitam a digestão dos lipídios.

10. (PUC-SP) João, que era vegetariano, passou a consumir regularmente carne bovina. Exames médicos revelaram um aumento de ureia em seu organismo após a mudança de hábito alimentar, o que se deveu a

a) aumento da ingestão de amido.

b) diminuição da ingestão de proteínas.

c) aumento da ingestão de proteínas.

d) diminuição da ingestão de gorduras.

e) aumento da ingestão de gorduras.

11. (Unifesp) O DNA e o RNA que ingerimos em nossa alimentação são digeridos no mesmo local e sob ação da mesma secreção que promove, também, a digestão dos lipídios. Portanto, é correto afirmar que:

a) a digestão que ocorre na boca quebra grandes moléculas de DNA e RNA em cadeias polipeptídicas menores, que posteriormente sofrerão a ação dos ácidos presentes no estômago.

b) o local da digestão do DNA e RNA é o intestino delgado, mais propriamente o duodeno, a secreção que atua nessa digestão possui pH alcalino e não é produzida no duodeno.

c) o produto final da digestão dos lipídios são ácidos graxos e glicerol, ao passo que, no caso de DNA e RNA, o resultado da digestão são peptídeos de cadeia curta.

d) DNA e RNA, sendo compostos levemente ácidos, são digeridos mediante a ação de enzimas que atuam em meio fortemente ácido, ao passo que os lipídios são emulsificados não por ácidos, mas por sais presentes nessas enzimas.

e) os produtos da digestão dos lipídios são absorvidos no intestino delgado e utilizados pelo corpo, enquanto os produtos da digestão de DNA e RNA são eliminados nas fezes, por não serem passíveis de uso.

12. (Fuvest-SP) Enzimas que atuam em pH alcalino sobre gorduras, em pH neutro sobre carboidratos e em pH ácido sobre proteínas podem ser encontradas, respectivamente:

a) no pâncreas, na boca e no estômago;

b) no pâncreas, na vesícula biliar e no estômago;

c) na vesícula biliar, na boca e no duodeno;

d) na boca, no pâncreas e no estômago;

e) no pâncreas, na boca e no duodeno.

13. (PUC-RS) A figura abaixo representa o sistema circulatório humano.

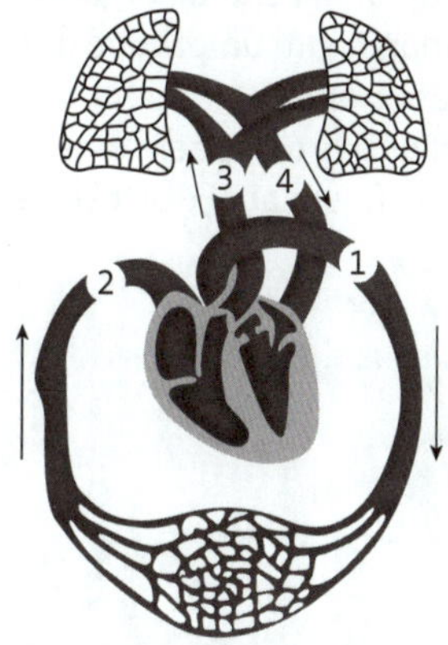


Em relação à figura, é correto afirmar que a estrutura identificada com o número

a) 1 corresponde à artéria aorta.

b) 2 conduz sangue oxigenado dos tecidos de volta ao coração.

c) 3 corresponde à veia pulmonar.

d) 4 é um dos vasos que fazem parte da grande circulação.

e) 4 é um vaso que conduz sangue desoxigenado.

14. (PUC-RJ) No nosso organismo, a falta de bile no duodeno dificulta a digestão, principalmente de

a) gorduras.

b) amido.

c) proteínas.

d) vitaminas.

e) açúcares.

15. (Unimontes-MG) Aparelho digestivo ou sistema digestório, como recomenda a nova nomenclatura, é composto de uma série de órgãos tubulares interligados, formando um único tubo que se estende desde a boca até o ânus.

Alguns órgãos que compõem esse sistema estão evidenciados na figura abaixo. Observe-a:

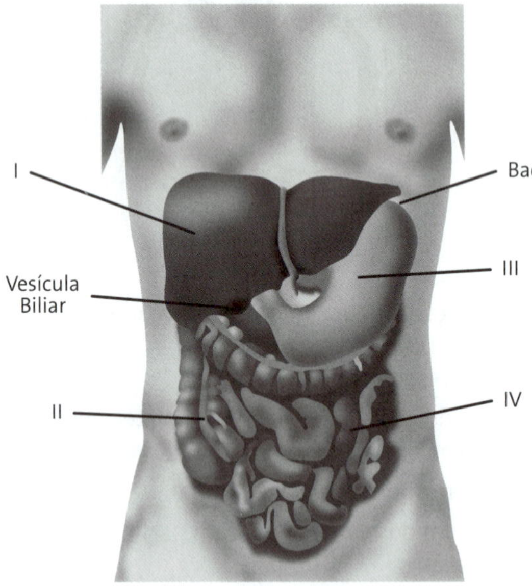


Considerando a figura e o assunto abordado, analise as alternativas abaixo e assinale a **QUE REPRESENTA** o órgão em que é produzida a enzima pepsina.

a) II
b) III
c) IV
d) I

16. (FGV-SP) O epitélio respiratório humano é composto por células ciliadas e pelas células caliciformes produtoras de muco. A figura ilustra tal organização histológica em um brônquio humano.

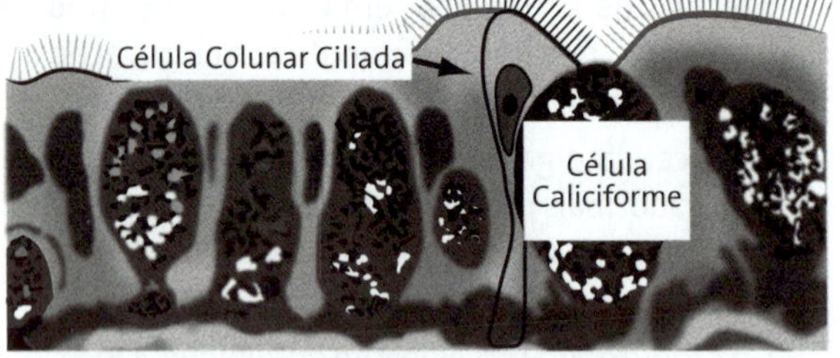


(http://medicinestuff.tumblr.com/post/949709042/epitelio-respiratorio)

A destruição dos cílios bronquiolares, promovida pelo alcatrão presente na fumaça do cigarro, propicia

a) o impedimento da ventilação pulmonar em decorrência da obstrução da traqueia.
b) uma maior absorção da nicotina realizada pelo muco nos alvéolos.
c) a diminuição da atividade dos glóbulos brancos que atuam nos brônquios.
d) a redução da hematose, em função da destruição dos capilares.
e) a instalação de infecções respiratórias, devido à deficiência no transporte de muco.

17. (PUCC-SP) A respiração é um processo universal dos animais, mas pode variar muito de animal para animal. Sobre a respiração é correto afirmar que

a) no gato e na abelha, o oxigênio chega ao sangue quando atravessa uma superfície respiratória.
b) na planária, a tomada de oxigênio ocorre por difusão simples através da pele, ao passo que no camarão ocorre transporte ativo nas brânquias.
c) na abelha e no camarão, o oxigênio dissolvido na água entra no corpo através de finos filamentos branquiais.
d) na abelha e no camarão, o oxigênio é transportado dos órgãos respiratórios para os tecidos na forma de oxiemoglobina.
e) o camarão aproveita o oxigênio dissolvido na água para sua respiração, enquanto o gato utiliza oxigênio atmosférico.

# FISIOLOGIA II – SISTEMAS URINÁRIO, ENDÓCRINO, NERVOSO E SENSORIAL

## Sistema urinário

- Controla a concentração de líquido e sais no interior do corpo (**osmorregulação**).
- Elimina excretas (ureia e outras substâncias). A formação da ureia a partir da oxidação de aminoácidos e ácidos nucleicos ocorre no fígado (**ciclo da ureia**).
- Rins (constituídos pelos **néfrons**) são o principal órgão excretor:

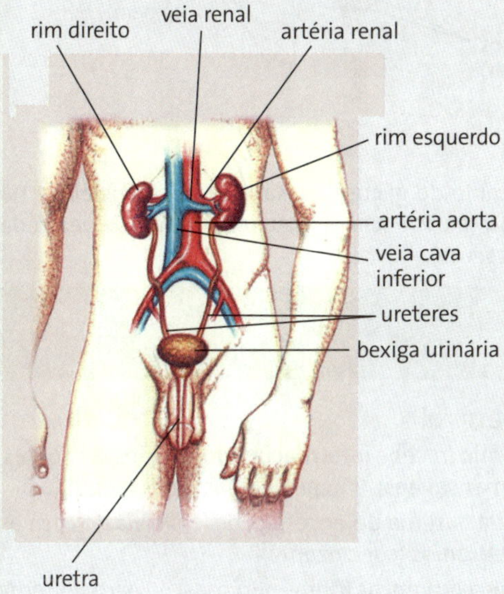


## Néfron

- Composto de **corpúsculo renal** e **tubo néfrico**.

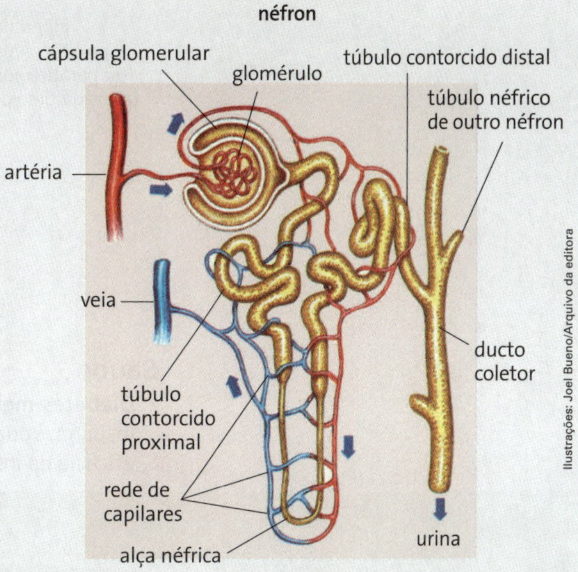


Ilustrações: Joel Bueno/Arquivo da editora

- Os **glomérulos** do corpúsculo concentram-se na região externa do rim (córtex), e os túbulos estão tanto no córtex quanto na medula.
- Processos: **filtração** (forma o filtrado glomerular), **reabsorção** (ao longo do túbulo, reabsorve tanto água quanto substâncias úteis) e **secreção** (regula o pH e controla a taxa de potássio do sangue).
- Hormônio antidiurético (**ADH**) faz aumentar a permeabilidade dos túbulos e mais água é reabsorvida nos rins.

## Saúde

- **Cálculo renal**: alta concentração de cálcio ou outros sais na urina; os cálculos podem sair com a urina ou necessitar de cirurgia para retirada.
- Hemodiálise: usada quando as funções renais estão prejudicadas, aparelhos funcionam como um rim artificial (filtram o sangue).

## Sistema endócrino

- Formado pelas glândulas que produzem **hormônios** (controlam as funções do organismo).
- Hormônios: lipossolúveis (esteroides e hormônios da glândula tireóidea) e hidrossolúveis.
- Hormônios atuam em um **tecido-alvo**, ligando-se aos **receptores hormonais**. Sua produção é controlada por ***feedback* negativo**.

## Glândulas

- **Pineal**: produz melatonina (relógio biológico).
- **Hipófise**: adenoipófise (produz hormônios tróficos que controlam outras glândulas, e prolactina, GH ou somatotrofina, que agem no crescimento) e neuroipófise (produz neurossecreções).
- **Tireóidea**: produz T3 e T4. Deficiências podem gerar hipertireoidismo ou hipotireoidismo.
- Glândulas paratireóideas ficam atrás da tireoide e produzem paratormônios.
- **Pâncreas**: insulina e glucagon (regulam concentração de glicose no sangue).
- **Suprarrenais**: produzem corticosteroides a partir do colesterol (por exemplo, adrenalina).

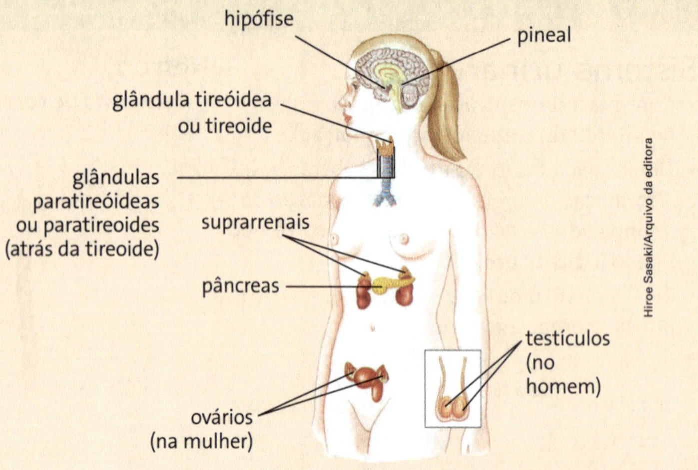


## Saúde

- **Diabetes melito**: acúmulo de glicose no sangue por deficiência na insulina. Pode ser tipo 1 (deficiência de insulina) ou tipo 2 (perda da eficácia da insulina presente).

## Sistema nervoso

- Mensagens elétricas que caminham pelos nervos. Permite reações rápidas.
- Passagem do impulso nervoso é feita pelos neurotransmissores (sinapse).

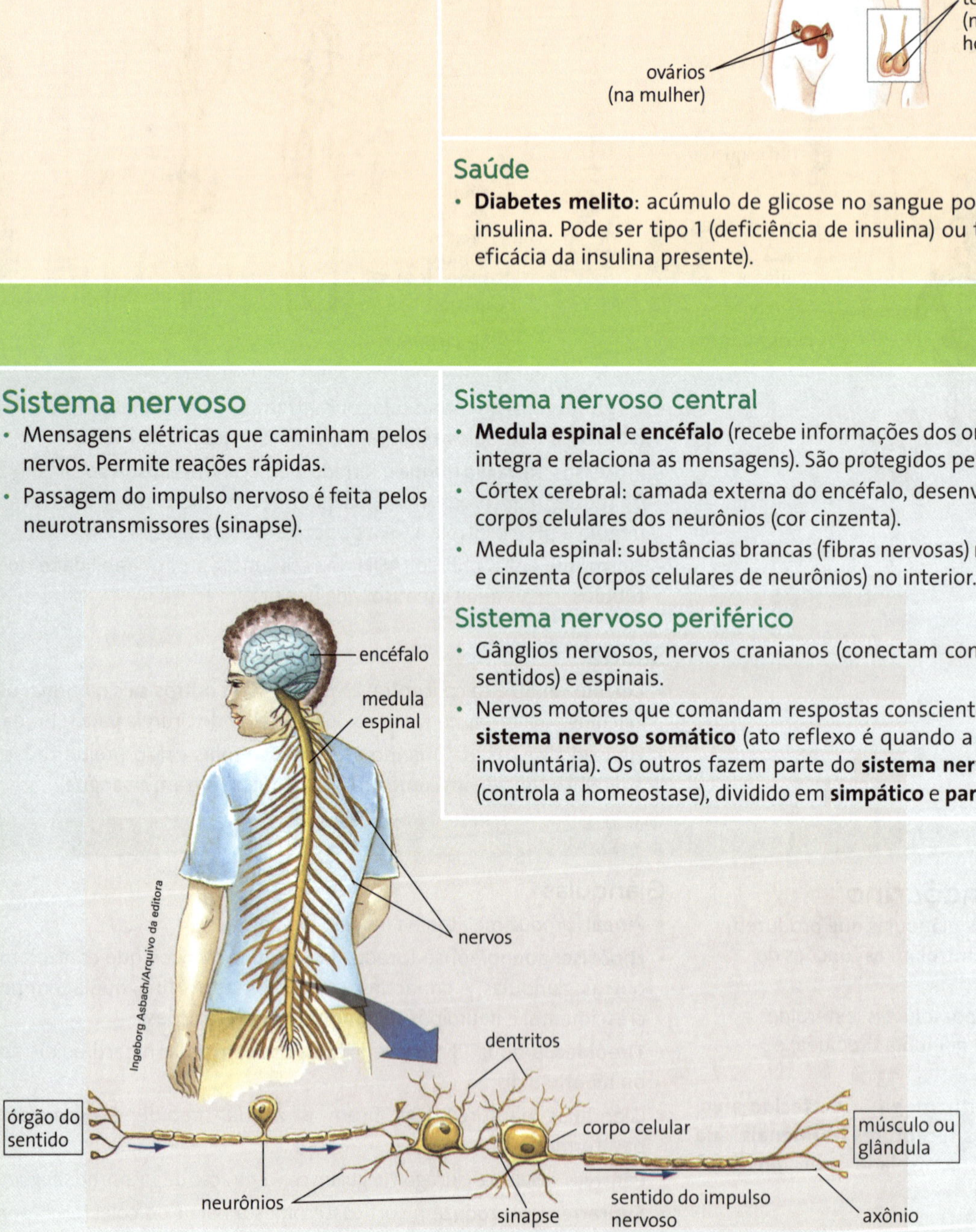


## Sistema nervoso central

- **Medula espinal** e **encéfalo** (recebe informações dos orgãos sensoriais, integra e relaciona as mensagens). São protegidos pelas meninges.
- Córtex cerebral: camada externa do encéfalo, desenvolvida e com os corpos celulares dos neurônios (cor cinzenta).
- Medula espinal: substâncias brancas (fibras nervosas) na parte externa e cinzenta (corpos celulares de neurônios) no interior.

## Sistema nervoso periférico

- Gânglios nervosos, nervos cranianos (conectam com os órgãos dos sentidos) e espinais.
- Nervos motores que comandam respostas conscientes constituem o **sistema nervoso somático** (ato reflexo é quando a resposta se faz involuntária). Os outros fazem parte do **sistema nervoso autônomo** (controla a homeostase), dividido em **simpático** e **parassimpático**.

## Sistema sensorial

- Receptores sensoriais reagem a mudanças no ambiente externo e interno. Eles podem estar reunidos em órgãos dos sentidos.

### Olho

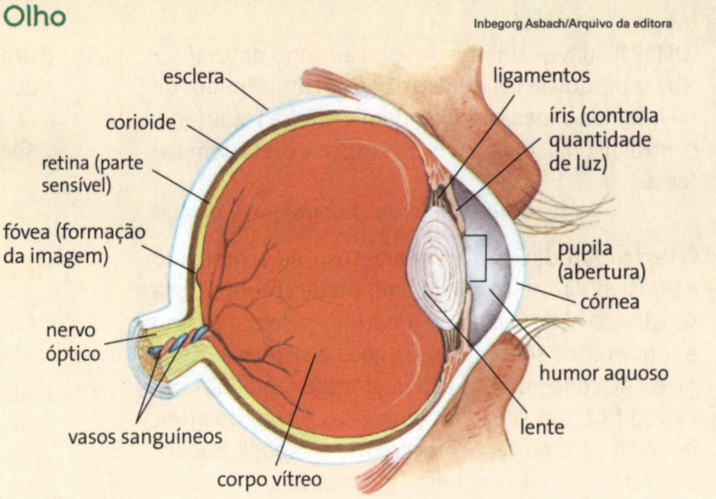


- **Cones** (funcionam com luz, visão das cores) e **bastonetes** (visão no escuro).
- **Hipermetropia**: imagem "se forma" depois da retina, correção com lentes convergentes. Na **miopia** os raios focam antes da retina, a correção é com lentes divergentes.

### Orelha

- Equilíbrio: utrículo, sáculo e canais semicirculares formam o **labirinto**, que informa posições do corpo.

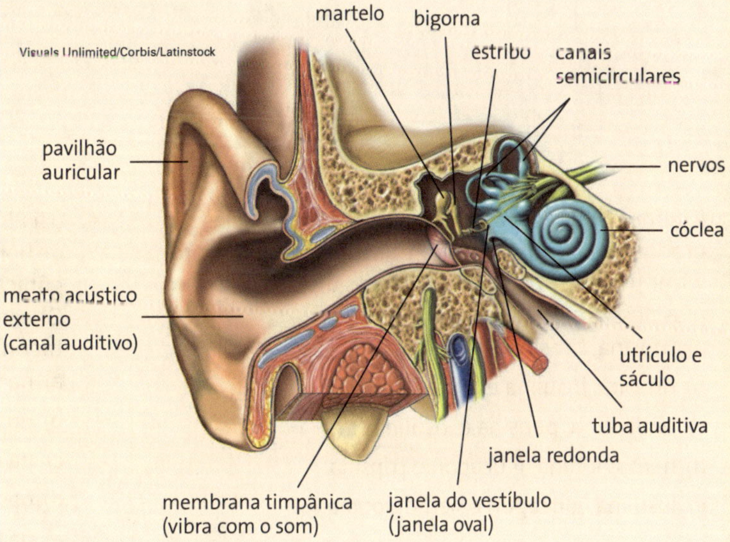


### Olfato e gustação

- Receptores de partículas de objetos distantes são os **olfatórios**, enquanto os de partículas que estão em contato direto são os **gustatórios**.
- O sabor é formado principalmente pelo olfato. Mas na boca temos as **papilas gustativas**, que reagem a diversos tipos de substâncias.

### Tato

- Receptores que acusam dor, tato, pressão e sensações térmicas na pele.

# Exercícios

1. (UFF-RJ) Suave caminho de volta ao sono natural
Novas pesquisas condenam o uso de comprimidos de melatonina e médicos defendem a receita tradicional contra insônia: medidas antiestresse e dieta sem cafeína.

(MARINHO, Antonio, In: *O Globo*, Jornal da Família, 25/08/96)

O texto reproduzido alerta para o uso indiscriminado e abusivo da melatonina como medicamento. Esta substância é normalmente produzida pelo organismo e tem efeitos sobre vários órgãos e sistemas. Seus níveis de concentração são finamente regulados para as diferentes situações biológicas. Havendo interferência externa neste processo de *feedback*, podem ocorrer alterações orgânicas indesejáveis.
A melatonina é produzida na:
a) pineal
b) hipófise
c) tireoide
d) paratireoide
e) adrenal

2. (Unifor-CE) No corpo humano, certas substâncias são produzidas por um órgão e transportadas para provocar uma resposta em estruturas distantes. Exemplos dessas substâncias são:
a) tripsina, tirosina e pepsina.
b) tirosina, insulina e prolactina.
c) prolactina, pepsina e insulina.
d) hemoglobina, glucagon e tripsina.
e) insulina, glucagon e hemoglobina.

3. (Furg-RS) Considere o quadro abaixo, onde são omitidos os itens I, II e III.

| Glândula | Hormônio | Função |
|---|---|---|
| I | Testosterona | Estímulo da espermatogênese |
| Neuroipófise | II | Produção de urina concentrada |
| Córtex da suprarrenal | Aldosterona | III |

A alternativa que completa corretamente o quadro acima para I, II e III, nessa ordem, é:
a) testículo, hormônio antidiurético e regulação da reabsorção de sódio no rim.
b) hipófise, ocitocina e vasodilatação periférica.
c) testículo, ocitocina e regulação da reabsorção de sódio no rim.
d) testículo, prolactina e regulação do nível de atividade do organismo.
e) hipófise, hormônio antidiurético e vasodilatação periférica.

4. (UEPB) Algumas glândulas se destinam à produção de hormônios, cuja ação pode ser específica ou antagônica.
Observa-se a produção de hormônios com ação antagônica:
a) na tireoide
b) no pâncreas
c) na neuroipófise
d) nas suprarrenais
e) na paratireoide

5. (UFTM-MG) Alguns médicos indicam aos seus pacientes a utilização de certas substâncias que impedem o transporte ativo do sal para fora do ramo ascendente da alça de Henle (ou néfrica).
A utilização dessas substâncias tem como objetivo uma ação que
a) provoca a vasoconstrição periférica.
b) é diurética.
c) inibe a diurese.
d) dificulta a hematose.
e) estimula o peristaltismo.

6. (UFU-MG) O sistema endócrino é um dos grandes responsáveis pela regulação de atividades orgânicas como condutor de ordens originadas no sistema nervoso central (SNC). Assinale a alternativa que apresenta a relação correta entre o hormônio, o local de sua síntese ou reserva e o resultado de sua carência.

| | Hormônio | Local de sua síntese ou reserva | Resultado de sua carência |
|---|---|---|---|
| a) | TSH | Adenoipófise | Gigantismo |
| b) | ADH | Neuroipófise | Aumento da diurese |
| c) | Insulina | Pâncreas | Reduz o nível de glicose no sangue |
| d) | Calcitonina | Tireoide | Reduz o nível de cálcio no sangue |

7. (UFPR) A sensação de dor que se percebe ao sofrer uma picada de agulha na pele tem sua razão de ser na existência de:
a) terminações nervosas livres na estrutura da pele.
b) corpúsculos de Meissner, que se encontram aprofundados na hipoderme.
c) corpúsculos de Krause, que são numerosos na estrutura da pele.
d) corpúsculos de Vater-Pacini, que são minúsculos e superficiais.
e) corpúsculos de Rufini, que são muito sensíveis aos estímulos mecânicos.

8. (Fuvest-SP) O gráfico representa as variações nos níveis de dois importantes hormônios relacionados com o ciclo menstrual na espécie humana. Qual das alternativas indica fenômenos que ocorrem, respectivamente, nos momentos 1 e 2 do ciclo?

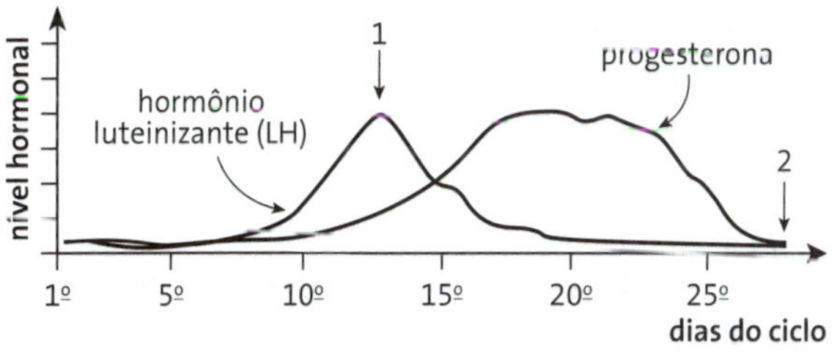


a) amadurecimento do óvulo e ovulação
b) menstruação e crescimento do endométrio
c) liberação do óvulo e menstruação
d) ovulação e formação do corpo amarelo ovariano
e) menstruação e formação do corpo amarelo ovariano

9. (UFTM-MG) Considere as seguintes funções exercidas pelo sistema endócrino:

I. diminuição da diurese;

II. concentração de cálcio e fósforo;

III. inibição da produção de FSH;

IV. metabolismo do açúcar.

As glândulas que correspondem diretamente a essas funções são, respectivamente,

a) paratireoide, hipófise, hipófise e pâncreas.

b) tireoide, hipófise, paratireoide e pâncreas.

c) hipófise, paratireoide, ovário e córtex da adrenal.

d) medula da adrenal, hipófise, timo e pâncreas.

e) hipófise, córtex da adrenal, pâncreas e tireoide.

10. (Cefet-SC) Considerando os processos fisiológicos humanos, assinale a única assertiva CORRETA:

a) No processo de circulação sanguínea, o sangue entra no coração através das artérias.

b) Uma das funções do fígado é armazenar açúcar na forma de amido.

c) Sinapse nervosa é a passagem do impulso nervoso de uma célula para a outra, através de mediadores químicos.

d) A traqueia é um tubo cartilaginoso que tem como única função permitir a passagem do ar até os brônquios.

e) Os excretas produzidos em nosso organismo são eliminados apenas pelos rins.

11. (UGF-RJ) Dentre as substâncias que formarão o filtrado glomerular, normalmente não encontramos:

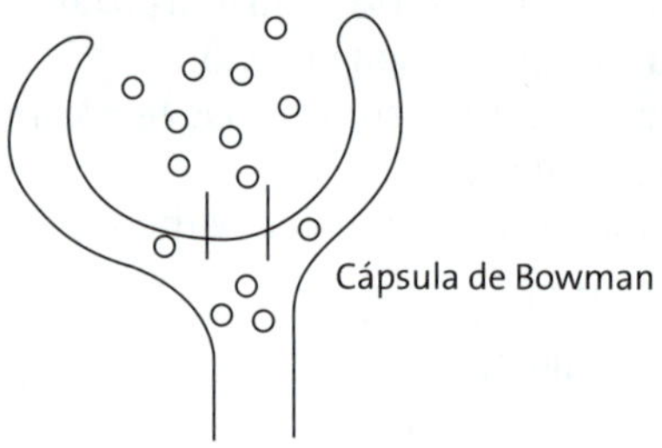


a) água.

b) creatinina.

c) sais.

d) glicose.

e) proteína.

12. (PUC-SP) O sistema nervoso autônomo é formado por fibras simpáticas e parassimpáticas que atuam nos órgãos viscerais de maneira antagônica.

A liberação de adrenalina pelo sistema nervoso

a) parassimpático promove aumento do ritmo cardíaco e constrição dos vasos sanguíneos periféricos.

b) simpático promove aumento do ritmo cardíaco e constrição dos vasos sanguíneos periféricos.

c) parassimpático promove diminuição do ritmo cardíaco e constrição dos vasos sanguíneos periféricos.

d) simpático promove diminuição do ritmo cardíaco e dilatação dos vasos sanguíneos periféricos.

e) parassimpático promove diminuição do ritmo cardíaco e dilatação dos vasos sanguíneos periféricos.

13. (PUC-MG) Observe o esquema da célula nervosa representada.

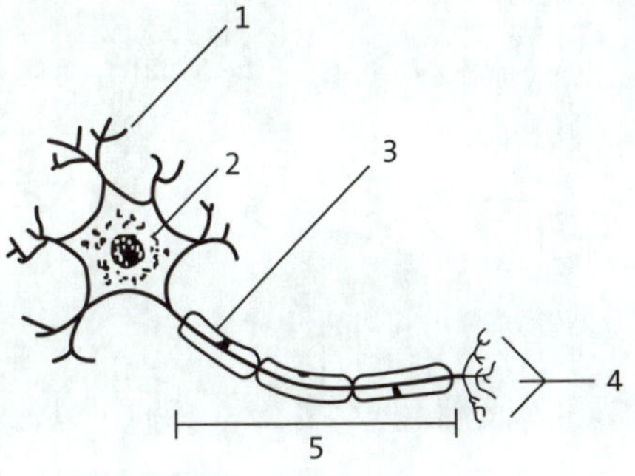


Assinale a afirmativa INCORRETA.

a) Nas partes 1 e 4, podem ocorrer sinapses químicas, dependentes de moléculas neurotransmissoras como a acetilcolina.

b) Moléculas produzidas em 2 podem ser transportadas até 4 através do citoesqueleto.

c) Em 3, observa-se um envoltório membranoso chamado de bainha de mielina, presente apenas em axônios dos neurônios do sistema nervoso central.

d) A parte 5 é responsável pela condução do impulso nervoso, que é unidirecional e dependente dos íons sódio e potássio.

15. (Fuvest-SP) Num ambiente iluminado, ao focalizar um objeto distante, o olho humano se ajusta a essa situação. Se a pessoa passa, em seguida, para um ambiente de penumbra, ao focalizar um objeto próximo, a íris

a) aumenta, diminuindo a abertura da pupila, e os músculos ciliares se contraem, aumentando o poder refrativo do cristalino.

b) diminui, aumentando a abertura da pupila, e os músculos ciliares se contraem, aumentando o poder refrativo do cristalino.

c) diminui, aumentando a abertura da pupila, e os músculos ciliares se relaxam, aumentando o poder refrativo do cristalino.

d) aumenta, diminuindo a abertura da pupila, e os músculos ciliares se relaxam, diminuindo o poder refrativo do cristalino.

e) diminui, aumentando a abertura da pupila, e os músculos ciliares se relaxam, diminuindo o poder refrativo do cristalino.

14. (Vunesp-SP) A reabsorção de água pelos rins regula a osmorregularidade do sangue, graças à ação de um hormônio produzido pela hipófise. Esse hormônio é:

a) somatotrofina.

b) epinefrina.

c) secretina.

d) hormônio antidiurético.

e) hormônio luteinizante.

16. (UFPA) Cães, gatos e touros não apresentam cones em suas retinas. Desse modo, esses animais:

a) não percebem contraste entre claro e escuro.

b) são míopes.

c) têm hipermetropia.

d) apresentam astigmatismo.

e) não têm visão em cores.

# Desafio

Theo Szczepanski/Arquivo da editora

# Olimpíada Brasileira de Biologia

1. A excreção de resíduos nitrogenados se dá, na maioria dos invertebrados marinhos, na forma de amônia. Não obstante, em ambientes continentais, alguns animais terrestres ainda têm na amônia sua forma principal de excreção. São estes:
   a) tatuzinho-de-jardim, minhoca, caranguejo
   b) besouro, aranha, minhoca
   c) aranha, tatuzinho-de-jardim, minhoca
   d) carrapato, tatuzinho-de-jardim, aranha
   e) aranha, minhoca, caranguejo

2. Uma das limitações para o aumento do tamanho corpóreo nos animais é a superfície relativa do corpo que é menor em animais de maior tamanho. Algumas opções para solucionar esta limitação de tamanho são: alongamento do corpo, achatamento do corpo e presença de cavidades internas. Tais soluções podem ser encontradas, respectivamente, nos seguintes grupos animais:
   a) poríferos, hemicordados, cnidários
   b) cnidários, nematoides e platelmintes
   c) nematoides, anelídeos e artrópodos
   d) nematoides, platelmintes e artrópodes
   e) hemicordados, nematoides, anelídeos

3. Considere a seguinte descrição sobre uma determinada planta: vascularizada, sem frutos e sem sementes. Podemos classificar tal planta como:
   a) briófita
   b) pteridófita
   c) angiosperma
   d) gimnosperma
   e) alga

4. Em troncos de árvores cortados transversalmente, observamos círculos concêntricos denominados anéis de crescimento. Estes anéis resultam da atividade de um determinado meristema em resposta a variações climáticas. Em locais onde as estações do ano são bem marcadas, os anéis podem ser utilizados para contar a idade de uma planta. O meristema responsável pela formação dos anéis de crescimento é o:
   a) meristema apical de caule
   b) meristema apical de raiz
   c) câmbio vascular
   d) felogênio
   e) periderme

5. A grande maioria dos grandes grupos animais apresenta representantes no ambiente marinho. Alguns dos grupos são restritos, nos dias atuais, apenas a este ambiente, como, por exemplo,
   a) Porifera e Cnidaria
   b) Echinodermata e Urochordata
   c) Porifera e Echinodermata
   d) Cnidaria e Urochordata
   e) Porifera e Urochordata

6. A araucária ou pinheiro-do-paraná (*Araucaria angustifolia*) é uma gimnosperma nativa do Brasil e comum nas matas do Sul de nosso país. São características das gimnospermas, EXCETO:
   a) polinização predominantemente anemófila
   b) ausência de frutos
   c) formação de microesporângio e megaesporângio
   d) fecundação dependente de água
   e) formação de tubo polínico

7. A foto abaixo é de um corte transversal de uma folha.

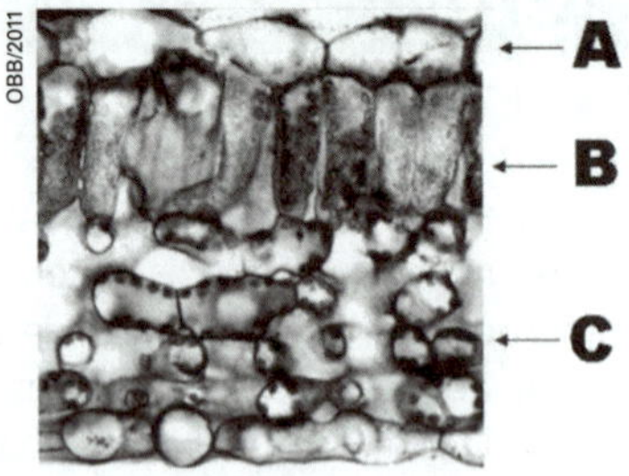


A, B e C são, respectivamente:

a) parênquima paliçádico, epiderme e parênquima lacunoso

b) periderme, parênquima paliçádico e parênquima lacunoso

c) epiderme, parênquima paliçádico e parênquima lacunoso

d) parênquima lacunoso, epiderme e parênquima paliçádico

e) epiderme, parênquima paliçádico e sistema vascular

8. Os principais grupos de Chordata se encontram representados na diversidade atual como:

a) tunicados, anfioxos, feiticeiras, lampreias e gnathostomata

b) balanoglossos, anfioxos, lampreias, vertebrata e tetrapoda

c) platelmintos, tunicados, feiticeiras, craniata e vertebrata

d) anfioxos, feiticeira, lampreias, craniata, gnathostomata

e) tunicados, anfioxos, lampreias, vertebrata e placodermas

9. Dois tipos de peixes viventes têm sido indicados como formas potencialmente semelhantes aos ancestrais dos Tetrapoda. São eles peixes:

a) de nadadeiras radiadas e peixes ósseos

b) pulmonados e celacantos

c) cartilaginosos e mandibulados

d) ósseos e peixes pulmonados

e) de nadadeiras radiais e celacantos

10. A biodiversidade dos anfíbios em florestas tropicais é imensa. Sobre este grupo de vertebrados pode-se dizer que:

I. Os anfíbios anuros exibem uma cauda, sendo semelhantes a répteis, como as lagartixas.

II. Os anfíbios apresentam importantes aquisições evolutivas, tais como: pálpebras, respiração pulmonar e tímpano.

III. A epiderme fina e ricamente queratinizada dos anfíbios restringe a vida desses vertebrados a ambientes úmidos.

Pode-se dizer que:

a) apenas I está correta

b) apenas II está correta

c) apenas III está correta

d) apenas I e II estão corretas

e) apenas II e III estão corretas

11. Um biólogo encontra uma nova espécie animal de aspecto vermiforme. A princípio, fica em dúvida se esse é um representante do Filo Annelida ou Nemathelminthes. Para decidir entre as duas opções, você recomendaria que ele examinasse a presença de:

a) simetria bilateral

b) segmentação corporal

c) sistema circulatório aberto

d) sistema digestivo completo

e) sistema nervoso difuso

12. Plantas de uma mesma espécie de Angiosperma podem ser encontradas em florestas tropicais, campos, cerrado, caatinga e pantanal. Espera-se encontrar um menor número de estômatos nas plantas da(o):

a) floresta tropical

b) campo

c) cerrado

d) caatinga

e) pantanal

13. O corante vermelho de alguns alimentos é extraído do inseto cochonilha.

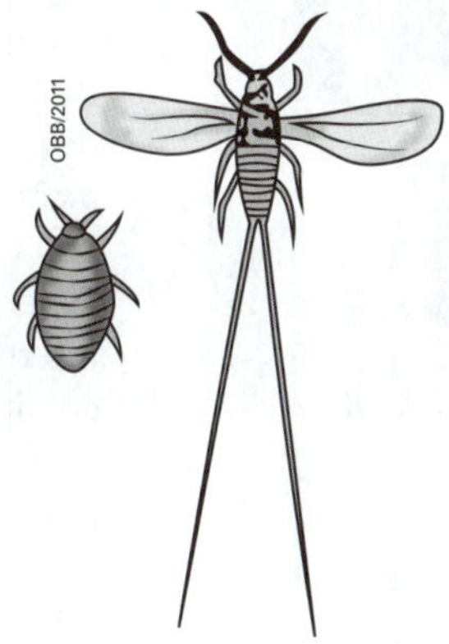


Cresce o uso do corante natural extraído da chamada cochonilha carmim. Consumo do pigmento cresceu 30% nos últimos 10 anos em todo o mundo. Ele está na maioria das gelatinas e iogurtes vermelhos, no sorvete de morango e até em embutidos de carne. Ainda assim poucas pessoas já ouviram falar do carmim, corante natural extraído do inseto *Dactylopius coccus costa*, nome científico de uma espécie de cochonilha, conhecida como parasita de plantas. Atualmente, o Peru concentra a produção de carmim, com cerca de 800 toneladas por ano. Em seguida vem o Chile, a Bolívia e as Ilhas Canárias. Um dos pontos atrativos para a produção de cochonilha é a sua cotação no mercado internacional. O preço do quilo de cochonilhas previamente secas após a extração é de cerca de US$ 15 a US$ 20, mas já chegou a US$ 100 em "safras menores". O uso do carmim movimenta US$ 75 milhões ao ano no mundo. O consumo internacional desse pigmento aumenta devido a sua pureza e ao uso na indústria de alimentos. Mais antigo do que se pode imaginar, o ácido carmínico era originalmente utilizado pelo povo mexicano asteca para tingir tecidos e foi introduzido na cultura ocidental por volta de 1500 pelos colonizadores espanhóis. (...)Curiosamente, no Brasil já se experimentou a implementação da cultura da cochonilha carmim, mas o resultado foi que o inseto se tornou uma praga no sertão nordestino e, até o momento, ainda se discute como exterminar a cochonilha, que se alimenta do único alimento dos rebanhos regionais resistente aos períodos de estiagem no Nordeste. A perda do controle no crescimento da população de cochonilhas ocorreu a partir de uma experiência da Empresa Pernambucana de Pesquisa Agropecuária em meados de 1999, no município de Sertânia. A ideia era oferecer mais uma opção de renda para o sertanejo por meio da coleta dos insetos. Ao contrário do que se previa, a cochonilha consolidou-se e extrapolou os limites do conhecimento de que é inviável a produção do ácido carmínico por meio do processamento dos animais que infestam o sertão, provavelmente devido às condições climáticas encontradas na Região Nordeste", informa a empresa Christian Hansen do Brasil.

(Fonte: http://www.reformadesaude.org/artigos/artigos.asp?dtype=4&catid=4&recid=9)

Acerca do assunto abordado, analise os itens a seguir e assinale a assertiva correta.

I. Os insetos, animais deuterostomados e esquizocélicos, são os únicos invertebrados dotados de representantes alados.

II. A cochonilha pertence à ordem Hemiptera, mesmo grupo do agente transmissor da tripanossomíase.

III. Túbulos de Malpighi, respiração traqueal e circulação aberta dorsal são características anatomofisiológicas dos insetos.

IV. Segundo alguns defensores do vegetarianismo e dos direitos dos animais, uma alternativa que evitaria a morte e o uso banalizado do corante de cochonilha é o uso do corante extraído do urucum.

V. Existe uma correlação evolutiva maior entre artrópodes e moluscos do que anelídeos com artrópodes.

São corretos os itens:

a) I, II, III e IV, apenas

b) I, II e IV, apenas

c) III e V, apenas

d) II, III e IV, apenas

e) I, II, III, IV e V

14. 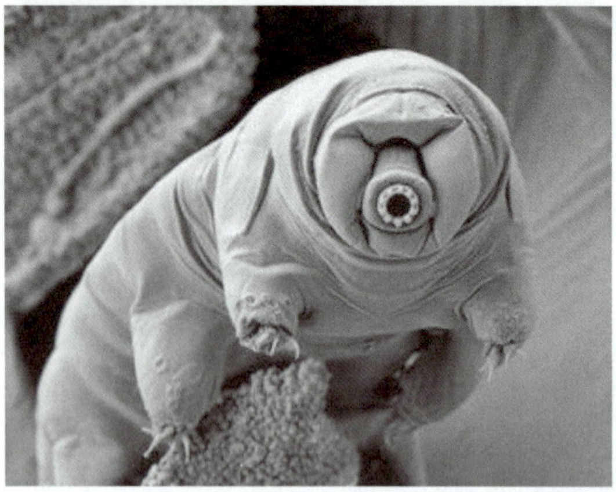

OBB/2011

Elefantes, Dragões de Komodo, rinocerontes, búfalos! Que nada! O adulto dos tardígradas só tem 1,5 mm, mas pode ser até menor. São conhecidos também como "ursinhos d'agua", o nome é fofinho mesmo, mas estes têm sido considerados os bichos mais resistentes do planeta Terra. Tardígrada é um Filo com animais de quatro patas articuladas com 4 unhas cada uma. Vivem presos em musgos, em locais bem úmidos. Alimentam-se da seiva de plantas e para comer usam estiletes perfuradores, que ficam dentro da abertura bucal. O mais interessante é que este bichinho microscópio tem uma resistência incrível. Quando ocorre algum problema no ambiente, perde quase toda a água do corpo e diminui o metabolismo ao mínimo. Externamente, secreta uma cutícula dupla que cobre todo o corpo e, por causa disso, supera um monte de adversidades. Acredite! Sobrevivem a falta de oxigênio, temperaturas acima de 140 °C e abaixo de 270 °C, resistem a vários gases tóxicos, pressão 75 mil atmosferas e radiação 570 000 grays. São capazes de sobreviver no vácuo por até 10 dias e num estado de desidratação por mais de 10 anos, reanimando-se com apenas uma gota de água.

Com base nas informações acima, pode se afirmar que o filo do reino Animalia com maior relação de parentesco com os tardígrados é o:

a) Mollusca

b) Arthropoda

c) Chordata

d) Annelida

e) Echinodermata

15. Experimento da Embrapa está sendo Testado no Espaço

O experimento da Embrapa Recursos Genéticos e Biotecnologia para avaliar a germinação de sementes de Gonçalo-alves (árvore nativa do cerrado) em condições de microgravidade está sendo testado desde o dia 1º de abril pelo primeiro astronauta brasileiro, Tenente Coronel Marcos Pontes, na Estação Espacial Internacional. O experimento da Embrapa está sendo conduzido e fotografado diariamente pelo astronauta e tem como objetivo avaliar os efeitos da microgravidade sobre o processo germinativo e as fases iniciais de desenvolvimento da árvore. Essa é a primeira vez que uma espécie tropical está sendo avaliada no espaço. O único experimento cujo resultado foi divulgado até o momento é o que avalia a germinação de sementes de feijão em condições de microgravidade, proposto por 16 alunos de 7ª e 8ª séries da rede municipal de ensino de São José dos Campos. Segundo a Agência Espacial Brasileira (AEB), todas as sementes brotaram. Esse experimento contou com a parceria da Embrapa Recursos Genéticos e Biotecnologia, na doação das nove sementes que foram levadas ao espaço e também na elaboração do protótipo. Os resultados dos outros sete experimentos só serão conhecidos na volta do astronauta à Terra. Paralelamente aos protótipos que foram levados para o espaço, estão sendo desenvolvidos também similares na Terra, com o objetivo de comparar as diferenças de síntese de pigmentos, padrão de proteínas e expressão de genes entre as plantas obtidas em condições de microgravidade e terrestres.

(*Folha de Londrina*, 07.04.06.)

A relação causa-efeito de uma diferença esperada entre o crescimento de uma planta na Estação Espacial Internacional e em São José dos Campos será respectivamente:

a) menor quantidade de nutrientes na estação; e menor síntese proteica;

b) menor incidência luminosa; e menor expressão gênica.

c) menor gravidade; e diminuição da influência das auxinas nos tropismos;

d) menor gravidade; e menor síntese proteica;

e) menor incidência luminosa; e diminuição da influência das auxinas nos tropismos.

16. Estômatos são estruturas vegetais muito importantes para o controle das trocas gasosas e da transpiração. Observe o gráfico abaixo encontrado para a evapotranspiração de plantas amazônicas:

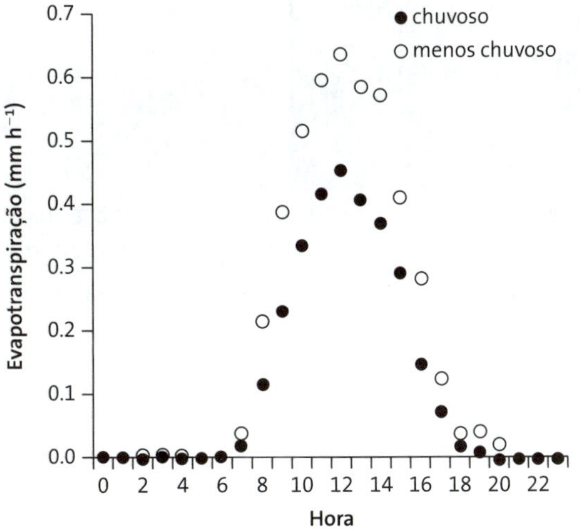


Pode-se afirmar que:

a) durante a noite os estômatos estão fechados
b) no ambiente chuvoso a transpiração é maior do que no ambiente menos chuvoso
c) a taxa de fotossíntese está sendo comprometida em torno do meio dia
d) as plantas produzem $O_2$ durante todo o dia e noite
e) a evapotranspiração não depende da umidade do meio, dependendo somente de sua temperatura.

17. Afídeos são insetos de aparelho bucal picador sugador, o que lhes facilita bastante a absorção de seiva extraída dos vasos condutores mais periféricos da planta. Uma hiperinfestação de afídeos nos galhos de uma roseira deve limitar mais o transporte de substâncias para:

a) as flores;
b) os frutos;
c) as folhas;
d) os estômatos;
e) a raiz;

18. A planta comigo-ninguém-pode tem porte regular, podendo chegar aos 2 m de altura, e caule tortuoso. Folhas oblongo-elípticas ou oblongo-lanceoladas, verdes, com máculas brancacentas irregulares. A comigo-ninguém-pode é uma planta ornamental tóxica, sendo responsável por casos graves de intoxicação, principalmente em crianças. Rizzini & Occhioni (1975, apud Carneiro et al., 1985) foram os primeiros a relacionar os efeitos tóxicos e irritantes dessa planta à ação mecânica dos cristais de oxalato de cálcio existentes em grandes quantidades na planta. Esses cristais se encontram na forma de agulhas, tornando mais intenso e duradouro o efeito tóxico da comigo-ninguém-pode. O tipo característico de formação cristalina presente nas células dessa planta e o local de armazenamento desses cristais estão relacionados com:

a) drusas, vacúolo
b) ráfides, dictiossomos
c) cistólitos, vacúolo
d) ráfides, vacúolo
e) drusas, dictiossomos

19. *Balanoglossus* é um importante gênero representante de um subfilo pouco conhecido entre os estudantes; além de corpo vermiforme seu tubo nervoso dorsal localiza-se na região colar, suas fendas brânquias na faringe e a notocorda apenas nas região anterior do corpo. Dentre os animais abaixo marque aquele que apresenta maior grau de parentesco com este animal:

a) espongiário;
b) água-viva;
c) minhoca;
d) gafanhoto;
e) homem.

20.

OBB/2011

Um pesquisador injetou substância radiativa nas patas do coelho e da tartaruga com o objetivo de observação de suas estruturas pulmonares. Em qual destes animais a substância chegará primeiro nos capilares pulmonares?

a) Tartaruga, pois seus pulmões necessitam de maior irrigação sanguínea do que os pulmões dos coelhos.

b) Tartaruga, pois esta apresenta circulação incompleta.

c) Coelho, pois sua circulação dupla garante alta pressão.

d) Coelho, pois somente mamíferos possuem hemácias anucleadas.

e) Coelho, pois sua atividade é maior do que a da tartaruga.

---

21. A lesma-do-mar, *Elysia chlorotica*, é um curioso molusco que habita as águas da costa leste dos EUA e do Canadá. Esse animal compensa a ausência de um escudo protetor externo (uma concha) com um mecanismo diferente de camuflagem, que lhe confere uma coloração verde-esmeralda e o faz ser confundido com folhas. Porém, essa estratégia de disfarce contra predadores é adquirida de uma forma ímpar: através da realização de fotossíntese! Esta espécie não só é capaz de se misturar com as algas verdes, como também de captar energia solar para o processo autótrofo. Sabe-se que a habilidade de realizar fotossíntese da lesma-do-mar decorre do consumo de sua principal fonte de alimentação, as algas *Vaucheria litorea*. Esse animal, a *E. chlorotica*, consegue quebrar as células da alga de forma que lhes "rouba" os cloroplastos (cleptoplastia) e os mantêm intracelularmente no epitélio digestivo. Assim, observa-se que o molusco não herda os cloroplastos, ou seja, a cada nova geração tem que obtê-los através das algas. O incrível é que os cloroplastos conseguem permanecer funcionais dentro da lesma-do-mar, participando de um processo denominado endossimbiose, por um período de até 9 meses. Aprofundando-se no assunto, um estudo recente "Horizontal gene transfer of the algal nuclear gene psbO to the photosynthetic sea slug *Elysia chlorotica*" foi publicado em novembro de 2008 na revista PNAS (vol. 105 nº 46), revelando, através de experimentos na região genômica dos plastídios (ptDNA) da alga *V. litorea*, que falta aos mesmos o complemento total de genes para a realização da fotossíntese, sendo então necessário que a lesma-do-mar fornecesse as proteínas para o processo fotossintético. O que podemos extrair desses fatos é que o conhecimento não é estável e novos eventos estão sempre surgindo para quebrar com os conceitos e as ideias estabelecidas. Todos os dias a natureza nos surpreende e nos mostra a grande diversidade e beleza que existe, nos desafiando a buscar respostas para entendermos melhor o mundo no qual vivemos.

Texto modificado a partir de: Mariana Resende de Oliveira <http://www.labec.com.br>.

Foto de *Elysia chlorotica* (obtida em http://www.pnas.org/content/105)

OBB/2011

Foto de *Elysia chlorotica* (obtida em http://www.plantphysiol.org/)

Ao explicar a ocorrência de fotossíntese nas lesmas-do-mar do texto acima, pode surgir a seguinte pergunta: "Seria esta espécie de lesma-do-mar um vegetal?". Marque a alternativa abaixo que contenha uma melhor resposta.

a) Sim. A definição de animal exige que todos os participantes deste reino tenham nutrição heterotrófica.

b) Não. A fotossíntese está presente em outros reinos e a autotrofia é comum nos animais.

c) Não. A lesma-do-mar do texto apresenta outra característica exclusiva dos animais que é a locomoção.

d) Não. A presença de outras características típicas de moluscos determina que esta espécie tenha maior parentesco filogenético com espécies animais do que com vegetais.

e) Não. A alga de que a espécie se alimenta é do Reino Protoctista, logo a lesma deveria também ser incluída neste reino da classificação taxonômica.

22. Nobel para a Telomerase – a enzima da imortalidade celular

O prêmio Nobel da Medicina e Fisiologia do ano de 2009 foi atribuído conjuntamente a Liz Blackburn, Carol Greider e a Jack Szostak pela descoberta da enzima telomerase e dos telómeros como protetores das extremidades dos cromossomas. Esta é uma história de como uma questão da biologia fundamental pode ter impacto na medicina e trazer tanta esperança em áreas como o câncer e o envelhecimento. É também o validar da ciência baseada em "organismos modelo" tais como os ciliados (seres microscópicos unicelulares comuns nos nossos rios) e as leveduras (que todos conhecemos do fermento do pão, da cerveja e do vinho). Desde os anos 30 que se reconhecia uma função especial das extremidades dos cromossomas. As pontas dos cromossomas estavam protegidas por estruturas denominadas telômeros. Mas foi com a descoberta da estrutura do ADN que os telômeros saltaram para o estrelato. O problema que surgiu era simples: se as enzimas que sintetizam o ADN necessitam de uma cadeia molde pré-existente, o que acontece quando chegamos ao fim do molde nos telômeros? Percebeu-se, então, que o ADN não é totalmente sintetizado cada vez que é duplicado, perdendo sequências todas as vezes que as células se dividem. Consequentemente, as divisões celulares entrariam em declínio se não se repusessem as extremidades dos cromossomas. Este problema (conhecido por "end replication problem") foi solucionado por uma hipótese revolucionária proposta por Liz Blackburn: talvez houvesse nas células uma enzima especializada para os telômeros que possuía o seu próprio molde. Assim, após cada ciclo de replicação de ADN, a dita "telomerase" sintetizaria novas sequências, restabelecendo o tamanho prévio dos cromossomas. A combinação dos estudos bioquímicos em ciliados levados a cabo por Liz Blackburn e Carol Greider, aliados aos estudos genéticos em leveduras conduzidos por Jack Szostak e Vicki Lundblad, levaram à identificação da telomerase como a enzima (quase) universal que sintetiza as extremidades dos cromossomas. Das leveduras aos homens passando pelas amebas, cogumelos, plantas, insetos, anfíbios, aves e mamíferos, todos partilhamos cromossomas que terminam em telômeros constituídos por curtas sequências da ADN quase idênticas sintetizadas pela enzima telomerase.

(fonte: http://www.cienciahoje.pt/ )

Marque a alternativa abaixo que apresenta a justificativa mais correta para que bactérias (em sua maioria) não possuam telômeros:

a) bactérias possuem ADN circular
b) telomerase é exclusiva de células que sofrem mitose
c) bactérias possuem ciclo reprodutivo mais rápido do que das demais espécies
d) seu código genético é diferente dos eucariontes
e) bactérias não possuem ADN

23. Observe a tira abaixo e responda à questão a seguir:

Fungos são responsáveis por diversas doenças no homem. A respeito das micoses, marque a alternativa correta:

a) são facilmente tratadas com antibióticos
b) podem ser combatidas pela ação de agentes antirretrovirais como o AZT
c) podem ser evitadas pela diminuição da umidade das áreas afetadas
d) são doenças autoimunes
e) são causadas somente por fungos unicelulares

**24.**

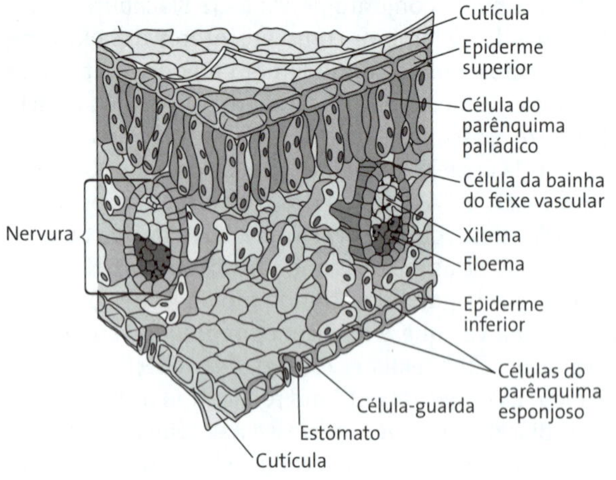


A figura evidencia um corte da folha com importantes componentes do mesófilo. Podemos afirmar sobre esta estrutura vegetal que:

a) A localização do parênquima paliçádico visa a maximização da absorção luminosa.

b) O xilema e floema transportam respectivamente seiva elaborada e seiva bruta nos órgãos vegetativos da planta.

c) A cutícula mais espessa é encontrada na região abaxial visando evitar a desidratação da planta.

d) O parênquima lacunoso (esponjoso) tem como principal função o transporte de água às células fotossintetizantes.

e) Estômatos são estruturas formadas por células altamente lignificadas.

**25.** Com o aumento das chuvas no Rio de Janeiro o governo vem mostrando-se preocupado com a possível ocorrência de epidemias. Marque a alternativa que contém doenças transmitidas pela água contaminada que poderão ter aumento nas regiões alagadas:

a) hepatite, leptospirose e cólera

b) dengue, leptospirose e cólera

c) dengue, leptospirose e leishmaniose

d) dengue, hepatite e varíola

e) hepatite, leptospirose e peste bubônica

**26.** O surto de Influenza H1N1 que atingiu o Brasil no ano passado causou a interrupção de aulas em escolas, cursos e faculdades e trouxe preocupação tanto para os pais quanto para as instituições de ensino. Com a aproximação do inverno a preocupação retorna. Não há motivos para pânico, mas é importante que tanto educadores quanto responsáveis entendam melhor a doença, conheçam as medidas de prevenção e saibam como agir diante de casos suspeitos

(fonte: http://www.vacinacaoinfluenza.com.br)

Com o objetivo de se evitar a Influenza H1N1 devemos ter os cuidados abaixo, com EXCEÇÃO DE:

a) lavar bem as mãos várias vezes ao dia

b) evitar roer unhas e colocar outros objetos na boca

c) vacinar-se contra a gripe comum

d) cobrir a face com lenço durante espirro ou tosse

e) evitar contato com pessoas doentes

**27.** Fungos estão também presentes em diferentes produtos biotecnológicos. Dentre eles aquele que NÃO é produzido pela atividade de fungos é:

a) Etanol combustível

b) Pães e bolos

c) Antibióticos

d) Iogurtes

e) Drogas (ex. LSD)

28. Acidificação dos oceanos pelo gás carbônico ameaça corais. Além de provocar o aquecimento da Terra, o aumento da concentração de gás carbônico na atmosfera está acidificando os oceanos. Isto ameaça matar os corais de águas frias encontrados nas periferias das plataformas continentais. Outra forma de vida em perigo é o plâncton, aquela fina camada de vida microscópica que vive em suspensão junto à superfície das águas. É uma parte fundamental da cadeia alimentar dos seres aquáticos. O alerta para o risco que correm os corais partiu de Ulf Riebesell, pesquisador do Instituto de Ciências do Mar da Universidade de Kiel no Mar Báltico: "Os corais de águas frias podem ser as primeiras vítimas da acidificação dos mares", advertiu esta semana em artigo publicado na revista *Frontiers in Ecology and the Environment*, publicada pela Sociedade Ecológica da América. No mesmo estudo, pesquisadores chefiados por John Guinotte do Instituto de Preservação da Biologia Marinha de Bellevue, Washington, estimam que 70% dos atuais habitantes dos recifes de coral não suportem as mudanças ambientais que devem ocorrer até o final do século. "Imagine jogar ácido clorídrico sobre giz", supõe o professor Andre Freiwald, da Universidade de Erlangem-Nurembergue. "O giz será desintegrado imediatamente. O mesmo pode acontecer com os corais." À medida que aumenta a concentração de gás carbônico na atmosfera por causa de queima de combustíveis fósseis como carvão, gás e petróleo, cerca de um terço deste gás é absorvido pelos oceanos. "Se as emissões de gás carbônico continuarem neste ritmo, teremos os oceanos mais ácidos dos últimos 300 milhões de anos. Já há uma mudança sensível no pH (índice de acidez) e a expectativa é que a situação se deteriore ainda mais até 2100".

Disponível em:http://nelsonfrancojobim.blogspot.com

A partir da análise do texto e de seus conhecimentos científicos interdisciplinares, responda à questão abaixo.
No texto fica evidente a presença de dois grupos de organismos, os corais e o plâncton. Acerca destes grupos de seres vivos, indique a alternativa correta.

a) Os corais, organismos do Phylum Cnidaria, classe Anthozoa, em particular, deverão reduzir a sua capacidade de calcificação. Esses seres sofrem também de branqueamento causado pelo aquecimento da água do mar, devido à morte de algas que se associam a eles.
b) A associação do fitoplâncton com os corais é uma relação desarmônica.
c) Tanto os corais quanto o plâncton formam o biótopo dos ecossistemas marinhos.
d) Os corais, citados no texto, se reproduzem por metagênese, ou seja, ciclo com alternância de gerações.
e) Os corais são os metazoários que sofrerão os maiores danos devido à acidificação dos oceanos. Já os poríferos, por não formarem tecidos verdadeiros, não sofrem tantas consequências, visto que são animais de complexidade inferior aos corais.

29.

O "cientista radical" tatuou em seu corpo um planorbídeo. Qual das doenças abaixo possui um planorbídeo como hospedeiro intermediário?

a) malária;
b) esquistossomose;
c) toxoplasmose;
d) Doença de Chagas;
e) Peste bubônica

30. O esquema representa uma visão interna do coração de um mamífero.

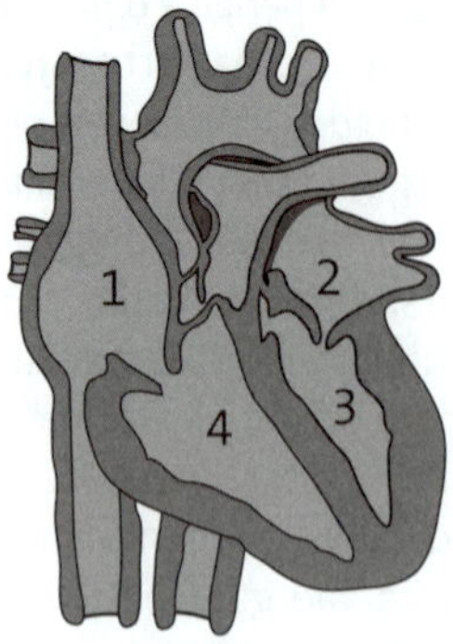


Considerando-se a concentração de gás oxigênio presente no sangue contido nas cavidades 1, 2, 3 e 4, pode-se dizer que:

a) $2 = 3 < 1 = 4$

b) $2 = 3 > 1 = 4$

c) $2 = 1 < 3 = 4$

d) $2 > 3 = 1 > 4$

e) $2 < 3 = 1 < 4$

31. Uma minhoca, quando mergulhada em um aquário de água doce, morre após algumas horas pois:

a) a minhoca é um animal terrestre e no ambiente de água doce tem problemas osmóticos de perda de íons para o ambiente, portanto ela morre devido ao ganho excessivo de água.

b) a superfície respiratória da minhoca é muito pequena em relação a sua demanda de oxigênio e, portanto, ela morre por falta de oxigênio.

c) a minhoca morre no aquário porque a água tem um alto calor específico, roubando calor do corpo da minhoca muito mais do que no ambiente terrestre.

d) a minhoca morre de inanição na água doce devido à incapacidade de absorver alimento neste ambiente.

e) a minhoca morre devido apenas à alteração brusca de ambiente.

32. Num *Eucalyptus* novo com 5 metros de altura, uma pessoa colocou horizontalmente dois pregos grandes de maneira oposta ao outro a uma altura de 1 metro do solo. Hoje, a árvore mede 10 metros de altura. Existe alguma mudança na altura acima do chão e na distância entre os dois pregos?

a) A altura dos pregos acima do chão aumentou devido à atividade do câmbio vascular.

b) A altura dos pregos acima do chão permaneceu inalterada, pois o crescimento primário ocorre na ponta do caule.

c) A distância entre os dois pregos vai aumentar devido à atividade do câmbio vascular.

d) A altura e a distância entre os dois pregos vão aumentar devido à atividade no meristema intercalar.

e) Tanto B como C são verdadeiras.

33. As Angiospermas já foram classificadas em dicotiledôneas e monocotiledôneas. O sistema de classificação atual, APG (Angiosperm Phylogeny Group), dividiu as antigas dicotiledôneas em vários grupos, porém manteve as monocotiledôneas, consideradas um grupo monofilético. Escolha abaixo as características que caracterizam espécies do grupo das monocotiledôneas.

a) raiz axial, folha paralelinérvea, flor trímera, um cotilédone

b) raiz fasciculada, folha peninérvea, flor pentâmera, um cotilédone

c) raiz axial, folha peninérvea, flor tetrâmera, dois cotilédones

d) raiz fasciculada, folha paralelinérvea, flor trímera, um cotilédone

e) raiz pivotante, folha peninérvea, pentâmera, dois cotilédones

34. Analise a charge abaixo:

A charge reflete uma característica metabólica importante dos répteis relacionada à termorregulação. Marque a alternativa abaixo que apresente um animal que NÃO possua esta mesma característica:

a) cobra.

b) perereca.

c) preguiça.

d) sardinha.

e) jabuti.

35. Observe a charge e responda. Na tira de quadrinhos, faz-se referência a um verme parasita. Sobre ele, foram feitas cinco afirmações. Assinale a única correta:

*Folha de S. Paulo*. 9/9/2006

a) Trata-se de um nematelminto hermafrodita.

b) Apresenta simetria bilateral, corpo cilíndrico e amplo celoma.

c) Várias espécies desse verme, que utilizam o ser humano como hospedeiro definitivo, têm o porco como hospedeiro intermediário.

d) É o verme causador da esquistossomose no ser humano.

e) Ao ingerir ovos do parasita, o ser humano passa a ser seu hospedeiro intermediário, podendo apresentar cisticercose.

36. Em peixes cartilaginosos, o órgão responsável pela manutenção do equilíbrio hidrostático é a (o):

a) fígado

b) estômago

c) bexiga natatória

d) esqueleto

e) nadadeira caudal

37. Algumas espécies possuem estruturas pelas quais ocorre eliminação de água líquida em consequência da pressão de raiz. Tais estruturas e o fenômeno envolvido recebem, respectivamente, os nomes de:

a) xilema e transpiração

b) tricomas e secreção

c) hidatódios e gutação

d) lenticela e exsudação

e) estômatos e gutação

38. Em peixes ósseos, o órgão responsável pela manutenção do controle da flutuação é a (o):

a) fígado

b) estômago

c) bexiga natatória

d) esqueleto

e) nadadeira caudal

39. Embora a Bolívia não tenha se classificado para a Copa da África, uma grande discussão ocorreu durante as eliminatórias a respeito da realização dos jogos na altitude de La Paz (3 660 metros acima do nível do mar). Esta preocupação deve-se a:

a) rarefação do ar diminuir a geração de energia nas células do atleta

b) maior pressão atmosférica dificultar o deslocamento dos jogadores

c) maior resistência do ar dificultar o deslocamento da bola

d) maior produção de hemácias em elevadas altitudes

e) maior risco de desidratação

40. O diagrama abaixo mostra algumas diferenças entre as Monocotiledôneas e as Eudicotiledôneas:

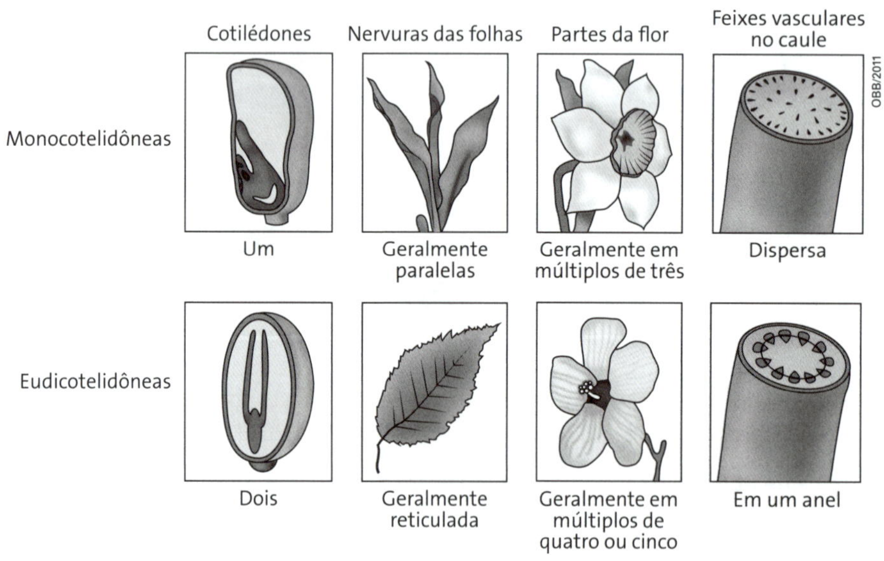


Marque a alternativa que contenha exemplos somente de monocotiledôneas:

a) palmeira, roseira, alface;

b) palmeira, orquídea e bambu;

c) samambaia, roseira e alface;

d) pinheiro, capim e bambu;

e) tomateiro, roseira e capim.

# Respostas

## Vestibular em foco

### Classificação dos seres vivos

1. a
2. a
3. c
4. b
5. c
6. c
7. b
8. d
9. d
10. c
11. d
12. e

### Vírus e procariontes

1. a
2. d
3. c
4. b
5. b
6. b
7. e
8. c
9. c
10. b
11. d
12. d
13. a
14. d
15. c
16. b

### Protozoários, algas e fungos

1. d
2. c
3. d
4. e
5. c
6. b
7. b
8. a
9. d
10. e
11. e
12. c
13. d
14. e
15. a
16. e
17. d
18. c
19. e
20. e

### Plantas I – Briófitas, pteridófitas e gimnospermas

1. c
2. a
3. c
4. a
5. b
6. c
7. b
8. d
9. b
10. a
11. e
12. e
13. c
14. d
15. e

### Plantas II – Angiospermas

1. d
2. d
3. c
4. e
5. c
6. d
7. c
8. c
9. d
10. d
11. b
12. b

### Morfologia vegetal

1. e
2. a
3. a
4. b
5. a
6. b
7. b
8. e
9. b
10. b
11. d
12. a
13. c
14. c
15. a
16. b
17. d
18. d
19. a
20. b
21. a

### Fisiologia vegetal

1. d
2. c
3. a
4. b
5. b
6. a
7. a
8. e
9. a
10. e
11. a
12. c
13. a

### Invertebrados

1. c
2. e
3. c
4. d
5. d
6. b
7. e
8. d
9. c
10. d
11. a
12. c
13. d
14. e
15. e
16. d
17. d
18. a
19. b
20. a
21. b
22. b
23. e
24. c
25. b
26. e
27. d
28. b
29. b
30. e
31. d
32. e
33. c
34. c
35. c
36. d

### Vertebrados I – Peixes, anfíbios e répteis

1. c
2. a
3. d
4. b
5. c
6. d
7. e
8. e
9. b
10. b

### Vertebrados II – Aves e mamíferos

1. d
2. a
3. b
4. c
5. b
6. a
7. d
8. e
9. e
10. d

### Fisiologia I – Sistemas digestório, respiratório e circulatório

1. c
2. d
3. e
4. e
5. c
6. b
7. a
8. e
9. a
10. c
11. b
12. a
13. a
14. a
15. b
16. e
17. e

### Fisiologia II – Sistemas urinário, endócrino, nervoso e sensorial

1. a
2. b
3. a
4. b
5. b
6. b
7. a
8. c
9. c
10. c
11. e
12. b
13. c
14. d
15. b
16. e

## Desafio

1. a
2. d
3. b
4. c
5. b
6. d
7. c
8. a
9. b
10. b
11. b
12. d
13. d
14. b
15. c
16. a
17. e
18. d
19. e
20. b
21. d
22. d
23. c
24. a
25. a
26. c
27. d
28. a
29. b
30. b
31. b
32. e
33. d
34. c
35. e
36. a
37. c
38. c
39. a
40. b

# Significado das siglas

**Acafe-SC** Associação Catarinense das Fundações Educacionais (Santa Catarina)
**ACE-SC** Associação Catarinense de Ensino (Santa Catarina)
**AEDB-RJ** Associação Educacional Dom Bosco (Rio de Janeiro)
**Aeso-PE** Associação de Ensino Superior de Olinda (Pernambuco)
**Aespi** Associação de Ensino Superior do Piauí
**AFA-SP** Academia da Força Aérea (São Paulo)
**Aman-RJ** Academia Militar das Agulhas Negras (Rio de Janeiro)
**APMBB-SP** Academia de Polícia Militar do Barro Branco (São Paulo)
**Asser-SP** Associação das Escolas Reunidas (São Paulo)
**CBM-SP** Centro Universitário Barão de Mauá (São Paulo)
**Ceap** Centro de Ensino Superior do Amapá
**Ceeteps-SP** Centro Estadual de Educação Tecnológica Paula Souza (São Paulo)
**Cefet-CE** Centro Federal de Educação Tecnológica do Ceará
**Cefet-ES** Centro Federal de Educação Tecnológica do Espírito Santo
**Cefet-GO** Centro Federal de Educação Tecnológica de Goiás
**Cefet-MG** Centro Federal de Educação Tecnológica de Minas Gerais
**Cefet-PE** Centro Federal de Educação Tecnológica de Pernambuco
**Cefet-PR** Centro Federal de Educação Tecnológica do Paraná
**Cefet-RS** Centro Federal de Educação Tecnológica de Pelotas (Rio Grande do Sul)
**Cefet-SC** Centro Federal de Educação Tecnológica de Santa Catarina
**Cefet-SP** Centro Federal de Educação Tecnológica de São Paulo
**Cefos-MG** Centro Educacional de Formação Odontológica Superior (Minas Gerais)
**Centec-BA** Centro de Educação Tecnológica da Bahia
**CES/JF-MG** Centro de Ensino Superior de Juiz de Fora (Minas Gerais)
**Cesat-ES** Centro de Ensino Superior Anísio Teixeira (Espírito Santo)
**Cesesp-PE** Centro de Seleção ao Ensino Superior de Pernambuco
**Cesgranrio-RJ** Centro de Seleção de Candidatos ao Ensino Superior do Grande Rio (Rio de Janeiro)
**Cesul-PR** Centro Sulamericano de Ensino Superior (Paraná)
**CEU-SP** Centro de Extensão Universitária (São Paulo)
**Ceub-DF** Centro de Ensino Unificado de Brasília (Distrito Federal)
**Ceulp/Ulbra-TO** Centro Universitário Luterano de Palmas (Tocantins)
**Ceut-PI** Centro de Ensino Unificado de Teresina (Piauí)
**Ciesa-AM** Centro Integrado de Ensino Superior do Amazonas
**Ecmal** Escola de Ciências Médicas de Alagoas
**EEP-SP** Escola de Engenharia de Piracicaba (São Paulo)
**EEWB-MG** Escola de Enfermagem de Wenceslau Braz (Minas Gerais)
**Ence-RJ** Escola Nacional de Ciências Estatísticas (Rio de Janeiro)
**Enem** Exame Nacional do Ensino Médio
**Epcar-MG** Escola Preparatória de Cadetes do Ar (Minas Gerais)
**Esamc-MG** Escola Superior de Administração, Marketing e Comunicação de Uberlândia (Minas Gerais)
**Esamc-SP** Escola Superior de Administração, Marketing e Comunicação (São Paulo)
**Esan-SP** Escola Superior de Administração de Negócios (São Paulo)
**ESPM-RS** Escola Superior de Propaganda e Marketing (Rio Grande do Sul)
**ESPM-SP** Escola Superior de Propaganda e Marketing (São Paulo)
**Etec-SP** Escola Técnica Estadual (São Paulo)
**FAA-RJ** Fundação Educacional D. André Arcoverde (Rio de Janeiro)
**Faap-SP** Fundação Armando Álvares Penteado (São Paulo)
**Fabac-BA** Faculdade Baiana de Ciências Contábeis (Bahia)
**Fabrai-MG** Faculdade Brasileira de Informática (Minas Gerais)
**FAC-MG** Faculdade de Administração Champagnat (Minas Gerais)
**Facamp-SP** Faculdades de Campinas (São Paulo)
**Facape-PE** Faculdade de Ciências Aplicadas e Sociais de Petrolina (Pernambuco)
**Faccca-RS** Faculdade Camaquense de Ciências Contábeis e Administrativas (Rio Grande do Sul)
**Facens-SP** Faculdade de Engenharia de Sorocaba (São Paulo)
**Facos-RS** Faculdade Cenecista de Osório (Rio Grande do Sul)
**Fadap-SP** Faculdade de Direito da Alta Paulista (São Paulo)
**FAJ-SP** Faculdade de Jaguariúna (São Paulo)
**Fama-MA** Faculdade Atenas Maranhense (Maranhão)
**Fameca-SP** Faculdade de Medicina de Catanduva (São Paulo)
**Fames-RS** Faculdade Metodista de Santa Maria (Rio Grande do Sul)
**Fanese** Faculdade de Administração e Negócios de Sergipe
**Fapa-RS** Faculdade Porto-Alegrense (Rio Grande do Sul)
**Fargs-RS** Faculdades Rio-Grandenses (Rio Grande do Sul)
**FASM-SP** Faculdade Santa Marcelina (São Paulo)
**Fatec-SP** Faculdade de Tecnologia (São Paulo)
**Fati-SP** Faculdades Integradas Tibiriçá (São Paulo)
**Favip-PE** Faculdade do Vale do Ipojuca (Caruaru, Pernambuco)
**Fazu-MG** Faculdade de Agronomia e Zootecnia de Uberaba (Minas Gerais)
**FBV-PE** Faculdade Boa Viagem (Pernambuco)
**FCC-BA** Fundação Carlos Chagas (Bahia)
**FCC-SP** Fundação Carlos Chagas (São Paulo)
**FCL-SP** Fundação Cásper Líbero (São Paulo)
**FCMMG** Faculdade de Ciências Médicas de Minas Gerais
**FCMS-SP** Faculdade de Ciências Médicas de Santos (São Paulo)
**FCMSCSP** Faculdade de Ciências Médicas da Santa Casa de São Paulo
**FDV-ES** Faculdades Integradas de Vitória (Espírito Santo)
**Feaa-SP** Faculdade de Engenharia de Agrimensura de Araraquara (São Paulo)
**Fead-MG** Faculdade de Estudos Administrativos (Minas Gerais)
**Febe-SC** Fundação Educacional de Brusque (Santa Catarina)
**Fecap-SP** Fundação Escola de Comércio Álvares Penteado (São Paulo)
**Feevale-RS** Universidade Feevale (Rio Grande do Sul)
**Fefasp** Faculdade de Economia, Finanças e Administração de São Paulo
**FEI-SP** Centro Universitário da Faculdade de Engenharia Industrial (São Paulo)
**Fempar-PR** Fundação Escola do Ministério Público do Estado do Paraná
**Fepar-PR** Faculdade Evangélica do Paraná
**Fesb-SP** Fundação Municipal de Ensino Superior de Bragança Paulista (São Paulo)
**Feuc-SP** Faculdade Euclides da Cunha (São Paulo)
**FFCLBH-MG** Faculdade de Filosofia, Ciências e Letras de Belo Horizonte (Minas Gerais)

| | |
|---|---|
| **FFFCMPA-RS** | Fundação Faculdade Federal de Ciências Médicas de Porto Alegre (Rio Grande do Sul) |
| **FGV-SP** | Fundação Getúlio Vargas (São Paulo) |
| **Fiam Faam-SP** | Centro Universitário Fiam Faam (São Paulo) |
| **Fiap-SP** | Faculdade de Informática e Administração Paulista (São Paulo) |
| **FIB-BA** | Faculdades Integradas da Bahia |
| **FIR-PE** | Faculdades Integradas do Recife (Pernambuco) |
| **Fisp** | Faculdades Integradas de São Paulo |
| **FMABC-SP** | Faculdade de Medicina do ABC (São Paulo) |
| **FMJ-SP** | Faculdade de Medicina de Jundiaí (São Paulo) |
| **FMP-RJ** | Faculdade de Medicina de Petrópolis (Rio de Janeiro) |
| **FMT-SP** | Faculdade de Medicina de Taubaté (São Paulo) |
| **FMU-SP** | Faculdades Metropolitanas Unidas (São Paulo) |
| **FOC-SP** | Faculdade Oswaldo Cruz (São Paulo) |
| **Focca-PE** | Faculdade Olindense de Ciências Contábeis e Administrativas (Pernambuco) |
| **FPTE-SP** | Fundação Paulista de Tecnologia e Educação de Lins (São Paulo) |
| **FSA-SP** | Centro Universitário Fundação Santo André (São Paulo) |
| **FSG-RS** | Faculdade da Serra Gaúcha (Rio Grande do Sul) |
| **FTBB-DF** | Faculdade Teológica Batista de Brasília (Distrito Federal) |
| **Furb-SC** | Universidade Regional de Blumenau (Santa Catarina) |
| **Furg-RS** | Fundação Universidade Federal do Rio Grande (Rio Grande do Sul) |
| **FURRN** | Fundação Universidade Regional do Rio Grande do Norte |
| **Fuvest-SP** | Fundação Universitária para o Vestibular (São Paulo) |
| **FVC-BA** | Fundação Visconde de Cairu (Bahia) |
| **Ifal** | Instituto Federal de Alagoas |
| **IFBA** | Instituto Federal de Educação, Ciência e Tecnologia da Bahia |
| **IFCE** | Instituto Federal de Educação, Ciência e Tecnologia do Ceará |
| **Ifes** | Instituto Federal de Educação, Ciência e Tecnologia do Espírito Santo |
| **IFG-GO** | Instituto Federal de Educação, Ciência e Tecnologia de Goiás |
| **IFMG** | Instituto Federal de Educação, Ciência e Tecnologia de Minas Gerais |
| **IFPE** | Instituto Federal de Educação, Ciência e Tecnologia de Pernambuco |
| **IFPR** | Instituto Federal do Paraná |
| **IFRS** | Instituto Federal de Educação, Ciência e Tecnologia do Rio Grande do Sul |
| **IFSC** | Instituto Federal de Educação, Ciência e Tecnologia de Santa Catarina |
| **IFSP** | Instituto Federal de Educação, Ciência e Tecnologia de São Paulo |
| **IME-RJ** | Instituto Militar de Engenharia (Rio de Janeiro) |
| **Imes-SP** | Centro Universitário Municipal de São Caetano do Sul (São Paulo) |
| **IMS-SP** | Instituto Metodista de Ensino Superior (São Paulo) |
| **IMT-SP** | Instituto Mauá de Tecnologia (São Paulo) |
| **Inatel-MG** | Instituto Nacional de Telecomunicações de Santa Rita do Sapucaí (Minas Gerais) |
| **IPA-RS** | Centro Universitário Metodista (Rio Grande do Sul) |
| **IRBR-DF** | Instituto Rio Branco (Distrito Federal) |
| **ISBL-PR** | Faculdade de Teologia (Paraná) |
| **ITA-SP** | Instituto Tecnológico de Aeronáutica (São Paulo) |
| **ITE-SP** | Instituto Toledo de Ensino Superior de Bauru (São Paulo) |
| **Mack-SP** | Universidade Presbiteriana Mackenzie (São Paulo) |
| **Moraes Jr.-RJ** | Faculdade Moraes Júnior (Rio de Janeiro) |
| **Omec-SP** | Organização Mogiana de Educação e Cultura (São Paulo) |
| **PUC-MG** | Pontifícia Universidade Católica de Minas Gerais |
| **PUC-PR** | Pontifícia Universidade Católica do Paraná |
| **PUC-RJ** | Pontifícia Universidade Católica do Rio de Janeiro |
| **PUC-RS** | Pontifícia Universidade Católica do Rio Grande do Sul |
| **PUC-SP** | Pontifícia Universidade Católica de São Paulo |
| **PUCC-SP** | Pontifícia Universidade Católica de Campinas (São Paulo) |
| **Spet-PR** | Sociedade Paranaense de Ensino e Tecnologia (Paraná) |
| **Suesc-RJ** | Sociedade Unificada de Ensino Superior e Cultura (Rio de Janeiro) |
| **UAM-SP** | Universidade Anhembi Morumbi (São Paulo) |
| **UBC-SP** | Universidade Braz Cubas (São Paulo) |
| **UCB-DF** | Universidade Católica de Brasília (Distrito Federal) |
| **UCB-RJ** | Universidade Castelo Branco (Rio de Janeiro) |
| **UCDB-MS** | Universidade Católica Dom Bosco (Mato Grosso do Sul) |
| **UCG-GO** | Universidade Católica de Goiás |
| **UCL-RJ** | Centro Universitário Celso Lisboa (Rio de Janeiro) |
| **UCMG** | Universidade Católica de Minas Gerais |
| **UCP-RJ** | Universidade Católica de Petrópolis (Rio de Janeiro) |
| **Ucpel-RS** | Universidade Católica de Pelotas (Rio Grande do Sul) |
| **UCS-RS** | Universidade de Caxias do Sul (Rio Grande do Sul) |
| **Ucsal-BA** | Universidade Católica de Salvador (Bahia) |
| **Udesc** | Universidade do Estado de Santa Catarina |
| **UEA-AM** | Universidade do Estado do Amazonas |
| **Ueap** | Universidade do Estado do Amapá |
| **Ueba** | Universidades Estaduais da Bahia (Uesc, Uesb, Uneb e Uefs) |
| **Uece** | Universidade Estadual do Ceará |
| **UEFS-BA** | Universidade Estadual de Feira de Santana (Bahia) |
| **UEG-GO** | Universidade Estadual de Goiás |
| **UEL-PR** | Universidade Estadual de Londrina (Paraná) |
| **UEM-PR** | Universidade Estadual de Maringá (Paraná) |
| **Uema** | Universidade Estadual do Maranhão |
| **UEMG** | Universidade Estadual de Minas Gerais |
| **UEMS** | Universidade Estadual de Mato Grosso do Sul |
| **UEMT** | Universidade do Estado de Mato Grosso |
| **Uenf-RJ** | Universidade Estadual do Norte Fluminense (Rio de Janeiro) |
| **UENP-PR** | Universidade Estadual do Norte do Paraná |
| **Uepa** | Universidade do Estado do Pará |
| **UEPB** | Universidade Estadual da Paraíba |
| **UEPG-PR** | Universidade Estadual de Ponta Grossa (Paraná) |
| **Uergs-RS** | Universidade Estadual do Rio Grande do Sul |
| **Uerj** | Universidade do Estado do Rio de Janeiro |
| **Uern** | Universidade do Estado do Rio Grande do Norte |
| **Uesb-BA** | Universidade Estadual do Sudoeste da Bahia |
| **Uesc-BA** | Universidade Estadual de Santa Cruz (Bahia) |
| **Uespi** | Universidade Estadual do Piauí |
| **UFABC-SP** | Universidade Federal do ABC (São Paulo) |
| **Ufac** | Universidade Federal do Acre |
| **Ufal** | Universidade Federal de Alagoas |
| **Ufam** | Universidade Federal do Amazonas |
| **UFBA** | Universidade Federal da Bahia |
| **UFC-CE** | Universidade Federal do Ceará |
| **UFCG-PB** | Universidade Federal de Campina Grande (Paraíba) |
| **Ufes** | Universidade Federal do Espírito Santo |
| **UFF-RJ** | Universidade Federal Fluminense (Rio de Janeiro) |
| **UFG-GO** | Universidade Federal de Goiás |

| | |
|---|---|
| **UFJF-MG** | Universidade Federal de Juiz de Fora (Minas Gerais) |
| **Ufla-MG** | Universidade Federal de Lavras (Minas Gerais) |
| **UFMA** | Universidade Federal do Maranhão |
| **UFMG** | Universidade Federal de Minas Gerais |
| **UFMS** | Universidade Federal de Mato Grosso do Sul |
| **UFMT** | Universidade Federal de Mato Grosso |
| **Ufop-MG** | Universidade Federal de Ouro Preto (Minas Gerais) |
| **UFPA** | Universidade Federal do Pará |
| **UFPB** | Universidade Federal da Paraíba |
| **UFPE** | Universidade Federal de Pernambuco |
| **Ufpel-RS** | Universidade Federal de Pelotas (Rio Grande do Sul) |
| **UFPI** | Universidade Federal do Piauí |
| **UFPR** | Universidade Federal do Paraná |
| **Ufra-PA** | Universidade Federal Rural da Amazônia (Pará) |
| **UFRGS-RS** | Universidade Federal do Rio Grande do Sul |
| **UFRJ** | Universidade Federal do Rio de Janeiro |
| **UFRN** | Universidade Federal do Rio Grande do Norte |
| **UFRPE** | Universidade Federal Rural de Pernambuco |
| **UFRR** | Universidade Federal de Roraima |
| **UFRRJ** | Universidade Federal Rural do Rio de Janeiro |
| **UFS-SE** | Universidade Federal de Sergipe |
| **UFSC** | Universidade Federal de Santa Catarina |
| **Ufscar-SP** | Universidade Federal de São Carlos (São Paulo) |
| **UFSJ-MG** | Universidade Federal de São João del-Rei (Minas Gerais) |
| **UFSM-RS** | Universidade Federal de Santa Maria (Rio Grande do Sul) |
| **UFT-TO** | Universidade Federal do Tocantins |
| **UFTM-MG** | Universidade Federal do Triângulo Mineiro (Minas Gerais) |
| **UFU-MG** | Universidade Federal de Uberlândia (Minas Gerais) |
| **UFV-MG** | Universidade Federal de Viçosa (Minas Gerais) |
| **UGF-RJ** | Universidade Gama Filho (Rio de Janeiro) |
| **Ulbra-RS** | Universidade Luterana do Brasil (Rio Grande do Sul) |
| **UMC-SP** | Universidade de Mogi das Cruzes (São Paulo) |
| **Umesp** | Universidade Metodista de São Paulo |
| **Unaerp-SP** | Universidade de Ribeirão Preto (São Paulo) |
| **Unama-PA** | Universidade da Amazônia (Pará) |
| **UnB-DF** | Universidade de Brasília (Distrito Federal) |
| **Uncisal** | Universidade Estadual de Ciências da Saúde de Alagoas |
| **Uneal** | Universidade Estadual de Alagoas |
| **Uneb-BA** | Universidade do Estado da Bahia |
| **Uneb-DF** | União Educacional de Brasília (Distrito Federal) |
| **Unemat-MT** | Universidade do Estado de Mato Grosso |
| **Unerj-SC** | Centro Universitário de Jaraguá do Sul (Santa Catarina) |
| **Unes** | Faculdade do Espírito Santo |
| **Unesa-RJ** | Universidade Estácio de Sá (Rio de Janeiro) |
| **Unesc-ES** | União de Escolas de Ensino Superior Capixaba (Espírito Santo) |
| **Unesc-RO** | União das Escolas Superiores de Cacoal (Rondônia) |
| **Unesp-SP** | Universidade Estadual Paulista "Júlio de Mesquita Filho" (São Paulo) |
| **Unespar-PR** | Universidade Estadual do Paraná |
| **UNG-SP** | Universidade de Guarulhos (São Paulo) |
| **Uniabc-SP** | Universidade do Grande ABC (São Paulo) |
| **Uniara-SP** | Centro Universitário de Araraquara (São Paulo) |
| **Uniararas-SP** | Fundação Hermínio Ometto (São Paulo) |
| **Unib-SP** | Universidade Ibirapuera (São Paulo) |
| **Uniban-SP** | Universidade Bandeirante de São Paulo |
| **Unic-MT** | Universidade de Cuiabá (Mato Grosso) |
| **Unicamp-SP** | Universidade Estadual de Campinas (São Paulo) |
| **Unicap-PE** | Universidade Católica de Pernambuco |
| **Unicentro-PR** | Universidade Estadual do Centro-Oeste (Paraná) |
| **Unicid-SP** | Universidade Cidade de São Paulo |
| **Unicruz-RS** | Universidade de Cruz Alta (Rio Grande do Sul) |
| **Unicsul-SP** | Universidade Cruzeiro do Sul (São Paulo) |
| **Uniderp-MS** | Universidade para o Desenvolvimento do Estado e da Região do Pantanal (Mato Grosso do Sul) |
| **Uniesp-SP** | União das Instituições Educacionais do Estado de São Paulo |
| **Unieuro-DF** | Centro Universitário Euro-Americano (Distrito Federal) |
| **Unifac-SP** | Faculdades Integradas de Botucatu (São Paulo) |
| **Unifacs-BA** | Universidade Salvador (Bahia) |
| **Unifai-SP** | Centro Universitário Assunção (São Paulo) |
| **Unifal-MG** | Universidade Federal de Alfenas (Minas Gerais) |
| **Unifap** | Universidade Federal do Amapá |
| **Unifei-MG** | Universidade Federal de Itajubá (Minas Gerais) |
| **Unifenas-MG** | Universidade José do Rosário Vellano (Minas Gerais) |
| **Unifesp** | Universidade Federal de São Paulo |
| **Unifoa-RJ** | Universidade Fundação Oswaldo Aranha (Rio de Janeiro) |
| **Unifor-CE** | Fundação Edson Queiroz Universidade de Fortaleza (Ceará) |
| **Unigranrio-RJ** | Universidade do Grande Rio (Rio de Janeiro) |
| **Unijuí-RS** | Universidade Regional do Noroeste do Estado do Rio Grande do Sul |
| **Unilasalle-RS** | Centro Universitário La Salle (Rio Grande do Sul) |
| **Unilavras-MG** | Centro Universitário de Lavras (Minas Gerais) |
| **Unimar-SP** | Universidade de Marília (São Paulo) |
| **Unimep-SP** | Universidade Metodista de Piracicaba (São Paulo) |
| **Unimontes-SP** | Centro Universitário Monte Serrat (Santos, São Paulo) |
| **Unioeste-PR** | Universidade Estadual do Oeste do Paraná |
| **Unip-SP** | Universidade Paulista (São Paulo) |
| **Unipar-PR** | Universidade Paranaense (Paraná) |
| **Unipe-PB** | Centro de Ensino Superior do IPE (Paraíba) |
| **Unirio-RJ** | Universidade Federal do Rio de Janeiro |
| **Unirondon-MT** | Faculdades Integradas Cândido Rondon (Mato Grosso) |
| **Unisa-SP** | Universidade de Santo Amaro (São Paulo) |
| **Unisal-SP** | Centro Universitário Salesiano de São Paulo |
| **Unisantos-SP** | Universidade Católica de Santos (São Paulo) |
| **Unisc-RS** | Universidade de Santa Cruz do Sul (Rio Grande do Sul) |
| **Unisul-SC** | Universidade do Sul de Santa Catarina |
| **Unit-MG** | Centro Universitário do Triângulo (Minas Gerais) |
| **Unit-SE** | Universidade Tiradentes (Sergipe) |
| **Unitas-MT** | União das Faculdades de Tangará da Serra (Mato Grosso) |
| **Unitau-SP** | Universidade de Taubaté (São Paulo) |
| **Univates-RS** | Centro Universitário (Rio Grande do Sul) |
| **Unoesc** | Universidade do Oeste de Santa Catarina |
| **Unoeste-SP** | Universidade do Oeste Paulista-Presidente Prudente (São Paulo) |
| **Unopar-PR** | Universidade Norte do Paraná |
| **UPE** | Universidade de Pernambuco |
| **UPF-RS** | Universidade de Passo Fundo (Rio Grande do Sul) |
| **USF-SP** | Universidade São Francisco (São Paulo) |
| **USJT-SP** | Universidade São Judas Tadeu (São Paulo) |
| **USM-SP** | Universidade São Marcos (São Paulo) |
| **USS-RJ** | Universidade Severino Sombra (Rio de Janeiro) |
| **UTFPR** | Universidade Tecnológica Federal do Paraná |
| **UTP-PR** | Universidade Tuiuti do Paraná |
| **Vunesp-SP** | Fundação para o Vestibular da Unesp (São Paulo) |